手性农药
与农药残留分析新方法

周志强　著

科学出版社

北京

内 容 简 介

本书介绍了多种手性农药的分离分析方法及环境行为。利用色谱技术建立了不同环境样本中手性农药对映异构体的分离分析方法,系统地总结了手性农药对映异构体在土壤、水体、动物和植物等样本中的选择性行为,较为详细地描述了手性农药对映异构体在分布、残留、归趋、毒性等环境行为方面的差异。另外,还详细介绍了几种农药和其他药物残留分析的新方法。

本书可供农药、环境化学和分析化学等相关领域的研究人员参考。

图书在版编目(CIP)数据

手性农药与农药残留分析新方法/周志强著. —北京:科学出版社,2015.3
ISBN 978-7-03-043634-4

Ⅰ.①手… Ⅱ.①周… Ⅲ.①不对称有机合成-农药分析②农药残留量分析 Ⅳ.①TQ450.7②X592.02

中国版本图书馆 CIP 数据核字(2015)第 045585 号

责任编辑:朱 丽 杨新改/责任校对:韩 杨 张小霞
责任印制:肖 兴/封面设计:耕者设计工作室

科学出版社 出版
北京东黄城根北街 16 号
邮政编码:100717
http://www.sciencep.com

北京佳信达欣艺术印刷有限公司 印刷
科学出版社发行 各地新华书店经销

*

2015 年 3 月第 一 版 开本:787×1092 1/16
2015 年 3 月第一次印刷 印张:53 1/4 插页:2
字数:1 250 000

定价:280.00 元
(如有印装质量问题,我社负责调换)

前　言

许多偶然因素让自己走进了化学这一古老而又充满活力的领域，儿时的许多好奇、疑惑都在学习化学的过程中找到了答案，只是未曾预见到，手性和农药会成为自己多年研究的关键词。

手性是自然界中一种非常神秘的现象，镜像与实物、左手与右手的对映关系在宏观上给了我们手性的概念，手性异构体之间几乎具有完全相同的化学、物理属性，而生物活性往往差异巨大，与手性相关的化学、生命科学、物理学、药学的研究是当下的热点领域。手性农药异构体亦常常表现出非常不同的生物活性，建立异构体的分离分析方法、研究其生物活性差异对探讨手性拆分机理、准确评价手性农药具有重要的理论和应用价值。

农药残留问题一直受到广泛关注，而由农药残留引发的食品安全问题，大多是因为没有按规定使用农药，所谓规定主要是指农药的使用量、对象和间隔期。在传统农药分析方法中，有机溶剂作为提取液经常被大量使用，对环境和实验人员有潜在的危害，近些年农药残留微萃取技术有了很大发展，在实际应用中，这些技术不仅简单、快速，而且极大地降低了有机溶剂的使用量。

长时间以来，很想把自己的研究工作梳理一下，写成一部方便他人借鉴的书稿，但由于各种原因，这个想法一直未能实现。最近抽出了一些时间，将我指导的博士论文进行了归纳，形成了现在的书稿。本书系统地总结了我们实验室在手性农药分析及环境行为、农药残留分析新方法等领域的研究，这些结果对相关领域的研究者可能有一点借鉴作用。

在书稿完成之际，很想感谢在学习和研究工作中给过我巨大帮助的几位老师：我的硕士学位指导教师内蒙古大学陈赛瑛教授、我的博士学位指导教师中国科学院兰州化学物理研究所陈立仁教授、我的博士后合作导师江树人和王敏教授，先生们教会了我科学研究的理念、方法和技能，也给了我读书和从事科学研究的机会。

非常感谢国家自然科学基金重点项目（项目号：21337005）和面上项目（项目号：20377052；20477057；20777093；20877100；21177154）的资助，这些支持对我研究工作的持续进行发挥了不可替代的作用。

特别感谢我实验室所有毕业和在读的研究生同学们。一直觉得，我人生最庆幸的事情之一就是遇到了许多聪明、懂事、勤奋的研究生，我的每项研究工作都有他们的参与，每项研究成果的背后都有他们付出的巨大艰辛和努力。

感谢给过我帮助的各位同仁和朋友们。

2015 年元月

目　　录

第1章 前处理方法

1.1 土壤和水

1.1.1 土壤

以乳氟禾草灵在土壤中的选择性降解行为为例。

1.1.1.1 供试样品

供试土壤采集自不同地区未施用过乳氟禾草灵的农田(0~10 cm),风干;利用浓硫酸-重铬酸钾消化法测定土壤有机质含量,电位计法测定土壤 pH,利用激光粒径分析仪测定土壤颗粒含量,采用国际制土壤质地分级标准确定土壤质地[1],具体结果见表 1-1。

表 1-1 供试土壤来源与理化性质

编号	有机质/%	pH[a]	砂粒/%	粉粒/%	黏粒/%	质地	采集地点[b]
1#	1.1	8.3	55.9	40.9	3.2	砂质壤土	河南,郑州
2#	1.9	8.1	74.4	21.9	3.7	砂质壤土	内蒙古,赤峰
3#	5.2	7.6	44.3	50.8	4.9	粉质壤土	黑龙江,哈尔滨
4#	1.3	7.2	83.2	15.0	1.7	砂质壤土	辽宁,大连
5#	1.1	6.9	41.9	52.6	5.5	粉质壤土	山东,兖州
6#	2.2	6.7	35.7	47.8	16.4	粉质壤土	广西,南宁
7#	2.5	5.1	26.0	71.0	3.0	粉质壤土	浙江,慈溪
8#	1.7	5.0	36.8	61.5	1.7	粉质壤土	江苏,无锡

a. 土壤:水=1:2.5(w/w);b. 中国城市

1.1.1.2 实验设备和条件

JASCO 高效液相色谱仪(JASCO 公司,日本)、Agilent 1100 高效液相色谱(HPLC)、CD-2095 圆二色检测器、手性色谱柱 250 mm×4.6 mm I. D. (CDMPC,实验室自制),流动相为正己烷/异丙醇(98/2)、流速 1.0 mL/min、进样量 20 μL、检测波长 230 nm。

1.1.1.3 实验设计与方法

1) 有氧条件下土壤培养

称取 100 g 土壤样品(干重)于 250 mL 锥形瓶中(土壤性质见表 1-1),瓶口用棉塞封口。为了将农药均匀加入到土壤中,先称取 10 g 土壤于锥形瓶中,向其中加入 0.1 mL 外消旋农药母液($1×10^4$ μg/mL,丙酮配制),搅匀振荡 5 min,风干 10 min,然后再将剩下的 90 g 土壤加到锥形瓶中,充分搅匀、振荡 10 min,使加药浓度达到 10 μg/g。最后向其中加入 20～36 g 去离子水,调整土壤含水量达到 60％田间持水量(每天通过称重法补充培养过程中损失的水分),于 25 ℃下在恒温培养箱中避光培养。每隔一定时间取样测定,实验平行设置 2 组,同时做空白对照。取出的样品如果不能及时提取,应放入 -20 ℃ 冰箱中。

2) 无氧条件下土壤培养

选取四种土壤于无氧条件下培养,分别是 soil 2♯、4♯、5♯、8♯(土壤性质见表 1-1)。称取 20 g 土壤样品(干重)于直径为 9 cm 玻璃培养皿中(每种土壤设置 5 个取样点,实验平行设置 2 组,即每种土壤用 15 个培养皿),然后将培养皿放入到真空干燥器中(每个取样点对应一个干燥器)。在土壤样品放入干燥器前,向其中加入 20 μL 外消旋农药母液(加药浓度 10 μg/g)和适量煮沸过的去离子水(除氧)使之形成 1 cm 左右的水层,然后盖上培养皿盖子,最后将其放入真空干燥器内。待土壤样品放置好后,对真空干燥器抽真空,随后充入氮气,该步骤重复三次后,将干燥器于 25 ℃下恒温避光培养。

3) 灭菌条件下土壤培养

选取三种土壤于灭菌条件下培养,分别是 soil 2♯、5♯、8♯(土壤性质见表 1-1)。称取 20 g 土壤样品于 150 mL 锥形瓶中,于 120 ℃下在高压灭菌锅中加压灭菌 2 h、24 h 后进行第二次灭菌。然后,在无菌操作台中向锥形瓶中准确加入一定体积的外消旋农药,混合均匀,使加药浓度达到 10 μg/g,然后加入 6 mL 灭菌水,瓶口用无菌容器封口膜封口(通过称重法补充培养过程中损失的水分,每次操作均在无菌条件下进行)。25 ℃下避光培养,每隔一定时间取样,实验平行设置 2 组,同时做空白对照。未能及时提取的样品,储存于 -20 ℃ 冰箱中。

4) 光学纯单体(S-(+)-、R-(-)-乳氟禾草灵)有氧、无氧条件下土壤培养

为了观察外消旋乳氟禾草灵在土壤中是否存在对映体之间的相互转化,选取三种土壤进行单体实验,分别是 soil 2♯、5♯、8♯(土壤性质见表 1-1)。这三种土壤的光学纯单体加药浓度同样达到 10 μg/g,其余过程操作与有氧和无氧条件下的土壤培养相同。

5) 样品前处理

取 5 g 干重的土壤样品,置于 50 mL 聚丙烯离心管中,加入 20 mL 甲醇涡旋提取,4000 r/min 离心 5 min,上清液转入 150 mL 分液漏斗中,另用 20 mL 甲醇提取残留物,合并提取液。40 ℃水浴下减压旋转蒸发近干,再用 3×20 mL 乙酸乙酯和 20 mL NaCl 饱和溶液进行液液分配,合并有机相,过无水硫酸钠干燥,40 ℃水浴下减压浓缩至干,1 mL 异丙醇定容。

1.1.1.4　线性范围与方法确证

1) 标准曲线制备

称取 0.1 g 乳氟禾草灵外消旋体标样于 10 mL 容量瓶中,用异丙醇溶解并定容,得到含两对映体各 1×10^4 μg/mL 外消旋体标准储备溶液,逐级稀释得到一系列外消旋 (0.3～120.0 μg/mL)的标准溶液。以每个对映体标准溶液浓度对每个对映体的峰面积

进行线性回归。线性回归分析采用 Microsoft® Excel 软件。

2）准确度、检测限及回收率

方法的精密度与准确度是通过比较标准曲线上得到的预测浓度与实际添加到空白样本中浓度得到的。计算在标准曲线范围内的标准偏差（standard deviation，S. D. ）与变异系数（coefficient of variation，CV＝S. D. /mean）。

检测限（limit of detection，LOD）：信噪比（signal-to-noise ratio，S/N）的 3 倍计算最低检测浓度；定量限（limit of quantification，LOQ）：实际添加可达到定量检测的最小水平。

在空白土壤样品中加入适量标准溶液得含两对映体不同浓度的样品（0.5 μg/g、2.5 μg/g、5.0 μg/g）进行回收率测定，通过比较从土壤样品中提取出的对映体峰面积与相应标准溶液中对映体的峰面积计算回收率。每个水平重复六次。

1.1.1.5　数据处理

1）降解动力学分析

乳氟禾草灵对映体在土壤中的降解符合一级反应动力学规律，整个降解过程分为快速降解的初期阶段和相对平缓的后期阶段。根据试验结果用指数回归方程求降解半衰期，计算公式如下：

$$\ln C_0/C = -k(t - t_0) \tag{1-1}$$
$$t_{1/2} = 0.693/k \tag{1-2}$$

式中，C_0 为样品中乳氟禾草灵（或代谢物）对映体的最大浓度（μg/g）；C 为样品中乳氟禾草灵（或代谢物）对映体的浓度；t_0 为达到最大浓度（C_0）的时间；t 为处理时间；k 为降解速率常数；$t_{1/2}$ 为农药的半衰期。

2）对映体选择性比值的计算

采用对映体分数 ER 值作为外消旋化合物选择性变化的指标：

$$ER = E_1/E_2 \tag{1-3}$$

式中，E_1 表示色谱图上第一个峰的峰面积，E_2 表示色谱图上第二个峰的峰面积。样本中外消旋化合物的 ER 值偏离外消旋体标样的 ER 值越远，表明外消旋化合物在样本中的选择性行为越明显。

为了更好地比较手性农药对映体选择性，采用 E_S 参数：

$$E_S = k_{(+)} - k_{(-)}/[k_{(+)} + k_{(-)}] \tag{1-4}$$

式中，$k_{(+)}$ 和 $k_{(-)}$ 分别为对映体的降解速率常数；E_S 范围在 $-1 \sim 1$ 之间，E_S 绝对值越大，表明对映体选择性越明显。E_S 值为 0 时则表明两对映体降解速率相同，没有对映体活性，E_S 绝对值为 1 时则表明只一个对映体有降解，具有绝对选择性。

1.1.1.6　结果与分析

1）乳氟禾草灵的圆二色检测结果

图 1-1 为乳氟禾草灵两对映体在 220～420 nm 范围内的 CD 吸收随波长的变化曲线。在 220～250 nm 内先流出对映体为 CD（＋），后流出为 CD（－），但两对映体的 CD 吸

收随波长的变化有两处翻转现象,先后流出对映体分别用实、虚线表示,230 nm 是其中一个较为合适的波长,用来标识对映体的圆二色信息。

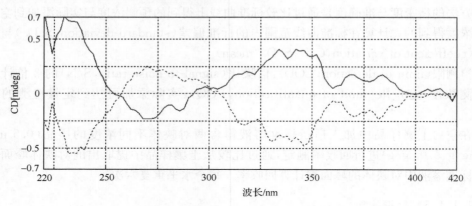

图 1-1 乳氟禾草灵对映体的 CD 扫描图

乳氟禾草灵的 CD 与 UV 对照色谱图如图 1-2 所示,先流出对映体显示(＋)CD 信号,后流出对映体显示(－)CD 信号。通过合成得到的光学纯化合物与外消旋化合物的比较得知,在 230 nm 的波长下,使用 CDMPC 进行拆分的乳氟禾草灵的色谱图上第一个峰是 S-(＋)-乳氟禾草灵,第二个峰是 R-(－)-乳氟禾草灵,因此可以说在 230 nm 的波长下,S-乳氟禾草灵具有(＋)的 CD 信号,R-乳氟禾草灵具有(－)的 CD 信号。

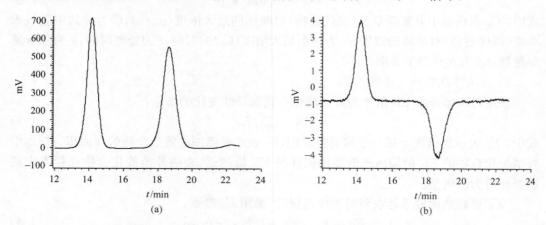

图 1-2 (a)乳氟禾草灵 UV-230 nm 色谱图和(b)乳氟禾草灵 CD-230 nm 色谱图

2) 方法有效性确证

如表 1-2 所示,单一对映体的线性范围为 $0.15\sim60.00$ μg/mL,两个对映体的线性相关系数均大于 0.99,检出限为 0.10 μg/g,定量限为 0.15 μg/g。表 1-3 为三个浓度下连续进样 6 次和连续 6 天进样,得到的两对映体峰面积的精密度数据,所有参数三个浓度的变异系数(CV)都小于 9%。

表 1-2　乳氟禾草灵对映体分析方法的有效性数据($n=5$)

对映体	线性方程	相关系数 R^2	线性范围/(μg/mL)	检出限/(μg/g)	定量限/(μg/g)
$E_1(S)$	$A=35.368C+0.491$	0.9997	0.15～60.00	0.10	0.15
$E_2(R)$	$A=34.771C+3.7546$	0.9994	0.15～60.00	0.10	0.15

注：E_1 和 E_2 分别表示先后流出对映体

表 1-3　乳氟禾草灵对映体分析方法的精密度数据($n=6$)

	浓度/(μg/g)	CV[a]/%	
		$E_1(S)$	$E_2(R)$
日内	1.0	0.2	0.8
	5.0	0.6	0.3
	50.0	0.8	1.1
日间	1.0	2.6	2.7
	5.0	4.9	8.2
	50.0	7.8	6.6

a. CV 代表变异系数(%)

3）土壤样本中对映体分析方法的建立

土壤中添加了三个对映体浓度水平（单一对映体浓度：0.5 μg/g、2.5 μg/g、5.0 μg/g），结果如表 1-4，三个添加浓度水平下，两对映体的回收率均在 93.68%～101.73% 之间，变异系数小于 5%。

综合上述方法检验结果表明，本研究建立的前处理方法回收率高，方法的精密度和准确度符合残留分析的要求，可以满足待测组分在各供试土壤中降解行为的研究需要。

图 1-3 为各土样的空白对照和空白土样的外消旋乳氟禾草灵标样添加图谱。

1.1.2　土壤沉积物

以乳氟禾草灵及其代谢物在土壤沉积物中的选择性降解行为为例。

1.1.2.1　供试样品

供试沉积物样品取自辽河水系。该沉积物利用浓硫酸-重铬酸钾消化法测定土壤有机质含量，电位计法测定土壤 pH，利用激光粒径分析仪测定土壤颗粒含量，采用国际制土壤质地分级标准确定土壤质地[1]，具体结果如下：有机质，3.02%±0.15%；土壤质地，黏粒，2.71%±0.11%；沙粒，72.60%±1.42%；粉粒，24.69%±1.15%；pH，7.2±0.2。

1.1.2.2　实验设备和条件

JASCO 高效液相色谱仪（JASCO 公司，日本）、Agilent 1100 高效液相色谱（HPLC）、CD-2095 圆二色检测器、手性色谱柱 250 mm×4.6 mm I. D. （CDMPC，实验室自制），流动相为正己烷/异丙醇/三氟乙酸(98/2/0.1)、流速 1.0 mL/min、进样量 20 μL、检测波长 230 nm。

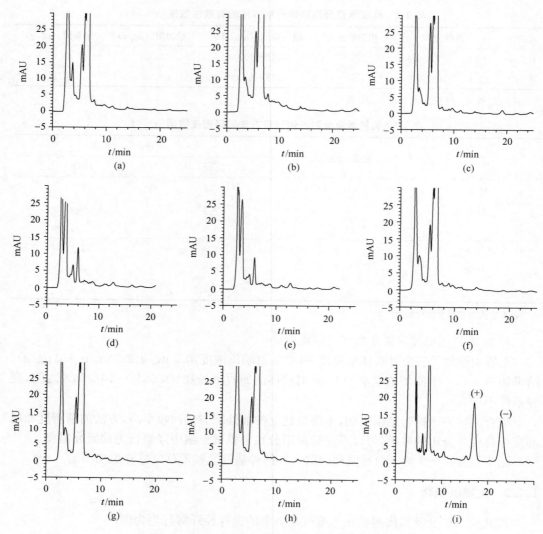

图 1-3　土壤样品空白及添加乳氟禾草灵标准图谱

(a)～(h)1#～8#空白土壤样品；(i)2#土壤空白样品添加外消旋乳氟禾草灵标样(5.0 μg/g)；
正己烷/异丙醇(98/2,v/v)，流速 1.0 mL/min；横坐标为保留时间

表 1-4　添加外消旋乳氟禾草灵后两对映体的回收率（表中数字为三次重复平均值±标准差）

供试土壤	对映体	添加水平		
		0.5 μg/g	2.5 μg/g	5.0 μg/g
Soil 1#	S-(+)-乳氟禾草灵	95.66±2.15	97.68±2.05	94.22±1.08
	R-(−)-乳氟禾草灵	94.45±3.02	96.52±3.53	93.19±2.35
Soil 2#	S-(+)-乳氟禾草灵	98.36±4.17	94.67±3.65	99.01±1.39
	R-(−)-乳氟禾草灵	98.55±3.98	94.22±5.77	99.23±1.65

续表

供试土壤	对映体	添加水平		
		0.5 μg/g	2.5 μg/g	5.0 μg/g
Soil 3#	S-(+)-乳氟禾草灵	99.75±5.75	99.27±4.35	96.64±2.23
	R-(−)-乳氟禾草灵	95.03±4.61	95.04±3.31	96.71±4.23
Soil 4#	S-(+)-乳氟禾草灵	99.74±1.70	98.98±1.97	99.75±1.39
	R-(−)-乳氟禾草灵	102.03±3.56	99.31±3.65	99.24±1.09
Soil 5#	S-(+)-乳氟禾草灵	95.44±2.27	94.88±1.49	97.45±4.30
	R-(−)-乳氟禾草灵	99.27±4.14	94.89±1.41	97.89±3.26
Soil 6#	S-(+)-乳氟禾草灵	93.51±2.97	97.32±2.25	93.21±2.74
	R-(−)-乳氟禾草灵	95.21±3.83	96.62±4.77	93.18±3.54
Soil 7#	S-(+)-乳氟禾草灵	98.81±3.75	97.03±1.34	94.31±5.51
	R-(−)-乳氟禾草灵	98.88±3.42	96.84±3.36	94.23±3.29
Soil 8#	S-(+)-乳氟禾草灵	96.55±1.90	94.93±2.06	93.78±2.01
	R-(−)-乳氟禾草灵	97.03±2.75	93.66±3.11	93.36±1.89

注：表中的添加水平为每个异构体的量

1.1.2.3　实验设计与方法

1）乳氟禾草灵的土壤沉积物培养

该处设置三组实验，分别用 SE1、SE2 和 SE3 表示，具体做法如下所述：

SE1：称取 20 g 沉积物样品（干重）于 50 mL 锥形瓶中，瓶口用棉塞封口。为了将农药均匀加入到土壤中，先称取 5 g 沉积物于锥形瓶中，向其中加入 0.1 mL 外消旋乳氟禾草灵母液（浓度为 1×10^3 μg/mL，丙酮配制），搅匀振荡 5 min，风干 10 min，然后再将剩下的 15 g 土壤加到锥形瓶中，充分搅匀、振荡 10 min，使加药浓度达到 5 μg/g。最后向其中加入适量去离子水，使水层没过沉积物表面 0.5 cm 左右（每天通过称重法补充培养过程中损失的水分），于 25℃ 下在恒温培养箱中避光培养。每隔一定时间取一个锥形瓶测定，实验平行设置 2 组，同时做空白对照。未及时提取的样品，储存于 −20℃ 冰箱中。

SE2、SE3 与 SE1 培养步骤相同，分别用 S-(+)-乳氟禾草灵母液、R-(−)-乳氟禾草灵母液替代外消旋乳氟禾草灵母液。

2）去乙基乳氟禾草灵的土壤沉积物培养

该处设置三组实验，分别用 SE4、SE5 和 SE6 表示，其培养步骤同 SE1，分别用外消旋去乙基乳氟禾草灵母液、S-(+)-去乙基乳氟禾草灵母液、R-(−)-去乙基乳氟禾草灵母液替代外消旋乳氟禾草灵母液。

3）样品前处理

取 5 g 干重的土壤沉积物样品，置于 50 mL 聚丙烯离心管中，加入 20 mL 乙酸乙酯涡旋提取，涡旋 3 min，超声 10 min，然后 4000 r/min 离心 5 min，上清液通过装有无水硫酸钠漏斗的 100 mL 鸡心瓶中，该步骤重复一次，合并提取液。40℃ 水浴下减压旋转蒸发近干,1 mL 异丙醇定容。

1.1.2.4　线性范围与方法确证

1) 标准曲线制备

分别称取 0.1 g 乳氟禾草灵外消旋体、去乙基乳氟禾草灵外消旋体和三氟羧草醚标样于 3 个 10 mL 容量瓶中,用异丙醇溶解并定容,分别得到含两对映体各 1×10^4 μg/mL 外消旋体标准储备溶液,逐级稀释得到一系列外消旋(三种化合物均为 0.3～120.0 μg/mL)的标准溶液。以每个对映体标准溶液浓度对每个对映体的峰面积进行线性回归。线性回归分析采用 Microsoft® Excel 软件。

2) 准确度、检测限及回收率

准确度及检测限测定方法同 1.1.1.4 小节 2)。

在空白土壤沉积物样品中加入适量三种标准溶液得含两对映体不同浓度的样品(三种化合物均为 0.5 μg/g、2.5 μg/g、5.0 μg/g)进行回收率测定,通过比较从土壤沉积物样品中提取出的对映体峰面积与相应标准溶液中对映体的峰面积计算回收率。每个水平重复六次。

1.1.2.5　数据处理

降解动力学分析以及对映异构体选择性比值计算方法同 1.1.1.5 小节 1)以及 1.1.1.5 小节 2)。

1.1.2.6　结果与分析

1) 去乙基乳氟禾草灵的圆二色检测结果

三氟羧草醚是非手性化合物,因此它在 CD 上是没有信号的,故此处只附上去乙基乳氟禾草灵的圆二色检测结果。去乙基乳氟禾草灵的 CD 与 UV 对照色谱图如图 1-4 所示,先流出对映体显示(＋)CD 信号,后流出对映体显示(－)CD 信号。在 230 nm 的波长下,使用 CDMPC 进行拆分的去乙基乳氟禾草灵的色谱图上第一个峰是 S-(＋)-去乙基乳氟禾草灵,第 2 个峰是 R-(－)-去乙基乳氟禾草灵,因此可以说在 230 nm 的波长下,S-去乙基乳氟禾草灵具有(＋)的 CD 信号,R-去乙基乳氟禾草灵具有(－)的 CD 信号。

2) 方法有效性确证

如表 1-5 所示,乳氟禾草灵和去乙基乳氟禾草灵单一对映体的线性范围均为 0.15～60.00 μg/mL,两个对映体的线性相关系数均大于 0.99,检出限分别为 0.1 μg/g、0.3 μg/g,定量限分别为 0.15 μg/g 和 0.35 μg/g。三氟羧草醚的线性范围为 0.30～120.00 μg/mL,相关系数也大于 0.99,检出限为 0.1 μg/g,定量限为 0.12 μg/g。表 1-6、表 1-7 和表 1-8 分别为乳氟禾草灵、去乙基乳氟禾草灵和三氟羧草醚三个浓度下连续进样 6 次和连续 6 天进样,得到两对映体峰面积的精密度数据,所有参数三个浓度的变异系数(CV)都小于 9%。

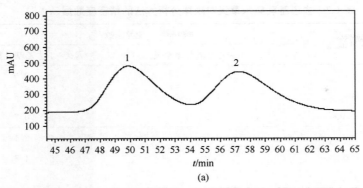

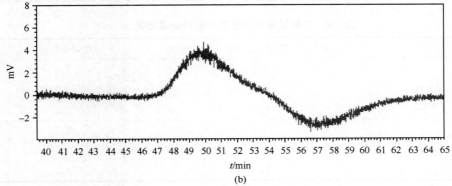

图 1-4　(a)去乙基乳氟禾草灵 UV-230 nm 色谱图和(b)去乙基乳氟禾草灵 CD-230 nm 色谱图

1：S-(＋)-去乙基乳氟禾草灵；2：R-(－)-去乙基乳氟禾草灵

表 1-5　乳氟禾草灵、去乙基乳氟禾草灵和三氟羧草醚分析方法的有效性数据($n=5$)

对映体	线性方程	相关系数 R^2	线性范围 /(μg/mL)	检出限 /(μg/g)	定量限 /(μg/g)
S-(＋)-乳氟禾草灵	$A=35.368C+0.491$	0.9997	0.15～60.00	0.1	0.15
R-(－)-乳氟禾草灵	$A=34.771C+3.755$	0.9994	0.15～60.00	0.1	0.15
S-(＋)-去乙基乳氟禾草灵	$A=56.872C-5.345$	0.9995	0.15～60.00	0.3	0.35
R-(－)-去乙基乳氟禾草灵	$A=55.764C-8.737$	0.9994	0.15～60.00	0.3	0.35
三氟羧草醚	$A=86.337C+4.228$	0.9996	0.30～120.00	0.1	0.12

表 1-6　乳氟禾草灵对映体分析方法的精密度数据($n=6$)

浓度/(μg/g)	变异系数/%	
	S-(＋)-乳氟禾草灵	R-(－)-乳氟禾草灵
日内　1.0	0.2	0.8
5.0	0.6	0.3
50.0	0.8	1.1
日间　1.0	2.6	2.7
5.0	4.9	8.2
50.0	7.8	6.6

表 1-7　去乙基乳氟禾草灵对映体分析方法的精密度数据($n=6$)

浓度/(μg/g)	变异系数/%	
	S-(＋)-去乙基乳氟禾草灵	R-(－)-去乙基乳氟禾草灵
日内　1.0	0.6	0.9
5.0	1.1	0.8
50.0	0.5	0.7
日间　1.0	3.1	3.4
5.0	3.9	4.5
50.0	2.7	2.9

表 1-8　三氟羧草醚分析方法的精密度数据($n=6$)

	浓度/(μg/g)	变异系数/%
日内	1.0	1.4
	5.0	2.2
	50.0	2.6
日间	1.0	2.5
	5.0	3.6
	50.0	5.3

3) 沉积物样本中对映体分析方法的建立

沉积物中同时添加了乳氟禾草灵、去乙基乳氟禾草灵和三氟羧草醚的三个浓度水平(乳氟禾草灵和去乙基乳氟禾草灵的单一对映体浓度均为 0.25 μg/g、1.25 μg/g、2.50 μg/g,三氟羧草醚的添加浓度为 0.5 μg/g、2.5 μg/g、5.0 μg/g),结果见表 1-9,三个添加浓度水平下,乳氟禾草灵两对映体、去乙基乳氟禾草灵两对映体和三氟羧草醚的回收率均大于 92%,变异系数小于 6%。

表 1-9　添加外消旋乳氟禾草灵、去乙基乳氟禾草灵和三氟羧草醚后两对映体的回收率

（表中数字为三次重复平均值±标准差）

对映体	添加水平		
	0.25 μg/g 或 0.50 μg/g	1.25 μg/g 或 2.50 μg/g	2.50 μg/g 或 5.0 μg/g
S-(＋)-乳氟禾草灵[a]	95.66±2.15	97.68±2.05	94.22±1.08
R-(－)-乳氟禾草灵[a]	94.45±3.02	96.52±3.53	93.19±2.35
S-(＋)-去乙基乳氟禾草灵[b]	93.54±3.68	94.22±3.21	95.01±1.88
R-(－)-去乙基乳氟禾草灵[b]	92.66±4.51	94.52±4.85	94.11±1.96
三氟羧草醚[c]	93.83±5.12	95.02±2.68	96.36±2.39

a. 表中乳氟禾草灵两对映体的回收率是由 0.25 μg/g、1.25 μg/g 和 2.50 μg/g 的添加浓度得到的；b. 表中去乙基乳氟禾草灵两对映体的回收率是由 0.25 μg/g、1.25 μg/g 和 2.50 μg/g 的添加浓度得到的；c. 表中三氟羧草醚的回收率是由 0.50 μg/g、2.50 μg/g 和 5.00 μg/g 的添加浓度得到的

综合上述方法检验结果表明,本研究建立的前处理方法回收率高,方法的精密度和准确度符合残留分析的要求,可以满足待测组分在各供试沉积物中降解行为的研究需要。图 1-5 为沉积物的空白对照和空白沉积物样品的外消旋乳氟禾草灵、去乙基乳氟禾草灵和三氟羧草醚标样添加图谱。

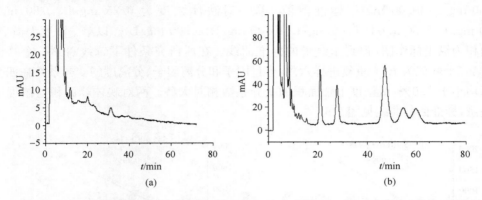

图 1-5　(a)空白沉积物样品;(b)沉积物空白样品添加外消旋乳氟禾草灵、去乙基乳氟禾草灵和三氟羧草醚标样;正己烷/异丙醇/三氟乙酸(98/2/0.1, $v/v/v$),流速 1.0 mL/min,250 mm 手性柱;横坐标为保留时间

1.1.3　水

以水体中苯线磷对映体的残留方法研究为例。

1.1.3.1　实验设备和条件

JASCO 高效液相色谱仪(JASCO 公司,日本)、Agilent 1100 高效液相色谱(HPLC)、CD-2095 圆二色检测器、手性色谱柱 150 mm×4.6 mm I.D.（ADMPC,实验室自制）,流动相为乙腈/水(45/55)、流速 0.5 mL/min、进样量 20 μL、检测波长 254 nm。

1.1.3.2　实验设计与方法

固相萃取柱的活化:先用 2×2.5 mL 乙酸乙酯浸泡 SPE 柱,然后用 2×2.5 mL 丙酮浸泡洗涤 SPE 柱,再用 3.0 mL 去离子水浸润和淋洗 SPE 柱,最后向 SPE 柱中加入适量的去离子水等待过样。

上样:控制流速呈滴状(2.0 mL/min),上样结束后,抽真空干燥小柱 50~60 min。

洗脱:先用 2.0 mL 甲醇再用 2.0 mL 乙酸乙酯洗脱,保持 10 min;将洗脱液收集在小试管中。

浓缩:将小试管放在固定氮吹仪器上,控制温度在 40 ℃左右,用氮气吹至近干,再用吸耳球吹干,用 1.0 mL 乙腈定容。

1.1.3.3　结果与分析

1）标准曲线制备

将外消旋苯线磷配成 0.50 mg/L、1.00 mg/L、2.00 mg/L、5.00 mg/L、10.00 mg/L、20.00 mg/L、40.00 mg/L 标准溶液（单一对映体浓度为 0.25 mg/L、0.50 mg/L、1.00 mg/L、2.50 mg/L、5.00 mg/L、10.00 mg/L、20.00 mg/L）。以单一浓度为横坐标，峰面积为纵坐标作图，得到苯线磷的标准曲线。在所研究条件下苯线磷第一个峰记为 E_1，第二个峰记为 E_2。重复进样六次，容量因子和分离因子、分离度的变异系数在四个浓度下均小于 4.0%，低浓度下峰面积的变异系数相对大些。两对映体峰面积与浓度呈线性关系，标准回归曲线见图 1-6。

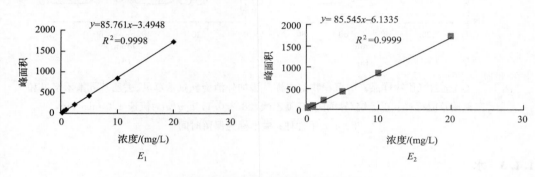

图 1-6　苯线磷对映体的标准曲线

2）添加回收率和精密度

在 200.0 mL 空白水样本中添加 1.0 mL 苯线磷标准溶液，在上述提取、净化和检测条件下，考察了 pH 对回收率的影响。实验中以添加 0.050 mg/L 外消旋标样的去离子水为样本，分别在 pH 为 3.5、7.0 和 9.5 的条件下，按实验方法进行添加回收率实验，做两个平行实验取平均值，结果见表 1-10。

表 1-10　pH 对萃取回收率的影响

pH	回收率/%	
	苯线磷 E_1	苯线磷 E_2
3.5	85.6	83.4
7.0	97.5	96.2
9.5	105.4	107.1

由上表可以看出，苯线磷对映体在三种 pH 下的添加回收率比较理想，因此选用水体天然 pH 条件作为本研究固相萃取的添加回收率和精密度实验，计算其相对标准偏差（relative standard deviation，RSD）。

在 200.0 mL 空白自来水中加入适量标准溶液得到含两对映体各为 0.01 mg/L、0.05 mg/L、0.10 mg/L 的样品溶液，六次重复，按上述水体前处理方法处理后一天内进样六次计算日间精密度；分别制备上述样品溶液，连续提取六天分别进样，计算日间精密度,结果见表 1-11。

表 1-11　自来水中日内和日间精密度测定结果$(n=6)$

添加单一对映体浓度 /(mg/L)		苯线磷 E_1		苯线磷 E_2	
		实测值/(mg/L)	RSD/%	实测值/(mg/L)	RSD/%
日内	0.01	0.0094	5.8	0.0092	6.4
	0.05	0.0450	4.5	0.0047	4.7
	0.10	0.0960	2.3	0.0940	2.5
日间	0.01	0.0096	6.2	0.0094	5.9
	0.05	0.0430	5.1	0.0450	5.5
	0.10	0.0960	3.4	0.0970	3.9

　　在空白水体中加入适量标准溶液得含两对映体不同浓度(0.0025 mg/L,0.0050 mg/L、0.0250 mg/L)的样品溶液进行回收率测定,每个水平重复六次。通过比较从水体中提取出的对映体峰面积与相应标准溶液中对映体的峰面积计算回收率,见表 1-12。样品空白及添加色谱图见图 1-7。

表 1-12　空白自来水样品添加外消旋苯线磷后两对映体的添加回收率$(n=6)$

添加单一对映体 /浓度(mg/L)	对映体 E_1		对映体 E_2	
	实测值/(mg/L)	回收率/%	实测值/(mg/L)	回收率/%
0.0025	0.0023	92.12±4.75	0.0022	88.75±5.21
0.0050	0.0046	96.96±3.23	0.0047	94.94±2.35
0.0250	0.0239	95.42±2.15	0.0236	94.53±1.21

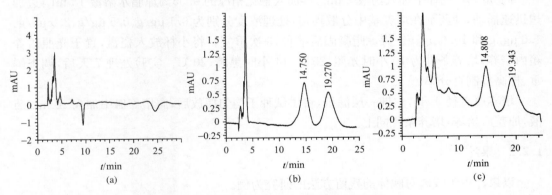

图 1-7　自来水样品空白及添加标准图谱

(a)空白自来水样品;(b)1.0000 mg/L 苯线磷外消旋体标样;(c)空白自来水样品添加

单一苯线磷对映体 0.0025 mg/L

　　两个对映体在水体中的检测限为 0.0010 mg/L,定量限为 0.0025 mg/L,两个对映体日间和日内相对标准偏差分别为 2.3%~6.2% 和 3.9%~6.4%,两个对映体的回收率分别为 88%~97%。

1.2　植物及相关样品

1.2.1　小麦、黄瓜、高粱

以乙氧呋草黄对映体生物活性研究为例。

1.2.1.1　供试样品

实验中所用的药液为外消旋乙氧呋草黄标样及制备的左旋、右旋乙氧呋草黄配制而成的水溶液,在母液中加入少量 TW-80 和丙酮,增加药剂在水中的溶解度。播种前高粱、小麦、黄瓜种子经 0.1% 次氯酸钠浸泡 20 min,清水冲洗。

1.2.1.2　实验设计与方法

1) 植物敏感性测试方法

在土壤中拌入适当浓度的外消旋乙氧呋草黄药液,使处理浓度分别为 0.5 μg/g、1.5 μg/g、3.0 μg/g、10.0 μg/g 和 30.0 μg/g;将拌好的土壤平铺于培养皿内,均匀播种(供试作物种子播在培养皿内);覆土 0.5 cm;光照培养箱内培养 7 天,培养条件为 10 小时光照,25 ℃;14 小时黑暗,20 ℃;期间每日均匀喷水保湿。7 天后分别测定株高、根长、鲜重等指标,计算抑制率。

$$各生理指标抑制率(\%) = \frac{空白对照指标值 - 药剂处理指标值}{空白对照指标值} \times 100$$

2) 乙氧呋草黄活性测试方法

向 50 mL 烧杯中加入药液 2 mL,再加入融化稍凉的 0.65% 琼脂水溶液 18 mL,边加边迅速摇动,使药剂在培养基中分散均匀,处理浓度分别为 0.1 μg/g、0.5 μg/g、2.0 μg/g、4.0 μg/g 和 10.0 μg/g。待琼脂凝固后播种,3 次重复。将小杯放入瓷盘,置于光照培养箱内培养,培养条件为 10 小时光照,25 ℃;14 小时黑暗,20 ℃。实验处理 7 天后,调查鲜重、株高抑制百分率。

培养皿直径 9 cm,内铺一层滤纸,将供试种子均匀摆放后,向培养皿中加入 10 mL 药液,加盖后培养,培养条件同上。

1.2.2　果汁

以果汁中苯线磷对映体的残留方法的研究为例。

1.2.2.1　实验设备和条件

Agilent 1100 高效液相色谱(HPLC)、CD-2095 圆二色检测器、手性色谱柱 150 mm×4.6 mm I. D.(ADMPC,实验室自制),流动相为乙腈/水(45/55)、流速 0.5 mL/min、柱温 15 ℃、进样量 20 μL、检测波长 254 nm。

1.2.2.2　实验设计与方法

蜜桃多果汁:移取 5.0 mL 蜜桃汁样品 50 mL 离心管中加入 10.0 mL 水稀释,转入分液漏斗中,然后用 3×20.0 mL 二氯甲烷萃取,合并萃取液过无水硫酸钠到 150 mL 圆底烧瓶中,使用旋转蒸发仪将滤液在 40℃下蒸发近干。

吸取 1.0 mL 甲醇于圆底烧瓶中,加入 50.0 mL MilliQ 水,塞紧摇匀;过固相萃取柱。

固相萃取柱的活化:先用 2×2.5 mL 乙酸乙酯浸泡 SPE 柱,然后用 2×2.5 mL 丙酮浸泡洗涤 SPE 柱,再用 3.0 mL 去离子水浸润和淋洗 SPE 柱,最后向 SPE 柱中加入适量的去离子水等待过样。

上样:控制流速呈滴状(2.0 mL/min),上样结束后,抽真空干燥小柱 50~60 min;

洗脱:先用 2.0 mL 甲醇再用 2.0 mL 乙酸乙酯洗脱,保持 10 min;将洗脱液收集在小试管中。

浓缩:将小试管放在固定氮吹仪器上,控制温度在 40℃左右,用氮气吹至近干,再用吸耳球吹干,用 1.0 mL 乙腈定容。

1.2.2.3　结果与分析

在蜜桃汁样本中添加苯线磷对映体标准溶液,添加单一对映体三个浓度水平分别为 0.050 mg/L、0.200 mg/L、1.000 mg/L,在上述提取、净化和检测条件下,做添加回收实验,结果见表 1-13。对映体在果汁中的检测限为 0.040 mg/L,定量限为 0.050 mg/L。果汁中单一对映体的最小添加浓度为 0.050 mg/L 时,两对映体回收率都在 76.33% 以上,相对标准偏差<5.70%;两个高浓度的回收率都在 85.60% 以上,相对标准偏差都<3.80%。样品空白及添加色谱图见图 1-8。

表 1-13　空白蜜桃汁样品添加外消旋苯线磷后两对映体的添加回收率($n=6$)

添加单一对映体浓度/(mg/L)	对映体 E_1			对映体 E_2		
	实测值/(mg/L)	回收率/%	RSD/%	实测值/(mg/L)	回收率/%	RSD/%
0.050	0.040	80.81±7.95	5.66	0.040	79.78±5.59	5.50
0.200	0.181	90.56±5.13	3.40	0.178	88.31±5.72	3.77
1.000	0.963	96.33±1.92	1.24	0.948	94.76±2.57	1.95

1.2.3　斜生栅藻

以乙氧呋草黄在斜生栅藻中的选择性研究为例。

1.2.3.1　供试样品与营养液的配制

本实验以斜生栅藻为研究对象,培养基为水生 4 号培养液。在无菌条件下将藻种接种至稀释 10 倍的水生 4 号培养液中,于 RXZ 型智能人工气候箱至对数生长期进一步扩大培养。培养方法是用 250 mL 三角瓶,装 100 mL 培养液,接种藻种使其成淡绿色。灭

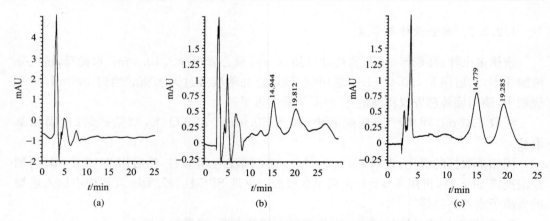

图 1-8　果汁样品空白及添加标准图谱

(a)空白蜜桃多样品；(b)空白果汁样品添加单一苯线磷对映体 0.050 mg/L；

(c)外消旋苯线磷标样(单一对映体浓度 0.50 mg/L)

菌棉塞封口以防污染，温度为(24±0.5)℃，光照在 3000～4000 lx 连续静止培养。每天摇动且移动摆放位置 2～3 次，减少水藻细胞贴壁现象，并尽可能保证藻受到均匀的光照。

斜生栅藻采用水生 4 号培养液(有磷营养液)培养，每 1 L 储备液中所含营养成分如表 1-14 所示。

表 1-14　水生 4 号的组成

成分	用量
硫酸铵[$(NH_4)_2SO_4$]	2.0 g
过磷酸钙饱和液[$Ca(H_2PO_4)_2 \cdot H_2O \cdot (CaSO_4 \cdot H_2O)$]	10 mL
硫酸镁($MgSO_4 \cdot 7H_2O$)	0.80 g
碳酸氢钠($NaHCO_3$)	1.0 g
氯化钾(KCl)	0.25 g
三氯化铁($FeCl_3$)1‰溶液	1.5 mL
土壤浸出液	5.0 mL

无磷营养液：根据文献报道，为水生 4 号在配制的过程中不添加过磷酸钙饱和液(表 1-15)。

表 1-15　无磷营养液的组成

成分	用量
硫酸铵[$(NH_4)_2SO_4$]	2.0 g
硫酸镁($MgSO_4 \cdot 7H_2O$)	0.80 g
碳酸氢钠($NaHCO_3$)	1.0 g
氯化钾(KCl)	0.25 g
三氯化铁($FeCl_3$)1‰溶液	1.5 mL
土壤浸出液	5.0 mL

1.2.3.2　实验设计与方法

分别接种适量处于指数生长期的藻液,加入到 250 mL 的三角烧瓶中,用适量的培养液定容到 100.0 mL。初始接种藻细胞个数约为 2×10^4 个/mL,放置于人工气候箱中进行一次性培养。根据预备实验结果,用移液枪移取适量乙氧呋草黄、乙氧呋草黄对映体和主要代谢物的储备液加入藻液,添加不同浓度,96 h 后测定其在 680 nm 处的光密度,每个操作设置 3 个平行。

1.2.4　水葫芦

以氟虫腈在水葫芦中的选择性研究为例。

1.2.4.1　供试样品与营养液的配制

对水葫芦进行 10 天的温室培养,温室的温度为 25 ℃(白天)、20 ℃(夜晚),自然采光。营养液配比:硝酸铵 38.0 mg/L、磷酸二氢钾 3.5 mg/L、氯化钾 30.0 mg/L、氯化钙 9.0 mg/L、硫酸镁 7.0 mg/L 及多种微量元素。

1.2.4.2　实验设备和条件

Agilent 1100 高效液相色谱(HPLC)、CD-2095 圆二色检测器、手性色谱柱 250 mm×4.6 mm I.D.(CDMPC,实验室自制),流动相为正己烷/异丙醇(95/5)、流速 1.0 mL/min、进样量 20 μL、检测波长 230 nm。

1.2.4.3　实验设计与方法

选择年龄(约 1 个月)、鲜重和叶片数(5~7)(约 20 g)相仿的植物,用蒸馏水洗净。将每一株植物置于 500 mL 烧杯中,加入 400 mL 含有 20 mg/L 氟虫腈的营养液,每个处理三个重复,对照组是未添加氟虫腈的营养液。

分别在 0 d、1 d、3 d、7 d、9 d、15 d、28 d、45 d、63 d 对水葫芦和培养液取样,样品去除外部残留物和灰尘,滤纸吸干水分,保存于 -20 ℃。

在水葫芦中氟虫腈浓度相对高值(63 d)时,将其移到无氟虫腈营养液中。每日更新营养液以确保植物生长环境中无氟虫腈存在。移植后采集 0 d、1 d、2 d、3 d、7 d、17 d 样本。所有的植物样本依照上面介绍的方法进行清洗和存储,直至分析。

取 10 g 磨碎的样品于 100 mL 塑料离心管,加入 30 mL 乙腈,涡旋 3 min,4000 r/min 离心 5 min。有机相移至 250 mL 锥形瓶中,无水硫酸钠过滤,合并提取液,通过在 45 ℃ 旋转蒸发至 1 mL 左右,氮气吹干。

10 mL 石油醚/乙酸乙酯(7/3)洗涤锥形瓶三次。用玻璃层析柱(20 cm×8 mm 内径)进行纯化。层析柱由三层填装,中间层是硅胶/活性炭(2.0 g/0.6 g)和上下两层分别为无水硫酸钠。先用 15 mL 石油醚,再用 10 mL 石油醚/乙酸乙酯(7/3)溶液淋洗,收集洗脱液,45 ℃ 旋转蒸发至干,1 mL 异丙醇定容分析。

20 mL 营养液样本加入到 100 mL 塑料离心管中,并用乙酸乙酯振荡提取三次水样,合并上清液,蒸干,1 mL 异丙醇定容分析。

1.2.4.4　线性范围与方法确证

1) 标准曲线制备

称取 0.1 g 外消旋体标样于 10 mL 容量瓶中,用异丙醇溶解并定容,得到含两对映体各 $1×10^4$ μg/mL 外消旋体标准储备溶液,逐级稀释得到一系列外消旋的标准溶液 (0.3～120.0 μg/mL)。采用 Microsoft® Excel 软件,以每个对映体标准溶液浓度对每个对映体的峰面积进行线性回归分析。

2) 准确度、检测限及回收率

准确度及检测限测定方法同 1.1.1.4 小节 2)。

在空白样本中加入适量标准溶液得含两对映体不同浓度的样品(0.1 μg/mL、1.0 μg/mL、10.0 μg/mL)进行回收率测定,通过比较从样品中提取的对映体峰面积与相应标准溶液中对映体的峰面积计算回收率。每个水平重复六次。

1.2.4.5　数据处理

采用对映体分数 EF 值作为对映体选择性变化的指标:

$$EF = E_1/(E_1 + E_2) \tag{1-5}$$

样本中 EF 值偏离外消旋体标样的 EF 值越远,表明对映体在样本中的选择性行为越明显。

1.2.4.6　结果与分析

1) 方法有效性确证

如表 1-16 所示,单一对映体的线性范围为 0.1～10.0 mg/kg,两个对映体的线性相关系数均大于 0.99,检出限为 0.1 mg/kg,定量限为 0.5 mg/kg。表 1-17 为三个浓度下连续进样 6 次和连续 6 天进样,得到两对映体峰面积的精密度数据,所有参数三个浓度的变异系数(CV)都小于 10%。

表 1-16　氟虫腈对映体分析方法的有效性数据($n=5$)

对映体	线性方程	R^2	线性范围/(mg/kg)	检出限/(mg/kg)	定量限/(mg/kg)
$E_1(R)$	$y=28.803x-1.9508$	0.9998	0.1～10.0	0.1	0.5
$E_2(S)$	$y=27.943x-5.3607$	0.9991	0.1～10.0	0.1	0.5

2) 样本中对映体分析方法的建立

样本中添加了三个对映体浓度水平(单一对映体浓度:0.1 mg/kg、1.0 mg/kg、10.0 mg/kg),结果如表 1-18 所示,三个添加浓度水平下,两对映体的回收率均在 80.8%～95.4%,变异系数小于 5%。

综合上述方法检验结果表明,本研究建立的前处理方法回收率高,方法的精密度和准确度符合残留分析的要求,可以满足待测组分在各供试样本中降解行为的研究需要。图 1-9 为各样本的空白对照和外消旋氟虫腈标样添加图谱。

表 1-17　氟虫腈对映体分析方法的精密度数据($n=6$)

浓度/(mg/kg)		变异系数/%	
		$E_1(+)$	$E_2(-)$
日内	0.1	0.2	0.4
	1.0	0.4	0.6
	10.0	0.8	1.0
日间	0.1	1.5	1.7
	1.0	2.0	3.2
	10.0	3.1	4.3

表 1-18　添加外消旋氟虫腈后两对映体的回收率(表中数字为三次重复平均值±标准差)

对映体		添加水平/(mg/kg)		
		0.1	1.0	10.0
水葫芦	(+)	81.6±4.74	83.3±2.83	87.6±1.32
	(-)	80.8±3.10	81.8±1.54	86.4±1.26
营养液	(+)	94.3±2.95	95.1±2.51	95.4±4.04
	(-)	92.7±3.78	92.6±2.23	94.8±5.08

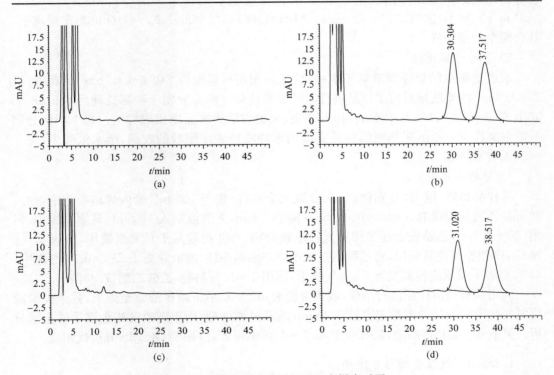

图 1-9　氟虫腈出峰时间及空白样本对照

(a)空白水样色谱图；(b)水中添加氟虫腈标样色谱图；(c)空白植物色谱图；(d)植物中添加氟虫腈标样色谱图

1.2.5　白菜

以氟虫腈对映体在白菜中的选择性残留研究为例。

1.2.5.1　供试样品

供试白菜的田间实验设计：选择实验平行小区 4 个（五年内未使用过氟虫腈），每个小区 10 m^2，其中 3 个为降解实验区，一个为空白对照区。播种后 40 天施药。

1.2.5.2　实验设备和条件

JASCO 高效液相色谱仪（JASCO 公司，日本）、Agilent 1100 高效液相色谱（HPLC）、CD-2095 圆二色检测器、(R, R)Whelk-O 1 手性色谱柱（250 mm×4.6 mm I. D.），气相色谱-质谱仪，毛细管气相色谱柱（30 m×0.25 mm×0.25 μm）、流动相为正己烷/异丙醇（95/5）、流速 1.0 mL/min、进样量 20 μL、检测波长 225 nm。

1.2.5.3　实验设计与方法

1）代谢产物的 GC-MS 分析

利用气相色谱-质谱联用仪，通过选择离子扫描（SIM）的方式对氟虫腈代谢物进行定量分析，氟虫腈及其代谢物的选择离子为氟虫腈（351；367* m/z）、MB46513（333；388* m/z）、MB45950（351*；420m/z）、MB46136（383*；452m/z），* 为标记为定量离子，其余同全扫描条件。

2）茎叶喷雾处理

取适量氟虫腈悬浮剂溶解于水中，按照面积用药量配得 240 g a.i. /hm^2 的药液，以 250 L/hm^2 的喷液量对白菜样品进行茎叶喷雾处理。样品分别于喷雾处理后 0 h、16 h、40 h、64 h、112 h、160 h、196 h、240 h 采集，采集方法为多点随机取样法。每个小区分别采集白菜样本 500 g，采集到的样品立即用水冲洗掉表面附着的农药，吸水纸吸干，置于 —20 ℃冰箱中保存。

3）样品前处理

将样品捣碎、混匀，分别称取 10 g（取三个平行）置于 100 mL 聚丙烯离心管中，加入 30 mL 乙腈涡旋提取 3 min，4000 r/min 离心 5 min，上清液倒入 100 mL 具塞量筒中，另用（30+20）mL 乙腈按上述步骤重复提取残留物，合并提取液于具塞量筒中，加入 2.0 g NaCl，剧烈振荡使其分层，将乙腈层过无水硫酸钠漏斗柱，滤液收集于 250 mL 鸡心瓶中，45 ℃水浴下减压旋转蒸发近干，氮气吹干，再用 1 mL 石油醚/乙酸乙酯(7/3)溶解。

利用层析柱对样品进行净化，收集洗脱液，40 ℃水浴下减压浓缩至近干，残余提取液用氮气吹干，1 mL 异丙醇定容后 0.45 μm 滤膜过滤处理，用于高效液相色谱手性定量分析。另取 0.5 mL 待测液，氮气吹干，0.5 mL 丙酮定容，以用于 GC-MS 分析代谢物。

1.2.5.4　线性范围与方法确证

1）标准曲线制备

称取 0.2 g 氟虫腈标样于 100 mL 容量瓶中，用异丙醇溶解并定容，得到含两对映各 1000 μg/mL 外消旋体标准储备溶液,逐级稀释得到一系列外消旋(2.0 mg/L、5.0 mg/L、50.0 mg/L、100.0 mg/L、500.0 mg/L)的标准溶液。MB46513、MB45950、MB46136 标准溶液用丙酮配制并稀释,得到一系列标准溶液(0.1 mg/L、0.5 mg/L、2.0 mg/L、10.0 mg/L、50.0 mg/L)。以每个对映体标准溶液浓度对每个对映体的峰面积进行线性回归,线性回归分析采用 Microsoft® Excel 软件。

2)准确度、检测限及回收率

准确度及检测限测定方法同 1.1.1.4 小节 2)。

在白菜空白样品中分别添加适量氟虫腈及其代谢物的标准溶液进行回收率测定,设定三个添加水平(0.1 mg/kg、1.0 mg/kg、10.0 mg/kg),每个添加水平重复 3 次,按上述方法提取、净化后进样分析,通过比较从植物样品中提取出的对映体峰面积与相应标准溶液中对映体的峰面积比计算回收率。

1.2.5.5 数据处理

降解动力学分析及对映异构体选择性比值计算方法同 1.1.1.5。

1.2.5.6 结果与分析

为保证测定方法的准确性,对方法的线性范围、精密度、回收率、检测限进行了考察。实验结果表明,氟虫腈及其代谢物在一定的范围内均呈现良好的线性关系,相关系数大于 0.99,精密度、准确度、灵敏度也符合农药残留分析的要求,同时也满足氟虫腈在白菜体内降解行为的研究需要。具体结果见表 1-19 和表 1-20。

表 1-19 氟虫腈对映体及其代谢物的方法确证($n=3$)

化合物	浓度范围 /(mg/L)	线性方程	相关系数 R^2	日内精密度 (RSD,%)	日间精密度 (RSD,%)	定量限 /(mg/kg)	检测方法
S-氟虫腈	1.0~250.0	$y=0.6562x+0.0334$	0.9997	0.2~0.9	2.5~4.9	0.050	HPLC
R-氟虫腈	1.0~250.0	$y=0.6633x-0.4700$	0.9997	0.2~1.7	2.9~5.4	0.060	HPLC
MB46513	0.1~50.0	$y=88398x-32374$	0.9995	0.4~1.9	1.7~4.6	0.008	GC-MS
MB45950	0.1~50.0	$y=91980x-34301$	0.9996	0.4~2.2	2.3~5.8	0.010	GC-MS
MB46136	0.1~50.0	$y=88399x-38716$	0.9996	0.5~0.8	2.6~6.1	0.010	GC-MS

表 1-20 氟虫腈对映体及其代谢物在白菜中的添加回收率($n=3$)

浓度 /(mg/kg)	S-氟虫腈		R-氟虫腈		MB46513		MB45950		MB46136	
	R^a	CV^b	R^a	CV^b	R^a	CV^b	R^a	CV^b	R^a	CV^b
0.1	87.71	4.12	83.12	4.38	90.29	5.19	88.44	6.26	85.68	5.74
1.0	78.80	3.91	83.64	2.54	84.60	4.23	80.01	4.39	86.81	3.28
10.0	90.90	2.66	87.50	3.82	87.40	3.86	84.20	4.83	79.10	4.67

a. 代表平均添加回收率(%);b. 代表变异系数(%)

图 1-10 为白菜的空白对照和外消旋氟虫腈添加的图谱,可以看出经过提取和净化后,空白样品中在待测组分的保留时间处均无杂质干扰。

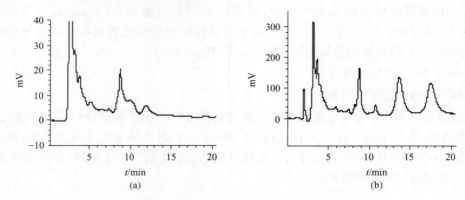

图 1-10　白菜空白与添加氟虫腈标准样品图谱

(a) 白菜空白对照,(b) 添加氟虫腈标样(10.0 μg/g);正己烷/异丙醇(95/5, *v/v*),225 nm,流速 1.0 mL/min

1.2.6　葡萄酒

以禾草灵在葡萄酒酿造过程中的选择性降解研究为例。

1.2.6.1　供试样品

实验所用葡萄的采集地近三年内未使用过禾草灵及其相关产品,所用酵母为高活性葡萄酒酵母,使用前用 5% 蔗糖溶液,37℃下活化 30 min。

1.2.6.2　实验设备和条件

Agilent 1200 高效液相色谱(HPLC)、CD-2095 圆二色检测器、手性色谱柱 150 mm× 4.6 mm I. D. (CDMPC,实验室自制),流动相为正己烷/异丙醇(96/4)、流速 0.5 mL/min、进样量 20 μL、温度 20℃、检测波长 230 nm。

1.2.6.3　实验设计与方法

1) 葡萄酒酿造实验

选取优质葡萄,用清水将其洗涤干净后自然晾干,去皮后用榨汁机搅拌,4℃静置24 h后,离心取上清液,即为本实验所用葡萄汁。随后,采用巴氏消毒法,60℃消毒 30 min。冷却后,在所得葡萄汁中按 5 mg/L 添加禾草灵丙酮溶液,剧烈搅拌葡萄汁,使禾草灵在其中均匀分布。在 50 mL 灭菌发酵罐中,准确称取 15.0 g 葡萄汁,并加入 0.5%(干酵母质量/葡萄汁质量)的葡萄酒酵母以启动发酵过程,随后密封发酵罐,25℃避光培养,按一定时间间隔取三个重复样本,并于−20℃冰箱储存。

另外,为了考察禾草灵对映异构体在发酵过程中的构型稳定性,按上述试验方法,分别对禾草灵的两个对映异构体进行实验,添加浓度为 5 mg/L。

在进行禾草灵实验的同时设置空白对照实验,在空白对照组中不添加禾草灵或其对映异构体,而其他操作与上述操作一致。实验中,所有器皿均经高压灭菌 30 min。

2) 样品制备

将每个发酵罐中的发酵液完全转移至 50 mL 聚乙烯离心管中,并用 20 mL 乙醚分三次洗涤发酵罐,并与离心管中发酵液合并。在此混合溶液中加入 2 g 氯化钠来提高乙醚和发酵液的分离效果,采用涡旋的方式进行提取,涡旋 4 min 后,2425 g 离心 3 min,将上清液过含无水硫酸钠的漏斗,转移至 100 mL 鸡心瓶中。重复此提取过程两次,合并所有提取液,并用 10 mL 乙醚洗涤无水硫酸钠,并与提取溶剂合并。将提取液在 45℃下旋转蒸发至近干后,氮气吹干。

本实验采用固相萃取法(SPE)来去除样本中的杂质,所用 SPE 柱填料为硅胶,淋洗液为正己烷/乙酸乙酯(20/1)的混合溶液。先后在固相萃取柱中加入 5 mL 乙酸乙酯和 5 mL 正己烷洗涤,随后加入 10 mL 淋洗液平衡。平衡后,用 3 mL 淋洗液分三次洗涤鸡心瓶中的提取物,并全部转移至固相萃取柱中,并在此时开始接收淋出液,最后再用 10 mL 淋洗液进行洗脱并收集。SPE 净化在常温常压下进行,整个过程中固相萃取柱保持湿润状态,以确保良好的净化效果和重复性。所得淋出液在 40℃下,氮气吹干,用 1.0 mL 异丙醇定容,待进样分析。

1.2.6.4　线性范围与方法确证

1) 标准曲线制备

准确称取 0.1 g 外消旋体禾草灵标准品于 100 mL 容量瓶中,用异丙醇溶解并定容至刻度线,逐级稀释得到一系列浓度的标准溶液(每个对映异构体浓度为 0.2 mg/L、1.0 mg/L、5.0 mg/L、10.0 mg/L、50.0 mg/L 和 100.0 mg/L),按上述色谱条件进样,每个标准品重复进样两次,最后以对映异构体的峰面积为纵坐标,相应的浓度为横坐标作图,并用 Microsoft® Excel 软件进行回归分析。

2) 准确度、检测限及回收率

准确度及检测限测定方法同 1.1.1.4 小节 2)。

本实验中,因发酵前后发酵基质物质种类变化较大,故分别对不同时间点的空白葡萄酒样本进行添加回收实验,每次实验设定 3 个不同添加浓度(每个单体浓度为 0.1 mg/L、0.5 mg/L 和 2.5 mg/L),每个浓度重复 3 次($n=3$),按上述提取、净化和分析方法进行处理,并计算添加回收率。

1.2.6.5　数据处理

对映体选择性比值计算方法同 1.2.4.5。

1.2.6.6　结果与分析

在 0.2～100.0 mg/L 的浓度范围内,禾草灵的两个对映异构体呈良好的线性关系,相关系数大于 0.999,标准曲线见图 1-11。

在上述实验方法下,禾草灵的两个对映异构体能够完全分离,在葡萄酒样本中,禾草灵的出峰位置无杂质干扰。利用 0 d、3 d 和 6 d 的空白葡萄酒样本进行添加回收实验,其

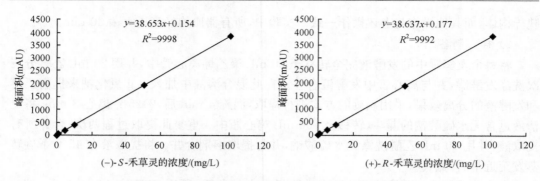

图 1-11　禾草灵对映异构体的浓度与峰面积标准曲线图

回收率在 78.4%±1.3% 到 86.7%±2.2% 范围内，RSD 在 1.4%～5.8% 之间（表 1-21）。该实验中，禾草灵两个对映异构体的最小检出限为 0.1 mg/L，最低定量限为 0.4 mg/L，满足该实验要求。本实验方法的回收率在 70%～110% 范围内，RSD < 15%，因此，本方法可适用于葡萄酒发酵过程中禾草灵对映异构体的含量分析。

表 1-21　禾草灵对映异构体添加回收率和相对标准偏差

样本	添加浓度/(mg/L)	(一)-S-禾草灵		(＋)-R-禾草灵	
		平均回收率/%	相对标准偏差/%	平均回收率/%	相对标准偏差/%
葡萄酒样本 0 d	0.1	86.7±2.2	2.5	86.1±2.1	2.4
	0.5	78.8±3.5	4.4	78.2±3.9	5.0
	2.5	78.4±1.3	1.7	78.9±1.1	1.4
葡萄酒样本 3 d	0.1	82.3±2.9	3.5	82.8±2.5	3.0
	0.5	84.1±4.1	4.9	84.3±4.7	5.6
	2.5	79.2±3.7	4.7	79.4±3.2	4.0
葡萄酒样本 6 d	0.1	85.9±2.4	2.8	82.1±3.3	4.0
	0.5	79.1±4.2	5.3	79.4±4.6	5.8
	2.5	80.2±3.3	4.1	80.8±3.7	4.6

1.2.7　葡萄

以苯霜灵对映体在葡萄中的选择性降解及残留行为研究为例。

1.2.7.1　实验设备和条件

Agilent 1200 高效液相色谱（HPLC）、手性色谱柱 250 mm × 4.6 mm I.D.（CDMPC，实验室自制），流动相为正己烷/异丙醇（90/10），流速 1.0 mL/min，进样量 20 μL，温度 20℃，检测波长 230 nm。

1.2.7.2　实验设计与方法

1）茎叶喷雾处理

取适量苯霜灵乳油溶解于水中，按照每小区 0.75 g 的用药量配置药液，按喷液量为

750 mL 每小区对供试植物样品进行茎叶喷雾处理。

葡萄样品分别于喷雾处理后 0 d、1 d、2 d、3 d、4 d、6 d、8 d、10 d 采集,以对角点随机取样法。每个小区分别采集葡萄样本 500 g,采集到的样品立即用水将葡萄表面附着的农药冲洗干净,吸水纸吸干,匀浆,置于−20 ℃冰箱中保存。

2) 葡萄样品前处理

称取 10 g 样品(取三个平行),置于 100 mL 离心管中,加入 20 mL 乙酸乙酯,2 g 无水硫酸钠,涡旋振荡 3 min,静置 15 min,将上层液体经无水硫酸钠过滤至圆底烧瓶中;离心管中再加入 20 mL 乙酸乙酯,涡旋振荡 3 min,静置 15 min,将上层液体过滤至圆底烧瓶中;重复上述步骤一次;用 10 mL 乙酸乙酯洗涤离心管、无水硫酸钠及滤渣。将所得滤液在 40 ℃下减压浓缩去除大部分的乙酸乙酯至大约 1 mL,氮气吹干。

采用干法装柱自制净化柱:柱内径(20 cm×10 mm I. D.),从下至上依次装入少量脱脂棉、约 1 cm 高的无水硫酸钠、硅胶与活性炭混合物(2 g+0.06 g)、1 cm 高的无水硫酸钠,小心均匀敲实,并保证每层接触面水平。用石油醚/乙酸乙酯(80/20)作淋洗液。用 10 mL 丙酮洗涤装填好的柱子,再用 20 mL 淋洗液冲洗,确保柱内不出现断层。

在旋蒸好的圆底烧瓶中,加入 10 mL 淋洗液,并充分洗涤瓶底残留物,然后将淋洗液转入净化柱,弃去前 10 mL 淋出液,用鸡心瓶接收余下 40 mL 淋洗液。40 ℃水浴下减压浓缩洗脱液至近干,残余提取液用氮气吹干,1 mL 异丙醇定容后 0.45 μm 滤膜过滤处理,用于高效液相色谱手性定量分析。

1.2.7.3　线性范围与方法确证

1) 标准曲线制备

称取 0.2 g 苯霜灵标样于 100 mL 容量瓶中,用异丙醇溶解并定容,得到含两对映体各 1000 mg/L 外消旋体标准储备溶液,逐级稀释得到一系列(每个对映体浓度为 0.25 mg/L、2.50 mg/L、5.00 mg/L、10.00 mg/L、15.00 mg/L)的标准溶液。以每个对映体标准溶液浓度对每个对映体的峰面积进行线性回归,线性回归分析采用 Microsoft® Excel 软件。

2) 准确度、检测限及回收率

准确度及检测限测定方法同 1.1.1.4 小节 2)。

在葡萄空白样品中分别添加适量苯霜灵的标准溶液进行回收率测定,设定三个添加水平(0.25 μg/g、2.50 μg/g、5.00 μg/g),每个添加水平重复 3 次,按上述提取、净化和分析方法进行处理,并计算添加回收率。

1.2.7.4　数据处理

降解动力学以及对映体选择性比值的计算方法同 1.1.1.5 小节 1)以及 1.2.4.5。

1.2.7.5　结果与分析

为保证测定方法的准确性,对方法的线性范围、精密度、回收率、检测限进行了考察。实验结果表明,苯霜灵在 0.25～15.00 mg/L 范围内均呈现良好的线性关系,相关系数大于 0.99,精密度、准确度、灵敏度也符合农药残留分析的要求,同时也满足苯霜灵在葡萄体内降解行为的研究需要。具体结果见表 1-22 和表 1-23。

表 1-22　苯霜灵对映体的方法确证($n=3$)

对映体	浓度范围/(mg/L)	线性方程	R^2	日内精密度(RSD, %)	日间精密度(RSD, %)	定量限/(μg/g)
$E_1(R)$	0.25~15.00	$A=96.87C-9.857$	0.996	0.96~1.49	3.79~5.65	0.12
$E_2(S)$	0.25~15.00	$A=95.76C-12.77$	0.997	1.29~3.27	2.46~4.39	0.12

表 1-23　苯霜灵对映体在葡萄中的添加回收率($n=3$)

添加水平/(μg/g)	回收率/%	
	$E_1(R)$	$E_2(S)$
0.25	78.36±1.27	76.25±3.27
2.50	80.67±1.49	77.24±1.48
5.00	80.00±0.96	78.52±1.29

图 1-12 为葡萄的空白对照和外消旋苯霜灵添加的图谱,可以看出经过提取和净化后,空白样品中在待测组分的保留时间处均无杂质干扰。

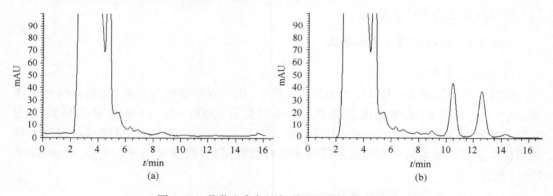

图 1-12　葡萄空白与添加苯霜灵标准样品图谱

(a) 葡萄空白对照,(b) 添加苯霜灵标样(5.00 μg/g);正己烷/异丙醇(90/10, v/v),230 nm,流速 1.0 mL/min

1.2.8　辣椒、烟草、番茄和甜菜

以苯霜灵对映体在植物体内选择性降解及残留行为研究为例。

1.2.8.1　实验设备和条件

Agilent 1100 高压液相色谱(HPLC)、手性色谱柱 250 mm × 4.6 mm I.D. (CDMPC,实验室自制),流动相为正己烷/异丙醇(90/10),流速 1.0 mL/min,进样量 20 μL,温度 20 ℃,检测波长 230 nm。

1.2.8.2　实验设计与方法

1）茎叶喷雾处理

取适量苯霜灵乳油溶解于水中，按照每小区 0.75 g 的用药量配置药液，按喷液量为 750 mL 每小区对供试植物样品进行茎叶喷雾处理。

植物样品分别于喷雾处理后 0 d、1 d、2 d、4 d、6 d、8 d、10 d、15 d、20 d、25 d 采集，采用对角点随机取样法。每个小区分别采集油菜样本 500 g，采集到的样品立即用水将植物表面附着的农药冲洗干净，吸水纸吸干，捣碎、混匀，置于 −20 ℃ 冰箱中保存。

2）样品前处理

分别称取 10 g 样品（取三个平行）置于 250 mL 三角瓶中，加入 50 mL 乙酸乙酯，10 g 无水 Na_2SO_4，3 g NaCl。机械振荡提取 30 min 后超声提取 5 min，静置 10 min。取上清液过滤，再用 30 mL 乙酸乙酯洗涤残渣及漏斗（分三次）。将过滤液合并于 250 mL 圆底烧瓶中，用旋转蒸发仪在 40 ℃ 下减压浓缩去除大部分的乙酸乙酯至大约 1 mL，氮气吹干，用 10 mL 乙酸乙酯和石油醚（90/10, v/v）混合溶液分三次清洗残渣，清洗液转入净化柱。

采用干法装柱自制净化柱：层析柱（20 cm×8 mm I.D.），从下至上依次装入少许脱脂棉、1 cm 无水硫酸钠、2.0 g 硅胶＋0.6 g 活性炭、1 cm 无水硫酸钠，小心均匀敲实，进行样品净化前先依次用 20 mL 丙酮和 15 mL 石油醚预淋净化住。浓缩提取液上柱后，先用 10 mL 乙酸乙酯和石油醚（90/10, v/v）混合溶液淋洗，然后用石油醚/乙酸乙酯 40 mL（80/20，v/v）洗脱，收集洗脱液，40 ℃ 水浴下减压浓缩至近干，残余提取液用氮气吹干，1 mL 异丙醇定容后 0.45 μm 滤膜过滤处理，用于高效液相色谱手性定量分析。

1.2.8.3　线性范围与方法确证

1）标准曲线制备

分别称取 0.2 g 苯霜灵标样于 100 mL 容量瓶中，用异丙醇溶解并定容，得到含两对映体各 1000.0 μg/mL 外消旋体标准储备溶液，逐级稀释得到一系列（每个对映体浓度为 0.5 mg/L、5.0 mg/L、50.0 mg/L、100.0 mg/L、125.0 mg/L）的标准溶液。以每个对映体标准溶液浓度对每个对映体的峰面积进行线性回归，线性回归分析采用 Microsoft® Excel 软件。

2）准确度、检测限及回收率

准确度及检测限测定方法同 1.1.1.4 小节 2）。

在各个植物的空白样品中分别添加适量苯霜灵的标准溶液进行回收率测定，设定三个添加水平（0.04 μg/g、0.20 μg/g、2.00 μg/g），每个添加水平重复三次，按上述提取、净化和分析方法进行处理，并计算添加回收率。

1.2.8.4　数据处理

降解动力学以及对映体选择性比值的计算方法同 1.1.1.5 小节 1）以及 1.2.4.5。

1.2.8.5　结果与分析

为保证测定方法的准确性,对方法的线性范围、精密度、回收率、检测限进行了考察。实验结果表明,苯霜灵在一定的范围内均呈现良好的线性关系,相关系数大于 0.99,精密度、准确度、灵敏度也符合农药残留分析的要求,同时也满足苯霜灵在辣椒、烟草、甜菜和番茄体内降解行为的研究需要。具体结果见表 1-24 和表 1-25。

表 1-24　苯霜灵对映体的方法确证($n=3$)

化合物	浓度范围 /(mg/L)	线性方程	R^2	日内精密度 (RSD, %)	日间精密度 (RSD, %)	定量限 /(μg/g)
$E_1(R)$	0.5～125.0	$A=71.812C+106.63$	0.9998	1.98～2.69	2.69～4.52	0.2
$E_2(S)$	0.5～125.0	$A=73.004C-156.326$	0.9994	2.36～3.15	3.15～4.25	0.2

表 1-25　苯霜灵在植物中的添加回收率($n=3$)

植物	添加浓度/(μg/g)	回收率/%	
		$E_1(R)$	$E_2(S)$
烟草	0.04	77.94±4.03	74.82±3.52
	0.20	78.91±2.44	78.48±2.65
	2.00	80.32±3.27	78.69±3.21
番茄	0.04	71.95±4.70	72.68±4.25
	0.20	76.43±4.33	75.71±3.97
	2.00	74.16±2.64	76.35±3.08
辣椒	0.04	77.64±2.69	72.93±3.15
	0.20	79.31±2.12	76.85±2.94
	2.00	80.23±1.98	77.24±2.36
甜菜	0.04	71.62±4.52	73.78±3.57
	0.20	72.85±3.97	72.46±5.04
	2.00	75.49±1.22	74.91±2.93

图 1-13 为辣椒、烟草、甜菜和番茄的空白对照和外消旋苯霜灵添加的图谱,可以看出经过提取和净化后,空白样品中在待测组分的保留时间处均无杂质干扰。

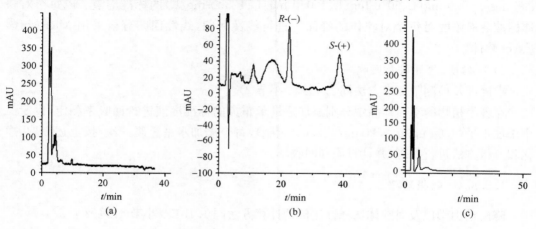

(a)　　　　　　　　　　(b)　　　　　　　　　　(c)

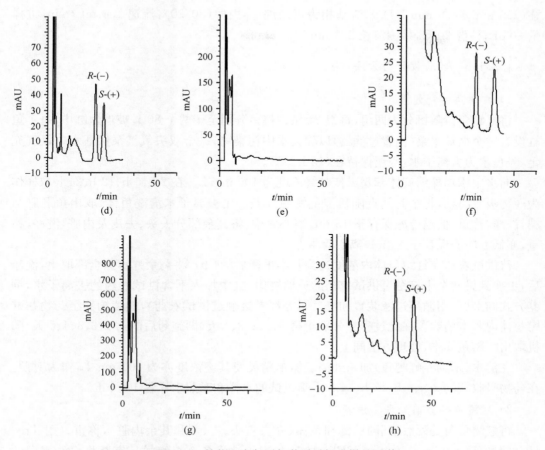

图 1-13　植物空白与添加苯霜灵标准样品图谱

（a）烟草空白对照，（b）烟草添加苯霜灵标样（2.00 μg/g）；（c）甜菜空白对照，（d）甜菜添加苯霜灵标样（2.00 μg/g）；
（e）辣椒空白对照，（f）辣椒添加苯霜灵标样（2.00 μg/g）；（g）番茄空白对照，（h）番茄添加苯霜灵标样（2.00 μg/g）；
正己烷/异丙醇（90/10，v/v），230 nm，流速 1.0 mL/min

1.3　动物及相关样品

1.3.1　虹鳟鱼

以禾草灵和苯霜灵对映体的选择性行为研究为例。

1.3.1.1　供试样品

供试的虹鳟鱼苗（21.3 g±4.4 g）及成年虹鳟鱼（约 2 kg）。

1.3.1.2　实验设备和条件

Agilent 1200 高效液相色谱、CD-2095 圆二色检测器、（R，R）Whelk-O 1 型手性色谱

柱(250 mm×4.6 mm I. D.)，流动相为正己烷/异丙醇(80/20)，流速 1.0 mL/min，进样量 20 μL，柱温 20 ℃，检测波长 230 nm。

1.3.1.3　实验设计与方法

1) 虹鳟鱼给药处理

将虹鳟鱼苗随机分为两组，每组 24 条。将鱼分别至于两个 80 L 玻璃鱼缸中，每个鱼缸设有一个循环水泵(内置过滤器)以除去水中污染物，一个双头氧气泵保证水中氧气充足，养鱼水为去离子水，水温保持在(15±2)℃。

向水中添加外消旋体苯霜灵使其终浓度为 100 mg/L。在 2 h、6 h、12 h、24 h 取样作为药物吸收时期，每个时间点随机取虹鳟鱼 3 条。用去离子水清洗鱼体，取出鱼肝脏与鳃，洗净，称重，低温冷冻保存于 15 mL 离心管中；将其余部分去头、去皮及内脏，洗净，称重，亦低温冷冻保存于 15 mL 离心管中。

待供试农药在虹鳟鱼体内浓度达到基本平衡后(24 h)，将剩余虹鳟鱼全部取出，洗净后，更换到另两个未接触过供试农药的玻璃缸中，缸中加入不含供试农药的去离子水，饲养方式同上(所用循环过滤装置和氧气泵等都未接触过供试农药)，继续饲养至药物在虹鳟鱼体内基本消除。在此过程中分别于第 0、1、2、3、4 天(即施药后的第 1、2、3、4、5 天)随机取出虹鳟鱼样本，处理方法同上。

在清水(未饲养虹鳟鱼)加入外消旋体苯霜灵使其终浓度亦为 100 mg/L，作为对照。在药物吸收期的 2 h、6 h、12 h、24 h 采集供试的水样和对照水样各 100 mL。

2) 虹鳟鱼样品前处理方法确定

将虹鳟鱼苗处死后取肝脏、鳃和鱼体(弃去鱼头、皮、刺和其余内脏)，称重。用 Tris-HCl 缓冲液(0.05 mol/L Tris-HCl，pH 7.4)组织洗涤各个组织样品直至将血红蛋白洗净。将上述组织样品(全肝、全鳃、5 g 鱼体)置于 30 mL 离心管中，匀浆 1 min 后加入 10 mL 乙酸乙酯。盖上离心管盖，涡旋 3 min，4000 r/min 离心 5 min。将上层有机相转入 10 mL 玻璃试管，残余物用 10 mL 乙酸乙酯按上述方法再提取一次。合并提取液，50 ℃下氮气吹干。用 3 mL 乙腈经复溶残渣，加入 1 mL 正己烷，混合液涡旋 3 min。待混合液静置分层，弃去正己烷层(上层)，乙腈 50 ℃下氮气吹干，以 200 μL 异丙醇定容。将定容好的样品转入 1.5 mL 离心管中离心 3 min，将上清液转入自动进样瓶中，保存在 −20 ℃冰箱中，待测。

1.3.1.4　线性范围与方法确证

1) 标准曲线制备

称取 1.0 g 苯霜灵外消旋体标样于 100 mL 容量瓶中，用异丙醇溶解并定容，得到含两对映体各 500 mg/L 外消旋体标准储备溶液，逐级稀释得到一系列外消旋(每个对映体浓度为 0.5 mg/L、1.0 mg/L、5.0 mg/L、20.0 mg/L 和 200.0 mg/L)的标准溶液。以每个对映体标准溶液浓度对每个对映体的峰面积进行线性回归。线性回归分析采用 Microsoft® Excel 软件。

2）准确度、检测限及回收率

准确度及检测限测定方法同 1.1.1.4 小节 2）。

在水中和虹鳟鱼肝脏、鱼体、鳃中加入适量标准溶液得含两对映体不同浓度的样品（0.2 μg/g、4.0 μg/g、40.0 μg/g）进行回收率测定，通过比较从各个样品中提取出的对映体峰面积与相应标准溶液中对映体的峰面积计算回收率。每个水平重复六次。

1.3.1.5 数据处理

降解动力学分析以及对映体选择性比值的计算方法同 1.1.1.5 小节 1）以及 1.2.4.5。

1.3.1.6 结果与分析

1）苯霜灵分析方法的有效性确证

如表 1-26 所示，单一对映体的线性范围为 0.5～200.0 mg/L，两对映体的线性相关系数均大于 0.99，检出限为 0.1 μg/g，定量限为 0.3 μg/g。表 1-27 为三个浓度下连续进样 6 次和连续 6 天进样，得到两对映体峰面积的精密度数据，所有参数三个浓度的变异系数（CV）都小于 7%。

表 1-26 苯霜灵对映体分析方法的有效性数据（$n=3$）

对映体	线性方程	R^2	线性范围/(mg/L)	检出限/(μg/g)	定量限/(μg/g)
$E_1(S)$	$A=12.565C-0.2204$	0.9999	0.5～200.0	0.1	0.3
$E_2(R)$	$A=12.566C-0.9139$	0.9996	0.5～200.0	0.1	0.3

表 1-27 苯霜灵对映体分析方法的精密度数据（$n=6$）

浓度/(μg/g)		CV/%	
		$E_1(S)$	$E_2(R)$
日内	0.4	4.98	3.63
	4.0	1.08	2.94
	40.0	1.53	1.91
日间	0.4	6.61	4.91
	4.0	2.60	2.75
	40.0	1.95	2.67

2）虹鳟鱼样本中对映体分析方法的建立

苯霜灵对映体在虹鳟鱼各个组织、水中残留提取方法如本章以上所述。苯霜灵在各种样本中添加了三个对映体浓度水平（单一对映体浓度：0.2 μg/g、4.0 μg/g、40.0 μg/g），结果汇总见表 1-28。在三个添加浓度水平下，虹鳟鱼各个组织中苯霜灵的两对映体的回收率均在 69.9%～92.7% 之间，变异系数小于 5%；三个添加浓度水平下，在水中的回收率在 90.2%～98.7 之间，变异系数小于 5%。

表 1-28　苯霜灵对映体在虹鳟鱼样本中的添加回收结果（$n=3$）

供试样本	添加浓度	回收率/%	
		（S）	（R）
肝脏	0.2 μg/g	73.9±2.4	69.9±4.1
	4.0 μg/g	72.7±2.1	70.5±1.8
	40.0 μg/g	89.5±1.2	84.8±1.3
鳃	0.2 μg/g	74.4±2.9	76.2±3.3
	4.0 μg/g	73.5±1.3	75.5±5.1
	40.0 μg/g	88.8±1.2	92.7±0.9
鱼体	0.2 μg/g	70.2±2.8	72.7±5.5
	4.0 μg/g	74.3±4.4	71.1±5.4
	40.0 μg/g	81.8±2.3	88.3±2.1
水	1.0 mg/L	98.7±2.6	96.3±3.7
	10.0 mg/L	92.9±3.0	90.2±2.4
	100.0 mg/L	94.8±2.4	91.4±3.8

　　上述实验结果显示,本章所建立的方法可有效进行苯霜灵对映体的含量测定以及其在虹鳟鱼肝脏、鳃、鱼体的残留分析,色谱图见图 1-14。

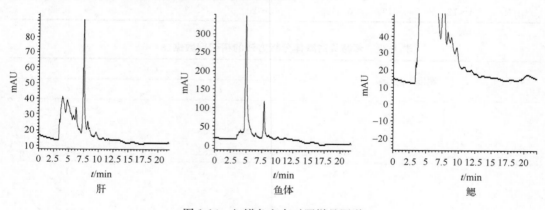

图 1-14　虹鳟鱼空白对照样品图谱

1.3.2　尿液

以腈菌唑在人尿样中的选择性行为研究为例。

1.3.2.1　实验设计与方法

　　配制成一系列添加浓度为 0.200 μg/mL、0.100 μg/mL、0.050 μg/mL、0.025 μg/mL、0.010 μg/mL、0.005 μg/mL 的尿样和一组空白（$n=3$）,涡旋混匀,加 2.5 mL 甲醇,超声振荡 15 min 后上样。C_{18} 固相萃取小柱事先用 5 mL 甲醇（自然通过）和 5 mL 水活化,样

品上载完后,用含 5% 甲醇的水洗涤小柱,洗涤完后抽干半小时,用 5 mL 甲醇将分析物洗脱出来,收集洗脱液。洗脱液在 40 ℃下氮气吹干。1 mL 异丙醇定容。

1.3.2.2　线性范围与方法确证

1) 标准曲线制备

尿样曲线标准曲线范围是 0.0025～0.1000 μg/mL。

2) 准确度、检测限及回收率

准确度及检测限测定方法同 1.1.1.4 小节 2)。

回收率是通过比较尿液提取物中腈菌唑与直接配制的标准溶液的峰面积来测定。

1.3.2.3　结果与讨论

尿样中腈菌唑单体的最低检测限为 0.0025 μg/mL。

标准曲线在测试浓度范围内显示线性良好,且所有标准曲线的相关系数都等于或大于 0.997。尿样中(一)-腈菌唑回收率为 89.4%±4.10%～98.8%±2.10%,(十)-腈菌唑收率为 90.3%±2.73%～100.5%±2.21%,单体变异系数在 0.73%～5.36% 范围内,说明所建立的方法具有较高再现性。

1.3.3　颤蚓

以氟虫腈在颤蚓体内的选择性行为研究为例。

1.3.3.1　供试样品

颤蚓培养于 2 L 的敞口塑料盒中,水层高 3～5 cm,向水中持续曝气并每天换水清洗一次。放于阴凉通风的地方培养 5～7 天后选取生长状况一致的个体作为实验动物。

森林土过 2 mm 孔径筛后于室内风干保存。土壤理化性质为[国际制(International Soil Science Society, ISSS)]:砂粒 60.47%±0.25%,粉粒 36.19%±0.22%,黏粒 3.35%±0.02%,有机碳(OC)含量 2.79%±1.46%,含水量 1.66%,pH 6.6±0.2。

1.3.3.2　实验设备和条件

Agilent 1200 高效液相色谱(HPLC)、CD-2095 圆二色检测器、手性色谱柱 250 mm×4.6 mm I. D. (CDMPC,实验室自制),流动相为正己烷/异丙醇(95/5),流速 1.0 mL/min,进样量 20 μL,柱温 20 ℃,检测波长 230 nm。

1.3.3.3　实验设计与方法

1) 实验浓度的确定

为了确定氟虫腈富集实验的培养浓度,首先进行了氟虫腈对颤蚓的全致死浓度和最小抑制浓度的测定。将氟虫腈原药溶解于丙酮中配制成高浓度母液,取一定量的氟虫腈母液溶于自来水中配制成高浓度的染毒水。用干净自来水逐级稀释成相应浓度的实验用水,取不同浓度的染毒水 20 mL 放入 50 mL 烧杯中。最后确定水中丙酮的最大含量为

0.1%。将 10 条大小相似、生长状态良好、经过实验室驯化培养的颤蚓放入烧杯中测定氟虫腈对颤蚓的毒性作用。实验结果得出氟虫腈对颤蚓的毒性较小。暴露 48 h 后，浓度为 100 mg/L 烧杯中的颤蚓仍能良好生长。根据仪器检出限及富集预实验确定水培养实验和土培养实验的加药量分别为 10 mg/L 和 50 mg/kg。

2）颤蚓经水暴露培养

取经过实验室驯化培养的颤蚓 10 g，加入含 100 mL 自来水的 500 mL 烧杯中。取浓度为 10 000 mg/kg 的氟虫腈母液 100 μL，加入水中摇匀后放入人工气候箱中静置培养。培养温度为(20±1)℃，光暗比 12 h：12 h。水培养实验采用半静态设计，需每天更换新鲜的药溶液。培养共持续 9 天，在培养 1 d、2 d、3 d、5 d、6 d、7 d、8 d 和 9 d 时随机取出三个烧杯中的颤蚓，经自来水清洗三次后，用吸水纸去除体表水，−20℃下保存，待分析。

3）土壤染毒

为了模拟颤蚓的自然生长环境，实验中采用森林土模拟颤蚓生活所需的底层沉积基质。土壤取自北京海淀区百望山，取表层 0～10 cm 土壤。土壤过 2 mm 筛，然后在室温下风干。为了保证实验土壤染毒(50 mg/kg)均匀，将 5 mL 含氟虫腈浓度为 1000 mg/L 的丙酮溶液缓缓加入到 100 g 土壤中，边加边搅拌土壤。搅拌 5 min 使其均匀后将加药土壤置于通风橱中过夜，使丙酮挥发干净。

4）颤蚓培养

取 100 g 染毒土壤加入到 500 mL 的烧杯中，再沿烧杯壁缓慢加入 100 mL 干净曝气(24 h)自来水，最后烧杯中底层基质高度为 2～3 cm，上层水高度为 2～3 cm。加入 10 g 颤蚓至培养体系中，将含有颤蚓的烧杯称重并记录，每天检查质量并补充挥发的水分。将烧杯放于 20℃培养箱中，在光暗比为 12 h：12 h 条件下进行培养。

对于土壤培养实验，分别在加入颤蚓后 1 d、2 d、3 d、4 d、5 d、7 d、9 d、11 d 和 14 d 进行颤蚓取样。取样时随机取出三个烧杯，首先用吸管将上层水取出，然后将烧杯置于冰上。在低温刺激下，颤蚓有向土壤表层聚集的趋势。冰浴 2 h 后用镊子将成团的颤蚓取出，经自来水清洗三次后，用吸水纸去除体表水。将烧杯中剩余泥土搅拌混匀后取样。将颤蚓样本放于−20℃下保存，待分析。

为了考察比较在颤蚓存在的情况下，颤蚓对土壤中氟虫腈对映体的降解过程，同时培养了土壤染毒但不加颤蚓的对照组。

5）颤蚓样品前处理

将颤蚓样本置于室温解冻后，称取 5 g 置于 50 mL 聚丙烯离心管中，加入 15 mL 乙酸乙酯，用高速组织捣碎机匀浆 30 s，涡旋提取 5 min，3500 r/min 离心 5 min，上清液过无水硫酸钠后转入 100 mL 梨形瓶中，另用 15 mL 乙酸乙酯按上述步骤重复提取残留物，合并提取液于梨形瓶中，35℃水浴下减压旋转蒸发近干，加入 5 mL 乙腈溶解梨形瓶中残渣，然后别用 3×5 mL 正己烷分三次萃取，除去大部分脂质，弃去正己烷层，然后将乙腈层于 35℃水浴下减压旋转蒸发近干，待净化。

采用固相萃取 SPE 净化：中性氧化铝固相萃取柱(500 mg×6 mL)预先用 5 mL 乙酸乙酯、5 mL 正己烷活化，然后用洗脱液 10 mL(正己烷/乙酸乙酯＝4/1,v/v)平衡萃取柱。用 1 mL 的洗脱液溶解梨形瓶中提取物，并将其转移到萃取柱，使其通过萃取柱，重复溶解三次。加入 7 mL 洗脱液进行洗脱,收集 10 mL 洗脱液于 10 mL 玻璃刻度试管中,氮气吹干。1.0 mL 异丙醇定容,过 0.22 μm 滤膜后,待检测分析。

1.3.3.4　线性范围与方法确证

1) 标准曲线制备

准确称取 0.02 g 氟虫腈标样于 10 mL 容量瓶中,用异丙醇溶解并定容,得到含两对映体浓度各为 1000 μg/mL 外消旋体标准储备溶液,逐级稀释得到一系列外消旋(1 mg/L、5 mg/L、50 mg/L、100 mg/L、500 mg/L)的标准溶液。以每个对映体标准溶液浓度为横坐标,以每个对映体的峰面积进行线性回归分析,线性回归分析采用 Microsoft® Excel 软件。

2) 准确度、检测限及回收率

准确度及检测限测定方法同 1.1.1.4 小节 2)。

在颤蚓空白样品中分别添加适量氟虫腈标准溶液进行回收率测定,设定三个外消旋体添加水平(1 mg/kg、5 mg/kg、50 mg/kg),每个添加水平重复 3 次,按上述方法提取、净化后进样分析,通过比较提取物中氟虫腈对映体的峰面积与相应标准溶液中对映体的峰面积,计算回收率。

1.3.3.5　数据处理

1) 对映体选择性比值的计算

计算方法同 1.2.4.5。

2) 生物富集因子的计算

生物富集因子(accumulation factor,AF)公式计算如下:

$$AF = C_{worm} / C_{water\ or\ soil} \tag{1-6}$$

式中,AF 表示生物体(颤蚓)从周围环境中(水或者土壤)吸收污染物的能力;C_{worm} 表示颤蚓体中氟虫腈的浓度;$C_{water\ or\ soil}$ 表示水或土壤样品中氟虫腈的浓度。

1.3.3.6　结果与分析

1) HPLC-UV-CHIRALYSER 在线旋光检测结果

图 1-15 为氟虫腈两个对映体拆分的 UV(230 nm)色谱图和旋光色谱图。从旋光色

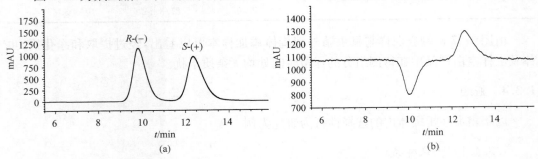

图 1-15　氟虫腈对映体拆分典型的(a)紫外色谱图和(b)旋光色谱图

谱图上可以看出,在正己烷/异丙醇洗脱体系下,氟虫腈两对映体在 CDMPC 手性色谱柱上先流出的为左旋体,后流出为右旋体。根据文献报道,左旋体氟虫腈是 R-氟虫腈,右旋体为 S-氟虫腈[2,3]。所以,以在 CDMPC 手性柱正己烷/异丙醇洗脱体系中,先出色谱峰为 R-$(-)$-氟虫腈,后出色谱峰为 S-$(+)$-氟虫腈。在本节中我们简写标记为 R-$(-)$-FPN 和 S-$(+)$-FPN。

2) 前处理方法的验证

为了确保检测方法的可靠性,对方法的线性范围、精密度、回收率、检测限进行了考察。实验结果表明,氟虫腈对映体在一定的范围内均呈现良好的线性关系,相关系数大于0.99,精密度、准确度、灵敏度也符合农药残留分析的要求,同时也满足氟虫腈在颤蚓体内富集行为及氟虫腈在水中、土壤中降解及分布行为研究需要。具体结果见图 1-16 及表 1-29。

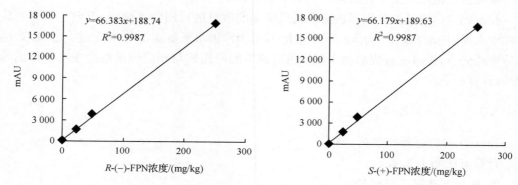

图 1-16　氟虫腈对映体浓度与峰面积标准曲线

表 1-29　氟虫腈对映体在颤蚓样本中的添加回收率及 RSD

样本	对映体	LOD/LOQ/(mg/kg)		添加浓度/(mg/kg)	平均回收率/%	相对标准偏差 RSD/%
颤蚓	R-$(-)$-FPN	LOD LOQ	0.4 0.5	0.5 2.5 25.0	92.6±7.7 88.7±4.2 82.1±5.3	8.3 4.7 6.5
	S-$(+)$-FPN	LOD LOQ	0.4 0.5	0.5 2.5 25.0	93.3±8.0 87.7±5.1 81.3±4.6	8.6 5.8 5.7

由图 1-17 颤蚓空白样与氟虫腈外消旋体添加样本可以看出,经过提取和净化后,虫体及土样空白样品中在待测组分的保留时间处均无杂质干扰。

1.3.4　蚯蚓

以苯霜灵在蚯蚓体内的选择性行为研究为例。

1.3.4.1　供试样品

选择体重 200～300 mg、环带明显的 2 月龄以上成熟的赤子爱胜蚓(*Eisenia fetida*)

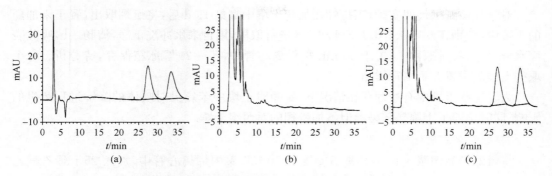

图 1-17　颤蚓样本空白对照及添加标准色谱图

(a) 标准品；(b) 颤蚓空白样本；(c) 颤蚓空白添加氟虫腈标样。正己烷/异丙醇＝95/5；
流速：1.0 mL/min；检测波长：230 nm

作为实验样本，实验前在供试土壤中适应 1 周。

土壤性质（国际制）为：砂粒 54.30 ％，粉粒 41.00 ％，黏粒 4.70 ％，有机质含量 2.13 ％，pH 7.6，砂质壤土。

1.3.4.2　实验设备和条件

JASCO 高效液相色谱仪（JASCO 公司，日本）、Agilent 1200 高效液相色谱（HPLC）、CD-2095 圆二色检测器、手性色谱柱 250 mm×4.6 mm I. D.（CDMPC，实验室自制），流动相为正己烷/异丙醇（97/3），流速 1.0 mL/min，进样量 20 μL，检测波长 230 nm。

1.3.4.3　实验设计与方法

1）土壤染毒

取表层 0～10 cm 土壤。土壤过 2 mm 筛，然后在室温下风干。为了保证 250 g 实验土壤染毒（50 mg/kg）均匀，采取分步染毒方法。首先称取 12.5 mg 苯霜灵标准品，溶解于 10 mL 丙酮中，将丙酮溶液缓缓加入到 50 g 土壤中，边加边搅拌土壤，搅拌均匀后将 50 g 加药土壤置于通风橱中过夜，使丙酮挥发干净。待丙酮挥发干净后，将 200 g 剩余土壤与 50 g 加药土壤充分搅拌混匀，然后将 250 g 土壤置于 500 mL 烧杯中，加入 90 g 自来水，使含水量为 36 ％。

2）蚯蚓培养

称取约 10 g 蚯蚓加入到烧杯土壤中，然后将含有蚯蚓的烧杯称重并记录，以后每两天检查重量并补充挥发的水分。将烧杯放于 20 ℃ 恒温室，黑暗条件下进行培养。

对于蚯蚓富集实验，分别在加入蚯蚓后 1 d、3 d、5 d、7 d、10 d、14 d、19 d、25 d 和 32 d 进行蚯蚓取样，将蚯蚓用自来水冲洗干净，并将蚯蚓置于润湿的滤纸上进行清肠 3 h，用吸水纸吸干蚯蚓表面水分。将取样的蚯蚓称重，置于 50 mL 塑料离心管中，于 −20 ℃ 冰箱保存，待分析。在取蚯蚓样品的同时取土壤样品，准确称取 6.8 g_{wwt}（wwt：湿重）土壤样品，置于 50 mL 塑料离心管中，于 −20 ℃ 冰箱保存，待分析。每个取样点样品设置 3 个平行样品。

对于代谢蚯蚓代谢实验,当蚯蚓在加药土壤中富集 19 d 后,将蚯蚓取出,置于未加药的土壤中,分别在 0.5 d、1 d、1.5 d 和 2 d 进行取样,用自来水冲洗干净,清肠 3 h,吸除表面水分,然后将蚯蚓称重,置于 50 mL 塑料离心管中,于 −20 ℃ 冰箱保存,待分析。每个取样点样品设置 3 个平行样品。

为了考察土壤中有蚯蚓存在情况下,蚯蚓对土壤中苯霜灵对映体的降解过程产生的影响,同时培养了土壤暴露染毒但不加蚯蚓的对照组土壤。

3) 蚯蚓样品前处理

将蚯蚓样品匀浆 1 min,称取 5 g 置于 50 mL 聚丙烯离心管中,加入 25 mL 乙酸乙酯,涡旋提取 3 min,超声提取 10 min,3500 r/min 离心 5 min,上清液过无水硫酸钠后转入 100 mL 梨形瓶中,另用 25 mL 乙酸乙酯按上述步骤重复提取残留物,合并提取液于梨形瓶中,45 ℃ 水浴下减压旋转蒸发近干,用 5 mL 乙腈溶解梨形瓶中残渣,然后用(10＋10＋10) mL 正己烷分三次萃取,除去大部分脂质,弃去正己烷层,然后将乙腈层于 45 ℃ 水浴下减压旋转蒸发近干。用 2 mL 正己烷/乙酸乙酯(4/1,v/v)洗脱液溶解残渣,待净化。

SPE 净化:500 mg/6 mL 中性氧化铝固相萃取柱预先用乙酸乙酯、正己烷活化,然后以 10 mL 正己烷/乙酸乙酯(4/1,v/v)洗脱液平衡萃取柱。将 2 mL 梨形瓶中的混合液转移到萃取柱,使其通过萃取柱,加入 8 mL 洗脱液进行洗脱,收集 10 mL 洗脱液于 10 mL 玻璃试管中,氮气吹干,1.0 mL 异丙醇定容,用 0.22 μm 滤膜过滤于进样瓶中,待测。

1.3.4.4　线性范围与方法确证

1) 标准曲线制备

称取 0.1 g 苯霜灵标样于 50 mL 容量瓶中,用异丙醇溶解并定容,得到含两对映体各 1000 μg/mL 外消旋体标准储备溶液,逐级稀释得到一系列外消旋(1 mg/L、5 mg/L、50 mg/L、100 mg/L、500 mg/L)的标准溶液。以每个对映体标准溶液浓度对每个对映体的峰面积进行线性回归,线性回归分析采用 Microsoft® Excel 软件。

2) 准确度、检测限及回收率

准确度及检测限测定方法同 1.1.1.4 小节 2)。

在蚯蚓空白样品中分别添加适量苯霜灵标准溶液进行回收率测定,设定三个外消旋体添加水平(1 mg/kg、5 mg/kg、50 mg/kg),每个添加水平重复 3 次,按上述方法提取、净化后进样分析,通过比较提取物中苯霜灵对映体的峰面积与相应标准溶液中对映体的峰面积,计算回收率。

1.3.4.5　数据处理

对映体选择性比值计算方法同 1.2.4.5,生物-土壤富集因子计算方法同 1.3.3.5 小节 2),降解动力学计算方法同 1.1.1.5 小节 1)。

1.3.4.6　结果与分析

1) HPLC-UV-CHIRALYSER 在线旋光检测结果

图 1-18 和图 1-19 分别为苯霜灵两对映体拆分的 230 nm UV 色谱图和旋光色谱图。从旋光色谱图上可以看出,在正己烷/异丙醇洗脱体系下,苯霜灵两对映体在 CDMPC 手性色谱柱上先流出的为左旋体,后流出为右旋体。据文献报道,左旋体苯霜灵是 R-苯霜灵,右旋体为 S-苯霜灵[4]。所以在 CDMPC 手性柱上正己烷/异丙醇洗脱体系下,先出色谱峰为 R-(-)-苯霜灵,后出色谱峰为 S-(+)-苯霜灵,在本小节中我们简写标记为 R-(-)-BX 和 S-(+)-BX。

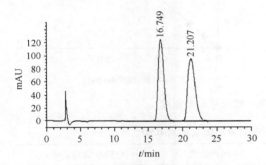

图 1-18　苯霜灵对映体拆分的 UV 色谱图　　　图 1-19　苯霜灵对映体拆分的旋光色谱图

2) HPLC-CD 检测结果

图 1-20 为苯霜灵两对映体在 220~420 nm 范围内的 CD 吸收随波长的变化曲线,220~230 nm 波长范围内先流出对映体为(-)-CD 信号,后流出为(+)-CD 信号,230~260 nm 范围内 CD 信号发生翻转,先流出对映体为(+)-CD 信号,后流出为(-)-CD 信号,最大圆二色吸收信号在 240 nm。

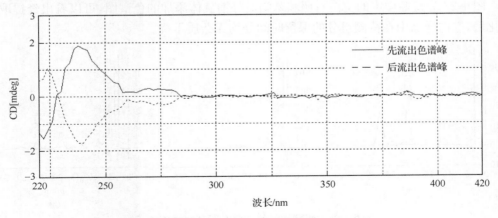

图 1-20　苯霜灵对映体的 CD 扫描图

3) 前处理和分析方法的检验

为保证检测方法的准确性,对方法的线性范围、精密度、回收率、检测限进行了考察。

检出限为 0.2 mg/kg,定量限为 0.5 mg/kg。实验结果表明,苯霜灵对映体在一定的范围内均呈现良好的线性关系,相关系数大于 0.99,精密度、准确度、灵敏度也符合农药残留分析的要求,同时也满足苯霜灵在蚯蚓体内富集及代谢行为的研究需要。具体结果见图 1-21 和表 1-30。

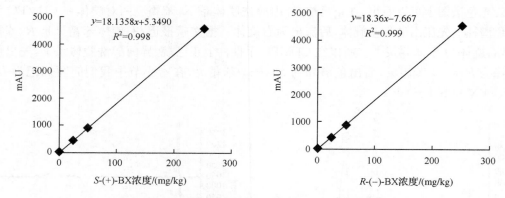

图 1-21　苯霜灵对映体浓度与峰面积标准曲线

表 1-30　苯霜灵对映体在蚯蚓中的添加回收率及 RSD

样本	对映体	添加浓度/(mg/kg)	平均回收率/%	相对标准偏差 RSD/%
蚯蚓	R-(−)-BX	0.5	81.4±2.6	3.2
		2.5	84.5±4.7	5.6
		25.0	84.1±4.4	5.2
	S-(+)-BX	0.5	81.9±3.1	3.7
		2.5	84.4±5.1	6.0
		25.0	85.2±4.1	4.8

图 1-22 为蚯蚓样本的空白对照和苯霜灵外消旋体添加的色谱图,可以看出经提取和净化后,空白样品中在待测组分的保留时间处均无杂质干扰。

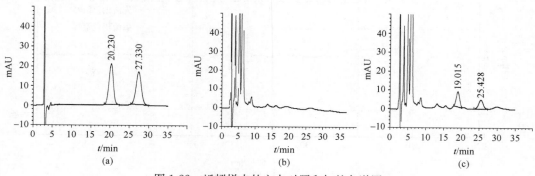

图 1-22　蚯蚓样本的空白对照和加的色谱图

(a) 标准品;(b) 蚯蚓空白样本色谱图;(c) 蚯蚓添加(5 mg/kg)色谱图。正己烷/异丙醇=97/3;
流速:1.0 mL/min;检测波长:230 nm

1.3.5　家兔

以戊唑醇在家兔体内的选择性行为研究为例。

1.3.5.1　供试样品

选择体重(2±0.25)kg 的 SD 雄兔为实验样本,在室温条件下饲养,饲喂固体饲料。给药前禁食 12 小时,可自由饮水。

1.3.5.2　实验设备和条件

JASCO 高效液相色谱仪(JASCO 公司,日本)、Agilent 1200 高效液相色谱(HPLC)、CD-2095 圆二色检测器、手性色谱柱 250 mm×4.6 mm I. D. (CDMPC,实验室自制),流动相为正己烷/异丙醇 85/15(血浆),92/8(组织),流速 1.0 mL/min,进样量 20 μL,检测波长 220 nm。

1.3.5.3　实验设计与方法

1) 给药与样品采集

称取适量戊唑醇外消旋体于 10 mL 试管中,用适量乙醇溶解样品,得到戊唑醇母液浓度为 120 mg/mL。每只家兔按外消旋体 30 mg/kg(家兔体重)剂量耳静脉注射配好的戊唑醇母液(约 0.5 mL)。在注射后 5 min、15 min、30 min、60 min、120 min、240 min、480 min,心脏取血 4 mL 于 10 mL 聚丙烯离心管中,肝素抗凝,4000 r/min 离心 5 min 分离血浆,−20℃保存待测;于注射后 15 min、30 min、60 min、120 min、240 min 及 480 min后,耳静脉注射空气处死供试家兔,立即解剖,采集心脏、肝脏、肾脏、肺脏、脾脏、脑、肌肉、脂肪等组织,置于−20℃冰箱中保存至测定。

2) 血浆样品处理

移取 1.0 mL 血浆于 15 mL 聚丙烯离心管中,加入 5.0 mL 乙酸乙酯涡旋混合提取5 min,4000 r/min 离心 5 min,上层有机相过无水硫酸钠于 100 mL 鸡心瓶中,再用10.0 mL乙酸乙酯重复提取、离心,过无水硫酸钠于同一鸡心瓶中,40℃水浴下减压蒸馏至干,用 250 μL 异丙醇溶解残渣,涡旋,取 20 μL 样液进 HPLC-UV 分析。

3) 组织样品处理

组织样品用捣碎机在 10 000 r/min 捣碎匀浆后,称取 1.0 g 样品于 50 mL 聚丙烯离心管中,后续处理方法同上血浆前处理方法。对脂肪样品旋干后则加入 4 mL 乙腈溶解残渣,再用 3×4 mL 正己烷分配,移去正己烷层,分配过的乙腈于 50℃氮气吹干,再定容至 250 μL 异丙醇。取 20 μL 样液进 HPLC-UV 分析。

1.3.5.4　线性范围与方法确证

1) 标准曲线制备

称取 50 mg 戊唑醇外消旋体标样于 50 mL 容量瓶中,用异丙醇溶解并定容,得到含(＋)-戊唑醇与(－)-戊唑醇各 500 μg/mL 外消旋体标准溶液。在 1 mL 空白血浆中加入适量标准溶液得到含两对映体各为 $0.5\ \mu g/mL$、$2.5\ \mu g/mL$、$5.0\ \mu g/mL$、$7.5\ \mu g/mL$、$10.0\ \mu g/mL$、$15.0\ \mu g/mL$ 的样品溶液,按上述血浆前处理方法处理后进样。以每个对映体样品溶液浓度对每个对映体的峰面积进行线性回归。线性回归分析采用 Microsoft® Excel软件。

2) 准确度、检测限及回收率

准确度及检测限测定方法同 1.1.1.4 小节 2)。

在空白血浆与组织样品中加入适量外消旋戊唑醇标准溶液得不同浓度的样品溶液进行回收率测定(血浆:$1\ \mu g/mL$、$15\ \mu g/mL$、$30\ \mu g/mL$;肝脏、肺、肾脏:$1\ \mu g/g$、$50\ \mu g/g$、$100\ \mu g/g$;心脏:$1\ \mu g/g$、$5\ \mu g/g$、$15\ \mu g/g$;脾脏:$1\ \mu g/g$、$10\ \mu g/g$、$15\ \mu g/g$;脂肪、脑为 $5\ \mu g/g$、$30\ \mu g/g$、$60\ \mu g/g$;肉:$0.5\ \mu g/g$、$1\ \mu g/g$、$5\ \mu g/g$),通过比较从血浆及样品组织中提取出的对映体峰面积与相应标准溶液中对映体的峰面积计算回收率,每个水平重复五六次。

1.3.5.5 数据处理

1) 对映体选择性比值的计算

对映体选择性比值的计算方法同 1.2.4.5。

2) 药代动力学分析

对血浆样品的测定结果进行药代动力学分析,得到统计矩参数进行非隔室模型分析。

为了方便起见,常将血药浓度-时间曲线下从零到无限大的面积($AUC_{0\sim\infty}$)定义为药-时曲线的零阶矩($\boldsymbol{S}_0$),而将时间与血药浓度的乘积-时间曲线下面积(area under the moment curve,AUMC)定义为一阶矩($\boldsymbol{S}_1$),即以 tC 对 t 作图,所得曲线下的面积,计算公式分别为

$$AUC_{0\sim\infty} = \boldsymbol{S}_0 = \int_0^\infty C\mathrm{d}t \tag{1-7}$$

$$AUMC = \boldsymbol{S}_1 = \int_0^\infty tC\mathrm{d}t \tag{1-8}$$

将平均滞留时间(mean residence time,MRT)定义为

$$MRT = \frac{\boldsymbol{S}_1}{\boldsymbol{S}_0} = \frac{AUMC}{AUC_{0\sim\infty}}$$

静脉注射给药时用统计矩估算药物动力学参数:

(1) 降解半衰期:

$$t_{1/2} = 0.693MRT \tag{1-9}$$

(2) 清除率:

$$CL = \frac{X_0}{AUC_{0\sim\infty}} \tag{1-10}$$

(3) 稳态表观分布容积的计算公式:

$$V_{SS} = CL \cdot MRT = \frac{X_0 \cdot AUMC}{AUC_{0\sim\infty}^2} = \frac{X_0 MRT}{AUC_{0\sim\infty}} \tag{1-11}$$

3) 降解动力学分析

降解动力学分析方法同 1.1.1.5 小节 1)。

1.3.5.6　结果与分析

1）戊唑醇对映体光学性质鉴定结果

将收集到的左右旋对映体的旋光进行了测定,溶剂为异丙醇,旋光管长 2 cm,测定结果表明先出峰的对映体为左旋体,后出峰的对映体为右旋体。

Shapovalova 等[5]报道在 Chiralcel OD-H 手性柱上先出峰的戊唑醇绝对构型为 R-体,后出峰的对映体的绝对构型为 S-体。所以可以确定第一个峰为(R)-$(-)$-戊唑醇,第二个峰为(S)-$(+)$-戊唑醇。

2）分析方法评价

正己烷/异丙醇流动相条件下,CDMPC 能拆分戊唑醇对映体,并随着正己烷含量的增加,分离度增加。实验结果表明在所选液谱条件下,$(+)$与$(-)$戊唑醇能完全基线分离,并且在出峰位置没有杂质干扰,空白、添加及样品的典型图谱见图 1-23。

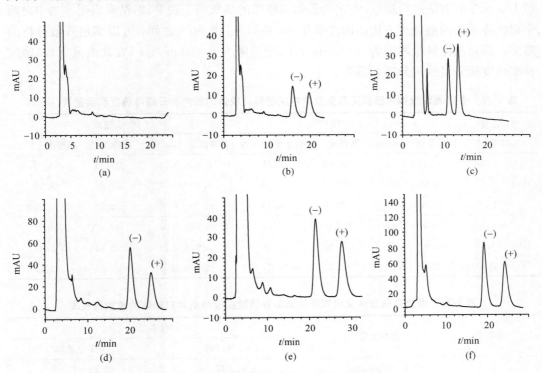

图 1-23　家兔样品中戊唑醇典型液相色谱图

(a) 空白血浆样品；(b) 血浆添加外消旋戊唑醇(10 μg/mL)样品；(c) 15 min 血浆样品；(d) 30 min 肝脏样品；

(e) 15 min 肾样品；(f) 120 min 脂肪样品［正己烷/异丙醇＝85/15(血浆)，92/8(组织)，流速 1.0 mL/min］

6 个浓度梯度的戊唑醇对映体血浆添加提取溶液线性范围测定结果见图 1-24。结果表明,该法测定戊唑醇两对映体在测定范围内线性相关性很好,$(-)$-戊唑醇的回归方程为 $y=173.47x+5.908$,R^2 为 0.9989；$(+)$-戊唑醇的回归方程为 $y=173.78x+21.016$,R^2 为 0.9987(其中 x 代表药物浓度,y 代表峰面积)。

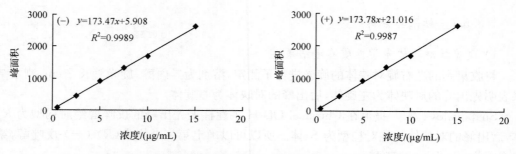

图 1-24　家兔血浆添加提取液中左右旋对映体浓度与峰面积标准曲线

准确度与精密度实验结果表明,在线性范围内,样品分析方法的日内、日间准确度在 85.20%～104.00% 之间、精密度在 3.11%～9.62% 之间(表 1-31),方法的准确度和精密度均可满足残留分析和药代动力学研究的需要。空白样品中添加戊唑醇标准溶液后,按照 1.3.5.3 的方法进行提取,测定的添加回收率的结果列于表 1-32,结果表明本书中对两个对映体采用的前处理方法的回收率在 80.43%～110.80% 之间,可以满足残留分析的需要。两对映体的检测限为 0.025 μg/mL;定量限为 0.100 μg/mL,在此浓度下,精密度和准确度能满足残留分析的需要。

表 1-31　手性高效液相色谱测定家兔血浆中戊唑醇对映体的日内和日间准确度和精密度($n=6$)

理论浓度 /(μg/mL)		(一)-戊唑醇			(十)-戊唑醇	
		计算浓度/(μg/mL)	准确度/%	精密度 CV/%	计算浓度/(μg/mL)	准确度/%	精密度 CV/%
日内	0.50	0.47±0.04	94.00	8.51	0.46±0.04	92.00	8.70
	7.50	6.92±0.49	92.27	7.08	6.85±0.52	91.33	7.59
	15.00	13.47±0.83	89.80	6.16	13.58±0.89	90.53	6.55
日间	0.50	0.51±0.04	102.00	7.84	0.52±0.05	104.00	9.62
	7.50	6.87±0.24	91.60	3.49	6.93±0.24	92.40	3.46
	15.00	12.78±0.41	85.20	3.21	12.88±0.40	85.87	3.11

表 1-32　家兔空白血浆及组织样品添加外消旋戊唑醇后两对映体的添加回收率

基质	添加浓度	回收率/%	
		(一)-戊唑醇	(十)-戊唑醇
血浆	30.00 μg/mL	85.22±12.78	85.83±12.88
	15.00 μg/mL	91.64±6.87	92.31±6.92
	1.00 μg/mL	102.91±5.15	103.85±5.19
心脏	15.00 μg/g	90.05±2.55	88.99±2.78
	5.00 μg/g	99.07±4.55	98.33±4.76
	1.00 μg/g	88.01±5.74	88.27±5.87

基质	添加浓度	回收率/%	
		(一)-戊唑醇	(十)-戊唑醇
肝脏	100.00 μg/g	86.42±2.27	86.07±2.24
	50.00 μg/g	86.26±2.04	90.41±5.06
	1.00 μg/g	100.57±11.61	110.80±11.12
肾脏	100.00 μg/g	86.18±5.31	87.53±4.09
	50.00 μg/g	84.14±6.85	84.66±5.95
	1.00 μg/g	88.73±12.29	82.33±11.72
肺脏	100.00 μg/g	83.14±5.85	82.86±5.79
	50.00 μg/g	81.74±5.15	80.86±5.25
	10.00 μg/g	90.48±7.88	90.91±7.86
脾脏	15.00 μg/g	81.35±7.59	80.69±7.66
	10.00 μg/g	80.43±3.88	81.44±3.95
	1.00 μg/g	84.38±11.12	86.15±12.55
肌肉	5.00 μg/g	91.36±5.92	90.35±5.85
	1.00 μg/g	85.75±3.79	85.26±3.75
	0.50 μg/g	91.14±8.54	90.78±7.73
脂肪	60.00 μg/g	98.32±3.85	96.84±3.99
	30.00 μg/g	90.78±5.88	89.78±5.78
	5.00 μg/g	82.45±8.92	83.79±8.85

1.3.6　大鼠

以氟虫腈在大鼠体内的选择性行为研究为例。

1.3.6.1　供试样品

选择体重(200±50) g 的 SD 大鼠为实验样本,在室温条件下饲养,饲喂固体饲料。给药前禁食 12 小时,可自由饮水。

1.3.6.2　实验设备和条件

Agilent 1200 高效液相色谱(HPLC)、CD-2095 圆二色检测器、手性色谱柱 250 mm×4.6 mm I. D. (ADMPC,实验室自制),流动相为正己烷/异丙醇(93/7),Agilent TC-C_{18} 250 mm×4.6 mm I. D. ,流动相为甲醇/水(60/40),正己烷/异丙醇(93/7),流速 1.0 mL/min,进样量 20 μL,柱温 20 ℃,检测波长 220 nm。

1.3.6.3　实验设计与方法

1）给药处理与样品收集

称取适量氟虫腈外消旋体(含量 99%)于 10 mL 试管中,用 1 mL DMSO 溶解样品,用玉米油定容,得到氟虫腈母液浓度为 20 mg/mL。每只大鼠按外消旋体 80 mg/kg(大鼠体重)剂量以灌胃方式给药(约 0.8 mL)。在给药后 30 min、60 min、120 min、180 min、240 min、360 min、480 min 用乙醚麻醉,心脏取血 2 mL 于 10 mL 聚丙烯离心管中,肝素抗凝,4000 r/min 离心 5 min 分离血浆,−80 ℃保存待测;取血后迅速处死并立即解剖,采集心脏、肝脏、脾脏、肺脏、肾脏、脑、肌肉、脂肪等组织,置于−80 ℃冰箱中保存至测定。

2）血浆样品处理

移取 1.0 mL 血浆于 15 mL 聚丙烯离心管中,加入 5.0 mL 乙酸乙酯涡旋混合提取 5 min,4000 r/min 离心 5 min,取上清液于 10.0 mL 刻度试管中;再用 5.0 mL 乙酸乙酯以同样方式提取一次,合并上清液,40 ℃下氮气吹干,用 200 μL 异丙醇溶解残渣,涡旋,取 20 μL 样液进 HPLC-UV 分析。

3）组织样品处理

组织样品用捣碎机在 10 000 r/min 捣碎匀浆后,称取 1.0 g 样品于 50 mL 聚丙烯离心管中,后续处理方法同上血浆前处理方法。对脂肪样品旋干后则加入 4 mL 乙腈溶解残渣,再用 3×4 mL 正己烷分配,移去正己烷层,分配过的乙腈于 50 ℃氮气吹干,再定容至 250 μL 异丙醇。取 20 μL 样液进 HPLC-UV 分析。

1.3.6.4　线性范围与方法确证

1）标准曲线制备

称取 50 mg 氟虫腈外消旋体标样于 50 mL 容量瓶中,用异丙醇溶解并定容,得到含(+)-氟虫腈与(−)-氟虫腈各 500 μg/mL 外消旋体标准溶液。在 1 mL 空白血浆中加入适量标准溶液得到含两对映体各为 0.5 μg/mL、2.5 μg/mL、5 μg/mL、7.5 μg/mL、10.0 μg/mL、15 μg/mL 的样品溶液,按上述血浆前处理方法处理后进样。以每个对映体样品溶液浓度对每个对映体的峰面积进行线性回归。线性回归分析采用 Microsoft® Excel软件。

2）准确度、检测限及回收率

准确度及检测限测定方法同 1.1.1.4 小节 2)。

在空白血浆与组织样品中加入适量外消旋氟虫腈标准溶液得不同浓度的样品溶液进行回收率测定(血浆:1 μg/mL、15 μg/mL、30 μg/mL;肝脏、肺、肾脏:1 μg/g、50 μg/g、100 μg/g;心脏:1 μg/g、5 μg/g、15 μg/g;脾脏:1 μg/g、10 μg/g、15 μg/g;脂肪、脑为 5 μg/g、30 μg/g、60 μg/g;肉:0.5 μg/g、1 μg/g、5 μg/g),通过比较从血浆及样品组织中提取出的对映体峰面积与相应标准溶液中对映体的峰面积计算回收率,每个水平重复五六次。

1.3.6.5　数据处理

对映体选择性比值的计算方法同 1.2.4.5,药代动力学分析同 1.3.5.5 小节 2),降解动力学分析方法同 1.1.1.5 小节 1)。

1.3.6.6　结果与分析

1) 氟虫腈代谢物的确定

采用 GC-MS 技术对样品中待测的氟虫腈及其代谢物进行了确证,在 16.19 min 处的组分具有氟虫腈的特征离子:m/z 351、367;在 16.80 min 处组分具有 MB 46136 的特征离子:m/z 383、452,它们和标准图谱完全拟合,保留时间也一致。在大鼠所有样本中都发现有这个代谢物的存在,30 min 肝脏样本典型总离子流图及质谱图如图 1-25 所示。

2) 分析方法评价

正己烷/异丙醇流动相条件下,CDMPC 能拆分氟虫腈对映体,并随着正己烷含量的增加,分离度增加。甲醇/水流动相条件下,氟虫腈可以很好地与其代谢物分离,并且在出

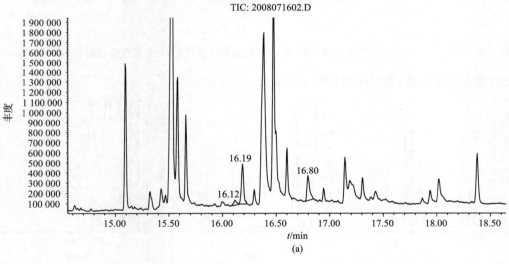

(a)

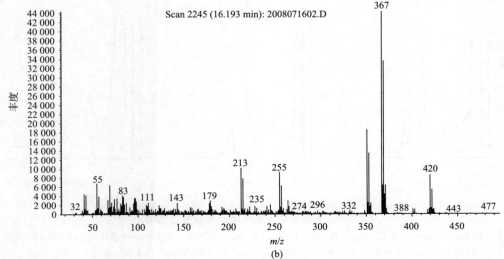

(b)

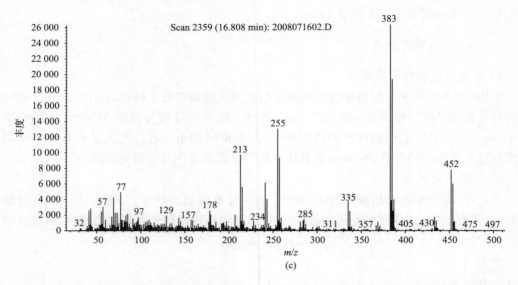

图 1-25　（a）30 min 肝脏样品的总离子流图；（b）氟虫腈的质谱图；（c）氟虫腈代谢物 MB 46136

峰位置没有杂质干扰，典型图谱见图 1-26。

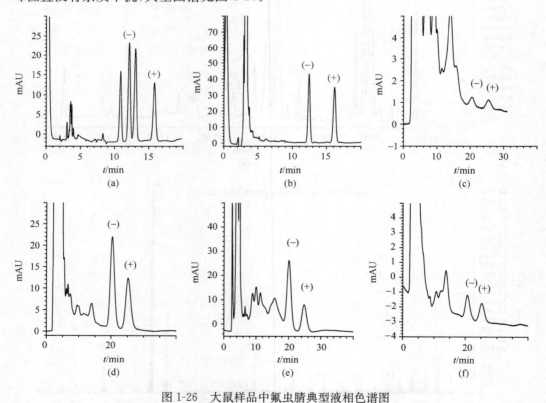

图 1-26　大鼠样品中氟虫腈典型液相色谱图

反相：（a）标样 20 ppm；（b）120 min 肝脏样品；正相：（c）30 min 血浆样品；（d）30 min 肝脏样品；（e）360 min 脂肪
样品；（f）120 min 心脏样品 ［甲醇/水＝60/40（反相），正己烷/异丙醇＝93/7（正相），流速 1.0 mL/min］

5个浓度梯度的氟虫腈对映体血浆添加提取溶液线性范围测定结果见图1-27。结果表明,该法测定氟虫腈两对映体在测定范围内线性相关性很好,(一)-氟虫腈的回归方程为 $y = 138.63x - 48.978$, R^2 为 0.9940;(一)-氟虫腈的回归方程为 $y = 141.48x - 71.516$, R^2 为 0.9927(其中 x 代表药物浓度,y 代表峰面积)。

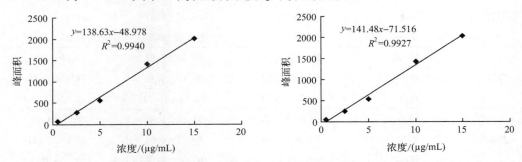

图1-27 大鼠血浆添加提取液中左右旋对映体浓度与峰面积标准曲线

准确度与精密度实验结果表明,在线性范围内,样品分析方法的日内、日间准确度在85.20%~104.00%之间、精密度在3.11%~9.62%之间(表1-33),方法的准确度和精密度均可满足残留分析和药代动力学研究的需要。空白样品中添加氟虫腈标准溶液后,按照上述的方法进行提取,测定的添加回收率的结果列于表1-34,结果表明本小节中对两个对映体采用的前处理方法的回收率在82.54%~111.23%之间,可以满足残留分析的需要。两对映体的检测限为 0.05 μg/mL;定量限为 0.20 μg/mL,在此浓度下,精密度和准确度能满足残留分析的需要。

表1-33 手性高效液相色谱测定大鼠血浆中氟虫腈对映体的日内和日间准确度和精密度($n=6$)

理论浓度 /(μg/mL)	(一)-氟虫腈			(十)-氟虫腈		
	计算浓度/(μg/mL)	准确度/%	精密度 CV/%	计算浓度/(μg/mL)	准确度/%	精密度 CV/%
日内 0.50	0.47±0.04	94.00	8.51	0.46±0.04	92.00	8.70
日内 7.50	6.92±0.49	92.27	7.08	6.85±0.52	91.33	7.59
日内 15.00	13.47±0.83	89.80	6.16	13.58±0.89	90.53	6.55
日间 0.50	0.51±0.04	102.00	7.84	0.52±0.05	104.00	9.62
日间 7.50	6.87±0.24	91.60	3.49	6.93±0.24	92.40	3.46
日间 15.00	12.78±0.41	85.20	3.21	12.88±0.40	85.87	3.11

表1-34 大鼠空白血浆及部分组织样品添加外消旋氟虫腈后两对映体的添加回收率

基质	添加浓度/(μg/mL)	回收率/%		
		(一)-氟虫腈	(十)-氟虫腈	MB 46136
血浆	15.00	87.45±4.14	86.77±4.22	88.35±3.69
血浆	7.50	95.23±6.04	96.14±6.12	93.38±5.44
	0.50	99.92±8.34	102.31±9.12	101.15±7.39

基质	添加浓度/(μg/mL)	回收率/%		
		(一)-氟虫腈	(十)-氟虫腈	MB 46136
肝脏	30.00	88.76±4.89	89.34±4.10	87.17±5.23
	15.00	96.14±6.14	96.25±6.87	98.11±7.17
	5.00	103.47±10.15	105.55±9.88	111.23±13.22
肾脏	10.00	89.28±6.56	82.54±7.67	83.79±4.11
	2.50	97.82±7.12	96.17±6.98	94.06±5.45
	0.50	99.66±9.79	98.71±10.21	102.53±12.33
肺脏	10.00	94.55±5.15	92.65±5.33	95.1±4.66
	2.50	98.04±7.18	99.23±6.94	90.81±7.34
	0.50	103.28±10.08	105.56±11.28	110.33±10.82
脑	5.00	91.45±4.98	90.16±4.72	92.33±3.14
	2.50	95.23±6.55	99.05±5.87	97.16±6.88
	0.50	101.14±9.12	103.14±10.37	110.78±9.86

1.3.7　动物肝微粒体

以乙氧呋草黄在肝微粒体中的选择性代谢研究为例。

1.3.7.1　供试样品

按照 Terreni 等[6]和 Gates 等[7]报道对乙氧呋草黄代谢物的合成方法加以改进:准确取 100 mg 乙氧呋草黄(ETO)于圆底烧瓶中,用 10 mL 丙酮溶解样品;取 10 mL 纯净水,用硫酸酸化到 pH 约为 1,缓慢加入到丙酮溶液中;然后将混合溶液搅拌,加热回流 16 h,直至反应完全;冷却至室温,旋转蒸发掉混合溶液中的丙酮,水相用 20 mL 乙酸乙酯萃取三次,合并有机相,再用 20 mL 纯净水洗两次有机相,然后过无水硫酸钠除水;将干燥好的有机相减压旋转蒸发至干;最后过 200 目的硅胶柱进行净化,用正己烷/乙酸乙酯(70/30)进行洗脱,得到含量大于等于 97%的 2,3-二氢-2-羟基-3,3-二甲基苯并呋喃-5-基甲磺酸(ETO-OH)标准品。

2,3-二氢-2-羰基-3,3-二甲基苯并呋喃-5-基甲磺酸(ETO-K)的合成。取合成好的 ETO-OH 100 mg 于圆底烧瓶中,加入 10 mL 热的乙酸溶液,然后再加入 10 mL 20%的氧化铬水溶液,放入 50℃水浴中加热 30 s,将其倾入纯净水中;水溶液用 10 mL 乙醚萃取三次,合并有机相,再用碳酸氢钠水溶液洗涤两次,至无气泡产生,然后过无水硫酸钠干燥,旋干即得 ETO-K。

1.3.7.2　实验设备和条件

Agilent 1200 高效液相色谱(HPLC)、CD-2095 圆二色检测器、手性色谱柱 250 mm×4.6 mm I. D. (CDMPC,实验室自制),流动相为正己烷/异丙醇(90/10)、流速 1 mL/min、

进样量 20 μL、柱温 20 ℃、检测波长 230 nm。HP 6890 系列气相色谱，HP 5971 质谱检测器，离子源电压为 70 eV，色谱柱为 DB-5(30 m×0.25 mm×0.25 μm I. D.)，进样口温度为 250 ℃。程序升温为：以 10 ℃/min 由 100 ℃升到 200 ℃，再以 20 ℃/min 升到 280 ℃。

1.3.7.3　实验设计与方法

1) 肝微粒体的制备

实验动物：SD(Sprague Dawley)雄性家兔(体重 2 kg±0.25 kg)和 SD 雄性大鼠(体重 200 g±50 g)，由北京温泉养殖厂提供。供试动物在室温条件下饲养，饲喂北京海淀养殖厂提供的固体饲料。实验前禁食 12 h，可自由饮水。

将家兔和大鼠处死，迅速取出肝脏，用预冷生理盐水清洗血污，剪去粘连的组织，用滤纸轻轻吸干表面水分，称重。将肝转入离心管，用剪刀剪碎肝脏，加入适当匀浆介质(含有 1 mmol/L EDTA 的 50 mmol/L Tris-HCl, pH 7.4)，一般为 3 mL/g 肝脏。放入 IKA T18 超速分散机中，上下 8 次，制成肝匀浆。按示意图操作离心：

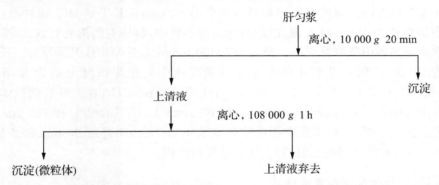

在第一次离心去除线粒体、核等物质时，离心管上层漂浮有脂质层，应用吸管将其除去，再收集上清液。在第二次超速离心后，如为了减少血红蛋白的影响，可加匀浆介质将沉淀重新悬浮，将所制备的微粒体再洗涤一次，再用超速离心机 108 000 g 离心 1 h。沉淀即微粒体，悬浮于 50 mmol/L Tris-HCl 缓冲液，pH 7.4，内含 20％甘油，储存于−80 ℃冰箱备用。应强调的是储存方式和时间对微粒体酶的活性或特征会有不同程度的影响。

2) 蛋白质含量测定

蛋白质含量按照 Bradford[8] 方法进行测定：

(1) 牛血清白蛋白标准溶液的配制：准确称取 100 mg 牛血清白蛋白，溶于 100 mL 蒸馏水中，即为 1000 μg/mL 的原液。

(2) 蛋白试剂考马斯亮蓝 G-250 的配制：称取 100 mg 考马斯亮蓝 G-250，溶于 50 mL 90％乙醇中，加入 85％(w/v)的磷酸 100 mL，最后用蒸馏水定容到 1000 mL。此溶液在常温下可放置一个月。

(3) 取 5 支 10 mL 干净的具塞试管，分别配制含蛋白质浓度为：0 μg/mL、5 μg/mL、10 μg/mL、15 μg/mL、20 μg/mL 的蛋白质溶液 1 mL，然后加入 5 mL 考马斯亮蓝溶液。盖塞后，将各试管中溶液纵向倒转混合，放置 2 min 后用 1 cm 光径的比色杯在 595 nm 波长下比色，记录各管测定的吸光度 $A_{595\ nm}$，并做标准曲线。

（4）取合适体积的微粒体样品稀释，按标准蛋白质的方式配制，使其测定值在标准曲线的直线范围内。根据所测定的 $A_{595\,nm}$ 值，在标准曲线上查出其相当于标准蛋白质的量，从而计算出未知样品的蛋白质浓度（mg/mL）。

3）乙氧呋草黄及其单体在两微粒体中的降解实验

将用甲醇配制的 ETO 及其对映单体移入一系列装有 50 mmol/L Tris-HCl 缓冲液（内含有 1 mg 肝微粒体、5.0 mmol/L 氯化镁）的离心管中，将所有的离心管放入 37℃的超级恒温水浴振荡器中预孵育 5 min，然后加入 1.0 mmol/L NADPH 开始反应。反应体系总体积为 1 mL，乙氧呋草黄外消旋体的最终浓度为 80 μmol/L，单体的最终浓度为 40 μmol/L，其中甲醇的含量低于 1.0%，以不加入 NADPH 离心管作为对照。孵育后5～30 min，每隔 5 min 取一组样，每组三个平行；取样后立即加入 5.0 mL 预先冰过的乙醚，涡旋 3 min，3500 r/min 离心 5 min，取上清于 10.0 mL 刻度试管中；再用 5.0 mL 乙醚以同样方式提取一次，合并上清液，30℃氮气吹干，定容色谱分析。

4）乙氧呋草黄单体在两微粒体中的酶代动力学实验

取一系列浓度的乙氧呋草黄单体移入到装有 50 mmol/L Tris-HCl 缓冲液（内含有 1.0 mg 肝微粒体、5.0 mmol/L 氯化镁）的相应离心管中，将所有的离心管放入 37℃的超级恒温水浴振荡器中预孵育 5 min，然后加入 1.0 mmol/L NADPH 开始反应。反应体系总体积为 1 mL，乙氧呋草黄单体在家兔肝微粒体中的最终浓度分别为 20 μmol/L、40 μmol/L、80 μmol/L、120 μmol/L、150 μmol/L 和 200 μmol/L，在大鼠肝微粒体中的最终浓度为 10 μmol/L、20 μmol/L、40 μmol/L、80 μmol/L、160 μmol/L 和 240 μmol/L，每一个浓度点做三个平行，且体系中甲醇的含量低于 1.0%。孵育后 20 min 停止反应，立即加入 5.0 mL 预先冰过的乙醚，按上述方法进行处理。

1.3.7.4　线性范围与方法确证

1）标准曲线制备

在装有 50 mmol/L Tris-HCl 缓冲液（内含有 1.0 mg 肝微粒体、5.0 mmol/L 氯化镁）的 15 mL 离心管中加入适量 ETO 和 ETO-OH 标准溶液得到含两对映体各为 2 μmol/L、5 μmol/L、20 μmol/L、50 μmol/L、100 μmol/L 及代谢物为 2 μmol/L、10 μmol/L、20 μmol/L、40 μmol/L、200 μmol/L 的样品溶液，按上述微粒体前处理方法处理后进样。以每个对映体样品溶液浓度对每个对映体的峰面积进行线性回归。线性回归分析采用 Microsoft® Excel 软件。

2）准确度、检测限及回收率

准确度及检测限测定方法同 1.1.1.4 小节 2）。

在空白样品中加入适量外消旋 ETO 和 ETO-OH 标准溶液得 5 个浓度梯度的样品溶液进行回收率测定。

1.3.7.5　数据处理

1）对映体选择性比值的计算

对映体选择性比值的计算、药代动力学分析、降解动力学分析方法同 1.3.6.5。

2）酶促反应的动力学分析

利用 Origin 8.0 软件对底物浓度和代谢物生成速率进行非线性拟合，结果显示其符合 Michaelis-Menten 公式：

$$V_0 = V_{max} \times S/(K_M + S) \tag{1-12}$$

式中，V_0、V_{max}、S 和 K_M 分别代表初始反应速率、最大反应速率、底物浓度和米氏常数。

清除率以公式（1-13）进行计算：

$$CL_{int} = V_{max}/K_M \tag{1-13}$$

1.3.7.6　结果与分析

1）代谢物的确证

采用 GC-MS 技术对样品中待测的乙氧呋草黄及其代谢物进行了确证，在 8.50 min 处的组分具有 ETO-K 的特征离子：m/z 149、177、256；在 9.16 min 处的组分具有 ETO 的特征离子：m/z 207、241、286；在 9.55 min 处的组分具有 ETO-OH 的特征离子：m/z 179、229、258；它们与合成的标准图谱完全拟合，保留时间也一致。在家兔和大鼠微粒体中都发现有这两个代谢物的存在，微粒体样本典型总离子流图及质谱图见图 1-28。

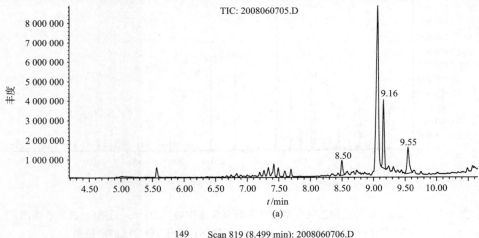

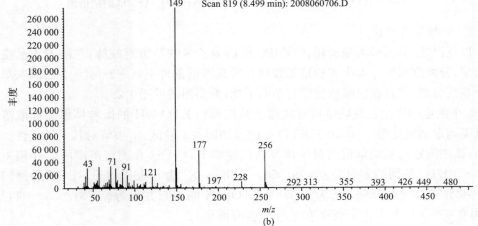

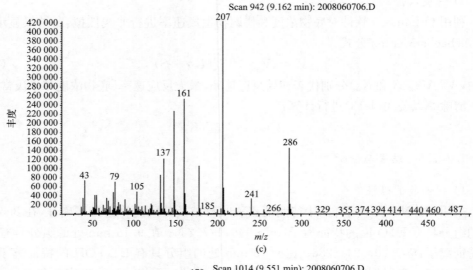

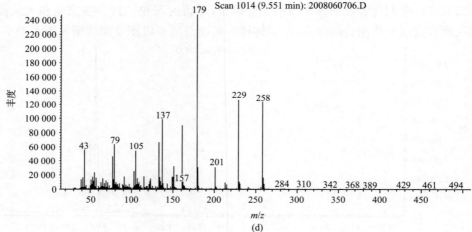

图 1-28　80 μmol/L 外消旋乙氧呋草黄在兔肝微粒体中孵育 20 min 后的(a)总离子流图；
(b) ETO-K 的质谱图；(c) ETO 的质谱图；(d) ETO-OH 的质谱图

2）分析方法评价

以正己烷/异丙醇为流动相，CDMPC 能拆分乙氧呋草黄对映体，并随着正己烷含量的增加，分离度增加。本次实验结果表明在所选液谱条件下，(＋)-与(－)-乙氧呋草黄能完全基线分离，并且在出峰位置没有杂质干扰，典型图谱见图 1-29。

5 个浓度梯度的乙氧呋草黄对映体及其代谢物 ETO-OH 的微粒体添加提取溶液线性范围测定结果见图 1-30，由于 ETO-K 的添加回收率较低，本小节对其只做定性。结果表明，该法测定乙氧呋草黄两对映体及其代谢物 ETO-OH 在测定范围内线性相关性很好，(＋)-ETO 的回归方程为 $y=35.058x-39.46$，R^2 为 0.9983；(－)-ETO 的回归方程为 $y=35.397x-43.866$，R^2 为 0.9985；ETO-OH 的回归方程为 $y=31.028x+112.72$，R^2 为 0.9984（其中 x 代表药物浓度，y 代表峰面积）。

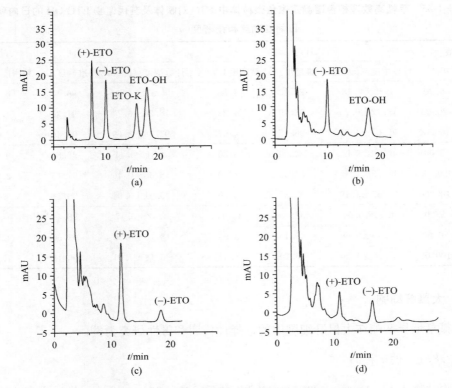

图 1-29　微粒体样品中乙氧呋草黄典型液相色谱图

（a）标样 40 μmol/L；（b）左旋乙氧呋草黄在大鼠肝微粒体中孵育 20 min 后样品；（c）外消旋体
在家兔微粒体中孵育 20 min 后样品；（d）外消旋体在大鼠微粒体中孵育 20 min 后样品［正己烷/异丙醇
＝85/15（a，b），90/10（c，d），流速 1.0 mL/min］

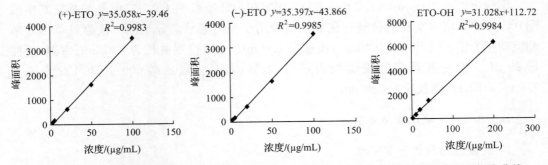

图 1-30　家兔微粒体添加提取液中 ETO 对映体及其代谢物 ETO-OH 的浓度与峰面积标准曲线

准确度与精密度实验结果表明，在线性范围内，样品分析方法的日内、日间准确度在 82.00%～102.40%之间、精密度在 2.51%～13.17%之间（表 1-35），方法的准确度和精密度均可满足分析的需要。两对映体的检测限为 0.5 μmol/L；定量限为 2.0 μmol/L，在此浓度下，精密度和准确度能满足残留分析的需要。

表 1-35　手性高效液相色谱测定家兔微粒体中 ETO 对映体及其代谢物 ETO-OH 的日内和日间准确度和精密度($n=6$)

理论浓度/(μg/mL)		日内			日间		
		计算浓度/(μg/mL)	准确度/%	精密度 CV/%	计算浓度/(μg/mL)	准确度/%	精密度 CV/%
(+)-ETO	5.00	4.89±0.48	97.80	9.82	4.82±0.41	96.40	8.51
	20.00	18.72±0.79	93.60	4.22	18.26±0.77	91.30	4.22
	100.00	96.07±4.87	96.07	5.07	97.46±3.69	97.46	3.79
(−)-ETO	5.00	5.12±0.42	102.40	8.20	4.84±0.44	96.80	9.09
	20.00	17.73±1.33	88.65	7.50	18.35±0.46	91.75	2.51
	100.00	97.35±3.49	97.35	3.20	96.51±3.04	96.51	3.15
ETO-OH	5.00	4.10±0.54	82.00	13.17	4.42±0.47	88.40	10.63
	20.00	17.49±0.69	87.45	3.95	18.78±0.90	93.90	4.79
	100.00	96.20±4.20	96.20	4.37	96.18±7.01	96.18	7.29

1.3.8　大鼠肝细胞

以氟草烟异辛酯在大鼠肝细胞中的选择性代谢和毒性研究为例。

1.3.8.1　供试样品

实验动物为 SD(Sprague Dawley)大鼠,体重 200~250 g,雄性。供试大鼠在室温条件下饲养,饲喂固体饲料。给药前禁食 12 h,可自由饮水。

1.3.8.2　实验设备和条件

手性色谱柱 250 mm×4.6 mm I.D.,固定相为纤维素-三(3,5-二甲基苯基氨基甲酸酯)(CDMPC,由本实验室自制),在本实验中用于分离氟草烟异辛酯。检测氟草烟异辛酯流动相为正己烷/异丙醇(98/2);流速为 1.0 mL/min;检测波长为 230 nm;室温;进样量 20 μL。检测氟草烟的流动相为正己烷/异丙醇/三氟乙酸(90/10/0.1);流速为1.0 mL/min;检测波长为 230 nm。

1.3.8.3　实验设计与方法

1) 大鼠肝细胞的分离步骤

在 Seglen 法和相关研究的基础上对肝细胞分离技术进行改良[9]:

(1) 在 38~39℃的水浴槽中预热 HEPES 缓冲液和胶原酶液,使其在肝内达到 37℃。

(2) 给大鼠腹腔注射巴比妥钠(1 μL/g)。打开腹腔,暴露出肝脏,用一次性输液针插入肝门静脉血管,注入 HEPES 缓冲液和肝素(1000 U)的混合液,肝脏即刻变白,迅速切开下腔静脉,以免压力过高。

(3) 灌注胶原酶液,持续 20 min,肝脏肿大。

(4) 切下肝脏,用 HEPES 缓冲液清洗,切开肝纤维囊,收集消化清洗液,并加入

DMEM 培养液,该混合液中含有大量的肝细胞。

（5）用 100 μm 尼龙筛过滤细胞悬液。

（6）低速离心法清洗细胞（50 g,1 min）三次以去除胶原酶、破坏了的细胞以及非肝实质来源的细胞。

（7）将细胞收集在培养液 DMEM 中（含 10% 胎牛血清白蛋白,10 μg/mL 胰岛素,100 U/mL 青霉素,100 μg/mL 链霉素）,于 5% CO_2 培养箱 37℃环境下培养。

2）氟草烟异辛酯在肝细胞中代谢样品的采集与处理

原代肝细胞分离 24 h 之后,分别加入 10 μmol/L、20 μmol/L、50 μmol/L 的外消旋氟草烟异辛酯以及两个对映体单体,并设置空白对照。在分别培养 0 min、5 min、10 min、15 min、30 min 和 45 min 之后,取出 1 mL 的培养液至 15 mL 离心管中,迅速加入 5 mL 乙酸乙酯提取农药。每个时间点取 5 个重复。

每个样品加入 50 μL 的 1 mol/L 盐酸,涡旋 4 min,3800 r/min 离心 5 min,将上清提取液转移至另一离心管中,再加入 5 mL 乙酸乙酯重复提取一次,合并提取液,氮气吹干,0.2 mL 异丙醇定容进样,进行色谱分析。

3）细胞毒性测试步骤

本小节以 MTT 法作为评价细胞毒性的测试方法,具体步骤如下:

（1）称取 250 mg MTT,放入小烧杯中,加 50 mL HEPES 缓冲液,溶解后,用 0.22 μm 的微孔滤膜除菌,分装,4℃保存。两周内有效。

（2）以每孔 1000～10 000 个细胞接种于 96 孔培养板中,每孔培养液体积 200 μL。

（3）将培养板放入 CO_2 培养箱,在 37℃,5% CO_2 及饱和湿度条件下,培养细胞直至贴壁。

（4）细胞贴壁以后,每孔加入预先配制好的 MTT 溶液（5 mg/mL）20 μL;上述条件下继续培养 4～6 h,终止培养,小心吸弃孔内培养上清液,每孔加入 150 μL DMSO,振荡 10 min。

（5）选择 490 nm 波长,用酶标仪测量各孔吸收值。

4）氟草烟异辛酯在肝细胞中的毒性测试以及样品的采集

该部分实验中氟草烟异辛酯以及其代谢物氟草烟（FP）等标样,均由 DMSO 配制。DMSO 在培养体系的浓度不超过 1% 时,不会对 MTT 法测试结果有影响。

新鲜肝细胞按照 10 000 个/孔的密度接种在 96 孔板中,待细胞贴壁以后,用一系列外消旋氟草烟异辛酯,两对映体或代谢物氟草烟处理细胞,并设置只有培养液以及加入 DMSO 的培养液两组空白对照。培养 4 个小时后,比较空白组和药物处理组。

1.3.8.4　线性范围与方法确证

1）标准曲线制备

在空白细胞的培养液中,加入适量外消旋氟草烟异辛酯标准溶液,按照上述前处理方法处理后进样。以每个对映体样品溶液浓度对每个对映体的峰面积进行线性回归。线性回归分析采用 Microsoft® Excel 软件。

2) 准确度、检测限及回收率

准确度及检测限测定方法同 1.1.1.4 小节 2)。

在空白细胞培养液中加入适量氟草烟异辛酯单体和 FP 标准溶液得最终浓度为 0.2 μmol/L、10.0 μmol/L、50.0 μmol/L，FP 添加浓度为 0.5 μmol/L、10.0 μmol/L、50.0 μmol/L进行回收率测定，通过比较提取出的对映体峰面积与相应标准溶液中对映体的峰面积计算回收率，每个水平重复六次。

1.3.8.5　数据处理

对映体选择性比值的计算以及降解动力学分析方法同 1.1.1.5 小节 1)以及 1.2.4.5。

1.3.8.6　结果与分析

正己烷/异丙醇＝98/2 流动相条件下，CDMPC 能拆分氟草烟异辛酯对映体，并且对映体能完全基线分离，并且在出峰位置没有杂质干扰，典型图谱见图 1-31。

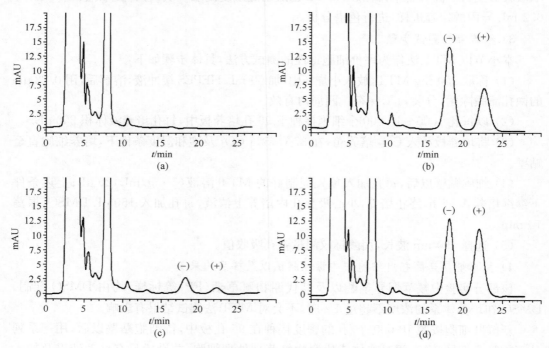

图 1-31　氟草烟异辛酯液相色谱图

(a) 空白大鼠肝细胞样品；(b) 大鼠肝细胞添加 *rac*-FPMH(50.0 μmol/L)培养 5 min 后样品；
(c)大鼠肝细胞添加 *rac*-FPMH(50.0 μmol/L)培养 45 min 后样品；(d)DMEM 培养基中添加
rac-FPMH(50.0 μmol/L)并且培养 45 min 后样品(正己烷/异丙醇＝98/2，流速＝1.0 mL/min，10℃)

正己烷/异丙醇＝90/10，另添加 0.1％的三氟乙酸的流动相条件下，氟草烟出峰位置没有杂质干扰，典型图谱见图 1-32。

设置 0.2～50.0 μmol/L 5 个浓度梯度的(＋)-和(－)-氟草烟异辛酯两个对映体和 0.5～50.0 μmol/L 5 个浓度梯度的代谢物氟草烟，测量在大鼠肝细胞中的添加提取溶液

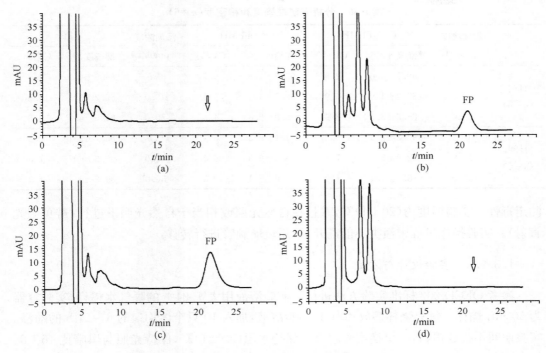

图 1-32　氟草烟液相色谱图

（a）空白大鼠肝细胞样品；（b）大鼠肝细胞添加 FPMH(50.0 μmol/L)培养 5 min 后样品；（c）大鼠肝细胞添加
FPMH(50.0 μmol/L)培养 45 min 后样品；（d）DMEM 培养基中添加 FPMH(50.0 μmol/L)并且培养 45 min 后
样品(正己烷/异丙醇＝90/10,加入 0.1%三氟乙酸,流速 1.0 mL/min,20℃)

线性范围。结果表明,该法测定氟草烟异辛酯两对映体及其代谢物氟草烟在测定范围内
线性相关性很好,（＋)-氟草烟异辛酯的回归方程为 $y＝12.02x＋0.500,R^2$ 为 0.9998；
（－)-氟草烟异辛酯的回归方程为 $y＝11.89x＋1.447,R^2$ 为 0.9989；代谢物氟草烟的回
归方程为 $y＝11.13x＋1.898,R^2$ 为 0.9987(其中 x 代表药物浓度,y 代表峰面积)。

准确度与精密度实验结果表明,在线性范围内,对于氟草烟异辛酯两个对映体来说,
样品分析方法的日内、日间准确度在 82.8%～99.1%之间、精密度在 1.3%～9.7%之间；
对于代谢物氟草烟日内、日间准确度在 85.1%～91.5%、精密度在 1.8%～7.5%,方法的
准确度和精密度均可满足分析的需要。空白样品中添加氟草烟异辛酯标准溶液后,按照
上述方法进行提取,测定的添加回收率的结果列于表 1-36。

1.3.9　大型溞

以腈菌唑环境毒理学和环境行为选择性研究为例。

1.3.9.1　供试样品

大型溞(*Daphnia magna* Straus)纯品系生物株,在实验室连续培养三代以上,喂食
斜生栅藻(*Scemedesmus subspicatus*)。实验前挑选出生 6～24 h 的健康活泼的幼溞用于

表 1-36 分析方法准确度和精密度($n=6$)

	添加浓度 /(μmol/L)	(+)-FPMH		(−)-FPMH		添加浓度 /(μmol/L)	FP	
		准确度/%	CV/%	准确度/%	CV/%		准确度/%	CV/%
日内 (n=6)	0.2	99.1±3.0	2.5	93.2±7.8	9.7	0.5	86.9±4.2	5.3
	10.0	87.2±1.9	3.9	89.5±4.1	5.1	10.0	86.2±3.9	1.8
	50.0	86.8±3.3	2.9	89.9±2.4	4.5	50.0	91.5±4.8	3.8
日间 (n=6)	0.2	92.2±2.9	6.2	91.1±9.8	5.2	0.5	85.1±2.1	2.4
	10.0	82.8±5.2	7.1	88.2±6.3	6.0	10.0	90.6±6.7	7.5
	50.0	88.3±1.4	1.9	92.9±2.1	1.3	50.0	89.2±6.4	4.9

测定毒性。实验温度为(20 ± 1)℃,并且在自然光照或相当于自然光照下进行(避免阳光直射)。实验操作过程中溞类不能离开水,用玻璃滴管进行转移。

1.3.9.2 实验设计与方法

参考 OECD-202 标准实验方法进行。实验溶液用大于 24 h 的曝气水稀释,实验容器为 50 mL 烧杯。每只烧杯盛放 40 mL 实验溶液,加入 10 只个体均匀的 6～24 h 的幼溞。实验期间不投放饵料,不更换实验溶液。保持水温(22 ± 1)℃,保持光照与黑暗比 16∶8。根据预备实验得出的浓度范围,设置 7 个系列实验浓度、一个空白对照组和一个最大溶剂对照组,每个浓度 3 个平行组,分别于 24 h 和 48 h 后观察大型溞存活状况并记录实验结果。急性毒性实验数据用 SPSS 16.0 统计软件处理。

外消旋,(−)-腈菌唑和(+)-腈菌唑浓度设置为:80.00 μg a. i. /mL、40.00 μg a. i. /mL、20.00 μg a. i. /mL、10.00 μg a. i. /mL、5.00 μg a. i. /mL、2.50 μg a. i. /mL、1.25 μg a. i. /mL。

1.3.10 酸奶

以几种手性农药在酸奶发酵过程中的选择性降解研究为例。

1.3.10.1 供试样品

实验所用牛奶,经测定其中不含供试农药及其代谢物。所用发酵剂主要含保加利亚乳杆菌(*Lactobacillus bulgaricus*)和嗜热链球菌(*Streptococcus thermophilus*)。牛奶在使用前,经巴氏消毒法消毒 30 min,以除去牛奶中杂菌,防止其影响实验中农药的降解情况。

1.3.10.2 实验设备和条件

Agilent 1200 高效液相色谱(HPLC)、CD-2095 圆二色检测器、手性色谱柱 150 mm×4.6 mm I. D. (ADMPC,实验室自制),顺式氯氰菊酯样本和马拉硫磷样本分析的流动相:正己烷/异丙醇(98/2,v/v);苯霜灵样本分析的流动相:正己烷/异丙醇(95/5,v/v);禾草灵样本分析的流动相:正己烷/异丙醇(96/4,v/v);禾草灵酸样本分析的流动相:正己烷/

异丙醇/三氟乙酸(96/4/0.1,$v/v/v$)。流速 1.0 mL/min、进样量 20 μL、柱温 20 ℃、检测波长 230 nm。

1.3.10.3　实验设计与方法

1) 酸奶制作过程

本实验按家庭制作酸奶的方法进行酸奶发酵过程。将灭菌后的纯牛奶装入具塞三角瓶中,按 5 mg/L(外消旋体在牛奶中的浓度)添加供试农药的丙酮溶液,随后按牛奶重量的 0.5% 加入发酵剂,充分搅拌 5 min,加塞,置于 37 ℃恒温培养箱中培养,开始发酵。在酸奶发酵过程中,按不同时间点取样,取样后的酸奶样本立即保存于−20 ℃冰箱。

在进行加药实验的同时设置空白对照实验,在空白对照组中不添加农药,而其他操作与上述操作一致。实验中所有器皿均经高压灭菌锅消毒 30 min 以除去杂菌。

2) 酸奶样本中供试农药的提取

将酸奶样本解冻后,搅拌均匀,准确称取 10.0 g 样本置于 50 mL 聚乙烯离心管中。在提取顺式氯氰菊酯、马拉硫磷、苯霜灵和禾草灵时,先加入 2 mL 去离子水,再加入 20 mL 冰乙腈(−4 ℃储存)作为提取溶剂,密封离心管涡旋 5 min 后,加入 2 g NaCl 使乙腈和水分层,再 2425 g 离心 3 min,将上清液转移至 100 mL 鸡心瓶中。再加入 20 mL 乙腈重复提取过程,共重复提取过程 3 次,合并乙腈提取液,在 40 ℃下旋转蒸发至近干,氮气吹干。然后在鸡心瓶中加入 5 mL 乙腈完全溶解提取物,再加入 5 mL 正己烷剧烈振荡进行液液分配以除去样本中的油脂,静置分层后,弃去上层正己烷,将剩余乙腈按上述条件蒸干待净化。

禾草灵酸样本在提取前,先加入 0.5 mL 浓盐酸,再开始提取过程,提取步骤同上。

3) 酸奶样本中供试农药的净化

(1) 顺式氯氰菊酯和禾草灵样本的净化:采用弗罗里硅土 SPE 柱来净化。先后使用 5 mL 丙酮和 5 mL 正己烷洗涤,再加入 5 mL 淋洗液(正己烷/丙酮=20/1,v/v)平衡。用 3 mL 淋洗液分三次洗涤鸡心瓶中提取物,全部转移至 SPE 柱中,并开始接收淋出液,再加入 7 mL 淋洗液并全部接收。最后,将所收集淋出液在 40 ℃下,用氮气吹干,异丙醇定容至 1 mL,再采用 100 mg PSA 净化,过 0.22 μm 滤膜,待 HPLC 进样分析。

(2) 马拉硫磷样本的净化:与上述步骤相似,但采用的淋洗液比例为正己烷/丙酮=10/1。

(3) 苯霜灵酯样本的净化:与上述步骤相似,但采用的淋洗液比例为正己烷/丙酮=4/1。

(4) 禾草灵酸样本的净化:采用硅胶 SPE 柱来净化。先后使用 5 mL 丙酮和 5 mL 正己烷洗涤,然后再加入 5 mL 淋洗液(正己烷/丙酮/三氟乙酸=15/1/0.016,$v/v/v$)平衡。用 3 mL 淋洗液分三次洗涤鸡心瓶中提取物,全部转移至 SPE 柱中,并开始收集淋出液,再加入 7 mL 上述淋洗液,洗涤 SPE 柱,全部收集后,将所有淋洗液在 40 ℃下,用氮气吹干,并用异丙醇定容至 1.0 mL,待 HPLC 进样分析。

1.3.10.4　线性范围与方法确证

1) 标准曲线制备

分别准确称取 0.1 g 供试农药标准品于 100 mL 容量瓶中,用异丙醇溶解并定容至刻度线,逐级稀释得到一系列浓度的标准溶液(每个对映异构体浓度为 1 mg/L、5 mg/L、10 mg/L、25 mg/L 和 50 mg/L),按上述色谱条件进样,每个浓度标准品重复进样两次,最后以对映异构体的平均峰面积为纵坐标,相应的浓度为横坐标作图,并用 Microsoft® Excel 软件进行回归分析。

2) 准确度、检测限及回收率

准确度及检测限测定方法同 1.1.1.4 小节 2)。

添加回收实验中,在 48 h 时的空白酸奶样本中,分别添加供试农药标准溶液进行实验,采用 3 个添加浓度(每个对映异构体 0.2 mg/kg、0.5 mg/kg 和 2.5 mg/kg),每个浓度重复 3 次($n=3$),按上述方法提取、净化和分析,并计算回收率。

1.3.10.5　数据处理

对映异构体选择性比值计算方法同 1.2.4.5。

1.3.10.6　结果与分析

在 1~50 mg/L 的浓度范围内,顺式氯氰菊酯、马拉硫磷、苯霜灵、禾草灵和禾草灵酸的对映异构体均呈良好的线性关系,相关系数大于 0.999,具体结果见图 1-33~图 1-37。

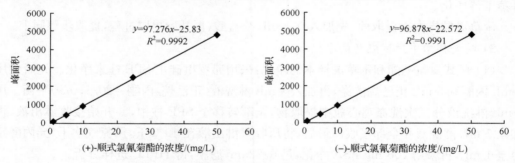

图 1-33　顺式氯氰菊酯对映异构体的浓度与峰面积标准曲线图

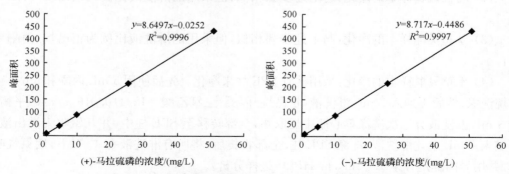

图 1-34　马拉硫磷对映异构体的浓度与峰面积标准曲线图

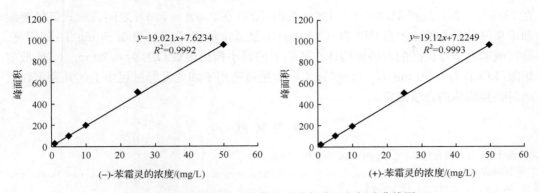

图 1-35　苯霜灵对映异构体的浓度与峰面积标准曲线图

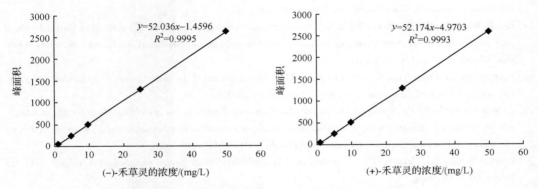

图 1-36　禾草灵对映异构体的浓度与峰面积标准曲线图

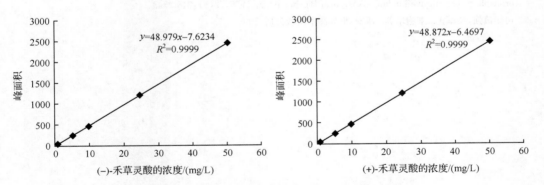

图 1-37　禾草灵酸对映异构体的浓度与峰面积标准曲线图

在上述实验条件下,顺式氯氰菊酯、马拉硫磷、苯霜灵、禾草灵和禾草灵酸的两个对映异构体能够完全分离,且在酸奶样本中的被分析物出峰位置均无杂质干扰。利用 48 h 时的空白酸奶样本分别对供试农药进行添加回收实验,顺式氯氰菊酯的回收率在 73.1%±2.7%到 81.2%±4.4%范围内,RSD 在 2.9%~5.2%之间;马拉硫磷的回收率在74.8%±3.1%到 79.3%±2.9%范围内,RSD 在 1.9%~5.3%之间;苯霜灵的回收率在81.7%±3.2%到 87.7%±4.0%范围内,RSD 在 2.2%~5.8%之间;禾草灵的回收率在74.4%±2.6%到 85.5%±3.1%范围内,RSD 在 2.9%~6.1%之间,禾草灵酸的回收率在 73.2%±2.1% 到 81.3%±4.1% 范围内，RSD 在 2.9%～5.8% 之间。顺式氯氰菊酯和禾草灵的最小检出限（LOD）为 0.05 mg/L，最低定量限（LOQ）为 0.15 mg/L；苯霜灵、马拉硫磷和禾草灵酸的对映异构体在酸奶中的最小检出限（LOD）为 0.20 mg/L，最低定量限（LOQ）为 0.50 mg/L。可见，该实验方法可适用于酸奶发酵过程中上述几种手性农药对映异构体的含量测定。

参 考 文 献

［1］鲍士旦. 土壤农化分析. 北京：中国农业出版社，2000.

［2］Teicher H B，Kofoed-Hansen B，Jacobsen N. Insecticidal activity of the enantiomers of fipronil. Pest Management Science，2003，59(12)：1273-1275.

［3］Liu D，Wang P，Zhu W，Gu X，Zhou W，Zhou Z. Enantioselective degradation of fipronil in Chinese cabbage (*Brassica pekinensis*). Food Chemistry，2008，110(2)：399-405.

［4］Qiu J，Wang Q，Zhu W，Jia G，Wang X，Zhou Z. Stereoselective determination of benalaxyl in plasma by chiral high-performance liquid chromatography with diode array detector and application to pharmacokinetic study in rabbits. Chirality，2007，19(1)：51-55.

［5］Shapovalova E，Shpigun O，Nesterova L，Belov M Y. Determination of the optical purity of fungicides of the triazole series. Journal of Analytical Chemistry，2004，59(3)：255-259.

［6］Terreni M，Benfenati E，Natangelo M，Facchini G，Pagani G. Synthesis and use of pentadeuteroethyl ethofumesate as an internal standard for the determination of ethofumesate and its metabolites in water by gas chromatography-mass spectrometry. Journal of Chromatography A，1994，688(1)：243-250.

［7］Gates R S，Giuon J，Saggers D T. 2-(organyloxy)-2，3-dihydro-5-benzofuranyl esters of alkyl sulfonic acids. US Patent 3689507，1972.

［8］Bradford M M. A rapid and sensitive method for the quantitation of microgram quantities of protein utilizing the principle of protein-dye binding. Analytical Biochemistry，1976，72(1)：248-254.

［9］司徒镇强，吴军正. 细胞培养. 西安：世界图书出版公司，1996.

第 2 章　杀菌剂的手性拆分及环境行为

2.1　苯　霜　灵

苯霜灵为内吸性杀菌剂,防治卵菌纲病菌,主要用于防治葡萄霜霉病,马铃薯、草莓和番茄上的疫霉菌,烟草、洋葱和大豆上的霜霉菌,瓜类霜霉病、莴苣盘梗霉,以及观赏植物上的丝囊菌和腐霉菌等。化学名称 *N*-苯乙酰基-*N*-2,6-二甲苯基-DL-丙氨酸甲酯,其结构中有一个手性中心,外消旋体含有两个对映异构体。结构如图 2-1 所示。

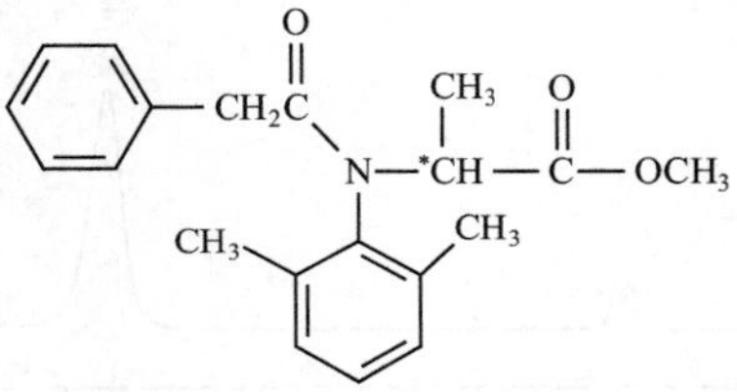

图 2-1　苯霜灵结构图

2.1.1　苯霜灵在正相 CDMPC 手性固定相上的拆分

2.1.1.1　色谱条件及参数计算

(1) Agilent 1100 高效液相色谱仪及 JASCO 2000 高效液相色谱仪(主要用于对映体出峰顺序的确定及圆二色特性的研究)。纤维素-三(3,5-二甲基苯基氨基甲酸酯)色谱柱(CDMPC)(自制)250 mm×4.6 mm I. D. ,流动相为正己烷、石油醚、正庚烷或正戊烷,在正己烷流动相中考察了极性改性剂乙醇、丙醇、异丙醇、正丁醇、异丁醇对拆分的影响,其他流动相中使用异丙醇为改性剂,检测波长 230 nm,流速 1.0 mL/min,除了考察温度对拆分的影响实验外,其他操作均在室温下进行。

(2) 计算参数主要有:容量因子 $[k = (t - t_0)/t_0]$,分离因子$(\alpha = k_2/k_1)$,分离度 $R_s = [2(t_2 - t_1)]/(w_1 + w_2)$,重复进样 2 次,取平均值计算。

2.1.1.2　苯霜灵对映体的拆分结果及醇含量的影响

苯霜灵对映体在 CDMPC 手性固定相上有很好的分离效果,检测波长 230 nm,表 2-1 为苯霜灵对映体的拆分结果及醇含量对拆分的影响。5 种醇都能够使苯霜灵对映体实现分离,正丁醇的拆分效果最好,含量在 2% 时分离因子为 1.73,其他 4 种醇的拆分效果相差不大。图 2-2 为苯霜灵对映体的拆分色谱图。

表 2-1　醇改性剂对苯霜灵对映体拆分的影响

含量/%	乙醇			丙醇			异丙醇			丁醇			异丁醇		
	k_1	α	R_s	k_1	α	R_s	k_1	α	R_s	k_1	α	R_s	k_1	α	R_s
20	1.18	1.36	2.53	1.29	1.42	2.71	1.84	1.23	1.73	1.18	1.34	1.97	1.44	1.44	2.62
15	1.43	1.34	2.60	1.64	1.43	3.06	2.39	1.25	2.15	1.81	1.54	3.13	1.95	1.42	2.74
10	1.94	1.35	3.07	2.33	1.42	3.39	3.37	1.27	2.50	2.58	1.62	4.44	2.80	1.44	3.22
5	3.14	1.40	3.95	4.04	1.46	4.41	5.78	1.29	3.11	4.42	1.69	5.72	4.93	1.46	3.97
2	5.24	1.45	5.00	8.89	1.36	5.02	10.82	1.33	4.39	8.05	1.73	7.84	9.56	1.49	5.64

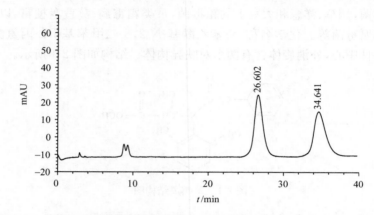

图 2-2　苯霜灵对映体的色谱拆分图（正己烷/异丙醇＝98/2,230 nm,室温）

2.1.1.3　圆二色特性研究

图 2-3 为苯霜灵两对映体的 CD 吸收随波长的变化曲线,220～230 nm 波长范围内先流出对映体为 CD(－)信号,后流出为 CD(＋)信号,230～260 nm 范围内 CD 信号发生翻转,先流出对映体为 CD(＋)信号,后流出为 CD(－)信号,最大圆二色吸收信号在 240 nm。

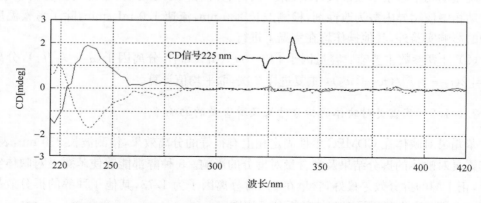

图 2-3　苯霜灵两对映体的 CD 扫描图（实线为先流出对映体,虚线为后流出对映体）

2.1.1.4　温度对拆分的影响

在 5～40℃ 范围内考察了温度对拆分的影响，流动相为正己烷/异丙醇(85/15)，结果如表 2-2 所示，在 5℃ 时分离度为 2.42，当温度升高到 40℃ 时，分离减小到 1.91。低温有利于苯霜灵对映体的拆分。

表 2-2　温度对苯霜灵对映体拆分的影响(正己烷/异丙醇＝85/15)

温度/℃	k_1	k_2	α	R_s
5	3.16	4.17	1.32	2.42
10	2.97	3.85	1.30	2.36
15	2.72	3.48	1.28	2.30
20	2.39	3.00	1.25	2.15
25	2.36	2.94	1.24	2.12
30	2.12	2.61	1.23	1.97
40	1.92	2.33	1.21	1.91

2.1.1.5　热力学参数的计算

苯霜灵对映体的容量因子和分离因子的自然对数与热力学温度的倒数具有较好的线性关系，线性相关系数都大于 0.99，Van't Hoff 曲线见图 2-4，线性 Van't Hoff 方程和熵变、焓变数值列于表 2-3 中，两对映体与手性固定相相互作用焓变的差值为 1.78 kJ/mol，而熵变的差值为 4.16 J/(mol·K)，可见对苯霜灵对映体分离贡献最大的为焓变。

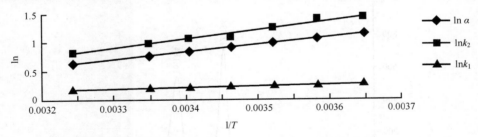

图 2-4　苯霜灵对映体的 Van't Hoff 曲线(正己烷/异丙醇＝85/15)

表 2-3　苯霜灵对映体的热力学参数(正己烷/异丙醇＝85/15)

对映体 (225 nm)	$\ln k=-\Delta H/RT+\Delta S^*$	ΔH /(kJ/mol)	ΔS^*	$\ln\alpha=\Delta_{R,S}\Delta H/RT$ $+\Delta_{R,S}\Delta S/RT$	$\Delta\Delta H$ /(kJ/mol)	$\Delta\Delta S$ /[J/(mol·K)]
—	$\ln k_1=1283.4/T-3.46$ $R=0.9913$	−10.67	−3.46	$\ln\alpha=213.5/T-0.50$ $R=0.9913$	−1.78	−4.16
＋	$\ln k_2=1496.9/T-3.96$ $R=0.9918$	−12.44	−3.96			

2.1.2　苯霜灵在正相 ADMPC 手性固定相上的拆分

2.1.2.1　色谱条件

Agilent 1100 高效液相色谱仪及 JASCO 2000 高效液相色谱仪（主要用于对映体出峰顺序的确定及圆二色特性的研究）。直链淀粉-三（3,5-二甲基苯基氨基甲酸酯）（ADMPC）色谱柱（自制）250 mm×4.6 mm I.D.，流动相为正己烷/异丙醇，检测波长230 nm，流速 1.0 mL/min，考察温度的影响所涉及的范围为 0～40℃。除了考察温度对拆分的影响实验外，其他操作均在室温下进行。

2.1.2.2　苯霜灵对映体的拆分结果

表 2-4 列出了正己烷流动相中苯霜灵对映体的拆分结果及异丙醇含量对拆分的影响，苯霜灵对映体在 ADMPC 手性固定相上有非常好的手性识别能力，在异丙醇含量为15％时分离度就达 2.05。优化条件下的拆分色谱图如图 2-5 所示，230 nm 波长下苯霜灵对映体的出峰顺序为（一）/（＋）。

表 2-4　苯霜灵对映体的拆分结果

异丙醇含量/％	k_1	k_2	α	R_s
15	2.19	2.87	1.31	2.05
10	3.12	4.20	1.35	2.50
5	4.99	6.86	1.37	2.76

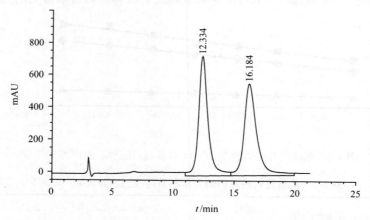

图 2-5　苯霜灵对映体的色谱拆分图（正己烷/异丙醇＝95/5,230 nm,室温）

2.1.2.3　温度对拆分的影响

正己烷体系下温度对苯霜灵对映体的拆分结果见表 2-5，温度范围为 0～40℃，同样，也是随着温度的升高，保留和分离效果都减小，要想得到更好的分离效果，应在较低的温度下进行拆分。

表 2-5　温度对苯霜灵对映体手性拆分的影响（正己烷/异丙醇＝85/15）

温度/℃	k_1	k_2	α	R_s
0	2.97	4.06	1.37	2.36
20	2.19	2.87	1.31	2.05
30	2.04	2.64	1.29	2.10
40	1.90	2.39	1.26	1.87

2.1.2.4　热力学参数的计算

苯霜灵对映体的 Van't Hoff 曲线的线性关系非常明显,如图 2-6 所示,线性相关系数大于 0.99,表 2-6 列出了相关的 Van't Hoff 线性方程,根据线性方程,计算了熵变、焓变及其差值等参数,有数据可见,苯霜灵两对映体在 ADMPC 手性固定相上的分离主要受焓的控制。

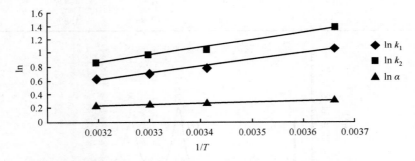

图 2-6　苯霜灵对映体的 Van't Hoff 曲线（正己烷/异丙醇＝85/15）

表 2-6　苯霜灵对映体拆分的热力学参数（正己烷/异丙醇＝85/15）

对映体	$\ln k = -\Delta H/RT + \Delta S^*$	ΔH /(kJ/mol)	ΔS^*	$\ln\alpha = \Delta_{R,s}\Delta H/RT + \Delta_{R,s}\Delta S/RT$	$\Delta\Delta H$ /(kJ/mol)	$\Delta\Delta S$ /[J/(mol·K)]
−	$\ln k_1 = 965.81/T - 2.47$ $(R=0.9873)$	−8.03	−2.47	$\ln\alpha = 175.22/T - 0.33$ $(R=0.9980)$	−1.46	−2.74
+	$\ln k_2 = 1136.5/T - 2.78$ $(R=0.9914)$	−9.45	−2.78			

2.1.3　苯霜灵在正相 CTPC 手性固定相上的拆分

2.1.3.1　色谱条件

Agilent 1100 高效液相色谱仪及 JASCO 2000 高效液相色谱仪（主要用于对映体出峰顺序的确定及圆二色特性的研究）。纤维素-三(苯基氨基甲酸酯)(CTPC)色谱柱（自制)250 mm×4.6 mm I.D.,流动相为正己烷/异丙醇,检测波长 230 nm,流速 1.0 mL/min,使用圆二色检测器确定了出峰顺序,考察温度的影响所涉及的范围为 0~40 ℃。

2.1.3.2 对映体的出峰顺序

在 230 nm 的检测波长下,以正己烷/异丙醇(85/15)为流动相,使用圆二色检测器确定对映体在 CTPC 手性固定相上的出峰顺序均为右旋/左旋。

2.1.3.3 异丙醇含量的影响

考察了流动相中异丙醇含量对拆分的影响,20 ℃,流速 1.0 mL/min,波长 230 nm 条件下,拆分结果及异丙醇含量的影响见表 2-7,在正己烷/异丙醇(95/5)的条件下,苯霜灵拆分效果最好,见图 2-7。

表 2-7　苯霜灵对映体在 CTPC 手性固定相上的拆分结果及异丙醇含量的影响

样品	异丙醇含量/%	k_1	k_2	α	R_s
	15	3.53	4.86	1.38	1.82
苯霜灵	10	5.31	7.49	1.41	2.21
	5	9.24	12.86	1.39	2.68

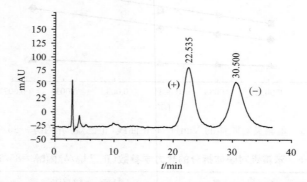

图 2-7　苯霜灵对映体在 CTPC 手性固定相上的拆分色谱图

(正己烷/异丙醇＝95/5,流速 1.0 mL/min, 20 ℃,230 nm)

2.1.3.4 温度对拆分的影响

温度对拆分的影响结果见表 2-8。

表 2-8　温度对 CTPC 手性固定相拆分的影响、Van't Hoff 方程及热力学参数

样本	T/℃	k_1	k_2	α	R_s	Van't Hoff 方程(R^2)	$\Delta H/\Delta\Delta H$ /(kJ/mol)	$\Delta S^*/\Delta\Delta S$ /[J/(mol·K)]
	0	8.74	13.65	1.56	2.27	$\ln k_1 = 1520.3/T - 3.49(0.94)$	-12.64^a	-3.49^c
苯霜灵	10	5.91	8.42	1.43	1.87	$\ln k_2 = 1880.3/T - 4.38(0.94)$	-15.63^a	-4.38^c
90/10	20	5.31	7.49	1.41	2.21	$\ln\alpha = 359.95/T - 0.89(0.94)$	-2.99^b	-7.40^d
	30	4.69	6.35	1.35	1.87			
	40	4.06	5.28	1.30	1.59			

a. ΔH 值;b. $\Delta\Delta H$ 值;c. ΔS^* 值;d. $\Delta\Delta S$ 值;下同

2.1.4 苯霜灵在正相 ATPC 手性固定相上的拆分

2.1.4.1 色谱条件

Agilent 1100 高效液相色谱仪及 JASCO 2000 高效液相色谱仪(主要用于对映体出峰顺序的确定及圆二色特性的研究)。支链淀粉-三(苯基氨基甲酸酯)(ATPC)色谱柱(自制)250 mm×4.6 mm I. D.，流动相为正己烷/异丙醇，检测波长 230 nm，流速 1.0 mL/min，使用圆二色检测器确定了出峰顺序，考察温度的影响所涉及的范围为 0～40℃。

2.1.4.2 拆分结果

苯霜灵在正相 ATPC 手性固定相上的拆分结果见表 2-9 和图 2-8。

表 2-9 ATPC 手性固定相对苯霜灵对映体的拆分结果

样本	波长/nm	异丙醇含量/%	k_1	k_2	α	R_s	CD信号 P_{k_1}/P_{k_2}
苯霜灵	230	15	2.59	2.91	1.12	0.66	
		10	3.63	4.12	1.13	0.77	
		5	4.75	5.59	1.18	0.83	(−)/(+)
		3	8.79	10.32	1.17	1.01	

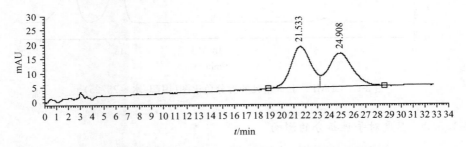

图 2-8 苯霜灵对映体在 ATPC 手性固定相上的拆分色谱图

2.1.5 苯霜灵在反相 CDMPC 手性固定相上的拆分

2.1.5.1 色谱条件

纤维素-三(3,5-二甲基苯基氨基甲酸酯)(CDMPC)手性柱，250 mm×4.6 mm I. D. (实验室自制)；流动相为不同比例的甲醇/水或乙腈/水，温度对拆分影响在 0～40℃ 之间，其他实验在室温进行，流速 0.8 mL/min，进样量 10 μL，检测波长 230 nm，样品浓度大约为 100 mg/L。

2.1.5.2 流动相组成对手性拆分的影响

本实验考察了甲醇/水或乙腈/水作流动相条件下的拆分情况，结果见表 2-10。在甲醇/水＝75/25 的流动相条件下拆分效果最好,如图 2-9 所示。

表 2-10　五种手性农药在 CDMPC 上的分离结果(流速 0.8 mL/min,室温)

化合物	流动相	v/v	k_1	k_2	α	R_s
		100/0	0.64	0.72	1.14	0.76
		95/5	0.76	0.88	1.16	0.92
	甲醇/水	90/10	1.04	1.22	1.17	1.13
		85/15	1.54	1.83	1.19	1.35
苯霜灵		80/20	2.42	2.89	1.20	1.49
		75/25	4.02	4.82	1.20	1.59
		100/0	0.38	0.38	1.00	—
	乙腈/水	80/20	0.54	0.54	1.00	—
		40/60	14.20	14.20	1.00	—

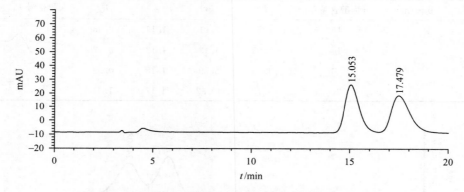

图 2-9　CDMPC 上苯霜灵的拆分色谱图(甲醇/水＝75/25)

2.1.5.3　温度对手性拆分的影响

在甲醇/水或乙腈/水作流动相条件下考察了 0～40 ℃温度范围内温度对苯霜灵对映体拆分的影响,结果列于表 2-11 中。不同温度下色谱图见图 2-10。

表 2-11　CDMPC 上温度对苯霜灵拆分的影响

手性化合物	温度/℃	流动相	v/v	k_1	k_2	α	R_s
	0			2.25	3.00	1.33	1.71
	5			1.97	2.56	1.30	1.85
苯霜灵	10	甲醇/水	85/15	1.81	2.32	1.28	1.81
	20			1.65	2.06	1.25	1.78
	30			1.32	1.55	1.18	1.31
	40			1.06	1.18	1.12	0.87

通过考察温度对苯霜灵的影响发现容量因子和分离因子的自然对数与热力学温度的

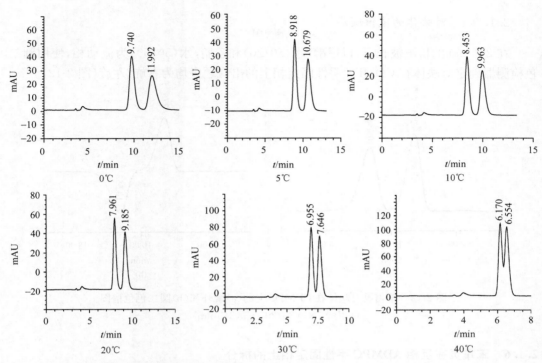

图 2-10　苯霜灵在 CDMPC 上不同温度下的色谱图（甲醇/水＝85/15，v/v，流速 0.8 mL/min）

倒数具有较好的线性关系，线性相关系数数大于 0.97，Van't Hoff 曲线见图 2-11。线性 Van't Hoff 方程和熵变之差、焓变之差数值列于表 2-12 中，可见对所研究苯霜灵对映体分离贡献最大的为焓变。

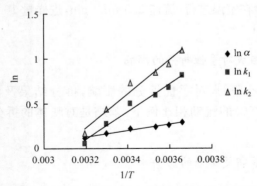

图 2-11　甲醇/水（85/15）作流动相条件下农药的 Van't Hoff 图（0～40℃）

表 2-12　苯霜灵对映体的 Van't Hoff 方程和 $\Delta\Delta H^{o}$、$\Delta\Delta S^{o}$（0～40℃）

手性化合物	流动相	v/v	线性方程	$\Delta\Delta H^{o}$/(kJ/mol)	$\Delta\Delta S^{o}$/[J/(mol·K)]
苯霜灵	甲醇/水	85/15	$\ln\alpha=357.61/T-1.018$ （$R^2=0.9734$）	-2.97	-8.46

2.1.5.4 对映体的流出顺序

在 240 nm 的检测波长下,以甲醇/水(80/20)和乙腈/水(50/50)为流动相,使用圆二色检测器确定对映体在 CDMPC 手性固定相上的出峰顺序均为右旋/左旋(图 2-12)。

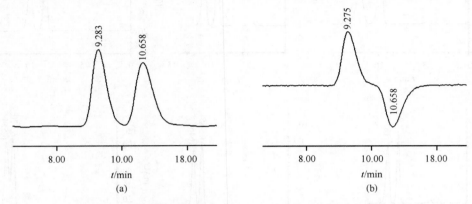

图 2-12 苯霜灵对映体在 CDMPC 上的(a)紫外和(b)圆二色色谱图
(甲醇/水=80/20,v/v,240 nm)

2.1.6 苯霜灵在反相 ADMPC 手性固定相上的拆分

2.1.6.1 色谱条件

直链淀粉-三(3,5-二甲基苯基氨基甲酸酯)(ADMPC)手性固定相,150 mm×4.6 mm I. D.(实验室自制);流动相为不同比例的甲醇/水或乙腈/水,温度对拆分影响在 0~40℃之间,其他实验在室温进行,流速 0.5 mL/min,进样量 10 μL,检测波长 230 nm,样品浓度大约 100 mg/L。

2.1.6.2 流动相组成对手性拆分的影响

考察了甲醇/水或乙腈/水对手性拆分的影响,拆分结果及流动相组成的影响见表 2-13。在乙腈/水(50/50)的流动相比例下,苯霜是对映体的拆分效果最好,如图 2-13 所示。

2.1.6.3 温度对苯霜灵拆分的影响

考察了温度对苯霜灵对映体拆分的影响,流动相条件、Van't Hoff 方程、热力学参数及温度对拆分的影响结果列于表 2-14 中,温度范围为 0~40℃,由表可见,两对映体的容量因子随着温度的升高而减小,大部分的情况下分离因子也随着温度的升高而降低,通过容量因子和分离因子的自然对数($\ln k_1$,$\ln k_2$ 和 $\ln \alpha$)对热力学温度的倒数($1/T$)作图,绘制 Van't Hoff 曲线,发现所有对映体的容量因子的自然对数与热力学温度的倒数都有一定的线性关系,大部分对映体的 $\ln \alpha$ 与 $1/T$ 也具有一定的线性关系。

表 2-13　苯霜灵对映体在 ADMPC 手性固定相反相色谱条件下的拆分结果

手性化合物	流动相	v/v	k_1	k_2	α	R_s
苯霜灵	甲醇/水	100/0	0.40	0.45	1.13	0.65
		90/10	0.79	0.93	1.18	0.96
		80/20	1.95	2.35	1.21	1.20
		75/25	3.18	3.86	1.22	1.26
		70/30	5.93	7.46	1.26	1.38
	乙腈/水	100/0	0.38	0.38	1.00	—
		70/30	0.69	0.85	1.23	0.95
		60/40	1.40	1.71	1.22	1.45
		50/50	3.39	4.11	1.21	1.90
		45/55	5.63	6.84	1.21	1.79

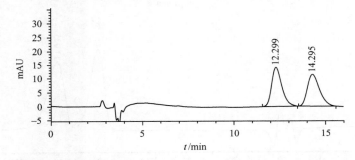

图 2-13　苯霜灵对映体在乙腈/水(50/50)作流动相 ADMPC 手性
固定相上的拆分色谱图

表 2-14　温度对 ADMPC 手性固定相拆分的影响、Van't Hoff 方程及热力学参数

化合物（流动相）	温度/℃	k_1	k_2	α	R_s	Van't Hoff 方程(R^2)	ΔH°、$\Delta\Delta H^\circ$ /(kJ/mol)	$\Delta S^\circ + R\ln\phi$、$\Delta\Delta S^\circ$ /[J/(mol·K)]
苯霜灵（甲醇/水＝75/25）	0	5.70	7.08	1.24	1.29	$\ln k_1 = 2243.7/T - 6.4692$ (0.9974)		
	5	4.89	6.00	1.23	1.37		$\Delta H_1^\circ = -18.65$	$\Delta S_1^\circ + R\ln\phi = -53.76$
	10	4.25	5.21	1.22	1.00	$\ln k_2 = 2353.8/T - 6.6553$ (0.9968)		
	15	3.79	4.64	1.23	1.16		$\Delta H_2^\circ = -19.56$	$\Delta S_2^\circ + R\ln\phi = -55.31$
	20	3.29	3.98	1.21	1.32	$\ln\alpha = 110.12/T - 0.1861$ (0.9456)	$\Delta\Delta H^\circ = -0.92$	$\Delta\Delta S^\circ = -1.55$
	30	2.62	3.13	1.19	1.28			
	40	1.95	2.29	1.18	1.06			
苯霜灵（乙腈/水＝50/50）	0	3.87	4.84	1.25	1.42	$\ln k_1 = 862.05/T - 1.754$ (0.9466)		
	5	3.86	4.81	1.25	1.96		$\Delta H_1^\circ = -7.16$	$\Delta S_1^\circ + R\ln\phi = -14.58$
	10	3.76	4.64	1.23	2.01	$\ln k_2 = 1011.2/T - 2.0721$ (0.9561)	$\Delta H_2^\circ = -8.40$	$\Delta S_2^\circ + R\ln\phi = -17.22$
	20	3.41	4.14	1.21	1.65			
	30	3.00	3.58	1.19	1.46	$\ln\alpha = 149.19/T - 0.3181$ (0.9929)	$\Delta\Delta H^\circ = -1.24$	$\Delta\Delta S^\circ = -2.64$
	40	2.61	3.05	1.17	1.29			

2.1.6.4　对映体的出峰顺序

在 240 nm 的检测波长下,以甲醇/水(75/25)和乙腈/水(50/50)为流动相,使用圆二色检测器确定对映体在 ADMPC 手性固定相上的出峰顺序均为左旋/右旋(图 2-14)。

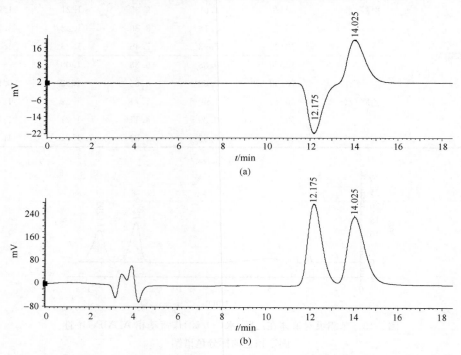

图 2-14　苯霜灵在乙腈/水(50/50)条件下,240 nm 时的(a)圆二色和(b)紫外色谱图

2.1.7　苯霜灵在(R,R)Whelk-O 1 手性固定相上的拆分

2.1.7.1　色谱条件

(R,R)Whelk-O 1 型手性色谱柱(250 mm×4.6 mm I. D.)。在正己烷流动相中考察了极性改性剂乙醇、丙醇、异丙醇、正丁醇、异丁醇、戊醇对拆分的影响,检测波长 240 nm,流速 1.0 mL/min,除了考察温度对拆分的影响实验外,其他操作均在室温下进行。

2.1.7.2　苯霜灵对映体的拆分结果及醇含量的影响

表 2-15 中列出了正己烷体系中六种醇(乙醇、丙醇、异丙醇、丁醇、异丁醇、戊醇)及其含量对苯霜灵拆分的影响,检测波长 240 nm,流速 1.0 mL/min。由表可见,六种醇对苯霜灵均有较好的分离效果,流动相的洗脱能力为:乙醇>丙醇>丁醇>异丁醇>戊醇>异丙醇,而对苯霜灵的拆分能力为:异丙醇>异丁醇>戊醇>丁醇>丙醇>乙醇,在异丙醇含量为 10% 时有最大的分离因子($\alpha=1.63$)和分离度($R_s=5.99$)。随着流动相中极性醇含量的减少,对映体的保留增强,分离因子和分离度增大。图 2-15 为苯霜灵对映体的拆分色谱图。

表 2-15　苯霜灵对映体的拆分结果及醇的影响

醇含量/%	乙醇			丙醇			异丙醇			丁醇			异丁醇			戊醇		
	k_1	α	R_s	k_1	α	R_s	k_1	α	R_s	k_1	α	R_s	k_1	α	R_s	k_1	α	R_s
10	2.24	1.38	3.54	3.42	1.47	4.33	4.90	1.63	5.99	3.87	1.49	4.34	3.94	1.53	4.48	4.75	1.51	4.47
15	1.39	1.38	2.48	1.98	1.43	3.36	3.17	1.60	4.96	3.26	1.48	3.38	2.64	1.51	3.72	3.87	1.45	3.02
20	1.24	1.36	2.30	1.62	1.43	2.88	2.28	1.59	4.33	1.93	1.44	2.92	2.01	1.49	3.29	2.88	1.44	2.66
30	0.86	1.35	1.83	1.09	1.42	2.16	1.45	1.55	3.30	1.28	1.42	2.32	1.49	1.49	2.75	1.85	1.43	2.20
40	0.67	1.36	1.43	0.85	1.40	1.94	1.10	1.54	2.93	0.96	1.41	1.94	1.16	1.47	2.28	1.34	1.42	1.99

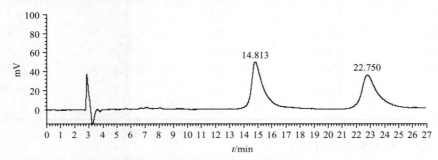

图 2-15　苯霜灵对映体的拆分色谱图（正己烷/异丙醇＝90/10,室温,240 nm）

2.1.7.3　圆二色特性及洗脱顺序研究

苯霜灵对映体在不同波长下（226 nm 和 240 nm）的 CD 色谱图见图 2-16,可见,不同波长下苯霜灵对映体的 CD 信号方向不同,因此在标注圆二色信号方向时,需注明波长。检测波长 226 nm 时,苯霜灵对映体在(R, R)Whelk-O 1 型手性色谱柱上的流出顺序为先流出对映体为 S(＋)-苯霜灵,后流出对映体为 R(－)-苯霜灵。

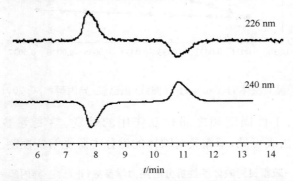

图 2-16　苯霜灵对映体在(R,R)Whelk-O 1 型色谱柱上的 CD 色谱图［正己烷/异丙醇＝80/20(v/v),流速 1.0 mL/min］

2.1.7.4　温度对拆分的影响

在正己烷/异丙醇(80/20, v/v)流动相条件下考察了温度变化对苯霜灵手性拆分的影响（表 2-16）,结果表明,随温度降低,对映体的保留增强,分离因子增加。因此低温有利于对映体的分离,在 0 ℃时的分离效果最好,分离因子达到 1.72,分离度达到 4.26。

表 2-16　温度对苯霜灵对映体手性拆分的影响(正己烷/异丙醇＝80/20, 240 nm, 1.0 mL/min)

温度/℃	k_1	k_2	α	R_s
0	4.199	7.223	1.72	4.26
5	4.159	6.906	1.66	4.33
10	3.539	5.885	1.66	4.41
15	3.011	4.896	1.63	4.21
20	2.586	4.169	1.61	4.24
25	2.418	3.832	1.58	4.10
30	2.195	3.429	1.56	3.89
35	1.963	3.032	1.54	3.71
40	1.823	2.785	1.53	3.55
45	1.651	2.492	1.51	3.39
50	1.508	2.241	1.49	3.12

2.1.7.5　热力学参数的计算

根据 Van't Hoff 方程($\Delta G＝-RT\ln\alpha$),以热力学温度的倒数($1/T$)对容量因子或分离因子的自然对数作图(图 2-17)。

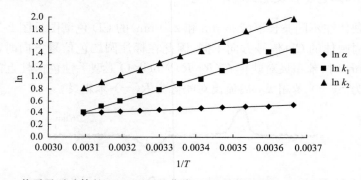

图 2-17　苯霜灵对映体的 Van't Hoff 曲线(正己烷/异丙醇＝80/20, 1.0 mL/min)

苯霜灵对映体与手性固定相之间相互作用的熵变、焓变等参数列于表 2-17 中,$\Delta S^*＝\Delta S/R＋\ln\phi$。由表可见,苯霜灵对映体的拆分主要受焓变控制。

表 2-17　苯霜灵对映体手性拆分的热力学参数(正己烷/异丙醇＝98/2)

对映体	$\ln k＝-\Delta H/RT＋\Delta S^*$	ΔH /(kJ/mol)	ΔS^*	$\ln\alpha＝-\Delta\Delta H/RT＋\Delta\Delta S/R$	$\Delta\Delta H$ /(kJ/mol)	$\Delta\Delta S$ /[J/(mol·K)]
E_1(S-体)	$\ln k_1＝1901.6/T-5.487$ ($R^2＝0.9909$)	-15.810	-5.487			
E_2(R-体)	$\ln k_2＝2142.9/T-5.836$ ($R^2＝0.9941$)	-17.817	-5.836	$\ln\alpha＝241.32/T-0.349$ ($R^2＝0.9878$)	-2.006	-2.902

2.1.8 苯霜灵在家兔体内的选择性行为研究

2.1.8.1 苯霜灵对映体在家兔血浆中的药代动力学

以给药后不同时间的平均血药浓度为纵坐标对采血时间作图,得到兔耳静脉注射苯霜灵外消旋体后两对映体的平均血药浓度-时间曲线,见图 2-18(a)。从图中可以看出血浆中两个对映体的浓度随时间增加而降低;两对映体浓度差异随时间的增加先增大而后又降低。

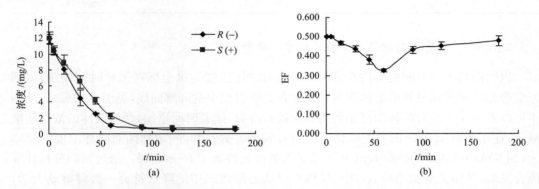

图 2-18 (a)家兔血浆中苯霜灵对映体药-时曲线;(b)家兔血浆中 EF 值变化动态(平均值±标准偏差)

图 2-18(b)是血浆中苯霜灵对映体的 EF 值随时间变化图,从图中可以看出,在用药 5 min 后 EF 值开始低于苯霜灵外消旋体标样的 EF 值 0.5,并随着时间的增加 EF 值呈降低的趋势;到 60 min 后 EF 值又开始增加直到 180 min。实验结果表明,随时间增加苯霜灵对映体在血浆中的选择性先升高后又降低。

以 DAS 药代动力学程序计算两对映体的统计矩参数,再进一步计算相关的药代动力学参数,结果见表 2-18。药代动力学参数反映了苯霜灵两对映体在家兔体内吸收、分布及消除的一些差异。从表 2-18 中可以看出,S-苯霜灵的生物半衰期 $t_{1/2}$ 是 R-苯霜灵的 1.26 倍,说明 R-对映体在血浆中的降解要比 S-对映体快;S-苯霜灵的平均滞留时间(MRT)以及最大浓度(C_{max})和 R-对映体没有显著的差异,而 R-对映体的平均血浆清除率(CL)是 S-对映体的 1.31 倍,这表明家兔清除 R-对映体的能力大于 S-对映体。S-苯霜灵的血药浓度-时间曲线下面积($AUC_{0\sim\infty}$)是其对映体的 1.31 倍,这表明家兔对 S-苯霜灵的生物利用度大于 R-苯霜灵。实验结果表明,苯霜灵在家兔体内的药代动力学是选择性的。

表 2-18 家兔静注外消旋苯霜灵 40 mg/kg 后药代动力学参数

参数	$R(-)$-苯霜灵	$S(+)$-苯霜灵
$C_{max}/(mg/L)$	11.95 ± 0.79	11.88 ± 0.58
T_{max}/h	0.017 ± 0.00	0.017 ± 0.00
$AUMC_{0\sim3}$	4.08 ± 0.36	5.55 ± 0.57
$AUMC_{0\sim\infty}$	7.46 ± 0.26	7.55 ± 0.34

续表

参数	$R(-)$-苯霜灵	$S(+)$-苯霜灵
$AUC_{0\sim3}/[mg/(L \cdot h)]$	6.65 ± 0.58	8.39 ± 0.76
$AUC_{0\sim\infty}/[mg/(L \cdot h)]$	7.05 ± 0.52	9.25 ± 0.75
MRT/h	1.06 ± 0.07	1.32 ± 0.81
$t_{1/2}/h$	0.73 ± 0.05	0.92 ± 0.56
$CL/[L/(h \cdot kg)]$	2.85 ± 0.20	2.17 ± 0.18
$V_{ss}/(L/kg)$	3.03 ± 0.41	3.03 ± 0.41

2.1.8.2　苯霜灵对映体在心脏组织中的降解

以给药后不同时间的平均心脏组织中两对映体浓度为纵坐标对采样时间作图,得到家兔静脉注射苯霜灵外消旋体后两对映体在心脏组织中的降解曲线,见图 2-19(a)。从图中可以看出左右旋对映体均以相似的方式进行降解,随着时间增加,两对映体的浓度逐渐减小;在用药后 15 min 时两对映体浓度就有较大差异,随时间增加两对映体浓度差异增大,到 60 min 后差异又减小,但 S-苯霜灵的浓度始终大于 R-苯霜灵。通过回归分析计算拟合发现,苯霜灵静脉给药后,两对映体在家兔心脏组织中的降解符合一级降解动力学,实测值与理论计算值拟合很好,拟合方程及降解半衰期列于表 2-19。从表中我们可以看出 S-苯霜灵的降解半衰期($t_{1/2}$)是 R-苯霜灵的 1.08 倍,这表明 R-苯霜灵在心脏组织中降解稍快于 S-苯霜灵。

表 2-19　苯霜灵对映体在心脏组织内消解动态的回归方程

对映体	回归方程	相关系数 R^2	半衰期 $t_{1/2}/min$	$t_{1/2(S)}/t_{1/2(R)}$
R-体	$y=30.244e^{-0.0192x}$	0.9013	36.1	1.08
S-体	$y=44.078e^{-0.0177x}$	0.9664	39.2	

心脏组织中 EF 值随时间变化趋势图见图 2-19(b)。由图可以看出,在用药后 15 min EF 值就低于苯霜灵外消旋体的 EF 值 0.5 而达到 0.450,且随时间增加 EF 也相应减小,到处理 60 min 后 EF 值又开始增大,到 120 min 时 EF 值为 0.396。实验结果表明在心脏

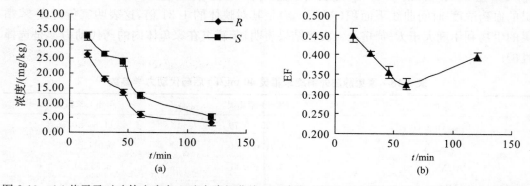

图 2-19　(a)苯霜灵对映体在家兔心脏中降解曲线;(b)家兔心脏中 EF 值变化动态(平均值±标准偏差)

组织中,苯霜灵两对映体的降解是选择性的。

2.1.8.3　苯霜灵对映体在肝脏组织中的降解

以给药后不同时间的平均肝脏组织中两对映体浓度为纵坐标对采样时间作图,得到家兔静脉注射苯霜灵外消旋体后两对映体在肝脏组织中的降解曲线,见图 2-20(a)。从图中可以看出左右旋对映体均以相似的方式进行降解,随着时间增加,两对映体的浓度逐渐减小;在用药后 15 min 时两对映体浓度差异并不明显,但随着时间的增加两对映体浓度差异增大,S-苯霜灵的浓度始终大于 R-苯霜灵。通过回归分析计算拟合发现,苯霜灵静脉给药后,两对映体在家兔肝脏组织中的降解符合一级降解动力学,实测值与理论计算值拟合很好,拟合方程及降解半衰期列于表 2-20。从表中我们可以看出 S-苯霜灵的降解半衰期($t_{1/2}$)是 R-苯霜灵的 1.85 倍,这表明 R-苯霜灵在肝脏组织中的降解要比 S-苯霜灵快。

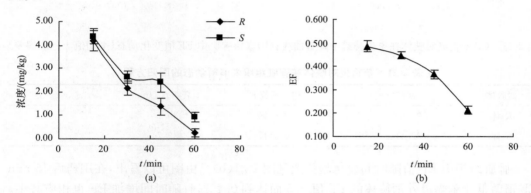

图 2-20　(a)苯霜灵对映体在家兔肝脏中降解曲线;(b)家兔肝脏中 EF 值变化动态(平均值±标准偏差)

表 2-20　苯霜灵对映体在肝脏组织内消解动态的回归方程

对映体	回归方程	相关系数 R^2	半衰期 $t_{1/2}$/min	$t_{1/2(S)}/t_{1/2(R)}$
R-体	$y=12.23e^{-0.059x}$	0.9135	11.7	1.85
S-体	$y=7.4397e^{-0.032x}$	0.8956	21.7	

肝脏组织中 EF 值随时间变化趋势图见图 2-20(b)。由图可以看出,在用药后 15 min EF 值就低于苯霜灵外消旋体的 EF 值 0.5 而达到 0.487,且随时间增加 EF 也相应减小,到处理 60 min 时 EF 值达到 0.215。实验结果表明在肝脏组织中,苯霜灵两对映体的降解是选择性的。

2.1.8.4　苯霜灵对映体在脾脏组织中的降解

以给药后不同时间的平均脾脏组织中两对映体浓度为纵坐标对采样时间作图,得到家兔静脉注射苯霜灵外消旋体后两对映体在脾脏组织中的降解曲线,见图 2-21(a)。从图中可以看出左右旋对映体均以相似的方式进行降解,随着时间增加,两对映体的浓度逐渐减小;在用药后 15 min 时两对映体浓度就有较大差异,随时间增加两对映体浓度差异增大，S-苯霜灵的浓度始终大于 R-苯霜灵。通过回归分析计算拟合发现，苯霜灵静脉给药后，两对映体在家兔脾脏组织中的降解符合一级降解动力学，实测值与理论计算值拟合很好，拟合方程及降解半衰期列于表 2-21。从表中我们可以看出 S-苯霜灵的降解半衰期 $(t_{1/2})$ 是 R-苯霜灵的 1.63 倍，这表明 R-苯霜灵在脾脏组织中降解稍快于 S-苯霜灵。

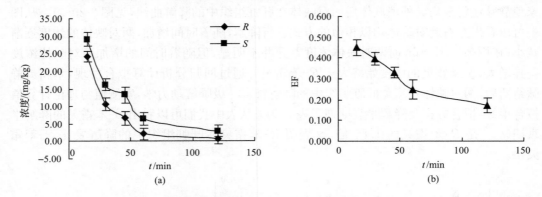

图 2-21　（a）苯霜灵对映体在家兔脾脏中降解曲线；（b）家兔脾脏中 EF 值变化动态（平均值±标准偏差）

表 2-21　苯霜灵对映体在脾脏组织内消解动态的回归方程

对映体	回归方程	相关系数 R^2	半衰期 $t_{1/2}$/min	$t_{1/2(S)}/t_{1/2(R)}$
R-体	$y=29.899e^{-0.0344x}$	0.9426	20.1	
S-体	$y=32.444e^{-0.0212x}$	0.9417	32.7	1.63

脾脏组织中 EF 值随时间变化趋势图见图 2-21(b)。由图可以看出，在用药后 15 min EF 值就低于苯霜灵外消旋体的 EF 值 0.5 而达到 0.452，且随时间增加 EF 也相应减小，到 120 min 时 EF 值为 0.172。实验结果表明在脾脏组织中，苯霜灵两对映体的降解是选择性的。

2.1.8.5　苯霜灵对映体在肺脏组织中的降解

以给药后不同时间的平均肺脏组织中两对映体浓度为纵坐标对采样时间作图，得到家兔静脉注射苯霜灵外消旋体后两对映体在肺脏组织中的降解曲线，见图 2-22(a)。从图中可以看出左右旋对映体均以相似的方式进行降解，随着时间增加，两对映体的浓度逐渐减小；两对映体浓度的差异随时间增加而减小，但浓度差始终不大。通过回归分析计算拟合发现，苯霜灵静脉给药后，两对映体在家兔肺脏组织中的降解符合一级降解动力学，实测值与理论计算值拟合很好，拟合方程及降解半衰期列于表 2-22。从表中我们可以看出 S-苯霜灵的降解半衰期 $(t_{1/2})$ 是 R-苯霜灵的 1.01 倍，这表明 R-苯霜灵在肺脏组织中降解速度与 S-苯霜灵相似。

肺脏组织中 EF 值随时间变化趋势图见图 2-22(b)。由图可以看出，在用药后 EF 值随时间增加在 0.480 左右波动，变化趋势并不显著，这表明苯霜灵的两个对映体在肺脏组织中的降解不是选择性的。

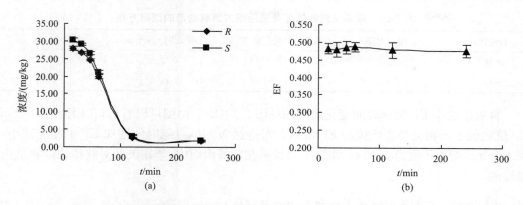

图 2-22 （a)苯霜灵对映体在家兔肺脏中降解曲线；(b)家兔肺脏中 EF 值变化动态(平均值±标准偏差)

表 2-22　苯霜灵对映体在肺脏组织内消解动态的回归方程

对映体	回归方程	相关系数 R^2	半衰期 $t_{1/2}$/min	$t_{1/2(S)}/t_{1/2(R)}$
R-体	$y=3639.6e^{-0.0142x}$	0.8779	48.8	1.01
S-体	$y=3919.6e^{-0.014x}$	0.8784	49.5	

2.1.8.6　苯霜灵对映体在肾脏组织中的降解

以给药后不同时间的平均肾脏组织中两对映体浓度为纵坐标对采样时间作图,得到家兔静脉注射苯霜灵外消旋体后两对映体在肾脏组织中的降解曲线,见图 2-23(a)。从图中可以看出左右旋对映体均以相似的方式进行降解,随着时间增加,两对映体的浓度逐渐减小;在用药后 15 min 时两对映体浓度差异最大,随时间增加两对映体浓度差异减小,但 S-苯霜灵的浓度始终大于 R-苯霜灵。通过回归分析计算拟合发现,苯霜灵静脉给药后,两对映体在家兔肾脏组织中的降解符合一级降解动力学,实测值与理论计算值拟合很好,拟合方程及降解半衰期列于表 2-23。从表中我们可以看出 S-苯霜灵的降解半衰期($t_{1/2}$)是 R-苯霜灵的 1.59 倍,这表明 R-苯霜灵在肾脏组织中降解稍快于 S-苯霜灵。

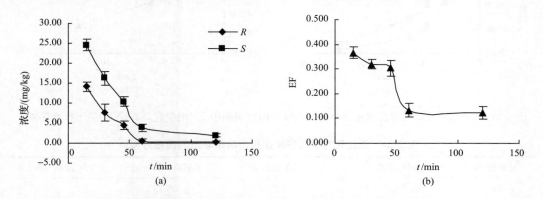

图 2-23 （a)苯霜灵对映体在家兔肾脏中降解曲线；(b)家兔肾脏中 EF 值变化动态(平均值±标准偏差)

表 2-23　苯霜灵对映体在肾脏组织内消解动态的回归方程

对映体	回归方程	相关系数 R^2	半衰期 $t_{1/2}/\text{min}$	$t_{1/2(S)} t_{1/2(R)}$
R-体	$y=19.328e^{-0.0388x}$	0.8523	17.9	1.59
S-体	$y=29.65e^{-0.0244x}$	0.9024	28.4	

　　肾脏组织中 EF 值随时间变化趋势图见图 2-23(b)。由图可以看出,在用药后 15 min EF 值就低于苯霜灵外消旋体的 EF 值 0.5 而达到 0.366,且随时间增加 EF 也相应减小,到 120 min 时 EF 值为 0.122。实验结果表明在肾脏组织中,苯霜灵两对映体的降解是选择性的。

2.1.8.7　苯霜灵对映体在脑组织中的降解

　　以给药后不同时间的平均脑组织中两对映体浓度为纵坐标对采样时间作图,得到家兔静脉注射苯霜灵外消旋体后两对映体在脑组织中的降解曲线,见图 2-24(a)。从图中可以看出左右旋对映体均以相似的方式进行降解,随着时间增加,两对映体的浓度逐渐减小;在用药后 15 min 时两对映体浓度就有较大差异,S-苯霜灵的浓度始终大于 R-苯霜灵。通过回归分析计算拟合发现,苯霜灵静脉给药后,两对映体在家兔脑组织中的降解符合一级降解动力学,实测值与理论计算值拟合很好,拟合方程及降解半衰期列于表 2-24。从表中我们可以看出 S-苯霜灵的降解半衰期($t_{1/2}$)是 R-苯霜灵的 1.32 倍,这表明 R-苯霜灵在脑组织中降解稍快于 S-苯霜灵。

　　脑组织中 EF 值随时间变化趋势图见图 2-24(b)。由图可以看出,在用药后 15 min EF 值就低于苯霜灵外消旋体的 EF 值 0.5 而达到 0.445,且随时间增加 EF 也相应减小,到 120 min 时 EF 值为 0.268。实验结果表明在脑组织中,苯霜灵两对映体的降解是选择性的。

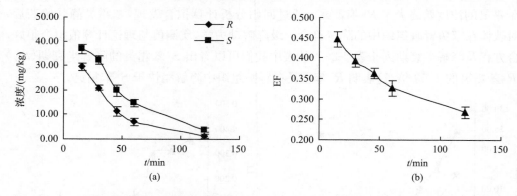

图 2-24　(a)苯霜灵对映体在家兔脑中降解曲线;(b)家兔脑中 EF 值变化动态(平均值±标准偏差)

表 2-24　苯霜灵对映体在脑组织内消解动态的回归方程

对映体	回归方程	相关系数 R^2	半衰期 $t_{1/2}/\text{min}$	$t_{1/2(S)}/t_{1/2(R)}$
R-体	$y=45.108e^{-0.0293x}$	0.9953	23.7	1.32
S-体	$y=55.45e^{-0.0222x}$	0.9933	31.2	

2.1.8.8　苯霜灵对映体在肌肉组织中的降解

以给药后不同时间的平均肌肉组织中两对映体浓度为纵坐标对采样时间作图,得到家兔静脉注射苯霜灵外消旋体后两对映体在肌肉组织中的降解曲线,见图 2-25(a)。从图中可以看出左右旋对映体均以相似的方式进行降解,随着时间增加,两对映体的浓度逐渐减小;在用药后 15 min 时两对映体浓度就有较大差异,S-苯霜灵的浓度始终大于 R-苯霜灵,在 120 min 时已经不能检测到 R-苯霜灵,而 S-苯霜灵仍能检出。通过回归分析计算拟合发现,苯霜灵静脉给药后,两对映体在家兔肌肉组织中的降解符合一级降解动力学,实测值与理论计算值拟合很好,拟合方程及降解半衰期列于表 2-25。从表中我们可以看出 S-苯霜灵的降解半衰期($t_{1/2}$)是 R-苯霜灵的 1.74 倍,这表明 R-苯霜灵在肌肉组织中降解要快于 S-苯霜灵。

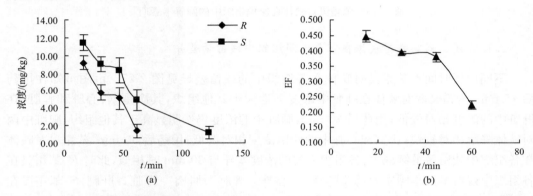

图 2-25　(a)苯霜灵对映体在家兔肌肉中降解曲线;(b)家兔肌肉中 EF 值变化动态(平均值±标准偏差)

表 2-25　苯霜灵对映体在肌肉组织内消解动态的回归方程

对映体	回归方程	相关系数 R^2	半衰期 $t_{1/2}$/min	$t_{1/2(S)}/t_{1/2(R)}$
R-体	$y=18.758\mathrm{e}^{-0.0389x}$	0.8551	17.8	
S-体	$y=18.335\mathrm{e}^{-0.0224x}$	0.9793	30.9	1.74

肌肉组织中 EF 值随时间变化趋势图见图 2-25(b)。由图可以看出,在用药后 15 min EF 值就低于苯霜灵外消旋体的 EF 值 0.5 而达到 0.447,且随时间增加 EF 也相应减小,到 60 min 时 EF 值为 0.221。实验结果表明在肌肉组织中,苯霜灵两对映体的降解是选择性的。

2.1.8.9　苯霜灵对映体在家兔不同组织中降解速度差异

苯霜灵对映体在家兔各组织中的降解速度是有差异的,两对映体在各组织中的降解半衰期见图 2-26。由图可以看出,相对而言 R-苯霜灵的降解半衰期要比其对映体小,这表明在家兔体内 R-苯霜灵降解得快;而两个对映体都是在肝脏中降解最快,在肺脏中降解最慢;R-苯霜灵在肾脏和肌肉中的降解速度相似,在各种组织中的降解速度大小为:肝脏>肾脏、肌肉>脾脏>脑>心脏>肺脏;而 S-苯霜灵在脾脏、肌肉和脑中的降解速度相似,在各种组织中的降解速度大小为:肝脏＞肾脏＞脾脏、肌肉、脑＞心脏＞肺脏。

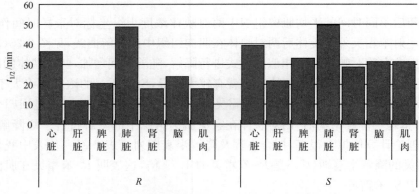

图 2-26　苯霜灵对映体在家兔组织中的降解半衰期

2.1.8.10　苯霜灵对映体在家兔不同组织中残留量差异

不同取样时间点苯霜灵对映体在各组织中的残留差异见图 2-27。由图可知在用药后 15 min,苯霜灵两对映体在肺脏中浓度远远大于其他组织,其次是脑、心脏和脾脏,在肝脏中的浓度相对较低;用药后 30 min,肺脏中的浓度仍然明显高于其他组织,脾脏中两对映体降解相对较快,比脑和心脏中的残留浓度相对要低;用药后 60 min,苯霜灵对映体在各组织中残留量继续减少,各组织之间的浓度差异与 30 min 时相似,此时 R-苯霜灵在各组织中残留量大小顺序为:肺脏≫脑＞心脏＞脾脏＞肌肉＞肾脏＞肝脏,S-苯霜灵在

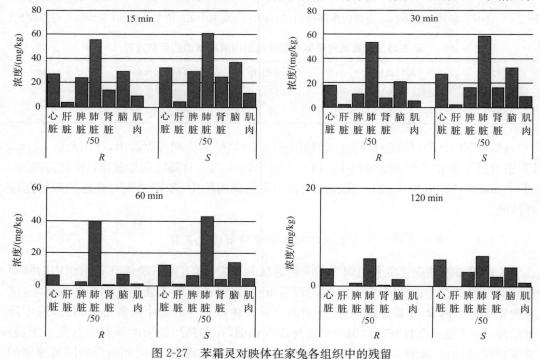

图 2-27　苯霜灵对映体在家兔各组织中的残留

各组织中残留量大小顺序与 R-苯霜灵一致;而用药后 120 min,在肝脏组织中已不能检出苯霜灵残留,在肌肉组织中则只能检测到 S-对映体,两对映体在各组织中的残留量大小也发生了变化,其大小顺序为:肺脏≫心脏>脑>脾脏>肾脏>肌肉。

2.1.8.11 苯霜灵对映体在家兔血浆及组织中的选择性差异

苯霜灵对映体在家兔血浆及部分组织中的降解是选择性的,图 2-28 中列出了在 4 个取样时间点各样本中的 EF 值。从图中可以看出,在用药后 15 min 时,苯霜灵对映体在家兔血浆及各组织中的 EF 值均小于苯霜灵外消旋体标样的 EF 值 0.5,随着时间的增加肝脏、脾脏、肾脏、脑、肌肉中的 EF 也相应减小,这表明随着时间的增加苯霜灵对映体在这些组织中的选择性增强;血浆和心脏中的 EF 值则是先减小后增加,两对映体在其中的选择性呈先增大后减小的趋势;而肺脏中的 EF 值几乎保持不变,说明两对映体在肺脏的选择性不明显。对比各样本中的 EF 值可知在所有时间点,苯霜灵对映体在肺脏中的选择性最小,在肾脏中的选择性相对最为明显;在用药后 60 min 苯霜灵对映体在血浆及各组织中选择性的大小顺序为:肾脏>肝脏>脾脏、肌肉>血浆、脑、心脏>肺脏。

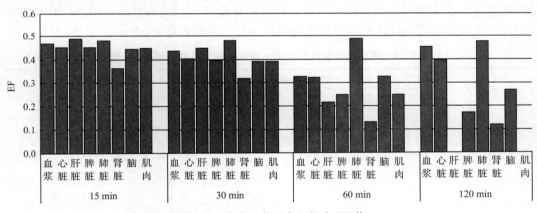

图 2-28 家兔血浆及各组织中 EF 值

2.1.9 苯霜灵在土壤中的选择性行为研究

2.1.9.1 苯霜灵在土壤中的选择性行为

避光条件下对苯霜灵对映体进行降解实验,苯霜灵每个对映体在土壤中的培养浓度为 2.5 μg/g,分别在 0 d、5 d、13 d、28 d、70 d、77 d 取样,依据所建立的方法进行提取、检测。结果发现,苯霜灵的两对映体在避光条件下降解速度都很慢,半衰期在 8.17~16.82 d。苯霜灵对映体在供试土壤中的代谢结果见表 2-26。对消解动态进行动力学回归,结果显示,苯霜灵对映体在土壤中的降解基本符合一级反应动力学规律,整个降解过程分为快速降解的初期阶段和相对平缓的后期阶段(参见图 2-29),由此得出对映体在供试土壤中的回归方程,实测值与理论计算值拟合良好,相关系数都在 0.9 以上,消解动态拟合方程、降解半衰期和 ES 值列于表 2-26。R-苯霜灵的半衰期是 8.17 d,而 S-苯霜灵的半衰期为 16.82 d 约是 R-体的两倍,R-体的反应速率是 S-体的 2 倍还多。从以上数据可以看出,苯霜灵两对映体在供试土壤中的降解差异达到系统学显著水平,ES 值为 0.346,说明苯霜灵在供试土壤中存在明显的选择性降解。

表 2-26　苯霜灵对映体在土壤中消解动态的回归方程

对映体	回归方程	R^2	半衰期 $t_{1/2}$/d	ES 值
R-(−)	$C(t) = 4.207\mathrm{e}^{-0.0848t}$	0.9824	8.17	0.346
S-(+)	$C(t) = 3.769\mathrm{e}^{-0.0412t}$	0.9648	16.82	

表 2-27 给出了各个取样时间点苯霜灵对映体在供试土壤样品中的残留量以及对其 EF 值进行计算。可以明显看出随着给药培养时间的延长,两对映体的浓度逐渐降低(图 2-29)。给药培养 77 d 后,R-体的浓度从 3.100 μg/g 减小到 0.006 μg/g,而 S-体浓度也从 3.128 μg/g 减小 0.162 μg/g。供试土壤中苯霜灵对映体的 EF 值也随着培养时间的延长而减小,给药 77 d 后 EF 值从 0.497 逐渐减小到 0.031,此时 S-体的浓度与 R-体浓度从开始给药时的 1:1 变 2.5:1。EF 值和残留量的数据表明,苯霜灵两对映体呈现了明显的选择性差异。在供试土壤中存在着明显选择性降解现象,S-体降解速率慢于 R-体,从而导致 S-苯霜灵在供试的土壤中残留量相对 R-体过剩。而且随着用药后时间的延长,两个对映体的选择性降解趋势越来越明显[图 2-29(b)和图 2-30]。

表 2-27　苯霜灵对映体在供试土壤中各时间点残留量和 EF 值

时间/d	对映体浓度/(μg/g)		EF 值
	$E_1(R)$	$E_2(S)$	
0	3.10±0.35	3.13±0.19	0.50±0.06
5	2.21±0.14	2.67±0.22	0.45±0.04
13	1.51±0.18	2.27±0.15	0.40±0.09
28	0.81±0.23	1.94±0.06	0.30±0.01
70	0.01±0.01	0.17±0.06	0.06±0.05
77	0.006±0.00	0.16±0.01	0.03±0.03

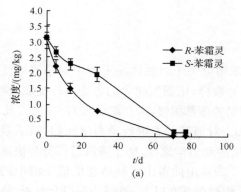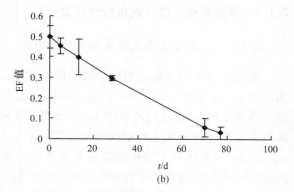

图 2-29　(a)苯霜灵对映体在培养土壤中的浓度变化曲线;(b)苯霜灵对映体在
培养土壤 EF 值变化曲线

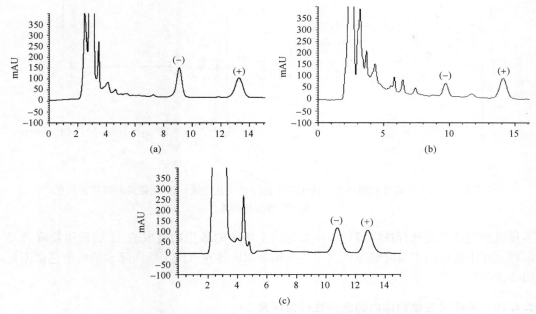

图 2-30　苯霜灵对映体在培养土壤和灭菌土壤中降解的典型色谱图

（a）土壤给药处理 5 d 后色谱图；（b）土壤给药处理 28 d 后色谱图；（c）灭菌的给药处理 28 d 后色谱图。

正己烷/异丙醇（90/10，v/v），流速 1.0 mL/min

图 2-29 为苯霜灵两对映体在土壤中的降解曲线和 EF 值的变化曲线，图 2-30 为苯霜灵对映体在培养土壤和灭菌中降解的典型色谱图。

2.1.9.2　苯霜灵在灭菌土壤中的降解

为了明确土壤微生物是否是影响苯霜灵在土壤中的降解速度及选择性特征的重要因素，本实验中设计了苯霜灵对映体在上述土壤中的灭菌实验。实验结果汇总见表 2-28，苯霜灵在灭菌土壤中的降解和 EF 值的变化见图 2-31。实验结果表明，在灭菌条件下苯霜灵在土壤中的降解十分缓慢，DT_{50} 约为 77 d。

表 2-28　霜灵对映体在灭菌土壤中各时间点的残留量和 EF 值

时间/d	对映体浓度/（μg/g）		EF 值
	$E_1(R)$	$E_2(S)$	
0	2.59±0.10	2.52±0.07	0.51±0.01
5	2.36±0.17	2.48±0.29	0.48±0.08
13	2.29±0.27	2.32±0.05	0.49±0.02
28	1.97±0.14	1.91±0.09	0.51±0.04
77	1.41±0.09	1.42±0.12	0.50±0.09

在供试土壤中苯霜灵对映体的 EF 值均在 0.5 上下浮动，没有发生明显的变化，这表明在灭菌条件下苯霜灵的两对映体在土壤中不存在选择性行为。从而证明在供试土壤中

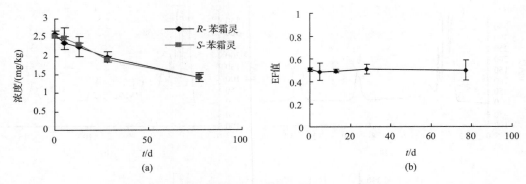

图 2-31　(a) 苯霜灵对映体在灭菌土壤中的浓度变化曲线;(b) 苯霜灵对映体在灭菌
土壤 EF 值变化曲线

苯霜灵所变现出的选择性降解行为主要是由土壤中的微生物造成的,土壤微生物降解是苯霜灵在土壤中的主要降解途径之一。苯霜灵对映体在灭菌土壤中降解的典型色谱图见图 2-30(c)。

2.1.10　苯霜灵在植物体内的选择性行为研究

2.1.10.1　苯霜灵对映体在葡萄中的选择性行为

在对葡萄果实喷雾后定期采样,对样品进行了提取和净化,利用高效液相色谱手性固定相法对供试葡萄体内苯霜灵对映体的残留量进行分析。结果表明,苯霜灵在葡萄体内的浓度呈现出先增加后减少的过程,施药后第 2 天两对映体达到最大浓度,而后被逐渐降解,10 d 后,S-体浓度由最大时的 3.86 μg/g 降至 0.04 μg/g,R-体由 3.79 μg/g 降至 0.01 μg/g,且两对映体的降解趋势符合假一级反应动力学规律,实测值与理论计算值拟合良好。拟合方程、降解半衰期及 ES 值列于表 2-29。从表中可以看出,R-体苯霜灵和 S-体苯霜灵体的半衰期分别为 1.0 d 和 1.3 d,差异达到系统学显著水平,ES 值为 0.122,说明苯霜灵在葡萄中存在选择性降解。

表 2-29　苯霜灵对映体在葡萄体内消解动态的回归方程

对映体	回归方程	R^2	半衰期 $t_{1/2}$/d	ES 值
$E_1(R)$	$C=12.475e^{-0.6811t}$	0.8832	1.02	0.122
$E_2(S)$	$C=9.9713e^{-0.5326t}$	0.8958	1.30	

表 2-30 给出了各个取样时间点苯霜灵对映体在葡萄样品的残留量及对其 EF 值进行计算。可以明显看出随着施药后时间延长,两对映体的浓度呈先增加后减小的趋势(图 2-32)。在增加过程中两个对映体的浓度没有明显的差异,两个对映体的 EF 比值始终保持在 0.5 左右,直到施药第 2 天两对映体的浓度均达到最大值,此时的 EF 值仍为 0.5。从第 2 天开始,两对映体的浓度逐渐减小,EF 值也逐渐减小,给药后第 8 天 EF 减小到 0.39,呈现了明显的选择性差异。结果表明,在供试葡萄果实内存在明显的选择性降解现象,S-体降解速率慢于 R-体,导致了 S-苯霜灵在供试的葡萄植株中残留量相对 R-体过剩。而且随

着用药后时间的延长,两个对映体的选择性降解趋势越来越明显(图 2-32 和图 2-33)。

表 2-30　药剂处理后不同时间葡萄中苯霜灵对映体的浓度和 EF 值

时间/d	R-苯霜灵/(μg/g)	S-苯霜灵/(μg/g)	EF 值
0	—	—	0.50
1	1.34±0.19	1.37±0.23	0.49±0.04
2	3.79±0.25	3.86±0.29	0.5±0.04
3	2.94±0.16	3.27±0.17	0.47±0.05
4	2.34±0.38	2.79±0.31	0.46±0.05
8	0.36±0.04	0.57±0.05	0.39±0.03
10	0.01±0.00	0.04±0.01	

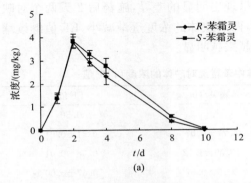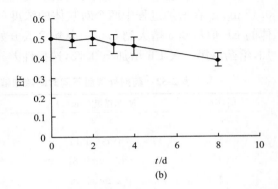

图 2-32　(a) 苯霜灵对映体在葡萄中的浓度变化曲线; (b) 苯霜灵对映体在葡萄中的 EF 值变化曲线

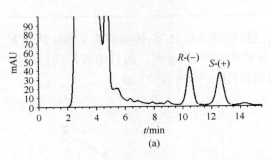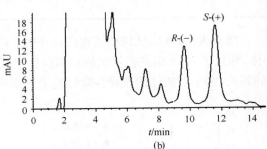

图 2-33　苯霜灵对映体在葡萄体内选择性降解的典型色谱图

(a)施药后 1 d 样品,(b)施药后 8 d 样品,正己烷/异丙醇(90/10, v/v),230 nm,流速 1.0 mL/min

2.1.10.2　苯霜灵对映体辣椒中的选择性行为

在对辣椒茎叶喷雾后定期采样,对样品进行提取和净化,利用高效液相色谱 CDMPC 手性固定相法对供试辣椒体内苯霜灵对映体的残留量进行分析。结果表明,苯霜灵两对映体在辣椒体内的降解趋势符合假一级反应动力学规律,即两对映体的浓度呈先增加后减少的趋势。施药后第 2 天两对映体达到最大浓度,而后被逐渐降解,拟合方程、降解半衰期及 ES 值列于表 2-31。从表中可以看出,R-苯霜灵和 S-苯霜灵体的半衰期分别为

0.63 d 和 0.45 d，R 体半衰期是 S 体的 1.4 倍，差异达到系统学显著水平，ES 值为 —0.167小于零，说明苯霜灵在辣椒中存在选择性降解，且 R-体降解速率比 S-体慢。

表 2-31 苯霜灵对映体在辣椒体内消解动态的回归方程

对映体	回归方程	相关系数 R^2	半衰期 $t_{1/2}$/d	ES 值
(R)-(—)	$C=12.803e^{-1.0926t}$	0.9973	0.63	—0.167
(S)-(+)	$C=10.060e^{-1.5314t}$	1.0000	0.45	

表 2-32 是各个取样时间点苯霜灵对映体在辣椒样品中的残留量及对其 EF 值进行计算。可以明显看出随着施药后时间延长，两对映体的浓度呈先增加后减小的趋势（图 2-34），施药后第 2 天两对映体达到最大浓度而后被逐渐降解，第 2 天 S-体浓度最大为 10.09 μg/g，第 6 天已无 S-体检出，施药后 6 天 R-体由第 2 天的 13.70 μg/g 降至 0.17 μg/g。在增加过程中两个对映体的浓度就呈现出明显的差异，施药后 2 天两个对映体的 EF 值从 0.5 增大到 0.58。从第 2 天开始，两对映体的浓度逐渐减小，EF 值继续增加，给药后第 6 天 EF 增加至 0.73，选择性差异越来越明显。

表 2-32 药剂处理后不同时间辣椒植株中苯霜灵对映体的浓度和 EF 值

时间/d	R-苯霜灵/(μg/g)	S-苯霜灵/(μg/g)	EF 值
0	—		0.50
1	4.95±0.16	4.77±0.07	0.51±0.01
2	13.70±0.81	10.09±1.12	0.58±0.01
3	4.29±0.56	2.16±0.57	0.67±0.00
4	1.26±0.09	0.47±0.05	0.73±0.02
6	0.17±0.06	—	—

结果表明，在供试辣椒植株内存在明显的选择性降解现象，S-体降解速率明显快于 R-体，导致了 R-苯霜灵在供试的辣椒植株中残留量相对 S-体过剩。而且随着用药后时间的延长，两个对映体的选择性降解趋势越来越明显（图 2-34 和图 2-35）。

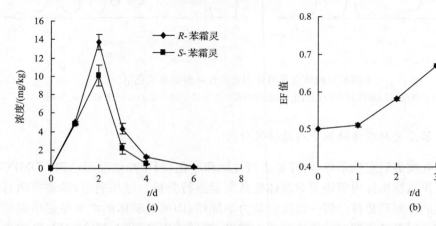

图 2-34 （a）苯霜灵对映体在辣椒中的浓度变化曲线；（b）苯霜灵对映体在辣椒中的 EF 值变化曲线

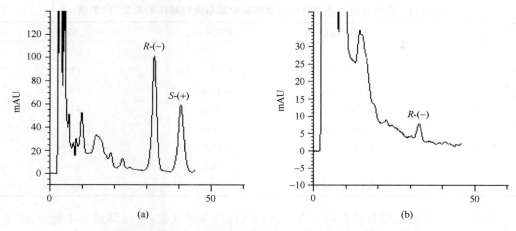

图 2-35　苯霜灵对映体在辣椒体内选择性降解的典型色谱图

(a)施药后 2 天样品；(b)施药后 6 天样品；正己烷/异丙醇(90/10，v/v)，230 nm，流速 1.0 mL/min

2.1.10.3　苯霜灵对映体在烟草中的选择性行为研究

在对烟草叶片喷雾后定期采样，对样品进行提取和净化，利用高效液相色谱 CDMPC 手性固定相法对供试烟草体内苯霜灵对映体的残留量进行分析。结果表明，苯霜灵两对映体在烟草体内的降解也符合假一级反应动力学规律，即两对映体的浓度呈先增加后减少的趋势。在施药后第 12 天苯霜灵两对映体在烟草样本中的浓度达到最大，而后被逐渐降解。

苯霜灵在烟草植株中降解的拟合方程、半衰期及 ES 值分别列于表 2-33。从表中可以看出，拟合方程相关系数大于 0.99，线性关系良好，R-体苯霜灵和 S-体苯霜灵体的半衰期分别为 4.6 d 和 3.4 d，对映体之间的差异已达到系统学显著水平，ES 值为 -0.144，说明苯霜灵在烟草中存在选择性降解，且 S-体降解速率快于 R-体。

表 2-33　苯霜灵对映体在烟草体内消解动态的回归方程

对映体	回归方程	R^2	半衰期 $t_{1/2}/\text{d}$	ES 值
R-$(-)$	$C=16.125\mathrm{e}^{-0.1505t}$	0.9973	4.60	
S-$(+)$	$C=14.952\mathrm{e}^{-0.2013t}$	0.9955	3.44	-0.144

表 2-34 是各个取样时间点苯霜灵对映体在烟草样品中的残留量及对其 EF 值进行计算，可以明显看出，两对映体的浓度随着施药后时间延长呈先增加后减小的趋势(图 2-36)。施药后两对映体浓度迅速增加，到第 8 天两对映体浓度的增加速率变慢、趋势变缓，施药后第 12 天两对映体达到最大浓度而后被逐渐降解，第 25 天 R-体浓度由最大 15.80 μg/g 减小到 2.29 μg/g，S-体由第 12 天的 13.86 μg/g 降至 1.05 μg/g。在增加过程中两个对映体的浓度差异越来越明显，施药后 8 天两个对映体的 EF 值从外消旋体的 0.5 减小到 0.45。而从两对映体的浓度逐渐减小(施药后第 12 天)开始，两对映体出现了与之前相反的选择性差异，EF 值随时间的延长而逐渐增大，给药后第 25 天 EF 从 12 天的 0.45 增大至 0.69。

表 2-34　药剂处理后不同时间烟草植株中苯霜灵对映体的浓度和 EF 值

时间/d	R-苯霜灵/(µg/g)	S-苯霜灵/(µg/g)	EF 值
0	—	—	0.50
1	1.40±0.04	1.37±0.06	0.49±0.03
5	6.54±0.31	5.49±0.34	0.46±0.04
8	14.34±0.42	11.92±1.17	0.45±0.04
12	15.80±0.44	13.86±0.83	0.53±0.01
16	9.36±1.03	7.31±0.63	0.56±0.06
19	5.39±0.59	3.76±0.35	0.59±0.03
25	2.29±0.61	1.05±0.25	0.69±0.05

　　结果表明,在供试烟草植株内存在明显的选择性降解现象,R-体降解速率较 S-体慢,导致了 R-苯霜灵在供试的烟草植株中残留量相对过剩。随着用药后时间的延长,两个对映体的选择性降解趋势逐渐明显(图 2-36 和图 2-37)。

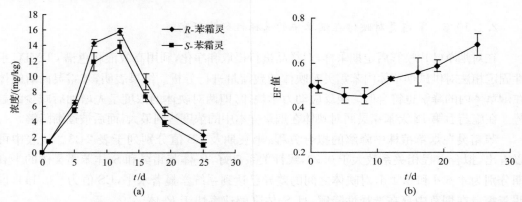

图 2-36　(a) 苯霜灵对映体在烟草中的浓度变化曲线;(b) 苯霜灵对映体在烟草中的 EF 值变化曲线

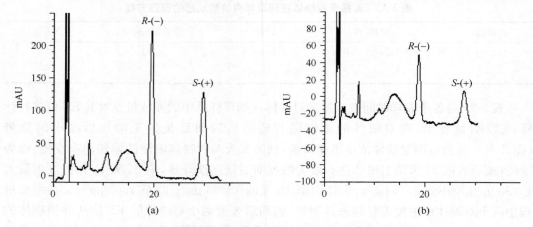

图 2-37　苯霜灵对映体在烟草体内选择性降解的典型色谱图

(a) 烟草茎叶喷施苯霜灵后 12 天样品;(b) 烟草茎叶喷施苯霜灵后 19 天样品;

正己烷/异丙醇(90/10, v/v),230 nm,流速 1.0 mL/min

2.1.10.4　苯霜灵对映体在甜菜中的选择性行为

在对甜菜叶片喷雾后定期采样,对样品进行提取和净化,利用高效液相色谱 CDMPC 手性固定相法对供试甜菜体内苯霜灵对映体的残留量进行分析。

表 2-35 给出各个取样时间点苯霜灵对映体在甜菜样品中的残留量及对其 EF 值进行计算。可以明显看出随着施药后时间延长,两对映体的浓度呈先增加后减小的趋势(图 2-38),施药后第 9 天与第 5 天两对映体分别达到最大浓度,而后被逐渐降解,给药后 19 天 S-体浓度降至 0.25 μg/g,R-体则由第 9 天的 7.53 μg/g 降至 0.51 μg/g。从 EF 值变化可以看出,在增加过程中两个对映体的浓度呈现出明显的差异,施药后 9 天两个对映体的 EF 值从 0.5 增大到 0.61。但从第 9 天起 EF 增加幅度很小,施药后 19 天增加至 0.67,这段时间选择性差异不明显。

表 2-35　药剂处理后不同时间甜菜中苯霜灵对映体的浓度和 EF 值

时间/d	R-苯霜灵/(μg/g)	S-苯霜灵/(μg/g)	EF 值
0	—	—	0.50
1	2.84±0.38	2.61±0.25	0.52±0.00
2	4.92±0.92	4.43±0.60	0.53±0.01
5	6.18±0.43	4.94±0.45	0.56±0.01
9	7.53±0.71	4.80±0.36	0.61±0.00
13	3.82±0.18	2.31±0.26	0.62±0.01
19	0.51±0.05	0.25±0.04	0.67±0.01

结果表明,在供试甜菜植株对苯霜灵的吸收富集过程中存在明显的选择性现象,R-苯霜灵浓度增加的速度比 S-苯霜灵快,导致了 R-体在供试的甜菜植株中残留量相对 S-体过剩(图 2-38 和图 2-39)。

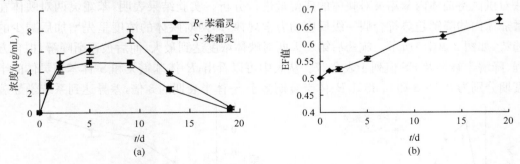

图 2-38　(a) 苯霜灵对映体在甜菜中的浓度变化曲线;(b) 苯霜灵对映体在甜菜中的 EF 值变化曲线

实验结果表明,苯霜灵两对映体在甜菜体内的降解趋势符合假一级反应动力学规律,即两对映体的浓度呈先增加后减少的趋势,如图 2-38(a)所示。R-体和 S-体分别在施药后第 9 天和第 5 天达到最大浓度,而后被逐渐降解,降解拟合方程、半衰期及 ES 值列于表 2-36。R-体苯霜灵和 S-体苯霜灵体的半衰期分别为 2.5 d 和 2.3 d,ES 值为 -0.04,降解期间两对映体之间存在微小差异,说明苯霜灵在甜菜中的降解存在选择性,但并不十分明显,因此两对映体在甜菜植株中产生的浓度差异可能是由选择性的吸收富集了 R-体引起的。

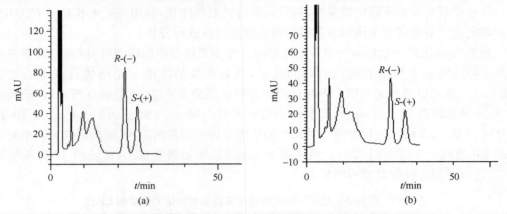

图 2-39　苯霜灵对映体在甜菜体内选择性降解的典型色谱图

(a)甜菜茎叶喷施苯霜灵后 9 天样品;(b) 甜菜茎叶喷施苯霜灵后 13 天样品,

正己烷/异丙醇(90/10, v/v),230 nm,流速 1.0 mL/min

表 2-36　苯霜灵对映体在甜菜体内消解动态的回归方程

对映体	回归方程	相关系数 R^2	半衰期 $t_{1/2}$/d	ES 值
R-(—)	$C=8.8211e^{-0.2753t}$	0.9730	2.52	
S-(+)	$C=5.7266e^{-0.3000t}$	0.9724	2.31	—0.04

2.1.10.5　苯霜灵对映体番茄中的选择性行为

在对番茄茎叶喷雾后定期采样,对样品进行提取和净化,利用高效液相色谱 CDMPC 法对供试番茄体内苯霜灵对映体的残留量进行分析。实验结果表明,苯霜灵两对映体在番茄体内的降解趋势符合假一级反应动力学规律,即两对映体的浓度呈先增加后减少的趋势,如图 2-40(a)所示。施药后第 1 天两对映体浓度达到最大,而后被逐渐降解,拟合方程、降解半衰期及 ES 值列于表 2-37。从表中可以看出, R-体苯霜灵和 S-体苯霜灵体的半衰期分别为 2.59 d 和 0.85 d, R-体半衰期多于 S-体半衰期的 3 倍,差异达到系统学显著

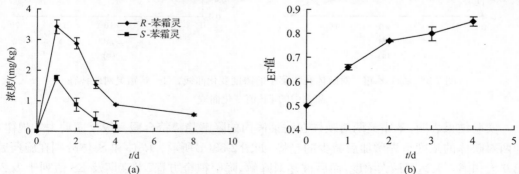

图 2-40　(a) 苯霜灵对映体在番茄中的浓度变化曲线;(b) 苯霜灵对映体在番茄中的 EF 值变化曲线

水平。ES 值为 -0.504 说明苯霜灵在番茄中存在着明显的选择性降解,且 S-体降解速率明显快于 R-体。

表 2-37　苯霜灵对映体在番茄体内消解动态的回归方程

对映体	回归方程	R^2	半衰期 $t_{1/2}/d$	ES 值
R-($-$)	$C=2.984\mathrm{e}^{-0.2680t}$	0.9027	2.59	-0.504
S-(+)	$C=1.850\mathrm{e}^{-0.8126t}$	0.9951	0.85	

表 2-38 是各个取样时间点苯霜灵对映体在番茄样品中的残留量及其 EF 值。施药后第 1 天两对映体达到最大浓度,S-体浓度由最大为 1.74 μg/g,R-体为 3.42 μg/g,此时 R-体的在甜菜植株中的浓度为 S-体的两倍。而后两对映体随着时间延长被逐渐降解,EF 值从 0.5 增加值 0.85,选择性差异越来越明显,给药后第 4 天 R-体浓度将近 S-体的 6 倍,到第 8 天 R-体浓度为 0.55 μg/g,而未检测到 S-体。

表 2-38　药剂处理后不同时间番茄植株中苯霜灵对映体的浓度和 EF 值

时间/d	R-苯霜灵/(μg/g)	S-苯霜灵/(μg/g)	EF 值
0	—	—	0.50
1	3.42±0.22	1.74±0.09	0.66±0.01
2	2.88±0.18	0.87±0.22	0.77±0.01
3	1.54±0.13	0.39±0.65	0.80±0.03
4	0.87±0.02	0.15±0.18	0.85±0.02
8	0.55±0.03	—	—

ES 值、EF 值变化、半衰期等数据结果均表明,在供试番茄植株内存在明显的选择性降解现象,S-体降解速率比 R-体快得多,导致了 R-苯霜灵在供试的番茄植株中残留量相对 S-体过剩。而且随着用药后时间的延长,两个对映体的选择性降解趋势越来越明显(图 2-40 和图 2-41)。

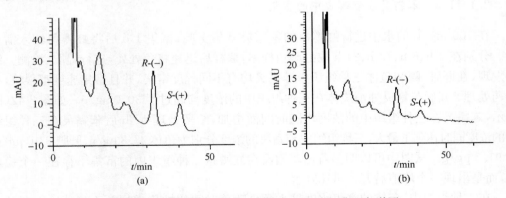

图 2-41　苯霜灵对映体番茄体内选择性降解典型色谱图

(a)施药后 1 天样品,(b)施药后 4 天样品

2.1.11　苯霜灵在鱼体中的选择性行为研究

2.1.11.1　肝脏微粒体蛋白含量的测定

雌性虹鳟鱼肝微粒体的蛋白含量是 10 mg/mL，雄性虹鳟鱼微粒体蛋白含量为 8 mg/mL。

2.1.11.2　肝微粒体孵育反应温度的确定

每个温度平行三次，且均有阴性对照。在 5 个温度下，苯霜灵均有一定程度的降解，如图 2-42(a)所示，从 10℃开始苯霜灵外消旋体的降解百分比随温度的升高而升高，15℃与 20℃时微粒体的降解能力没有很大的差异，而 25℃时降解能力明显提高，苯霜灵降解了 60.92%±3.63%，而后 30℃开始迅速降低。温度实验结果表明，以 25℃作为微粒体的孵育反映温度条件最为合适。

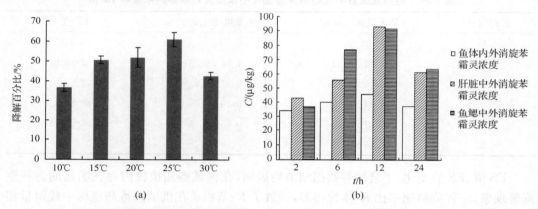

图 2-42　(a)肝微粒体孵育反映温度测定结果；(b)苯霜灵外消旋体在虹鳟鱼体内各组织中的浓度

2.1.11.3　苯霜灵在虹鳟鱼中的富集

在 100 mg/L 的水中进行虹鳟鱼的苯霜灵富集实验，富集 1 d 后将虹鳟鱼转入清水中。分别在 2 h、6 h、12 h、24 h 取虹鳟鱼样本，取样后迅速将鱼处死，进行提取、检测。结果发现，在肝脏、鳃和鱼体三种组织中苯霜灵均有不同程度富集，并且富集速度都很快，在给药处理 2 h 后苯霜灵外消旋体在三种组织中的浓度均超过了 30.0 μg/g。如图 2-42(b)所示，苯霜灵在三种组织中的浓度均随时间而增加，给药处理 12 h 后苯霜灵在三种组织中的浓度同时达到了最大，三种组织中苯霜灵的浓度分别为鱼体 45.8 μg/g、肝脏 93.0 μg/g、鳃 91.5 μg/g。从图中可以明显看出苯霜灵在虹鳟鱼三种组织内的富集不存在一个稳定态，而是出现一个峰值后开始迅速降解。

在三种组织中，鱼体的富集浓度最小而且随着时间的推移增加并不显著。而在肝脏和鳃中的富集浓度随时间的变化增加明显，到 12 h 时富集浓度将近鱼体的两倍。

2.1.11.4　苯霜灵在虹鳟鱼体内的选择性行为

1) 富集过程中的选择性

实验结果表明,在虹鳟鱼对苯霜灵的富集过程中苯霜灵对映体发生了不同程度的选择性,且随着时间的增加逐渐出现明显的对映体浓度比值差异。表 2-39 列出了苯霜灵在虹鳟鱼各个组织不同取样点的 $ER(C_S/C_R)$,给药处理后各个组织中苯霜灵的 ER 值逐渐减小,24 h 后鱼体中 ER 值从给药时的 1.02 ± 0.02 减小至 0.54 ± 0.03,肝脏中从 1.02 ± 0.02 减小至 0.40 ± 0.05,鳃中从 0.99 ± 0.02 减小至 0.61 ± 0.05,在各个组织中富集过程中 R-体始终高于 S-体,见图 2-43。

表 2-39　苯霜灵对映体在虹鳟鱼体内的 ER 值变化

给药时间/h	鱼体	肝脏	鳃	水	对照水
0	1.02 ± 0.02	1.02 ± 0.02	0.99 ± 0.02	1.00	1.00
2	0.73 ± 0.05	0.40 ± 0.05	0.68 ± 0.06	0.98 ± 0.02	0.99 ± 0.01
6	0.63 ± 0.04	0.38 ± 0.03	0.71 ± 0.08	0.97 ± 0.02	0.99 ± 0.05
12	0.59 ± 0.05	0.33 ± 0.05	0.72 ± 0.04	0.96 ± 0.03	0.99 ± 0.01
24	0.54 ± 0.03	0.40 ± 0.05	0.61 ± 0.05	0.95 ± 0.03	0.99 ± 0.04
48	0.41 ± 0.03	0.31 ± 0.04	0.56 ± 0.06	—	—
72	0.33 ± 0.07	0.25 ± 0.04	0.37 ± 0.05	—	—
96	0.21 ± 0.04	0.10 ± 0.01	0.26 ± 0.05	—	—
120	0.13 ± 0.02	0.09 ± 0.01	0.26 ± 0.04	—	—

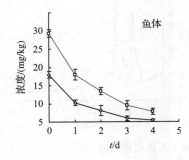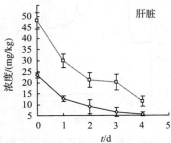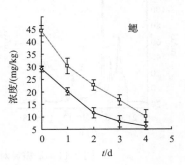

图 2-43　苯霜灵异构体在虹鳟鱼组织的浓度变化曲线

◇＝(＋)-S-苯霜灵,□＝(－)-R-苯霜灵

水的 ER 值变化数据表明,对照水中 ER 值在 1.00 左右,说明水对苯霜灵对映体的降解不存在选择性。而养鱼水中的 ER 给药后 24 h 从 1 减小到 0.95,说明 S-体苯霜灵的浓度低于 R-体,可能由于虹鳟鱼的存在对苯霜灵产生了选择性富集,优先吸收 S-体。

2) 降解过程中的选择性

由于给药后 1 天后虹鳟鱼被转移至清水,所以苯霜灵两个对映体在虹鳟鱼三个组织样本中的代谢从给药后 1 天算起。分别在转入清水的 0 d、1 d、2 d、3 d、4 d(即给药处理后的1 d、2 d、3 d、4 d、5 d)取样,依据所建立的方法进行提取、检测。从图2-43可以看出,苯霜灵在三个组织中代谢都很快,代谢第3天苯霜灵在各个组织中代谢了80%以上。苯霜灵在鱼体的浓度始终小于其他两种组织。

以给药后不同时间的各个组织中两对映体浓度的平均值为纵坐标对采样时间作图,得到虹鳟鱼各个组织中苯霜灵外消旋体给药处理后后两对映体在各个组织中的降解曲线,如图2-43所示,典型色谱图如图2-44所示。苯霜灵两对映体的降解符合一级动力学,整个降解过程分为快速降解的初期阶段和相对平缓的后期阶段。由此得出苯霜灵两对映体在各个组织中的降解回归方程,实测值与理论计算值拟合良好,相关系数 R 都大于0.9,苯霜灵两个对映体在虹鳟鱼肝脏、鳃和鱼体中降解的回归方程、半衰期和ES值列于表2-40中。如果两对映体的降解符合一级动力学,那么ER也符合一级动力学。苯霜灵对映体在鱼体、肝脏和鳃中的ER值拟合方程分别为 $y = 0.7347e^{-0.0134t}$ ($R^2 = 0.9760$)、$y = 0.4522e^{-0.0127t}$ ($R^2 = 0.9532$) 和 $y = 0.4522e^{-0.0127t}$ ($R^2 = 0.8792$),ER值随时间变化曲线见图2-45。因此苯霜灵在各个组织中的ER变化亦符合一级动力学,并且 k_{ER} 约等于两个对映体 k 值之差 ($k_S - k_R$),进而验证了苯霜灵在虹鳟鱼各个组织中的代谢符合一级动力学。降解过程中,S-体在三个组织样本中的残留量始终小于 R-体,ER值随降解时间的增长而逐渐减小,见图2-45。在供试的三种组织中,S-体的半衰期在20 h左右,而 R-体的半衰期均大于30 h,约为 S-体半衰期的1.5倍,苯霜灵的ES值都小于零,鱼体、肝脏和鳃的分别为-0.254、-0.321和-0.216。上述实验数据表明,苯霜灵在虹鳟鱼体内发生了选择性降解,S-苯霜灵降解的比 R-苯霜灵快,三种组织中均优先降解 S-体。

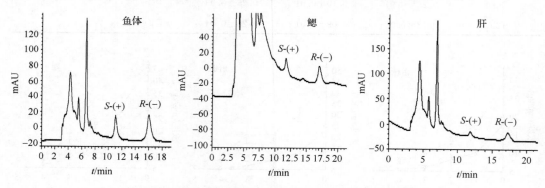

图2-44　苯霜灵对映体在虹鳟鱼样本中的选择性降解1天典型色谱图

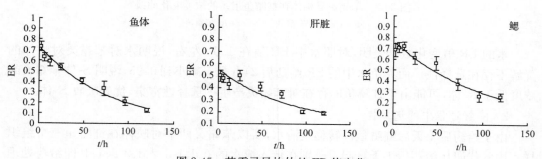

图2-45　苯霜灵异构体的ER值变化

表 2-40　苯霜灵对映体在供试组织中的降解回归方程

供试组织	对映体	回归方程	R^2	半衰期/h	ES 值
鱼体	S-(+)	$Y=34.012e^{-0.037t}$	0.9868	18.73	−0.254
	R-(−)	$Y=40.444e^{-0.022t}$	0.9971	31.50	
肝脏	S-(+)	$Y=42.912e^{-0.035t}$	0.9969	19.80	−0.321
	R-(−)	$Y=63.979e^{-0.018t}$	0.9309	38.50	
鳃	S-(+)	$Y=58.038e^{-0.031t}$	0.9916	22.35	−0.216
	R-(−)	$Y=68.310e^{-0.020t}$	0.9715	34.65	
微粒体	S-(+)	$Y=16.410e^{-0.270t}$	0.9703	2.57	−0.517
	R-(−)	$Y=20.271e^{-0.086t}$	0.9964	8.06	

2.1.11.5　苯霜灵在体外的降解

1) 雌性虹鳟鱼微粒体对苯霜灵外消旋体的降解

25℃机械振荡(90r/min)，Tris-HCl 缓冲液(0.05 mol/L Tris-HCl，pH 7.4)反应体系中进行苯霜灵的肝脏微粒体降解实验，苯霜灵每个对映体在微粒体混合体系中的浓度为10 mg/L，分别在 1 h、2 h、4 h、6 h、8 h 取样，依据建立的方法进行提取并检测。实验结果表明，在不加入辅酶 NADPH 的阴性对照样本中苯霜灵没有发生降解，说明微粒体中 CYP450 对苯霜灵的降解反应需要用 NADPH 启动。

苯霜灵两对映体在微粒体混合体系中的降解亦符合一级动力学，整个降解过程同样也分为快速降解的初期阶段和相对平缓的后期阶段，如图 2-46 所示。由一级动力学方程得出苯霜灵两对映体在微粒体混合体系中的降解回归方程，实测值与理论计算值拟合良好，相关系数 R 均大于 0.9，表 2-41 中列出了苯霜灵两个对映体的回归方程、半衰期及 ER 值。

表 2-41　苯霜灵对映体在雌性虹鳟鱼微粒体中的 ER 值变化

时间/h	ER 值	ER 值回归方程	决定系数 R^2
0	1.02 ± 0.03		
1	0.68 ± 0.02		
2	0.46 ± 0.01	$ER=0.8189e^{-0.1929t}$	0.9323
4	0.35 ± 0.01		
6	0.34 ± 0.01		
8	0.24 ± 0.04		

如果两对映体的降解符合一级动力学，那么 ER 也符合一级动力学。苯霜灵对映体在雌性虹鳟鱼微粒体混合体系中的 ER 值拟合方程分别为 $ER=0.8189e^{-0.1929t}$，$R^2=0.9323$ 线性关系良好，ER 值随时间变化曲线见图 2-46(b)。ER 值拟合方程结果证明了苯霜灵在微粒体混合体系中的 ER 变化亦符合一级动力学，k_{ER} 约等于两个对映体 k 值之差(k_S-k_R)且 C_0 约为 1，进而验证了苯霜灵在微粒体混合体系中的代谢符合一级动力学。整个降解过程中，S-体在混合体系中的浓度始终小于 R-体，ER 值随降解时间的增长

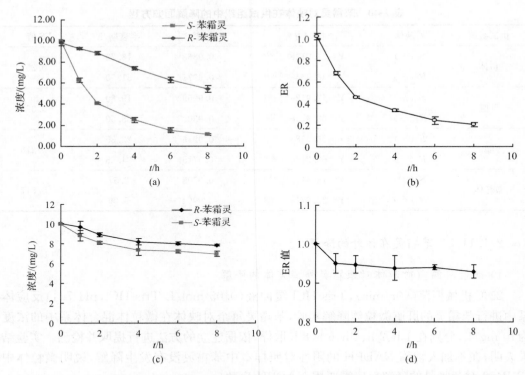

图 2-46　(a)苯霜灵对映体在雌性虹鳟鱼微粒体中的浓度变化曲线;(b)苯霜灵对映体在雌性
虹鳟鱼微粒体中 EF 值变化曲线;(c) 苯霜灵对映体在雄性虹鳟鱼微粒体中的浓度变化曲线;
(d) 苯霜灵对映体在雄性虹鳟鱼微粒体中 ER 值变化曲线

从 1.02 ± 0.03 逐渐减小到 0.24 ± 0.04,如表 2-41 所示。在微粒体混合体系中 S-体的半衰期为 2.57 h,R-体的半衰期为 8.06 h,多于 S-体半衰期的 3 倍,苯霜灵在微粒体混合体系中的 ES 值为 -0.517。孵育反应 8 h 后,S-体苯霜灵的浓度从 (9.98 ± 0.07) mg/L 降到 (1.10 ± 0.08) mg/L, R-体苯霜灵的浓度从 (9.96 ± 0.28) mg/L 减到 (5.03 ± 0.52) mg/L。

上述实验数据表明,苯霜灵在虹鳟鱼微粒体混合体系中发生了选择性降解,S-体苯霜灵降解速率明显快于 R-体苯霜灵,优先降解 S-体,见图 2-47(b)。

2) 雌性虹鳟鱼微粒体对苯霜灵单体的降解

单体实验结果表明如图 2-47 的(c)和(d)所示,在整个孵育反应过程中,两个对映体均没有发生对映体构型的翻转,即苯霜灵在微粒体混合体系中的选择性不是由异构体构型翻转引起的,而是单纯的选择性的优先降解。

3) 雄性虹鳟鱼微粒体对苯霜灵外消旋体的降解

苯霜灵两对映体在雄性虹鳟鱼体外的降解曲线如图 2-46(c)。表 2-42 列出了各个时间点两对映体的浓度。实验结果表明,雄性虹鳟鱼微粒体代谢苯霜灵的能力明显低于雌性虹鳟鱼:8 h 后雄性微粒中 R-体仅降解了 21.8%,S-体降解了 30.5%,而雌性虹鳟鱼微粒体中 R-体和 S-体分别降解了 57.5% 和 90.0%。

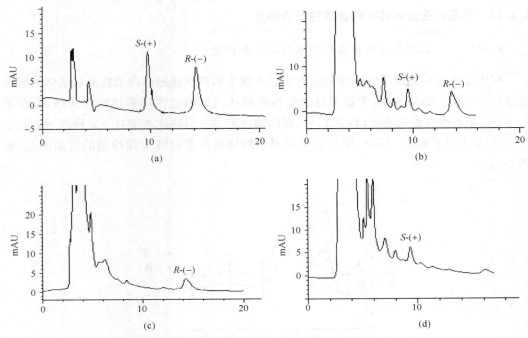

图 2-47　苯霜灵在微粒体中降解的典型色谱图

(a)未加 NADPH 阴性对照色谱图；(b)孵育 4 h 后的外消旋苯霜灵降解色谱图；
(c)加入光学纯 R-体后 4 h 的降解色谱图；(d)加入光学纯 S-体后 8 h 的降解色谱图

表 2-42 列出了孵育 8 h 期间的 ER 值变化，图 2-46(d)给出了 ER 变化曲线。数据表明雄性虹鳟鱼微粒体对苯霜灵对映体也产生了明显的选择性代谢，孵育 8 h 后 ER 值从 1 减小到 0.93，在雌性微粒体中 ER 值从 1.02 减小到 0.24，这说明雄性虹鳟鱼肝脏微粒体对苯霜灵对映体的选择能力也低于雌性虹鳟鱼。

表 2-42　苯霜灵对映体在雄性虹鳟鱼体外代谢的个时间浓度和 ER 值变化

时间/h	R-苯霜灵/(mg/L)	S-苯霜灵/(mg/L)	ER 值
0	10.03±0.01	10.02±0.01	—
1	9.70±0.62	8.82±0.52	0.95±0.05
2	8.92±0.19	8.09±0.16	0.95±0.02
4	8.19±0.32	7.36±0.51	0.94±0.03
6	8.02±0.15	7.21±0.17	0.94±0.01
8	7.84±0.10	6.97±0.26	0.93±0.02

总之，苯霜灵在雄性虹鳟鱼微粒体混合体系中发生了与雌性相同的选择性降解，都是优先降解 S-体，但微粒体的代谢能力存在很大差别，选择性也存在显著差异。实验结果说明 CYP450 酶系对苯霜灵对映体的降解能力和选择性与性别有很大关系。

2.1.12　苯霜灵在蚯蚓体内的选择性行为研究

2.1.12.1　苯霜灵对映体在蚯蚓体内的富集行为

利用高效液相色谱手性固定相法对实验土壤中和供试蚯蚓体内苯霜灵对映体的残留量进行了分析。结果表明,苯霜灵对映体在蚯蚓体内的浓度在培养初期逐渐增加,在第7~14 天左右达到最大浓度,14 天以后,蚯蚓体内苯霜灵对映体浓度有一定程度下降并在19~32 天达到平衡期。因此,蚯蚓对苯霜灵对映体的富集曲线呈现峰型的富集曲线,见图 2-48。

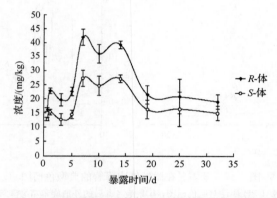

图 2-48　苯霜灵对映体在蚯蚓体内的富集曲线图

在整个富集过程中,蚯蚓体内 R-(一)-苯霜灵的浓度一直高于 S-(＋)-苯霜灵;而在土壤中,苯霜灵两个异构体浓度差异不大,见图 2-49。

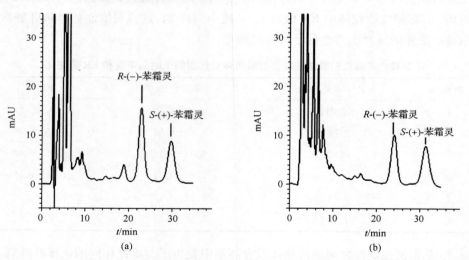

图 2-49　富集 14 天苯霜灵对映体在(a)蚯蚓体内和(b)土壤样本中的提取色谱图

正己烷/异丙醇=97/3;流速:1.0 mL/min;检测波长:230 nm

　　测定了富集过程中蚯蚓体内苯霜灵对映体的 EF 值变化，同时测定了土壤样本中苯霜灵对映体的 EF 值，见图 2-50。t 检验显示，蚯蚓体内 EF 偏离 0.5 非常显著（$p<0.001$）；土壤样本中 EF 值基本维持在 0.5 左右，变化不显著（$p=0.060$）。配对 t 检验显示，蚯蚓体内 EF 值与土壤样本中 EF 值也存在显著差异（$p=0.00002$），表明蚯蚓对苯霜灵对映体的富集存在显著的选择性，优先富集 R-（一）-苯霜灵。

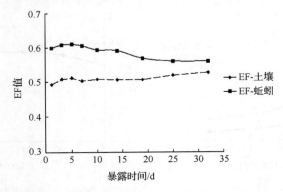

图 2-50　富集过程中蚯蚓体内和土壤样本中 EF 值的变化

　　对富集过程中蚯蚓体内苯霜灵对映体的生物-土壤富集因子（BSAF）进行了计算，计算结果见表 2-43。富集过程中，R-（一）-苯霜灵的 BSAF 值高于 S-（＋）-苯霜灵。配对 t 检验显示，对映体 BSAF 值间存在显著差异（$p=0.001$），表明蚯蚓对苯霜灵对映体的富集过程存在选择性。

表 2-43　富集过程中蚯蚓体内苯霜灵对映体的 BSAF 值

	暴露时间/d								
	1	3	5	7	10	14	19	25	32
BSAF*- R-（一）-苯霜灵	0.70± 0.01	0.49± 0.08	0.72± 0.11	1.21± 0.14	1.05± 0.05	1.33± 0.07	0.67± 0.17	0.58± 0.26	0.53± 0.05
BSAF*- S-（＋）-苯霜灵	0.46± 0.00	0.33± 0.07	0.48± 0.06	0.80± 0.10	0.74± 0.06	0.94± 0.05	0.53± 0.18	0.49± 0.17	0.46± 0.09

＊ BSAF 单位：每千克干重比每千克湿重

2.1.12.2　苯霜灵对映体在蚯蚓体内的代谢行为

　　当蚯蚓体内的苯霜灵浓度达到平衡后（19 d），将蚯蚓转至没有药剂的空白土壤，定期取样，观察苯霜灵对映体在蚯蚓体内的代谢情况。结果显示，苯霜灵在蚯蚓体内的代谢过程符合一级反应动力学规律，拟合方程、降解半衰期列于表 2-44。从表中可以看出，苯霜灵两对映体的半衰期分别为 0.88 d 和 0.64 d，苯霜灵对映体在蚯蚓体内的降解代谢过程非常快。降解曲线图见图 2-51(a)，蚯蚓体内 EF 值变化见图 2-51(b)，典型提取色谱图见图 2-52。

表 2-44　苯霜灵对映体在蚯蚓体内代谢动态的回归方程

对映体	回归方程	相关系数 R^2	半衰期/d
R-(−)-苯霜灵	$y=19.56e^{-0.79x}$	0.943	0.88
S-(+)-苯霜灵	$y=12.26e^{-1.08x}$	0.914	0.64

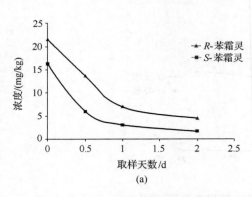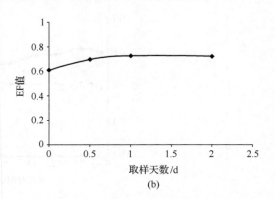

图 2-51　(a)代谢过程中蚯蚓体内苯霜灵对映体降解曲线;(b)蚯蚓体内 EF 值变化

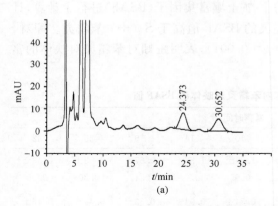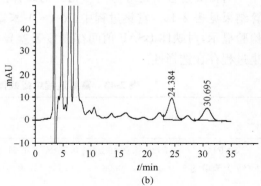

图 2-52　代谢过程中蚯蚓体内苯霜灵对映体提取色谱图
(a) 0.5 d;(b) 1 d

2.1.12.3　苯霜灵对映体在蚯蚓土和对照土中的降解行为

苯霜灵对映体在有蚯蚓的土壤和对照土壤中的降解结果见图 2-53。可以看出,蚯蚓的存在降低了土壤中苯霜灵的检出浓度,但对苯霜灵对映体 EF 值没有显著影响,EF 值维持在 0.5 左右,两种土壤中未发现选择性降解现象存在。图 2-54 为苯霜灵对映体在两种土壤中的降解色谱图。图 2-55 为苯霜灵两对映体在两种土壤中的 EF 值的变化曲线。

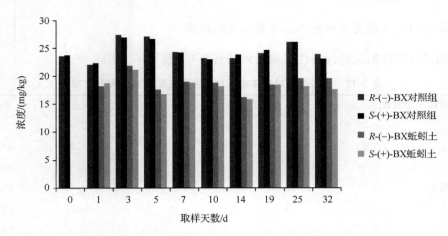

图 2-53　对照土壤和蚯蚓土壤中苯霜灵对映体的浓度变化

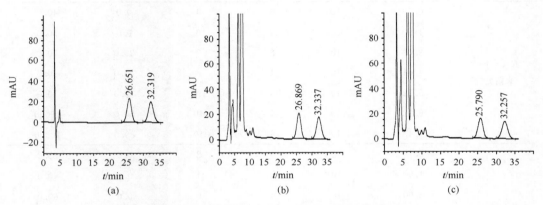

图 2-54　苯霜灵对映体在两种土壤中的降解色谱图

（a）标准品；（b）对照土；（c）蚯蚓土

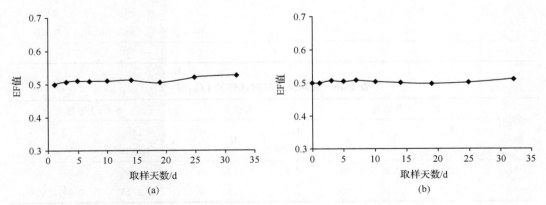

图 2-55　苯霜灵对映体在两种土壤中的 EF 值变化曲线

（a）蚯蚓土壤；（b）对照土壤

2.1.12.4　苯霜灵及对映体急性毒性实验结果

苯霜灵对映体的选择性毒性实验结果见表 2-45，表 2-46 及图 2-56。

表 2-45　苯霜灵及对映体滤纸片法实验蚯蚓死亡数和死亡率

化合物名称	滤纸浓度/(μg/cm²)	总数/条	48 h 死亡数/条	72 h 死亡数/条	48 h 死亡率/%	72 h 死亡率/%
rac-苯霜灵	0.79	15	0	3	0.0	20.0
	1.90	15	1	6	6.7	40.0
	3.00	15	4	12	26.7	80.0
	4.11	15	6	14	40.0	93.3
	5.22	15	8	15	53.3	100.0
	6.32	15	8	15	53.3	100.0
	7.43	15	10	15	66.7	100.0
R-(−)-苯霜灵	0.79	10	0	4	0.0	40.0
	1.90	10	0	6	0.0	60.0
	3.00	10	2	7	20.0	70.0
	4.11	10	4	8	40.0	80.0
	5.22	10	5	9	50.0	90.0
	6.32	10	6	10	60.0	100.0
	7.43	10	8	10	80.0	100.0
S-(+)-苯霜灵	0.79	10	0	2	0.0	20.0
	1.90	10	0	4	0.0	40.0
	3.00	10	0	6	0.0	60.0
	4.11	10	1	7	10.0	70.0
	5.22	10	2	8	20.0	80.0
	6.32	10	5	9	50.0	90.0
	7.43	10	6	10	60.0	100.0
CK	0	10	0	0	0	0

表 2-46　苯霜灵及其对映体的 LC₅₀ 值

暴露时间/h	*R*-(−)-苯霜灵			*rac*-苯霜灵			*S*-(+)-苯霜灵		
	LC_{50}/(μg/cm²)	R^2	p	LC_{50}/(μg/cm²)	R^2	p	LC_{50}/(μg/cm²)	R^2	p
48	4.99	0.96	0.003	5.27	0.97	0.006	6.66	0.97	0.018
72	1.23	0.94	0.006	1.73	0.91	0.043	2.45	0.96	0.001

经测定发现，LC_{50} 值随着暴露时间的延长而降低，苯霜灵及其对映体的毒性大小顺序为 *R*-(−)-苯霜灵＞*rac*-苯霜灵＞*S*-(+)-苯霜灵，48 h 后两对映体毒性差异不大，72 h 后 *R*-(−)-苯霜灵毒性约为 *S*-(+)-苯霜灵 2 倍。表明，杀菌活性高的 *R*-体苯霜灵对非靶标

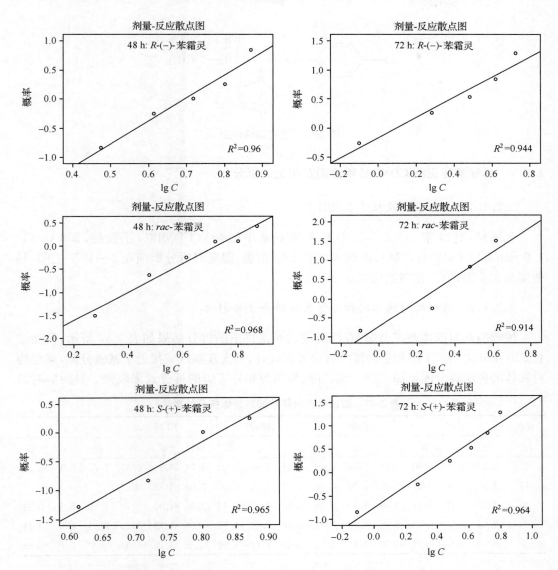

图 2-56　滤纸片法测定 R-(—)-苯霜灵、rac-苯霜灵及 S-(＋)-苯霜灵对蚯蚓 48 h、72 h LC_{50} 值

生物蚯蚓的毒性也相对更高。

2.2　烯　唑　醇

　　烯唑醇是唑类杀菌剂,甾醇脱甲基化抑制剂。既有保护、治疗、铲除作用,又有广谱、内吸、顶向传导抗真菌活性。对子囊菌、担子菌核半知菌病害(如锈病、白粉病、黑星病核尾孢病害)有良好的作用。化学名称(E)(RS)-1-(2,4-二氯苯基)-4,4-二甲基-2-(1H-1,2,4-三唑-1-基)戊-1-烯-3-醇,其结构中有一个手性中心,外消旋体含有两个对映异构体。结构式如图 2-57 所示。

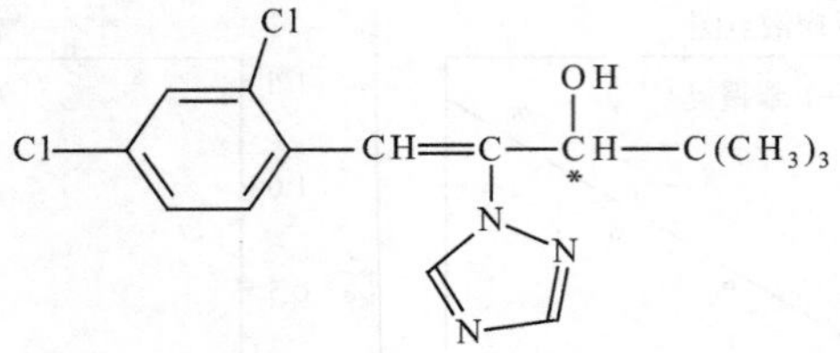

图 2-57　烯唑醇结构图

2.2.1　烯唑醇在正相 CDMPC 手性固定相上的拆分

2.2.1.1　色谱条件及相关参数计算

色谱柱：纤维素-三（3,5-二甲基苯基氨基甲酸酯）（CDMPC）手性柱，250 mm×4.6 mm I.D.（实验室自制）；流动相为正己烷/醇类，温度对拆分影响在 5～40 ℃之间，其他实验在室温进行，检测波长 220 nm。

2.2.1.2　烯唑醇对映体的拆分结果及醇含量的影响

烯唑醇两对映体在正己烷/有机醇流动相条件下的拆分结果如表 2-47 所示，检测波长 220 nm，使用正丁醇和正丙醇的拆分效果较好，可实现基线或接近于基线分离，烯唑醇对映体的色谱拆分图见图 2-58。而乙醇、异丙醇和异丁醇的拆分效果较差。异丙醇对烯

表 2-47　醇改性剂对烯唑醇对映体拆分的影响

含量 /%	乙醇			丙醇			异丙醇			丁醇			异丁醇		
	k_1	α	R_s	k_1	α	R_s	k_1	α	R_s	k_1	α	R_s	k_1	α	R_s
20	1.64	1.00	0.00	1.73	1.00	0.00	1.29	1.00	0.00	1.71	1.09	0.17	1.75	1.07	0.10
15	1.90	1.00	0.00	1.92	1.06	0.09	2.57	1.00	0.00	2.01	1.12	0.29			
10	2.28	1.06	0.11	2.48	1.10	0.28	4.48	1.09	0.66	2.65	1.17	0.74	3.16	1.09	0.23
5	3.68	1.10	0.35	4.29	1.14	0.69	8.23	1.12	0.72	4.87	1.22	1.36	5.93	1.12	0.41
2	8.40	1.15	0.96	10.77	1.19	1.41	22.70	1.16	1.09	13.08	1.28	1.53	17.87	1.15	0.86

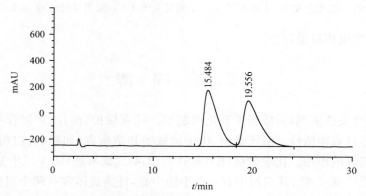

图 2-58　烯唑醇对映体的色谱拆分图（正己烷/丁醇＝98/2，室温，220 nm）

唑醇对映体的保留最强,其次为异丁醇、正丁醇、正丙醇,乙醇对其保留最弱。从结果中可见,醇对手性化合物对映体的拆分能力与保留没有直接的关系,醇影响对映体的分离除了极性外,分子的结构也起到了重要的作用。同样还考察了正庚烷、正戊烷和石油醚体系下的拆分,以异丙醇为流动相的改性剂,由表 2-48 中的结果可见,正庚烷和正戊烷的分离效果非常差,石油醚比前两者的分离效果好一些,但也没有正己烷体系的拆分效果好。

表 2-48　正庚烷、正戊烷和石油醚体系下烯唑醇对映体的拆分

异丙醇 含量/%	正庚烷			正戊烷			石油醚		
	k_1	α	R_s	k_1	α	R_s	k_1	α	R_s
15	2.14	1.00	0.00	2.38	1.00	0.00	2.26	1.00	0.00
10	2.98	1.00	0.00	3.35	1.00	0.00	2.88	1.09	0.44
5	5.36	1.08	0.43	5.95	1.10	0.52	5.23	1.11	0.92
2							14.34	1.14	0.99

2.2.1.3　圆二色特性研究

烯唑醇两对映体的 CD 扫描图见图 2-59,扫描波长范围为 220～420 nm,先流出的对映体呈现了(+)CD 吸收信号,后流出为 CD(-)吸收,在 275 nm 处有最大的圆二色吸收,两吸收曲线也以"0"刻度线有较好的对称性。

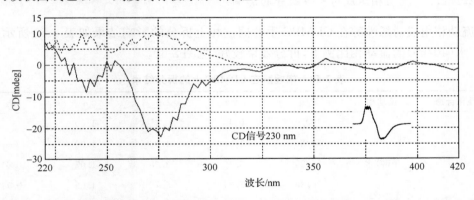

图 2-59　烯唑醇两对映体的 CD 扫描图(虚线为先流出对映体,实线为后流出对映体)

2.2.1.4　温度对拆分的影响

在正己烷/异丙醇(95/5)流动相条件下考察了 0～25 ℃温度范围内温度对对映体拆分的影响,结果列于表 2-49,由表可见,温度对烯唑醇对映体的拆分并没有明显的影响,无论是容量因子、分离因子还是分离度都没有太大的变化。因此温度并不能作为烯唑醇对映体拆分的优化条件。烯唑醇对映体受温度的影响不符合线性的 Van't Hoff 关系。

表 2-49　温度对烯唑醇对映体拆分的影响（正己烷/异丙醇＝95/5）

温度/℃	k_1	k_2	α	R_s
0	7.85	8.97	1.14	0.74
5	8.42	9.46	1.12	0.66
10	8.08	9.08	1.12	0.72
15	8.41	9.44	1.12	0.74
20	8.37	9.41	1.12	0.76
23	8.28	9.27	1.12	0.75

2.2.2　烯唑醇在反相 CDMPC 手性固定相上的拆分

2.2.2.1　色谱条件

纤维素-三（3,5-二甲基苯基氨基甲酸酯）（CDMPC）手性柱，250 mm×4.6 mm I. D.（实验室自制）；流动相为不同比例的甲醇/水或乙腈/水，温度对拆分影响在 0～40 ℃ 之间，其他实验在室温进行，流速 0.8 mL/min，进样量 10 μL，检测波长 230 nm，样品浓度大约 100 mg/L。

2.2.2.2　流动相组成对手性拆分的影响

流动相组成对烯唑醇在 CDMPC 手性固定相上拆分的影响结果如表 2-50 所示。在乙腈/水（40/60）的流动相比例下，拆分效果较好，见图 2-60。

表 2-50　烯唑醇在 CDMPC 上的拆分结果

手性化合物	流动相	v/v	k_1	k_2	α	R_s
		100/0	0.45	0.45	1.00	—
		80/20	1.96	1.96	1.00	—
	甲醇/水	75/25	3.16	3.38	1.07	0.61
		70/30	5.24	5.77	1.08	0.71
		65/35	9.70	10.58	1.09	0.84
烯唑醇		100/0	0.36	0.36	1.00	—
		70/30	1.01	1.01	1.00	—
	乙腈/水	60/40	1.67	1.80	1.07	0.72
		50/50	3.81	4.10	1.08	0.97
		45/55	6.15	6.63	1.08	1.11
		40/60	10.75	11.64	1.08	1.31

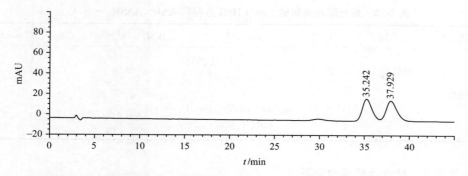

图 2-60　烯唑醇在乙腈/水(40/60)作流动相 CDMPC 上分离色谱图(流速 0.8 mL/min,室温)

2.2.2.3　温度对手性拆分的影响

温度对烯唑醇拆分的影响结果见表 2-51,Van't Hoff 曲线如图 2-61 所示(乙腈/水＝50/50)。根据线性 Van't Hoff 方程可计算出焓变、熵变等热力学参数,结果列于表 2-52 中。

表 2-51　CDMPC 上温度对烯唑醇拆分的影响

手性化合物	温度/℃	流动相	v/v	k_1	k_2	α	R_s
	0			5.24	6.02	1.15	0.92
	5			4.35	4.89	1.13	0.91
	10	甲醇/水	75/25	4.25	4.80	1.13	0.96
	20			3.33	3.71	1.11	0.98
	30			2.58	2.83	1.10	0.90
烯唑醇	40			2.07	2.24	1.08	0.80
	0			4.02	4.38	1.09	0.99
	5			3.99	4.35	1.09	1.03
	10	乙腈/水	50/50	3.92	4.25	1.09	1.04
	20			3.74	4.05	1.08	1.10
	30			3.59	3.88	1.08	1.11
	40			3.45	3.71	1.08	1.10

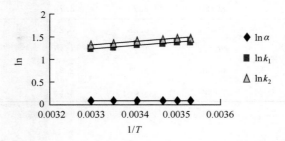

图 2-61　乙腈/水(50/50,v/v)作流动相条件下烯唑醇的 Van't Hoff 图(0～40℃)

表 2-52　烯唑醇对映体的 Van't Hoff 方程和 $\Delta\Delta H^{o}$、$\Delta\Delta S^{o}$（0～40 ℃）

手性化合物	流动相	v/v	线性方程	$\Delta\Delta H^{o}$/(kJ/mol)	$\Delta\Delta S^{o}$/[J/(mol·K)]
烯唑醇	甲醇/水	75/25	$\ln\alpha=117.38/T-0.2951$ ($R^2=0.9646$)	−0.98	−2.45
	乙腈/水	50/50	$\ln\alpha=24.913/T-0.0054$ ($R^2=0.9788$)	−0.21	−0.04

2.2.2.4　对映体的流出顺序

在 240 nm 的检测波长下，以甲醇/水（70/30）和乙腈/水（50/50）为流动相，使用圆二色检测器确定对映体在 CDMPC 手性固定相上的出峰顺序均为左旋/右旋。

2.2.3　烯唑醇在反相 ADMPC 手性固定相上的拆分

2.2.3.1　色谱条件

色谱柱：直链淀粉-三（3,5-二甲基苯基氨基甲酸酯）（ADMPC）手性固定相，150 mm×4.6 mm I.D.（实验室自制）；流动相为不同比例的甲醇/水或乙腈/水，温度对拆分影响在 0～40 ℃之间，其他实验在室温进行，流速 0.5 mL/min，进样量 10 μL，检测波长 230 nm，样品浓度大约 100 mg/L。

2.2.3.2　流动相组成对手性拆分的影响

流动相组成对烯唑醇在 ADMPC 手性固定相上拆分的影响结果如表 2-53 所示，在甲醇/水为 80/20 的流动相比例下拆分效果较好，见图 2-62。

表 2-53　烯唑醇在 ADMPC 上的拆分结果

手性化合物	流动相	v/v	k_1	k_2	α	R_s
烯唑醇	甲醇/水	100/0	0.53	0.82	1.55	1.51
		95/5	0.78	1.30	1.66	1.94
		90/10	1.19	2.07	1.75	2.28
		85/15	1.91	3.42	1.79	2.55
		80/20	3.23	5.78	1.79	2.75
	乙腈/水	100/0	0.28	0.28	1.00	—
		70/30	1.27	1.27	1.00	—
		60/40	2.31	2.31	1.00	—
		50/50	4.93	4.93	1.00	—

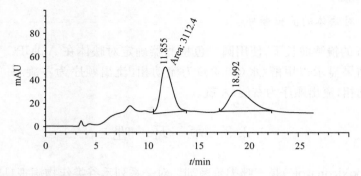

图 2-62　烯唑醇在 ADMPC 上反相条件下的拆分色谱图(室温,流速 0.5 mL/min,甲醇/水＝80/20)

2.2.3.3　温度对手性拆分的影响

温度对烯唑醇拆分的影响结果见表 2-54,Van't Hoff 曲线如图 2-63 所示(甲醇/水＝95/5)。根据线性 Van't Hoff 方程可计算出焓变、熵变等热力学参数,结果列于表 2-55 中。

表 2-54　在 ADMPC 上反相色谱条件下温度对烯唑醇拆分的影响

手性化合物	温度	流动相	v/v	k_1	k_2	α	R_s
	0 ℃			0.91	1.55	1.71	1.56
	5 ℃			0.82	1.33	1.62	1.47
烯唑醇	10 ℃	甲醇/水	95/5	0.78	1.27	1.62	1.67
	20 ℃			0.70	1.09	1.55	1.90
	30 ℃			0.62	0.91	1.47	1.68
	40 ℃			0.55	0.77	1.40	1.82

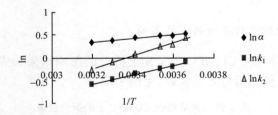

图 2-63　烯唑醇对映体在 ADMPC 上的 Van't Hoff 曲线(流速 0.5 mL/min,0～40 ℃)

表 2-55　0～40 ℃范围内,烯唑醇对映体的 Van't Hoff 方程和 $\Delta\Delta H^o$、$\Delta\Delta S^o$

手性化合物	流动相	v/v	线性方程	$\Delta\Delta H^o/(kJ/mol)$	$\Delta\Delta S^o/[J/(mol \cdot K)]$
烯唑醇	甲醇/水	95/5	$\ln\alpha=396.71/T-0.9255$ ($R^2=0.9746$)	-3.30	-7.69

2.2.3.4　对映体的流出顺序

在 240 nm 的检测波长下,使用圆二色检测器确定对映体在 ADMPC 手性固定相上的出峰顺序,结果显示以甲醇/水(80/20)为流动相,流出顺序为左旋/右旋,以乙腈/水(70/30)为流动相,流出顺序为右旋/左旋。

2.3　氟　环　唑

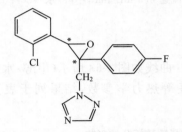

氟环唑(epoxlconazole)是三唑类杀菌剂。对一系列禾谷类作物病害具有良好的防治作用,并能防治糖用甜菜、花生、油菜、草坪、咖啡、水稻及果树等病害。不仅具有很好的保护、治疗和铲除活性,而且具有内吸和较佳的残留活性。化学名称为(2RS,3RS)-1-(3-(2-氯苯基)-2,3-环氧-2-(4-氟苯基)丙基)-1-氢-1,2,4-三唑,其结构中有两个手性中心,外消旋体含有 4 个对映异构体,分子结构如图 2-64 所示。但工业品中只含一对对映体,为(2R,3S)-和(2S,3R)-体。

图 2-64　氟环唑结构图

2.3.1　氟环唑在 CDMPC 手性固定相上的拆分

2.3.1.1　色谱条件

纤维素-三(3,5-二甲基苯基氨基甲酸酯)(CDMPC) 手性柱,250 mm×4.6 mm I.D.(实验室自制);流动相为不同比例的甲醇/水或乙腈/水,温度对拆分影响在 0~40 ℃之间,其他实验在室温进行,流速 0.8 mL/min,进样量 10 μL,检测波长 230 nm,样品浓度大约 100 mg/L。

2.3.1.2　流动相组成对手性拆分的影响

流动相组成对氟环唑在 CDMPC 固定相上拆分的影响结果如表 2-56 所示,在乙腈/水(70/30)的流动相比例下拆分效果较好,见图 2-65。

表 2-56　氟环唑在 CDMPC 上的拆分结果

手性化合物	流动相	v/v	k_1	k_2	α	R_s
		100/0	1.01	1.62	1.60	3.41
		95/5	0.90	1.75	1.96	5.00
氟环唑	甲醇/水	90/10	1.16	2.22	1.91	5.05
		85/15	1.74	3.34	1.92	5.32
		80/20	2.79	5.40	1.93	5.45
		75/25	4.38	8.26	1.88	5.54

续表

手性化合物	流动相	v/v	k_1	k_2	α	R_s
		100/0	0.95	1.75	1.84	4.83
		90/10	0.56	1.09	1.96	4.21
氟环唑	乙腈/水	80/20	0.65	1.39	2.12	5.14
		70/30	1.03	2.16	2.09	6.08
		60/40	1.85	3.86	2.08	7.71
		50/50	4.18	8.39	2.00	9.23

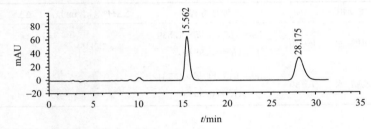

图 2-65　氟环唑在乙腈/水(70/30)作流动相 CDMPC 上分离色谱图(流速 0.8 mL/min,室温)

2.3.1.3　温度对手性拆分的影响

温度对氟环唑拆分的影响结果见表 2-57,Van't Hoff 曲线如图 2-66(乙腈/水＝70/30)。根据线性 Van't Hoff 方程可计算出焓变、熵变等热力学参数,结果列于表 2-58 中。

表 2-57　CDMPC 上温度对氟环唑拆分的影响

手性化合物	温度/℃	流动相	v/v	k_1	k_2	α	R_s
	0			2.09	3.99	1.91	4.49
	5			1.90	3.45	1.81	4.64
	10	甲醇/水	90/10	1.69	2.94	1.74	4.46
	20			1.59	2.65	1.66	4.29
	30			1.29	1.97	1.53	3.70
氟环唑	40			1.06	1.51	1.42	2.91
	0			1.19	2.78	2.33	6.73
	5			1.17	2.64	2.25	6.64
	10	乙腈/水	70/30	1.13	2.42	2.14	6.39
	20			1.01	2.04	2.01	6.14
	30			0.96	1.76	1.84	5.50
	40			0.91	1.58	1.74	4.92

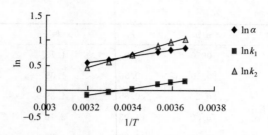

图 2-66　乙腈/水(70/30)作流动相条件下氟环唑的 Van't Hoff 图(0～40℃)

表 2-58　氟环唑的 Van't Hoff 方程和 $\Delta\Delta H^o$、$\Delta\Delta S^o$(0～40℃)

手性化合物	流动相	v/v	线性方程	$\Delta\Delta H^o$/(kJ/mol)	$\Delta\Delta S^o$/[J/(mol·K)]
氟环唑	甲醇/水	90/10	$\ln\alpha=600.97/T-1.559$ ($R^2=0.9919$)	-5.00	-12.96
	乙腈/水	70/30	$\ln\alpha=643.14/T-1.504$ ($R^2=0.9965$)	-5.35	-12.51

2.3.1.4　对映体的流出顺序

在 240 nm 的检测波长下,以甲醇/水(90/10)和乙腈/水(70/30)为流动相,使用圆二色检测器确定对映体在 CDMPC 手性固定相上的出峰顺序均为左旋/右旋。

图 2-67 显示了 240 nm 下测出的氟环唑对映体的流出顺序的信号图,两种流动相下的对映体在同一波长下流出顺序一致。

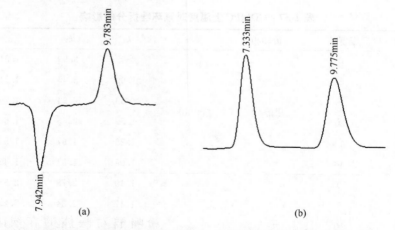

图 2-67　氟环唑对映体在 CDMPC 上的(a)圆二色和(b)紫外色谱图(甲醇/水＝70/30, v/v,240 nm)

2.4　粉　唑　醇

粉唑醇(flutriafol)是三唑类杀菌剂,是甾醇脱甲基化抑制剂,用于防治谷物白粉病。

化学名称为 α-(2-氟苯基)-(4-氟苯基)-1-氢-1,2,4-三唑-1-乙醇,其化学结构如图 2-68 所示,其结构中有一个手性中心,外消旋体含有两个对映异构体。结构见图 2-68。

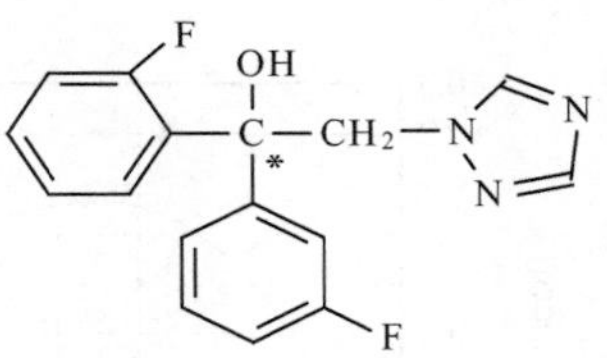

图 2-68　粉唑醇结构图

2.4.1　粉唑醇在正相 CDMPC 手性固定相上的拆分

2.4.1.1　色谱条件

Agilent 1100 高效液相色谱仪及 JASCO 2000 高效液相色谱仪(主要用于对映体出峰顺序的确定及圆二色特性的研究)。纤维素-三(3,5-二甲基苯基氨基甲酸酯)色谱柱(自制)250 mm×4.6 mm I.D.,流动相为正己烷、石油醚、正庚烷或正戊烷,在正己烷流动相中考察了极性改性剂乙醇、丙醇、异丙醇、正丁醇、异丁醇对拆分的影响,其他流动相中使用异丙醇为改性剂,检测波长 230 nm,流速 1.0 mL/min,除了考察温度对拆分的影响实验外,其他操作均在室温下进行。

2.4.1.2　粉唑醇对映体的拆分结果及醇含量的影响

表 2-59 为粉唑醇对映体在正己烷体系下的拆分结果及 5 种有机醇对拆分的影响,检测波长 230 nm,丙醇和异丙醇的拆分效果较好,都可使对映体达到基线分离,在使用 5% 异丙醇和 2% 正丙醇时分离度分别为 1.89 和 1.73,而另外 3 种醇的分离效果不佳,粉唑醇对映体在 CDMPC 手性固定相上的保留较强,使用 2% 异丙醇和异丁醇时,对映体均不被洗脱。另外还考察了正庚烷和正戊烷体系对粉唑醇对映体的拆分,以异丙醇为改性剂,在 10%~20% 范围内都完全无分离效果。色谱拆分图如图 2-69 所示。

表 2-59　醇改性剂对粉唑醇对映体拆分的影响

含量 /%	乙醇			丙醇			异丙醇			丁醇			异丁醇		
	k_1	α	R_s	k_1	α	R_s	k_1	α	R_s	k_1	α	R_s	k_1	α	R_s
20	3.36	1.08	0.98	3.34	1.26	1.27	5.90	1.23	1.42	4.45	1.00	0.00	6.66	1.00	0.00
15	4.19	1.11	1.01	4.22	1.31	1.39	7.70	1.27	1.51	5.24	1.18	0.87	9.28	1.00	0.00
10	11.60	1.13	1.05	6.36	1.34	1.53	11.9	1.33	1.62	7.51	1.32	1.26	14.10	1.11	0.81
5	11.60	1.17	1.10	9.11	1.36	1.61	25.8	1.41	1.89	16.45	1.38	1.36	28.00	1.24	1.02
2	30.27	1.18	1.13	13.21	1.40	1.73	未流出			49.30	1.25	1.42			

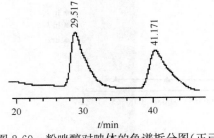

图 2-69　粉唑醇对映体的色谱拆分图(正己烷/异丙醇=95/5,室温,230 nm)

2.4.1.3　圆二色特性研究

粉唑醇对映体的在线 CD 扫描见图 2-70,圆二色吸收较弱,先流出对映体在 220~245 nm 之间为(一),245 nm 后基本无 CD 吸收;先流出对映体在 220~232 nm 之间响应(一)CD 信号,232~275 nm 之间为弱(一)CD 吸收。

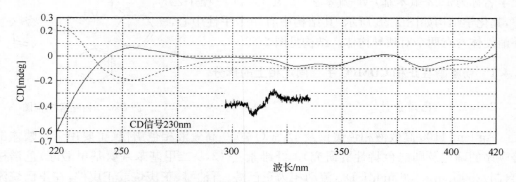

图 2-70　粉唑醇两对映体的 CD 扫描图（实线为先流出对映体，虚线为后流出对映体）

2.4.1.4　温度对拆分的影响

正己烷/异丙醇体系下，温度对粉唑醇对映体的拆分影响见表 2-60，0 ℃时的分离因子为 1.40，在 25 ℃时为 1.29，保留随着温度的升高而减弱，分离效果也变差。

表 2-60　温度对粉唑醇对映体拆分的影响（正己烷/异丙醇＝90/10）

温度/℃	k_1	k_2	α	R_s
0	18.90	26.46	1.40	2.13
5	16.93	23.21	1.37	2.40
10	16.75	22.70	1.36	1.98
15	16.33	21.99	1.35	1.79
20	16.24	21.26	1.31	2.03
25	15.21	19.69	1.29	1.96

2.4.1.5　热力学参数的计算

基于温度对拆分的影响数据，绘制了容量因子与分离因子自然对数对热力学温度倒数的曲线，如图 2-71 所示，容量因子的 Van't Hoff 曲线的线性稍差一些（$r>0.92$），$\ln\alpha$

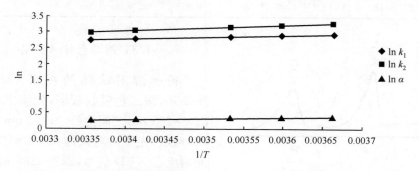

图 2-71　粉唑醇对映体的 Van't Hoff 曲线（正己烷/异丙醇＝90/10）

对 $1/T$ 的线性关系较好($r>0.99$),根据线性 Van't Hoff 方程,计算出与对映体分离相关的熵变、焓变参数,结果列于表 2-61,焓变差值的数值较大为 2.18 kJ/mol,熵变差值为 5.24J/(mol·K),对映体的分离受焓控制。

表 2-61　粉唑醇对映体的热力学参数(正己烷/异丙醇=90/10)

对映体	$\ln k=-\Delta H/RT+\Delta S^*$	ΔH /(kJ/mol)	ΔS^*	$\ln\alpha=\Delta_{R,S}\Delta H/RT+\Delta_{R,S}\Delta S/RT$	$\Delta\Delta H$ /(kJ/mol)	$\Delta\Delta S$ /[J/(mol·K)]
−	$\ln k_1=830.53/T+0.20$ ($R=0.9615$)	−6.91	+0.20	$\ln\alpha=262.48/T-0.63$ ($R=0.9949$)	−2.18	−5.24
+	$\ln k_2=575.77/T+0.80$ ($R=0.9275$)	−4.79	+0.80			

2.4.2　粉唑醇在家兔体内的选择性行为研究

2.4.2.1　粉唑醇在家兔血浆中的药代动力学

实验中所采用的静脉注射剂量为 7.5 mg/kg_{b.w.}。以给药后不同时间的平均血药浓度为纵坐标对采血时间作图,得到经静脉注射粉唑醇外消旋体后两对映体的平均血药浓度-时间曲线,如图 2-72 所示。从图中可以看出血浆中两个对映体的浓度随时间增加而降低;两对映体浓度差异并随时间的增加而明显增大。图 2-73 为血浆中粉唑醇对映体的 EF 值随时间变化图,从图中可以看出,对于两种性别的家兔,粉唑醇在进入家兔血管后 EF 值迅速下降,在降至 0.43 左右时迅速增加,在实验结束时雌性家兔血浆中 EF 约为 0.80,雄性家兔血浆中 EF 约为 0.70。实验结果表明,随时间增加粉唑醇对映体在血浆中降解呈现明显的选择性,在两个性别的家兔中 S-体的降解速率均高于 R-体。但是在注射后初期,R-体浓度下降速率高于 S-体,造成 EF 值下降。

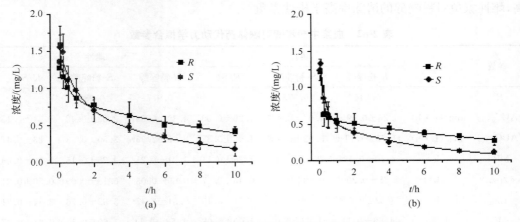

图 2-72　粉唑醇在经静脉注射后在家兔体内药时曲线
(a) 成年雄性;(b) 成年雌性

平均血药浓度-时间曲线经 DAS 软件分析后发现,粉唑醇两对映体在血浆中的浓度变化符合二室模型,拟合结果如表 2-62 所示。结果显示二室模型可以很好地拟合对映体

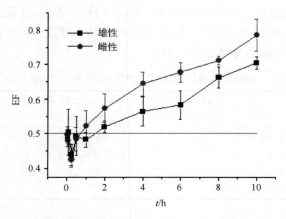

图 2-73　粉唑醇经静脉注射后 EF 随时间变化曲线

在家兔血液中的动态变化。在经静脉注射后，R-粉唑醇与 S-粉唑醇在雌性家兔中的分布半衰期为 (0.09 ± 0.03) h 和 (0.18 ± 0.09) h，在雄性中分布半衰期为 (0.28 ± 0.20) h 与 (0.68 ± 0.20) h。结果显示 R-体与 S-体在分布过程中两对映体存在显著性差异，并且具有显著的性别差异。R-粉唑醇较快地分布于组织中。而对于消除半衰期，S-体消除较快，与 R-粉唑醇相比具有显著差异，但是两种性别间差异不显著。S-体在家兔体内的平均滞留时间较 R-体短，且不具有性别差异。表观分布容积 V 是用来表征外源物在动物体内分布状况的重要参数，结果显示两种性别中 R-粉唑醇与 S-粉唑醇的表观分布容积均在 1.6 L/kg 左右，而家兔的体液含量约为 $0.5\sim0.8$ L/kg，说明粉唑醇在家兔体内存在组织蓄积，同时也在体液中分布。拟合结果显示 R-粉唑醇与 S-粉唑醇曲线下面积存在显著性差异并存在性别差异，表明在雄性家兔与雌性家兔中，R-粉唑醇进入体循环的量相对较多，粉唑醇进入雄性家兔体循环的量相对较多。参数还表明家兔对 S-粉唑醇的清除率较高，雌性家兔对粉唑醇的清除率高于雄性家兔。

表 2-62　血浆中粉唑醇对映体药代动力学拟合参数

参数	单位	雄性			雌性		
		R-粉唑醇	S-粉唑醇	R/S^*	R-粉唑醇	S-粉唑醇	R/S^*
R^2		0.944	0.978		0.977	0.987	
$AUC_{0\sim10}$	mg/(L·h)	$6.26\pm0.69^{a,b}$	4.97 ± 0.46^{b}	1.26 ± 0.09	4.30 ± 0.59^{a}	2.82 ± 0.42	1.54 ± 0.15
$AUC_{0\sim\infty}$	mg/(L·h)	$11.53\pm1.71^{a,b}$	5.92 ± 0.43^{b}	1.95 ± 0.32	8.96 ± 2.96^{a}	3.50 ± 0.33	2.23 ± 0.47
MRT	h	4.10 ± 0.18^{a}	3.27 ± 0.17	1.26 ± 0.11	4.21 ± 0.21^{a}	3.25 ± 0.15	1.30 ± 0.03
$t_{1/2\alpha}$	h	$0.28\pm0.20^{a,b}$	0.68 ± 0.20^{b}	0.45 ± 0.07	0.09 ± 0.03^{a}	0.18 ± 0.09	0.50 ± 0.21
$t_{1/2\beta}$	h	8.63 ± 0.63^{a}	4.58 ± 0.66	2.31 ± 0.40	9.51 ± 1.47^{a}	3.82 ± 0.76	2.34 ± 0.91
V	L/kg	1.66 ± 0.11	1.62 ± 0.07	1.00 ± 0.08	1.53 ± 0.14	1.69 ± 0.14	0.91 ± 0.07
CL	L/(kg·h)	$0.22\pm0.03^{a,b}$	0.42 ± 0.03^{b}	0.52 ± 0.08	0.30 ± 0.08^{a}	0.72 ± 0.08	0.41 ± 0.09

$AUC_{0\sim10}$：$0\sim10$ h 曲线下面积；$AUC_{0\sim\infty}$：0 到无穷大曲线下面积；MRT：平均滞留时间；$t_{1/2\alpha}$：分布半衰期；$t_{1/2\beta}$：消除半衰期；V：表观分布容积；CL：总清除率。a. 与 S-粉唑醇相比具有显著性差异（$p<0.05$）；b. 与雌性相比具有显著性差异（$p<0.05$）

2.4.2.2　粉唑醇对映体与血浆蛋白结合率测定

实验通过超滤法测定粉唑醇对映体与血浆蛋白结合率,将粉唑醇单体与空白血浆结合一段时间后,然后用超滤膜把小分子的游离药物(未结合部分)离心分开,然后测定含量并进而计算结合率。实验结果如表 2-63 所示。在所选取的 3 个浓度下,粉唑醇对映体与血浆中蛋白均有较高的结合率,并随浓度的增加蛋白结合率降低。在两种性别的家兔血浆中 R-粉唑醇与血浆蛋白结合率均低于 S-体。也就是说血浆中游离的 R-体浓度要高于 S-粉唑醇,R-粉唑醇进入体循环的量相对较多,导致前期 R-粉唑醇在血浆中浓度降低的速度高于 S-粉唑醇,导致 EF 值下降。随着时间的推移,血浆中 R-体浓度降低,血浆蛋白结合率升高,同时家兔肌体对于 S-粉唑醇的清除率要高于 R-体,导致血浆中 S-粉唑醇含量下降较快,从而导致 EF 值的上升。由于粉唑醇对映体与血浆蛋白结合率并没有明显的性别差异,因而推测存在其他因素导致粉唑醇分布速率出现性别间差异。

表 2-63　粉唑醇对映体与血浆蛋白结合率

添加浓度/(μg/mL)	蛋白质结合率/%			
	雄性		雌性	
	R-粉唑醇	S-粉唑醇	R-粉唑醇	S-粉唑醇
1.00	83.29±4.15[a]	91.59±3.15	83.10±1.94[a]	87.90±1.60
1.75	83.65±0.96[a]	90.08±1.05	80.85±1.91[a]	89.12±2.35
2.50	74.90±0.84[a]	82.38±1.95	70.66±3.45[a]	83.78±0.79

a. 与 S-体相比具有显著性差异 $p < 0.05$

2.4.2.3　粉唑醇在家兔体内的残留

在给药 10 h 后家兔各组织中粉唑醇的残留量见图 2-74。如图所示,粉唑醇在各组织中的残留量就有显著性差异,在所有组织中 R-粉唑醇残留量均高于 S-粉唑醇。粉唑醇在

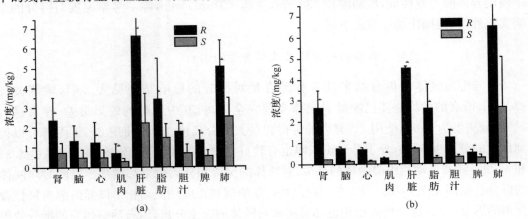

图 2-74　粉唑醇对映体在家兔体内的残留量

(a) 成年雄性;(b) 成年雌性

肝脏、肺、脂肪和肾脏中残留量较高,其余组织中雌性家兔粉唑醇残留量低于雄性。粉唑醇表现出一定的组织蓄积性,因此在主要代谢器官以及脂肪中浓度较高,且由于 *S*-粉唑醇的清除率较高,所以家兔体内各器官中 *S*-体含量较低,并且雌性家兔中粉唑醇残留量低于雄性家兔。

2.5 己 唑 醇

己唑醇(hexaconazole)是三唑类杀菌剂,为甾醇脱甲基化抑制剂,用于防治葡萄白粉病、黑腐病,苹果黑星病、白粉病,咖啡锈病等。化学名称(*RS*)-2-(2,4-二氯苯基)-1-(1H-1,2,4-三唑-1-基)-己-2-醇,其结构中有一个手性中心,外消旋体含有两个对映异构体。分子结构如图 2-75 所示。

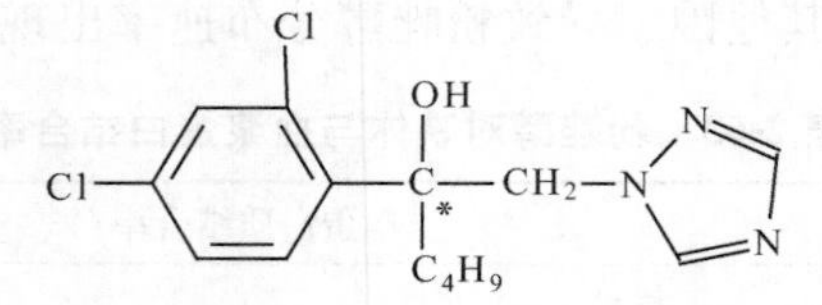

图 2-75　己唑醇结构图

2.5.1　己唑醇在正相 CDMPC 手性固定相上的拆分

2.5.1.1　色谱条件

Agilent 1100 高效液相色谱仪及 JASCO 2000 高效液相色谱仪(主要用于对映体出峰顺序的确定及圆二色特性的研究)。纤维素-三(3,5-二甲基苯基氨基甲酸酯)色谱柱(自制)250 mm×4.6 mm I. D. ,流动相为正己烷、石油醚、正庚烷或正戊烷,在正己烷流动相中考察了极性改性剂乙醇、丙醇、异丙醇、正丁醇、异丁醇对拆分的影响,其他流动相中使用异丙醇为改性剂,检测波长 230 nm,流速 1.0 mL/min,除了考察温度对拆分的影响实验外,其他操作均在室温下进行。

2.5.1.2　己唑醇对映体的拆分结果及醇含量的影响

己唑醇对映体的拆分结果及 5 种醇含量对拆分的影响结果见表 2-64,检测波长 230 nm,所有的醇均能使己唑醇对映体实现完全分离,其中乙醇的效果最差,在含量为 2％时分离度为 1.66,使用 2％异丙醇可得到最大的分离度 4.99,使用 2％正丙醇可以得到最大的分离度 5.46,异丁醇和正丁醇也有较好的分离效果,最大分离度分别可达 3.36 和 4.79。随着流动相中醇含量的减少,对映体的保留和分离效果都增加。己唑醇对映体的拆分色谱图见图 2-76。表 2-65 为石油醚、正庚烷和正戊烷流动相中以异丙醇为极性改性剂的拆分效果,这三种流动相也都可实现对映体的完全分离,但石油醚体系的拆分效果相对较差,最大分离度为 2.01,异丙醇含量为 2％时,对映体保留不出峰,正庚烷和正戊烷体系都有很好的拆分效果,与正己烷的拆分效果相差不大。

表 2-64　醇改性剂对己唑醇对映体拆分的影响

含量 /%	乙醇			丙醇			异丙醇			丁醇			异丁醇		
	k_1	α	R_s	k_1	α	R_s	k_1	α	R_s	k_1	α	R_s	k_1	α	R_s
20	0.44	1.17	0.73	0.50	1.61	2.07	0.75	1.82	2.28	0.56	1.41	1.43	0.64	1.67	2.10
15	0.58	1.16	0.71	0.68	1.61	2.45	1.00	1.96	3.37	0.79	1.39	1.60	0.90	1.65	2.39
10	0.83	1.19	0.91	1.08	1.63	2.99	1.60	2.01	3.48	1.28	1.38	1.85	1.45	1.63	2.75
5	1.60	1.20	1.35	2.30	1.68	3.89	3.49	2.09	4.29	2.76	1.39	2.32	3.19	1.63	3.55
2	3.48	1.24	1.66	5.37	1.76	5.46	8.44	2.23	4.99	6.86	1.40	3.36	8.00	1.68	4.79

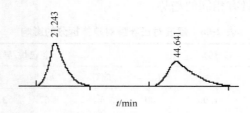

图 2-76　己唑醇对映体的色谱拆分图（正己烷/异丙醇＝98/2,室温,230 nm）

表 2-65　石油醚、正庚烷和正戊烷体系下己唑醇对映体的拆分

异丙醇含量/%	石油醚			正庚烷			正戊烷		
	k_1	α	R_s	k_1	α	R_s	k_1	α	R_s
20	0.74	1.90	1.76	0.75	1.84	2.44	0.86	2.00	3.07
15	1.04	1.97	1.85	1.05	1.86	2.76	1.23	2.05	3.56
10	1.65	1.94	1.95	1.66	1.88	3.24	1.90	2.10	4.12
5	3.61	1.87	2.01	3.41	1.89	3.52	4.47	2.10	4.81
2				8.34	1.98	6.18			

2.5.1.3　圆二色特性研究

对己唑醇流出对映体进行了在线圆二色信号扫描,如图 2-77 所示,先流出对映体的

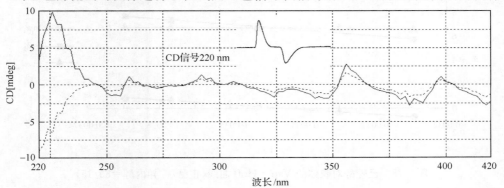

图 2-77　己唑醇两对映体的 CD 扫描图（实线为先流出对映体,虚线为后流出对映体）

CD 吸收信号用实线表示，在 220～245 nm 之间呈（＋）CD 吸收，后流出对映体用虚线表示，在 220～245 nm 之间呈（－）CD 吸收，245 nm 波长以后，两对映体的 CD 吸收会有多处翻转，并呈现对称性的交替，两谱线一直以"0"刻度线具有很好的对称性。最大 CD 吸收波长为 220 nm，因此在标识己唑醇对映体时选择 220 nm。

2.5.1.4　温度对拆分的影响

在正己烷/异丙醇为 85/15 和 90/10 流动相中考察了 5～40 ℃温度对拆分的影响，结果列于表 2-66 中，随着温度的升高，容量因子、分离因子和分离度都有减小的趋势，但变化很小。两种流动相中具有相同的趋势。

表 2-66　温度对己唑醇对映体拆分的影响

| （正己烷/异丙醇＝85/15） | | | | （正己烷/异丙醇＝90/10） | | | | |
$T/℃$	k_1	k_2	α	R_s	$T/℃$	k_1	k_2	α	R_s
5	1.09	2.13	1.96	3.00	6	1.67	3.37	2.02	3.61
10	1.06	2.08	1.96	2.97	10	1.63	3.28	2.02	3.60
20	1.02	1.99	1.95	2.88	20	1.57	3.14	2.00	3.58
30	0.97	1.88	1.94	2.91	30	1.48	2.94	1.99	3.56
40	0.93	1.78	1.92	2.83	40	1.39	2.73	1.96	3.47

2.5.1.5　热力学参数的计算

以温度实验为基础，绘制了 Van't Hoff 曲线，发现己唑醇对映体在两种流动相体系下拆分的 Van't Hoff 曲线都具有较好的线性，Van't Hoff 曲线如图 2-78（正己烷/异丙醇＝85/15）所示。根据线性 Van't Hoff 方程可计算出焓变、熵变等热力学参数，结果列于表 2-67 中，发现己唑醇对映体的分离受熵控制，在所考察了两种不同组成的流动相中都有相同的结果。

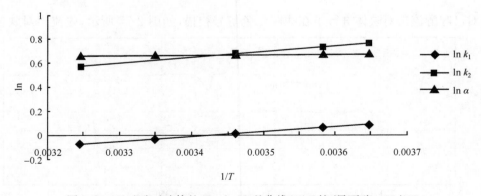

图 2-78　己唑醇对映体的 Van't Hoff 曲线（正己烷/异丙醇＝85/15）

表 2-67　己唑醇对映体的热力学参数

异丙醇含量/%	对映体	$\ln k=-\Delta H/RT+\Delta S^*$	R	ΔH /(kJ/mol)	ΔS^*	$\ln\alpha=\Delta_{R,S}\Delta H/RT+\Delta_{R,S}\Delta S/RT$	$\Delta\Delta H$ /(kJ/mol)	$\Delta\Delta S$ /[J/(mol·K)]
15	+	$\ln k_1=388/T$ -1.31	0.9979	-3.23	-1.31	$\ln\alpha=59.02/T+0.46$ $(R=0.9779)$	-0.49	-3.82
	-	$\ln k_2=447.02/T$ -0.85	0.9967	-3.72	-0.85			
10	+	$\ln k_1=450.84/T$ -1.10	0.9921	-3.75	-1.10	$\ln\alpha=76.64/T+0.43$ $(R=0.9822)$	-0.64	-3.57
	-	$\ln k_2=527.47/T$ -0.67	0.9974	-4.39	-0.67			

2.5.2　己唑醇在反相 CDMPC 手性固定相上的拆分

2.5.2.1　色谱条件

纤维素-三(3,5-二甲基苯基氨基甲酸酯)(CDMPC)手性柱,250 mm×4.6 mm I.D.(实验室自制);流动相为不同比例的甲醇/水或乙腈/水,温度对拆分影响在 0~40 ℃之间,其他实验在室温进行,流速 0.8 mL/min,进样量 10 μL,检测波长 230 nm,样品浓度大约 100 mg/L。

2.5.2.2　流动相组成对手性拆分的影响

流动相组成对己唑醇在 CDMPC 固定相上拆分的影响结果如表 2-68 所示,在乙腈/水(40/60)的流动相比例下拆分效果较好,见图 2-79。

表 2-68　己唑醇在 CDMPC 上的拆分结果

手性化合物	流动相	v/v	k_1	k_2	α	R_s
己唑醇	甲醇/水	100/0	0.41	0.41	1.00	—
		95/5	0.58	0.58	1.00	—
		90/10	0.77	0.84	1.09	0.52
		85/15	1.09	1.22	1.11	0.75
		80/20	1.76	1.98	1.12	0.91
		75/25	2.80	3.19	1.14	1.13
		70/30	4.71	5.37	1.14	1.18
		65/35	8.03	9.22	1.15	1.29
		60/40	15.03	17.41	1.16	1.72
	乙腈/水	100/0	0.37	0.37	1.00	—
		90/10	0.72	0.79	1.10	0.61
		80/20	0.70	0.79	1.13	0.79
		70/30	0.97	1.11	1.13	0.93
		60/40	1.64	1.86	1.13	1.18
		50/50	3.46	3.9	1.13	1.50
		40/60	9.37	10.55	1.13	1.86

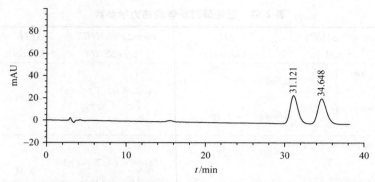

图 2-79　己唑醇在乙腈/水(40/60)作流动相 CDMPC 上分离色谱图(流速 0.8 mL/min,室温)

2.5.2.3　温度对手性拆分的影响

温度对己唑醇在 CDMPC 固定相上拆分的影响结果见表 2-69,Van't Hoff 曲线如图 2-80(乙腈/水=50/50)。根据线性 Van't Hoff 方程可计算出焓变、熵变等热力学参数,结果列于表 2-70 中。

表 2-69　CDMPC 上温度对己唑醇拆分的影响

手性化合物	温度/℃	流动相	v/v	k_1	k_2	α	R_s
	0			4.81	5.14	1.14	0.93
	5			3.89	4.44	1.14	1.05
	10	甲醇/水	75/25	3.99	4.54	1.14	1.05
	20			3.12	3.51	1.12	1.08
	30			2.48	2.77	1.12	1.05
己唑醇	40			1.96	2.17	1.10	0.97
	0			3.88	4.38	1.13	1.40
	5			3.81	4.34	1.13	1.44
	10	乙腈/水	50/50	3.73	4.20	1.13	1.47
	20			3.51	3.94	1.12	1.54
	30			3.33	3.73	1.12	1.57
	40			3.16	3.52	1.11	1.57

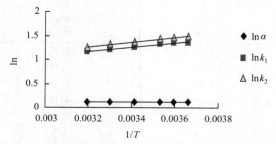

图 2-80　乙腈/水(50/50)作流动相条件下三唑类农药的 Van't Hoff 图(0~40℃)

表 2-70　手性农药对映体的 Van't Hoff 方程和 $\Delta\Delta H^o$、$\Delta\Delta S^o$（0～40 ℃）

手性化合物	流动相	v/v	线性方程	$\Delta\Delta H^o$/(kJ/mol)	$\Delta\Delta S^o$/[J/(mol·K)]
己唑醇	甲醇/水	75/25	$\ln\alpha=73.07/T-0.1329$ ($R^2=0.9772$)	−0.61	−1.10
	乙腈/水	50/50	$\ln\alpha=29.525/T+0.0146$ ($R^2=0.9761$)	−0.25	0.12

2.5.2.4　对映体的流出顺序

在 230 nm 的检测波长下，以甲醇/水（70/30）和乙腈/水（50/50）为流动相，使用圆二色检测器确定对映体在 CDMPC 手性固定相上的出峰顺序均为右旋/左旋。

2.5.3　己唑醇在反相 ADMPC 手性固定相上的拆分

2.5.3.1　色谱条件

直链淀粉-三（3,5-二甲基苯基氨基甲酸酯）（ADMPC）手性固定相，150 mm×4.6 mm I.D.（实验室自制）；流动相为不同比例的甲醇/水或乙腈/水，温度对拆分影响在 0～40 ℃之间，其他实验在室温进行，流速 0.5 mL/min，进样量 10 μL，检测波长 230 nm，样品浓度大约 100 mg/L。

2.5.3.2　流动相组成对手性拆分的影响

流动相组成对己唑醇在 ADMPC 固定相上拆分的影响结果如表 2-71 所示，在乙腈/水（45/55）的流动相比例下拆分效果较好，见图 2-81。

表 2-71　己唑醇在 ADMPC 上的拆分结果

手性化合物	流动相	v/v	k_1	k_2	α	R_s
己唑醇	甲醇/水	100/0	0.41	0.41	1.00	—
		90/10	0.84	0.84	1.00	—
		80/20	1.99	1.99	1.00	—
		70/30	5.75	5.75	1.00	—
	乙腈/水	100/0	0.38	0.38	1.00	—
		70/30	0.90	1.05	1.16	0.79
		60/40	1.57	1.82	1.16	0.94
		50/50	3.29	3.80	1.15	1.28
		45/55	5.21	6.04	1.16	1.47

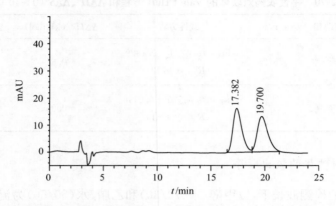

图 2-81　己唑醇在 ADMPC 上反相条件下的拆分色谱图(室温,乙腈/水＝45/55,
流速 0.5 mL/min)

2.5.3.3　温度对手性拆分的影响

温度对己唑醇在 ADMPC 固定相上拆分的影响结果见表 2-72,拆分色谱图见图 2-82。Van't Hoff 曲线如图 2-83(乙腈/水＝50/50)所示。根据线性 Van't Hoff 方程可计算出焓变、熵变等热力学参数,结果列于表 2-73 中。

表 2-72　在 ADMPC 上反相色谱条件下温度对己唑醇拆分的影响

手性化合物	温度/℃	流动相	v/v	k_1	k_2	α	R_s
	0			3.88	4.83	1.24	1.53
	5			3.82	4.66	1.22	1.42
己唑醇	10	乙腈/水	50/50	3.71	4.43	1.19	1.33
	20			3.33	3.86	1.16	1.15
	30			2.93	3.31	1.13	0.86
	40			2.55	2.81	1.10	0.80

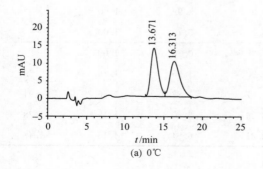

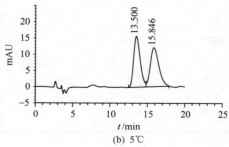

(a) 0℃　　　　　　　　　　(b) 5℃

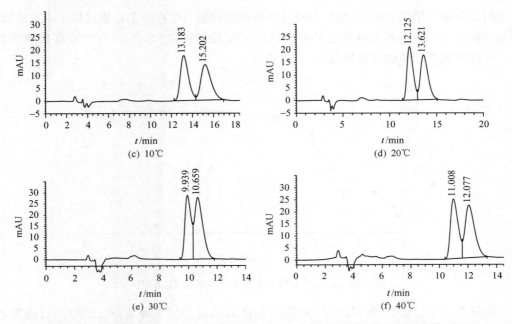

图 2-82　己唑醇在 ADMPC 上乙腈/水(50/50, v/v)作流动相不同温度下的色谱图

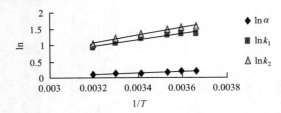

图 2-83　己唑醇对映体在 ADMPC 上的 Van't Hoff 曲线(流速 0.5 mL/min,

乙腈/水＝50/50, 0~40 ℃)

表 2-73　0~40 ℃范围内,己唑醇对映体的 Van't Hoff 方程和 ΔΔH^o、ΔΔS^o

手性化合物	流动相	v/v	线性方程	ΔΔH^o/(kJ/mol)	ΔΔS^o/[J/(mol·K)]
己唑醇	乙腈/水	50/50	$\ln\alpha = 257.06/T - 0.7265$ ($R^2 = 0.9974$)	−2.14	−6.04

2.5.3.4　对映体的流出顺序

在 230 nm 的检测波长下,以乙腈/水(50/50)为流动相,使用圆二色检测器确定对映体在 ADMPC 手性固定相上的出峰顺序为左旋/右旋。

2.5.4　己唑醇在蚯蚓体内的选择性行为研究

2.5.4.1　己唑醇在蚯蚓体内的富集行为研究

利用高效液相色谱手性固定相法对实验土壤中和供试蚯蚓体内己唑醇对映体的残留

量进行了分析。结果表明,己唑醇对映体在蚯蚓体内的浓度在整个富集过程中一直增加,在初始的 0.5～10 d,蚯蚓体内己唑醇对映体浓度增加较快,而在 10～32 d 富集速度放缓。己唑醇在蚯蚓体内的富集曲线,见图 2-84。

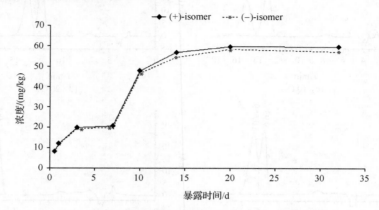

图 2-84　己唑醇对映体在蚯蚓体内的富集曲线图

　　在整个富集过程中,蚯蚓体内己唑醇对映体的浓度差异不显著;在土壤中,己唑醇两个异构体浓度差异也不显著,见图 2-85。

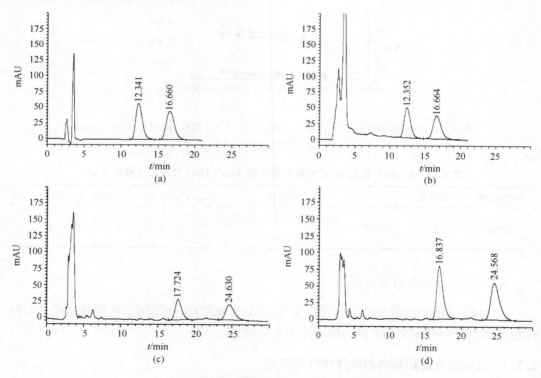

图 2-85　富集过程中己唑醇对映体提取色谱图

(a)标准品;(b)土壤 10 d 取样提取色谱图;(c) 蚯蚓暴露 12 h 土壤提取色谱图;(d) 蚯蚓暴露 32d 提取色谱图。

(a)、(b) 正己烷/异丙醇＝90/10;流速:1.0 mL/min;检测波长:225 nm;

(c)、(d)正己烷/异丙醇＝95/5;流速:1.0 mL/min;检测波长:230 nm

测定了富集过程中蚯蚓体内己唑醇对映体的 EF 值变化,同时测定了土壤样本中己唑醇对映体的 EF 值,见图 2-86。结果显示,蚯蚓体内 EF 值基本维持在 0.5 左右,变化不显著;土壤样本中 EF 值也基本维持在 0.5 左右,变化不显著。表明,蚯蚓对己唑醇对映体的富集过程不存在显著的选择性。

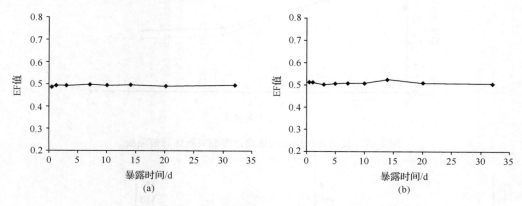

图 2-86　富集过程中蚯蚓体内和土壤样本中 EF 值的变化

(a) 蚯蚓样本;(b) 土壤样本

对富集过程中蚯蚓体内己唑醇对映体的生物-土壤富集因子(BSAF)进行了计算,计算结果见表 2-74。

表 2-74　富集过程中蚯蚓体内己唑醇对映体的 BSAF 值

	暴露时间/d							
	0.5	1	3	7	10	14	20	32
BSAF*-(+)-HC	0.41	0.71	1.29	1.28	3.10	3.65	3.94	4.10
BSAF*-(−)-HC	0.43	0.72	1.26	1.26	3.13	3.85	4.00	4.01

＊ BSAF 单位为每千克干重比每千克湿重

2.5.4.2　己唑醇对映体在蚯蚓体内的代谢行为

当蚯蚓富集己唑醇对映体 7 d 后,将蚯蚓转至没有药剂的空白土壤,定期取样,观察己唑醇对映体在蚯蚓体内的代谢情况。

结果显示,己唑醇在蚯蚓体内的代谢过程符合一级反应动力学规律,拟合方程、降解半衰期列于表 2-75。从表中可以看出,蚯蚓体内己唑醇两对映体的降解代谢过程非常缓慢,(+)-己唑醇和(−)-己唑醇的半衰期分别为 7.7 d 和 6.9 d。降解曲线图见图 2-87,典型提取色谱图见图 2-88。

表 2-75　己唑醇对映体在蚯蚓体内代谢动态的回归方程

对映体	回归方程	相关系数 R^2	半衰期 $t_{1/2}$/d
(+)-己唑醇	$y=26.65e^{-0.09x}$	0.874	7.7
(−)-己唑醇	$y=26.73e^{-0.10x}$	0.918	6.9

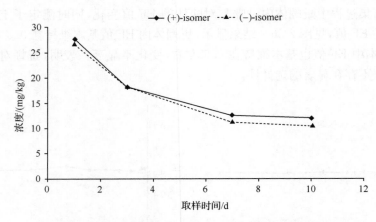

图 2-87　代谢过程中蚯蚓体内己唑醇对映体降解曲线

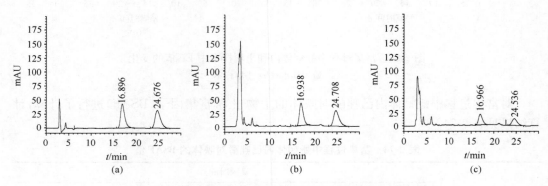

图 2-88　代谢过程中蚯蚓体内己唑醇对映体提取色谱图

（a）标准品；（b）1 d 取样；（c）10 d 取样

2.5.4.3　己唑醇对映体在蚯蚓土中降解行为

己唑醇对映体在有蚯蚓的土壤和对照土壤中的降解结果见图 2-89。可以看出，在 32 d 富集实验过程中，土壤中己唑醇对映体浓度有所下降，但降解率＜40％。此外，己唑醇对映体 EF 值没有显著变化，EF 值维持在 0.5 左右，土壤中未发现选择性降解现象。

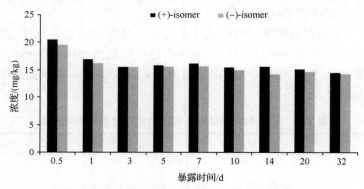

图 2-89　蚯蚓土壤中己唑醇对映体的浓度变化

2.5.5　己唑醇在葡萄酒酵母中的选择性行为研究

如图 2-90 所示,在 0.1 mg/kg 的添加浓度下,48 h 后,己唑醇两个对映异构体及外消旋体对酵母生长产生的抑制情况开始产生差别,(+)-己唑醇添加培养液和空白培养液中的酵母生长趋势和浓度较为相似,而 rac-己唑醇和(−)-己唑醇的行为较相近。培养 120 h 时的结果显示,(+)-己唑醇对酵母生长无抑制作用,而 rac-己唑醇和(−)-己唑醇对酵母的生长抑制率在 33% 左右。对 120 h 时酵母的浓度用 SPSS 20.0 进行单因素方差分析,结果显示(+)-己唑醇和空白无差异($p>0.05$),rac-己唑醇和(−)-己唑醇无差异($p>0.05$),但(+)-己唑醇、空白与 rac-己唑醇、(−)-己唑醇之间具有显著性差异($p<0.05$)。可见,己唑醇的对映异构体对酵母生长抑制作用有所差异,其中(−)-己唑醇对酵母的生长抑制能力明显高于(+)-己唑醇。但在 5.0 mg/kg 的添加浓度下,(+)-己唑醇、(−)-己唑醇和 rac-己唑醇均对酵母生长表现出一定的抑制作用,抑制率在 70% 左右,明显高于 0.1 mg/kg 添加浓度。但是,统计学分析显示,三者作用无明显差异($p>0.05$)。

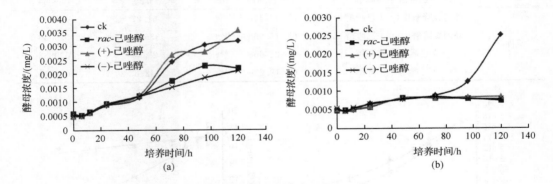

图 2-90　葡萄酒酵母生长曲线图

(a) 0.1 mg/kg 添加浓度;(b) 5.0 mg/kg 添加浓度

如图 2-91 所示,在 0.1 mg/kg 的添加浓度下,己唑醇对映异构体及外消旋体对葡萄糖的消耗均无影响,葡萄糖的残留浓度与空白对照中相似。但在 5.0 mg/kg 的添加浓度

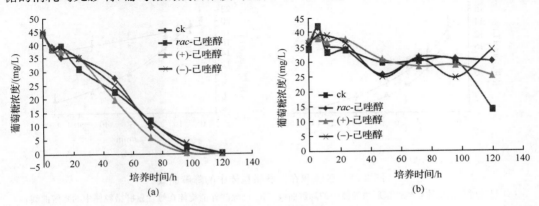

图 2-91　残留葡萄糖浓度曲线图

(a) 0.1 mg/kg 添加浓度;(b) 5.0 mg/kg 添加浓度

下,培养 120 h 时,己唑醇对葡萄糖的消耗表现出明显的抑制作用,但统计学分析显示,对映异构体之间抑制作用无显著性差异($p > 0.05$)。

2.5.6　己唑醇在大鼠肝微粒体中的选择性行为研究

2.5.6.1　己唑醇外消旋体及其单体在不同性别的大鼠肝微粒体体系中的降解

通过回归分析计算拟合发现,己唑醇两对映体的降解符合一级降解动力学,实测值与理论计算值拟合良好。拟合结果见表 2-76。图 2-92 为己唑醇外消旋体与单体在雄性与

表 2-76　己唑醇在鼠肝微粒体降解拟合结果

	实验组	拟合方程	$t_{1/2}/\text{min}$	R^2
雄性	外消旋降解中(+)-己唑醇	$C = 19.27e^{-0.09324t}$	7.43	0.9912
	外消旋降解中(−)-己唑醇	$C = 18.51e^{-0.06804t}$	10.18	0.9901
	(+)-己唑醇单体降解	$C = 15.16e^{-0.2627t}$	2.63	0.9870
	(−)-己唑醇单体降解	$C = 15.47e^{-0.1781t}$	3.89	0.9864
雌性	外消旋降解中(+)-己唑醇	$C = 17.44e^{-0.01131t}$	61.27	0.9927
	外消旋降解中(−)-己唑醇	$C = 16.96e^{-0.00184t}$	376.71	0.9856
	(+)-己唑醇单体降解	$C = 21.66e^{-0.02433t}$	28.48	0.9832
	(−)-己唑醇单体降解	$C = 19.22e^{-0.00486t}$	142.62	0.9815

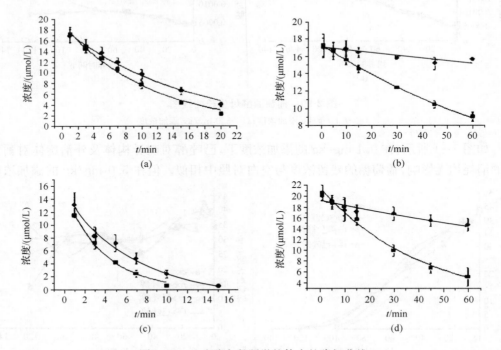

图 2-92　己唑醇在鼠肝微粒体中的降解曲线

(a) 己唑醇外消旋体在雄性鼠肝微粒体中的降解曲线;(b) 己唑醇外消旋体在雌性鼠肝微粒体中的降解曲线;

(c) 己唑醇单体在雄性鼠肝微粒体中的降解曲线;(d) 己唑醇单体在雌性鼠肝微粒体中的降解曲线。

■,(+)-己唑醇;◆,(−)-己唑醇

雌性大鼠肝微粒体中的代谢曲线。可以看到,己唑醇在鼠肝微粒体中发生了降解,并且具有选择性,无论是在雄性还是雌性大鼠的肝微粒体中,(+)-己唑醇降解速率均高于其对映异构体,在所选浓度下,(+)-己唑醇单体的降解速率高于(-)-己唑醇,并且在外消旋体的降解过程中,由于单体间的相互抑制作用,己唑醇单体的降解速率变慢,并且两对映体之间的降解速率差异增大。另外在同样的蛋白质的浓度下,雄性大鼠肝微粒体对己唑醇的两个异构体的代谢速率要远高于雌性大鼠。

2.5.6.2　己唑醇在大鼠肝微粒体体系中的酶促反应动力学

利用 Origin 8.0 软件对己唑醇对映体消除速率随浓度变化进行非线性拟合,结果显示其符合 Michaelis-Menten 公式,结果见图 2-93 和表 2-77;由拟合参数可知两对映体在鼠肝微粒体中的酶促反应动力学参数存在一定的差异。在两种性别的大鼠肝微粒体体系中,(+)-己唑醇的降解速率高于(-)-己唑醇。在雄性大鼠微粒体体系中,(+)-己唑醇的降解速率是(-)-己唑醇的 1.70 倍,而在雌性大鼠中,(+)-己唑醇的降解速率是(-)-己唑醇的 4.92 倍。雄性大鼠代谢己唑醇两异构体的速率高于雌性大鼠。由于代谢酶存在一定的空间构型,因此与不同异构体结合时的亲和力不同,从而导致了鼠肝微粒体体系降解己唑醇对映体存在一定的差异。同时由于性别间 P450 酶存在的差异造成了不同性别间的己唑醇降解速率具有较大的差异。

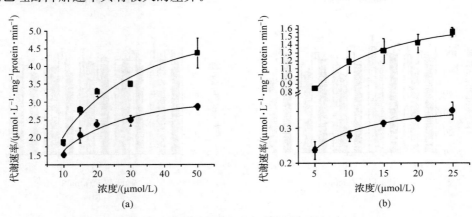

图 2-93　己唑醇单体降解速率随浓度变化曲线

(a)雄性大鼠肝微粒体;(b)雌性大鼠肝微粒体;■,(+)-己唑醇;◆,(-)-己唑醇

表 2-77　酶促反应动力学参数拟合结果

	样本	$V_{max}/(\mu mol \cdot L^{-1} \cdot mg^{-1} \text{ protein} \cdot min^{-1})$	$K_m/(\mu mol/L)$	R^2
雄性	(+)-己唑醇	6.07±0.44	19.40±3.46	0.9729
	(-)-己唑醇	3.56±11.71	11.71±2.37	0.9580
雌性	(+)-己唑醇	1.92±0.06	6.51±0.70	0.9898
	(-)-己唑醇	0.39±0.01	3.57±0.55	0.9681

2.5.6.3 抑制剂对己唑醇在大鼠肝微粒体体系中降解的抑制作用

在实验中所选取的己唑醇浓度参照 K_m 确定(雄性为 20 μmol/L,雌性为 5 μmol/L)。不同抑制剂的抑制作用如图 2-94 所示。结果显示出不同性别的大鼠鼠肝微粒体中,相同抑制剂对己唑醇对映体的抑制程度出现明显的差异。在加入 α-萘黄酮后,己唑醇在雄性大鼠鼠肝微粒体中降解速率没有明显改变,而在雌性大鼠鼠肝微粒体中己唑醇的降解速率显著地被抑制,并且两异构体受抑制程度也有不同,在 α-萘黄酮为 20 μmol/L 时,(一)-己唑醇的降解速率为不加抑制剂的 60%,而此时(+)-己唑醇的降解速率约为不加抑制剂时的 85%。其他的抑制剂也显示出了性别和对映体差异。

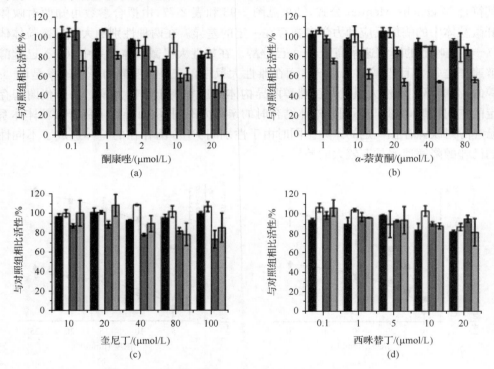

图 2-94　抑制剂对己唑醇降解速率的影响

■,(+)-己唑醇在雄性大鼠肝微粒体中的降解;□,(一)-己唑醇在雄性大鼠肝微粒体中的降解;
■,(+)-己唑醇在雌性大鼠肝微粒体中的降解;■,(一)-己唑醇在雌性大鼠肝微粒体中的降解

2.5.6.4 己唑醇外消旋体以及单体对大鼠肝细胞的毒性

实验采用 MTT 法测定了己唑醇外消旋体以及单体对于不同性别的大鼠肝细胞的毒性,测定结果如表 2-78 所示。结果显示,24 h 毒性实验结果显示己唑醇外消旋体以及单体对于雄性大鼠原代肝细胞的急性毒性基本上不存在差异,LC$_{50}$ 在 70 μmol/L 左右。而对于雌性大鼠,己唑醇外消旋体以及单体对于肝细胞的急性毒性存在略微的差异,其中毒性最大的为(+)-己唑醇,其 LC$_{50}$ 为 68.06 μmol/L,而 rac-己唑醇的毒性最小,为 73.21 μmol/L。比较两种性别发现,己唑醇外消旋体对于雄性大鼠的毒性略高于雌性大

鼠。结合己唑醇在雄性大鼠中降解较快这一结果,推测己唑醇的代谢物对于大鼠的急性毒性可能要高于己唑醇。

表 2-78　己唑醇及对映体对大鼠原代肝细胞染毒 24 h 时 LC$_{50}$

化合物	雄性		雌性	
	LC$_{50}$/(μmol/L)	95%置信区间/(μmol/L)	LC$_{50}$/(μmol/L)	95%置信区间/(μmol/L)
rac-己唑醇	69.63	60.37~81.24	73.21	65.26~82.98
(+)-己唑醇	70.45	70.04~80.33	68.06	61.35~75.48
(−)-己唑醇	70.13	51.38~85.26	70.98	51.64~80.58

2.6　抑　霉　唑

抑霉唑(imazalil)为三唑类内吸性广谱杀菌剂、果品防腐保鲜剂,对青、绿霉菌有特效。用于防治由青、绿霉菌,欧氏杆菌所致的柑橘、香蕉等果品储藏期病害。化学名称:1-[2-(2,4-二氯苯基)-2-(2-烯丙基)乙基]-1H-咪唑,其结构中有一个手性中心,外消旋体含有两个对映异构体,化学结构如图 2-95 所示。

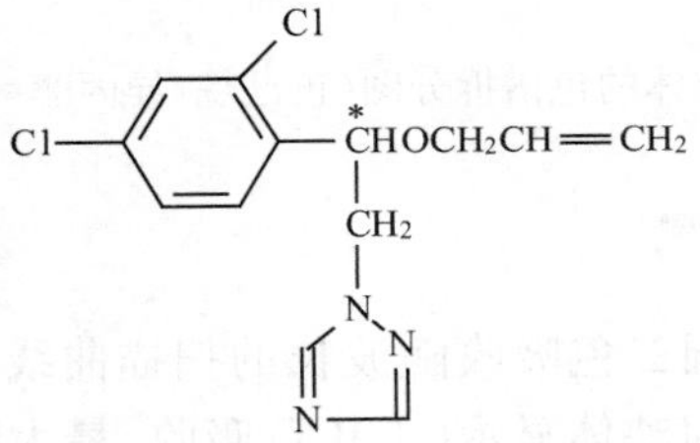

图 2-95　抑霉唑结构图

2.6.1　抑霉唑在正相 ADMPC 手性固定相上的拆分

2.6.1.1　色谱条件

Agilent 1100 高效液相色谱仪及 JASCO 2000 高效液相色谱仪(主要用于对映体出峰顺序的确定及圆二色特性的研究)。直链淀粉-三(3,5-二甲基苯基氨基甲酸酯(ADMPC)色谱柱(自制)250 mm×4.6 mm I.D.,流动相为正己烷/异丙醇,检测波长 230 nm,流速 1.0 mL/min,考察温度的影响所涉及的范围为 0~40 ℃。除了考察温度对拆分的影响实验外,其他操作均在室温下进行。

2.6.1.2　抑霉唑对映体的拆分结果

考察了抑霉唑在正己烷/异丙醇体系下的拆分情况,检测波长 230 nm,抑霉唑对映体在 ADMPC 手性固定相上只能实现部分分离,结果如表 2-79 所示,随着异丙醇含量的减小,对映体保留明显增强,但分离因子变化不大,说明异丙醇含量的变化对分离效果的影响不大,最大分离度为 0.79。抑霉唑对映体的拆分色谱图如图 2-96 所示。

表 2-79 抑霉唑对映体的拆分结果

异丙醇含量/%	k_1	k_2	α	R_s
15	2.37	2.48	1.05	0.40
10	3.68	3.90	1.06	0.59
5	7.35	7.86	1.07	0.73
2	15.67	16.77	1.07	0.79

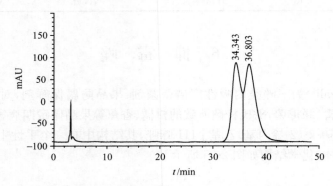

图 2-96 抑霉唑对映体的色谱拆分图(正己烷/异丙醇＝98/2,230 nm,室温)

2.6.1.3 圆二色特性研究

对出峰两对映体进行了圆二色吸收随波长的扫描曲线,如图 2-97 所示,先流出对映体显示(－)CD 吸收,后流出对映体显示(＋)CD 吸收,最大吸收波长为 230 nm,CD 吸收的对称性较好,该波长可用于确定两对映体的出峰顺序,在 250 nm 处两对映体无 CD 吸收,而在 250～285 nm 范围内又有弱的 CD 吸收,对左右旋光吸收的差异性保持不变。

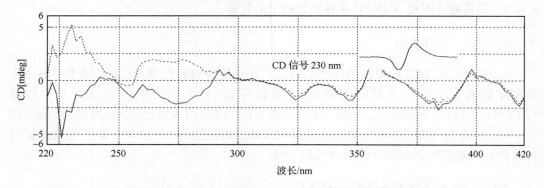

图 2-97 抑霉唑对映体的圆二色色谱图(实线表示先流出对映体,虚线表示后流出对映体)

2.6.1.4 温度对拆分的影响

采用正己烷/异丙醇(95/5)流动相考察了 0～40 ℃范围温度对拆分的影响,结果列于

表 2-80,手性拆分受温度的影响比较大,在 0 ℃时,分离因子和分离度分别为 1.09 和 0.81,而温度升为 40 ℃时,两参数分别为 1.03 和 0.42。

表 2-80　温度对抑霉唑对映体手性拆分的影响(正己烷/异丙醇＝95/5)

温度/℃	k_1	k_2	α	R_s
0	9.05	9.87	1.09	0.81
10	8.17	8.83	1.08	0.79
20	7.35	7.86	1.07	0.73
30	6.78	7.18	1.06	0.67
40	6.66	6.89	1.03	0.42

2.6.1.5　热力学参数的计算

抑霉唑对映体的容量因子的 Van't Hoff 曲线具有明显的线性关系,线性相关系数大于 0.98,而分离因子的自然对数与 $1/T$ 的线性关系稍差一些,如图 2-98 所示,根据线性的 Van't Hoff 方程,计算了对映体拆分过程中的熵变和焓变差值列于表 2-81 中,焓变的差值为 0.93 kJ/mol,熵变的差值为 2.66 J/(mol·K),虽然分离过程主要受焓控制,但熵的贡献也比较大。

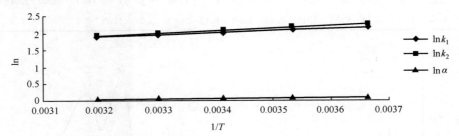

图 2-98　抑霉唑对映体的 Van't Hoff 曲线(正己烷/异丙醇＝95/5)

表 2-81　抑霉唑对映体拆分的热力学参数(正己烷/异丙醇＝95/5)

对映体	$\ln k=-\Delta H/RT+\Delta S^*$	ΔH /(kJ/mol)	ΔS^*	$\ln\alpha=\Delta_{R,S}\Delta H/RT+\Delta_{R,S}\Delta S/RT$	$\Delta\Delta H$ /(kJ/mol)	$\Delta\Delta S$ /[J/(mol·K)]
－	$\ln k_1=688.34/T-0.33$ ($R=0.9836$)	-5.72	-0.33	$\ln\alpha=111.51/T-0.32$ ($R=0.9741$)	-0.93	-2.66
＋	$\ln k_2=795.05/T-0.63$ ($R=0.9922$)	-6.61	-0.63			

2.6.2　抑霉唑在正相 ATPDC 手性固定相上的拆分

2.6.2.1　色谱条件

Agilent 1100 高效液相色谱仪及 JASCO 2000 高效液相色谱仪(主要用于对映体出

峰顺序的确定及圆二色特性的研究）。直链淀粉-三（（S)-1-苯基乙基氨基甲酸酯）（ATP-DC)色谱柱（自制）250 mm×4.6 mm I. D. ,流动相为正己烷,添加极性的有机醇作为改性剂,包括乙醇、丙醇、异丙醇、正丁醇和异丁醇,检测波长 230 nm,流速 1.0 mL/min,使用圆二色检测器确定了出峰顺序,考察温度的影响所涉及的范围为 0～40 ℃。除了考察温度对拆分的影响实验外,其他操作均在室温下进行。

2.6.2.2　抑霉唑对映体的拆分结果

使用直链淀粉-三（（S)-1-苯基乙基氨基甲酸酯）手性固定相对抑霉唑对映体进行了拆分研究,考察了正己烷中各种醇含量对拆分的影响,检测波长 230 nm,结果如表 2-82所示,抑霉唑未能实现基线分离,5 种醇的拆分结果差别不大,当流动相中含 5％丙醇时,最大分离度为 0.93。在 230 nm 检测波长下,抑霉唑的出峰顺序为（＋)/(－)。拆分色谱图如图 2-99 所示。

表 2-82　抑霉唑对映体的拆分

含量/%	乙醇			丙醇			异丙醇			丁醇			异丁醇		
	k_1	α	R_s	k_1	α	R_s	k_1	α	R_s	k_1	α	R_s	k_1	α	R_s
15	1.18	1.00	0.00	2.11	1.07	0.55	3.59	1.10	0.73	2.14	1.07	0.55	3.08	1.12	0.73
10	2.22	1.05	0.52	3.24	1.10	0.76	6.09	1.12	0.82	3.33	1.09	0.75	3.51	1.12	0.80
5	3.55	1.07	0.74	9.21	1.13	0.93	12.4	1.12	0.83	5.27	1.09	0.82	7.42	1.12	0.92

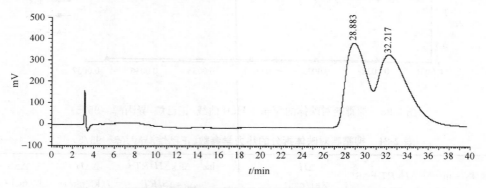

图 2-99　抑霉唑对映体的色谱拆分图（5％异丙醇,230 nm,室温）

2.6.2.3　温度对拆分的影响及热力学参数的计算

温度对抑霉唑对映体在直链淀粉-三（（S)-1-苯基乙基氨基甲酸酯）手性固定相上拆分的影响见表 2-83,使用正己烷/异丙醇（95/5)流动相,温度范围为 0～40 ℃,保留能力受温度的影响较大,而分离度随温度的变化不大。两对映体的 Van' t Hoff 曲线如图 2-100所示,具有非常好的线性关系,根据所得的线性 Van' t Hoff 方程计算出相关的热力学参数,如表 2-84 所示,虽然两对映体与手性固定相相互作用的焓变和熵变的值都较大,但两者的差值较小,焓变差值为 0.5 kJ/mol,熵变差值为 0.8 J/(mol·K)。

表 2-83　温度对抑霉唑对映体手性拆分的影响（正己烷/异丙醇＝95/5）

温度/℃	k_1	k_2	α	R_s
0	9.97	11.25	1.13	0.81
10	8.61	9.69	1.13	0.89
20	7.56	8.44	1.12	0.86
30	6.47	7.16	1.11	0.85
40	5.59	6.12	1.09	0.76

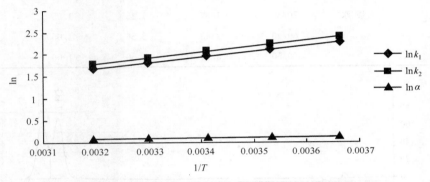

图 2-100　抑霉唑对映体的 Van't Hoff 曲线（正己烷/异丙醇＝95/5）

表 2-84　抑霉唑对映体拆分的热力学参数（正己烷/异丙醇＝95/5）

对映体	$\ln k = -\Delta H/RT + \Delta S^*$	ΔH /(kJ/mol)	ΔS^*	$\ln\alpha = \Delta_{R,S}\Delta H/RT + \Delta_{R,S}\Delta S/RT$	$\Delta\Delta H$ /(kJ/mol)	$\Delta\Delta S$ /[J/(mol·K)]
＋	$\ln k_1 = 1231.8/T - 2.2$ ($R = 0.9983$)	−10.2	−2.2	$\ln\alpha = 65.5/T - 0.1$ ($R^2 = 0.9744$)	−0.5	−0.8
－	$\ln k_2 = 1297.3/T - 2.3$ ($R = 0.9978$)	−10.8	−2.3			

2.6.3　抑霉唑在反相 CDMPC 手性固定相上的拆分

2.6.3.1　色谱条件

纤维素-三(3,5-二甲基苯基氨基甲酸酯)(CDMPC)手性柱,250 mm×4.6 mm I. D.(实验室自制);流动相为不同比例的甲醇/水或乙腈/水,温度对拆分影响在 0～40 ℃ 之间,其他实验在室温进行,流速 0.8 mL/min,进样量 10 μL,检测波长 230 nm,样品浓度大约 100 mg/L。

2.6.3.2　流动相组成对手性拆分的影响

流动相组成对抑霉唑在 CDMPC 固定相上拆分的影响结果如表 2-85 所示,在乙腈/水(50/50)的流动相比例下拆分效果较好,见图 2-101。

表 2-85　抑霉唑在 CDMPC 上的拆分结果

手性化合物	流动相	v/v	k_1	k_2	α	R_s
抑霉唑	甲醇/水	100/0	0.53	0.53	1.00	—
		90/10	1.06	1.06	1.00	—
		80/20	2.56	2.74	1.07	0.73
		70/30	6.82	7.36	1.05	0.84
	乙腈/水	100/0	0.39	0.39	1.00	—
		80/20	0.91	0.91	1.00	—
		70/30	1.37	1.43	1.05	0.45
		60/40	2.43	2.56	1.05	0.69
		50/50	5.20	5.50	1.06	0.91

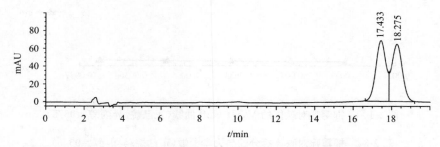

图 2-101　抑霉唑在乙腈/水(50/50)作流动相 CDMPC 上分离色谱图(流速 0.8 mL/min,室温)

2.6.3.3　温度对手性拆分的影响

温度对抑霉唑在 CDMPC 固定相上拆分的影响结果见表 2-86。

表 2-86　CDMPC 上温度对抑霉唑拆分的影响

手性化合物	温度/℃	流动相	v/v	k_1	k_2	α	R_s
抑霉唑	0	甲醇/水	75/25	7.07	7.82	1.11	0.79
	5			6.33	6.95	1.10	0.79
	10			5.74	6.28	1.09	0.92
	20			4.62	5.00	1.08	0.87
	30			3.72	3.98	1.07	0.75
	40			2.93	3.11	1.06	0.72
	0	乙腈/水	50/50	5.94	6.33	1.06	0.81
	5			5.86	6.23	1.06	0.86
	10			5.70	6.05	1.06	0.89
	20			5.20	5.50	1.06	0.90
	30			4.72	4.97	1.05	0.89
	40			4.20	4.42	1.05	0.88

以温度实验为基础,绘制了 Van't Hoff 曲线,根据 Van't Hoff 方程计算出对映体的焓变之差 $\Delta\Delta H°$ 和熵变之差 $\Delta\Delta S°$。抑霉唑对映异构体在乙腈/水作流动相下的 $\ln k$、$\ln \alpha$ 对 $1/T$ 关系如图 2-102 所示。从图中可以看出,抑霉唑对映异构体的 $\ln k$、$\ln \alpha$ 对 $1/T$ 均呈线性关系,甲醇/水作流动相条件下 $\ln k$、$\ln \alpha$ 对 $1/T$ 也成线性关系,由此可计算出其对映体的 $\Delta\Delta H°$ 和 $\Delta\Delta S°$,结果列于表 2-87 表明手性拆分过程受焓控制。

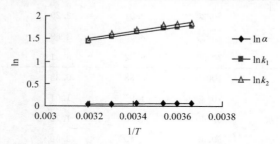

图 2-102　乙腈/水(50/50)作流动相条件下三唑类农药的 Van't Hoff 图(0～40 ℃)

表 2-87　手性农药对映体的 Van't Hoff 方程和 $\Delta\Delta H°$、$\Delta\Delta S°$(0～40 ℃)

手性化合物	流动相	v/v	线性方程	$\Delta\Delta H°/(kJ/mol)$	$\Delta\Delta S°/[J/(mol \cdot K)]$
抑霉唑	甲醇/水	50/50	$\ln\alpha = 88.605/T - 0.2246$ $(R^2 = 0.9961)$	-0.74	-1.87
	乙腈/水		$\ln\alpha = 27.729/T - 0.0384$ $(R^2 = 0.9921)$	-0.23	-0.32

2.6.3.4　对映体的流出顺序

在 230 nm 的检测波长下,以甲醇/水(75/25)和乙腈/水(50/50)为流动相,使用圆二色检测器确定对映体在 CDMPC 手性固定相上的出峰顺序均为右旋/左旋。

2.6.4　抑霉唑在反相 ADMPC 手性固定相上的拆分

2.6.4.1　色谱条件

直链淀粉-三(3,5-二甲基苯基氨基甲酸酯)(ADMPC)手性固定相,150 mm×4.6 mm I. D. (实验室自制);流动相为不同比例的甲醇/水或乙腈/水,温度对拆分影响在 0～40 ℃之间,其他实验在室温进行,流速 0.5 mL/min,进样量 10 μL,检测波长 230 nm,样品浓度大约 100 mg/L。

2.6.4.2　流动相组成对手性拆分的影响

流动相组成对抑霉唑在 ADMPC 固定相上拆分的影响结果如表 2-88 所示,在甲醇/水(70/30)的流动相比例下拆分效果较好,见图 2-103。

表 2-88　抑霉唑在 ADMPC 上的拆分结果

手性化合物	流动相	v/v	k_1	k_2	α	R_s
		100/0	0.39	0.39	1.00	—
		90/10	0.82	0.82	1.00	—
		85/15	1.23	1.32	1.07	0.55
	甲醇/水	80/20	2.01	2.20	1.09	0.71
		75/25	3.35	3.69	1.10	0.77
抑霉唑		70/30	6.22	6.91	1.11	0.97
		100/0	0.38	0.38	1.00	—
		70/30	1.01	1.01	1.00	—
	乙腈/水	60/40	1.78	1.78	1.00	
		50/50	3.40	3.40	1.00	
		45/55	6.08	6.08	1.00	

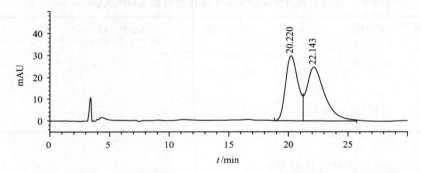

图 2-103　抑霉唑在 ADMPC 上反相条件下的拆分色谱图（室温，甲醇/水＝70/30，流速 0.5 mL/min）

2.6.4.3　温度对手性拆分的影响

温度对抑霉唑在 ADMPC 固定相上拆分的影响结果见表 2-89。

表 2-89　在 ADMPC 上反相色谱条件下温度对抑霉唑拆分的影响

手性化合物	温度/℃	流动相	v/v	k_1	k_2	α	R_s
	0			6.44	7.26	1.13	0.75
	5			5.37	6.03	1.12	0.78
	10			4.61	5.14	1.12	0.77
抑霉唑	15	甲醇/水	75/25	4.05	4.48	1.11	0.75
	20			3.70	4.06	1.10	0.77
	30			2.88	3.10	1.08	0.70
	40			2.17	2.33	1.07	0.71

通过容量因子和分离因子的自然对数($\ln k_1$，$\ln k_2$ 和 $\ln \alpha$)对热力学温度的倒数($1/T$)作图，绘制 Van't Hoff 曲线，如图 2-104 所示，发现对映体的容量因子的自然对数与热力学温度的倒数都有很好的线性关系，对映体的 $\ln \alpha$ 与 $1/T$ 也具有一定的线性关系，其手性拆分除受熵熔之外还受其他因素控制；由线性的 Van't Hoff 曲线，可以得到 Van't Hoff 线性方程，从而计算得到焓变、熵变之差值等热力学参数列于表 2-90。

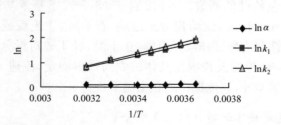

图 2-104　抑霉唑对映体在 ADMPC 上的 Van't Hoff 曲线(甲醇/水＝75/25，流速 0.5 mL/min，0~40℃)

表 2-90　0~40℃范围内，抑霉唑对映体的 Van't Hoff 方程和 $\Delta \Delta H^o$、$\Delta \Delta S^o$

手性化合物	流动相	v/v	线性方程	$\Delta \Delta H^o$/(kJ/mol)	$\Delta \Delta S^o$/[J/(mol·K)]
抑霉唑	甲醇/水	75/25	$\ln \alpha = 113.44/T - 0.2935$ ($R^2 = 0.9790$)	−0.94	−2.45

2.6.4.4　对映体的流出顺序

在 230 nm 的检测波长下，以甲醇/水(75/25)为流动相，使用圆二色检测器确定对映体在 ADMPC 手性固定相上的出峰顺序为左旋/右旋。

2.7　甲　霜　灵

甲霜灵(metalaxyl)属苯基酰胺类高效内吸性杀菌剂。对藻菌纲真菌，尤其是其中的卵菌具有优良的生物活性。它具有药效高、内吸性强、双向传导、残效期比较长、兼有保护和治疗作用、用药方法多样等特点。主要用于防治蔬菜、果树、经济作物和禾谷类作物由藻菌纲真菌引起的病害，对疫霉属所致马铃薯晚疫病、番茄疫病、烟草黑胫病；假霜霉属引起的黄瓜和啤酒花霜霉病；单轴霉属所致葡萄霜霉病；指梗霉属引起的谷子白发病；霜霉属引起的烟草和洋葱霜霉病；以及由腐霉属引起的各种猝倒病及种腐病等。主要抑制病菌菌丝体内蛋白质的合成，使其营养缺乏，不能正常生长而死亡。对人、畜低毒，对鱼类、蜜蜂和天敌安全，耐雨水冲刷，持效期长。化学名称为 N-(2,6-二甲苯基)-N-(2-甲氧乙酰基)-DL-氨基丙酸甲酯，其结构中有一个手性中心，外消旋体含有两个对映异构体。结构如图 2-105 所示。

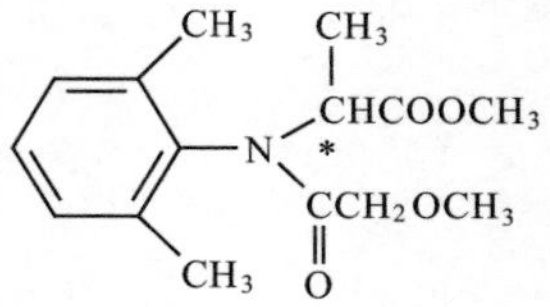

图 2-105　甲霜灵结构图

2.7.1　甲霜灵在正相 CDMPC 手性固定相上的拆分

2.7.1.1　色谱条件

Agilent 1100 高效液相色谱仪及 JASCO 2000 高效液相色谱仪（主要用于对映体出峰顺序的确定及圆二色特性的研究）。纤维素-三（3,5-二甲基苯基氨基甲酸酯）色谱柱（自制）250 mm×4.6 mm I.D.，流动相为正己烷、石油醚、正庚烷或正戊烷，在正己烷流动相中考察了极性改性剂乙醇、丙醇、异丙醇、正丁醇、异丁醇对拆分的影响，其他流动相中使用异丙醇为改性剂，检测波长根据具体的农药样本而定，流速 1.0 mL/min，除了考察温度对拆分的影响实验外，其他操作均在室温下进行。

2.7.1.2　甲霜灵对映体的拆分结果及醇含量的影响

甲霜灵对映体在 CDMPC 手性固定相上的分离效果非常好，表 2-91 为甲霜灵对映体的拆分结果及 5 种醇对拆分的影响，检测波长 230 nm，所有的醇都能够使甲霜灵对映体实现基线分离，异丙醇有最佳的分离效果，在含量 50% 时分离因子就达 2.40，异丙醇也是所有的醇中对甲霜灵保留最强的，除了异丙醇之外，正丙醇的效果优于其他几种醇，甲霜灵先流出对映体在该手性固定相上的保留非常弱，而后流出对映体的保留又非常强。甲霜灵对映体的拆分色谱图如图 2-106 所示。

表 2-91　醇改性剂对甲霜灵对映体拆分的影响

含量/%	乙醇			丙醇			异丙醇			丁醇			异丁醇		
	k_1	α	R_s	k_1	α	R_s	k_1	α	R_s	k_1	α	R_s	k_1	α	R_s
50							2.40	2.40	5.36						
30							3.15	2.89	6.75						
20	2.86	3.09	4.04	3.37	4.32	5.85	4.31	3.39	8.15	3.45	4.81	5.37	3.99	3.95	5.39
15	3.42	3.44	4.84	4.11	4.82	6.40	5.49	3.75	9.01	4.41	6.01	6.23	5.07	4.42	6.52
10	4.49	3.97	5.15	4.61	6.36	7.14	后对映体未流出			6.10	7.07	7.62	7.60	5.36	7.30
5	7.44	4.97	7.07	9.57	6.74	13.43	后对映体未流出						13.23	6.30	8.21

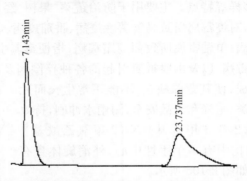

图 2-106　甲霜灵对映体的色谱拆分图（正己烷/异丙醇＝85/15,230 nm,室温）

2.7.1.3　圆二色特性研究

甲霜灵对映体的出峰顺序为（一）/（+），图 2-107 为甲霜灵两对映体的圆二色吸收扫描图，扫描范围为 220～420 nm，在 220～260 nm 间，两对映体都有一定的圆二色吸收，先流出对映体一直呈（一）CD 信号，而后流出对映体呈（+）CD 吸收，在 260 nm 后基本就没有 CD 吸收，两对映体的 CD 吸收曲线以"0"刻度线对称，最大吸收为 230 nm 处。

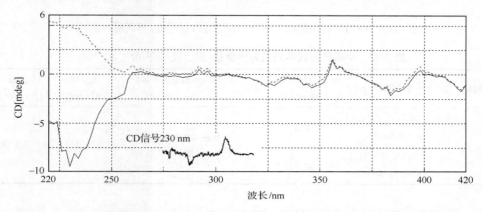

图 2-107　甲霜灵两对映体的 CD 扫描图（实线为先流出对映体，虚线为后流出对映体）

2.7.1.4　温度对拆分的影响

表 2-92 为正己烷/异丙醇（50/50）体系下温度对拆分的影响结果，甲霜灵对映体的拆分受温度的影响较大，在 3 ℃时，分离因子为 3.75，而在 25 ℃时的分离因子减小为 1.98。

表 2-92　温度对甲霜灵对映体拆分的影响（正己烷/异丙醇＝50/50）

温度/℃	k_1	k_2	α	R_s
3	3.15	11.82	3.75	4.82
5	2.98	10.50	3.53	4.78
10	2.75	8.84	3.22	4.35
15	2.55	7.30	2.86	3.99
20	2.31	5.51	2.39	3.90
25	1.97	3.90	1.98	3.45

2.7.1.5　热力学参数的计算

甲霜灵两对映体的 Van't Hoff 曲线如图 2-108 所示，容量因子、分离因子的自然对数（$\ln k_1$，$\ln k_2$，$\ln \alpha$）与热力学温度的倒数（$1/T$）具有较好的线性关系，线性相关系数均大于 0.99。Van't Hoff 方程列于表 2-93，通过线性的 Van't Hoff 方程计算出熵变、焓变数据，在正己烷/异丙醇（50/50）流动相中甲霜灵对映体拆分的焓变差值为 19.19 kJ/mol，熵变的差值为 58.36 J/(mol·K)，对映体的拆分主要受焓控制，熵的贡献也较大。

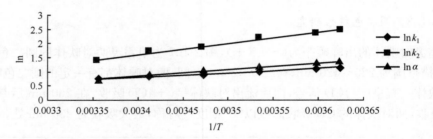

图 2-108　甲霜灵对映体的 Van't Hoff 曲线(正己烷/异丙醇＝50/50)

表 2-93　甲霜灵对映体的热力学参数(正己烷/异丙醇＝50/50)

对映体	$\ln k=-\Delta H/RT+\Delta S^*$	ΔH /(kJ/mol)	ΔS^*	$\ln\alpha=\Delta_{R,S}\Delta H/RT+$ $\Delta_{R,S}\Delta S/RT$	$\Delta\Delta H$ /(kJ/mol)	$\Delta\Delta S$ /[J/(mol·K)]
−	$\ln k_1=1627.4/T-4.74$ $(R=0.9882)$	−13.53		$\ln\alpha=2308.2/T-7.02$ $(R=0.9881)$	−19.19	−58.36
+	$\ln k_2=3935.6/T-11.76$ $(R=0.9889)$	−32.72				

2.7.2　甲霜灵在正相 ADMPC 手性固定相上的拆分

2.7.2.1　色谱条件

Agilent 1100 高效液相色谱仪及 JASCO 2000 高效液相色谱仪(主要用于对映体出峰顺序的确定及圆二色特性的研究)。直链淀粉-三(3,5-二甲基苯基氨基甲酸酯)色谱柱(自制)250 mm×4.6 mm I.D.,流动相为正己烷/异丙醇,检测波长依据农药样本而定,流速 1.0 mL/min,考察温度的影响所涉及的范围为 0～40℃。除了考察温度对拆分的影响实验外,其他操作均在室温下进行。

2.7.2.2　甲霜灵对映体的拆分结果

甲霜灵对映体在 ADMPC 手性固定相上,以正己烷和异丙醇为流动相没有实现其完全分离,最大分离因子和分离度分别为 1.10 和 1.13,对映体的保留随异丙醇含量的减少明显增强,在 15％时,先流出对映体的容量因子只有 3.44,而在 2％时为 16.59(表 2-94)。优化条件下的拆分色谱图见图 2-109。圆二色检测器显示 230 nm 波长下甲霜灵两对映体在 ADMPC 手性固定相上的出峰顺序为(−)/(＋)。

表 2-94　甲霜灵对映体的拆分结果

异丙醇含量/％	k_1	k_2	α	R_s
15	3.44	3.54	1.03	0.28
10	5.15	5.43	1.05	0.57
5	9.22	9.90	1.07	0.80
2	16.59	18.21	1.10	1.13

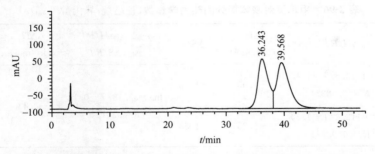

图 2-109　优化条件下甲霜灵对映体的色谱拆分图（正己烷/异丙醇＝98/2,230 nm,室温）

2.7.2.3　温度对拆分的影响

甲霜灵对映体受温度的影响结果见表 2-95,流动相体系为正己烷/异丙醇（95/5）,容量因子都随着温度的减小而增大,分离因子随着温度改变变化不大,分离度由于受到峰宽变化的影响,在 30 ℃时有最大值 0.89,在 40 ℃最小,其他温度下相差不大。

表 2-95　温度对甲霜灵对映体手性拆分的影响（正己烷/异丙醇＝95/5）

温度/℃	k_1	k_2	α	R_s
0	12.40	13.36	1.08	0.81
10	10.65	11.46	1.08	0.80
20	9.22	9.90	1.07	0.80
40	7.75	8.15	1.05	0.64

2.7.2.4　热力学参数的计算

通过绘制容量因子和分离因子的 Van't Hoff 曲线（图 2-110）发现,容量因子的自然对数对 $1/T$ 具有线性关系,而分离因子自然对数对 $1/T$ 的线性关系较差（线性相关系数 0.91）。通过 Van't Hoff 方程计算了熵变和焓变等热力学参数,列于表 2-96 中,焓对分离起到主要作用,焓变差值只有 0.43 kJ/mol,这与甲霜灵对映体的低分离效果具有一致性。

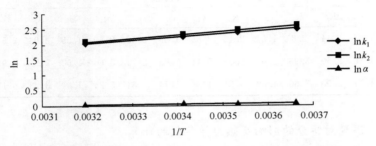

图 2-110　甲霜灵对映体的 Van't Hoff 曲线（正己烷/异丙醇＝95/5）

表 2-96　甲霜灵对映体拆分的热力学参数（正己烷/异丙醇＝95/5）

对映体	$\ln k=-\Delta H/RT+\Delta S^*$	ΔH /(kJ/mol)	ΔS^*	$\ln\alpha=\Delta_{R,S}\Delta H/RT+$ $\Delta_{R,S}\Delta S/RT$	$\Delta\Delta H$ /(kJ/mol)	$\Delta\Delta S$ /[J/(mol·K)]
−	$\ln k_1=1073.8/T-1.43$ $(R^2=0.9822)$	−8.93	−1.43	$\ln\alpha=52.18/T-0.11$ $(R=0.9134)$	−0.43	−0.92
+	$\ln k_2=1112.4/T-1.50$ $(R^2=0.9892)$	−9.25	−1.50			

2.7.3　甲霜灵在正相 ATPDC 手性固定相上的拆分

2.7.3.1　色谱条件

Agilent 1100 高效液相色谱仪及 JASCO 2000 高效液相色谱仪（主要用于对映体出峰顺序的确定及圆二色特性的研究）。直链淀粉-三((S)-1-苯基乙基氨基甲酸酯)(ATP-DC)手性色谱柱(自制)250 mm×4.6 mm I. D. ，流动相为正己烷，添加极性的有机醇作为改性剂，包括乙醇、丙醇、异丙醇、正丁醇和异丁醇，检测波长依据农药样本而定，流速1.0 mL/min，使用圆二色检测器确定了出峰顺序，考察温度的影响所涉及的范围为 0～40℃。除了考察温度对拆分的影响实验外，其他操作均在室温下进行。

2.7.3.2　甲霜灵对映体的拆分结果

在正己烷流动相条件下对甲霜灵对映体进行了对映体的拆分研究，考察 5 种醇作为改性剂对拆分的影响，以优化色谱条件。甲霜灵两对映体在直链淀粉-三((S)-1-苯基乙基氨基甲酸酯)固定相上得到了很好的拆分，使用乙醇、丙醇、异丙醇、丁醇和异丁醇作流动相改性剂都可以达到基线分离，表 2-97 显示了不同改性剂及其含量对甲霜灵对映体拆分的影响，其中丁醇的拆分效果最好，在含量为 5％时，分离度可达 3.93。图 2-111 为甲霜灵对映体的拆分色谱图。230 nm 波长下，对映体的出峰顺序为(−)/(＋)。

表 2-97　甲霜灵对映体的手性拆分

含量 /%	乙醇			丙醇			异丙醇			丁醇			异丁醇		
	k_1	α	R_s	k_1	α	R_s	k_1	α	R_s	k_1	α	R_s	k_1	α	R_s
15	2.42	1.37	2.14	2.3	1.54	2.42	3.65	1.59	2.52	2.50	1.55	2.93	2.51	1.57	2.69
10	2.67	1.56	2.50	3.96	1.60	2.86	5.41	1.63	2.79	3.66	1.60	3.27	3.95	1.64	3.00
5	3.74	1.44	2.90	7.66	1.69	3.61	11.8	1.74	2.81	5.24	1.64	3.93	6.17	1.66	3.28

2.7.3.3　温度对拆分的影响及热力学参数的计算

在正己烷/异丙醇(85/15)流动相中考察了温度对甲霜灵对映体在直链淀粉-三((S)-1-苯基乙基氨基甲酸酯)手性固定相上拆分的影响，结果如表 2-98 所示。手性拆分受温

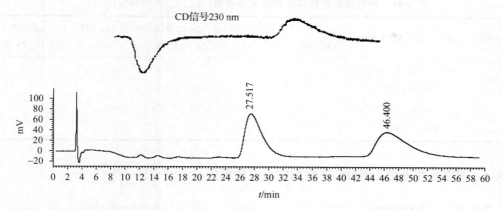

图 2-111　甲霜灵对映体的色谱拆分图及圆二色谱图（正己烷/异丙醇＝95/5，230 nm，室温）

度的影响非常明显，容量因子和分离因子都随着温度的升高而减小，而分离度不随着温度有趋势的变化，在 20 ℃时有最大值 2.51，在 0 ℃时的值最小为 1.67。Van't Hoff 曲线如图 2-112，线性关系较好，线性相关系数大于 0.99。根据线性的 Van't Hoff 方程计算了热力学参数，列于表 2-99 中，焓变的差值 $\Delta\Delta H$ 较大，为 3.1 kJ/mol，熵变的差值为 7.5 J/(mol·K)，同样，也是焓变在对映体的识别中起到了主要的作用。

表 2-98　温度对甲霜灵对映体手性拆分的影响（正己烷/异丙醇＝85/15）

温度/℃	k_1	k_2	α	R_s
0	4.04	6.78	1.68	1.67
10	3.31	5.42	1.64	2.22
20	3.01	4.66	1.55	2.51
30	2.49	3.73	1.50	2.36
40	2.22	3.19	1.43	2.22

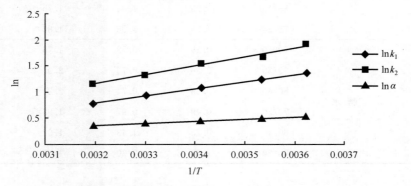

图 2-112　甲霜灵对映体的 Van't Hoff 曲线（正己烷/异丙醇＝85/15）

表 2-99 甲霜灵对映体拆分的热力学参数（正己烷/异丙醇＝85/15）

对映体	$\ln k=-\Delta H/RT+\Delta S^*$	ΔH /(kJ/mol)	ΔS^*	$\ln \alpha=\Delta_{R,S}\Delta H/RT+$ $\Delta_{R,S}\Delta S/RT$	$\Delta_{R,S}\Delta H$ /(kJ/mol)	$\Delta_{R,S}\Delta S$ /[J/(mol·K)]
−	$\ln k_1=1347.2/T-3.5$ $(R=0.9907)$	11.2	−3.5	$\ln \alpha=374.5/T-0.8$ $(R=0.9969)$	−3.1	−7.5
+	$\ln k_2=1721.7/T-4.4$ $(R=0.9960)$	14.3	−4.4			

2.7.4 甲霜灵在反相 CDMPC 手性固定相上的拆分

2.7.4.1 色谱条件

色谱柱：纤维素-三（3,5-二甲基苯基氨基甲酸酯）（CDMPC）手性柱，250 mm×4.6 mm I. D.（实验室自制）；流动相为不同比例的甲醇/水或乙腈/水，温度对拆分影响在 0～40 ℃ 之间，其他实验在室温进行，流速 0.8 mL/min，进样量 10 μL，检测波长 230 nm，样品浓度大约 100 mg/L。

2.7.4.2 流动相组成对手性拆分的影响

本实验考察了甲醇/水或乙腈/水作流动相条件下的拆分情况，结果见表 2-100。甲霜灵在两种流动相中极易达到基线分离，拆分效果非常好。典型拆分色谱图如图 2-113 所示。

表 2-100 甲霜灵在 CDMPC 上的分离结果（流速 0.8 mL/min，室温）

手性化合物	流动相	v/v	k_1	k_2	α	R_s
		100/0	0.37	0.87	1.28	2.41
		95/5	0.65	1.07	1.64	3.00
	甲醇/水	90/10	0.75	1.29	1.71	3.37
		85/15	0.93	1.64	1.76	3.74
		75/25	1.69	3.08	1.82	4.22
甲霜灵		100/0	0.29	0.59	1.78	1.89
		90/30	0.36	0.73	2.01	2.41
	乙腈/水	80/40	0.33	0.74	2.21	2.96
		70/50	0.49	0.97	1.98	3.77
		60/40	0.75	1.43	1.92	4.67
		50/50	1.30	2.30	1.77	5.18

2.7.4.3 温度对手性拆分的影响

在甲醇/水或乙腈/水作流动相条件下考察了 0～40 ℃ 温度范围内温度对甲霜灵对映

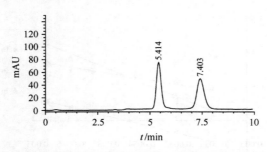

图 2-113　CDMPC 上甲霜灵的拆分色谱图（甲醇/水＝90/10）

体拆分的影响,结果列于表 2-101,由表可见,手性农药的容量因子、分离因子随着温度的升高而降低。在甲醇/水(85/15)作流动相条件下,甲霜灵较高分离度出现在 5℃。

表 2-101　CDMPC 上温度对甲霜灵拆分的影响

手性化合物	温度/℃	流动相	v/v	k_1	k_2	α	R_s
	0			1.33	3.14	2.37	4.44
	5			1.19	2.53	2.14	4.75
	10	甲醇/水	85/15	1.11	2.27	2.05	4.69
	20			1.03	1.99	1.94	4.51
	30			0.84	1.44	1.72	3.75
甲霜灵	40			0.72	1.13	1.56	2.96
	0			1.90	2.20	1.16	1.40
	5			1.88	2.17	1.56	1.38
	10	乙腈/水	60/40	1.86	2.13	1.15	1.35
	20			1.79	2.03	1.13	1.32
	30			1.74	1.95	1.12	1.27
	40			1.68	1.87	1.11	1.20

通过考察温度对手性农药的影响发现,研究的甲霜灵对映体的容量因子和分离因子的自然对数与热力学温度的倒数具有较好的线性关系,线性相关系数都大于 0.98,Van't Hoff 曲线见图 2-114,线性 Van't Hoff 方程和熵变之差、焓变之差数值列于表 2-102 中,可见对所研究酰胺类手性农药对映体分离贡献最大的为焓变。

表 2-102　手性农药对映体的 Van't Hoff 方程和 $\Delta\Delta H^o$、$\Delta\Delta S^o$(0~40℃)

手性化合物	流动相	v/v	线性方程	$\Delta\Delta H^o$/(kJ/mol)	$\Delta\Delta S^o$/[J/(mol·K)]
甲霜灵	甲醇/水	85/15	$\ln\alpha=823.4/T-2.1741$ ($R^2=0.9787$)	−6.84	−18.07
	乙腈/水	60/40	$\ln\alpha=624.4/T-1.4975$ ($R^2=0.9941$)	−5.189	−12.44

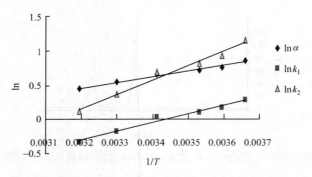

图 2-114　甲醇/水(85/15)作流动相条件下甲霜灵的 Van't Hoff 图(0～40℃)

2.7.4.4　对映体的流出顺序

在 230 nm 的检测波长下,以甲醇/水(90/10)和乙腈/水(60/40)为流动相,使用圆二色检测器确定对映体在 CDMPC 手性固定相上的出峰顺序均为左旋/右旋。

2.7.5　甲霜灵在反相 ADMPC 手性固定相上的拆分

2.7.5.1　色谱条件

色谱柱:直链淀粉-三(3,5-二甲基苯基氨基甲酸酯)(ADMPC)手性固定相,150 mm ×4.6 mm I. D. (实验室自制);流动相为不同比例的甲醇/水或乙腈/水,温度对拆分影响在 0～40℃之间,其他实验在室温进行,流速 0.5 mL/min,进样量 10 μL,检测波长 230 nm,样品浓度大约 100 mg/L。

2.7.5.2　组成对手性拆分的影响

考察了甲醇/水或乙腈/水对手性拆分的影响,拆分结果及流动相组成的影响见表 2-103。图 2-115 为酰胺类手性农药对映体在 ADMPC 上反相条件下的拆分色谱图。

表 2-103　甲霜灵对映体在 ADMPC 手性固定相反相色谱条件下的拆分结果

手性化合物	流动相	v/v	k_1	k_2	α	R_s
甲霜灵	甲醇/水	100/0	0.34	0.34	1.00	—
		90/10	0.50	0.50	1.00	—
		80/20	0.83	0.83	1.00	—
		70/30	1.59	1.63	1.03	0.14
		60/40	3.54	3.79	1.07	0.36
	乙腈/水	100/0	0.38	0.38	1.00	—
		60/40	0.44	0.50	1.14	0.55
		50/50	0.81	0.92	1.14	0.81
		40/60	1.63	1.87	1.14	1.05
		30/70	4.20	4.86	1.16	1.38

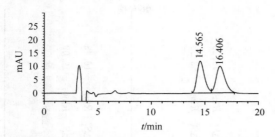

图 2-115　甲霜灵对映体在乙腈/水(30/70)作流动相 ADMPC 手性固定相上的拆分色谱图

2.7.5.3　温度对酰胺类手性农药拆分的影响

考察了温度对手性农药对映体拆分的影响,流动相条件、Van't Hoff 方程、热力学参数及温度对拆分的影响结果列于表 2-104 中,温度范围为 0~40 ℃,由表可见,两对映体的容量因子随着温度的升高而减小,大部分情况下,分离因子也随着温度的升高而降低,通过容量因子和分离因子的自然对数(lnk_1,lnk_2 和 lnα)对热力学温度的倒数(1/T)作图(图 2-116),绘制 Van't Hoff 曲线。

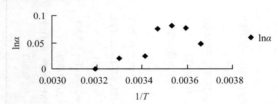

图 2-116　甲霜灵在 ADMPC 上的分离因子的自然对数对热力学温度倒数的关系图(甲醇/水＝70/30)

2.7.5.4　对映体的出峰顺序

使用圆二色检测器确定了对映体在 ADMPC 手性固定相上的出峰顺序,甲霜灵两种流动相中在 230 nm 的波长下出峰顺序一致,为左旋/右旋。

2.7.6　甲霜灵及其中间体在 CDMPC 手性固定相上的拆分

2.7.6.1　色谱条件

Varian 5000 高效液相色谱仪,UV-100 紫外-可见检测器,HP 3394 积分记录仪;自制 CDMPC 手性固定相(规格 150 mm×4.6 mm),流动相为正己烷/异丙醇,检测波长 230 nm,流速 1.0 mL/min,进样量 10 μL,所有色谱分离均在室温下进行。

2.7.6.2　对映体拆分结果

甲霜灵(MX)及其中间体(MX-inter)的对映体拆分色谱图见图 2-117 和图 2-118,流动相中异丙醇含量对拆分的影响见表 2-105 和表 2-106。从上述实验结果可以看出,当异丙醇体积分数增大时,甲霜灵及其中间体在 CDMPC 固定相上的保留都减弱,容量因子 k

表 2-104 温度对 ADMPC 手性固定相拆分的影响 Van't Hoff 方程及热力学参数

化合物/流动相	温度/℃	k_1	k_2	α	R_s	Van't Hoff 方程(R^2)	ΔH°、$\Delta\Delta H^\circ$/(kJ/mol)	$\Delta S^\circ + R\ln\phi$、$\Delta\Delta S^\circ$/[J/(mol·K)]
甲霜灵 (甲醇/水 70/30)	0	2.54	2.66	1.05	0.23			
	5	2.09	2.26	1.08	0.41	$\ln k_1 = 1815.9/T - 5.9281$	$\Delta H_1^\circ = -15.09$	$\Delta S_1^\circ + R\ln\phi = -49.26$
	10	1.94	2.10	1.08	0.44	(0.9928)		
	15	1.70	1.83	1.08	0.43	$\ln k_2 = 2018.6/T - 6.4086$	$\Delta H_2^\circ = -16.77$	$\Delta S_2^\circ + R\ln\phi = -53.25$
	20	1.59	1.63	1.03	0.14	(0.9962)		
	30	1.28	1.30	1.02	0.13	$\ln\alpha$ 与 $1/T$ 不成线性		
	40	1.02	1.02	1.00	—			
甲霜灵 (乙腈/水 40/60)	0	1.90	2.23	1.18	1.10			
	5	1.85	2.16	1.17	1.06	$\ln k_1 = 721.57/T - 1.9777$	$\Delta H_1^\circ = -5.99$	$\Delta S_1^\circ + R\ln\phi = -16.43$
	10	1.80	2.08	1.16	1.05	(0.975)		
	20	1.67	1.90	1.14	0.92	$\ln k_2 = 853.4/T - 2.2969$	$\Delta H_2^\circ = -7.09$	$\Delta S_2^\circ + R\ln\phi = -19.09$
	30	1.51	1.69	1.12	0.83	(0.9796)		
	40	1.35	1.50	1.11	0.75	$\ln\alpha = 131.83/T - 0.3192$	$\Delta\Delta H^\circ = -1.10$	$\Delta\Delta S^\circ = -2.65$
						(0.9966)		

也随之减小,表现出正相色谱的特征。而分离因子 α 随流动相中异丙醇体积分数的增加而减小。当流动相中异丙醇含量为 40% 时,甲霜灵对映体的分离度 1.83,仍能得到较好的分离。当流动相中异丙醇含量为 2% 时,甲霜灵中间体的对映体分离度为 0.37,对映体得不到分离。

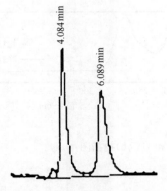

图 2-117　甲霜灵对映体的色谱分离
（正己烷/异丙醇=70/30）

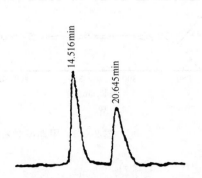

图 2-118　甲霜灵中间体对映体的色谱
分离（正己烷/异丙醇=100/0）

表 2-105　异丙醇含量对甲霜灵拆分的影响

	异丙醇体积分数/%						
	45	40	35	30	25	20	15
k_1	2.04	2.26	2.94	3.08	4.41	5.72	8.34
k_2	2.53	3.01	4.45	5.09	7.76	10.63	16.50
α	1.24	1.33	1.51	1.65	1.76	1.86	1.98
R_s	1.08	1.83	2.70	3.52	3.85	4.54	5.32

表 2-106　异丙醇含量对甲霜灵中间体拆分的影响

	异丙醇体积分数/%			
	0	0.5	1	2
k_1	11.09	3.66	2.57	2.13
k_2	16.20	4.54	2.99	2.20
α	1.46	1.24	1.16	1.03
R_s	9.43	3.85	1.85	0.37

2.7.6.3　对映体的圆二色检测

甲霜灵对映体在 CDMPC 固定相正相色谱条件下的出峰顺序为 S-(+)先于 R-(−),图 2-119 为甲霜灵两对映体的 CD 及 UV 吸收随波长的变化曲线,扫描范围为 220～420 nm,图 2-120 为甲霜灵外消旋体及精甲霜灵在 230 nm 处的 UV 和 CD 谱图。由图可见在扫描范围内两对映体的紫外吸收是一样的。在 220～260 nm 之间两对映体都有圆二色吸收,先流出 S-(＋)对映体一直呈 CD(－)信号,而后流出 R-(－)对映体呈 CD(＋)吸收,和对映体的旋光性正好相反。在 260 nm 后两对映体基本没有 CD 吸收,最大吸收波长为 230 nm。

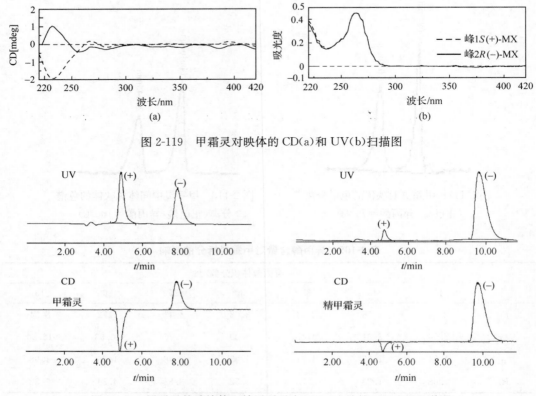

图 2-119　甲霜灵对映体的 CD(a)和 UV(b)扫描图

图 2-120　甲霜灵外消旋体和精甲霜灵在 230 nm 处的 UV 和 CD 谱图

　　　甲霜灵中间体(MX-inter)对映体在 CDMPC 固定相正相色谱条件下的出峰顺序未见有报道,图 2-121 为甲霜灵中间体两对映体的 CD 及 UV 吸收随波长的变化曲线,扫描范围为 220～420 nm,图 2-122 为甲霜灵中间体外消旋体及精甲霜灵在 230 nm 处的 UV 和 CD 色谱图。由图可见在扫描范围内两对映体的紫外吸收是一样的。在 220～305 nm 之间两对映体都有圆二色吸收,在 220～235 nm 范围内先流出对映体一直呈 CD(－)信号,而后流出对映体呈 CD(＋)吸收,在 235～305 nm 范围内吸收信号则正好相反,在 305 nm 后基本就没有 CD 吸收,最大吸收为 250 nm 处。对比结构和 CD 谱图发现甲霜灵中间体的圆二色特性与苯霜灵很相似,据此推测甲霜灵中间体两对映体的洗脱顺序可能与苯霜灵相似,即先流出峰为(－)对映体,后流出峰为(＋)对映体,但尚还需用旋光测定等其他手段进行进一步确认。

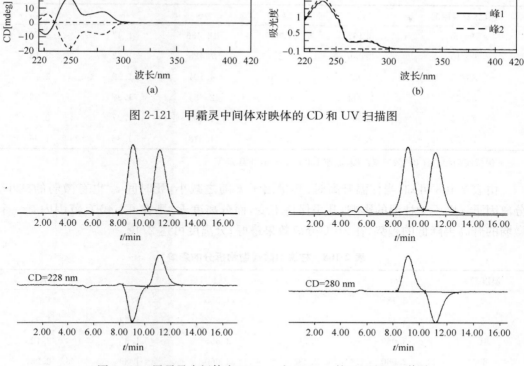

图 2-121　甲霜灵中间体对映体的 CD 和 UV 扫描图

图 2-122　甲霜灵中间体在 228 nm 和 280 nm 的 UV 和 CD 谱图

2.7.7　甲霜灵代谢物在 CDMPC 手性固定相上的拆分

2.7.7.1　色谱条件

Agilent 1100 高效液相色谱仪,配有 G1311A 四元梯度泵,G1322A 在线脱气机,G1328A 进样阀,G1316A 柱温箱,20-μL 进样环和 G1315B DAD 检测器。色谱数据由 Agilent ChemStation For LC 3D 采集和处理。自制 CDMPC 手性固定相(规格 250 mm×4.6 mm),流动相组成为正己烷和异丙醇,检测波长为 220 nm,进样体积 20 μL。

2.7.7.2　甲霜灵酸的拆分结果

由于甲霜灵酸中羧酸基的存在,能和固定相或硅羟基等形成很强的氢键作用,即使用 100% 的异丙醇也不能将其洗脱出来,因此在流动相中添加 0.1% 三氟乙酸以抑制氢键作用力,加快甲霜灵酸的洗脱。当异丙醇体积分数增大时,容量因子 k 随之减小,甲霜灵酸在固定相上的保留减弱。死时间 t_0 受影响不大,只有微弱的减小。而分离因子 α 和分离度 R_s 随流动相中异丙醇体积分数的增加而减小,其中分离度的减小更为明显。当流动相中异丙醇含量为 30% 时,分离度为 1.96,对映体仍能得到较好的分离(表 2-107)。由此可见甲霜灵酸的对映体在自制的 CDMPC 手性固定相上得到了良好的分离。

表 2-107　异丙醇含量对酸代谢物拆分的影响 *

正己烷/异丙醇	t_0	k_1	k_2	α	R_s
95/5	3.152	12.585	18.466	1.47	3.76
90/10	3.089	5.224	7.438	1.42	3.12
85/15	2.953	2.940	4.101	1.39	2.70
80/20	2.944	1.917	2.634	1.37	2.36
75/25	2.960	1.384	1.895	1.37	2.10
70/30	2.959	1.115	1.518	1.36	1.96

＊保持流动相中含 0.1% 三氟乙酸，流速 1.0 mL/min，柱温 25℃

由表 2-108 可知，当柱温升高时，容量因子 k 随之减小，死时间 t_0 也有微弱的减小。分离因子 α 则不受柱温的影响，几乎保持不变，而分离度 R_s 则在 0~40℃ 范围内有一个微弱的升高再降低的趋势，在 10℃ 分离效果最好，分离度可达 2.12。

表 2-108　柱温对酸代谢物拆分的影响 *

温度/℃	t_0	k_1	k_2	α	R_s
0	3.183	3.284	4.375	1.33	1.94
5	3.115	3.002	4.007	1.33	1.94
10	3.069	2.712	3.655	1.35	2.12
20	2.980	2.295	3.060	1.33	2.03
30	2.942	1.958	2.602	1.33	2.04
40	2.892	1.720	2.252	1.31	1.94

＊保持流动相中含 0.1% 三氟乙酸，流动相为正己烷/异丙醇(80/20)，流速 1.0 mL/min

流动相的流速对对映体的拆分也有较大影响（表 2-109）。当流速增大时，容量因子 k、分离因子 α 所受影响很小，说明两个对映体在手性固定相上的相对保留值是一定的。而死时间 t_0 和分离度 R_s 则受影响较大，尤其是死时间大幅缩短，主要是源于对映体被洗脱的速度加快，使得对映体与固定相间的作用时间缩短。在正己烷/异丙醇(80/20)流动相，流速 1.0 mL/min，220 nm，25℃ 的条件下，甲霜灵酸对映体的色谱分离图见图 2-123。

表 2-109　流速对酸代谢物拆分的影响 *

流速/(mL/min)	t_0	k_1	k_2	α	R_s
0.5	5.863	2.136	2.847	1.33	2.22
0.8	3.679	2.085	2.797	1.34	2.23
1.0	2.945	2.084	2.771	1.33	2.11
1.5	1.986	2.032	2.724	1.34	1.94
2.0	1.451	2.086	2.815	1.35	1.90
2.5	1.171	2.066	2.753	1.33	1.78

＊保持流动相中含 0.1% 三氟乙酸，流动相为正己烷/异丙醇(80/20)，柱温 25℃

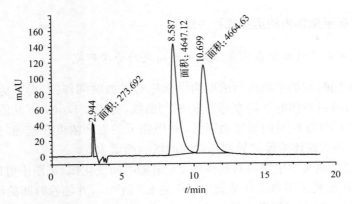

图 2-123   甲霜灵酸对映体的色谱分离图(正己烷/异丙醇=80/20,流速 1.0 mL/min,220 nm,25℃)

2.7.7.3   甲霜灵酸的圆二色检测

甲霜灵酸(MX-acid)对映体在 CDMPC 固定相正相色谱条件下上的出峰顺序未见有报道,图 2-124(a)为甲霜灵酸两对映体的 CD 及 UV 吸收随波长的变化曲线,扫描范围为 220~420 nm,图 2-124(b)为甲霜灵酸外消旋体在 230 nm 处的 UV 和 CD 谱图。由图可见在扫描范围内两对映体的紫外吸收是一样的。在 220~260 nm 之间两对映体都有圆二色吸收,先流出对映体一直呈 CD(-)信号,而后流出对映体呈 CD(+)吸收,和甲霜灵对映体的 CD 吸收相似,在 260 nm 后基本没有 CD 吸收,最大吸收波长为 230 nm。对比结构和 CD 谱图发现甲霜灵酸的圆二色特性与甲霜灵很相近,据此推测甲霜灵酸两对映体的洗脱顺序可能与甲霜灵相似,即先流出峰为(+)对映体,后流出峰为(-)对映体,但尚还需用旋光测定等其他手段进行进一步确认。

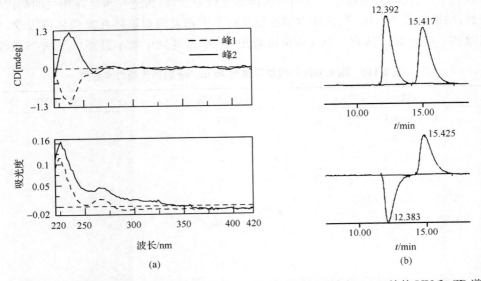

图 2-124   (a)甲霜灵酸对映体的 CD 和 UV 扫描图;(b)甲霜灵酸在 230 nm 处的 UV 和 CD 谱图

2.7.8　甲霜灵在家兔体内的选择性行为研究

2.7.8.1　甲霜灵对映体在家兔血浆中的药代动力学研究

以给药后不同时间的平均血药浓度为纵坐标对采血时间作图,得到兔耳静脉注射甲霜灵外消旋体后两对映体的平均血药浓度-时间曲线,见图2-125(a)。从图中可以看出血浆中两个对映体的浓度随时间增加而降低,R-甲霜灵的血药浓度在监测时间范围内始终大于S-甲霜灵,两对映体浓度差异则随时间的增加而增大。

图2-125(b)是血浆中甲霜灵对映体的EF值随时间变化图,从图中可以看出,在用药5 min后EF值开始低于甲霜灵外消旋体标样的EF值0.5,并随着时间的增加EF值呈降低的趋势;到180 min时EF值达到0.274。实验结果表明,随时间增加甲霜灵对映体在血浆中的选择性是逐渐增强的。

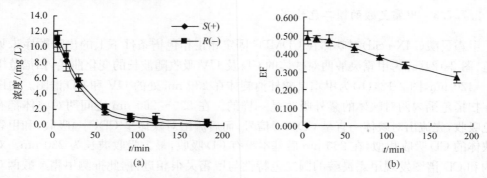

图2-125　(a)家兔血浆中甲霜灵对映体药-时曲线;(b)家兔血浆中EF值变化动态(平均值±标准偏差)

以DAS药代动力学程序计算两对映体的统计矩参数,再进一步计算相关的药代动力学参数,结果见表2-110。药代动力学参数反映了甲霜灵两对映体在家兔体内吸收、分布及消除的一些差异。从表2-110中可以看出,R-甲霜灵的生物半衰期($t_{1/2}$)是S-甲霜灵

表2-110　家兔静注外消旋甲霜灵 40 mg/kg 后药代动力学参数

参数	R-(−)-MX	S-(+)-MX
$C_{max}/(mg/L)$	11.11	10.46
T_{max}/h	0.08	0.08
$AUMC_{0\sim3}$	5.44	3.65
$AUMC_{0\sim\infty}$	8.37	4.29
$AUC_{0\sim3}/[mg/(L\cdot h)]$	8.44	6.97
$AUC_{0\sim\infty}/[mg/(L\cdot h)]$	9.08	7.12
MRT/h	0.92	0.60
$t_{1/2}/h$	0.64	0.42
$CL/[L/(h\cdot kg)]$	2.20	2.81
$V_{ss}/(L/kg)$	2.03	1.69

1.52 倍,分别为 0.64 h 和 0.42 h,说明 S-甲霜灵在血浆中降解比其对映体快;R-甲霜灵的最大血药浓度(C_{max})及最大达峰时间(T_{max})和 S-对映体没有显著的差异,而 S-对映体的平均血浆清除率(CL)是 R-对映体的 1.28 倍,这表明家兔清除 S-对映体的能力大于 R-对映体。R-甲霜灵的血药浓度-时间曲线下面积($AUC_{0\sim\infty}$)是其对映体的 1.28 倍,这表明家兔对 R-甲霜灵的生物利用度大于 S-甲霜灵。实验结果表明,甲霜灵在家兔体内的药代动力学是选择性的。

2.7.8.2　甲霜灵对映体在心脏组织中的降解

以给药后不同时间的平均心脏组织中两对映体浓度为纵坐标对采样时间作图,得到家兔静脉注射甲霜灵外消旋体后两对映体在心脏组织中的降解曲线,见图 2-126(a)。从图中可以看出左右旋对映体均以相似的方式进行降解,随着时间增加,两对映体的浓度逐渐减小,R-甲霜灵的浓度始终大于 S-甲霜灵。通过回归分析计算拟合发现,甲霜灵静脉给药后,两对映体在家兔心脏组织中的降解符合一级降解动力学,实测值与理论计算值拟合很好,拟合方程及降解半衰期列于表 2-111。从表中我们可以看出 R-甲霜灵的降解半衰期($t_{1/2}$)是 S-甲霜灵的 1.07 倍,这表明 R-甲霜灵在心脏组织中降解速度与 S-甲霜灵相近。

心脏组织中 EF 值随时间变化趋势图见图 2-126(b)。由图可以看出,在用药后 5 min EF 值就低于甲霜灵外消旋体的 EF 值 0.5 而达到 0.475,且随时间增加 EF 也总体上呈减小的趋势,到处理 240 min 时 EF 值为 0.388。实验结果表明在心脏组织中,甲霜灵两对映体的降解是选择性的。

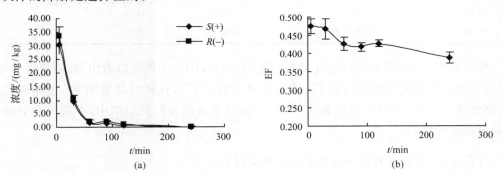

图 2-126　(a)甲霜灵对映体在家兔心脏中降解曲线;(b)家兔心脏中 EF 值变化动态(平均值±标准偏差)

表 2-111　甲霜灵对映体在心脏组织内消解动态的回归方程

对映体	回归方程	相关系数 R^2	半衰期 $t_{1/2}$/min	$t_{1/2(R)}/t_{1/2(S)}$
R-体	$y=17.201e^{-0.0215x}$	0.9101	32.2	
S-体	$y=14.937e^{-0.023x}$	0.9081	30.1	1.07

2.7.8.3　甲霜灵对映体在肝脏组织中的降解

以给药后不同时间的平均肝脏组织中两对映体浓度为纵坐标对采样时间作图,得到家兔静脉注射甲霜灵外消旋体后两对映体在肝脏组织中的降解曲线,见图 2-127(a)。从图中可以看出左右旋对映体均以相似的方式进行降解,随着时间增加,两对映体的浓度逐渐减小;在用药后 5 min 时两对映体浓度差异最大,但随着时间的增加两对映体浓度差异减小,R-甲霜灵的浓度始终大于 S-甲霜灵。通过回归分析计算拟合发现,甲霜灵静脉给药后,两对映体在家兔肝脏组织中的降解符合一级降解动力学,实测值与理论计算值拟合很好,拟合方程及降解半衰期列于表 2-112。从表中我们可以看出 R-甲霜灵的降解半衰期($t_{1/2}$)是 R-甲霜灵的 1.09 倍,这表明 R-甲霜灵在肝脏组织中的降解速度与 S-甲霜灵差异不大。

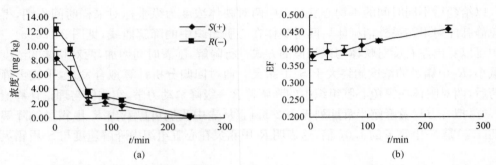

图 2-127　(a)甲霜灵对映体在家兔肝脏中降解曲线;(b)家兔肝脏中 EF 值变化动态(平均值±标准偏差)

表 2-112　甲霜灵对映体在肝脏组织内消解动态的回归方程

对映体	回归方程	相关系数 R^2	半衰期 $t_{1/2}$/min	$t_{1/2(R)}/t_{1/2(S)}$
R-体	$y = 13.557e^{-0.0165x}$	0.9780	42.0	1.09
S-体	$y = 9.868e^{-0.0179x}$	0.9676	38.7	

肝脏组织中 EF 值随时间变化趋势图见图 2-127(b)。由图可以看出,在用药后 5 min EF 值就低于甲霜灵外消旋体的 EF 值 0.5 而达到 0.379,且随时间增加 EF 也相应的增加,到处理 240 min 时 EF 值达到 0.457。实验结果表明在肝脏组织中,甲霜灵两对映体的降解是选择性的。

2.7.8.4　甲霜灵对映体在脾脏组织中的降解

以给药后不同时间的平均脾脏组织中两对映体浓度为纵坐标对采样时间作图,得到家兔静脉注射甲霜灵外消旋体后两对映体在脾脏组织中的降解曲线,见图 2-128(a)。从图中可以看出左右旋对映体均以相似的方式进行降解,随着时间增加,两对映体的浓度先增大后逐渐减小;在用药后 30 min 时两对映体浓度差异最大,R-甲霜灵的浓度始终大于 S-甲霜灵。通过回归分析计算拟合发现,甲霜灵静脉给药后,两对映体在家兔脾脏组织中的降解符合假一级降解动力学,实测值与理论计算值拟合很好,拟合方程及降解半衰期列于表 2-113。从表中我们可以看出 R-甲霜灵的降解半衰期($t_{1/2}$)是 S-甲霜灵的 1.02 倍,这表明 S-甲霜灵在脾脏组织中的降解速度与 R-甲霜灵相似。

脾脏组织中 EF 值随时间变化趋势图见图 2-128(b)。由图可以看出,在用药后 5 min

EF 值就低于甲霜灵外消旋体的 EF 值 0.5 而达到 0.455，且随时间增加 EF 值先减小再增大，到 60 min 时 EF 值最小，为 0.395。实验结果表明在脾脏组织中，甲霜灵两对映体的降解是有选择性的。

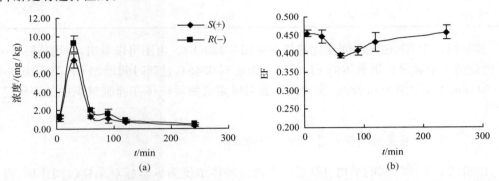

图 2-128　（a）甲霜灵对映体在家兔脾脏中降解曲线；（b）家兔脾脏中 EF 值变化动态（平均值±标准偏差）

表 2-113　甲霜灵对映体在脾脏组织内消解动态的回归方程

对映体	回归方程	相关系数 R^2	半衰期 $t_{1/2}$(min)	$t_{1/2(R)}/t_{1/2(S)}$
R-体	$y=6.0689e^{-0.012x}$	0.7691	57.8	1.02
S-体	$y=4.4466e^{-0.0122x}$	0.7405	56.8	

2.7.8.5　甲霜灵对映体在肺脏组织中的降解

以给药后不同时间的平均肺脏组织中两对映体浓度为纵坐标对采样时间作图，得到家兔静脉注射甲霜灵外消旋体后两对映体在肺脏组织中的降解曲线，见图 2-129（a）。从图中可以看出左右旋对映体均以相似的方式进行降解，随着时间增加，两对映体的浓度逐渐减小，R-甲霜灵的浓度始终大于 S-甲霜灵。通过回归分析计算拟合发现，甲霜灵静脉给药后，两对映体在家兔肺脏组织中的降解符合一级降解动力学，实测值与理论计算值拟合很好，拟合方程及降解半衰期列于表 2-114。从表中我们可以看出 R-甲霜灵的降解半衰期（$t_{1/2}$）是 S-甲霜灵的 1.19 倍，这表明 S-甲霜灵在肺脏组织中的降解稍快于 S-甲霜灵。

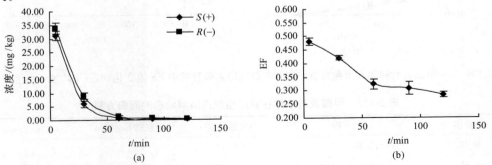

图 2-129　（a）甲霜灵对映体在家兔肺脏中降解曲线；（b）家兔肺脏中 EF 值变化动态（平均值±标准偏差）

表 2-114　甲霜灵对映体在肺脏组织内消解动态的回归方程

对映体	回归方程	相关系数 R^2	半衰期 $t_{1/2}$/min	$t_{1/2(R)}/t_{1/2(S)}$
R-体	$y=26.305e^{-0.0376x}$	0.9143	18.4	
S-体	$y=23.25e^{-0.0451x}$	0.9149	15.4	1.19

肺脏组织中 EF 值随时间变化趋势图见图 2-129(b)。由图可以看出,在用药后 5 min EF 值就低于甲霜灵外消旋体的 EF 值 0.5 而达到 0.481,且随时间增加 EF 值相应减小,到 120 min 时 EF 值为 0.280。实验结果表明甲霜灵两对映体在肺脏组织中的降解是选择性的。

2.7.8.6　甲霜灵对映体在肾脏组织中的降解

以给药后不同时间的平均肾脏组织中两对映体浓度为纵坐标对采样时间作图,得到家兔静脉注射甲霜灵外消旋体后两对映体在肾脏组织中的降解曲线,见图 2-130(a)。从图中可以看出左右旋对映体均以相似的方式进行降解,随着时间增加,两对映体的浓度先增大后逐渐减小;在用药后 30 min 时两对映体浓度差异最大,R-甲霜灵的浓度始终大于 S-甲霜灵。通过回归分析计算拟合发现,甲霜灵静脉给药后,两对映体在家兔肾脏组织中的降解符合假一级降解动力学,实测值与理论计算值拟合很好,拟合方程及降解半衰期列于表 2-115。从表中我们可以看出 R-甲霜灵的降解半衰期($t_{1/2}$)是 S-甲霜灵的 1.09 倍,这表明 R-甲霜灵在肾脏组织中降解速度与 S-甲霜灵差异不大。

肾脏组织中 EF 值随时间变化趋势图见图 2-130(b)。由图可以看出,在用药后 5 min EF 值就低于甲霜灵外消旋体的 EF 值 0.5 而达到 0.483,且随时间增加 EF 也总体上呈减小的趋势,到 240 min 时 EF 值为 0.353。实验结果表明在肾脏组织中,甲霜灵两对映体的降解是选择性的。

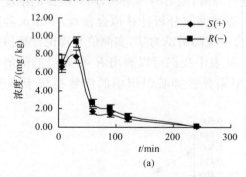
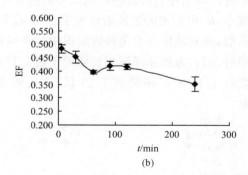

图 2-130　(a)甲霜灵对映体在家兔肾脏中降解曲线;(b)家兔肾脏中 EF 值变化动态(平均值±标准偏差)

表 2-115　甲霜灵对映体在肾脏组织内消解动态的回归方程

对映体	回归方程	相关系数 R^2	半衰期 $t_{1/2}$/min	$t_{1/2(R)}/t_{1/2(S)}$
R-体	$y=12.408e^{-0.0197x}$	0.9773	35.2	
S-体	$y=10.205e^{-0.0214x}$	0.9685	32.4	1.09

2.7.8.7　甲霜灵对映体在脑组织中的降解

以给药后不同时间的平均脑组织中两对映体浓度为纵坐标对采样时间作图,得到家兔静脉注射甲霜灵外消旋体后两对映体在脑组织中的降解曲线,见图 2-131(a)。从图中可以看出左右旋对映体均以相似的方式进行降解,随着时间增加,两对映体的浓度逐渐减小,R-甲霜灵的浓度始终大于 S-甲霜灵。通过回归分析计算拟合发现,甲霜灵静脉给药后,两对映体在家兔脑组织中的降解符合一级降解动力学,实测值与理论计算值拟合很好,拟合方程及降解半衰期列于表 2-116。从表中我们可以看出 R-甲霜灵的降解半衰期($t_{1/2}$)是 S-甲霜灵的 1.02 倍,这表明 R-甲霜灵在脑组织中的降解速度与 S-甲霜灵相似。

脑组织中 EF 值随时间变化趋势图见图 2-131(b)。由图可以看出,在用药后 5 min EF 值就低于甲霜灵外消旋体的 EF 值 0.5 而达到 0.473,但随时间增加 EF 值在 0.453 上下波动,大小变化不明显。实验结果表明在脑组织中,甲霜灵两对映体的降解不是选择性的。

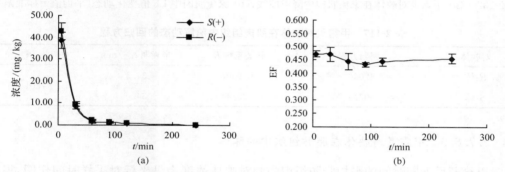

图 2-131　(a)甲霜灵对映体在家兔脑中降解曲线;(b)家兔脑中 EF 值变化动态(平均值±标准偏差)

表 2-116　甲霜灵对映体在脑组织内消解动态的回归方程

对映体	回归方程	相关系数 R^2	半衰期 $t_{1/2}$/min	$t_{1/2(R)}/t_{1/2(S)}$
R-体	$y=21.066e^{-0.026x}$	0.9401	26.7	
S-体	$y=18.004e^{-0.0263x}$	0.9319	26.3	1.02

2.7.8.8　甲霜灵对映体在肌肉组织中的降解

以给药后不同时间的平均肌肉组织中两对映体浓度为纵坐标对采样时间作图,得到家兔静脉注射甲霜灵外消旋体后两对映体在肌肉组织中的降解曲线,见图 2-132(a)。从图中可以看出左右旋对映体均以相似的方式进行降解,随着时间增加,两对映体的浓度先增大后逐渐减小,其中 R-甲霜灵的浓度始终大于 S-甲霜灵。通过回归分析计算拟合发现,甲霜灵静脉给药后,两对映体在家兔肌肉组织中的降解符合假一级降解动力学,实测值与理论计算值拟合很好,拟合方程及降解半衰期列于表 2-117。从表中我们可以看出 R-甲霜灵的降解半衰期($t_{1/2}$)是 S-甲霜灵的 1.01 倍,这表明 R-甲霜灵在肌肉组织中的降解速度与 S-甲霜灵相似。

肌肉组织中 EF 值随时间变化趋势图见图 2-132(b)。由图可以看出，在用药后 5 min EF 值就低于甲霜灵外消旋体的 EF 值 0.5 而达到 0.484，但随时间增加 EF 值在 0.466 上下波动，大小变化不明显。实验结果表明在肌肉组织中，甲霜灵两对映体的降解不具有明显的选择性。

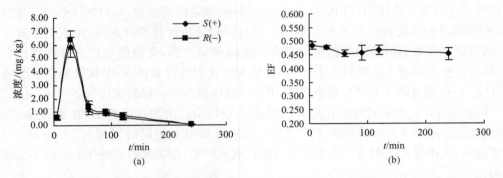

图 2-132　(a) 甲霜灵对映体在家兔肌肉中降解曲线；(b) 家兔肌肉中 EF 值变化动态(平均值±标准偏差)

表 2-117　甲霜灵对映体在肌肉组织内消解动态的回归方程

对映体	回归方程	相关系数 R^2	半衰期 $t_{1/2}$/min	$t_{1/2(R)}/t_{1/2(S)}$
R-体	$y = 7.4203e^{-0.0201x}$	0.9607	34.5	1.01
S-体	$y = 6.6077e^{-0.0204x}$	0.9544	34.0	

2.7.8.9　甲霜灵对映体在脂肪组织中的降解

以给药后不同时间的平均脂肪组织中两对映体浓度为纵坐标对采样时间作图，得到大鼠静脉注射甲霜灵外消旋体后两对映体在脂肪组织中的降解曲线，见图 2-133(a)。从图中可以看出左右旋对映体均以相似的方式进行降解，在 30 min 前因两对映体在脂肪中的蓄积而浓度逐渐升高，从 30 min 开始又随着时间增加浓度逐渐减小，其中 R-甲霜灵的浓度始终大于 S-甲霜灵。通过回归分析计算拟合发现，甲霜灵静脉给药后，两对映体在大鼠脂肪组织中的降解符合假一级降解动力学，实测值与理论计算值拟合很好，拟合方程及降解半衰期列于表 2-118。从表中我们可以看出 R-甲霜灵的降解半衰期($t_{1/2}$)是 S-甲霜灵的 1.14 倍，这表明 S-甲霜灵在脂肪组织中的降解要稍快于 R-甲霜灵。

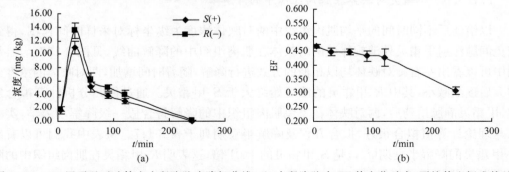

图 2-133　(a)甲霜灵对映体在大鼠脂肪中降解曲线；(b)大鼠脂肪中 EF 值变化动态(平均值±标准偏差)

表 2-118　甲霜灵对映体在脂肪组织内消解动态的回归方程

对映体	回归方程	相关系数 R^2	半衰期 $t_{1/2}$/min	$t_{1/2(R)}/t_{1/2(S)}$
R-体	$y=30.723e^{-0.0218x}$	0.9611	31.8	1.14
S-体	$y=29.902e^{-0.0248x}$	0.9588	27.9	

　　脂肪组织中 EF 值随时间变化趋势图见图 2-133(b)。由图可以看出,在用药后 5 min EF 值就低于甲霜灵外消旋体的 EF 值 0.5 而达到 0.468,且随时间增加 EF 值相应的减小,到 240 min 时 EF 值达 0.309。实验结果表明在脂肪组织中,甲霜灵两对映体的降解不具有明显的选择性。

2.7.8.10　甲霜灵对映体在家兔不同组织中降解速度差异

　　甲霜灵对映体在家兔各组织中的降解速度是有差异的,两对映体在各组织中的降解半衰期见图 2-134。由图可以看出,相对而言大部分组织中 R-甲霜灵的降解半衰期与其对映体相近,这表明这些组织中 R-甲霜灵与 S-甲霜灵降解速度差异不大;而肺脏和脂肪中 R-甲霜灵的降解半衰期比 S-甲霜灵大些,其降解速度比 S-甲霜灵要慢一些。两个对映体都是在肺脏中降解最快,在脾脏中降解最慢;R-甲霜灵在各种组织中的降解速度大小顺序为:肺脏＞脑＞脂肪、心脏＞肌肉、肾脏＞肝脏＞脾脏,S-甲霜灵在各种组织中的降解速度与 R-甲霜灵相似。

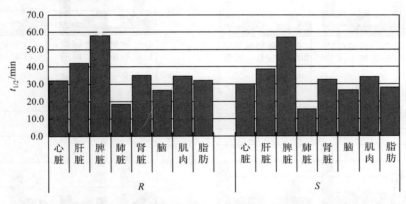

图 2-134　甲霜灵对映体在家兔组织中的降解半衰期

2.7.8.11　甲霜灵对映体在家兔不同组织中降解速度差异及其在家兔不同组织中残留量差异

　　不同取样时间点甲霜灵对映体在各组织中的残留差异见图 2-135。由图可知在用药后 5 min,甲霜灵两对映体在心脏、肺脏和脑中的浓度明显高于其他组织,在脾脏、肌肉和脂肪中的浓度则很低;用药后 30 min,甲霜灵两对映体在脾脏、肌肉和脂肪中的浓度大幅增加,其中脂肪中的浓度明显大于其他组织,肌肉中的浓度仍最低;用药后 60 min,脂肪中的浓度仍然明显高于其他组织,肺脏中两对映体降解相对较快,比其他组织中的残留浓度相对要低;用药后 90 min,甲霜灵对映体在各组织中残留量继续减少,其中脂肪中浓度仍然最高,肺脏中浓度仍最低,此时两对映体在各组织之间的浓度差异与 60 min 时相似,其残留量大小顺序为:脂肪＞肝脏＞心脏、肾脏＞脑、脾脏＞肌肉＞肺脏;用药后 120 min,甲霜灵对映体残留量继续减少,其在各组织中的大小顺序没有发生明显变化;而用药后 240 min,在肺脏组织中已不能检出甲霜灵残留,两对映体在各组织中的残留量大小也发生了变化,此时的大小顺序为:脾脏＞肝脏＞心脏＞脂肪、肾脏＞脑、肌肉。

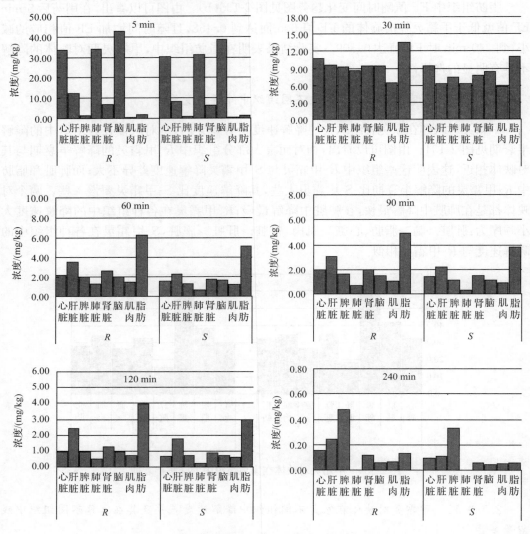

图 2-135 甲霜灵对映体在家兔各组织中的残留

2.7.8.12 甲霜灵对映体在家兔血浆及组织中选择性差异

甲霜灵对映体在家兔血浆及部分组织中的降解是选择性的,图 2-136 中列出了在 6 个取样时间点各样本中的 EF 值。从图中可以看出,在用药后 5 min 时,甲霜灵对映体在家兔血浆及各组织中的 EF 值均小于甲霜灵外消旋体标样的 EF 值 0.5,到 240 min 时已不能在血浆和肺脏中检出对映体;随着时间的增加,血浆、心脏、肺脏、脂肪中的 EF 相应逐渐减小,这表明随着时间的增加甲霜灵对映体在血浆和这些组织中的选择性逐渐增强;而肝脏中的 EF 值则是随时间增加而增大,两对映体在其中的选择性是呈逐渐减小的趋势;脾脏中的 EF 值是先减小后增大,两对映体在其中的选择性先增强后减弱;而肌肉和脑中的 EF 值变化不明显,说明两对映体在其中的选择性不明显。对比各样本中的 EF 值可知在所有时间点,甲霜灵对映体在肌肉和脑中的选择性最小,在肺脏中的选择性相对最为明显;在用药后 120 min 甲霜灵对映体在血浆及各组织中选择性的大小顺序为:肺脏>血浆>肾脏>心脏、肝脏、脂肪>脾脏>肌肉、脑。

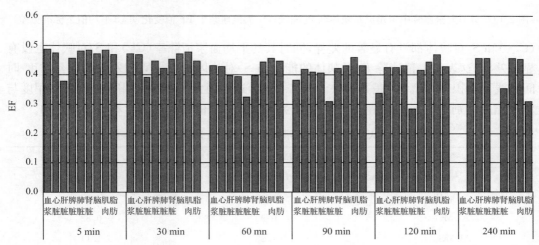

图 2-136　家兔血浆及各组织中 EF 值

2.7.9　甲霜灵在大鼠体内的选择性行为研究

2.7.9.1　甲霜灵对映体在大鼠血浆中的药代动力学研究

以给药后不同时间的平均血药浓度为纵坐标对采血时间作图,得到兔尾静脉注射甲霜灵外消旋体后两对映体的平均血药浓度-时间曲线,见图 2-137(a)。从图中可以看出血浆中两个对映体的浓度随时间增加而降低;两对映体浓度差异并不随时间的增加而明显增大。

图 2-137(b)是血浆中甲霜灵对映体的 EF 值随时间变化图,从图中可以看出,在用药 5 min 后 EF 值开始低于甲霜灵外消旋体标样的 EF 值 0.5,由 30 min 时的 0.490 降至 180 min 时的 0.460,随着时间的增加 EF 值只有轻微降低的趋势。实验结果表明,随时间增加甲霜灵对映体在血浆中的选择性不明显。

以 DAS 药代动力学程序计算两对映体的统计矩参数,再进一步计算相关的药代动力学参数,结果见表 2-119。药代动力学参数反映了甲霜灵两对映体在大鼠体内吸收、分布及消除的一些差异。从表 2-119 中可以看出,R-甲霜灵和 S-甲霜灵的生物半衰期($t_{1/2}$)分别为 0.58 h 和 0.53 h,没有明显差异;R-甲霜灵的平均滞留时间(MRT)、最大血浆浓度

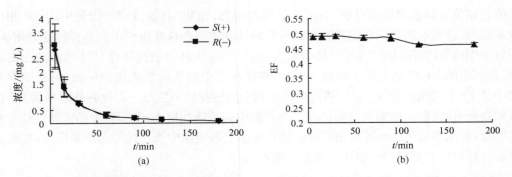

图 2-137　(a)大鼠血浆中甲霜灵对映体药-时曲线;(b)大鼠血浆中 EF 值变化动态(平均值±标准偏差)

(C_{max})和 S-对映体都没有显著的差异,同时其的平均血浆清除率(CL)和 S-对映体也没有显著差异,这表明大鼠清除 R-对映体的能力与 S-对映体相似。R-甲霜灵的血药浓度-时间曲线下面积($AUC_{0\sim\infty}$)是其对映体的 1.07 倍,这表明大鼠对 R-甲霜灵的生物利用度与 S-甲霜灵差别不大。实验结果表明,甲霜灵在大鼠体内的药代动力学不是选择性的。

表 2-119　大鼠静注外消旋甲霜灵 20 mg/kg 后药代动力学参数

参数	R-$(-)$-MX	S-$(+)$-MX
$C_{max}/(mg/L)$	2.98	2.81
T_{max}/h	0.08	0.08
$AUMC_{0\sim3}$	0.90	0.82
$AUMC_{0\sim\infty}$	1.33	1.14
$AUC_{0\sim3}/[mg/(L\cdot h)]$	1.51	1.43
$AUC_{0\sim\infty}/[mg/(L\cdot h)]$	1.59	1.48
MRT/h	0.84	0.77
$t_{1/2}/h$	0.58	0.53
$CL/[L/(h\cdot kg)]$	6.29	6.75
$V_{ss}/(L/kg)$	5.25	5.20

2.7.9.2　甲霜灵对映体在心脏组织中的降解

以给药后不同时间的平均心脏组织中两对映体浓度为纵坐标对采样时间作图,得到大鼠静脉注射甲霜灵外消旋体后两对映体在心脏组织中的降解曲线,见图 2-138(a)。从图中可以看出左右旋对映体均以相似的方式进行降解,随着时间增加,两对映体的浓度逐渐减小;在用药后到 180 min 时两对映体浓度都没有明显差异。通过回归分析计算拟合发现,甲霜灵静脉给药后,两对映体在大鼠心脏组织中的降解符合一级降解动力学,实测值与理论计算值拟合很好,拟合方程及降解半衰期列于表 2-120。从表中我们可以看出 S-甲霜灵的降解半衰期($t_{1/2}$)与 R-甲霜灵一样,这表明 R-甲霜灵在心脏组织中的降解速度与 S-甲霜灵是相同的。

心脏组织中 EF 值随时间变化趋势图见图 2-138(b)。由图可以看出,在用药后 EF

值随着时间的增加在 0.5 上下轻微波动，到处理 30 min 时 EF 值最小为 0.486，与甲霜灵外消旋体标样的 EF 值 0.5 没有明显差异。实验结果表明在心脏组织中，甲霜灵两对映体的降解不具有选择性。

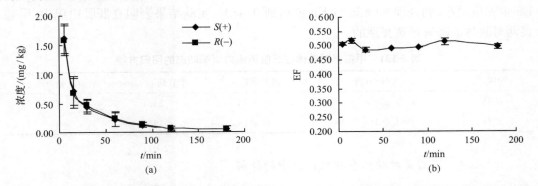

图 2-138　(a) 甲霜灵对映体在大鼠心脏中降解曲线；(b) 大鼠心脏中 EF 值变化动态（平均值±标准偏差）

表 2-120　甲霜灵对映体在心脏组织内消解动态的回归方程

对映体	回归方程	相关系数 R^2	半衰期 $t_{1/2}$/min	$t_{1/2(R)}/t_{1/2(S)}$
R-体	$y = 0.9309e^{-0.0189x}$	0.8930	36.7	
S-体	$y = 0.9383e^{-0.0189x}$	0.8917	36.7	1.00

2.7.9.3　甲霜灵对映体在肝脏组织中的降解

以给药后不同时间的平均肝脏组织中两对映体浓度为纵坐标对采样时间作图，得到大鼠静脉注射甲霜灵外消旋体后两对映体在肝脏组织中的降解曲线，见图 2-139(a)。从图中可以看出左右旋对映体均以相似的方式进行降解，随着时间增加，两对映体的浓度逐渐减小；在用药后 5 min 时两对映体浓度差异就比较明显，但随着时间的增加两对映体浓度差异减小，R-甲霜灵的浓度始终大于 S-甲霜灵，到 90 min 时已不能检出 S-对映体，而 R-对映体到 120 min 时仍能检测到。通过回归分析计算拟合发现，甲霜灵静脉给药后，两对映体在大鼠肝脏组织中的降解符合一级降解动力学，实测值与理论计算值拟合很好，拟合方程及降解半衰期列于表 2-121。从表中我们可以看出 R-甲霜灵的降解半衰期（$t_{1/2}$）

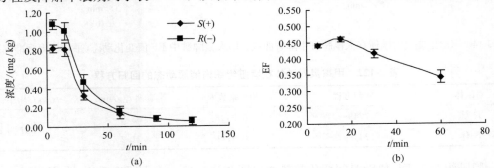

图 2-139　(a) 甲霜灵对映体在大鼠肝脏中降解曲线；(b) 大鼠肝脏中 EF 值变化动态（平均值±标准偏差）

是 S-甲霜灵的 1.23 倍,这表明 S-甲霜灵在肝脏组织中的降解要比 R-甲霜灵快。

　　肝脏组织中 EF 值随时间变化趋势图见图 2-139(b)。由图可以看出,在用药后 5 min EF 值就低于甲霜灵外消旋体的 EF 值 0.5 而达到 0.460,且到 15 min 后随时间的增加 EF 也相应减小,到处理 60 min 时 EF 值达到 0.343。实验结果表明在肝脏组织中,甲霜灵两对映体的降解是选择性的。

表 2-121　甲霜灵对映体在肝脏组织内消解动态的回归方程

对映体	回归方程	相关系数 R^2	半衰期 $t_{1/2}$/min	$t_{1/2(R)}/t_{1/2(S)}$
R-体	$y=1.2009e^{-0.0284x}$	0.9718	24.4	1.23
S-体	$y=1.0918e^{-0.035x}$	0.9616	19.8	

2.7.9.4　甲霜灵对映体在脾脏组织中的降解

　　以给药后不同时间的平均脾脏组织中两对映体浓度为纵坐标对采样时间作图,得到大鼠静脉注射甲霜灵外消旋体后两对映体在脾脏组织中的降解曲线,见图 2-140(a)。从图中可以看出左右旋对映体均以相似的方式进行降解,随着时间增加,两对映体的浓度逐渐减小;在用药后 15 min 时两对映体浓度就有差异,随时间增加两对映体浓度差异轻微增大,R-甲霜灵的浓度始终大于 S-甲霜灵,到 120 min 时已不能检出 S-对映体。通过回归分析计算拟合发现,甲霜灵静脉给药后,两对映体在大鼠脾脏组织中的降解符合一级降解动力学,实测值与理论计算值拟合很好,拟合方程及降解半衰期列于表 2-122。从表中我们可以看出 R-甲霜灵的降解半衰期($t_{1/2}$)是 S-甲霜灵的 1.57 倍,这表明 S-甲霜灵在脾脏组织中的降解要快于 R-甲霜灵。

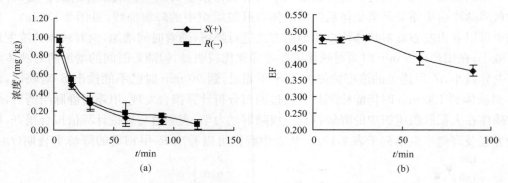

图 2-140　(a)甲霜灵对映体在大鼠脾脏中降解曲线;(b)大鼠脾脏中 EF 值变化动态(平均值±标准偏差)

表 2-122　甲霜灵对映体在脾脏组织内消解动态的回归方程

对映体	回归方程	相关系数 R^2	半衰期 $t_{1/2}$/min	$t_{1/2(R)}/t_{1/2(S)}$
R-体	$y=0.7749e^{-0.0209x}$	0.9427	33.2	1.57
S-体	$y=0.7448e^{-0.0255x}$	0.9471	21.2	

　　脾脏组织中 EF 值随时间变化趋势图见图 2-140(b)。由图可以看出,在用药后 5 min EF 值就低于甲霜灵外消旋体的 EF 值 0.5 而达到 0.474,且到 30 min 后随时间增加 EF

相应减小,到 90 min 时 EF 值为 0.378。实验结果表明在脾脏组织中,甲霜灵两对映体的降解是选择性的。

2.7.9.5　甲霜灵对映体在肺脏组织中的降解

以给药后不同时间的平均肺脏组织中两对映体浓度为纵坐标对采样时间作图,得到大鼠静脉注射甲霜灵外消旋体后两对映体在肺脏组织中的降解曲线,见图 2-141(a)。从图中可以看出左右旋对映体均以相似的方式进行降解,随着时间增加,两对映体的浓度逐渐减小;两对映体浓度的差异随时间增加而减小,到 180 min 时只能检出 S-甲霜灵。通过回归分析计算拟合发现,甲霜灵静脉给药后,两对映体在大鼠肺脏组织中的降解符合一级降解动力学,实测值与理论计算值拟合很好,拟合方程及降解半衰期列于表 2-123。从表中我们可以看出 R-甲霜灵的降解半衰期($t_{1/2}$)是 S-甲霜灵的 0.74 倍,这表明 R-甲霜灵在肺脏组织中降解稍快于 S-甲霜灵。

肺脏组织中 EF 值随时间变化趋势图见图 2-141(b)。由图可以看出,在用药后 EF 值随时间增加在 0.561 上下波动,变化趋势并不显著,这表明甲霜灵的两个对映体在肺脏组织中的选择性行为不明显。

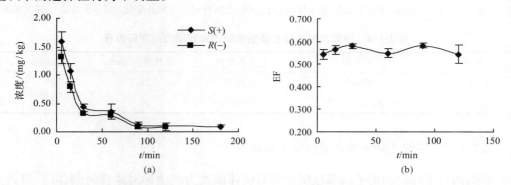

图 2-141　(a)甲霜灵对映体在大鼠肺脏中降解曲线;(b)大鼠肺脏中 EF 值变化动态(平均值±标准偏差)

表 2-123　甲霜灵对映体在肺脏组织内消解动态的回归方程

对映体	回归方程	相关系数 R^2	半衰期 $t_{1/2}$/min	$t_{1/2(R)}/t_{1/2(S)}$
R-体	$y=1.0511e^{-0.0232x}$	0.9025	29.9	
S-体	$y=1.0586e^{-0.0172x}$	0.8546	40.3	0.74

2.7.9.6　甲霜灵对映体在肾脏组织中的降解

以给药后不同时间的平均肾脏组织中两对映体浓度为纵坐标对采样时间作图,得到大鼠静脉注射甲霜灵外消旋体后两对映体在肾脏组织中的降解曲线,见图 2-142(a)。从图中可以看出左右旋对映体均以相似的方式进行降解,随着时间增加,两对映体的浓度逐渐减小;在用药后 30 min 时两对映体浓度差异最大,R-甲霜灵的浓度始终大于 S-甲霜灵。通过回归分析计算拟合发现,甲霜灵静脉给药后,两对映体在大鼠肾脏组织中的降解符合一级降解动力学,实测值与理论计算值拟合很好,拟合方程及降解半衰期列于表 2-

124。从表中我们可以看出 R-甲霜灵的降解半衰期（$t_{1/2}$）是 S-甲霜灵的 1.01 倍，这表明 R-甲霜灵在肾脏组织中的降解速度与 S-甲霜灵相似。

肾脏组织中 EF 值随时间变化趋势图见图 2-142(b)。由图可以看出，在用药后 15 min EF 值就低于甲霜灵外消旋体的 EF 值 0.5 而达到 0.468，但并不随时间增加而相应减小，在 0.461 上下波动。实验结果表明在肾脏组织中，甲霜灵两对映体的降解不具有选择性。

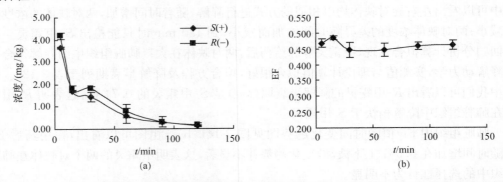

图 2-142　(a)甲霜灵对映体在大鼠肾脏中降解曲线；(b)大鼠肾脏中 EF 值变化动态(平均值±标准偏差)

表 2-124　甲霜灵对映体在肾脏组织内消解动态的回归方程

对映体	回归方程	相关系数 R^2	半衰期 $t_{1/2}$/min	$t_{1/2(R)}/t_{1/2(S)}$
R-体	$y=3.7604e^{-0.0266x}$	0.9758	26.1	1.01
S-体	$y=3.238e^{-0.027x}$	0.9829	25.7	

2.7.9.7　甲霜灵对映体在脑组织中的降解

以给药后不同时间的平均脑组织中两对映体浓度为纵坐标对采样时间作图，得到大鼠静脉注射甲霜灵外消旋体后两对映体在脑组织中的降解曲线，见图 2-143(a)。从图中可以看出左右旋对映体均以相似的方式进行降解，随着时间增加，两对映体的浓度逐渐减小；R-甲霜灵的浓度始终大于 S-甲霜灵。通过回归分析计算拟合发现，甲霜灵静脉给药后，两对映体在大鼠脑组织中的降解符合一级降解动力学，实测值与理论计算值拟合很

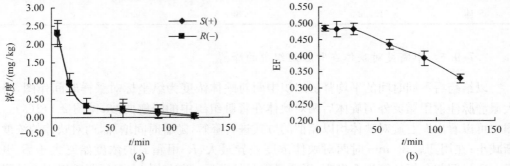

图 2-143　(a)甲霜灵对映体在大鼠脑中降解曲线；(b)大鼠脑中 EF 值变化动态(平均值±标准偏差)

好,拟合方程及降解半衰期列于表 2-125。从表中我们可以看出 R-甲霜灵的降解半衰期 $(t_{1/2})$ 是 S-甲霜灵的 1.27 倍,这表明 S-甲霜灵在脑组织中降解稍快于 R-甲霜灵。

表 2-125　甲霜灵对映体在脑组织内消解动态的回归方程

对映体	回归方程	相关系数 R^2	半衰期 $t_{1/2}/\min$	$t_{1/2(R)}/t_{1/2(S)}$
R-体	$y=1.5323\mathrm{e}^{-0.0288x}$	0.9070	24.1	1.27
S-体	$y=1.7241\mathrm{e}^{-0.0364x}$	0.9434	19.0	

脑组织中 EF 值随时间变化趋势图见图 2-143(b)。由图可以看出,在用药后 15 min EF 值就低于甲霜灵外消旋体的 EF 值 0.5 而达到 0.485,且随时间增加 EF 也相应减小,到 120 min 时 EF 值为 0.329。实验结果表明在脑组织中,甲霜灵两对映体的降解是选择性的。

2.7.9.8　甲霜灵对映体在肌肉组织中的降解

以给药后不同时间的平均肌肉组织中两对映体浓度为纵坐标对采样时间作图,得到大鼠静脉注射甲霜灵外消旋体后两对映体在肌肉组织中的降解曲线,见图 2-144(a)。从图中可以看出左右旋对映体均以相似的方式进行降解,随着时间增加,两对映体的浓度逐渐减小;在用药后直到 120 min 两对映体浓度都很相近。通过回归分析计算拟合发现,甲霜灵静脉给药后,两对映体在大鼠肌肉组织中的降解符合一级降解动力学,实测值与理论计算值拟合很好,拟合方程及降解半衰期列于表 2-126。从表中我们可以看出 R-甲霜灵的降解半衰期 $(t_{1/2})$ 与 S-甲霜灵的相同,这表明 R-甲霜灵在肌肉组织中的降解速度与 S-甲霜灵相同。

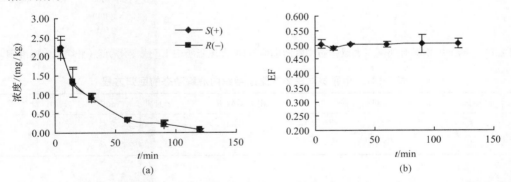

图 2-144　(a)甲霜灵对映体在大鼠肌肉中降解曲线;(b)大鼠肌肉中 EF 值变化动态(平均值±标准偏差)

表 2-126　甲霜灵对映体在肌肉组织内消解动态的回归方程

对映体	回归方程	相关系数 R^2	半衰期 $t_{1/2}/\min$	$t_{1/2(R)}/t_{1/2(S)}$
R-体	$y=2.2224\mathrm{e}^{-0.0287x}$	0.9841	24.1	1.00
S-体	$y=2.2383\mathrm{e}^{-0.0287x}$	0.9832	24.1	

肌肉组织中 EF 值随时间变化趋势图见图 2-144(b)。由图可以看出,在用药后直到 120 min EF 值都接近甲霜灵外消旋体的 EF 值 0.5 而近似呈一条直线。实验结果表明在

肌肉组织中,甲霜灵两对映体的降解不具有选择性。

2.7.9.9　甲霜灵对映体在脂肪组织中的降解

以给药后不同时间的平均脂肪组织中两对映体浓度为纵坐标对采样时间作图,得到大鼠静脉注射甲霜灵外消旋体后两对映体在脂肪组织中的降解曲线,见图 2-145(a)。从图中可以看出左右旋对映体均以相似的方式进行降解,在 15 min 前因两对映体在脂肪中的蓄积而浓度逐渐升高,从 15 min 开始又随着时间增加浓度逐渐减小;在用药后直到 180 min 两对映体浓度都很相近。通过回归分析计算拟合发现,甲霜灵静脉给药后,两对映体在大鼠脂肪组织中的降解符合假一级降解动力学,实测值与理论计算值拟合很好,拟合方程及降解半衰期列于表 2-127。从表中我们可以看出 R-甲霜灵的降解半衰期($t_{1/2}$)是 S-甲霜灵的 0.93 倍,这表明 R-甲霜灵在脂肪组织中的降解速度与 S-甲霜灵相近。

脂肪组织中 EF 值随时间变化趋势图见图 2-145(b)。由图可以看出,在用药后直到 120 min EF 值都接近甲霜灵外消旋体的 EF 值 0.5,只有轻微的增加。实验结果表明在脂肪组织中,甲霜灵两对映体的降解不具有选择性。

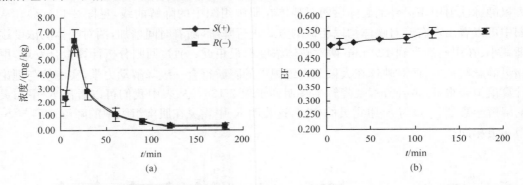

图 2-145　(a) 甲霜灵对映体在大鼠脂肪中降解曲线;(b) 大鼠脂肪中 EF 值变化动态(平均值±标准偏差)

表 2-127　甲霜灵对映体在脂肪组织内消解动态的回归方程

对映体	回归方程	相关系数 R^2	半衰期 $t_{1/2}$/min	$t_{1/2(R)}/t_{1/2(S)}$
R-体	$y = 4.7158e^{-0.019x}$	0.8560	36.5	0.93
S-体	$y = 4.5233e^{-0.0177x}$	0.8502	39.2	

2.7.9.10　甲霜灵对映体在大鼠不同组织中降解速度差异

甲霜灵对映体在大鼠各组织中的降解速度是有差异的,两对映体在各组织中的降解半衰期见图 2-146。由图可以看出,相对而言 S-甲霜灵的降解半衰期在大多数组织中要比其对映体小,这表明在这些组织中 S-甲霜灵降解得快;而两个对映体都是在脂肪中降解最慢,在心脏中次之;R-甲霜灵在肝脏、脑和肌肉中的降解速度相近,在各种组织中的降解速度大小为:肝脏、脑、肌肉>肾脏>肺脏>脾脏>心脏>脂肪;而 S-甲霜灵在肝脏、脾脏和脑中的降解速度接近,在各种组织中的降解速度大小为:脑、肝脏、脾脏>肌肉>肾脏>心脏>肺脏>脂肪。

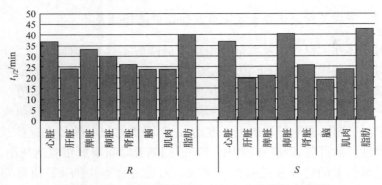

图 2-146　甲霜灵对映体在大鼠组织中的降解半衰期

2.7.9.11　甲霜灵对映体在大鼠不同组织中残留量差异

不同取样时间点甲霜灵对映体在各组织中的残留差异见图 2-147。由图可知在用药后 15 min，甲霜灵两对映体在脂肪中浓度明显大于其他组织，其次是肾脏，在脾脏中的浓度相对较低；用药后 30 min，脂肪中的浓度仍然明显高于其他组织，肾脏中两对映体降解相对较慢，但比其他组织的残留浓度相对要高；用药后 60 min，甲霜灵对映体在各组织中残留量继续减少，各组织之间的浓度差异与 30 min 时相似，此时 R-甲霜灵在各组织中残留量大小顺序为：脂肪＞肾脏＞肌肉、肺脏＞脑＞心脏＞脾脏、肝脏，S-甲霜灵在各组织中残留量大小顺序与 R-甲霜灵相似；而用药后 90 min，在肝脏组织只能检测到 R-对映体，但两对映体在各组织中的残留量大小未发生明显变化。

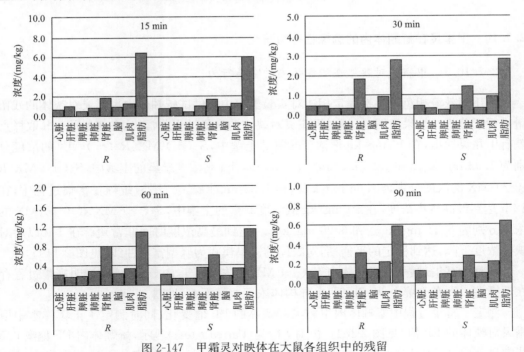

图 2-147　甲霜灵对映体在大鼠各组织中的残留

2.7.9.12　甲霜灵对映体在大鼠血浆及组织中选择性差异

甲霜灵对映体在大鼠血浆及大部分组织中的降解不具有选择性,图 2-148 中列出了在 4 个取样时间点各样本中的 EF 值。从图中可以看出,在用药后 15 min 时,甲霜灵对映体在大鼠血浆及大部分组织中的 EF 值小于甲霜灵外消旋体标样的 EF 值 0.5,而肺脏和脂肪中的 EF 值则大于 0.5。随着时间的增加,血浆、心脏、肺脏、肾脏、肌肉和脂肪中的 EF 值没有明显的变化,只有轻微的上下波动,这表明甲霜灵对映体在这些组织中的降解并不具有选择性。而肝脏、脾脏和脑中的 EF 值则随着时间增加相应地减小,表明甲霜灵对映体在这些组织中的选择性随时间而增强。对比各样本中的 EF 值可知在所有时间点,R-甲霜灵在肺脏和脂肪中的降解要稍快于 S-甲霜灵,与其他组织中的降解相反。

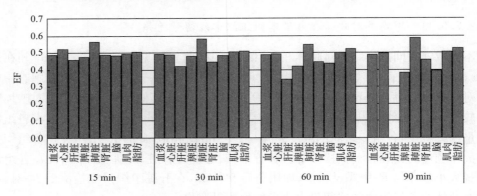

图 2-148　大鼠血浆及各组织中 EF 值

2.7.10　甲霜灵在蚯蚓体内的选择性行为研究

2.7.10.1　甲霜灵对映体在蚯蚓体内的富集行为

利用高效液相色谱手性固定相法对实验土壤中和供试蚯蚓体内甲霜灵对映体的残留量进行了分析。结果表明,蚯蚓对甲霜灵对映体的富集过程非常快,在初始的 6 h 取样点就有甲霜灵检出,在 10 mg/kg 低浓度暴露的土壤中,S-($+$)-MX、R-($-$)-MX 的浓度分别为 1.93 mg/kg$_{wwt}$ 和 1.25 mg/kg$_{wwt}$;在 50 mg/kg 高浓度暴露的土壤中,S-($+$)-MX、R-($-$)-MX 的浓度分别为 2.66 mg/kg$_{wwt}$ 和 1.83 mg/kg$_{wwt}$。此外,蚯蚓在富集过程中,在 12 h 达到最高富集浓度,在 50 mg/kg 低浓度暴露的土壤中,S-($+$)-MX、R-($-$)-MX 的浓度分别为 8.41 mg/kg$_{wwt}$ 和 6.05 mg/kg$_{wwt}$,达到最高浓度时间非常短。在 1 d 以后对映体浓度下降,达到稳定的平衡期,对映体的富集模式为峰型富集曲线,见图 2-149。

在整个富集过程中,蚯蚓体内 S-($+$)-MX 的浓度高于 R-($-$)-MX,说明富集过程存在选择性。而在土壤中,甲霜灵两个异构体浓度差异不大,见图 2-150。

测定了富集过程中蚯蚓体内甲霜灵对映体的 EF 值变化,同时测定了土壤样本中甲霜灵对映体的 EF 值,见图 2-151。配对 t 检验(Paired t test)显示,蚯蚓体内 EF 偏离 0.5 非常显著($p < 0.001$);土壤样本中 EF 值基本维持在 0.5 左右,变化不显著($p > 0.05$)。

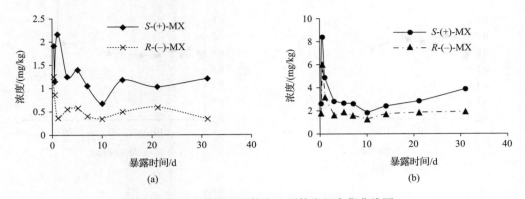

图 2-149　甲霜灵对映体在蚯蚓体内的富集曲线图

（a）土壤低浓度暴露（10 mg/kg）；（b）土壤高浓度暴露（50 mg/kg）

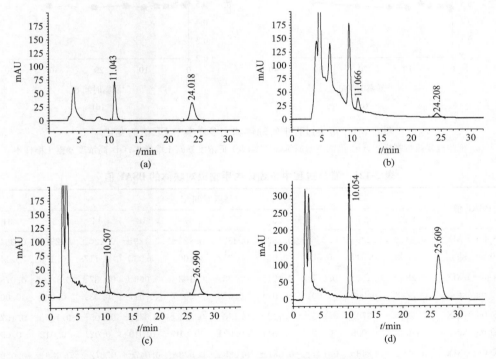

图 2-150　富集过程中甲霜灵对映体提取色谱图

（a）标准品；（b）高浓度暴露 12 h 蚯蚓提取色谱图；（c）低浓度暴露 3 d 土壤提取色谱图；（d）高浓度暴露 3 d 土壤
提取色谱图（正己烷/异丙醇＝70/30；流速：0.6 mL/min；检测波长：230 nm）

表明蚯蚓对甲霜灵对映体的富集存在显著的选择性，优先富集 S-（＋）-MX。

对富集过程中蚯蚓体内甲霜灵对映体的生物-土壤富集因子（BSAF）进行了计算，计算结果见表 2-128。富集过程中，S-（＋）-MX 的 BSAF 值高于 R-（－）-MX。配对 t 检验显示，对映体 BSAF 值间存在显著差异（$p＝0.001$），表明蚯蚓对甲霜灵对映体的富集过程存在选择性。此外，低浓度暴露下甲霜灵对映体的 BSAF 值高于高浓度暴露。

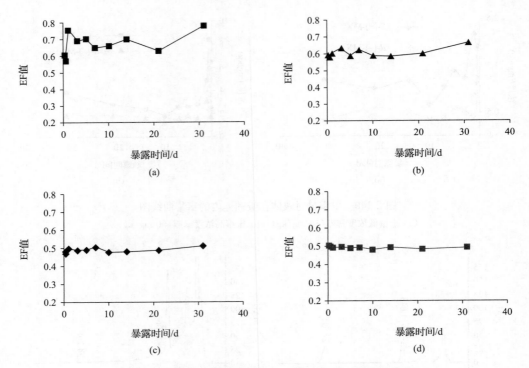

图 2-151　富集过程中蚯蚓体和土壤样本中 EF 值的变化

(a) 低浓度暴露蚯蚓样本；(b) 高浓度暴露蚯蚓样本；(c) 低浓度暴露土壤样本；(d) 高浓度暴露土壤样本

表 2-128　富集过程中蚯蚓体内甲霜灵对映体的 BSAF 值

BSAF 值	暴露时间/d									
	0.25	0.5	1	3	5	7	10	14	21	31
S-(+)-MX	0.351±	0.239±	0.556±	0.289±	0.332±	0.123±	0.129±	0.220±	0.235±	0.264±
(10 mg/kg$_{dwt}$)	0.302	0.011	0.024	0.034	0.053	0.009	0.030	0.117	0.138	0.141
R-(−)-MX	0.285±	0.160±	0.077±	0.121±	0.133±	0.103±	0.069±	0.087±	0.130±	0.078±
(10 mg/kg$_{dwt}$)	0.238	0.009	0.004	0.015	0.043	0.015	0.017	0.039	0.005	0.008
S-(+)-MX	0.125±	0.370±	0.222±	0.142±	0.130±	0.121±	0.072±	0.105±	0.140±	0.197±
(50 mg/kg$_{dwt}$)	0.026	0.008	0.020	0.044	0.021	0.010	0.010	0.021	0.012	0.057
R-(−)-MX	0.089±	0.268±	0.144±	0.081±	0.088±	0.072±	0.047±	0.072±	0.089±	0.099±
(50 mg/kg$_{dwt}$)	0.011	0.072	0.011	0.032	0.010	0.006	0.007	0.006	0.008	0.021

注：BSAF 单位为每千克干重比每千克湿重

2.7.10.2　甲霜灵对映体在蚯蚓体内的代谢行为

当蚯蚓体内的甲霜灵浓度达到平衡后(7 d)，将蚯蚓转至没有药剂的空白土壤，定期取样，观察甲霜灵对映体在蚯蚓体内的代谢情况。结果显示，甲霜灵对映体在蚯蚓体内的降解代谢过程非常快。检测发现，在第一个取样点 0.5 d 蚯蚓体内甲霜灵对映体浓度＜0.2 mg/kg，低于本实验中方法的检出限，$t_{1/2}$＜0.5 d。

2.7.10.3 甲霜灵对映体在有蚯蚓土壤中的降解行为

甲霜灵对映体在有蚯蚓土壤中降解结果见图 2-152。图中可以看出,在高浓度(50 mg/kg$_{dwt}$)和低浓度(10 mg/kg$_{dwt}$)暴露土壤中,甲霜灵对映体在整个富集过程中的降解速率都比较缓慢,降解率<20%。此外,降解过程中对甲霜灵对映体 EF 值维持在 0.5 左右[图 2-151(c)和(d)],两种暴露浓度下土壤中未发现选择性降解现象存在。

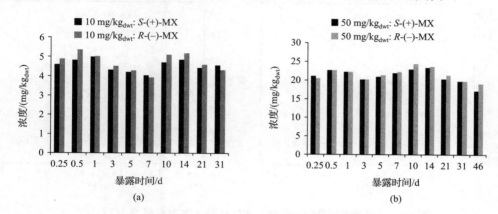

图 2-152 土壤中甲霜灵对映体的浓度变化

(a) 土壤低浓度暴露(10 mg/kg$_{dwt}$);(b) 土壤高浓度暴露(50 mg/kg$_{dwt}$)

2.7.10.4 甲霜灵对蚯蚓的选择性毒性

甲霜灵及其 R-体的选择性毒性实验结果见表 2-129,表 2-130 及图 2-153。

表 2-129　甲霜灵及对映体滤纸片法实验蚯蚓死亡数和死亡率

化合物名称	滤纸浓度/(μg/cm^2)	总数/条	48 h 死亡数/条	48 h 死亡率/%
rac-MX	12.65	10	1	0.0
	18.97	10	5	6.7
	25.30	10	6	26.7
	31.62	10	8	40.0
	37.94	10	8	53.3
	45.66	10	8	53.3
	50.59	10	9	66.7
R-(−)-MX	31.62	10	0	0.0
	39.53	10	0	0.0
	47.43	10	2	20.0
	55.34	10	4	40.0
	63.24	10	5	50.0
	71.15	10	6	60.0
	79.05	10	8	80.0
CK	0.00	10	0	0.0

表 2-130　甲霜灵及其 R-体的 LC_{50} 值

化合物	48 h LC_{50}/($\mu g/cm^2$)	95%置信区间	p	R^2
rac-甲霜灵	22.09	15.62~27.23	0.001	0.913
R-甲霜灵	52.35	44.33~60.89	0.0002	0.947

* R^2 表示相关系数

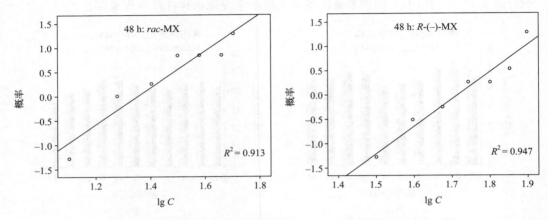

图 2-153　滤纸片法测定 rac-MX 及 R-(一)-MX 对蚯蚓 48 h LC_{50} 值

　　滤纸片法 48 h 测定结果发现,甲霜灵外消旋体的 LC_{50} 值为 22.09 $\mu g/cm^2$,精甲霜灵(R-体)的 LC_{50} 值为 53.25 $\mu g/cm^2$。外消旋体甲霜灵的对蚯蚓的毒性大约为精甲霜灵的 2.5 倍。

2.7.10.5　甲霜灵对映体对蚯蚓酶活性的影响差异

1) 甲霜灵及其 R-体对蚯蚓 CAT 酶活性的影响

甲霜灵及其 R-体对蚯蚓 CAT 酶活性的影响见图 2-154 和表 2-131。

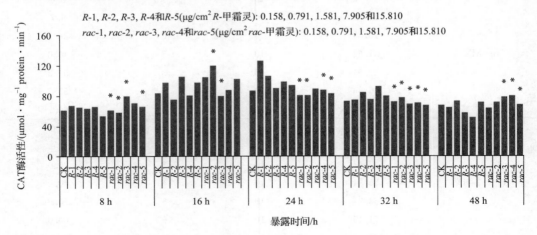

图 2-154　甲霜灵及其 R-体对蚯蚓 CAT 酶活性的影响(外消旋体及 R-体组间 LSD 方差分析: * $p < 0.05$)

表 2-131　甲霜灵及 R-体各处理浓度及处理时间下 CAT 及 POD 酶活性（对照组与处理组间 Donnett t-test）

生化测定	暴露时间/h	rac-甲霜灵和 R 对映体的含量/（μg/cm²）					
		0	0.158	0.791	1.581	7.905	15.810
CAT 活性 /(μmol·mg⁻¹ protein·min⁻¹) (rac-甲霜灵)	8	61.59±0.96	61.64±1.21	58.50±2.64	80.01±0.55***	70.73±0.44	66.63±2.05
	16	84.02±4.26	104.80±1.04**	120.15±8.23***	80.37±0.37	88.04±3.31	102.73±3.09**
	24	86.92±2.53	80.94±2.54	81.06±1.99	89.59±1.02	88.41±0.60	83.52±0.45
	32	73.37±3.55	72.48±0.43	77.67±0.48*	69.34±0.39	71.16±0.81	68.02±0.42*
	48	67.86±0.79	64.16±0.42	71.89±0.15*	78.96±0.44***	80.17±0.87***	68.69±0.36
CAT 活性 /(μmol·mg⁻¹ protein·min⁻¹) (R-甲霜灵)	8	61.59±0.96	67.87±0.44*	65.97±2.86	63.82±0.89	66.55±0.87	54.32±1.47**
	16	84.02±4.26	98.45±2.68*	75.87±1.60	106.00±1.55***	81.33±1.62	97.98±2.59*
	24	86.92±2.53	126.93±2.27***	106.32±3.20***	90.41±1.75	98.75±0.12***	94.46±1.64**
	32	73.37±3.55	74.65±0.96	85.13±0.11***	75.89±0.89	92.41±1.09***	80.50±0.97**
	48	67.86±0.79	65.17±0.42	73.71±3.42**	58.25±5.26***	51.57±0.08***	71.89±1.29*
POD 活性 /(nmol·mg⁻¹ protein·min⁻¹) (rac-甲霜灵)	8	13.95±0.35	14.43±0.15	17.36±1.22***	15.23±0.81	14.06±0.41	12.06±0.47*
	16	14.97±0.44	11.94±0.29*	17.73±0.28*	14.21±1.85	12.14±0.44*	16.09±0.38
	24	15.41±0.37	12.78±0.09*	14.85±0.83	14.96±0.09	16.11±0.33	17.65±0.17*
	32	15.29±0.24	14.02±0.24	15.91±0.61	14.54±0.21	13.31±0.60**	12.02±0.31***
	48	13.06±0.66	10.99±0.31*	15.33±0.27*	12.77±0.48	9.99±0.80**	13.44±0.66
POD 活性 /(nmol·mg⁻¹ protein·min⁻¹) (R-甲霜灵)	8	13.95±0.35	13.41±0.24	12.64±0.18	15.82±0.33	15.99±0.48*	11.40±0.09***
	16	14.97±0.44	14.64±0.99	13.96±0.15	17.70±0.57*	13.70±0.45	17.56±0.19*
	24	15.41±0.37	18.63±0.70**	19.65±0.71***	19.76±0.43***	21.23±0.10***	17.31±1.61
	32	15.29±0.24	15.36±0.18	19.32±0.09**	13.85±0.16	17.65±1.10**	19.76±0.18***
	48	13.06±0.66	13.14±0.46	10.62±0.86**	14.13±0.14	8.52±0.36***	10.89±0.24*

* $p < 0.05$, ** $p < 0.01$, *** $p < 0.001$

　　总体上看,CAT 酶活性与甲霜灵及 R-体之间不存在明显的剂量-效应线性关系,但 CAT 酶活性与暴露时间之间存在一定的规律性。对甲霜灵及其 R-体,都是随着暴露时间的延长,CAT 酶活性表现出先增高后又降低的变化趋势。在初始的 8 h,CAT 酶活性增加相对不明显,而在 16 h 及 24 h 酶活性增加比较显著,从 32 h 后酶活性又表现出降低的趋势。

　　对甲霜灵及 R-体组间进行比较,在低浓度暴露下,16 h 外消旋体引起 CAT 酶活性显著增加的响应速度更快;而 24 h R-体引起 CAT 酶活性显著增加的响应速度相对较慢。另外,根据表 2-132 结果再次验证暴露浓度($p>0.05$)对 CAT 酶活性没有显著影响,而暴露时间($p<0.001$)对 CAT 酶活性影响显著,并且暴露时间×暴露浓度对应的 p 值均小于 0.001,因此,时间和浓度的交互作用对 CAT 酶活性影响显著。

　　2) 甲霜灵及其 R-体对蚯蚓 POD 酶活性的影响

　　甲霜灵及其 R-体对蚯蚓 POD 酶活性的影响见图 2-155 和表 2-131。

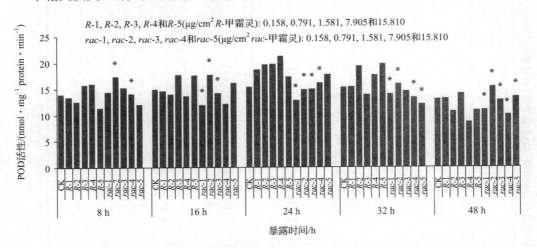

图 2-155　甲霜灵及其 R 体对蚯蚓 POD 酶活性的影响(外消旋体及 R 体组间
LSD 方差分析：* $p<0.05$)

　　总体上看,对于甲霜灵及其 R-体,在低浓度暴露组 POD 酶活性变化缺少规律,但对于高浓度处理组,POD 酶活性表现出随暴露时间延长,出现先增高后又降低的变化趋势。

　　对甲霜灵及 R-体组间进行比较,R-体甲霜灵在暴露中段时间(24 h、32 h)主要表现出 POD 酶活性激活作用,而外消旋体甲霜灵对 POD 酶活性影响缺少规律。随着暴露时间的延长,在 24 h,对于 R-体甲霜灵,在各个暴露浓度均表现出对 POD 酶活性的激活作用,且有暴露浓度越高 POD 酶活性越高的趋势;但对于外消旋体甲霜灵,24 h 时个浓度处理对 POD 酶活性的激活现象不明显。随着暴露时间的继续增加,在 32 h 对于 R-体甲霜灵,低浓度处理组的酶活激活现象开始变的不显著,而高浓度处理组仍表现出酶活激活显现;而对于外消旋体甲霜灵,在 32 h 主要表现为 POD 酶活抑制作用。另外,根据表 2-132 结果可知,外消旋体的暴露浓度($p<0.001$)对 POD 酶活性影响显著,R-体的暴露浓度($p>0.05$)对 POD 酶活性没有明显影响,而外消旋体及 R-体的暴露时间($p<0.05$)均

对 POD 酶活性影响显著,并且暴露时间×暴露浓度对应的 p 值均小于 0.001,因此,时间和浓度的交互作用对 POD 酶活性影响显著。

表 2-132　甲霜灵及 R-体作用下蚯蚓 CAT 及 POD 酶活性变化的方差分析

生化测定	剂量			持续时间			剂量×持续时间		
	df	F	p	df	F	p	df	F	p
CAT 活性 (rac-甲霜灵)	5	1.820	0.126	4	35.677	<0.001*	20	16.481	<0.001*
CAT 活性 (R-甲霜灵)	5	0.913	0.480	4	25.250	<0.001*	20	54.947	<0.001*
POD 活性 (rac-甲霜灵)	5	7.310	<0.001*	4	5.977	0.001*	20	11.963	<0.001*
POD 活性 (R-甲霜灵)	5	0.799	0.556	4	21.462	<0.001*	20	28.962	<0.001*

df:自由度。 * $p < 0.05$

2.8　腈　菌　唑

腈菌唑(myclobutanil)属三唑类杀菌剂,是甾醇脱甲基化抑制剂,具有内吸、保护和治疗性,杀菌谱广,对子囊菌亚门、担子菌亚门、半知菌亚门病原菌引起的多种病害具有良好的预防和治疗效果;可广泛应用于小麦的白粉病、锈病、黑穗病;梨、苹果的黑星病、白粉病、褐斑病、灰斑病;瓜类的白粉病;香蕉和花生的叶斑病;葡萄的白粉病;蔬菜及花卉的白粉病、锈病等。化学名称:2-(4-氯苯基)-2-(1H-1,2,4-三唑-1-甲基)乙腈,其结构中有一个手性中心,外消旋体含有两个对映异构体。结构如图 2-156 所示。

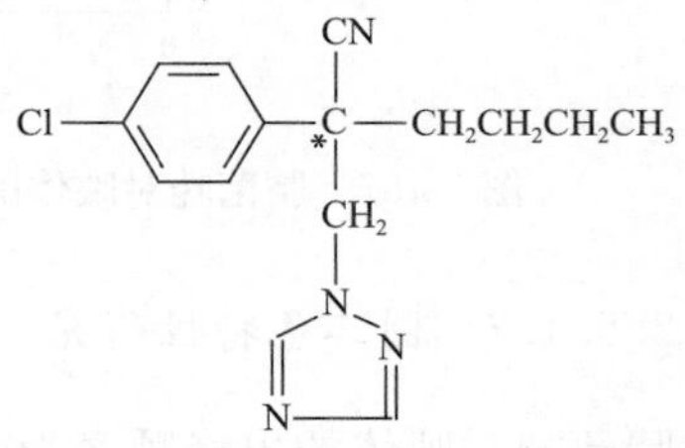

图 2-156　腈菌唑结构图

2.8.1　腈菌唑在正相 ADMPC 手性固定相上的拆分

2.8.1.1　色谱条件

Agilent 1100 高效液相色谱仪及 JASCO 2000 高效液相色谱仪(主要用于对映体出峰顺序的确定及圆二色特性的研究)。直链淀粉-三(3,5-二甲基苯基氨基甲酸酯)(ADMPC)色谱柱(自制)250 mm×4.6 mm I.D.,流动相为正己烷/异丙醇,检测波长230 nm,流速 1.0 mL/min,考察温度的影响所涉及的范围为 0～40 ℃。除了考察温度对拆分的影响实验外,其他操作均在室温下进行。

2.8.1.2　腈菌唑对映体的拆分结果

表 2-133 为腈菌唑对映体在 ADMPC 手性固定相上的拆分结果及异丙醇体积分数对拆分的影响,检测波长 230 nm,流动相为正己烷,腈菌唑对映体在该手性固定相上有很好的分离效果,在异丙醇含量为 5%时,分离度达 5.73,在色谱柱中的保留也较强,异丙醇含量为 15%时,先后流出对映体的分离因子就达 5.47 和 9.37。图 2-157 为腈菌唑对映体的拆分色谱图。

表 2-133　腈菌唑对映体的拆分结果

异丙醇含量/%	k_1	k_2	α	R_s
15	5.47	9.37	1.71	4.14
10	9.18	15.57	1.70	4.90
5	21.32	35.05	1.64	5.73

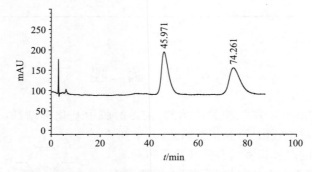

图 2-157　腈菌唑对映体的色谱拆分图(正己烷/异丙醇=95/5,230 nm,室温)

2.8.1.3　圆二色特性研究

腈菌唑对映体的出峰顺序为(-)/(+),230 nm 波长下,先流出对映体为(-)CD 吸收信号,后流出对映体为(+)CD 信号。圆二色吸收随波长变化的扫描图如图 2-158 所示,两对映体的 CD 吸收对称性不好,在 220~240 nm 范围内都可以选作测定出峰顺序的波长。

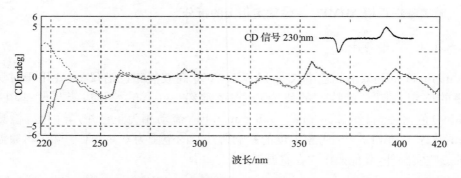

图 2-158　腈菌唑对映体的圆二色色谱图(实线代表先流出对映体,虚线代表后流出对映体)

2.8.1.4　温度对拆分的影响

在正己烷/异丙醇(85/15)流动相体系下,考察了温度对拆分的影响,温度范围为 0～40 ℃,结果见表 2-134,对映体分离受温度的影响较大,一方面表现为保留随着温度的升高明显减小,另一方面分离效果随着温度的升高也明显变差。

表 2-134　温度对腈菌唑对映手性拆分的影响

温度/℃	k_1	k_2	α	R_s
0	7.93	16.53	2.08	5.43
10	6.30	11.53	1.83	4.98
20	5.47	9.37	1.71	4.14
30	4.99	7.98	1.60	4.15
40	4.82	7.08	1.47	3.67

2.8.1.5　热力学参数的计算

绘制了腈菌唑两对映体线性的 Van't Hoff 曲线,如图 2-159 所示,线性关系较好。根据线性的 Van't Hoff 可计算出相关的热力学参数,熵变、焓变的数据列于表 2-135 中,焓变和熵变的差值都较大,与对映体具有很好的分离性能相一致,数据显示两对映体的拆分受焓控制。

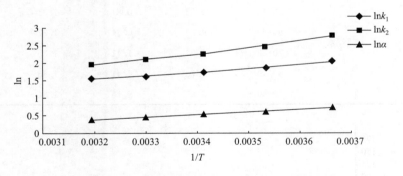

图 2-159　腈菌唑对映体的 Van't Hoff 曲线

表 2-135　腈菌唑对映体拆分的热力学参数

对映体	$\ln k=-\Delta H/RT+\Delta S^*$	ΔH /(kJ/mol)	ΔS^*	$\ln\alpha=\Delta_{R,S}\Delta H/RT+\Delta_{R,S}\Delta S/RT$	$\Delta\Delta H$ /(kJ/mol)	$\Delta\Delta S$ /[J/(mol·K)]
—	$\mathrm{Ln}k_1=1062/T-1.88$ $(R=0.9677)$	-8.83	-1.88	$\ln\alpha=709.96/T-1.88$ $(R=0.9972)$	-5.90	-15.63
+	$\mathrm{Ln}k_2=1777.4/T-3.78$ $(R=0.9837)$	-14.78	-3.78			

2.8.2　腈菌唑在反相 CDMPC 手性固定相上的拆分

2.8.2.1　色谱条件

纤维素-三(3,5-二甲基苯基氨基甲酸酯)(CDMPC)手性柱,250 mm×4.6 mm I. D. (实验室自制);流动相为不同比例的甲醇/水或乙腈/水,温度对拆分影响在 0～40 ℃ 之间,其他实验在室温进行,流速 0.8 mL/min,进样量 10 μL,检测波长 230 nm,样品浓度大约 100 mg/L。

2.8.2.2　流动相组成对手性拆分的影响

不同流动相比例对拆分结果的影响见表 2-136,典型拆分色谱图见图 2-160。

表 2-136　腈菌唑在 CDMPC 上的拆分结果

手性化合物	流动相	v/v	k_1	k_2	α	R_s
		100/0	0.58	0.80	1.38	1.59
		95/5	0.89	1.23	1.38	2.14
	甲醇/水	85/15	1.54	2.05	1.33	2.15
		80/20	2.23	2.94	1.32	2.17
		75/25	3.43	4.49	1.31	2.27
腈菌唑		100/0	0.34	0.44	1.29	1.05
		90/10	0.62	0.81	1.31	1.38
	乙腈/水	80/20	0.69	0.94	1.37	1.89
		70/30	1.04	1.41	1.35	2.30
		60/40	1.78	2.41	1.36	3.06
		50/50	3.85	5.16	1.34	3.86

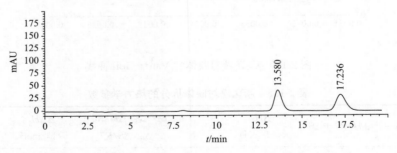

图 2-160　腈菌唑在乙腈/水(50/50)作流动相 CDMPC 上分离色谱图(流速 0.8 mL/min,室温)

2.8.2.3　温度对手性拆分的影响

温度对腈菌唑在 CDMPC 固定相上拆分的影响结果见表 2-137。Van't Hoff 曲线如图 2-161 所示(乙腈/水=50/50)。根据线性 Van't Hoff 方程可计算出焓变、熵变等热力学参数,结果列于表 2-138。

表 2-137　CDMPC 上温度对腈菌唑拆分的影响

手性化合物	温度/℃	流动相	v/v	k_1	k_2	α	R_s
腈菌唑	0	甲醇/水	85/15	2.24	2.98	1.33	2.06
	5			2.10	2.77	1.32	2.05
	10			1.93	2.52	1.30	2.04
	20			1.78	2.29	1.29	2.12
	30			1.40	1.76	1.25	1.83
	40			1.14	1.39	1.23	1.58
	0	乙腈/水	50/50	4.38	6.01	1.37	3.66
	5			4.29	5.86	1.37	3.74
	10			4.08	5.55	1.36	3.89
	20			3.83	5.09	1.33	3.40
	30			3.50	4.58	1.31	3.86
	40			3.19	4.09	1.28	3.67

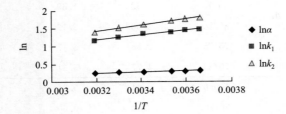

图 2-161　乙腈/水(50/50)作流动相条件下三唑类农药的 Van't Hoff 图(0~40℃)

表 2-138　手性农药对映体的 Van't Hoff 方程和 $\Delta\Delta H^o$、$\Delta\Delta S^o$(0~40℃)

手性化合物	流动相	v/v	线性方程	$\Delta\Delta H^o$/(kJ/mol)	$\Delta\Delta S^o$/[J/(mol·K)]
腈菌唑	甲醇/水	85/15	$\ln\alpha = 172.57/T - 0.3424$ $(R^2 = 0.9766)$	−1.43	−2.85
	乙腈/水	50/50	$\ln\alpha = 149.4/T - 0.2249$ $(R^2 = 0.9790)$	−1.24	−1.87

2.8.2.4　对映体的流出顺序

在 230 nm 的检测波长下,以甲醇/水(80/20)和乙腈/水(50/50)为流动相,使用圆二色检测器确定对映体在 CDMPC 手性固定相上的出峰顺序均为右旋/左旋。

2.8.3　腈菌唑在反相 ADMPC 手性固定相上的拆分

2.8.3.1　色谱条件

直链淀粉-三(3,5-二甲基苯基氨基甲酸酯)(ADMPC)手性固定相,150 mm×4.6 mm I.D.(实验室自制);流动相为不同比例的甲醇/水或乙腈/水,温度对拆分影响在0~40 ℃之间,其他实验在室温进行,流速 0.5 mL/min,进样量 10 μL,检测波长 230 nm,样品浓度大约 100 mg/L。

2.8.3.2　流动相组成对手性拆分的影响

流动相组成对腈菌唑在 ADMPC 固定相上拆分的影响结果如表 2-139 所示,在乙腈/水(40/60)的流动相比例下拆分效果较好,见图 2-162。

表 2-139　腈菌唑在 ADMPC 上的拆分结果

手性化合物	流动相	v/v	k_1	k_2	α	R_s
腈菌唑	甲醇/水	100/0	0.54	0.54	1.00	—
		90/10	1.01	1.01	1.00	—
		85/15	1.32	1.39	1.05	0.33
		80/20	2.00	2.12	1.06	0.43
		75/25	2.88	3.17	1.10	0.51
		70/30	4.77	5.31	1.11	0.61
	乙腈/水	100/0	0.34	0.34	1.00	—
		70/30	0.60	0.60	1.00	—
		60/40	1.06	1.13	1.07	0.43
		50/50	2.30	2.48	1.08	0.67
		40/60	6.36	6.87	1.08	0.76

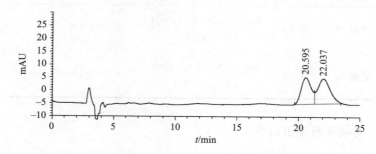

图 2-162　腈菌唑在 ADMPC 上反相条件下的拆分色谱图(室温,乙腈/水=40/60,流速 0.5 mL/min)

2.8.3.3　温度对手性拆分的影响

温度对腈菌唑在 ADMPC 固定相上拆分的影响结果见表 2-140。Van't Hoff 曲线如

图 2-163 所示（乙腈/水＝50/50）。腈菌唑在 ADMPC 上甲醇/水作流动相下 lnα 与 1/T 关系如图 2-164 所示。根据线性 Van't Hoff 方程可计算出焓变、熵变等热力学参数，结果列于表 2-141。

表 2-140　在 ADMPC 上反相色谱条件下温度对腈菌唑拆分的影响

手性化合物	温度/℃	流动相	v/v	k_1	k_2	α	R_s
腈菌唑	0			6.07	6.07	1.00	—
	5			4.85	5.07	1.05	0.29
	10			4.04	4.37	1.08	0.52
	15	甲醇/水	75/25	3.45	3.76	1.09	0.52
	20			2.99	3.27	1.10	0.53
	30			2.24	2.47	1.10	0.72
	40			1.64	1.80	1.10	0.71
	0			8.69	9.41	1.08	0.69
	5			8.12	8.79	1.08	0.70
	10	乙腈/水	50/50	7.66	8.28	1.08	0.70
	20			6.52	7.04	1.08	0.67
	30			5.38	5.78	1.07	0.65
	40			4.43	4.75	1.07	0.64

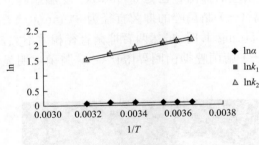

图 2-163　腈菌唑对映体在 ADMPC 上的 Van't Hoff 曲线（乙腈/水＝50/50，流速 0.5 mL/min，0～40℃）

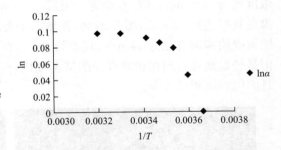

图 2-164　腈菌唑在 ADMPC 上甲醇/水作流动相下 lnα 与 1/T 的关系图

表 2-141　0～40℃ 范围内，腈菌唑对映体的 Van't Hoff 方程和 $\Delta\Delta H^\circ$、$\Delta\Delta S^\circ$

手性化合物	流动相	v/v	线性方程	$\Delta\Delta H^\circ/(\text{kJ/mol})$	$\Delta\Delta S^\circ/[\text{J/(mol·K)}]$
腈菌唑	乙腈/水	50/50	$\ln\alpha=22.089/T-0.0008$ ($R^2=0.9296$)	−0.18	−0.006

2.8.3.4　对映体的流出顺序

在 230 nm 的检测波长下，以甲醇/水（75/25）和乙腈/水（40/60）为流动相，使用圆二色检测器确定对映体在 ADMPC 手性固定相上的出峰顺序均为左旋/右旋。

2.8.4　腈菌唑在病菌体内的选择性行为研究

对于花生褐斑病菌,培养两天后,以加药滤纸片为中心,各实验浓度的培养皿内均出现明显的抑菌圈。只用丙酮处理的空白对照组培养皿内无抑菌圈。对于腈菌唑两个对映异构体,其抑菌圈的直径大小与加药浓度均成正比例关系。随着观察时间的延长,圈内的菌斑明显增加,抑菌圈直径也有缩小趋势,表 2-142 分别为培养 2 天和培养 4 天后的抑菌圈记录情况。

表 2-142　不同浓度的腈菌唑对映体对花生褐斑病菌的抑制情况

时间/d	浓度/(mg/L)	800	400	200	100	50
2	(一)体抑菌直径/mm	38	34	31	25	20
	(＋)体抑菌直径/mm	46	40	36	30	21
	活性(＋)/(一)(倍)	1.21	1.18	1.16	1.20	1.05
4	(一)体抑菌直径/mm	34	29	26	20	0
	(＋)体抑菌直径/mm	44	37	31	22	0
	活性(＋)/(一)(倍)	1.29	1.28	1.19	1.10	—

对比相同处理浓度的腈菌唑对映异构体(图 2-165),(＋)-腈菌唑对花生褐斑病菌的抗菌活性明显大于(一)-腈菌唑,并且这种差异随着观察时间的延长显得更加明显。加药浓度均为 800 mg/L 时,在培养 2 天后(一)-腈菌唑的抑菌直径为 38 mm,(＋)-腈菌唑的抑菌直径达到 46 mm,相差 21%,而培养 4 天后(一)-腈菌唑的抑菌直径为 34 mm,(＋)-腈菌唑的抑菌直径为 44 mm,相差约 30%,在 50 mg/L 时,虽然两者抑菌直径相差不大,但是经观察可看到在相同直径的抑菌圈内,(＋)-腈菌唑抑菌圈界限比(一)-腈菌唑明显且圈内病斑明显较少。

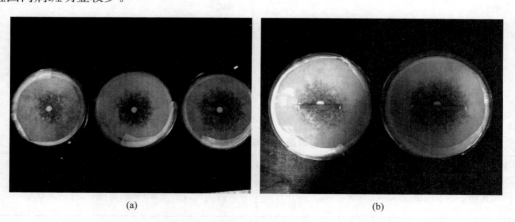

(a)　　　　　　　　　　　　　　　(b)

图 2-165　(a)不同浓度(＋)-腈菌唑对花生褐斑病菌的抑菌效果,由左至右为 200 mg/L、400 mg/L、800 mg/L;(b)200 mg/L 浓度下(＋)-腈菌唑(左)与(一)-腈菌唑(右)抑菌效果

培养 1 周后,由培养基反面照片可观察到培养皿内(一)-腈菌唑的抑菌圈已被完全覆

盖,(＋)-腈菌唑在 25 mm 范围内还可观察到较明显的抑菌效果。培养基正面虽全部长满白色絮状菌层,但是原抑菌圈内的絮状物明显少于周围,并且(＋)-腈菌唑的残效还可观察到明显大于(－)-腈菌唑。

对比相同处理浓度的马铃薯晚疫病菌,(＋)-腈菌唑对马铃薯晚疫病菌的抗菌活性明显大于(－)-腈菌唑,并且这种差异随着观察时间的延长显得更加明显,见表 2-143。加药浓度均为 800 mg/L 时,在培养 2 天后(－)-腈菌唑的抑菌直径为 40 mm,(＋)-腈菌唑的抑菌直径达到 46 mm,相差 15％,而培养 4 天后(－)-腈菌唑的抑菌直径为 32 mm,(＋)-腈菌唑的抑菌直径为 40 mm,相差约 25％,两者存在明显的差异性。

表 2-143　不同浓度的腈菌唑对映体对马铃薯晚疫病菌的抑制情况

时间/d	浓度/(mg/L)	800	400	200	100	50
2	(－)体抑菌直径/mm	40	37	33	28	22
	(＋)体抑菌直径/mm	46	43	40	32	27
	活性(＋)/(－)(倍)	1.15	1.16	1.21	1.14	1.23
4	(－)体抑菌直径/mm	32	29	23	20	32
	(＋)体抑菌直径/mm	40	37	33	22	40
	活性(＋)/(－)(倍)	1.25	1.28	1.43	1.10	1.25

对于小麦赤霉、番茄叶霉和番茄晚疫病菌,对比相同处理浓度的腈菌唑对映异构体,培养 2 天时两者的抗菌活性没有明显的差别,但是 4 天以后,可观察到(＋)-腈菌唑对番茄叶霉病菌的抗菌活性大于(－)-腈菌唑,见表 2-144。加药浓度均为 400 mg/L 时,培养 4 天后(＋)-腈菌唑比(－)-腈菌唑的抑菌活性高约 10％～15％,并且(＋)-腈菌唑的抑菌圈明显比(－)-腈菌唑大且形状规则,并且圈内的菌斑较少,可见(＋)-腈菌唑的生物活性优于(－)-腈菌唑。

表 2-144　不同浓度的腈菌唑对映体对三种病菌的抑制情况(培养 4 天)

菌种	浓度/(mg/L)	800	400	200	100	50
小麦赤霉	(－)体抑菌直径/mm	32	26	23	19	32
	(＋)体抑菌直径/mm	35	30	28	22	35
	活性(＋)/(－)(倍)	1.10	1.15	1.22	1.16	1.10
番茄叶霉	(－)体抑菌直径/mm	33	28	25	18	18
	(＋)体抑菌直径/mm	35	32	28	22	18
	活性(＋)/(－)(倍)	1.06	1.14	1.12	1.22	1
番茄晚疫	(－)体抑菌直径/mm	34	30	26	20	17
	(＋)体抑菌直径/mm	39	34	29	23	19
	活性(＋)/(－)(倍)	1.15	1.13	1.12	1.15	1.12

2.8.5　腈菌唑在家兔体内的选择性行为研究

2.8.5.1　腈菌唑对映体在家兔体内的药代动力学研究

以时间为横坐标,给药后不同时间的平均血药浓度为纵坐标,得到家兔静脉注射腈菌唑外消旋体后两对映体的平均血药浓度-时间曲线,见图 2-166(a)。从图中可以看出血浆中两个对映体的浓度随时间增加而降低;在用药后初期两对映体浓度差异不大,但随时间增加,两对映体浓度差异逐渐增大,左旋体浓度大于右旋体。血浆中,腈菌唑对映体的 EF 值随时间变化图列于图 2-166(b),从图中可以看出,在用药后 1 min,EF 值接近外消旋体 EF 值 0.5,但随着时间增加血浆中 EF 值逐渐升高,到 240 min,EF 值已经升高 0.78。实验结果表明,随时间增加腈菌唑对映体在血浆中的选择性越来越明显。

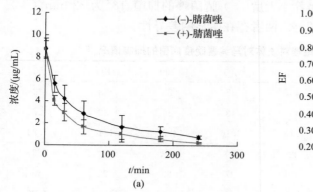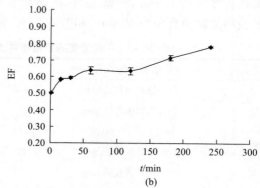

图 2-166　(a) 家兔血浆中腈菌唑对映体药-时曲线;(b) 家兔血浆中 EF 值变化动态

以 DAS 药代动力学程序计算两对映体的药代动力学参数,结果见表 2-145。通过 DAS 程序计算拟合发现腈菌唑静脉给药后,两对映体在家兔体内的血药浓度变化符合一级消除的二室静脉推注模型。药代动力学参数反映了腈菌唑两对映体在家兔体内吸收、分布及消除的一些差异。从表中可以看出,(－)-腈菌唑的分布半衰期($t_{1/2\alpha}$)、消除半衰期($t_{1/2\beta}$)分别是(＋)-腈菌唑的 1.46、1.09 倍,表明(＋)-腈菌唑在家兔体内分布和消除均快于其对映体;(＋)-腈菌唑的清除率(CL)是(－)-腈菌唑的 1.68 倍,表明家兔清除(＋)-腈菌唑的能力大于(－)-腈菌唑;而(－)-腈菌唑的血药浓度-时间曲线下面积($AUC_{0\sim\infty}$)是其对映体的 1.69 倍,表明家兔对(－)-腈菌唑的生物利用度大于(＋)-腈菌唑。实验结果表明,腈菌唑在家兔体内的药代动力学是选择性的。研究表明,血浆中选择

表 2-145　家兔静注腈菌唑外消旋体 30 mg/kg 后药代动力学参数

药代动力学参数	(－)-腈菌唑	(＋)-腈菌唑
$t_{1/2\alpha}$/min	8.35	5.72
$t_{1/2\beta}$/min	69.32	63.31
V_1/(L/kg)	1.54	1.52
CL/[L/(min·kg)]	0.019	0.032
$AUC_{0\sim240}$/[mg/(L·min)]	701.95	436.36
$AUC_{0\sim\infty}$/[mg/(L·min)]	798.30	467.53
$MRT_{0\sim240}$/min	75.99	62.04
$MRT_{0\sim\infty}$/min	96.86	68.62

性产生的原因可能在于腈菌唑的两个对映体与血浆蛋白及组织蛋白结合能力上存在差异。即（－）-腈菌唑与血浆蛋白结合的紧密，游离分数小，所以在血浆中降解的慢，而（＋）-腈菌唑则正好相反。

2.8.5.2　腈菌唑对映体在家兔组织中分配

以时间为横坐标，给药后不同时间的组织中两对映体浓度为纵坐标，得到家兔静脉注射腈菌唑外消旋体后两对映体在各组织中的分布情况，见图 2-167。从图中可以看出两

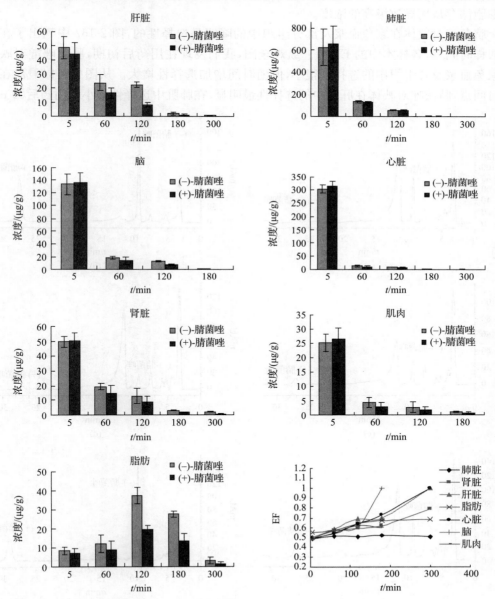

图 2-167　腈菌唑在家兔组织中分布以及 EF 值变化

对映体在肝脏、肺、脑、心脏、肾、肌肉中均以相似的方式进行降解,两对映体浓度随时间增加而减小。在脂肪组织中,腈菌唑对映体含量与其他组织不同,呈现先增加后减小的趋势。

　　腈菌唑对映体在各组织中的分配是有差异的。用药后 60 min,腈菌唑各对映体在各组织中残留量大小顺序为:肺脏>脂肪>肝脏>肾脏>脑>心脏>肌肉,其典型色谱图见图 2-168。给药后肺脏中腈菌唑对映体的浓度远远高于其他组织,可能是源于腈菌唑对映体在家兔体内存在"肺首过效应",血液中的腈菌唑对映体经过肺脏时可能被其中的巨噬细胞储存从而导致极高的浓度。

　　腈菌唑对映体在家兔血浆及部分组织中的降解是选择性的,图 2-167 中列出了在不同取样时间点,各样本中的 EF 值。纵观全图,我们发现在用药后初期,腈菌唑醇对映体在家兔血浆及各组织中的选择性很小,但随时间增加选择性增大。从图中可以看出在所有时间点,腈菌唑对映体在肝脏中的选择性最明显,在肺脏中选择性最小。用药后60 min

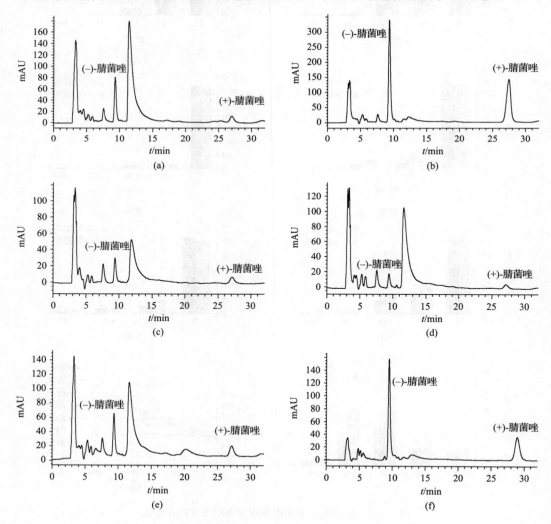

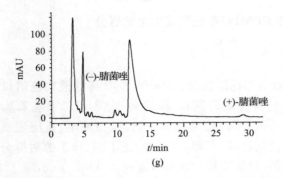

图 2-168　给药 60 min 后腈菌唑对映体在各组织中的色谱图

(a) 肝脏；(b) 肺脏；(c) 脑；(d) 心脏；(e) 肾脏；(f) 脂肪；(g) 肌肉。正己烷/异丙醇＝85/15，
流速：1.0 mL/min，检测波长：220 nm

根据 EF 值得到的腈菌唑对映体在各组织中选择性的大小顺序为：肝脏＞脑、脑、脂肪＞肾脏＞心脏、脂肪＞肺脏。在本实验中，腈菌唑对映体在家兔各组织中的降解速度、残留量及选择性存在差异，导致这种差异的原因可能在于各个组织功能及特异性差异。

由于腈菌唑对映体在体内的清除率也存在差异，所以说造成手性异构体在机体中选择性行为的原因中可能涉及选择性代谢及排泄机制。根据药代动力学分析结果可知，左旋体的总体清除率明显低于右旋体，这应该是机体对右旋体优先代谢和排泄的结果。选择性代谢可能是造成腈菌唑对映体在家兔组织器官内选择性分配的原因。在本实验中，(－)-腈菌唑在肝脏中的浓度大于(＋)-腈菌唑，并且随着时间增加，这种差异逐渐增大，这说明选择性增加；这可能是由于肝脏中的某些代谢酶选择性地优先降解(＋)-腈菌唑，结果造成其对映体在家兔体内浓度的差异。选择性排泄也可能是造成腈菌唑对映体在家兔体内选择性的原因。在本实验中，(－)-腈菌唑在肾脏中的浓度大于(＋)-腈菌唑，并且随着时间增加，EF 值逐渐增大，这也表明选择性增加了；这可能是由于肾小球选择性排泄(＋)-腈菌唑，结果造成两对映体在家兔体内浓度的差异。腈菌唑对映体在家兔体内的选择性行为可能是由于上述原因中的一个导致的，也可能是由于几种机制共同作用导致的，更具体的机理还有待于进一步研究。

2.9　戊　唑　醇

戊唑醇(tebuconazole)是三唑类杀菌剂，作用机理为抑制麦角甾醇的生物合成。化学名称：(RS)-1-(4-氯苯基)-4,4-二甲基-3-(1H-1,2,4-三唑-1-基甲基)戊-3-醇，其结构中有一个手性中心，外消旋体含有两个对映异构体，分子结构如图 2-169 所示。

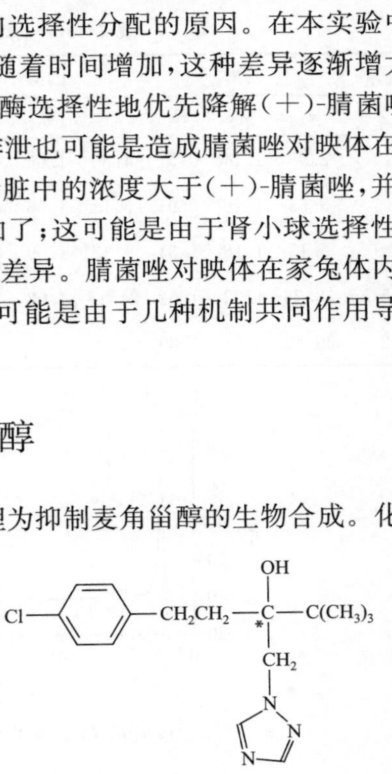

图 2-169　戊唑醇结构图

2.9.1 戊唑醇在正相 CDMPC 手性固定相上的拆分

2.9.1.1 色谱条件

Agilent 1100 高效液相色谱仪及 JASCO 2000 高效液相色谱仪（主要用于对映体出峰顺序的确定及圆二色特性的研究）。纤维素-三(3,5-二甲基苯基氨基甲酸酯)色谱柱(自制)250 mm×4.6 mm I.D.，流动相为正己烷、石油醚、正庚烷或正戊烷，在正己烷流动相中考察了极性改性剂乙醇、丙醇、异丙醇、正丁醇、异丁醇对拆分的影响，其他流动相中使用异丙醇为改性剂，检测波长 220 nm，流速 1.0 mL/min，除了考察温度对拆分的影响实验外，其他操作均在室温下进行。

2.9.1.2 戊唑醇对映体的拆分结果及醇含量的影响

如表 2-146 所示，检测波长 220 nm，正己烷流动相条件下戊唑醇两对映体在使用 2% 乙醇时得到基线分离，分离度为 1.63，色谱拆分图如图 2-170 所示，其次异丙醇的效果也较好，而正丙醇和正丁醇的效果不佳，异丁醇在含量为 5% 时对对映体也完全没有拆分能力。正庚烷、正戊烷和石油醚流动相对戊唑醇对映体的拆分结果如表 2-147 所示，以异丙醇为极性成分，比正己烷都有较明显的优势，在异丙醇含量为 5% 时，三种体系都可使对映体实现完全分离。

表 2-146　醇改性剂对戊唑醇对映体拆分的影响

含量 /%	乙醇			丙醇			异丙醇			丁醇			异丁醇		
	k_1	α	R_s	k_1	α	R_s	k_1	α	R_s	k_1	α	R_s	k_1	α	R_s
20	2.93	1.14	0.57	4.80	1.00	0.00	8.58	1.18	0.81	5.69	1.16	0.78			
15	3.65	1.16	0.91	6.13	1.06	0.12	11.6	1.19	0.95	7.65	1.17	0.88			
10	5.13	1.18	1.31	9.32	1.09	0.36	19.4	1.21	1.09	14.07	1.13	0.89			
5	10.26	1.22	1.52	21.18	1.09	0.44	45.2	1.19	1.24	33.32	1.13	0.92	41.35	1.00	0.00
2	29.52	1.21	1.63												

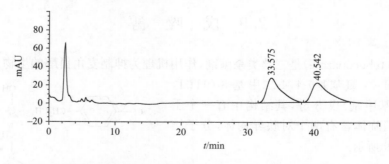

图 2-170　戊唑醇对映体的色谱拆分图（正己烷/乙醇＝98/2,室温,220 nm）

表 2-147　正庚烷、正戊烷和石油醚体系下戊唑醇对映体的拆分

异丙醇	正庚烷			正戊烷			石油醚		
含量/%	k_1	α	R_s	k_1	α	R_s	k_1	α	R_s
20	4.60	1.10	0.57	5.24	1.21	1.26	5.25	1.20	1.37
15	6.55	1.21	1.19	7.16	1.23	1.45	6.70	1.19	1.42
10	10.27	1.24	1.45	11.42	1.25	1.63	12.03	1.23	1.48
5	16.57	1.41	1.59	29.03	1.25	1.76	28.87	1.22	1.61

2.9.1.3　圆二色特性研究

对戊唑醇对映体进行了在线 CD 谱图扫描,扫描波长范围为 220~420 nm,扫描图见图 2-171,先流出对映体在 220~233 nm 范围显示(－)CD 信号,从 233 nm 以后响应弱的(＋)CD 信号,如图中实线表示,后流出对映体在 220~420 nm 范围内一直显示(＋)CD信号,如图中虚线表示,两对映体的最大圆二色吸收波长均在 220 nm。

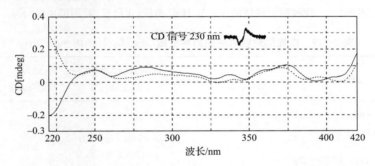

图 2-171　戊唑醇两对映体的 CD 扫描图(实线为先流出对映体,虚线为后流出对映体)

2.9.1.4　温度对拆分的影响

在正己烷/异丙醇(85/15)流动相条件下考察了戊唑醇对映体受温度的影响,见表 2-148,同样,容量因子和分离也都是随着温度的升高而减小,在 0 ℃和 25 ℃时的分离因子分别为 1.28 和 1.16,低温是对映体分离的一个优化因素。

表 2-148　温度对戊唑醇对映体拆分的影响(正己烷/异丙醇＝85/15)

温度/℃	k_1	k_2	α	R_s
0	14.62	18.77	1.28	1.38
5	13.60	16.96	1.25	1.33
10	12.32	14.96	1.21	1.25
15	11.76	14.03	1.19	1.21
20	11.06	12.92	1.17	1.02
25	10.56	12.21	1.16	0.97

2.9.1.5 热力学参数的计算

基于对温度影响的考察,绘制了戊唑醇对映体的 Van't Hoff 曲线,具有线性关系,见图 2-172,依据线性的 Van't Hoff 方程计算得到了正己烷/异丙醇(85/15)流动相条件下戊唑醇在 CDMPC 手性固定相上手性拆分的热力学参数,结果见表 2-149。结果显示戊唑醇对映体的拆分也是受焓控制。

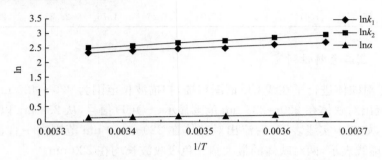

图 2-172 戊唑醇对映体的 Van't Hoff 曲线(正己烷/异丙醇＝85/15)

表 2-149 戊唑醇对映体的热力学参数(正己烷/异丙醇＝85/15)

对映体 (220 nm)	$\ln k=-\Delta H/RT+\Delta S^*$	ΔH /(kJ/mol)	ΔS^*	$\ln\alpha=\Delta_{R,S}\Delta H/RT+\Delta_{R,S}\Delta S/RT$	$\Delta\Delta H$ /(kJ/mol)	$\Delta\Delta S$ /[J/(mol·K)]
+	$\ln k_1=1069.5/T-1.25$ $(R=0.9943)$	-8.89	-1.25	$\ln\alpha=343.77/T-1.02$ $(R=0.9923)$	-2.86	-8.48
−	$\ln k_2=1413.1/T-2.26$ $(R=0.9942)$	-11.75	-2.26			

2.9.2 戊唑醇在正相 ADMPC 手性固定相上的拆分

2.9.2.1 色谱条件

Agilent 1100 高效液相色谱仪及 JASCO 2000 高效液相色谱仪(主要用于对映体出峰顺序的确定及圆二色特性的研究)。直链淀粉-三(3,5-二甲基苯基氨基甲酸酯)(ADMPC)色谱柱(自制)250 mm×4.6 mm I.D.,流动相为正己烷/异丙醇,检测波长 230 nm,流速 1.0 mL/min,考察温度的影响所涉及的范围为 0～40℃。除了考察温度对拆分的影响实验外,其他操作均在室温下进行。

2.9.2.2 戊唑醇对映体的拆分结果

戊唑醇对映体在 ADMPC 手性固定相上的拆分结果见表 2-150,检测波长 230 nm,在异丙醇含量为 5%时,分离度为 1.72,两对映体实现了完全分离,分离色谱图见图 2-173。230 nm 波长下的出峰顺序为(＋)/(−)。

表 2-150　戊唑醇对映体的拆分结果

异丙醇含量/%	k_1	k_2	α	R_s
15	3.28	3.82	1.16	1.14
10	5.25	6.19	1.18	1.31
5	11.46	13.78	1.20	1.72

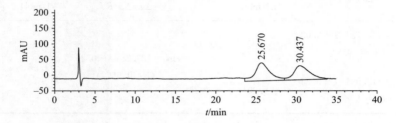

图 2-173　戊唑醇对映体的色谱拆分图（正己烷/异丙醇＝95/5，230 nm，室温）

2.9.2.3　温度对拆分的影响

正己烷/异丙醇(90/10)体系下温度对拆分的影响见表 2-151，考察温度范围为 0～40℃，低温有利于对映体的拆分，在 0℃时能够达到基线分离，分离度为 1.64，而在 40℃时分离度为 1.39。可见温度对分离的影响较大，低温是优化色谱条件的一个重要参数。

表 2-151　温度对戊唑醇对映体手性拆分的影响（正己烷/异丙醇＝90/10）

温度/℃	k_1	k_2	α	R_s
0	6.28	7.76	1.24	1.64
10	5.62	6.73	1.20	1.44
20	5.25	6.19	1.18	1.31
30	4.97	5.85	1.18	1.55
40	5.05	5.85	1.16	1.39

2.9.2.4　热力学参数的计算

绘制了线性的 Van't Hoff 曲线，如图 2-174 所示，再根据线性的 Van't Hoff 方程可

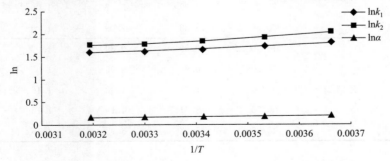

图 2-174　戊唑醇对映体的 Van't Hoff 曲线（正己烷/异丙醇＝90/10）

计算与对映体拆分相关的热力学参数,列于表 2-152 中,对分离其主要作用的为焓,两对映体与手性固定相互作用焓变的差值是导致形成的非对映体复合物稳定性差异的主要原因,因而导致了对映体的分离。

表 2-152　戊唑醇对映体拆分的热力学参数(正己烷/异丙醇＝90/10)

对映体	$\ln k=-\Delta H/RT+\Delta S^*$	ΔH /(kJ/mol)	ΔS^*	$\ln \alpha=\Delta_{R,S}\Delta H/RT+\Delta_{R,S}\Delta S/RT$	$\Delta\Delta H$ /(kJ/mol)	$\Delta\Delta S$ /[J/(mol·K)]
＋	$\ln k_1=484.731/T+0.03$ $(R=0.9381)$	－4.03	0.03	$\ln \alpha=127.36/T-0.26$ $(R=0.9677)$	－1.06	－2.16
－	$\ln k_2=612.091/T-0.23$ $(R=0.9502)$	－5.09	－0.23			

2.9.3　戊唑醇在反相 ADMPC 手性固定相上的拆分

2.9.3.1　色谱条件

直链淀粉-三(3,5-二甲基苯基氨基甲酸酯)(ADMPC)手性固定相,150 mm×4.6 mm I.D.(实验室自制);流动相为不同比例的甲醇/水或乙腈/水,温度对拆分影响在 0～40 ℃之间,其他实验在室温进行,流速 0.5 mL/min,进样量 10 μL,检测波长 230 nm,样品浓度大约 100 mg/L。

2.9.3.2　流动相组成对手性拆分的影响

考察了甲醇/水或乙腈/水作流动相时的手性拆分,结果见表 2-153,由表中数据可见戊唑醇能在这两种流动相中分开,是部分分离,典型拆分色谱图如图 2-175 所示。

表 2-153　戊唑醇在 ADMPC 上的拆分结果

手性化合物	流动相	v/v	k_1	k_2	α	R_s
		100/0	0.57	0.57	1.00	—
	甲醇/水	80/20	3.04	3.04	1.00	—
		75/25	4.87	5.17	1.06	0.41
		70/30	8.33	9.09	1.09	0.51
戊唑醇		100/0	0.39	0.39	1.00	—
		70/30	0.96	0.96	1.00	—
	乙腈/水	60/40	1.71	1.98	1.16	1.06
		50/50	3.61	4.19	1.16	1.30
		45/55	5.83	6.75	1.16	0.97

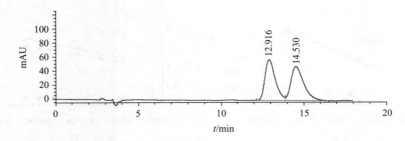

图 2-175　戊唑醇在 ADMPC 上反相条件下的拆分色谱图(室温,流速 0.5 mL/min,
乙腈/水＝50/50,v/v)

2.9.3.3　温度对手性拆分的影响

考察了温度对戊唑醇对映体拆分的影响,流动相条件、温度对拆分的影响结果列于表 2-154中,温度范围为 0～40 ℃,由表可见,所研究的手性农药的两对映体的容量因子随着温度的升高而减小;戊唑醇在甲醇/水(75/25,v/v)作流动相时,其分离因子随温度升高而升高,而在乙腈/水(50/50,v/v)作流动相时,其分离因子随温度升高而降低。

表 2-154　在 ADMPC 上反相色谱条件下温度对戊唑醇拆分的影响

手性化合物	温度/℃	流动相	v/v	k_1	k_2	α	R_s
	0			9.31	9.31	1.00	—
	5			7.95	7.95	1.00	—
	10			6.35	6.55	1.03	0.28
	15	甲醇/水	75/25	5.69	5.85	1.03	0.20
	20			4.79	5.16	1.08	0.46
	30			3.62	3.93	1.09	0.66
戊唑醇	40			2.63	2.89	1.10	0.71
	0			4.26	5.06	1.19	0.95
	5			4.23	4.99	1.18	1.11
	10	乙腈/水	50/50	4.09	4.79	1.17	1.16
	20			3.68	4.27	1.16	1.11
	30			3.23	3.71	1.15	1.09
	40			2.80	3.17	1.13	1.00

通过容量因子和分离因子的自然对数($\ln k_1$,$\ln k_2$ 和 $\ln\alpha$)对热力学温度的倒数($1/T$)作图,绘制 Van't Hoff 曲线,如图 2-176 所示,发现对映体的容量因子的自然对数与热力学温度的倒数有很好的线性关系,$\ln\alpha$ 与 $1/T$ 也具有一定的线性关系,由线性的 Van't Hoff 曲线,可以得到 Van't Hoff 线性方程,从而计算得到焓变、熵变之差值等热力学参数列于表 2-155,可以看出,戊唑醇在甲醇作改性剂时,手性拆分主要受熵控制,而在乙腈作改性剂时主要受焓控制。

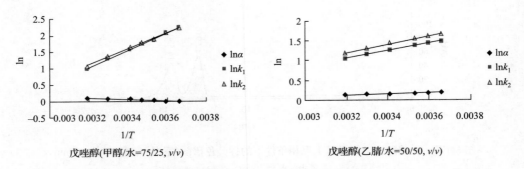

图 2-176　戊唑醇对映体在 ADMPC 上的 Van't Hoff 曲线（流速 0.5 mL/min，0～40 ℃）

表 2-155　0～40 ℃ 范围内，戊唑醇对映体的 Van't Hoff 方程和 $\Delta\Delta H^{o}$、$\Delta\Delta S^{o}$

手性化合物	流动相	v/v	线性方程	$\Delta\Delta H^{o}/(\text{kJ/mol})$	$\Delta\Delta S^{o}/[\text{J/(mol·K)}]$
戊唑醇	甲醇/水	75/25	$\ln\alpha=-224.01/T+0.8171$ $(R^2=0.9024)$	1.86	6.79
	乙腈/水	60/40	$\ln\alpha=94.678/T-0.1752$ $(R^2=0.9956)$	−0.79	−1.46

2.9.3.4　对映体的流出顺序

在 230 nm 的检测波长下，以甲醇/水（75/25）和乙腈/水（50/50）为流动相，使用圆二色检测器确定对映体在 ADMPC 手性固定相上的出峰顺序均为右旋/左旋。

2.9.4　戊唑醇在正相 CTPC 手性固定相上的拆分

2.9.4.1　色谱条件

Agilent 1100 高效液相色谱仪及 JASCO 2000 高效液相色谱仪（主要用于对映体出峰顺序的确定及圆二色特性的研究）。纤维素-三（苯基氨基甲酸酯）色谱柱（CTPC）（自制）250 mm×4.6 mm I. D. ，流动相为正己烷/异丙醇，检测波长 230 nm，流速 1.0 mL/min，考察温度的影响所涉及的范围为 0～40 ℃。除了考察温度对拆分的影响实验外，其他操作均在室温下进行。

2.9.4.2　异丙醇含量的影响

考察了流动相中异丙醇含量对拆分的影响，拆分结果及异丙醇含量的影响见表 2-156，由表可见，随着异丙醇含量的减少，对映体的保留增强，分离因子和分离度都呈递增的趋势，分离效果增加。图 2-177 为手性农药对映体在纤维素-三（苯基氨基甲酸酯）手性固定相上的拆分色谱图。

表 2-156　戊唑醇对映体在 CTPC 手性固定相上的拆分结果及异丙醇含量的影响

样品	异丙醇含量/%	k_1	k_2	α	R_s
戊唑醇	15	4.04	4.52	1.12	0.79
(230 nm)	10	9.29	10.49	1.13	0.95
	5	22.94	26.20	1.14	1.27

注：流速为 1.0 mL/min，20℃

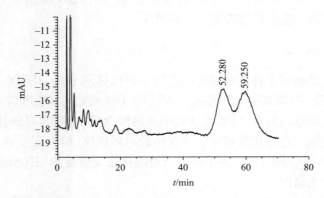

图 2-177　戊唑醇对映体在 CTPC 手性固定相上的拆分色谱图
流动相为正己烷/异丙醇＝95/5，流速 1.0 mL/min，20℃，戊唑醇，230 nm

2.9.4.3　温度对拆分的影响

考察了温度对手性农药对映体拆分的影响，流动相条件、Van't Hoff 方程、热力学参数及温度对拆分的影响结果列于表 2-157 中，温度范围为 0～40℃，流速 1.0 mL/min；波长 230 nm，由表可见，两对映体的容量因子随着温度的升高而减小，戊唑醇对映体的分离因子随温度升高有递减的趋势，通过容量因子和分离因子的自然对数（$\ln k_1$，$\ln k_2$ 和 $\ln \alpha$）对热力学温度的倒数（$1/T$）作图，绘制 Van't Hoff 曲线，发现对映体的容量因子的自然对数与热力学温度的倒数都有一定的线性关系，$\ln \alpha$ 与 $1/T$ 也具有一定的线性关系，对线性的 Van't Hoff 曲线，可以得到 Van't Hoff 线性方程，从而计算得到焓变、熵变及其差值等热力学参数。

表 2-157　温度对 CTPC 手性固定相拆分的影响、Van't Hoff 方程及热力学参数

样本	T/℃	k_1	k_2	α	R_s	Van't Hoff 方程(R^2)	$\Delta H/\Delta\Delta H$ /(kJ/mol)	$\Delta S^*/\Delta\Delta S$ /[J/(mol·K)]
戊唑醇 (90/10)	0	10.90	12.81	1.18	1.02			
	10	10.30	11.95	1.16	1.02	$\ln k_1=633.2/T+0.08(0.99)$	−5.26	0.08
	20	9.29	10.49	1.13	0.95	$\ln k_2=781.7/T-0.30(0.98)$	−6.50	−0.30
	30	8.86	10.03	1.13	0.72	$\ln \alpha=148.5/T-0.38(0.91)$	−1.24	−3.16
	40	8.11	8.85	1.09	0.62			

2.9.5　戊唑醇在正相 ATPC 手性固定相上的拆分

2.9.5.1　色谱条件

Agilent 1100 高效液相色谱仪及 JASCO 2000 高效液相色谱仪（主要用于对映体出峰顺序的确定及圆二色特性的研究）。支链淀粉-三（苯基氨基甲酸酯）（ATPC）色谱柱（自制）250 mm×4.6 mm I.D.，流动相为正己烷/异丙醇，检测波长 220 nm，流速 1.0 mL/min，使用圆二色检测器确定了出峰顺序。

2.9.5.2　拆分结果

使用正己烷流动相对手性农药戊唑醇进行了对映体的分离，并考察异丙醇含量对拆分的影响，支链淀粉-三（苯基氨基甲酸酯）（ATPC）手性固定相对戊唑醇有分离效果。

戊唑醇可以实现基线分离，随着流动相中异丙醇含量的减少，对映体的保留增强，分离效果增加。使用圆二色检测器确定了对映体的出峰顺序，结果列于表 2-158，戊唑醇的出峰顺序为（＋）/（－）。图 2-178 为手性农药对映体在支链淀粉-三（苯基氨基甲酸酯）手性固定相上的拆分色谱图。

表 2-158　ATPC 手性固定相对戊唑醇对映体的拆分结果

样本	波长/nm	异丙醇含量/%	k_1	k_2	α	R_s	CD 信号 P_{k_1}/P_{k_2}
戊唑醇	220	20	2.07	2.38	1.15		
		15	2.80	3.32	1.19	0.92	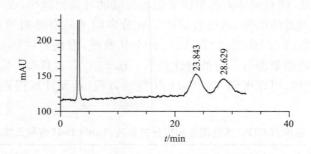
		10	4.37	5.39	1.23	1.34	（＋）/（－）
		5	9.84	12.01	1.22	1.54	

图 2-178　戊唑醇对映体在 ATPC 手性固定相上的拆分色谱图（5%异丙醇，220 nm）

2.9.6　戊唑醇在家兔体内的选择性行为研究

2.9.6.1　戊唑醇对映体在家兔体内的药代动力学

以时间为横坐标，给药后不同时间的平均血药浓度为纵坐标，得到兔静脉注射戊唑醇外消旋体后两对映体的平均血药浓度-时间曲线，见图 2-179(a)。从图中可以看出左右旋对映体均以相似的方式进行消解，但是可以很清楚地看出血浆中两个对映体的残留量存在明显差异,在注射后 5 min 采集的血浆样品中,(+)-戊唑醇含量明显高于其对映体;但随着时间增长,(+)-戊唑醇降解速度明显快于(-)-戊唑醇;在 120 min 的样品中,(+)-戊唑醇的含量已经低于其对映体;120 min 以后,(-)-戊唑醇的浓度始终高于(+)-戊唑醇;480 min 以后,两对映体浓度均低于其检测限。

图 2-179(b)列出了戊唑醇对映体分数 EF 值随时间变化趋势图,从图中我们可以看出,在用药后初期,EF 值是小于外消旋体的 EF 值(0.5)的,随着时间变化,EF 值逐渐增大,在 120 min 后 EF 值超过外消旋体的 EF 值,480 min 时 EF 值达到 0.98。

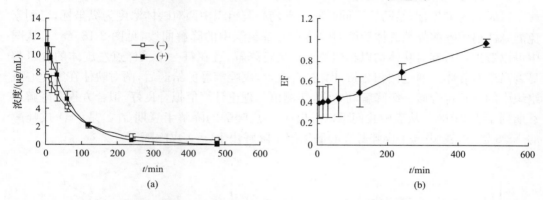

(a)   (b)

图 2-179 (a) 家兔血浆中戊唑醇对映体药-时曲线;(b) 家兔血浆中 EF 值变化动态(平均值±标准偏差)

以 DAS 药代动力学程序计算两对映体的统计矩参数,再进一步计算相关的药代动力学参数,结果见表 2-159。药代动力学参数反映了戊唑醇两对映体在家兔体内吸收、分布及消除的一些差异。从表 2-159 中可以看出,(-)-戊唑醇的生物半衰期($t_{1/2}$)是(+)-戊唑醇 1.65 倍,分别为 1.93 h 和 1.17 h,说明(+)-戊唑醇在血浆中降解比其对映体快;(-)-戊唑醇的最大血药浓度(C_{max})是(+)-戊唑醇的 0.66 倍,但最大达峰时间(T_{max})、血药浓度-时间曲线下面积 ($AUC_{0\sim\infty}$)以及平均血浆清除率(CL)与其对映体没有显著的差

表 2-159 家兔静注外消旋戊唑醇(30 mg/kg)后药代动力学参数

药代动力学参数	R(-)-戊唑醇	S(+)-戊唑醇
C_{max}/(mg/L)	7.57	11.45
T_{max}/h	0.25	0.25
$AUMC_{0\sim8}$	30.66	21.84
$AUMC_{0\sim\infty}$	41.87	25.85
$AUC_{0\sim8}$/[mg/(L·h)]	14.82	15.29
$AUC_{0\sim\infty}$/[mg/(L·h)]	15.01	15.3
MRT/h	2.79	1.69
$t_{1/2}$/h	1.93	1.17
CL/[L/(h·kg)]	1.00	0.98
V_{ss}/(L/kg)	2.79	1.66

异,这表明家兔清除两对映体的能力以及对两对映体的生物利用度差不多。实验结果表明,戊唑醇在家兔体内的药代动力学是选择性的。

2.9.6.2　戊唑醇对映体在家兔组织中的降解动力学

在家兔心脏、肝脏、肾脏、肺脏、肾脏及肌肉组织中都检测到了戊唑醇对映体的残留,但在脑组织中戊唑醇对映体的浓度低于定量限。戊唑醇在各组织中的降解分述如下。

1) 戊唑醇对映体在心脏组织中的降解

以时间为横坐标,给药后不同时间的平均心脏组织中两对映体浓度为纵坐标,得到家兔静脉注射戊唑醇外消旋体后两对映体在心脏组织中的降解曲线,见图 2-180(a)。从图中可以看出左右旋对映体均以相似的方式进行降解,且在每一个采样点左旋体的含量都显著高于右旋体。通过回归分析计算拟合发现,戊唑醇静脉给药后,两对映体在家兔心脏组织中的降解符合假一级降解动力学,实测值与理论计算值拟合良好,拟合方程及降解半衰期列于表 2-160。从表中我们可以看出(一)-戊唑醇的降解半衰期($t_{1/2}$)是(十)-戊唑醇的 1.28 倍,这表明(十)-戊唑醇在心脏组织中降解快于(一)-戊唑醇。

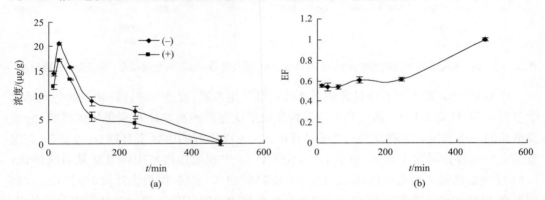

图 2-180　(a) 戊唑醇对映体在家兔心脏中降解曲线;(b) 家兔心脏中 EF 值变化动态(平均值±标准偏差)

表 2-160　戊唑醇对映体在家兔心脏组织内消解动态的回归方程

对映体	回归方程	相关系数 R^2	半衰期 $t_{1/2}/\mathrm{min}$	$t_{1/2(-)}/t_{1/2(+)}$
左旋体(一)	$Y=20.54\mathrm{e}^{-0.0053X}$	0.8895	130.75	1.28
右旋体(十)	$Y=17.13\mathrm{e}^{-0.0068X}$	0.8657	101.91	

从心脏组织中 EF 值随时间变化趋势图[图 2-180(b)]中,我们可以看出,在用药后1 min,EF 值就已经偏离 0.5,且 EF 值随时间增大而增大。这表明在心脏组织中,戊唑醇的两对映体是选择性降解的。

2) 戊唑醇对映体在肝脏组织中的降解

以时间为横坐标,给药后不同时间的平均肝脏组织中两对映体浓度为纵坐标,得到兔静脉注射戊唑醇外消旋体后两对映体在肝脏组织中的降解曲线,见图 2-181(a)。从图中可以看出左右旋对映体均以相似的方式进行降解,且在每一个采样点左旋体的含量都高于右旋体,在用药后初期两对映体含量就已有显著性差异,随时间变化,浓度先增大后减小。通过回归分析计算拟合发现,戊唑醇静脉给药后,两对映体在家兔肝脏组织中的降解符合假一级降解动力学,实测值与理论计算值拟合一般,拟合方程及降解半衰期列于表 2-161。从表中我们可以看出(一)-戊唑醇的降解半衰期($t_{1/2}$)是(＋)-戊唑醇的 0.94 倍,这表明(＋)-戊唑醇在心脏组织中降解稍慢于(一)-戊唑醇。

从肝脏组织中 EF 值随时间变化趋势图[图 2-181(b)]中,我们可以看出,在用药后 15 min,EF 值就已经偏离 0.5 而达到 0.57,随后 EF 值随时间增加先减小后增大,随后又减小,大体在 0.55～0.60 之间上下波动,在 120 min 时达到最大 0.60。这表明戊唑醇的两对映体在肝脏组织中的降解有一定的选择性。

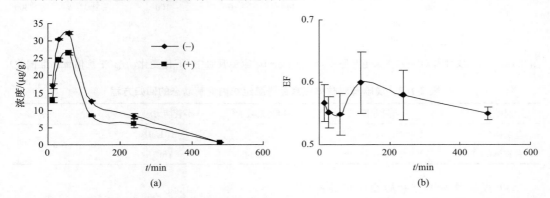

图 2-181　(a) 戊唑醇对映体在家兔肝脏中降解曲线;(b) 家兔肝脏中 EF 值变化动态(平均值±标准偏差)

表 2-161　戊唑醇对映体在家兔肝脏组织内消解动态的回归方程

对映体	回归方程	相关系数 R^2	半衰期 $t_{1/2}$/min	$t_{1/2(-)}/t_{1/2(+)}$
左旋体(一)	$Y=32.37e^{-0.0079X}$	0.9626	87.72	0.94
右旋体(＋)	$Y=26.50e^{-0.0074X}$	0.9551	93.65	

3) 戊唑醇对映体在肾脏组织中的降解

以时间为横坐标,给药后不同时间的平均肾脏组织中两对映体浓度为纵坐标,得到兔静脉注射戊唑醇外消旋体后两对映体在肾脏组织中的降解曲线,见图 2-182(a)。从图中可以看出左右旋对映体均以相似的方式进行降解,且在每一个采样点左旋体的含量都高于其对映体;两对映体含量在用药后初期差异不是非常明显,但随时间变化差异逐渐增大。通过回归分析计算拟合发现,戊唑醇静脉给药后,两对映体在家兔肾脏组织中的降解符合假一级降解动力学,实测值与理论计算值拟合一般,拟合方程及降解半衰期列于表 2-162。从表中我们可以看出(一)-戊唑醇的降解半衰期($t_{1/2}$)是(＋)-戊唑醇的 1.34 倍,这表明(＋)-戊唑醇在肾脏组织中降解快于其对映体。

从肾脏组织中 EF 值随时间变化趋势图[图 2-182(b)]中,我们可以看出,在用药后 15 min,EF 值就已经偏离 0.5 而达到 0.53,且随时间增加有增大的趋势,在 240 min 时达到最大 0.66。这表明戊唑醇的两对映体在肾脏组织中的降解是选择性的。

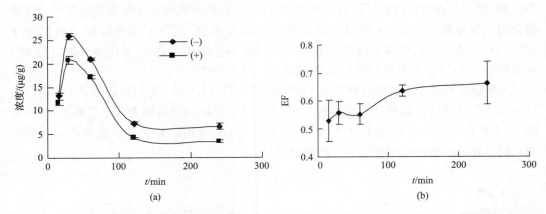

图 2-182　（a）戊唑醇对映体在家兔肾脏中降解曲线；（b）家兔肾脏中 EF 值变化动态（平均值±标准偏差）

表 2-162　戊唑醇对映体在家兔肾脏组织内消解动态的回归方程

对映体	回归方程	相关系数 R^2	半衰期 $t_{1/2}$/min	$t_{1/2(-)}/t_{1/2(+)}$
左旋体（−）	$Y=25.97e^{-0.0068X}$	0.7764	101.91	
右旋体（＋）	$Y=20.68e^{-0.0091X}$	0.8014	76.15	1.34

4）戊唑醇对映体在肺组织中的降解

以时间为横坐标，给药后不同时间的平均肺脏组织中两对映体浓度为纵坐标，得到兔静脉注射戊唑醇外消旋体后两对映体在肺脏组织中的降解曲线，见图 2-183（a）。从图中可以看出左右旋对映体均以相似的方式进行降解，两对映体在 15 min 达到最大值，随时间增加浓度逐渐降低。通过回归分析计算拟合发现，戊唑醇静脉给药后，两对映体在家兔肺脏组织中的降解符合一级降解动力学，实测值与理论计算值拟合良好，拟合方程及降解半衰期列于表 2-163。从表中我们可以看出（−）-戊唑醇的降解半衰期（$t_{1/2}$）是（＋）-戊唑醇的 1.18 倍，这表明（＋）-戊唑醇在肺脏组织中降解速度快于（−）-戊唑醇降解速度。

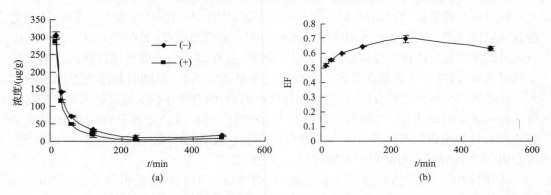

图 2-183　（a）戊唑醇对映体在家兔肺脏中降解曲线；（b）家兔肺脏中 EF 值变化动态（平均值±标准偏差）

从肺脏组织中 EF 值随时间变化趋势图［图 2-183（b）］中，我们可以看出，在用药后 15 min，EF 值为 0.51，与外消旋值 0.5 偏离不大，随时间增加有逐渐增大的趋势，在

240 min时达到最大 0.69,之后又有所降低。这表明戊唑醇的两对映体在肺脏组织中的
降解是选择性的。

表 2-163　戊唑醇对映体在家兔肺组织内消解动态的回归方程

对映体	回归方程	相关系数 R^2	半衰期 $t_{1/2}$/min	$t_{1/2(-)}/t_{1/2(+)}$
左旋体(-)	$Y=305.40e^{-0.011X}$	0.9558	63.00	1.18
右旋体(+)	$Y=284.87e^{-0.013X}$	0.9447	53.31	

5) 戊唑醇对映体在脾组织中的降解

以时间为横坐标,给药后不同时间的平均脾脏组织中两对映体浓度为纵坐标,得到兔
静脉注射戊唑醇外消旋体后两对映体在脾脏组织中的降解曲线,见图 2-184(a)。从图中
可以看出左右旋对映体均以相似的方式进行降解,且在每一个采样点(-)-戊唑醇的含量
都高于(+)-戊唑醇,两对映体含量在用药后初期即有差异,随时间变化差异逐渐增大。
通过回归分析计算拟合发现,戊唑醇静脉给药后,两对映体在家兔脾脏组织中的降解符合
假一级降解动力学,实测值与理论计算值拟合一般,拟合方程及降解半衰期列于
表 2-164。从表中我们可以看出(-)-戊唑醇的降解半衰期($t_{1/2}$)是(+)-戊唑醇的 1.32 倍,
这表明(-)-戊唑醇在脾脏组织中降解慢于(+)-戊唑醇。

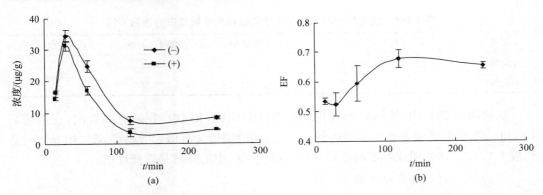

图 2-184　(a) 戊唑醇对映体在家兔脾脏中降解曲线;(b) 家兔脾脏中 EF 值变化动态(平均值±标准偏差)

表 2-164　戊唑醇对映体在家兔脾组织内消解动态的回归方程

对映体	回归方程	相关系数 R^2	半衰期 $t_{1/2}$/min	$t_{1/2(-)}/t_{1/2(+)}$
左旋体(-)	$Y=34.28e^{-0.0068X}$	0.6622	101.91	1.32
右旋体(+)	$Y=31.12e^{-0.0090X}$	0.6361	77.00	

从脾脏组织中 EF 值随时间变化趋势图[图 2-184(b)]中,我们可以看出,用药后,EF
值随时间增加先减小后增加,而后又有减小趋势,但所有取样点的 EF 值都大于外消旋体
的 EF 值 0.5。这表明戊唑醇的两对映体在脾脏组织中的降解是选择性的。

6) 戊唑醇对映体在肌肉组织中的降解

以时间为横坐标,给药后不同时间的平均肌肉组织中两对映体浓度为纵坐标,得到兔
静脉注射戊唑醇外消旋体后两对映体在肌肉组织中的降解曲线,见图 2-185(a)。从图中

可以看出左右旋对映体均以相似的方式进行降解,且在每一个采样点左旋体的含量都高于其对映体;两对映体含量在用药后初期差异不是非常明显,但随时间变化差异逐渐增大。通过回归分析计算拟合发现,戊唑醇静脉给药后,两对映体在家兔肌肉组织中的降解符合假一级降解动力学,实测值与理论计算值拟合良好,拟合方程及降解半衰期列于表 2-165。从表中我们可以看出($-$)-戊唑醇的降解半衰期($t_{1/2}$)是($+$)-戊唑醇的 1.37 倍,这表明($+$)-戊唑醇在肌肉组织中降解快于其对映体。

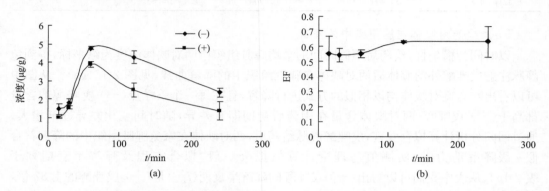

图 2-185　(a) 戊唑醇对映体在家兔肌肉中降解曲线;(b) 家兔肌肉中 EF 值变化动态(平均值±标准偏差)

表 2-165　戊唑醇对映体在家兔肌肉组织内消解动态的回归方程

对映体	回归方程	相关系数 R^2	半衰期 $t_{1/2}$/min	$t_{1/2(-)}/t_{1/2(+)}$
左旋体($-$)	$Y=4.77e^{-0.0041X}$	0.9641	169.02	1.37
右旋体($+$)	$Y=3.88e^{-0.0056X}$	0.9904	123.75	

从肌肉组织中 EF 值随时间变化趋势图[图 2-185(b)]中,我们可以看出,在用药后 15 min,EF 值就已经偏离 0.5 而达到 0.55,且随时间增加有增大的趋势,在 240 min 时达到最大 0.63。这表明戊唑醇的两对映体在肌肉组织中的降解是选择性的。

7) 戊唑醇对映体在脑组织中的降解

以时间为横坐标,给药后不同时间的平均脑组织中两对映体浓度为纵坐标,得到兔静脉注射戊唑醇外消旋体后两对映体在脑组织中的降解曲线,见图 2-186(a)。从图中可以看出左右旋对映体均以相似的方式进行降解,且在每一个采样点左旋体的含量都高于其对映体;两对映体含量在用药后初期略有差异,但随时间变化差异逐渐增大。通过回归分析计算拟合发现,戊唑醇静脉给药后,两对映体在家兔脑组织中的降解符合假一级降解动力学,实测值与理论计算值拟合良好,拟合方程及降解半衰期列于表 2-166。从表中我们可以看出($-$)-戊唑醇的降解半衰期($t_{1/2}$)是($+$)-戊唑醇的 1.10 倍,这表明($+$)-戊唑醇在脑组织中降解快于其对映体。

从脑组织中 EF 值随时间变化趋势图[图 2-186(b)]中,我们可以看出,在用药后 15 min,EF 值就已经偏离 0.5 而达到 0.54,且随时间增加有先增大后减小的趋势,在 120 min时达到最大 0.68。这表明戊唑醇的两对映体在脑组织中的降解具有一定的选择性。

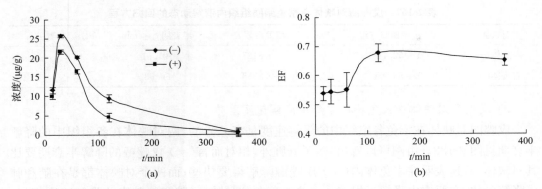

图 2-186　(a) 戊唑醇对映体在家兔脑中降解曲线；(b) 家兔脑中 EF 值变化动态（平均值±标准偏差）

表 2-166　戊唑醇对映体在家兔脑组织内消解动态的回归方程

对映体	回归方程	相关系数 R^2	半衰期 $t_{1/2}$/min	$t_{1/2(-)}/t_{1/2(+)}$
左旋体（一）	$Y=25.73\mathrm{e}^{-0.0117X}$	0.9994	59.23	1.10
右旋体（十）	$Y=21.47\mathrm{e}^{-0.0129X}$	0.9856	53.72	

8）戊唑醇对映体在脂肪组织中的降解

以时间为横坐标，给药后不同时间的脂肪组织中两对映体的平均浓度为纵坐标，得到兔静脉注射戊唑醇外消旋体后两对映体在脂肪组织中的降解曲线，见图 2-187(a)。从图中可以看出左右旋对映体均以相似的方式进行降解，在 240 min 前，（一）-戊唑醇的浓度低于其对映体，之后则高于其对映体。通过回归分析计算拟合发现，戊唑醇静脉给药后，两对映体在家兔脂肪组织中的降解符合假一级降解动力学，实测值与理论计算值拟合一般，拟合方程及降解半衰期列于表 2-167。从表中我们可以看出（一）-戊唑醇的降解半衰期（$t_{1/2}$）是（十）-戊唑醇的 1.53 倍，这表明（十）-戊唑醇在脂肪组织中降解快于其对映体。

从脂肪组织中 EF 值随时间变化趋势图［图 2-187(b)］中，我们可以看出，在用药后初期，EF 值低于 0.5，且随时间增加有先减小后增加的趋势，最终超过 0.5，在 480 min 时达到最大 0.79。这表明戊唑醇的两对映体在脂肪组织中的降解是选择性的。

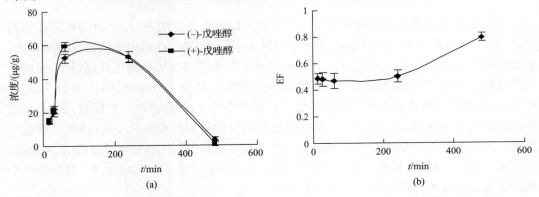

图 2-187　(a) 戊唑醇对映体在家兔脂肪中降解曲线；(b) 家兔脂肪中 EF 值变化动态（平均值±标准偏差）

表 2-167　戊唑醇对映体在家兔脂肪组织内消解动态的回归方程

对映体	回归方程	相关系数 R^2	半衰期 $t_{1/2}$/min	$t_{1/2(-)}/t_{1/2(+)}$
左旋体（－）	$Y=52.14e^{-0.0068X}$	0.8137	101.91	1.53
右旋体（＋）	$Y=58.97e^{-0.0104X}$	0.8358	66.63	

9）戊唑醇对映体在家兔不同组织中降解速度差异

戊唑醇对映体在家兔各组织中的降解速度是有差异的,两对映体在各组织中的降解半衰期见图 2-188。由图可以看出,除了肝脏外,相对而言（＋）-戊唑醇的降解半衰期要比其对映体小,这表明在家兔体内（＋）-戊唑醇降解得要快些;而两个对映体都是在脑和肺中降解最快,在肌肉中降解最慢;（＋）-戊唑醇在脑和肺、肾脏和脾脏中的降解速度相似,在各种组织中的降解速度大小为:肺脏、脑＞脂肪＞肾脏、脾脏＞肝脏＞心脏＞肌肉;而（－）-戊唑醇在脾脏、脂肪和肾脏中的降解速度相似,在各种组织中的降解速度大小为:脑＞肺脏＞肝脏＞肾脏、脂肪、脾脏＞心脏＞肌肉。

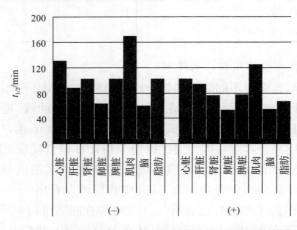

图 2-188　戊唑醇对映体在家兔不同组织中降解半衰期

2.9.6.3　戊唑醇对映体在家兔不同组织中残留量差异

不同取样时间点戊唑醇对映体在各组织中的残留差异见图 2-189。由图可知在用药后 15 min,戊唑醇两对映体在肺脏中浓度明显大于其他组织,在肌肉中的浓度相对较低,其余组织中浓度相差不大;用药后 30 min,肺脏中的浓度仍然明显高于其他组织,肌肉中的浓度略有增加,但还是相对较低,其余组织中的浓度都较 15 min 有明显增加;用药后 60 min,戊唑醇对映体在肾脏、肺脏、心脏、脑、脾脏中的含量开始减少,而肝脏、肌肉、脂肪中的药物浓度继续增加,此时（－）-戊唑醇在各组织中残留量大小顺序为:肺脏＞脂肪＞肝脏＞脾脏＞肾脏＞脑＞心脏＞肌肉,（＋）-戊唑醇在各组织中残留量大小顺序为:脂肪＞肺脏＞肝脏＞脾脏、肾脏＞脑＞心脏＞肌肉;而用药后 120 min,除脂肪外,其余组织中的残留量都在减小;240 min 与 120 min 类似。

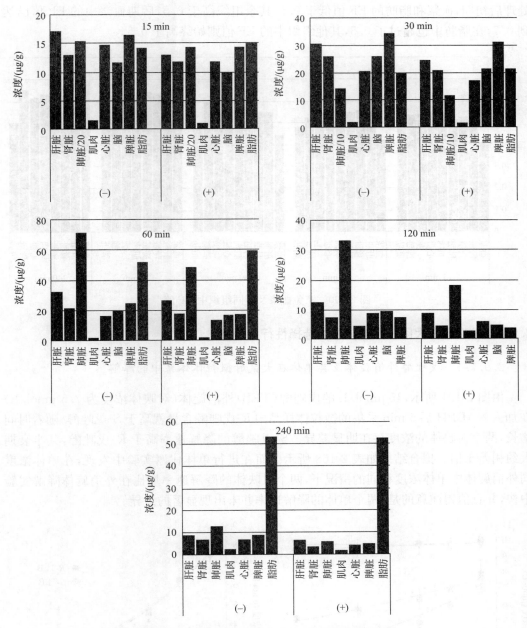

图 2-189　戊唑醇对映体在家兔不同组织残留差异

2.9.6.4　戊唑醇对映体在家兔体内不同样本中选择性差异

戊唑醇对映体在家兔血浆及所有组织中都是有选择性行为的,图 2-190 中列出了在不同取样时间点,各样本中的 EF 值。从图中可以看出,在所有时间点,两对映体都有一定的选择性,且随着时间增长选择性呈明显增加趋势,血浆及所有组织中的最高 EF 值都超过了 0.6。两对映体在血浆中的选择性是最明显的,在脂肪组织中是最不明显的。在处理后初期,血浆和脂肪的 EF 值低于 0.5,其余组织高于 0.5,后期血浆中的 EF 值已达到 0.7,在脂肪中也超过了 0.5,其他组织中的 EF 值则始终高于 0.5。

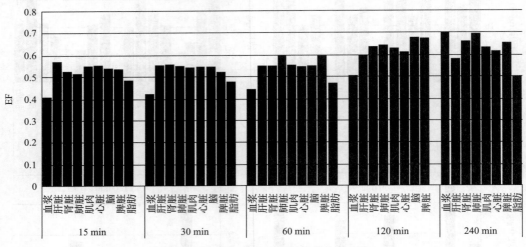

图 2-190　家兔血浆及不同组织中 EF 值

2.9.7　戊唑醇在大鼠肝微粒体中的选择性行为研究

2.9.7.1　戊唑醇外消旋体及其单体在大鼠肝微粒体体系中的降解

由图 2-191 所示,15 μmol/L 的戊唑醇(TEB)外消旋体(对映体浓度为 7.5 μmol/L)在加入 NADPH 后 5 min 采集的微粒体样品中 R-戊唑醇含量就高于 S-戊唑醇,随着时间增长,两个对映体的浓度存在明显差异。S-戊唑醇的降解速率高于 R-戊唑醇,其半衰期大约相差 1 倍。拟合结果如表 2-168 所示。而在进行单体代谢实验中发现,在单体浓度同外消旋体中单体浓度相同的情况下,两个对映体的降解速率均比在外消旋体降解实验中快,并且值得注意的是,两个单体的降解速率并未出现显著的差异。

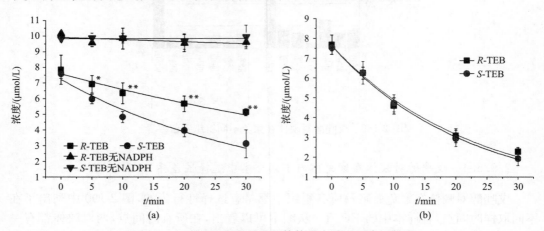

图 2-191　戊唑醇在鼠肝微粒体体系中随时间降解曲线

(a) 戊唑醇外消旋体在鼠肝微粒体体系中的降解曲线;(b) 戊唑醇单体在鼠肝微粒体体系中的降解曲线

表 2-168　戊唑醇对映体在鼠肝微粒体体系中降解的拟合方程

对映体		回归方程	相关系数 R^2	半衰期/min
外消旋体	R-戊唑醇	$C_t = (7.5902 \pm 0.1841) e^{-(0.0142 \pm 0.0017)t}$	0.9600	48.80
降解实验	S-戊唑醇	$C_t = (7.2276 \pm 0.3172) e^{-(0.0310 \pm 0.0040)t}$	0.9614	22.35
单体降解	R-戊唑醇	$C_t = (7.6279 \pm 0.2107) e^{-(0.0444 \pm 0.0030)t}$	0.9600	15.61
实验	S-戊唑醇	$C_t = (7.4790 \pm 0.2044) e^{-(0.0430 \pm .0030)t}$	0.9614	16.11

2.9.7.2　戊唑醇在大鼠肝微粒体体系中的酶促反应动力学研究

利用 Origin 8.0 软件对戊唑醇对映消除速率随浓度变化进行非线性拟合,结果显示其符合 Michaelis-Menten 公式,结果见图 2-192;由拟合参数可知两对映体在鼠肝微粒体中的酶促反应动力学参数存在一定的差异(表 2-169)。由于代谢酶存在一定的空间构型,因此和不同异构体结合时的亲和力不同,从而导致了鼠肝微粒体体系降解戊唑醇对映体存在一定的差异。

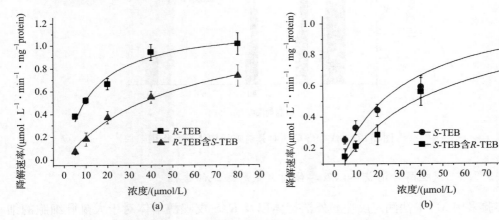

图 2-192　戊唑醇单体降解速率随浓度变化曲线

表 2-169　酶促反应动力学参数拟合结果

样品	$V_{max}/(\mu mol \cdot L^{-1} \cdot min^{-1} \cdot mg^{-1} protein)$	$K_m/(\mu mol/L)$	R^2
R-TEB	1.27±0.06	14.83±2.19	0.9927
R-TEB 含 S-TEB (抑制剂)	1.27±0.19	55.76±15.18	0.9851
S-TEB	0.83±0.07	12.23±2.72	0.9838
S-TEB 含 R-TEB (抑制剂)	0.88±0.11	31.70±8.97	0.9744

2.9.7.3　戊唑醇在大鼠肝微粒体体系中的相互抑制作用

由于戊唑醇对映体结构极为相似,因此,两对映体在与酶的活性位点的结合上可能存在相互竞争,从而阻碍了酶与底物的结合,使酶催化底物的反应速率下降。对映体之间可能存在相互作用。当测试 S-戊唑醇对 R-戊唑醇的抑制作用时,S-戊唑醇作为抑制剂加入,终浓度为 10 $\mu mol/L$。测定 R-戊唑醇对 S-戊唑醇的抑制作用时,R-戊唑醇作为抑制剂加入,终浓度为 10 μmol/L。从图 2-192 和表 2-169 的拟合结果可以看出,当某一单体的对映体作为抑制剂加入后,米氏常数 K_m 增大,底物的反应速率增加。并且随着底物浓度的增大抑制程度减少。

为了考察单体对其对映体的抑制差异,固定量的单体与不同浓度的抑制剂加入微粒体体系。以不添加抑制剂作为对照组。图 2-193 表示的是加入不同浓度的抑制剂后的降解速率的变化。由图可知,在加入抑制剂后,S-戊唑醇与 R-戊唑醇的代谢速率均有下降,而且随着抑制剂(对映异构体)浓度的增大,抑制程度增加,在同样的浓度下,S-戊唑醇对 R-戊唑醇的抑制程度要高于 R-戊唑醇对 S-戊唑醇的抑制程度。通过计算 LC_{50}(抑制中浓度)后得知,$LC_{50}S/R$ 为 9.67 μmol/L,而 $LC_{50}R/S$ 为 48.12 μmol/L,即戊唑醇 S-体对 R-体的抑制程度更大。

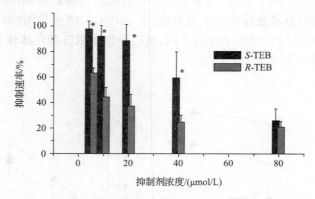

图 2-193　戊唑醇单体对其对映异构体抑制作用

2.9.7.4　戊唑醇外消旋体以及单体对大鼠肝细胞的毒性

实验采用 MTT 法测定戊唑醇外消旋体以及 R/S-戊唑醇单体对于大鼠肝细胞的细胞毒性,此法测定的毒性机制主要基于对线粒体功能的影响。实验结果见表 2-170。可见,在所选浓度浓度范围内,随着浓度的增大,戊唑醇及对映体均使细胞存活率产生明显

表 2-170　MTT 法测定经戊唑醇及对映体处理 24 h 时大鼠原代肝细胞存活率

浓度 /(μmol/L)	rac-戊唑醇		R-戊唑醇		S-戊唑醇	
	存活率/%	RSD/%	存活率/%	RSD/%	存活率/%	RSD/%
90	78.44	9.36	77.69	8.10	79.95	5.85
100	81.43	7.56	81.51	7.01	76.09	3.78
110	80.76	6.93	79.38	3.47	67.81	3.91
120	74.66	4.47	74.63	4.84	57.13	5.53
130	63.22	6.05	47.63	4.70	20.33	6.47
140	49.41	2.58	31.02	3.74	7.64	1.02
150	15.09	2.59	6.10	0.42	5.78	0.42

下降,表现出显著的细胞毒性,经计算其 24 h 时,LC_{50} 见表 2-171,结果显示戊唑醇及对映体对大鼠原代肝细胞的毒性存在一定的差异,其中 S-戊唑醇的毒性最大,其 LC_{50} 为 114.35 $\mu mol/L$,外消旋体的毒性最小,其 LC_{50} 为 133.27 $\mu mol/L$。

表 2-171　戊唑醇及对映体对大鼠原代肝细胞染毒 24 h 时 LC_{50}

化合物	$LC_{50}/(\mu mol/L)$	95%置信区间/$(\mu mol/L)$
rac-戊唑醇	133.27	121.38～162.51
R-戊唑醇	126.17	116.29～138.60
S-戊唑醇	114.35	105.61～122.75

2.9.8　戊唑醇在蚯蚓体内的选择性行为研究

2.9.8.1　戊唑醇对映体在蚯蚓体内的富集行为

利用高效液相色谱手性固定相法对实验土壤中和供试蚯蚓体内戊唑醇对映体的残留量进行了分析。结果表明,戊唑醇两对映体在蚯蚓体内的浓度在培养初期(1～5 d)逐渐增加,在 11 d 时 R-戊唑醇有较大幅度的增加并且逐渐达到第一个顶峰,11 d 后 R-戊唑醇浓度再次下降并且与 20 d 时有较大幅度的反弹并达到第 2 个浓度高峰,20 d 后 R-戊唑醇浓度逐渐下降并随着培养时间的延长逐渐达到平衡状态,S-戊唑醇的浓度在 7 d 后随着培养时间的延长逐渐达到平衡状态,见图 2-194。

在整个富集过程中,蚯蚓体内 R-戊唑醇的浓度一直高于 S-戊唑醇;而在土壤中戊唑醇两个异构体浓度差异不大,见图 2-195。

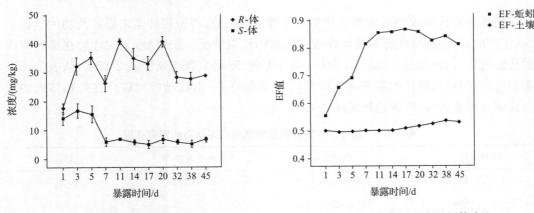

图 2-194　戊唑醇对映体在蚯蚓体内的
富集曲线图

图 2-195　富集过程中蚯蚓体内和
土壤样本中 EF 值的变化

在富集过程中蚯蚓体内戊唑醇两对映体呈现出了明显的选择性,且差异显著,而蚯蚓土中的戊唑醇并未出现明显的选择性,表明蚯蚓对苯霜灵对映体的富集过程存在选择性。t 检验显示,蚯蚓体内 EF 偏离 0.5 非常显著($p < 0.001$);土壤样本中 EF 值有所偏离

0.5,但变化不如蚯蚓显著($p=0.02$)。配对 t 检验显示,蚯蚓体内 EF 值与土壤样本中 EF 值也存在显著差异($p<0.001$),表明蚯蚓对戊唑醇对映体的富集存在显著的选择性,优先富集 R-戊唑醇。

在 11～20 d 的时间内,R-戊唑醇达到了浓度的顶峰,富集曲线呈现出了峰型的趋势,而在 20 d 之后,其浓度逐渐下降并且达到平衡状态。S-戊唑醇在 1～7 d 内浓度逐渐增加,在 7 d 后浓度下降并且基本处于平衡状态。本实验中的戊唑醇两对映体间的富集曲线变化趋势差异较明显,这可能和药物的化学性质有关。

对富集过程中蚯蚓体内戊唑醇对映体的生物-土壤富集因子(BSAF)进行了计算,计算结果见表 2-172。富集过程中,R-戊唑醇的 BSAF 值高于 S-戊唑醇。配对 t 检验显示,对映体 BSAF 值间存在显著差异($p<0.001$),表明蚯蚓对戊唑醇对映体的富集过程存在选择性。

表 2-172　富集过程中蚯蚓体内戊唑醇对映体的 BSAF 值

	暴露时间/d										
	1	3	5	7	11	14	17	20	32	38	45
BSAF*- R-戊唑醇	0.38 ±0.02	0.71 ±0.03	0.79 ±0.02	0.63 ±0.03	0.99 ±0.01	0.87 ±0.04	0.86 ±0.07	1.10 ±0.02	0.88 ±0.02	0.94 ±0.05	1.03 ±0.00
BSAF*- S-戊唑醇	0.31 ±0.02	0.38 ±0.03	0.35 ±0.03	0.14 ±0.02	0.17 ±0.01	0.15 ±0.10	0.13 ±0.01	0.18 ±0.02	0.19 ±0.01	0.18 ±0.04	0.24 ±0.01

* BSAF 单位:每千克干重比每千克湿重

2.9.8.2　戊唑醇对映体在蚯蚓体内的代谢行为

当蚯蚓体内的戊唑醇浓度达到最大浓度后(11 d),将蚯蚓转至未添加药物的空白土壤,定期取样,观察戊唑醇对映体在蚯蚓体内的代谢情况。结果显示,戊唑醇在蚯蚓体内的代谢过程符合一级反应动力学规律,拟合方程、降解半衰期列于表 2-173。从表中可以看出,戊唑醇两对映体的半衰期分别为 0.73 d 和 0.63 d,戊唑醇对映体在蚯蚓体内的降解代谢过程非常快,降解趋势见图 2-196。

表 2-173　戊唑醇对映体在蚯蚓体内代谢动态的回归方程

对映体	回归方程	相关系数 R^2	半衰期 $t_{1/2}$/d
R-(＋)-戊唑醇	$Y=39.535e^{-0.78x}$	0.9701	0.73
S-(－)-戊唑醇	$Y=7.1824e^{-0.866x}$	0.963	0.63

本实验中戊唑醇两对映体的降解半衰期较快,其中 S-戊唑醇的降解半衰期要小于 R-戊唑醇。造成降解半衰期差异的原因可能是药物化学性质的不同和所选研究动植物种类的差异。

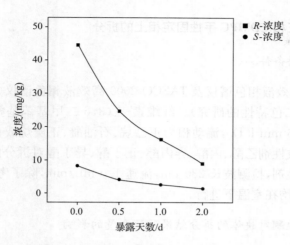

图 2-196 戊唑醇在蚯蚓体内的降解曲线

2.9.8.3 戊唑醇对映体急性毒性实验结果

戊唑醇对映体的选择性毒性实验结果见表 2-174。

表 2-174 戊唑醇对映体的选择性毒性实验结果

被测物质	毒理回归方程	48 h LC$_{50}$	95% 置信区间	R^2
rac-戊唑醇	$Y=-3.6438x+6.947796$	16.50	15.54~19.81	0.9244
R-戊唑醇	$Y=-1.1613x+6.044004$	15.08	9.04~12.09	0.9408
S-戊唑醇	$Y=0.5047x+4.604118$	12.60	7.19~12.47	0.9693

本实验中戊唑醇的两对映体毒性均小于其外消旋体,这可能是由于药物的化学性质的不同所引起的。

2.10 三唑酮及其代谢物

三唑酮(triadimefon)是一类重要的三唑类杀菌剂,抑制麦角甾醇的生物合成,主要用于防治麦类、果树、蔬菜、瓜类、花卉等作物病害。化学名称:3,3-二甲基-1-(4-氯苯氧基)-1-(1,2,4-三唑-1-基)-2-酮,其结构中有一个手性中心,外消旋体含有两个对映异构体,分子结构如图 2-197 所示。

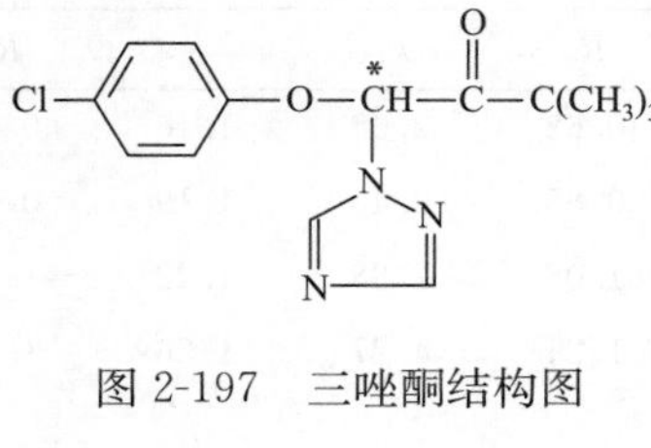

图 2-197 三唑酮结构图

2.10.1 三唑酮在正相 CDMPC 手性固定相上的拆分

2.10.1.1 色谱条件

Agilent 1100 高效液相色谱仪及 JASCO 2000 高效液相色谱仪(主要用于对映体出峰顺序的确定及圆二色特性的研究)。纤维素-三(3,5-二甲基苯基氨基甲酸酯)色谱柱(自制)250 mm×4.6 mm I.D.,流动相为正己烷、石油醚、正庚烷或正戊烷,在正己烷流动相中考察了极性改性剂乙醇、丙醇、异丙醇、正丁醇、异丁醇对拆分的影响,其他流动相中使用异丙醇为改性剂,检测波长 230 nm,流速 1.0 mL/min,除了考察温度对拆分的影响实验外,其他操作均在室温下进行。

2.10.1.2 三唑酮对映体的拆分结果及醇含量的影响

三唑酮对映体在 CDMPC 手性固定相上使用正己烷流动相的拆分结果如表 2-175 所示,检测波长 220 nm,考察了 5 种小分子量的醇在流动相中对拆分的影响,除了正丁醇的效果较差外,其他 4 种醇对三唑酮对映体的拆分影响不大,相比之下,异丁醇的拆分能力略好一些,在含量 2% 时,分离因子和分离度分别为 1.30 和 1.48。三唑酮对映体在 CDMPC 上的保留不强,5 种醇对三唑酮对映体的保留能力依次为异丙醇＞异丁醇＞正丁醇＞正丙醇＞乙醇。使用异丙醇极性改性剂,考察了正庚烷、正戊烷和石油醚体系对三唑酮对映体的拆分,结果如表 2-176 所示,这三种流动相均没有明显的优势。图 2-198 为三唑酮对映体的拆分色谱图。

表 2-175　醇改性剂对三唑酮对映体拆分的影响

含量 /%	乙醇			丙醇			异丙醇			丁醇			异丁醇		
	k_1	α	R_s	k_1	α	R_s	k_1	α	R_s	k_1	α	R_s	k_1	α	R_s
20	1.84	1.10	0.12	1.85	1.14	0.28	3.59	1.15	0.96	1.90	1.12	0.17	1.99	1.19	0.64
15	2.09	1.12	0.34	2.12	1.15	0.51	4.19	1.17	1.01	2.23	1.13	0.49	2.30	1.21	1.12
10	2.50	1.14	0.55	2.60	1.17	0.89	5.20	1.18	1.15	2.74	1.12	0.56	2.91	1.23	1.29
5	3.42	1.17	1.18	3.72	1.21	1.32	7.69	1.21	1.32	4.01	1.13	0.63	4.13	1.28	1.44
2	5.32	1.21	1.33	5.89	1.24	1.36	13.30	1.24	1.41	6.53	1.15	0.77	7.32	1.30	1.48
1							18.70	1.26	1.47						

表 2-176　正庚烷、正戊烷和石油醚体系下三唑酮对映体的拆分

异丙醇含量/%	正庚烷			正戊烷			石油醚		
	k_1	α	R_s	k_1	α	R_s	k_1	α	R_s
20	2.02	1.15	0.62	2.08	1.16	0.56	2.07	1.16	0.55
15	2.38	1.19	0.85	2.40	1.19	0.78	2.32	1.18	0.73
10	2.93	1.23	1.08	2.88	1.22	1.00	2.89	1.20	0.92
5	3.94	1.26	1.24	4.27	1.26	1.15	4.18	1.23	1.30
2							6.68	1.26	1.42

2.10.1.3　圆二色特性研究

三唑酮两对映体的在线 CD 扫描图见图 2-199,两对映体以"0"刻度线具有非常好的对称性,其 CD 吸收信号随着波长的变化也会出现非常明显的转换现象,先流出对映体在 220～260 nm 波长范围内为(一)CD 吸收,而在 260～350 nm 范围内为(十)CD 吸收,最大吸收有两处,分别为 230 nm 和 300 nm,在 260 nm 处没有 CD 吸收,后流出对映体在 220～260 nm 范围内为(十)CD 吸收,在 260～350 nm 间为(一)CD

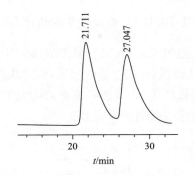

图 2-198　三唑酮对映体的色谱拆分图（正己烷/异丙醇＝99/1,220 nm,室温）

吸收。正是这种 CD 吸收信号的转换现象的存在,在使用 CD 信号标识对映体时应特别标明波长。

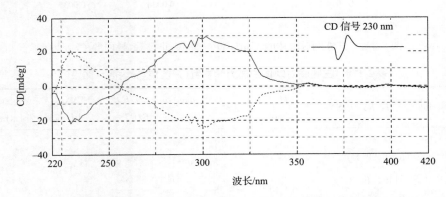

图 2-199　三唑酮两对映体的 CD 扫描图(实线为先流出对映体,虚线为后流出对映体)

2.10.1.4　温度对拆分的影响

在 0～25 ℃温度范围内,正己烷/异丙醇(90/10)流动相中考察了温度对三唑酮对映体拆分的影响,结果列于表 2-177,容量因子、分离因子和分离度都随着温度的升高而减小,温度降低有利于对映体的分离,但温度的降低也伴随着较长的分析时间。

表 2-177　温度对三唑酮对映体拆分的影响(正己烷/异丙醇＝90/10)

温度/℃	k_1	k_2	α	R_s
0	6.95	8.37	1.20	1.30
5	6.13	7.34	1.20	1.25
10	5.64	6.71	1.19	1.23
15	5.24	6.18	1.18	1.24
20	4.86	5.65	1.16	1.18
25	4.69	5.44	1.16	1.18

2.10.1.5　热力学参数的计算

通过考察正己烷/异丙醇(90/10)中温度对三唑酮对映体拆分的影响,绘制了 Van't Hoff 曲线,如图 2-200 所示,两对映体的容量因子、分离因子与热力学温度的倒数具有较好的线性关系,线性相关系数均大于 0.99,基于线性的 Van't Hoff 方程,计算出相关的热力学参数列于表 2-178。

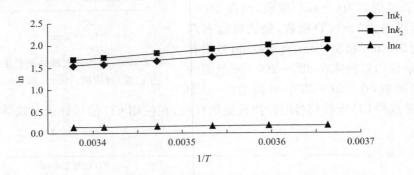

图 2-200　三唑酮对映体的 Van't Hoff 曲线(正己烷/异丙醇＝90/10)

表 2-178　三唑酮对映体的热力学参数(正己烷/异丙醇＝90/10)

对映体 230 nm	$\ln k=-\Delta H/RT+\Delta S^*$	ΔH /(kJ/mol)	ΔS^*	$\ln\alpha=\Delta_{R,S}\Delta H/RT+\Delta_{R,S}\Delta S/RT$	$\Delta\Delta H$ /(kJ/mol)	$\Delta\Delta S$ /[J/(mol·K)]
＋	$\ln k_1=1353.2/T-3.04$ (R=0.9954)	−11.25	−3.04	$\ln\alpha=138.81/T-0.32$ (R=0.9883)	−1.15	−2.66
－	$\ln k_2=1492/T-3.36$ (R=0.9971)	−12.40	−3.36			

2.10.2　三唑酮在正相 ATPDC 手性固定相上的拆分

2.10.2.1　色谱条件

Agilent 1100 高效液相色谱仪及 JASCO 2000 高效液相色谱仪(主要用于对映体出峰顺序的确定及圆二色特性的研究)。直链淀粉-三((S)-1-苯基乙基氨基甲酸酯)(ATPDC)色谱柱(自制)250 mm×4.6 mm I.D.,流动相为正己烷,添加极性的有机醇作为改性剂,包括乙醇、丙醇、异丙醇、正丁醇和异丁醇,检测波长 220 nm,流速 1.0 mL/min,使用圆二色检测器确定了出峰顺序,考察温度的影响所涉及的范围为 0～40 ℃。除了考察温度对拆分的影响实验外,其他操作均在室温下进行。

2.10.2.2　三唑酮对映体的拆分结果

三唑酮对映体在直链淀粉-三((S)-1-苯基乙基氨基甲酸酯)手性固定相上的拆分结果如表 2-179 所示,检测波长 220 nm,除了乙醇外,其他醇都可实现两对映体的基线分离,在异丙醇含量为 2％时,分离因子为 1.42,分离度为 1.84,使用 5％丙醇时分离因子和分离度分别为 1.35 和 1.84。色谱拆分图如图 2-201 所示。圆二色检测器显示 220 nm 波长下对映体的出峰顺序为(＋)/(－),见图 2-201。

表 2-179　三唑酮对映体的拆分

含量 /％	乙醇			丙醇			异丙醇			丁醇			异丁醇		
	k_1	α	R_s	k_1	α	R_s	k_1	α	R_s	k_1	α	R_s	k_1	α	R_s
15	1.41	1.16	1.03	1.72	1.26	1.39	1.81	1.29	1.34	1.67	1.24	1.33	1.75	1.27	1.45
10	1.74	1.16	1.09	2.43	1.29	1.62	2.48	1.32	1.43	2.37	1.27	1.51	2.3	1.29	1.57
5	2.47	1.19	1.25	4.62	1.35	1.84	3.74	1.35	1.59	3.08	1.36	1.63	3.54	1.31	1.52
2							5.97	1.42	1.84						

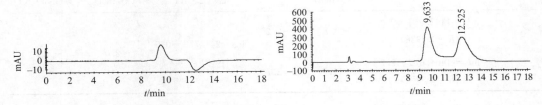

图 2-201　三唑酮对映体的色谱拆分图及圆二色谱图(5％异丙醇, 220 nm,室温)

2.10.2.3　温度对拆分的影响及热力学参数的计算

考察了 0～40℃范围内温度对三唑酮对映体在直链淀粉-三((S)-1-苯基乙基氨基甲酸酯)手性固定相上拆分的影响,结果列于表 2-180,流动相条件为(98/2),容量因子和分离因子随温度的变化较大,都呈现随温度的升高而减小的趋势,而分离度在 20℃时最大(R_s＝1.84),在 40℃时最小(R_s＝1.36),因此三唑酮对映体的拆分不宜在高温下进行。线性的 Van't Hoff 曲线见图 2-202,线性关系较好,热力学参数及线性方程列于表 2-181 中。

表 2-180　温度对三唑酮对映体手性拆分的影响(正己烷/异丙醇＝98/2)

温度/℃	k_1	k_2	α	R_s
0	8.29	12.32	1.49	1.63
10	6.83	9.81	1.44	1.74
20	5.97	8.47	1.42	1.84
30	5.20	7.07	1.36	1.50
40	4.83	6.40	1.33	1.36

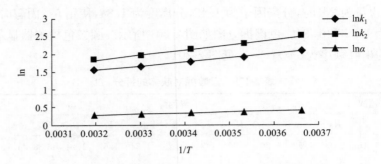

图 2-202　三唑酮对映体的 Van't Hoff 曲线(正己烷/异丙醇＝98/2)

表 2-181　三唑酮对映体拆分的热力学参数(正己烷/异丙醇＝98/2)

对映体	$\ln k = -\Delta H/RT + \Delta S^*$	ΔH /(kJ/mol)	ΔS^*	$\ln\alpha = \Delta_{R,S}\Delta H/RT + \Delta_{R,S}\Delta S/RT$	$\Delta\Delta H$ /(kJ/mol)	$\Delta\Delta S$ /[J/(mol·K)]
＋	$\ln k_1 = 1162.9/T - 2.2$ ($R=0.9938$)	−9.7	−2.2	$\ln\alpha = 241.7/T - 0.5$ ($R=0.9932$)	−2.0	−4.2
−	$\ln k_2 = 1404.6/T - 2.7$ ($R=0.9958$)	−11.7	−2.7			

2.10.3　三唑酮在反相 CDMPC 手性固定相上的拆分

2.10.3.1　色谱条件

纤维素-三(3,5-二甲基苯基氨基甲酸酯)(CDMPC)手性柱,250 mm×4.6 mm I.D.(实验室自制);流动相为不同比例的甲醇/水或乙腈/水,温度对拆分影响在 0～40 ℃之间,其他实验在室温进行,流速 0.8 mL/min,进样量 10 μL,检测波长 230 nm,样品浓度大约 100 mg/L。

2.10.3.2　流动相组成对手性拆分的影响

流动相组成对三唑酮在 CDMPC 固定相上拆分的影响结果如表 2-182 所示,在乙腈/水(40/60)的流动相比例下拆分效果较好,见图 2-203。

2.10.3.3　温度对手性拆分的影响

温度对高效液相色谱分离不同化合物的影响不尽相同。反相色谱条件下,分离温度在 0～40 ℃范围内,农药多效唑、己唑醇、烯唑醇、氟环唑、抑霉唑、腈菌唑、三唑酮对映异构体在纤维素-三(3,5-二甲基苯基氨基甲酸酯)手性固定相手性拆分的结果见表 2-183。三唑酮在甲醇/水作流动相,不同温度下的手性农药拆分色谱图如图 2-204 所示。容量因子 k_1,k_2 和分离因子 α 随温度的升高而减少。在所考察的温度范围内,不同流动相条件下,不同的农药最佳分离度出现在不同的温度,甲醇/水(75/25,v/v)作流动相条件下,己唑醇、烯唑醇在 20 ℃有较高的分离度,而多效唑在 5 ℃、抑霉唑在 10 ℃有较高的分离度;

表 2-182　三唑酮在 CDMPC 上的拆分结果

手性化合物	流动相	v/v	k_1	k_2	α	R_s
三唑酮	甲醇/水	100/0	0.34	0.34	1.00	—
		95/5	0.55	0.55	1.00	—
		85/15	0.97	1.15	1.18	1.08
		75/25	2.29	2.77	1.21	1.55
		70/30	3.63	4.45	1.23	1.70
	乙腈/水	100/0	0.29	0.29	1.00	—
		80/10	0.49	0.49	1.00	—
		70/30	0.71	0.80	1.12	0.71
		60/40	1.29	1.45	1.12	0.99
		50/50	2.92	3.26	1.12	1.35
		40/60	8.10	9.10	1.12	1.65

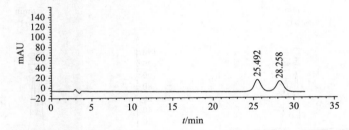

图 2-203　三唑酮在乙腈/水(40/60)作流动相 CDMPC 上分离色谱图(流速 0.8 mL/min,室温)

表 2-183　CDMPC 上温度对三唑酮拆分的影响

手性化合物	温度/℃	流动相	v/v	k_1	k_2	α	R_s
三唑酮	0	甲醇/水	80/20	1.95	2.40	1.25	1.62
	5			1.79	2.21	1.24	1.56
	10			1.72	2.10	1.22	1.53
	20			1.59	1.93	1.21	1.55
	30			1.29	1.51	1.17	1.16
	0	乙腈/水	50/50	3.26	3.69	1.13	1.41
	5			3.19	3.61	1.13	1.36
	10			3.06	3.45	1.13	1.42
	20			2.97	3.33	1.12	1.41
	30			2.78	3.09	1.11	1.34
	40			2.60	2.86	1.10	1.30

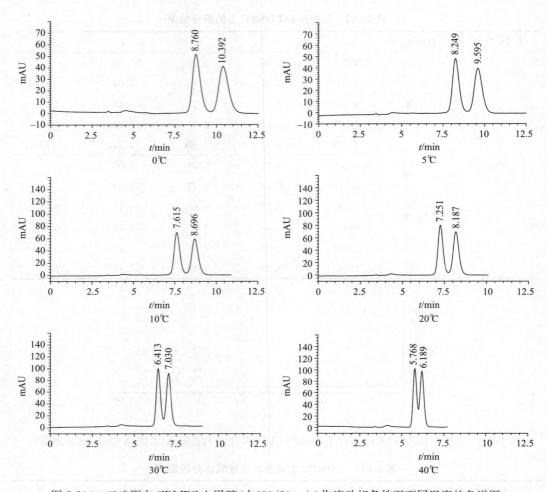

图 2-204　三唑酮在 CDMPC 上甲醇/水$(80/20,v/v)$作流动相条件下不同温度的色谱图

腈菌唑在甲醇/水$(85/15,v/v)$作流动相条件下,较高分离度出现在 20℃;氟环唑在甲醇/水$(90/10,v/v)$作流动相条件下,较高分离度出现在 5℃;三唑酮在甲醇/水$(80/20,v/v)$作流动相条件下,较高分离度出现在 0℃;乙腈/水$(50/50,v/v)$作流动相条件下,已唑醇、多效唑、烯唑醇、抑霉唑的较高分离度分别出现在 40℃、0℃、30℃、20℃,腈菌唑、三唑酮较高的分离度均出现在 10℃;氟环唑在乙腈/水$(70/30,v/v)$作流动相条件下,较高分离度出现在 0℃。热力学参数及线性方程列于表 2-184 中。

表 2-184　三唑酮的 Van't Hoff 方程和 $\Delta\Delta H^o$、$\Delta\Delta S^o$($0\sim40$℃)

手性化合物	流动相	v/v	线性方程	$\Delta\Delta H^o$/(kJ/mol)	$\Delta\Delta S^o$/[J/(mol·K)]
三唑酮	甲醇/水	80/20	$\ln\alpha=186.07/T-0.4554$ ($R^2=0.9625$)	-1.55	-3.78
	乙腈/水	50/50	$\ln\alpha=59.24/T-0.0904$ ($R^2=0.9805$)	-0.49	-0.75

2.10.3.4　对映体的流出顺序

在 230 nm 的检测波长下,以甲醇/水(80/20)和乙腈/水(50/50)为流动相,使用圆二色检测器确定对映体在 CDMPC 手性固定相上的出峰顺序均为左旋/右旋。

2.10.4　三唑酮及代谢物在 IA 手性色谱柱上的拆分

2.10.4.1　三唑酮和三唑醇对映体在正己烷/异丙醇流动相中的拆分结果

1)异丙醇浓度对拆分效果的影响

表 2-185、表 2-186 中列出了 20 ℃时正己烷体系中不同异丙醇含量下对三唑酮和三唑醇的拆分结果,由表 2-185 可见,异丙醇含量为 15％时三唑酮对映体有较大的分离因子($\alpha = 1.09$)和分离度($R_s = 1.58$)。随着流动相中极性醇含量的减少,对映体的保留增强,但分离因子和分离度减小,异丙醇含量为 3％时分离度为 0;从表 2-186 可见,随着流动相中极性醇含量的减少,三唑醇对映体的保留增强,分离因子和分离度有增有减(α_{12}、α_{23} 增,α_{34} 减,$R_{s_{12}}$、$R_{s_{23}}$ 增,$R_{s_{34}}$ 先增后减),异丙醇含量 5％时分离效果最好,此时三唑酮和三唑醇也能够达到同时分离。在正己烷/异丙醇体系中三唑酮在 Chiralpak IA 柱上的出峰顺序为(图 2-205):R,S;三唑醇的出峰顺序为:RS,SS,RR,SR(图 2-206)。图 2-207 为二者对映体的同时拆分色谱图。

表 2-185　正己烷体系中不同异丙醇含量下三唑酮对映体拆分结果

流动相	异丙醇比例/％(体积分数)	k_1	k_2	α	R_s
正己烷/异丙醇	20	1.31	1.44	1.10	1.00
	15	1.77	1.93	1.09	1.58
	10	2.50	2.70	1.08	1.21
	5	4.52	4.73	1.05	0.70
	3	7.15	7.15	1.00	0.00

表 2-186　正己烷体系中不同异丙醇含量下三唑醇对映体拆分结果

流动相	异丙醇比例/％(体积分数)	k_1	k_2	k_3	k_4	α_{12}	α_{23}	α_{34}	α_{14}	$R_{s_{12}}$	$R_{s_{23}}$	$R_{s_{34}}$
正己烷/异丙醇	20	0.61	0.89	0.99	1.31	1.45	1.11	1.33	2.13	1.80	0.61	2.12
	15	0.87	1.31	1.46	1.85	1.50	1.12	1.27	2.12	2.62	0.91	2.33
	10	1.43	2.21	2.50	3.02	1.55	1.13	1.21	2.11	3.74	1.32	2.35
	5	3.32	5.41	6.29	7.01	1.63	1.16	1.12	2.11	5.45	2.06	1.69
	3	6.46	10.80	13.42	13.42	1.67	1.24	1.00	2.08	5.94	3.24	0.00

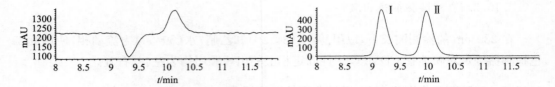

图 2-205　ORD 信号表征的三唑酮对映体在 IA 柱上正/异体系下流出顺序

Ⅰ:R-(-)-三唑酮;Ⅱ:S-(+)-三唑酮;正己烷/异丙醇(85/15),230 nm,1.0 mL/min,10℃

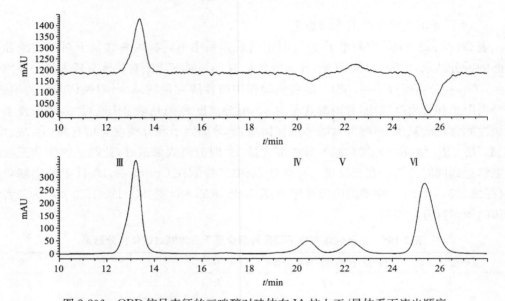

图 2-206　ORD 信号表征的三唑醇对映体在 IA 柱上正/异体系下流出顺序

Ⅲ:RS-三唑醇,Ⅳ:SS-三唑醇,Ⅴ:RR-三唑醇,Ⅵ:SR-三唑醇;正己烷/异丙醇(95/5),230 nm,1.0 mL/min,10℃

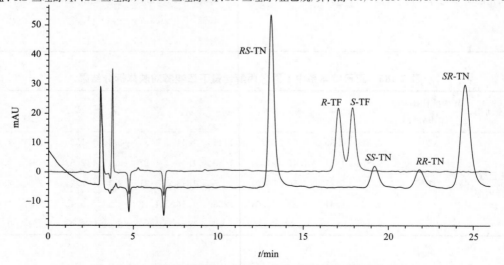

图 2-207　正异体系中三唑酮和三唑醇对映体同时拆分色谱图

正己烷/异丙醇=95/5,流速 1.0 mL/min,波长 230 nm,20℃,Chiralpak IA 柱(25 cm×4.6 mm I.D.,10 μm)

2）温度对拆分的影响

在正己烷/异丙醇（95/5，v/v）流动相条件下考察了温度变化对三唑酮和三唑醇手性拆分的影响（表 2-187、表 2-188），结果表明，随着温度的降低，对映体的保留增强，三唑酮的分离因子和分离度均增大，5℃时 $\alpha=1.09$，$R_s=1.54$，而三唑醇分离因子 α_{12}、α_{34} 增大，α_{23} 减小，分离度 $R_{s_{12}}$、$R_{s_{34}}$ 增大，$R_{s_{23}}$ 减小，5℃时分离效果最好。

表 2-187　不同温度下正己烷/异丙醇体系中三唑酮对映体拆分结果

流动相	$T/℃$	k_1	k_2	α	R_s
	20	4.52	4.73	1.05	0.70
正己烷/异丙醇＝95/5	15	4.87	5.15	1.06	0.96
	10	5.36	5.75	1.07	1.26
	5	5.87	6.39	1.09	1.54

表 2-188　不同温度下正己烷/异丙醇体系中三唑醇对映体拆分结果

流动相	$T/℃$	k_1	k_2	k_3	k_4	α_{12}	α_{23}	α_{34}	α_{14}	$R_{s_{12}}$	$R_{s_{23}}$	$R_{s_{34}}$
	20	3.32	5.41	6.29	7.01	1.63	1.16	1.12	2.11	5.45	2.06	1.69
正己烷/异丙醇＝95/5	15	3.39	5.63	6.51	7.40	1.66	1.16	1.14	2.19	5.70	1.98	1.97
	10	3.46	5.88	6.77	7.85	1.70	1.15	1.16	2.27	5.97	1.91	2.26
	5	3.52	6.14	7.05	8.34	1.74	1.15	1.18	2.37	6.22	1.87	2.54

3）热力学参数的计算

根据 Van't Hoff 方程（$\Delta G=-RT\ln\alpha$）可知，以热力学温度的倒数（$1/T$）对容量因子或分离因子的自然对数作图（图 2-208）。

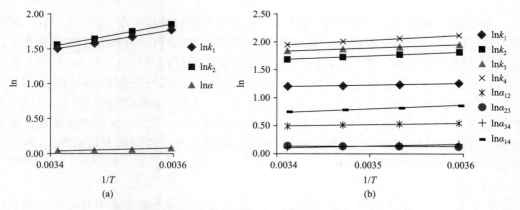

图 2-208　正/异体系中（a）三唑酮及（b）三唑醇对映体的 Van't Hoff 曲线
（正己烷/异丙醇＝95/5，1.0 mL/min）

三唑酮和三唑酮对映体与手性固定相之间相互作用的熵变、焓变等参数分别列于表 2-189、表 2-190 中，$\Delta S^*=\Delta S/R+\ln\varphi$。由表可见，IA 柱上正己烷/异丙醇（95/5）体系中三唑酮对映体的拆分受焓变驱动，三唑醇 A（RS 和 SR）对映体的拆分受焓变驱动，

B(RR 和 SS)对映体的拆分受熵变驱动,而相邻非对映异构体之间的拆分受焓变驱动。

表 2-189　三唑酮对映体手性拆分的热力学参数(正己烷/异丙醇＝95/5)

对映体	$\ln k=-\Delta H/RT+\Delta S^{*}$	ΔH /(kJ/mol)	ΔS^{*}	$\ln\alpha=-\Delta\Delta H/RT+$ $\Delta\Delta S/R$	$\Delta\Delta H$ /(kJ/mol)	$\Delta\Delta S$ /[J/(mol·K)]
$E_1(R)$	$\ln k_1=1436.0/T-3.3939$ ($R^2=0.9950$)	-11.939	-3.3939	$\ln\alpha=217.56/T$ -0.6979 ($R^2=0.9840$)	-1.809	-5.802
$E_2(S)$	$\ln k_2=1647.4/T-4.0718$ ($R^2=0.9986$)	-13.696	-4.0718			

表 2-190　三唑醇对映体手性拆分的热力学参数(正己烷/异丙醇＝95/5)

对映体	$\ln k=-\Delta H/RT+\Delta S^{*}$	ΔH /(kJ/mol)	ΔS^{*}	$\ln\alpha=-\Delta\Delta H/RT+$ $\Delta\Delta S/R$	$\Delta\Delta H$ /(kJ/mol)	$\Delta\Delta S$/[J /(mol·K)]
$E_1(RS)$	$\ln k_1=326.1/T+0.0880$ ($R^2=0.9996$)	-5.711	0.0880	$\ln\alpha_{12}=375.6/T-0.7929$ ($R^2=0.9840$)	-3.123	-6.592
$E_2(SS)$	$\ln k_2=701.7/T-0.7049$ ($R^2=0.9972$)	-5.834	-0.7049	$\ln\alpha_{23}=-67.8/T+0.3805$ ($R^2=0.9840$)	0.564	3.163
$E_3(RR)$	$\ln k_2=603.8/T-0.2223$ ($R^2=0.9959$)	-5.020	-0.2223	$\ln\alpha_{34}=326.1/T-1.0020$ ($R^2=0.9996$)	-2.711	-8.331
$E_4(SR)$	$\ln k_2=929.9/T-1.2243$ ($R^2=0.9987$)	-7.731	-1.2243	$\ln\alpha_{14}=701.2/T-1.6565$ ($R^2=0.9928$)	-5.828	-1.657

2.10.4.2　三唑酮和三唑醇对映体在正己烷/乙醇流动相中的拆分结果

三唑酮、三唑醇在正己烷/异丙醇体系中各自均能够得到较好的分离,且二者一起分离的效果也很好,但是三唑酮对映体分离效果随柱效、流动相比例和温度的改变变化较大,且容易受杂质峰的干扰。因此,考察了其他醇类作改性剂时的分离情况,发现在正己烷/乙醇比例为 93/7 时能得到良好的分离(图 2-209),相邻峰之间最小分离度(R_s)为2.25,三唑酮对映体之间分离度达 4.26。同时进行了不同乙醇浓度和温度下正己烷/乙醇体系中三唑酮、三唑醇的分离,发现三唑酮的流出顺序与正己烷/异丙醇体系相比发生反转,6 个对映体峰基线完全分离,各对映体流出顺序在旋光检测器上得到确认,为三唑醇 RS、SS、SR、RR,三唑酮 S、R。

1) 乙醇浓度对拆分效果的影响

表 2-191、表 2-192 中列出了 20 ℃时正己烷体系中不同乙醇含量下对三唑酮和三唑醇的拆分结果。由表 2-191 可见,随着流动相中乙醇含量的减小,对映体的保留增强,分离因子和分离度增大,三唑酮在 IA 柱上的分离效果变好,乙醇为 5% 时的分离因子 $\alpha=$ 1.29,分离度 $R_s=5.94$;由表 2-192 可见,随着流动相中乙醇含量的减少,三唑醇对映体的保留增强,分离因子有增有减(α_{12}、α_{34} 增,α_{23} 减),分离度增大,乙醇体积比为 5% 时的分离度为 $R_{s_{12}}=2.39$,$R_{s_{23}}=3.04$,$R_{s_{34}}=7.86$。乙醇比例为 7% 时,三唑酮和三唑醇对映体

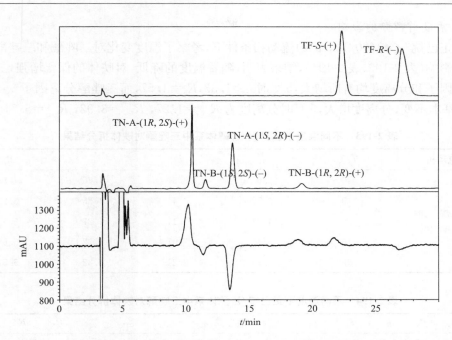

图 2-209　三唑酮、三唑醇对映体在正己烷/乙醇体系中分离的 UV 和 ORD 信号图谱
（正己烷/乙醇＝93/7，1.0 mL/min）

同时分离，图 2-209 为二者对映体同时拆分色谱图。

表 2-191　正己烷体系中不同乙醇含量下三唑酮对映体拆分结果

流动相	乙醇比例/%（体积分数）	k_1	k_2	α	R_s
	40	1.25	1.56	1.25	2.81
	30	1.60	2.02	1.27	3.23
	20	2.26	2.90	1.28	3.82
正己烷/乙醇	15	2.96	3.77	1.27	4.07
	10	4.02	5.11	1.27	5.33
	5	7.41	9.57	1.29	5.94

表 2-192　体系中不同乙醇含量下三唑醇对映体拆分结果

流动相	乙醇比例/%（体积分数）	k_1	k_2	k_3	k_4	α_{12}	α_{23}	α_{34}	α_{13}	α_{24}	$R_{s_{12}}$	$R_{s_{23}}$	$R_{s_{34}}$
	30	0.41	0.41	0.63	0.82	1.00	1.54	1.29	1.29	1.98	0.00	1.73	1.39
	20	0.65	0.65	0.98	1.34	1.00	1.51	1.36	1.36	2.06	0.00	2.33	2.31
正己烷/乙醇	15	0.92	0.92	1.38	1.92	1.00	1.51	1.38	1.38	2.09	0.00	2.91	3.13
	10	1.42	1.58	2.08	3.04	1.12	1.31	1.46	1.31	1.92	1.15	3.21	5.76
	7	2.10	2.46	3.13	4.76	1.17	1.27	1.52	1.30	1.93	1.39	2.88	5.24
	5	3.10	3.77	4.63	7.36	1.22	1.23	1.59	1.30	1.95	2.39	3.04	7.86

2) 温度对拆分的影响

在正己烷/乙醇(90/10, *v/v*)流动相条件下,考察了温度变化对三唑酮和三唑醇手性拆分的影响(表 2-193、表 2-194),结果表明,随着温度的降低,对映体的保留增强,三唑酮的分离因子和分离度均有所增大,5℃时 $\alpha=1.33$,$R_s=1.57$,而三唑醇分离因子 α_{23} 增大,α_{12}、α_{34} 基本不变,分离度增大,5℃时分离度为 $R_{s_{12}}=1.27$, $R_{s_{23}}=3.92$, $R_{s_{34}}=5.71$。

表 2-193　不同温度下正己烷/乙醇体系中三唑酮对映体拆分结果

流动相	$T/℃$	k_1	k_2	α	R_s
	40	2.62	3.30	1.26	4.83
	30	3.52	4.41	1.25	5.25
正己烷/乙醇 =90/10	20	4.02	5.11	1.27	5.33
	10	5.30	7.01	1.32	5.68
	5	6.19	8.21	1.33	5.57

表 2-194　不同温度下正己烷/乙醇体系中三唑醇对映体拆分结果

流动相	$T/℃$	k_1	k_2	k_3	k_4	α_{12}	α_{23}	α_{34}	α_{13}	α_{24}	$R_{s_{12}}$	$R_{s_{23}}$	$R_{s_{34}}$
	40	1.25	1.40	1.77	2.58	1.12	1.27	1.46	1.30	1.85	1.04	2.67	5.45
正己烷 /乙醇 =90/10	30	1.30	1.46	1.87	2.75	1.12	1.28	1.47	1.31	1.88	1.06	2.86	5.51
	20	1.42	1.58	2.08	3.04	1.12	1.31	1.46	1.31	1.92	1.15	3.21	5.76
	10	1.54	1.75	2.37	3.46	1.13	1.35	1.46	1.29	1.98	1.28	3.71	5.79
	5	1.63	1.84	2.53	3.69	1.13	1.38	1.46	1.29	2.01	1.27	3.92	5.71

3) 热力学参数的计算

以热力学温度的倒数(1/T)对容量因子或分离因子的自然对数作图(图 2-210),并分别计算了正己烷/乙醇体系中三唑酮和三唑醇对映体于手性固定相作用的焓变 ΔH 和熵变 ΔS,以及对映体与手性固定相作用的焓变差值 $\Delta\Delta H$ 和熵变差值 $\Delta\Delta S$,数据见表 2-195、表 2-196,发现 ΔH 和 ΔS 之间的线性很好,而只有部分对映体之间的 $\Delta\Delta H$ 和 $\Delta\Delta S$

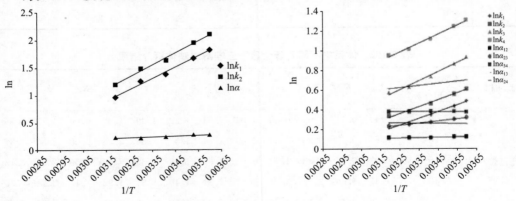

图 2-210　正/乙体系中三唑酮及三唑醇对映体的 Van't Hoff 曲线(正己烷/乙醇=90/10,1.0 mL/min)

表 2-195　三唑酮对映体手性拆分的热力学参数（正己烷/乙醇＝90/10）

对映体	$\ln k=-\Delta H/RT+\Delta S^*$	ΔH /(kJ/mol)	ΔS	$\ln\alpha=-\Delta\Delta H/RT$ $+\Delta\Delta S/R$	$\Delta\Delta H$ /(kJ/mol)	$\Delta\Delta S/[\mathrm{J}$ /(mol·K)]
$E_1(S)$	$\ln k_1=2046.8/T-5.5509$ $(R^2=0.9829)$	-17.02	-5.5509	$\ln\alpha=154.18/T-0.2738$ $(R^2=0.8006)$	-1.282	-0.2738
$E_2(R)$	$\ln k_2=2201.0/T-5.8247$ $(R^2=0.9866)$	-18.30	-5.8247			

表 2-196　三唑醇对映体手性拆分的热力学参数（正己烷/乙醇＝90/10）

对映体	$\ln k=-\Delta H/RT+\Delta S^*$	ΔH /(kJ/mol)	ΔS^*	$\ln\alpha=-\Delta\Delta H/RT+$ $\Delta\Delta S/R$	$\Delta\Delta H$ /(kJ/mol)	$\Delta\Delta S/[\mathrm{J}$ /(mol·K)]
$E_1(RS)$	$\ln k_1=676.9/T-1.9552$ $(R^2=0.9869)$	-5.63	-1.9552	$\ln\alpha_{23}=212.3/T-0.4469$ $(R^2=0.9778)$	-1.77	-0.4469
$E_2(SS)$	$\ln k_2=701.8/T-1.9228$ $(R^2=0.9833)$	-5.83	-1.9228			
$E_3(RR)$	$\ln k_3=914.1/T-2.3697$ $(R^2=0.9823)$	-7.60	-2.3697	$\ln\alpha_{24}=208.6/T-0.0551$ $(R^2=0.9960)$	-1.73	-0.0551
$E_4(SR)$	$\ln k_4=910.5/T-1.9779$ $(R^2=0.9874)$	-7.57	-1.9779			

有很好的线性关系。从计算结果来看，正/乙体系中三唑酮对映体在 IA 上的分离受焓变驱动，而三唑醇对映体 SS 和 SR，SS 和 RR 之间的分离亦受焓变驱动。

2.10.5　三唑酮在蚯蚓体内的选择性行为研究

2.10.5.1　三唑酮对映体对蚯蚓的毒性差异

用纸接触法分别测定三唑酮和三唑酮对映体 R-体、S-体对蚯蚓的 48 h 急性毒性 LC_{50}，数据见表 2-197，可见毒性大小顺序为：S-（＋）-三唑酮＞rac-三唑酮＞R-（－）-三唑酮。

表 2-197　三唑酮对映体对蚯蚓的半致死浓度计算结果

被测物质	毒力回归方程	48 h LC_{50}/(μg/cm^2)	95%置信区间	R^2
R-（－）-三唑酮	$y=0.888x-0.001$	4.164	3.065～5.206	0.875
S-（＋）-三唑酮	$y=0.762x+0.219$	2.271	0.092～4.775	0.763
rac-三唑酮	$y=0.770x+0.147$	2.767	0.339～5.307	0.804

2.10.5.2　人工土壤中蚯蚓对三唑酮的代谢结果

蚯蚓、土壤样品的典型色谱图见图 2-211、图 2-212，人工土中蚯蚓体内三唑酮的代谢产物浓度随时间的变化趋势见图 2-213,土壤中的三唑酮及代谢产物变化趋势见图 2-214,对照土中见图 2-215。

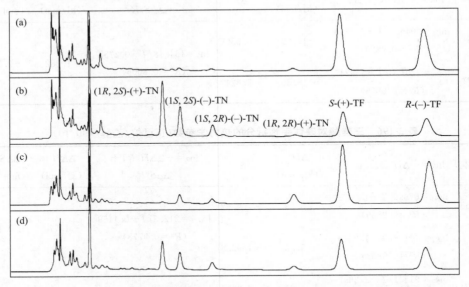

图 2-211　7d 对照土壤及蚯蚓培养土中三唑酮及其代谢物三唑醇对映体的谱图
(a) 7 d 对照 OECD 土;(b) 7 d OECD 土;(c) 7 d 对照农田土;(d) 7 d 农田土

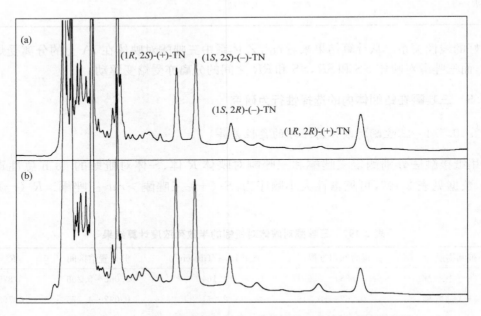

图 2-212　7 d 蚯蚓样品中三唑酮及其代谢物三唑醇对映体的谱图
(a) OECD 土中;(b) 农田土中

　　人工土(OECD 土)中三唑酮被蚯蚓吸收后很快被转化为三唑醇,蚯蚓体内的三唑酮含量很低,从 8 h 起就低于 HPLC 的定量限(0.1 mg/kg),而三唑醇四种异构体的浓度从

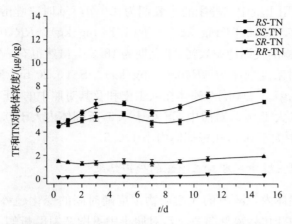

图 2-213　三唑酮在蚯蚓体内代谢产物三唑醇对映体的浓度变化(人工土壤)

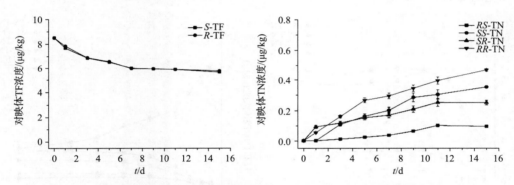

图 2-214　蚯蚓培养土中三唑酮及其代谢产物三唑醇对映体的浓度变化(人工土壤)

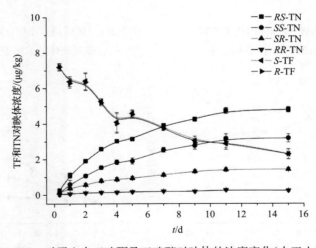

图 2-215　对照土中三唑酮及三唑醇对映体的浓度变化(人工土壤)

暴露开始(8 h)就很高,各个对映体含量大小顺序基本保持不变,暴露 7 d 时蚯蚓体内三唑醇对映体的浓度顺序为 SS(5.67 mg/kg)＞RS(4.72 mg/kg)＞SR(1.26 mg/kg)＞RR

（0.22 mg/kg），培养用土壤中三唑酮的半衰期为 4.7 d，7 d 时三唑醇对映体的浓度顺序为 RS（3.92 mg/kg）＞SS（2.54 mg/kg）＞SR（1.13 mg/kg）＞RR（0.20 mg/kg）。相比之下，对照土中三唑酮的代谢速率较慢，半衰期为 18.3 d，虽然也有一定的三唑醇生成，但是其浓度很低，7 d 时浓度顺序为 RR（0.29 mg/kg）＞SS（0.20 mg/kg）＞SR（0.17 mg/kg）＞RS（0.04 mg/kg）。三唑酮对映体在人工土和及其对照中的 EF 值均接近 0.5，三唑醇 A 在人工土中 EF 大于 0.5，对照中 EF 小于 0.5，蚯蚓体内大于 0.5，三唑醇 B 在人工土中小于 0.5，对照中大于 0.5，在蚯蚓体内小于 0.5。

2.10.5.3　自然土壤中蚯蚓对三唑酮的代谢结果

　　自然土壤中蚯蚓体内三唑酮的代谢产物浓度随时间的变化趋势见图 2-216，土壤中的三唑酮及代谢产物变化趋势见图 2-217，对照土中见图 2-218，蚯蚓、土壤样品的典型色谱图见图 2-211、图 2-212。

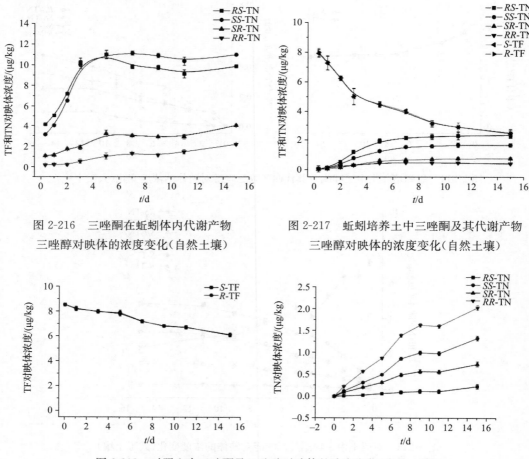

图 2-216　三唑酮在蚯蚓体内代谢产物　　　　图 2-217　蚯蚓培养土中三唑酮及其代谢产物
　　　三唑醇对映体的浓度变化（自然土壤）　　　　　　三唑醇对映体的浓度变化（自然土壤）

图 2-218　对照土中三唑酮及三唑醇对映体的浓度变化（自然土壤）

　　自然土壤（农田土）中三唑酮被蚯蚓吸收后很快被转化为三唑醇，蚯蚓体内的三唑酮从第一个取样点(8 h)开始就低于仪器的定量限,且三唑醇四种异构体的浓度也很高,7 d 后各对映体浓度顺序保持不变,7 d 时为 SS(11.12 mg/kg)$>RS$(9.80 mg/kg)$>SR$ (3.02 mg/kg)$>RR$(1.32 mg/kg);培养用土壤中三唑酮的半衰期为 3.5 d,7 d 时三唑醇 的浓度顺序为 RS(2.16 mg/kg)$>SS$(1.56 mg/kg)$>SR$(0.70 mg/kg)$>RR$(0.51 mg/ kg)。相比之下,对照土中三唑酮的代谢速率较慢,三唑酮的半衰期为 10.5 d,也有一定 的三唑醇生成,7 d 时的浓度顺序为 RR(1.39 mg/kg)$>SS$(0.86 mg/kg)$>SR$ (0.50 mg/kg)$>RS$(0.09 mg/kg)。其暴露 7 d 时对照土、培养用土和蚯蚓体内三唑酮和 三唑醇对映体的浓度分布见图 2-219。三唑酮对映体在自然土和及其对照中的 EF 值均 接近 0.5,三唑醇 A 在自然土中 EF 大于 0.5,对照中 EF 小于 0.5,蚯蚓体内大于 0.5,三 唑醇 B 在自然土中小于 0.5,对照中大于 0.5,在蚯蚓体内小于 0.5。

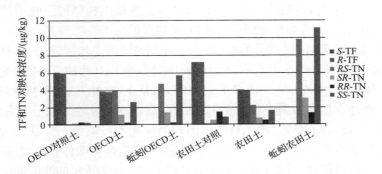

图 2-219　暴露第 7 天时对照土、培养用土和蚯蚓体内三唑酮和三唑醇对映体的浓度分布

2.10.5.4　两种土壤中蚯蚓对三唑酮的代谢比较

通过比较可以发现,两种土壤中培养的蚯蚓体内三唑醇的浓度从暴露实验开始就很 高,8 h 时蚯蚓体内三唑醇总量人工土中 11.0 mg/kg,自然土中为 8.5 mg/kg,蚯蚓和土 壤中的三唑醇 A(RS 和 SR)的浓度都比三唑醇 B(RR 和 SS)的高,而在对照土壤中却相 反,都是 B 比 A 高,可见蚯蚓的引入使三唑酮降解产生三唑醇的组分完全改变。不同的 是,随着暴露时间的延续,自然土中蚯蚓体内三唑醇的含量继续增高,第 3 天才达到较高 值,人工土中变化不大,至第 7 天时蚯蚓体内的浓度前者是后者的 2.11 倍,但土中三唑醇 含量人工土的较高,是自然土中的 1.58 倍,因此第 7 天时蚯蚓体内三唑醇的富集倍数人 工土中为 1.54,而自然土中为 5.12,两者相差较大。同时,7 d 时人工土中三唑醇的浓度 是对照的 11.1 倍,自然土是其对照的 1.74 倍,说明人工土中由蚯蚓转化来的三唑醇是主 要的,自然土中的不到一半,而两种土壤中三唑酮的含量相差不大,计算发现不同时间点 三唑酮和三唑醇的总量在人工土中基本保持不变,而自然土中则不断减小,说明人工土中 三唑酮的降解途径只有三唑醇一种,而自然土中可能存在其他的降解途径。总地来说,两 种土壤中蚯蚓对三唑酮的降解生成的三唑醇对映体的分布特征没有本质的区别,只是降 解的速率以及代谢物三唑醇在蚯蚓体内的富集倍数有差异(表 2-198)。

表 2-198　　三唑醇对映体在蚯蚓体内的生物富集因子

对映体	BAF*	
	OECD	土壤
RS-TN	1.20	4.53
SR-TN	1.21	4.29
RR-TN	1.10	2.58
SS-TN	2.23	7.13

* 此处 BAF 计算时土壤浓度按照干重计算

　　在非对映体水平上,三唑醇 TC 中 A∶B=85∶15,而 5~15 d 之间,人工土中三唑醇 A 和 B 比例 1.82~1.97,对照为 0.41~0.51,蚯蚓体内为 0.96~1.08;自然土中为 1.4~1.5,对照为 0.26~0.29,蚯蚓体内为 1.02~1.18,土壤微生物降解三唑酮产生的三唑醇 A 少于 B,蚯蚓的引入使得毒性更强的三唑醇 A 的产量高于三唑醇 B。

　　蚯蚓暴露实验结束时(15 d),两种土壤中三唑酮的降解率均接近 70%,代谢生成的三唑醇 1*R*-体(*RS* 和 *RR*)与 1*S*-体(*SR*,*SS*)体的比例不等于 1(两种土中的蚯蚓体内 1*S*-体浓度大于 1*R*-体,土壤中均是 1*R*-体多于 1*S*-体),但是土壤中的三唑酮两种对映体浓度接近。三唑酮对映体在质子溶剂中容易发生消旋化,湿土中的水也会使三唑酮对映体发生外消旋化作用,因此实验过程三唑酮对映体的外消旋化不可避免。文献显示三唑醇对映体在土壤中能够发生差向异构化,三唑酮代谢产生的三唑醇对映体在土壤-蚯蚓系统中也存在差向异构化的可能性。同时两种土壤的对照土中三唑醇 *RR* 的浓度都比培养蚯蚓土中的含量高,可能是产生的三唑醇 *RR*-体差向异构化为 *RS*-体,使得土中 *RS* 的浓度高于 *SS*-体,也可能是由蚯蚓对生成的三唑醇的进一步降解造成的。所有这些假设还有待进一步的实验验证。最后,对照组两种土中分别由 *R*-体和 *S*-体三唑酮转化得到的三唑醇对映体的比例也不同,即在人工土中由 *S*-体三唑酮转化得到的三唑醇比 *R*-体转化的多,自然土中则刚好相反,由 *R*-体转化得到的三唑醇更多。对照组的自然土中比人工土中微生物活动性更强,三唑酮的代谢速率较快,在第 7 天时生成的三唑醇浓度是人工土中的 4.07 倍。

2.10.6　三唑酮及代谢物在颤蚓体内的选择性行为研究

2.10.6.1　颤蚓经三唑酮染毒水暴露富集实验

　　本实验将颤蚓暴露在含三唑酮外消旋体的水溶液中,每天更换新鲜药溶液,半静态培养 14 天,测定了其间三唑酮两个对映异构体在颤蚓体内的富集及代谢产物三唑醇的生成情况。实验中选取了两个暴露浓度,分别为 5 mg/L 和 1 mg/L。利用气相色谱手性固定相法对供试颤蚓体内三唑酮及三唑醇对映体的残留量进行了分析。图 2-220,图 2-221 为颤蚓体内三唑酮和三唑酮随富集时间的变化曲线。由图可知,在不同三唑酮浓度暴露培养时,颤蚓对供试农药的富集模式不同。而在两个实验浓度下,母体三唑酮与其代谢产物三唑醇的富集趋势均相同。在加药浓度为 5 mg/L 时,颤蚓体三唑酮及三唑醇的浓度呈现先升高后减小,然后再迅速升高的趋势。而在加药浓度为 1 mg/L 时,颤蚓体内供试农药及其代谢产物的浓度随时间呈持续升高的趋势。但在整个富集过程中，两个暴露浓度下颤蚓体内 S-(＋)-TF 的浓度均高于 R-(－)-TF。经统计学检测，S-(＋)-TF 的浓度显著高于 R-(－)-TF。代谢产物三唑醇异构体在颤蚓组织中的相对含量不同，在 5 mg/L 体系中为 $(1R, 2R)＞(1S, 2S)＞(1R, 2S)$；在 1 mg/L 体系中为 $(1S, 2S)＞(1R, 2S)\geqslant(1R, 2R)$，$(1S, 2R)$-TN 的生成量均低于检出限，其典型色谱图见图 2-222、图 2-223。综

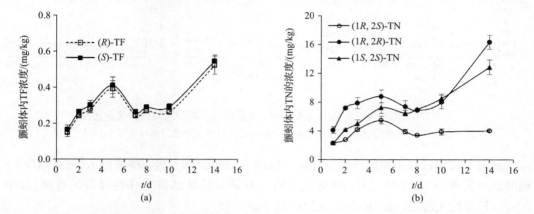

图 2-220　三唑酮染毒水（5 mg/L）暴露实验颤蚓体内（a）三唑酮对映体、（b）三唑醇对映体富集曲线图

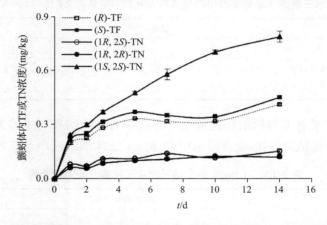

图 2-221　三唑酮染毒水（1 mg/L）暴露实验颤蚓体内三唑酮和三唑醇对映体富集曲线图

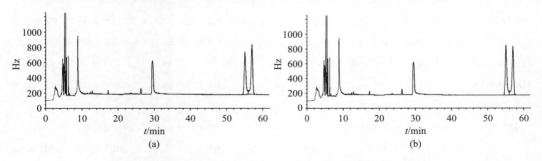

图 2-222　三唑酮对映体经染毒水 1 mg/L 在颤蚓体内富集典型色谱图

（a）富集 7 d；（b）颤蚓基标

上结果得出，环境中三唑酮浓度的差异会影响母体及代谢产物在颤蚓体内的富集趋势，但不会影响到对映体的选择性行为。

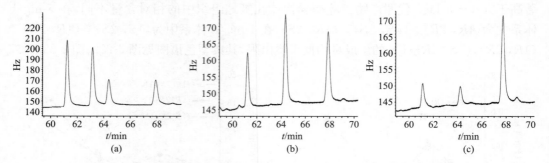

图 2-223　颤蚓经三唑酮染毒水暴露 5 d 后体内三唑醇对映体典型色谱图
(a) 三唑醇标准品；(b) 三唑酮暴露浓度为 5 mg/L；(c) 三唑酮暴露浓度为 1 mg/L

测定了富集过程中颤蚓体内三唑酮对映体 EF 的值变化，经 t 检验显示，颤蚓体内 EF 偏离 0.5 显著（$p < 0.05$）。表明颤蚓经水对三唑酮对映体的富集存在显著的选择性，S-($+$)-TF 被优先富集。EF 值具体测定结果见表 2-199。

表 2-199　水三唑酮水染毒实验中颤蚓体内三唑酮对映体的 EF 值（$EF = R/(R+S)$）

EF	暴露时间/d						
	1	2	3	5	7	10	14
5 mg/L	0.470±0.008	0.479±0.007	0.480±0.008	0.488±0.008	0.479±0.005	0.483±0.009	0.475±0.010
1 mg/L	0.471±0.011	0.473±0.009	0.472±0.011	0.474±0.007	0.475±0.007	0.480±0.005	0.478±0.005

对 1 mg/L 培养体系对照组和处理组水溶液中的三唑酮和三唑醇进行了检测，结果见表 2-200。由测定结果得知，处理组水中检测到了三唑酮的减小及三唑醇的生成，对照

表 2-200　1 mg/L 培养体系水中三唑酮三唑醇的含量　　　　（单位：mg/L）

被测物质	培养时间/d						
	1	2	3	5	7	10	14
(R)-TF[a]	0.358±0.008	0.351±0.011	0.382±0.015	0.381±0.013	0.378±0.021	0.365±0.007	0.387±0.012
(S)-TF[a]	0.369±0.006	0.362±0.010	0.394±0.019	0.393±0.021	0.390±0.016	0.374±0.011	0.392±0.010
$(1R, 2S)$-TN[a]	0.060±0.004	0.051±0.004	0.051±0.006	0.048±0.004	0.041±0.004	0.041±0.008	0.040±0.005
$(1S, 2R)$-TN[a]	<LOQ	<LOQ	<LOQ	<LOQ	<LOQ	<LOQ	<LOQ
$(1R, 2R)$-TN[a]	0.051±0.020	0.035±0.010	0.039±0.008	0.036±0.011	0.030±0.013	0.033±0.011	0.027±0.009
$(1S, 2S)$-TN[a]	0.138±0.006	0.135±0.008	0.143±0.010	0.157±0.010	0.162±0.010	0.181±0.015	0.157±0.004
(R)-TF[b]	0.480±0.020	0.483±0.015	0.480±0.020	0.483±0.012	0.480±0.020	0.487±0.006	0.487±0.031
(S)-TF[b]	0.480±0.017	0.483±0.025	0.487±0.029	0.480±0.017	0.487±0.021	0.487±0.021	0.480±0.036
TN 异构体	<LOQ	<LOQ	<LOQ	<LOQ	<LOQ	<LOQ	<LOQ

a. 处理组；b. 对照组；水中 TN 异构体的 LOQ 为 0.001 mg/L

组中三唑酮未发生代谢。推测颤蚓有可能将富集到体内的三唑酮代谢转化为三唑醇,再将一部分代谢产物排出到体外的水中。处理组水中三唑酮两个对映体浓度之间无显著差异。三唑酮在空白水中 7 天静态培养实验得出,水中三唑酮降解缓慢,7 天之内未发生显著代谢,代谢产物三唑醇的含量低于检出限,表明三唑酮在空白对照水中稳定存在。综合富集结果得出,三唑酮在颤蚓内发生了对映体选择性富集或代谢,选择性来自颤蚓本身而非因为三唑酮在环境中存在选择性降解。

对 1 mg/L 培养体系中颤蚓体对三唑酮对映体的生物富集因子(BAF)及三唑醇的代谢物富集因子(MEF)进行了计算,计算结果见表 2-201。在不考虑对映体转化的情况下,(1R, 2S)-TN 和(1R, 2R)-TN 来自于(R)-TF 的代谢,而其余两个异构体(1S, 2R)-TN 和(1S, 2S)-TN 则来自于(S)-TF 的代谢。由表中数据得出,在整个培养过程中,颤蚓体内(S)-TF 的 BAF 值高于(R)-TF,经统计学检验得出,三唑酮两个对映体 BAF 值间存在显著差异($p<0.05$),再次表明颤蚓对三唑酮对映体的经水富集过程存在选择性。因为颤蚓体内(1S, 2R)-三唑醇的含量低于检出限,所以只对三唑醇其余三个异构体的 MEF 值进行了计算。三唑醇异构体在颤蚓体内的 MEF 值表现出了显著的差异,表 2-201 中 1 mg/L 三唑酮染毒水培养体系颤蚓体内三唑酮对映体 BAF 及三唑醇对映体 MEF 值(1S, 2S)-TN>(1R, 2S)-TN>(1R, 2R)-TN,该顺序与三唑醇在颤蚓体内的浓度大小顺序保持一致。

表 2-201 三唑酮染毒水(1 mg/L)培养颤蚓体内三唑酮 BAF 值及三唑醇 MEF 值

待测物质		培养时间/d						
		1	2	3	5	6	7	8
BAF	(R)-TF	0.54±0.01	0.64±0.01	0.73±0.01	0.89±0.01	0.83±0.01	0.89±0.01	1.09±0.01
	(S)-TF	0.59±0.01	0.69±0.01	0.80±0.01	0.93±0.01	0.89±0.01	0.91±0.01	1.14±0.01
MEF	(1R, 2S)-TN	0.18±0.01	0.18±0.01	0.25±0.01	0.26±0.01	0.32±0.01	0.29±0.01	0.36±0.01
	(1R, 2R)-TN	0.14±0.01	0.14±0.01	0.20±0.01	0.24±0.01	0.26±0.01	0.31±0.01	0.29±0.01
	(1S, 2S)-TN	0.47±0.01	0.60±0.01	0.69±0.01	0.85±0.01	1.06±0.01	1.27±0.01	1.44±0.01

2.10.6.2 颤蚓经三唑酮染毒水暴露降解实验

将 1 mg/L 三唑酮水暴露实验中培养了 7 天的颤蚓转移至不加农药的干净水中,检测了颤蚓体内三唑酮和三唑醇的降解排泄实验。结果发现三唑酮及三唑醇的降解均符合一级降解动力学模式,具体结果见图 2-224 及表 2-202。从图中可以看出三唑酮及三唑醇在颤蚓内的降解代谢过程非常快。由表 2-202 降解动力学参数得知,三唑酮在颤蚓体内的降解速率快于三唑醇,说明代谢产物在更倾向于在颤蚓体内持久富集。

2.10.6.3 颤蚓经三唑醇染毒水暴露富集实验

由于经三唑酮染毒水暴露实验培养体系中三唑醇(1S, 2R)对映体的含量低于检出限,为了考察三唑醇四个异构体的经水富集情况,进行了三唑醇染毒水颤蚓培养实验。培

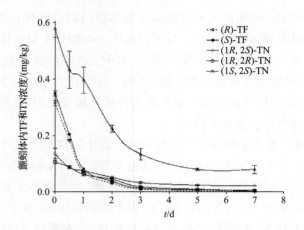

图 2-224 水培养代谢过程中颤蚓体内三唑酮和三唑醇对映体降解曲线

表 2-202 三唑酮水染毒实验中三唑酮及三唑醇对映体在颤蚓体内的降解动力学参数

	K_w/d	SE[a]	$C_w(0)/(mg/kg_{wwt})$	SE[a]	$t_{1/2}/d$	R^2
(R)-TF	1.270	0.095	0.319	0.011	0.54	0.991
(S)-TF	1.244	0.096	0.352	0.013	0.56	0.990
$(1R,2S)$-TN	0.430	0.077	0.124	0.010	1.61	0.918
$(1R,2R)$-TN	0.506	0.036	0.109	0.003	1.37	0.989
$(1S,2S)$-TN	0.429	0.044	0.567	0.026	1.62	0.974

a. 标准误差

养期间测定了颤蚓体内及培养液中三唑醇的含量。结果表明,水溶液中三唑醇的四个异构体均可以被颤蚓富集,但在富集过程中表现出异构体选择性。颤蚓体内四个异构体浓度大小依次为$(1R,2S)$-TN$>$$(1S,2R)$-TN$>$$(1S,2S)$-TN$>$$(1R,2R)$-TN,结果见图 2-225。三唑酮染毒水暴露培养颤蚓体内三唑醇异构体典型色谱图见图 2-226。

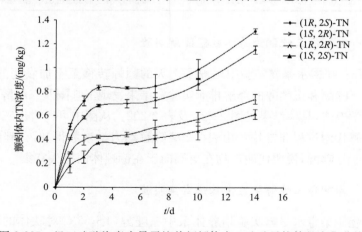

图 2-225 经三唑醇染毒水暴露培养颤蚓体内三唑醇异构体的富集曲线

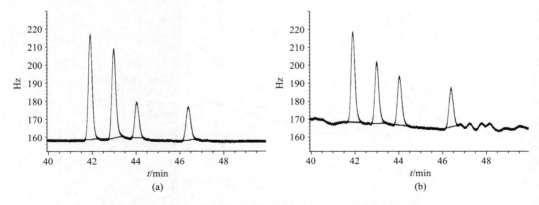

图 2-226　经三唑醇染毒水暴露培养颤蚓体内三唑醇异构体典型色谱图

(a) 标样；(b) 培养 7 天颤蚓样本

对培养三唑醇体系培养液中的三唑醇异构体的浓度进行了检测，结果见表 2-203。

表 2-203　三唑醇染毒水培养体系水中三唑醇异构体的浓度

被测物质 /(mg/L)	培养时间/d						
	1	2	3	5	7	10	14
(1R, 2S)-TN	0.350±0.020	0.333±0.015	0.330±0.020	0.323±0.012	0.320±0.020	0.317±0.006	0.327±0.031
(1S, 2R)-TN	0.310±0.017	0.303±0.025	0.297±0.029	0.310±0.017	0.287±0.021	0.287±0.021	0.290±0.036
(1R, 2R)-TN	0.140±0.005	0.138±0.005	0.131±0.007	0.135±0.006	0.130±0.008	0.133±0.007	0.131±0.011
(1S, 2S)-TN	0.131±0.002	0.128±0.009	0.127±0.005	0.132±0.008	0.130±0.008	0.128±0.003	0.115±0.012

对三唑醇染毒培养体系颤蚓对三唑醇四个异构体对生物富集因子（BAF）进行了计算，计算结果见图 2-227。由计算结果得出四个对映体 BAF 的大小顺序为 (1S, 2S)-TN ＞(1R, 2R)-TN＞(1R, 2S)-TN≥(1S, 2R)-TN。非对映异构体三唑醇 B (1R,2R；1S, 2R) 的生物富集因子高于三唑醇 A(1R,2S；1S,2R)，说明三唑醇 B 更倾向于在颤蚓体内富集。

对三唑酮染毒水培养中颤蚓对三唑酮的生物富集因子及三唑醇染毒水培养中三唑醇的生物富集因子进行了比较，结果见图 2-228。由比较结果得出，颤蚓体内三唑酮对映体经水富集的 BAF 小于 1（除 14 天的 BAF＝1），而三唑醇四个异构体的 BAF 均大于 1。说明经水富集过程中代谢产物三唑醇比母体化合物更容易被颤蚓富集。

由三唑醇经水富集实验得出：①水溶液中的三唑醇四个异构体均可以被颤蚓富集；②颤蚓对四个异构体的富集能力不同，(1S, 2S)-TN 最易于被富集，(1S, 2R) 最不易于被富集；③三唑醇比其母体化合物三唑酮更易于经水相在颤蚓体内富集。

2.10.6.4　颤蚓经滤纸暴露培养

为了进一步证明三唑酮被富集后可以在颤蚓体内降解代谢为三唑醇。设计了三唑酮滤纸暴露实验，在该试验中尽量减小水相在富集过程中的作用。实验体系中加入了 2 mL 自来水，目的是为颤蚓生存提供湿润的环境，而不考虑水对农药代谢的影响。培养 24 h

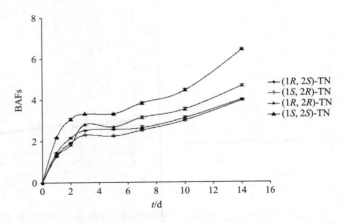

图 2-227　三唑醇染毒水培养体系中颤蚓对三唑醇异构体的生物富集因子

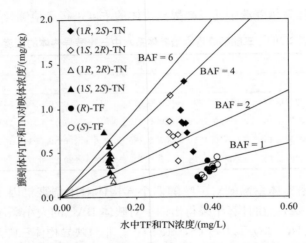

图 2-228　水染毒培养体系中三唑酮及三唑醇对映体 BAF 值
横坐标为水中三唑酮或三唑醇对映体的含量，纵坐标为虫体中三唑酮或三唑醇对映体的含量

和 48 h 的颤蚓本检测到了三唑酮及代谢产物三唑醇。实验结果证明三唑酮在颤蚓体内可以被代谢为三唑醇。由于三唑酮在不加颤蚓的对照水中不发生降解代谢，所以推测出处理组水中的三唑醇来自于颤蚓体内三唑醇的排泄。

2.10.6.5　颤蚓经三唑酮土壤暴露富集实验

本实验中采用有机质含量高的森林土模拟颤蚓自然生长条件中的底层沉积物，将颤蚓暴露在含三唑酮外消旋体的土壤中，加入干净的自来水，暴露培养共持续 14 天，测定其间三唑酮两个对映异构体在颤蚓体内的富集情况。土壤设置两个暴露浓度（5 mg/kg 和 20 mg/kg），考察土壤中三唑酮对映体浓度对富集的影响。结果表明，颤蚓对三唑酮对映体的富集过程非常快，在初始的 1 天取样点就有虫体内三唑酮的浓度就达到了较高的水平，但在两个不同浓度的培养体系中，三唑酮的富集均未发生对映体选择性，见图 2-229。

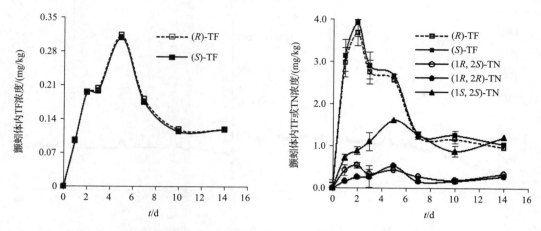

图 2-229　经三唑酮染毒土壤暴露后颤蚓体内三唑酮及三唑醇对映体富集曲线图
(a) 5 mg/kg；(b) 20 mg/kg

在 5 mg/kg 低浓度暴露的土壤中，颤蚓体内三唑酮浓度在第 5 天时达到峰值，之后出现显著降低，在第 10～14 天之间浓度保持不变。在低浓度处理组，颤蚓体内未检测到三唑醇的富集，推测可能原因为体内三唑酮富集量较少，代谢产物量低于检测限。在 20 mg/kg 高浓度暴露的土壤中，颤蚓体内三唑酮浓度在第 3 天时达到峰值，随后出现显著降低直到第 7 天时体内浓度进入稳定期，变化不明显。经两个不同浓度的三唑酮染毒土壤暴露，体内三唑酮的富集模式为峰型富集曲线。高浓度暴露的体系中，在初始的 1 天取样点颤蚓体内即检测到了三唑醇的富集，其典型色谱图见图 2-230。

对高浓度(20 mg/kg)三唑酮染毒土壤培养体系中，颤蚓体内母体化合物三唑酮的生物富集因子(BAF)及代谢产物三唑醇的代谢物富集因子(MEF)进行了计算及比较。结果见图 2-231。图 2-231(a)为颤蚓相对于土壤的富集因子，图 2-231(b)为颤蚓相对于上层水相的富集因子。

由图 2-231(a)得知，土壤中三唑酮对映体的 BAF 值与其代谢产物对映体的 MEF 值在同一水平，表现为(R)-或(S)-TF 的 BAF 值大于(1R，2S)和(1R，2R)-TN 的 MEF

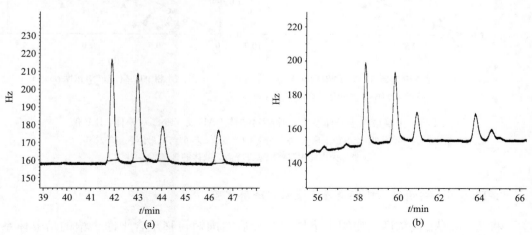

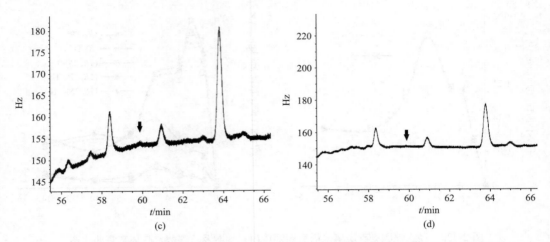

图 2-230　经三唑酮染毒土壤 20 mg/L 暴露后(10 d)颤蚓体内三唑醇异构体典型色谱图
(a) 标样；(b) 颤蚓添加；(c) 培养 10 后颤蚓样本；(d) 土壤样本

值,但小于(1S, 2S)-TN 的 MEF 值。但在三唑酮对映体在上层水相的 BAF 值远远大于三唑醇的 MEF 值。由于在土壤染毒培养实验中,颤蚓既可以通过皮肤与溶解态的化合物接触来富集,又可以通过取食固体颗粒经肠胃作用来富集,而单纯经水相培养时,颤蚓只可能通过皮肤来富集。所以当用经皮肤和经肠胃共同富集的体内农药的量与单纯水相中的浓度相比计算生物的相对富集能力时,推测三唑酮在上层水相的 BAF 被高估了。

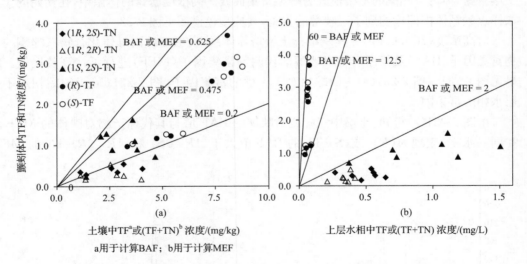

图 2-231　土壤染毒培养体系中三唑酮对映体 BAF 及三唑醇对映体 MEF 值
横坐标为环境基质(土壤或上层水)中三唑酮的含量或三唑醇与其母体含量的总和,
纵坐标为虫体中三唑酮或三唑醇对映体的含量

2.10.6.6　颤蚓经三唑酮染毒土壤暴露降解实验

将 20 mg/kg 高浓度三唑酮土壤暴露 7 天后的颤蚓转移至含干净土壤的培养体系

中,对颤蚓体内三唑酮及三唑醇立体异构体的降解排泄情况进行了测定。结果发现三唑酮及三唑醇在颤蚓体内的降解均符合一级降解动力学模式,结果见图 2-232 和表 2-204。从图中可以看出三唑酮及三唑醇在颤蚓内的降解代谢过程非常快。由表 2-204 降解动力学参数得知,三唑酮在颤蚓体内的降解速率快于三唑醇,说明代谢产物在更倾向于在颤蚓体内持久富集。

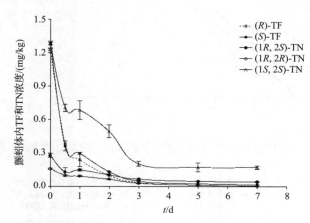

图 2-232　土壤培养代谢过程中颤蚓体内三唑酮和三唑醇对映体降解曲线

表 2-204　三唑酮土壤染毒实验中三唑酮及三唑醇对映体在颤蚓体内的降解动力学参数

	K_w/d	SE[a]	$C_w(0)/(mg/kg_{wwt})$	SE[a]	$t_{1/2}/d$	R^2
(R)-TF	1.956	0.221	1.209	0.059	0.35	0.981
(S)-TF	1.940	0.323	1.261	0.091	0.36	0.958
$(1R, 2S)$-TN	0.414	0.121	0.234	0.030	1.67	0.795
$(1R, 2R)$-TN	0.504	0.065	0.152	0.009	1.38	0.966
$(1S, 2S)$-TN	0.497	0.107	1.146	0.110	1.39	0.894

a. 标准误差

2.10.6.7　颤蚓经三唑醇土壤暴露富集实验

由于经三唑酮染毒土壤暴露实验培养体系中三唑醇$(1S, 2R)$对映体的含量低于检出限,为了考察三唑醇四个异构体经土壤染毒的富集情况,进行了三唑醇染毒土壤的颤蚓培养实验。由实验结果得知,三唑醇四个异构体均可以通过染毒土壤培养从周围环境中直接被富集到颤蚓体内。富集过程中虫体内三唑醇异构体浓度大小顺序为:$(1R, 2S)$-TN $>(1S, 2R)$-TN$>(1R, 2R)$-TN$>(1S, 2S)$-TN。结果见图 2-233。

2.10.6.8　土壤中三唑酮的降解及三唑醇的生成

对高浓度三唑酮土壤染毒培养体系中,加颤蚓处理组及不加颤蚓对照土壤中三唑酮对映体的降解及三唑醇对映体的生成情况进行了测定,结果见图 2-234 和图 2-235。

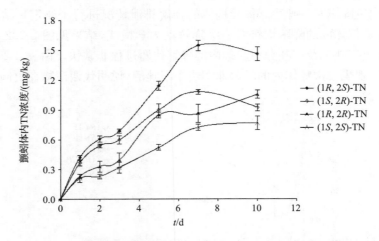

图 2-233　三唑醇染毒土壤暴露试验中颤蚓体内三唑醇对映体富集曲线图

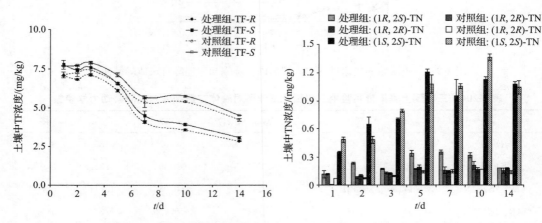

图 2-234　三唑酮对映体在土壤中的降解曲线　　　图 2-235　三唑酮土壤染毒培养土壤中
　　　　　　　　　　　　　　　　　　　　　　　　　　　　　三唑醇对映体的生成

　　对照组与处理组土壤中的三唑酮随培养时间的增加均发生了降解。在降解过程中
(S)-TF 浓度低于 (R)-TF，但统计学检测两者的差异不显著，说明三唑酮在土壤中的降解
未发生对映体选择性。处理组中农药的降解显著高于对照组。三唑酮在土壤中的降解符
合一级动力学模式，对其降解速率及半衰期进行了计算，见表 2-205。

表 2-205　染毒土壤中三唑酮对映体降解动力学参数

	K_w/d	SE[a]	$C_w(0)$/(mg/kg$_{wwt}$)	SE	$t_{1/2}$/d	R^2
处理组 (R)-TF	0.078	0.012	8.128	0.473	8.88	0.908
处理组 (S)-TF	0.078	0.010	8.836	0.438	8.88	0.932
对照组 (R)-TF	0.043	0.007	7.882	0.307	16.11	0.892
对照组 (S)-TF	0.043	0.006	8.432	0.313	16.11	0.901

a. 标准误差

　　由表中数据得出,处理组中颤蚓的加入对土壤中三唑酮的降解起到显著的促进作用。处理组土壤中三唑酮的降解半衰期 $t_{1/2}$ 为 8.88 天,而对照组中的 $t_{1/2}$ 长达 16.11 天。

　　在对照组及处理组初始 1 天的土壤中均检测到了三唑醇的生成。推测在对照组土壤中,三唑酮可以通过土壤微生物的作用降解代谢为三唑醇。土壤中三唑醇的生成情况见图 2-235。

　　由图 2-235 得知,土壤中三唑醇对映体的浓度随培养时间的增加而增加。对照组和处理组中均为 (1S, 2S)-TN 含量最高。对照土壤中第 1 天时各三唑醇对映体浓度之和大于处理组,推测可能是由于处理组中颤蚓的生物扰动作用加速土壤中的三唑醇向水相分布。但在第 2 天开始直到培养结束,对照土壤与处理土壤中三唑醇的总量无显著差别。

2.10.6.9　水相中三唑酮及三唑醇的含量

　　对三唑酮土壤染毒培养体系孔隙水和上层水中三唑酮及三唑醇对映体的分布情况进行了检测。孔隙水中供试农药的含量情况见图 2-236,图 2-237。上层水中供试农药的含量情况见图 2-238,图 2-239。

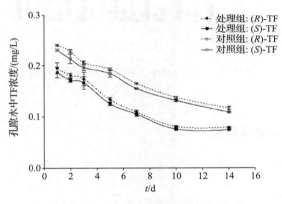

图 2-236　孔隙水中三唑酮对映体含量随时间的变化

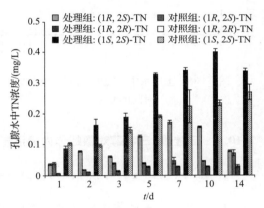

图 2-237　孔隙水中三唑醇异构体的含量随时间的变化

　　对照组与处理组孔隙水中的三唑酮浓度随培养时间的增加均发生了减小。推测可能由于土壤中三唑酮的降低使得孔隙水中一部分农药被再次吸附到土壤,土壤与孔隙水之间存在分配平衡。在整个培养过程中孔隙水中三唑酮两个对映体的浓度保持一致,说明三唑酮在孔隙水的分布过程中未发生对映体选择性。对照组中农药的浓度显著高于处理组。可能原因为颤蚓的富集或是颤蚓加速了孔隙水中农药向上层水的分散。

　　在对照组及处理组初始 1 天的孔隙水中即检测到了三唑醇。但对照组空隙水三唑醇各异构体的浓度显著低于处理组,并且 (1S, 2R)- 及 (1R, 2R)-TN 的含量在整个培养过程中均低于检出限。孔隙水中三唑醇的含量随培养时间的增加而升高,见图 2-237。

　　对上层水中三唑酮及三唑醇对映体的含量进行了检测,结果见图 2-238 和图 2-239。由图 2-238 得知,处理组上层水中三唑酮对映体的含量显著高于对照组。在整个培养过程中对照上层水中三唑酮的浓度保持在较低水平,且变化不明显,总体呈现下降的趋势,推测原因可能与土壤中三唑酮浓度的降低保持一致。加入颤蚓的处理组上层水中三唑酮浓度则呈现出先升高后保持一段时间的稳定,而后在第 7 天时开始降低。推测第 2 天时的浓度显著升高即为颤蚓扰动作用的结果。处理组与对照组中三唑酮对映体浓度之间不存显著的差异。

在对照组及处理组初始 1 天的上层水即检测到了三唑醇。处理组上层水中三唑醇对照各异构体的浓度显著高处理组,并且随培养时间的增加有显著升高的趋势,其中对映体的相对浓度为(1S, 2S)-TN>(1R, 2S)-TN>(1R,2R)-TN,见图 2-239。

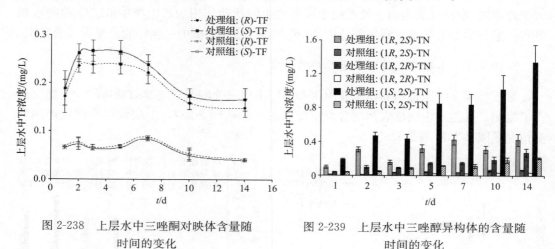

图 2-238　上层水中三唑酮对映体含量随
　　　　　时间的变化

图 2-239　上层水中三唑醇异构体的含量随
　　　　　时间的变化

2.10.7　三唑酮、三唑醇对颤蚓体内酶活影响差异研究

2.10.7.1　三唑酮对颤蚓酶活性的影响

1)三唑酮对颤蚓体内蛋白质含量的影响

三唑酮对颤蚓体内蛋白质含量的影响见图 2-240。由图 2-240(a)得知,三唑酮与总蛋白质含量之间不存在显著的剂量-效应关系。随三唑酮暴露剂量的增大,颤蚓体内的蛋白质含量存在一定的变化,但总体与对照蛋白质含量之间的差异不显著。由图 2-240(b)

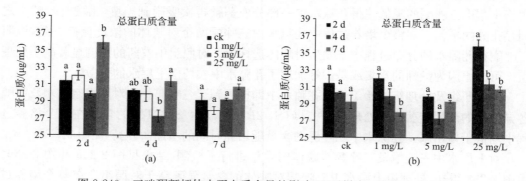

图 2-240　三唑酮颤蚓体内蛋白质含量的影响(配对样本 t 检验 $p \leqslant 0.05$)

得知,总蛋白质含量有随暴露时间降低的趋势,但只有高剂量 25 mg/L 时蛋白质量随时间变化而显著降低,低剂量与中剂量变化均不显著。综上可知,三唑酮对颤蚓体内蛋白质含量总体影响不显著。

2) 三唑酮对颤蚓 CAT 酶活性影响

三唑酮对颤蚓体内 CAT 酶活性的影响见图 2-241。由图 2-241(a)得知,CAT 酶活性与三唑酮存在显著的剂量-效应关系。暴露 2 天后,低剂量处理中 CAT 酶活性被显著抑制,而中剂量和高剂量则表现出激活作用,说明在暴露 2 天后低剂量的三唑酮不足以引发颤蚓体内 CAT 酶的应激反应。在暴露 7 天后,所有剂量均对 CAT 酶表现出显著的激活作用。由图 2-241(b)得知,低剂量处理中 CAT 酶活性会随暴露时间增加而被激活,暴露 7 天后的 CAT 活性显著升高。而中剂量和高剂量处理则随时间变换不显著,同时在中剂量暴露 4 天时测定的 CAT 酶活有显著降低,推测可能为异常点。

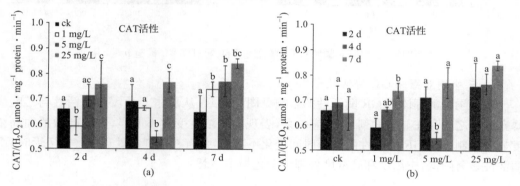

图 2-241　三唑酮对颤蚓 CAT 酶活性影响(配对样本 t 检验 $p \leqslant 0.05$)

3) 三唑酮对颤蚓 MDA 含量的影响

对颤蚓体内的脂质过氧化产物丙二醛(MDA)的含量进行了测定,结果见图 2-242。由图可知,经三唑酮暴露后颤蚓体内 MDA 含量有显著的升高。MDA 含量随剂量变化不显著,但实验中所有剂量处理后均对 MDA 含量造成显著影响。在低剂量和高剂量处理后,均随时间表现出显著变化,但中剂量处理组在整个暴露过程中 MDA 含量随时间变化不显著。

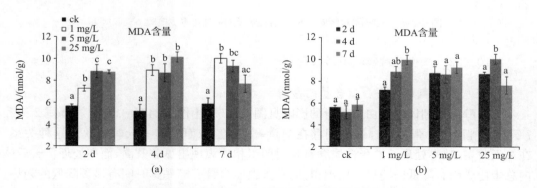

图 2-242　三唑酮对颤蚓 MDA 含量的影响(配对样本 t 检验 $p \leqslant 0.05$)

4) 三唑酮对颤蚓 GST 酶活性影响

GST 酶活性与三唑酮暴露剂量之间缺乏显著的相关性,见图 2-243。在低剂量处理 7 天后 GST 酶活性被显著激活,而高浓度处理组则被显著抑制。中浓度处理组在整个培养过程中变化不显著。

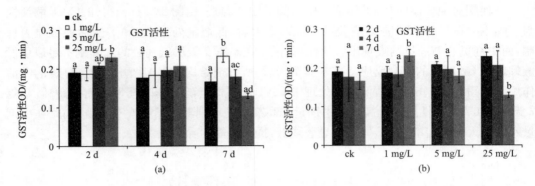

图 2-243　三唑酮对颤蚓 GST 酶活性影响(配对样本 t 检验 $p \leqslant 0.05$)

5) 三唑酮对颤蚓 GR 酶活性影响

三唑酮对颤蚓体内 GR 酶活性的影响见图 2-244。从总体上看,GR 酶活性与三唑酮暴露浓度之间存在显著的剂量-效应关系,表现为低浓度变化不明显、中浓度激活而高浓度显著抑制。但 GR 酶活性随暴露时间变化不显著,只有在低剂量处理组暴露 7 天时 GR 酶活性显著降低,中浓度和高浓度处理组变化均不显著。

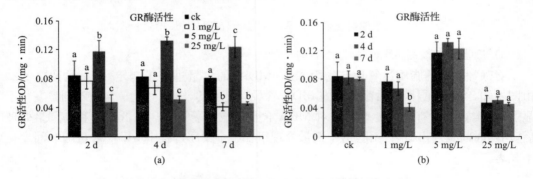

图 2-244　三唑酮对颤蚓 GR 酶活性影响(配对样本 t 检验 $p \leqslant 0.05$)

2.10.7.2　三唑醇对颤蚓酶活性的影响

1) 三唑醇对颤蚓总蛋白质含量的影响

三唑醇对颤蚓体内蛋白质含量的影响见图 2-245。由图 2-245(a)得知,在暴露 2 天和 7 天后三唑醇与总蛋白质含量之间存在剂量-效应关系,而暴露 4 天时则缺乏这种关系。在 2 天时,三唑醇处理组总蛋白质含量与对照组相比表现出显著升高,而在处理 7 天后体内总蛋白质则有降低的趋势。由图得知,总蛋白质含量有随暴露时间有显著降低的趋势。总体上看三唑醇对颤蚓总蛋白质含量的影响比其母体化合物三唑酮的影响要明显。

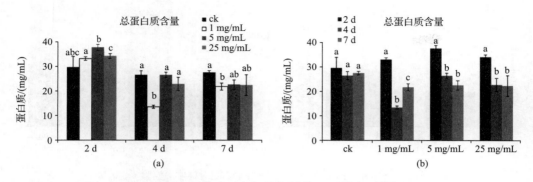

图 2-245　三唑醇颤蚓体内蛋白含量的影响(配对样本 t 检验 $p \leqslant 0.05$)

2) 三唑醇对颤蚓 CAT 酶活性影响

三唑醇对颤蚓体内 CAT 酶活性的影响见图 2-246。由图 2-246(a)得知,CAT 酶活性与三唑醇存在显著的剂量-效应关系。暴露 2 天后,高剂量处理中 CAT 酶活性被显著激活,而中剂量和高剂量则与对照组无显著差异,说明在暴露 2 天后低剂量和中剂量的三唑醇不足以引发颤蚓体内 CAT 酶的应激反应。在暴露 4 天后,所有处理组中颤蚓体内的 CAT 酶被显著激活,并且低剂量的激活作用显著高于中剂量和高剂量。在暴露 7 天后,三唑醇对 CAT 酶活性的影响同第 4 天时类似。由图 2-246(b)得知,低剂量和中剂量处理中 CAT 酶活性会随暴露时间增加而被显著激活,而高剂量处理组随时间变化不显著,但暴露 7 天后的 CAT 活性被显著抑制。

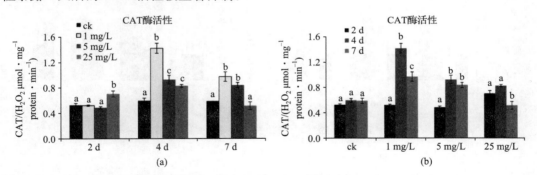

图 2-246　三唑醇对颤蚓 CAT 酶活性影响(配对样本 t 检验 $p \leqslant 0.05$)

3) 三唑醇对颤蚓 MDA 含量的影响

对颤蚓体内的脂质过氧化产物丙二醛(MDA)的含量进行了测定,结果见图 2-247。由图 2-247(a)得知,在暴露 4 天后,三唑醇与 MDA 含量之间表现出剂量-效应关系,MDA 含量显著增加。由图 2-247(b)得知,随三唑醇暴露时间的增加颤蚓体内 MDA 含量的含量有显著升高的趋势。

4) 三唑醇对颤蚓 GST 酶活性的影响

三唑醇对颤蚓体内 GST 酶活性的影响见图 2-248。从总体上看,三唑醇的处理浓度与 GST 酶活性之间存在较好的剂量-效应关系,并且随培养时间的增加不同剂量处理组

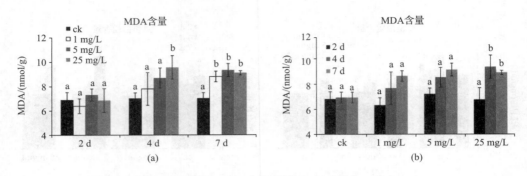

图 2-247　三唑醇对颤蚓 MDA 含量的影响（配对样本 t 检验 $p \leqslant 0.05$）

中 GST 酶活性变化表现出了不同的趋势。由图 2-248(a)得知,在经三唑醇暴露 2 天后,GST 酶活性随处理浓度的增加而增加,中浓度和高浓度处理组中 GST 酶活性被显著激活。在暴露 4 天后,低浓度和高浓度处理组中 GST 酶被显著激活而高浓度未表现显著激活作用。暴露 7 天后,三唑醇对 GST 酶产生的影响同暴露 4 天时相似,但低浓度处理组中的酶活性显著高于其他浓度处理组。由图 2-248(b)得知,在低浓度处理组,GST 酶活性随暴露时间增加而被显著激活,中、高浓度处理组的激活作用则随时间有减弱趋势。由以上结果得知,三唑醇对颤蚓体内 GST 酶的活性影响较大。

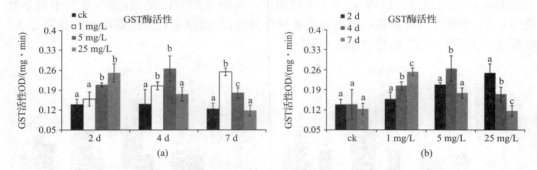

图 2-248　三唑醇对颤蚓 GST 酶活性影响（配对样本 t 检验 $p \leqslant 0.05$）

5) 三唑醇对颤蚓 GR 酶活性的影响

三唑醇对颤蚓体内 GR 酶活性的影响见图 2-249。从总体上看,GR 酶活性三唑醇暴

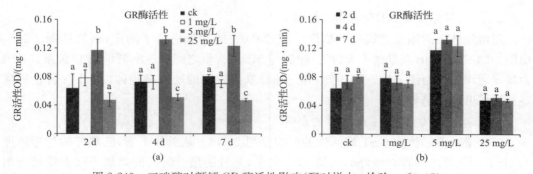

图 2-249　三唑醇对颤蚓 GR 酶活性影响（配对样本 t 检验 $p \leqslant 0.05$）

露浓度之间存在显著的剂量-效应关系,表现为低浓度影响不显著,中浓度表现出显著激活作用,而高浓度则表现出抑制作用。GR 酶活性随时间变化不显著。

2.11　乙烯菌核利

乙烯菌核利(vinclozolin)是苯基酰胺类高效内吸性杀菌剂。其内吸和渗透力很强,施药可在植物体内上、下双向传导,对病害植株有保护和治疗作用,且药效持续期长。它主要抑制病菌菌丝体内蛋白质的合成,对人、畜低毒,对鱼类、蜜蜂和天敌安全。化学名称为 N-(2,6-二甲苯基)-N-(2-甲氧乙酰基)-DL-氨基丙酸甲酯,其结构中有一个手性中心,外消旋体含有两个对映异构体,分子结构如图 2-250 所示。

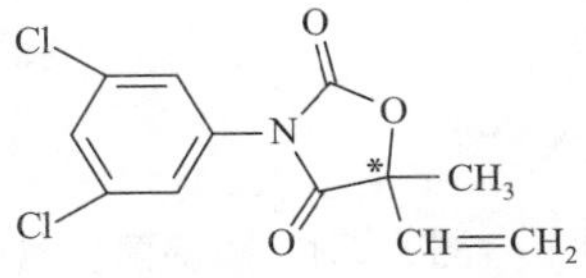

图 2-250　乙烯菌核利结构图

2.11.1　乙烯菌核利在正相 CDMPC 手性固定相上的拆分

2.11.1.1　色谱条件

Agilent 1100 高效液相色谱仪及 JASCO 2000 高效液相色谱仪(主要用于对映体出峰顺序的确定及圆二色特性的研究)。纤维素-三(3,5-二甲基苯基氨基甲酸酯)色谱柱(自制)250 mm×4.6 mm I. D.,流动相为正己烷,在正己烷流动相中考察了极性改性剂乙醇、丙醇、异丙醇、正丁醇、异丁醇对拆分的影响,检测波长 230 nm,流速 1.0 mL/min,除了考察温度对拆分的影响实验外,其他操作均在室温下进行。

2.11.1.2　乙烯菌核利对映体的拆分结果及醇含量的影响

表 2-206 为乙烯菌核利对映体在正己烷流动相中的拆分结果及 5 种醇改性剂对拆分的影响,检测波长 210 nm,5 种醇对乙烯菌核利都有拆分效果,其中异丙醇的分离效果最好,可使对映体达到接近于基线分离,在含量为 1‰时的分离度为 1.46,拆分色谱图如图 2-251。另外 4 种醇都使乙烯菌核利对映体达到部分分离,拆分效果相差不大。

表 2-206　醇改性剂对乙烯菌核利对映体拆分的影响

含量 /%	乙醇			丙醇			异丙醇			丁醇			异丁醇		
	k_1	α	R_s	k_1	α	R_s	k_1	α	R_s	k_1	α	R_s	k_1	α	R_s
2	2.17	1.12	0.95	2.26	1.12	0.95	2.51	1.12	1.11	2.52	1.12	1.15	2.44	1.12	0.96
1	2.24	1.12	1.10	2.45	1.12	1.12	2.92	1.14	1.46	2.65	1.13	1.11	2.62	1.11	0.96
0.5	3.08	1.20	0.81	3.91	1.20	0.97	5.29	1.16	1.27						

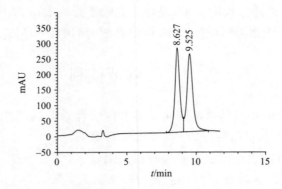

图 2-251　乙烯菌核利对映体的色谱拆分图（正己烷/异丙醇＝99/1，室温，210 nm）

2.11.1.3　圆二色特性研究

乙烯菌核利对映体的圆二色扫描图如图 2-252 所示，在 220～265 nm 范围内出峰顺序为（＋）/（－），而 265 nm 波长以后两对映体都无 CD 吸收。先流出对映体的 CD 吸收为（＋），最大吸收在 230 nm 左右，后流出对映体与先流出对映体有很好的对称性。

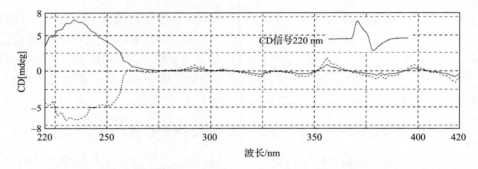

图 2-252　乙烯菌核利两对映体的 CD 扫描图（实线为先流出对映体，虚线为后流出对映体）

2.11.1.4　温度对拆分的影响

温度对拆分的影响结果如表 2-207 所示，流动相为正己烷/异丙醇（99/1），容量因子

表 2-207　温度对乙烯菌核利对映体拆分的影响（正己烷/异丙醇＝99/1）

温度/℃	k_1	k_2	α	R_s
5	2.82	3.24	1.15	1.38
10	2.62	2.99	1.14	1.50
20	2.53	2.87	1.14	1.41
25	2.41	2.73	1.13	1.55
30	2.32	2.63	1.13	1.55
40	2.22	2.49	1.12	1.40

和分离因子都随着温度的降低而增大,但分离度无此规律,在 25 ℃和 30 ℃时有最大的分离度,主要因为在低温时色谱峰变宽的缘故。所以对乙烯菌核利而言,降低温度并非一个好的优化策略。

2.11.1.5　热力学参数的计算

Van't Hoff 曲线如图 2-253 所示,也有较好的线性关系(线性相关系数 $r>0.99$),线性方程见表 2-208,先后流出对映体与手性固定相作用的焓变值为 0.42 kJ/mol,熵变值为 0.42 J/(mol·K),焓变对乙烯菌核利对映体的拆分起到主要作用,熵变的贡献也比较大。

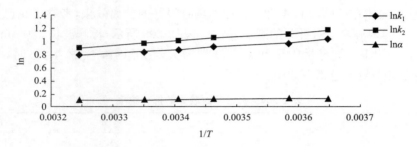

图 2-253　乙烯菌核利对映体的 Van't Hoff 曲线(正己烷/异丙醇＝99/1)

表 2-208　乙烯菌核利对映体的热力学参数(正己烷/异丙醇＝99/1)

对映体	$\ln k=-\Delta H/RT+\Delta S^*$	ΔH /(kJ/mol)	ΔS^*	$\ln\alpha=\Delta_{R,S}\Delta H/RT+\Delta_{R,S}\Delta S/RT$	$\Delta\Delta H$ /(kJ/mol)	$\Delta\Delta S$ /[J/(mol·K)]
＋	$\ln k_1=572.5/T-1.04$ (R=0.9870)	−4.76	−1.04	$\ln\alpha=50.5/T-0.05$ (R=0.9963)	−0.42	−0.42
−	$\ln k_2=623.0/T-1.08$ (R=0.9890)	−5.18	−1.08			

2.12　植物生长调节剂

2.12.1　多效唑

多效唑(paclobutrazol)为三唑类植物生长调节剂,具有阻碍植物生长,缩短节距的功能,也兼具杀菌活性。应用于农作物增产、蔬菜壮苗、果树控梢促果等。其化学名称为 1-(4-氯苯基)-4,4-二甲基-2-(1,2,4-三唑-1-基)-3-戊醇,化学结构如图 2-254 所示,分子中含有两个手性碳原子,外消旋体含 4 个对映体。但工业品原药只含有其中的两个对映异构体,即(R,R)体和(S,S)体。

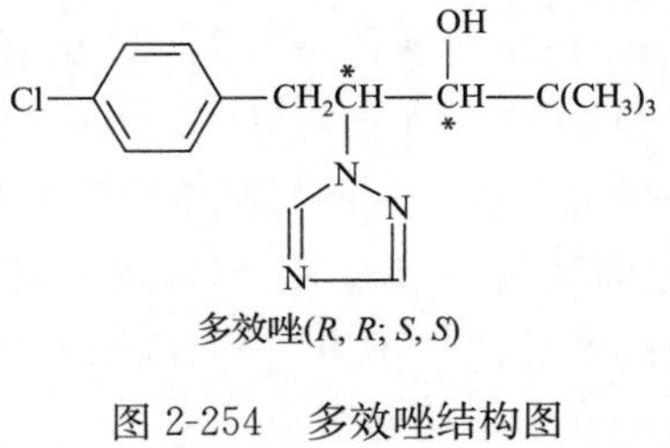

多效唑(R,R;S,S)

图 2-254　多效唑结构图

2.12.1.1　多效唑在正相 ADMPC 手性固定相上的拆分

1）色谱条件

Agilent 1100 高效液相色谱仪及 JASCO 2000 高效液相色谱仪（主要用于对映体出峰顺序的确定及圆二色特性的研究）。直链淀粉-三（3,5-二甲基苯基氨基甲酸酯）（ADMPC）色谱柱（自制）250 mm×4.6 mm I.D.，流动相为正己烷/异丙醇，检测波长230 nm，流速 1.0 mL/min，考察温度的影响所涉及的范围为 0～40 ℃。除了考察温度对拆分的影响实验外，其他操作均在室温下进行。

2）多效唑对映体的拆分结果

多效唑对映体在 ADMPC 手性固定相上具有很好的分离效果，考察了正己烷流动相中 5%～15%异丙醇含量对拆分的影响，结果如表 2-209 所示，检测波长 230 nm。随异丙醇含量减小，分离因子、容量因子和分离度都增大，在异丙醇含量为 5%时，分离度为2.99，优化条件下拆分色谱图如图 2-255 所示。

表 2-209　多效唑对映体的拆分结果

异丙醇含量/%	k_1	k_2	α	R_s
15	2.71	3.54	1.31	1.81
10	4.42	5.99	1.35	2.24
5	9.96	13.93	1.40	2.99

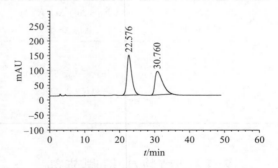

图 2-255　多效唑对映体的色谱拆分图（正己烷/异丙醇＝95/5,230 nm,室温）

3）圆二色特性研究

使用 JASCO HPLC CD 检测器确定了多效唑的出峰顺序并进行了两对映体在线圆二色谱图扫描，在 220～240 nm 范围内两对映体都有 CD 吸收，最大吸收在 220 nm 处，240 nm 后两对映体基本无 CD 响应，出峰顺序一直为（－）/（＋），如图 2-256 所示。

4）温度对拆分的影响

研究了在 0～30 ℃范围内温度对多效唑对映体拆分的影响（表 2-210）。流动相为正己烷/异丙醇＝85/15。容量因子、分离因子和分离度都随温度的升高而递减，容量因子随温度的变化改变不大，分离因子和分离度受温度的影响较大。温度是优化多效唑对映体拆分的一个重要参数。

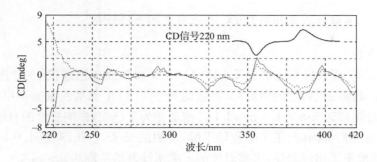

图 2-256　多效唑对映体的圆二色扫描图(实线表示先流出对映体,虚线表示后流出对映体)

表 2-210　温度对多效唑对映体手性拆分的影响(正己烷/异丙醇＝85/15)

温度/℃	k_1	k_2	α	R_s
0	3.04	4.27	1.40	2.00
10	2.84	3.86	1.36	1.76
20	2.71	3.54	1.31	1.87
30	2.63	3.32	1.26	1.66

5) 热力学参数的计算

根据温度对拆分的影响,绘制了多效唑对映体的 Van't Hoff 曲线,具有较好的线性关系($r > 0.99$),如图 2-257 所示,线性方程列于表 2-211 中,并计算了相关的熵变、焓变等参数,由数值可见,其两对映体的分离也是受焓控制。

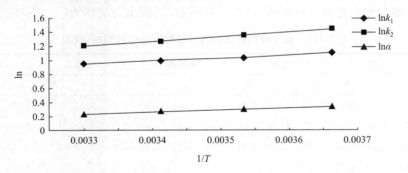

图 2-257　多效唑对映体的 Van't Hoff 曲线(正己烷/异丙醇＝85/15)

表 2-211　多效唑对映体拆分的热力学参数(正己烷/异丙醇＝85/15)

对映体	$\ln k = -\Delta H/RT + \Delta S^*$	ΔH /(kJ/mol)	ΔS^*	$\ln\alpha = \Delta_{R,S}\Delta H/RT + \Delta_{R,S}\Delta S/RT$	$\Delta\Delta H$ /(kJ/mol)	$\Delta\Delta S$ /[J/(mol·K)]
—	$\ln k_1 = 400.17/T - 0.36$ ($R=0.9896$)	-3.33	-0.36	$\ln\alpha = 291.66/T - 0.73$ ($R=0.9954$)	-2.42	-6.07
＋	$\ln k_2 = 697.67/T - 1.11$ ($R=0.9978$)	-5.80	-1.11			

2.12.1.2　多效唑在正相 ATPDC 手性固定相上的拆分

1) 色谱条件

Agilent 1100 高效液相色谱仪及 JASCO 2000 高效液相色谱仪(主要用于对映体出峰顺序的确定及圆二色特性的研究)。直链淀粉-三((S)-1-苯基乙基氨基甲酸酯)(ATPDC)色谱柱(自制)250 mm×4.6 mm I. D.，流动相为正己烷，添加极性的有机醇作为改性剂，包括乙醇、丙醇、异丙醇、正丁醇和异丁醇，检测波长 230 nm，流速 1.0 mL/min，使用圆二色检测器确定了出峰顺序，考察温度的影响所涉及的范围为 0~40℃。

2) 多效唑对映体的拆分结果

在直链淀粉-三((S)-1-苯基乙基氨基甲酸酯)涂敷手性固定相上对多效唑实现了两对映体高效液相色谱的手性拆分，检测波长 230 nm，正相条件采用正己烷为流动相，添加有机醇作为极性的改性剂，并考察了醇含量对拆分的影响。如表 2-212 所示，五种醇中异丙醇的拆分效果最好，在含量 5% 时，获得分离度 1.63，分离因子(k_1)为 8.86。使用乙醇作改性剂时，对映体的保留弱，出峰较快，但却可以获得较好的拆分效果，在含量减至 2% 时，对映体也可以达到基线分离(分离度 1.57)，分离因子(k_1)为 6.81。在正己烷/异丁醇体系中，对映体在色谱柱中的保留太强，而使得峰拖尾严重，在异丁醇为 5% 时，分离因子(k_1)达 12.56。分离因子和分离度都会随着流动相中醇含量的减少而增大。采用圆二色检测器测定了多效唑两对映体的出峰顺序，在 230 nm 波长下，先后流出对映体分别为(＋)/(－)圆二色性，图 2-258 为手性拆分色谱图，在直链淀粉-三((S)-1-苯基乙基氨基甲酸酯)手性固定相上先流出对映体为(＋)CD 吸收，后流出对映体为(－)CD 吸收。

表 2-212　多效唑对映体的拆分及醇对拆分的影响(室温)

含量/%	乙醇			丙醇			异丙醇			丁醇			异丁醇		
	k_1	α	R_s	k_1	α	R_s	k_1	α	R_s	k_1	α	R_s	k_1	α	R_s
15	1.19	1.10	0.74	1.38	1.15	0.84	2.02	1.18	0.92	1.16	1.11	0.80	1.62	1.16	0.88
10	1.71	1.13	0.94	2.27	1.18	1.04	2.40	1.21	0.83	2.41	1.17	1.04	2.65	1.18	1.00
5	2.80	1.15	1.27	5.96	1.23	1.34	8.86	1.25	1.63	4.03	1.18	1.22	12.56	1.31	1.16
2	6.81	1.19	1.57												

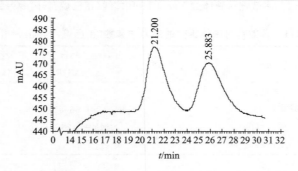

图 2-258　多效唑对映体的手性拆分色谱图(5%异丙醇，230 nm，室温)

3）温度对拆分的影响及热力学参数的计算

温度对多效唑对映体在直链淀粉-三((S)-1-苯基乙基氨基甲酸酯)手性固定相上的分离的影响见表 2-213，该手性拆分受温度的影响较小，容量因子、分离因子和分离度的变化值都很小，容量因子和分离因子随温度的升高而减小，分离度在 30 ℃时有最大值 1.34。两对映体的 Van't Hoff 曲线如图 2-259 所示，线性关系非常明显，利用线性的 Van't Hoff 方程，计算出热力学参数，列于表 2-214 中，两对映体与手性固定相作用的焓变值并不大，但其差值较大，为 1.0 kJ/mol。

表 2-213　温度对多效唑对映体手性拆分的影响（正己烷/异丙醇＝90/10）

温度/℃	k_1	k_2	α	R_s
0	3.98	4.87	1.22	1.14
10	3.81	4.64	1.22	1.26
20	3.57	4.29	1.20	1.30
30	3.29	3.88	1.18	1.34
40	3.06	3.54	1.16	1.31

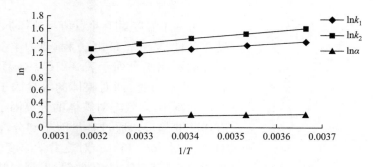

图 2-259　多效唑对映体的 Van't Hoff 曲线（正己烷/异丙醇＝90/10）

表 2-214　多效唑对映体拆分的热力学参数（正己烷/异丙醇＝90/10）

对映体	$\ln k=-\Delta H/RT+\Delta S^*$	ΔH /(kJ/mol)	ΔS^*	$\ln\alpha=\Delta_{R,S}\Delta H/RT+\Delta_{R,S}\Delta S/RT$	$\Delta\Delta H$ /(kJ/mol)	$\Delta\Delta S$ /[J/(mol·K)]
＋	$\ln k_1=571.1/T-0.7$ $(R=0.9888)$	−4.8	−0.7	$\ln\alpha=120.4/T-0.2$ $(R=0.9817)$	−1.0	−1.7
−	$\ln k_2=691.5/T-0.9$ $(R=0.9877)$	−5.8	−0.9			

2.12.1.3　多效唑在正相 CTPC 手性固定相上的拆分

1）色谱条件

Agilent 1100 高效液相色谱仪及 JASCO 2000 高效液相色谱仪（主要用于对映体出峰顺序的确定及圆二色特性的研究）。纤维素-三（苯基氨基甲酸酯）色谱柱（CTPC）（自制)250 mm×4.6 mm I.D.，流动相为正己烷/异丙醇，检测波长 230 nm，流速 1.0 mL/min，使用圆二色检测器确定了出峰顺序，考察温度的影响所涉及的范围为 0～40℃。

2）对映体的出峰顺序

使用圆二色检测器确定了对映体在 CTPC 手性固定相上的出峰顺序，多效唑 230 nm 波长下出峰顺序为（＋）/（－），色谱条件：正己烷/异丙醇（85/15），流速 1.0 mL/min。

3）异丙醇含量的影响

考察了流动相中异丙醇含量对拆分的影响，拆分结果及异丙醇含量的影响见表 2-215，由表可见，异丙醇含量的减少，对映体的保留增强，分离因子和分离度都呈递增的趋势，分离效果增加。拆分色谱图见图 2-260。

表 2-215　多效唑对映体在 CTPC 手性固定相上的拆分结果及异丙醇含量的影响

样品	异丙醇含量/%	k_1	k_2	α	R_s
多效唑 （230 nm）	15	1.70	2.17	1.28	1.15
	10	3.84	5.01	1.30	1.45
	5	9.42	12.67	1.35	1.87

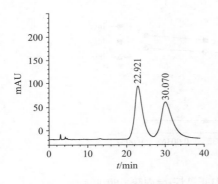

图 2-260　多效唑对映体在 CTPC 手性
固定相上的拆分色谱图

流动相为正己烷/异丙醇＝95/5，
流速 1.0 mL/min，20℃

4）温度对拆分的影响

考察了温度对手性农药对映体拆分的影响，流动相条件、Van't Hoff 方程、热力学参数及温度对拆分的影响结果列于表 2-216 中，温度范围为 0～40℃，由表可见，两对映体的容量因子随着温度的升高而减小，多效唑对映体的分离因子随温度升高有递减的趋势。通过容量因子和分离因子的自然对数（$\ln k_1$，$\ln k_2$ 和 $\ln\alpha$）对热力学温度的倒数（$1/T$）作图，绘制 Van't Hoff 曲线，发现对映体的容量因子的自然对数与热力学温度的倒数有一定的线性关系。通过线性的 Van't Hoff 曲线，可以得到 Van't Hoff 线性方程，从而计算得到焓变、熵变及其差值等热力学参数。

表 2-216　温度对 CTPC 手性固定相拆分的影响、Van't Hoff 方程及热力学参数

样本 正己烷/异丙醇	$T/℃$	k_1	k_2	α	R_s	Van't Hoff 方程(R^2)	$\Delta H/\Delta\Delta H$ /(kJ/mol)	$\Delta S^*/\Delta\Delta S$ /[J/(mol·K)]
多效唑 （90/10）	0	4.56	6.11	1.34	1.41			
	10	4.31	5.75	1.33	1.39	$\ln k_1=780.1/T-1.32(0.97)$	−6.48	−1.32
	20	3.84	5.01	1.30	1.45	$\ln k_2=935.2/T-1.59(0.97)$	−7.78	−1.59
	30	3.61	4.63	1.28	1.43	$\ln\alpha=155.1/T-0.27(0.94)$	−1.29	−2.25
	40	3.15	3.92	1.25	1.34			

注：流速为 1.0 mL/min

2.12.1.4　多效唑在正相 ATPC 手性固定相上的拆分

1) 色谱条件

Agilent 1100 高效液相色谱仪及 JASCO 2000 高效液相色谱仪(主要用于对映体出峰顺序的确定及圆二色特性的研究)。支链淀粉-三(苯基氨基甲酸酯)色谱柱(ATPC)(自制)250 mm×4.6 mm I. D.,流动相为正己烷/异丙醇,检测波长 230 nm,流速 1.0 mL/min,使用圆二色检测器确定了出峰顺序。

2) 拆分结果

使用正己烷流动相对多效唑进行了对映体的分离,并考察异丙醇含量对拆分的影响,支链淀粉-三(苯基氨基甲酸酯)ATPC 手性固定相对多效唑有分离效果。

多效唑可以实现基线分离,拆分效果非常好,在异丙醇含量为 5% 时,分离度为 2.42。随着流动相中异丙醇含量的减少对映体的保留增强,分离效果增加。使用圆二色检测器确定了对映体的出峰顺序,结果列于表 2-217,多效唑对映体在所选定的波长下出峰顺序为(-)/(+)。图 2-261 为手性农药对映体在支链淀粉-三(苯基氨基甲酸酯)手性固定相上的拆分色谱图。

表 2-217　ATPC 手性固定相对多效唑对映体的拆分结果

样本	波长/nm	异丙醇含量/%	k_1	k_2	α	R_s	CD 信号 P_{k_1}/P_{k_2}
		15	2.30	3.41	1.48	1.61	
多效唑	230	10	3.79	5.88	1.55	2.19	(-)/(+)
		5	8.16	12.65	1.55	2.42	

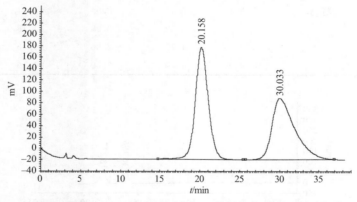

图 2-261　多效唑对映体在 ATPC 手性固定相上的拆分色谱图(5% 异丙醇,230 nm)

2.12.1.5　多效唑在反相 CDMPC 手性固定相上的拆分

1) 色谱条件

纤维素-三(3,5-二甲基苯基氨基甲酸酯)(CDMPC)手性柱,250 mm×4.6 mm I. D. (实验室自制);流动相为不同比例的甲醇/水或乙腈/水,温度对拆分影响在 0~40 ℃之间,其他实验在室温进行,流速 0.8 mL/min,进样量 10 μL,检测波长 230 nm,样品浓度大约 100 mg/L。

2）流动相组成对手性拆分的影响

在 CDMPC 手性固定相上反相色谱条件下对三唑类农药多效唑对映异构体进行了直接的手性拆分，以甲醇/水或乙腈/水为流动相，结果见表 2-218。从实验结果可以看出，不同组成的流动相对样品在 CDMPC 手性固定相上的保留、选择性和手性拆分结果均有影响。多效唑在甲醇/水或乙腈/水作流动相条件下均能得到基线分离，拆分效果相差不大；同时流动相中水的含量增加会使对映体的保留增强，分离的可能性增大，受柱压和保留时间的限制，本实验中水分含量对于甲醇和乙腈分别达 40% 和 60%。典型色谱图见图 2-262。

表 2-218　多效唑对映体在 CDMPC 手性固定相上的拆分结果

手性化合物	流动相	v/v	k_1	k_2	α	R_s
多效唑	甲醇/水	100/0	0.21	0.24	1.15	0.36
		95/5	0.30	0.36	1.19	0.55
		90/10	0.39	0.49	1.25	0.85
		85/15	0.55	0.70	1.27	1.09
		80/20	0.83	1.08	1.30	1.48
		75/25	1.31	1.74	1.33	1.39
		70/30	2.03	2.74	1.35	2.12
		65/35	3.43	4.74	1.38	2.49
	乙腈/水	100/0	0.18	0.21	1.18	0.32
		90/10	0.36	0.42	1.18	0.55
		80/20	0.32	0.36	1.11	0.41
		70/30	0.45	0.55	1.21	0.84
		60/40	0.82	0.98	1.18	1.13
		50/50	1.73	2.00	1.16	1.47
		40/60	4.40	5.09	1.16	1.93

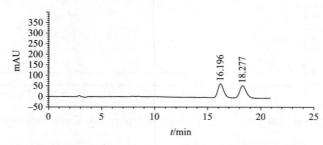

图 2-262　多效唑对映体在乙腈/水（40/60）作流动相 CDMPC 手性固定相上分离色谱图
（流速 0.8 mL/min，室温）

3）温度对手性拆分的影响

反相色谱条件下，分离温度在 0～40℃ 范围内，多效唑对映异构体在纤维素-三(3,5-二甲基苯基氨基甲酸酯) 手性固定相手性拆分的结果见表 2-219。甲醇/水（75/25，v/v）

作流动相条件下,多效唑在 5℃有较高的分离度;乙腈/水(50/50,v/v)作流动相条件下,多效唑的较高分离度出现在 0℃。

表 2-219　CDMPC 手性固定相上温度对多效唑对映体拆分的影响

手性化合物	温度/℃	流动相	v/v	k_1	k_2	α	R_s
	0			1.99	2.52	1.27	1.32
	5			1.75	2.17	1.24	1.40
	10	甲醇/水	75/25	1.75	2.16	1.24	1.39
	20			1.51	1.83	1.21	1.39
	30			1.19	1.40	1.18	1.21
多效唑	40			1.02	1.18	1.16	1.06
	0			1.90	2.20	1.16	1.40
	5			1.88	2.17	1.56	1.38
	10	乙腈/水	50/50	1.86	2.13	1.15	1.35
	20			1.79	2.03	1.13	1.32
	30			1.74	1.95	1.12	1.27
	40			1.68	1.87	1.11	1.20

以温度实验为基础,绘制了 Van't Hoff 曲线,根据 Van't Hoff 方程计算出对映体的焓变之差 $\Delta\Delta H^\circ$ 和熵变之差 $\Delta\Delta S^\circ$。多效唑对映异构体在乙腈/水作流动相下的 $\ln k$、$\ln\alpha$ 对 $1/T$ 关系如图 2-263 所示。从图中可以看出,多效唑对映异构体的 $\ln k$、$\ln\alpha$ 对 $1/T$ 呈线性关系,$R^2 > 0.94$,甲醇/水作流动相条件下 $\ln k$、$\ln\alpha$ 对 $1/T$ 也成线性关系,由此可计算出其对映体的 $\Delta\Delta H^\circ$ 和 $\Delta\Delta S^\circ$,结果列于表 2-220,表明手性拆分过程受焓控制。

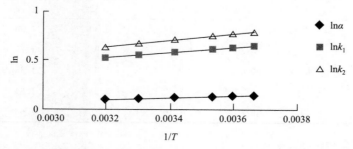

图 2-263　乙腈/水作流动相条件下多效唑的 Van't Hoff 图(0～40℃)

表 2-220　多效唑对映体的 Van't Hoff 方程和 $\Delta\Delta H^\circ$、$\Delta\Delta S^\circ$(0～40℃)

手性化合物	流动相	v/v	线性方程	$\Delta\Delta H^\circ$/(kJ/mol)	$\Delta\Delta S^\circ$/[J/(mol·K)]
	甲醇/水	75/25	$\ln\alpha = 180.45/T - 0.4268$ $(R^2 = 0.9901)$	-1.50	-3.55
多效唑	乙腈/水	50/50	$\ln\alpha = 98.898/T - 0.1692$ $(R^2 = 0.9444)$	-0.82	-1.41

4）对映体的流出顺序

利用高效液相色谱圆二色检测器测定了对映体的流出顺序如表 2-221 所示。

表 2-221　多效唑在 CDMPC 手性固定相上对映体流出顺序

手性化合物	甲醇/水	乙腈/水	测定波长 WL/nm	对映体流出顺序
多效唑	70/30	50/50	230	（＋）/（－）

2.12.1.6　多效唑在反相 ADMPC 手性固定相上的拆分

1）色谱条件

直链淀粉-三（3,5-二甲基苯基氨基甲酸酯）（ADMPC）手性固定相，150 mm × 4.6 mm I. D.（实验室自制）；流动相为不同比例的甲醇/水或乙腈/水，温度对拆分影响在 0～40 ℃之间，其他实验在室温进行，流速 0.5 mL/min，进样量 10 μL，检测波长 230 nm，样品浓度大约 100 mg/L。

2）流动相组成对手性拆分的影响

考察了甲醇/水或乙腈/水作流动相时的手性拆分，结果见表 2-222，由表中数据可见多效唑在这两种流动相很容易达到基线分离，分离度分别为 2.63、3.78；典型拆分色谱图如图 2-264 所示。

表 2-222　多效唑在 ADMPC 手性固定相上的拆分结果

手性化合物	流动相	v/v	k_1	k_2	α	R_s
		100/0	0.28	0.43	1.51	1.48
	甲醇/水	90/10	0.50	0.84	1.69	2.30
		80/20	1.04	1.82	1.75	2.63
		70/30	2.63	4.68	1.79	2.55
多效唑		100/0	0.39	0.39	1.00	—
		70/30	0.55	0.94	1.70	2.24
	乙腈/水	60/40	0.97	1.63	1.68	2.73
		50/50	2.02	3.31	1.64	3.78
		45/55	3.10	5.15	1.66	3.59

3）温度对手性拆分的影响

考察了温度对手性农药对映体拆分的影响，流动相条件、温度对拆分的影响结果列于表 2-223 中，温度范围为 0～40 ℃，由表可见，所研究的手性农药的两对映体的容量因子随着温度的升高而减小；多效唑的分离因子在乙腈作改性剂时，随温度升高而降低。

通过容量因子和分离因子的自然对数（$\ln k_1$，$\ln k_2$ 和 $\ln \alpha$）对热力学温度的倒数（$1/T$）作图，绘制 Van't Hoff 曲线，见图 2-265 所示，发现对映体的容量因子的自然对数与热力学温度的倒数都有很好的线性关系，$\ln \alpha$ 与 $1/T$ 也具有一定的线性关系，由线性的 Van't Hoff 曲线，可以得到 Van't Hoff 线性方程，从而计算得到焓变、熵变之差值等热力学参数列于表 2-224，多效唑拆分主要受焓控制。

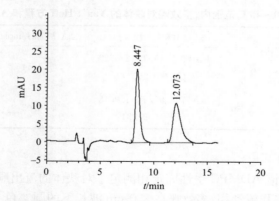

图 2-264　多效唑在 ADMPC 手性固定相上反相条件下的拆分色谱图（室温，流速 0.5 mL/min，
乙腈/水＝50/50，v/v）

表 2-223　在 ADMPC 手性固定相上反相色谱条件下温度对多效唑对映体拆分的影响

手性化合物	温度/℃	流动相	v/v	k_1	k_2	α	R_s
	0			1.49	3.20	2.15	2.45
	5			1.35	2.67	1.97	2.42
	10			1.21	2.26	1.87	2.47
	15	甲醇/水	80/20	1.15	2.08	1.81	4.02
	20			1.03	1.77	1.71	2.47
	30			0.90	1.28	1.43	1.78
多效唑	40			0.73	1.05	1.44	1.81
	0			2.31	4.63	2.01	3.01
	5			2.29	4.37	1.91	2.99
	10	乙腈/水	50/50	2.24	4.06	1.81	4.25
	20			2.04	3.40	1.66	3.33
	30			1.82	2.79	1.54	2.93
	40			1.60	2.28	1.43	2.43

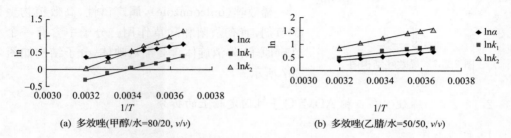

(a)　多效唑(甲醇/水＝80/20，v/v)　　　　　　　(b)　多效唑(乙腈/水＝50/50，v/v)

图 2-265　多效唑对映体在 ADMPC 手性固定相上的 Van't Hoff 曲线
（流速：0.5 mL/min，0～40 ℃）

表 2-224　0～40℃范围内，多效唑对映体的 Van't Hoff 方程和 ΔΔH°、ΔΔS°

手性化合物	流动相	v/v	线性方程	$\Delta\Delta H^{\circ}/(kJ/mol)$	$\Delta\Delta S^{\circ}/[J/(mol \cdot K)]$
多效唑	甲醇/水	75/25	$\ln\alpha = 907.45/T - 2.5722$ ($R^2 = 0.9503$)	−7.54	−21.37
	乙腈/水	50/50	$\ln\alpha = 724.97/T - 1.9618$ ($R^2 = 0.9993$)	−6.02	−16.30

4）对映体的流出顺序

利用高效液相色谱 ADMPC 手性固定相测定了对映体的流出顺序，见表 2-225，可以看出，乙腈/水(50/50)作流动相，多效唑在 230 nm 波长下的圆二色与紫外色谱图如图 2-266 所示。

表 2-225　多效唑对映体在 ADMPC 手性固定相上反相条件下对映体流出顺序

化合物(检测波长)	甲醇/水	对映体流出顺序	乙腈/水	对映体流出顺序
多效唑(230 nm)	75/25	(−)/(+)	50/50	(−)/(+)

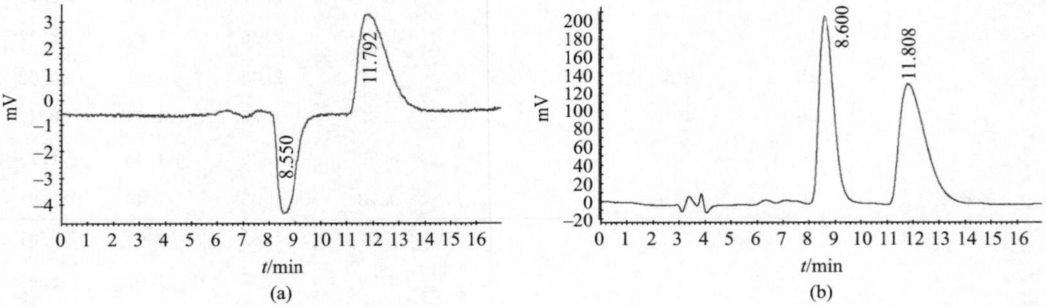

图 2-266　多效唑在乙腈/水(50/50, v/v)作流动相条件下，ADMPC 手性固定相上的
(a)圆二色和(b)紫外色谱图

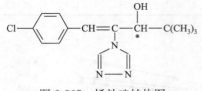

图 2-267　烯效唑结构图

2.12.2　烯效唑

烯效唑(unlconazole)，属广谱性、高效植物生长调节剂，兼有杀菌和除草作用。分子中含有一个手性碳原子，外消旋体含 2 个对映体，分子结构如图 2-267 所示。

2.12.2.1　烯效唑在正相 ADMPC 手性固定相上的拆分

1）色谱条件

Agilent 1100 高效液相色谱仪及 JASCO 2000 高效液相色谱仪(主要用于对映体出峰顺序的确定及圆二色特性的研究)。直链淀粉-三(3,5-二甲基苯基氨基甲酸酯)(ADMPC)色谱柱(自制)250 mm×4.6 mm I. D.，流动相为正己烷/异丙醇，检测波长

230 nm,流速 1.0 mL/min,考察温度的影响所涉及的范围为 0~40 ℃。除了考察温度对拆分的影响实验外,其他操作均在室温下进行。

2)烯效唑对映体的拆分结果

在正己烷体系下对烯效唑对映体进行了拆分,并考察了异丙醇含量对拆分的影响,结果如表 2-226 所示,检测波长 230 nm,烯效唑对映体在 ADMPC 手性固定相上有较好的分离效果,在异丙醇含量为 10％时就可实现基线分离,分离度为 1.59。异丙醇含量为 5％时分离度达 2.07,对映体的色谱拆分图如图 2-268 所示。

表 2-226 烯效唑对映体的拆分结果

异丙醇含量/%	k_1	k_2	α	R_s
15	2.74	3.34	1.22	1.32
10	4.63	5.77	1.25	1.59
5	11.15	14.42	1.29	2.07

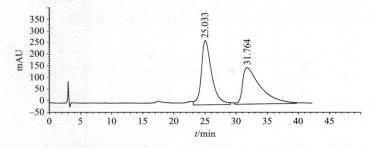

图 2-268 烯效唑对映体的色谱拆分图(正己烷/异丙醇＝95/5,室温,230 nm)

3)圆二色特性研究

烯效唑对映体在 220~420 nm 范围内的圆二色扫描图如图 2-269 所示,先流出对映体表现出(＋)CD 吸收,后流出对映体基本表现为(－)CD 吸收,最大吸收波长为 250 nm,280 nm 后 CD 吸收非常弱,在 230~280 nm 范围内都可作为测定烯效唑对映体出峰顺序的波长,250 nm 最佳。

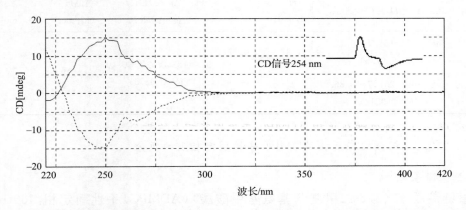

图 2-269 烯效唑对映体的圆二色色谱图(实线表示先流出对映体,虚线表示后流出对映体)

4）温度对拆分的影响

正己烷/异丙醇（90/10）流动相条件下考察了 0～30℃范围内温度对拆分的影响，结果如表 2-227 所示，由表可见，烯效唑对映体的拆分受温度的影响不大，容量因子和分离因子随温度升高略有减小的趋势，而分离度基本不受温度的影响。

表 2-227　温度对烯效唑对映体手性拆分的影响（正己烷/异丙醇＝90/10）

温度/℃	k_1	k_2	α	R_s
0	4.94	6.49	1.31	1.58
10	4.71	5.99	1.27	1.62
20	4.63	5.77	1.25	1.59
30	4.54	5.58	1.23	1.58

5）热力学参数的计算

烯效唑对映体的 Van't Hoff 曲线如图 2-270 所示，具有较好的线性关系，Van't Hoff 方程及热力学参数列于表 2-228 中，分离过程主要受焓控制。

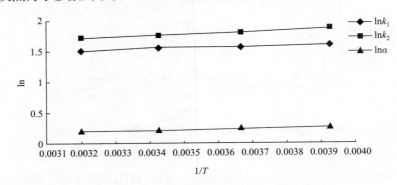

图 2-270　烯效唑对映体的 Van't Hoff 曲线（正己烷/异丙醇＝90/10）

表 2-228　烯效唑对映体拆分的热力学参数（正己烷/异丙醇＝90/10）

对映体	$\ln k=-\Delta H/RT+\Delta S^*$	ΔH /(kJ/mol)	ΔS^*	$\ln\alpha=\Delta_{R,S}\Delta H/RT+\Delta_{R,S}\Delta S/RT$	$\Delta\Delta H$ /(kJ/mol)	$\Delta\Delta S$ /[J/(mol·K)]
＋	$\ln k_1=225.181/T+0.77$ $(R=0.9739)$	−1.87	0.77	$\ln\alpha=183.081/T-0.40$ $(R=0.9875)$	−1.52	−3.33
－	$\ln k_2=408.261/T+0.36$ $(R=0.9812)$	−3.39	0.36			

2.12.2.2　烯效唑在反相 ADMPC 手性固定相上的拆分

1）色谱条件

直链淀粉-三（3,5-二甲基苯基氨基甲酸酯）（ADMPC）手性固定相，150 mm×4.6 mm I.D.（实验室自制）；流动相为不同比例的甲醇/水或乙腈/水，温度对拆分影响在

0～40℃之间,其他实验在室温进行,流速 0.5 mL/min,进样量 10 μL,检测波长 240 nm,样品浓度大约 100 mg/L。

2）流动相组成对手性拆分的影响

考察了甲醇/水或乙腈/水作流动相时的手性拆分,结果见表 2-229,由表中数据可见烯效唑能在这两种流动相中分开,烯效唑在乙腈作改性剂时的拆分效果优于甲醇作改性剂时的拆分效果;典型拆分色谱图如图 2-271 所示。

表 2-229　烯效唑在 ADMPC 手性固定相上的拆分结果

手性化合物	流动相	v/v	k_1	k_2	α	R_s
烯效唑	甲醇/水	100/0	0.56	0.56	1.00	—
		90/10	1.10	1.27	1.16	0.81
		80/20	2.58	3.09	1.20	0.97
		75/25	4.28	5.19	1.22	0.87
		70/30	7.38	8.92	1.21	0.82
	乙腈/水	100/0	0.27	0.27	1.00	—
		80/20	0.87	1.26	1.46	1.96
		70/30	1.26	1.82	1.45	1.99
		60/40	2.16	3.11	1.44	2.41

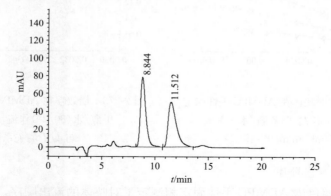

图 2-271　烯效唑在 ADMPC 手性固定相上反相条件下的拆分色谱图

(室温,乙腈/水＝60/40,流速 0.5 mL/min)

3）温度对手性拆分的影响

考察了温度对手性农药对映体拆分的影响,流动相条件、温度对拆分的影响结果列于表 2-230 中,温度范围为 0～40℃,由表可见,所研究的手性农药的两对映体的容量因子随着温度的升高而减小;烯效唑的分离因子在乙腈作改性剂时,随温度升高而降低;其他情况分离因子基本没有什么明显规律。

通过容量因子和分离因子的自然对数($\ln k_1$,$\ln k_2$ 和 $\ln \alpha$)对热力学温度的倒数($1/T$)作图,绘制 Van't Hoff 曲线,见图 2-272 所示,烯效唑的分离因子的自然对数与热力学温度的倒数在甲醇作改性剂时却没有线性关系,如图 2-273 所示,其手性拆分除受熵焓之外还受其他因素控制。

表 2-230　在 ADMPC 手性固定相上反相色谱条件下温度对烯效唑拆分的影响

手性化合物	温度/℃	流动相	v/v	k_1	k_2	α	R_s
烯效唑	0			4.43	5.35	1.21	0.71
	5			3.74	4.55	1.21	0.81
	10			3.19	3.77	1.18	0.67
	15	甲醇/水	80/20	2.92	3.54	1.21	0.92
	20			2.54	2.99	1.18	0.84
	30			2.03	2.39	1.18	1.02
	40			1.51	1.69	1.12	0.72
	0			2.73	4.88	1.79	3.07
	5			2.62	4.44	1.70	2.89
	10	乙腈/水	60/40	2.48	4.00	1.61	2.17
	20			2.16	3.23	1.49	2.45
	30			1.82	2.56	1.40	2.19
	40			1.54	2.04	1.32	1.86

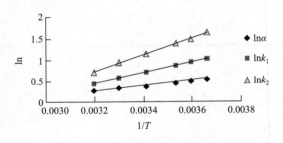

图 2-272　烯效唑对映体在 ADMPC 手性固定
相上的 Van't Hoff 曲线(乙腈/水＝60/40,
流速:0.5 mL/min, 0～40℃)

图 2-273　烯效唑在 ADMPC 手性固定相上
甲醇/水(80/20)作流动相下 $\ln\alpha$
与 $1/T$ 的关系图

4) 对映体的流出顺序

利用高效液相色谱 ADMPC 手性固定相测定了对映体的流出顺序,见表 2-231,可以看出特定波长下烯效唑的流出顺序在甲醇和乙腈作改性剂时出峰顺序正好相反。

表 2-231　烯效唑在 ADMPC 手性固定相上反相条件下对映体流出顺序

化合物(检测波长)	甲醇/水	对映体流出顺序	乙腈/水	对映体流出顺序
烯效唑(240 nm)	75/25	(一)/(＋)	60/40	(＋)/(一)

2.12.2.3　烯效唑在正相 ATPC 手性固定相上的拆分

1) 色谱条件

Agilent 1100 高效液相色谱仪及 JASCO 2000 高效液相色谱仪(主要用于对映体出峰顺序的确定及圆二色特性的研究)。支链淀粉-三(苯基氨基甲酸酯)色谱柱(ATPC)(自制)250 mm×4.6 mm I.D.,流动相为正己烷/异丙醇,检测波长 230 nm,流速

1.0 mL/min,使用圆二色检测器确定了出峰顺序。

2)拆分结果

使用正己烷流动相对手性农药进行了对映体的分离,并考察异丙醇含量对拆分的影响,支链淀粉-三(苯基氨基甲酸酯)(ATPC)手性固定相对烯效唑有分离效果,可以实现基线分离,烯效唑的拆分效果非常好,在异丙醇含量为 5% 时,分离度为 2.05。随着流动相中异丙醇含量的减少,对映体的保留增强,分离效果增加。使用圆二色检测器确定了对映体的出峰顺序,结果列于表 2-232,烯效唑的出峰顺序为(+)/(−)。图 2-274 为手性农药对映体在支链淀粉-三(苯基氨基甲酸酯)手性固定相上的拆分色谱图。

表 2-232 ATPC 手性固定相对烯效唑对映体的拆分结果

样本	波长/nm	异丙醇含量/%	k_1	k_2	α	R_s	CD 信号 P_{k_1}/P_{k_2}
烯效唑	230	20	2.11	2.13	1.01	0.05	
		15	2.31	3.02	1.31	1.39	
		10	3.86	5.17	1.34	1.48	(+)/(−)
		5	9.33	13.09	1.40	2.05	

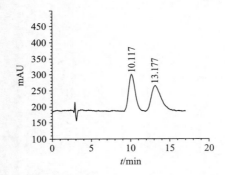

图 2-274 烯效唑对映体在 ATPC 手性固定相上的拆分色谱图

2.12.2.4 烯效唑在正相 (R,R)Whelk-O 1 手性固定相上的拆分

1)色谱条件

(R,R)Whelk-O 1 型手性色谱柱(250 mm×4.6 mm I.D.)。流动相为正己烷/乙醇,检测波长254 nm,流速 1.0 mL/min。

2)拆分结果

烯效唑(unlconazole)在 (R,R)Whelk-O 1 型手性色谱柱上优化的色谱条件下得到了部分分离,最佳色谱条件及拆分结果见表 2-233,拆分色谱图见图 2-275。

表 2-233 (R,R)Whelk-O 1 型手性固定相对烯效唑对映体的拆分结果

农药	色谱条件	k_1	α	R_s
烯效唑	正己烷/乙醇 99/1, 254 nm, 1 mL/min, 15℃	18.79	1.07	1.26

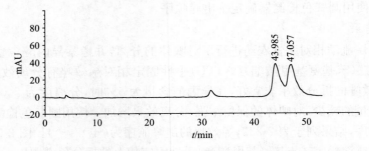

图 2-275　烯效唑对映体在(*R*,*R*)Whelk-O 1 型手性柱的拆分色谱图

参 考 文 献

[1] Burden R S, Carter G A, Clark T, Cooke D T, Croker S J, Deas A H, Hedden P, James C S, Lenton J R. Comparative activity of the enantiomers of triadimenol and paclobutrazol as inhibitors of fungal growth and plant sterol and gibberellin biosynthesis. Pesticide Science, 1987,21(4):253-267.

[2] Sugavanam B. Diastereoisomers and enantiomers of paclobutrazol: their preparation and biological activity. Pesticide Science, 1984,15(3):296-302.

第 3 章　杀虫剂的手性拆分及环境行为

3.1　顺式氯氰菊酯

氯氰菊酯是一类重要的拟除虫菊酯类杀虫剂,化学名称:(RS)-α-氰基-(3-苯氧苄基)(1RS,3RS;1RS,3SR)-3-(2,2-二氯乙烯基)-2,2-二甲基环丙烷羧酸酯,共有 8 个异构体,3 个手性中心。目前把只含有(S)-(1R,3R)和(R)-(1S,3S) 两个对映体的光学纯农药称为顺式氯氰菊酯(alpha-cypermethrin),结构图 3-1 所示,药效是氯氰菊酯的 2～3 倍,杀虫广谱,具有很强的触杀和胃毒作用,主要用来防治棉花、果树、蔬菜、花卉、谷类、种子、甜菜、茶叶、烟草、葡萄等作物上的害虫。

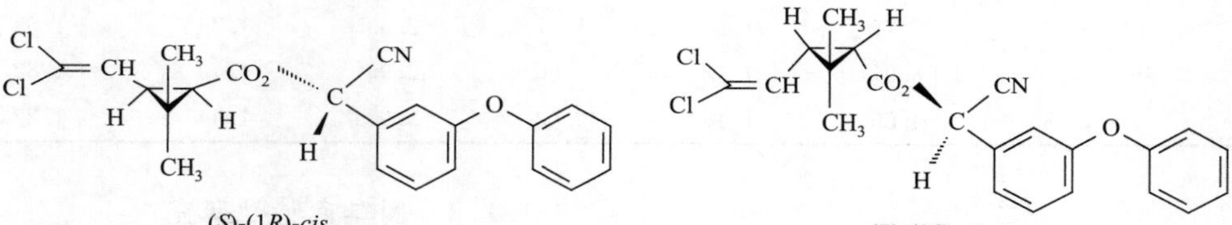

图 3-1　顺式氯氰菊酯的化学结构

3.1.1　顺式氯氰菊酯在正相 CDMPC 手性固定相上的拆分

3.1.1.1　色谱条件

Agilent 1100 高效液相色谱仪及 JASCO 2000 高效液相色谱仪(主要用于对映体出峰顺序的确定及圆二色特性的研究)。纤维素-三(3,5-二甲基苯基氨基甲酸酯)(CDMPC)色谱柱(自制)250 mm×4.6 mm I.D.,流动相为正己烷、石油醚、正庚烷或正戊烷,在正己烷流动相中考察了极性改性剂乙醇、丙醇、异丙醇、正丁醇、异丁醇对拆分的影响,其他流动相中使用异丙醇为改性剂,检测波长 230 nm,流速 1.0 mL/min,除了考察温度对拆分的影响实验外,其他操作均在室温下进行。

3.1.1.2　顺式氯氰菊酯对映体的拆分结果及醇含量的影响

顺式氯氰菊酯对映体在正己烷体系下的拆分结果如表 3-1,检测波长 230 nm,只有异丙醇和异丁醇能够实现完全分离,异丙醇的效果最好,在含量为 1％时,分离因子为 1.73。乙醇的分离效果最差。表 3-2 为在正庚烷和石油醚体系下以异丙醇为改性剂的拆分结果,石油醚体系也有较好的拆分结果,在异丙醇含量 2％时,分离因子可达 1.48。正庚烷体系没有实现顺式氯氰菊酯对映体的基线分离。图 3-2 为顺式氯氰菊酯对映体的拆分色谱图。

表 3-1 醇改性剂对顺式氯氰菊酯对映体拆分的影响

含量/%	乙醇			丙醇			异丙醇			丁醇			异丁醇		
	k_1	α	R_s	k_1	α	R_s	k_1	α	R_s	k_1	α	R_s	k_1	α	R_s
20	2.04	1.00	0	2.01	1.10	0.14	3.56	1.26	1.31	2.06	1.10	0.21	2.15	1.17	0.53
15	2.14	1.06	0.12	2.18	1.12	0.16	3.97	1.30	1.44	2.20	1.11	0.24	2.33	1.20	0.86
10	2.30	1.08	0.15	2.44	1.14	0.29	4.27	1.36	1.66	2.46	1.14	0.34	2.63	1.26	1.40
5	2.69	1.08	0.20	3.00	1.19	0.97	5.34	1.45	1.98	3.05	1.19	1.03	3.30	1.36	1.59
2	3.44	1.16	1.08	3.92	1.27	1.34	7.56	1.63	2.62				4.65	1.48	1.87
1							9.74	1.73	2.82						

表 3-2 石油醚和正庚烷体系下顺式氯氰菊酯对映体的拆分

异丙醇含量/%	石油醚			正庚烷		
	k_1	α	R_s	k_1	α	R_s
20	2.26	1.18	1.09	2.10	1.19	0.77
15	2.47	1.20	1.25	2.36	1.25	1.28
10	2.77	1.24	1.37	2.63	1.29	1.53
5	3.91	1.32	1.60	2.95	1.42	1.82
2	4.66	1.48	2.03	3.92	1.34	1.32

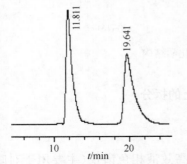

图 3-2 顺式氯氰菊酯对映体的色谱拆分图
（正己烷/异丙醇＝99/1,室温,230 nm）

3.1.1.3 圆二色特性研究

考察了顺式氯氰菊酯对映体的圆二色特性,在 220～420 nm 范围内进行了在线扫描,如图 3-3 所示,发现先流出对映体呈现（＋）CD响应,在 220～250 nm 范围内吸收值一直为正值,而后流出对映体的 CD 信号一直都为负值,两对映体的吸收曲线以"0"刻度线对称,CD 最大吸收为 220 nm,250 nm 后 CD 吸收非常弱。

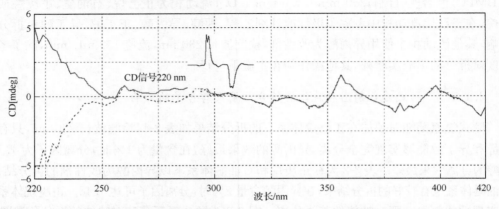

图 3-3 顺式氯氰菊酯两对映体的 CD 扫描图（实线为先流出对映体,虚线为后流出对映体）

3.1.1.4　温度对拆分的影响

在 0～25 ℃范围内考察了温度对对映体拆分的影响,流动相使用正己烷/异丙醇(90/10),结果如表 3-3 所示,顺式氯氰菊酯对映体的拆分受温度的影响较大,容量因子、分离因子和分离度都随着温度的降低而增大,0 ℃时的分离度为 2.11,而 25 ℃时则为 1.53,降低温度有利于拆分色谱条件的优化。

表 3-3　温度对顺式氯氰菊酯对映体拆分的影响(正己烷/异丙醇＝90/10)

温度/℃	k_1	k_2	α	R_s
0	5.50	8.71	1.58	2.11
5	5.05	7.66	1.52	1.93
10	4.58	6.61	1.44	1.87
15	4.37	6.04	1.38	1.74
20	4.14	5.60	1.35	1.63
25	3.87	4.95	1.28	1.53

3.1.1.5　热力学参数的计算

基于温度影响实验,绘制了顺式氯氰菊酯的 Van't Hoff 方程,如图 3-4 所示,容量因子和分离因子与热力学温度的倒数具有较好的线性关系(线性相关系数 $r>0.99$),热力学参数列于表 3-4 中,焓变和熵变的差值都较大,使得两对映体具有较好的分离,焓变对对映体的分离起到主要作用,与其他样品相比,熵变在分离过程中也起到较大的作用。

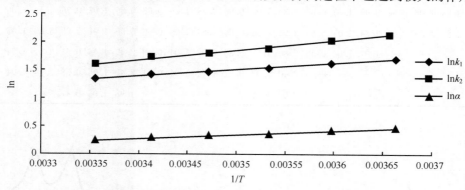

图 3-4　顺式氯氰菊酯对映体的 Van't Hoff 曲线(正己烷/异丙醇＝90/10)

表 3-4　顺式氯氰菊酯对映体的热力学参数(正己烷/异丙醇＝90/10)

对映体	$\ln k=-\Delta H/RT+\Delta S^*$	ΔH /(kJ/mol)	ΔS^*	$\ln \alpha=\Delta_{R,S}\Delta H/RT+\Delta_{R,S}\Delta S/RT$	$\Delta\Delta H/$ (kJ/mol)	$\Delta\Delta S/$ [J/(mol·K)]
＋	$\ln k_1=1118.5/T-2.41$ (R=0.9945)	−9.30	−2.41	$\ln \alpha=675.05/T-2.02$ (R=0.9960)	−5.61	−16.79
－	$\ln k_2=1795.2/T-4.43$ (R=0.9962)	−14.93	−4.43			

3.1.2　顺式氯氰菊酯在正相(**R,R**)Whelk-O 1 手性固定相上的拆分

3.1.2.1　色谱条件

Agilent 1100 高效液相色谱仪及 JASCO 2000 高效液相色谱仪(主要用于对映体出峰顺序的确定及圆二色特性的研究)。(*R,R*)Whelk-O 1 型手性色谱柱(250 mm×4.6 mm I.D.),在正己烷流动相中考察了极性改性剂乙醇、丙醇、异丙醇、正丁醇、异丁醇、戊醇对拆分的影响,检测波长 220 nm,流速 1.0 mL/min,除了考察温度对拆分的影响实验外,其他操作均在室温下进行。

3.1.2.2　顺式氯氰菊酯对映体的拆分结果及醇含量的影响

表 3-5 为正己烷体系下六种醇(乙醇、丙醇、异丙醇、丁醇、异丁醇、戊醇)及其含量对顺式氯氰菊酯对映体拆分的影响,检测波长 220 nm,流速 1.0 mL/min。所有醇都只能对其进行部分分离,其中在异丙醇含量为 5% 时有最大的分离因子(α=1.08)。随着流动相中极性醇含量的减少,对映体的保留增强,分离因子和分离度增大。图 3-5 为顺式氯氰菊酯对映体的手性拆分色谱图。

表 3-5　顺式氯氰菊酯对映体的拆分结果及醇的影响

醇含量 /%	乙醇			丙醇			异丙醇			丁醇			异丁醇			戊醇		
	k_1	α	R_s	k_1	α	R_s	k_1	α	R_s	k_1	α	R_s	k_1	α	R_s	k_1	α	R_s
1	4.19	1.06	1.00	5.14	1.07	0.95	6.22	1.07	0.84	2.96	1.06	0.70	—	—	—	5.53	1.06	0.84
2	3.23	1.06	0.84	3.99	1.06	0.89	5.36	1.08	0.86	2.78	1.06	0.68	5.86	1.07	0.76	4.53	1.06	0.75
5	2.21	1.05	0.62	2.64	1.05	0.66	3.93	1.06	0.89	2.63	1.06	0.66	3.99	1.07	0.68	3.20	1.05	0.56
10	—	—	—	1.91	1.04	0.48	2.80	1.06	0.86	1.04	1.04	0.43	2.99	1.06	0.61	2.44	1.04	0.44
15	—	—	—	—	—	—	2.40	1.07	0.72	1.72	1.04	0.41	2.47	1.06	0.58	2.14	1.04	0.43
20	—	—	—	—	—	—	2.08	1.04	0.61	—	—	—	1.98	1.05	0.47	—	—	—

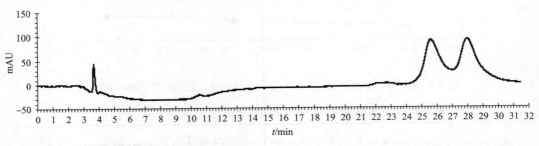

图 3-5　顺式氯氰菊酯对映体的拆分色谱图(正己烷/异丙醇=99/1,0 ℃,220 nm)

3.1.2.3　顺式氯氰菊酯对映体圆二色特性研究及在(*R,R*)Whelk-O 1 型柱上洗脱顺序的确定

顺式氯氰菊酯两对映体的圆二色及紫外光谱扫描图如图 3-6 所示,实线和虚线分别

表示先后流出对映体,两对映体的圆二色信号吸收随波长会发生变化,在 220～300 nm 波长范围内,先流出对映体显示(−)CD 信号,最大吸收在 220 nm 左右,后流出对映体的 CD 信号与先流出对映体相对"0"刻度线对称,显示(＋)CD 信号,300 nm 后两对映体基本无吸收。

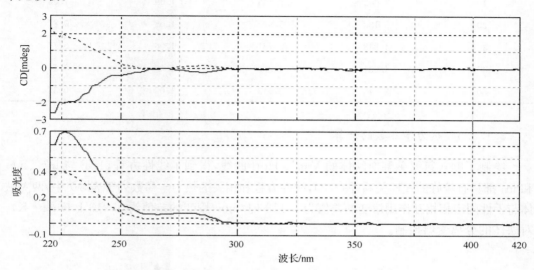

图 3-6　顺式氯氰菊酯两对映体的 CD 和 UV 扫描图(实线为先流出对映体,虚线为后流出对映体)

本小节中利用 220 nm 处的 CD 信号来标识顺式氯氰菊酯对映体的流出顺序,即先流出异构体为(−),后流出为(＋),顺式氯氰菊酯的 CD 色谱图见图 3-7。

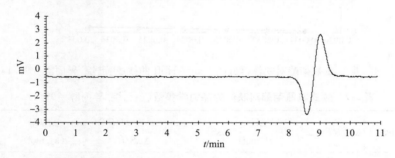

图 3-7　顺式氯氰菊酯对映体的 CD 色谱图,正己烷/异丙醇 90/10(v/v),
1.0 mL/min,220 nm,室温

3.1.2.4　温度对顺式氯氰菊酯对映体拆分的影响

在正己烷/异丙醇体系下考察了 0～50 ℃范围内温度对顺式氯氰菊酯手性拆分的影响,结果见表 3-6。温度对顺式氯氰菊酯的拆分影响较大,随着温度的升高,对映体的保留变弱,分离效果变差,0 ℃时分离度为 1.23,而 50 ℃时分离度只有 0.32。

表 3-6　温度对顺式氯氰菊酯对映体拆分的影响（正己烷/异丙醇＝99/1）

温度/℃	k_1	k_2	α	R_s
0	8.390	9.258	1.10	1.23
10	7.062	7.703	1.09	1.04
20	5.183	5.577	1.08	0.87
30	4.848	5.131	1.06	0.77
40	4.031	4.233	1.05	0.54
50	3.649	3.713	1.02	0.32

3.1.2.5　热力学参数的计算

绘制了顺式氯氰菊酯对映体的 Van't Hoff 曲线，得到了线性方程，$1/T$ 与 $\ln k_1$、$\ln k_2$ 和 $\ln \alpha$ 都具有较好的线性关系（图 3-8），线性方程和相关的热力学参数列于表 3-7 中，两对映体与手性固定相相互作用焓变的差值为 1.113 kJ/mol，熵变的差值为 3.218 J/(mol·K)，对映体的分离受焓控制。

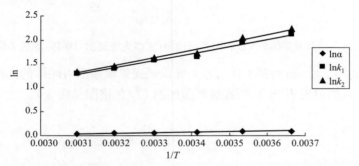

图 3-8　顺式氯氰菊酯对映体拆分的 Van't Hoff 曲线（正己烷/异丙醇＝99/1）

表 3-7　顺式氯氰菊酯对映体的热力学参数（正己烷/异丙醇＝99/1）

对映体 (225 nm)	$\ln k=-\Delta H/RT+\Delta S^*$	ΔH (kJ/mol)	ΔS^*	$\ln \alpha=-\Delta \Delta H/RT+\Delta \Delta S/R$	$\Delta \Delta H/$ (kJ/mol)	$\Delta \Delta S/$ [J/(mol·K)]
$E_1(S)$	$\ln k_1=1497.6/T-3.376$ ($R^2=0.9779$)	-12.451	-3.376	$\ln \alpha=133.9/T-0.387$ ($R^2=0.9514$)	-1.113	-3.218
$E_2(R)$	$\ln k_2=1631.5/T-3.764$ ($R^2=0.9835$)	-13.564	-3.764			

3.1.3　顺式氯氰菊酯在蚯蚓体内的选择性行为研究

3.1.3.1　顺式氯氰菊酯对映体在蚯蚓体内的富集行为

利用高效液相色谱手性固定相法对实验土壤中和供试蚯蚓体内顺式氯氰菊酯对映体

的残留量进行了分析。结果表明，顺式氯氰菊酯对映体在蚯蚓体内的浓度在培养初期逐渐增加，在第 10 天左右达到最大浓度，10 天以后，蚯蚓体内顺式氯氰菊酯对映体浓度有一定程度下降并在 20～40 天达到平衡期。因此，蚯蚓对顺式氯氰菊酯对映体的富集曲线呈现峰型的富集曲线，见图 3-9。虽然蚯蚓对顺式氯氰菊酯对映体有一定程度富集，但是体内浓度比较低，在第 10 天 $1R\text{-}cis\text{-}\alpha S$ 和 $1S\text{-}cis\text{-}\alpha R$ 的浓度分别为 0.43 $\mathrm{mg/kg_{wwt}}$ 和 0.54 $\mathrm{mg/kg_{wwt}}$。

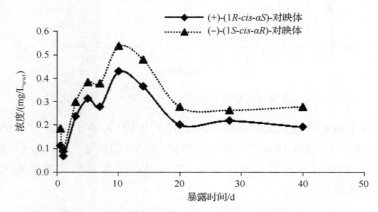

图 3-9　顺式氯氰菊酯对映体在蚯蚓体内的富集曲线图

在整个富集过程中，蚯蚓体内 $1S\text{-}cis\text{-}\alpha R$ 的浓度一直高于 $1R\text{-}cis\text{-}\alpha S$；而在土壤中，顺式氯氰菊酯两个异构体浓度差异不如蚯蚓体内差异显著，见图 3-10。

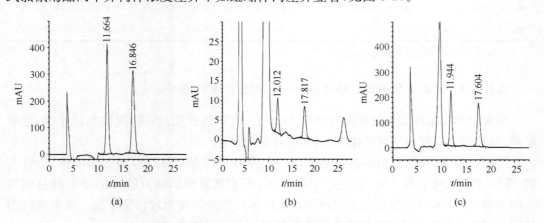

图 3-10　富集 10 天顺式氯氰菊酯对映体提取色谱图

（a）标准品；（b）土壤样本；（c）蚯蚓样本（正己烷/异丙醇＝98/2；流速 0.5 mL/min；检测波长：230 nm）

测定了富集过程中蚯蚓体内顺式氯氰菊酯对映体的 EF 值变化，同时测定了土壤样本中顺式氯氰菊酯对映体的 EF 值，见图 3-11。t 检验显示，蚯蚓体内 EF 偏离 0.5 非常显著（$p < 0.001$）；随着暴露时间延长，土壤样本中 EF 值也有所偏离 0.5，但不如蚯蚓样本显著（$p \leqslant 0.005$）。表明蚯蚓对顺式氯氰菊酯对映体的富集存在显著的立体选择性，优先富集 $1S\text{-}cis\text{-}\alpha R$。

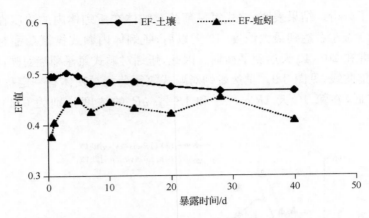

图 3-11　富集过程中蚯蚓体内和土壤样本中 EF 值的变化

对富集过程中蚯蚓体内顺式氯氰菊酯对映体的生物-土壤富集因子(BSAF)进行了计算,计算结果见表3-8。富集过程中,$1S\text{-}cis\text{-}\alpha R$ 的 BSAF 值高于 $1R\text{-}cis\text{-}\alpha S$。配对 t 检验显示,对映体 BSAF 值间存在显著差异($p<0.001$),表明蚯蚓对顺式氯氰菊酯对映体的富集过程存在立体选择性。

表 3-8　富集过程中蚯蚓体内顺式氯氰菊酯对映体的 BSAF 值

	暴露时间/d									
	0.5	1	3	5	7	10	14	20	28	40
BSAF* -$1R\text{-}cis\text{-}\alpha S$	0.0059	0.0036	0.0145	0.0204	0.0185	0.0317	0.0269	0.0166	0.0195	0.0152
BSAF* -$1S\text{-}cis\text{-}\alpha R$	0.0095	0.0051	0.0185	0.0248	0.0231	0.0370	0.0333	0.0206	0.0205	0.0192

* BSAF 单位:每千克干重比每千克湿重

3.1.3.2　顺式氯氰菊酯对映体在蚯蚓体内的代谢行为

当蚯蚓体富集顺式氯氰菊酯对映体 14 d 后,将蚯蚓转至没有药剂的空白土壤,定期取样,观察顺式氯氰菊酯对映体在蚯蚓体内的代谢情况。

结果显示,顺式氯氰菊酯在蚯蚓体内的代谢过程符合一级反应动力学规律,拟合方程、降解半衰期列于表 3-9。从表中可以看出,顺式氯氰菊酯两对映体的半衰期分别为 0.76 d 和 0.61 d,顺式氯氰菊酯对映体在蚯蚓体内的降解代谢过程非常快。降解曲线图见图 3-12(a),蚯蚓体内 EF 值变化见图 3-12(b),典型提取色谱图见图 3-13。

表 3-9　顺式氯氰菊酯对映体在蚯蚓体内代谢动态的回归方程

对映体	回归方程	相关系数 R^2	半衰期 $t_{1/2}$/d
$1R\text{-}cis\text{-}\alpha S$	$y=0.183e^{-0.91x}$	0.957	0.76
$1S\text{-}cis\text{-}\alpha R$	$y=0.266e^{-1.14x}$	0.978	0.61

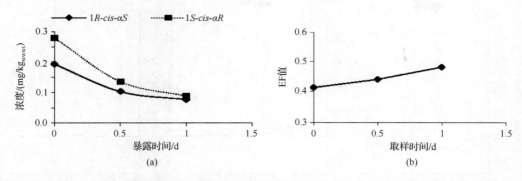

图 3-12　(a)代谢过程中蚯蚓体内顺式氯氰菊酯对映体降解曲线；(b)蚯蚓体内 EF 值变化

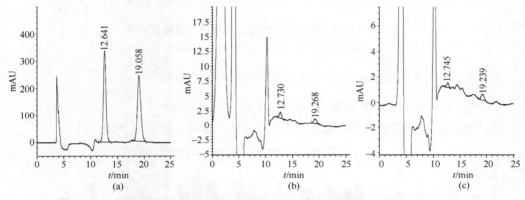

图 3-13　代谢过程中蚯蚓体内顺式氯氰菊酯对映体提取色谱图

(a)标准品；(b)0.5 d 取样；(c)1 d 取样

3.1.3.3　顺式氯氰菊酯对映体在蚯蚓土壤中的降解行为

顺式氯氰菊酯对映体在有蚯蚓土壤中降解结果见图 3-14。图中可以看出，在 50 mg/kg$_{dwt}$暴露土壤中，顺式氯氰菊酯对映体在整个富集过程中的降解速率都比较缓慢，40 d 后降解率<40%。此外，降解过程中，随着暴露时间延长顺式氯氰菊酯对映体 EF 偏离 0.5($p \leqslant 0.005$)(图 3-11)，1R-cis-αS 降解速率快于 1S-cis-αR，说明土壤中有选择性降解现象存在，典型提取色谱图见图 3-15。

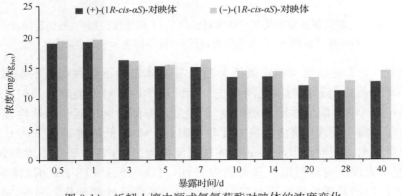

图 3-14　蚯蚓土壤中顺式氯氰菊酯对映体的浓度变化

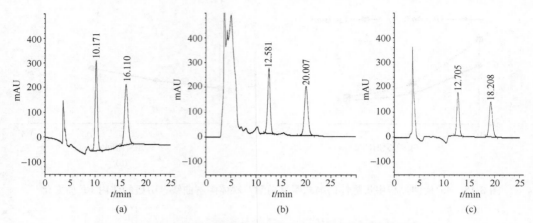

图 3-15　顺式氯氰菊酯对映体在土壤中的降解色谱图
(a) 标准品；(b) 0.5 d 取样；(c)40 d 取样

3.1.3.4　顺式氯氰菊酯及其对映体对蚯蚓酶活性的影响

1) 顺式氯氰菊酯及其对映体对蚯蚓 CAT 酶活性的影响

顺式氯氰菊酯及其对映体对蚯蚓 CAT 酶活性的影响见图 3-16 和表 3-10。

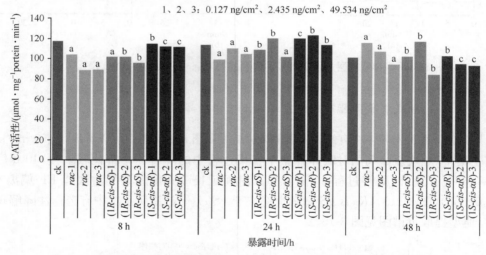

图 3-16　顺式氯氰菊酯及其对映体对蚯蚓 CAT 酶活性的影响(外消旋体及
对映体体组间 SNK 方差分析：标记字母不同表示显著性不同)

　　总体上看，CAT 酶活性与顺式氯氰菊酯及对映体之间不存在明显的剂量-效应线性关系，但 CAT 酶活性与暴露时间之间存在一定的规律性。对外消旋体及(1R-cis-αS)体，在初始的 8 h 内，CAT 酶活性明显被抑制，但是随着暴露时间的延长酶活性在逐渐恢复，尤其是低浓度暴露下 CAT 酶活性恢复比较明显，在 48 h，低浓度暴露下的 CAT 酶活性表现为高于对照组。而对于(1S-cis-αR)体顺式氯氰菊酯，在各个暴露浓度及各个暴露时间点，其普遍未表现出与对照组有显著的差异性，可能原因是(1S-cis-αR)体对蚯蚓的毒性较小，在该设定的暴露浓度下不足以引起蚯蚓 CAT 酶活性的变化。另外，从图 3-16 中

表 3-10 顺式氯氰菊酯及对映体各处理浓度及处理时间下 CAT 及 POD 酶活性（对照组与处理组间 t-检验）

酶活性测定	暴露持续时间/h	顺式氯氰菊酯及对映体对映体的剂量/(ng/cm²)			
		0	0.127	2.435	49.534
CAT/[μmol/(mg portein·min)]（外消旋）	8	117.43±4.00	103.66±0.86***	88.43±2.49***	89.10±2.47***
	24	113.64±1.25	98.85±4.08***	109.84±4.24	104.44±2.25**
	48	101.10±0.75	115.66±1.66**	107.17±0.76	94.59±3.23
CAT/[μmol/(mg portein·min)]（1R-cis-αS）	8	117.43±4.00	101.77±1.27***	101.43±0.00***	95.84±0.00***
	24	113.64±1.25	108.90±0.91	120.27±1.70*	101.68±2.26***
	48	101.10±0.75	102.40±2.23	116.97±0.86**	84.48±12.57***
CAT/[μmol/(mg portein·min)]（1S-cis-αR）	8	117.43±4.00	114.72±3.91	112.13±3.94	111.28±0.89*
	24	113.64±1.25	120.45±3.14*	123.67±2.71***	113.93±2.07
	48	101.10±0.75	102.75±1.16	95.20±1.39	93.50±1.31
POD/[nmol/(mg portein·min)]（外消旋）	8	36.98±1.93	35.61±0.66	31.80±2.37*	37.22±1.65
	24	33.40±1.27	25.77±0.92***	27.80±0.12**	24.75±0.35***
	48	30.31±1.11	34.15±0.07	27.70±0.83	30.18±0.44
POD/[nmol/(mg portein·min)]（1R-cis-αS）	8	36.98±1.93	41.53±2.34	38.33±0.39	37.53±0.69
	24	33.40±1.27	31.71±0.12	25.90±0.38***	31.57±0.07
	48	30.31±1.11	26.70±1.72	36.05±1.54*	26.59±1.16
POD/[nmol/(mg portein·min)]（1S-cis-αR）	8	36.98±1.93	36.18±0.91	35.75±0.20	38.19±0.35
	24	33.40±1.27	33.54±0.71	33.05±0.14	29.90±0.58*
	48	30.31±1.11	30.40±0.65	30.13±0.92	27.94±0.29

* $p<0.05$；** $p<0.01$；*** $p<0.001$

可以看出，对于同一时间不同浓度组来说，两个异构体及外消旋体对 CAT 酶活性存在显著性差异。根据表 3-11 中结果可以看出，暴露时间及暴露浓度（$p < 0.05$）对 CAT 酶活性有显著影响，并且暴露时间×暴露浓度对应的 p 值也小于 0.05，说明暴露时间和暴露浓度的交互作用对酶活性的影响也是非常显著的。

表 3-11　顺式氯氰菊酯异构体作用下蚯蚓 CAT 及 POD 酶活性变化的方差分析

酶活性测定	剂量			持续时间			剂量×持续时间		
	df	F	p	df	F	p	df	F	p
CAT 活性（外消旋）	2	30.810	<0.001*	2	53.104	<0.001*	4	28.628	0.001*
CAT 活性（1R-cis-αS）	2	41.571	<0.001*	2	15.718	<0.001*	4	7.383	0.001*
CAT 活性（1S-cis-αR）	2	14.070	<0.001*	2	158.164	<0.001*	4	4.295	0.014*
POD 活性（外消旋）	2	7.903	0.006*	2	85.992	<0.001*	4	10.287	0.001*
POD 活性（1R-cis-αS）	2	2.785	0.109	4	112.769	<0.001*	4	28.397	<0.001*
POD 活性（1S-cis-αR）	2	8.265	0.009*	4	224.190	<0.001*	4	16.746	<0.001*

df：自由度；* $p < 0.05$

2）顺式氯氰菊酯及其对映体对蚯蚓 POD 酶活性的影响

顺式氯氰菊酯及其对映体对蚯蚓 POD 酶活性的影响见图 3-17 和表 3-10。

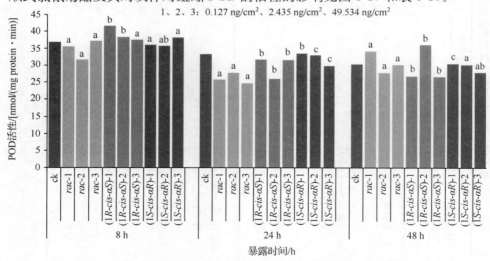

图 3-17　顺式氯氰菊酯及其对映体对蚯蚓 POD 酶活性的影响（外消旋体及对映体体组间 SNK 方差分析：标记字母不同表示显著性不同）

　　总体上看,POD 酶活性与顺式氯氰菊酯及对映体的暴露浓度及时间之间的规律性较差。对在初始的 8 h 内,处理组的 POD 酶活性与对照组之间差异性很少,表明 POD 酶对于外界化合物的刺激响应比较缓慢。在 24 h,外消旋体及($1R$-cis-αS)体作用下,各浓度处理组间表现出一定的酶活抑制现象,但在 48 h,POD 酶活性得到恢复,酶活性有失去了与对照组的差异性。而对于($1S$-cis-αR)体顺式氯氰菊酯,在各个暴露浓度及各个暴露时间点,其普遍未表现出与对照组有显著的差异性,可能原因也是($1S$-cis-αR)体对蚯蚓的毒性较小,在该设定的暴露浓度下不足以引起蚯蚓 POD 酶活性的变化。另外,从图 3-17 中可以看出,对于同一时间不同浓度组来说,两个异构体及外消旋体对 POD 酶活性差异较为显著。根据表 3-11 中结果可以看出,$1R$-cis-αS 异构体的暴露浓度($p > 0.05$)对 POD 酶活性没有显著影响,另一个异构体及外消旋体的暴露浓度($p < 0.05$)对 POD 酶活性则影响显著。外消旋体及两个异构体的暴露时间($p < 0.05$)对 POD 酶活性均有显著影响,并且暴露时间×暴露浓度对应的 p 值也小于 0.05,说明暴露时间和暴露浓度的交互作用对酶活性的影响也是非常显著的。

　　3）顺式氯氰菊酯及其对映体对蚯蚓 AchE 酶活性的影响

　　顺式氯氰菊酯及其对映体的暴露浓度为 49.534 ng/cm²,考察在该暴露浓度下暴露时间对蚯蚓 AchE 酶活性的影响,见图 3-18。

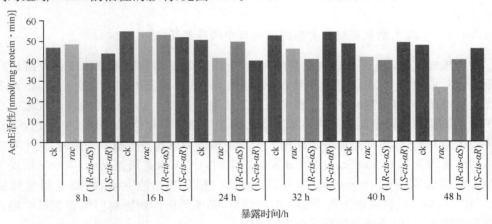

图 3-18　顺式氯氰菊酯及其对映体对蚯蚓 AchE 酶活性的影响

　　从图中可以看出,在 8 h 和 16 h 前两个取样时间点,与对照组相比,各个处理组间并未见 AchE 酶活性明显受到抑制。随着暴露时间的延长,对于外消旋体及($1R$-cis-αS)体,其对 AchE 酶活性有抑制现象。但对于($1S$-cis-αR)体,在整个暴露时间范围内,未发现对 AchE 酶活性有明显受到抑制作用,原因也可能是在该暴露浓度下,($1S$-cis-αR)体不足以对 AchE 酶产生抑制。

3.1.4　顺式氯氰菊酯在白菜和黄瓜腌制过程中的选择性行为研究

3.1.4.1　顺式氯氰菊酯在白菜腌制过程中的降解情况

　　在上述实验方法下,研究结果发现在所有腌制白菜样本中,(＋)-顺式氯氰菊酯和(－)-顺式氯氰菊酯的残留浓度无明显差异,EF 值也在 0.5 左右,统计学分析发现,两者浓度无显著性差异,可见,在此过程中顺式氯氰菊酯未发生立体选择性降解现象。在白菜中顺式氯氰菊酯两个对映异构体浓度变化趋势如图 3-19(a)所示,两个对映异构体初始浓度均为 2.23 mg/kg,在 1 d 时,浓度迅速上升,这是由白菜在盐水中失水导致,使白菜鲜重减小,从而使残留农药浓度升高。随后顺式氯氰菊酯浓度又发生降低,这可能是由于微生物作用,导致其发生降解,进而浓度降低。在整个过程中,顺式氯氰菊酯的浓度变化受失水作用和降解作用两个因素共同影响,但总地来说呈上升趋势,最终残留量为 4.70 mg/kg,为初始浓度的 2 倍多。

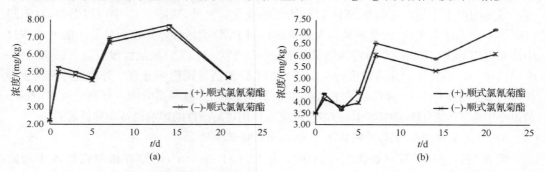

图 3-19　腌制过程顺式氯氰菊酯对映异构体在(a)白菜和(b)黄瓜中的降解曲线

3.1.4.2　顺式氯氰菊酯在黄瓜腌制过程中的降解情况

在黄瓜样本中,(＋)-顺式氯氰菊酯和(－)-顺式氯氰菊酯的残留浓度在发酵后期稍有不同,EF 值也由 0.50 缓慢上升至 0.54,但用 SPSS 20.0 进行统计学分析发现,两者浓度无显著性差异,可以判断在此过程中顺式氯氰菊酯未发生立体选择性降解现象。在黄瓜中顺式氯氰菊酯两个对映异构体浓度变化趋势与白菜中相似,如图 3-19(b)所示,总的趋势也为升高趋势,可能是由失水作用大于其降解作用导致。在腌制开始时,两个对映异构体的浓度均为 3.51 mg/kg,在 21 d 腌制结束时,(＋)-顺式氯氰菊酯和(－)-顺式氯氰菊酯的浓度分别为 7.10 mg/kg 和 6.06 mg/kg,相对初始浓度来说,增加幅度分别为202％和173％。这种浓度上的增加应引起注意,必须严格控制原料白菜和黄瓜中顺式氯氰菊酯的浓度,以保证腌制后产品的安全性。

顺式氯氰菊酯在白菜和黄瓜中的降解均很缓慢,这一方面和微生物的作用有关系,另一方面,由于整个腌制体系为酸性环境,而顺式氯氰菊酯在酸性环境中很稳定,这也有可能导致其降解缓慢。

3.1.4.3　顺式氯氰菊酯在白菜和黄瓜腌制废水中的残留情况

在本实验的条件下,顺式氯氰菊酯在两者腌制废水中的残留量均低于最小检出限,这可能是由于其在水中的溶解度较差导致,其在水中的溶解度为 0.004 mg/L,K_{ow} lg P 为6.6,故顺式氯氰菊酯对腌制废水无显著污染。

3.2　反式氯氰菊酯

氯氰菊酯 8 个异构体中(S)-$(1R,3S)$和(R)-$(1S,3R)$一对对映体称为反式氯氰菊酯

（theta-cypermethrin），是一个活性高、毒性低的菊酯类产品，主要用于对大田作物、经济作物、蔬菜、果树等农林害虫和蔬菜、蚊类臭虫等家庭卫生害虫的防治，且有杀虫高效、广谱、对人畜低毒、作用迅速、持效长等特点，有触杀和胃毒、杀卵，对害虫有拒食活性等作用，结构如图 3-20 所示。

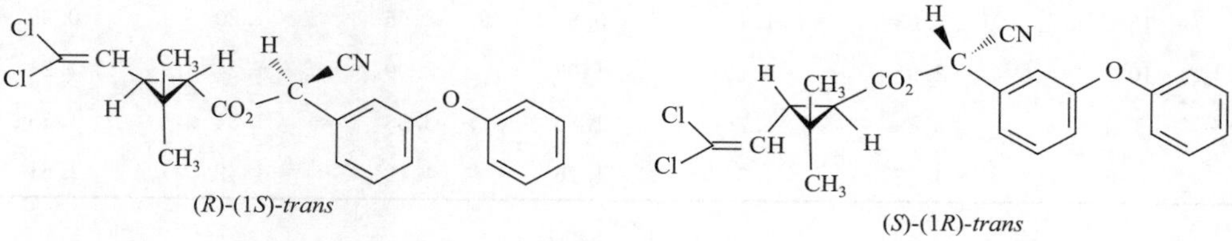

图 3-20　反式氯氰菊酯化学结构图

3.2.1　反式氯氰菊酯在正相 CDMPC 手性固定相上的拆分

3.2.1.1　色谱条件

Agilent 1100 高效液相色谱仪及 JASCO 2000 高效液相色谱仪（主要用于对映体出峰顺序的确定及圆二色特性的研究）。纤维素-三（3,5-二甲基苯基氨基甲酸酯）（CDMPC）色谱柱（自制）250 mm×4.6 mm I.D.，流动相为正己烷、石油醚、正庚烷或正戊烷，在正己烷流动相中考察了极性改性剂乙醇、丙醇、异丙醇、正丁醇、异丁醇对拆分的影响，其他流动相中使用异丙醇为改性剂，检测波长 230 nm，流速 1.0 mL/min，除了考察温度对拆分的影响实验外，其他操作均在室温下进行。

3.2.1.2　反式氯氰菊酯对映体的拆分结果及醇含量的影响

反式氯氰菊酯对映体的拆分结果及乙醇、丙醇、异丙醇、丁醇和异丁醇含量的影响见表 3-12，检测波长为 230 nm，同样，也是异丙醇有最佳的分离效果，含量 1‰时分离因子为 1.62，异丁醇也有较好的分离效果，正丙醇可实现基线分离，乙醇和丁醇的效果较差。石油醚和正庚烷体系下的拆分结果见表 3-13，都可实现完全分离，但都没有正己烷/异丙醇的分离效果好。图 3-21 为反式氯氰菊酯对映体的手性拆分图。

表 3-12　醇改性剂对反式氯氰菊酯对映体拆分的影响

含量/‰	乙醇			丙醇			异丙醇			丁醇			异丁醇		
	k_1	α	R_s	k_1	α	R_s	k_1	α	R_s	k_1	α	R_s	k_1	α	R_s
20	2.59	1.00	0.00	2.17	1.10	0.41	2.72	1.20	1.26	2.38	1.00	0.00	2.32	1.16	0.74
15	2.85	1.07	0.26	2.37	1.11	0.49	4.32	1.23	1.39	2.59	1.00	0.00	2.53	1.19	0.98
10	3.60	1.12	0.45	2.72	1.14	0.82	4.78	1.26	1.58	2.85	1.07	0.24	2.92	1.25	1.39
5	2.92	1.12	0.67	3.41	1.18	1.28	6.23	1.37	1.76	3.60	1.12	0.62	3.68	1.32	1.63
2	4.43	1.10	0.93	4.60	1.26	1.51	9.13	1.53	2.30	4.81	1.23	1.33	4.84	1.60	1.99
1							11.60	1.62	2.55						

表 3-13　石油醚和正庚烷系下反式氯氰菊酯对映体的拆分

异丙醇含量/%	石油醚			正庚烷		
	k_1	α	R_s	k_1	α	R_s
20	2.42	1.15	0.84	2.23	1.16	0.72
15	2.63	1.16	0.89	2.56	1.20	0.99
10	2.97	1.19	1.03	2.90	1.24	1.24
5	3.89	1.28	1.50	3.33	1.34	1.35
2	4.53	1.63	1.76	4.42	1.42	1.61

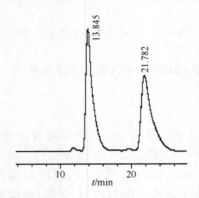

图 3-21　反式氯氰菊酯对映体的色谱拆分图（正己烷/异丙醇＝99/1,室温,230 nm）

3.2.1.3　圆二色特性研究

反式氯氰菊酯的先流出对映体在 220～268 nm 波长范围内显示（－）CD 吸收信号,在 268～300 nm 波长范围内显示了较弱的（＋）CD 吸收,如图 3-22 所示,后流出对映体与先流出对映体以"0"刻度线具有较好的对称性,即圆二色信号具有相反的吸收特征。

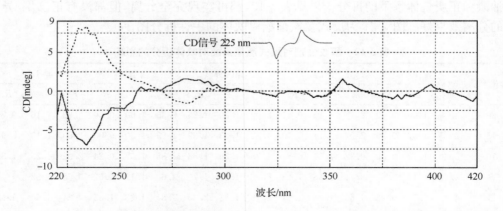

图 3-22　反式氯氰菊酯两对映体的 CD 扫描图（实线为先流出对映体,虚线为后流出对映体）

3.2.1.4　温度对拆分的影响

正己烷/异丙醇＝90/10 条件下,考察了 0～25 ℃范围内温度对拆分的影响,如表 3-14 所示,温度升高,对映体的保留减弱,分离因子和分离度都减小。

表 3-14　温度对反式氯氰菊酯对映体拆分的影响(正己烷/异丙醇＝90/10)

温度/℃	k_1	k_2	α	R_s
0	6.63	9.84	1.48	2.20
5	5.71	8.23	1.44	2.04
10	5.30	7.28	1.37	1.95
15	4.90	6.50	1.33	1.70
20	4.61	5.98	1.30	1.65
25	4.25	5.27	1.24	1.48

3.2.1.5　热力学参数的计算

基于温度对拆分的影响数据,以容量因子和分离因子的自然对数对热力学温度的倒数作图,得到线性的 Van't Hoff 方程,见图 3-23,再根据曲线的斜率及截距得到对映体分离的热力学参数如熵焓变等,列于表 3-15 中,焓变和熵变的差值分别为 4.72 kJ/mol 和 13.97 J/(mol·K),比顺式氯氰菊酯的相关参数要小一些,而拆分结果也显示了顺式氯氰菊酯对映体的分离效果优于反式氯氰菊酯,对映体的分离受焓的控制。

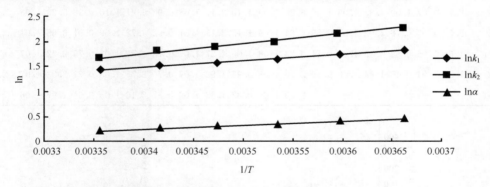

图 3-23　反式氯氰菊酯对映体的 Van't Hoff 曲线(正己烷/异丙醇＝90/10)

表 3-15　反式氯氰菊酯对映体的热力学参数(正己烷/异丙醇＝90/10)

对映体	$\ln k=-\Delta H/RT+\Delta S^*$	$\Delta H/$ (kJ/mol)	ΔS^*	$\ln\alpha=\Delta_{R,S}\Delta H/RT+\Delta_{R,S}\Delta S/RT$	$\Delta\Delta H/$ (kJ/mol)	$\Delta\Delta S/$ [J/(mol·K)]
—	$\ln k_1=1372.5/T-3.17$ ($R=0.9911$)	−11.41	−3.17	$\ln\alpha=567.62/T-1.68$ ($R=0.9948$)	−4.72	−13.97
+	$\ln k_2=1953.6/T-4.90$ ($R=0.9956$)	−16.24	−4.90			

3.2.2　反式氯氰菊酯在正相(R,R)Whelk-O 1 手性固定相上的拆分

3.2.2.1　色谱条件

Agilent 1100 高效液相色谱仪及 JASCO 2000 高效液相色谱仪(主要用于对映体出峰顺序的确定及圆二色特性的研究)。(R,R)Whelk-O 1 型手性色谱柱(250 mm × 4.6 mm I. D.),在正己烷流动相中考察了极性改性剂乙醇、丙醇、异丙醇、正丁醇、异丁醇、戊醇对拆分的影响,检测波长 220 nm,流速 1.0 mL/min,除了考察温度对拆分的影响实验外,其他操作均在室温下进行。

3.2.2.2　反式氯氰菊酯对映体的拆分结果及醇含量的影响

表 3-16 为正己烷体系下六种醇(乙醇、丙醇、异丙醇、丁醇、异丁醇、戊醇)及其含量对反式氯氰菊酯对映体拆分的影响,检测波长 220 nm,流速 1.0 mL/min。在丙醇含量为 1% 时有最大的分离因子($\alpha=1.09$)和分离度($R_s=1.32$)。随着流动相中极性醇含量的减少,对映体的保留增强,分离因子和分离度增大。图 3-24 为反式氯氰菊酯对映体的手性拆分色谱图。

表 3-16　反式氯氰菊酯对映体的拆分结果及醇的影响

醇含量 /%	乙醇			丙醇			异丙醇			丁醇			异丁醇			戊醇		
	k_1	α	R_s	k_1	α	R_s	k_1	α	R_s	k_1	α	R_s	k_1	α	R_s	k_1	α	R_s
1	4.93	1.07	1.16	6.03	1.09	1.32	7.16	1.09	1.18	3.57	1.08	0.94	—	—	—	6.46	1.08	1.05
2	3.72	1.07	1.00	4.33	1.08	1.06	6.26	1.09	1.10	3.17	1.08	0.93	6.91	1.10	0.98	5.23	1.08	0.97
5	2.52	1.06	0.78	3.02	1.07	0.89	4.64	1.08	1.15	3.11	1.07	0.92	4.72	1.09	0.91	3.68	1.07	0.81
10	1.68	1.05	0.52	2.11	1.06	0.71	3.23	1.08	1.06	2.27	1.08	0.75	3.29	1.08	0.75	2.72	1.08	0.73
15	1.37	1.04	0.45	1.64	1.06	0.59	2.70	1.08	0.93	1.92	1.07	0.70	2.75	1.08	0.73	2.33	1.07	0.68
20	—	—	—	2.25	1.08	0.82	1.53	1.08	0.57	2.16	1.08	0.64	1.97	1.06	0.60

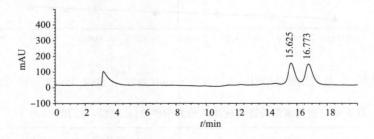

图 3-24　反式氯氰菊酯对映体的拆分色谱图(正己烷/丙醇=99/1,室温,220 nm)

3.2.2.3　反式氯氰菊酯对映体圆二色特性研究及在(R,R) Whelk-O 1 型柱上洗脱顺序的确定

反式氯氰菊酯对映体在 CDMPC 手性柱上的流出顺序为(R)-$(1S)$-*trans* 先流出,

(S)-$(1R)$-$trans$ 后流出。本小节利用圆二色检测器考察了反式氯氰菊酯对映体在 CDMPC 和 (R,R) Whelk-O 1 手性色谱柱上的流出顺序及圆二色信号,结果表明反式氯氰菊酯对映体在 CDMPC 和 (R,R) Whelk-O 1 手性柱上的流出顺序相反(图 3-25),因此可以确定反式氯氰菊酯对映体在 (R,R) Whelk-O 1 手性柱上的流出顺序为:先流出为 (S)-$(1R)$-$trans$,后流出为 (R)-$(1S)$-$trans$。

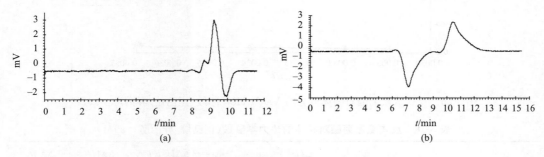

图 3-25 反式氯氰菊酯对映体 CD 色谱图

(a) (R,R) Whelk-O 1 型色谱柱;(b)CDMPC 色谱柱。220 nm

3.2.2.4 温度对反式氯氰菊酯对映体拆分的影响

在正己烷/异丙醇体系下考察了 0～50 ℃范围内温度对反式氯氰菊酯手性拆分的影响,具体结果见表 3-17。随着温度的升高,对映体的保留变弱,分离效果变差,0 ℃时分离度为 1.39,而 50 ℃时分离度只有 0.68。

表 3-17 温度对反式氯氰菊酯对映体拆分的影响(正己烷/异丙醇＝99/1)

温度/℃	k_1	k_2	α	R_s
0	11.650	13.113	1.13	1.39
10	8.290	9.181	1.11	1.30
20	7.569	8.318	1.10	1.11
30	6.301	6.869	1.09	0.92
40	4.932	5.323	1.08	0.82
50	4.107	4.395	1.07	0.68

3.2.2.5 热力学参数的计算

根据温度实验的结果绘制了反式氯氰菊酯对映体的 Van't Hoff 曲线,得到了线性方程,$1/T$ 与 $\ln k_1$、$\ln k_2$ 和 $\ln\alpha$ 都具有较好的线性关系,如图 3-26 所示,线性方程和相关的热力学参数列于表 3-18 中,两对映体与手性固定相相互作用焓变的差值为 0.713 kJ/mol,熵变的差值为 1.646 J/(mol·K),对映体的分离受焓控制。

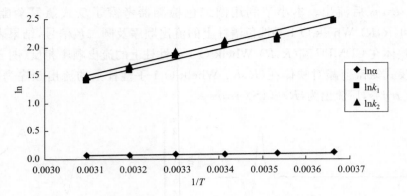

图 3-26 反式氯氰菊酯对映体拆分的 Van't Hoff 曲线（正己烷/异丙醇＝99/1）

表 3-18 反式氯氰菊酯对映体的热力学参数（正己烷/异丙醇＝99/1）

对映体	$\ln k=-\Delta H/RT+\Delta S^*$	$\Delta H/$ (kJ/mol)	ΔS^*	$\ln\alpha=-\Delta\Delta H/RT+\Delta\Delta S/R$	$\Delta\Delta H/$ (kJ/mol)	$\Delta\Delta S/$ [J/(mol·K)]
E_1 [(S)-(1R)-*trans*]	$\ln k_1=1752.2/T-3.992$ ($R^2=0.9826$)	-14.468	-3.992	$\ln\alpha=85.70/T-0.198$ ($R^2=0.9912$)	-0.713	-1.646
E_2 [(R)-(1S)-*trans*]	$\ln k_2=1837.9/T-4.190$ ($R^2=0.9832$)	-15.280	-4.190			

3.3 苯 线 磷

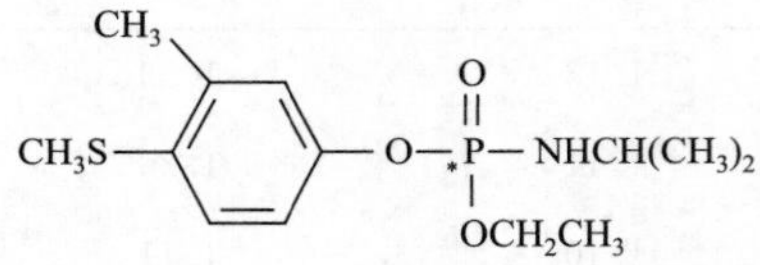

图 3-27 苯线磷的化学结构式

苯线磷（fenamiphos），化学名称：O-乙-基-O-（3-甲基-4-甲硫基）苯异丙基氨基磷酸酯，有两个异构体，一个手性中心，为具有触杀和内吸作用的杀线虫剂，常应用于柑橘、花生、香蕉、咖啡、棉花、烟草上，其化学结构如图 3-27 所示。

3.3.1 苯线磷在反相 ADMPC 手性固定相上的拆分

3.3.1.1 色谱条件

色谱柱：直链淀粉-三（3,5-二甲基苯基氨基甲酸酯）（ADMPC）手性固定相，150 mm×4.6 mm I. D.（实验室自制）；流动相为不同比例的甲醇/水或乙腈/水，温度对拆分影响在0～40℃之间，其他实验在室温进行，流速 0.5 mL/min，进样量 10 μL，检测波长 230 nm，样品浓度大约为 100 mg/L。

3.3.1.2 流动相组成对手性拆分的影响

流动相组成对苯线磷的手性拆分结果如表 3-19 所示，色谱拆分典型结果如图 3-28

所示。

表 3-19　苯线磷在 ADMPC 上甲醇/水或乙腈/水作流动相条件下的分离结果

（流速 0.5 mL/min，室温）

手性化合物	流动相	v/v	k_1	k_2	α	R_s
苯线磷	甲醇/水	100/0	0.28	0.28	1.00	—
		90/10	0.54	0.55	1.00	—
		80/20	1.21	1.36	1.13	0.73
		70/30	3.61	4.11	1.14	0.95
		60/40	13.61	15.56	1.14	0.92
	乙腈/水	100/0	0.38	0.38	1.00	—
		70/30	0.69	0.95	1.37	1.54
		60/40	1.24	1.69	1.36	1.89
		50/50	2.67	3.58	1.34	2.54
		45/55	4.19	5.65	1.35	2.86

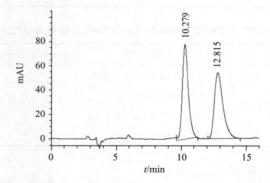

图 3-28　苯线磷在 ADMPC 上，乙腈/水(50/50，v/v)作流动相条件下的拆分色谱图

3.3.1.3　温度对手性拆分的影响

温度对苯线磷的手性拆分结果如表 3-20 所示。Van't Hoff 曲线如图 3-29（乙腈/水＝50/50）所示。根据线性 Van't Hoff 方程可计算出焓变、熵变等热力学参数，结果列于表 3-21。

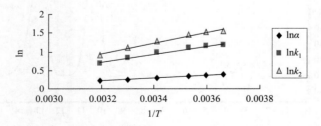

图 3-29　ADMPC 上苯线磷的 Van't Hoff 图（0～40℃，乙腈/水＝50/50，v/v）

表 3-20　在 ADMPC 上温度对苯线磷拆分的影响

手性化合物	温度/℃	流动相	v/v	k_1	k_2	α	R_s
苯线磷	0			3.37	3.90	1.16	0.76
	5			2.95	3.38	1.15	0.89
	10			2.59	2.93	1.13	0.75
	15	甲醇/水	75/25	2.31	2.63	1.14	0.88
	20			2.02	2.29	1.13	0.80
	30			1.63	1.82	1.11	0.75
	40			1.25	1.36	1.09	0.55
	0			3.24	4.78	1.48	2.45
	5			3.19	4.58	1.44	2.22
	10	乙腈/水	50/50	3.04	4.27	1.40	2.46
	20			2.70	3.64	1.35	2.20
	30			2.34	3.01	1.29	1.94
	40			1.99	2.47	1.24	1.59

表 3-21　在 ADMPC 上苯线磷对映体的 Van't Hoff 方程和 $\Delta\Delta H^o$、$\Delta\Delta S^o$（0～40℃）

手性化合物	流动相	v/v	线性方程	$\Delta\Delta H^o$/(kJ/mol)	$\Delta\Delta S^o$/[J/(mol·K)]
苯线磷	甲醇/水	75/25	$\ln\alpha=119.46/T-0.2904$ （$R^2=0.917$）	−0.99	−2.41
	乙腈/水	50/50	$\ln\alpha=370.79/T-0.9692$ （$R^2=0.9996$）	−3.08	−8.05

3.3.1.4　对映体出峰顺序及圆二色性

苯线磷对映体在乙腈/水（50/50）的流动相，230nm，室温，流速 0.5 mL/min 的条件下的色谱图如图 3-30 所示。

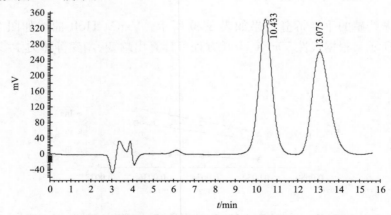

图 3-30　在 ADMPC 上苯线磷对映体紫外色谱图（乙腈/水＝50/50，v/v，230 nm，
室温，流速 0.5 mL/min）

3.3.2 苯线磷在水体中的选择性行为研究

苯线磷对映体在水体中的培养浓度为 0.052 mg/L,分别在 5 d、15 d、60 d、90 d、130 d 时间点取样,依据所建立的方法进行提取、检测。苯线磷对映体在三种水体三种 pH 下的 降解趋势基本一致,符合一级反应动力学规律,可用一级反应动力学方程公式计算:$c = c_0 e^{-kT}$,半衰期 $t_{1/2} = 0.693/k$,其中 k 为降解速率常数,是以"$\ln(c_0/c)$"对"t"做回归分析 得到的相关系数;T 为降解时间(天),c 为样品中残留对映体的浓度,c_0 为样品中对映体 的初始浓度。对消解动态进行动力学回归,得出两对映体在供试水体中的回归方程,算出 其降解半衰期,见表 3-22。

表 3-22 苯线磷两个对映体在供试水体中降解动态的回归方程

水体		苯线磷 E_1		苯线磷 E_2	
		回归方程(R^2)	半衰期/d	回归方程(R^2)	半衰期/d
小清河水	pH 3.5	$y = 0.0473e^{-0.0146x}$ (0.9898)	47.5	$y = 0.0464e^{-0.0204x}$ (0.9623)	34.0
	pH 7.0	$y = 0.0478e^{-0.0045x}$ (0.9408)	154.0	$y = 0.0478e^{-0.0045x}$ (0.908)	154.0
	pH 9.5	$y = 0.0519e^{-0.0024x}$ (0.9697)	288.8	$y = 0.0525e^{-0.0023x}$ (0.958)	301.3
北大未名湖水	pH 3.5	$y = 0.048e^{-0.0077x}$ (0.9898)	90.0	$y = 0.0491e^{-0.0079x}$ (0.9029)	87.7
	pH 7.0	$y = 0.0474e^{-0.005x}$ (0.9457)	138.6	$y = 0.0476e^{-0.05x}$ (0.9394)	138.6
	pH 9.5	$y = 0.0511e^{-0.0021x}$ (0.957)	330.0	$y = 0.0518e^{-0.002x}$ (0.94)	346.5
清华荷塘水	pH 3.5	$y = 0.0475e^{-0.0073x}$ (0.9415)	94.9	$y = 0.0478e^{-0.0081x}$ (0.9295)	82.5
	pH 7.0	$y = 0.0462e^{-0.007x}$ (0.9462)	99.0	$y = 0.0462e^{-0.0069x}$ (0.9623)	100.4
	pH 9.5	$y = 0.0494e^{-0.002x}$ (0.9015)	346.5	$y = 0.05e^{-0.0018x}$ (0.901)	385.0

一般以 ER(enantiomeric ratio,对映体比例)值或 EF(enantiomer fraction,对映体分 数)值作为评价手性农药对映体比例的指标。外消旋体 ER=1,EF 值为 0.5,偏离这两个 数值的均表明存在对映体过量现象。相比之下,EF 值因阈值范围窄、更直观,因而适合 在多个样本间进行比较。苯线磷两个对映体除了在 pH 3.5 肖家河水体中降解之外,其 他情况下基本一致不存在明显选择性降解,pH 3.5 的肖家河水中两个对映体之间的降解 存在明显差异,60 天时两对映体的 EF 值达到 0.63,之后相对稳定,以降解时间为横坐 标,EF 值为纵坐标,作苯线磷对映体在 pH 3.5 肖家河水降解中 EF 值的变化趋势图,见 图 3-31。图 3-32 为苯线磷在水体中选择性降解色谱图。

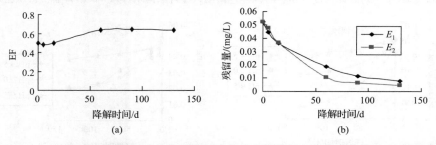

图 3-31 (a)pH 3.5 时肖家河水中苯线磷对映体选择性降解 EF 值的变化及(b)降解曲线

　　苯线磷在同一种水体中由于 pH 的不同,降解速率也不同。在这三种水体中速率快慢顺序都为 pH 3.5＞pH 7.0＞pH 9.5,说明酸性有利于降解;同时同一个 pH 下,不同水体降解速率存在很大差异,如 pH 3.5 时,肖家河水降解半衰期为 30～50 d,而另两种水都在 80～100 d 之间,说明水质的不同,影响其降解的快慢。以降解时间为横坐标,残留浓度为纵坐标,作苯线磷对映体 E_1 在三种水体,三种 pH 时的降解曲线图,见图 3-33。

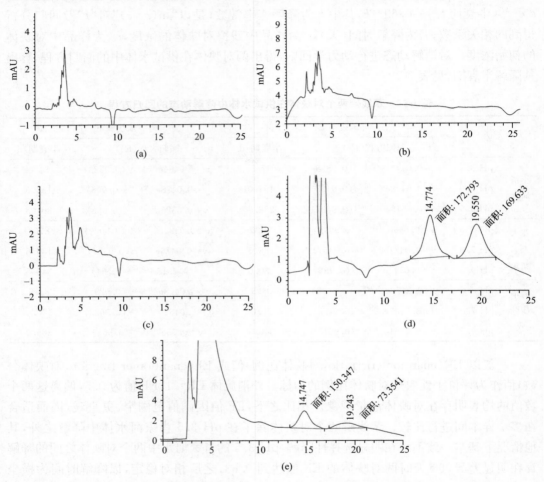

图 3-32　(a)空白未名湖水样色谱图;(b)空白清华荷塘水样色谱图;(c)空白肖家河水样色谱图;
　　　　(d)苯线磷(单一对映体浓度 5 mg/L)标样色谱图;(e)肖家河水(pH＝3.5)降解 130 d 色谱图

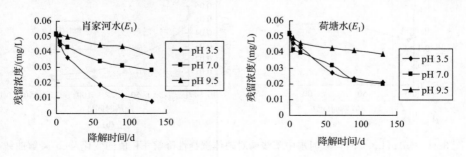

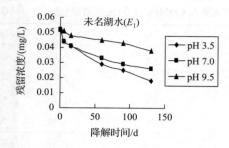

图 3-33　苯线磷对映体 E_1 在不同水体不同 pH 下的降解曲线

3.4　甲氰菊酯

甲氰菊酯(fenpropathrin),即(RS)-α-氰基-3-苯氧苄基 2,2,3,3-四甲基环丙烷羟酸酯,具有两个光学对映异构体,其 R(酸)S 醇活性强,是一种虫、螨兼治的拟除虫菊酯类杀虫、杀螨剂。化学结构式见图 3-34。

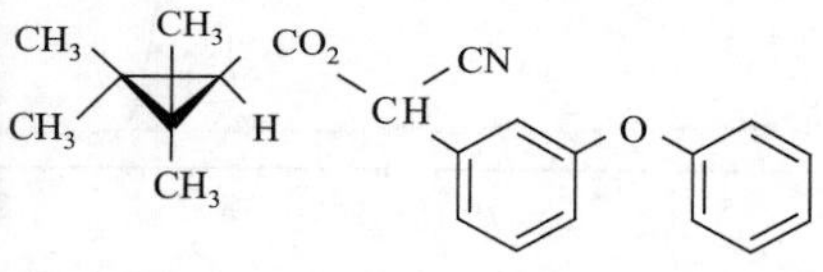

图 3-34　甲氰菊酯的结构式

3.4.1　甲氰菊酯在反相 CDMPC 手性固定相上的拆分

3.4.1.1　色谱条件

色谱柱:纤维素-三(3,5-二甲基苯基氨基甲酸酯)(CDMPC)手性柱,250 mm×4.6 mm I. D.(实验室自制);流动相为不同比例的甲醇/水或乙腈/水,温度对拆分影响在 0~40 ℃之间,其他实验在室温进行,流速 0.8 mL/min,进样量 10 μL,检测波长 230 nm,样品浓度大约为 100 mg/L。

3.4.1.2　流动相组成对手性拆分的影响

在 CDMPC 上,反相色谱条件下对甲氰菊酯对映异构体进行了直接的手性拆分,以甲醇/水或乙腈/水作流动相,拆分结果见表 3-23。从实验结果可以看出,不同流动相对样品在 CDMPC 上的保留、选择性和手性拆分结果均有影响。甲氰菊酯在甲醇/水作流动相条件下有拆分趋势,而在乙腈/水作流动相条件下却没有拆分趋势。随着流动相中水的含量增加,对映体的保留增强,分离的可能性增大,受柱压和保留时间的限制,本实验中水分含量对于甲醇和乙腈分别达 30% 和 50%。拆分色谱图见图 3-35。

表 3-23　甲氰菊酯在 CDMPC 上的分离结果（流速 0.8 mL/min，室温）

手性化合物	流动相	v/v	k_1	k_2	α	R_s
甲氰菊酯	甲醇/水	100/0	0.61	0.61	1.00	—
		90/10	2.20	2.197	1.00	—
		85/15	4.30	4.44	1.03	0.35
		80/20	8.99	9.32	1.04	0.43
	乙腈/水	100/0	0.31	0.31	1.00	—
		80/20	0.41	0.41	1.00	—
		70/30	2.89	2.89	1.00	—
		60/40	8.09	8.09	1.00	—

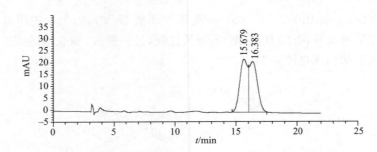

图 3-35　甲氰菊酯在 CDMPC 上的拆分色谱图（流速 0.8 mL/min，甲醇/水（85/15，v/v）室温）

3.4.1.3　温度对手性拆分的影响

在甲醇/水或乙腈/水作流动相的条件下，考察了温度对甲氰菊酯对映体在 CDMPC 上的拆分影响。分离温度在 0～40 ℃ 范围内，手性拆分的结果见表 3-24。容量因子 k_1，k_2 和分离因子 α 随温度的升高而减少。在所考察的温度范围内，不同流动相条件下，不同的农药最佳分离度出现在不同的温度，甲氰菊酯在甲醇/水（85/15，v/v）作流动相条件下，较高分离度出现在 0 ℃。

表 3-24　在 CDMPC 上温度对甲氰菊酯拆分的影响

手性化合物	温度/℃	流动相	v/v	k_1	k_2	α	R_s
甲氰菊酯	0	甲醇/水	85/15	7.04	7.83	1.11	0.84
	5			6.24	6.82	1.09	0.74
	10			5.64	6.11	1.08	0.69
	20			4.60	4.85	1.05	0.61
	30			3.73	3.73	1.00	—
	40			3.12	3.12	1.00	—

基于温度对拆分的影响及 Van't Hoff，以热力学温度的倒数（$1/T$）对容量因子或分

离因子的自然对数作图,见图 3-36,通过所得的斜率、截距可计算出与对映体拆分相关的熵焓数据,见表 3-25,表明两手性农药在所研究条件下手性拆分受焓控制。

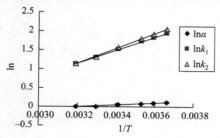

图 3-36　甲氰菊酯的 Van't Hoff 曲线[甲醇/水(85/15,v/v)]

表 3-25　甲氰菊酯在 0～40 ℃的 Van't Hoff 方程和热力学计算

手性化合物	流动相	v/v	线性方程	$\Delta\Delta H^\circ$/(kJ/mol)	$\Delta\Delta S^\circ$/[J/(mol·K)]
甲氰菊酯	甲醇/水	85/15	$\ln\alpha=247.39/T-0.7986$ ($R^2=0.956$)	-2.28	-6.64

3.4.1.4　对映体的出峰顺序

对拆开的对映体用圆二色检测器进行了流出顺序的测定,图 3-37 显示了在一定波长下测出的对映体的流出顺序的信号,甲氰菊酯在甲醇/水,230 nm 条件下先出正峰,后出倒峰。

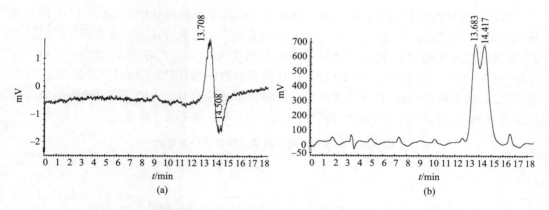

图 3-37　甲氰菊酯对映体在 CDMPC 上的(a)圆二色和(b)紫外色谱图
[甲醇/水(85/15,v/v),230 nm]

3.5　氟　虫　腈

氟虫腈(fipronil)又名锐劲特,是一种苯基吡唑类杀虫剂,杀虫广谱,对害虫以胃毒作用为主,兼有触杀和一定的内吸作用,对蚜虫、叶蝉、飞虱、鳞翅目幼虫、蝇类和鞘翅目等重要害虫有很高的杀虫活性,对作物无药害。化学名称:(RS)-5-氨基-1-(2,6-二氯-4-三氟甲基苯基)-4-三氟甲基亚磺酰基吡唑-3-腈,有两个对映异构体,一个手性中心,结构式见图 3-38。

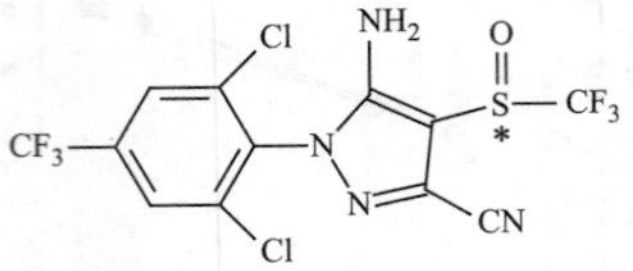

图 3-38　氟虫腈的化学结构式

3.5.1　氟虫腈在正相 CDMPC 手性固定相上的拆分

3.5.1.1　色谱条件

Agilent 1100 高效液相色谱仪及 JASCO 2000 高效液相色谱仪(主要用于对映体出峰顺序的确定及圆二色特性的研究)。纤维素-三(3,5-二甲基苯基氨基甲酸酯)(CDMPC)色谱柱(自制)250 mm×4.6 mm I. D.,流动相为正己烷、石油醚、正庚烷或正戊烷,在正己烷流动相中考察了极性改性剂乙醇、丙醇、异丙醇、正丁醇、异丁醇对拆分的影响,其他流动相中使用异丙醇为改性剂,检测波长 225 nm,流速 1.0 mL/min,除了考察温度对拆分的影响实验外,其他操作均在室温下进行。

3.5.1.2　氟虫腈对映体的拆分结果及醇含量的影响

考察了 5 种醇改性剂对氟虫腈对映体在正己烷体系下的拆分情况,见表 3-26,检测波长 225 nm,异丁醇的效果最好,在含量为 5% 时有最大的分离度 1.81,色谱拆分图见图 3-39,异丙醇也可实现完全分离,在含量 2% 时,分离度为 1.69。乙醇、正丙醇和正丁醇也有一定的拆分能力,但均不能实现基线拆分,在所有的醇中,使用异丁醇时对映体在 CSP 上的保留最强,出峰时间长,其次为异丙醇。还考察了正庚烷体系的拆分结果,使用异丙醇极性改性剂,结果见表 3-27,最大分离度为 1.26,效果不如正己烷体系。

表 3-26　醇改性剂对氟虫腈对映体拆分的影响

含量/%	乙醇			丙醇			异丙醇			丁醇			异丁醇		
	k_1	α	R_s	k_1	α	R_s	k_1	α	R_s	k_1	α	R_s	k_1	α	R_s
20	0.78	1.00	0.00	0.90	1.00	0.00	0.90	1.26	0.00	1.47	1.00	0.00	1.16	1.29	0.00
15	0.99	1.12	0.25	1.40	1.00	0.00	1.38	1.28	0.46	1.38	1.00	0.00	1.83	1.35	1.26
10	1.69	1.14	0.63	2.18	1.13	0.46	2.54	1.31	0.91	2.14	1.12	0.38	3.15	1.37	1.47
5	4.27	1.18	1.01	4.94	1.19	1.06	6.06	1.36	1.37	4.85	1.17	1.05	7.42	1.38	1.81
2	10.70	1.22	1.27	11.83	1.21	1.27	15.56	1.37	1.69	11.28	1.20	1.22			

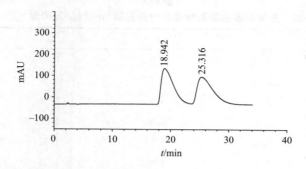

图 3-39 氟虫腈对映体的色谱拆分图(正己烷/异丁醇＝95/5,室温,225 nm)

表 3-27 正庚烷体系下氟虫腈对映体的拆分

异丙醇含量%	k_1	α	R_s
20	0.93	1.25	0.69
15	1.60	1.27	0.94
10	2.84	1.28	1.17
5	6.48	1.30	1.26
2	20.27	1.31	1.26

3.5.1.3 圆二色特性研究

氟虫腈两对映体的圆二色在线扫描图如图 3-40 所示,先流出对映体在 220~283 nm 范围内为(－)CD 信号,后流出对映体为(＋)CD 信号,283 nm 后,两对映体基本没有圆二色吸收,最大吸收在 230 nm 处。

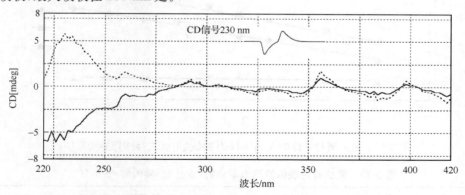

图 3-40 氟虫腈两对映体的 CD 扫描图(实线为先流出对映体,虚线为后流出对映体)

3.5.1.4 温度对拆分的影响

在正己烷/异丙醇(90/10)流动相条件下,考察了 0~50 ℃温度范围内氟虫腈对映体受温度的影响情况,如表 3-28 所示,容量因子和分离度随着温度的升高而明显减小,但分离因子并没有明显的变化,其值基本在 1.30 左右。

表 3-28　温度对氟虫腈对映体拆分的影响（正己烷/异丙醇＝90/10）

温度/℃	k_1	k_2	α	R_s
0	3.10	4.04	1.30	1.25
5	2.86	3.73	1.31	1.22
10	2.69	3.51	1.31	1.19
15	2.60	3.39	1.31	1.19
20	2.38	3.12	1.31	1.16
25	2.15	2.86	1.33	1.15
30	2.05	2.69	1.31	1.09
40	1.84	2.35	1.28	0.96
50	1.64	2.06	1.26	0.86

3.5.1.5　热力学参数的计算

依据 0～50℃范围内各温度下的拆分结果，以容量因子（ln$k$）和分离因子（lnα）的自然对数对热力学温度的倒数（1/T）作图（图 3-41），发现容量因子具有线性关系，而分离因子由于受温度的影响非常小，尤其是在 0～20℃之间，分离因子基本保持不变，0～50℃范围内不符合线性 Van't Hoff 方程，因此氟虫腈对映体在该温度范围内的拆分不完全受焓或熵的控制。Van't Hoff 曲线见图 3-41（正己烷/异丙醇＝90/10）。根据线性 Van't Hoff 方程可计算出焓变、熵变等热力学参数，结果列于表 3-29。

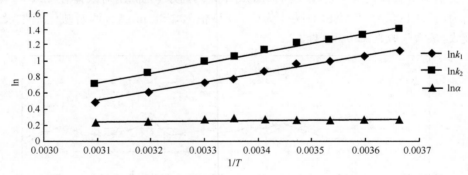

图 3-41　氟虫腈对映体的 Van't Hoff 曲线（正己烷/异丙醇＝90/10）

表 3-29　氟虫腈对映体的热力学参数（正己烷/异丙醇＝90/10）

对映体	$\ln k=-\Delta H/RT+\Delta S^*$	$\Delta H/$ (kJ/mol)	ΔS^*	$\ln\alpha=\Delta_{R,S}\Delta H/RT+\Delta_{R,S}\Delta S/RT$	$\Delta\Delta H/$ (kJ/mol)	$\Delta\Delta S/$ [J/(mol·K)]
—	$\ln k_1=1135.1/T-3.02$ （$R=0.9937$）	−9.44	−3.02			
＋	$\ln k_2=1185.8/T-2.93$ （$R=0.9932$）	−9.86	−2.93	—	—	—

3.5.2 氟虫腈在正相 ATPDC 手性固定相上的拆分

3.5.2.1 色谱条件

Agilent 1100 高效液相色谱仪及 JASCO 2000 高效液相色谱仪（主要用于对映体出峰顺序的确定及圆二色特性的研究）。直链淀粉-三((S)-1-苯基乙基氨基甲酸酯)(ATP-DC)色谱柱（自制）250 mm×4.6 mm I. D. ，流动相为正己烷，添加极性的有机醇作为改性剂，包括乙醇、丙醇、异丙醇、正丁醇和异丁醇，检测波长 230 nm，流速 1.0 mL/min，使用圆二色检测器确定了出峰顺序,考察温度的影响所涉及的范围为 0～40 ℃。除了考察温度对拆分的影响实验外,其他操作均在室温下进行。

3.5.2.2 氟虫腈对映体的拆分结果

在直链淀粉-三((S)-1-苯基乙基氨基甲酸酯)手性固定相上对氟虫腈对映体进行了拆分研究,表 3-30 为正己烷流动相中醇及其含量对氟虫腈对映体拆分的影响,检测波长 230 nm,氟虫腈在该固定相上的保留较强,异丙醇显示了较好的分离效果,可使两对映体达到完全分离,在含量为 5%时获得最大分离度 1.98,而其他四种醇均不能使其完全分离。随着流动相中极性醇含量的减少,对映体在固定相上的保留增强,分离因子和分离度也呈现增加趋势。以圆二色检测器测定了对映体的出峰顺序,在 230 nm 波长下,氟虫腈的先后流出对映体分别为(－)/(＋),色谱拆分图及圆二色信号见图 3-42。

表 3-30 氟虫腈对映体的拆分及醇的影响（室温）

含量/%	乙醇			丙醇			异丙醇			丁醇			异丁醇		
	k_1	α	R_s	k_1	α	R_s	k_1	α	R_s	k_1	α	R_s	k_1	α	R_s
15	1.64	1.00	0.00	2.45	1.18	0.88	3.48	1.24	1.00	1.99	1.14	0.84	3.17	1.25	0.99
10	2.47	1.09	0.74	4.47	1.21	0.97	8.34	1.28	1.55	4.85	1.19	1.02	5.59	1.27	1.22
5	4.81	1.11	0.88	17.71	1.28	1.25	21.45	1.30	1.98	7.98	1.21	1.20	10.84	1.28	1.37

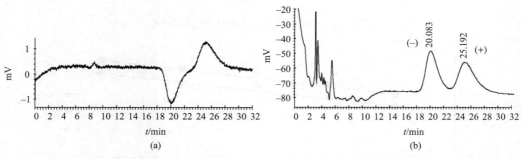

图 3-42 氟虫腈对映体的(a)圆二色信号图及(b)手性拆分色谱图(10%异丙醇,230 nm,室温)

3.5.2.3 温度对拆分的影响及热力学参数的计算

温度对拆分的影响见表 3-31,容量因子随着温度的升高而迅速减小,0 ℃时的数值是

40℃时的数值的 2 倍之多,分离因子也有随着温度的升高而减小,但变化较小,0 ℃和 40℃时的数值分别为 1.29 和 1.26。分离度随着温度的升高而增大,在 40 ℃时的分离度达 1.81,而在 0 ℃时的分离度只有 0.84。图 3-43 显示了氟虫腈对映体拆分随温度变化的色谱图。线性的 Van't Hoff 曲线如图 3-44 所示,根据线性的 Van't Hoff 方程计算了相关的热力学参数,列于表 3-32 中。

表 3-31　温度对氟虫腈对映体手性拆分的影响(正己烷/异丙醇＝90/10)

温度 ℃	k_1	k_2	α	R_s
0	10.11	13.09	1.29	0.84
10	8.33	10.68	1.28	0.92
20	7.72	9.88	1.28	1.35
30	6.00	7.64	1.27	1.61
40	4.97	6.28	1.26	1.81

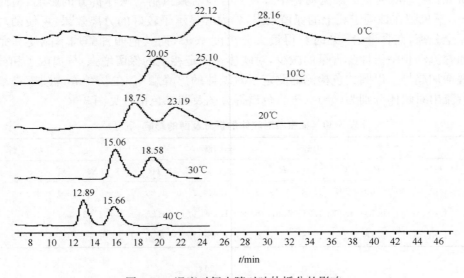

图 3-43　温度对氟虫腈对映体拆分的影响

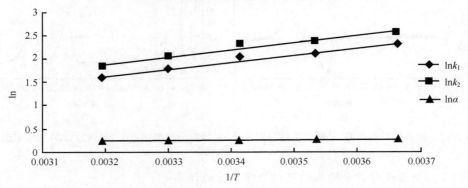

图 3-44　氟虫腈对映体的 Van't Hoff 曲线(正己烷/异丙醇＝90/10)

表 3-32　氟虫腈对映体拆分的热力学参数（正己烷/异丙醇＝90/10）

对映体	$\ln k=-\Delta H/RT+\Delta S^*$	$\Delta H/$ (kJ/mol)	ΔS^*	$\ln\alpha=\Delta_{R,S}\Delta H/RT+$ $\Delta_{R,S}\Delta S/RT$	$\Delta\Delta H/$ (kJ/mol)	$\Delta\Delta S/$ [J/(mol·K)]
－	$\ln k_1=1487.6/T-3.1$ $(R=0.9858)$	-12.4	-3.1	$\ln\alpha=46.2/T+0.1$ $(R=0.9875)$	-0.4	0.8
＋	$\ln k_2=1533.8/T-3.0$ $(R=0.9862)$	-12.8	-3.0			

3.5.3　氟虫腈在反相 CDMPC 手性固定相上的拆分

3.5.3.1　色谱条件和色谱计算

色谱柱：纤维素-三（3,5-二甲基苯基氨基甲酸酯）（CDMPC）手性柱，250 mm×4.6 mm I.D.（实验室自制）；流动相为不同比例的甲醇/水或乙腈/水，温度对拆分影响在 0～40 ℃之间，其他实验在室温进行，流速 0.8 mL/min，进样量 10 μL，检测波长 230 nm，样品浓度大约为 100 mg/L。

3.5.3.2　流动相组成对手性拆分的影响

流动相组成对氟虫腈的手性拆分结果如表 3-33 所示。

表 3-33　氟虫腈在 CDMPC 上甲醇/水或乙腈/水作流动相条件下的分离结果

（流速 0.5 mL/min，室温）

手性化合物	流动相	v/v	k_1	k_2	α	R_s
氟虫腈	甲醇/水	100/0	0.19	0.19	1.00	—
		80/20	1.46	1.46	1.00	—
		75/25	2.31	2.31	1.00	—
		70/30	4.48	4.48	1.00	—
		65/35	8.16	8.16	1.00	—
氟虫腈	乙腈/水	100/0	0.18	0.18	1.00	—
		80/20	0.27	0.27	1.00	—
		70/30	0.65	0.73	1.13	0.79
		60/40	1.66	1.85	1.12	1.13
		50/50	4.97	5.53	1.11	1.55

3.5.3.3　温度对手性拆分的影响

流动相组成对氟虫腈的手性拆分结果如表 3-34 所示，不同温度下色谱拆分结果如图 3-45 所示。Van't Hoff 方程以及可计算出的焓变、熵变等热力学参数，结果列于表 3-35。

表 3-34　在 CDMPC 上温度对氟虫腈拆分的影响

手性化合物	温度/℃	流动相	v/v	k_1	k_2	α	R_s
	0			5.67	6.73	1.20	2.85
	5			5.65	6.62	1.17	2.20
氟虫腈	10	乙腈/水	50/50	5.57	6.41	1.15	2.01
	20			5.02	5.58	1.11	1.57
	30			4.40	4.76	1.08	1.18
	40			3.77	3.98	1.06	0.83

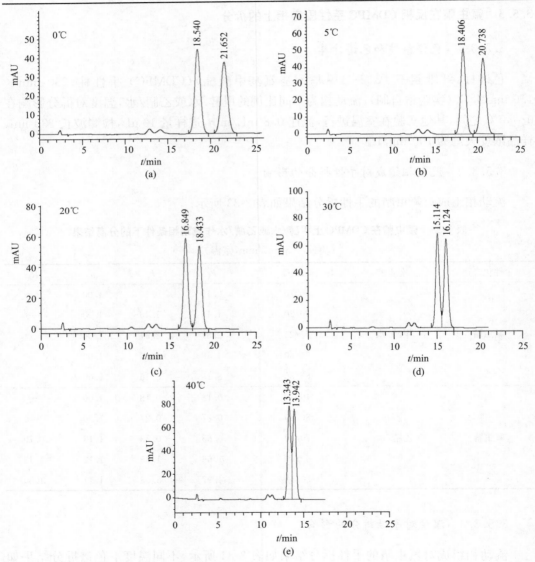

图 3-45　氟虫腈在 CDMPC 上不同温度下的拆分色谱图(乙腈/水＝50/50,v/v,流速 0.8 mL/min)

表 3-35　在 CDMPC 上氟虫腈对映体的 Van't Hoff 方程和 $\Delta\Delta H^{o}$、$\Delta\Delta S^{o}$(0～40 ℃)

手性化合物	流动相	v/v	线性方程(R^2)	$\Delta\Delta H^{o}$/(kJ/mol)	$\Delta\Delta S^{o}$/[J/(mol·K)]
氟虫腈	乙腈/水	50/50	$\ln\alpha=266.5/T-0.7994$ (0.996)	−2.21	−6.64

3.5.3.4　对映体出峰顺序及圆二色性(图 3-46)

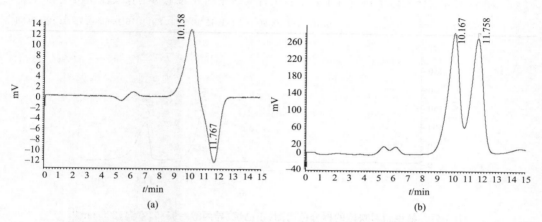

图 3-46　氟虫腈在 CDMPC 上的(a)圆二色与(b)紫外色谱图(50% 乙腈,230 nm)

3.5.4　氟虫腈在正相(R,R)Whelk-O 1 手性固定相上的拆分

3.5.4.1　色谱条件

Agilent 1100 高效液相色谱仪及 JASCO 2000 高效液相色谱仪(主要用于对映体出峰顺序的确定及圆二色特性的研究)。(R,R)Whelk-O 1 型手性色谱柱(250 mm×4.6 mm I.D.),在正己烷流动相中考察了极性改性剂乙醇、丙醇、异丙醇、正丁醇、异丁醇、戊醇对拆分的影响,检测波长 225 nm,流速 1.0 mL/min,除了考察温度对拆分的影响实验外,其他操作均在室温下进行。

3.5.4.2　氟虫腈对映体的拆分结果及醇含量的影响

表 3-36 为正己烷体系下六种醇(乙醇、丙醇、异丙醇、丁醇、异丁醇、戊醇)及其含量对氟虫腈对映体拆分的影响,检测波长 225 nm,流速 1.0 mL/min。所有的醇都可以实现氟虫腈对映体的基线分离,其中在异丁醇含量为 5% 时有最大的分离因子($\alpha=1.32$),在异丙醇含量为 5% 时有最大的分离度($R_s=2.60$)。随着流动相中极性醇含量的减少,对映体的保留增强,分离因子和分离度增大。图 3-47 为氟虫腈对映体的手性拆分色谱图。

表 3-36　氟虫腈对映体的拆分结果及醇的影响

醇含量 /%	乙醇			丙醇			异丙醇			丁醇			异丁醇			戊醇		
	k_1	α	R_s	k_1	α	R_s	k_1	α	R_s	k_1	α	R_s	k_1	α	R_s	k_1	α	R_s
5	3.26	1.15	1.88	3.60	1.23	2.29	5.29	1.31	2.60	3.62	1.26	2.22	6.20	1.32	2.00	4.41	1.26	1.57
10	1.57	1.11	1.10	1.75	1.18	1.40	2.62	1.24	2.12	1.75	1.21	1.40	2.95	1.26	1.52	2.18	1.22	1.37
15	1.02	1.09	0.70	1.06	1.15	0.94	1.72	1.20	1.57	1.14	1.18	1.06	1.52	1.20	1.06	1.46	1.19	1.00
20	0.74	1.07	0.52	0.74	1.13	0.71	1.26	1.18	1.21	0.82	1.15	0.79	1.19	1.18	0.86	1.07	1.16	0.85
30	—	—	—	—	—	—	0.76	1.15	0.80	0.51	1.12	0.55	0.89	1.16	0.68	0.75	1.12	0.56

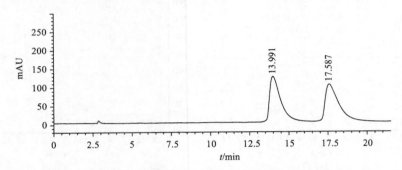

图 3-47　氟虫腈对映体的拆分色谱图(正己烷/异丙醇=95/5,室温,225 nm)

3.5.4.3　氟虫腈对映体圆二色特性研究及在(R,R) Whelk-O 1 型柱上洗脱顺序的确定

氟虫腈两对映体的圆二色光谱扫描图如图 3-48 所示,实线和虚线分别表示先后流出对映体,两对映体的圆二色信号吸收随波长会发生变化,在 220~280 nm 波长范围内,先流出对映体显示(+)CD 信号,最大吸收在 234 nm 左右,后流出对映体的 CD 信号与先流出对映体相对"0"刻度线对称,在 220~280 nm 波长范围内显示(-)CD 信号,280 nm 后两对映体基本无吸收。

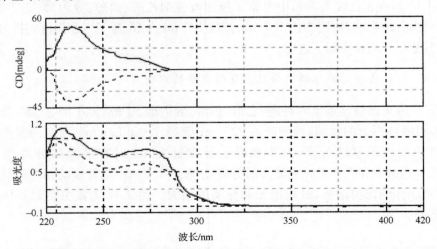

图 3-48　氟虫腈两对映体的 CD 和 UV 扫描图(实线为先流出对映体,虚线为后流出对映体)

氟虫腈对映体在 OD 手性柱上的流出顺序为 R-体先流出,S-体后流出。本小节利用圆二色检测器考察了氟虫腈对映体在 OD 和 (R,R) Whelk-O 1 手性色谱柱上的流出顺序及圆二色信号,结果表明氟虫腈对映体在 OD 和 (R,R) Whelk-O 1 手性柱上的流出顺序相反(图 3-49),因此可以确定氟虫腈对映体在 (R,R) Whelk-O 1 手性柱上的流出顺序为:先流出对映体为 S-体,后流出为 R-体。

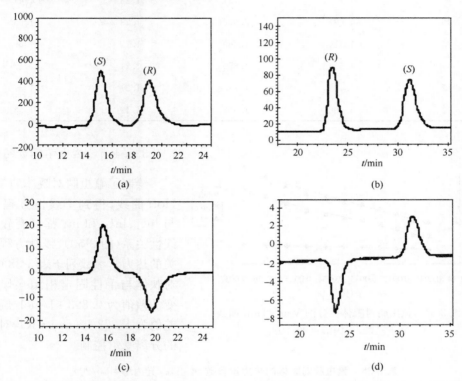

图 3-49　氟虫腈对映体的 UV(a,b)和 CD(c,d)色谱图

(a,c)(R,R) Whelk-O 1 柱,正己烷/异丙醇 95/5(v/v);(b,d) Chiralcel OD-H 柱,正己烷/异丙醇 90/10(v/v)。
1.0 mL/min,UV 225 nm,CD 234 nm,室温

3.5.4.4　温度对氟虫腈对映体拆分的影响

在正己烷/异丙醇体系下考察了 0～50 ℃范围内温度对氟虫腈手性拆分的影响,结果见表 3-37。随着温度的升高,对映体的保留变弱,分离效果变差,0 ℃时分离度为 1.88,而50 ℃时分离度只有 1.38。

表 3-37　温度对氟虫腈对映体拆分的影响(正己烷/异丙醇＝85/15)

温度/℃	k_1	k_2	α	R_s
0	2.524	3.221	1.28	1.88
5	2.270	2.875	1.27	1.78
10	2.081	2.596	1.25	1.76

续表

温度/℃	k_1	k_2	α	R_s
15	1.910	2.373	1.24	1.64
20	1.821	2.242	1.23	1.56
25	1.732	2.131	1.23	1.47
30	1.691	2.076	1.23	1.63
35	1.615	1.969	1.22	1.50
40	1.526	1.850	1.21	1.47
45	1.419	1.713	1.21	1.37
50	1.389	1.653	1.19	1.38

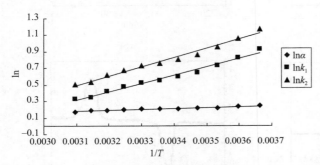

图 3-50　氟虫腈对映体拆分的 Van't Hoff 曲线
（正己烷/异丙醇＝80/20）

3.5.4.5　热力学参数的计算

绘制了氟虫腈对映体的 Van't Hoff 曲线，得到了线性方程，$1/T$ 与 $\ln k_1$、$\ln k_2$ 和 $\ln \alpha$ 都具有较好的线性关系（图 3-50），线性方程和相关的热力学参数列于表 3-38 中，两对映体与手性固定相相互作用焓变的差值为 0.893 kJ/mol，熵变的差值为 1.272 J/(mol·K)，对映体的分离受焓控制。

表 3-38　氟虫腈对映体的热力学参数（正己烷/异丙醇＝80/20）

对映体	$\ln k=-\Delta H/RT+\Delta S^*$	$\Delta H/$ (kJ/mol)	ΔS^*	$\ln \alpha=-\Delta\Delta H/RT+\Delta\Delta S/R$	$\Delta\Delta H/$ (kJ/mol)	$\Delta\Delta S/$ [J/(mol·K)]
E_1(S-体)	$\ln k_1=1001.2/T-2.789$ ($R^2=0.9821$)	-8.324	-2.789			
				$\ln \alpha=107.35/T-0.153$ ($R^2=0.9628$)	-0.893	-1.272
E_2(R-体)	$\ln k_2=1108.5/T-2.942$ ($R^2=0.9826$)	-9.216	-2.942			

3.5.5　氟虫腈在土壤中的选择性行为研究

避光条件下对氟虫腈对映体进行降解实验，氟虫腈对映体在土壤中的培养浓度为 5 mg/kg，分别在 0 d、5 d、10 d、20 d、40 d、60 d、80 d、100 d、120 d 取样，依据所建立的方法进行提取、检测。结果发现，氟虫腈的两对映体在避光条件下降解较为缓慢，半衰期在 30～90 d。氟虫腈对映体在几种土壤中的降解结果见表 3-39。对消解动态进行动力学回归，结果显示，氟虫腈对映体在土壤中的降解基本符合一级反应动力学规律，整个降解过程分为快速降解的初期阶段和相对平缓的后期阶段(图 3-51、图 3-52),由此得出对映体在四种土壤中的回归方程,实测值与理论计算值拟合良好,拟合方程、降解半衰期及 ES 值列于表中。从表 3-39 中可以看出,在供试的四种土壤中,氟虫腈对映体的降解均表现出了不同程度的选择性,其中在 3♯土壤中,氟虫腈对映体的降解表现出了明显的选择性差异,且随着培养时间的增加,逐渐出现明显的对映体浓度比值差异,S-体和 R-体的降解半衰期分别为 41.5 d 和 31.4 d,ES 值为 0.139。

表 3-39　氟虫腈对映体在土壤中消解动态的回归方程

土壤	对映体	回归方程	相关系数 R^2	半衰期/d	ES 值
2♯	S-体	$C(t)=4.9704e^{-0.0105t}$	0.9969	66.0	
	R-体	$C(t)=4.7988e^{-0.0123t}$	0.9852	56.3	0.079
3♯	S-体	$C(t)=5.5867e^{-0.0167t}$	0.9469	41.5	
	R-体	$C(t)=5.5464e^{-0.0221t}$	0.9630	31.4	0.139
4♯	S-体	$C(t)=5.5310e^{-0.0147t}$	0.9735	47.1	
	R-体	$C(t)=5.2310e^{-0.0158t}$	0.9816	43.9	0.036
5♯	S-体	$C(t)=4.890e^{-0.0073t}$	0.9782	94.9	
	R-体	$C(t)=4.8312e^{-0.0088t}$	0.9886	78.8	0.093

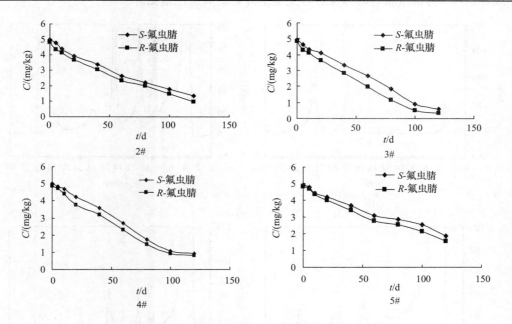

图 3-51　氟虫腈对映体在土壤中的降解动态

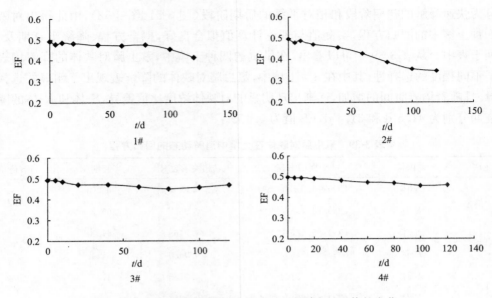

图 3-52　氟虫腈对映体在土壤中选择性降解 EF 值的变化

图 3-51 和图 3-52 分别为氟虫腈两对映体在各种土壤中的降解曲线和 EF 值的变化曲线,图 3-53 为氟虫腈对映体在各种土壤中降解的典型色谱图。

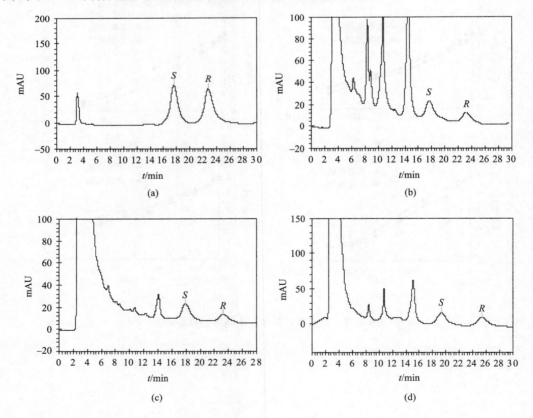

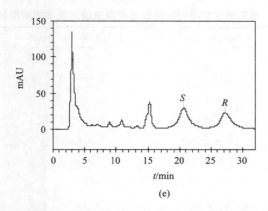

图 3-53 氟虫腈对映体在土壤中的降解色谱图

(a)标准样品 125 mg/L;(b)在 2♯土壤中降解 100 d;(c)在 3♯土壤中降解 100 d;
(d)在 4♯土壤中降解 100 d;(e)在 5♯土壤中降解 100 d

3.5.6 氟虫腈在白菜中的选择性行为研究

3.5.6.1 氟虫腈对映体在白菜中的选择性代谢

在对白菜茎叶喷雾后定期采样,利用高效液相色谱手性固定相法对供试白菜体内氟虫腈对映体的残留量进行分析。结果表明,氟虫腈在白菜体内的浓度呈现出先增加后减少的过程,40 h 时两对映体达到最大浓度,而后被逐渐降解,10 d 后,S-体浓度由最大时的 4.19 mg/kg 降至 0.98 mg/kg,R-体由 3.47 mg/kg 降至 0.35 mg/kg,且两对映体的降解趋势符合假一级反应(pseudo first-order kinetic reaction)动力学规律。拟合方程、降解半衰期及 ES 值列于表 3-40。从表中可以看出,氟虫腈两对映体的半衰期分别为 3.99 d 和 2.52 d,差异达到系统学显著水平,ES 值为 0.23,说明氟虫腈在白菜中存在立体选择性降解。

表 3-40 氟虫腈对映体在白菜体内消解动态的回归方程

对映体	回归方程	相关系数 R^2	半衰期/d	ES 值
S-氟虫腈	$C=5.5991e^{-0.1736t}$	0.9873	3.99	0.23
R-氟虫腈	$C=5.4963e^{-0.2754t}$	0.9927	2.52	

对各取样时间点氟虫腈对映体残留量及其 EF 值进行计算,结果见表 3-41。可以明显看出随着施药后时间延长,两个对映体的 EF 比值从开始的 0.5 逐渐减小,在第 10 天达到 0.264±0.019,呈现了明显的选择性差异,表明在供试白菜植株内存在明显的立体选择性降解现象,S-体降解速率慢于 R-体,导致 R-体被优先降解,S-体相对过量。而且随着用药后时间的延长,两个对映体的选择性降解趋势越来越明显(图 3-54 和图 3-55),最终残留于白菜样本的 R-氟虫腈的量显著低于 S-体,残留物以 S-体为主。

表 3-41　药剂处理后不同时间白菜中氟虫腈对映体的浓度和 EF 值[a]

时间/h	S-氟虫腈/(mg/kg)	R-氟虫腈/(mg/kg)	EF 值
0	—	—	0.500
16	2.45±0.23	2.17±0.15	0.469±0.027
40	4.19±0.09	3.47±0.21	0.453±0.029
64	3.20±0.18	2.33±0.13	0.422±0.033
112	2.30±0.19	1.40±0.08	0.378±0.031
160	1.84±0.12	0.94±0.06	0.339±0.035
196	1.39±0.17	0.58±0.04	0.294±0.026
240	0.98±0.25	0.35±0.08	0.264±0.019

a. 平均值±SD ($n=3$)

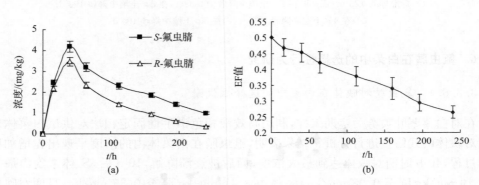

图 3-54　(a) 氟虫腈对映体在白菜中的降解曲线；(b) EF 值变化曲线

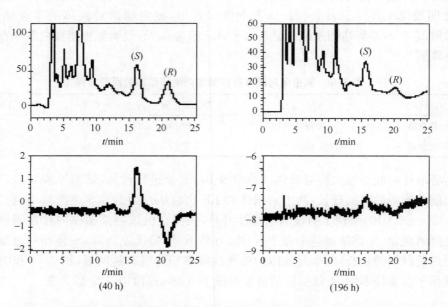

图 3-55　氟虫腈对映体在白菜体内选择性降解的典型 UV(上)和 CD(下)色谱图

3.5.6.2　氟虫腈代谢物定量分析

对不同时间取样的白菜样品进行氟虫腈和代谢物的定性确证及代谢物的定量分析，具体结果见表 3-42。

表 3-42　白菜样品中氟虫腈各代谢物的残留浓度[a]

处理后时间/h	MB46513/(mg/kg)	MB45950/(mg/kg)	MB46136/(mg/kg)
16	—	—	—
40	—	0.22±0.01	—
64	0.33±0.02	0.27±0.01	0.43±0.05
112	0.39±0.04	0.34±0.04	0.54±0.03
160	0.43±0.09	0.31±0.06	0.83±0.06
196	0.36±0.04	0.25±0.03	0.53±0.03
240	0.24±0.03	0.18±0.02	0.37±0.04

a. 平均值±SD（$n=3$）

从筛查和确证的结果看，样品中除氟虫腈外，还发现有代谢物 MB46513、MB45950 和 MB46136。其中 MB45950 在施药后 40 h 开始出现，到施药后 112 h 达到最大，而 MB46513 和 MB46136 在施药后 64 h 开始出现，在 160 h 达到最大，白菜样品提取物的典型总离子流图见图 3-56，代谢物的降解曲线见图 3-57。

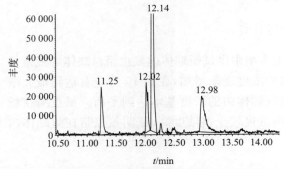

图 3-56　施药后 160 h 白菜样品提取物的总离子流图

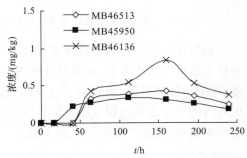

图 3-57　氟虫腈代谢物在白菜体内的降解曲线

3.5.6.3　氟虫腈在白菜中的代谢途径及选择性机理探讨

从上述结果可知，白菜中检出 3 种氟虫腈的代谢物，分别为光解产物 MB46513、还原产物 MB45950 和氧化产物 MB46136，其中氧化产物 MB46136 的含量相对较高。氟虫腈及其代谢产物的降解与消长动态表明了氟虫腈在白菜中迁移与转化的主要途径（图 3-58）。

由此可知，氟虫腈进入白菜植株后，同时进行着非生物降解和生物转化反应，其降解主要有两种途径：①氟虫腈在白菜叶片表面由于光照作用而发生光降解；②氟虫腈进入白

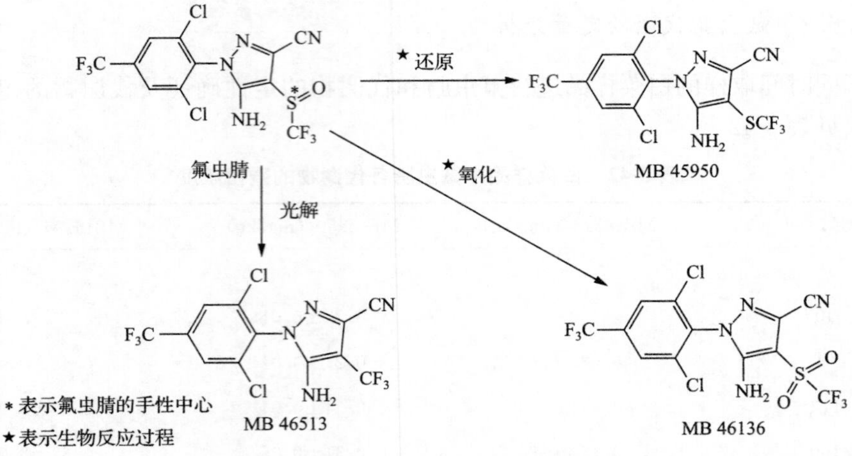

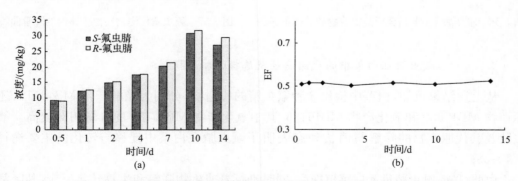

图 3-58 氟虫腈在白菜中的代谢途径

菜体内,在氧化-还原酶系的作用下代谢降解,而且实验结果表明植株体内氧化-还原酶系的代谢作用是氟虫腈在白菜中发生降解的主要因素。由于氧化和还原作用依赖于植物体内的氧化-还原酶系,且由于酶系本身的手性特征,大多数酶会与手性分子发生立体识别作用,选择性地降解手性农药,这可能是氟虫腈对映体在白菜体内发生选择性降解的主要原因。光解过程虽然在氟虫腈的降解中也起到非常重要的作用,但由于光解作用为非生物过程,不涉及手性因子,因此对氟虫腈的对映体的选择性降解不起作用。

3.5.7 氟虫腈在蚯蚓体内的选择性行为研究

3.5.7.1 氟虫腈对映体在蚯蚓体内的富集行为

利用高效液相色谱手性固定相法对人工土壤中供试蚯蚓体内氟虫腈对映体的残留量进行了分析。结果表明,氟虫腈在蚯蚓体内的浓度逐渐增加,在第 10 天左右达到最大浓度,并基本保持平衡,加药 10 天后氟虫腈在蚯蚓体内的浓度基本达到平衡。氟虫腈在蚯蚓体内的浓度变化过程见图 3-59。蚯蚓体内浓度较土壤浓度高,证明氟虫腈在蚯蚓体内有富集现象,生物富集因子见表 3-43。

图 3-59 氟虫腈对映体在蚯蚓体内的(a)浓度和(b)EF 值变化(人工土壤)

表 3-43　氟虫腈对映体在蚯蚓体内的生物富集因子

对映体	生物富集因子
S-氟虫腈	1.23
R-氟虫腈	1.27

3.5.7.2　氟虫腈对映体在蚯蚓体内的降解行为

当蚯蚓体内的氟虫腈浓度基本达到平衡后(14 d),将蚯蚓转至没有药剂的空白土壤,定期取样,观察氟虫腈对映体在蚯蚓体内的降解情况。结果显示,在没有药剂处理的空白土壤中,氟虫腈在蚯蚓体内的降解符合一级反应动力学规律,拟合方程、降解半衰期及 ES 值列于表 3-44。从表中可以看出,氟虫腈两对映体的半衰期分别为 1.46 d 和 2.16 d,ES 值为 -0.302,差异达到系统学显著水平,说明氟虫腈在蚯蚓体内中存在立体选择性降解。

表 3-44　氟虫腈对映体在蚯蚓体内消解动态的回归方程

对映体	回归方程	相关系数 R^2	半衰期/d	ES 值
S-氟虫腈	$C=26.578e^{-0.4737t}$	0.9282	1.46	-0.302
R-氟虫腈	$C=29.334e^{-0.321t}$	0.9067	2.16	

对各取样时间点氟虫腈对映体残留量及其 EF 值进行计算,结果见图 3-60。可以明显看出随着施药后时间延长,两个对映体的 EF 比值从开始的 0.52 逐渐增大,在第 5 天达到 0.69,呈现了明显的选择性差异,表明在供试蚯蚓体内存在明显的立体选择性降解现象,而且随着用药后时间的延长,两个对映体降解的立体选择性趋势越来越明显(图 3-61),最终残留于蚯蚓体内的 R-体的量显著高于 S-体,残留物以 R-体为主。

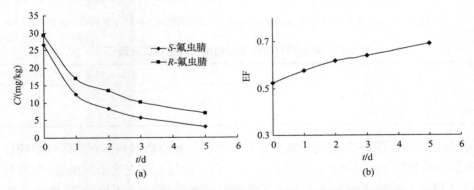

图 3-60　(a) 氟虫腈对映体在蚯蚓体内的降解曲线;(b) 氟虫腈对映体在蚯蚓体内 EF 值变化曲线

3.5.7.3　自然土壤法研究氟虫腈对映体在蚯蚓体内的富集及代谢行为

1)氟虫腈对映体在蚯蚓体内的富集行为

利用高效液相色谱手性固定相法对自然土壤中供试蚯蚓体内氟虫腈对映体的残留

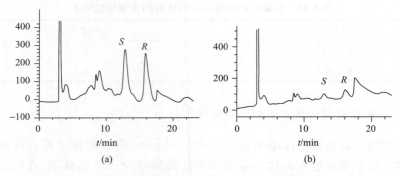

图 3-61　氟虫腈对映体在蚯蚓体内选择性降解的典型色谱图
(a)放入空白土壤后 0 d；(b)放入空白土壤后 5 d

量进行了分析。结果表明，氟虫腈在蚯蚓体内的浓度逐渐增加，在第 15 天左右达到最大浓度，并基本保持平衡，加药后 18 天内氟虫腈在蚯蚓体内的浓度变化过程见图 3-62(a)。蚯蚓体内浓度较土壤浓度高，证明氟虫腈在蚯蚓体内有富集现象，生物富集因子见表 3-45。

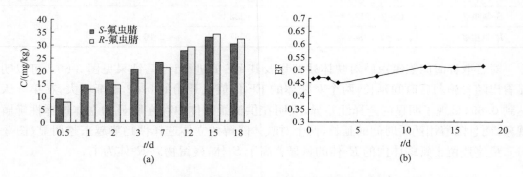

图 3-62　自然土壤中氟虫腈对映体在蚯蚓体内的浓度(a)和 EF 值(b)变化

表 3-45　氟虫腈对映体在蚯蚓体内的生物富集因子

对映体	生物富集因子
S-氟虫腈	1.32
R-氟虫腈	1.33

　　通过计算 EF 值随时间的变化发现[图 3-62(b)]，氟虫腈对映体在蚯蚓体内的富集过程没有发现明显的立体选择性，EF 值在 0.5 左右。但与人工土壤不同的是，在药剂处理前期(7 天以内)，蚯蚓体内 S-氟虫腈浓度略高于 R-氟虫腈，而 7 天以后，R-体又略高于 S-体。其原因可能为，在用药前期，主要为药剂吸收过程，蚯蚓对 R-体的吸收略低于 S-体，因此前期 S-体浓度高于 R-体，而当药剂达到一定浓度后，吸收过程和降解过程达到平衡，由于降解过程中 S-体的降解速度快于 R-体(在下面的降解实验中可得到证实)，所以 R-体浓度高于 S-体。但由于两对映体浓度差异不够显著，且在人工土壤中未发现类似现象，因此还需进一步深入探讨确证。氟虫腈对映体在蚯蚓体内富集过程的典型色谱图见

图 3-63。

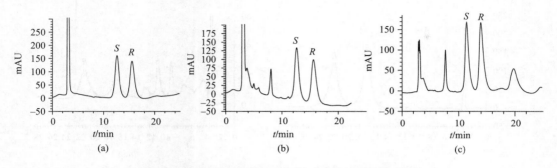

图 3-63　氟虫腈对映体在蚯蚓体内富集的典型色谱图

(a)氟虫腈标准溶液;(b)药剂处理后 3 d;(c)药剂处理后 18 d

2）氟虫腈对映体在蚯蚓体内的降解行为

当蚯蚓体内的氟虫腈浓度达到平衡后(18 d),将蚯蚓转至没有药剂的空白自然土壤,定期取样,观察氟虫腈对映体在蚯蚓体内的降解情况。

结果显示,在没有药剂处理的空白土壤中,氟虫腈在蚯蚓体内的降解符合一级反应动力学规律,拟合方程、降解半衰期及 ES 值列于表 3-46。从表中可以看出,氟虫腈两对映体的半衰期分别为 2.49 d 和 3.36 d,ES 值为 0.24,差异达到系统学显著水平,说明氟虫腈在蚯蚓体内中存在立体选择性降解。

表 3-46　氟虫腈对映体在蚯蚓体内消解动态的回归方程

对映体	回归方程	相关系数 R^2	半衰期/d	ES 值
S-氟虫腈	$C=30.42e^{-0.2781t}$	0.9606	2.49	
R-氟虫腈	$C=33.97e^{-0.206t}$	0.9859	3.36	0.24

对各取样时间点氟虫腈对映体残留量及其 EF 值进行计算,结果见图 3-64。可以明显看出随着施药后时间延长,两个对映体的 EF 比值从开始的 0.53 逐渐增大,在第 7 天达到 0.64,呈现了明显的选择性差异,表明在供试蚯蚓体内存在明显的立体选择性降解现象,S-体降解速率快于 R-体,导致 S-体被优先降解,R-体相对过量。而且随着用药后时间的延长,两个对映体的选择性降解趋势越来越明显(图 3-65),最终残留于蚯蚓体内

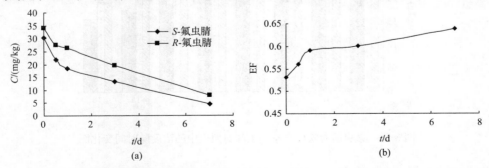

图 3-64　(a)氟虫腈对映体在蚯蚓体内的降解曲线;(b)氟虫腈对映体在蚯蚓体内 EF 值变化曲线

的 R-体的量显著高于 S-体,残留物以 R-体为主。

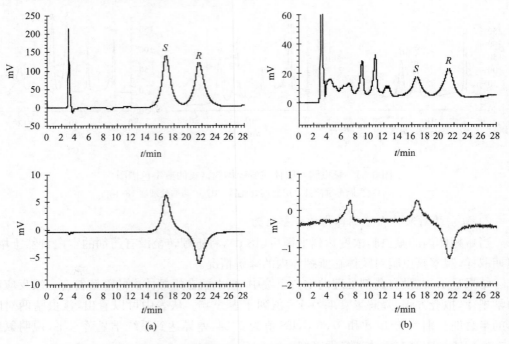

(a)　　　　　　　　　　　(b)

图 3-65　氟虫腈对映体在蚯蚓体内选择性降解的典型 UV(上)和 CD(下)色谱图
(a)氟虫腈标准溶液;(b)蚯蚓体内降解 3 d

3) 氟虫腈对映体在蚯蚓土和对照土中的降解行为

氟虫腈对映体在有蚯蚓的土壤和对照土壤中的降解结果见图 3-66。可以看出,蚯蚓的存在促进了土壤中氟虫腈的降解,但对 EF 值没有显著影响,未发现选择性降解现象存在。图 3-67 为氟虫腈对映体在各种土壤中的降解色谱图。图 3-68 分别为氟虫腈两对映体在各种土壤中的降解曲线和 EF 值的变化曲线。

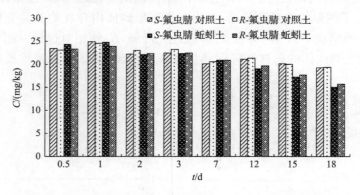

图 3-66　氟虫腈对映体在蚯蚓土和对照土中的浓度随时间变化图

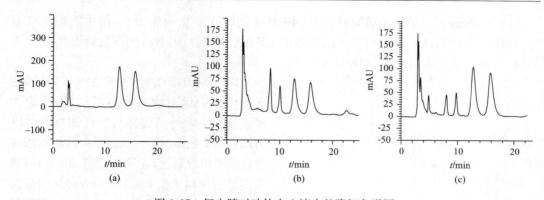

图 3-67　氟虫腈对映体在土壤中的降解色谱图

(a)标准样品 125 mg/L；(b)在蚯蚓土中降解 18 d；(c)在对照土中降解 18 d

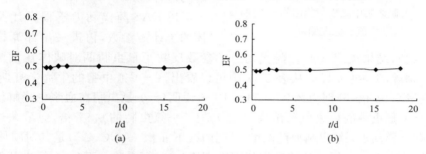

图 3-68　氟虫腈对映体在土壤中降解 EF 值的变化

(a)对照土；(b)蚯蚓土

3.5.8　氟虫腈在大鼠体内的选择性行为研究

3.5.8.1　氟虫腈对映体在大鼠血液中的降解动力学研究

以时间为横坐标,给药后不同时间的平均血药浓度为纵坐标,得到大鼠灌胃氟虫腈外消旋体后两对映体的平均血药浓度-时间曲线,见图 3-69(a)。从图中可以看出左右旋对映体均以相似的方式进行消解,浓度都是先增大后降低,在 180 min 时达到最大,在所有取样点(一)-氟虫腈的浓度始终低于其对映体。

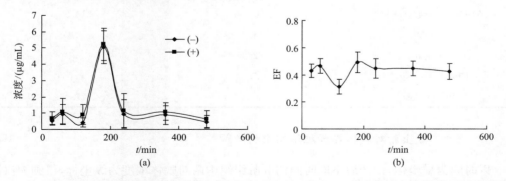

图 3-69　(a) 大鼠血浆中氟虫腈对映体药-时曲线;(b) 大鼠血浆中 EF 值变化动态(平均值±标准偏差)

图 3-69(b)列出了氟虫腈对映体分数 EF 值随时间变化趋势图,从图中我们可以看出,在用药后初期,EF 值是小于外消旋体的 EF 值(0.5)的,随着时间变化,EF 值先增大后减小,而后又增大再减小,但始终低于 0.5。

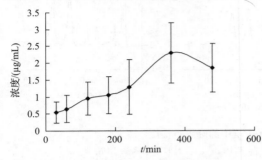

图 3-70　大鼠血浆中氟虫腈代谢物药-时曲线
（平均值±标准偏差）

以时间为横坐标,给药后不同时间的平均血浆中代谢物浓度为纵坐标,得到大鼠灌胃氟虫腈外消旋体后其代谢物的浓度时间曲线,见图 3-70。从血浆中代谢物浓度变化趋势可以看出,在用药后前 360 min,其浓度是逐渐增大的,在 360 min 时达到最大值,随后浓度逐渐降低,是一个先富集后降解的过程。

以 DAS 药代动力学程序计算两对映体的统计矩参数,再进一步计算相关的药代动力学参数,结果见表 3-47。药代动力学参数反映了氟虫腈两对映体在大鼠体内吸收、分布及消除的一些差异。从表 3-47 中可以看出,(一)-氟虫腈的生物半衰期($t_{1/2}$)是(十)-氟虫腈 0.95 倍,分别为 2.95 h 和 3.10 h,说明(一)-氟虫腈在血浆中降解比其对映体稍快;(一)-氟虫腈的最大血药浓度(C_{max})是(十)-氟虫腈的 0.97 倍,但最大达峰时间(T_{max})没有差异;(十)-氟虫腈血药浓度-时间曲线下面积（$AUC_{0\sim\infty}$）是其对映体的 1.20 倍,这表明大鼠对(十)-氟虫腈的生物利用度大于(一)-氟虫腈。而(一)-氟虫腈的平均血浆清除率(CL)是(十)-氟虫腈的 1.20 倍,这表明大鼠清除(一)-氟虫腈的能力大于其对映体。实验结果表明,氟虫腈在大鼠体内的药代动力学是具有一定的立体选择性的。

表 3-47　大鼠静注外消旋氟虫腈(30 mg/kg)后药代动力学参数

参数	R(一)-氟虫腈	S(十)- 氟虫腈
$C_{max}/(mg/L)$	5.06	5.23
T_{max}/h	3.00	3.00
$AUMC_{0\sim8}$	36.93	43.78
$AUMC_{0\sim\infty}$	46.58	58.97
$AUC_{0\sim8}/[mg/(L \cdot h)]$	10.11	11.89
$AUC_{0\sim\infty}/[mg/(L \cdot h)]$	10.96	13.20
MRT/h	4.25	4.47
$t_{1/2}/h$	2.95	3.10
$CL/[L/(h \cdot kg)]$	7.30	6.06
$V_{ss}/(L/kg)$	31.03	27.09

3.5.8.2　氟虫腈对映体在肝脏组织中的降解

以时间为横坐标,给药后不同时间的肝脏组织中两对映体浓度为纵坐标,得到大鼠灌胃氟虫腈外消旋体后两对映体在肝脏组织中的降解曲线,见图 3-71(a)。从图中可以看出左右旋对映体均以相似的方式进行降解,且在每一个采样点左旋体的含量都高于右旋体,在用药后初期两对映体含量就已有显著性差异,且此时浓度最高;随时间变化,浓度逐渐减小。通过回归分析计算拟合发现,氟虫腈静脉给药后,两对映体在大鼠肝脏组织中的降解符合一级降解动力学,实测值与理论计算值拟合一般,拟合方程及降解半衰期列于表3-48。从表中我们可以看出(一)-氟虫腈的降解半衰期($t_{1/2}$)是(十)- 氟虫腈的 0.86 倍,这表明(十)- 氟虫腈在心脏组织中降解慢于(一)-氟虫腈。

从肝脏组织中 EF 值随时间变化趋势图[图 3-71(b)]中,我们可以看出,在用药后 30 min,EF 值就已经偏离 0.5 而达到 0.59,已经有了显著性差异,随后 EF 值随时间增长也有所增加,大体在 0.59~0.66 之间上下波动,在 120 min 时达到最大 0.66。这表明氟虫腈的两对映体在肝脏组织中的降解是立体选择性的。

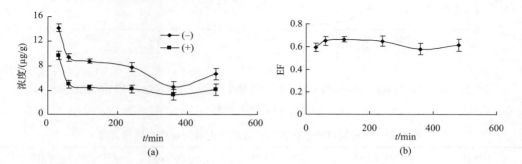

图 3-71　(a)氟虫腈对映体在大鼠肝脏中降解曲线;(b)大鼠肝脏中 EF 值变化动态(平均值±标准偏差)

以时间为横坐标,给药后不同时间的平均肝脏组织中代谢物浓度为纵坐标,得到大鼠灌胃氟虫腈外消旋体后其代谢物的浓度时间曲线,见图 3-72。从肝脏组织中代谢物浓度变化趋势可以看出,在用药后前 360 min,其浓度是逐渐增大的,在 360 min 时达到最大值,随后浓度逐渐降低,也是一个先富集后降解的过程。

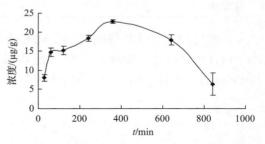

图 3-72　大鼠肝脏中氟虫腈代谢物药-时曲线
(平均值±标准偏差)

表 3-48　氟虫腈对映体在大鼠肝脏组织内消解动态的回归方程

对映体	回归方程	相关系数 R^2	半衰期/min	半衰期$_{(一)}$/半衰期$_{(十)}$
左旋体(一)	$y=14.17e^{-0.0028x}$	0.8740	247.50	0.86
右旋体(十)	$y=9.66e^{-0.0024x}$	0.6480	288.75	

3.5.8.3　氟虫腈对映体在肾脏组织中的降解

以时间为横坐标,给药后不同时间的肾脏组织中两对映体平均浓度为纵坐标,得到大鼠灌胃氟虫腈外消旋体后两对映体在肾脏组织中的降解曲线,见图 3-73(a)。从图中可以看出左右旋对映体均以相似的方式进行降解,在采样初期左旋体的含量高于其对映体,随时间变化又低于右旋体,最后又高于右旋体;两对映体含量在用药后初期差异相对明显,但随时间变化差异有先减小后增大的趋势。通过回归分析计算拟合发现,氟虫腈静脉给药后,两对映体在大鼠肾脏组织中的降解符合假一级降解动力学,实测值与理论计算值拟合良好,拟合方程及降解半衰期列于表 3-49。从表中我们可以看出(一)-氟虫腈的降解半衰期($t_{1/2}$)是(＋)-氟虫腈的 1.14 倍,这表明(一)-氟虫腈在肾脏组织中降解慢于其对映体。

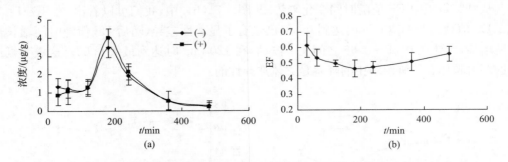

图 3-73　(a)氟虫腈对映体在大鼠肾脏中降解曲线;(b)大鼠肾脏中 EF 值变化动态
（平均值±标准偏差）

表 3-49　氟虫腈对映体在大鼠肾脏组织内消解动态的回归方程

对映体	回归方程	相关系数 R^2	半衰期/min	半衰期$_{(-)}$/半衰期$_{(+)}$
左旋体(一)	$y=3.46e^{-0.0086x}$	0.9860	80.58	1.14
右旋体(＋)	$y=3.99e^{-0.0098x}$	0.9924	70.71	

从肾脏组织中 EF 值随时间变化趋势图[图 3-73(b)]中,我们可以看出,在用药后 30 min,EF 值就已经偏离 0.5 而达到 0.61,且随时间增加有先减小后增大的趋势,在 180 min 时达到最小值 0.46,最后达到 0.56。这表明氟虫腈的两对映体在肾脏组织中的降解是立体选择性的。

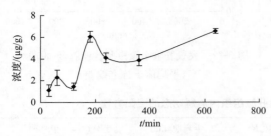

图 3-74　大鼠肾脏中氟虫腈代谢物药-时曲线
（平均值±标准偏差）

以时间为横坐标,给药后不同时间的肾脏组织中代谢物平均浓度为纵坐标,得到大鼠灌胃氟虫腈外消旋体后其代谢物在肾脏中的浓度时间变化曲线,见图 3-74。从肾脏组织中代谢物浓度变化趋势可以看出,代谢物浓度随时间变化大致是先增大后减小,然后又增大的过程。可见在所有取样点代谢物都处于富集的阶段。

3.5.8.4　氟虫腈对映体在脾组织中的降解

以时间为横坐标,给药后不同时间的脾脏组织中两对映体平均浓度为纵坐标,得到大鼠灌胃氟虫腈外消旋体后两对映体在脾脏组织中的降解曲线,见图 3-75(a)。从图中可以看出左右旋对映体均以相似的方式进行降解,且在每一个采样点(一)-氟虫腈的含量都高于(＋)-氟虫腈,两对映体含量在用药后初期即有差异,随时间变化差异先增大后减小。通过回归分析计算拟合发现,氟虫腈静脉给药后,两对映体在大鼠脾脏组织中的降解符合假一级降解动力学,实测值与理论计算值拟合良好,拟合方程及降解半衰期列于表 3-50。从表中我们可以看出(－)-氟虫腈的降解半衰期($t_{1/2}$)是(＋)-氟虫腈的 1.09 倍,这表明(－)-氟虫腈在脾脏组织中降解慢于(＋)-氟虫腈。

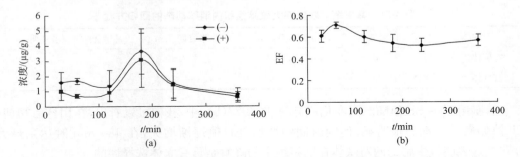

图 3-75　(a)氟虫腈对映体在大鼠脾脏中降解曲线;(b)大鼠脾脏中 EF 值变化动态
(平均值±标准偏差)

表 3-50　氟虫腈对映体在大鼠脾组织内消解动态的回归方程

对映体	回归方程	相关系数 R^2	半衰期/min	半衰期$_{(-)}$/半衰期$_{(+)}$
左旋体(－)	$y=3.64e^{-0.0081x}$	0.9308	85.56	1.09
右旋体(＋)	$y=3.05e^{-0.0088x}$	0.9734	78.75	

从脾脏组织中 EF 值随时间变化趋势图[图 3-75(b)]中,我们可以看出,在用药后 30 min,EF 值就已经偏离 0.5 而达到 0.61,随后 EF 值随时间增加先增加后又减小,而后又略有增加,但所有取样点的 EF 值都大于外消旋体的 EF 值 0.5。这表明氟虫腈的两对映体在脾脏组织中的降解是立体选择性的。

以时间为横坐标,给药后不同时间的脾脏组织中代谢物平均浓度为纵坐标,得到大鼠灌胃氟虫腈外消旋体后其代谢物在脾脏中的浓度时间变化曲线,见图 3-76。从脾脏组织中代谢物浓度变化趋势可以看出,代谢物浓度随时间变化的趋势是先增大后减小的,在 480 min 时达到最大,这表明在 480 min 前代谢物生成的速度要大于其降解的速度,是一个富集的过程。

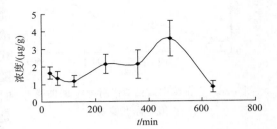

图 3-76　大鼠脾脏中氟虫腈代谢物药-时曲线
(平均值±标准偏差)

3.5.8.5　氟虫腈对映体在脑组织中的降解

以时间为横坐标,给药后不同时间的脑组织中两对映体平均浓度为纵坐标,得到大鼠灌胃氟虫腈外消旋体后两对映体在脑组织中的降解曲线,见图 3-77(a)。从图中可以看出左右旋对映体均以相似的方式进行降解,且在每一个采样点左旋体的含量都高于其对映体;两对映体含量在用药后初期略有差异,但随时间变化差异逐渐增大。通过回归分析计算拟合发现,氟虫腈静脉给药后,两对映体在大鼠脑组织中的降解符合假一级降解动力学,实测值与理论计算值拟合一般,拟合方程及降解半衰期列于表 3-51。从表中我们可以看出(一)-氟虫腈的降解半衰期($t_{1/2}$)是(+)-氟虫腈的 1.59 倍,这表明(+)-氟虫腈在脑组织中降解快于其对映体。

表 3-51　氟虫腈对映体在大鼠脑组织内消解动态的回归方程

对映体	回归方程	相关系数 R^2	半衰期/min	半衰期$_{(-)}$/半衰期$_{(+)}$
左旋体(一)	$y=3.16e^{-0.0044x}$	0.6608	157.50	1.59
右旋体(+)	$y=3.13e^{-0.0070x}$	0.8789	99.00	

从脑组织中 EF 值随时间变化趋势图[图 3-77(b)]中,我们可以看出,在用药后初期,EF 值偏离 0.5 不是很明显,但随时间的增加,EF 值逐渐增大,在 480 min 时达到最大 0.70。这表明氟虫腈的两对映体在脑组织中的降解是具有立体选择性的。

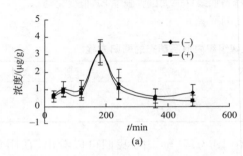
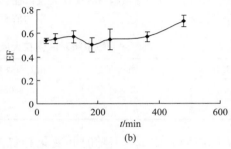

(a)　　　　　　　　　　　　(b)

图 3-77　(a)氟虫腈对映体在大鼠脑中降解曲线;(b)大鼠脑中 EF 值变化动态(平均值±标准偏差)

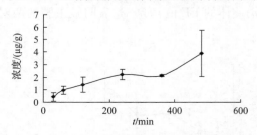

图 3-78　大鼠脑中氟虫腈代谢物药-时曲线
(平均值±标准偏差)

以时间为横坐标,给药后不同时间的脑组织中代谢物平均浓度为纵坐标,得到大鼠灌胃氟虫腈外消旋体后其代谢物在脑中的浓度时间变化曲线,见图 3-78。从脑组织中代谢物浓度变化趋势可以看出,代谢物浓度随时间变化的趋势是逐渐增加的,在 480 min 时达到最大,这表明代谢物在所有取样点都是一个富集的过程。

3.5.8.6　氟虫腈对映体在脂肪组织中的降解

以时间为横坐标,给药后不同时间的平均脂肪组织中两对映体浓度为纵坐标,得到大鼠灌胃氟虫腈外消旋体后两对映体在脂肪组织中的降解曲线,见图 3-79(a)。从图中可以看出左右旋对映体均以相似的方式进行降解,在 60 min 前,(一)-氟虫腈的浓度低于其对映体,之后则高于其对映体。通过回归分析计算拟合发现,氟虫腈静脉给药后,两对映体在大鼠脂肪组织中的降解符合假一级降解动力学,实测值与理论计算值拟合一般,拟合方程及降解半衰期列于表 3-52。从表中我们可以看出(—)-氟虫腈的降解半衰期($t_{1/2}$)是(＋)-氟虫腈的 1.60 倍,这表明(＋)-氟虫腈在脂肪组织中降解快于其对映体。

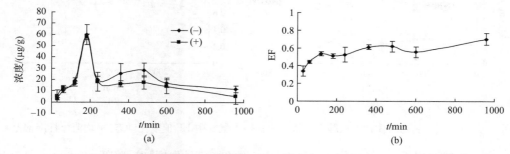

图 3-79　(a)氟虫腈对映体在大鼠脂肪中降解曲线;(b)大鼠脂肪中 EF 值变化动态
(平均值±标准偏差)

表 3-52　氟虫腈对映体在大鼠脂肪组织内消解动态的回归方程

对映体	回归方程	相关系数 R^2	半衰期/min	半衰期$_{(—)}$/半衰期$_{(+)}$
左旋体(—)	$y=59.85e^{-0.0015x}$	0.6194	462.00	
右旋体(＋)	$y=57.78e^{-0.0024x}$	0.7918	288.75	1.60

从脂肪组织中 EF 值随时间变化趋势图[图 3-79(b)]中,我们可以看出,在用药后初期,EF 值低于 0.5 为 0.34,随着时间增加 EF 值逐渐增大,最终超过 0.5,在 960 min 时达到最大 0.70。这表明氟虫腈的两对映体在脂肪组织中的降解是立体选择性的。

以时间为横坐标,给药后不同时间的脂肪中代谢物平均浓度为纵坐标,得到大鼠灌胃氟虫腈外消旋体后其代谢物在脂肪中的浓度时间变化曲线,见图 3-80。从脂肪中代谢物浓度变化趋势可以看出,代谢物浓度随时间变化的趋势是逐渐增加的,这表明代谢物在所有取样点都是一个富集的过程。

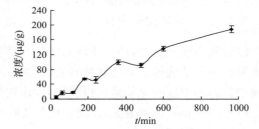

图 3-80　大鼠脂肪中氟虫腈代谢物药-时曲线
(平均值±标准偏差)

3.5.8.7　氟虫腈对映体在肺脏中的降解

以时间为横坐标,给药后不同时间的肺脏组织中两对映体平均浓度为纵坐标,得到大鼠灌胃氟虫腈外消旋体后两对映体在肺脏组织中的降解曲线,见图 3-81(a)。从图中可以看出左右旋对映体均以相似的方式进行降解,在 600 min 前,氟虫腈对映体的浓度是一直增加的,以后迅速减少。在所有取样点(—)-氟虫腈的浓度始终高于其对映体。

从肺脏组织中 EF 值随时间变化趋势图[图 3-81(b)]中,我们可以看出,在用药后30 min,EF 值与外消旋体 EF 值 0.5 相当,随着时间增加 EF 值逐渐增大,在 600 min 时达到最大 0.77。这表明氟虫腈的两对映体在肺脏组织中的降解是立体选择性的。

以时间为横坐标,给药后不同时间的肺脏中代谢物平均浓度为纵坐标,得到大鼠灌胃氟虫腈外消旋体后其代谢物在肺脏中的浓度时间变化曲线,见图 3-82。从肺脏中代谢物

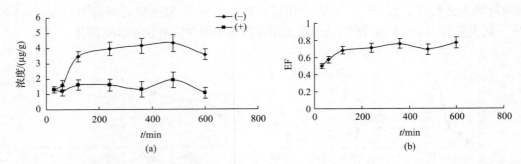

图 3-81　(a)氟虫腈对映体在大鼠肺中降解曲线;(b)大鼠肺中 EF 值变化动态(平均值±标准偏差)

浓度变化趋势可以看出,代谢物浓度随时间变化的趋势是先增加后降低,在 600 min 时达到最大,这表明代谢物在肺中是一个先富集后降解的过程。

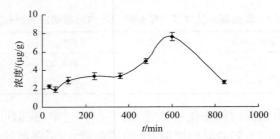

图 3-82　大鼠肺中氟虫腈代谢物药-时曲线(平均值±标准偏差)

3.5.8.8　其他组织中代谢物的浓度变化

以时间为横坐标,给药后不同时间的心脏和肉中代谢物平均浓度为纵坐标,得到大鼠灌胃氟虫腈外消旋体后其代谢物在心脏和肉中的浓度时间变化曲线,见图 3-83。从心脏和肉中代谢物浓度变化趋势可以看出,代谢物浓度随时间变化的趋势都是先增加后降低,在心脏中 180 min 达到最大,在肉中则是 480 min 达到最大,这表明代谢物在此两组织中都是先富集后降解的。

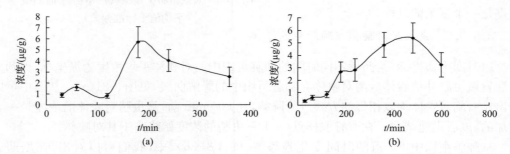

图 3-83　(a)大鼠心脏中氟虫腈代谢物药-时曲线;(b)大鼠肉中氟虫腈代谢物药-时曲线
(平均值±标准偏差)

3.5.8.9　氟虫腈对映体在大鼠不同组织中降解速度差异

氟虫腈对映体在大鼠各组织中的降解速度是有差异的,两对映体在各组织中的降解半衰期见图 3-84。由图可以看出,除了肝脏外,相对而言(+)-氟虫腈的降解半衰期要比其对映体小,这表明在这些组织中(+)-氟虫腈降解得要快些;两个对映体都是在肾中降解最快,在脂肪中降解最慢;(−)-氟虫腈在各种组织中的降解速度大小为:肾脏＞脾脏＞脑＞肝脏＞脂肪;而(+)-氟虫腈在肝脏和脂肪中的降解速度接近,其在各种组织中的降解速度大小为:肾脏＞脾脏＞脑＞肝脏、脂肪。

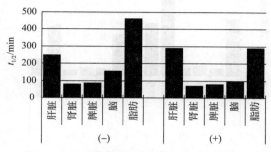

图 3-84　氟虫腈对映体在大鼠不同组织中
降解半衰期

3.5.8.10　氟虫腈对映体在大鼠不同组织中残留量差异

不同取样时间点氟虫腈对映体在各组织中的残留差异见图 3-85。由图可知在用药后 30 min,氟虫腈两对映体在肝脏中浓度明显大于其他组织,其次是脂肪,在脾、肺、脑和肾中的浓度相对较低;用药后 60 min,肝脏中的浓度虽然有所减少可仍然比较高,但脂肪中的浓度迅速上升已超过了肝脏中的浓度,其余组织中的浓度仍较低;用药后 120 min,

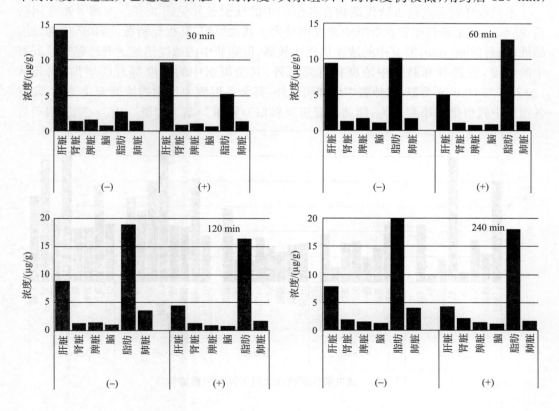

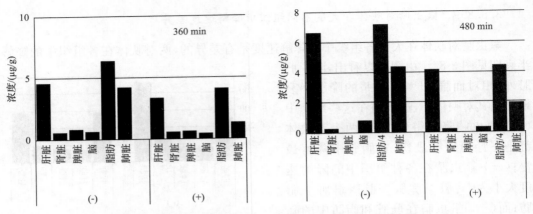

图 3-85　氟虫腈对映体在大鼠不同组织不同时间点残留差异

脂肪中的浓度仍在上升,肺脏中也有所增加,肝脏中继续减少,其余组织变化不大;此时(一)-氟虫腈在各组织中残留量大小顺序为:脂肪＞肝脏＞肺脏＞脾脏＞肾脏＞脑,(＋)-氟虫腈在各组织中残留量大小顺序为:脂肪＞肝脏＞肺脏＞肾脏＞脾脏＞脑;而用药后240 min、360 min、480 min 和 120 min 有些类似,脂肪和肺脏中的浓度上升,肝脏中减少,肾脏、脾脏、脑中先增大后减少,但浓度依然较低,480 min 时脾脏中已检测不到。

3.5.8.11　氟虫腈代谢物在大鼠不同组织中残留量差异

不同取样时间点氟虫腈代谢物在各组织中的残留差异见图 3-86。由图可知在用药后 30 min,氟虫腈代谢物在肝脏中浓度明显大于其他组织,其次是脂肪,脑和肉中的浓度最低;用药后 60 min,肝脏中的浓度仍然比较高,但脂肪中的浓度迅速上升已超过了肝脏中的浓度,除脾脏和肺脏中浓度稍有降低外,其余组织中的浓度都有所增加;用药后 120 min 与 60 min 类似,除肺脏中增加明显外,其余各组织中代谢物浓度变化不大,此时各组织中残留量大小顺序为:脂肪＞肝脏＞肺脏＞肾脏＞脑＞脾脏＞肉＞心脏;用药后

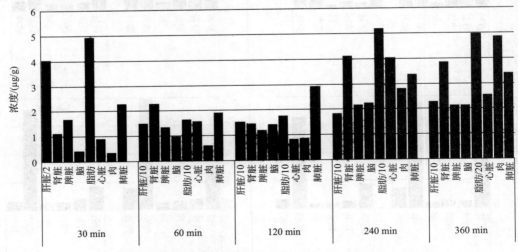

图 3-86　氟虫腈代谢物在大鼠不同组织残留差异

240 min 各组织中的浓度都有所增加,脂肪中最高,其次是肝脏,再就是肾脏、心脏和肺脏,肉、脑和脾中相对较低;用药后 360 min,心脏中的浓度开始下降,肉中浓度继续上升,其余组织变化不大,此时代谢物在各组织中残留量大小顺序为:脂肪＞肝脏＞肉＞肾脏＞肺脏＞心脏＞脑、脾。

3.5.8.12　氟虫腈对映体在大鼠体内不同样本中立体选择性差异

氟虫腈对映体在大鼠血浆及所有组织中都是有立体选择性行为的,图 3-87 中列出了在不同取样时间点,各样本中的 EF 值。从图中可以看出,在 30 min,血浆和脂肪的 EF 值是一致的,其值都低于 0.5,肺脏中约为 0.5,其余组织都高于 0.5;60 min 时,除肾脏 EF 值降低外,其余组织的 EF 值都有所增大,其中脾中最明显超过 0.7;120 min 时,肾脏的 EF 值降低到外消旋值 0.5,血浆和脾的 EF 值也较 60 min 有所降低,其余组织 EF 值继续增加;240 min 时,肝脏和脑中选择性最为明显,其他组织选择性有所降低;360～480 min,血浆的 EF 值变化不大,肺脏中稍降低一些,其他组织的 EF 值都在增加,到 480 min 时,氟虫腈对映体在血浆和所有组织中都有明显的立体选择性。

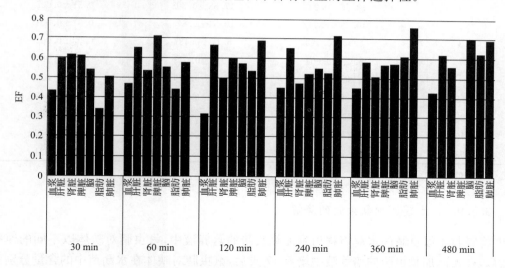

图 3-87　大鼠血浆及不同组织中 EF 值

3.5.9　氟虫腈在水葫芦中的选择性行为研究

3.5.9.1　氟虫腈吸收实验

在 CDMPC 手性色谱柱上由正己烷/异丙醇流动相洗脱,先流出(－)-R-氟虫腈,后流出(＋)-S-氟虫腈。该化合物在水葫芦中被迅速吸收并积累(表 3-53),EF 值在 1～63 d 从 0.30 变化至 0.72,有明显的选择性差异。对营养液中氟虫腈的残留量进行了分析,结果表明,EF 值约在 0.5(表 3-54)。因此,氟虫腈的对映体在水中的降解速率几乎相同,在水葫芦中的富集具有立体选择性,我们认为,植物酶系统在对映体选择性上起了一个重要和决定性的作用,而不是水环境。

表 3-53　氟虫腈及对映体在水葫芦内的浓度

天数/d	S-氟虫腈/(mg/kg)[a]	R-氟虫腈/(mg/kg)[a]	EF[a]
0	—	—	—
1	0.17±0.056	0.17±0.026	0.30±0.058
3	4.92±0.275	1.87±0.085	0.72±0.063
7	11.11±0.469	2.42±1.051	0.82±0.119
9	14.12±1.427	3.03±0.519	0.82±0.056
15	16.35±1.495	3.23±1.495	0.84±0.028
28	18.66±0.333	3.53±0.334	0.84±0.007
45	19.71±0.216	5.24±0.216	0.79±0.045
63	23.03±2.117	9.09±2.117	0.72±0.535

a. 平均值±SD

表 3-54　氟虫腈对映体在水中的浓度及 EF 值变化

天数/d	S-氟虫腈/(mg/kg)[a]	R-氟虫腈/(mg/kg)[a]	EF[a]
0	18.76±0.247	17.88±0.308	0.51±0.005
1	10.73±0.947	10.34±0.878	0.51±0.001
3	5.53±0.463	5.17±0.487	0.52±0.002
7	5.41±0.604	5.12±0.043	0.51±0.007
9	4.50±0.835	4.17±0.419	0.52±0.022
15	4.50±0.042	4.20±0.287	0.52±0.012
28	3.73±0.537	3.43±0.262	0.52±0.009
45	2.27±0.049	2.12±0.361	0.52±0.002
63	0.85±0.317	0.88±0.158	0.49±0.024

a. 平均值±SD

3.5.9.2　水葫芦中氟虫腈的降解

将吸收了氟虫腈的水葫芦移植到无氟虫腈的营养液中,氟虫腈对映体以不同的速率降解。在无添加氟虫腈的培养液中培养 17 天后,氟虫腈对映体在水葫芦中的含量分别下降了 92.22%(S-氟虫腈,从 23.03 mg/kg 下降到 1.79 mg/kg),82.07%(R-氟虫腈对映体,从 9.09 mg/kg 下降到 1.63 mg/kg),见表 3-55。

表 3-55　氟虫腈对映体降解及水葫芦内 EF 值变化动态

天数/d	S-氟虫腈/(mg/kg)[a]	R-氟虫腈/(mg/kg)[a]	EF[a]
0	23.03±0.304	9.09±0.134	0.72±0.011
1	12.05±1.182	6.31±1.201	0.66±0.037
2	10.62±0.904	5.53±0.128	0.66±0.136
3	9.67±1.225	5.48±0.924	0.64±0.010
7	6.56±0.956	3.53±0.108	0.65±0.037
17	1.79±0.112	1.63±0.087	0.52±0.005

a. 平均值±SD

氟虫腈对映体在水葫芦中的降解符合一级动力学方程,R^2 从 0.9478 到 0.9600（表 3-56）。

$$C_t = C_0 e^{-kt}$$

式中,C_t 和 C_0 表示在 t(d)和初始时氟虫腈的浓度(mg/kg),k 是降解速率常数。

S-体的降解方程为 $C = 16.064 e^{-0.1313t}$($R^2 = 0.9478, t_{1/2} = 5.28$ d)($k = 0.1313$),R-体的降解方程 $C = 7.3445 e^{-0.0996t}$($R^2 = 0.9600, t_{1/2} = 7.55$ d)($k = 0.0996$)。S-氟虫腈的半衰期为 5.28 d,R-氟虫腈的半衰期为 7.55 d,S-氟虫腈的降解速度比 R-氟虫腈快。EF 值从 0.72 到 0.52（见表 3-55）,结果表明 S-氟虫腈优先降解。

表 3-56　氟虫腈对映体在水葫芦中的降解回归方程

对映体	动力学方程[a]	R^2	半衰期/d
S-体	$C = 16.064 e^{-0.1313t}$	0.9478	5.28
R-体	$C = 7.3445 e^{-0.0996t}$	0.9600	7.55

a. 降解回归方程基于三个平行拟合

3.5.9.3　GC-MS 分析

氟虫腈代谢产物的 GC-MS 测定。如上所述的条件下,氟虫腈,MB46136 和 MB45950 检测样品中,它们的保留时间分别为 12.99 min（氟虫腈）、12.86 min（MB45950）和 13.85 min（MB46136）,而 RPA20766 和 MB46513 未检出,氟虫腈在水葫芦中的主要降解产物为 MB45950 和 MB46136。氟虫腈的降解途径,见图 3-88。

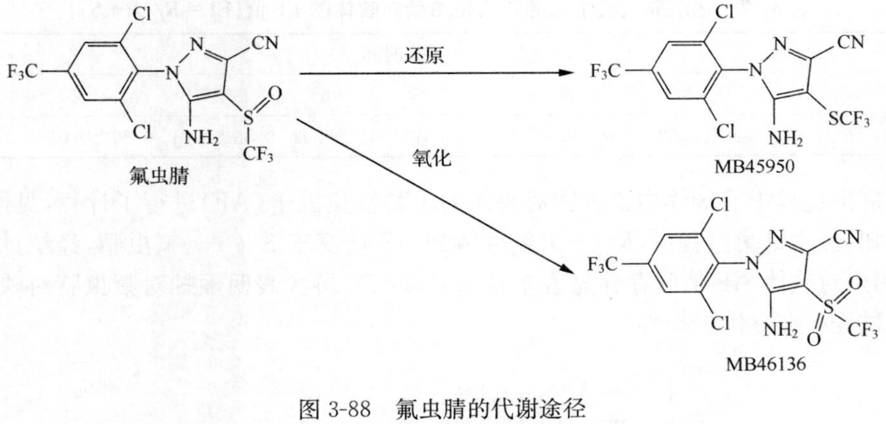

图 3-88　氟虫腈的代谢途径

3.5.10　氟虫腈在颤蚓体内的选择性行为研究

3.5.10.1　颤蚓经水暴露对氟虫腈的富集

本实验将颤蚓暴露在含氟虫腈外消旋体的水溶液中,半静态培养 9 d,测定了其间氟虫腈两个对映异构体在颤蚓体内的富集情况。利用高效液相色谱手性固定相法对供试颤蚓体内氟虫腈对映体的残留量进行了分析。结果表明,氟虫腈对映体在颤蚓体内的浓度在培养初期逐渐增加,5 d 后都达到了峰值。在培养 5～7 d 时间段内颤蚓体内氟虫腈的浓度有所降低,暴露 7 d 之后,颤蚓体内的农药浓度达到了稳定水平。氟虫腈经水在颤蚓的体内的富集曲线呈现单峰形态,见图 3-89(a)。

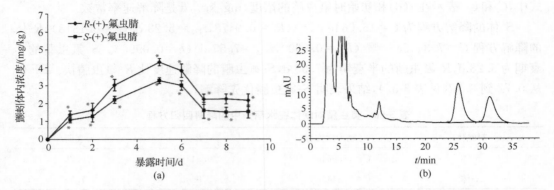

图 3-89　氟虫腈对映体经水暴露:(a)在颤蚓体内的富集曲线,(b)富集 2 d 典型色谱图

在整个富集过程中,颤蚓体内 R-(一)-氟虫腈的浓度一直高于 S-(＋)-氟虫腈。经统计学检测,R-体的浓度显著高于 S-体,见图 3-89(b)。因此氟虫腈经水在颤蚓体内发生了立体选择性富集。

测定了富集过程中颤蚓体内氟虫腈对映体 EF 的值变化,经 t 检验显示,颤蚓体内 EF 偏离显著了 0.5 ($p<0.05$)。表明颤蚓经水对氟虫腈对映体的富集存在显著的立体选择性,R-(一)-氟虫腈被优先富集。EF 值具体测定结果见表 3-57。

表 3-57　水培养试验中颤蚓体内氟虫腈对映体的 EF 值(EF＝$R/(R+S)$)

	暴露时间/d							
	1	2	3	4	5	6	7	8	9
EF	0.56±0.01	0.56±0.02	0.58±0.02	0.57±0.01	0.56±0.02	0.58±0.01	0.60±0.01	0.59±0.02

对富集过程中颤蚓体内氟虫腈对映体的生物富集因子(AF)进行了计算,见图 3-90。由图得知,经水富集过程中,R-(一)-氟虫腈的 AF 值高于 S-(＋)-氟虫腈,经统计学检验得出,两个对映体 AF 值间存在显著差异($p<0.05$),再次表明颤蚓对氟虫腈对映体的经水富集过程存在立体选择性。

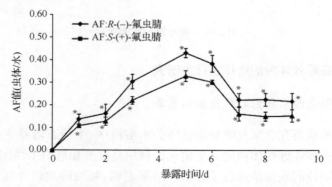

图 3-90　经水富集过程中颤蚓体内氟虫腈对映体的 AF 值变化

3.5.10.2　颤蚓经土壤暴露对氟虫腈的富集

本实验中采用有机质含量高的森林土对颤蚓自然生长条件中的底层沉积物进行了模拟,将颤蚓暴露在含氟虫腈外消旋体的土壤中,加入干净的自来水,暴露培养共持续 14 d,测定期间氟虫腈两个对映异构体在颤蚓体内的富集情况。经样品检测分析后发现,氟虫腈可迅速被颤蚓富集。在暴露 1 d 后颤蚓体内 R-体及 S-体的浓度分别达到了 2.90 mg/kg 和 2.15 mg/kg。随后 3 天中颤蚓对氟虫腈两个对映体的富集呈现缓慢增长的趋势。在第 4 天虫体浓度达到第一个峰值后出现了明显的下降,随后又恢复到逐渐增长的模式。颤蚓经土培养对氟虫腈对映异构体的富集呈现双峰型的富集曲线,见图 3-91(a)。

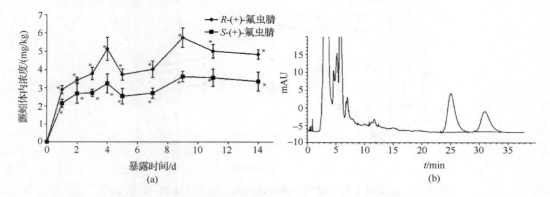

图 3-91　氟虫腈对映体经土壤暴露:(a)在颤蚓体内的富集曲线,(b)富集 2 d 典型色谱图

在整个富集过程中,颤蚓体内 R-体的浓度一直高于 S-体,见图 3-91。经统计学检测得出 R-体的浓度显著高于 S-体的浓度,氟虫腈在颤蚓体内的富集表现出了对映体立体选择性。在土壤染毒培养实验中,颤蚓对氟虫腈的富集既可以通过皮肤接触,同时又可以通过取食作用经肠胃吸收。在本处理中氟虫腈对映异构体的立体选择性方向同水培养实验一致,均为 R-体的浓度显著高于 S-体的浓度,R-体被优先富集。但是经土壤染毒暴露后,氟虫腈对映异构体在颤蚓体内选择性富集的水平高于经水富集的结果。对比结果表明颤蚓对氟虫腈对映体选择性富集的水平受培养条件的影响。不同培养条件代表了颤蚓不同的富集途径。在染毒水培养实验中,颤蚓主要通过皮肤接触来富集环境中的氟虫腈。而在染毒土壤培养实验中,颤蚓对氟虫腈的富集既可以通过皮肤接触富集,又可以通过取食富集。在土壤染毒培养实验中,氟虫腈进入颤蚓体内的途径多于经水培养,而不同的富集途径可能对应不同的酶、载体等。富集途径的增多可能就意味着手性选择因子的增加,因此在经土培养实验中颤蚓体内氟虫腈对映体的选择性表现出了较高的水平。

对整个富集过程中颤蚓体内氟虫腈对映体的 EF 值变化进行了测定,结果经 t 检验显示,颤蚓体内 EF 显著偏离了 0.5($p<0.05$)。表明颤蚓经染毒土暴露后对氟虫腈对映体的富集存在显著的立体选择性,其中 R-体被优先富集导致 EF 偏离 0.5 向 1 方向变化。EF 值具体测定结果见表 3-58。

表 3-58　土壤染毒培养试验中颤蚓体内氟虫腈对映体的 EF 值（EF＝$R/(R+S)$）

	暴露时间/d								
	1	2	3	5	6	7	9	11	14
EF	0.57±0.02	0.56±0.01	0.58±0.03	0.61±0.05	0.59±0.03	0.60±0.04	0.613±0.05	0.58±0.03	0.59±0.01

计算了富集过程中氟虫腈对映体在颤蚓体内的生物富集因子（AF），计算结果见图 3-92。由图得知，在染毒土壤培养过程中，颤蚓体内 R-（－）-氟虫腈的 AF 值高于 S-（＋）-氟虫腈，经统计学检验得出，两个对映体 AF 值间存在显著差异（$p<0.05$），再次验证在染毒土培养实验中颤蚓对氟虫腈对映体的富集过程存在立体选择性。

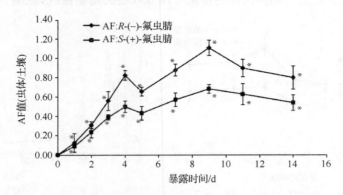

图 3-92　经染毒土培养过程中颤蚓体内氟虫腈对映体的 AF 值变化

3.5.10.3　颤蚓对氟虫腈环境行为的影响

在染毒土培养实验中，除实验组外还设置了对照组。在对照组中加入了与实验组相同的染毒土壤及干净水，但未加颤蚓，其他培养条件与实验组一致。设置对照组的目的是检测在没有颤蚓加入的体系中，氟虫腈在土壤中的降解及其在土壤和上层水两相的分配情况，并与实验组土壤和上层水数据比较，探索颤蚓对水生系统中氟虫腈环境行为的影响。测定结果发现，在整个培养实验中处理组及对照组的土壤和上层水样本均检测到了氟虫腈的残留，但该农药在土壤中的降解和分布过程中并未发现对映体之间存在立体选择性。

在处理组和对照组的上层水中均检测到了氟虫腈，表明氟虫腈可以自发地从土壤向水相扩散。对照组上层水中待测农药的浓度在整个实验过程中基本保持恒定，测得外消旋体氟虫腈的平均含量为 1.02 mg/L。处理组上层水中氟虫腈含量随时间呈现出先增大后减小的趋势，并且测得处理组中氟虫腈的浓度显著高于同时间点取样的对照组，处理组中外消旋氟虫腈的浓度为 1.43～2.12 mg/L。上层水测定结果表明颤蚓的存在有助于氟虫腈从底层染毒土壤向上层水分布。具体测定结果见图 3-93(a)。

检测了氟虫腈在染毒土壤中的降解情况。结果发现在对照土壤中氟虫腈随时间发生了缓慢的降解，而处理组中氟虫腈呈现出快速降解的趋势。在第 3 天的检测中即发现氟虫腈从原始 50.0 mg/kg 的添加浓度降解到 10.3 mg/kg，表明颤蚓的存在可显著加速氟虫腈在土壤中的降解。具体结果见图 3-93(b)。氟虫腈对映体处理组土壤中典型色谱图如图 3-94 所示。

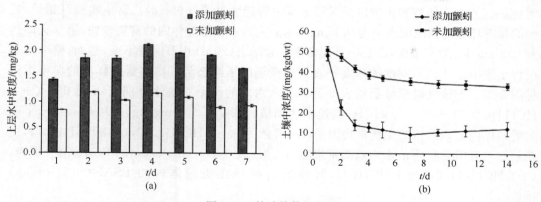

图 3-93 外消旋体氟虫腈

（a）在实验组和对照组上层水中的分布情况图；（b）在实验组和对照组土壤中的降解情况

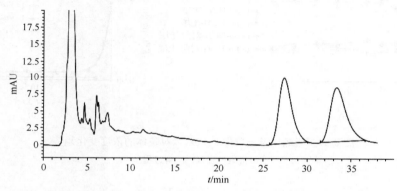

图 3-94 处理组土壤中（3 d）氟虫腈对映体典型色谱图

3.6 α-六六六

六六六（hexachlorocyclohexane，HCH），又称六氯环己烷、氯化苯，分子式为 $C_6H_6Cl_6$。有 α、β、γ、δ、ε、η、θ、ζ 共 8 种同分异构体，主要存在前 5 种。六六六对昆虫有触杀、熏蒸和胃毒作用，其中 γ-体也叫林丹，杀虫效力最高，而 β-体和 δ-体最稳定，几乎不降解。α-六六六化学结构式见图 3-95。

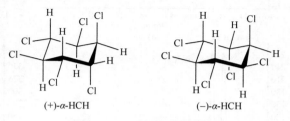

(+)-α-HCH   (−)-α-HCH

图 3-95 α-六六六化学结构

3.6.1 α-六六六在蚯蚓体内的选择性行为研究

3.6.1.1 α-六六六对映体在蚯蚓体内的富集行为

富集实验进行到第 17 天时蚯蚓的体重减少了 20%，整个过程未见蚯蚓死亡。富集

实验 α-六六六在蚯蚓和土壤以及对照土壤中的趋势见图 3-96（a）。富集实验开始后，蚯蚓的暴露环境药物浓度水平为 0.1 mg/kg，α-六六六在蚯蚓体内的富集较快，第 5 天即达到 0.2 mg/kg 的高浓度，之后一直到富集实验结束（20 d）几乎保持不变，然而，整个富集过程土壤中 α-六六六对映体浓度一直保持微弱的下降态势。富集蚯蚓样本的典型图谱见图 3-97。非线性模拟显示见表 3-59。α-六六六的两个对映体分别以 0.80 d^{-1}［（＋）-HCH]和 0.74 d^{-1}［（－）-HCH]的速率达到最大浓度 0.102 mg/kg、0.109 mg/kg，平衡时蚯蚓体内 α-六六六的生物富集因子（BAF）值为：（＋）-HCH：2.82，（－）-HCH：2.75，说明蚯蚓对有机氯农药 α-六六六的富集能力一般（表 3-60）。α-六六六的 BSAF 值分别为：（＋）-HCH：11.6，（－）-HCH：11.3，该值与林丹在蚯蚓体内的 BSAF（9.5～12.5）接近[1]。

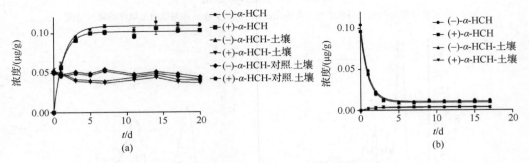

图 3-96　蚯蚓以及土壤中 α-六六六对映体的浓度变化趋势
（a）富集过程；（b）降解过程

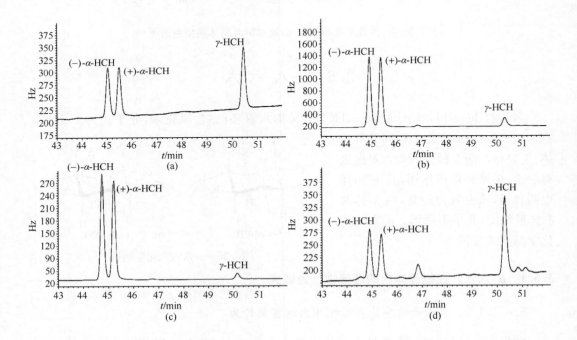

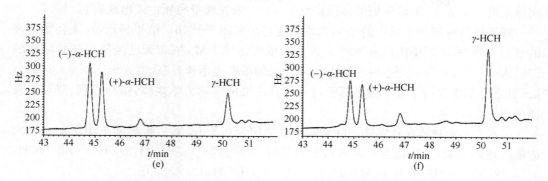

图 3-97　α-六六六对映体分析典型气相色谱图

(a) 标准溶液(α-六六六 0.1 μg/mL, γ-六六六 0.05 μg/mL); (b) 17 天对照土; (c) 富集第 17 天蚯蚓;
(d) 富集第 17 天土壤; (e) 降解 17 天蚯蚓; (f) 降解第 17 天土壤

表 3-59　富集和降解过程 α-六六六浓度随时间变化的动力学模拟结果

等式	对映体	(C_m/C_o)/(mg/kg)	(k_e/k_s)/d^{-1}	R^2
富集:蚯蚓	(+)-α-HCH	0.102	0.80	0.99
$C_t=C_m[1-\exp(-k_e x)]$	(−)-α-HCH	0.110	0.74	0.99
降解:土壤	(+)-α-HCH	0.004	1.00	0.84
$C_t=C_m[1-\exp(-k_e x)]$	(−)-α-HCH	0.004	0.75	0.99
降解:蚯蚓	(+)-α-HCH	0.087	0.99	1.00
$C_t=C_0\exp(-k_s x)+Plateau$	(−)-α-HCH	0.094	0.99	1.00

表 3-60　α-六六六对映体在蚯蚓体内的生物富集因子

实验阶段	对映体	BAF	BSAF
富集过程	(+)-α-HCH	2.82	11.6
	(−)-α-HCH	2.75	11.3
降解过程	(+)-α-HCH	3.08	12.4
	(−)-α-HCH	3.01	12.7

　　同时,富集实验结束时培养蚯蚓的土壤中 α-六六六的浓度为开始时的 75.5%,相比不加蚯蚓的对照土壤中为 83.3%,说明蚯蚓对 α-六六六的吸收弱于因挥发和微生物降解引起的损失量。因此,蚯蚓对百望山土壤中添加的 α-六六六的修复作用有限。而最近的一项研究表明,通过避光培养实验发现微生物降解则是 α-六六六降解的一个重要途径[2]。

3.6.1.2　α-六六六对映体在蚯蚓体内的降解行为

　　降解实验零点的蚯蚓为富集实验培养至第 11 天的蚯蚓,其体内的 α-六六六浓度已达到平衡,为 0.2 mg/kg,将该蚯蚓转至没有药剂的空白土壤,间隔取样后测定 α-六六六对映体浓度。培养 17 天后蚯蚓的体重降低了 23%，未发现蚯蚓死亡或出现病态。

降解过程蚯蚓和土壤中的 α-六六六浓度趋势见图 3-96(b)，结果显示，在无药剂处理的空白土壤中，蚯蚓体内已富集的 α-六六六浓度迅速下降，第 3 天已经降至初始浓度的 5%，为 0.025 mg/kg，而空白土壤中 α-六六六的浓度也迅速升高，第 3 天达到 0.004 mg/kg，且之后基本保持不变。整个降解过程符合一级反应动力学规律，拟合方程、降解半衰期等列于表 3-59。

α-六六六对映体在蚯蚓体内降解的半衰期均为 0.7 d，3 d 后蚯蚓和土壤中 α-六六六的浓度达到平衡，平衡状态下 α-六六六的 BAF 分别为（＋）-α-HCH：3.08，（－）-α-HCH：3.01，BSAF 值分别为（＋）-α-HCH：12.4，（－）-α-HCH：12.7。

3.6.1.3　α-六六六对映体在蚯蚓和土壤中的立体选择性

蚯蚓富集和降解过程中土壤和蚯蚓体内的 α-六六六对映体 EF 值变化趋势见图 3-98，富集过程中，蚯蚓体内的 α-六六六 EF 值从 0.501±0.001 逐渐减小到 0.490±0.002，土壤中 EF 值从 0.499±0.003 减小到 0.487±0.001，而对照土中 EF 值略微低于 0.5，从开始的 0.499±0.003 到富集平衡时的 0.492±0.003。在降解实验中，蚯蚓体内的 α-六六六 EF 值从第 1 天的 0.490±0.003 降低到第 17 天的 0.465±0.003，土中 EF 值从第 1 天的 0.484±0.003 降到第 17 天的 0.469±0.001。

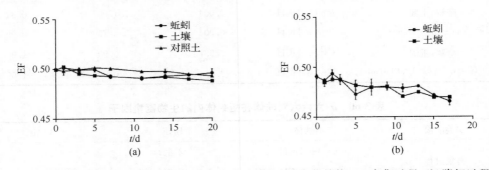

图 3-98　蚯蚓、土壤以及对照土中 α-六六六对映体的 EF 变化趋势：(a)富集过程；(b)降解过程

富集和降解过程中蚯蚓、土壤中 α-六六六的 EF 值小于 0.5 且持续降低表明，α-六六六在蚯蚓-土壤系统中存在明显的立体选择性，蚯蚓对（＋）-α-六六六的降解速率比其（－）-α-六六六快，导致右旋体优先降解，左旋体相对过量。尤其到降解实验后期更为明显，平衡状态下蚯蚓体内的（－）-α-六六六量显著高于（＋）-α-六六六，残留物以（－）-α-六六六为主。

3.7　噻 螨 酮

噻螨酮(hexythiazox)，又名尼索朗，是一种噻唑烷酮类新型杀螨剂，低毒，对植物表皮层具有较好的穿透性，但无内吸传导作用。对多种植物害螨具有强烈的杀卵、杀幼螨的特性，对成螨无效。以叶螨防效好，对锈螨、瘿螨防治效较差。防治苹果树的苜蓿红蜘蛛、山楂红蜘蛛、苹果全爪螨,化学名称为(4RS,5RS)-5-(4-氯苯基)-N-环己基-4-甲基-2-氧代-1,3-噻唑烷-3羧酰胺,分子中虽然具有两个手性中心,但工业品中只含有反式结构的一对对映体,化学结构式如图 3-99所示。

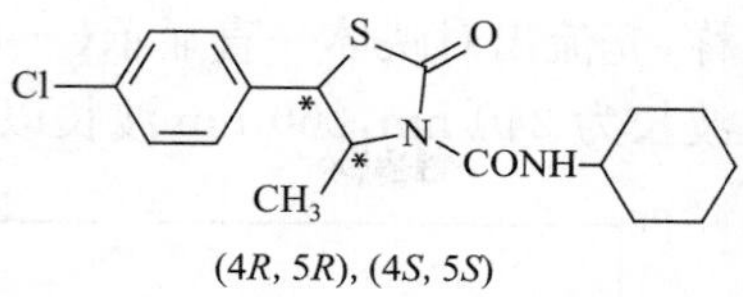

(4R, 5R), (4S, 5S)

图 3-99　噻螨酮化学结构式

3.7.1　噻螨酮在正相 ADMPC 手性固定相上的拆分

3.7.1.1　色谱条件

Agilent 1100 高效液相色谱仪及 JASCO 2000 高效液相色谱仪(主要用于对映体出峰顺序的确定及圆二色特性的研究)。直链淀粉-三(3,5-二甲基苯基氨基甲酸酯)(ADMPC)色谱柱(自制)250 mm×4.6 mm I. D.,流动相为正己烷/异丙醇,检测波长230 nm,流速 1.0 mL/min,考察温度的影响所涉及的范围为 0~40 ℃。除了考察温度对拆分的影响实验外,其他操作均在室温下进行。

3.7.1.2　噻螨酮对映体的拆分结果

噻螨酮对映体在 ADMPC 手性固定相上通过减少异丙醇的含量可实现基线分离,拆分结果如表 3-61,检测波长 230 nm,在正己烷流动相中异丙醇含量为 0.5%时分离度为1.75,图 3-100 为优化条件下的拆分色谱图。

表 3-61　噻螨酮对映体的拆分结果

异丙醇含量/%	k_1	k_2	α	R_s
5	4.45	4.73	1.06	0.64
2	7.06	7.76	1.10	0.96
1	8.27	9.20	1.11	1.34
0.5	18.48	21.59	1.17	1.75

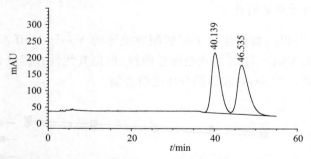

图 3-100　噻螨酮对映体的色谱拆分图(正己烷/异丙醇=99.5/0.5,230 nm,室温)

3.7.1.3　圆二色特性研究

从噻螨酮两对映体的圆二色扫描图(图 3-101)可见,两对映体对左右旋光的吸收差值正好相反,具有很好的对称性,显示在扫描图上即 CD 信号随波长的变化以"0"刻度线对称,先流出对映体一直显示(一)CD 吸收,后流出对映体一直响应(＋)CD 吸收,最大吸收波长为 240 nm,260 nm 波长以后,基本无 CD 吸收。

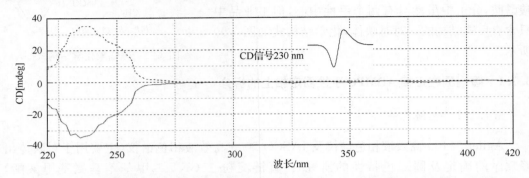

图 3-101　噻螨酮对映体的圆二色色谱图(实线表示先流出对映体,虚线表示后流出对映体)

3.7.1.4　温度对拆分的影响

在正己烷/异丙醇(99/1)流动相中考察了 0～40 ℃ 范围内温度对拆分的影响,噻螨酮对映体受温度的影响不显著,如表 3-62 所示,在 0 ℃ 时 k_1、α 和 R_s 分别为 9.70、1.14 和 1.09,而当温度升高到 40 ℃ 时,其值分别为 7.15、1.10 和 1.04。

表 3-62　温度对噻螨酮对映体手性拆分的影响(正己烷/异丙醇＝99/1)

温度/℃	k_1	k_2	α	R_s
0	9.70	11.02	1.14	1.09
10	8.75	9.75	1.11	1.07
20	8.27	9.20	1.11	1.16
30	7.57	8.34	1.10	1.10
40	7.15	7.84	1.10	1.04

3.7.1.5　热力学参数的计算

依据温度实验所得的数据绘制了噻螨酮对映体的 Van't Hoff 曲线,如图 3-102 所示,噻螨酮对映体的 Van't Hoff 曲线是线性曲线,根据其线性方程可计算与温度相关的热力学参数,列于表 3-63 中,对映体的分离受焓控制。

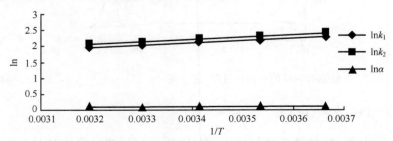

图 3-102　噻螨酮对映体的 Van't Hoff 曲线(正己烷/异丙醇＝99/1)

表 3-63 噻螨酮对映体拆分的热力学参数(正己烷/异丙醇＝99/1)

对映体	$\ln k = -\Delta H/RT + \Delta S^*$	$\Delta H/$ (kJ/mol)	ΔS^*	$\ln\alpha = \Delta_{R,S}\Delta H/RT + \Delta_{R,S}\Delta S/RT$	$\Delta\Delta H/$ (kJ/mol)	$\Delta\Delta S/$ [J/(mol·K)]
−	$\ln k_1 = 646.271/T - 0.10$ (R=0.9971)	−5.37	−0.10	$\ln\alpha = 71.521/T - 0.14$ (R=0.9557)	−0.60	−1.16
＋	$\ln k_2 = 717.79/T - 0.24$ (R=0.9953)	−5.97	−0.24			

3.7.2 噻螨酮在 (R,R) Whelk-O 1 手性固定相上的拆分

3.7.2.1 噻螨酮对映体的拆分结果及醇含量的影响

表 3-64 为正己烷体系下六种醇(乙醇、丙醇、异丙醇、丁醇、异丁醇、戊醇)及其含量对噻螨酮对映体拆分的影响,检测波长 225 nm,流速 1.0 mL/min。所有的醇都可以实现噻螨酮对映体的基线分离,其中在异丁醇含量为 5% 时有最大的分离因子($\alpha=1.31$),在异丙醇含量为 5% 时有最大的分离度($R_s=2.59$)。随着流动相中极性醇含量的减少,对映体的保留增强,分离因子和分离度增大。图 3-103 为噻螨酮对映体的拆分色谱图。

表 3-64 噻螨酮对映体的拆分结果及醇的影响

含量/%	乙醇			丙醇			异丙醇			丁醇			异丁醇			戊醇		
	k_1	α	R_s	k_1	α	R_s	k_1	α	R_s	k_1	α	R_s	k_1	α	R_s	k_1	α	R_s
5	3.28	1.26	2.08	3.59	1.27	2.11	5.03	1.30	2.59	3.67	1.28	2.13	5.69	1.31	2.26	5.23	1.29	2.17
10	2.84	1.24	1.89	2.99	1.24	1.97	3.46	1.27	2.22	3.04	1.26	1.99	4.02	1.29	2.13	3.79	1.27	2.07
15	1.96	1.24	1.54	2.12	1.24	1.60	2.47	1.25	1.87	2.28	1.24	1.61	3.12	1.28	1.69	2.87	1.25	1.65
20	1.48	1.22	1.21	1.65	1.23	1.36	1.98	1.24	1.65	1.79	1.23	1.40	2.75	1.27	1.57	2.24	1.24	1.49
25	1.25	1.22	1.02	1.38	1.22	1.09	1.66	1.23	1.49	1.53	1.22	1.12	2.07	1.27	1.28	1.82	1.23	1.17
30	1.10	1.21	0.94	1.19	1.22	0.98	1.42	1.22	1.37	1.26	1.22	1.01	1.74	1.26	1.09	1.61	1.22	1.05
40	0.84	1.20	0.79	0.97	1.21	0.87	1.18	1.21	1.01	1.01	1.21	0.88	1.49	1.24	0.97	1.33	1.20	0.89

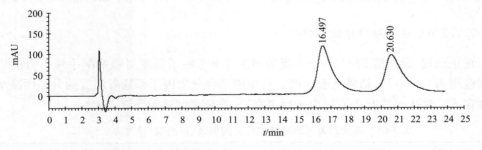

图 3-103 噻螨酮对映体的色谱拆分图(正己烷/异丙醇＝95/5,室温,225 nm)

3.7.2.2　圆二色特性研究

噻螨酮对映体的圆二色扫描图如图 3-104 所示,在 $220 \sim 280$ nm 波长范围内先流出对映体为(一)CD 信号(实线),后流出对映体响应(十)CD 信号(虚线),两对映体的 CD 吸收信号以"0"刻度线对称,最大 CD 吸收为 240 nm,280 nm 后两对映体基本无 CD 吸收。

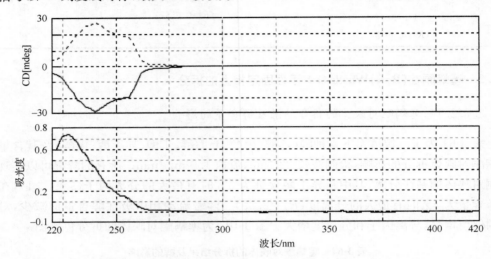

图 3-104　噻螨酮两对映体的 CD 和 UV 扫描图(实线和虚线分别代表先后流出对映体)

本小节中利用 240 nm 处的 CD 信号来标识噻螨酮对映体的流出顺序,即先流出异构体为(一),后流出为(十)。噻螨酮的 CD 色谱图见图 3-105。

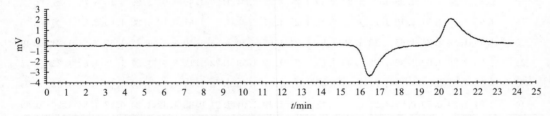

图 3-105　噻螨酮对映体的 CD 色谱图[正己烷/异丙醇$=95/5(v/v)$,1.0 mL/min,240 nm,室温]

3.7.2.3　温度对拆分的影响

在正己烷/异丙醇 $85/15(v/v)$ 流动相条件下考察了温度对噻螨酮手性拆分的影响,温度范围为 $0 \sim 50$ ℃,结果见表 3-65。容量因子和分离因子都随着温度的升高而减小,分离度在 5 ℃时达到最大,0 ℃时由于峰展宽,导致分离度反而下降。

表 3-65　温度对噻螨酮对映体拆分的影响(正己烷/异丙醇$=85/15$)

温度/℃	k_1	k_2	α	R_s
0	4.306	5.520	1.28	1.97
5	3.915	4.996	1.28	2.00

续表

温度/℃	k_1	k_2	α	R_s
10	3.380	4.243	1.26	1.94
15	2.999	3.749	1.25	1.98
20	2.599	3.233	1.24	1.85
25	2.375	2.915	1.23	1.75
30	2.214	2.700	1.22	1.84
35	2.082	2.526	1.21	1.77
40	1.926	2.327	1.21	1.66
45	1.663	1.996	1.20	1.44
50	1.562	1.860	1.19	1.43

3.7.2.4　热力学参数的计算

通过考察温度对噻螨酮手性拆分的影响,绘制了线性 Van't Hoff 曲线(图 3-106),线性方程和熵焓参数见表 3-66,在噻螨酮对映体的拆分过程中,焓变起到了主要的作用。

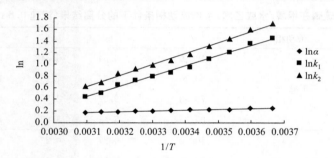

图 3-106　噻螨酮对映体的 Van't Hoff 曲线(正己烷/异丙醇＝85/15)

表 3-66　噻螨酮对映体的热力学参数(正己烷/异丙醇＝85/15)

对映体	$\ln k=-\Delta H/RT+\Delta S^*$	$\Delta H/$ (kJ/mol)	ΔS^*	$\ln\alpha=\Delta_{R,S}\Delta H/RT+\Delta_{R,S}\Delta S/RT$	$\Delta\Delta H/$ (kJ/mol)	$\Delta\Delta S/$ [J/(mol·K)]
$E_1(-)$	$\ln k_1=1782/T-5.079$ ($R^2=0.9931$)	-14.816	-5.079	$\ln\alpha=129.8/T-0.227$ ($R^2=0.9894$)	-1.079	-1.887
$E_2(+)$	$\ln k_2=1911.8/T-5.306$ ($R^2=0.9937$)	-15.895	-5.306			

3.8　水胺硫磷

水胺硫磷(isocarbophos)为广谱高毒杀虫剂,具有触杀、胃毒和杀卵作用。在昆虫体内首先被氧化成毒性更大的水胺氧磷,抑制昆虫体内乙酰胆碱酯酶,在土壤中持久性差,

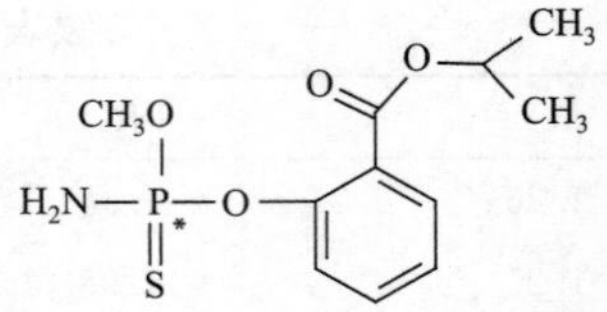

图 3-107　水胺硫磷化学结构式

易于分解。水胺硫磷对螨类、鳞翅目、同翅目具有很好防效。主要用于防治果树红蜘蛛、介壳虫和水稻、棉花害虫。化学名称为 O-甲基-O-(邻-异丙氧基羰基苯基)硫代磷酰胺,其手性源于手性磷原子,有两个对映异构体,一个手性中心,结构如图 3-107 所示。

3.8.1　水胺硫磷在反相 CDMPC 手性固定相上的拆分

3.8.1.1　色谱条件和色谱计算

色谱柱:CDMPC 手性柱,250 mm×4.6 mm I.D.(实验室自制);流动相为不同比例的甲醇/水或乙腈/水,温度对拆分影响在 0~40 ℃之间,其他实验在室温进行,流速 0.8 mL/min,进样量 10 μL,检测波长 230 nm,样品浓度大约为 100 mg/L。

3.8.1.2　流动相组成对手性拆分的影响

流动相组成对水胺硫磷的手性拆分结果如表 3-67 所示,最佳色谱拆分结果如图 3-108 所示。

表 3-67　水胺硫磷在甲醇/水或乙腈/水作流动相条件下的分离结果(流速 0.8 mL/min,室温)

化合物	流动相	v/v	k_1	k_2	α	R_s
水胺硫磷	甲醇/水	100/0	0.34	0.34	1.00	—
		80/20	1.07	1.19	1.11	0.47
		70/30	2.32	2.59	1.12	1.15
		65/35	3.41	3.83	1.13	1.33
	乙腈/水	100/0	0.27	0.27	1.00	—
		70/30	0.53	0.53	1.00	—
		60/40	1.04	1.09	1.04	0.48
		50/50	2.35	2.48	1.05	0.76
		40/60	6.38	6.77	1.06	0.94

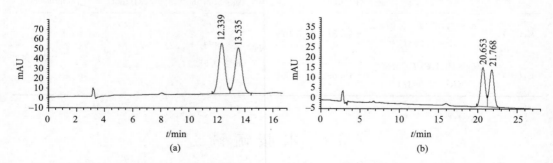

图 3-108　水胺硫磷在 CDMPC 上反相条件下的拆分色谱图(流速:0.8 mL/min,室温)
(a) 甲醇/水(65/35,v/v);(b) 乙腈/水(40/60,v/v)

3.8.1.3　温度对手性拆分的影响

温度对水胺硫磷的手性拆分结果如表 3-68 所示，不同温度条件下的拆分结果如图 3-109 所示。Van't Hoff 曲线见图 3-110。根据线性 Van't Hoff 方程可计算出焓变、熵变等热力学参数，结果列于表 3-69。

表 3-68　在 CDMPC 上温度对水胺硫磷拆分的影响

温度/℃	流动相	v/v	k_1	k_2	α	R_s
0			2.18	2.52	1.15	1.17
5			2.08	2.39	1.15	1.16
10	甲醇/水	75/25	1.94	2.21	1.14	1.17
20			1.62	1.84	1.14	1.21
30			1.37	1.53	1.11	1.03
40			1.18	1.30	1.10	0.93
0			2.65	2.83	1.07	0.85
5			2.64	2.82	1.06	0.85
10	乙腈/水	50/50	2.60	2.76	1.06	0.83
20			2.37	2.50	1.05	0.76
30			2.14	2.25	1.05	0.70
40			1.90	1.98	1.04	0.59

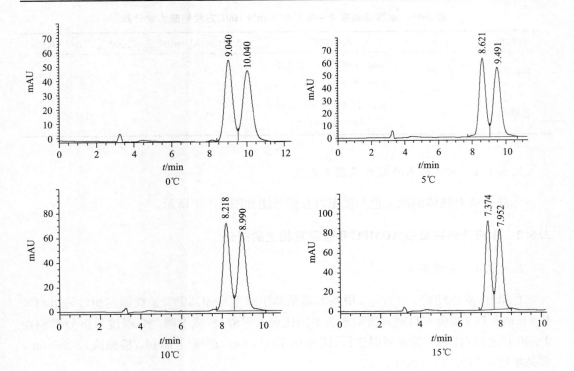

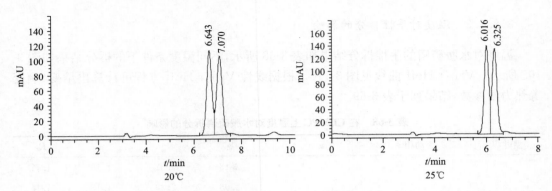

图 3-109　水胺硫磷在 CDMPC 上不同温度下的拆分色谱图(甲醇/水＝75/25,v/v,流速 0.8 mL/min)

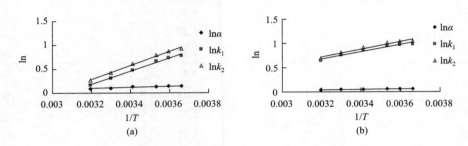

图 3-110　水胺硫磷的 Van't Hoff 曲线

(a) 甲醇/水＝75/25,v/v;(b) 乙腈/水＝50/50,v/v

表 3-69　水胺硫磷在 0~40℃ 的 Van't Hoff 方程和热力学计算

流动相	v/v	线性方程	$\Delta\Delta H^{\circ}/$ (kJ/mol)	$\Delta\Delta S^{\circ}/$[J/(mol·K)]
甲醇/水	75/25	$\ln\alpha=106.01/T-0.242$ ($R^2=0.9224$)	−0.88	−2.02
乙腈/水	50/50	$\ln\alpha=56.212/T-0.1385$ ($R^2=0.9961$)	−0.47	−1.15

3.8.1.4　对映体出峰顺序及圆二色性

水胺硫磷对映体的圆二色扫描图以及紫外图如图 3-111 所示。

3.8.2　水胺硫磷在反相 ADMPC 手性固定相上的拆分

3.8.2.1　色谱条件

色谱柱:直链淀粉-三(3,5-二甲基苯基氨基甲酸酯)(ADMPC)手性固定相,150 mm×4.6 mm I.D.(实验室自制);流动相为不同比例的甲醇/水或乙腈/水,温度对拆分影响在 0~40℃之间,其他实验在室温进行,流速 0.5 mL/min,进样量 10 μL,检测波长 230 nm,样品浓度大约为 100 mg/L。

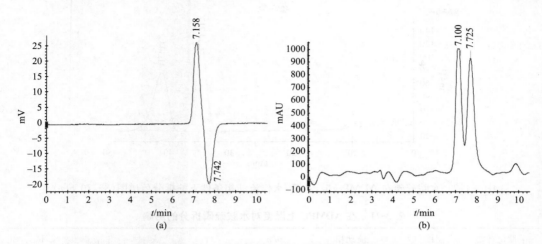

图 3-111　水胺硫磷对映体在 CDMPC 上的(a)圆二色和(b)紫外色谱图(甲醇/水＝75/25,v/v,230 nm)

3.8.2.2　流动相组成对手性拆分的影响

流动相比例对水胺硫磷的手性拆分结果如表 3-70 所示,最佳拆分结果如图 3-112 所示。

表 3-70　水胺硫磷在 ADMPC 上甲醇/水或乙腈/水作流动相条件下的分离结果

(流速 0.5 mL/min,室温)

手性化合物	流动相	v/v	k_1	k_2	α	R_s
		100/0	0.32	0.32	1.00	—
		90/10	0.42	0.50	1.20	0.77
	甲醇/水	80/20	0.77	1.01	1.31	1.32
		70/30	1.70	2.31	1.36	1.67
		60/40	4.77	6.51	1.37	1.59
水胺硫磷		100/0	0.21	0.21	1.00	—
		60/40	0.57	0.67	1.18	0.72
	乙腈/水	50/50	1.33	1.55	1.16	1.05
		40/60	3.47	4.09	1.18	1.63
		30/70	11.40	13.75	1.21	1.79

3.8.2.3　温度对手性拆分的影响

不同温度对水胺硫磷在 ADMPC 固定相上的拆分结果及色谱图如表 3-71,图 3-113 所示。Van't Hoff 曲线见图 3-114(甲醇/水＝70/30)。根据线性 Van't Hoff 方程可计算出焓变、熵变等热力学参数,结果列于表 3-72。

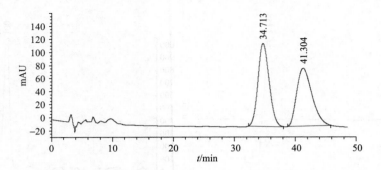

图 3-112　水胺硫磷在 ADMPC 上，乙腈/水作流动相条件下的拆分色谱图(30/70 v/v)

表 3-71　在 ADMPC 上温度对水胺硫磷拆分的影响

手性化合物	温度/℃	流动相	v/v	k_1	k_2	α	R_s
	0			2.81	4.55	1.63	2.53
	5			2.45	3.67	1.50	2.05
	10			2.17	3.13	1.44	1.79
	15	甲醇/水	70/30	1.94	2.72	1.40	1.88
	20			1.76	2.37	1.35	1.69
	30			1.39	1.76	1.26	1.34
水胺硫磷	40			1.11	1.30	1.18	0.94
	0			1.59	2.03	1.28	1.29
	5			1.57	1.97	1.26	1.28
	10	乙腈/水	50/50	1.49	1.83	1.22	1.17
	20			1.34	1.57	1.17	0.89
	30			1.17	1.30	1.11	0.59
	40			1.06	1.06	1.00	—

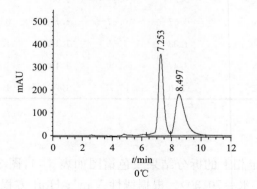

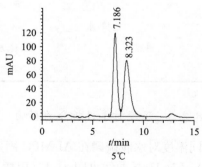

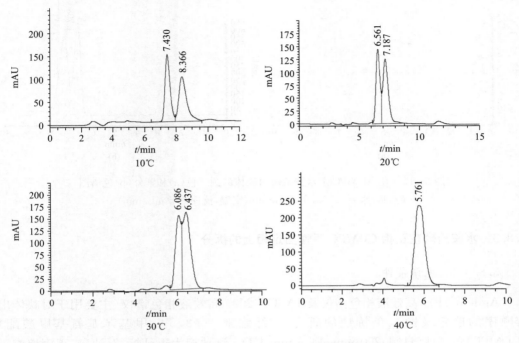

图 3-113 在 ADMPC 上不同温度下水胺硫磷拆分色谱图
(甲醇/水＝70/30, v/v, 流速：0.5 mL/min)

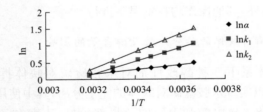

图 3-114 ADMPC 上水胺硫磷的 Van't Hoff 图(0～40 ℃)(甲醇/水＝70/30, v/v)

表 3-72 在 ADMPC 上水胺硫磷对映体的 Van't Hoff 方程和 $\Delta\Delta H^o$、$\Delta\Delta S^o$ (0～40 ℃)

手性化合物	流动相	v/v	线性方程	$\Delta\Delta H^o$/(kJ/mol)	$\Delta\Delta S^o$/[J/(mol·K)]
水胺硫磷	甲醇/水	70/30	$\ln\alpha=646.7/T-1.9069$ ($R^2=0.990$)	−5.37	−15.85
	乙腈/水	50/50	$\ln\alpha=504.12/T-1.5829$ ($R^2=0.959$)	−4.19	−13.15

3.8.2.4 对映体出峰顺序及圆二色性

在 ADMPC 上水胺硫磷对映体的圆二色和紫外色谱图如图 3-115 所示。

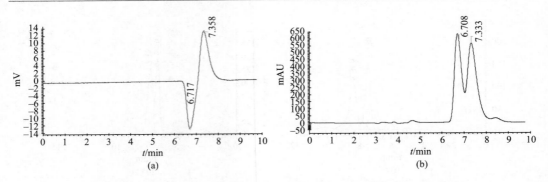

图 3-115 在 ADMPC 上水胺硫磷对映体的圆二色(a)和紫外(b)色谱图

(乙腈/水＝50/50, v/v, 230 nm, 室温, 流速 0.5 mL/min)

3.8.3 水胺硫磷在正相 CDMPC 手性固定相上的拆分

3.8.3.1 色谱条件

Agilent 1100 高效液相色谱仪及 JASCO 2000 高效液相色谱仪(主要用于对映体出峰顺序的确定及圆二色特性的研究)。纤维素-三(3,5-二甲基苯基氨基甲酸酯)(CDMPC)色谱柱(自制)250 mm×4.6 mm I. D., 流动相为正己烷、石油醚、正庚烷或正戊烷, 在正己烷流动相中考察了极性改性剂乙醇、丙醇、异丙醇、正丁醇、异丁醇对拆分的影响, 其他流动相中使用异丙醇为改性剂, 检测波长 225 nm, 流速 1.0 mL/min, 除了考察温度对拆分的影响实验外, 其他操作均在室温下进行。

3.8.3.2 水胺硫磷对映体的拆分结果及醇含量的影响

表 3-73 为正己烷体系下 5 种醇改性剂对水胺硫磷对映体拆分的影响, 检测波长 225 nm, 所有的醇都可以实现水胺硫磷对映体的完全分离, 其中使用 2% 异丁醇时可以获得最大的分离因子 1.68。异丙醇和丙醇的效果都较好, 丁醇和乙醇的效果相对较差。图 3-116 为水胺硫磷对映体的拆分色谱图。另外又考察了正庚烷和正戊烷体系(异丙醇改性剂)的拆分情况, 结果如表 3-74 所示, 正庚烷和正戊烷的拆分效果优于正己烷体系, 异丙醇含量为 2% 时分离度达到 2.0 以上。

表 3-73 醇改性剂对水胺硫磷对映体拆分的影响

含量/%	乙醇			丙醇			异丙醇			丁醇			异丁醇		
	k_1	α	R_s	k_1	α	R_s	k_1	α	R_s	k_1	α	R_s	k_1	α	R_s
20	0.77	1.17	0.30	0.87	1.34	0.96	0.96	1.52	1.47	0.94	1.28	0.87	1.01	1.40	1.23
15	0.97	1.23	0.51	1.05	1.33	1.14	1.43	1.60	1.79	1.09	1.28	0.91	1.32	1.43	1.56
10	1.21	1.34	0.78	1.56	1.37	1.40	1.90	1.67	2.18	1.50	1.30	1.27	1.65	1.43	1.61
5	2.13	1.25	1.32	2.61	1.40	1.81	3.26	1.89	2.66	2.42	1.32	1.38	2.70	1.34	1.65
2	3.69	1.27	1.61	4.49	1.41	2.63	5.93	1.66	2.42	4.90	1.39	1.86	6.27	1.68	2.56

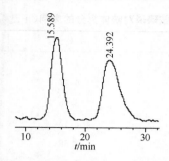

图 3-116　水胺硫磷对映体的拆分色谱图(正己烷/异丙醇＝98/2,室温,225 nm)

表 3-74　庚烷和戊烷流动相体系对水胺硫磷对映体的分离

异丙醇含量/%	正庚烷			正戊烷		
	k_1	α	R_s	k_1	α	R_s
20	0.90	1.79	2.70	0.96	1.78	2.87
15	1.32	1.92	3.47	1.39	1.83	3.27
10	1.88	1.96	3.79	1.85	1.86	3.55
5	3.03	1.98	3.67	3.94	2.05	4.73
2	6.33	2.19	4.58	7.28	2.05	4.93

3.8.3.3　圆二色特性研究

水胺硫磷两对映体的圆二色扫描图如图 3-117 所示,实线和虚线分别表示先后流出对映体,两对映体的圆二色信号吸收随波长会发生变化,在 220~228 nm 波长范围内,先流出对映体显示(－)CD 信号,而在 228~278 nm 范围内又显示了(＋)的 CD 信号,最大吸收在 250 nm 左右,后流出对映体的 CD 信号与先流出对映体以"0"刻度线具有较好的对称性,CD 吸收也发生了交替的现象,280 nm 后两对映体的圆二色吸收非常弱。

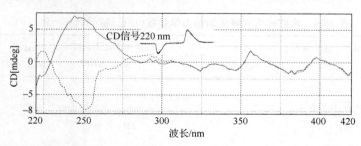

图 3-117　水胺硫磷两对映体的 CD 扫描图(实线为先流出对映体,虚线为后流出对映体)

3.8.3.4　温度对拆分的影响

在正己烷/异丙醇体系下考察了 0~50 ℃范围内温度对拆分的影响,同样,随着温度的升高,对映体的保留变弱,分离效果变差,0 ℃时分离度为 2.49,而 50 ℃时分离度只有 1.48(表 3-75)。

表 3-75　温度对水胺硫磷对映体拆分的影响(正己烷/异丙醇＝90/10)

温度/℃	k_1	k_2	α	R_s
0	2.31	4.71	2.04	2.49
5	2.22	4.47	2.01	2.34
10	2.05	3.95	1.93	2.17
20	1.74	3.15	1.81	2.06
30	1.51	2.58	1.70	1.71
40	1.33	2.11	1.58	1.57
50	1.17	1.83	1.56	1.48

3.8.3.5　热力学参数的计算

绘制了水胺硫磷对映体的 Van't Hoff 曲线,得到了线性方程,$1/T$ 与 $\ln k_1$、$\ln k_2$ 和 $\ln\alpha$ 都具有较好的线性关系,如图 3-118 所示,线性相关系数 $r>0.99$,线性方程和相关的热力学参数列于表 3-76 中,两对映体与手性固定相相互作用焓变的差值为 7.89 kJ/mol,熵变的差值为 21.28 J/(mol·K),这些数值与水胺硫磷两对映体的高分离能力相吻合,对映体的分离受焓控制。

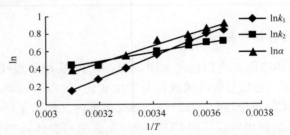

图 3-118　水胺硫磷对映体的 Van't Hoff 曲线(正己烷/异丙醇＝90/10)

表 3-76　水胺硫磷对映体的热力学参数(正己烷/异丙醇＝90/10)

对映体 250 nm	$\ln k=-\Delta H/RT+\Delta S^*$	ΔH /(kJ/mol)	ΔS^*	$\ln\alpha=\Delta_{R,S}\Delta H/RT+\Delta_{R,S}\Delta S/RT$	$\Delta\Delta H/$ (kJ/mol)	$\Delta\Delta S/$ [J/(mol·K)]
$E_1(+)$	$\ln k_1=1236.1/T-3.67$ (R=0.9986)	−10.28	−3.67	$\ln\alpha=948.73/T-2.56$ (R=0.9917)	−7.89	−21.28
$E(-)$	$\ln k_2=517.58/T-1.18$ (R=0.9934)	−4.30	−1.18			

3.8.4　水胺硫磷在土壤中的选择性行为研究

水胺硫磷对映体在土壤中的培养浓度为 10 mg/kg,分别在 1 d、2 d、3 d、4 d、5 d、6 d、7 d 取样,评价降解行为。两对映体在土壤中的降解结果见表 3-77,前两天降解缓慢,第 3 天后迅速降解,培养 7 天后,先流出对映体降解 91.8%,后流出对映体降解 97.5%。两对映体在土壤中的降解存在明显的选择性行为,先流出对映体降解速度慢,后流出对映体降解速度相对较快,第 2 天就有显著的差异,ER 值为 0.90,随后 ER 值逐渐变小,第 7 天后 ER 值变为 0.31。两对映体的降解符合一级降解动力学,先流出对映体的回归方程为 $C_t = 12.103e^{-0.3781t}$($R^2 = 0.9692$),计算半衰期为 1.83 天($t_{1/2} = 1.83$ d),后流出对映体的指数回归方程为 $C_t = 13.986e^{-0.5641t}$($R^2 = 0.9743$),半衰期为 1.23 天($t_{1/2} = 1.23$ d)。水胺硫磷在土壤中的选择性降解色谱图见图 3-119,且其在土壤中的降解动态和 ER 值变化如图 3-120 所示。

表 3-77 水胺硫磷对映体在土壤中的降解数据($n = 3$)

时间/d	E_1(−,220 nm)添加水平 10 mg/kg			E_2(+,220 nm)添加水平 10 mg/kg			ER
	检测浓度/(mg/kg)	变异系数/%	降解率/%	检测浓度/(mg/kg)	变异系数/%	降解率/%	
0	9.58	1.16		9.74	2.09		1.02
1	8.73	0.55	8.85	8.49	0.68	12.88	0.97
2	7.90	1.06	17.52	7.07	1.34	27.41	0.90
3	3.78	2.88	60.52	2.55	1.58	73.78	0.68
4	2.54	1.75	73.51	1.52	2.27	84.37	0.60
5	1.70	1.87	82.24	0.76	5.07	92.16	0.45
6	1.37	2.06	85.66	0.47	4.41	95.13	0.35
7	0.79	4.05	91.80	0.25	3.23	97.48	0.31

E_1 和 E_2 分别为先后流出对映体,由于水胺硫磷的两个对映体的 CD 信号会随波长发生变化,此处使用 220 nm 波长下的出峰顺序,为(−)/(+)

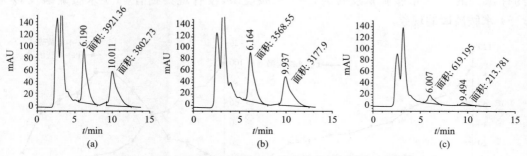

图 3-119 水胺硫磷对映体在土壤中的选择性降解色谱图
(a)降解 0 天;(b)降解 2 天;(c)降解 6 天

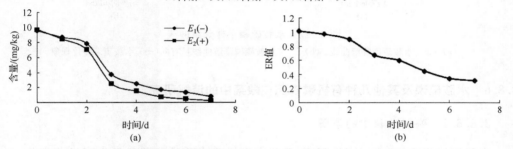

图 3-120 水胺硫磷对映体在土壤中(a)降解动态和(b)ER 值的变化

3.8.5　水胺硫磷在斜生栅藻中的选择性行为研究

图 3-121(a)所示外消旋体在藻液中的降解变化,含量采用与初始浓度的归一化处理。这些数据说明了(一)-水胺硫磷降解得更快。图 3-121(b)是水胺硫磷对映体的 ER 值随培养时间变化图。在未接藻种的培养液中 ER 值几乎没有变化。外消旋水胺硫磷处理下,(一)-水胺硫磷相比(+)-水胺硫磷更快的降解速度表明(一)-水胺硫磷被藻类酶系统优先生物转化/生物降解。

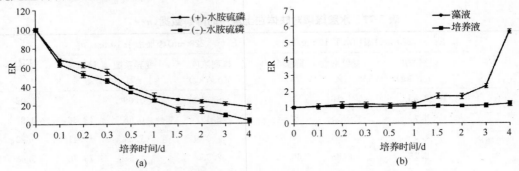

图 3-121　藻液中水胺硫磷(a)单体降解曲线和(b)ER 值动态变化图

从结果可得,藻液对外消旋水胺硫磷的降解是选择性的。这通常是由于生物过程中的活性中心与对映体的结合有选择性,从而影响手性化合物的吸收、降解、毒性[3]。

通过分别研究水胺硫磷的两个对映体在斜生栅藻中的培养情况,考察了单体的转化现象,利用单体培养的实验数据绘制了图 3-122,结果显示,斜生栅藻经过 12 小时培养后,约有 50%的(一)-水胺硫磷反转为(+)-水胺硫磷,没有观察到有(+)-水胺硫磷反转为(一)-水胺硫磷的现象。

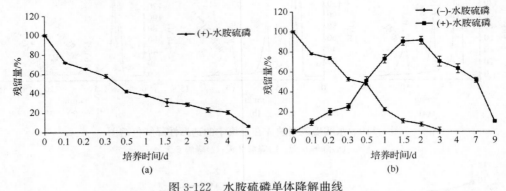

图 3-122　水胺硫磷单体降解曲线

(a)(+)-水胺硫磷降解曲线;(b)(一)-水胺硫磷降解曲线且有向(+)-水胺硫磷转化现象

3.8.6　水胺硫磷及其他几种有机磷农药在酸菜中的消解研究

3.8.6.1　腌制过程中的消解

在腌制过程中,三个不同处理下,酸菜中有机磷农药的残留量发生了显著变化,每种农药的具体残留情况见表 3-78,具体分析见文献[4]。

表 3-78　腌制过程中有机磷农药在酸菜中的残留比率　　　　　　　（%）

农药 \ 时间/d	处理	0	1	3	5	7	14	21	28	35
灭线磷	A	100.00	51.13	47.44	54.92	45.33	54.99	42.31	60.26	55.60
	B	100.00	68.24	77.45	83.01	93.56	90.60	83.95	69.03	92.21
	C	100.00	82.31	55.94	49.02	61.52	53.88	52.71	61.91	61.71
乐果	A	100.00	36.79	40.93	37.70	33.02	28.82	23.89	36.60	37.73
	B	100.00	32.43	38.66	36.80	46.66	33.28	33.60	20.82	19.67
	C	100.00	45.48	49.47	33.76	43.66	27.82	30.01	33.45	34.88
杀螟硫磷	A	100.00	40.87	19.24	16.39	14.15	14.26	14.80	28.97	22.87
	B	100.00	42.71	35.90	38.33	37.10	19.42	14.75	12.76	14.66
	C	100.00	48.99	37.54	31.49	36.30	23.02	24.34	21.70	19.21
马拉硫磷	A	100.00	35.81	27.49	25.82	20.59	18.65	14.85	23.21	18.91
	B	100.00	41.26	44.08	41.35	35.94	28.47	18.71	9.81	10.82
	C	100.00	47.14	42.54	39.27	45.69	34.78	27.46	24.13	28.67
毒死蜱	A	100.00	93.23	81.90	98.24	75.68	90.96	81.27	104.91	88.11
	B	100.00	129.32	141.70	173.71	135.87	146.10	144.08	133.95	181.59
	C	100.00	158.28	111.00	98.64	112.99	87.19	97.93	124.39	105.95
水胺硫磷	A	100.00	60.23	54.18	54.09	36.52	47.81	34.91	71.47	81.03
	B	100.00	120.60	67.63	92.08	130.68	135.25	109.84	76.00	82.86
	C	100.00	57.39	73.96	55.55	82.05	66.59	41.34	41.84	65.34
杀扑磷	A	100.00	46.35	41.11	37.36	27.94	23.74	11.29	12.65	6.88
	B	100.00	51.68	48.18	46.49	32.01	18.07	9.11	3.48	1.69
	C	100.00	47.82	40.64	30.27	33.72	17.97	9.74	7.42	5.55
杀虫畏	A	100.00	39.09	31.90	27.85	18.32	19.62	16.16	25.08	16.51
	B	100.00	25.77	29.41	23.29	21.44	8.43	5.59	3.53	3.76
	C	100.00	60.58	48.45	30.30	32.44	19.72	14.13	11.32	7.75
丙溴磷	A	100.00	97.87	80.52	90.96	58.29	84.22	71.09	109.41	99.94
	B	100.00	103.89	126.27	139.35	110.51	124.54	98.04	83.53	104.28
	C	100.00	86.08	105.77	75.63	100.83	70.70	73.98	97.82	88.73
三唑磷	A	100.00	91.65	76.44	91.73	65.11	73.72	60.06	92.60	83.32
	B	100.00	102.47	121.71	144.81	115.59	132.10	113.16	96.54	129.87
	C	100.01	79.59	72.80	69.47	73.26	66.64	65.58	74.22	71.31

3.8.6.2　酸菜腌制废水中有机磷农药的消解

实验中 10 种有机磷农药在酸菜腌制废水中的具体残留情况见表 3-79,具体分析见文献[4]。

表 3-79　腌制过程中有机磷农药在腌制废水中的残留情况　（单位：mg/kg）

农药	处理	0 d	1 d	3 d	5 d	7 d	14 d	21 d	28 d	35 d
灭线磷	A	0.0047±0.0004	0.0239±0.0019	0.0244±0.0075	0.0384±0.0007	0.0206±0.0000	0.0206±0.0051	0.0104±0.0003	0.0208±0.0004	0.0221±0.0027
	B	0.0027±0.0006	0.0100±0.0024	0.0182±0.0017	0.0136±0.0007	0.0214±0.0058	0.0133±0.0053	0.0188±0.0041	0.0153±0.0022	0.0180±0.0044
	C	0.0127±0.0005	0.0272±0.0141	0.0380±0.0037	0.0252±0.0064	0.0246±0.0023	0.0285±0.0025	0.0153±0.0016	0.0121±0.0017	0.0449±0.0186
乐果	A	ND	0.0184±0.0043	0.0134±0.0017	0.0249±0.0032	0.0148±0.0040	0.0167±0.0002	0.0093±0.0006	0.0120±0.0014	0.0107±0.0036
	B	0.0040±0.0005	0.0199±0.0029	0.0207±0.0023	0.0179±0.0070	0.0270±0.0022	0.0154±0.0012	0.0141±0.0019	0.0104±0.0013	0.0107±0.0025
	C	0.0114±0.0030	0.0263±0.0102	0.0347±0.0054	0.0299±0.0096	0.0229±0.0021	0.0277±0.0041	0.0151±0.0049	0.0134±0.0024	0.0276±0.0058
杀螟硫磷	A	0.0016±0.0006	0.0090±0.0007	0.0096±0.0028	0.0081±0.0011	0.0064±0.0006	0.0077±0.0003	0.0038±0.0000	0.0051±0.0003	0.0034±0.0003
	B	0.0049±0.0007	0.0052±0.0005	0.0053±0.0018	0.0053±0.0005	0.0047±0.0029	0.0036±0.0005	0.0023±0.0006	0.0017±0.0002	0.0019±0.0003
	C	0.0189±0.0030	0.0183±0.0056	0.0204±0.0029	0.0172±0.0021	0.0142±0.0016	0.0105±0.0023	0.0077±0.0018	0.0050±0.0009	0.0081±0.0004
马拉硫磷	A	0.0020±0.0001	0.0105±0.0014	0.0090±0.0014	0.0119±0.0006	0.0082±0.0004	0.0079±0.0002	0.0043±0.0002	0.0058±0.0005	0.0045±0.0001
	B	0.0062±0.0006	0.0088±0.0014	0.0109±0.0014	0.0074±0.0016	0.0051±0.0023	0.0041±0.0003	0.0034±0.0002	0.0022±0.0002	0.0026±0.0006
	C	0.0171±0.0028	0.0199±0.0041	0.0216±0.0029	0.0199±0.0029	0.0130±0.0029	0.0133±0.0009	0.0073±0.0026	0.0052±0.0002	0.0112±0.0016
毒死蜱	A	ND	ND	0.0007±0.0003	0.0005±0.0001	0.0006±0.0002	0.0007±0.0002	0.0005±0.0001	ND	0.0007±0.0000
	B	0.0006±0.0001	0.0005±0.0000	0.0005±0.0001	0.0005±0.0000	0.0006±0.0001	0.0006±0.0001	0.0006±0.0001	0.0007±0.0001	ND
	C	0.0015±0.0001	0.0013±0.0004	0.0014±0.0001	0.0008±0.0001	0.0012±0.0001	0.0008±0.0000	0.0007±0.0000	0.0007±0.0000	0.0008±0.0001
水胺硫磷	A	0.0015±0.0004	0.0208±0.0062	0.0206±0.0002	0.0401±0.0022	0.0297±0.0025	0.0261±0.0009	0.0145±0.0011	0.0226±0.0041	0.0205±0.0016
	B	0.0095±0.0015	0.0218±0.0044	0.0410±0.0027	0.0226±0.0069	0.0130±0.0067	0.0101±0.0016	0.0177±0.0005	0.0151±0.0034	0.0239±0.0093
	C	0.0161±0.0046	0.0374±0.0130	0.0545±0.0039	0.0578±0.0108	0.0461±0.0081	0.0556±0.0068	0.0268±0.0085	0.0242±0.0025	0.0491±0.0080
杀扑磷	A	0.0032±0.0015	0.0457±0.0081	0.0218±0.0030	0.0315±0.0013	0.0181±0.0006	0.0170±0.0004	0.0045±0.0001	0.0033±0.0001	0.0020±0.0002
	B	0.0060±0.0006	0.0204±0.0007	0.0195±0.0035	0.0133±0.0045	0.0078±0.0038	0.0043±0.0006	0.0017±0.0002	ND	ND
	C	0.0202±0.0056	0.0339±0.0104	0.0369±0.0049	0.0326±0.0074	0.0178±0.0030	0.0104±0.0013	0.0051±0.0011	0.0031±0.0004	0.0028±0.0004

续表

农药	处理	0 d	1 d	3 d	5 d	7 d	14 d	21 d	28 d	35 d
杀虫畏	A	0.0030± 0.0013	0.0285± 0.0042	0.0139± 0.0041	0.0156± 0.0009	0.0088± 0.0000	0.0093± 0.0003	0.0027± 0.0003	0.0028± 0.0003	0.0024± 0.0002
	B	0.0074± 0.0008	0.0131± 0.0021	0.0110± 0.0012	0.0115± 0.0027	0.0059± 0.0016	0.0052± 0.0030	0.0022± 0.0008	0.0030± 0.0004	0.0034± 0.0014
	C	0.0165± 0.0042	0.0165± 0.0031	0.0148± 0.0005	0.0117± 0.0019	0.0070± 0.0018	0.0044± 0.0006	0.0036± 0.0005	ND	ND
丙溴磷	A	ND	ND	0.0043± 0.0017	0.0038± 0.0006	0.0046± 0.0008	0.0046± 0.0007	0.0021± 0.0000	0.0025± 0.0002	0.0020± 0.0001
	B	0.0055± 0.0008	0.0047± 0.0004	0.0042± 0.0005	0.0054± 0.0002	0.0044± 0.0012	0.0028± 0.0009	0.0021± 0.0003	0.0015± 0.0004	ND
	C	0.0118± 0.0021	0.0108± 0.0012	0.0091± 0.0009	0.0072± 0.0011	0.0066± 0.0015	0.0050± 0.0004	0.0063± 0.0022	0.0041± 0.0004	0.0035± 0.0007
三唑磷	A	0.0046± 0.0015	0.0284± 0.0034	0.0143± 0.0029	0.0209± 0.0025	0.0143± 0.0033	0.0165± 0.0009	0.0090± 0.0007	0.0097± 0.0006	0.0095± 0.0007
	B	0.0069± 0.0007	0.0106± 0.0024	0.0103± 0.0011	0.0092± 0.0012	0.0067± 0.0030	0.0078± 0.0006	0.0067± 0.0004	0.0065± 0.0005	0.0066± 0.0011
	C	0.0198± 0.0018	0.0306± 0.0055	0.0298± 0.0027	0.0284± 0.0035	0.0196± 0.0043	0.0202± 0.0017	0.0156± 0.0065	0.0116± 0.0008	0.0220± 0.0064

ND：未检出

3.8.6.3　酸菜和腌制废水中有机磷农药残留情况比较分析

　　每种有机磷农药在酸菜和腌制废水中分配系数随时间变化的情况如图 3-123 至图 3-125 所示。从整体变化过程来看,这些农药在腌制过程中分配系数的变化趋势可分为三类,分别为 "升高-降低"、"升高-降低-平衡"和"升高-降低-升高",如表 3-80 所示。具体分析见文献[4]。

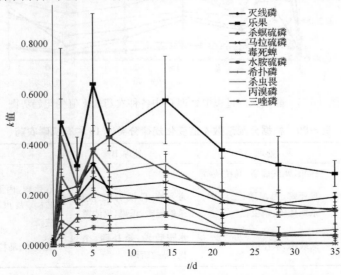

图 3-123　酸菜腌制过程中处理 A 中各种农药的 k 值变化趋势图

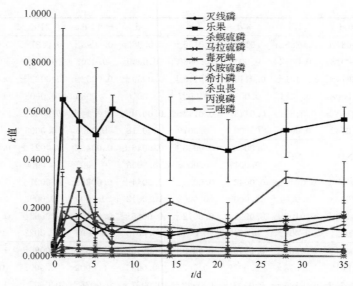

图 3-124　酸菜腌制过程中处理 B 中各种农药的 k 值变化趋势图

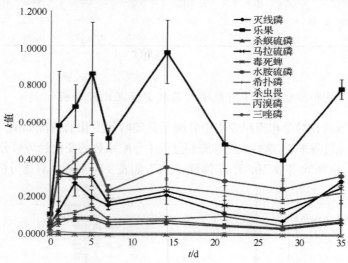

图 3-125　酸菜腌制过程中处理 C 中各种农药的 k 值变化趋势图

表 3-80　根据分配系数 k 值变化规律分类这 10 种有机磷农药

	处理 A	处理 B	处理 C
"增加—降低"模式	乐果、水胺硫磷、马拉硫磷	—	—
"增加—降低—平衡"模式	毒死蜱、丙溴磷、三唑磷、杀螟硫磷、杀虫畏	毒死蜱、丙溴磷、三唑磷、杀螟硫磷、乐果、灭线磷	毒死蜱、丙溴磷、三唑磷、杀螟硫磷、杀虫畏、希扑磷、水胺硫磷
"增加—降低—增加"模式	灭线磷、杀扑磷	水胺硫磷、杀扑磷、杀虫畏、马拉硫磷	灭线磷、马拉硫磷、乐果

3.9　马　拉　硫　磷

马拉硫磷(malathion)是非内吸的广谱性有机磷类杀虫剂,有良好的触杀和一定的熏蒸作用,化学名称为 O,O-二甲基-S-[1,2-二(乙氧基羰基)乙基]二硫代磷酸酯,化学结构如图 3-126 所示。马拉硫磷具有一个手性碳,含有两个对映异构体。

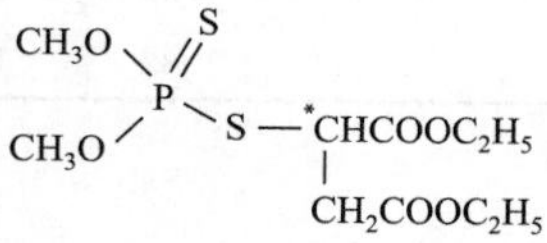

图 3-126　马拉硫磷的化学结构

3.9.1　马拉硫磷在正相 CDMPC 手性固定相上的拆分

3.9.1.1　色谱条件

Agilent 1100 高效液相色谱仪及 JASCO 2000 高效液相色谱仪(主要用于对映体出峰顺序的确定及圆二色特性的研究)。纤维素-三(3,5-二甲基苯基氨基甲酸酯)(CDMPC)色谱柱(自制)250 mm×4.6 mm I. D.,流动相为正己烷、石油醚、正庚烷或正戊烷,在正己烷流动相中考察了极性改性剂乙醇、丙醇、异丙醇、正丁醇、异丁醇对拆分的影响,其他流动相中使用异丙醇为改性剂,检测波长 254 nm,流速 1.0 mL/min,除了考察温度对拆分的影响实验外,其他操作均在室温下进行。

3.9.1.2　马拉硫磷对映体的拆分结果及醇含量的影响

表 3-81 中列出了五种醇及其含量对拆分的影响,检测波长 254 nm,由表可见,五种醇对马拉硫磷都有一定的分离作用,除了乙醇之外,其他都有较好的分离效果,在异丁醇含量为 5% 时有最大的分离因子 1.22。随着流动相中极性醇含量的减少,对映体的保留增强,分离因子增大,使用异丙醇时对映体的保留最强。表 3-82 为石油醚、正庚烷和正戊烷流动相体系使用异丙醇做改性剂对马拉硫磷对映体的拆分结果,与正己烷/异丙醇流动相比较,石油醚体系也有较好的拆分效果,而正庚烷和正戊烷体系没有明显的优势。

表 3-81　马拉硫磷对映体的拆分结果及醇的影响

含量/%	乙醇			丙醇			异丙醇			丁醇			异丁醇		
	k_1	α	R_s	k_1	α	R_s	k_1	α	R_s	k_1	α	R_s	k_1	α	R_s
20	1.96	1.05	0.36	2.10	1.10	0.38	3.53	1.08	0.66	2.00	1.11	0.76	2.23	1.13	0.71
15	2.08	1.06	0.43	2.29	1.11	0.52	3.87	1.09	0.86	2.22	1.12	0.85	2.84	1.14	0.84
10	2.43	1.07	0.55	2.60	1.12	0.58	4.68	1.11	0.93	2.51	1.13	1.10	2.45	1.15	1.01
5	2.91	1.08	0.58	3.22	1.15	0.67	6.14	1.14	1.05	3.29	1.16	1.22	3.74	1.22	1.34
2	3.82	1.11	0.74	4.73	1.19	0.83	8.80	1.20	1.24	4.99	1.21	1.38	4.94	1.20	1.36

表 3-82　石油醚、正庚烷和正戊烷流动相体系对马拉硫磷对映体的手性拆分

异丙醇含量/%	石油醚			正庚烷			正戊烷		
	k_1	α	R_s	k_1	α	R_s	k_1	α	R_s
20	2.33	1.11	0.68	2.20	1.13	0.46	2.25	1.14	0.48
15	2.34	1.12	0.69	2.36	1.25	0.98	2.60	1.16	0.67
10	2.75	1.13	0.73	2.95	1.20	0.89	2.92	1.20	0.82
5	3.89	1.16	1.14	3.64	1.23	0.83	3.85	1.25	1.04
2	5.58	1.21	1.37	5.38	1.32	1.17	5.81	1.29	1.22

3.9.1.3　圆二色特性研究

对分开的对映体进行了在线的圆二色扫描,扫描波长范围为 $220\sim420$ nm,如图 3-127 所示,实线表示先流出对映体,虚线表示后流出对映体,横坐标为波长范围,纵坐标为吸收强度及 CD 的信号方向(＋/－),"0"刻度线表示对映体对左右旋偏振光的吸收无差别,即无 CD 吸收。先流出对映体呈(＋)圆二色吸收(＋CD 信号),后流出对映体为(－)圆二色吸收,两吸收曲线以"0"刻度线对称,在约 260 nm 以后,基本无圆二色吸收。

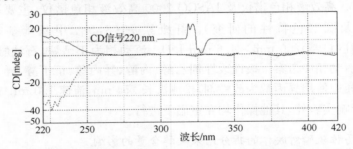

图 3-127　马拉硫磷两对映体的 CD 扫描图(实线为先流出对映体,虚线为后流出对映体)

3.9.1.4　温度对拆分的影响

在正己烷/异丙醇流动相条件下温度对马拉硫磷手性拆分的影响列于表 3-83 中,温度降低,保留增强,分离因子增加,低温有利于对映体的分离,在 0 ℃时的分离效果最好,分离因子为 1.30,当温度升至 25 ℃,分离因子减至 1.19。图 3-128 为马拉硫磷对映体手性拆分色谱图。

表 3-83　温度对手性拆分的影响

温度/℃	k_1	k_2	α	R_s
0	7.08	9.19	1.30	1.62
5	6.52	8.37	1.28	1.46
10	5.94	7.51	1.26	1.29
15	5.59	6.80	1.22	1.23
20	5.25	6.36	1.21	1.17
25	4.76	5.65	1.19	1.14

注:以正己烷/异丙醇(98/2)为流动相

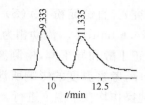

图 3-128　马拉硫磷对映体的色谱拆分图（正己烷/异丙醇＝98/2,0 ℃,254 nm）

3.9.1.5　热力学参数的计算

基于温度对拆分的影响及 Van't Hoff 方程,以热力学温度的倒数(1/T)对容量因子或分离因子的自然对数作图,通过所得的线性曲线的斜率、截距可计算出与对映体拆分相关的熵焓数据。如图 3-129 所示,1/T 与两对映体的容量因子及分离因子的自然对数呈较好的线性关系,对映体与手性固定相之间相互作用的熵变、焓变等参数列于表 3-84 中。ΔH 反映的是对映体与手性固定相作用的焓变,而 ΔS^* 则反映熵的变化,$\Delta\Delta H$ 是两对映体与手性固定相作用焓变的差值,$\Delta\Delta S$ 则是熵变的差值,从表 3-84 中的数据可看出,马拉硫磷对映体的拆分主要受焓变控制。

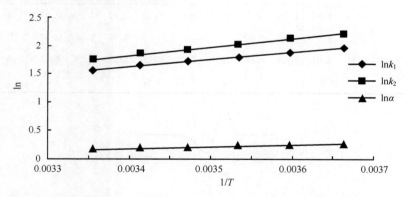

图 3-129　马拉硫磷对映体的 Van't Hoff 曲线（正己烷/异丙醇＝98/2）

表 3-84　马拉硫磷对映体手性拆分的热力学参数（正己烷/异丙醇＝98/2）

对映体	$\ln k=-\Delta H/RT+\Delta S^*$	$\Delta H/$ (kJ/mol)	ΔS^*	$\ln\alpha=\Delta_{R,S}\Delta H/RT+\Delta_{R,S}\Delta S/RT$	$\Delta\Delta H$ (kJ/mol)	$\Delta\Delta S/$ [J/(mol·K)]
＋	$\ln k_1=732.6/T-1.78$ $(R=0.9748)$	-6.09	-1.78	$\ln\alpha=138.1/T-0.21$ $(R=0.9919)$	-1.15	-1.66
－	$\ln k_2=870.7/T-2.00$ $(R=0.9798)$	-7.24	-2.00			

3.9.2　马拉硫磷在正相 ATPDC 手性固定相上的拆分

3.9.2.1　色谱条件

Agilent 1100 高效液相色谱仪及 JASCO 2000 高效液相色谱仪（主要用于对映体出

峰顺序的确定及圆二色特性的研究)。直链淀粉-三((S)-1-苯基乙基氨基甲酸酯)(ATP-DC)手性固定相(自制)250 mm×4.6 mmI.D.,流动相为正己烷,添加极性的有机醇作为改性剂,包括乙醇、丙醇、异丙醇、正丁醇和异丁醇,检测波长 230 nm,流速 1.0 mL/min,使用圆二色检测器确定了出峰顺序,考察温度的影响所涉及的范围为 0~40 ℃。除了考察温度对拆分的影响实验外,其他操作均在室温下进行。

3.9.2.2　马拉硫磷对映体的拆分结果

直链淀粉-三((S)-1-苯基乙基氨基甲酸酯)手性固定相对马拉硫磷只有部分分离效果,检测波长 230 nm,表 3-85 为拆分结果及 5 种醇含量对拆分的影响,其中异丙醇的拆分效果相对较好,在体积含量为 2%时,分离度为 0.87,其次为丙醇。乙醇和丁醇的效果较差,两者在体积含量为 15%时,对马拉硫磷对映体均无拆分效果。230 nm 出峰顺序为(+)/(−)。拆分色谱图如图 3-130 所示。

表 3-85　马拉硫磷对映体的拆分及醇的影响

含量	乙醇			丙醇			异丙醇			丁醇			异丁醇		
/%	k_1	α	R_s	k_1	α	R_s	k_1	α	R_s	k_1	α	R_s	k_1	α	R_s
15	1.48	1.00	0.00	1.85	1.04	0.5	2.25	1.08	0.69	1.62	1.00	0.00	1.71	1.05	0.48
10	1.65	1.00	0.00	2.55	1.07	0.62				1.95	1.05	0.54	2.07	1.07	0.69
5	2.01	1.03	0.69	3.04	1.10	0.84	3.19	1.09	0.77	2.23	1.06	0.64	2.59	1.08	0.72
2							4.53	1.11	0.87						

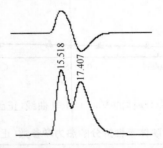

图 3-130　马拉硫磷对映体的圆二色谱图及手性拆分色谱图(2%异丙醇,230 nm,0 ℃)

3.9.2.3　温度对拆分的影响及热力学参数的计算

马拉硫磷对映体受温度的影响较严重,容量因子和分离因子都随温度的变化而有较大的变化,结果如表 3-86 所示,流动相体系为正己烷/异丙醇(98/2),考察的温度范围为 0~40 ℃。图 3-131 为两对映体的 Van't Hoff 曲线,曲线的线性关系较好,相关的热力学参数的计算如表 3-87 所示,手性拆分受焓控制,但熵的影响也较大。

表 3-86　温度对马拉硫磷对映体手性拆分的影响（正己烷/异丙醇＝98/2）

温度/℃	k_1	k_2	α	R_s
0	6.22	7.10	1.14	0.84
10	5.05	5.70	1.13	0.80
20	4.53	5.02	1.11	0.87
30	3.72	4.03	1.08	0.58
40	3.24	3.41	1.05	0.44

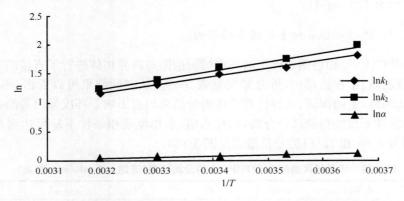

图 3-131　马拉硫磷对映体的 Van't Hoff 曲线（正己烷/异丙醇＝98/2）

表 3-87　马拉硫磷对映体拆分的热力学参数（正己烷/异丙醇＝98/2）

对映体	$\ln k=-\Delta H/RT+\Delta S^*$	ΔH /(kJ/mol)	ΔS^*	$\ln\alpha=\Delta_{R,S}\Delta H/RT+\Delta_{R,S}\Delta S/RT$	$\Delta\Delta H$ /(kJ/mol)	$\Delta\Delta S/$ [J/(mol·K)]
+	$\ln k_1=1376.1/T-3.2$ $(R=0.9965)$	−11.4	−3.2	$\ln\alpha=171.2/T-0.5$ $(R=0.9924)$	−1.4	−4.2
−	$\ln k_2=1547.3/T-3.7$ $(R=0.9969)$	−12.9	−3.7			

3.10　环戊烯丙菊酯

环戊烯丙菊酯（terallethrin），又名杀虫畏，即 2,2,3,3-四甲基-环丙烷羧酸-(R,S)-2-甲基-3-烯丙基-4-氧代-环戊-2-烯基酯，具有两个对映异构体，用作热熏蒸防治蚊虫时特别有效，它对家蝇和淡色库蚊的击倒活性高于丙烯菊酯和天然除虫菊素，对德国小蠊的击倒活性亦优于丙烯菊酯，结构式见图 3-132。

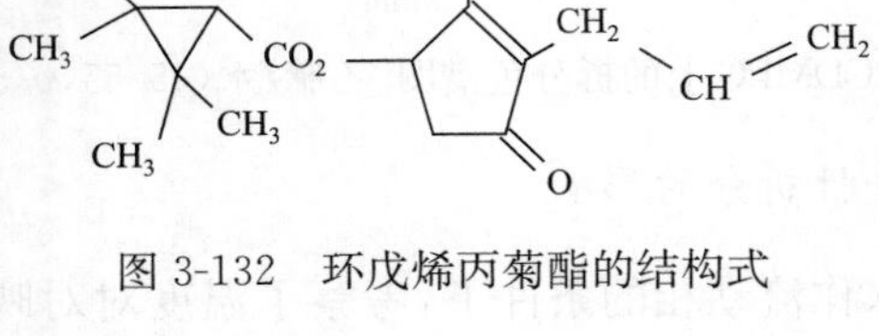

图 3-132　环戊烯丙菊酯的结构式

3.10.1　环戊烯丙菊酯在反相 CDMPC 手性固定相上的拆分

3.10.1.1　色谱条件

色谱柱：纤维素-三（3,5-二甲基苯基氨基甲酸酯）（CDMPC）手性柱，250 mm×4.6 mm I.D.（实验室自制）；流动相为不同比例的甲醇/水或乙腈/水，温度对拆分影响在0～40℃之间，其他实验在室温进行，流速 0.8 mL/min，进样量 10 μL，检测波长 230 nm，样品浓度大约为 100 mg/L。

3.10.1.2　流动相组成对手性拆分的影响

在 CDMPC 上，反相色谱条件下对环戊烯丙菊酯对映异构体进行了直接的手性拆分，以甲醇/水或乙腈/水作流动相，拆分结果见表 3-88。从实验结果可以看出，不同流动相对样品在 CDMPC 上的保留、选择性和手性拆分结果均有影响。环戊烯丙菊酯在甲醇/水作流动相的条件下仅能得到部分分离，而在乙腈/水作流动相条件下却可达到基线分离，分离度分别为 0.66 和 1.56；拆分色谱图见图 3-133。

表 3-88　环戊烯丙菊酯在 CDMPC 上的分离结果（流速 0.8 mL/min，室温）

手性化合物	流动相	v/v	k_1	k_2	α	R_s
		100/0	0.70	0.70	1.00	—
		90/10	1.01	1.01	1.00	—
	甲醇/水	80/20	2.63	2.74	1.04	0.42
		75/25	4.52	4.74	1.05	0.53
		70/30	8.18	8.58	1.05	0.54
环戊烯		65/35	15.09	15.91	1.05	0.66
丙菊酯		100/0	0.51	0.51	1.00	—
		90/10	0.33	0.33	1.00	—
	乙腈/水	80/20	0.53	0.60	1.13	0.66
		70/30	1.03	1.15	1.12	0.89
		60/40	2.18	2.43	1.12	1.22
		50/50	5.66	6.28	1.11	1.56

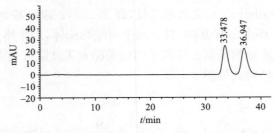

图 3-133　环戊烯丙菊酯在 CDMPC 上的拆分色谱图［乙腈/水（45/55，v/v），流速 0.8 mL/min，室温］

3.10.1.3　温度对手性拆分的影响

在甲醇/水或乙腈/水作流动相的条件下，考察了温度对对映体在 CDMPC 上的拆分的影响。分离温度在 0～40 ℃ 范围内，手性拆分的结果见表 3-89。环戊烯丙菊酯在乙腈/水$(60/40, v/v)$作流动相下的拆分色谱图如图 3-134 所示。容量因子 k_1，k_2 和分离因子 α 随温度的升高而减少。在所考察的温度范围内，不同流动相条件下，不同的农药最佳分离度出现在不同的温度。环戊烯丙菊酯在甲醇/水$(80/20, v/v)$作流动相条件下，在 0 ℃ 有较高的分离度，而乙腈/水$(60/40, v/v)$作流动相条件下，在 5 ℃ 有较高分离度。

表 3-89　在 CDMPC 上温度对环戊烯丙菊酯拆分的影响

手性化合物	温度/℃	流动相	v/v	k_1	k_2	α	R_s
	0			4.12	4.66	1.13	0.96
	5			3.28	3.64	1.11	0.90
	10	甲醇/水	80/20	3.03	3.35	1.10	0.89
	20			2.70	2.97	1.10	0.93
	30			2.01	2.18	1.08	0.79
环戊烯	40			1.56	1.66	1.07	0.64
丙菊酯	0			2.41	2.75	1.14	1.36
	5			2.41	2.74	1.14	1.40
	10	乙腈/水	60/40	2.36	2.66	1.13	1.35
	20			2.29	2.55	1.11	1.29
	30			2.20	2.42	1.10	1.21
	40			2.06	2.25	1.09	1.13

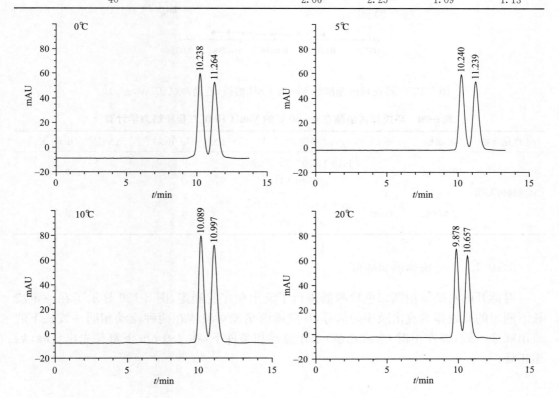

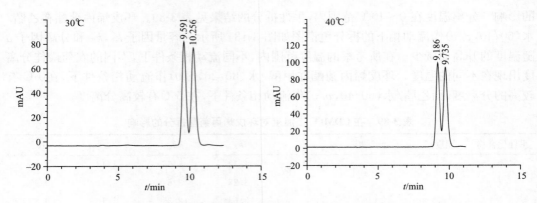

图 3-134　环戊烯丙菊酯在 CDMPC 上不同温度下的拆分色谱图
（乙腈/水＝60/40，v/v，流速 0.8 mL/min）

基于温度对拆分得影响及 Van't Hoff，以热力学温度的倒数（$1/T$）对容量因子或分离因子的自然对数作图见图 3-135，通过所得的斜率、截距可计算出与对映体拆分相关的熵焓数据，结果见表 3-90，表明环戊烯丙菊酯在所研究条件下手性拆分受焓控制。

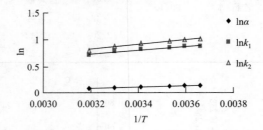

图 3-135　环戊烯丙菊酯的 Van't Hoff 曲线，乙腈/水（60/40，v/v）

表 3-90　环戊烯丙菊酯在 0～40℃ 的 Van't Hoff 方程和热力学计算

手性化合物	流动相	v/v	线性方程	$\Delta\Delta H°/$(kJ/mol)	$\Delta\Delta S°/$[J/(mol·K)]
环戊烯丙菊酯	甲醇/水	80/20	$\ln\alpha=110.25/T-0.286$ ($R^2=0.948$)	−0.916	−2.38
	乙腈/水	60/40	$\ln\alpha=100.84/T-0.236$ ($R^2=0.994$)	−0.838	−1.96

3.10.1.4　对映体的出峰顺序

对拆开的对映体用圆二色检测器进行了流出顺序的测定，图 3-136 显示了在一定波长下测出的对映体的流出顺序的信号，环戊烯丙菊酯对映体在两种流动相同一波长下的流出顺序一致，即在甲醇/水或乙腈/水作流动相条件下，在 230 nm 下都是先出负峰，后出正峰。

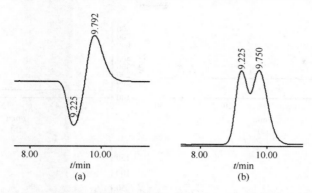

图 3-136 环戊烯丙菊酯对映体在 CDMPC 上的(a)圆二色和
(b)紫外色谱图甲醇/水(80/20,v/v,230 nm)

3.11 其他杀虫剂

3.11.1 几种手性杀虫剂在(R,R)Whelk-O 1 手性固定相上的拆分

仲丁威(fenobucarb)、右旋苯氰菊酯(d-cyphenothrin)、环戊烯丙菊酯(terallethrin)、水胺硫磷(isocarbophos)、稻丰散(phenthoate)(结构式见图 3-137)在(R,R)Whelk-O 1 型手性色谱柱上优化的色谱条件下得到了部分分离,各种手性农药的化学结构见图 3-137,最佳色谱条件及拆分结果见表 3-91,拆分色谱图见图 3-138。

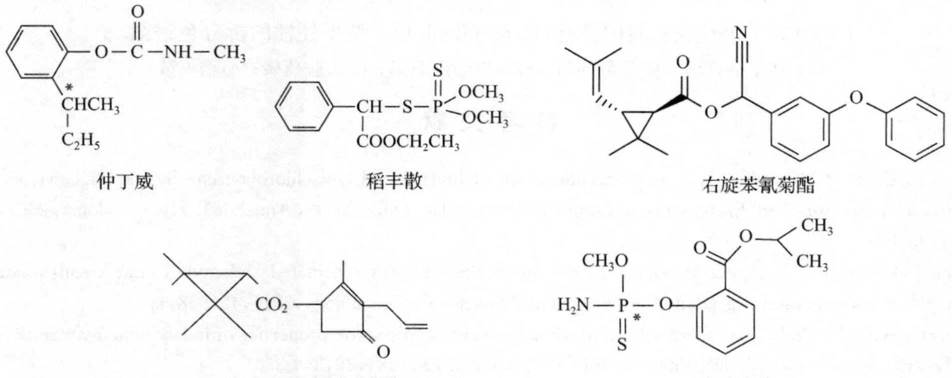

仲丁威   稻丰散   右旋苯氰菊酯

环戊烯丙菊酯   水胺硫磷

图 3-137 手性农药的化学结构

表 3-91 (R,R)Whelk-O 1 型手性固定相对手性农药对映体的拆分结果

农药	色谱条件	k_1	α	R_s
仲丁威	正己烷/乙醇 99/1,230 nm,1 mL/min,15 ℃	10.34	1.07	1.33
右旋苯氰菊酯	正己烷/丙醇 99/1,220 nm,1 mL/min,15 ℃	4.25	1.07	1.46
环戊烯丙菊酯	正己烷/丙醇 99/1,220 nm,1 mL/min,15 ℃	9.13	1.04	0.74
水胺硫磷	正己烷/丙醇 99/1,225 nm,1 mL/min,15 ℃	11.39	1.06	0.98
稻丰散	正己烷/异丙醇 99/1,225 nm,1 mL/min,0 ℃	5.52	1.09	1.13

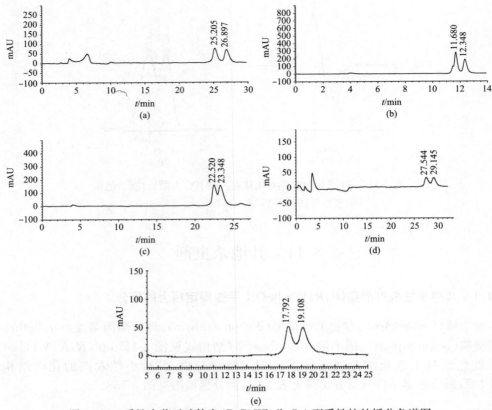

图 3-138　手性农药对映体在(R,R)Whelk-O 1 型手性柱的拆分色谱图

（a）仲丁威；（b）右旋苯氰菊酯；（c）环戊烯丙菊酯；（d）水胺硫磷；（e）稻丰散

参 考 文 献

[1] Bruns E,Egeler P,Roembke J,et al. Bioaccumulation of lindane and hexachlorobenzene by the oligochaetes *Enchytraeus luxuriosus* and *Enchytraeus albidus*（Enchytraeidae, Oligochaeta, Annelida）. Hydrobiologia,2001,463（1）:185-196

[2] Wong F,Bidleman T F. Aging of organochlorine pesticides and polychlorinated biphenyls in muck soil:volatilization,bioaccessibility,and degradation. Environmental Science & Technology,2011,45:958-63

[3] Tobert J A,Cirillo V J,Hitzenberger G,et al. Enhancement of uricosuric properties of indacrinone by manipulation of the enantiomer ratio. Clinical Pharmacology & Therapeutics,1981,29,344-350

[4] Lu Y L,Yang Z H,Zhou Z Q,Diao J L. Dissipation behavior of organophosphorus pesticides during cabbage pickling process:Residues change with salt and vinegar content of pickling process. Journal of Agriculture and Food Chemistry,2013,61:2244-2252

第 4 章 除草剂的手性拆分及环境行为

4.1 乙 草 胺

乙草胺(acetochlor),化学名称为 2′-乙基-6′-甲基-N-(乙氧甲基)-2-氯代乙酰替苯胺。属酰胺类选择性芽前除草剂,其作用机理为干扰核酸代谢及蛋白质合成。对马唐等禾本科杂草活性高,反枝苋敏感,对藜、马齿苋、大豆菟丝子、龙葵等杂草有一定防效。土壤吸附强,淋漏少。乙草胺分子结构如图 4-1 所示,分子中含有一不对称轴,外消旋体含有两个对映异构体。

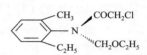

图 4-1 乙草胺结构式

4.1.1 乙草胺在正相 CDMPC 手性固定相上的拆分

4.1.1.1 色谱条件

Agilent 1100 高效液相色谱仪及 JASCO 2000 高效液相色谱仪(主要用于对映体出峰顺序的确定及圆二色特性的研究)。纤维素-三(3,5-二甲基苯基氨基甲酸酯)色谱柱(自制)250 mm×4.6 mm I.D.,流动相为正己烷、石油醚、正庚烷或正戊烷,在正己烷流动相中考察了极性改性剂乙醇、丙醇、异丙醇、正丁醇、异丁醇对拆分的影响,其他流动相中使用异丙醇为改性剂,检测波长根据具体的农药样本而定,流速 1.0 mL/min,除了考察温度对拆分的影响实验外,其他操作均在室温下进行。

4.1.1.2 乙草胺对映体的拆分结果及醇含量的影响

乙草胺对映体 CDMPC 手性固定相上的对映体识别能力不强,表 4-1 为拆分结果及醇的影响,检测波长 254 nm,异丙醇为最好的极性改性剂,在含量为 2% 时,分离度为 0.92,乙醇和异丁醇有一定的分离效果,而正丙醇和正丁醇在所考察的含量范围内完全无分离效果。表 4-2 为石油醚/异丙醇体系的拆分结果,也只能使乙草胺对映体得到部分分离,没有正己烷流动相的拆分效果好。

表 4-1 醇改性剂对乙草胺对映体拆分的影响

含量 /%	乙醇			丙醇			异丙醇			丁醇			异丁醇		
	k_1	α	R_s	k_1	α	R_s	k_1	α	R_s	k_1	α	R_s	k_1	α	R_s
15	1.92	1.00	0.00				1.90	1.06	0.58				1.90	1.06	0.40
10	2.15	1.00	0.00	2.18	1.00	0.00	2.15	1.08	0.65	2.20	1.00	0.00	2.15	1.08	0.54
5	2.40	1.07	0.61	2.61	1.00	0.00	2.67	1.10	0.77	2.49	1.00	0.00	2.67	1.10	0.60
2	3.04	1.09	0.73	3.28	1.00	0.00	3.69	1.13	0.92	2.78	1.00	0.00	3.69	1.10	0.56

表 4-2　石油醚流动相条件下异丙醇含量对手性拆分的影响

异丙醇含量/%	k_1	α	R_s
15	1.88	1.07	0.49
10	2.14	1.07	0.64
5	2.81	1.10	0.76
2	3.85	1.12	0.83

4.1.1.3　圆二色特性研究

乙草胺对映体的 CD 扫描图如图 4-2 所示,在 220～260 nm 范围内的出峰顺序为(一)/(十),而 260～400 nm 基本没有 CD 吸收,先流出对映体与后流出对映体的圆二色吸收信号分别为(一)和(十),并以"0"刻度线对称,最大 CD 吸收波长为 230 nm。

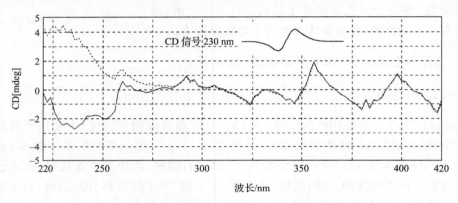

图 4-2　乙草胺两对映体的 CD 扫描图(实线代表先流出对映体,虚线代表后流出对映体)

4.1.1.4　温度对拆分的影响

在 0～25℃范围内考察了温度对乙草胺对映体拆分的影响,结果见表 4-3,流动相为正己烷/异丙醇(98/2),在 0℃时分离度提高为 1.05,25℃时分离度为 0.80。温度的升高使分离因子、容量因子和分离度都减小。图 4-3 为乙草胺对映体的拆分色谱图。

表 4-3　温度对乙草胺对映体拆分的影响(正己烷/异丙醇＝98/2)

温度/℃	k_1	k_2	α	R_s
0	4.53	5.41	1.20	1.05
5	4.45	5.32	1.20	0.97
10	4.31	5.06	1.17	0.95
15	4.05	4.73	1.17	0.89
20	3.78	4.30	1.14	0.82
25	3.52	3.99	1.13	0.80

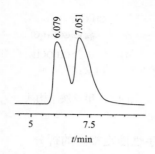

图 4-3　乙草胺对映体的色谱拆分图

4.1.1.5　热力学参数的计算

依据正己烷/异丙醇(98/2)流动相条件下对温度影响的考察,绘制了乙草胺对映体的 Van't Hoff 曲线,见图 4-4,线性方程列于表 4-4 中,线性关系还较为明显($r>0.97$),计算了相关的热力学参数。

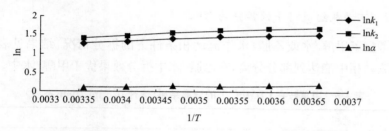

图 4-4　乙草胺对映体的 Van't Hoff 曲线(正己烷/异丙醇＝98/2)

表 4-4　乙草胺对映体的热力学参数(正己烷/异丙醇＝98/2)

对映体	$\ln k=-\Delta H/RT+\Delta S^*$	ΔH /(kJ/mol)	ΔS^*	$\ln\alpha=\Delta_{R,S}\Delta H/RT+\Delta_{R,S}\Delta S/RT$	$\Delta\Delta H$ /(kJ/mol)	$\Delta\Delta S/$ [J/(mol·K)]
—	$\ln k_1=838.08/T-1.53$ ($R=0.9720$)	-6.97	-1.53	$\ln\alpha=210.66/t-0.58$ ($R=0.9650$)	-1.75	-4.82
+	$\ln k_2=1030.4/T-2.05$ ($R=0.9742$)	-8.57	-2.05			

4.2　甲　草　胺

甲草胺(alachlor),化学名称为 α-氯代-2′,6′-二乙基-N-甲氧基甲基乙酰替苯胺。属酰胺类选择性芽前除草剂,其作用机理为进入植物体内抑制蛋白酶活动,使蛋白质无法合成,造成芽和根停止生长,使不定根无法形成。甲草胺分子结构如图 4-5 所示,其结构中有一个手性中心,外消旋体含有两个对映异构体。

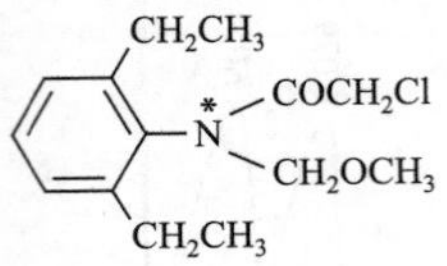

图 4-5　甲草胺结构式

4.2.1　甲草胺在反相 CDMPC 手性固定相上的拆分

4.2.1.1　色谱条件

色谱柱：纤维素-三（3,5-二甲基苯基氨基甲酸酯）（CDMPC）手性柱，250 mm×4.6 mm I.D.（实验室自制）；流动相为不同比例的甲醇/水或乙腈/水，温度对拆分影响在 0～40 ℃ 之间，其他实验在室温进行，流速 0.8 mL/min，进样量 10 μL，检测波长 230 nm，样品浓度大约为 100 mg/L。

4.2.1.2　流动相组成对手性拆分的影响

本实验考察了甲醇/水或乙腈/水作流动相条件下的拆分情况，结果见表 4-5。甲草胺在这两种流动相中能达到部分分离，在乙腈/水中拆分效果优于甲醇/水中。

表 4-5　甲草胺在 CDMPC 上的分离结果（流速 0.8 mL/min，室温）

化合物	流动相	v/v	k_1	k_2	α	R_s
甲草胺	甲醇/水	100/0	0.48	0.48	1.00	—
		90/10	0.84	0.84	1.00	—
		80/20	1.66	1.77	1.07	0.64
		70/30	3.66	3.98	1.09	0.86
		65/35	5.89	6.47	1.10	1.00
	乙腈/水	100/0	0.38	0.38	1.00	—
		80/20	0.53	0.53	1.00	—
		70/30	0.85	0.91	1.07	0.57
		60/40	1.58	1.71	1.08	0.84
		50/50	3.37	3.66	1.08	1.08
		40/60	8.78	9.59	1.09	1.43

4.2.1.3　温度对手性拆分的影响

在甲醇/水或乙腈/水作流动相条件下考察了 0～40 ℃ 温度范围内温度对酰胺类手性农药对映体拆分的影响，结果列于表 4-6。图 4-6 为甲草胺对映体拆分色谱图。

表 4-6　CDMPC 上温度对甲草胺拆分的影响

手性化合物	温度/℃	流动相	v/v	k_1	k_2	α	R_s
甲草胺	0	甲醇/水	75/25	3.84	4.23	1.10	0.75
	5			3.51	3.84	1.09	0.77
	10			3.24	3.55	1.09	0.78
	20			2.72	2.96	1.09	0.79
	30			2.25	2.43	1.08	0.78
	40			1.83	1.96	1.07	0.67
	0	乙腈/水	50/50	3.59	3.95	1.10	1.08
	5			3.60	3.94	1.09	1.11
	10			3.58	3.91	1.09	1.12
	20			3.40	3.69	1.08	1.09
	30			3.18	3.42	1.08	1.05
	40			2.92	3.13	1.07	0.99

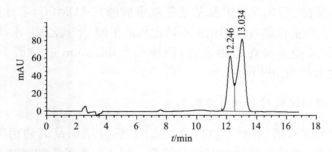

图 4-6　甲草胺 CDMPC 上的拆分色谱图（乙腈/水＝50/50,v/v）

通过考察温度对手性农药的影响发现甲草胺对映体的容量因子和分离因子的自然对数与热力学对温度的倒数具有较好的线性关系,线性相关系数都大于 0.98,Van't Hoff 曲线见图 4-7,线性 Van't Hoff 方程和熵变之差、焓变之差数值列于表 4-7 中,可见对所研究酰胺类手性农药对映体分离贡献最大的为焓变。

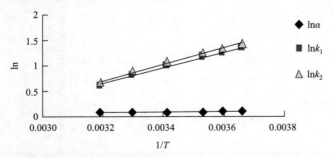

图 4-7　甲醇/水作流动相条件下甲草胺的 Van't Hoff 图(0～40℃)

表 4-7 甲草胺对映体的 Van't Hoff 方程和 $\Delta\Delta H^o$、$\Delta\Delta S^o$($0\sim40$ ℃)

手性化合物	流动相	v/v	线性方程	$\Delta\Delta H^o$/(kJ/mol)	$\Delta\Delta S^o$/[J/(mol·K)]
甲草胺	甲醇/水	75/25	$\ln\alpha=54.744/T-0.1051$ ($R^2=0.9849$)	-0.45	-0.87
	乙腈/水	50/50	$\ln\alpha=57.002/T-0.1144$ ($R^2=0.9994$)	-0.47	-0.95

4.2.1.4 对映体的流出顺序

利用高效液相色谱圆二色检测器测定了甲草胺的流出顺序,甲草胺在甲醇/水(v/v)=75/25 和乙腈/水(v/v)=50/50,波长 230 nm 下流出顺序相同,为(一)/(十),即在圆二色图上先出负峰,后出正峰。

4.2.2 甲草胺在反相 ADMPC 手性固定相上的拆分

4.2.2.1 色谱条件

色谱柱:直链淀粉-三(3,5-二甲基苯基氨基甲酸酯)(ADMPC)手性固定相,150 mm×4.6 mm I.D.(实验室自制);流动相为不同比例的甲醇/水或乙腈/水,温度对拆分影响在 0~40 ℃之间,其他实验在室温进行,流速 0.5 mL/min,进样量 10 μL,检测波长 230 nm,样品浓度大约为 100 mg/L。

4.2.2.2 流动相组成对手性拆分的影响

考察了甲醇/水或乙腈/水对手性拆分的影响,拆分结果及流动相组成的影响见表 4-8,甲草胺只在乙腈/水作流动相时有拆分趋势。图 4-8 为甲草胺对映体在 ADMPC 上反相条件下的拆分色谱图。

表 4-8 甲草胺对映体在 ADMPC 手性固定相反相色谱条件下的拆分结果

手性化合物	流动相	v/v	k_1	k_2	α	R_s
甲草胺	甲醇/水	100/0	0.22	0.22	1.00	—
		90/10	0.64	0.64	1.00	—
		80/20	1.37	1.37	1.00	—
		70/30	3.51	3.51	1.00	—
	乙腈/水	100/0	0.38	0.38	1.00	—
		70/30	0.60	0.65	1.07	0.33
		60/40	1.09	1.21	1.11	0.66
		50/50	2.37	2.62	1.11	0.78
		40/60	6.11	6.77	1.11	0.98

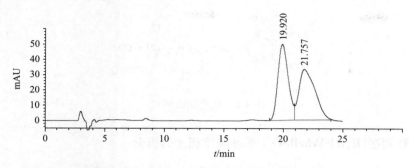

图 4-8 甲草胺在 ADMPC 上的拆分色谱图[乙腈/水(40/60,v/v)]

4.2.2.3 温度对手性农药拆分的影响

考察了温度对手性农药对映体拆分的影响,流动相条件、Van't Hoff 方程、热力学参数及温度对拆分的影响结果列于表 4-9 中,温度范围为 0~40 ℃。

表 4-9 温度对 ADMPC 手性固定相拆分甲草胺的影响 Van't Hoff 方程及热力学参数

化合物/流动相	温度/℃	k_1	k_2	α	R_s	Van't Hoff 方程 (R^2)	ΔH°、$\Delta\Delta H^\circ$ /(kJ/mol)	$\Delta S^\circ + R\ln\phi$、$\Delta\Delta S^\circ$ /[J/(mol·K)]
甲草胺 乙腈/水 (50/50)	0	2.66	3.07	1.16	0.91	$\ln k_1 = 711.01/T - 1.5845$ (0.9489)		
	5	2.65	3.04	1.14	0.86		$\Delta H_1^\circ = -5.91$	$\Delta S_1^\circ + R\ln\phi = -13.17$
	10	2.60	2.94	1.13	0.82	$\ln k_2 = 889.16/T - 2.0907$	$\Delta H_2^\circ = -7.39$	$\Delta S_2^\circ + R\ln\phi = -17.37$
	20	2.39	2.65	1.11	0.72	(0.9633)		
	30	2.16	2.34	1.09	0.62	$\ln\alpha = 178.14/T - 0.5062$	$\Delta\Delta H^\circ = -1.48$	$\Delta\Delta S^\circ = -4.20$
	40	1.93	2.05	1.06	0.49	(0.9962)		

4.2.2.4 对映体的出峰顺序

使用圆二色检测器确定了对映体在 ADMPC 手性固定相上乙腈/水=40/60,230 nm 条件下的出峰顺序,甲草胺在所研究条件下出峰顺序为(+)/(−),即在圆二色图上先出正峰,后出负峰。

4.3 唑 草 酮

唑草酮(carfentrazone-ethyl),又名快灭灵,化学名称为乙基-2-氯-3-{2-氯-5-[4-(二氟甲基)-4,5-二氢-3-甲基-5-氧-1H-1,2,4-三唑-1-基]-4-氟苯基}丙酸乙酯,为唑类除草剂。其通过抑制原卟啉氧化酶,从而使膜分裂。主要在禾谷类作物上使用,用于苗后叶面处理,对小麦、玉米等禾谷类作物安全。化学结构如图 4-9 所示。唑草酮其结构中有一个手性中心,外消旋体含有两个对映异构体。

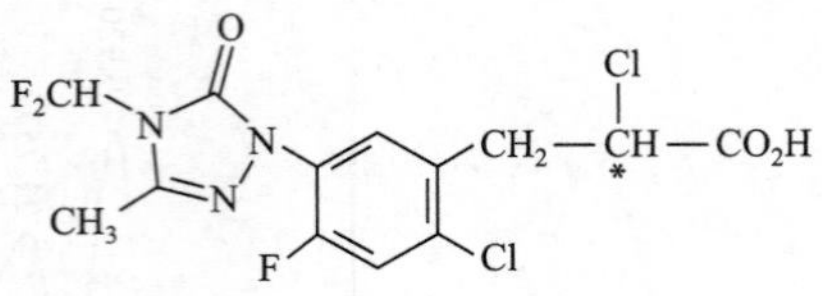

图 4-9　唑草酮结构式

4.3.1　唑草酮在(R,R) Whelk-O 1 手性固定相上的拆分

4.3.1.1　色谱条件

(R,R)Whelk-O 1 型手性色谱柱 250 mm×4.6 mm I.D.。在正己烷流动相中考察了极性改性剂乙醇、丙醇、异丙醇、正丁醇、异丁醇、戊醇对拆分的影响,检测波长根据具体的农药样本而定,流速 1.0 mL/min,除了考察温度对拆分的影响实验外,其他操作均在室温下进行。

4.3.1.2　唑草酮对映体的拆分结果及醇含量的影响

表 4-10 中列出了正己烷体系中六种醇(乙醇、丙醇、异丙醇、丁醇、异丁醇、戊醇)及其含量对唑草酮拆分的影响,检测波长 250 nm,流速 1.0 mL/min。由表可见,乙醇对唑草酮有相对较好的分离效果,在异丙醇含量为 1%时有最大的分离因子($\alpha=1.08$),在乙醇含量为 1%时有最大的分离度($R_s=1.26$)。随着流动相中极性醇含量的减少,对映体的保留增强,分离因子和分离度增大。图 4-10 为唑草酮对映体的典型拆分色谱图。

表 4-10　唑草酮对映体的拆分结果及醇的影响

醇含量 /%	乙醇			丙醇			异丙醇			丁醇			异丁醇			戊醇		
	k_1	α	R_s	k_1	α	R_s	k_1	α	R_s	k_1	α	R_s	k_1	α	R_s	k_1	α	R_s
1	9.70	1.07	1.26	14.4	1.08	0.83	13.7	1.08	0.81	7.78	1.07	0.74	—			—		
2	7.49	1.07	1.04	9.03	1.07	0.94	8.62	1.08	0.79	6.80	1.07	0.73	—			—		
5	4.36	1.06	0.91	5.64	1.07	0.84	5.40	1.07	0.76	5.99	1.06	0.75	10.2	1.07	0.62	8.22	1.06	0.59
10	2.74	1.05	0.72	3.78	1.06	0.74	4.30	1.07	0.75	4.05	1.06	0.67	6.59	1.06	0.50	5.52	1.05	0.47
15	2.19	1.05	0.62	2.74	1.06	0.65	3.48	1.05	0.69	3.88	1.05	0.58	4.27	1.05	0.48	4.39	1.05	0.42
20	1.84	1.04	0.51	2.38	1.05	0.57	2.65	1.06	0.61	2.78	1.05	0.53	3.96	1.05	0.40	—		

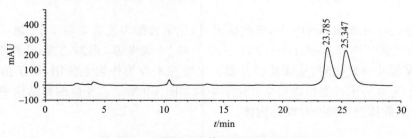

图 4-10　唑草酮对映体的典型拆分色谱图

4.3.1.3　圆二色特性及洗脱顺序研究

对唑草酮对映体进行了在线的圆二色光谱扫描，扫描波长范围为 220～420 nm，如图 4-11(a)所示，实线表示先流出对映体，虚线表示后流出对映体，先流出对映体在230～290 nm 呈(一)圆二色吸收，后流出对映体恰好相反，两吸收曲线以"0"刻度线对称，圆二色最大吸收在 250 nm，在 290 nm 以后，基本无吸收。

本小节中利用 250 nm 处的 CD 信号来标识唑草酮对映体的流出顺序，即先流出异构体为(一)，后流出为(十)。唑草酮的 CD 色谱图见图 4-11(b)。

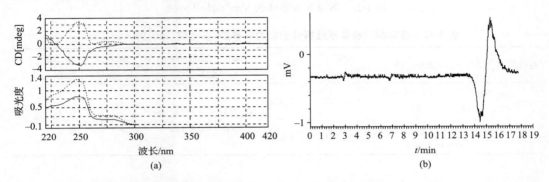

图 4-11　唑草酮两对映体的(a)CD 和 UV 扫描图及(b)CD 色谱图

[正己烷/异丙醇＝95/5(v/v)，250 nm，1.0 mL/min，室温]

4.3.1.4　温度对拆分的影响

在正己烷/异丙醇(98/2，v/v)流动相条件下考察了温度变化对唑草酮手性拆分的影响(表 4-11)，结果表明，随温度降低，对映体的保留增强，分离因子增加。

表 4-11　温度对唑草酮对映体手性拆分的影响(正己烷/异丙醇＝98/2，250 nm，1.0 mL/min)

温度/℃	k_1	k_2	α	R_s
0	10.611	11.530	1.09	0.85
5	8.916	9.667	1.08	0.85
10	7.590	8.228	1.08	0.87
20	5.729	6.173	1.08	0.88
30	5.516	5.891	1.07	0.86
40	4.114	4.379	1.06	0.83
50	3.307	3.506	1.06	0.77

4.3.1.5　热力学参数的计算

根据温度实验的结果绘制了唑草酮对映体的 Van't Hoff 曲线，得到了线性方程，$1/T$ 与 $\ln k_1$、$\ln k_2$ 和 $\ln\alpha$ 都具有一定的线性关系，如图 4-12 所示。线性方程和相关的热力学参数列于表 4-12 中，所得结果与唑草酮两对映体的分离能力相吻合，对映体的分离受焓控制。

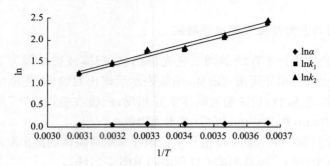

图 4-12　唑草酮对映体的 Van't Hoff 曲线

表 4-12　唑草酮对映体手性拆分的热力学参数（正己烷/异丙醇＝98/2）

对映体	$\ln k=-\Delta H/RT+\Delta S^*$	$\Delta H/$ (kJ/mol)	ΔS^*	$\ln\alpha=-\Delta\Delta H/RT+\Delta\Delta S/R$	$\Delta\Delta H$ (kJ/mol)	$\Delta\Delta S$ [J/(mol·K)]
－	$\ln k_1=1945.5/T-4.808$ ($R^2=0.9767$)	−16.175	−4.808	$\ln\alpha=47.05/T-0.088$ ($R^2=0.9749$)	−0.391	−0.732
＋	$\ln k_2=1992.6/T-4.896$ ($R^2=0.9787$)	−16.566	−4.896			

4.4　禾　草　灵

禾草灵（diclofop-methyl）为内吸性苯氧丙酸类除草剂，可通过根及叶被吸收，只对一年生禾本科杂草有效。对野燕麦、稗草、蟋蟀草、牛毛草、看麦娘、宿根高粱、马唐和狗尾草均有效果。化学名称为 2-(4′-(2′,4′-二氯苯氧基)苯氧基)丙酸，化学结构如图 4-13 所示，其结构中有一个手性中心，外消旋体含有两个对映异构体。

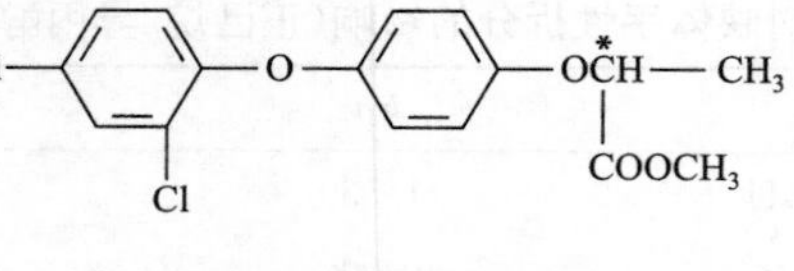

图 4-13　禾草灵结构式

4.4.1　禾草灵在正相 CDMPC 手性固定相上的拆分

4.4.1.1　色谱条件

色谱柱：纤维素-三（3,5-二甲基苯基氨基甲酸酯）（CDMPC）手性柱，250 mm×4.6 mm I.D.（实验室自制）；流动相为正己烷/醇类，温度对拆分影响在 5～40 ℃之间，其他实验在室温进行，检测波长 230 nm。

4.4.1.2　醇含量对禾草灵对映体的拆分的影响

禾草灵（diclofop-methyl）对映体在正己烷体系下的拆分结果见表 4-13，检测波长 230 nm，考察了各种醇含量对拆分的影响,禾草灵对映体的拆分效果也非常好,所有的醇都能够使对映体完全分离,其中异丁醇、正丙醇和异丙醇在含量 2% 时分离度都在 5 以上,相比之下正丁醇的拆分效果最差,在含量 2% 时分离度为 2.88。禾草灵先流出对映体的保留非常弱,即使使用低含量的醇也较早出峰。图 4-14 为禾草灵对映体的拆分典型色谱图。

表 4-13　醇改性剂对禾草灵对映体拆分的影响

含量/ %	乙醇			丙醇			异丙醇			丁醇			异丁醇		
	k_1	α	R_s	k_1	α	R_s	k_1	α	R_s	k_1	α	R_s	k_1	α	R_s
20	0.48	1.79	1.25	0.47	2.05	1.51	0.71	2.57	3.07	0.46	2.18	2.52	0.54	2.43	2.73
15	0.55	1.79	1.67	0.56	2.08	2.41	0.80	2.71	3.52	0.53	2.21	2.05	0.67	2.65	3.22
10	0.66	1.86	2.01	0.70	2.18	2.87	0.85	2.80	3.79	0.64	2.05	1.83	0.79	2.62	3.49
5	0.90	2.16	2.49	1.01	2.32	3.32	1.11	2.94	4.45	0.86	2.06	2.87	1.06	2.78	4.39
2	1.34	2.37	3.55	1.44	2.59	5.62	1.45	3.14	5.32	1.43	1.84	2.88	1.64	3.14	6.15
							1.61	3.35	5.84						

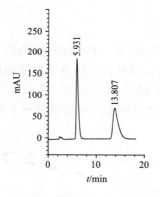

图 4-14　禾草灵对映体的典型色谱拆分图

4.4.1.3　圆二色特性研究

禾草灵对映体在 220～420 nm 范围内的圆二色扫描图见图 4-15,先流出对映体为(-)CD 吸收,后流出对映体为(+)CD 吸收,230 nm 为最大吸收,在 280 nm 处也有较大的 CD 吸收。

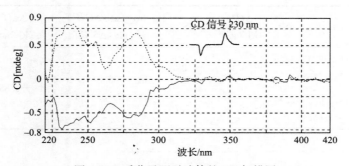

图 4-15　禾草灵两对映体的 CD 扫描图

4.4.1.4　温度对拆分的影响

表 4-14 列出了温度对禾草灵对映体拆分的影响数据,流动相为正己烷/异丙醇(80/20),温度范围为 5～40 ℃,分离因子、容量因子都随温度的升高而递减,分离度却在 15 ℃时有最大值 3.48。

表 4-14　温度对禾草灵对映体拆分的影响(正己烷/异丙醇＝80/20)

温度/℃	k_1	k_2	α	R_s
5	0.82	2.41	2.96	3.22
10	0.80	2.31	2.89	3.19
15	0.74	2.01	2.73	3.48
20	0.71	1.81	2.57	3.07
25	0.68	1.72	2.54	3.20
40	0.52	1.16	2.24	2.39

4.4.1.5　热力学参数的计算

基于温度对拆分的影响数据,绘制了禾草灵对映体的 Van't Hoff 曲线,见图 4-16,不论是容量因子还是分离因子,其自然对数与热力学温度的倒数都有明显的线性关系,线性 Van't Hoff 方程见表 4-15,焓变的差值为 5.85 kJ/mol,熵变的差值为 11.97 J/(mol·K),对映体的分离受焓控制,熵对对映体的拆分也起到了重要的作用。

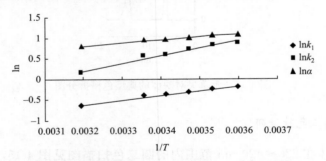

图 4-16　禾草灵对映体的 Van't Hoff 曲线(正己烷/异丙醇＝80/20)

表 4-15　禾草灵对映体的热力学参数(正己烷/异丙醇＝80/20)

对映体	$\ln k=-\Delta H/RT+\Delta S^*$	$\Delta H/$ (kJ/mol)	ΔS^*	$\ln\alpha=\Delta_{R,S}\Delta H/RT+\Delta_{R,S}\Delta S/RT$	$\Delta\Delta H$ /(kJ/mol)	$\Delta\Delta S$ [J/(mol·K)]
—	$\ln k_1=1138.8/T-4.26$ $(R=0.9758)$	−9.47	−4.26	$\ln\alpha=703.8/T-1.44$ $(R=0.9928)$	−5.85	−11.97
＋	$\ln k_2=1842.6/T-5.70$ $(R=0.9881)$	−15.32	−5.70			

4.4.2 禾草灵在反相 CDMPC 手性固定相上的拆分

4.4.2.1 色谱条件

色谱柱：CDMPC 手性柱，250 mm×4.6 mm I.D.（实验室自制）；流动相为不同比例的甲醇/水或乙腈/水，温度对拆分影响在 0～40 ℃之间，其他实验在室温进行，流速 0.8 mL/min，进样量 10 μL，检测波长 230 nm，样品浓度大约为 100 mg/L。

4.4.2.2 流动相组分对禾草灵拆分的影响

考察了不同比例的甲醇/水或乙腈/水作流动相的条件下，对禾草灵拆分的影响（表 4-16）。在甲醇/水中没有拆分趋势，在乙腈/水中却可达到基线分离，分离度为 1.53。禾草灵的分离谱图见图 4-17。

表 4-16　禾草灵在 CDMPC 上的拆分结果

手性化合物	流动相	v/v	k_1	k_2	α	R_s
禾草灵	甲醇/水	100/0	0.77	0.77	1.00	—
		85/15	4.43	4.43	1.00	—
		75/25	14.43	14.43	1.00	—
	乙腈/水	100/0	0.34	0.34	1.00	—
		90/10	0.86	0.86	1.00	—
		80/20	0.87	0.95	1.10	0.72
		70/30	1.87	2.05	1.10	0.97
		60/40	4.35	4.76	1.09	1.22
		50/50	12.73	13.95	1.10	1.53

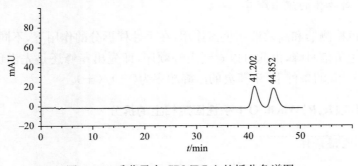

图 4-17　禾草灵在 CDMPC 上的拆分色谱图

4.4.2.3 温度对禾草灵拆分的影响

温度是影响手性拆分的一种重要因素，本实验考察了 0～40 ℃范围内，在甲醇/水或乙腈/水作流动相的条件下，温度对禾草灵对映体在 CDMPC 上的拆分的影响，结果见表 4-17。

表 4-17 温度对禾草灵在 CDMPC 上拆分的影响

手性化合物	温度/℃	流动相	v/v	k_1	k_2	α	R_s
禾草灵	0	乙腈/水	60/40	4.69	5.27	1.12	1.45
	5			4.69	5.25	1.12	1.45
	10			4.62	5.14	1.11	1.40
	20			4.49	4.93	1.10	1.36
	30			4.25	4.62	1.09	1.27
	40			3.97	4.25	1.08	1.15

通过考察温度对手性农药对映体拆分的影响,绘制了 Van't Hoff 曲线,如图 4-18 所示,两对映体的容量因子、分离因子的自然对数与热力学温度的倒数具有较好的线性关系,线性系数均大于 0.95,基于线性 Van't Hoff 方程,可计算相关的热力学参数,线性方程为 $\ln\alpha = 97.361/T - 0.238$ $(R^2 = 0.996)$ $\Delta\Delta H^\circ$、$\Delta\Delta S^\circ$ 分别为 -0.809 kJ/mol 和 -1.98 J/(mol·K)。手性拆分主要受焓控制。

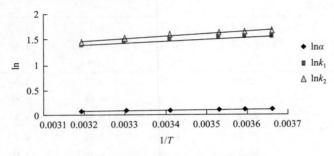

图 4-18 禾草灵的 Van't Hoff 曲线

4.4.2.4 对映体的流出顺序

由于圆二色检测器和高效液相色谱连用,在手性柱拆分的作用下,不同旋光性对映体将出现不同的正负信号峰,由此可以看到出峰顺序,即先出正峰还是先出负峰。在甲醇/水=60/40,270 nm 的条件下,禾草灵的出峰顺序为(一)/(+)。

4.4.3 禾草灵在 (R,R) Whelk-O 1 手性固定相上的拆分

4.4.3.1 色谱条件

色谱柱:(R,R) Whelk-O 1 型手性柱,250 mm×4.6 mm I.D.;流动相为正己烷/醇类,温度对拆分影响在 0~50℃之间,其他实验在室温进行,检测波长 230 nm。

4.4.3.2 禾草灵对映体的拆分结果及醇含量的影响

表 4-18 为正己烷体系下六种醇(乙醇、丙醇、异丙醇、丁醇、异丁醇、戊醇)及其含量对禾草灵对映体拆分的影响,检测波长 230 nm,流速 1.0 mL/min。所有的醇都可以实现禾草灵对映体的基线分离,其中在异丙醇含量为 5%时有最大的分离因子(α=1.25)和分离

度($R_s=2.29$)。异丙醇、乙醇、丙醇的拆分效果较好,戊醇相对较差。随着流动相中极性醇含量的减少,对映体的保留增强,分离因子和分离度增大。图 4-19(a)为禾草灵对映体的拆分色谱图。

表 4-18　禾草灵对映体的拆分结果及醇的影响

含量 /%	乙醇			丙醇			异丙醇			丁醇			异丁醇			戊醇		
	k_1	α	R_s	k_1	α	R_s	k_1	α	R_s	k_1	α	R_s	k_1	α	R_s	k_1	α	R_s
5	1.84	1.19	2.18	1.96	1.20	2.13	2.60	1.25	2.29	1.97	1.20	1.95	2.89	1.27	2.04	2.68	1.24	1.85
10	1.32	1.16	1.89	1.47	1.18	1.91	2.00	1.23	1.99	1.53	1.18	1.87	2.35	1.24	1.69	2.16	1.22	1.72
15	1.08	1.15	1.47	1.12	1.17	1.51	1.56	1.22	1.62	1.26	1.18	1.50	1.83	1.23	1.39	1.68	1.22	1.41
20	0.97	1.15	1.22	1.03	1.16	1.23	1.37	1.21	1.47	1.09	1.17	1.25	1.46	1.22	1.17	1.43	1.21	1.16
30	0.76	1.14	0.99	0.84	1.16	1.02	1.06	1.19	1.10	0.92	1.16	1.02	1.19	1.22	0.92	1.10	1.21	0.98
40	0.65	1.13	0.78	0.70	1.15	0.83	0.94	1.19	1.01	0.77	1.15	0.81	1.03	1.21	0.83	1.01	1.20	0.84

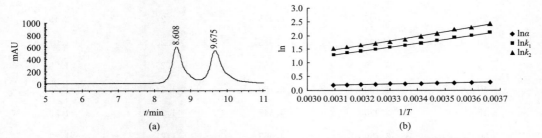

图 4-19　(a)禾草灵对映体在(R,R)Whelk-O 1 型手性色谱柱上的典型拆分色谱图
及(b)Van't Hoff 曲线

4.4.3.3　圆二色特性研究及对映体洗脱顺序的确定

禾草灵对映体的 CD 色谱图见图 4-20。

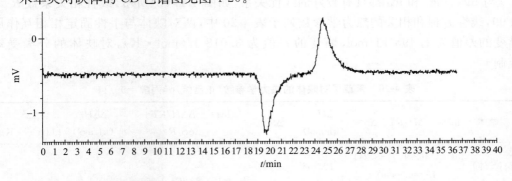

图 4-20　禾草灵两对映体在(R,R)Whelk-O 1 型手性色谱柱上的 CD 色谱图(282 nm)

根据文献报道[1],禾草灵对映体在 282 nm 波长下,R-体 CD 信号为(+),S-体为(-),因此根据同样波长下禾草灵对映体在(R,R) Whelk-O 1 型手性柱上的 CD 信号,可以确定其对映体在(R,R) Whelk-O 1 型手性色谱柱上先流出为 S-体,后流出为 R-体。

4.4.3.4　温度对拆分的影响

在正己烷/异丙醇体系下考察了 $0\sim50\,^{\circ}\!C$ 范围内温度对拆分的影响,结果见表 4-19,同样随着温度的升高,对映体的保留变弱,分离效果变差,$0\,^{\circ}\!C$ 时分离度为 3.03,而 $50\,^{\circ}\!C$ 时分离度只有 1.23。

表 4-19　温度对禾草灵对映体拆分的影响(正己烷/异丙醇=99/1)

温度/℃	k_1	k_2	α	R_s
0	8.540	11.460	1.34	3.03
5	7.480	10.015	1.34	2.94
10	7.092	9.298	1.31	2.86
15	6.218	8.057	1.30	2.63
20	5.601	7.172	1.28	2.41
25	5.097	6.475	1.27	2.19
30	4.737	5.968	1.26	2.01
35	4.459	5.565	1.25	1.79
40	4.190	5.183	1.24	1.59
45	3.955	4.847	1.23	1.39
50	3.756	4.563	1.21	1.23

4.4.3.5　热力学参数的计算

根据温度实验的数据绘制了禾草灵对映体的 Van't Hoff 曲线,得到了线性方程,$1/T$ 与 $\ln k_1$、$\ln k_2$ 和 $\ln\alpha$ 都具有较好的线性关系,如图 4-19(b)所示,线性相关系数 $R^2 >0.99$,线性方程和相关的热力学参数列于表 4-20 中,两对映体与手性固定相相互作用焓变的差值为 1.495 kJ/mol,熵变的差值为 3.018 J/(mol·K),对映体的分离受焓控制。

表 4-20　禾草灵对映体的热力学参数(正己烷/异丙醇=99/1)

对映体	$\ln k=-\Delta H/RT+\Delta S^*$	$\Delta H/$ (kJ/mol)	ΔS^*	$\ln\alpha=-\Delta\Delta H/RT+\Delta\Delta S/R$	$\Delta\Delta H/$ (kJ/mol)	$\Delta\Delta S/$ [J/(mol·K)]
E_1(S-体)	$\ln k_1=1462.1/T-3.241$ ($R^2=0.9909$)	-12.156	-3.241	$\ln\alpha=179.86/T-0.363$ ($R^2=0.9919$)	-1.495	-3.018
E_2(R-体)	$\ln k_2=1642/T-3.604$ ($R^2=0.9927$)	-13.652	-3.604			

4.4.4　禾草灵在植物中的选择性行为研究

4.4.4.1　禾草灵对映体在白菜中的选择性行为研究

在对白菜茎叶喷雾后定期采样,根据以上描述的方法对样品进行了提取和净化,利用高效液相色谱手性固定相法对供试白菜体内禾草灵对映体的残留量进行分析。结果表明,禾草灵在白菜植株内的浓度呈现出先增加后减少的过程,施药后 28 h 时两对映体达到最大浓度,而后被逐渐降解,7.5 天后,S-体浓度由最大时的 1.86 μg/g 降至 0.07 μg/g,R-体由 3.60 μg/g 降至 0.07 μg/g,且两对映体的降解趋势符合假一级反应(pseudo first-order kinetic reaction)动力学规律。拟合方程、降解半衰期及 ES 值列于表 4-21。从表中可以看出,R-禾草灵和 S-禾草灵灵体的半衰期分别为 41.8 h 和 35.4 h,拟合方程相关系数都大于 0.9,实测值与理论计算值拟合良好,两对映体之间的差异达到系统学显著水平,ES 值为 0.082,说明禾草灵在白菜中存在立体选择性降解,S-体降解得快。

表 4-21　禾草灵对映体在白菜体内消解动态的回归方程

对映体	回归方程	R^2	半衰期 $t_{1/2}$/h	ES 值
R-(＋)	$C=4.1050e^{-0.0166t}$	0.9798	41.8	0.082
S-(－)	$C=2.0781e^{-0.0196t}$	0.9393	35.4	

对各个取样时间点禾草灵对映体残留量及其 EF 值进行计算,结果见表 4-22。可以明显看出随着施药后时间延长,两对映体的浓度先增加后减小,在增加过程中 R-体的浓度高于 S-体,在 28 h R-体浓度多于 S-体的 2.3 倍,与此同时 EF 值从 0.5 逐渐减小到 0.33;从第 28 小时开始两对映体的浓度逐渐减小,在第 184 小时(R)-禾草灵浓度低于检出限,EF 值仍保持减小趋势,在第 160 小时达到 0.23,呈现了明显的立体选择性差异。实验数据表明,在供试白菜植株内禾草灵对映体存在明显的立体选择性降解现象,S-体的降解速率快于 R-体,而且随着用药后时间的延长,两个对映体的选择性降解趋势越来越明显(图 4-21 和图 4-22)。

表 4-22　药剂处理后不同时间白菜中禾草灵对映体的浓度和 EF 值[a]

时间/h	S-禾草灵/(μg/g)	R-禾草灵/(μg/g)	EF 值
0	—	—	0.500
4	1.31±0.09	1.66±0.13	0.44±0.04
28	1.56±0.12	3.60±0.18	0.30±0.05
52	1.43±0.11	3.03±0.22	0.32±0.04
112	0.68±0.08	1.18±0.11	0.37±0.03
160	0.12±0.03	0.41±0.06	0.23±0.04
184	0.09±0.02	—	—

a. 平均值±SD ($n=3$)

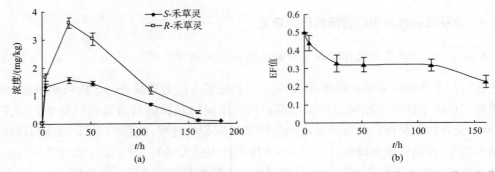

图 4-21　(a) 禾草灵对映体在白菜中的浓度变化曲线；(b) 禾草灵对映体在白菜中的 EF 值变化曲线

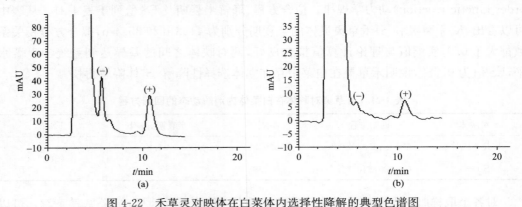

图 4-22　禾草灵对映体在白菜体内选择性降解的典型色谱图

(a) 施药后 28 h 样品；(b) 施药后 160 h，正己烷/异丙醇(90/10,v/v),210 nm,流速 1.0 mL/min

4.4.4.2　禾草灵在油菜中的选择性行为研究

1) 禾草灵对映体在油菜中的选择性行为研究

对油菜进行茎叶喷雾施药处理后定期采样，根据以上描述的方法对样品进行了提取和净化，利用高效液相色谱手性固定相法对供试油菜体内禾草灵及禾草酸对映体的残留量进行分析。结果表明，禾草灵在油菜体内的残留量呈现出先增加后减少的趋势，施药后第 4 天两对映体在油菜中的浓度同时达到最大而后被逐渐降解，15 天后，S-体浓度由最大时的 19.64 μg/g 降至 0.32 μg/g,R-体由 37.37 μg/g 降至 1.09 μg/g,且两对映体的降解趋势符合假一级反应(pseudo first-order kinetic reaction)动力学规律，实测值与理论计算值拟合良好，拟合方程、降解半衰期及 ES 值列于表 4-23。从表中可以看出，R-体禾草灵和 S-体

表 4-23　禾草灵与禾草酸对映体在油菜体内消解动态的回归方程

对映体	回归方程	相关系数 R^2	半衰期 $t_{1/2}/d$	ES 值
R-禾草灵	$C=37.932e^{-0.314t}$	0.9853	2.21	0.083
S-禾草灵	$C=16.034e^{-0.371t}$	0.9756	1.87	
R-禾草酸	$C=18.069e^{-0.256t}$	0.9807	2.71	0.144
S-禾草酸	$C=47.382e^{-0.342t}$	0.9799	2.03	

禾草灵的半衰期分别为 2.21 d 和 1.87 d,两对映体之间的差异已达到系统学显著水平,ES 值为 0.083,说明禾草灵在供试油菜植株中的降解存在立体选择性,优先降解 S-体。

对各个取样时间点禾草灵对映体残留量和 EF 值进行计算,结果见表 4-24。从表中可以明显看出施药后随着时间的延长,两对映体的浓度先增加后减小,在整个检测过程中 R-体的浓度始终高于 S-体,两个对映体的 EF 比值从 0.5 逐渐减小,到施药后第 15 天 EF 值减小到 0.22,呈现了明显的立体选择性差异。结果表明,在供试的油菜植株内禾草灵对映体存在着明显的立体选择性降解现象,S-体降解速率快于 R-体,而且随着用药后时间的延长,两个对映体的选择性降解趋势越来越明显[图 4-23(a)、(c)和图 4-24]。

表 4-24　药剂处理后不同时间油菜中禾草灵对映体的浓度和 EF 值[a]

时间/h	S-禾草灵/(μg/g)	R-禾草灵/(μg/g)	EF 值
0	—	—	0.50
0.02	4.61±0.41	6.05±0.48	0.43±0.06
1	7.84±0.58	17.78±1.25	0.40±0.04
2	11.66±1.49	30.04±4.39	0.43±0.03
4	19.64±2.44	37.37±4.85	0.34±0.03
9	1.71±0.25	6.86±1.12	0.20±0.02
11	1.22±0.19	5.41±0.83	0.18±0.01
15	0.32±0.05	1.09±0.18	0.22±0.01

a. 平均值±SD($n=3$)

2) 禾草灵酸对映体油菜中的选择性行为研究

结果表明,禾草酸在油体内的生成和降解过程呈现出先增加后减少的趋势,与禾草灵相同施药后第 4 天两对映体在油菜中的浓度同时达到最大而后被逐渐减少,施药后 25 天,S-禾草酸浓度由最大时的 33.24 μg/g 降至 0.021 μg/g,而 R-体由 13.48 μg/g 降至检出限以下,且两对映体的降解趋势符合一级反应(pseudo first-order kinetic reaction)动力学规律,实测值与理论计算值拟合良好,拟合方程、降解半衰期及 ES 值列于表 4-23。R-禾草酸和 S-禾草酸的半衰期分别为 2.7 d 和 2.0 d,两对映体之间的差异已达到统计学显著水平,ES 值为 0.144,说明禾草酸在供试油菜植株中存在立体选择性降解。

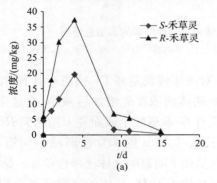
(a)

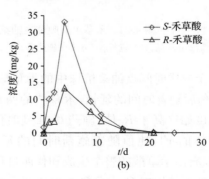
(b)

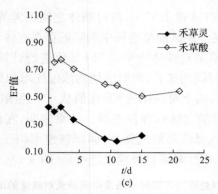

图 4-23　（a）禾草灵对映体在油菜中的浓度变化曲线；（b）禾草酸对映体在油菜中的浓度变化曲线；
（c）禾草灵与禾草酸在油菜中 EF 值变化曲线

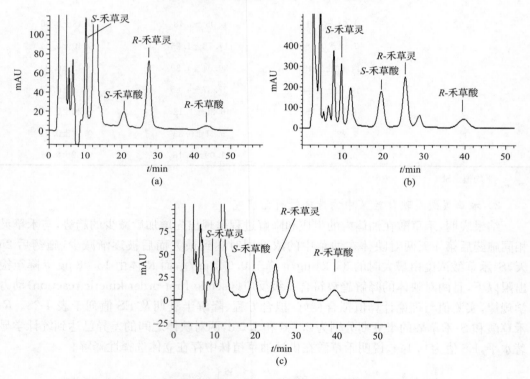

图 4-24　禾草灵对映体在油菜体内选择性降解的典型色谱图

（a）施药后 2 d 样品；（b）施药后 4 d；（c）施药后 9 d，正己烷/异丙醇（90/10，v/v），210 nm，流速 1.0 mL/min

　　对各个取样时间点油菜植株中的禾草酸对映体残留量和 EF 值进行计算，结果见表 4-25。施药后随着时间的延长，禾草酸的两对映体的浓度先增加后减小，在整个过程中 S-体的浓度始终高于 R-体，施药 0.02 d 时仅有 S-禾草酸生成而并未检测到 R-禾草酸。两个对映体的 EF 比值随着施药时间的延长从 0.02 d 的 1.0 逐渐减小到第 22 天的 0.55，可以看出禾草酸的整个生成和代谢过程呈现了明显的立体选择性差异。结果表明，在供试的油菜植株内 S-禾草酸的生成速率明显快于 R-体，S-体的降解速率也快于 R-体

［图 4-23(b)、(c)和图 4-24］。有研究表明,禾草灵水解为禾草酸的过程中不存在构型的翻转,即 R-禾草灵单一水解为 R-禾草酸,S-体亦然。这证明了 S-禾草灵水解成为禾草酸的速率要快于 R-体。

表 4-25　药剂处理后不同时间油菜中禾草酸对映体的浓度和 EF 值

时间/d	S-禾草酸/(μg/g)	R-禾草酸/(μg/g)	EF 值
0	—	—	0.50
0.02	1.68±0.28	—	1.00±0.28
1	10.15±1.46	3.25±3.43	0.76±0.08
2	12.17±1.75	3.49±2.72	0.78±0.09
4	33.24±2.88	13.48±2.15	0.71±0.06
9	9.38±1.03	6.28±0.94	0.60±0.08
11	5.36±0.61	3.65±0.57	0.59±0.48
15	1.21±0.95	1.16±0.24	0.51±0.42
21	0.24±0.04	0.19±0.01	0.55±0.67
25	0.02±0.01	—	

4.4.5　禾草灵及其代谢物在土壤中的选择性行为研究

4.4.5.1　禾草灵在两种有氧土壤中的立体选择性降解

SC1、SC2、SC3 分别代表禾草灵外消旋体、S-(−)-禾草灵、R-(+)-禾草灵在赤峰土壤中的有氧降解实验;SW1、SW2、SW3 分别代表禾草灵外消旋体、S-(−)-禾草灵、R-(+)-禾草灵在无锡土壤中的有氧降解实验。

对六组禾草灵的有氧实验 SC1、SC2、SC3 和 SW1、SW2、SW3 来说,禾草灵对映体在有氧土壤中的降解趋势基本一致,符合一级降解动力学规律。对其在土壤中的消解动态进行动力学回归,拟合方程、降解半衰期列于表 4-26。从表 4-26 中可以看出,无论是赤峰土壤还是无锡土壤,对于初始加药为外消旋禾草灵的土壤样本来说,即实验组 SC1 和 SW1,S-(−)-禾草灵和 R-(+)-禾草灵在这两种土壤中的半衰期分别为 0.37 d、0.36 d 和 0.69 d、0.70 d,半衰期均无明显差异,在酸性无锡土壤中禾草灵的降解慢于在碱性赤峰土壤中的降解。图 4-25(a)~(c)直观地反映了 SC1、SC2 和 SC3 实验中,不同取样时间禾草灵对映体在赤峰土壤中的残留量;图 4-26(a)~(c)直观地反映了 SW1、SW2 和 SW3 实验中,不同取样时间禾草灵对映体在无锡土壤中的残留量。从图中可以看出,无论是赤峰土壤还是无锡土壤,S-异构体的降解曲线几乎和 R-异构体的重叠,也就是说,在相同取样点 S-异构体和 R-异构体的浓度相同,这些都表明了禾草灵在这两种土壤中没有发生选择性降解。

表 4-26　禾草灵对映体在两种有氧土壤实验中消解动态的回归方程

实验组/培养的化合物		回归方程	相关系数 R^2	半衰期 $t_{1/2}$/d
SC1	S-($-$)-禾草灵	$y=5.3519\mathrm{e}^{-1.859x}$	0.95	0.37 ± 0.02
	R-($+$)-禾草灵	$y=5.7983\mathrm{e}^{-1.908x}$	0.96	0.36 ± 0.01
SC2	S-($-$)-禾草灵	$y=5.2659\mathrm{e}^{-2.043x}$	0.95	0.34 ± 0.02
SC3	R-($+$)-禾草灵	$y=5.1721\mathrm{e}^{-1.993x}$	0.94	0.35 ± 0.02
SW1	S-($-$)-禾草灵	$y=5.7744\mathrm{e}^{-1.001x}$	0.98	0.69 ± 0.01
	R-($+$)-禾草灵	$y=5.9813\mathrm{e}^{-0.996x}$	0.98	0.70 ± 0.02
SW2	S-($-$)-禾草灵	$y=3.9202\mathrm{e}^{-0.801x}$	0.95	0.62 ± 0.02
SW3	R-($+$)-禾草灵	$y=4.0062\mathrm{e}^{-1.077x}$	0.93	0.64 ± 0.01

图 4-27 为 SC1 和 SW1 实验组中不同取样点的禾草灵的 ER 值。从图中可以看出无论是赤峰土壤还是无锡土壤，禾草灵在土壤中的 ER 值随时间几乎没有发生变化，因此说明了禾草灵在这两种土壤中的降解是非选择性的。

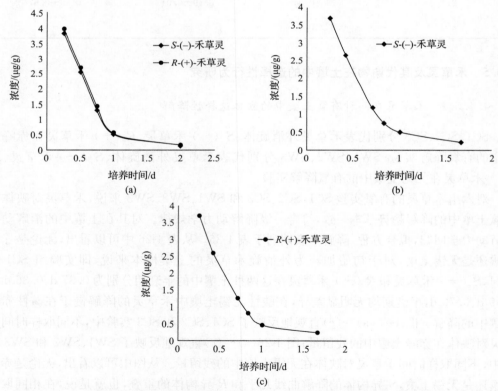

图 4-25　SC1、SC2 和 SC3 实验组中，禾草灵对映体的消解动态图

（a）外消旋禾草灵的消解动态图（SC1）；（b）S-($-$)-禾草灵的消解动态图（SC2）；

（c）R-($+$)-禾草灵的消解动态图（SC3）

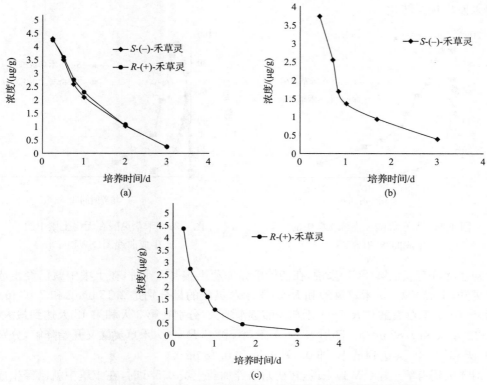

图 4-26　SW1、SW2 和 SW3 实验组中,禾草灵对映体的消解动态图

(a) 外消旋禾草灵的消解动态图(SW1);(b) S-(-)-禾草灵的消解动态图(SW2);
(c) R-(+)-禾草灵的消解动态图(SW3)

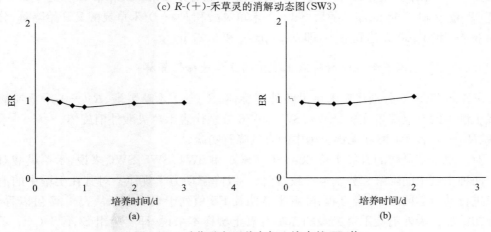

图 4-27　禾草灵在两种有氧土壤中的 ER 值

(a)在无锡有氧土壤中的 ER 值;(b)在赤峰有氧土壤中的 ER 值

由图 4-28 和图 4-29 可知,随着母体禾草灵的降解,代谢物禾草灵酸在逐渐生成。由图 4-23(b)～(c)和图 4-24(b)～(c)可知,在仅培养了 S-(—)-禾草灵的土壤样本中并没有 R-(+)-禾草灵的生成,而在仅培养了 R-(+)-禾草灵的土壤样本中也没有发现 S-(—)-禾草灵的生成。因此,禾草灵在这两种土壤中的降解是保持手性稳定的,即异构体

之间未发生相互转化。

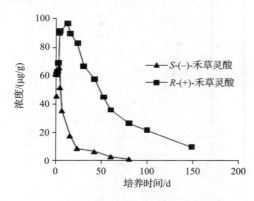

图 4-28　禾草灵酸在赤峰土壤中的
生成曲线图(SC1)

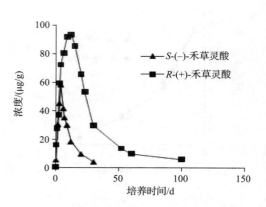

图 4-29　禾草灵酸在无锡土壤中的
生成曲线图(SW1)

对于赤峰有氧土壤(SC1)来说,在初始培养加药土壤 0.5 d 时,在土壤中就已经生成了禾草灵酸,生成 S-(一)-禾草灵酸和 R-(＋)-禾草灵酸的量分别是 2.15 μg/g 和 2.08 μg/g。此后,S-(一)-禾草灵酸和 R-(＋)-禾草灵酸逐渐增大,分别在第 3 天和第 12 天达到最大值,即 3.28 μg/g 和 4.82 μg/g。随后 S-(一)-禾草灵酸和 R-(＋)-禾草灵酸又开始降解,分别在第 60 天和第 149 天达到最小,即 0.17 μg/g 和 0.48 μg/g。

对于无锡有氧土壤(SW1)来说,在初始培养加药土壤 0.5 d 时,在土壤中就已经生成了禾草灵酸,生成 S-(一)-禾草灵酸和 R-(＋)-禾草灵酸的量分别是 0.25 μg/g 和 0.78 μg/g。此后,S-(一)-禾草灵酸和 R-(＋)-禾草灵酸逐渐增大,分别在第 4 天和第 12 天达到最大值,即 2.92 μg/g 和 4.68 μg/g。随后 S-(一)-禾草灵酸和 R-(＋)-禾草灵酸又开始降解,分别在第 30 天和第 100 天达到最小,即 0.18 μg/g 和 0.27 μg/g。

4.4.5.2　禾草灵酸在两种有氧土壤中的立体选择性降解

SC4、SC5、SC6 分别代表禾草灵酸外消旋体、S-(一)-禾草灵酸、R-(＋)-禾草灵酸在赤峰土壤中的有氧降解实验;SW4、SW5、SW6 分别代表禾草灵酸外消旋体、S-(一)-禾草灵酸、R-(＋)-禾草灵酸在无锡土壤中的有氧降解实验。

对六组禾草灵酸的有氧实验 SC4、SC5、SC6 和 SW4、SW5、SW6 来说,禾草灵酸对映体在两种土壤中的降解趋势基本一致,符合一级降解动力学规律。对其在土壤中的消解动态进行动力学回归,拟合方程、降解半衰期及 ES 值列于表 4-27。从表 4-27 可以看出,对于初始加药为外消旋禾草灵酸的赤峰有氧土壤样本来说,即实验组 SC4,S-(一)-禾草灵酸和 R-(＋)-禾草灵酸在土壤中的半衰期分别为 14.4 d 和 43.3 d,差异达到系统学显著水平,ES 值为 0.50;对于初始加药为外消旋禾草灵酸的无锡有氧土壤样本来说,即实验组 SW4,S-(一)-禾草灵酸和 R-(＋)-禾草灵酸在土壤中的半衰期分别为 8.7 d 和 19.2 d,差异达到系统学显著水平,ES 值为 0.38。这也说明了禾草灵酸在酸性无锡土壤中的降解要快于碱性赤峰土壤,并且在半衰期长的碱性土壤中的 ES 值要大于酸性土壤。

表 4-27　禾草灵酸对映体在两种有氧土壤实验中消解动态的回归方程

实验组/培养的化合物		回归方程	相关系数 R^2	半衰期 $t_{1/2}/d$	ES
SC4	S-($-$)-禾草灵酸	$y=3.5174e^{-0.048x}$	0.97	14.4 ± 1.09	0.50
	R-($+$)-禾草灵酸	$y=5.3884e^{-0.016x}$	0.99	43.3 ± 1.23	
SC5	S-($-$)-禾草灵酸	$y=2.4857e^{-0.053x}$	0.93	13.1 ± 1.02	—
SC6	R-($+$)-禾草灵酸	$y=5.2712e^{-0.017x}$	0.99	40.8 ± 1.14	—
SW4	S-($-$)-禾草灵酸	$y=3.1442e^{-0.08x}$	0.97	8.7 ± 0.81	0.38
	R-($+$)-禾草灵酸	$y=5.5591e^{-0.036x}$	0.98	19.2 ± 0.96	
SW5	S-($-$)-禾草灵酸	$y=3.0204e^{-0.093x}$	0.94	7.4 ± 0.34	—
SW6	R-($+$)-禾草灵酸	$y=5.4225e^{-0.038x}$	0.99	18.2 ± 0.72	—

　　图 4-30(a)～(c)直观地反映了 SC4、SC5 和 SC6 实验中,不同取样时间禾草灵酸对映体在赤峰土壤中的残留量;图 4-31(a)～(c)直观地反映了 SW4、SW5 和 SW6 实验中,不同取样时间禾草灵酸对映体在无锡土壤中的残留量。无论是赤峰土壤还是无锡土壤,从处理后第 3 天两个对映体的残留量就已明显不同,在此后的时间里,这种差异有扩大的趋势。这表明在这两种土壤中禾草灵酸发生了选择性降解,其中 S-($-$)-禾草灵酸被优先降解。

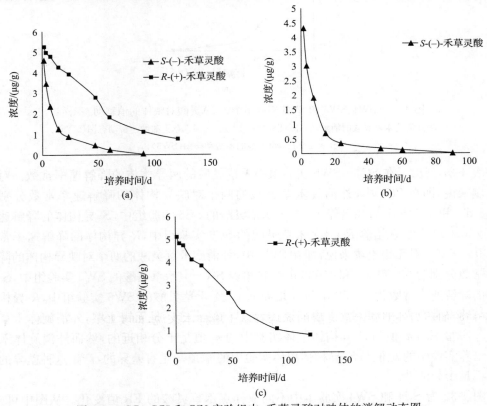

图 4-30　SC4、SC5 和 SC6 实验组中,禾草灵酸对映体的消解动态图
(a) 外消旋禾草灵酸的消解动态图(SC4);(b) S-($-$)-禾草灵酸的消解动态图(SC5);
(c) R-($+$)-禾草灵酸的消解动态图(SC6)

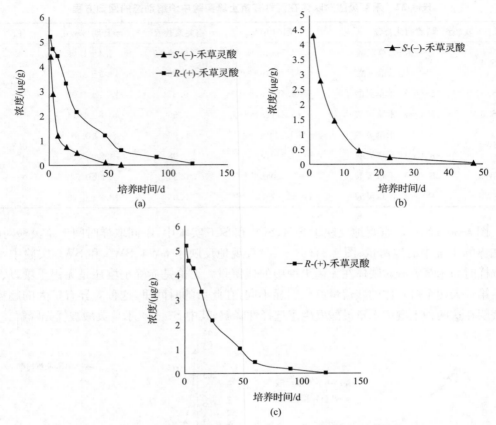

图 4-31　SW4、SW5 和 SW6 实验组中,禾草灵酸对映体的消解动态图
(a) 外消旋禾草灵酸的消解动态图(SW4);(b) S-(一)-禾草灵酸的消解动态图(SW5);
(c) R-(＋)-禾草灵酸的消解动态图(SW6)

　　表 4-27 列出了在 SC4～SW6 实验组中禾草灵酸的两异构体的降解速率常数。对赤峰土壤来说,即在 SC4 中,外消旋禾草灵酸的两个对映异构体的降解速率常数分别为 0.048 d^{-1}和 0.016 d^{-1};在培养 S-(一)-禾草灵酸的 SC5 实验组中,S-异构体的降解速率常数为 0.053 d^{-1};在培养 R-(＋)-禾草灵酸的 SC6 实验组中,R-异构体的降解速率常数为 0.017 d^{-1}。对无锡土壤来说,即在 SW4 中,外消旋禾草灵酸的两个对映异构体的降解速率常数分别为 0.080 d^{-1}和 0.036 d^{-1};在培养 S-(一)-禾草灵酸的 SW5 实验组中,S-异构体的降解速率常数为 0.093 d^{-1};在培养 R-(＋)-禾草灵酸的 SW6 实验组中,R-异构体的降解速率常数为 0.038 d^{-1}。也就说,无论是赤峰土壤还是无锡土壤,外消旋体禾草灵酸培养实验中的 k_R 值与 R-异构体单体实验中的 k_R 值是十分相近的,然而外消旋体禾草灵酸培养实验中的 k_S 值与 S-异构体单体实验中的 k_S 值却是有差异的,产生这种差异的原因并不是十分清楚。

　　图 4-32 为 SC4 和 SW4 实验组中不同取样点禾草灵酸的 ER 值变化。从图中可知,无论是赤峰土壤还是无锡土壤,随着取样时间的延长,禾草灵酸的 ER 值在逐渐减小,S-异构体浓度不断减小,说明了 S-(一)-禾草灵酸容易被土壤中的微生物酶系降解。从而

导致了 R-异构体的富集。通过 $\ln(\text{ER})$ 对时间 t 作图发现，$\ln(\text{ER})$ 与时间 t 呈线性关系。对赤峰土壤来说，拟合方程为 $y=-0.0303x-0.4428$，相关系数为 0.93，见图 4-33(a)。由此线性方程可求得 Δk 为 $-0.0303\ \text{d}^{-1}$，这与之前消解动态方程求得的数据非常吻合（$k_R-k_S=-0.0302\ \text{d}^{-1}$，表 4-27）；对无锡土壤来说，拟合方程为 $y=-0.045x-0.5346$，相关系数为 0.92，见图 4-33(b)。由此线性方程可求得 Δk 为 $-0.045\ \text{d}^{-1}$，这与之前消解动态方程求得的数据非常吻合（$k_R-k_S=-0.0044\ \text{d}^{-1}$，表 4-27）。

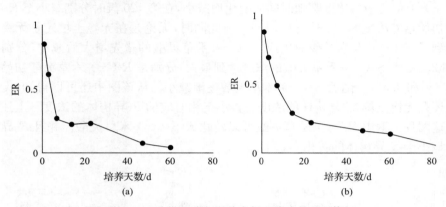

图 4-32　禾草灵酸在两种有氧土壤中的 ER 值
(a) 在无锡有氧土壤中的 ER 值；(b) 在赤峰有氧土壤中的 ER 值

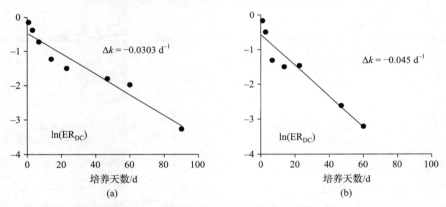

图 4-33　$\ln(\text{ER})$ 对培养时间的线性图
(a) 赤峰土壤；(b) 无锡土壤

4.4.5.3　禾草灵酸在两种有氧土壤中降解的对映体转化

为了验证禾草灵酸在土壤中的降解是否存在异构体之间的转化，我们进行了光学纯禾草灵酸的单体实验（SC5、SC6、SW5、SW6）。图 4-34(a) 和 (c) 为 SW5 和 SC5 实验的消解曲线图。无论是赤峰土壤还是无锡土壤，S-(−)-禾草灵酸的浓度都随时间的变化而减小，分别在第 90 天和第 47 天时减小至 S-(−)-禾草灵酸初始培养浓度的 0.6% 和 1.1%。与此同时，无论是在赤峰土壤还是无锡土壤中均检测到了 R-(+)-禾草灵酸的生成，R-(+)-禾草灵酸的量先增大后减小，在培养 14 天时，R-(+)-禾草灵酸的浓度达到最大，分

别是 S-(—)-禾草灵酸初始培养浓度的 54% 和 73%。随后 R-(＋)-禾草灵酸逐渐减小。从该图中还可以得知,对于赤峰土壤和无锡土壤来说,R-异构体和 S-异构体分别在 7 天和 6 天时相交,也就是说分别在第 6 天和第 7 天时,S-(—)-禾草灵酸有一半转化成了 R-(＋)-禾草灵酸。上述结果说明了在这两种土壤中 S-(—)-禾草灵酸可以转化成 R-(＋)-禾草灵酸。同时也说明了土壤类型不同,转化程度不同。

图 4-34(b)和(d)为 SW6 和 SC6 实验的消解曲线图。无论是赤峰土壤还是无锡土壤,R-(＋)-禾草灵酸的浓度都随时间的变化而减小,在第 120 天时分别减小至 R-(＋)-禾草灵酸初始培养浓度的 15.6% 和 1.1%。与此同时,无论是在赤峰土壤还是无锡土壤中均检测到了 S-(—)-禾草灵酸的生成,S-(—)-禾草灵酸的量先增大后减小,分别在培养 14 天和 23 天时,S-(—)-禾草灵酸的浓度达到最大,分别是 R-(＋)-禾草灵酸初始培养浓度的 7.7% 和 8.5%。随后 S-(—)-禾草灵酸逐渐减小。从该图中还可以得知,无论是赤峰土壤还是无锡土壤,S-异构体的浓度一直小于相对应的 R-异构体的浓度。上述结果说明了在这两种土壤中 R-(＋)-禾草灵酸可以转化成 S-(—)-禾草灵酸。并且 R-异构体转化率明显小于 S-异构体的转化率。

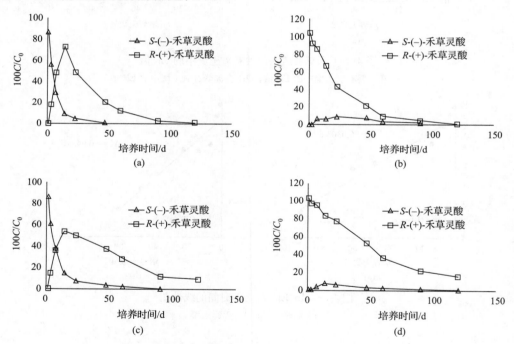

图 4-34 光学纯禾草灵酸在 SW5,SW6,SC5 和 SC6 中的降解
(a) 无锡土壤中 S-(—)-禾草灵酸的降解和 R-(＋)-禾草灵酸的生成(SW5);(b) 无锡土壤中 R-(＋)-禾草灵酸的降解和 S-(—)-禾草灵酸的生成(SW6);(c) 赤峰土壤中 S-(—)-禾草灵酸的降解和 R-(＋)-禾草灵酸的生成(SC5);(d)无锡土壤中 R-(＋)-禾草灵酸的降解和 S-(—)-禾草灵酸的生成(SC6)。上述曲线均为 $100C/C_0$ 对培养时间作图得到

4.4.5.4 禾草灵酸在两种无氧土壤中的立体选择性降解

SC7 和 SW7 分别代表禾草灵酸在赤峰及无锡土壤中的无氧降解实验。

对两组禾草灵酸的无氧实验 SC7 和 SW7 来说,禾草灵酸对映体在两种土壤中的降解趋势基本一致,符合一级降解动力学规律。对其在土壤中的消解动态进行动力学回归,拟合方程、降解半衰期及 ES 值列于表 4-28。从表 4-28 可以看出,对于初始加药为外消旋禾草灵酸的赤峰无氧土壤样本来说,即实验组 SC7,S-$(-)$-禾草灵酸和 R-$(+)$-禾草灵酸在土壤中的半衰期分别为 21.6 d 和 77.0 d,差异达到系统学显著水平,ES 值为 0.56;对于初始加药为外消旋禾草灵酸的无锡无氧土壤样本来说,即实验组 SW7,S-$(-)$-禾草灵酸和 R-$(+)$-禾草灵酸在土壤中的半衰期分别为 14.7 d 和 43.3 d,差异达到系统学显著水平,ES 值为 0.49。这说明了禾草灵酸在酸性无锡土壤中的降解要快于碱性赤峰土壤,并且在半衰期长的碱性土壤中的 ES 值要大于酸性土壤。另外同有氧条件下的实验结果比较发现,无氧条件下禾草灵酸的降解要慢于有氧条件下的降解,而且无论是赤峰土壤还是无氧条件下的 ES 值都要大于有氧条件下的 ES 值,即无氧条件下禾草灵酸在这两种土壤中的选择性降解比有氧条件更加明显。

表 4-28　禾草灵酸对映体在两种无氧土壤实验中消解动态的回归方程

实验组/培养的化合物		回归方程	相关系数 R^2	半衰期 $t_{1/2}$/d	ES
SC7	S-$(-)$-禾草灵酸	$y=3.2412e^{-0.032x}$	0.93	21.6±1.15	0.56
	R-$(+)$-禾草灵酸	$y=4.0545e^{-0.009x}$	0.93	77.0±2.84	
SW7	S-$(-)$-禾草灵酸	$y=4.6826e^{-0.047x}$	0.97	14.7±1.03	0.49
	R-$(+)$-禾草灵酸	$y=3.7272e^{-0.016x}$	0.95	43.3±1.54	

图 4-35 (a)直观地反映了 SC7 实验中,不同取样时间禾草灵酸对映体在赤峰土壤中的残留量;图 4-35 (b)直观地反映了 SW7 实验中,不同取样时间禾草灵酸对映体在无锡土壤中的残留量。无论是赤峰土壤还是无锡土壤,从处理后第 3 天两个对映体的残留量就已明显不同,在此后的时间内,这种差异有扩大的趋势。这表明在这两种土壤中禾草灵酸发生了选择性降解,其中 S-$(-)$-禾草灵酸被优先降解。

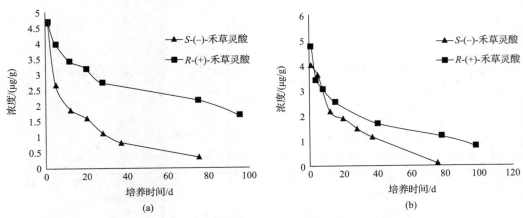

图 4-35　SC7 和 SW7 实验组中,禾草灵酸对映体的消解动态图

(a) 外消旋禾草灵酸在赤峰无氧土壤中的消解动态图(SC7);(b) 外消旋禾草灵酸在无锡无氧土壤中的消解动态图(SW7)

　　表 4-28 列出了在 SC7 和 SW7 实验组中禾草灵酸的两异构体的降解速率常数。对赤峰土壤来说，即在 SC7 中，外消旋禾草灵酸的两个对映异构体的降解速率常数分别为 0.032 d^{-1} 和 0.009 d^{-1}。

　　图 4-36 为 SC4 和 SW4 实验组中不同取样点禾草灵酸的 ER 值。从图中可知，无论是赤峰土壤还是无锡土壤，随着取样时间的延长，禾草灵酸的 ER 值在逐渐减小，S-异构体浓度不断减小说明了 S-(－)-禾草灵酸容易被土壤中的微生物酶系降解。从而导致了 R-异构体的富集。通过 $\ln(ER)$ 对时间 t 作图发现，$\ln(ER)$ 与时间 t 呈线性关系。对赤峰土壤来说，拟合方程为 $y=-0.0224x-0.1404$，相关系数为 0.98，见图 4-37(a)。由此线性方程可求得 Δk 为 $-0.0224\ d^{-1}$，这与之前消解动态方程求得的数据非常吻合($k_R-k_S=-0.023\ d^{-1}$，表 4-28)；对无锡土壤来说，拟合方程为 $y=-0.0314x+0.3281$，相关系数为 0.99，见图 4-37(b)。由此线性方程可求得 Δk 为 $-0.0314\ d^{-1}$，这与之前消解动态方程求得的数据非常吻合($k_R-k_S=-0.0031\ d^{-1}$，表 4-28)。

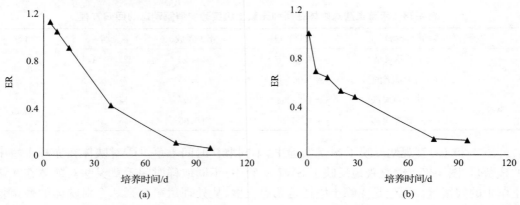

图 4-36　禾草灵酸在两种无氧土壤中的 ER 值
(a) 在无锡无氧土壤中的 ER 值；(b) 在赤峰无氧土壤中的 ER 值

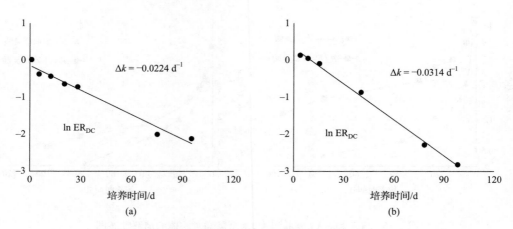

图 4-37　$\ln(ER)$ 对培养时间 t 的线性图
(a) 赤峰无氧土壤；(b) 无锡无氧土壤

4.4.6　禾草灵在葡萄酒酿造过程中的选择性行为研究

4.4.6.1　葡萄酒酿造过程中禾草灵的立体选择性降解

在葡萄酒酿造过程中,随着时间的推移,禾草灵的两个对映异构体呈降解趋势,但是在同一样本中检测到的两个对映异构体的浓度却不相同,(＋)-R-禾草灵的浓度高于(－)-S-禾草灵的浓度。图 4-38 为葡萄酒酿造过程中的典型色谱图,从图中可以看出,第1 个色谱峰的峰面积远远小于第 2 个色谱峰。

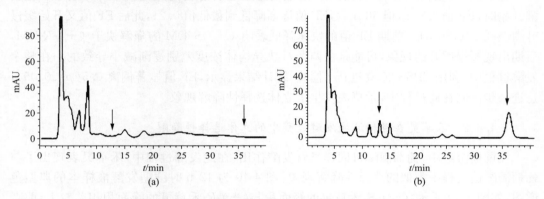

图 4-38　葡萄酒酿造 48 h 时提取样本的典型色谱图
(a) 为空白样品；(b) 为加药样本

图 4-39(a)为禾草灵两个对映异构体在葡萄酒酿造过程中的浓度变化曲线图,从图中不难看出,在整个发酵过程中,(＋)-R-禾草灵的残留量一直高于(－)-S-禾草灵,按上文所述方程,模拟两者的降解曲线,并获得较好的相关系数,可更准确地计算其半衰期,具体数据见表 4-29。经计算,(＋)-R-禾草灵的半衰期为 41.7 h,而(－)-S-禾草灵的半衰期为16.0 h,两者半衰期相差 2 倍多,可见,(－)-S-禾草灵的降解速率大大快于(＋)-R-禾草灵。

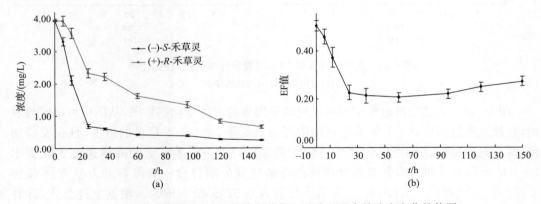

图 4-39　(a)禾草灵对映异构体在葡萄酒酿造过程中的浓度变化趋势图
及(b)禾草灵 EF 值随时间的变化趋势图

表 4-29　禾草灵两个对映异构体在两种基质中的降解方程和半衰期

基质	对映异构体	降解方程	R^2	半衰期/h
葡萄酒	（＋）-R-禾草灵	$C_t = -2\mathrm{E}^{-06}t^3 + 0.0007t^2 - 0.0753t + 4.1359$	0.9742	41.7
	（－）-S-禾草灵	$C_t = -6\mathrm{E}^{-06}t^3 + 0.0017t^2 - 0.1452t + 3.8255$	0.9517	16.0
蔗糖发酵溶液	（＋）-R-禾草灵	$C_t = 5.0368e^{-0.0817t}$	0.9404	8.5
	（－）-S-禾草灵	$C_t = 4.3543e^{-0.2211t}$	0.9715	3.1

　　葡萄酒酿造过程中，禾草灵的 EF 值也发生了显著的变化，如图 4-39(b)所示。在发酵开始时，EF 值为 0.5，但 36 h 后，EF 值逐渐降低到最低值 0.21，此后 EF 值又开始缓慢升高至 0.27(150 h)。前期 EF 值的快速降低表明（－）-S-DM 的降解快于（＋）-R-DM，后期出现缓慢回升的现象，可能是由两个对映异构体浓度差别逐渐减小导致的。在整个发酵过程中，利用 SPSS 20.0 进行 t 检验，统计结果显示，EF 值显著偏离 0.5($p<0.05$)，这进一步证明在此过程中，禾草灵发生了立体选择性降解现象。

4.4.6.2　禾草灵在蔗糖溶液发酵过程中的立体选择性降解

　　在蔗糖溶液中，葡萄酒酵母同样具有发酵作用，在此发酵过程中，禾草灵表现出了与葡萄酒酿造过程中类似的选择性降解现象，图 4-40 为 12 h 时蔗糖发酵液样本的典型色谱图，如图 4-40 所示，（－）-S-禾草灵的峰面积与（＋）-R-禾草灵的峰面积相差较大，前者明显小于后者。

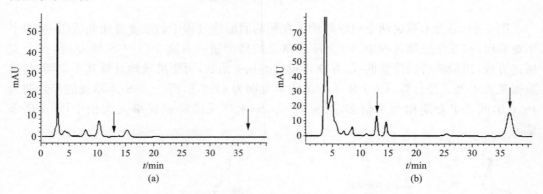

图 4-40　蔗糖溶液发酵 12 h 时提取样本的典型色谱图
(a)为空白样品；(b)为加药样本

　　图 4-41(a)为此发酵过程中禾草灵对映异构体的浓度变化趋势图，从图中可以明显看出，在此发酵过程中，（－）-S-禾草灵的浓度一直低于（＋）-R-禾草灵的浓度，且在发酵初期，两个对映异构体的浓度便产生了较大的差距，（－）-S-禾草灵的降解速度大大快于（＋）-R-禾草灵，同时，两个对映异构体的降解过程分别符合一级降解动力学方程 $C_t = 4.3543e^{-0.2211t}$ 和 $C_t = 5.0368e^{-0.0817t}$，R^2 分别为 0.9715 和 0.9404。根据上述公式，计算其半衰期，（＋）-R-禾草灵为 8.5 h，（－）-S-禾草灵为 3.1 h，两者半衰期相差较大。从这些数据中可以推断，禾草灵在此发酵过程中发生立体选择性降解现象。

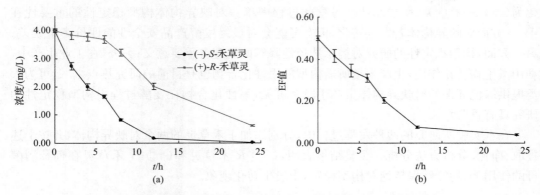

图 4-41　（a）禾草灵对映异构体在蔗糖溶液发酵过程中的浓度变化趋势图
及（b）EF 值随时间变化趋势图

计算禾草灵在此过程中的 EF 值,并做统计学分析,发现 EF 值在此过程中显著偏离初始值 0.5(p＜0.01)。禾草灵 EF 值的变化趋势如图 4-41（b）所示,EF 值从 0.5（0 h）迅速降低到 0.04（24 h）。这也为禾草灵在蔗糖溶液中的立体选择性降解提供了有力证据。

另外,在该组实验未加酵母的对照组中,测得禾草灵两个对映异构体的浓度和 EF 值几乎未发生变化,这与加酵母的实验组明显不同,由此可以证明,禾草灵的立体选择性降解与葡萄酒酵母密切相关,但具体降解机理尚有待进一步研究。

4.4.6.3　两种发酵基质中禾草灵降解行为的比较

禾草灵在葡萄酒和蔗糖溶液发酵过程中均表现出了显著的立体选择性降解行为,但在这两种基质中,禾草灵的降解行为仍有所不同。这种差别主要表现在降解速度上,禾草灵在蔗糖溶液中的降解速度要明显地快于其在葡萄酒中的降解速度:（＋）-R-禾草灵在葡萄酒酿造过程中的半衰期为 41.7 h,而在蔗糖溶液中仅为 8.5 h,相差近 5 倍;（－）-S-禾草灵在葡萄酒和蔗糖溶液中的半衰期分别为 16.0 h 和 3.1 h,差别也略高于 5 倍。这可能由以下两方面因素导致:①与葡萄汁相比蔗糖溶液中糖类含量较高,能源物质丰富且容易被酵母利用,使得酵母在短时间内能有大量的能量进行生命活动,产生更多的酶活性物质,可以很快地降解禾草灵;②蔗糖溶液中的物质单一,仅有蔗糖一种碳源,酵母可能将禾草灵作为碳源物质,加以利用,从而加速了其降解速率。

另外,在两种基质的发酵过程中,禾草灵的 EF 值也存在一定程度的差异。在蔗糖溶液发酵过程中,EF 值的减小更为快速和显著,24 h 即减小到最小值 0.04,而葡萄酒酿造过程中,36 h 时 EF 值才降到最低值 0.21,而在此之后便无减小趋势,甚至缓慢增大。可见,基质的不同,可以导致选择性程度的不同。由此可以推断,在使用生物法拆分手性化合物的过程中,选择适当的基质,可大大提高拆分的效率,并减短拆分时间,这对实际应用有很好的指导意义。

4.4.6.4　禾草灵对映异构体在发酵过程中的构型稳定性研究

所谓构型稳定主要表现在对映异构体之间无相互转化现象,即（＋）-R-禾草灵不会转化为(-)-S-禾草灵,反之亦然。考察此过程中单一对映异构体构型稳定性的重要性在于:一方面对映异构体若发生转化,极有可能会对最终发酵产品安全性的评价产生误差;另一方面,构型稳定性的研究对揭示选择性降解的机理有重要意义;另外,在工业生产中,利用微生物转化作用,生产人类所需构型的手性化合物也是目前的研究热点之一,可为人类提供绿色环保的对映异构体生产手段。可见,手性化合物在发酵过程中构型稳定性的研究具有重要意义。

在本实验所研究的两种发酵过程中,分别添加了禾草灵的两个对映异构体,并按上述提取、净化、分析方法分析。实验结果表明,(+)-R-禾草灵和(-)-S-禾草灵在葡萄酒酵母的作用下,均能够保持绝对构型稳定,未发生转化现象。

4.4.7　禾草灵在酱油酿造过程中的选择性行为研究

4.4.7.1　酱油酿造过程中禾草灵和禾草灵酸的立体选择性降解

在酱油酿造过程中,测定了各个发酵阶段的发酵样本中禾草灵和禾草灵酸的对映异构体的含量,具体结果如下:

在制曲前,测得样本中禾草灵两个对映异构体的含量为 2.25 mg/kg,在制曲结束时,测得禾草灵的两个对映异构体浓度均为 0.34 mg/kg,降解率达 84.9%,但是在此过程中,禾草灵未发生立体选择性降解。禾草灵发生降解的同时检测到了禾草灵酸,在制曲过程结束时,禾草灵酸两个对映异构体的浓度均为 2.4 mg/kg。这表明,在米曲霉的作用下,禾草灵可迅速水解成禾草灵酸。在制曲过程中,米曲霉进入对数生长期,大量繁殖,并在生长过程中产生多种水解酶系,以此来获得足够的营养物质,这些水解酶主要用于水解发酵基质中的多糖类物质、蛋白质等,同时也对禾草灵产生了水解作用,将其水解生成禾草灵酸,但这些水解酶并未对禾草灵产生立体选择性降解作用。

在下一步中,加入盐水后,便进入发酵过程,在 1.5 d、3 d、5 d、9 d、14 d、21 d、32 d 和 45 d 取样。在此过程中,残留的禾草灵缓慢降解,降解速度远远小于其在第 1 天制曲过程的降解,同时,同一样本中,测得禾草灵两个对映异构体的浓度基本相同,EF 值均为 0.5,故此过程中无立体选择性降解现象。图 4-42(a)为禾草灵对映异构体在此发酵过程中的降解曲线,其降解符合一级反应动力学方程 $C_t = 0.136e^{-0.125t}$,R^2 为 0.807,半衰期为 5.54 d。在第 14 天加入鲁氏酵母时,禾草灵对映异构体的含量已低于最小检出限。这一过程中,大部分禾草灵酸残留主要来自于制曲过程中禾草灵的水解过程,在所有样本中,禾草灵酸两个对映异构体的浓度都保持一致,无选择性残留现象发生。图 4-42(b)为此发酵过程中,禾草灵酸对映异构体的残留情况,从图中可以看出,由于盐水的加入,禾草灵酸的浓度降低至原浓度的三分之一。此后,禾草灵酸的浓度逐渐升高,在发酵过程结束时,禾草灵酸的浓度到达最高值。此时浓度的升高主要由于酱油酿造过程中水分不断挥发,在发酵结束时,水分已基本蒸干,使得整个发酵基质质量减小,从而相对浓度增大。另一方面,也可以看出,酱油酿造过程中的微生物对禾草灵酸的降解能力较弱,以至于禾草灵酸在最后时还具有较高的残留量。在加鲁氏酵母和未加鲁氏酵母的酱油样本中,禾草灵酸的浓度没有显著差别,这表明鲁氏酵母的加入,并没有加速禾草灵酸的代谢,禾草灵酸在酱油酿造过程中属于不易降解的一类化合物,应引起足够的关注。

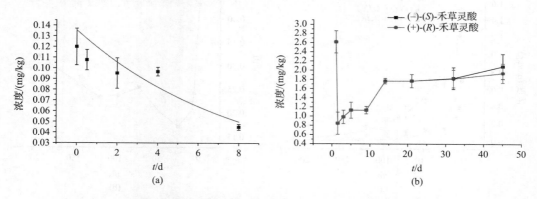

图 4-42　(a)禾草灵对映异构体在酱油酿造过程中的降解曲线(第二步发酵过程)
及(b)禾草灵酸对映异构体的生成曲线

　　在最后一步中,加入纯净水剧烈搅拌,提取发酵残渣中的活性物质并过滤压榨,制酱油初产品。为研究禾草灵及禾草灵酸在酱油酿造过程中的最终归趋和分布规律,实验中,同时检测了酱油产品和滤渣中的农药残留情况。在最终的成品酱油和滤渣中,均未检出禾草灵;禾草灵酸几乎全部残留在滤渣中,且残留浓度较高,而成品酱油中未检出禾草灵酸残留。这可能是由于禾草灵酸本身在水中的溶解性较差,在发酵后,酱油样本呈弱酸性,禾草灵酸在其中进一步分子化,溶解度降得更低,故在液态的酱油样本中几乎无残留。

　　由这些实验结果可以判断,食用酱油中不存在禾草灵或禾草灵酸的残留及危害。但是,在实际生活和工业生产中,这些发酵过后的残渣通常直接排放到环境中去,或者用作动物饲料,此时,滤渣中高浓度的禾草灵酸残留便会对环境和动物造成二次污染,存在潜在的风险,间接危害人类的健康。

4.4.7.2　鲁氏酵母对禾草灵和禾草灵酸的立体选择性降解行为研究

　　由于在实际酱油酿造过程中,加入鲁氏酵母的时间因生产工艺不同而有所差异,故有可能在加入鲁氏酵母时,仍有禾草灵残留,因而有必要单独研究鲁氏酵母对禾草灵的立体选择性降解作用。在本实验中,在培养液中加入外消旋体的禾草灵母液,再加入鲁氏酵母启动发酵过程,按不同时间点取样。结果发现,禾草灵在鲁氏酵母的培养液中,同一样本中两个对映异构体浓度相差较大,(+)-R-禾草灵的浓度一直高于(−)-S-禾草灵,可见,(−)-S-禾草灵的降解优先于(+)-R-禾草灵的降解。图 4-43(a)为禾草灵的两个对映异构体在鲁氏酵母培养液中的降解曲线,从图中可以发现,禾草灵的两个对映异构体在此过程中的降解曲线符合一级反应动力学方程,具体结果见表 4-30。经计算,(−)-S-禾草灵的半衰期为 15.8 h,而(+)-R-禾草灵的半衰期为 34.0 h,半衰期相差两倍多,可以判断,前者降解速度大大快于后者。

　　图 4-43(b)为此发酵过程中,禾草灵 EF 值的变化趋势图,其初始值为 0.5,25 h 后降低至 0.17,随后又表现出缓慢的上升趋势,从反应动力学角度来看,这种上升趋势可能是由于发酵后期两个对映异构体的代谢速率逐步接近导致。另外,利用 SPSS 20.0 进行 t

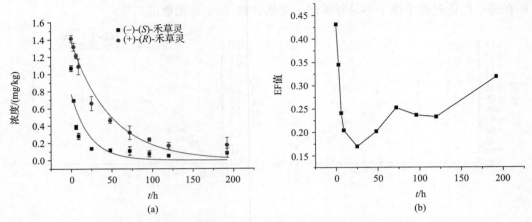

图 4-43 鲁氏酵母培养液中禾草灵对映异构体的(a)降解曲线及(b)EF 值的变化趋势图

检验发现,此过程中的 EF 值数据与初始值 0.5 有显著性差异($p<0.05$)。EF 值的变化进一步证明鲁氏酵母对禾草灵的降解是具有立体选择性的。

表 4-30　鲁氏酵母发酵液中禾草灵和禾草灵酸的相关动力学数据

对映异构体	降解曲线	半衰期	R^2
(一)-(S)-禾草灵	$C_t=0.767e^{-0.0439t}$	15.8 h	0.907
(+)-(R)-禾草灵	$C_t=1.378e^{-0.0204t}$	34.0 h	0.988
(一)-(S)-禾草灵酸	$C_t=0.2376\ln(t)+4.4614$	—	0.898
(+)-(R)-禾草灵酸	$C_t=0.1901\ln(t)+3.1251$	—	0.655

在此过程中,禾草灵的代谢情况与其在大多数基质中的代谢行为相似,发生水解作用,生成禾草灵酸。但与酱油酿造过程不同的是,由于禾草灵的立体选择性降解,禾草灵酸的生成也表现出了选择性行为研究,优先生成(一)-S-禾草灵的代谢物(一)-S-禾草灵酸,而(+)-R-禾草灵的代谢产物(+)-R-禾草灵酸则相对生成较慢。禾草灵酸对映异构体在整个发酵过程中的生成曲线如图 4-44(a)所示,从图中可以看出,禾草灵酸的两个对

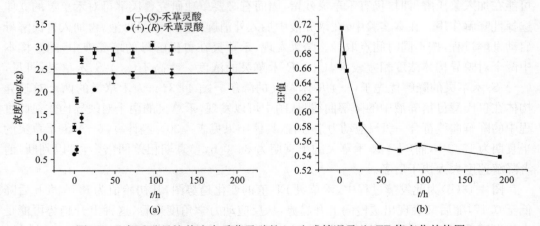

图 4-44 鲁氏酵母培养液中禾草灵酸的(a)生成情况及(b)EF 值变化趋势图

映异构体在发酵初期浓度便产生较大差异,随着禾草灵的水解,不断生成禾草灵酸,但 48 h 后,禾草灵酸的对映异构体浓度基本稳定,且(－)-S-禾草灵酸的浓度高于（＋）-R-禾草灵酸。从图中亦可看出,在 48 h 后的很长一段时间内,禾草灵酸均无降解,可见,鲁氏酵母对禾草灵酸的两个对映异构体均无降解作用。在此过程中,禾草灵酸的生成情况可用对数曲线进行描述,并取得较高的相关系数,具体数据见表 4-30。

在禾草灵酸的生成过程中,其 EF 值变化趋势如图 4-44(b)所示,在 3 h 时,禾草灵酸的 EF 值便增至 0.71,此后,随着发酵过程的进行,EF 值又逐渐减小,这可能是由于后期禾草灵两个对映异构体的浓度均很低,且随着反应的进行,两个对映异构体水解速率上的差距逐步减小,导致禾草灵酸对映异构体的残留量也趋于相近。

4.4.8　禾草灵在白菜和黄瓜腌制过程中的选择性行为研究

4.4.8.1　禾草灵和禾草灵酸在白菜腌制过程中的降解情况

1）白菜腌制过程中禾草灵的降解及禾草灵酸的生成

在上述实验方法下,研究结果发现（－）-S-禾草灵和（＋）-R-禾草灵在白菜中的残留行为有很大差别。在白菜中,禾草灵的两个对映异构体初始浓度均为 3.33 mg/kg,但（－）-S-禾草灵在白菜中很快降解,腌制开始后 12 h 其浓度已低于最小检出限,而此时（＋）-R-禾草灵的残留浓度还很高,典型色谱图见图 4-45。

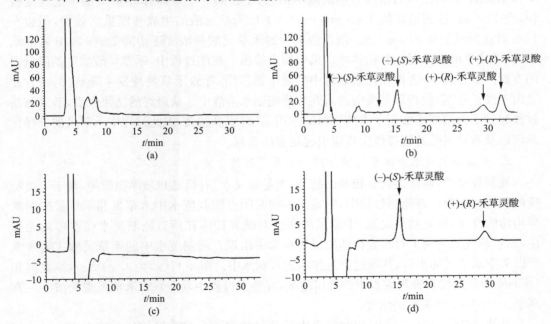

图 4-45　酸菜腌制过程中的典型色谱图

（a）空白酸菜样本；（b）添加 *rac*-禾草灵的酸菜样本；（c）空白盐水样本；（d）添加 *rac*-禾草灵的实际发酵样本

图 4-46(a)为（＋）-R-禾草灵在腌制过程中的降解曲线图,从图中可以看出,（＋）-R-禾草灵残留期相对较长,在腌制 28 d 后尚有少量检出。显而易见,此过程中,禾草灵发生

了明显的立体选择性降解,并导致两个对映异构体发生选择性残留现象。图 4-46(a)为(＋)-R-禾草灵在白菜中的降解曲线图,其在白菜腌制过程中的降解符合一级降反应动力学方程 $C_t = 1.458e^{-0.14t}$,R^2 为 0.903,经计算(＋)-R-禾草灵的半衰期为 4.95 d。

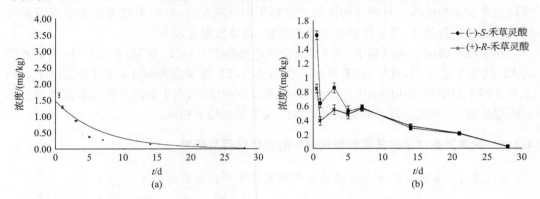

图 4-46　(a)腌制过程中(＋)-R-禾草灵在白菜中的降解曲线图及(b)腌制过程中白菜中
禾草灵酸对映异构体的生成曲线

　　禾草灵发生降解的同时,测得其代谢产物为禾草灵酸。图 4-46(b)为禾草灵酸对映异构体的生成曲线,从图中可以看出,(－)-S-禾草灵酸的浓度在起初 5 天内均高于(＋)-R-禾草灵酸,但后来两者浓度差逐渐减小,并趋于相同。(－)-S-禾草灵酸的生成速度较快,在 12 h 时,达到最高值 1.59 mg/kg,(＋)-R-禾草灵酸的生成速度虽然较慢,但也在 12 h 时达到峰值 0.84 mg/kg。随后白菜中的禾草灵酸的浓度逐步降低,在 28 d 发酵结束时,禾草灵酸两个对映异构体在白菜中均未检出。在此过程中,禾草灵酸浓度的降低由两方面因素导致:一方面是腌制过程中的微生物作用,导致禾草灵酸发生降解,另一方面是由于渗透作用,使得禾草灵酸进入到酸菜腌制水溶液中。从最终的结果来看,酸菜腌制过程起到了大幅减小酸菜中农药残留的作用,具有积极意义,但此过程中禾草灵的选择性降解以及禾草灵酸的选择性生成应引起足够的重视。

　　2)白菜腌制废水中禾草灵的降解及禾草灵酸的生成

　　腌制废水中,通常会含有较高的盐分、大量氯元素、有机氮和悬浮物质等,属于一类特殊的环境污染物。在腌制过程中,测定了不同时间点腌制废水中禾草灵和禾草灵酸对映异构体的含量,研究结果发现,禾草灵的两个对映异构体在所有腌制废水样本中均无检出,而禾草灵酸的两个对映异构体则很快在水中出现。腌制废水中的禾草灵酸主要来源于白菜中禾草灵的水解,其通过渗透作用进入到水中。图 4-47(a)为(－)-S-禾草灵酸和(＋)-R-禾草灵酸在腌制废水中的残留情况,在整个过程中,(－)-S-禾草灵酸的浓度一直高于(＋)-R-禾草灵酸的浓度。

　　另外,如图 4-47(a)所示,腌制废水中禾草灵酸的两个对映异构体浓度在 1 d 时达到最高值,(－)-S-禾草灵酸浓度为 0.33 mg/kg,(＋)-R-禾草灵酸浓度为 0.18 mg/kg。在到达峰值后,禾草灵酸的两个对映异构体浓度开始降低,3 d 后,又开始缓慢升高,直到腌制结束,两个对映异构体浓度分别为 0.34 mg/kg 和 0.30 mg/kg。这个过程中,浓度的变化主要是由于禾草灵酸在白菜和腌制废水中重新分配导致的,水溶液中禾草灵酸在发生

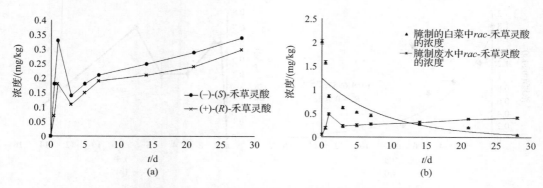

图 4-47 (a)腌制过程中禾草灵酸对映异构体在腌制废水中的残留情况及
(b)在白菜和腌制废水中的消解曲线

降解的同时,白菜中的禾草灵酸陆续向水中转移,禾草灵酸的浓度一直处于上升趋势。可见,在盐溶液的渗透作用下,禾草灵酸在水溶液中的残留量要大大高于其在白菜中的残留,这可能也与禾草灵酸的水溶性相对较好有关。

3)禾草灵酸在白菜腌制过程中的降解情况

为了进一步探讨在白菜腌制过程中禾草灵酸选择性残留的原因,在白菜中直接加入禾草灵酸外消旋体,然后进行腌制。实验结果表明,禾草灵酸在此过程中并未发生立体选择性降解,在白菜和腌制废水中,对映异构体均无选择性残留现象发生。图 4-47(b)为外消旋体禾草灵酸在白菜和腌制废水中的残留情况。禾草灵酸在白菜中的消解符合一级反应动力学方程 $C_t = 0.618e^{-0.11t}$,R^2 为 0.911,经计算其半衰期为 6.30 天。禾草灵酸在腌制废水中的残留趋势为“增高—降低—增高”,其在 1 d 时达到峰值 0.48 mg/kg,降低后又逐渐升高至 0.40 mg/kg。与禾草灵实验相似,在腌制结束时,禾草灵酸在白菜中无残留检出,其主要残留均在腌制废水中。由此可见,上述禾草灵酸的立体选择性残留现象是由禾草灵的立体选择性降解导致,禾草灵酸本身在腌制过程中无立体选择性降解现象,但其在酸菜和水中发生了重新分配,含有高浓度禾草灵酸的腌制废水可能会对生态环境和人类健康带来潜在的危害。

4.4.8.2 禾草灵和禾草灵酸在黄瓜腌制过程中的降解情况

在黄瓜腌制过程中,禾草灵两个对映异构体在同一样本中表现出相同的残留浓度,EF 值保持在 0.5 左右,且降解速度相似,都符合一级降解动力学方程 $C_t = 1.6987e^{-0.254t}$,R^2 为 0.9668,计算其半衰期为 2.73 d,降解曲线图如图 4-48(a)所示。

这与禾草灵对映异构体在白菜腌制过程中的降解行为截然不同,因此,可以推断,在不同的发酵样本中,同一手性农药的选择性降解行为也有可能不同。禾草灵在黄瓜腌制过程中,同样水解生成禾草灵酸,但禾草灵酸在此过程中无选择性残留现象。同时,禾草灵酸在黄瓜中的残留情况与其白菜中也有所不同,在黄瓜中,仅在少数样本中检出少量禾草灵酸,而大部分禾草灵酸主要残留在黄瓜腌制废水中,如图 4-48(b)所示,其消解动态无明显规律性。

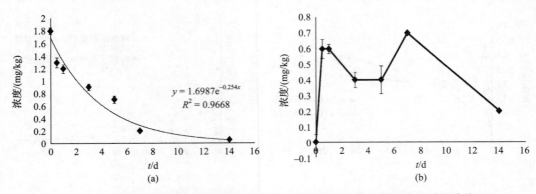

图 4-48　(a)腌制过程中禾草灵及(b)禾草灵酸对映异构体在黄瓜中的消解曲线

4.4.8.3　禾草灵和禾草灵酸对映异构体在蔬菜腌制过程中的构型稳定性研究

为了进一步研究禾草灵和禾草灵酸对映异构体在白菜和黄瓜中的选择性降解行为，分别对单一对映异构体进行实验，将单一对映异构体添加至白菜和黄瓜中，然后进行腌制，考察对映异构体在此腌制过程中的构型稳定性。实验结果表明，在腌制过程中，禾草灵和禾草灵酸的两个对映异构体均保持构型稳定，未发生构型转化现象。同时，水解过程中，(－)-S-禾草灵生成 (－)-S-禾草灵酸，(＋)-R-禾草灵生成(＋)-R-禾草灵酸，禾草灵保持构型稳定，未发生构型翻转现象，此现象与其在藻类细胞中的行为相似[2]。但是，禾草灵酸的两个对映异构体在有氧土壤中会发生相互转化，且(－)-S-禾草灵酸比(＋)-R-禾草灵酸更容易发生转化[3]。

4.5　乙氧呋草黄

乙氧呋草黄(ethofumesate)是一种除草剂，适用于甜菜、玉米、胡萝卜等作物防除看麦娘、野燕麦、早熟禾、狗尾草等一年生禾本科杂草和多种阔叶杂草。化学名称为 2-乙氧基-2,3-二氢-3,3-二甲基苯并呋喃-5-基甲磺酸酯，其结构中有一个手性中心，外消旋体含有两个对映异构体。化学结构如图 4-49 所示。

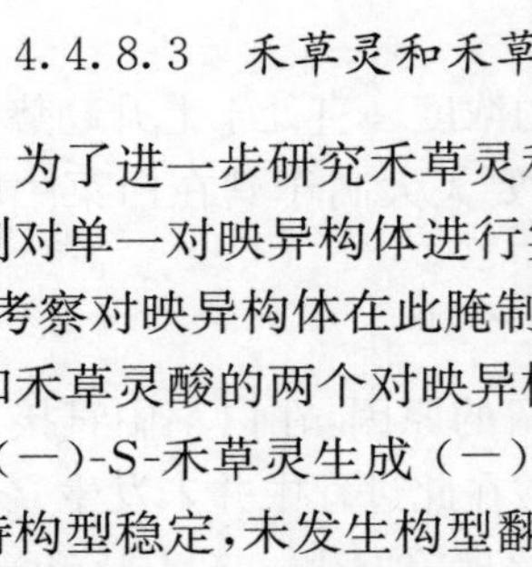

图 4-49　乙氧呋草黄结构式

4.5.1　乙氧呋草黄在正相 CDMPC 手性固定相上的拆分

4.5.1.1　色谱条件

色谱柱：CDMPC 手性柱，250 mm×4.6 mm I. D. (实验室自制)；流动相为正己烷(石油醚)/醇类，温度对拆分影响在 5～40 ℃之间，其他实验在室温进行，检测波长 230 nm。

4.5.1.2　乙氧呋草黄对映体的拆分结果及醇含量的影响

乙氧呋草黄对映体在正己烷流动相中的拆分结果及 5 种醇含量对拆分的影响见表 4-31，检测波长 230 nm，乙氧呋草黄对映体在 CDMPC 手性固定相上的分离效果也非常好，异丁醇的效果最好,含量为 5％时分离度达 7.05,另外 4 种醇在含量 5％时,分离度都在 5 左右。正庚烷和正戊烷/异丙醇体系的拆分效果也较好,结果见表 4-32,拆分能力和正己烷体系相差不大。图 4-50(a)为对映体的拆分色谱图。

表 4-31　醇改性剂对乙氧呋草黄对映体拆分的影响

含量 /％	乙醇			丙醇			异丙醇			丁醇			异丁醇		
	k_1	α	R_s	k_1	α	R_s	k_1	α	R_s	k_1	α	R_s	k_1	α	R_s
20	1.52	1.27	2.22	1.66	1.43	3.07	1.99	1.52	4.15	1.77	1.41	3.04	2.00	1.54	4.04
15	1.90	1.28	2.57	2.03	1.46	3.68	2.47	1.56	4.77	2.19	1.43	3.50	2.48	1.58	4.65
10	2.54	1.31	3.14	2.77	1.51	4.27	3.25	1.63	5.66	2.87	1.47	4.17	3.27	1.63	5.45
5	4.07	1.45	5.13	4.36	1.63	5.61	5.36	1.78	5.64	4.34	1.56	5.42	5.01	1.73	7.05

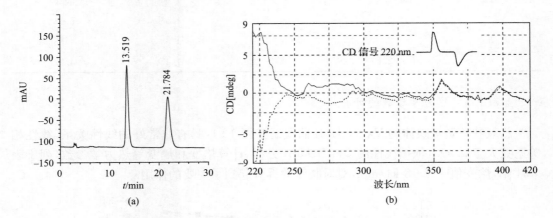

图 4-50　(a)乙氧呋草黄对映体的色谱拆分图及(b)CD 扫描图

表 4-32　庚烷和戊烷体系下乙氧呋草黄对映体的拆分

异丙醇 含量％	正庚烷			正戊烷		
	k_1	α	R_s	k_1	α	R_s
20	0.88	1.82	2.99	0.95	1.86	3.25
15	1.23	1.95	3.80	1.24	1.93	3.78
10	1.65	2.01	4.27	1.58	2.00	4.24
5	2.49	2.14	4.49	2.68	2.17	5.20
2	4.81	2.41	6.68			

4.5.1.3　圆二色特性研究

乙氧呋草黄对映体的圆二色扫描图如图 4-50(b),先流出对映体在 220～246 nm 范围内响应(＋)CD 信号,在 246～260 nm CD 吸收非常弱,在 260～300 nm 范围内为弱(＋)吸收,后流出对映体与先流出对映体以"0"刻度线对称,显示(－)CD 响应,两对映体的最大 CD 吸收为 220 nm,246 nm 以后不适合选作标识对映体的波长。

4.5.1.4　温度对拆分的影响

在正己烷/异丙醇(85/15)流动相中考察了5~40℃范围内温度对拆分的影响,结果见表 4-33,乙氧呋草黄对映体的拆分受温度的影响较明显,0℃时的分离度为 5.68,而 40℃时为 4.37。容量因子、分离因子和分离度都随着温度的升高而递减。

表 4-33　温度对乙氧呋草黄对映体拆分的影响(正己烷/异丙醇=85/15)

温度/℃	k_1	k_2	α	R_s
5	3.23	5.52	1.71	5.68
10	3.07	5.14	1.68	5.58
15	2.86	4.69	1.64	5.44
20	2.67	4.29	1.60	5.26
25	2.51	3.92	1.56	5.01
30	2.34	3.58	1.53	4.83
40	2.10	3.09	1.47	4.37

4.5.1.5　热力学参数的计算

乙氧呋草黄对映体的 Van't Hoff 曲线绘于图 4-51,具有非常好的线性关系,线性相关系数大于 0.999,依据线性的 Van't Hoff 方程,计算焓变和熵变等热力学参数,列于表 4-34 中,焓变值为 3.18 kJ/mol,对对映体的拆分起到了主要的作用。

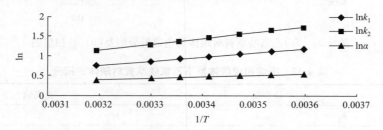

图 4-51　乙氧呋草黄对映体的 Van't Hoff 曲线(正己烷/异丙醇=85/15)

表 4-34　乙氧呋草黄对映体的热力学参数(正己烷/异丙醇=85/15)

对映体	$\ln k=-\Delta H/RT+\Delta S^*$	ΔH (kJ/mol)	ΔS^*	$\ln\alpha=\Delta_{R,S}\Delta H/RT+\Delta_{R,S}\Delta S/RT$	$\Delta\Delta H/$ (kJ/mol)	$\Delta\Delta S/$ [J/(mol·K)]
+	$\ln k_1=1092.5/T-2.75$ ($R=0.9991$)	−9.08	−2.75	$\ln\alpha=382.6/T-0.84$ ($R=0.9989$)	−3.18	−6.98
−	$\ln k_2=1475.1/T-3.59$ ($R=0.9991$)	−12.26	−3.59			

4.5.2　乙氧呋草黄在正相 ATPDC 手性固定相上的拆分

4.5.2.1　色谱条件

色谱柱：直链淀粉-三((S)-1-苯基乙基氨基甲酸酯)手性柱，250 mm×4.6 mm I. D.(实验室自制)；流动相为正己烷(石油醚)/醇类，温度对拆分影响在 5~40℃之间，其他实验在室温进行，检测波长 230 nm。

4.5.2.2　乙氧呋草黄对映体的拆分结果

乙氧呋草黄在直链淀粉-三((S)-1-苯基乙基氨基甲酸酯)手性固定相上的拆分效果很差，表 4-35 为正己烷流动相中乙氧呋草黄对映体的拆分结果及 5 种极性醇做改性剂含量对拆分的影响。乙醇无分离效果，使用 2%异丙醇时分离度为 0.63，拆分色谱图如图 4-52(a)。圆二色检测器显示在 220 nm 波长下乙氧呋草黄对映体的出峰顺序为(＋)/(－)。

表 4-35　乙氧呋草黄对映体的手性拆分

含量/%	丙醇			异丙醇			丁醇			异丁醇		
	k_1	α	R_s	k_1	α	R_s	k_1	α	R_s	k_1	α	R_s
10	3.50	1.00	0.00	4.71	1.00	0.00				4.63	1.00	0.00
5	2.19	1.08	0.52	6.66	1.04	0.40	5.36	1.04	0.35	7.85	1.06	0.40
2	7.57	1.07	0.53	9.95	1.06	0.63	7.64	1.06	0.49			

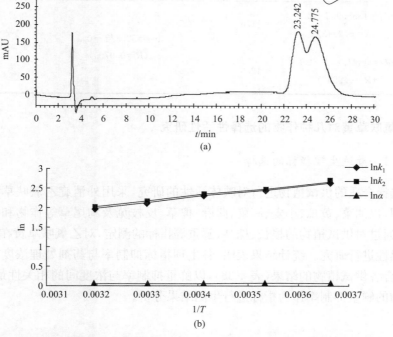

图 4-52　(a)乙氧呋草黄对映体的色谱拆分图与圆二色谱图及(b)Van't Hoff 曲线(正己烷/异丙醇＝98/2)

4.5.2.3　温度对拆分的影响及热力学参数的计算

在正己烷/异丙醇(98/2)流动相,考察了 0～40 ℃范围内温度对拆分的影响,结果如表 4-36,容量因子和分离度受温度的影响比较明显,低温有利于对映体的拆分。在 0 ℃时,分离度为 0.73。绘制了两对映体的 Van't Hoff 曲线,也具有较好的线性关系,如图 4-52(b)所示,线性相关系数大于 0.97,线性 Van't Hoff 方程和热力学参数计算列于表 4-37 中,两对映体与手性固定相相互作用的焓变的差值 $\Delta\Delta H$ 只有 0.4 kJ/mol,熵变的差值 $\Delta\Delta S$ 为 0.8 J/(mol·K)。

表 4-36　温度对乙氧呋草黄对映体手性拆分的影响(正己烷/异丙醇＝98/2)

温度/℃	k_1	k_2	α	R_s
0	14.01	15.02	1.07	0.73
10	11.02	11.78	1.07	0.62
20	9.95	10.58	1.06	0.63
30	8.21	8.66	1.06	0.58
40	7.21	7.54	1.05	0.46

表 4-37　乙氧呋草黄对映体拆分的热力学参数(正己烷/异丙醇＝98/2)

对映体	$\ln k=-\Delta H/RT+\Delta S^*$	$\Delta H/$ (kJ/mol)	ΔS^*	$\ln\alpha=\Delta_{R,S}\Delta H/RT+\Delta_{R,S}\Delta S/RT$	$\Delta\Delta H/$ (kJ/mol)	$\Delta\Delta S/$ [J/(mol·K)]
＋	$\ln k_1=1388.9/T-2.5$ $(R=0.9948)$	−11.6	−2.5	$\ln\alpha=52.5/T-0.1$ $(R=0.9709)$	−0.4	−0.8
—	$\ln k_2=1441.4/T-2.6$ $(R=0.9952)$	−12.0	−2.6			

4.5.3　乙氧呋草黄对几种作物的选择性活性研究

4.5.3.1　最适生理指标的选择

为了选择合适的供试植物进行对映体活性的研究,采用外消旋乙氧呋草黄对供试土壤进行处理,以油菜、黄瓜、小麦、高粱、苘麻、稗草、反枝苋及狗尾草等作物和杂草作为指示植物,拟通过对供试植物的根长、株高、鲜重等指标的测定,对乙氧呋草黄在不同供试植物间的敏感性进行研究。统计结果表明,各生理指标抑制率与药剂处理浓度间相关性程度不一,综合各供试植物的结果(表 4-38),以鲜重抑制率与浓度间的相关性最好,因此选择供试植物的鲜重抑制率作为指标进行生测结果分析。

表 4-38　各生理指标抑制率与处理浓度的相关性（浓度范围 0~30 μg/g）

供试植物	生理指标	回归方程	相关系数 R^2	鲜重抑制中浓度 EC_{50}/(μg/g)
油菜	根长	—		
	株高	$Y=16.084\ln(X)-2.0406$	0.9645	
	鲜重	$Y=10.793\ln(X)-0.2347$	0.9778	105.000
黄瓜	根长	$Y=9.3603\ln(X)-11.021$	0.7868	
	株高	$Y=16.555\ln(X)+17.715$	0.9423	
	鲜重	$Y=10.373\ln(X)+19.711$	0.9927	18.541
小麦	根长	$Y=12.229\ln(X)-6.4269$	0.6298	
	株高	$Y=12.215\ln(X)+60.844$	0.9812	
	鲜重	$Y=18.538\ln(X)+49.017$	0.9984	1.054
高粱	根长	$Y=7.0473\ln(X)+4.3616$	0.7493	
	株高	$Y=12.852\ln(X)+55.772$	0.9719	
	鲜重	$Y=9.7571\ln(X)+34.624$	0.9971	4.835
苘麻	根长	—	—	
	株高	$Y=12.700\ln(X)+21.854$	0.9596	
	鲜重	$Y=13.955\ln(X)+10.837$	0.9634	16.550
稗草	根长	$Y=14.102\ln(X)+19.211$	0.8099	
	株高	$Y=15.618\ln(X)+56.897$	0.8700	
	鲜重	$Y=16.665\ln(X)+52.798$	0.9097	0.845
反枝苋	根长	—	—	
	株高	$Y=9.7656\ln(X)+74.335$	0.7673	
	鲜重	$Y=11.062\ln(X)+70.605$	0.7923	0.155
狗尾草	根长	$Y=18.236\ln(X)+26.932$	0.8510	
	株高	$Y=8.6553\ln(X)+76.781$	0.8132	
	鲜重	$Y=13.701\ln(X)+62.825$	0.8572	0.392

4.5.3.2　供试植物对乙氧呋草黄敏感性差异

图 4-53 总结了各供试植物对乙氧呋草黄的敏感性情况，可以看出供试植物间的敏感性差异显著；按照表 4-38 中各指示植物鲜重抑制率（FW Inhibition）与处理浓度回归方程计算得到各自的鲜重抑制中浓度（EC_{50}），对各供试植物的敏感性程度进行排序，由弱到强的顺序依次为：油菜＜黄瓜＜苘麻＜高粱＜小麦＜稗草＜狗尾草＜反枝苋。

供试作物中油菜的耐性最高，浓度高达 30.0 μg/g 时仍能正常生长，虽然株高被抑制 50%，但长势较壮；且处理浓度为 0.5 μg/g 时，对油菜的生长有轻微的促进作用；而黄瓜、小麦、高粱则较敏感，浓度为 1.5~3.0 μg/g 时种子萌发率已明显下降，生长严重受抑制，小麦、高粱的子叶被胚芽鞘紧密包裹，难以抽出，导致生长畸形，这显然是由于乙氧呋草黄抑制分生组织生长而导致的。

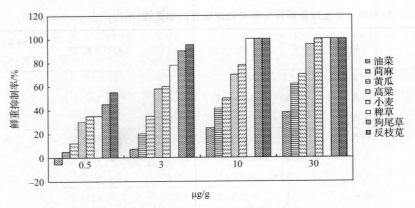

图 4-53　不同植物对乙氧呋草黄的敏感性差异

供试杂草中,苘麻耐性较强,3.0 μg/g 处理生长正常,但整体出苗率均较差;其余几种均较敏感,其中狗尾草、反枝苋 0.5 μg/g 处理生长发芽率很低,长出的幼苗生长严重受抑制;稗草的耐性居中,1.5 μg/g 处理幼苗株高受到明显抑制,但是大部分生长状态良好,未出现畸形;而 3.0 μg/g 处理所有幼苗心叶均无法抽出,生长停滞。

综合考虑上述敏感性结果,以及供试杂草种子发芽率不一致的弊端,选择敏感性中等、发芽率一致的高粱、小麦和黄瓜作为指示植物,对乙氧呋草黄外消旋体及左右旋对映体的活性差异进行研究。

4.5.3.3　乙氧呋草黄对映体的活性差异

1) 对小麦的生物活性

从外消旋体及左右旋对映体对小麦鲜重抑制率的调查结果(图 4-54)中可以看出,两个异构体对小麦的抑制率表现一致,且基本与等量外消旋体的作用持平,这种一致性在三条曲线回归方程中非常相近的各项系数上直观地反映出来[各回归方程分别为:外消旋体(RM):$Y = 19.106 \ln(X) + 47.071$, $R^2 = 0.9973$;右旋体(+):$Y = 17.011 \ln(X) + 53.162$, $R^2 = 0.9962$;左旋体(−):$Y = 17.857 \ln(X) + 50.855$, $R^2 = 0.9977$]。方差分析结果也证实,外消旋体、左旋体及右旋体单独作用三者之间的 F 值仅为 1.71(表 4-39),差异不显著。

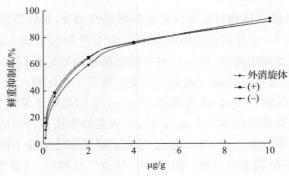

图 4-54　外消旋体与两对映体对小麦鲜重抑制率的影响

表 4-39　小麦鲜重抑制率结果方差分析

差异源	SS	df	MS	F	$F_{0.05}(\mathrm{d}f_1, \mathrm{d}f_2)$
处理间	232.645 8	2	116.322 9	1.714 295	3.315 833 (2,30)
浓度间	38 258.51	4	9 564.628	140.957 5	2.689 632 (4,30)
交互	108.776 4	8	13.597 06	0.200 385	2.266 162 (8,30)
内部	2 035.64	30	67.854 67		
总计	40 635.57	44			

2）对黄瓜和高粱的生物活性

与小麦鲜重抑制率的情况有所不同,外消旋体及两个光学纯对映体对黄瓜和高粱鲜重的抑制有显著差异(图 4-55,图 4-56;表 4-40～表 4-43)。

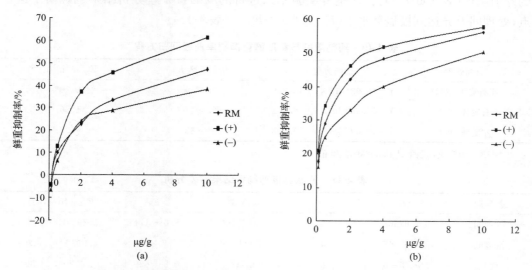

图 4-55　外消旋体与两对映体对(a)黄瓜和(b)高粱鲜重抑制率的影响

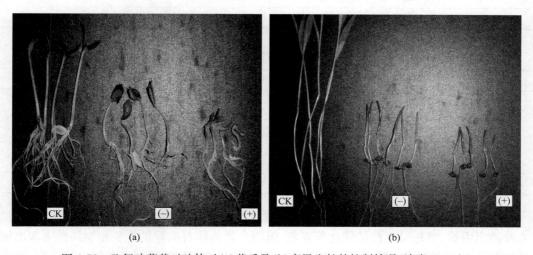

图 4-56　乙氧呋草黄对映体对(a)黄瓜及(b)高粱生长的抑制情况(浓度:2 µg/g)

从图 4-55 中可以看出,与外消旋体和左旋体相比,黄瓜鲜重抑制率受右旋乙氧呋草黄不同浓度处理的影响变化幅度最大,这表明右旋体的活性要高于其对映体,并明显高于等量外消旋体的处理;图 4-56(a)直观地反映出同样浓度下两个对映体对黄瓜生长抑制活性的差异,可以看出在左、右旋乙氧呋草黄作用下,黄瓜地上部生长严重受抑制;与对照相比,两种对映体均造成黄瓜植株弯曲、子叶开展受阻,其中右旋体造成的这种现象比左旋体严重得多。

通过对外消旋、左旋和右旋体各自的浓度-生长抑制率曲线[图 4-55(a)]进行回归分析后证实,三个方程中各参数差别较大。由该方程计算得到各自的 EC_{30},右旋体黄瓜鲜重的 EC_{30} 比左旋体低 3.42 倍,比等量外消旋体低 2.2 倍,表明达到同等抑制水平时,左旋体用量必须达到右旋体的 3 倍以上,因此右旋体活性远远高于左旋体,也高于等量处理的外消旋体(表 4-40)。对三次重复实验结果进行的双因素方差分析结果也证明了这一点,处理间差异达到极显著水平($F=8.636>F_{0.01}$)(表 4-41)。

表 4-40　药剂浓度与黄瓜鲜重抑制率曲线回归方程

药剂处理	回归方程	相关系数 R^2	$EC_{30}/(\mu g/g)$
外消旋体(RM)	$Y=10.931 \ln(X)+18.809$	0.9789	2.783
右旋体(+)	$Y=14.462 \ln(X)+26.582$	0.9917	1.267
左旋体(-)	$Y=10.035 \ln(X)+15.298$	0.9933	4.328

注:EC_{30} 为鲜重抑制率达到 30% 的浓度值

表 4-41　黄瓜鲜重抑制率结果方差分析

差异源	SS	df	MS	F	$F_{0.01}(df_1, df_2)$
处理间	1 236.568	2	618.284	8.636 171	5.390 348 (2,30)
浓度间	16 567.05	4	4 141.762	57.852	4.017 863 (4,30)
交互	508.379 6	8	63.547 45	0.887 629	3.172 63 (8,30)
内部	2 147.771	30	71.592 38		
总计	20 459.77	44			

表 4-42　高粱鲜重抑制率结果方差分析

差异源	SS	df	MS	F	$F_{0.05}(df_1, df_2)$
处理间	673.027 1	2	336.513 6	3.803 034	3.315 833 (2,30)
浓度间	7 533.149	4	1 883.287	21.283 56	2.689 632 (4,30)
交互	88.361 78	8	11.045 22	0.124 825	2.266 162 (8,30)
内部	2 654.567	30	88.485 56		
总计	10 949.1	44			

与黄瓜的生长抑制情况相似,尽管左右旋乙氧呋草黄均造成高粱分生组织生长受阻、心叶抽出困难、整株呈现蜡状硬化等现象,但两个异构体对高粱的生长抑制活性表现出明显的差异,右旋体的高粱鲜重抑制率明显高于左旋体。对浓度-抑制率曲线进行回归,得到

各曲线的方程和 EC_{40} 值见表 4-43,右旋体的 EC_{40} 仅为左旋体的 1/3.5,是等量外消旋体的 1/1.5,表明右旋体对高粱的鲜重抑制率分别是其左旋体和等量外消旋体的 3.5 倍和 1.5 倍。方差分析结果表明,各处理间差异在 0.05 水平上显著($F=3.803>F_{0.05}$)(表 4-42)。

表 4-43 药剂浓度与高粱鲜重抑制率曲线回归方程

药剂处理	回归方程	相关系数(R^2)	$EC_{40}/(\mu g/g)$
外消旋体(RM)	$Y=8.5295 \ln(X)+36.215$	0.9966	1.558
右旋体(+)	$Y=8.1375 \ln(X)+39.824$	0.9983	1.022
左旋体(−)	$Y=7.2737 \ln(X)+30.684$	0.9695	3.598

注：EC_{40} 为鲜重抑制率达到 40% 的浓度值

4.5.4 乙氧呋草黄对草坪草的选择性行为研究

4.5.4.1 外消旋乙氧呋草黄在草坪草体内的降解动态

茎叶喷雾外消旋乙氧呋草黄 1.5 kg ai/ha 后,对两种供试植物——草地早熟禾和高羊茅的安全性较好,在采样期间及至采样结束一个月后与对照区域相比均未出现生长受抑制现象,表明该药剂茎叶喷雾对这两种北方常见的草坪草都很安全。

用药后 10 天内定期采样,对供试植物体内乙氧呋草黄左右旋对映体的残留量进行分析,结果表明,左右旋对映体在两种草坪草体内的降解趋势基本一致,符合一级反应动力学规律,整个降解过程分为快速降解的初期阶段和相对平缓的后期阶段;但二者的降解速率有明显差异(图 4-57)。对消解过程进行动力学回归,得出左右旋对映体随天数变化的方程(表 4-44),进而计算出它们的降解半衰期,其中右旋体在两种供试草坪草体内的平均降解半衰期为 2.211 d,左旋体的平均降解半衰期为 1.538 d,即左旋体的降解速度比右旋体快 1.44 倍。

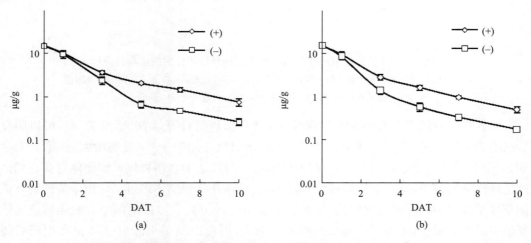

图 4-57 乙氧呋草黄对映体在供试植物体内的降解动态(每个数值点为平均值±标准偏差)
(a) 草地早熟禾;(b) 高羊茅。DAT(days after treatment):处理后的天数

表 4-44　乙氧呋草黄对映体在草坪草体内消解动态的回归方程

草坪草	对映体	回归方程	相关系数 R^2	半衰期 $t_{1/2}$	平均半衰期	$t_{1/2(+)}-t_{1/2(-)}$
草地早熟禾	右旋体（＋）	$Y=11.969e^{-0.2999X}$	0.9577	2.311	（＋）：2.211	1.44
	左旋体（－）	$Y=11.055e^{-0.4385X}$	0.9277	1.580	（－）：1.538	
高羊茅	右旋体（＋）	$Y=11.382e^{-0.3282X}$	0.9562	2.110		
	左旋体（－）	$Y=10.662e^{-0.4628X}$	0.9209	1.497		

4.5.4.2　乙氧呋草黄对映体在草坪草体内的选择性降解

如上所述，在两种供试草坪草体内，左右旋对映体均以相似的方式进行降解，但是可以很清楚地看出两个对映体的降解速度存在明显差异；而且随着用药后时间的延长，两个对映体的选择性降解趋势越来越明显（图 4-57 和图 4-58），两个对映体的残留量出现明显差异，右旋体的量显著高于左旋体，这种趋势一直持续到用药后第 10 天。上述结果均表明，在供试草坪草体内存在立体选择性降解现象，左旋体被优先降解，导致体内右旋体过量。

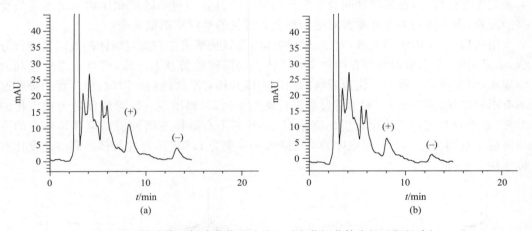

图 4-58　外消旋乙氧呋草黄茎叶处理后在草坪草体内的选择性降解

（a）茎叶处理后第 5 天草地早熟禾的标准图谱；（b）茎叶处理后第 5 天高羊茅的标准图谱。

流动相：正己烷/异丙醇（94/6，v/v），流速 1.2 mL/min

对各取样时间点左右旋对映体残留量的 ER 值进行计算，结果见图 4-59。可以明显看出随着施药后时间延长，两个对映体的 ER 比值从开始的 1：1 逐渐增大，在第 5 天达到 3.0 左右，此后至采样结束一直保持在该比值附近，表明在两种供试植物体内存在相似的选择性降解现象，即左旋体均被优先降解，右旋体在草坪草体内过量。由于待测物在供试草坪草体内初期降解速度较快（半衰期在 1.5～2.3 d 之间），因此两个对映体的速度差异还不是十分明显；随着时间延长这种差异增大，因此出现图 4-59 中 ER 值在用药后逐渐增加，在第 5 天达到最大值的趋势。

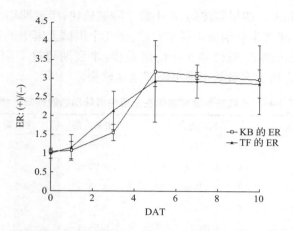

图 4-59　不同采样时间供试草坪草体内右旋与左旋对映体比值

KB:草地早熟禾;TF:高羊茅;图中各比值为三次重复平均值±标准偏差;DAT:处理后的天数

4.5.5　乙氧呋草黄在土壤中的选择性行为研究

4.5.5.1　乙氧呋草黄对映体在各供试土壤中的降解动态

乙氧呋草黄对映体在土壤中的降解趋势基本一致,符合一级反应动力学规律,整个降解过程分为快速降解的初期阶段和相对平缓的后期阶段(图 4-60)。

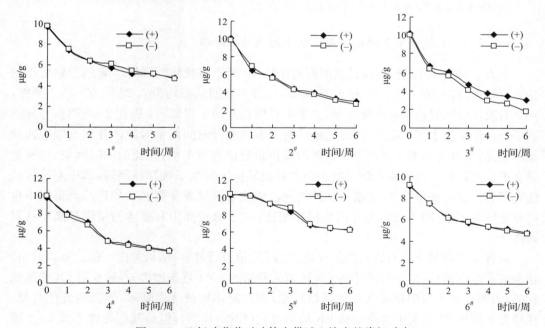

图 4-60　乙氧呋草黄对映体在供试土壤中的降解动态

对消解动态进行动力学回归,得出左右旋对映体在供试土壤中的回归方程,据此算出其降解半衰期(表 4-45)。可以看到在不同土壤中该化合物的降解速度差别较大,其中在采自福建邵武的 2# 和采自四川新津的 3# 土壤中降解较快,半衰期均小于 3.6 周;其次是来自北京的 4# 土壤,降解半衰期为 4 周左右;其余几个供试土壤中半衰期则均超过 6 周,在采自黑龙江省大庆市的 5# 碱性壤土中降解最慢,半衰期超过 7 周。总体上在砂壤土质、偏酸性条件及低有机质含量的土壤中降解速度较快。

表 4-45　乙氧呋草黄对映体在土壤中消解动态的回归方程

土壤	对映体	回归方程	相关系数	半衰期	$t_{1/2(+)} - t_{1/2(-)}$
1#	(+)	$C_t = 8.6344e^{-0.1105t}$	0.9038	6.27	0.07
	(−)	$C_t = 8.7668e^{-0.1118t}$	0.9266	6.20	
2#	(+)	$C_t = 8.6254e^{-0.1941t}$	0.9554	3.57	0.28
	(−)	$C_t = 8.8143e^{-0.2109t}$	0.9758	3.29	
3#	(+)	$C_t = 8.9841e^{-0.1973t}$	0.9614	3.51*	0.95*
	(−)	$C_t = 9.2979e^{-0.2707t}$	0.9857	2.56*	
4#	(+)	$C_t = 10.730e^{-0.1671t}$	0.9278	4.15	0.08
	(−)	$C_t = 10.854e^{-0.1705t}$	0.9346	4.07	
5#	(+)	$C_t = 9.3751e^{-0.0967t}$	0.8937	7.19	0.13
	(−)	$C_t = 10.052e^{-0.0985t}$	0.8610	7.05	
6#	(+)	$C_t = 8.2772e^{-0.1022t}$	0.9151	6.78	0.28
	(−)	$C_t = 8.3616e^{-0.1067t}$	0.8729	6.50	

* 两对映体半衰期差异显著,$F = 10.22 > F_{0.05}(1,4) = 7.71$

4.5.5.2　乙氧呋草黄对映体在土壤中的选择性降解

从表 4-45 中可以看出,在供试的所有土壤中,两个对映体的降解半衰期差别最小的是 1# 和 4#,其次是 5#;在 2# 和 6# 土壤中,二者半衰期差值均为 0.28 周;在 3# 土壤中,两个对映体的降解速率有明显差异,二者半衰期相差约 1 周(3.51 周和 2.56 周),差异达到了统计学显著水平。图 4-60 直观地反映了不同取样时间两个对映体在该土壤中残留量的差异:从处理后第 1 周两个对映体的残留量就已有所不同,在此后的时间里,这种差异有扩大的趋势。这表明在该土壤中两种对映异构体发生了选择性降解,其中左旋体被优先降解。这一现象在 3# 土壤添加外消旋乙氧呋草黄培养 4 周和 6 周后的色谱图中也明显地体现出来(图 4-61),与外消旋标样相比,3# 土壤样品中右旋体的量明显高于其对映体。

对各取样时间点左右旋对映体残留量的 ER 值进行计算,结果见图 4-62。可以看出,随着培养时间延长,两个对映体的 ER 比值从开始的 1:1 逐渐增大,在第 6 周 ER 值达到 1.65,表明在该土壤中存在选择性降解现象,即左旋体均被优先降解,导致右旋体过量。在培养 6 周的 2# 土壤中也观察到 ER 值的变化(ER = 1.23),但是其选择性不如 3# 土壤明显;而在其他几个土壤中均未发生这种明显的 ER 值变化。

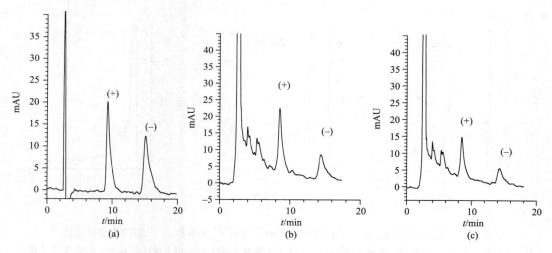

图 4-61 外消旋乙氧呋草黄在 3#土壤中的选择性降解

(a) 外消旋乙氧呋草黄标准图谱；(b) 添加外消旋体培养 4 周后的图谱；(c) 添加外消旋体培养 6 周后的图谱；
流动相：正己烷/异丙醇(94/6,v/v),流速 1.2 mL/min

4.5.5.3 供试土壤中的对映体转化

各供试土壤用单一对映体进行处理、培养后,定期抽样分析,以明确各土壤中是否存在对映体的转化。从图 4-63 中可以看出,添加右旋体后,在 2#和 3#土壤中始终只能检测到右旋体[图 4-63(a)、(d)];而经左旋体处理后 3 周的 3#土样中却检出了右旋体[图 4-63(e)],表明在该土壤中存在左旋体向右旋体的转化现象；在 2#土壤以及其他几个供试土壤中均未发现这种转化现象。

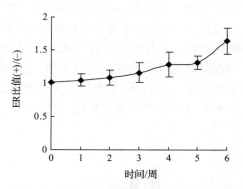

图 4-62 3#土壤不同采样时间右旋与左旋对映体比值 ER(各点为三次重复平均值±标准偏差)

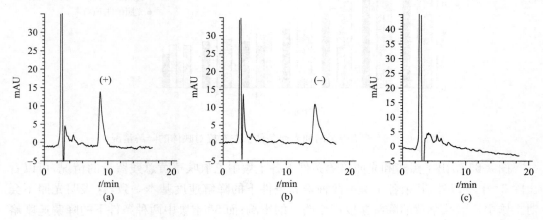

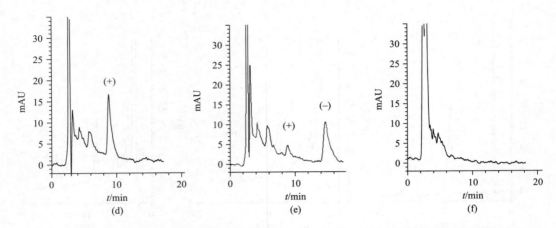

图 4-63　添加光学纯乙氧呋草黄对映体培养 3 周后 2# 土壤和 3# 土壤的典型色谱图

（a）添加右旋体的 2# 土壤；（b）添加左旋体的 2# 土壤；（c）培养 3 周的 2# 空白土壤；（d）添加右旋体的 3# 土壤；
（e）添加左旋体的 3# 土壤；（f）培养 3 周的 3# 空白土壤

4.5.5.4　光照条件下外消旋体的降解情况

为了明确光照是否会影响乙氧呋草黄在土壤中的降解速度及选择性特征，本实验中设计了一组土样，添加外消旋对映体后，置于光照条件下培养。结果表明光照对乙氧呋草黄对映体的降解趋势和选择性情况无明显影响。

与在黑暗条件下培养的情况类似，光照条件下也只有 3# 土壤中表现出了左右旋对映体的选择性降解，但总体上光照条件的选择性没有黑暗条件下的明显（图 4-64）；其余土壤中均未有选择性降解现象出现。

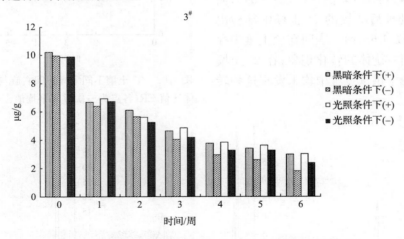

图 4-64　3# 土壤中黑暗和光照条件下左右旋对映体的降解情况

图 4-65 给出了黑暗和光照培养条件下各土壤中乙氧呋草黄总残留量的情况，可以看出除 5# 土壤以外，其余各土壤中两种培养条件下的降解速度基本一致，这表明光照不会对土壤中乙氧呋草黄的降解速度产生明显的影响；而 5# 土壤中两种条件下的降解速度略

有不同,尤其在第 4、5、6 周取样点,光照条件下的降解率明显低于黑暗条件,这可能是由于该土壤中相关微生物的活动在光照条件下被抑制造成的(图 4-65)。

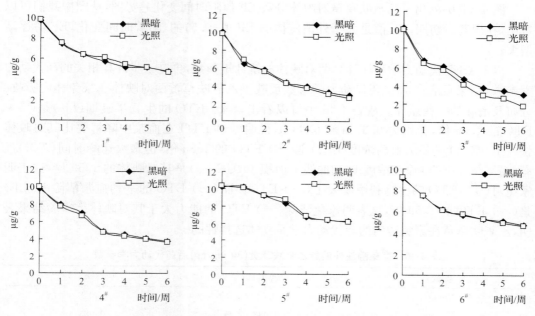

图 4-65　土壤中乙氧呋草黄总量在黑暗和光照条件下的降解动态

4.5.6　乙氧呋草黄在家兔体内的选择性行为研究

4.5.6.1　乙氧呋草黄(ETO)对映体在家兔体内的药代动力学研究

以时间为横坐标,给药后不同时间的平均血药浓度为纵坐标,得到兔静脉注射乙氧呋草黄外消旋体后两对映体的平均血药浓度-时间曲线,见图 4-66(a)。从图中可以看出左右旋对映体均以相似的方式进行消解,但是可以很清楚地看出血浆中两个对映体的残留量存在明显差异,在注射后 5 min 采集的血浆样品中,(+)-ETO 含量明显高于其对映

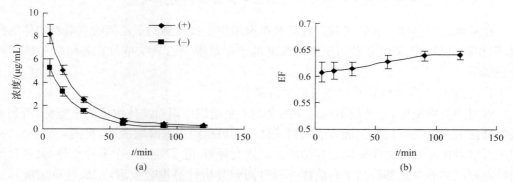

图 4-66　(a)家兔血浆中乙氧呋草黄对映体药-时曲线;(b)家兔血浆中
EF 值变化动态(平均值±标准偏差)

体;但随着时间增长,(＋)-ETO 降解速度明显快于(－)-ETO ;在第 120 分钟的样品中,(＋)-ETO 的含量已经低于其对映体;120 min 以后,两对映体浓度均低于其检测限。

图 4-66(b)列出了乙氧呋草黄对映体分数 EF 值随时间变化趋势图,从图中我们可以看出,在用药后初期,EF 值是大于外消旋体的 EF 值(0.5)的,随着时间变化,EF 值逐渐增大。

以 DAS 药代动力学程序计算两对映体的统计矩参数,再进一步计算相关的药代动力学参数,结果见表 4-46。药代动力学参数反映了乙氧呋草黄两对映体在家兔体内吸收、分布及消除的一些差异。从表 4-46 中可以看出,(＋)-ETO 的生物半衰期($t_{1/2}$)是(－)-ETO 的 1.06 倍,分别为 0.37 h 和 0.35 h,说明(－)-ETO 在血浆中降解要比其对映体快;(＋)-ETO 的最大血药浓度($C_{\max}$)是(－)-ETO 的 1.55 倍,但最大达峰时间($T_{\max}$)没有差异;(＋)-ETO 血药浓度-时间曲线下面积($AUC_{0\sim\infty}$)是其对映体的 1.59 倍,这表明家兔对(＋)-ETO 的生物利用度大于(－)-ETO。而(－)-ETO 的平均血浆清除率(CL)是(＋)-ETO 的 1.59 倍,这表明家兔清除(－)-ETO 的能力大于其对映体。实验结果表明,乙氧呋草黄在家兔体内的药代动力学是立体选择性的。

表 4-46　家兔静注外消旋乙氧呋草黄(30 mg/kg)后药代动力学参数

参数	(＋)-ETO	(－)-ETO
$C_{\max}/(\mathrm{mg/L})$	8.11	5.22
$T_{\max}/\mathrm{h}$	0.083	0.083
$AUMC_{0\sim2}$	1.77	1.07
$AUMC_{0\sim\infty}$	2.32	1.36
$AUC_{0\sim2}[\mathrm{mg/(L\cdot h)}]$	4.21	2.65
$AUC_{0\sim\infty}[\mathrm{mg/(L\cdot h)}]$	4.31	2.71
MRT/h	0.54	0.50
$t_{1/2}/\mathrm{h}$	0.37	0.35
$CL/[\mathrm{L/(h\cdot kg)}]$	3.48	5.54
$V_{ss}(\mathrm{L/kg})$	1.88	2.77

4.5.6.2　乙氧呋草黄对映体在家兔组织中的降解动力学研究

在家兔心脏、肝脏、肾脏、肺脏、肾脏及肌肉组织中都检测到了乙氧呋草黄对映体的残留,但在脑组织中乙氧呋草黄对映体的浓度低于定量限。乙氧呋草黄在各组织中的降解分述如下。

1) 乙氧呋草黄对映体在心脏组织中的降解

以时间为横坐标,给药后不同时间的平均心脏组织中两对映体浓度为纵坐标,得到家兔静脉注射乙氧呋草黄外消旋体后两对映体在心脏组织中的降解曲线,见图 4-67(a)。从图中可以看出左右旋对映体均以相似的方式进行降解,除了最后一个采样点外,其余每个采样点左旋体的含量都略高于右旋体。通过回归分析计算拟合发现,乙氧呋草黄静脉给药后,两对映体在家兔心脏组织中的降解符合假一级降解动力学,实测值与理论计算值拟合良好,拟合方程及降解半衰期列于表 4-47。从表中我们可以看出(－)-ETO 的降解半衰期($t_{1/2}$)是(＋)-乙氧呋草黄的 0.90 倍,这表明(－)-ETO 在心脏组织中降解快于(＋)-ETO。

从心脏组织中 EF 值随时间变化趋势图[图 4-67(b)]中,我们可以看出,在用药后 5 min,EF 值略低于 0.5,且 EF 值随时间变化有增大趋势,但不明显。这表明在心脏组织中,乙氧呋草黄两对映体的降解有一定的立体选择性。

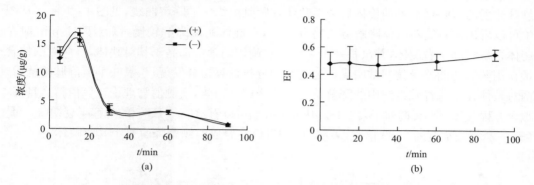

图 4-67　(a)乙氧呋草黄对映体在家兔心脏中降解曲线;(b)家兔心脏中 EF 值变化动态
（平均值±标准偏差）

表 4-47　乙氧呋草黄对映体在家兔心脏组织内消解动态的回归方程

对映体	回归方程	相关系数 R^2	半衰期/min	$t_{1/2(-)}/t_{1/2(+)}$
左旋体(－)	$Y=16.50e^{-0.0361X}$	0.8787	19.20	0.90
右旋体(＋)	$Y=15.60e^{-0.0326X}$	0.8380	21.26	

2)乙氧呋草黄对映体在肝脏组织中的降解

以时间为横坐标,给药后不同时间的平均肝脏组织中两对映体浓度为纵坐标,得到兔静脉注射乙氧呋草黄外消旋体后两对映体在肝脏组织中的降解柱状图,见图 4-68(a)。从图中可以看出 5 min 时两对映体浓度最高,两对映体降解方式也相似,且在每一个采样点右旋体的含量都高于左旋体,在用药后初期两对映体含量就已有显著性差异,随时间变化,浓度迅速减小,30 min 后已低于检测限。从肝脏组织中 EF 值随时间变化趋势图

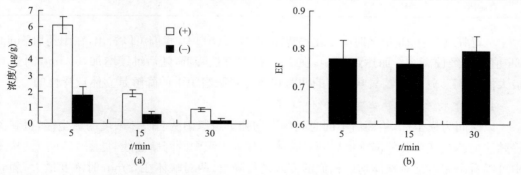

图 4-68　(a)乙氧呋草黄对映体在家兔肝脏中降解曲线;(b)家兔肝脏中 EF 值变化动态
（平均值±标准偏差）

[图 4-68(b)]中,我们可以看出,在用药后 5 min,EF 值就已经偏离 0.5 而达到 0.77,此时右旋体的浓度已是左旋体的 3.43 倍,随后 EF 值稳定于 0.75～0.80 之间,有增大的趋势。这表明乙氧呋草黄的两对映体在肝脏组织中的降解是立体选择性的。

3) 乙氧呋草黄对映体在肾脏组织中的降解

以时间为横坐标,给药后不同时间的平均肾脏组织中两对映体浓度为纵坐标,得到兔静脉注射乙氧呋草黄外消旋体后两对映体在肾脏组织中的降解曲线,见图 4-69(a)。从图中可以看出左右旋对映体降解方式略有不同,左旋体初期降解较慢,以致于 15 min 时左旋体含量略高于右旋体,其余每一个采样点右旋体的含量都高于其对映体,且两对映体含量在用药后初期差异就非常明显。通过回归分析计算拟合发现,乙氧呋草黄静脉给药后,两对映体在家兔肾脏组织中的降解符合一级降解动力学,实测值与理论计算值拟合良好,拟合方程及降解半衰期列于表 4-48。从表中我们可以看出(－)-ETO 的降解半衰期($t_{1/2}$)是(＋)-乙氧呋草黄的 0.89 倍,这表明(＋)-ETO 在肾脏组织中降解慢于其对映体。

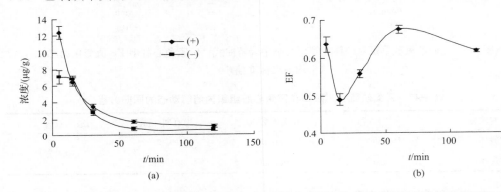

图 4-69　(a)乙氧呋草黄对映体在家兔肾脏中降解曲线;(b)家兔肾脏中 EF 值变化动态
(平均值±标准偏差)

表 4-48　乙氧呋草黄对映体在家兔肾脏组织内消解动态的回归方程

对映体	回归方程	相关系数	半衰期/min	$t_{1/2(-)}/t_{1/2(+)}$
左旋体(－)	$Y=7.12e^{-0.0219X}$	0.8146	31.64	0.89
右旋体(＋)	$Y=12.42e^{-0.0295X}$	0.8464	35.54	

从肾脏组织中 EF 值随时间变化趋势图[图 4-69(b)]中,我们可以看出,在用药后5 min,EF 值就已经偏离 0.5 而达到 0.64,在 15 min 时突然降低,随后继续增加,60 min 时达到最大值 0.67。这表明乙氧呋草黄的两对映体在肾脏组织中的降解是立体选择性的。

4) 乙氧呋草黄对映体在肺组织中的降解

以时间为横坐标,给药后不同时间的平均肺脏组织中两对映体浓度为纵坐标,得到兔静脉注射乙氧呋草黄外消旋体后两对映体在肺脏组织中的降解曲线,见图 4-70(a)。从图中可以看出左右旋对映体均以相似的方式进行降解,两对映体在 5 min 时浓度最大,随时间增加浓度逐渐降低。通过回归分析计算拟合发现,乙氧呋草黄静脉给药后,两对映体在家兔肺脏组织中的降解符合一级降解动力学,实测值与理论计算值拟合很好,拟合方程及降解半衰期列于表 4-49。从表中我们可以看出（－）-ETO 的降解半衰期（$t_{1/2}$）是（＋）-ETO 的 0.96 倍，这表明（＋）-ETO 在肺脏组织中降解速度略慢于（－）-ETO 降解速度。

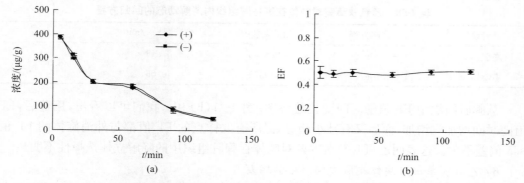

图 4-70　（a）乙氧呋草黄对映体在家兔肺脏中降解曲线；（b）家兔肺脏中 EF 值变化动态
（平均值±标准偏差）

表 4-49　乙氧呋草黄对映体在家兔肺组织内消解动态的回归方程

对映体	回归方程	相关系数 R^2	半衰期 $t_{1/2}$/min	$t_{1/2(-)}/t_{1/2(+)}$
左旋体（－）	$Y=386.16e^{-0.0172X}$	0.9676	40.29	0.96
右旋体（＋）	$Y=387.40e^{-0.0165X}$	0.9745	42.00	

从肺脏组织中 EF 值随时间变化趋势图［图 4-70（b）］中，我们可以看出，在用药后 EF 值一直在 0.5 左右，与外消旋值 0.5 偏离不大，这表明乙氧呋草黄的两对映体在肺脏组织中的降解不具有立体选择性。

5）乙氧呋草黄对映体在脾组织中的降解

以时间为横坐标，给药后不同时间的平均脾脏组织中两对映体浓度为纵坐标，得到兔静脉注射乙氧呋草黄外消旋体后两对映体在脾脏组织中的降解曲线，见图 4-71（a）。从图中可以看出左右旋对映体均以相似的方式进行降解，在每一个采样点（＋）-ETO 的含量都略高于（－）-ETO，差异不是非常显著。通过回归分析计算拟合发现，乙氧呋草黄静脉给药后，两对映体在家兔脾脏组织中的降解符合一级降解动力学，实测值与理论计算值拟

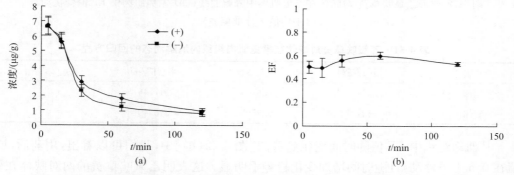

图 4-71　（a）乙氧呋草黄对映体在家兔脾脏中降解曲线；（b）家兔脾脏中 EF 值变化动态
（平均值±标准偏差）

合良好,拟合方程及降解半衰期列于表 4-50。从表中我们可以看出(－)-ETO 的降解半衰期($t_{1/2}$)是(＋)-ETO 的 0.94 倍,这表明(－)-ETO 在脾脏组织中降解略快于(＋)-ETO。

表 4-50　乙氧呋草黄对映体在家兔脾组织内消解动态的回归方程

对映体	回归方程	相关系数 R^2	半衰期 $t_{1/2}$/min	$t_{1/2(-)}/t_{1/2(+)}$
左旋体(－)	$Y=6.60e^{-0.0185X}$	0.8483	37.46	0.94
右旋体(＋)	$Y=6.70e^{-0.0173X}$	0.9375	40.06	

从脾脏组织中 EF 值随时间变化趋势图[图 4-71(b)]中,我们可以看出,用药后,EF 值随时间增加先增加,而后又有减小趋势,但所有取样点的 EF 值都与外消旋体的 EF 值 0.5 偏差不大。这表明乙氧呋草黄的两对映体在脾脏组织中的降解立体选择性不明显。

6)乙氧呋草黄对映体在肌肉组织中的降解

以时间为横坐标,给药后不同时间的平均肌肉组织中两对映体浓度为纵坐标,得到兔静脉注射乙氧呋草黄外消旋体后两对映体在肌肉组织中的降解曲线,见图 4-72(a)。从图中可以看出左右旋对映体均以相似的方式进行降解,且在每一个采样点左右旋体的含量都相差不大;通过回归分析计算拟合发现,乙氧呋草黄静脉给药后,两对映体在家兔肌肉组织中的降解符合假一级降解动力学,实测值与理论计算值拟合良好,拟合方程及降解半衰期列于表 4-51。从表中我们可以看出(－)-ETO 的降解半衰期($t_{1/2}$)是(＋)-ETO 的 1.13 倍,这表明(＋)-ETO 在肌肉组织中降解稍快于其对映体。

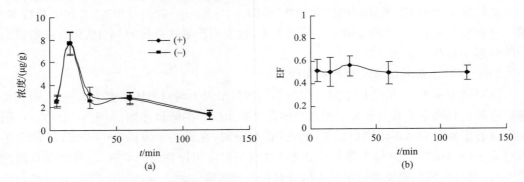

图 4-72　(a)乙氧呋草黄 对映体在家兔肌肉中降解曲线;(b) 家兔肌肉中 EF 值变化动态
(平均值±标准偏差)

表 4-51　乙氧呋草黄对映体在家兔肌肉组织内消解动态的回归方程

对映体	回归方程	相关系数	半衰期/min	$t_{1/2(-)}/t_{1/2(+)}$
左旋体(－)	$Y=7.67e^{-0.0397X}$	0.8709	17.46	1.13
右旋体(＋)	$Y=7.74e^{-0.045X}$	0.9595	15.40	

从肌肉组织中 EF 值随时间变化趋势图[图 4-72(b)]中,我们可以看出,用药后,EF 值在 0.5 上下浮动,且随时间增加变化趋势不明显。这表明乙氧呋草黄的两对映体在肌肉组织中的降解不具有立体选择性。

7) 乙氧呋草黄对映体在脑组织中的降解

以时间为横坐标,给药后不同时间的平均脑组织中两对映体浓度为纵坐标,得到兔静脉注射乙氧呋草黄外消旋体后两对映体在脑组织中的降解曲线,见图 4-73(a)。从图中可以看出左右旋对映体均以相似的方式进行降解,且在每一个采样点左旋体的含量都高于其对映体;两对映体含量在用药后初期即有明显差异,但随时间变化差异逐渐减小。通过回归分析计算拟合发现,乙氧呋草黄静脉给药后,两对映体在家兔脑组织中的降解符合一级降解动力学,实测值与理论计算值拟合良好,拟合方程及降解半衰期列于表 4-52。从表中我们可以看出(−)-ETO 的降解半衰期($t_{1/2}$)是(+)-ETO 的 0.93 倍,这表明(−)-ETO 在脑组织中降解快于其对映体(表 4-52)。

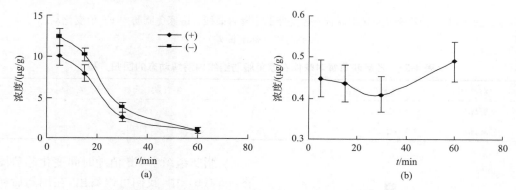

图 4-73　(a)乙氧呋草黄 对映体在家兔脑中降解曲线;(b)家兔脑中 EF 值变化动态
(平均值±标准偏差)

表 4-52　乙氧呋草黄对映体在家兔脑组织内消解动态的回归方程

对映体	回归方程	相关系数	半衰期/min	$t_{1/2(−)}/t_{1/2(+)}$
左旋体(−)	$Y=12.40e^{-0.0478X}$	0.9873	14.50	0.93
右旋体(+)	$Y=10.10e^{-0.0444X}$	0.9726	15.61	

从脑组织中 EF 值随时间变化趋势图[图 4-73(b)]中,我们可以看出,在用药后 5 min,EF 值就已经偏离 0.5 而达到 0.44,且随时间增加有先减小后增大的趋势,在 30 min 时达到最小值 0.40。这表明乙氧呋草黄的两对映体在脑组织中的降解具有一定的立体选择性。

8) 乙氧呋草黄对映体在脂肪组织中的降解

以时间为横坐标,给药后不同时间的平均脂肪组织中两对映体浓度为纵坐标,得到兔静脉注射乙氧呋草黄外消旋体后两对映体在脂肪组织中的降解曲线,见图 4-74(a)。从图中可以看出左右旋对映体均以相似的方式进行降解,两对映体的浓度都是先增大后减小。通过回归分析计算拟合发现,乙氧呋草黄静脉给药后,两对映体在家兔脂肪组织中的降解符合假一级降解动力学,实测值与理论计算值拟合一般,拟合方程及降解半衰期列于表 4-53。从表中我们可以看出(−)-ETO 的降解半衰期($t_{1/2}$)是(+)-ETO 的 0.62 倍,这表明(−)-ETO 在脂肪组织中降解快于其对映体。

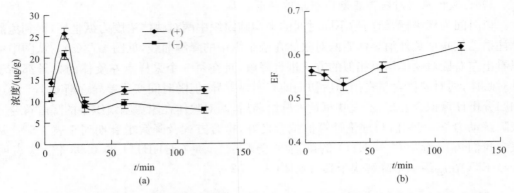

图 4-74　(a)乙氧呋草黄对映体在家兔脂肪中降解曲线;(b)家兔脂肪中 EF 值变化动态
(平均值±标准偏差)

表 4-53　乙氧呋草黄对映体在家兔脂肪组织内消解动态的回归方程

对映体	回归方程	相关系数	半衰期/min	$t_{1/2(-)}/t_{1/2(+)}$
左旋体(一)	$Y=20.71e^{-0.0157X}$	0.8961	44.14	
右旋体(十)	$Y=25.76e^{-0.0098X}$	0.6838	70.71	0.62

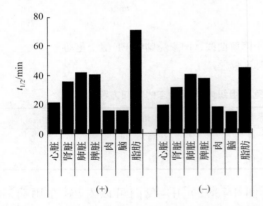

图 4-75　乙氧呋草黄对映体在家兔不同组织中
降解半衰期

从脂肪组织中 EF 值随时间变化趋势图[图 4-74(b)]中,我们可以看出,在用药后初期,EF 值就已超过 0.5 而达到 0.56,且随时间增加有先减小后增加的趋势,最终达到 0.62。这表明乙氧呋草黄的两对映体在脂肪组织中的降解是立体选择性的。

9) 乙氧呋草黄对映体在家兔不同组织中降解速度差异

乙氧呋草黄对映体在家兔各组织中的降解速度是有差异的,两对映体在各组织中的降解半衰期见图 4-75。由图可以看出,除了肉外,相对而言(十)-ETO 的降解半衰期要比其对映体大,这表明在家兔体内(十)-ETO 降解得要慢些;两个对映体都是在肝脏中降解得最快,其次是肉和脑,在脂肪中降解最慢;(十)-ETO 在脑和肉中的降解速度相似,在各种组织中的降解速度大小为:肉、脑>心脏>肾>脾脏>肺>脂肪;(一)-ETO 在各种组织中的降解速度大小为:脑>肉>心脏>肾脏>脾脏>肺脏>脂肪。

4.5.6.3　乙氧呋草黄对映体在家兔不同组织中残留量差异

不同取样时间点乙氧呋草黄对映体在各组织中的残留差异见图 4-76。由图可知,在用药后 5 min,乙氧呋草黄两对映体在肺脏中浓度明显大于其他组织,在肝脏和肉中的浓度相对较低,其余组织中浓度相对高一些;用药后 15 min,肺脏中的浓度仍然明显高于其他组织,肉、心脏、脂肪中的浓度有所增加,肝脏、脑、脾脏、肾脏、肺中的含量有所降低,其中肝脏中的浓度下降较为显著;用药后 30 min,肉、心脏、脂肪中的残留量开始减少,其余组织中的含量继续减少,肺脏中的浓度仍然最高,肝脏中最低,此时(＋)-ETO 在各组织中残留量大小顺序为:肺脏＞脂肪＞肾脏＞心脏、肉＞脾脏＞脑＞肝脏,(－)-ETO 在各组织中残留量大小顺序为:肺脏＞脂肪＞脑＞心脏＞肾脏＞肉＞脾脏＞肝脏;而用药后 60 min,除脂肪中的残留量稍有增加外,其余各组织中的残留量都在减少,肝脏中的残留

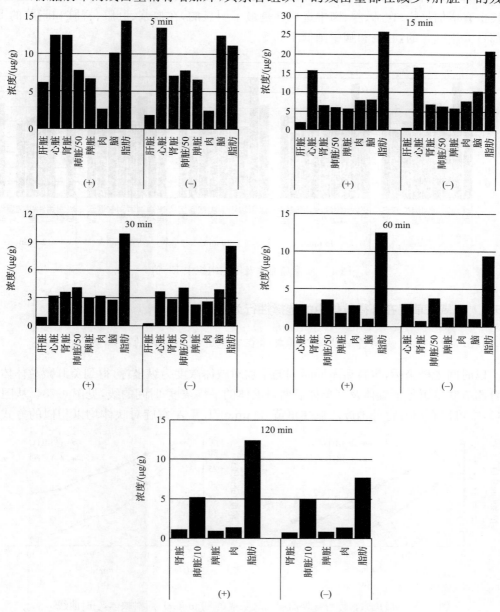

图 4-76　乙氧呋草黄对映体在家兔不同组织残留差异

量已低于检测限;120 min 时,心脏和脑中的残留量也低于检出限,除肺脏和脂肪外,其余组织中的残留量已很低。

4.5.6.4　乙氧呋草黄对映体在家兔体内不同样本中立体选择性差异

乙氧呋草黄对映体在家兔血浆及部分组织中是有选择性行为研究的,图 4-77 中列出了在不同取样时间点,各样本中的 EF 值。从图中可以看出,在所有时间点,肝脏中的选择性最为明显,且随着时间增长选择性呈增加趋势;血浆中的 EF 值都超过了 0.6,随时间增长也有增加趋势;在肺、脾、肉中选择性是最不明显的,在血浆、肝脏、肾脏和脂肪的 EF 值都是大于 0.5 的,心脏和脑中则低于 0.5。

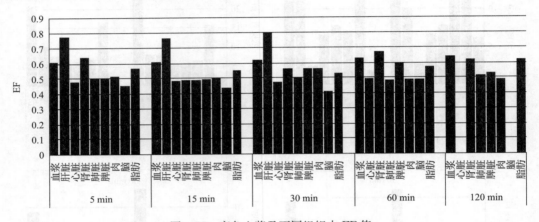

图 4-77　家兔血浆及不同组织中 EF 值

4.5.7　乙氧呋草黄在肝微粒体中的选择性行为研究

4.5.7.1　乙氧呋草黄对映体及其单体在家兔肝微粒体内的降解动力学

以时间为横坐标,孵育后不同时间的平均对映体浓度为纵坐标,得到兔肝微粒体体外孵育乙氧呋草黄外消旋体及其单体后两对映体的平均浓度-时间曲线,见图 4-78。从图 4-78(a)中可以看出孵育外消旋乙氧呋草黄 80 μmol/L 后左右旋对映体均以相似的方式进

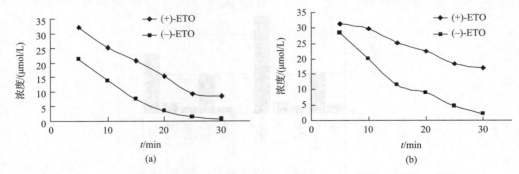

图 4-78　(a)兔微粒体孵育外消旋乙氧呋草黄 80 μmol/L 后对映体药-时曲线;
(b)兔微粒体孵育单体乙氧呋草黄 40 μmol/L 后对映体药-时曲线

行降解,但是可以很清楚地看出微粒体中两个对映体的浓度存在明显差异,在孵育后 5 min 采集的微粒体样品中,(＋)-ETO 含量就已明显高于其对映体;随着时间增长,(－)-ETO 降解速度明显快于(＋)-ETO;30 min 以后,(－)-ETO 已低于检测限;从图 4-78(b)中可以看出孵育乙氧呋草黄单体 40 μmol/L 后左右旋对映体也以相似的方式进行降解,(＋)-ETO 的浓度始终高于(－)-ETO,不同的是降解要慢于外消旋体降解速度,两对映体在 5 min 时差别不是很明显,但随着时间增长,(－)-ETO 降解速度明显快于(＋)-ETO,30 min 以后,(－)-ETO 也低于检测限。

　　图 4-79 列出了乙氧呋草黄对映体分数 EF 值随时间变化趋势图,从图中我们可以看出,在兔肝微粒体体外孵育乙氧呋草黄外消旋体及其单体后初期,EF 值都是大于外消旋体的 EF 值(0.5)的,随着时间变化,EF 值逐渐增大,从(a)、(b)两图都可以看出其 EF 值线性良好,这和体内 EF 值只能看到趋势不同,由 EF 值的趋势可以看出乙氧呋草黄在兔肝微粒体中的降解是立体选择性的。

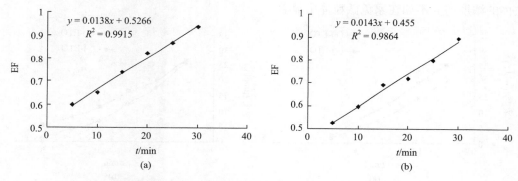

图 4-79　(a)兔微粒体孵育外消旋乙氧呋草黄 80 μmol/L 后 EF 值变化动态;
(b)兔微粒体孵育单体乙氧呋草黄 40 μmol/L 后 EF 值变化动态

　　通过回归分析计算拟合发现,乙氧呋草黄在兔肝微粒体孵育后,两对映体的降解符合一级降解动力学,实测值与理论计算值拟合良好,拟合方程及降解半衰期列于表 4-54。从表中我们可以看出兔肝微粒体体外孵育乙氧呋草黄外消旋体后其对映体的降解速度要快于单体后孵育后相应对映体的速度,这可能是外消旋体之间存在相互诱导的作用;我们还可以看出家兔肝微粒体体外孵育乙氧呋草黄外消旋体及其单体后(＋)-ETO 的降解半衰期($t_{1/2}$)分别是(－)-ETO 的 2.58 倍和 3.87 倍,这表明(＋)-ETO 在微粒体中降解要慢于(－)-ETO,同样也说明乙氧呋草黄在兔肝微粒体中的降解是立体选择性的。

表 4-54　乙氧呋草黄对映体在家兔肝微粒体内消解动态的回归方程

对映体		回归方程	相关系数	半衰期	$t_{1/2(+)}/t_{1/2(-)}$
rac-ETO	右旋体(＋)	$Y=32.01e^{-0.0570X}$	0.9758	12.16	2.58
	左旋体(－)	$Y=21.27e^{-0.1468X}$	0.9859	4.72	
ETO 对映体	右旋体(＋)	$Y=31.28e^{-0.0267X}$	0.9831	25.96	3.87
	左旋体(－)	$Y=28.26e^{-0.1033X}$	0.9659	6.71	

4.5.7.2　乙氧呋草黄对映体及其单体在大鼠肝微粒体内的降解动力学

以时间为横坐标,孵育后不同时间的平均对映体浓度为纵坐标,得到大鼠肝微粒体体外孵育乙氧呋草黄外消旋体及其单体后两对映体的平均浓度-时间曲线,见图4-80。从图4-80(a)中可以看出孵育外消旋乙氧呋草黄80 μmol/L后左右旋对映体均以相似的方式进行降解,但是可以很清楚地看出微粒体中两个对映体的浓度存在明显差异,在孵育后5 min采集的微粒体样品中,(−)-ETO含量就已明显高于其对映体;随着时间增长,(+)-ETO降解速度明显快于(−)-ETO;25 min以后,两对映体均已低于检测限;从图4-80(b)中可以看出孵育乙氧呋草黄单体40 μmol/L后左右旋对映体也以相似的方式进行降解,(−)-ETO的浓度始终高于(+)-ETO,不同的是降解要慢于外消旋体降解速度,两对映体在5 min时差别不如外消旋体孵育后显著,随着时间增长,(+)-ETO降解速度明显快于(−)-ETO,30 min以后,(+)-ETO低于检测限,总地来说,在大鼠肝微粒体中两对映体的浓度差异不如在家兔微粒体中显著。

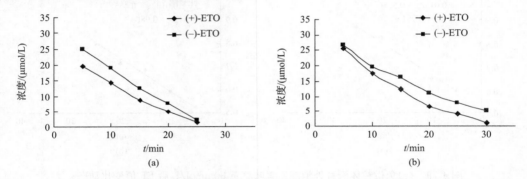

图4-80　(a) 大鼠微粒体孵育外消旋乙氧呋草黄80 μmol/L后对映体药-时曲线;
(b) 大鼠微粒体孵育单体乙氧呋草黄40 μmol/L后对映体药-时曲线

图4-81列出了乙氧呋草黄对映体分数EF值随时间变化趋势图,从图中我们可以看出,在大鼠肝微粒体体外孵育乙氧呋草黄外消旋体及其单体后初期,EF值都是低于外消旋体的EF值(0.5)的,随着时间变化,EF值逐渐减小,从(a)、(b)两图都可以看出其EF值线性良好,由EF值的趋势可以看出乙氧呋草黄在大鼠肝微粒体中的降解是立体选择性的。

通过回归分析计算拟合发现,乙氧呋草黄在大鼠肝微粒体孵育后,两对映体的降解符合一级降解动力学,实测值与理论计算值拟合良好,拟合方程及降解半衰期列于表4-55。从表中我们可以看出大鼠肝微粒体体外孵育乙氧呋草黄外消旋体后其对映体的降解速度也快于单体后孵育后相应对映体的速度,这也可能是在大鼠肝微粒体中外消旋体之间也存在相互诱导的作用;我们还可以看出大鼠肝微粒体体外孵育乙氧呋草黄外消旋体及其单体后(+)-ETO的降解半衰期($t_{1/2}$)分别是(−)-ETO的0.90倍和0.74倍,这表明(+)-ETO在微粒体中降解要快于(−)-ETO,同样也说明乙氧呋草黄在大鼠微粒体中的降解是立体选择性的。

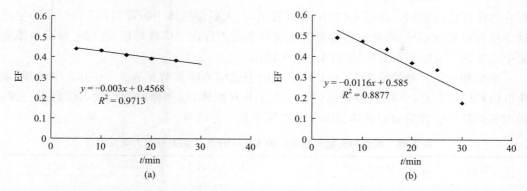

图 4-81　(a)大鼠微粒体孵育外消旋乙氧呋草黄 80 μmol/L 后 EF 值变化动态；

(b)大鼠微粒体孵育单体乙氧呋草黄 40 μmol/L 后 EF 值变化动态

表 4-55　乙氧呋草黄对映体在大鼠肝微粒体内消解动态的回归方程

对映体		回归方程	相关系数	半衰期/min	$t_{1/2(+)}/t_{1/2(-)}$
rac-ETO	右旋体(＋)	$Y = 19.59 e^{-0.1297X}$	0.9349	5.34	
	左旋体(－)	$Y = 25.01 e^{-0.1173X}$	0.9191	5.91	0.90
ETO 对映体	右旋体(＋)	$Y = 25.72 e^{-0.0886X}$	0.9771	7.82	
	左旋体(－)	$Y = 26.66 e^{-0.0652X}$	0.9871	10.63	0.74

4.5.7.3　乙氧呋草黄单体在肝微粒体内的酶促反应动力学研究

利用 Origin 8.0 软件对底物浓度和代谢物生成速率进行非线性拟合，结果显示其符合 Michaelis-Menten 公式，结果见图 4-82；由图 4-82(a)我们可以看出，单体孵育后其代谢物的生成速率是不同的，(－)-ETO 代谢物生成速度要快于其对映体，这和(－)-ETO 在家兔肝微粒体中降解要快于其对映体是一致的，这说明在家兔肝微粒体中乙氧呋草黄

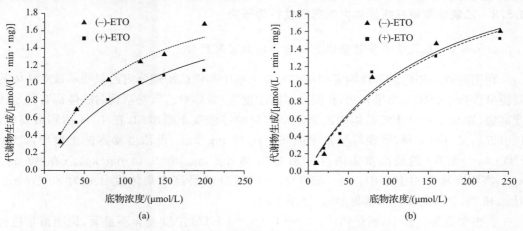

图 4-82　(a)家兔微粒体孵育乙氧呋草黄单体 20 min 后 ETO-OH 生成随底物浓度变化拟合曲线；

(b)大鼠微粒体中的拟合曲线

是立体选择性代谢的。由图 4-82(b)可以看出,在大鼠微粒体中孵育后,ETO-OH 的生成速率没有显著性差异,单从此代谢过程无法判断是否存在立体选择性;在以上所有单体实验中未发现乙氧呋草黄对映体之间的相互转化。

家兔和大鼠肝微粒体中 ETO-OH 生成的表观动力学常数见表 4-56,由表中可知,家兔肝微粒体孵育后(－)-ETO 的清除率要大于其对映体,这和体内药代动力学数据一致;而大鼠微粒体孵育后两对映体清除率的差异不是十分明显。

表 4-56　家兔和大鼠肝微粒体中 ETO-OH 生成的表观动力学常数

样本		V_{max}/[nmol/(min · mg protein)]	K_m/(μmol/L)	CL_{int}/[mL/(min · mg protein)]
家兔	(＋)-ETO	2195.57	144.76	15.17
	(－)-ETO	2195.57	86.74	25.31
大鼠	(＋)-ETO	2706.84	162.92	16.61
	(－)-ETO	2706.84	156.06	17.34

4.5.7.4　乙氧呋草黄单体在肝微粒体内的酶促反应动力学研究

乙氧呋草黄在两种肝微粒体中主要代谢物为 ETO-OH 和 ETO-K,这说明乙氧呋草黄在两中肝微粒体中主要代谢途径是醚键水解和羟基氧化;两个代谢途径都是依赖NADPH 的,表明代谢主要是肝脏中的 P-450 多功能氧化酶在起作用,其代谢途径见图 4-83。

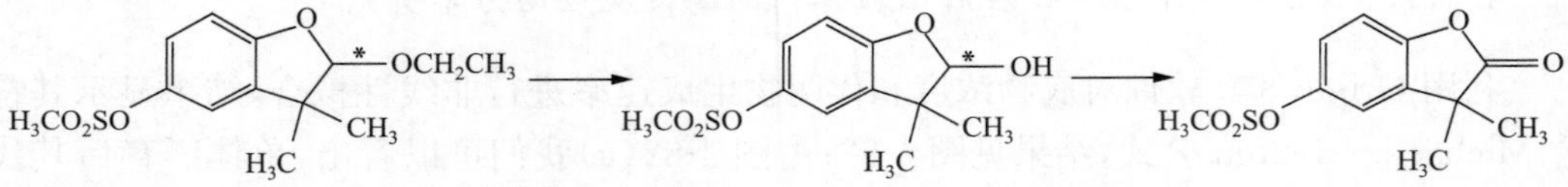

图 4-83　家兔和大鼠微粒体孵育乙氧呋草黄后其主要代谢途径

4.5.8　乙氧呋草黄在蚯蚓体内的选择性行为研究

4.5.8.1　乙氧呋草黄对映体在蚯蚓体内的富集行为

利用高效液相色谱手性固定相法对实验土壤中和供试蚯蚓体内乙氧呋草黄对映体的残留量进行了分析。结果表明,在两个暴露浓度下,蚯蚓对乙氧呋草黄对映体都有一定程度富集,在 0.5～10 d 蚯蚓体内乙氧呋草黄对映体浓度不断增加,在 10 d 达到最高值,10 d 以后又有所下降,呈现峰型富集曲线。在 10 mg/kg$_{dww}$低浓度暴露的土壤中,(＋)-ETO、(－)-ETO 的最高富集浓度分别为 9.28 mg/kg$_{wwt}$和 9.14 mg/kg$_{wwt}$;在 40 mg/kg$_{dww}$高浓度暴露的土壤中,(＋)-ETO、(－)-ETO 的最高富集浓度分别为 29.26 mg/kg$_{wwt}$和 28.10 mg/kg$_{wwt}$,富集曲线,见图 4-84。

在整个富集过程中,蚯蚓体内(＋)-ETO、(－)-ETO 浓度差异不显著,说明富集过程不存在立体选择性;在土壤中,乙氧呋草黄两个异构体浓度差异也不显著,见图 4-85。

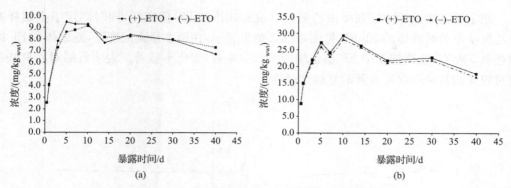

图 4-84　乙氧呋草黄对映体在蚯蚓体内的富集曲线图

（a）土壤低浓度暴露（10 mg/kg）；（b）土壤高浓度暴露（40 mg/kg）

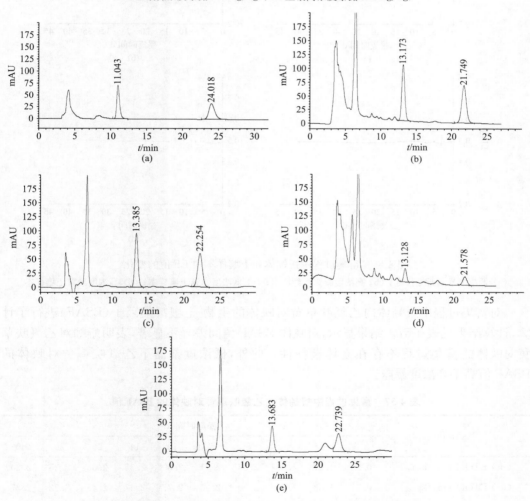

图 4-85　富集过程中乙氧呋草黄对映体提取色谱图

（a）标准品；（b）高浓度暴露 40 d 土壤提取色谱图；（c）高浓度暴露 40 d 蚯蚓提取色谱图；（d）低浓度暴露 40 d 土壤提取色谱图；（e）低浓度暴露 40 d 蚯蚓提取色谱图（正己烷/异丙醇＝96/4；流速：0.5 mL/min；检测波长：230 nm）

　　测定了富集过程中蚯蚓体内乙氧氟草黄对映体的 EF 值变化,同时测定了土壤样本中乙氧氟草黄对映体的 EF 值,见图 4-86。结果显示,在两个暴露浓度下,蚯蚓体内 EF 维持在 0.5 左右;土壤样本中 EF 值也维持在 0.5 左右,变化不显著。表明蚯蚓对乙氧氟草黄对映体的富集不存在显著的立体选择性。

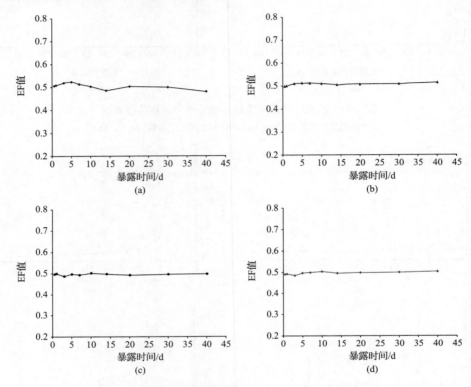

图 4-86　富集过程中蚯蚓体和土壤样本中 EF 值的变化
(a) 低浓度暴露蚯蚓样本;(b) 高浓度暴露蚯蚓样本;(c) 低浓度暴露土壤样本;(d) 高浓度暴露土壤样本

　　对富集过程中蚯蚓体内乙氧氟草黄对映体的生物-土壤富集因子(BSAF)进行了计算,计算结果见表 4-57。结果显示,对映体 BSAF 值间差异不显著,表明蚯蚓对乙氧氟草黄对映体的富集过程不存在立体选择性。此外,低浓度暴露下乙氧氟草黄对映体的 BSAF 值高于高浓度暴露。

表 4-57　富集过程中蚯蚓体内乙氧氟草黄对映体的 BSAF 值

BSAF 值	暴露时间/d									
	0.5	1	3	5	7	10	14	20	30	40
(+)-ETO(10 mg/kg$_{dwt}$)	0.53	1.07	1.83	2.57	2.71	2.80	2.35	2.55	2.25	2.20
(−)-ETO(10 mg/kg$_{dwt}$)	0.51	1.03	1.61	2.30	2.50	2.77	2.47	2.45	2.22	2.37
(+)-ETO(40 mg/kg$_{dwt}$)	0.48	0.97	1.32	1.86	1.77	2.11	2.20	1.41	1.73	1.42
(−)-ETO(40 mg/kg$_{dwt}$)	0.46	0.94	1.20	1.75	1.68	2.06	2.12	1.35	1.67	1.36

注:BSAF 单位为每千克干重比每千克湿重

4.5.8.2　乙氧呋草黄对映体在蚯蚓体内的代谢行为

当蚯蚓富集己唑醇对映体 14 d 后,将蚯蚓转至没有药剂的空白土壤,定期取样,观察己唑醇对映体在蚯蚓体内的代谢情况。

结果显示,乙氧呋草黄在蚯蚓体内的代谢过程符合一级反应动力学规律,拟合方程、降解半衰期列于表 4-58。从表中可以看出,蚯蚓体内乙氧呋草黄两对映体的降解代谢速率较己唑醇快,较甲霜灵、苯霜灵慢,(＋)-ETO 和(－)-ETO 的半衰期分别为 1.8 d 和 1.8 d。降解曲线图见图 4-87,典型提取色谱图见图 4-88。

表 4-58　乙氧呋草黄对映体在蚯蚓体内代谢动态的回归方程

对映体	回归方程	相关系数	半衰期
(＋)-ETO	$y=19.60e^{-0.38x}$	0.904	1.8
(－)-ETO	$y=18.57e^{-0.38x}$	0.884	1.8

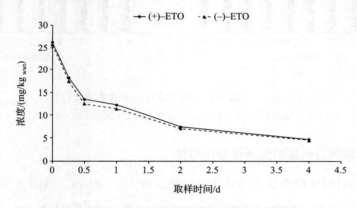

图 4-87　乙氧呋草黄对映体的降解曲线图

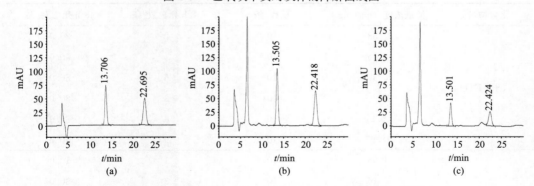

图 4-88　代谢过程中蚯蚓内乙氧呋草黄对映体的典型提取色谱图
(a)标准品;(b)0.25 d 取样;(c)4 d 取样

4.5.8.3　乙氧呋草黄对映体在有蚯蚓土壤中的降解行为

乙氧呋草黄对映体在有蚯蚓土壤中降解结果见图 4-89。图中可以看出,在高浓度

（40 mg/kg$_{dwt}$）和低浓度（10 mg/kg$_{dwt}$）暴露土壤中,乙氧呋草黄对映体在整个富集过程中的降解速率都比较缓慢,降解率<40%。此外,降解过程中对乙氧呋草黄对映体 EF值维持在 0.5 左右[图 4-86(c)、(d)],两种暴露浓度下土壤中未发现选择性降解现象存在。

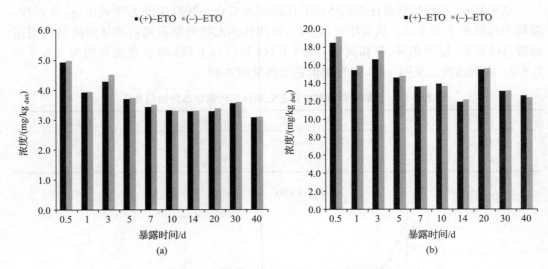

图 4-89　土壤中乙氧呋草黄对映体的浓度变化

(a)土壤低浓度暴露(10 mg/kg$_{dwt}$);(b)土壤高浓度暴露(40 mg/kg$_{dwt}$)

4.5.9　乙氧呋草黄对蚯蚓的选择性急性毒性

乙氧呋草黄对映体的选择性毒性实验结果见表 4-59,表 4-60 及图 4-90。

表 4-59　乙氧呋草黄及对映体滤纸片法实验蚯蚓死亡数和死亡率

化合物名称	滤纸浓度/(mg/cm²)	总数/条	48 h死亡数/条	48 h死亡率/%
（+)-ETO	1.58	10	2	20.0
	3.16	10	4	40.0
	6.32	10	6	60.0
	12.65	10	8	80.0
	15.81	10	8	80.0
	18.97	10	9	90.0
外消旋体	1.58	10	1	10.0
	3.16	10	3	30.0
	6.32	10	5	50.0
	7.91	10	5	50.0
	12.65	10	8	80.0
	15.81	10	9	90.0

化合物名称	滤纸浓度/(mg/cm²)	总数/条	48 h 死亡数/条	48 h 死亡率/%
	3.16	10	3	30.0
	6.32	10	3	30.0
(—)-ETO	12.65	10	6	60.0
	15.81	10	7	70.0
	18.97	10	8	80.0
	23.72	10	9	90.0
CK	0	10	0	0

表 4-60　乙氧呋草黄及其对映体的 LC_{50} 值

化学品	48 h LC_{50}/(μg/cm²)	95% 置信区间	R^2
(+)-ETO	4.51	2.22~7.08	0.986
外消旋体	5.93	3.87~8.64	0.956
(—)-ETO	7.98	4.02~11.88	0.879

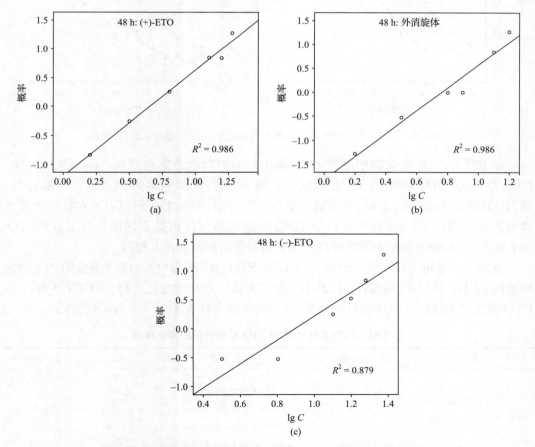

图 4-90　滤纸片法测定(+)-ETO、外消旋体及(—)-ETO 对蚯蚓 48 h LC_{50} 值

经测定发现,乙氧呋草黄及其对映体对蚯蚓的毒性大小顺序为(＋)-ETO＞外消旋体＞(－)-ETO,48 h 后(＋)-ETO 的 LC_{50} 值为 4.51 $\mu g/cm^2$,而(－)-ETO 的 LC_{50} 值为 7.98 $\mu g/cm^2$,(＋)-ETO 对非靶标生物蚯蚓的毒性约为(－)-ETO 毒性的 1.8 倍。

4.5.10　乙氧呋草黄在斜生栅藻中的选择性行为研究

4.5.10.1　乙氧呋草黄对斜生栅藻的手性对映选择性生长抑制

1) 有磷营养液中乙氧呋草黄对斜生栅藻生长的抑制情况

不同 ETO 对映体形式以及两种主要代谢物浓度梯度对斜生栅藻生物量的影响见图 4-91。

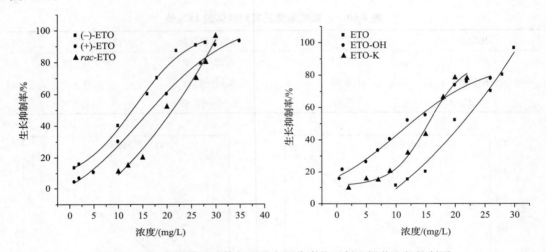

图 4-91　ETO 及其对映体与两种主要代谢物对斜生栅藻生长抑制图

如图所示,随着化合物浓度的增加,藻生长的抑制也愈来愈明显。rac-ETO,(＋)-ETO 和 (－)-ETO 均为 10 mg/L 浓度的处理下,对藻的抑制率为 11％、30％ 和 40％。而当处理浓度为 28 mg/L 时,其抑制率变为 80％、79％和 92％。可以看出在各个浓度处理点上 rac-ETO,(＋)-ETO 和 (－)-ETO 对藻的抑制作用是不同的。在 ETO、ETO-OH 和 ETO-K 的抑制图中同样可以发现它们对藻的抑制也各不相同。

由表 4-61 可知,ETO、(＋)-ETO、(－)-ETO、ETO-OH 和 ETO-K 对斜生栅藻的 96 h 的急性毒性不同,ETO-OH 最毒,ETO 最小。在本实验中对光学纯化合物(＋)-ETO 和 (－)-ETO 的急性毒性测定中观察到(－)-ETO 异构体的毒性大于(＋)-ETO 异构体。

表 4-61　ETO,ETO-OH 和 ETO-K 对水藻的毒理作用

藻类	化合物	回归方程	R	$EC_{50}/(mg/L)$
	ETO	$y=-1.256+0.45\ln C$	0.963	19.44
	(＋)-ETO	$y=-1.365+0.082\ln C$	0.920	16.75
斜生栅藻	(－)-ETO	$y=-3.545+0.189\ln C$	0.881	12.26
(*Scenedesmus obliquus*)	ETO-OH	$y=-1.831+1.694\ln C$	0.961	12.04
	ETO-K	$y=-2.851+2.389\ln C$	0.938	15.59

　　根据毒性分级标准,藻类毒性即表明农药对藻类细胞造成损害的能力,常以半数生物受影响浓度 EC_{50} 表示。对此,也常常作为评价农药对环境安全的一个重要指标。其分级参考标准为 96 h EC_{50} 的大小:

　　低毒 $EC_{50}>3.0$ mg/L;中毒 EC_{50} 3.0～0.3 mg/L;高毒 $EC_{50}<0.3$ mg/L

　　ETO、(+)-ETO、(−)-ETO、ETO-OH 和 ETO-K 对斜生栅藻的 96 h EC_{50} 均大于 3 mg/L,因此这五种化合物对斜生栅藻的毒性均属于低毒。ETO 的 96 h EC_{50} 是 19.44 mg/L,置信系数 $a=0.05$ 时的置信区间为 17.44～22.56 mg/L;(+)-ETO 的 96 h EC_{50} 是 16.75 mg/L,置信系数 $a=0.05$ 时的置信区间为 14.54～18.84 mg/L;(−)-ETO 的 96 h EC_{50} 是 12.26 mg/L,置信系数 $a=0.05$ 时的置信区间为 11.79～13.01 mg/L;ETO-OH 的 96 h EC_{50} 是 12.04 mg/L,置信系数 $a=0.05$ 时的置信区间为 10.64～13.64 mg/L;ETO-K 的 96 h EC_{50} 是 15.59 mg/L,置信系数 $a=0.05$ 时的置信区间为 12.07～22.43 mg/L。

　　2) 缺磷营养液中乙氧呋草黄对斜生栅藻生长的抑制情况

　　为了考察在缺乏磷营养元素的培养液中斜生栅藻的生长与外来物质的作用,我们设计了这个实验,ETO 分子中不含磷元素,故整个实验中斜生栅藻的生长无法得到磷的补充,其生长明显缓于有磷的营养液对照,但空白藻(初始藻含量 $2×10^4$ 个/mL),经过 96 h 培养其生物量增长 19 倍左右,而正常含磷营养液中藻的生物量增长为 140 倍左右。并且经济合作与发展组织(OECD)和国际标准化组织(ISO)对藻 EC_{50} 的测定规定了藻的生长条件,因此,本实验中未涉及计算此种情况下 EC_{50} 值。

　　缺磷营养液中化合物对藻的生长抑制如图 4-92 和表 4-62 所示。

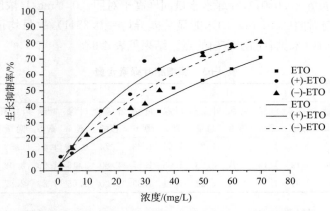

图 4-92　ETO 及其对映体对斜生栅藻生长抑制图

表 4-62　缺磷营养液中添加的 ETO 与其对映体水平及对斜生栅藻的抑制

rac-ETO		(+)-ETO		(−)-ETO	
浓度/(mg/L)	生长抑制率/%	浓度(mg/L)	生长抑制率/%	浓度/(mg/L)	生长抑制率/%
70	70.73	—	—	70	80.56
60	63.41	60	78.95	60	77.78
50	56.10	50	73.68	50	72.22
40	51.22	40	68.42	40	69.44

rac-ETO		(+)-ETO		(−)-ETO	
浓度/(mg/L)	生长抑制率/%	浓度(mg/L)	生长抑制率/%	浓度/(mg/L)	生长抑制率/%
35	36.59	35	63.16	35	50
25	34.15	30	68.42	30	41.67
20	26.83	25	47.37	25	38.89
15	24.39	15	36.84	10	22.11
5	14.63	5	10.53	5	13.89
1	0.52	1	8.42	1	3.56

从表中可以看出，当化合物的添加浓度在 1 mg/L、5 mg/L、25 mg/L、40 mg/L、60 mg/L时，rac-ETO、(+)-ETO 和 (−)-ETO 对藻的抑制作用差异比较大($p < 0.05$)，说明同样存在对映体选择性。

4.5.10.2　低浓度乙氧呋草黄对斜生栅藻生长的影响

1) 有磷营养液中斜生栅藻生长情况

低浓度 ETO 对斜生栅藻生长的影响见图 4-93。经过 96 h 的生长，不同低浓度处理下的斜生栅藻叶绿素含量有明显的差异，0.01 mg/L 浓度 ETO 处理下的叶绿素（总量）含量为 3.22 mg/L，和对照（3.05 mg/L）相比具有显著的差异性($p = 0.0114$)，明显看到其含量高于对照。0.01 mg/L 浓度 (−)-ETO 处理下的叶绿素含量为 3.22 mg/L，与对照（2.91 mg/L）相比也有显著差异($p = 0.0301$)，叶绿素含量同样高于对照。0.1 mg/L 浓度 (−)-ETO 处理中（3.00 mg/L），与对照（2.91 mg/L）未能显著差异($p = 0.3841$)，故虽均值大于对照，但属于无效点。(+)-ETO 未见有高于空白的点。结果见表 4-63。

表 4-63　藻细胞叶绿素含量

浓度/(mg/L)	0			0.01			0.1			1			10		
	叶绿素a	叶绿素b	叶绿素总量	叶绿素a	叶绿素b	叶绿素总量	叶绿素a	叶绿素b	叶绿素总量	叶绿素a	叶绿素b	叶绿素总量	叶绿素a	叶绿素b	叶绿素总量
ETO	1.12	1.93	3.05	1.18	2.04	3.22	1.01	1.73	2.74	0.95	1.64	2.59	0.84	1.44	2.28
(+)-ETO	1.15	1.96	3.12	1.12	1.91	3.03	1.03	1.77	2.80	1.13	1.95	3.08	0.72	1.22	1.94
(−)-ETO	1.07	1.84	2.91	1.18	2.04	3.22	1.11	1.89	3.00	1.05	1.83	2.87	0.81	1.39	2.20

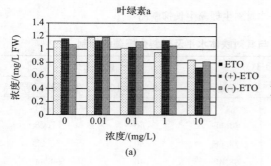

(a)

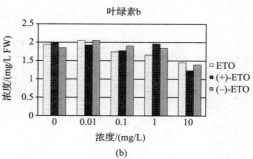

(b)

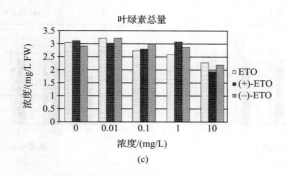

图 4-93　(a)叶绿素 a 含量;(b)叶绿素 b 含量;(c)总叶绿素含量

不同浓度的 ETO 及其单体对斜生栅藻生物量的影响见图 4-94(a),生长抑制曲线表现出与叶绿素类似的趋势,同样可以观察出一定的表观刺激作用[ETO,(-)-ETO]。我们可以发现,在 0.1 mg/L、1 mg/L 和 10 mg/L 浓度处理下,ETO、(+)-ETO 和(-)-ETO 三者之间没有或者没有明显的刺激生长作用。但在 0.01 mg/L 浓度点上有显著性刺激作用,并且刺激作用是(-)-ETO>ETO($p=0.0094,p=0.0038$)。其中,(+)-ETO 未见有刺激作用产生。

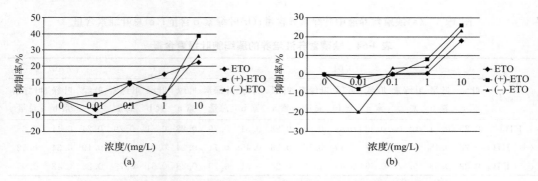

图 4-94　(a)低浓度 ETO 处理下有磷营养液中斜生栅藻的生长状况及
(b)缺磷营养液中斜生栅藻的生长状况

2)缺磷营养液中斜生栅藻生长情况

缺磷营养液中低浓度 ETO 对斜生栅藻生长的影响见图 4-95。由于磷元素的缺乏,藻的生长明显受到影响,藻颜色为淡绿色。经过 96 h 的生长,不同低浓度处理下的斜生栅藻叶绿素含量有差异,0.01 mg/L 浓度(+)-ETO 处理下的叶绿素(总量)含量为 0.76 mg/L,和对照(0.71 mg/L)相比具有显著的差异性($p=0.001$),明显看到其含量高于对照。0.01 mg/L 浓度 ETO 处理下的叶绿素含量为 0.81 mg/L,与对照(0.80 mg/L)相比无显著差异($p=0.5988$),但叶绿素含量均值略高于对照。见表 4-64。

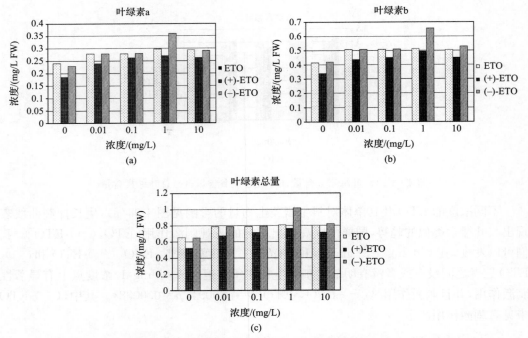

图 4-95　(a)缺磷营养液中叶绿素 a 含量;(b)叶绿素 b 含量;(c)总叶绿素含量

表 4-64　缺磷营养液培养的藻细胞叶绿素含量

浓度 /(mg/L)	0			0.01			0.1			1			10		
	叶绿素a	叶绿素b	叶绿素总量	叶绿素a	叶绿素b	叶绿素总量	叶绿素a	叶绿素b	叶绿素总量	叶绿素a	叶绿素b	叶绿素总量	叶绿素a	叶绿素b	叶绿素总量
ETO	0.29	0.51	0.80	0.32	0.51	0.81	0.28	0.51	0.79	0.28	0.51	0.79	0.24	0.41	0.65
(+)-ETO	0.26	0.45	0.71	0.27	0.49	0.76	0.26	0.45	0.71	0.24	0.44	0.68	0.19	0.34	0.52
(−)-ETO	0.29	0.53	0.82	0.36	0.66	1.02	0.28	0.51	0.79	0.28	0.51	0.79	0.23	0.42	0.65

　　缺磷营养液中的剂量效应曲线见图 4-94(b),可以看到随着浓度的加大,总体是抑制率变大。在 0.1 mg/L 浓度点上,ETO、(+)-ETO 和 (−)-ETO 的抑制率分别为: 0.45%、0.01%、3.33%;在 1 mg/L 浓度点上,ETO、(+)-ETO 和 (−)-ETO 的抑制率分别为:0.5%、8.1%、4.6%;在 10 mg/L 浓度点上,ETO、(+)-ETO 和 (−)-ETO 的抑制率分别为:18.1%、26.3%、23.5%。但在较低浓度点上(0.01 mg/L)还是可以观察到明显的刺激作用存在,且 ETO、(+)-ETO 和 (−)-ETO 的 p 值分别为 0.0129、0.0049、0.0112。其中以(−)-ETO 刺激作用最为明显。

4.5.10.3　乙氧呋草黄及其转化产物在藻液中的降解

1) 乙氧呋草黄在藻液中的降解

　　由于乙氧呋草黄不易被藻细胞吸附,加入农药 3 d 后,在藻液中依然可以检测到超过 75% 的农药存在[图 4-96(a)]。

　　在未接藻种的藻液中,ETO 和其单体以及 ETO-OH、ETO-K 在整个实验培养期间降解率小于 10%。在降解实验中,各种化合物均持续浓度降低,如图 4-96 所示。实验最终大约 60%~90% 的 ETO 和其单体以及 ETO-OH、ETO-K 发生了降解。

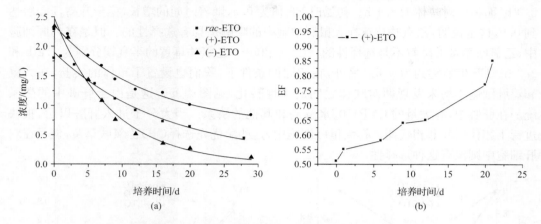

图 4-96　(a)ETO 及对映体在藻液中降解曲线及(b)ER 值变化动态

　　在降解实验的最后,检测到的 ETO 及其单体的量为:(＋)-ETO＞rac-ETO＞(－)-ETO,因此其降解速度顺序为:(＋)-ETO＜rac-ETO＜(－)-ETO,存在选择性(p＜0.05)。

　　同时对 EF 值做了计算,结果图 4-96(b)所示。当 EF 值为 0.5 时说明未发生选择性,当接近 1 时说明(－)-ETO 相对于(＋)-ETO 的浓度越来越小,也就是发生了选择性。

　　在藻液 3 d 以内化合物浓度基本上没有变化,从 4 d 开始,10~15 d 时将近一半的农药化合物被吸收。ETO-OH,ETO-K 在第 21 天时残留量小于 10%,而同样起始浓度设置的 ETO 则有 25% 残留量,ETO-OH,ETO-K 在藻液中的消解速率快于 ETO。降解速度为 ETO-OH＞ETO-K＞ETO(图 4-97)。

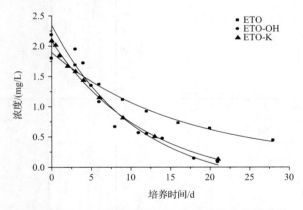

图 4-97　ETO,ETO-OH,ETO-K 在藻液中降解曲线

4.5.11　乙氧呋草黄在大鼠和鸡肝细胞中的选择性行为研究

4.5.11.1　乙氧呋草黄对映体及其单体在大鼠和鸡肝细胞中的代谢

考察了 20.0 μmol/L 的外消旋乙氧呋草黄在大鼠和鸡肝细胞中的代谢状况。浓度时

间曲线见图 4-98(OriginPro 7.5 作非线性回归分析)。我们可以看出,在大鼠肝细胞中(+)-乙氧呋草黄的降解速度远远快于(-)-乙氧呋草黄。(+)-乙氧呋草黄半衰期为 2.0 h,而另一对映体为 4.1 h。初始时 EF 值为 0.5,随着时间的增长,稳步升高,7 h 后达到 0.9,这也说明,乙氧呋草黄在大鼠肝细胞中的降解是具有选择性的。但是在鸡肝细胞中,乙氧呋草黄的降解不是选择性的。(+)-和(-)-乙氧呋草黄的半衰期分别为 2.2 h 和 2.3 h。EF 值始终约为 0.5。另外,在相同的条件下,我们也设置了单体的实验,在大鼠和鸡肝细胞中均未发现两对映体之间的手性转化,见图 4-99。这是由于肝脏中的酶系统。在肝脏中,有大量的 CYP450、水解酶和其他的酶系。当大分子进入肝脏以后,很快进行 I 相代谢和 II 相代谢。在大鼠肝细胞中,这些酶优先选择(+)乙氧呋草黄,但是在鸡肝细胞中则没有这种选择性。

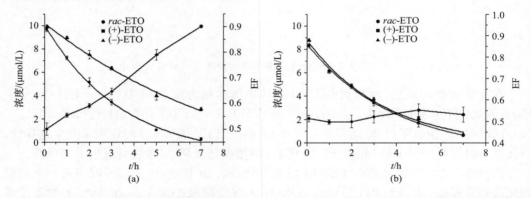

图 4-98　在大鼠(a)和鸡(b)肝细胞中培养 20.0 μmol/L 的外消旋乙氧呋草黄的药物浓度时间曲线

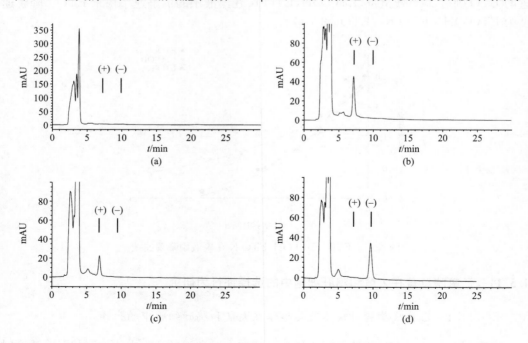

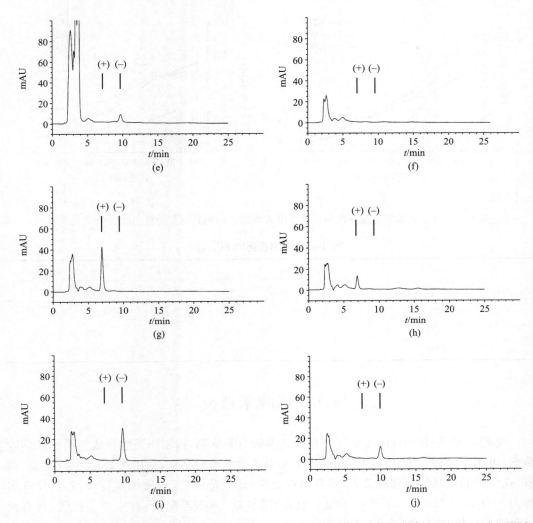

图 4-99　(a)空白大鼠肝细胞；(b)(＋)-ETO(20 μmol/L)在大鼠肝细胞中培养 0.1 h；(c)(＋)-ETO(20 μmol/L)在大鼠肝细胞中培养 7 h；(d)(－)-ETO(20 μmol/L)在大鼠肝细胞中培养 0.1 h；(e)(－)-ETO(20 μmol/L)在大鼠肝细胞中培养 7 h；(f)空白鸡肝细胞；(g)(＋)-ETO(20 μmol/L)在鸡肝细胞中培养 0.1 h；(h) (＋)-ETO(20 μmol/L)在鸡肝细胞中培养 7 h；(i)(－)-ETO(20 μmol/L)在鸡肝细胞中培养 0.1 h；(j)(－)-ETO(20 μmol)在鸡肝细胞中培养 7 h 液相色谱图

4.5.11.2　乙氧呋草黄在大鼠和鸡肝细胞中的毒性研究

本实验中选用的是 MTT 细胞毒性测试方法。测试了从 0～800 μmol/L 农药对大鼠肝细胞的毒性，见图 4-100，外消旋乙氧呋草黄以及两个对映体的 EC_{50} 见表 4-65，可以看出乙氧呋草黄的毒性，在大鼠肝细胞中(＋)体＞外消旋体＞(－)体，而在鸡肝细胞中(－)体＞外消旋体＞(＋)体。

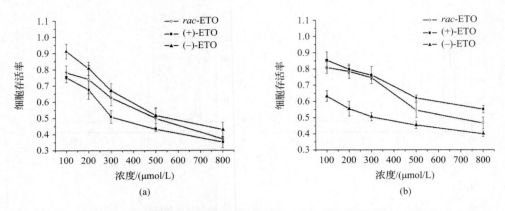

图 4-100 (a)大鼠肝细胞活性与药物浓度关系图;(b)鸡肝细胞活性与药物浓度关系图

表 4-65 被测农药的 EC_{50} 值

农药	$EC_{50}/(\mu mol/L)$	
	大鼠	鸡
rac-ETO	535 ± 11	681 ± 21
(+)-ETO	370 ± 16	>800
(−)-ETO	570 ± 12	316 ± 9

4.6 噁唑禾草灵

噁唑禾草灵(fenoxaprop-ethyl)是苯氧丙酸类除草剂,抑制脂肪酸合成。用作苗后除草剂,可用于多种双子叶作物防除一年生和多年生禾本科杂草,适用作物有大豆、甜菜、亚麻、花生、油菜、马铃薯和蔬菜等,具有杀草谱广、适用范围广泛、使用期宽等特点,化学名称为(±)-2-[4-(6-氯-1,3-苯并噁唑-2-氧基)苯氧基]丙酸乙酯,具有一个手性碳,含有两个对映异构体,结构如图 4-101 所示。

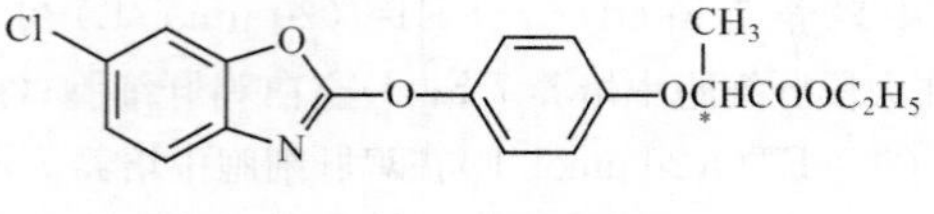

图 4-101 噁唑禾草灵结构式

4.6.1 噁唑禾草灵在正相 ADMPC 手性固定相上的拆分

4.6.1.1 色谱条件

Agilent 1100 高效液相色谱仪及 JASCO 2000 高效液相色谱仪(主要用于对映体出峰顺序的确定及圆二色特性的研究)。直链淀粉-三(3,5-二甲基苯基氨基甲酸酯)(ADMPC)色谱柱(自制)250 mm×4.6 mm I. D. ,流动相为正己烷/异丙醇,检测波长依据农药样本而定,流速 1.0 mL/min,考察温度的影响所涉及的范围为 0~40 ℃。除了考察温度对拆分的影响实验外,其他操作均在室温下进行。

4.6.1.2 噁唑禾草灵对映体的拆分结果

表 4-66 中列出了噁唑禾草灵对映体的拆分结果,考察了异丙醇含量对拆分的影响,随着异丙醇含量的减少,对映体在手性固定相上的保留增强,因而分离因子和分离度都增大,在异丙醇含量为 0.5% 时,两对映体可以实现基线分离,最大分离度达 1.75。

表 4-66 噁唑禾草灵对映体的拆分结果(20 ℃)

异丙醇含量/%	k_1	k_2	α	R_s
15	2.37	2.58	1.09	0.50
10	3.03	3.34	1.10	0.65
5	4.46	4.98	1.12	0.92
2	7.04	8.25	1.17	1.35
1	8.25	9.86	1.20	1.43
0.5	21.62	36.23	1.68	1.75

4.6.1.3 圆二色特性研究

使用圆二色检测器测定了噁唑禾草灵对映体在 ADMPC 手性固定相中的出峰顺序为(-)/(+),并对对映体进行了圆二色谱的全波长扫描,圆二色扫描图如图 4-102 所示,在 220~250 nm 范围内 CD 吸收较明显,最大吸收波长为 225 nm,250 nm 后基本无 CD 吸收。

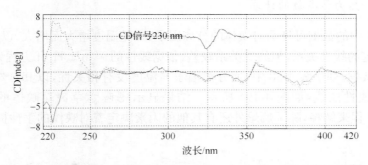

图 4-102 噁唑禾草灵对映体的圆二色扫描图(实线为先流出对映体,虚线为后流出对映体)

4.6.1.4 温度对拆分的影响

在正己烷/异丙醇(99/1)流动相中考察了 0~40 ℃ 范围内温度对拆分的影响,结果见表 4-67,容量因子随着温度的升高而减小,但分离因子和分离度随温度的变化没有规律,分离因子和分离度都在 40 ℃ 时有最大值 1.269 和 2.42,分离度在 0 ℃ 时为 1.63,而在 20 ℃ 时只有 1.43,主要是因为在低温下对映体的保留较强,峰拖尾严重,峰宽变大。噁唑禾草灵在 ADMPC 手性固定相上的拆分色谱图如图 4-103 所示。

表 4-67　温度对手性拆分的影响

温度/℃	k_1	k_2	α	R_s
0	10.56	13.18	1.248	1.63
10	8.97	10.75	1.198	1.62
20	8.25	9.86	1.195	1.43
30	7.97	9.89	1.241	2.37
40	7.27	9.23	1.269	2.42

注:流动相为正己烷/异丙醇=99/1

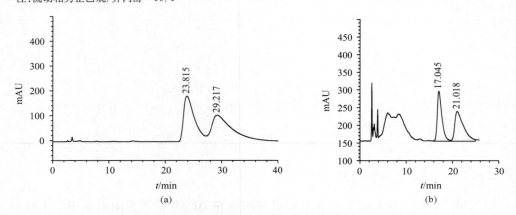

图 4-103　噁唑禾草灵对映体的色谱拆分图(正己烷/异丙醇(99/1),210 nm)

(a)0 ℃;(b)40 ℃

4.6.1.5　热力学参数的计算

从表 4-68 中的数据可见两对映体的分离因子(k)随温度增大而增大,以 $\ln(k)$ 对 $1/T$ 作图,具有一定的线性关系,但线性关系较差,依据线性的 Van't Hoff 方程计算了相关的焓变、熵变等数据,列于表 4-68 中,而分离因子与温度没有相关性,以其自然对数对 $1/T$ 作图,得不到线性曲线,如图 4-104 所示。结果显示噁唑禾草灵对映体的拆分不能用 Van't Hoff 方程来解释,除了熵焓外还有其他的因素决定着对映体的手性拆分。

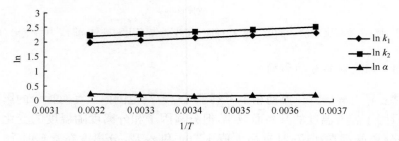

图 4-104　噁唑禾草灵对映体的 Van't Hoff 曲线(正己烷/异丙醇=99/1)

表 4-68　噁唑禾草灵对映体拆分的热力学参数（正己烷/异丙醇＝99/1）

对映体	$\ln k=-\Delta H/RT+\Delta S^*$	$\Delta H/$ (kJ/mol)	ΔS^*	$\ln\alpha=\Delta_{R,S}\Delta H/RT+\Delta_{R,S}\Delta S/RT$	$\Delta\Delta H/$ (kJ/mol)	$\Delta\Delta S/$ [J/(mol·K)]
−	$\ln k_1=690.1/T-0.01$ ($R=0.9242$)	−5.74	−0.01			
+	$\ln k_2=744.1/T-0.4$ ($R=0.9775$)	−6.19	−0.4	非线性	—	—

4.6.2　噁唑禾草灵在正相 ATPDC 手性固定相上的拆分

4.6.2.1　色谱条件

Agilent 1100 高效液相色谱仪及 JASCO 2000 高效液相色谱仪（主要用于对映体出峰顺序的确定及圆二色特性的研究）。直链淀粉-三((S)-1-苯基乙基氨基甲酸酯)(ATP-DC)色谱柱（自制）250 mm×4.6 mm I.D.，流动相为正己烷/异丙醇，检测波长依据农药样本而定，流速 1.0 mL/min，考察温度的影响所涉及的范围为 0～40 ℃。除了考察温度对拆分的影响实验外，其他操作均在室温下进行。

4.6.2.2　噁唑禾草灵对映体的拆分结果

在直链淀粉-三((S)-1-苯基乙基氨基甲酸酯)手性固定相上对噁唑禾草灵进行了对映体的拆分研究，考察了乙醇、丙醇、异丙醇、丁醇和异丁醇作为流动相改性剂在 15％～5％体积分数范围内对拆分的影响。如表 4-69 所示，丙醇和丁醇都可以实现噁唑禾草灵两对映体的完全分离，其中丁醇的效果最好，即使在含量 15％时，也可以实现对映体的基线分离，使用 10％丁醇时，最大分离度可达 1.8，异丙醇对噁唑禾草灵的拆分效果最差。图 4-105 为噁唑禾草灵对映体在直链淀粉-三((S)-1-苯基乙基氨基甲酸酯)手性固定相上的拆分色谱图。圆二色信息显示噁唑禾草灵两对映异构体在 ATPDC 手性固定相上的出峰顺序为(＋)/(−)。

表 4-69　噁唑禾草灵对映体的手性拆分

含量/%	乙醇			丙醇			异丙醇			丁醇			异丁醇		
	k_1	α	R_s	k_1	α	R_s	k_1	α	R_s	k_1	α	R_s	k_1	α	R_s
15	1.52	1.19	1.23	2.28	1.35	1.42	2.24	1.18	0.88	2.31	1.42	1.7	2.38	1.36	1.17
10	1.79	1.2	1.33	2.87	1.36	1.46	2.81	1.2	0.93	3.03	1.45	1.8	3.13	1.37	1.38
5	2.23	1.22	1.42	4.82	1.43	1.54	3.94	1.22	0.98	3.41	1.42	1.72	3.81	1.37	1.42
2							6.07	1.24	1.02						

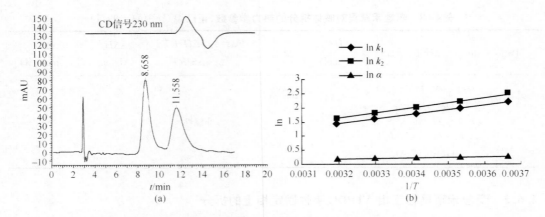

图 4-105　噁唑禾草灵对映体的(a)色谱拆分图及(b)Van't Hoff 曲线

4.6.2.3　温度对拆分的影响及热力学参数的计算

表 4-70 为温度对拆分的影响数据,低温下分离因子和容量因子增大,但分离度并不随温度的降低而增大,反而在高温下由于峰宽变窄而有较大的值。通过容量因子和分离因子自然对数(ln$k$ 和 lnα)对 $1/T$ 作图,得到了线性的 Van't Hoff 曲线,如图 4-105(b)所示,根据所得的线性 Van't Hoff 方程,计算了热力学参数,列于表 4-71 中,由表中的数据可见,两对映体与手性固定相作用焓变的差值 $\Delta\Delta H$ 为 1.8 kJ/mol,熵变的差值为 4.2 J/(mol·K)。直链淀粉-三((S)-1-苯基乙基氨基甲酸酯)手性固定相对噁唑禾草灵对映体的拆分主要受焓变的控制,但熵变也起到了一定的作用。

表 4-70　温度对噁唑禾草灵对映体手性拆分的影响(正己烷/异丙醇＝98/2)

温度/℃	k_1	k_2	α	R_s
0	9.42	12.29	1.30	0.83
10	6.97	8.92	1.28	0.98
20	6.07	7.53	1.24	1.02
30	4.88	5.86	1.20	1.01
40	4.34	5.15	1.19	1.04

表 4-71　噁唑禾草灵对映体拆分的热力学参数(正己烷/异丙醇＝98/2)

对映体	$\ln k = -\Delta H/RT + \Delta S^{*}$	$\Delta H/$ (kJ/mol)	ΔS^{*}	$\ln\alpha = \Delta_{R.S}\Delta H/RT + \Delta_{R.S}\Delta S/RT$	$\Delta\Delta H/$ (kJ/mol)	$\Delta\Delta S/$ [J/(mol·K)]
＋	$\ln k_1 = 1637.7/T - 3.8$ ($R=0.9924$)	-13.6	-3.8	$\ln\alpha = 215.0/T - 0.5$ ($R^2=0.9916$)	-1.8	-4.2
－	$\ln k_2 = 1852.6/T - 4.3$ ($R=0.9941$)	-15.4	-4.3			

4.6.3　噁唑禾草灵在反相 CDMPC 手性固定相上的拆分

4.6.3.1　色谱条件

色谱柱:纤维素-三(3,5-二甲基苯基氨基甲酸酯)(CDMPC)手性柱,250 mm×4.6 mm I. D.(实验室自制);流动相为不同比例的甲醇/水或乙腈/水,温度对拆分影响在0～40℃之间,其他实验在室温进行,流速 0.8 mL/min,进样量 10 μL,检测波长 230 nm,样品浓度大约为 100 mg/L。

4.6.3.2　流动相组分对拆分的影响

考察了不同比例的甲醇/水或乙腈/水作流动相的条件下,对噁唑禾草灵拆分的影响,结果见表 4-72。由表中数据看出,随着水含量的增加,对映体的保留增强,分离的可能性增加,但是由于受到保留时间和柱压的限制,本实验的水在甲醇和乙腈中的比例分别可达 25% 和 50%。同时不同流动相组成对手性拆分有着不同影响,噁唑禾草灵在甲醇/水作流动相条件下,分离度分别可达 1.01,然而在乙腈/水作流动相的条件下却没有拆分趋势。拆开的农药的分离谱图见图 4-106。

表 4-72　噁唑禾草灵在 CDMPC 上的拆分结果

手性化合物	流动相	v/v	k_1	k_2	α	R_s
		100/0	0.74	0.74	1.00	—
		95/5	1.47	1.54	1.05	0.42
	甲醇/水	90/10	2.52	2.72	1.08	0.64
		85/15	4.14	4.53	1.09	0.89
		80/20	7.64	8.43	1.10	1.01
噁唑禾草灵		100/0	0.27	0.27	1.00	—
		90/10	0.45	0.45	1.00	—
	乙腈/水	70/30	1.65	1.65	1.00	—
		60/40	3.73	3.73	1.00	—
		50/50	10.96	10.96	1.00	—

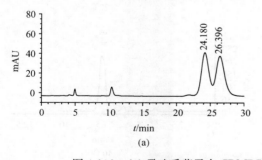
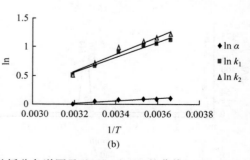

图 4-106　(a)噁唑禾草灵在 CDMPC 上的拆分色谱图及(b)Van't Hoff 曲线

4.6.3.3　温度对拆分的影响

温度是影响手性拆分的一种重要因素,本实验考察了 0～40 ℃范围内,在甲醇/水或乙腈/水作流动相的条件下温度对拆分的影响结果见表 4-73。噁唑禾草灵在甲醇/水(90/10, v/v)作流动相下的拆分色谱图如图 4-107 所示。容量因子 k_1,k_2 和分离因子 α 随温度的升高而减少。

表 4-73　温度对噁唑禾草灵在 CDMPC 上拆分的影响

手性化合物	温度/℃	流动相	v/v	k_1	k_2	α	R_s
	0			3.06	3.40	1.11	0.93
	5			2.89	3.18	1.10	0.87
噁唑禾草灵	10	甲醇/水	90/10	2.75	3.00	1.09	0.81
	20			2.48	2.69	1.08	0.78
	30			1.95	2.05	1.05	0.55
	40			1.66	1.66	1.00	—

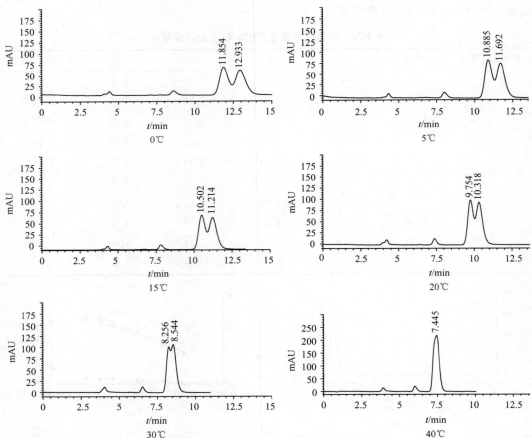

图 4-107　噁唑禾草灵在 CDMPC 上不同温度下的拆分色谱图

(甲醇/水＝90/10, v/v,流速:0.8 mL/min)

通过考察温度对手性农药对映体拆分的影响,绘制了 Van't Hoff 曲线,如图 4-106 (b)所示,两对映体的容量因子、分离因子的自然对数与热力学温度的倒数具有较好的线性关系,线性系数均大于 0.95,基于线性 Van't Hoff 方程,可计算相关的热力学参数,结果见表 4-74,手性拆分主要受焓控制。

表 4-74　噁唑禾草灵在 0~40℃的 Van't Hoff 方程和热力学计算

手性化合物	流动相	v/v	线性方程	$\Delta\Delta H^o/(kJ/mol)$	$\Delta\Delta S^o/[J/(mol\cdot K)]$
噁唑禾草灵	甲醇/水	90/10	$\ln\alpha=200.77/T-0.6228$ ($R^2=0.890$)	-1.67	-5.18

4.6.3.4　对映体的流出顺序

由于圆二色检测器和高效液相色谱联用,在手性柱拆分的作用下,不同旋光性对映体将出现不同的正负信号峰,由此可以看到出峰顺序,即先出正峰还是先出负峰。在甲醇/水=90/10 或乙腈/水=60/40 作流动相,265 nm 的条件下,测定了手性农药的出峰顺序为(+)/(−)。

4.6.4　噁唑禾草灵在反相 ADMPC 手性固定相上的拆分

4.6.4.1　色谱条件

色谱柱:ADMPC 手性固定相,150 mm×4.6 mm I. D. (实验室自制);流动相为不同比例的甲醇/水或乙腈/水,温度对拆分影响在 0~40℃之间,其他实验在室温进行,流速 0.5 mL/min,进样量 10 μL,检测波长 230 nm,样品浓度大约为 100 mg/L。

4.6.4.2　流动相组成对手性拆分的影响

不同流动相组成对噁唑禾草灵的分离结果见表 4-75,从表中数据可以看出,在甲醇/水或乙腈/水作流动相下,噁唑禾草灵分离度分别可达 1.27、2.76。噁唑禾草灵在乙腈/水作流动相下色谱图如图 4-108 所示。

表 4-75　ADMPC 对噁唑禾草灵的拆分结果

手性化合物	流动相	v/v	k_1	k_2	α	R_s
噁唑禾草灵	甲醇/水	100/0	1.34	1.55	1.16	0.76
		95/5	2.39	2.85	1.19	0.92
		90/10	4.68	5.67	1.21	1.27
		85/15	9.07	11.25	1.24	1.05
	乙腈/水	100/0	0.44	0.87	1.98	1.73
		80/20	0.95	1.59	1.68	2.16
		70/30	2.03	3.34	1.65	2.76

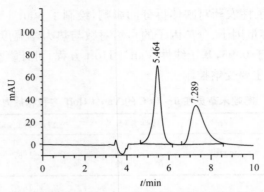

图 4-108　噁唑禾草灵在 ADMPC 上的拆分色谱图(乙腈/水＝80/20,v/v)

4.6.4.3　温度对手性拆分的影响

采用甲醇/水或乙腈/水作流动相,考察了 0～40 ℃范围内温度对噁唑禾草灵拆分的影响,结果列于表 4-76,甲醇/水作流动相下,噁唑禾草灵的容量因子随温度升高逐渐降低,而分离因子却没有这样的规律;乙腈/水作流动相下,噁唑禾草灵的容量因子和分离因子随温度升高而降低;在甲醇作改性剂时,噁唑禾草灵的较高分离度在 30 ℃(R_s＝1.11);乙腈作改性剂时,噁唑禾草灵的较高分离度在 20 ℃。图 4-109 为噁唑禾草灵在不同温度的拆分色谱图。

表 4-76　在 ADMPC 上温度对噁唑禾草灵拆分的影响

手性化合物	温度/℃	流动相	v/v	k_1	k_2	α	R_s
	0			3.68	4.12	1.12	0.41
	5			3.20	3.80	1.19	0.64
	10			2.90	3.46	1.19	0.68
	15	甲醇/水	95/5	2.61	3.11	1.19	0.75
	20			2.39	2.85	1.20	0.92
	30			1.89	2.23	1.18	1.11
噁唑禾草灵	40			1.52	1.77	1.16	0.98
	0			2.40	4.78	1.99	2.12
	5			2.37	4.55	1.92	1.75
	10	乙腈/水	70/30	2.28	4.18	1.83	1.98
	20			2.07	3.53	1.71	2.69
	30			1.79	2.82	1.58	2.52
	40			1.56	2.29	1.47	2.28

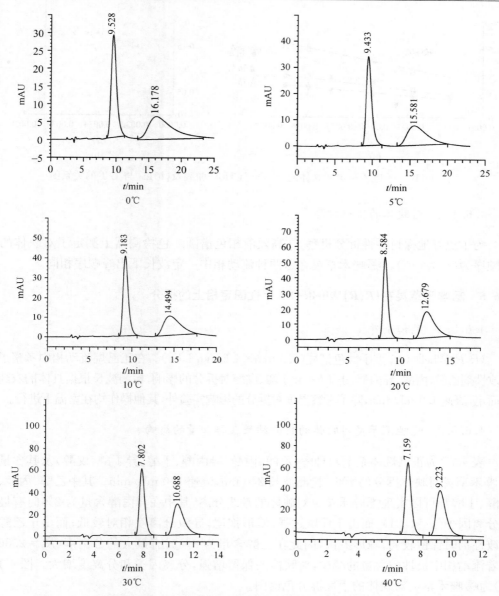

图 4-109　噁唑禾草灵在 ADMPC 上不同温度的拆分色谱图(乙腈/水＝70/30,v/v)

乙腈/水(70/30)作流动相下,噁唑禾草灵对映体的容量因子和分离因子的 Van't Hoff 曲线具有明显的线性关系,如图 4-110(a)所示,线性相关系数大于 0.99,甲醇/水 (95/5)作流动相下,噁唑禾草灵的容量因子的 Van't Hoff 曲线具有很好的线性关系,而噁唑禾草灵的分离因子的自然对数与 $1/T$ 没有线性关系,如图 4-110(b)所示。根据线性的 Van't Hoff 方程,计算了对映体拆分过程中的熵变和焓变差值,线性方程为 $\ln\alpha=645.42/T-1.6718$,$(R^2=0.999)$,$\Delta\Delta H^\circ$、$\Delta\Delta S^\circ$ 分别为 -5.36 kJ/mol 及 -13.89 J/(mol·K)。 噁唑禾草灵在乙腈作改性剂中的拆分主要受焓控制,噁唑禾草灵在甲醇作改性剂时的手性拆分除了熵焓之外,还受其他因素的影响。

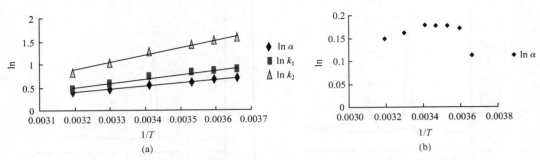

图 4-110 噁唑禾草灵对映体的(a)Van't Hoff 曲线及(b)lnα 与 1/T 的关系图

4.6.4.4 对映体的流出顺序

为了更好地探讨手性拆分机理,在高效液相色谱圆二色检测器上测定了对映体的流出顺序为(一)/(十)。噁唑禾草灵在这两种流动相中一定波长下出峰顺序相同。

4.6.5 噁唑禾草灵在(R,R)Whelk-O 1 手性固定相上的拆分

4.6.5.1 色谱条件

(R,R)Whelk-O 1 型手性色谱柱(250 mm×4.6 mm I.D.)。在正己烷流动相中考察了极性改性剂乙醇、丙醇、异丙醇、正丁醇、异丁醇、戊醇对拆分的影响,检测波长根据具体的农药样本而定,流速 1.0 mL/min,除了考察温度对拆分的影响实验外,其他操作均在室温下进行。

4.6.5.2 噁唑禾草灵对映体的拆分结果及醇含量的影响

表 4-77 为正己烷体系下六种醇(乙醇、丙醇、异丙醇、丁醇、异丁醇、戊醇)及其含量对噁唑禾草灵对映体拆分的影响,检测波长 240 nm,流速 1.0 mL/min。其中乙醇、丙醇、异丙醇、丁醇都可以实现噁唑禾草灵对映体的基线分离,其中在异丙醇含量为 2% 时有最大的分离因子($\alpha=1.21$),而由于保留过强,峰形拖尾,导致分离度相对较低;而由于乙醇作为改性剂时保留较弱,峰形尖锐,因此在乙醇含量为 2% 时有最大的分离度($R_s=2.36$)。随着流动相中极性醇含量的减少,对映体的保留增强,分离因子和分离度增大。图 4-111(a)为噁唑禾草灵对映体的手性拆分色谱图。

表 4-77 噁唑禾草灵对映体的拆分结果及醇的影响

醇含量 /%	乙醇			丙醇			异丙醇			丁醇			异丁醇			戊醇		
	k_1	α	R_s	k_1	α	R_s	k_1	α	R_s	k_1	α	R_s	k_1	α	R_s	k_1	α	R_s
2	5.85	1.16	2.36	7.13	1.17	2.20	10.79	1.21	1.96	5.75	1.17	1.62	—	—	—	—	—	—
5	3.47	1.13	1.86	4.65	1.16	1.84	7.08	1.20	1.79	5.17	1.16	1.61	9.17	1.18	1.18	7.21	1.18	1.31
10	2.29	1.12	1.42	3.09	1.15	1.57	4.77	1.18	1.77	3.74	1.16	1.43	6.20	1.18	1.12	5.28	1.16	1.13
15	1.92	1.11	1.27	2.30	1.14	1.40	3.85	1.17	1.64	3.09	1.16	1.32	3.83	1.16	1.05	4.07	1.15	1.05
20	1.66	1.11	1.14	2.09	1.14	1.32	3.17	1.16	1.60	2.60	1.15	1.22	3.79	1.16	0.98	3.64	1.15	0.98
30	1.24	1.10	0.89	1.69	1.13	1.24	2.48	1.14	1.37	1.97	1.14	1.06	3.11	1.16	0.96	2.81	1.14	0.90

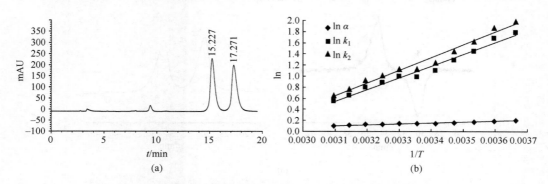

图 4-111　噁唑禾草灵对映体的(a)拆分色谱图及(b)Van't Hoff 曲线

4.6.5.3　噁唑禾草灵圆二色特性研究及对映体洗脱顺序的确定

噁唑禾草灵两对映体的圆二色光谱扫描图如图 4-112 所示,实线和虚线分别表示先后流出对映体,在 220～280 nm 波长范围内,先流出对映体显示(－)CD 信号,最大吸收在 242 nm 和 262 nm 附近,后流出对映体的 CD 信号与先流出对映体相对"0"刻度线对称,280 nm 后两对映体基本无吸收。

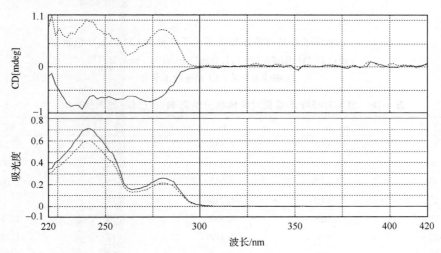

图 4-112　噁唑禾草灵两对映体的 CD 和 UV 扫描图(实线为先流出对映体,虚线为后流出对映体)

相同色谱条件下,对精噁唑禾草灵(R-体)进行分析,根据保留时间比对和圆二色信号确证(图 4-113),结果显示噁唑禾草灵对映体在(R,R) Whelk-O 1 型手性色谱柱上的流出顺序为:先流出为 S-体,后流出为 R-体。

4.6.5.4　温度对拆分的影响

在正己烷/异丙醇体系下考察了 0～50 ℃范围内温度对噁唑禾草灵拆分的影响,结果见表 4-78。同样,随着温度的升高,对映体的保留变弱,分离效果变差,0 ℃时分离度为1.91,而 50 ℃时分离度只有 1.19。

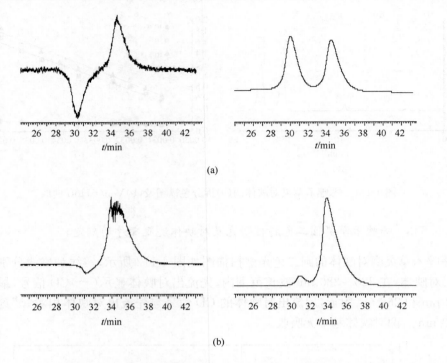

图 4-113　噁唑禾草灵对映体和精噁唑禾草灵的 CD 和 UV 色谱图
（正己烷/异丙醇＝99/1,1.0 mL/min,240 nm,20 ℃）
（a）噁唑禾草灵；（b）精噁唑禾草灵

表 4-78　温度对噁唑禾草灵对映体拆分的影响（正己烷/异丙醇＝90/10）

温度/℃	k_1	k_2	α	R_s
0	5.980	7.315	1.22	1.91
5	5.363	6.503	1.21	1.90
10	4.239	5.055	1.19	1.86
15	3.619	4.245	1.17	1.85
20	3.002	3.493	1.16	1.78
25	2.690	3.103	1.15	1.71
30	2.709	3.115	1.15	1.70
35	2.430	2.773	1.14	1.60
40	2.223	2.519	1.13	1.51
45	1.920	2.159	1.12	1.37
50	1.731	1.926	1.11	1.19

4.6.5.5　热力学参数的计算

根据温度实验的数据,绘制了噁唑禾草灵对映体的 Van't Hoff 曲线,得到了线性方程,$1/T$ 与 $\ln k_1$、$\ln k_2$ 和 $\ln \alpha$ 都具有一定的线性关系,如图 4-111（b）所示,线性相关系数 $R^2 > 0.97$,线性方程和相关的热力学参数列于表 4-79 中,这些数值与噁唑禾草灵两对映体的分离能力相吻合,对映体的分离受焓控制。

表 4-79 噁唑禾草灵对映体的热力学参数(正己烷/异丙醇＝90/10)

对映体	$\ln k = -\Delta H/RT + \Delta S^*$	$\Delta H/$ (kJ/mol)	ΔS^*	$\ln\alpha = -\Delta\Delta H/RT + \Delta\Delta S/R$	$\Delta\Delta H/$ (kJ/mol)	$\Delta\Delta S/$ [J/(mol·K)]
E_1(S-体)	$\ln k_1 = 2120.6/T - 6.030$ ($R^2 = 0.9767$)	-17.631	-6.030	$\ln\alpha = 160.67/T - 0.391$ ($R^2 = 0.9804$)	-1.336	-3.251
E_2(R-体)	$\ln k_2 = 2281.2/T - 6.421$ ($R^2 = 0.9771$)	-18.966	-6.421			

4.6.6 噁唑禾草灵及其代谢物在土壤中的选择性行为研究

4.6.6.1 噁唑禾草灵及代谢物在南昌土壤中的选择性降解

1) 噁唑禾草灵在土壤中的降解

噁唑禾草灵(FE)在供试土壤中迅速降解(SN1)为代谢物噁唑禾草灵酸(FA),降解符合一级降解动力学规律。S-噁唑禾草灵在该土壤中的初始浓度为 4.55 μg/mL,1 天时浓度为 0.05 μg/mL,降解率为 98.9%,之后则未检出;R-噁唑禾草灵在该土壤中的初始浓度为 4.62 μg/mL,1 天时浓度为 0.12 μg/mL,降解率为 97.4%,之后则未检出,图 4-114(a)为外消旋噁唑禾草灵 0.5 天时在该土壤中的色谱图。由图 4-115(a)的降解趋势图可以看出,初始加药为外消旋噁唑禾草灵(SN1),在该土壤中培养后,S-噁唑禾草灵优先降解,导致 R-噁唑禾草灵富集,说明噁唑禾草灵在该土壤中的降解是立体选择性的。对噁唑禾草灵在该土壤中的消解动态进行动力学回归,得出两对映体在该土壤中的回归方程及降解半衰期(表 4-80)。从表 4-80 中可以看出,S-噁唑禾草灵和 R-噁唑禾草灵在该土壤中的半衰期分别为 0.17 d 和 0.21 d,R-噁唑禾草灵的半衰期是 S-噁唑禾草灵的 1.24 倍。如图 4-115(d)所示,噁唑禾草灵的 ER 值从起始的 0.98 逐渐减小到 0.42(S-噁唑禾草灵的浓度小于 R-噁唑禾草灵的浓度),与外消旋噁唑禾草灵的 ER＝0.98 比较,具有显著性差异(t 检验,$p=0.031$)。$\ln$(ER)与培养时间成线性关系($R^2=0.980$),计算得到 Δk 为 -0.821 d^{-1}[图 4-115(e)]。由此可见,FE 在该土壤中的降解是立体选择性的。

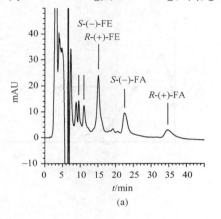

(a)

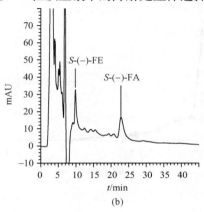

(b)

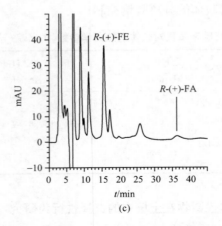

图 4-114　FE 在南昌土壤中的典型色谱图

(a)培养 *rac*-FE 0.5 d 色谱图;(b)培养 *S*-FE 0.5 d 色谱图;(c)*R*-FE 0.5 d 色谱图

表 4-80　南昌土壤中各对映体消解动态的回归方程及半衰期

培养目标物	对映体	回归方程	相关系数	半衰期/d
rac-FE	*S*-FE	$y = 2.885e^{-4.138x}$	0.971	0.17
	R-FE	$y = 3.050e^{-3.285x}$	0.961	0.21
rac-FA	*S*-FA	$y = 4.922e^{-0.342x}$	0.962	2.03
	R-FA	$y = 5.073e^{-0.286x}$	0.964	2.42

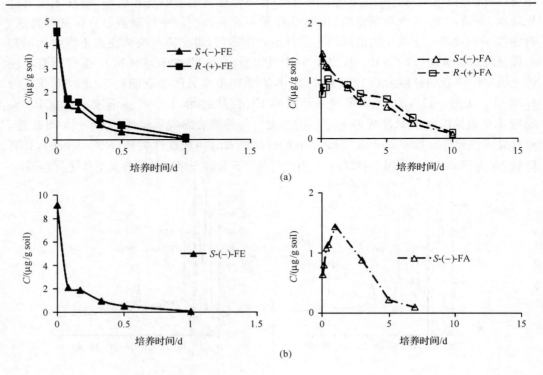

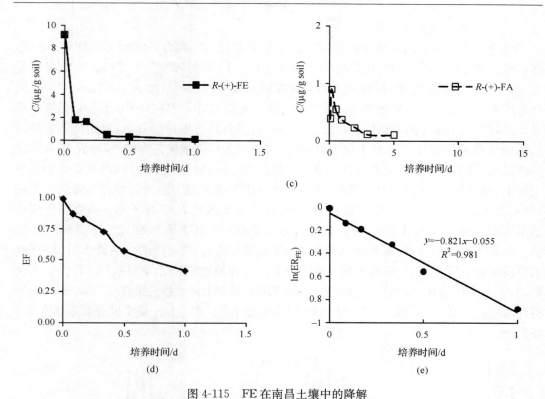

图 4-115　FE 在南昌土壤中的降解

（a）rac-FE 在土壤中的降解曲线及 FA 的生成曲线；（b）S-FE 在土壤中的降解曲线及 FA 的生成曲线；
（c）R-FE 在土壤中的降解曲线及 FA 的生成曲线；（d）ER 值与培养时间的关系图；（e）ln（ER）
与时间的线性关系图

2）噁唑禾草灵在土壤中的手性转化

培养光学纯噁唑禾草灵的单体实验表明（SN2 和 SN3），在仅培养了 S-噁唑禾草灵的土壤中并没有 R-噁唑禾草灵生成，在仅培养了 R-噁唑禾草灵的土壤样本中也没有发现 S-噁唑禾草灵的生成［图 4-115（b）、（c）］。因此，噁唑禾草灵在这种土壤中的降解过程中保持手性稳定，两对映体间没有发生相互翻转，图 4-114（b）、（c）分别为光学纯噁唑禾草灵 0.5 天时在该土壤中的色谱图。

3）手性代谢物噁唑禾草灵酸在土壤中的生成

随着母体噁唑禾草灵的降解，代谢物噁唑禾草灵酸的浓度逐渐增大，随后又逐渐减小，图 4-114（a）、（b）、（c）为培养噁唑禾草灵的典型色谱图。对于培养外消旋噁唑禾草灵的土壤（SN1）而言［图 4-115（a）］，在培养 2 小时后，土壤中就已经有 2.22 μg/g 的噁唑禾草灵酸生成，在 0.5 天时达到最大值 2.25 μg/g，之后逐渐减少，到第 10 天时降至 0.17 μg/g。开始产生的 S-FA 大于 R-FA，从第 2 天开始 S-FA 小于 R-FA，噁唑禾草灵酸的 ER 值从 1.96 逐渐减小到 0.70。由此可见，手性代谢物噁唑禾草灵酸在该土壤中的生成是立体选择性的。在培养光学纯噁唑禾草灵的单体实验中［图 4-115（b）、（c）］，S-噁唑禾草灵只生成 S-噁唑禾草灵酸，R-噁唑禾草灵只生成 R-噁唑禾草灵酸，这说明噁唑禾草灵生成噁唑禾草灵酸的酯键断裂过程保持了构型稳定，没有发生构型的翻转。

4) 噁唑禾草灵酸在土壤中的降解

噁唑禾草灵酸的两对映体在供试土壤中的降解(SN4)符合一级动力学规律。S-噁唑禾草灵酸在该土壤中的初始浓度为 4.90 μg/mL,10 天时浓度为 0.20 μg/mL,降解率为 95.9%,之后则未检出;R-噁唑禾草灵酸在该土壤中的初始浓度为 5.02 μg/mL,10 天时浓度为 0.30 μg/mL,降解率为 94.0%,之后则未检出,图 4-116(a)为外消旋噁唑禾草灵 1 天时在该土壤中的色谱图。由图 4-117(a)的降解趋势图可以看出,初始加药为外消旋噁唑禾草灵酸(SN4),在该土壤中培养后,S-噁唑禾草灵酸优先降解,导致 R-噁唑禾草灵酸富集,说明噁唑禾草灵酸在该土壤中的降解是立体选择性的。对噁唑禾草灵酸在该土壤中的消解动态进行动力学回归,得出两对映体在该土壤中的回归方程及降解半衰期(参见表 4-80)。从表 4-80 中可以看出,S-噁唑禾草灵酸和 R-噁唑禾草灵酸在该土壤中的半衰期分别为 2.03 d 和 2.42 d,R-噁唑禾草灵酸的半衰期是 S-噁唑禾草灵酸的 1.19 倍。如图 4-117(d)所示,噁唑禾草灵酸的 ER 值从起始的 0.98 逐渐减小到 0.67(S-噁唑禾草灵酸的浓度小于 R-噁唑禾草灵酸的浓度),与外消旋噁唑禾草灵酸的 ER=0.98 比较,具有显著性差异(t 检验,$p=0.029$)。ln(ER)与培养时间成线性关系($R^2=0.980$),计算得到 Δk 为 -0.042 d^{-1}[图 4-117(e)]。由此可见,噁唑禾草灵酸在该土壤中的降解是立体选择性的。

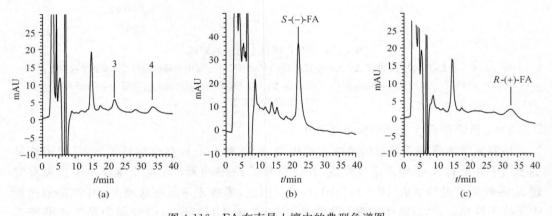

图 4-116　FA 在南昌土壤中的典型色谱图

(a)培养 rac-FA 1 d 色谱图;(b)培养 S-FA 1 d 色谱图;(c)R-FA 1 d 色谱图

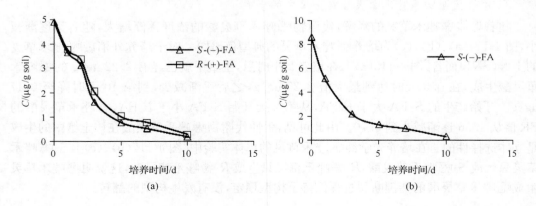

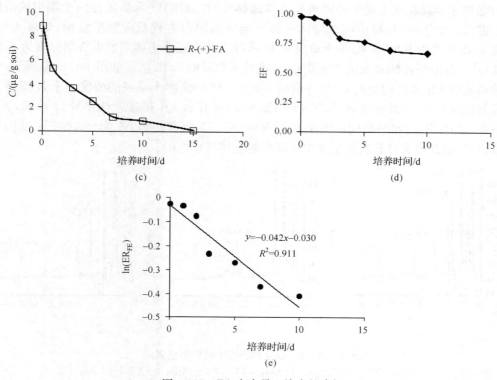

图 4-117　FA 在南昌土壤中的降解

（a）*rac*-FA 在土壤中的降解曲线及 FA 的生成曲线；（b）*S*-FA 在土壤中的降解曲线及 FA 的生成曲线；（c）*R*-FA 在土壤中的降解曲线及 FA 的生成曲线；（d）ER 值与培养时间的关系图；（e）ln(ER)与时间的线性关系图

5）噁唑禾草灵酸在土壤中的手性转化

为了研究噁唑禾草灵酸在土壤中的降解是否存在异构体之间的转化，进行了光学纯噁唑禾草灵酸的单体实验（SN5 和 SN6）。图 4-117（b）、（c）为 SN5 和 SN6 实验的消解曲线图。在仅培养了 *S*-噁唑禾草灵酸的土壤中没有 *R*-噁唑禾草灵酸生成，在仅培养了 *R*-噁唑禾草灵酸的土壤样本中也没有 *S*-噁唑禾草灵酸的生成。因此，噁唑禾草灵在这种土壤中的降解过程中保持手性稳定，两对映体间没有发生相互翻转，图 4-116（b）、（c）分别为光学纯噁唑禾草灵 1 天时在该土壤中的色谱图。

4.6.6.2　噁唑禾草灵酸在兖州土壤中的立体选择性降解

1）噁唑禾草灵在土壤中的降解

FE 的两对映体在供试土壤中迅速降解（SY1），符合一级降解动力学规律。*S*-噁唑禾草灵在该土壤中的初始浓度为 4.51 μg/mL，3 天时浓度为 0.45 μg/mL，降解率为 98.9%，之后则未检出；*R*-噁唑禾草灵在该土壤中的初始浓度为 4.59 μg/mL，3 天时浓度为 0.60 μg/mL，降解率为 86.9%，之后则未检出，图 4-118（a）为外消旋噁唑禾草灵 0.5 天时在该土壤中的色谱图。由图 4-119（a）的降解趋势图可以看出，初始加药为外消旋噁唑禾草灵（SY1），在该土壤中培养后，*S*-噁唑禾草灵优先降解，导致 *R*-噁唑禾草灵富集，说明噁唑禾草灵在该土壤中的降解是立体选择性的。对噁唑禾草灵在该土壤中的消解动态进行动力学回归,得出两对映体在该土壤中的回归方程及降解半衰期,见表4-81。从表4-81中可以看出,S-噁唑禾草灵和R-噁唑禾草灵在该土壤中的半衰期分别为1.07 d和1.21 d,R-噁唑禾草灵的半衰期是S-噁唑禾草灵的1.13倍。如图4-119(d)所示,噁唑禾草灵的ER值从起始的0.98逐渐减小到0.75(S-噁唑禾草灵的浓度小于R-噁唑禾草灵的浓度),与外消旋噁唑禾草灵的ER=0.98比较,具有显著性差异(t检验,$p=$0.012)。$\ln(ER)$与培养时间成线性关系($R^2=0.751$),计算得到Δk为-0.067 d^{-1}[图4-119(e)]。由此可见,FE在该土壤中的降解是立体选择性的。

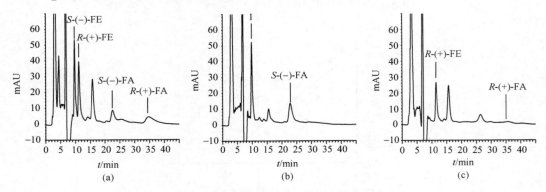

图 4-118　FE 在兖州土壤中的典型色谱图

(a) 培养 rac-FE 0.5 d 色谱图;(b) 培养 S-FE 0.5 d 色谱图;(c) R-FE 0.5 d 色谱图

表 4-81　兖州土壤中各对映体消解动态的回归方程及半衰期

培养目标物	对映体	回归方程	相关系数	半衰期/d
rac-FE	S-FE	$y=2.676\mathrm{e}^{-0.649x}$	0.851	1.07
	R-FE	$y=2.919\mathrm{e}^{-0.571x}$	0.864	1.21
rac-FA	S-FA	$y=4.101\mathrm{e}^{-0.280x}$	0.944	2.48
	R-FA	$y=3.669\mathrm{e}^{-0.153x}$	0.950	4.53

2)噁唑禾草灵在土壤中的手性转化

培养光学纯噁唑禾草灵的单体实验表明(SY2和SY3),在仅培养了S-噁唑禾草灵的土壤中并没有R-噁唑禾草灵生成,在仅培养了R-噁唑禾草灵的土壤样本中也没有发现S-噁唑禾草灵的生成[图4-119(b)、(c)]。因此,噁唑禾草灵在这种土壤中的降解过程中保持手性稳定,两对映体间没有发生相互翻转,图4-118(b)、(c)分别为光学纯噁唑禾草灵0.5天时在该土壤中的色谱图。

3)手性代谢物噁唑禾草灵酸在土壤中的生成

随着母体噁唑禾草灵的降解,代谢物噁唑禾草灵酸的浓度逐渐增大随后又逐渐减小,图4-118(a)~(c)为培养噁唑禾草灵的典型色谱图。对于培养外消旋噁唑禾草灵的土壤(SY1)而言[图4-119(a)],在培养2小时后,土壤中就已经有2.05 μg/g的噁唑禾草灵酸生成,在2天时达到最大值6.75 μg/g,此时R-FA的浓度是S-FA的1.63倍;之后逐渐减少,到第25天时降至1.29 μg/g。噁唑禾草灵酸的ER值从0.99逐渐减小到0.03。

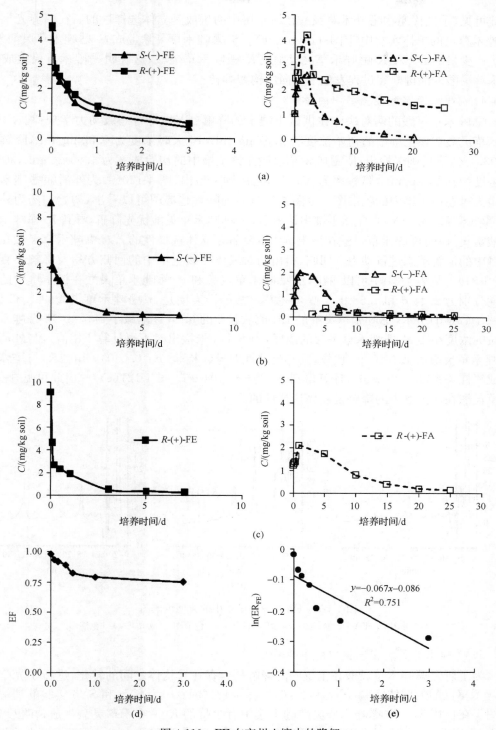

图 4-119　FE 在兖州土壤中的降解

（a）rac-FE 在土壤中的降解曲线及 FA 的生成曲线；（b）S-FE 在土壤中的降解曲线及 FA 的生成曲线；（c）R-FE 在土壤中的降解曲线及 FA 的生成曲线；（d）ER 值与培养时间的关系图；（e）ln(ER) 与时间的线性关系图

由此可见,手性代谢物噁唑禾草灵酸在该土壤中的生成是立体选择性的。在培养光学纯噁唑禾草灵的单体实验中[图 4-119(b)、(c)],S-噁唑禾草灵除生成 S-噁唑禾草灵酸外,还生产少量的 R-FA;R-噁唑禾草灵只生成 R-噁唑禾草灵酸,这说明噁唑禾草灵生成噁唑禾草灵酸的酯键断裂过程发生了单向的构型翻转。

4) 噁唑禾草灵酸在土壤中的降解

噁唑禾草灵酸的两对映体在供试土壤中的降解(SY4)符合一级动力学规律。S-噁唑禾草灵酸在该土壤中的初始浓度为 4.57 μg/mL,10 天时浓度为 0.30 μg/mL,降解率为 93.4%,之后则未检出;R-噁唑禾草灵酸在该土壤中的初始浓度为 4.66 μg/mL,20 天时浓度为 0.21 μg/mL,降解率为 95.5%,之后则未检出,图 4-120(a)为外消旋噁唑禾草灵 1 天时在该土壤中的色谱图。由图 4-121(a)的降解趋势图可以看出,初始加药为外消旋噁唑禾草灵酸(SY4),在该土壤中培养后,S-噁唑禾草灵酸优先降解,导致 R-噁唑禾草灵酸富集,说明噁唑禾草灵酸在该土壤中的降解是立体选择性的。对噁唑禾草灵酸在该土壤中的消解动态进行动力学回归,得出两对映体在该土壤中的回归方程及降解半衰期(表 4-81)。从表 4-81 中可以看出,S-噁唑禾草灵酸和 R-噁唑禾草灵酸在该土壤中的半衰期分别为 2.48 d 和 4.53 d,R-噁唑禾草灵酸的半衰期是 S-噁唑禾草灵酸的 1.83 倍。如图 4-121(d)所示,噁唑禾草灵酸的 ER 值从起始的 0.98 逐渐减小到 0.40(S-噁唑禾草灵酸的浓度小于 R-噁唑禾草灵酸的浓度,当 S-FA 未检出时不再计算 ER 值),与外消旋噁唑禾草灵酸的 ER=0.98 比较,具有显著性差异(t 检验,$p=0.030$)。ln(ER)与培养时间成线性关系($R^2=0.946$),计算得到 Δk 为 $-0.104\ \mathrm{d}^{-1}$[图 4-121(e)]。由此可见,噁唑禾草灵酸在该土壤中的降解是立体选择性的。

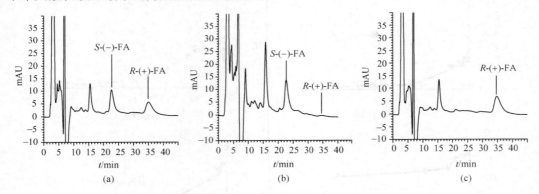

图 4-120　FA 在兖州土壤中的典型色谱图
(a) 培养 rac-FA 1 d 色谱图;(b) 培养 S-FA 1 d 色谱图;(c) R-FA 1 d 色谱图

5) 噁唑禾草灵酸在土壤中的手性转化

为了研究噁唑禾草灵酸在土壤中的降解是否存在异构体之间的转化,进行了光学纯噁唑禾草灵酸的单体实验(SY5 和 SY6)。图 4-121(b)、(c)为 SY5 和 SY6 实验的消解曲线图。在仅培养了 S-噁唑禾草灵酸的土壤中有少量的 R-噁唑禾草灵酸生成,在仅培养了 R-噁唑禾草灵酸的土壤样本中没有发现 S-噁唑禾草灵酸的生成。因此,噁唑禾草灵在这种土壤中的降解过程中发生了单向翻转,图 4-120(b)、(c)分别为光学纯噁唑禾草灵 1 天时在该土壤中的色谱图。

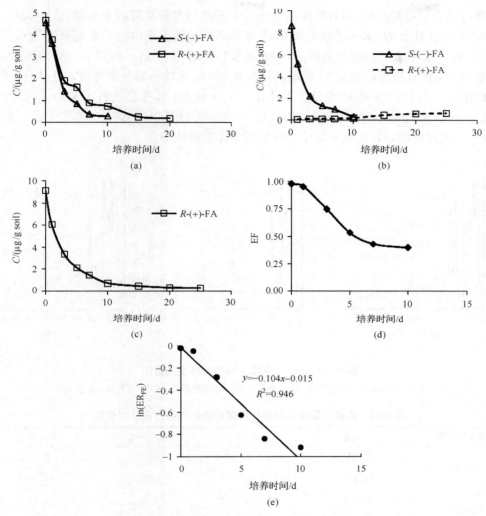

图 4-121　FA 在兖州土壤中的降解

（a）rac-FA 在土壤中的降解曲线及 FA 的生成曲线；（b）S-FA 在土壤中的降解曲线及 FA 的生成曲线；（c）R-FA
在土壤中的降解曲线及 FA 的生成曲线；（d）ER 值与培养时间的关系图；（e）ln(ER)与时间的线性关系图

4.6.6.3　噁唑禾草灵酸在赤峰土壤中的立体选择性降解

1) 噁唑禾草灵在土壤中的降解

FE 的两对映体在供试土壤中迅速降解（SC1），符合一级降解动力学规律。S-噁唑禾草灵在该土壤中的初始浓度为 4.61 μg/mL，2 天时浓度为 0.55 μg/mL，降解率为 88.1％，之后则未检出；R-噁唑禾草灵在该土壤中的初始浓度为 4.71 μg/mL，2 天时浓度为 0.95 μg/mL，降解率为 79.8％，之后则未检出，图 4-122(a)为外消旋噁唑禾草灵 0.5 天时在该土壤中的色谱图。由图 4-123(a)的降解趋势图可以看出，初始加药为外消旋噁唑禾草灵（SC1），在该土壤中培养后，S-噁唑禾草灵优先降解，导致 R-噁唑禾草灵富集，说明噁唑禾草灵在该土壤中的降解是立体选择性的。对噁唑禾草灵在该土壤中的消解动态进行动力学回归,得出两对映体在该土壤中的回归方程及降解半衰期(表 4-82)。从表 4-82 中可以看出,S-噁唑禾草灵和 R-噁唑禾草灵在该土壤中的半衰期分别为 0.73 d 和 1.00 d,R-噁唑禾草灵的半衰期是 S-噁唑禾草灵的 1.37 倍。如图 4-123(d)所示,噁唑禾草灵的 ER 值从起始的 0.98 逐渐减小到 0.58(S-噁唑禾草灵的浓度小于 R-噁唑禾草灵的浓度),与外消旋噁唑禾草灵的 ER=0.98 比较,具有显著性差异(t 检验,$p=$ 0.031)。ln(ER)与培养时间成线性关系($R^2=0.923$),计算得到 Δk 为 -0.251 d^{-1}[图 4-123(e)]。由此可见,FE 在该土壤中的降解是立体选择性的。

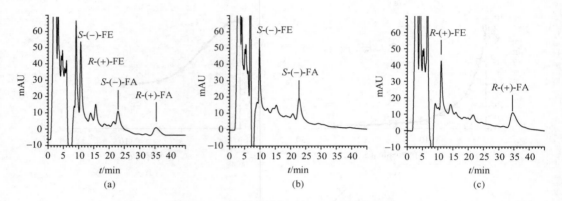

图 4-122　FE 在赤峰土壤中的典型色谱图
(a) 培养 rac-FE 0.5 d 色谱图;(b) 培养 S-FE 0.5 d 色谱图;(c) R-FE 0.5 d 色谱图

表 4-82　赤峰土壤中各对映体消解动态的回归方程及半衰期

培养目标物	对映体	回归方程	相关系数	半衰期/d
rac-FE	S-FE	$y=3.059e^{-0.955x}$	0.877	0.73
	R-FE	$y=3.252e^{-0.694x}$	0.847	1.00
rac-FA	S-FA	$y=3.933e^{-0.134x}$	0.908	5.17
	R-FA	$y=5.844e^{-0.034x}$	0.956	20.39

2)噁唑禾草灵在土壤中的手性转化

培养光学纯噁唑禾草灵的单体实验表明(SC2 和 SC3),在仅培养了 S-噁唑禾草灵的土壤中没有 R-噁唑禾草灵生成,在仅培养了 R-噁唑禾草灵的土壤样本中也没有发现 S-噁唑禾草灵的生成[图 4-123(b)、(c)]。因此,噁唑禾草灵在这种土壤中的降解过程中保持手性稳定,两对映体间没有发生相互翻转,图 4-122(b)、(c)分别为光学纯噁唑禾草灵 0.5 天时在该土壤中的色谱图。

3)手性代谢物噁唑禾草灵酸在土壤中的生成

随着母体噁唑禾草灵的降解,代谢物噁唑禾草灵酸的浓度逐渐增大随后又逐渐减小,图 4-122(a)、(b)、(c)为培养噁唑禾草灵的典型色谱图。对于培养外消旋噁唑禾草灵的土壤(SC1)而言[图 4-123(a)],在培养 2 小时后,土壤中就已经有 0.81 μg/g 的噁唑禾草灵酸生成,在 1 天时达到最大值 5.95 μg/g,此时 R-FA 的浓度是 S-FA 的 1.29 倍;之

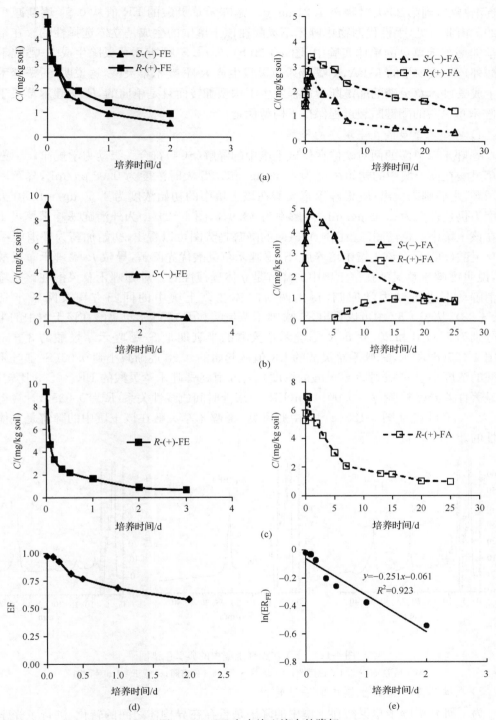

图 4-123　FE 在赤峰土壤中的降解

（a）rac-FE 在土壤中的降解曲线及 FA 的生成曲线；（b）S-FE 在土壤中的降解曲线及 FA 的生成曲线；（c）R-FE
在土壤中的降解曲线及 FA 的生成曲线；（d）ER 值与培养时间的关系图；（e）ln(ER)与时间的线性关系图

后逐渐减少,到第 25 天时降至 1.21 μg/g。噁唑禾草灵酸的 ER 值从 0.94 逐渐减小到 0.29。由此可见,手性代谢物噁唑禾草灵酸在该土壤中的生成是立体选择性的。在培养光学纯噁唑禾草灵的单体实验中[图 4-123(b)、(c)],S-噁唑禾草灵除生成 S-噁唑禾草灵酸外还生成少量的 R-FA,R-噁唑禾草灵只生成 R-噁唑禾草灵酸,这说明 S-噁唑禾草灵生成噁唑禾草灵酸的酯键断裂过程发生了构型翻转而且是单向的,R-噁唑禾草灵生成噁唑禾草灵酸的酯键断裂过程保持了构型稳定。

　　4)噁唑禾草灵酸在土壤中的降解

　　噁唑禾草灵酸的两对映体在供试土壤中的降解(SC4)符合一级动力学规律。S-噁唑禾草灵酸在该土壤中的初始浓度为 4.52 μg/mL,25 天时浓度为 0.08 μg/mL,降解率为 98.2%,之后则未检出;R-噁唑禾草灵酸在该土壤中的初始浓度为 4.60 μg/mL,40 天时浓度为仍然较大为 2.02 μg/mL,降解率为 43.9%,图 4-124(a)为外消旋噁唑禾草灵 1 天时在该土壤中的色谱图。由图 4-125(a)的降解趋势图可以看出,初始加药为外消旋噁唑禾草灵酸(SC4),在该土壤中培养后,S-噁唑禾草灵酸优先降解,导致 R-噁唑禾草灵酸富集,说明噁唑禾草灵酸在该土壤中的降解是立体选择性的。对噁唑禾草灵酸在该土壤中的消解动态进行动力学回归,得出两对映体在该土壤中的回归方程及降解半衰期(表 4-82)。从表 4-82 中可以看出,S-噁唑禾草灵酸和 R-噁唑禾草灵酸在该土壤中的半衰期分别为 5.17 d 和 20.39 d,R-噁唑禾草灵酸的半衰期是 S-噁唑禾草灵酸的 3.94 倍。如图 4-125(d)所示,噁唑禾草灵酸的 ER 值从起始的 0.98 逐渐减小到 0.03(S-噁唑禾草灵酸的浓度小于 R-噁唑禾草灵酸的浓度),与外消旋噁唑禾草灵酸的 ER=0.98 比较,具有显著性差异(t 检验,$p=0.001$)。$\ln(ER)$ 与培养时间成线性关系($R^2=0.835$),计算得到 Δk 为 -0.093 d^{-1}[图 4-125(e)]。由此可见,噁唑禾草灵酸在该土壤中的降解是立体选择性的。

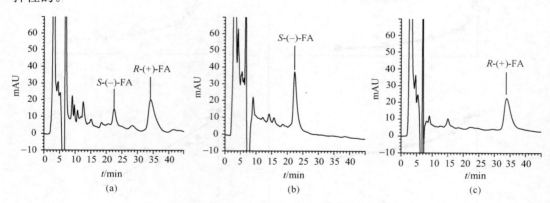

图 4-124　FA 在赤峰土壤中的典型色谱图

(a) 培养 rac-FA 1 d 色谱图;(b) 培养 S-FA 1 d 色谱图;(c)R-FA 1 d 色谱图

　　5)噁唑禾草灵酸在土壤中的手性转化

　　为了研究噁唑禾草灵酸在土壤中的降解是否存在异构体之间的转化,进行了光学纯噁唑禾草灵酸的单体实验(SC5 和 SC6)。图 4-125(b)、(c)为 SC5 和 SC6 实验的消解曲线图。在仅培养了 S-噁唑禾草灵酸的土壤中有少量的 R-噁唑禾草灵酸生成,在仅培养

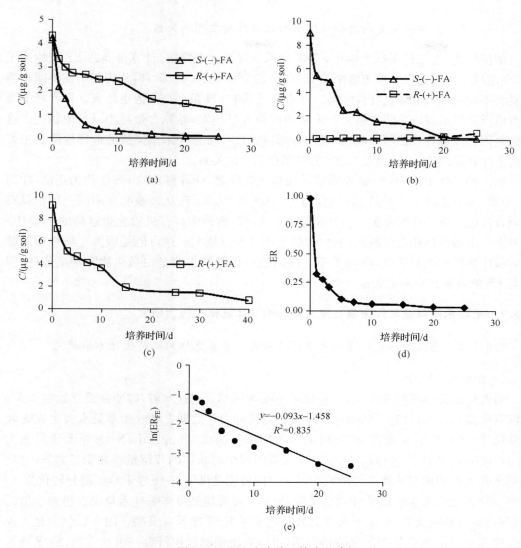

图 4-125　FA 在赤峰土壤中的降解

（a）*rac*-FA 在土壤中的降解曲线及 FA 的生成曲线；（b）*S*-FA 在土壤中的降解曲线及 FA 的生成曲线；（c）*R*-FA 在土壤中的降解曲线及 FA 的生成曲线；（d）ER 值与培养时间的关系图；（e）ln(ER) 与时间的线性关系图

了 *R*-噁唑禾草灵酸的土壤样本中没有发现 *S*-噁唑禾草灵酸的生成。因此,噁唑禾草灵酸在这种土壤中的降解过程中发生了单向翻转,图 4-124(b)、(c)分别为光学纯噁唑禾草灵酸两对映体 1 天时在该土壤中的色谱图。

4.6.6.4　噁唑禾草灵和噁唑禾草灵酸在三种灭菌土壤中的立体选择性降解

在三种灭菌土壤中,FE 和 FA 的 ER 值始终保持在 1.00 附近,说明在灭菌条件下,降解是非立体选择性的,同时也说明在非灭菌条件下的立体选择性降解是由土壤酶系或土壤微生物引起的。

4.6.6.5　噁唑禾草灵的选择性降解与土壤性质之间的关系

如前所述,在三种供试土壤中,S-噁唑禾草灵被优先降解,计算得到的 ES 值均为正值,在南昌、兖州、赤峰三种土壤中的 ES 值分别为 0.11、0.06、0.16,从而表明在不同土壤中具有不同程度的立体选择性降解。在赤峰土壤中 pH 最高,ES 值也越大。在赤峰土壤中有机质含量最高,ES 值也越大。土壤的沙粒含量越大,黏粒含量越小,ES 值越大。这可能是因为土壤性质能够影响微生物的种类和活性,而噁唑禾草灵酸的选择性降解主要是由微生物降解造成的,因此与 ES 值可能存在一定关系。

在三种供试土壤中,S-噁唑禾草灵酸被优先降解,计算得到的 ES 值均为正值,在南昌、兖州、赤峰三种土壤中的 ES 值分别为 0.09、0.29、0.56,从而表明在不同土壤中具有不同程度的立体选择性降解。pH 越高的土壤,ES 值越大。有机质含量越高的土壤,ES 值越大。土壤的沙粒含量越大,黏粒含量越小,ES 值越大。这可能是因为土壤性质能够影响微生物的种类和活性,噁唑禾草灵酸的选择性降解主要是由微生物降解造成的,因此与 ES 值可能存在一定关系。

4.6.7　噁唑禾草灵及其代谢物在家兔体内的立体选择性行为研究

4.6.7.1　噁唑禾草灵及噁唑禾草灵酸对映体在家兔体内的药代动力学研究

1) 外消旋 FE 实验

给药外消旋体噁唑禾草灵后,在血浆中噁唑禾草灵迅速水解,即使在最开始的 0.5 h 也没有检测到,所以没有得到噁唑禾草灵的药代动力学数据。噁唑禾草灵水解生成噁唑禾草灵酸,在 0.5 h,生成的 R-噁唑禾草灵酸浓度为 5.05 μg/mL,S-噁唑禾草灵酸为 67.41 μg/mL,R-体是 S-体的 13.35 倍,血浆中两个对映体的残留量存在明显差异,之后噁唑禾草灵酸的两对映体都逐渐减少。一方面可能是母体 S-噁唑禾草灵部分转化为 S-噁唑禾草灵之后又水解成噁唑禾草灵酸,另一方面可能是母体噁唑禾草灵在迅速水解时没有差异,只是生成的 S-噁唑禾草灵酸转化成了 R-噁唑禾草灵酸。图 4-126(a)是生成的噁唑禾草灵酸在血浆中的降解趋势图,可以看出消除过程符合一级动力学,S-噁唑禾草灵酸优先降解,在 12 h 时就已经低于检测限,但是 R-噁唑禾草灵酸仍然有很高的浓度 18.92 μg/mL,说明噁唑禾草灵酸在家兔体内的降解是立体选择性的。对噁唑禾草灵的消除进行动力学回归,其动力学参数见表 4-83。经计算可得 S-噁唑禾草灵酸和 R-噁唑禾草灵酸半衰期分别为 1.83 h 和 3.12 h。图 4-126(a)列出了噁唑禾草灵酸 EF 值随时间变化趋势图,从图中我们可以看出,噁唑禾草灵酸的 EF 值从 0.070 到最后的 0.016,逐渐的远离外消旋体的 0.50,由此说明噁唑禾草灵酸的消除是立体选择性的。

对于给药外消旋体噁唑禾草灵的实验而言,药-时曲线可以用开放式三室模型来描述。以 DAS 药代动力学程序计算两对映体的统计矩参数,再进一步计算相关的药代动力学参数,结果见表 4-83。从表 4-83 中可以看出,R-噁唑禾草灵酸的生物半衰期($t_{1/2}$)是 S-噁唑禾草灵酸的 1.70 倍,说明 S-噁唑禾草灵在血浆中降解比其对映体快;血药浓度-时间曲线下面积($AUC_{0\sim\infty}$)以及平均血浆清除率(CL)与其对映体具有显著性差异,这表明家兔清除两对映体的能力以及对两对映体的生物利用度差异明显。由此表明,噁唑禾草灵在家兔体内的分布和消除是立体选择性的。

表 4-83 家兔静注外消旋噁唑禾草灵(30 mg/kg)和外消旋噁唑禾草灵酸(30 mg/kg)后药代动力学参数

药代动力学参数	静注 rac-FE		静注 rac-FA	
	(−)-(S)-FA	(+)-(R)-FA	(−)-(S)-FA	(+)-(R)-FA
$t_{1/2\alpha}$/h	0.060	0.033	0.126	1.576
$t_{1/2\beta}$/h	0.883	3.080	0.734	9.342
$t_{1/2\gamma}$/h	69.315	69.315	36.015	9.345
V_1/(L/kg)	0.215	0.197	0.123	0.093
CL/[L/(h·kg)]	0.773	0.023	0.352	0.012
$t_{1/2z}$/h	11.929	6.216	7.555	6.517
$AUC_{0\sim t}$/[mg/(L·h)]	10.230	436.083	23.851	807.424
$AUC_{0\sim\infty}$/[mg/(L·h)]	15.418	580.813	28.674	1097.899
$MRT_{0\sim t}$/h	2.642	4.498	2.371	4.292
$MRT_{0\sim\infty}$/h	11.538	9.505	7.197	8.819

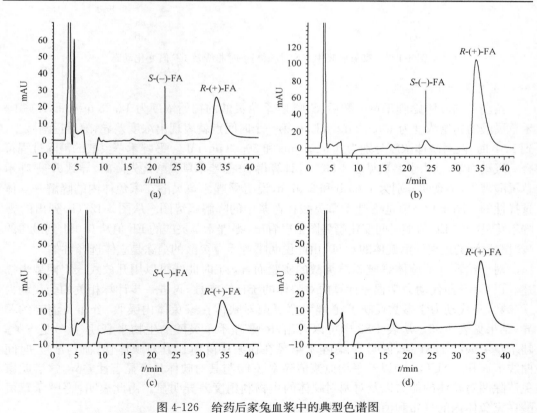

图 4-126 给药后家兔血浆中的典型色谱图

(a) 给药外消旋 FE 0.5 h 时血浆的典型色谱图;(b) 给药 rac-FA 0.5 h 时血浆的典型色谱图;
(c) 给药 S-FE 0.5 h 时血浆的典型色谱图;(d) 给药 R-FE 0.5 h 时血浆的典型色谱图

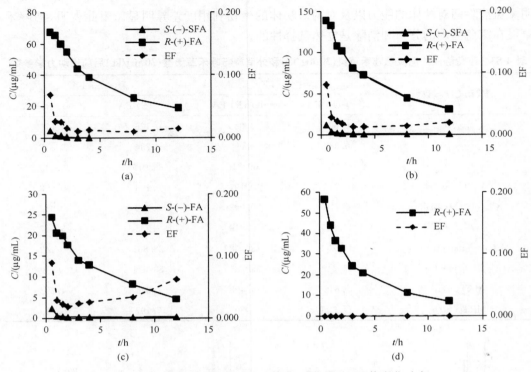

图 4-127　家兔血浆中 FA 对映体药-时曲线及 EF 值变化动态

2）外消旋 FA 实验

给药外消旋体噁唑禾草灵酸后，S-噁唑禾草灵酸的初始浓度为 12.23 μg/mL，R-噁唑禾草灵酸的初始浓度为 138.79 μg/mL，从第一个时间点就表现出浓度差异，随后逐渐减少，到 12 h 时，两对映体浓度分别为 0.6 μg/mL 和 30.89 μg/mL。噁唑禾草灵酸的消除过程符合一级动力学，动力学参数见表 4-83。经计算得 S-噁唑禾草灵酸优先降解，导致 R-噁唑禾草灵酸富集，半衰期分别为 1.65 h 和 2.97 h，说明噁唑禾草灵酸在家兔体内的降解是立体选择性的。图 4-127(b)是噁唑禾草灵酸在血浆中的降解趋势图。从图 4-127(b)列出的噁唑禾草灵酸的 EF 值随时间变化趋势图中以看出，噁唑禾草灵酸的 EF 值从 0.081 到最后的 0.019，逐渐的远离外消旋体的 0.50，由此说明噁唑禾草灵酸的消除是立体选择性。

对于给药外消旋体噁唑禾草灵酸的实验而言，药-时曲线可以用开放式三室模型来描述。以 DAS 药代动力学程序计算两对映体的统计矩参数，再进一步计算相关的药代动力学参数，药代动力学参数反映了噁唑禾草灵两对映体在家兔体内吸收、分布及消除的差异，结果见表 4-83。从表 4-83 中可以看出，R-噁唑禾草灵酸的生物半衰期（$t_{1/2}$）是 S-噁唑禾草灵酸的 1.81 倍，说明 S-噁唑禾草灵在血浆中降解比其对映体快；血药浓度-时间曲线下面积（AUC$_{0\sim\infty}$）以及平均血浆清除率(CL)与其对映体具有显著性差异，这表明家兔清除两对映体的能力以及对两对映体的生物利用度差异明显。由此表明，噁唑禾草灵酸在家兔体内的分布和消除是立体选择性的。

3）单体 FE 转化实验

为了研究产生立体选择性的原因，在家兔体内进行了光学纯的 S-噁唑禾草灵和 R-

噁唑禾草灵的单体实验。在给药 S-噁唑禾草灵的实验中,没有检测到噁唑禾草灵(包括两对映体),但除检测到 S-噁唑禾草灵酸外,也检测到 R-噁唑禾草灵酸的存在,而且在每一个取样点,R-噁唑禾草灵酸的浓度明显大于 S-噁唑禾草灵酸,噁唑禾草灵酸的 EF 值从最开始的 0.090 逐渐减小到最后的 0.019。在给药 R-噁唑禾草灵的实验中,同样也没检测到噁唑禾草灵(包括两对映体),但代谢物只检测到 R-噁唑禾草灵酸,没有发现 S-噁唑禾草灵酸。由此可见,S-FE 或 S-FA 可以转化为 R-噁唑禾草灵酸,但是 R-噁唑禾草灵或 R-噁唑禾草灵酸不会转化为 S-噁唑禾草灵酸,存在的手性翻转是单向的,从而导致了 R-噁唑禾草灵酸的富集。噁唑禾草灵酸在血浆中的翻转可能是生物作用的结果,立体选择性的蛋白质结合可能在快速的手性翻转过程中起了主要作用。

4.6.7.2　噁唑禾草灵对映体在家兔组织中的残留行为研究

1) 外消旋 FE 实验

在给药外消旋噁唑禾草灵的实验中,除在肺脏中检测到噁唑禾草灵外,在家兔心脏、肺脏、肝脏、肾脏及胆汁中检测到的都是噁唑禾草灵酸对映体的残留,没有母体存在,典型色谱图见图 4-128。但在脑、肌肉、脾脏和脂肪中噁唑禾草灵和噁唑禾草灵酸对映体的浓度低于检测限,结果列于表 4-84。在肺脏中 FE 两对映体的浓度明显大于其他组织,S-

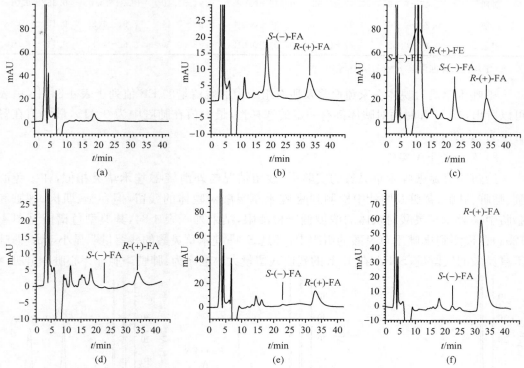

图 4-128　给药 FE 12 h 后家兔各组织中的典型色谱图

(a) 给药外消旋 FE 12 h 时脑组织的典型色谱图;(b) 给药外消旋 FE 12 h 时心脏的典型色谱图;(c) 给药外消旋 FE 12 h 时肺脏的典型色谱图;(d) 给药外消旋 FE 12 h 时肝脏的典型色谱图;(e) 给药外消旋 FE 12 h 时胆汁的典型色谱图;(f) 给药外消旋 FE 12 h 时肾脏的典型色谱图

噁唑禾草灵和 R-噁唑禾草灵的浓度分别为 189.8 μg/g 和 192.8 μg/g,EF 值为 0.496;S-噁唑禾草灵酸的浓度比 R-噁唑禾草灵酸的浓度略低,EF 值为 0.415,这是由肺的首过效应导致的。由此可见,在肺脏中母体和代谢物都没有明显的立体选择性差异。在检测到噁唑禾草灵酸的组织中,都是 S-噁唑禾草灵酸的残留量远小于 R-噁唑禾草灵酸的残留量,S-FA 在 12 h 的残留残留量大小顺序为:肺脏＞肾脏＞胆汁＞心脏≫肝脏,R-FA 在各组织中残留量大小顺序为:肾脏＞胆汁＞心脏＞肺脏＞肝脏。由此可见,FA 在家兔体内的降解和分布具有明显的立体选择性。

表 4-84　家兔静注外消旋噁唑禾草灵(30 mg/kg)和外消旋噁唑禾草灵酸(30 mg/kg)
12 h 后血浆和组织中噁唑禾草灵酸的浓度和 EF 值[a]

血浆和组织	静注 rac-FE			静注 rac-FA		
	$(-)$-(S)-FA / (mg/kg)	$(+)$-(R)-FA / (mg/kg)	EF	$(-)$-(S)-FA /(mg/kg)	$(+)$-(R)-FA /(mg/kg)	EF
血浆	ND[b]	18.92±3.71		0.60±0.03	30.89±4.27	0.019±0.004
肾脏	1.68±0.21	81.16±9.10	0.020±0.005	0.81±0.08	84.30±8.49	0.010±0.001
胆汁	1.26±0.12	35.65±5.39	0.034±0.012	1.97±0.33	44.27±4.22	0.043±0.011
肺脏	5.47±0.16	7.72±0.95	0.415±0.023	9.94±1.10	18.31±4.06	0.352±0.019
心脏	0.20±0.06	4.95±0.69	0.039±0.012	0.89±0.11	7.91±1.29	0.101±0.008
肝脏	0.31±0.02	2.77±0.57	0.101±0.012	0.88±0.56	6.62±0.77	0.117±0.010

a. 平均值±标准偏差($n=6$);b. 未检出

噁唑禾草灵对映体在家兔血浆及所有组织中的残留量的 EF 值列于表 4-84 中,由表可以看出,在 12 h 时两对映体都有一定的选择性,最大值在肺脏中为 0.415,最小值在肾脏中为 0.020。

2) 外消旋 FA 实验

给药外消旋噁唑禾草灵酸的实验中,残留情况与外消旋噁唑禾草灵相似,在家兔心脏、肺脏、肝脏、肾脏及胆汁中检测到噁唑禾草灵酸对映体的残留,但在脑、肌肉、脾脏和脂肪中噁唑禾草灵酸对映体的浓度低于检测限,结果列于表 4-84,其典型色谱图见图 4-129。在检测到噁唑禾草灵酸的组织中,都是 S-噁唑禾草灵酸的残留量明显小于 R-噁唑禾草灵酸的残留量,S-FA 在 12 h 的残留残留量大小顺序为:肺脏＞胆汁＞心脏＞肝脏＞

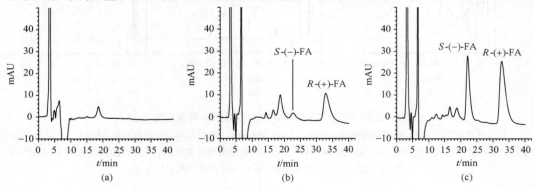

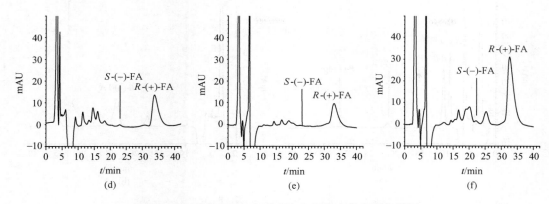

图 4-129 给药 FA 12 h 后家兔各组织中的典型色谱图

(a) 给药外消旋 FA 12 h 时脑组织的典型色谱图；(b) 给药外消旋 FA 12 h 时心脏的典型色谱图；(c) 给药外消旋 FA 12 h 时肺脏的典型色谱图；(d) 给药外消旋 FA 12 h 时肝脏的典型色谱图；(e) 给药外消旋 FA 12 h 时胆汁的典型色谱图；(f) 给药外消旋 FA 12 h 时肾脏的典型色谱图

肾脏，R-FA 在各组织中残留量大小顺序为：肾脏＞胆汁＞肺脏＞心脏＞肝脏。由此可见，FA 在家兔体内的降解和分布有明显的立体选择性。

3) 单体 FE 转化实验

在给药 S-噁唑禾草灵的实验中，除在肺脏中检测到噁唑禾草灵（只有 S-FE 对映体）外，其他组织中检测到的只有 FA，而且只有 R-噁唑禾草灵酸的存在。这说明 S-FE 或 S-FA 会转化为 R-FA。在给药 R-噁唑禾草灵的实验中，除在肺脏中检测到噁唑禾草灵（只有 R-FE 对映体）外，其他组织中检测到的只有 FA，而且只有 R-噁唑禾草灵酸的存在。这说明 R-FE 或 R-FA 不会转化为 R-FA。由此可见，S-噁唑禾草灵或 S-噁唑禾草灵酸可以转化为 R-噁唑禾草灵酸，但是 R-噁唑禾草灵或 R-噁唑禾草灵酸不会转化为 S-噁唑禾草灵酸，存在的手性翻转是单向的，从而导致了 R-噁唑禾草灵酸的富集。

有以下几种因素可能导致 FA 的选择性行为研究，首先，S-FA 在血浆中的手性翻转，转化为 R-FA；其次，FE 和 FA 对映体在家兔体内的立体选择性分布；最后，立体选择性的代谢和排泄也可能导致对映体的选择性行为研究。

4.6.7.3 体外血浆中的降解动力学研究

为了研究在血浆中的代谢机制，进行了血浆的体外实验，其典型色谱图见图 4-130。图 4-131(a) 是体外稀释的血浆中培养外消旋体 FE 的消解趋势图，培养的浓度为 10 μg/mL。在 FE 生成 FA 的过程中，会选择性的降解 S-FE，只是降解速率非常小；优先生成 S-FA 也可以间接证明 S-FE 的优先降解。S-FE 和 R-FE 降解的半衰期分别为 64.8 min 和 91.2 min，EF 值从开始的 0.492 逐渐减小为 0.409，与外消旋体 EF＝0.50 比较（t 检验，$p＝0.002$）具有显著性差异。在培养外消旋体 FA 的实验中[培养的浓度为 10 μg/mL，图 4-131(b)]，S-FA 与 R-FA 降解趋势基本一致，EF 值从开始的 0.500 到 0.509，与外消旋体 EF＝0.50 比较（t 检验，$p＝0.117$）没有显著性差异。由此说明，FA 的降解不存在立体选择性（图 4-131）。

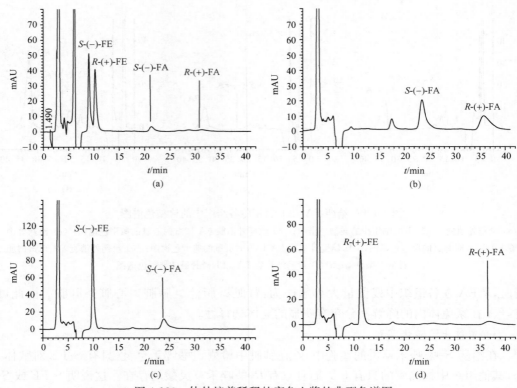

图 4-130　体外培养稀释的家兔血浆的典型色谱图

（a）添加 10 mg/kg 的 rac-FE 60 min 时血浆的典型色谱图；（b）添加 10 mg/kg 的 rac-FA 60 min 时血浆的典型色谱图；

（c）添加 10 mg/kg 的 S-FE 60 min 时血浆的典型色谱图；（d）添加 10 mg/kg 的 R-FE 60 min 时血浆的典型色谱图

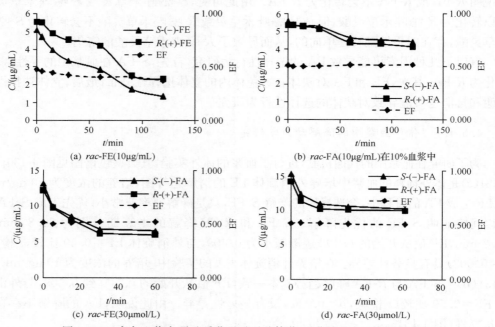

图 4-131　家兔血浆中噁唑禾草灵酸对映体药-时曲线及 EF 值变化动态

培养光学纯的 FE 单体实验表明，S-FE 或 S-FA 不会转化为 R-FA，R-FE 或 R-FA 也不会转化为 S-FA，由此说明，血浆不是发生手性翻转的场所。

4.7　氟草烟异辛酯

氟草烟异辛酯（fluroxypyr-meptyl）是一种除草剂，化学名称为 4-氨基-3,5-二氯-6-氟-吡啶-2-氧乙酸异辛酯，用于防除禾谷类作物及部分蔬菜、水果田园的阔叶类杂草。化学结构如图 4-132 所示，分子结构中含有一个手性碳，存在一对对映异构体。

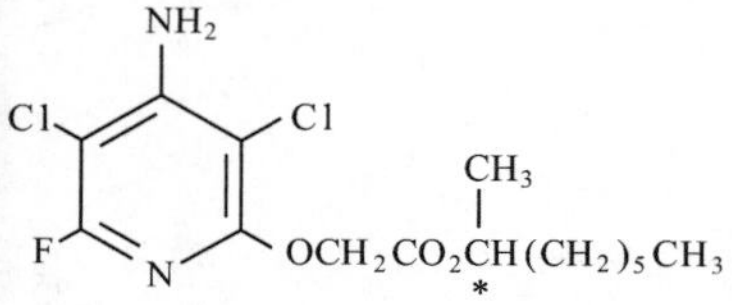

图 4-132　氟草烟异辛酯结构式

4.7.1　氟草烟异辛酯在正相 CDMPC 手性固定相上的拆分

4.7.1.1　色谱条件

Agilent 1100 高效液相色谱仪及 JASCO 2000 高效液相色谱仪（主要用于对映体出峰顺序的确定及圆二色特性的研究）。纤维素-三（3,5-二甲基苯基氨基甲酸酯）色谱柱（自制）250 mm×4.6 mm I. D.，流动相为正己烷、石油醚、正庚烷或正戊烷，在正己烷流动相中考察了极性改性剂乙醇、丙醇、异丙醇、正丁醇、异丁醇对拆分的影响，其他流动相中使用异丙醇为改性剂，检测波长根据具体的农药样本而定，流速 1.0 mL/min，除了考察温度对拆分的影响实验外，其他操作均在室温下进行。

4.7.1.2　氟草烟异辛酯对映体的拆分结果及醇含量的影响

正己烷体系下氟草烟异辛酯对映体的拆分结果见表 4-85，检测波长 230 nm，其中考察了 5 种常用的极性醇含量对拆分的影响，异丙醇可实现接近基线分离，含量 1％时分离度为 1.40，正丙醇和乙醇也有一定的分离效果，正丁醇和异丁醇的分离效果最差。正庚烷和正戊烷/异丙醇流动相对氟草烟异辛酯对映体的拆分效果见表 4-86，和正己烷相比，正庚烷没有特别明显的优势，而正戊烷优势非常明显，在异丙醇含量为 5％时，分离度为 1.8，拆分色谱图如图 4-133 所示。

表 4-85　醇改性剂对氟草烟异辛酯对映体拆分的影响

含量 /%	乙醇			丙醇			异丙醇			丁醇			异丁醇		
	k_1	α	R_s	k_1	α	R_s	k_1	α	R_s	k_1	α	R_s	k_1	α	R_s
15	0.68	1.24	0.91	0.52	1.15	0.56	0.68	1.24	0.91	0.56	1.15	0.50	0.64	1.00	0.00
10	1.01	1.25	1.05	0.81	1.12	0.54	1.00	1.25	1.06	0.85	1.12	0.58	0.85	1.11	0.53
5	1.58	1.21	1.08	1.41	1.17	0.88	1.71	1.25	1.23	1.46	1.11	0.65	1.47	1.10	0.62
1	2.49	1.18	1.06	2.60	1.17	1.01	2.99	1.26	1.40	2.60	1.10	0.60	2.68	1.10	0.69

表 4-86　庚烷和戊烷体系下氟草烟异辛酯对映体的拆分

异丙醇含量/%	正庚烷			正戊烷		
	k_1	α	R_s	k_1	α	R_s
20	1.78	1.22	0.95	2.07	1.26	1.30
15	2.53	1.23	1.11	3.00	1.28	1.47
10	4.46	1.26	1.41	5.00	1.29	1.70
5	23.05			12.39	1.28	1.82

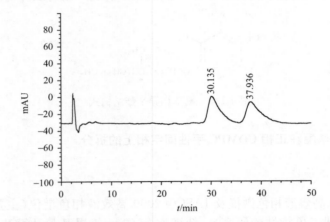

图 4-133　氟草烟异辛酯对映体的色谱拆分图（正戊烷/异丙醇＝95/5，室温，230 nm）

4.7.1.3　圆二色特性研究

图 4-134(a)为氟草烟异辛酯两对映体的圆二色扫描图，圆二色吸收随波长没有一定的规律，两对映体的 CD 吸收曲线也不以"0"刻度线对称，因此很难找到一个波长使得 CD 色谱图为一正一负的对称峰形。先流出对映体如实线所示，虚线表示后流出对映体，只有在235 nm处，具有较好的对称关系，先流出对映体为（－）CD 吸收，后流出对映体为（＋）CD 吸收。

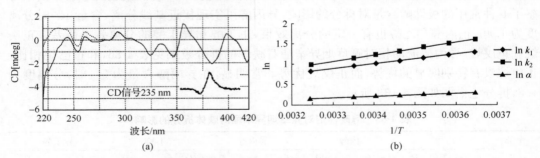

图 4-134　氟草烟异辛酯两对映体的(a)CD 扫描图及(b)Van't Hoff 曲线

4.7.1.4　温度对拆分的影响

在正己烷/异丙醇(99/1)流动相条件下考察了氟草烟异辛酯对映体受温度的影响，其手性拆分受温度的影响也非常明显,在 0℃时可实现完全分离,分离度为 1.73,而在 40℃时的分离度只有 1.12(表 4-87)。所以若要得到较好的分离效果应采用低温条件。

表 4-87 温度对氟草烟异辛酯对映体拆分的影响(正己烷/异丙醇＝99/1)

温度/℃	k_1	k_2	α	R_s
0	3.81	5.13	1.35	1.73
5	3.63	4.84	1.33	1.76
10	3.44	4.51	1.31	1.72
15	3.21	4.11	1.28	1.59
20	2.99	3.75	1.26	1.49
25	2.74	3.37	1.23	1.36
30	2.55	3.07	1.20	1.24
40	2.32	2.72	1.17	1.12

4.7.1.5 热力学参数的计算

氟草烟异辛酯对映体的 Van't Hoff 曲线如图 4-134(b),线性关系非常好,Van't Hoff 方程、线性相关系数及相关的热力学参数列于表 4-88 中,在正己烷/异丙醇(99/1)流动相中两对映体拆分的焓变差值为 2.80 kJ/mol,熵变的差值为 7.65 J/(mol·K),同样焓对对映体的分离起到主要作用。

表 4-88 氟草烟异辛酯对映体的热力学参数(正己烷/异丙醇＝99/1)

对映体	$\ln k = -\Delta H/RT + \Delta S^*$	$\Delta H/$ (kJ/mol)	ΔS^*	$\ln\alpha = \Delta_{R,S}\Delta H/RT + \Delta_{R,S}\Delta S/RT$	$\Delta\Delta H/$ (kJ/mol)	$\Delta\Delta S/$ [J/(mol·K)]
－	$\ln k_1 = 1168.5/T - 2.90$ $(R=0.9972)$	-9.72	-2.90	$\ln\alpha = 336.3/T - 0.92$ $(R=0.9980)$	-2.80	-7.65
＋	$\ln k_2 = 1504.8/T - 3.82$ $(R=0.9974)$	-12.51	-3.82			

4.7.2 氟草烟异辛酯在反相 ADMPC 手性固定相上的拆分

4.7.2.1 色谱条件

Agilent 1100 高效液相色谱仪及 JASCO 2000 高效液相色谱仪(主要用于对映体出峰顺序的确定及圆二色特性的研究)。ADMPC 色谱柱(自制)250 mm×4.6 mm I.D.,流动相为甲醇/水或乙腈/水,流速 1.0 mL/min,除了考察温度对拆分的影响实验外,其他操作均在室温下进行。

4.7.2.2 流动相对手性拆分的影响

不同流动相组成对手性农药氟草烟异辛酯在 ADMPC 手性固定相上的拆分影响结

果见表 4-89,图 4-135。

表 4-89　氟草烟异辛酯在 ADMPC 手性固定相上的拆分结果

手性化合物	流动相	v/v	k_1	k_2	α	R_s
氟草烟异辛酯	甲醇/水	100/0	0.37	0.37	1.00	—
		90/10	1.10	1.19	1.09	0.64
		80/20	4.75	5.36	1.13	1.13
		75/25	11.18	12.68	1.13	1.10
	乙腈/水	100/0	0.30	0.30	1.00	—
		70/30	1.56	1.56	1.00	—
		60/40	3.90	4.07	1.04	0.55
		55/45	6.9	7.28	1.05	0.56

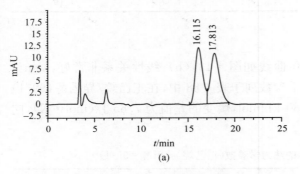 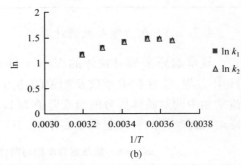

图 4-135　(a)氟草烟异辛酯在 ADMPC 上的拆分色谱图及(b)Van't Hoff 曲线

4.7.2.3　温度对手性拆分的影响

在甲醇/水或乙腈/水作流动相条件下,在 0～40 ℃范围内,考察了温度对手性农药对映体拆分的影响,Van't Hoff 方程、热力学参数及温度对拆分的影响结果列于表 4-90 中。

表 4-90　在 ADMPC 手性固定相上,温度对手性农药拆分的影响、Van't Hoff 方程及热力学参数

化合物/流动相	温度/℃	k_1	k_2	α	R_s	Van't Hoff 方程 (R^2)	ΔH^o、$\Delta\Delta H^o$ /(kJ/mol)	$\Delta S^o + R\ln\varphi$、$\Delta\Delta S^o$ /[J/(mol·K)]
氟草烟异辛酯甲醇/水(85/15)	0	3.46	3.94	1.14	0.85	$\ln k_1 = 1833.6/T - 5.4779$ (0.9935)	$\Delta H_1^o = -15.24$	$\Delta S_1^o + R\ln\varphi = -45.52$
	5	3.04	3.43	1.13	1.01			
	10	2.61	2.93	1.12	0.89	$\ln k_2 = 1957.3/T - 5.7998$ (0.9928)	$\Delta H_2^o = -16.27$	$\Delta S_2^o + R\ln\varphi = -48.20$
	15	2.48	2.77	1.12	0.94			
	20	2.18	2.41	1.11	0.83	$\ln a = 123.73/T - 0.3219$ (0.9723)	$\Delta\Delta H^o = -1.03$	$\Delta\Delta S^o = -2.67$
	30	1.83	2.00	1.10	0.78			
	40	1.42	1.52	1.07	0.58			

续表

化合物/流动相	温度/℃	k_1	k_2	α	R_s	Van't Hoff 方程 (R^2)	ΔH°、$\Delta\Delta H^\circ$/(kJ/mol)	$\Delta S^\circ + R\ln\varphi$、$\Delta\Delta S^\circ$/[J/(mol·K)]
氟草烟异辛酯乙腈/水(60/40)	0	4.15	4.25	1.03	0.23	—	—	—
	5	4.28	4.38	1.02	0.22			
	10	4.35	4.35	1.00	—			
	20	4.08	4.08	1.00	—			
	30	3.64	3.64	1.00	—			
	40	3.20	3.20	1.00	—			

4.7.2.4　对映体的出峰顺序

在高效液相色谱圆二色检测器上测定了对映体在 ADMPC 手性固定相上的出峰顺序,在两种流动相中 230 nm 下,流出顺序一致,为(+)/(-)。

4.7.3　氟草烟异辛酯在(R,R)Whelk-O 1 手性固定相上的拆分

4.7.3.1　色谱条件

(R,R)Whelk-O 1 型手性色谱柱[250 mm×4.6 mm I.D.,Regis Technologies Inc.,Morton Groove,IL(USA).]。在正己烷流动相中考察了极性改性剂乙醇、丙醇、异丙醇、正丁醇、异丁醇、戊醇对拆分的影响,检测波长 230 nm,流速 1.0 mL/min,除了考察温度对拆分的影响实验外,其他操作均在室温下进行。

4.7.3.2　氟草烟异辛酯对映体的拆分结果及醇含量的影响

表 4-91 为正己烷体系下六种醇(乙醇、丙醇、异丙醇、丁醇、异丁醇、戊醇)及其含量对氟草烟异辛酯对映体拆分的影响,检测波长 230 nm,流速 1.0 mL/min。所有的醇都可以实现氟草烟异辛酯对映体的基线分离,其中在异丁醇含量为 5% 时有最大的分离因子(α=1.24),在异丙醇含量为 5% 时有最大的分离度(R_s=2.49)。随着流动相中极性醇含

表 4-91　氟草烟异辛酯对映体的拆分结果及醇的影响

醇含量/%	乙醇			丙醇			异丙醇			丁醇			异丁醇			戊醇		
	k_1	α	R_s	k_1	α	R_s	k_1	α	R_s	k_1	α	R_s	k_1	α	R_s	k_1	α	R_s
5	4.20	1.15	1.87	5.51	1.19	2.32	9.85	1.23	2.49	6.00	1.20	2.18	10.44	1.24	2.11	8.06	1.20	1.91
10	1.91	1.12	1.20	2.84	1.16	1.67	5.09	1.21	2.03	3.26	1.18	1.64	5.73	1.21	1.64	4.55	1.17	1.55
15	1.41	1.11	0.88	1.77	1.15	1.19	3.34	1.19	1.66	2.16	1.16	1.39	2.92	1.18	1.35	2.93	1.17	1.35
20	1.08	1.10	0.72	1.41	1.14	1.11	2.45	1.17	1.55	1.59	1.15	1.20	2.49	1.18	1.21	2.14	1.15	1.21
30	0.66	1.08	0.43	0.94	1.12	0.78	1.48	1.16	1.25	1.02	1.13	0.87	1.90	1.17	0.90	1.42	1.13	0.79
40	—	—	—	0.70	1.10	0.57	1.11	1.15	0.93	0.78	1.11	0.63	1.43	1.15	0.79	1.08	1.10	0.60

量的减少,对映体的保留增强,分离因子和分离度增大。图4-136(a)为氟草烟异辛酯对映体的手性拆分色谱图。

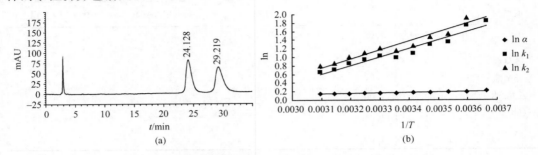

(a)　　　　　　　　　　　　　　　　(b)

图 4-136　氟草烟异辛酯对映体的(a)拆分色谱图及(b)Van't Hoff曲线

4.7.3.3　圆二色特性研究及对映体洗脱顺序的确定

氟草烟异辛酯两对映体的圆二色及紫外光谱扫描图如图4-137(a)所示,实线和虚线分别表示先后流出对映体,在225～280 nm波长范围内,先流出对映体显示(－)CD信号,后流出对映体显示(＋)CD信号,最大吸收在232 nm左右,280 nm后两对映体基本无吸收。

本小节中利用230 nm处的CD信号来标识氟草烟异辛酯对映体的流出顺序,即先流出异构体为(－),后流出为(＋)。氟草烟异辛酯对映体的CD色谱图见图4-137(b)。

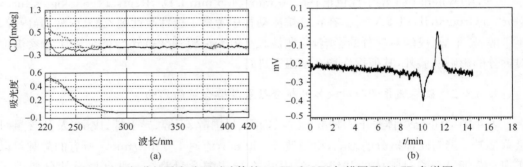

(a)　　　　　　　　　　　　　　　　(b)

图 4-137　氟草烟异辛酯两对映体的(a)CD和UV扫描图及(b)CD色谱图

4.7.3.4　温度对拆分的影响

在正己烷/异丙醇体系下考察了0～50 ℃范围内温度对氟草烟异辛酯手性拆分的影响,结果见表4-92。随着温度的升高,对映体的保留变弱,分离效果变差,0 ℃时分离度为2.18,而50 ℃时分离度只有1.34。

表 4-92　温度对氟草烟异辛酯对映体拆分的影响(正己烷/异丙醇＝90/10)

温度/℃	k_1	k_2	α	R_s
0	6.298	7.807	1.24	2.18
5	5.656	6.799	1.20	2.19
10	3.839	4.663	1.21	2.09

温度/℃	k_1	k_2	α	R_s
15	3.631	4.349	1.20	2.02
20	2.956	3.515	1.19	1.89
25	2.675	3.158	1.18	1.75
30	2.812	3.310	1.18	1.76
35	2.562	3.002	1.17	1.66
40	2.348	2.733	1.16	1.57
45	2.040	2.357	1.16	1.41
50	1.923	2.220	1.15	1.34

4.7.3.5　热力学参数的计算

根据温度实验的结果，绘制了氟草烟异辛酯对映体的 Van't Hoff 曲线，得到了线性方程，$1/T$ 与 $\ln k_1$、$\ln k_2$ 和 $\ln\alpha$ 都具有一定的线性相关性[图 4-136(b)]，线性方程和相关的热力学参数列于表 4-93 中，两对映体与手性固定相相互作用焓变的差值为 0.94 kJ/mol，熵变的差值为 1.74 J/(mol・K)，对映体的分离受焓控制。

表 4-93　氟草烟异辛酯对映体的热力学参数（正己烷/异丙醇=90/10）

对映体	$\ln k=-\Delta H/RT+\Delta S^*$	ΔH /(kJ/mol)	ΔS^*	$\ln\alpha=-\Delta\Delta H/RT+\Delta\Delta S/R$	$\Delta\Delta H$ /(kJ/mol)	$\Delta\Delta S$ /[J/(mol・K)]
$E_1(-)$	$\ln k_1=1981.9/T-5.536$ $(R^2=0.9339)$	-16.478	-5.536	$\ln\alpha=112.66/T-0.209$ $(R^2=0.9298)$	-0.937	-1.738
$E_2(+)$	$\ln k_2=2094.5/T-5.745$ $(R^2=0.9401)$	-17.414	-5.745			

4.7.4　氟草烟异辛酯在家兔体内的选择性行为研究

4.7.4.1　氟草烟异辛酯对映体及其单体在家兔血浆中的药代动力学

以时间为横坐标，给药后不同时间的平均血药浓度为纵坐标，得到兔静脉注射外消旋氟草烟异辛酯后两对映体的平均血药浓度-时间曲线，用 OriginPro 7.5 作非线性回归分析，见图 4-138(a)。从图中可以很清楚地看出血浆中两个对映体的代谢速率存在明显差异，(＋)-氟草烟异辛酯的降解速率明显快于另一对映体，在体外孵育 5 min 后采集的血浆样品中，(一)-氟草烟异辛酯含量明显高于另一对映体。在 20% 家兔血浆中(＋)-氟草烟异辛酯的半衰期为 2.5 min，而(一)-氟草烟异辛酯为 10.9 min。经过差异显著性分析，氟草烟异辛酯两对映体降解差异显著，$p<0.05$。

图 4-138(b)为氟草烟异辛酯对映体分数 EF 值随时间变化趋势图，从图中我们可以看出，EF 值随着时间变化，由 0.5 逐渐增大，在 30 min 后 EF 值达到 1.0。这也说明了氟

草烟异辛酯(FPMH)的降解是选择性的。这是由血浆蛋白和药物活性位点的结合的选择性差异导致的。

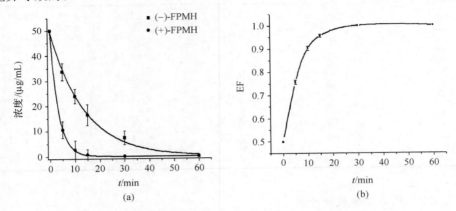

图 4-138　家兔血浆体外培养 100 μg/mL *rac*-FPMH 后
(a) 两对映体浓度时间曲线；(b) EF 值随时间变化曲线

　　另外,用 180 μg/mL 的(＋)-氟草烟异辛酯和 125 μg/mL 的(－)-氟草烟异辛酯也分别进行了相同的实验,平均血药浓度-时间曲线见图 4-139,并未发现手性转化。随着氟草烟异辛酯两单体的减少,其代谢物氟草烟(FP)的含量在逐渐地增加。

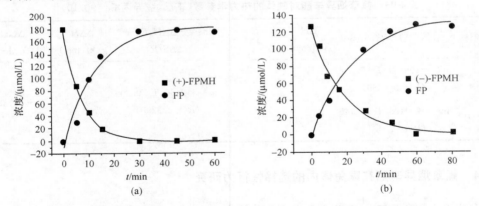

图 4-139　(a)家兔血浆中培养 180 μg/mL(＋)-氟草烟异辛酯后及(b)家兔血浆中培养 125 μg/mL 的
(－)-氟草烟异辛酯后的平均血药浓度-时间曲线

4.7.4.2　氟草烟异辛酯对映体及其单体在家兔体外肝微粒体的药代动力学研究

　　在兔肝微粒体中孵育 135 μmol/L 的外消旋氟草烟异辛酯。10 min 时,98％的外消旋体已经代谢为氟草烟,水解过程非常迅速,氟草烟在微粒体中的含量基本保持不变。

4.7.4.3　氟草烟异辛酯对映体及其单体在家兔体内血浆以及组织的药代动力学研究

　　耳静脉注射 50 mg/kg$_{bdwt}$的外消旋氟草烟异辛酯之后,在家兔的肾脏、肺、肌肉中都检测到了两个对映体,见图 4-140(a)～(c)。在注射药物 60～120 min 以后,在肾脏和肺中,外消旋体的氟草烟异辛酯含量最高,在 240 min 后,肌肉中的外消旋体也达到顶峰值,随后含量逐渐降低,在体内有一个先富集再降解的过程。在这三种组织中,(+)-氟草烟异辛酯的含量大体上低于(一)-氟草烟异辛酯。在血浆、肝脏、脑、脾、脂肪、心脏、胆汁以及尿液中并未检测到外消旋氟草烟异辛酯。两对映体的选择性分布和代谢也是导致对映体在组织中浓度差异的原因。氟草烟异辛酯进入家兔体内,很容易在肺中积聚和代谢,所以开始阶段肺组织中农药的含量很高,随后转移至其他组织。

同时,在所有的组织中均能检测到其代谢物氟草烟,如图 4-140 所示,在肌肉组织中,氟草烟先富集,在 360 min 其含量达到最高值后开始降低,其他各组织中的氟草烟均随着时间的推移,逐渐降低。在 480 min 以后,氟草烟在各组织和尿液中的残留量:尿液＞肺＞肾脏＞血浆＞心脏＞胆汁,在肝、脾、脂肪、脑组织中,氟草烟的残留量均低于检出限。在家兔血浆中,耳静脉注射外消旋的氟草烟异辛酯之后,由于血浆酯酶的作用,迅速水解为氟草烟。在 720 min 之后仍然能检测到较低含量的氟草烟。

4.7.5　氟草烟异辛酯在大鼠肝细胞中的选择性代谢和毒性研究

4.7.5.1　氟草烟异辛酯外消旋体及对映体在大鼠肝细胞中的代谢研究

以上的研究中发现,在家兔血浆和一些组织中,外消旋的氟草烟异辛酯的降解是选择性的,而且肝脏是药物主要的代谢场所,本节旨在研究氟草烟异辛酯在大鼠原代肝细胞的代谢中是否具有选择性。考察了 10.0 μmol/L、20.0 μmol/L 和 50.0 μmol/L 的外消旋氟草烟异辛酯在大鼠肝细胞中的代谢状况。浓度时间曲线见图 4-141(OriginPro 7.5 作非线性回归分析)。我们可以看出,在这三种初始药物浓度下,(+)-氟草烟异辛酯的降解速度远远快于(一)-氟草烟异辛酯。半衰期见表 4-94。以 50 μmol/L 初始药物浓度为例,其(+)-氟草烟异辛酯半衰期为 6.4 min,而(一)-氟草烟异辛酯的半衰期为 14.1 min,(+)对映体代谢速率是(一)体的 2 倍之多。其 EF 值见图 4-142(c),初始值为 0.5,随着时间的增长,稳步升高,45 min 后达到 0.95,这也说明,氟草烟异辛酯在大鼠肝细胞中的降解是具有选择性的。这是由肝脏中的酶系统导致的。在肝脏中,有大量的 CYP450、水解酶和其他的酶系。当大分子进入肝脏以后,很快进行 I 相代谢和 II 相代谢。这些酶优先选择(+)-氟草烟异辛酯,并且水解为代谢物氟草烟。

表 4-94　氟草烟异辛酯两对映体在大鼠肝细胞中的降解半衰期

添加浓度/(μmol/L)	$t_{1/2}$/min	
	(+)-FPMH	(一)-FPMH
10	5.1±0.3	13.1±1.1
20	6.0±0.9	14.3±1.2
50	6.4±0.6	14.1±0.3

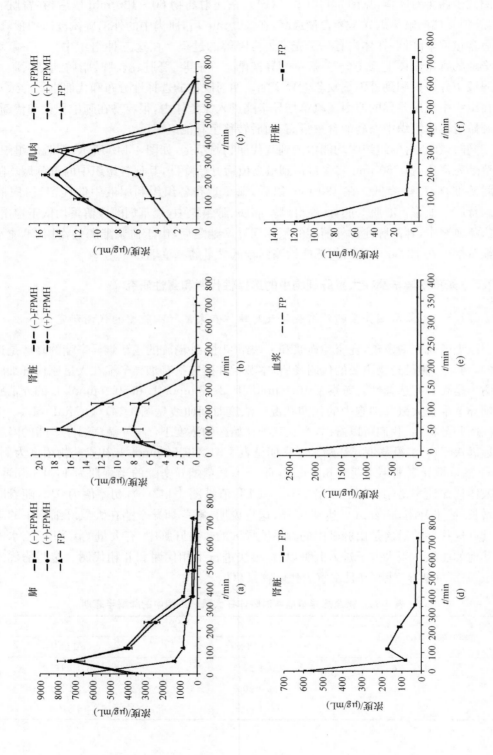

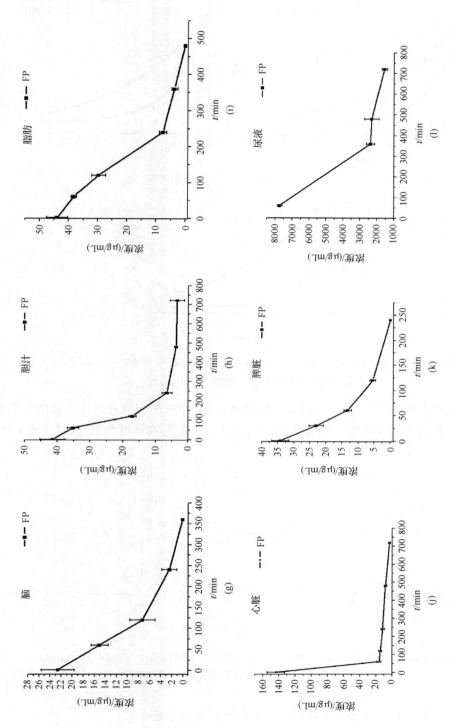

图 4-140　耳静脉注射 50 mg/kg$_{bdwt}$ rac-FPMH 后 (a) 肺中 FPMH 对映体及 FP 的含量；(b) 肾中 FPMH 对映体及 FP 的含量；(c) 肌肉中 FPMH 对映体及 FP 的含量，以及 (d) 血浆中 (e) 肾中 (f) 肝中 (g) 脑组织中 (h) 胆汁中 (i) 脂肪中 (j) 心脏中 (k) 脾中及 (l) 尿液中代谢物 FP 的含量

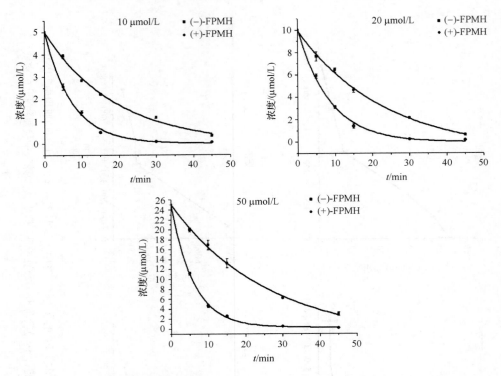

图 4-141　在大鼠肝细胞中培养 10.0 μmol/L,20.0 μmol/L 和 50.0 μmol/L 的
外消旋氟草烟异辛酯的药物浓度-时间曲线

另外,在相同的条件下,我们也设置了单体的实验,并未发现两对映体之间的手性转化,也考察了代谢物氟草烟的生成情况,以 50 μmol/L 初始药物浓度为例,结果见图 4-142 (a)、(b)。

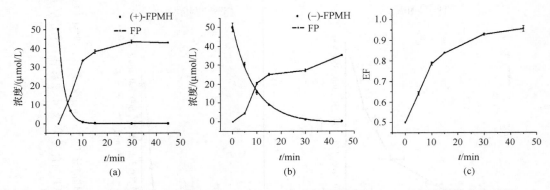

图 4-142　大鼠肝细胞中培养 50 μmol/L 的(a)(＋)-氟草烟异辛酯和(b)(－)-氟草烟异辛酯后的
平均药物浓度-时间曲线;(c)EF 值随时间变化曲线

4.7.5.2　氟草烟异辛酯及其代谢物对大鼠肝细胞的毒性研究

本实验中选用的是 MTT 细胞毒性测试方法。测试了从 0～1000 μmol/L 农药对大

鼠肝细胞的毒性,见图 4-143。细胞在含有不同药物浓度的培养基中培养 4 h,细胞活性百分数按照下式来计算,每组五个重复:

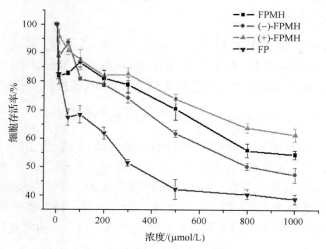

图 4-143　细胞活性与浓度关系图

细胞活性＝(药物处理组 OD_{490} －药物处理组 OD_{630})÷(空白对照组 OD_{490} －空白对照组 OD_{630})×100％

对于氟草烟异辛酯两个对映体来说,在低剂量(0～100 μmol/L)下,线粒体的功能有轻微的增加,但随着剂量的增加,其细胞毒性也急剧升高,细胞活性明显下降。外消旋氟草烟异辛酯,两个对映体及其代谢物氟草烟的 EC_{50} 见表 4-95,可以看出,(－)-氟草烟异辛酯的毒性高于外消旋体高于(＋)-氟草烟异辛酯,其代谢物氟草烟的毒性最大。

表 4-95　被测农药的 EC_{50} 值

化合物	$EC_{50}/(\mu mol/L)$
rac-FPMH	＞1000
(＋)-FPMH	＞1000
(－)-FPMH	890±17
FP	359±11

4.8　吡氟氯禾灵

吡氟氯禾灵(haloxyfop-methyl),别名盖草能,杂环氧基苯氧基脂肪酸类苗后选择性除草剂,脂肪酸合成抑制剂。用于大豆、棉花、花生、油菜、苗圃、亚麻等多种阔叶作物防除马唐、看麦娘、牛筋草、稗草、狗尾草、千金子、狗牙根、白茅等禾本科杂草,对阔叶草和莎草无效。其化学名称为 2[4-(3-氯-5-三氟甲基-2-吡啶氧基)苯氧基]丙酸,含有一个手性碳,一对对映体,其中 R-体高效,S-体几乎无效。其化学结构如图 4-144 所示。

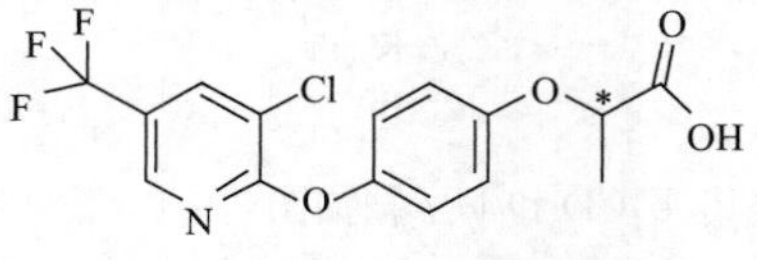

图 4-144　吡氟氯禾灵的结构式

4.8.1　吡氟氯禾灵在(R,R)Whelk-O 1 手性固定相上的拆分

4.8.1.1　色谱条件

(R,R)Whelk-O 1 型手性色谱柱(250 mm×4.6 mm I. D.)。在正己烷流动相中考察了极性改性剂乙醇、丙醇、异丙醇、正丁醇、异丁醇、戊醇对拆分的影响,检测波长 225 nm,流速 1.0 mL/min,除了考察温度对拆分的影响实验外,其他操作均在室温下进行。

4.8.1.2　吡氟氯禾灵对映体的拆分结果及醇含量的影响

表 4-96 为正己烷体系下六种醇(乙醇、丙醇、异丙醇、丁醇、异丁醇、戊醇)及其含量对吡氟氯禾灵对映体拆分的影响,检测波长 225 nm,流速 1.0 mL/min。所有的醇都可以实现吡氟氯禾灵对映体的基线分离,其中在异丙醇含量为 2% 时有最大的分离因子($\alpha=$1.36),而在丙醇含量为 2% 时有最大的分离度($R_s=3.43$)。随着流动相中极性醇含量的减少,对映体的保留增强,分离因子和分离度增大。图 4-145(a)为吡氟氯禾灵对映体的拆分色谱图。

表 4-96　吡氟氯禾灵对映体的拆分结果及醇的影响

醇含量 /%	乙醇			丙醇			异丙醇			丁醇			异丁醇			戊醇		
	k_1	α	R_s	k_1	α	R_s	k_1	α	R_s	k_1	α	R_s	k_1	α	R_s	k_1	α	R_s
2	3.18	1.26	3.23	4.45	1.33	3.43	5.68	1.36	3.22	3.48	1.33	2.41	—	—	—	6.39	1.33	2.19
5	2.01	1.22	2.51	2.68	1.28	2.83	4.07	1.34	3.11	3.02	1.31	2.19	5.39	1.34	2.03	4.06	1.33	2.11
10	1.32	1.18	1.65	1.89	1.26	2.20	2.62	1.31	2.75	2.10	1.29	1.95	3.67	1.33	1.72	3.34	1.31	1.84
15	1.13	1.17	1.28	1.40	1.24	1.80	2.21	1.30	2.41	2.01	1.30	1.88	2.65	1.31	1.55	2.76	1.32	1.82
20	0.97	1.16	1.17	1.26	1.23	1.59	1.91	1.28	2.05	1.61	1.27	1.78	2.53	1.31	1.47	2.34	1.30	1.63
30	0.71	1.16	0.83	1.05	1.22	1.41	1.46	1.26	1.77	1.30	1.26	1.37	2.28	1.30	1.42	2.11	1.29	1.26
40	0.60	1.15	0.68	0.88	1.21	1.06	1.26	1.25	1.64	1.14	1.24	1.24	2.00	1.28	1.22	1.88	1.26	1.13

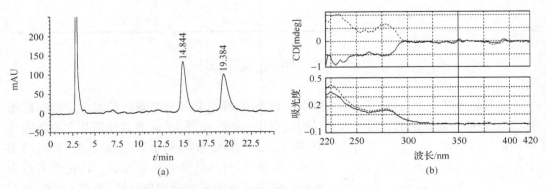

图 4-145　吡氟氯禾灵对映体的(a)拆分色谱图及其(b)CD 和 UV 扫描图

4.8.1.3　圆二色特性研究及对映体洗脱顺序的确定

吡氟氯禾灵两对映体的圆二色和紫外光谱扫描图如图 4-145(b) 所示,实线和虚线分别表示先后流出对映体,两对映体的圆二色信号吸收随波长会发生变化,在 220～280 nm 波长范围内,先流出对映体显示(一)CD 信号,最大吸收在 238 nm 和 285 nm 左右,后流出对映体的 CD 信号与先流出对映体相对"0"刻度线对称,280 nm 后两对映体基本无吸收。

相同色谱条件下,对吡氟氯禾灵和精吡氟氯禾灵(R-体)进样分析,如图 4-146 所示,根据保留时间比对和圆二色信号确证,结果表明吡氟氯禾灵对映体在(R,R) Whelk-O 1 型手性色谱柱上的流出顺序为:先流出为 S-体,后流出为 R-体。

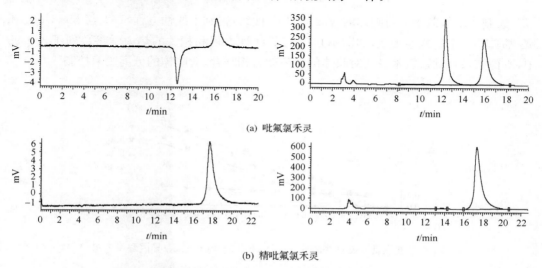

(a) 吡氟氯禾灵

(b) 精吡氟氯禾灵

图 4-146　吡氟氯禾灵对映体和精吡氟氯禾灵的 CD 和 UV 色谱图
[正己烷/异丙醇＝95/5(v/v),1.0 mL/min,225 nm]

4.8.1.4　温度对拆分的影响

在正己烷/异丙醇体系下考察了 0～50 ℃范围内温度对吡氟氯禾灵手性拆分的影响,见表 4-97。同样,随着温度的降低,对映体的保留变强,分离效果变好,0 ℃时分离度为 2.85,而 50 ℃时分离度只有 1.46。

表 4-97　温度对吡氟氯禾灵对映体拆分的影响(正己烷/异丙醇＝90/10)

温度/℃	k_1	k_2	α	R_s
0	3.280	4.621	1.41	2.85
5	2.681	3.698	1.38	2.71
10	2.195	2.947	1.34	2.65
15	1.856	2.437	1.31	2.47
20	1.648	2.137	1.30	2.32
25	1.484	1.896	1.28	2.07

温度/℃	k_1	k_2	α	R_s
30	1.468	1.868	1.27	2.07
35	1.334	1.676	1.26	1.98
40	1.218	1.511	1.24	1.76
45	1.080	1.321	1.22	1.54
50	1.001	1.218	1.22	1.46

4.8.1.5 热力学参数的计算

绘制了吡氟氯禾灵对映体的 Van't Hoff 曲线,得到了线性方程,$1/T$ 与 $\ln k_1$、$\ln k_2$ 和 $\ln\alpha$ 都具有一定的线性关系,如图 4-147 所示,线性方程和相关的热力学参数列于表 4-98 中,所得结果与吡氟氯禾灵两对映体的分离能力相吻合,对映体的分离受焓控制。

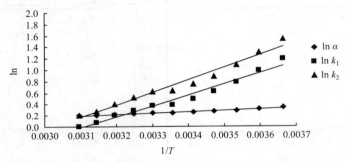

图 4-147　吡氟氯禾灵对映体的 Van't Hoff 曲线(正己烷/异丙醇＝90/10)

表 4-98　吡氟氯禾灵对映体的热力学参数(正己烷/异丙醇＝90/10)

对映体	$\ln k=-\Delta H/RT+\Delta S^*$	$\Delta H/$ (kJ/mol)	ΔS^*	$\ln\alpha=-\Delta\Delta H/RT+\Delta\Delta S/R$	$\Delta\Delta H/$ (kJ/mol)	$\Delta\Delta S/$ [J/(mol·K)]
E_1(S-体)	$\ln k_1=1958.5/T-6.098$ ($R^2=0.9712$)	−16.283	−6.098			
				$\ln\alpha=251.31/T-0.590$ ($R^2=0.976$)	−2.089	−4.905
E_2(R-体)	$\ln k_2=2209.8/T-6.687$ ($R^2=0.9719$)	−18.372	−6.687			

4.8.2 吡氟氯禾灵在土壤中的选择性行为研究

4.8.2.1 未灭菌土壤中的降解

在未经过灭菌的土壤中对吡氟氯禾灵对映体进行降解实验,吡氟氯禾灵对映体在土壤中的培养浓度为 2.5 mg/kg,分别在 0 h、1 h、3 h、8 h、16 h、28 h、41 h、60 h 取样,依据所建立的方法进行提取、检测。结果发现,在供试的四种未灭菌土壤中,吡氟氯禾灵对映体均表现出不同程度的降解,且都具有一定的选择性差异。两对映体在实验条件下降解非常迅速,60 h 几乎降解完全。在降解前一阶段,S-体降解速率均快于 R-体,导致 R-体相对过剩,而在后一阶段,R-体降解速度又快于 S-体,S-体相对过剩。吡氟氯禾灵对映体在各种土壤中的降解色谱图见图 4-148,降解曲线及 EF 值的变化曲线见图 4-149。

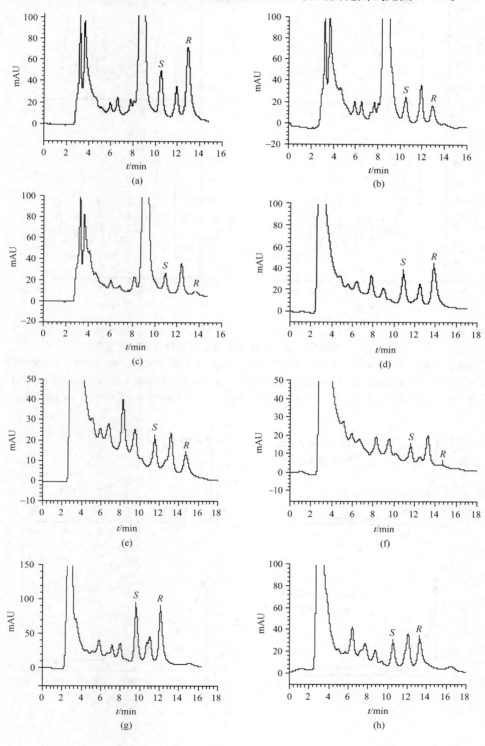

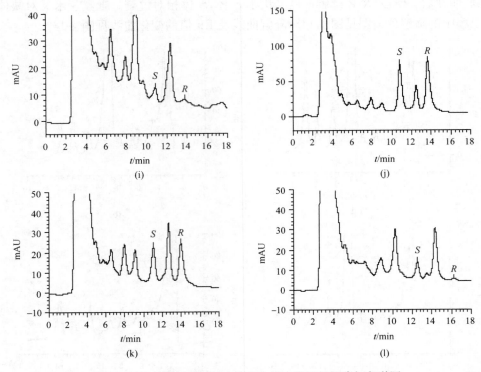

图 4-148　吡氟氯禾灵对映体在土壤中的选择性降解色谱图

(a) 在 1♯土壤中降解 3 小时；(b) 在 1♯土壤中降解 16 小时；(c) 在 1♯土壤中降解 41 小时；(d) 在 2♯土壤中降解 1 小时；(e) 在 2♯土壤中降解 3 小时；(f) 在 2♯土壤中降解 41 小时；(g) 在 3♯土壤中降解 1 小时；(h) 在 3♯土壤中降解 8 小时；(i) 在 3♯土壤中降解 41 小时；(j) 在 4♯土壤中降解 1 小时；(k) 在 4♯土壤中降解 3 小时；(l) 在 4♯土壤中降解 41 小时

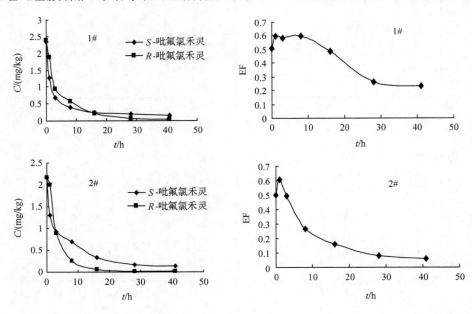

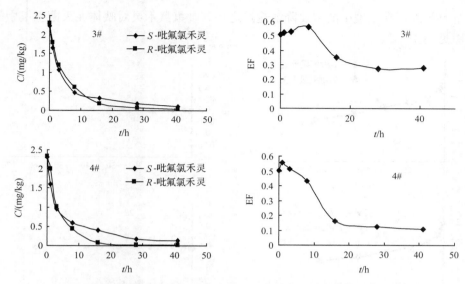

图 4-149　吡氟氯禾灵对映体在土壤中的降解动态和 EF 值的变化曲线

　　对消解动态进行动力学回归,结果显示,R-体在四种土壤中的降解基本符合一级反应动力学规律,而 S-体的降解与拟合方程偏差较大。对映体降解的回归方程、相关系数和降解半衰期列于表 4-99 中。

表 4-99　吡氟氯禾灵对映体在土壤中消解动态的回归方程

土壤	对映体	回归方程	相关系数	半衰期
1#	S-体	$C(t)=2.064\mathrm{e}^{-0.0791t}$	0.4458	8.76
	R-体	$C(t)=2.187\mathrm{e}^{-0.1083t}$	0.9056	6.40
2#	S-体	$C(t)=2.173\mathrm{e}^{-0.0818t}$	0.7764	8.47
	R-体	$C(t)=2.162\mathrm{e}^{-0.1593t}$	0.9042	4.35
3#	S-体	$C(t)=2.229\mathrm{e}^{-0.0857t}$	0.7973	8.09
	R-体	$C(t)=2.294\mathrm{e}^{-0.1129t}$	0.9117	6.14
4#	S-体	$C(t)=2.312\mathrm{e}^{-0.0825t}$	0.7860	8.40
	R-体	$C(t)=2.325\mathrm{e}^{-0.143t}$	0.8950	4.85

　　由以上结果可推测,吡氟氯禾灵在土壤中的降解可能存在对映体转化现象,降解过程中部分 R-体可能会转化为 S-体,从而使得相对过剩的对映体由降解初期的 R-体变为降解后期的 S-体,但是否存在转化现象还需使用单一异构体进一步深入探讨证实。

4.8.2.2　吡氟氯禾灵对映体在灭菌土壤中的降解

　　为了明确土壤微生物是否影响吡氟氯禾灵在土壤中的降解速度及选择性特征,本实验设计了吡氟氯禾灵对映体在以上四种土壤中的灭菌实验。结果表明(图 4-150),在灭菌条件下吡氟氯禾灵在土壤中的降解相对较慢,EF 值均在 0.5 上下浮动,没有发生明显的变化,这表明在灭菌条件下吡氟氯禾灵的两对映体在土壤中不存在选择性降解。从而证明吡氟氯禾灵降解的对映体选择性主要是由土壤中的微生物降解造成的,土壤微生物降解是吡氟氯禾灵在土壤中的主要降解途径之一。吡氟氯禾灵对映体在灭菌土壤中的降解色谱图见图 4-151。

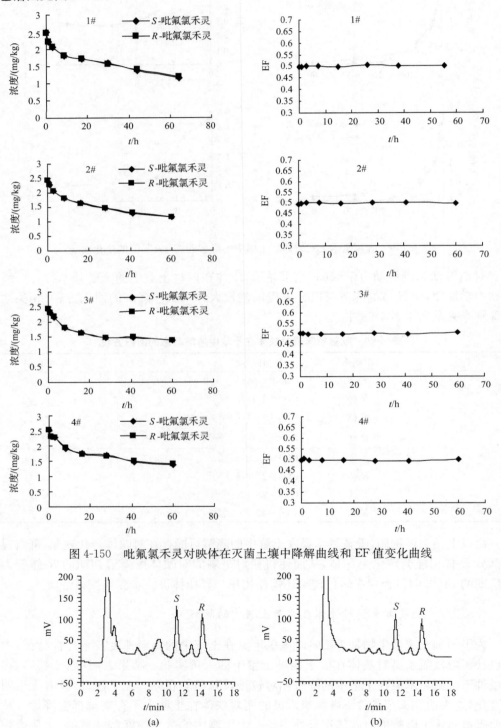

图 4-150　吡氟氯禾灵对映体在灭菌土壤中降解曲线和 EF 值变化曲线

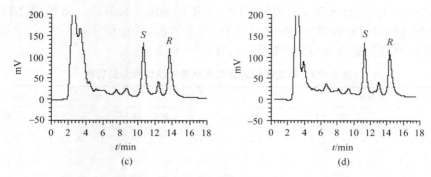

图 4-151　吡氟氯禾灵对映体在灭菌土壤中的降解色谱图

(a) 在 1♯ 土壤中降解 60 小时；(b) 在 2♯ 土壤中降解 60 小时；(c) 在 3♯ 土壤中降解 60 小时；
(d) 在 4♯ 土壤中降解 60 小时

4.9　乳氟禾草灵

乳氟禾草灵(lactofen)是选择性苗后茎叶处理除草剂，施药后通过植物茎叶吸收，在体内进行有限的传导，通过破坏细胞膜的完整性而导致细胞内含物的流失，最后使杂草干枯死亡。在充足光照条件下，施药后敏感的阔叶杂草叶片出现灼伤斑，并逐渐扩大，整个叶片变枯，最后全株死亡。化学名称为 2-硝基-5-(2-氯-4-三氟甲基苯氧基)苯甲酸-1-(乙氧羰基)乙基酯，化学结构式如图 4-152 所示，其结构中含有一个手性中心，外消旋体含有一对对映异构体。

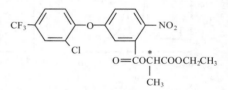

图 4-152　乳氟禾草灵的结构式

4.9.1　乳氟禾草灵在正相 CDMPC 手性固定相上的拆分

4.9.1.1　色谱条件

Agilent 1100 高效液相色谱仪及 JASCO 2000 高效液相色谱仪(主要用于对映体出峰顺序的确定及圆二色特性的研究)。纤维素-三(3,5-二甲基苯基氨基甲酸酯)色谱柱(自制)250 mm×4.6 mm I.D.，流动相为正己烷、石油醚、正庚烷或正戊烷，在正己烷流动相中考察了极性改性剂乙醇、丙醇、异丙醇、正丁醇、异丁醇对拆分的影响，其他流动相中使用异丙醇为改性剂，检测波长 230 nm，流速 1.0 mL/min，除了考察温度对拆分的影响实验外，其他操作均在室温下进行。

4.9.1.2　乳氟禾草灵对映体的拆分结果及醇含量的影响

乳氟禾草灵在 CDMPC 手性固定相上可得到对映体的完全分离，正己烷体系下的拆分及 5 种醇作为极性改性剂及对拆分的影响结果见表 4-100，检测波长 230 nm，异丁醇、异丙醇和正丙醇的拆分效果都比较好(含量 1% 时的分离度分别为 1.87、1.84 和 1.73)，正丁醇也可基本实现其对映体的基线分离，但乙醇的拆分效果非常差，在含量为 1% 时分离度也只有 0.60。乳氟禾草灵对映体的拆分色谱图见图 4-153(a)。另外，考察了正庚烷和正戊烷流动相对乳氟禾草灵对映体的拆分，结果如表 4-101 所示，效果比正己烷流动相稍好些，在异丙醇含量为 2% 时分离度分别为 1.80 和 2.03。

表 4-100　醇改性剂对乳氟禾草灵对映体拆分的影响

含量/%	乙醇			丙醇			异丙醇			丁醇			异丁醇		
	k_1	α	R_s	k_1	α	R_s	k_1	α	R_s	k_1	α	R_s	k_1	α	R_s
20	0.70	1.00	0.00	0.68	1.19	0.33	0.95	1.00	0.00	0.90	1.00	0.00	0.97	1.00	0.00
15	0.90	1.00	0.00	0.79	1.21	0.42	1.07	1.26	0.55	0.83	1.18	0.37	0.95	1.13	0.29
10	0.93	1.17	0.31	1.05	1.25	0.85	1.29	1.31	0.70	1.06	1.22	0.61	1.16	1.24	0.63
5	1.32	1.22	0.58	1.57	1.30	1.33	1.82	1.36	1.27	1.99	1.37	1.28	1.78	1.33	1.38
2	2.23	1.07	0.56	2.26	1.34	1.53	3.14	1.49	1.62	2.52	1.26	1.39	3.05	1.42	1.67
1	2.80	1.16	0.60	3.60	1.43	1.73	3.79	1.50	1.84	3.53	1.27	1.48	4.63	1.54	1.87

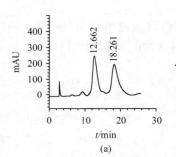
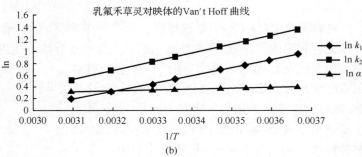

图 4-153　乳氟禾草灵对映体的(a)色谱拆分图及(b)Van't Hoff 曲线

表 4-101　庚烷和戊烷体系下乳氟禾草灵对映体的拆分

异丙醇含量/%	正庚烷			正戊烷		
	k_1	α	R_s	k_1	α	R_s
20	0.75	1.30	0.66	0.85	1.30	0.75
15	1.07	1.35	0.99	1.17	1.35	1.03
10	1.41	1.38	1.19	1.43	1.37	1.16
5	1.91	1.66	1.96	2.28	1.44	1.53
2	3.50	1.54	1.80	3.71	1.55	2.03

4.9.1.3　圆二色特性研究

乳氟禾草灵两对映体的 CD 吸收非常弱，如图 4-154 所示，在 220～250 nm 范围内先流出对映体为 CD(＋)，后流出为 CD(－)，但两对映体的 CD 吸收随波长的变化有两处翻转现象，先后流出对映体分别用实线、虚线表示，230 nm 是其中一个较为合适的波长，用来标识对映体的圆二色信息。

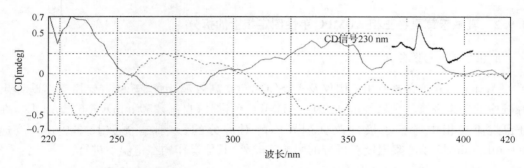

图 4-154　乳氟禾草灵两对映体的 CD 扫描图（实线代表先流出对映体，虚线代表后流出对映体）

4.9.1.4　温度对拆分的影响

表 4-102 为温度对乳氟禾草灵对映体拆分的影响数据，流动相为正己烷/异丙醇（90/10），温度范围为 0～50℃，容量因子和分离因子、分离度都随温度的升高而减小，尤其是分离度，在 0℃时为 1.82，而在 50℃时只有 1.02，因此温度是优化乳氟禾草灵对映体拆分的一个重要的参数。

表 4-102　温度对乳氟禾草灵对映体拆分的影响（正己烷/异丙醇＝90/10）

温度/℃	k_1	k_2	α	R_s
0	2.59	3.88	1.49	1.82
5	2.38	3.51	1.48	1.69
10	2.19	3.20	1.46	1.58
15	2.02	2.95	1.46	1.53
25	1.73	2.46	1.43	1.36
30	1.55	2.21	1.42	1.28
40	1.44	2.00	1.39	1.18
50	1.22	1.66	1.36	1.02

4.9.1.5　热力学参数的计算

基于温度实验，绘制了 Van't Hoff 曲线，具有较好的线性关系（线性相关系数 $r >$ 0.99），如图 4-153（b）所示，根据线性的 Van't Hoff 方程，计算了相关的热力学参数，列于表 4-103 中。其两对映体的分离受焓控制。

表 4-103　乳氟禾草灵对映体的热力学参数（正己烷/异丙醇＝90/10）

对映体	$\ln k = -\Delta H/RT + \Delta S^*$	ΔH /(kJ/mol)	ΔS^*	$\ln\alpha = \Delta_{R,S}\Delta H/RT + \Delta_{R,S}\Delta S/RT$	$\Delta\Delta H$ /(kJ/mol)	$\Delta\Delta S$ /[J/(mol·K)]
＋	$\ln k_1 = 1320.1/T - 3.88$ (R=0.9980)	−10.98	−3.88	$\ln\alpha = 156.76/T - 0.17$ (R=0.9881)	−1.30	−1.41
－	$\ln k_2 = 1476.8/T - 4.06$ (R=0.9986)	−12.28	−4.06			

4.9.2 乳氟禾草灵在正相 ADMPC 手性固定相上的拆分

4.9.2.1 色谱条件

Agilent 1100 高效液相色谱仪及 JASCO 2000 高效液相色谱仪(主要用于对映体出峰顺序的确定及圆二色特性的研究)。ADMPC 色谱柱(自制)250 mm×4.6 mm I. D. ,在正己烷流动相中考察了极性改性剂异丙醇对拆分的影响,检测波长 230 nm,流速1.0 mL/min,除了考察温度对拆分的影响实验外,其他操作均在室温下进行。

4.9.2.2 乳氟禾草灵对映体的拆分结果

正己烷体系下乳氟禾草灵对映体的拆分结果见表 4-104,分离效果随着异丙醇含量的减小而增强,对映体的保留也随着增强。在异丙醇含量为 5% 时,乳氟禾草灵对映体可实现基线分离,分离度为 1.52,在含量 1% 时得到最大分离度 2.26。圆二色检测确定乳氟禾草灵对映体在 230 nm 波长下的出峰顺序为(一)/(十)。

表 4-104　乳氟禾草灵对映体的拆分结果

异丙醇含量/%	k_1	k_2	α	R_s
15	2.54	2.93	1.16	1.06
10	3.45	4.04	1.17	1.22
5	5.17	6.12	1.18	1.52
2	8.00	9.64	1.20	1.84
1	10.59	13.10	1.24	2.26

4.9.2.3 温度对拆分的影响

温度对乳氟禾草灵对映体的拆分结果见表 4-105,考察了 0~40℃ 范围内温度对拆分的影响,流动相为正己烷/异丙醇(98/2),容量因子和分离因子都随着温度的升高而减小,分离度在 0℃ 时有最大值 2.77。图 4-155(a)为乳氟禾草灵对映体的拆分色谱图。

表 4-105　温度对乳氟禾草灵对映体手性拆分的影响

温度/℃	k_1	k_2	α	R_s
0	13.07	16.77	1.28	2.77
10	8.83	10.87	1.23	1.82
30	7.06	8.41	1.19	1.63
40	6.71	7.95	1.18	1.77

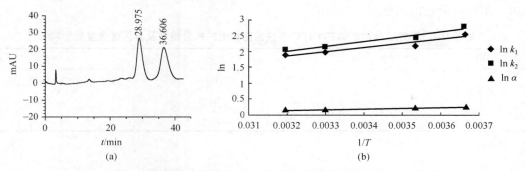

图 4-155　乳氟禾草灵对映体的(a)色谱拆分图及(b)Van't Hoff 曲线

4.9.2.4　热力学参数的计算

绘制了 Van't Hoff 曲线,如图 4-155(b)所示,各参数的线性相关系数大于 0.95,可认为具有线性关系,Van't Hoff 方程和熵变、焓变数据列于表 4-106 中。焓变差值为 1.40 kJ/mol,熵变的差值为 3.16 J/(mol·K),在对映体的分离过程中,焓起到主要作用。

表 4-106　乳氟禾草灵对映体拆分的热力学参数(正己烷/异丙醇＝98/2)

对映体	$\ln k = -\Delta H/RT + \Delta S^*$	ΔH (kJ/mol)	ΔS^*	$\ln \alpha = \Delta_{R,S}\Delta H/RT + \Delta_{R,S}\Delta S/RT$	$\Delta\Delta H/$ (kJ/mol)	$\Delta\Delta S/$ [J/(mol·K)]
－	$\ln k_1 = 1345.3/T - 2.45$ (R=0.9468)	−11.18	−2.45	$\ln \alpha = 168.6/T - 0.38$ (R=0.9741)	−1.40	−3.16
＋	$\ln k_2 = 1511.1/T - 2.82$ (R=0.9491)	−12.56	−2.82			

4.9.3　乳氟禾草灵在正相 CTPC 手性固定相上的拆分

4.9.3.1　色谱条件

Agilent 1100 高效液相色谱仪及 JASCO 2000 高效液相色谱仪(主要用于对映体出峰顺序的确定及圆二色特性的研究)。纤维素-三(苯基氨基甲酸酯)(CTPC)手性固定相(自制)250 mm×4.6 mm I.D.,在正己烷流动相中考察了极性改性剂异丙醇对拆分的影响,检测波长 254 nm,流速 1.0 mL/min,除了考察温度对拆分的影响实验外,其他操作均在室温下进行。

4.9.3.2　对映体的出峰顺序

使用圆二色检测器确定了对映体在手性固定相上的出峰顺序,在正己烷/异丙醇(85/15),流速 1.0 mL/min,波长为 254 nm 条件下出峰顺序为(＋)/(－)。

4.9.3.3　异丙醇含量的影响

考察了流动相中异丙醇含量对拆分的影响,拆分结果及异丙醇含量的影响见表 4-

107。最佳拆分色谱图见图 4-156(a)。

表 4-107　手性农药对映体在 CTPC 手性固定相上的拆分结果及异丙醇含量的影响

样品	异丙醇含量/%	k_1	k_2	α	R_s
乳氟禾草灵	15	3.75	4.05	1.08	0.49
（254 nm）	10	6.23	6.96	1.12	0.87
	5	11.16	12.67	1.14	0.95

注：流速为 1.0 mL/min,20 ℃

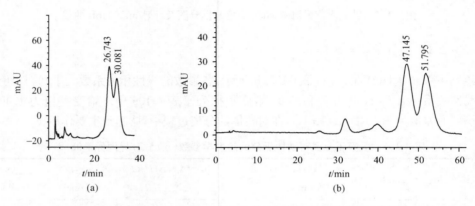

图 4-156　乳氟禾草灵对映体在(a)正相 CTPC 及(b)反相 CDMPC 手性固定相上的拆分色谱图

4.9.3.4　温度对拆分的影响

考察了温度对手性农药对映体拆分的影响,流动相条件、Van't Hoff 方程、热力学参数及温度对拆分的影响结果列于表 4-108 中,温度范围为 0～40 ℃。

表 4-108　温度对 CTPC 手性固定相拆分的影响、Van't Hoff 方程及热力学参数

样本	$T/℃$	k_1	k_2	α	R_s	Van't Hoff 方程(R^2)	$\Delta H/\Delta\Delta H$ /(kJ/mol)	$\Delta S^*/\Delta\Delta S$ /[J(/mo・K)]
乳氟禾草灵 （95/5）	0	15.37	17.39	1.13	0.98			
	10	14.07	15.95	1.13	1.02	$\ln k_1 = 1293.7/T - 1.98(0.97)$	-10.76	-1.98
	20	11.16	12.67	1.14	0.95	$\ln k_2 = 1288.8/T - 1.83(0.97)$	-10.72	-1.83
	30	10.34	11.72	1.13	0.88	$\ln\alpha$ 与 $1/T$ 不成线性关系		
	40	8.39	9.52	1.14	0.98			

注：流速为 1.0 mL/min;254 nm

4.9.4　乳氟禾草灵在反相 CDMPC 手性固定相上的拆分

4.9.4.1　色谱条件

色谱柱:CDMPC 手性柱,250 mm×4.6 mm I. D. (实验室自制);流动相为不同比例的甲醇/水或乙腈/水,温度对拆分影响在 0~40 ℃之间,其他实验在室温进行,流速 0.8 mL/min,进样量 10 μL,检测波长 230 nm,样品浓度大约为 100 mg/L。

4.9.4.2　流动相组成对手性拆分的影响

考察了甲醇/水或乙腈/水流动相对乳氟禾草灵拆分的影响,结果见表 4-109。由表中数据可以看出甲醇或乙腈对手性拆分的影响不同,乳氟禾草灵在甲醇作改性剂条件下能拆开,而乙腈作改性剂时却没有拆分趋势。典型色谱图见图 4-156(b)。

表 4-109　甲醇/水或乙腈/水作流动相时在 CDMPC 上对乳氟禾草灵的拆分结果

手性化合物	流动相	v/v	k_1	k_2	α	R_s
乳氟禾草灵	甲醇/水	100/0	0.77	0.77	1.00	—
		95/5	0.79	0.88	1.11	0.63
		90/10	1.52	1.69	1.11	0.66
		85/15	3.13	3.46	1.11	0.83
		80/20	7.01	7.75	1.10	0.92
		75/25	14.71	16.26	1.11	1.07
	乙腈/水	100/0	0.44	0.44	1.00	—
		80/20	0.57	0.57	1.00	—
		50/50	15.19	15.19	1.00	

4.9.4.3　温度对手性拆分的影响

温度是手性拆分中一个重要因素,本实验考察了 0~40 ℃范围内手性农药的拆分,结果见表 4-110,由表中数据可以看出,随着温度的升高,容量因子降低;而分离因子 0~30 ℃几乎不变,较高分离度出现在 0 ℃。在甲醇/水作流动相的条件下,乳氟禾草灵两对映体的容量因子和分离因子都随温度升高而降低,具有很好的线性关系。

表 4-110　温度对 CDMPC 手性固定相拆分的影响 Van't Hoff 方程及热力学参数

化合物/流动相	温度/℃	k_1	k_2	α	R_s	Van't Hoff 方程(R^2)	ΔH^o、$\Delta\Delta H^o$ /(kJ/mol)	$\Delta S^o + R\ln\varphi$、$\Delta\Delta S^o$ /[J/(mol·K)]
乳氟禾草灵/(甲醇/水 90/10)	0	2.99	1.17	1.06	2.56	$\ln k_1 = 1843.3/T - 5.8242$ (0.9814)		
	5	2.35	1.13	0.96	2.07		$\Delta H_1^o = -15.32$ $\Delta H_2^o = -17.08$	$\Delta S_1^o + R\ln\varphi = -48.40$ $\Delta S_2^o + R\ln\varphi = -53.57$
	10	2.13	1.12	0.91	1.90	$\ln k_2 = 2055.2/T - 6.447$ (0.9802)		
	20	1.90	1.11	0.87	1.71		$\Delta\Delta H^o = -1.76$	$\Delta\Delta S^o = -5.17$
	30	1.41	1.08	0.68	1.30	$\ln\alpha = 211.89/T - 0.6229$ (0.9631)		
	40	1.11	1.05	0.43	1.05			

4.9.4.4　对映体流出顺序

利用圆二色检测器测定了乳氟禾草灵的对映体流出顺序,色谱图见图 4-157,乳氟禾草灵在 265 nm 下出峰顺序为(−)/(＋)。

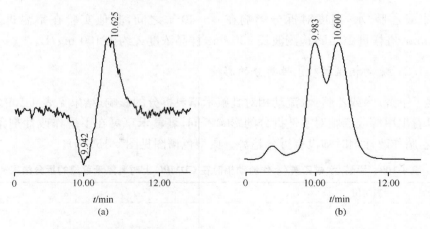

图 4-157　乳氟禾草灵在 CDMPC 上的(a)圆二色与(b)紫外色谱图

4.9.5　乳氟禾草灵在反相 ADMPC 手性固定相上的拆分

4.9.5.1　色谱条件

色谱柱：ADMPC 手性固定相，150 mm×4.6 mm I. D. (实验室自制)；流动相为不同比例的甲醇/水或乙腈/水，温度对拆分影响在 0～40 ℃之间，其他实验在室温进行，流速 0.5 mL/min，进样量 10 μL，检测波长 230 nm，样品浓度大约为 100 mg/L。

4.9.5.2　流动相组成对手性拆分的影响

乳氟禾草灵对映体在 ADMPC 手性固定相上的拆分结果见表 4-111，考察了不同流动相对手性拆分的影响。从表中数据可以看出，农药的容量因子随水含量的增加而递增，

表 4-111　乳氟禾草灵对映体在 ADMPC 手性固定相上的拆分结果

手性化合物	流动相	v/v	k_1	k_2	α	R_s
乳氟禾草灵	甲醇/水	100/0	0.44	0.51	1.17	0.77
		95/5	0.73	0.88	1.21	1.034
		90/10	1.51	1.87	1.24	1.44
		85/15	3.00	3.73	1.24	1.50
		80/20	6.84	8.59	1.26	2.07
	乙腈/水	100/0	0.19	0.19	1.00	—
		70/30	1.05	1.05	1.00	—
		60/40	3.00	3.25	1.09	0.74
		55/45	5.66	6.15	1.09	0.88
		50/50	0.79	0.79	1.00	—
		40/60	1.43	1.43	1.00	—
		30/70	3.06	3.06	1.00	—

多数情况下分离因子也递增,而分离度没有这样的趋势。乳氟禾草灵在两种流动相中都有拆分趋势,且乳氟禾草灵在甲醇/水(80/20,v/v)作流动相条件下分离度可达 2.07,图 4-158(a)为乳氟禾草灵对映体的拆分色谱图。

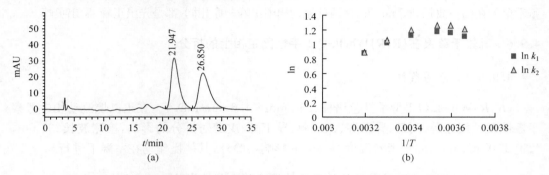

图 4-158　乳氟禾草灵在 ADMPC 手性固定相上的(a)拆分色谱图及(b)容量因子和分离因子的自然对数与热力学温度倒数关系图

4.9.5.3　温度对手性拆分的影响

在甲醇/水或乙腈/水作流动相条件下,在 0~40 ℃ 范围内,考察了温度对乳氟禾草灵对映体拆分的影响,Van't Hoff 方程、热力学参数及温度对拆分的影响结果列于表 4-112 中,由表可见,乳氟禾草灵在 60% 乙腈作改性剂时容量因子随温度升高而降低,通过容量因子和分离因子的自然对数($\ln k_1$,$\ln k_2$ 和 $\ln\alpha$)对热力学温度的倒数($1/T$)作图,绘制 Van't Hoff 曲线,见图 4-158(b)。

表 4-112　在 ADMPC 手性固定相上,温度对乳氟禾草灵拆分的影响、Van't Hoff 方程及热力学参数

化合物 (流动相)	温度 /℃	k_1	k_2	α	R_s	Van't Hoff 方程(R^2)	ΔH°、$\Delta\Delta H^\circ$ /(kJ/mol)	$\Delta S^\circ + R\ln\varphi$、$\Delta\Delta S^\circ$/ [J/(mol·K)]
乳氟禾草灵(甲醇/水=85/15)	0	5.49	7.45	1.36	2.34	$\ln k_1 = 2373.8/T - 6.9949$ (0.9962) $\ln k_2 = 2674/T - 7.8013$ (0.9938) $\ln\alpha = 300.19/T - 0.8064$ (0.0924)	$\Delta H_1^\circ = -19.73$ $\Delta H_2^\circ = -22.22$ $\Delta\Delta H^\circ = -2.49$	$\Delta S_1^\circ + R\ln\varphi = -58.13$ $\Delta S_2^\circ + R\ln\varphi = -64.83$ $\Delta\Delta S^\circ = -6.70$
	5	4.60	6.08	1.32	2.09			
	10	3.89	4.85	1.25	1.42			
	15	3.53	4.50	1.27	1.84			
	20	3.06	3.81	1.25	1.56			
	30	2.38	2.87	1.21	1.44			
	40	1.75	2.03	1.16	1.09			
乳氟禾草灵(乙腈/水=60/40)	0	3.03	3.37	1.11	0.67	$\ln k_1$ 与 $1/T$ 线性不好 $\ln k_2$ 与 $1/T$ 线性不好 $\ln\alpha = 194.62/T - 0.6011$ (0.9568)	$\Delta\Delta H^\circ = -1.62$	$\Delta\Delta S^\circ = -5.00$
	5	3.20	3.53	1.10	0.65			
	10	3.21	3.52	1.09	0.69			
	20	3.05	3.29	1.08	0.62			
	30	2.77	2.86	1.03	0.25			
	40	2.40	2.45	1.02	0.15			

4.9.5.4　对映体的出峰顺序

在高效液相色谱圆二色检测器上测定了对映体在 ADMPC 手性固定相上的出峰顺序,乳氟禾草灵在同一波长 265 nm 下,在两种流动相中出峰顺序相同,都是先出正峰,后出负峰。

4.9.6　乳氟禾草灵在(R,R)Whelk-O 1 手性固定相上的拆分

4.9.6.1　色谱条件

(R,R)Whelk-O 1 型手性色谱柱(250 mm×4.6 mm I.D.)。在正己烷流动相中考察了极性改性剂乙醇、丙醇、异丙醇、正丁醇、异丁醇、戊醇对拆分的影响,检测波长 230 nm,流速 1.0 mL/min,除了考察温度对拆分的影响实验外,其他操作均在室温下进行。

4.9.6.2　乳氟禾草灵对映体的拆分结果及醇含量的影响

表 4-113 为正己烷体系下六种醇(乙醇、丙醇、异丙醇、丁醇、异丁醇、戊醇)及其含量对乳氟禾草灵对映体拆分的影响,检测波长 230 nm,流速 1.0 mL/min。当改性剂为乙醇、丙醇、异丙醇和丁醇时都可以实现乳氟禾草灵对映体的基线分离,其中在异丙醇含量为 2% 时有最大的分离因子($\alpha=1.18$),在丙醇含量为 2% 时有最大的分离度($R_s=2.37$)。随着流动相中极性醇含量的减少,对映体的保留增强,分离因子和分离度增大。图 4-159 (a)为乳氟禾草灵对映体的拆分色谱图,(b)为其 Van't Hoff 曲线。

表 4-113　乳氟禾草灵对映体的拆分结果及醇的影响

醇含量 /%	乙醇			丙醇			异丙醇			丁醇			异丁醇			戊醇		
	k_1	α	R_s	k_1	α	R_s	k_1	α	R_s	k_1	α	R_s	k_1	α	R_s	k_1	α	R_s
2	6.87	1.15	2.26	8.31	1.17	2.37	12.22	1.18	2.11	5.84	1.15	1.77	—	—	—	—	—	—
5	4.13	1.12	1.75	5.07	1.15	1.83	8.25	1.18	1.89	4.16	1.15	1.50	—	—	—	—	—	—
10	2.46	1.10	1.06	3.13	1.13	1.39	5.29	1.16	1.62	3.57	1.14	1.25	5.70	1.16	1.10	4.28	1.14	1.26
15	1.90	1.10	0.90	2.21	1.12	1.16	3.78	1.14	1.50	2.78	1.13	1.14	4.40	1.15	1.00	3.40	1.13	1.06
20	1.53	1.09	0.76	1.89	1.11	1.04	3.19	1.14	1.38	2.07	1.12	1.08	2.96	1.13	0.94	2.81	1.13	0.97
30	1.05	1.08	0.64	1.44	1.10	0.86	2.22	1.13	1.12	1.59	1.11	0.87	2.67	1.13	0.85	2.21	1.11	0.71
40	0.82	1.06	0.43	1.13	1.09	0.71	1.86	1.12	0.99	1.35	1.10	0.75	2.25	1.12	0.72	1.82	1.10	0.64

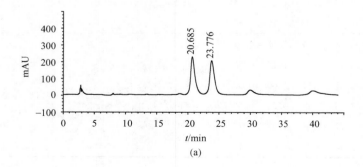

(a)

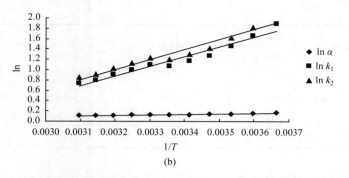

图 4-159　乳氟禾草灵对映体的(a)拆分色谱图及其(b)Van't Hoff 曲线

4.9.6.3　对映体洗脱顺序的确定

本小节中利用 240 nm 处的 CD 信号来标识对映体的流出顺序，即先流出异构体为（＋），后流出为（－）。乳氟禾草灵的 CD 色谱图见图 4-160。

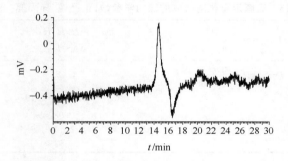

图 4-160　乳氟禾草灵两对映体的 CD 色谱图

4.9.6.4　温度对拆分的影响

在正己烷/异丙醇体系下考察了 0～50 ℃范围内温度对拆分的影响，见表 4-114。随着温度的升高，对映体的保留变弱，分离效果变差，0 ℃时分离度为 1.93，而 50 ℃时分离度只有 0.98。

表 4-114　温度对乳氟禾草灵对映体拆分的影响（正己烷/异丙醇＝90/10）

温度/℃	k_1	k_2	α	R_s
0	6.673	7.901	1.18	1.93
5	5.284	6.200	1.17	1.72
10	4.349	5.058	1.16	1.66
15	3.588	4.132	1.15	1.55
20	3.228	3.698	1.15	1.46
25	2.916	3.328	1.14	1.37

温度/℃	k_1	k_2	α	R_s
30	2.996	3.408	1.14	1.32
35	2.727	3.087	1.13	1.21
40	2.482	2.797	1.13	1.10
45	2.223	2.492	1.12	1.01
50	2.091	2.336	1.12	0.98

4.9.6.5 热力学参数的计算

根据温度实验结果绘制了乳氟禾草灵对映体的 Van't Hoff 曲线,得到了线性方程,见图 4-159(b)所示,$1/T$ 与 $\ln k_1$、$\ln k_2$ 和 $\ln \alpha$ 都具有一定的线性关系,线性方程和相关的热力学参数列于表 4-115 中,两对映体与手性固定相相互作用焓变的差值为 0.820 kJ/mol,熵变的差值为 1.638 J/(mol·K),对映体的分离受焓控制。

表 4-115 乳氟禾草灵对映体的热力学参数(正己烷/异丙醇=90/10)

对映体	$\ln k = -\Delta H/RT + \Delta S^*$	$\Delta H/$ (kJ/mol)	ΔS^*	$\ln \alpha = -\Delta\Delta H/RT + \Delta\Delta S/R$	$\Delta\Delta H$ /(kJ/mol)	$\Delta\Delta S/$ [J/(mol·K)]
$E_1(+)$	$\ln k_1 = 1874.5/T - 5.118$ $(R^2=0.9488)$	−15.585	−5.118	$\ln \alpha = 98.68/T - 0.197$ $(R^2=0.9804)$	−0.820	−1.638
$E_2(-)$	$\ln k_2 = 1973.2/T - 5.314$ $(R^2=0.9508)$	−16.405	−5.314			

4.9.7 乳氟禾草灵在土壤中的选择性行为研究

4.9.7.1 有氧条件下乳氟禾草灵在土壤中的降解

乳氟禾草灵对映体有氧条件下在 8 种土壤中的降解趋势基本一致,符合一级降解动力学规律。对其在土壤中的消解动态进行动力学回归,得出对映体的降解速率、降解半衰期及 ES 值分别列于表 4-116。

表 4-116 乳氟禾草灵对映体于有氧条件下在不同土壤中的降解速率、半衰期以及 ES 值

土壤编号	对映体	k/h^{-1}	$t_{1/2}/h$	R^2	ES
1#	S-(+)-乳氟禾草灵	0.0587	11.8±0.6	0.94	0.093
	R-(−)-乳氟禾草灵	0.0487	14.2±0.8	0.96	
2#	S-(+)-乳氟禾草灵	0.0433	16.0±0.9	0.91	0.162
	R-(−)-乳氟禾草灵	0.0312	22.0±0.5	0.91	
3#	S-(+)-乳氟禾草灵	0.0606	11.4±0.4	0.95	0.192
	R-(−)-乳氟禾草灵	0.0411	16.7±0.2	0.97	

续表

土壤编号	对映体	k/h^{-1}	$t_{1/2}/\mathrm{h}$	R^2	ES
4#	S-(+)-乳氟禾草灵	0.0450	15.4±0.7	0.94	0.186
	R-(−)-乳氟禾草灵	0.0309	22.4±0.5	0.96	
5#	S-(+)-乳氟禾草灵	0.0823	8.4±0.1	0.95	0.217
	R-(−)-乳氟禾草灵	0.0530	13.1±0.7	0.96	
6#	S-(+)-乳氟禾草灵	0.0364	19.0±0.1	0.97	0.230
	R-(−)-乳氟禾草灵	0.0228	30.4±0.7	0.98	
7#	S-(+)-乳氟禾草灵	0.0349	20.0±1.4	0.98	0.432
	R-(−)-乳氟禾草灵	0.0138	50.2±0.8	0.93	
8#	S-(+)-乳氟禾草灵	0.0648	10.7±0.9	0.95	0.363
	R-(−)-乳氟禾草灵	0.0303	22.9±0.9	0.91	

1) 有氧条件下乳氟禾草灵在酸性土壤中的降解

从表 4-116 中可以看出,在供试的两种酸性土壤中(7#和8#),两个对映体的降解半衰期均出现差异,两个对映体的降解半衰期分别相差约 30 h 和 12 h(7#,20.0 h 和 50.2 h;8#,10.7 h 和 22.9 h),ES 值分别为 0.432 和 0.363,差异都达到了统计学显著水平。图 4-161(a)～(b)直观地反映了不同取样时间两个对映体在两种酸性土壤中残留量的差异:从处理后第 6 小时两个对映体的残留量就已有所不同,在此后的时间里,这种

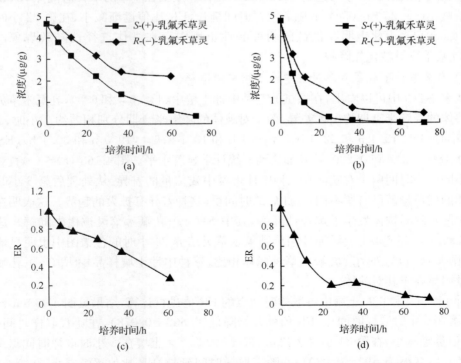

图 4-161　(a)～(b)乳氟禾草灵对映体在酸性土壤(7#和8#)中降解曲线;
(c)～(d)酸性土壤(7#和8#)中 ER 值变化动态

差异有扩大的趋势。这表明在酸性土壤中两对映异构体发生了选择性降解,其中 S-(+)-乳氟禾草灵被优先降解。这一现象在 7♯ 和 8♯ 土壤添加外消旋乳氟禾草灵培养24 小时的色谱图中也明显地体现出来(图 4-162),与外消旋乳氟禾草灵标样相比,两种酸性土壤样品中 R-(−)-乳氟禾草灵的量明显高于其对映体。

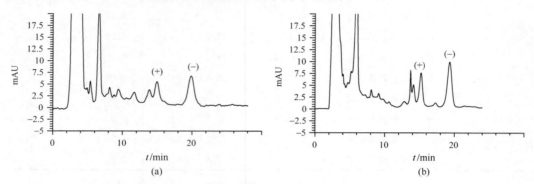

图 4-162　乳氟禾草灵对映体在酸性土壤中的选择性降解

(a) 7♯ 土壤中添加培养 24 小时后图谱；(b) 8♯ 土壤中添加培养 24 小时后图谱；

流动相:正己烷/异丙醇(98/2,v/v),流速 1.0 mL/min

对 7♯ 和 8♯ 土壤中各取样时间点的 ER 值进行计算,结果见图 4-161(c)～(d)。7♯土壤在 6 小时取样时间点,ER 值就开始降低(0.843 ± 0.043),并随着取样时间延长,ER比值逐渐减小,在第 60 小时达到 0.278 ± 0.003;8♯土壤在 6 小时取样时间点 ER 值就已经开始减小(0.726 ± 0.058),并随着取样时间延长,ER 比值逐渐减小,在第 72 小时达到0.072 ± 0.014。由此表明在供试的两种酸性土壤中存在立体选择性降解现象,即 S-(+)-乳氟禾草灵被优先降解。

2) 有氧条件下乳氟禾草灵在中性土壤中的降解

从表 4-116 中可以看出,在供试的三种中性土壤中(4♯、5♯ 和 6♯),乳氟禾草灵的两个对映体的降解半衰期均出现差异,两个对映体的降解半衰期分别相差约 7 小时、5 小时和 11 小时(4♯,15.4 h 和 22.4 h;5♯,8.4 h 和 13.1 h;6♯,19.0 h 和 30.4 h),ES 值分别为 0.186、0.217 和 0.230,差异都达到了统计学显著水平。图 4-163 (a)～(c)直观地反映了不同取样时间两个对映体在三种中性土壤中残留量的差异:从处理后第 6 小时两个对映体的残留量就已有所不同,在此后的时间里,这种差异有扩大的趋势。这表明在中性土壤中两对映异构体发生了选择性降解,其中 S-(+)-乳氟禾草灵被优先降解。这一现象在 4♯、5♯ 和 6♯ 土壤添加外消旋乳氟禾草灵培养 24 小时的色谱图中也明显地体现出来(图 4-164),与外消旋乳氟禾草灵标样相比,三种中性土壤样品中 R-(−)-乳氟禾草灵的量明显高于其对映体。

对 4♯、5♯ 和 6♯ 土壤中各取样时间点的 ER 值进行计算,结果见图 4-163(d)～(f)。4♯土壤在 6 小时取样时间点,ER 值就开始降低(0.662 ± 0.078),并随着取样时间延长,ER 比值逐渐减小,在第 84 小时达到 0.295 ± 0.023;5♯土壤在 6 小时取样时间点 ER 值就已经开始减小(0.893 ± 0.030),并随着取样时间延长,ER 比值逐渐减小,在第 60 小时达到 0.340 ± 0.028。6♯ 土壤在 6 小时取样时间点 ER 值就已经开始减小($0.823\pm$

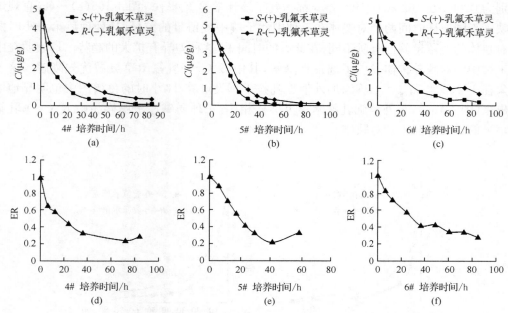

图 4-163　(a)～(c)乳氟禾草灵对映体在中性土壤(4♯、5♯和 6♯)中降解曲线；
(d)～(f)中性土壤(4♯、5♯和 6♯)中 ER 值变化动态

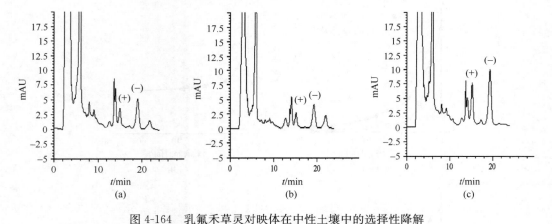

图 4-164　乳氟禾草灵对映体在中性土壤中的选择性降解

(a) 4♯ 土壤中添加培养 24 小时后图谱；(b) 5♯ 土壤中添加培养 24 小时后图谱；(c) 6♯ 土壤中添加培养
24 小时后图谱。流动相:正己烷/异丙醇(98/2,v/v),流速 1.0 mL/min

0.022),并随着取样时间延长,ER 比值逐渐减小,在第 84 小时达到 0.289±0.018。由此表明在供试的三种中性土壤中存在立体选择性降解现象,即(S)-(+)-乳氟禾草灵被优先降解。

3) 有氧条件下乳氟禾草灵在弱碱性土壤中的降解

从表 4-116 中可以看出,在供试的三种弱碱性土壤中(1♯、2♯和 3♯),乳氟禾草灵的两个对映体的降解半衰期均出现差异,两个对映体的降解半衰期分别相差约 2 小时、6 小时和 5 小时(1♯,11.8 h 和 14.2 h;2♯,16.0 h 和 22.0 h;3♯,11.4 h 和 16.7 h),ES 值

分别为 0.093、0.162 和 0.192,差异都达到了统计学显著水平。图 4-165(a)～(c)直观地反映了不同取样时间两个对映体在三种中性土壤中残留量的差异;从处理后第 6 小时两个对映体的残留量就已有所不同,在此后的时间里,这种差异有扩大的趋势。这表明在中性土壤中两对映异构体发生了选择性降解,其中 S-(+)-乳氟禾草灵被优先降解。这一现象在 1♯、2♯ 和 3♯ 土壤添加外消旋乳氟禾草灵培养 24 小时的色谱图中也明显地体现出来(图 4-166),与外消旋乳氟禾草灵标样相比,三种弱碱性土壤样品中 R-(一)-乳氟禾草灵的量明显高于其对映体。

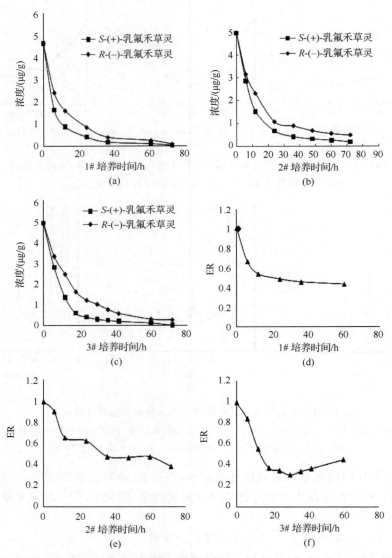

图 4-165　(a)～(c)乳氟禾草灵对映体在碱性土壤(1♯、2♯ 和 3♯)中降解曲线;
(d)～(f)碱性土壤(1♯、2♯ 和 3♯)中 ER 值变化动态

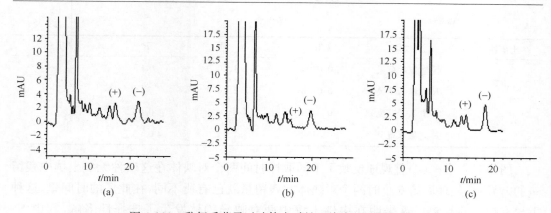

图 4-166 乳氟禾草灵对映体在碱性土壤中的选择性降解

(a) 1♯土壤中添加培养 24 小时后图谱；(b) 2♯土壤中添加培养 24 小时后图谱；(c) 3♯土壤中添加培养
24 小时后图谱。流动相：正己烷/异丙醇(98/2, v/v)，流速 1.0 mL/min

对 1♯、2♯和 3♯ 土壤中各取样时间点的 ER 值进行计算，结果见图 4-165(d)~(f)。
1♯土壤在 6 小时取样时间点，ER 值就开始降低(0.670±0.076)，并随着取样时间延长，
ER 比值逐渐减小，在第 60 小时达到 0.435±0.059；2♯土壤在 6 小时取样时间点 ER 值
就已经开始减小(0.906±0.046)，并随着取样时间延长，ER 比值逐渐减小，在第 72 小时
达到 0.386±0.096。3♯ 土壤在 6 小时取样时间点 ER 值就已经开始减小(0.842±
0.016)，并随着取样时间延长，ER 比值逐渐减小，在第 60 小时达到 0.452±0.065。由此
表明在供试的三种弱碱性土壤中存在立体选择性降解现象，即 S-(+)-乳氟禾草灵被优
先降解。

4.9.7.2 无氧条件下乳氟禾草灵在土壤中的降解

乳氟禾草灵对映体无氧条件下在四种土壤中(2♯、4♯、5♯和 8♯)的降解趋势基本
一致，符合一级降解动力学规律。对其在土壤中的消解动态进行动力学回归，得出对映体
的降解速率、降解半衰期及 ES 值分别列于表 4-117。从表 4-117 可以看出，在无氧条件下
乳氟禾草灵的降解也比较快，但是明显慢于同种土壤有氧条件下的降解，半衰期为
0.6~1.5 d；与有氧条件相似，在供试的四种土壤中，乳氟禾草灵的两个对映体的降解半
衰期不同，最多相差 21.3 小时，ES 最大达到 0.419，差异都达到了统计学显著水平，这表
明乳氟禾草灵于无氧条件下在土壤中发生了选择性的降解，选择性方向与有氧条件一致，
同样是 S-(+)-乳氟禾草灵被优先降解。

表 4-117 乳氟禾草灵对映体于无氧条件下在不同土壤中的降解速率、半衰期以及 ES 值

土壤编号	对映体	k/h^{-1}	$t_{1/2}$/h	R^2	ES
2♯	S-乳氟禾草灵	0.0392	17.8±0.8	0.98	0.156
	R-乳氟禾草灵	0.0286	24.2±0.3	0.95	
4♯	S-乳氟禾草灵	0.0321	21.6±0.6	0.99	0.191
	R-乳氟禾草灵	0.0218	31.8±1.0	0.97	

土壤编号	对映体	k/h^{-1}	$t_{1/2}/h$	R^2	ES
5#	S-乳氟禾草灵	0.0399	17.4±0.9	0.99	0.184
	R-乳氟禾草灵	0.0275	25.2±0.9	0.96	
8#	S-乳氟禾草灵	0.0469	14.8±0.1	0.93	0.419
	R-乳氟禾草灵	0.0192	36.1±1.0	0.93	

图 4-167(a)～(d)直观地反映了不同取样时间两个对映体在这四种无氧土壤中残留量的差异:从处理后第 6 小时两个对映体的残留量就已有所不同,在此后的时间里,这种差异有扩大的趋势。这表明在中性土壤中两对映异构体发生了选择性降解,其中 S-(+)-乳氟禾草灵被优先降解。即在这四种土壤样品中 R-(一)-乳氟禾草灵的量明显高于其对映体。

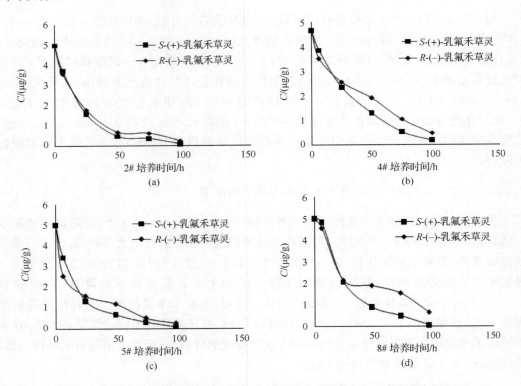

图 4-167 无氧条件下乳氟禾草灵在(a)2♯土壤中的降解;(b)4♯土壤中的降解;
(c)5♯土壤中的降解;(d)8♯土壤中的降解

对 2♯、4♯、5♯和 8♯ 土壤中各取样时间点的 ER 值进行计算,结果见图 4-168(a)～(d)。2♯土壤在 6 小时取样时间点,ER 值就开始降低(0.386±0.055),并随着取样时间延长,ER 比值逐渐减小,在第 96 小时达到 0.435±0.124;4♯土壤在 6 小时取样时间点 ER 值就已经开始减小(0.907±0.024),并随着取样时间延长,ER 比值逐渐减小,在第 96

小时达到 0.414 ± 0.072。5# 土壤在 6 小时取样时间点 ER 值就已经开始减小($0.807\pm$ 0.040),并随着取样时间延长,ER 比值逐渐减小,在第 96 小时达到 0.310 ± 0.085。8# 土壤在 6 小时取样时间点 ER 值就已经开始减小(0.916 ± 0.017),并随着取样时间延长, ER 比值逐渐减小,在第 96 小时达到 0.075 ± 0.004。由此表明在供试的四种无氧土壤中 存在立体选择性降解现象,即 S-($+$)-乳氟禾草灵被优先降解。

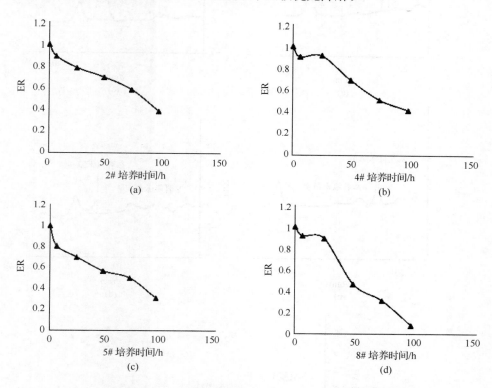

图 4-168　乳氟禾草灵对映体无氧条件下在(a)2# 土壤中 ER 值变化动态; (b)4# 土壤中 ER 值变化动态;(c)5# 土壤中 ER 值变化动态;(d)8# 土壤中 ER 值变化动态

4.9.7.3　光学纯乳氟禾草灵在土壤中的降解

为了验证乳氟禾草灵在土壤中的降解是否存在对映体间的相互转化,于有氧和无氧 条件下选择三种土壤进行单体实验。图 4-169 反映了在不同取样时间下分别添加 S- ($+$)-乳氟禾草灵和 R-($-$)-乳氟禾草灵的 2# 有氧土壤降解情况,结果表明,乳氟禾草灵 单体在土壤中的降解没有发生对映体之间的相互转化。同样,在无氧条件下的单体实验 也得到了相同的结论,乳氟禾草灵单体之间没有发生相互转化。这就表明了乳氟禾草灵 在土壤中的降解是保持手性稳定的。

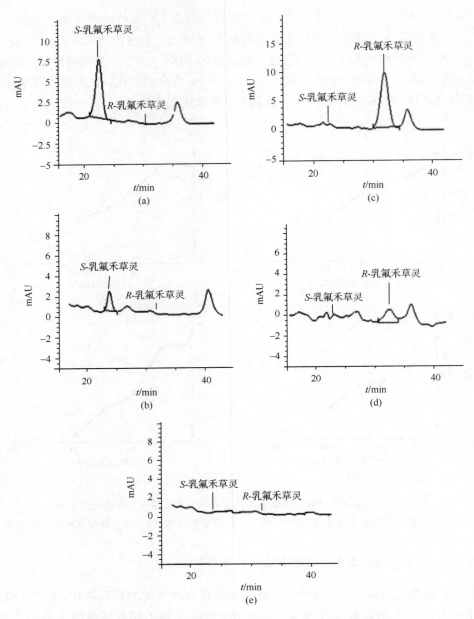

图 4-169　乳氟禾草灵在 2# 有氧土壤中的单体试验色谱图

(a) 添加 S-(＋)-乳氟禾草灵后 0 h 色谱图；(b) 添加 S-(＋)-乳氟禾草灵后 72 h 色谱图；(c) 添加 R-(—)-乳氟禾草灵后 0 h 色谱图；(d) 添加 R-(—)-乳氟禾草灵后 72 h 色谱图；(e) 土壤空白色谱图。流动相：正己烷/异丙醇(99/1, v/v)，流速 1.0 mL/min

4.9.7.4　乳氟禾草灵在灭菌土壤中的降解

为了明确土壤微生物是否是影响乳氟禾草灵在土壤中的降解速度及选择性特征的因素，本实验设计了乳氟禾草灵对映体在三种土壤中的灭菌实验。结果表明在灭菌条件下乳氟禾草灵在土壤中的降解十分缓慢,在 7 天的培养中基本没有发生降解。而且所有供试土壤中乳氟禾草灵的 EF 值均在 0.5 上下浮动(图 4-170),没有发生明显的变化,这表明在灭菌条件下乳氟禾草灵的两对映体在土壤中不存在选择性行为研究。从而证明在三种供试土壤中乳氟禾草灵降解产生的立体选择性主要是由土壤中的微生物降解造成的,土壤微生物降解是乳氟禾草灵在土壤中的主要降解途径之一。

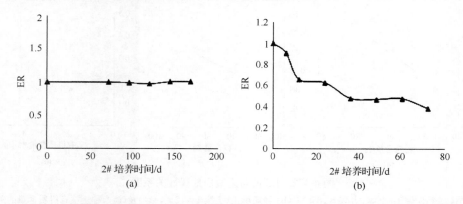

图 4-170　乳氟禾草灵在(a)灭菌 2# 土壤中的 ER 曲线图及(b)非灭菌 2# 有氧土壤中的 ER 曲线图

4.9.7.5　乳氟禾草灵的选择性降解与土壤性质之间的关系

如前所述,在 8 种供试有氧土壤中,S-(+)-乳氟禾草灵被优先降解,因此 8 种有氧土壤中乳氟禾草灵的 ES 值均为正值。由表 4-116 可知,pH 越低的土壤 8# 和土壤 7#(pH 5.0 和 5.1),ES 值越大(ES=0.363 和 0.432),而对于 pH 最高的土壤 1#(pH 8.3)来说,ES 值最小(ES=0.093)。ES 值与土壤 pH 成负相关,pH 越大 ES 值越小[$r^2=0.93$,$p=0.0011$,见图 4-171(a)]。有趣的是,在四种供试无氧土壤中,也发现这种现象,即 pH 越大 ES 越小[$r^2=0.92$,$p=0.043$,见图 4-171(b)]。

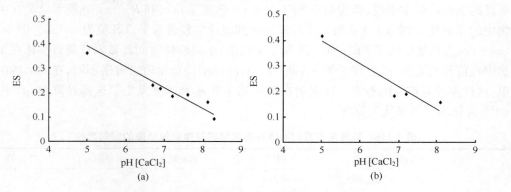

图 4-171　ES 值与土壤 pH 之间的线性关系图
(a) 8 种有氧土壤(土壤 1#～8#);(b) 四种无氧土壤(土壤 2#,4#,5#,8#)

土壤质地和土壤有机质能够影响微生物的生长,而乳氟禾草灵的选择性降解主要是由微生物降解造成的,因此两者与 ES 值也有可能存在一定线性关系。对土壤质地和 ES

值进行比较,发现对于粉质壤土来说,粉粒含量越少,ES 值越小,而对于沙质壤土来说,粉粒含量越少,ES 值越大。线性方程分别为 $y=0.0106x-0.315$,$R^2=0.914$,$p=0.011$ 和 $y=0.0034x-0.0983$,$R^2=0.995$,$p=0.046$。见图 4-172。

　　然而,在对土壤有机质含量和 ES 值进行比较后发现,ES 值与土壤有机质含量没有明显的线性关系,见图 4-172(c)。

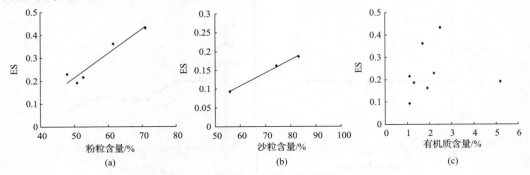

图 4-172　ES 值与土壤质地线性关系图

ES 值与(a) 粉质壤土(土壤 3#,5#,8#);(b) 沙质壤土(土壤 1#,2#,4#)及(c)八种土壤有机质含量的关系图

4.9.8　乳氟禾草灵及其代谢物在土壤沉积物中的选择性行为研究

4.9.8.1　乳氟禾草灵在沉积物中的立体选择性降解

　　SE1、SE2 和 SE3 分别代表外消旋乳氟禾草灵、S-(+)-乳氟禾草灵和 R-(-)-乳氟禾草灵在沉积物中的降解实验。

　　对三组实验 SE1、SE2 和 SE3 来说,乳氟禾草灵对映体在沉积物中的降解趋势基本一致,符合一级降解动力学规律。对其在土壤中的消解动态进行动力学回归,拟合方程、降解半衰期及 ES 值列于表 4-118。从表 4-118 可以看出,对于初始加药为外消旋乳氟禾草灵的沉积物样本来说,即实验组 SE1,S-(+)-乳氟禾草灵和 R-(-)-乳氟禾草灵在沉积物中的半衰期分别为 1.1 d 和 2.2 d,差异达到统计学显著水平,ES 值为 0.332。图 4-173(a)～(c)直观地反映了 SE1、SE2 和 SE3 实验中,不同取样时间乳氟禾草灵对映体在沉积物中残留量的差异:从处理后第 6 小时两个对映体的残留量就已有所不同,在此后的时间里,这种差异有扩大的趋势。这表明在沉积物中乳氟禾草灵发生了选择性降解,其中 S-(+)-乳氟禾草灵被优先降解。

表 4-118　乳氟禾草灵对映体在沉积物实验中消解动态的回归方程

实验组/培养的化合物		回归方程	相关系数 R^2	半衰期 $t_{1/2}$/d	ES 值
SE1	S-(+)-乳氟禾草灵	$y=4.526e^{-0.627x}$	0.97	1.1	0.332
	R-(-)-乳氟禾草灵	$y=4.9937e^{-0.314x}$	0.99	2.2	
SE2	S-(+)-乳氟禾草灵	$y=3.7978e^{-0.457x}$	0.96	1.5	/
SE3	R-(-)-乳氟禾草灵	$y=4.292e^{-0.294x}$	0.98	2.4	/

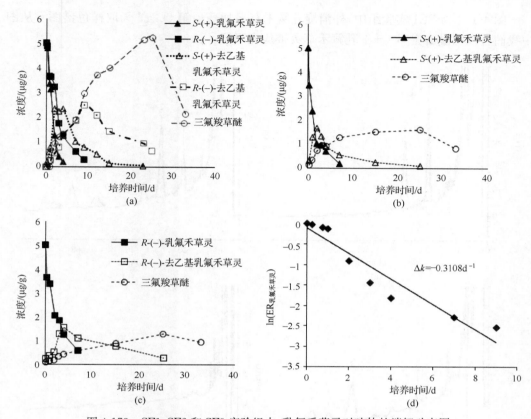

图 4-173　SE1、SE2 和 SE3 实验组中，乳氟禾草灵对映体的消解动态图

(a) 外消旋乳氟禾草灵的消解动态图(SE1)；(b) S-(+)-乳氟禾草灵的消解动态图(SE2)；(c) R-(−)-乳氟禾草灵的消解动态图(SE3)。同时包括三氟羧草醚和去乙基乳氟禾草灵异构体的动态生成图；(d) SE1 中的数值 ln(ER) 对培养时间做的线性图

表 4-119 列出了在 SE1 实验组中不同取样点的乳氟禾草灵的 ER 值。由表可知，乳氟禾草灵初始的 ER 值为 1.02±0.01，随着取样时间的延长，ER 值在逐渐减小，在加药后 9 天已经降到 0.08±0.01。S-异构体浓度不断减小说明了 S-(+)-乳氟禾草灵容易被沉积物中的微生物酶系降解。从而导致了 R-异构体的富集。

表 4-119　SE1 实验组中不同取样时间点的乳氟禾草灵及去乙基乳氟禾草灵的 ER 值

取样 时间/d	ER[a] S,R-乳氟禾草灵	ER[a] S,R-去乙基乳氟禾草灵	取样 时间/d	ER[a] S,R-乳氟禾草灵	ER[a] S,R-去乙基乳氟禾草灵
0	1.02±0.01		7	0.10±0.03	0.54±0.08
0.25	0.97±0.01		9	0.08±0.01	0.31±0.08
0.75	0.91±0.01	2.33±0.03	12		0.25±0.07
1	0.88±0.05	3.01±0.04	15		0.11±0.07
2	0.40±0.05	4.23±0.04	23		0.05±0.06
3	0.23±0.01	2.79±0.08	25		0.04±0.10
4	0.16±0.01	1.77±0.02			

a. 数值代表平均值±SD

图 4-174 为 SE1 实验组中,外消旋乳氟禾草灵加药后第 0、2、7 天取样色谱图。从图中我们可以明显看出 S-(＋)-乳氟禾草灵被优先降解。

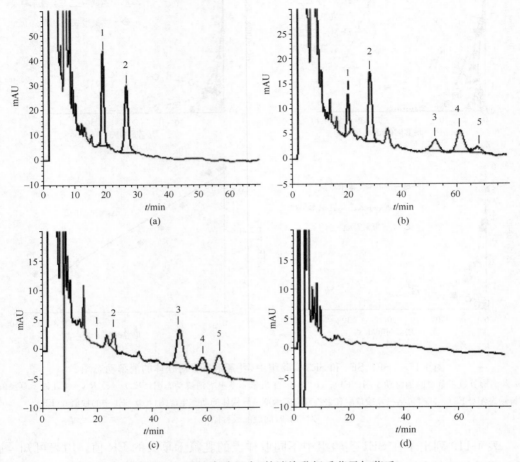

图 4-174　SE1 实验组中,外消旋乳氟禾草灵加药后

(a) 第 0 天取样色谱图;(b) 第 2 天取样色谱图;(c) 第 7 天取样色谱图;(d) 空白样本图。[1:S-(＋)-乳氟禾草灵;2:R-(－)-乳氟禾草灵;3:三氟羧草醚;4:S-(＋)-去乙基乳氟禾草灵;5:R-(－)-去乙基乳氟禾草灵。正己烷/异丙醇/三氟乙酸＝98/2/0.1;流速 1.0 mL/min,250 mm 手性柱]

表 4-120 列出了在 SE1、SE2 和 SE3 实验组中乳氟禾草灵两异构体的降解速率常数。由表 4-120 可知,在 SE1 中,外消旋乳氟禾草灵的两个对映异构体的降解速率常数分别为 0.627 d^{-1} 和 0.314 d^{-1};在培养 S-(＋)-乳氟禾草灵的 SE2 实验组中,S-异构体的降解

表 4-120　SE1～SE3 实验组中乳氟禾草灵两异构体的降解速率常数

实验组	速率常数/d^{-1}	
（培养的化合物）	S-(＋)-乳氟禾草灵	R-(－)-乳氟禾草灵
SE1（rac-乳氟禾草灵）	0.627	0.314
SE2[S-(＋)-乳氟禾草灵]	0.457	
SE3[R-(－)-乳氟禾草灵]		0.294

速率常数为 0.457 d⁻¹；在培养 R-$(-)$-乳氟禾草灵的 SE3 实验组中，R-异构体的降解速率常数为 0.294 d⁻¹。也就说，SE1 与 SE2 实验组中 k_S 是不同的，与之相似的是，SE1 与 SE3 实验组中的 k_R 也是不同的。产生这种差异的原因还不是很清楚，可能是因为 SE1 与 SE2、SE3 的培养条件不尽相同，从而导致同一异构体的降解速率不同。

在实验组 SE1 中，乳氟禾草灵的 ER 值随时间的进行而逐渐减小，由初始的 1.02 减小到 0.08（表 4-119）。通过 ln(ER)对时间 t 作图发现，ln(ER)与时间 t 呈线性关系，拟合方程为 $y = -0.3108x - 0.0962$，相关系数为 0.91，见图 4-173(d)。由此线性方程可求得 Δk 为 -0.3108 d⁻¹，这与之前消解动态方程求得的数据非常吻合（$k_R - k_S = -0.313$ d⁻¹，表 4-120）。

图 4-175(a)～(b)为 SE2 实验中，加入 S-$(+)$-乳氟禾草灵后第 0 天、2 天后取样色谱图。图 4-175(c)～(d)为 SE3 实验中，加入 R-$(-)$-乳氟禾草灵后第 0 天、3 天后取样

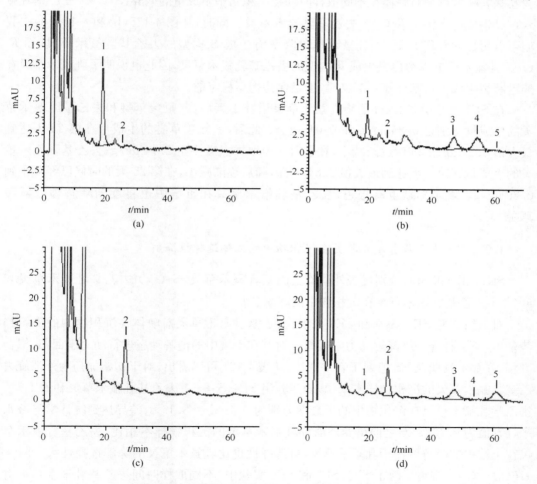

图 4-175　SE2 实验组中，加入 S-$(+)$-乳氟禾草灵后

(a) 第 0 天取样色谱图；(b) 第 2 天取样色谱图。SE3 实验组中，加入 R-$(-)$-乳氟禾草灵后(c)第 0 天取样色谱图；(d) 第 3 天取样色谱图。[1：S-$(+)$-乳氟禾草灵；2：R-$(-)$-乳氟禾草灵；3：三氟羧草醚；4：流速$(+)$-去乙基乳氟禾草灵；5：R-$(-)$-去乙基乳氟禾草灵。正己烷/异丙醇/三氟乙酸=98/2/0.1，流速 1.0 mL/min，250 mm 手性柱]

色谱图。由图可知,在仅培养了 S-(＋)-乳氟禾草灵的沉积物样本中并没有 R-(－)-乳氟禾草灵的生成,而在仅培养了 R-(－)-乳氟禾草灵的沉积物样本中也没有发现 S-(＋)-乳氟禾草灵的生成。因此,乳氟禾草灵在沉积物中的降解是保持手性稳定的,即异构体之间未发生相互转化。

4.9.8.2　去乙基乳氟禾草灵和三氟羧草醚在沉积物中的生成

去乙基乳氟禾草灵和三氟羧草醚是乳氟禾草灵在土壤中的两种主要代谢物。从图 4-174 和图 4-175 的色谱图中我们可以看到去乙基乳氟禾草灵和三氟羧草醚的生成。图 4-173 的消解动态曲线直观地反映了不同取样时间三氟羧草醚在沉积物中的生成量以及去乙基乳氟禾草灵对映体在不同取样时间点沉积物中生成量的差异: S-(＋)-去乙基乳氟禾草灵生成速率快于 R-(－)-去乙基乳氟禾草灵。同时,从图 4-175(b)和 4-175(d)中我们可以明显的看到 S-(＋)-乳氟禾草灵降解将生成 S 构型的去乙基乳氟禾草灵,而 R-(－)-乳氟禾草灵降解也只生成 R 构型的去乙基乳氟禾草灵,因此也说明了乳氟禾草灵在酯键断裂生成去乙基乳氟禾草灵时,也是保持构型稳定的。

在 SE1 实验中,加入外消旋乳氟禾草灵培养 1 天后,三氟羧草醚和去乙基乳氟禾草灵的生成量分别是 0.26 μg/g 和 1.04 μg/g。此后,三氟羧草醚的生成量在第 25 天达到最大值 5.22 μg/g,随后逐渐减小,在最后一个取样点减小至 2.14 μg/g;去乙基乳氟禾草灵的生成量在第 9 天达到最大值 2.84 μg/g,随后逐渐减小,在第 25 天的时候已经减小到 0.26 μg/g。之前文献也有报道,去乙基乳氟禾草灵在土壤中也将逐渐降解为三氟羧草醚[4,5]。

4.9.8.3　去乙基乳氟禾草灵在沉积物中的立体选择性降解

SE4、SE5 和 SE6 分别代表外消旋去乙基乳氟禾草灵、S-(＋)-去乙基乳氟禾草灵和 R-(＋)-去乙基乳氟禾草灵在沉积物中的降解实验。

对三组实验 SE4、SE5 和 SE6 来说,去乙基乳氟禾草灵对映体在沉积物中的降解趋势基本一致,符合一级降解动力学规律。对其在土壤中的消解动态进行动力学回归,拟合方程、降解半衰期及 ES 值列于表 4-121。从表 4-121 可以看出,对于初始加药为外消旋去乙基乳氟禾草灵的沉积物样本来说,即实验组 SE4,S-(＋)-去乙基乳氟禾草灵和 R-(－)-去乙基乳氟禾草灵在沉积物中的半衰期分别为 0.49 d 和 3.19 d,差异达到统计学显著水平,ES 值为 0.732。与之前培养外消旋乳氟禾草灵的沉积物样本相比,去乙基乳氟禾草灵在土壤中的降解要慢于乳氟禾草灵,且选择性也比乳氟禾草灵的降解选择性大。图 4-176(a)～(c)直观地反映了 SE4、SE5 和 SE6 实验中,不同取样时间去乙基乳氟禾草灵对映体在沉积物中残留量的差异:从处理后第 6 小时两个对映体的残留量就已有所不同,在此后的时间里,这种差异有扩大的趋势。这表明在沉积物中去乙基乳氟禾草灵发生了选择性降解,其中 S-(＋)-去乙基乳氟禾草灵被优先降解。

表 4-121　去乙基乳氟禾草灵对映体在沉积物实验(SE4~SE6)中消解动态的回归方程

实验组/培养的化合物		回归方程	相关系数 R^2	半衰期 $t_{1/2}$/d	ES 值
SE4	S-(+)-去乙基乳氟禾草灵	$y=2.1126e^{-1.404x}$	0.98	0.49	
	R-(—)-去乙基乳氟禾草灵	$y=1.5237e^{-0.217x}$	0.97	3.19	0.732
SE5	S-(+)-去乙基乳氟禾草灵	$y=4.1067e^{-1.417x}$	0.98	0.48	—
SE6	R-(—)-去乙基乳氟禾草灵	$y=4.0028e^{-0.262x}$	0.98	3.19	—

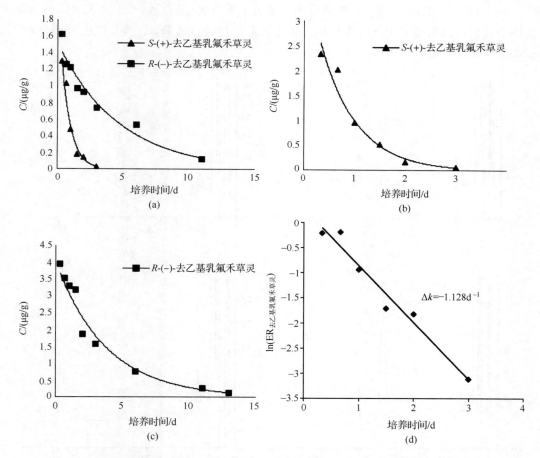

图 4-176　SE4、SE5 和 SE6 实验组中,去乙基乳氟禾草灵对映体的消解动态图

(a) 外消旋去乙基乳氟禾草灵的消解动态图(SE4);(b) S-(+)-去乙基乳氟禾草灵的消解动态图(SE5);
(c) R-(—)-去乙基乳氟禾草灵的消解动态图(SE6);(d) SE4 中的数值 $\ln(\text{ER})$ 对培养时间作的线性图

表 4-122 列出了在 SE4 实验组中不同取样点的去乙基乳氟禾草灵的 ER 值。由表可知,去乙基乳氟禾草灵初始的 ER 值为 1.01 ± 0.013,随着取样时间的延长,ER 值在逐渐减小,由于在第 3 天左右 S-(+)-去乙基乳氟禾草灵就基本降解完全,因此 ER 值

只能检测到加药后 3 天,此时已降到 0.045 ± 0.009。S-异构体浓度不断减小说明了 S-$(+)$-去乙基乳氟禾草灵容易被沉积物中的微生物酶系降解。从而导致了 R-异构体的富集。

表 4-122　SE4 实验组中不同取样时间点的去乙基乳氟禾草灵的 ER 值

采样时间/d	0	0.33	0.67	1	1.5	2	3
ER^a							
S,R-去乙基乳氟禾草灵	1.01 ± 0.013	0.81 ± 0.067	0.83 ± 0.048	0.39 ± 0.022	0.19 ± 0.010	0.16 ± 0.011	0.045 ± 0.009

a:数值代表平均值±SD

　　图 4-177 为 SE4 实验组中,外消旋去乙基乳氟禾草灵加药后第 0、1、3 天取样色谱图。从图中我们可以明显看出 S-$(+)$-去乙基乳氟禾草灵被优先降解。同时,也可明显看到三氟羧草醚的生成。

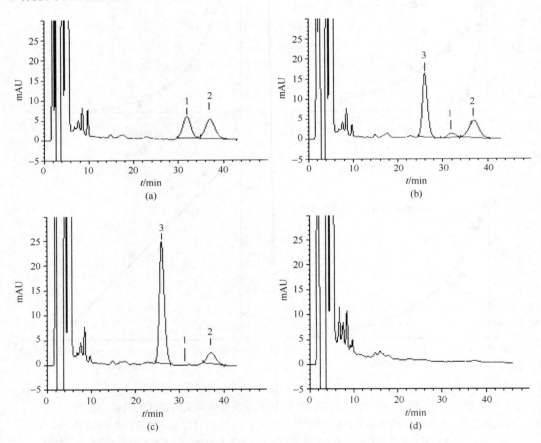

图 4-177　SE4 实验组中,外消旋去乙基乳氟禾草灵加药后

(a) 第 0 天取样色谱图;(b) 第 1 天取样色谱图;(c) 第 3 天取样色谱图;(d) 空白样本图 [1:S-$(+)$-去乙基乳氟禾草灵;2:R-$(-)$-去乙基乳氟禾草灵;3:三氟羧草醚。正己烷/异丙醇/三氟乙酸=98/2/0.1;流速,0.5 mL/min,150 mm 手性柱]

表 4-123 列出了在 SE4、SE5 和 SE6 实验组中去乙基乳氟禾草灵两异构体的降解速率常数。由表 4-123 可知,在 SE4 中,外消旋去乙基乳氟禾草灵的两个对映异构体的降解速率常数分别为 1.404 d^{-1} 和 0.217 d^{-1};在培养 S-(+)-去乙基乳氟禾草灵的 SE5 实验组中,S-异构体的降解速率常数为 1.417 d^{-1};在培养 R-(−)-去乙基乳氟禾草灵的 SE6 实验组中,R-异构体的降解速率常数为 0.262 d^{-1}。也就说,SE4 与 SE5 实验组中 k_S 十分相似,而且 SE4 与 SE6 实验组中的 k_R 也是十分相近的。

表 4-123　SE4-SE6 实验组中去乙基乳氟禾草灵两异构体的降解速率常数

实验组	速率常数/d^{-1}	
(培养的化合物)	S-(+)-去乙基乳氟禾草灵	R-(−)-去乙基乳氟禾草灵
SE4 (*rac*-去乙基乳氟禾草灵)	1.404	0.217
SE5 [S-(+)-去乙基乳氟禾草灵]	1.417	
SE6 [R-(−)-去乙基乳氟禾草灵]		0.262

在实验组 SE4 中,去乙基乳氟禾草灵的 ER 值随时间的进行而逐渐减小,由初始的 1.01 减小到 0.045(参见表 4-122)。通过 ln(ER)对时间 t 作图发现,ln(ER)与时间 t 呈线性关系,拟合方程为 $y = -1.1282x + 0.2738$,相关系数为 0.97,见图 4-176(d)。由此线性方程可求得 Δk 为 -1.128 d^{-1},这与之前消解动态方程求得的数据非常吻合($k_R - k_S = -1.187$ d^{-1},表 4-123)。

图 4-178(a)~(b)为 SE5 实验中,加入 S-(+)-去乙基乳氟禾草灵后第 0、2 天后取样色谱图。图 4-178(c)~(d)为 SE6 实验中,加入 R-(−)-去乙基乳氟禾草灵后第 0、3 天后取样色谱图。由图可知,在仅培养了 S-(+)-去乙基乳氟禾草灵的沉积物样本中并没有 R-(−)-去乙基乳氟禾草灵的生成,而在仅培养了 R-(−)-去乙基乳氟禾草灵的沉积物样本中也没有发现 S-(+)-去乙基乳氟禾草灵的生成。因此,去乙基乳氟禾草灵在沉积物中的降解与乳氟禾草灵一样也是保持手性稳定的,即异构体之间未发生相互转化。

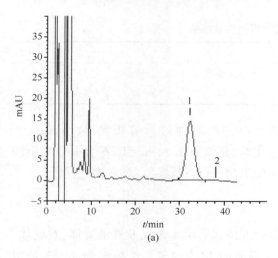
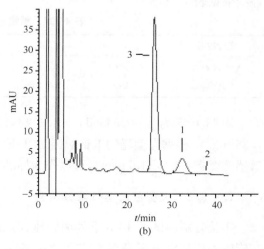

(a)　　　　　　　　　　　(b)

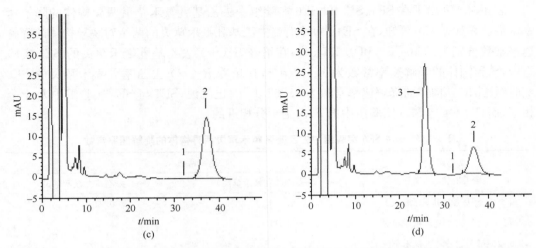

图 4-178　SE5 实验组中,加入 S-(＋)-去乙基乳氟禾草灵后(a) 第 0 天取样色谱图;(b) 第 2 天
取样色谱图。SE6 实验组中,加入 R-(－)-去乙基乳氟禾草灵后;(c) 第 0 天取样色谱图;
(d) 第 3 天取样色谱图

1:S-(＋)-去乙基乳氟禾草灵;2:R-(－)-去乙基乳氟禾草灵;3:三氟羧草醚. 正己烷/异丙醇/
三氟乙酸＝98/2/0.1,流速 0.5 mL/min,150 mm 手性柱

4.9.9　乳氟禾草灵及其代谢物对大型溞的选择性毒性研究

4.9.9.1　大型溞的敏感性实验

实验结束,计算每个浓度中不活动的大型溞($D. magna$)或死亡溞占实验总数的百分比,用 SPSS 16.0 数据处理程序得出 LC_{50} 值。以 24 h-EC_{50} 表示物质在相应时间内对大型溞运动受抑制的影响。以 24 h-LC_{50} 表示物质在相应时间内对大型溞生存的影响。实验结果见表 4-124。

表 4-124　重铬酸钾毒性实验结果

实验组数	1	2	3	4	5
X 浓度对数	−0.301	0	0.176	0.301	0.398
Y 概率值	3.245	4.078	5.353	5.719	6.166

回归方程为 $y = 4.3365x + 4.4144$ ($R^2 = 0.9723$);通过计算得到 24 h-$EC_{50} =$ 1.36 mg/L。根据大型溞的重铬酸钾 24 h-EC_{50} 实验,其值为 1.36 mg/L,符合 ISO 大型溞敏感性要求 (0.9～1.7ppm),可以作为标准实验生物进行毒理实验,对毒物进行评价。

4.9.9.2　大型溞的急性毒性实验

实验分别测试了 48 h 下外消旋体、右旋体、左旋体乳氟禾草灵及外消旋体、右旋体、左旋体去乙基乳氟禾草灵和三氟羧草醚对大型溞的 LC_{50} 的值。结果如表 4-125 及图 4-179～图 4-181 所示。

表 4-125　乳氟禾草灵、去乙基乳氟禾草灵以及三氟羧草醚对大型蚤 48 h 的 LC50

化合物	S-(＋)-异构体			外消旋化合物			R-(－)-异构体		
	LC$_{50}$ (μg/mL)	R^{2a}	p^b	LC$_{50}$ (μg/mL)	R^{2a}	p^b	LC$_{50}$ (μg/mL)	R^{2a}	p^b
乳氟禾草灵	17.689	0.97	0.0003	4.308	0.99	0.0003	0.378	0.96	0.0005
去乙基乳氟禾草灵	21.327	0.97	0.002	13.684	0.94	0.001	2.568	0.93	0.008
三氟羧草醚^c	/			20.027	0.96	0.0005	/		

a. 代表相关系数；b. 代表与 t 检测相关的概率。p 值小于 0.05 表示线性关系显著,该值通过 SPSS 16.0 的线性回归模式计算得出；c. 三氟羧草醚为非手性化合物

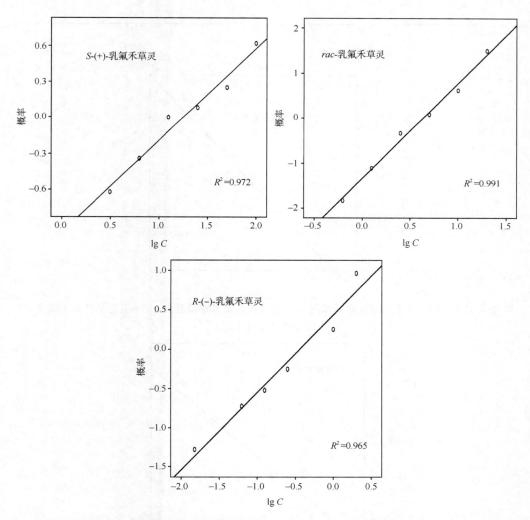

图 4-179　S-(＋)-乳氟禾草灵、rac-乳氟禾草灵及 R-(－)-乳氟禾草灵对大型溞 48 h-LC$_{50}$

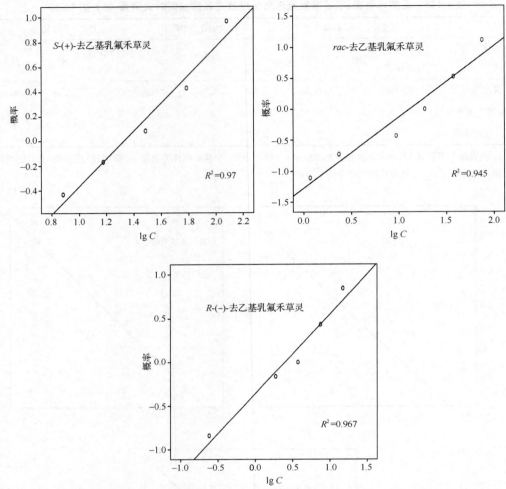

图 4-180　S-(＋)-去乙基乳氟禾草灵、rac-去乙基乳氟禾草灵及 R-(－)-去乙基乳氟禾草灵
对大型溞 48 h-LC$_{50}$

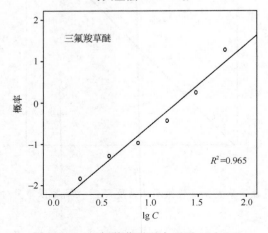

图 4-181　三氟羧草醚对大型溞 48 h-LC$_{50}$

rac-乳氟禾草灵的 48 h-LC$_{50}$是 4.308 μg/mL,置信系数 α＝0.05 时的置信区间为 3.352～5.590 μg/mL;S-(＋)-乳氟禾草灵的 48 h-LC$_{50}$是 17.689 μg/mL,置信系数 α＝0.05 时的置信区间为 12.218～25.931 μg/mL;R-(－)-乳氟禾草灵的 48 h-LC$_{50}$是 0.378 μg/mL,置信系数 α＝0.05 时的置信区间为 0.236～0.665 μg/mL,见图 4-179。rac 去乙基乳氟禾草灵的 48 h-LC$_{50}$是 13.684 μg/mL,置信系数 α＝0.05 时的置信区间为 9.052～21.280 μg/mL;S-(＋)-去乙基乳氟禾草灵的 48 h-LC$_{50}$是 21.327 μg/mL,置信系数 α＝0.05 时的置信区间为 14.754～23.135 μg/mL;R-(－)-去乙基乳氟禾草灵的 48 h-LC$_{50}$是 2.568 μg/mL,置信系数 α＝0.05时的置信区间为 1.373～4.493 μg/mL,见图 4-180。三氟羧草醚的 48 h-LC$_{50}$是 20.027 μg/mL,置信系数 α＝0.05 时的置信区间为 15.511～26.953 μg/mL,见图 4-181。

从表 4-125 中可知,乳氟禾草灵及其代谢物对大型溞 48 h 的急性毒性不同,母体乳氟禾草灵的毒性最大,顺序为乳氟禾草灵＞去乙基乳氟禾草灵＞三氟羧草醚。乳氟禾草灵的两个异构体与去乙基乳氟禾草灵的两个异构体之间毒性也存在差异。对乳氟禾草灵的两个异构体来说,R-异构体的毒性是 S-异构体(杀草活性高)的 47 倍。对去乙基乳氟禾草灵来说,同样是 R-异构体的毒性大,R-异构体的毒性是 S-异构体的 8 倍。

4.9.10　乳氟禾草灵及其代谢物对斜生栅藻的选择性毒性研究

4.9.10.1　结果分析

实验分别测试了 96 h 下外消旋体乳氟禾草灵及外消旋体去乙基乳氟禾草灵和三氟羧草醚对斜生栅藻(*Scenedesmus obliqnus*)的 EC$_{50}$值。结果如表 4-126 及图 4-182 所示。

表 4-126　乳氟禾草灵、去乙基乳氟禾草灵以及三氟羧草醚在 96 h 时的概率单位对浓度对数的曲线方程、EC$_{50}$值及相关系数 R^2

化合物	回归方程	EC$_{50}$^{a}/(μg/mL)	R^2
乳氟禾草灵	$y＝-0.3607x-0.6124$	0.001	0.945
去乙基乳氟禾草灵	$y＝-0.5332x-0.6462$	0.007	0.973
三氟羧草醚	$y＝-0.4745x-0.0147$	0.078	0.903

a:96 h 对应的 EC$_{50}$值

从表 4-126 中可知,乳氟禾草灵、去乙基乳氟禾草灵及三氟羧草醚对斜生栅藻的 96 h 的急性毒性不同,母体乳氟禾草灵最毒,去乙基乳氟禾草灵次之,三氟羧草醚毒性最小。由于时间关系,在本实验中没有完成光学纯化合物的急性毒性测定,但在初步的预实验中观察到 R-异构体的乳氟禾草灵毒性大于 S-异构体;与之相似的是,R-异构体的去乙基乳氟禾草灵的毒性也要强于 S-异构体的。有待后续实验继续研究。

从表 4-126 中可知,乳氟禾草灵、去乙基乳氟禾草灵和三氟羧草醚对斜生栅藻的96 h-EC$_{50}$均小于 0.3 mg/L,因此这三种化合物对栅藻的毒性均属于高毒。乳氟禾草灵的 96 h-EC$_{50}$是 0.001 μg/mL,置信系数 α＝0.05 时的置信区间为 0.002～0.0008 μg/mL;去乙基乳氟禾草灵的 96 h-EC$_{50}$是 0.007 μg/mL,置信系数 α＝0.05 时的置信区间为 0.005～0.009 μg/mL;三氟羧草醚的 96 h-EC$_{50}$是 0.078 μg/mL,置信系数 α＝0.05 时的

置信区间为 $0.039 \sim 0.136 \ \mu g/mL$，见图 4-182。

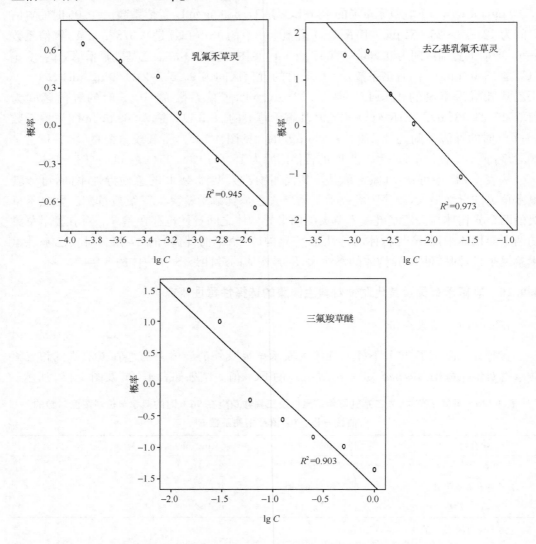

图 4-182　乳氟禾草灵、去乙基乳氟禾草灵及三氟羧草醚对斜生栅藻 96 h-EC$_{50}$

4.9.11　乳氟禾草灵及其代谢物对斑马鱼的选择性毒性研究

4.9.11.1　结果分析

实验分别测试了 96 h 下外消旋体、右旋体、左旋体乳氟禾草灵及外消旋体、右旋体、左旋体去乙基乳氟禾草灵和三氟羧草醚对斑马鱼的 LC$_{50}$ 值。由于外消旋去乙基乳氟禾草灵、S-(＋)-去乙基乳氟禾草灵和三氟羧草醚对斑马鱼 96 h 毒性很低，在设置的最大浓度 31 μg a.i./mL 条件下，依然没有死亡情况发生，也就说这三个化合物毒性非常低。由于本实验重点在考察乳氟禾草灵及去乙基乳氟禾草灵异构体之间的毒性差异，根据现有结果即可说明问题,而且考虑到光学纯乳油用量问题,因此放弃继续加大浓度进行实验。乳氟禾草灵、S-(+)-乳氟禾草灵、R-(−)-乳氟禾草灵及 R-(−)-去乙基乳氟禾草灵的 96 h-LC_{50} 如表 4-127 所示。

表 4-127　外消旋乳氟禾草灵、S-(+)-乳氟禾草灵、R-(−)-乳氟禾草灵及 R-(−)-去乙基乳氟禾草灵对斑马鱼 96 h 的 LC_{50}

化合物	S-(+)-异构体		外消旋化合物		R-(−)-异构体	
	LC_{50} (μg/mL)	R^2	LC_{50} (μg/mL)	R^2	LC_{50} (μg/mL)	R^2
乳氟禾草灵	3.267	0.99	8.584	0.96	10.793	0.97
去乙基乳氟禾草灵	/		/		21.770	0.93
三氟羧草醚	/		/		/	

rac-乳氟禾草灵的 96 h-LC_{50} 是 8.584 μg/mL,置信系数 α＝0.05 时的置信区间为 7.893～9.362 μg/mL;S-(+)-乳氟禾草灵的 96 h-LC_{50} 是 3.267 μg/mL,置信系数 α＝0.05 时的置信区间为 3.054～3.503 μg/mL;R-(−)-乳氟禾草灵的 96 h-LC_{50} 是 10.793 μg/mL,置信系数 α＝0.05 时的置信区间为 10.350～11.228 μg/mL,见图 4-183。R-(−)-去乙基乳氟禾草灵的 96 h-LC_{50} 是 21.770 μg/mL,置信系数 α＝0.05 时的置信区间为 20.593～23.701 μg/mL,见图 4-184。

从表 4-127 中可知,乳氟禾草灵及其代谢物对斑马鱼 96 h 的急性毒性结果与对其他水生生物的结果相似,都是母体乳氟禾草灵的毒性最大。乳氟禾草灵的两个异构体与去乙基乳氟禾草灵的两个异构体之间毒性也存在差异。对乳氟禾草灵的两个异构体来说,S-异构体(杀草活性高)的毒性是 R-异构体的 3.3 倍。然而,对去乙基乳氟禾草灵来说,虽然没有得到外消旋体和 S-异构体具体的 96 h-LC_{50},但是依然可以看出 R-异构体的毒性大于 S-异构体。有趣的是,乳氟禾草灵对斑马鱼的 96 h 的急性毒性与之前其对大型溞和斜生栅藻的毒性相反。对大型溞和斜生栅藻来说,乳氟禾草灵的毒性均是 R-异构体的毒性大于 S-异构体。

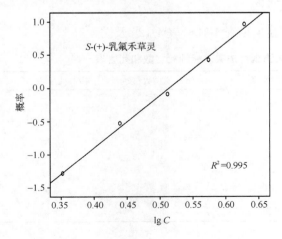

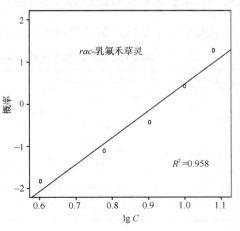

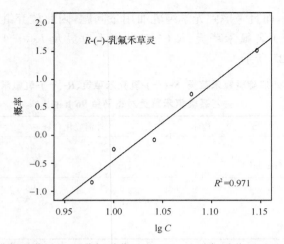

图 4-183　S-（＋）-乳氟禾草灵、rac-乳氟禾草灵及 R-（一）-乳氟禾草灵对斑马鱼 96 h-LC$_{50}$

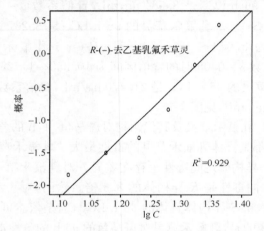

图 4-184　R-（一）-去乙基乳氟禾草灵对斑马鱼 96 h-LC$_{50}$

4.9.12　乳氟禾草灵对蚯蚓的选择性毒性研究

乳氟禾草灵对映体的选择性毒性实验结果见表 4-128，表 4-129 及图 4-185。

表 4-128　乳氟禾草灵及对映体滤纸片法实验蚯蚓死亡数和死亡率

化合物名称	滤纸浓度/(mg/cm^2)	总数/条	48 h 死亡数/条	48 h 死亡率/%
	63.24	10	0	0.0
	79.05	10	0	0.0
	94.86	10	1	10.0
S-（＋）-乳氟禾草灵	110.67	10	0	0.0
	126.48	10	1	10.0
	142.29	10	2	20.0

续表

化合物名称	滤纸浓度/(mg/cm²)	总数/条	48 h 死亡数/条	48 h 死亡率/%
外消旋体	39.53	10	1	10.0
	55.34	10	3	30.0
	71.15	10	5	50.0
	86.96	10	5	50.0
	102.77	10	8	80.0
	118.58	10	9	90.0
R-(—)-乳氟禾草灵	15.81	10	3	30.0
	31.62	10	3	30.0
	47.43	10	6	60.0
	63.24	10	7	70.0
	79.05	10	8	80.0
	92.19	10	9	90.0
CK	0	10	0	0

表 4-129　乳氟禾草灵及其对映体的 LC_{50} 值

化合物	48-h-LC_{50}/(μg/cm²)	95% 置信区间	R^2
S-(+)-乳氟禾草灵	>142.29	/	/
外消旋体	99.76	79.52 - 181.70	0.907
R-(—)-乳氟禾草灵	30.13	23.11-36.82	0.932

注:R^2 代表相关系数

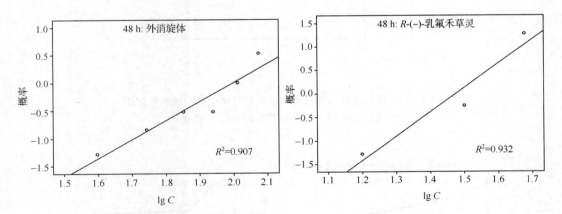

图 4-185　滤纸片法测定外消旋体及 R-(—)-乳氟禾草灵对蚯蚓 48 h LC_{50} 值

　　经测定发现,乳氟禾草灵及其对映体对蚯蚓的毒性大小顺序为 R-(—)-乳氟禾草灵>外消旋体> S -(+)-乳氟禾草灵,48 h 后 S -(+)-乳氟禾草灵的 LC_{50} 值>142.29 μg/cm²,而 R-(—)-乳氟禾草灵的 LC_{50} 值为 30.13 μg/cm²,乳氟禾草灵对非靶标生物蚯蚓的毒性主要来自于杀草活性低的 R-(—)-乳氟禾草灵。

4.9.13 乳氟禾草灵在蚯蚓微粒体中的选择性代谢研究

研究了在离体条件下,在 NADPH 存在下微粒体的缓冲溶液对乳氟禾草灵的选择性催化代谢。结果表明,乳氟禾草灵选择性催化降解现象比较显著。

乳氟禾草灵在蚯蚓微粒体中的选择性催化代谢见图 4-186 和图 4-187(a)。从图中可

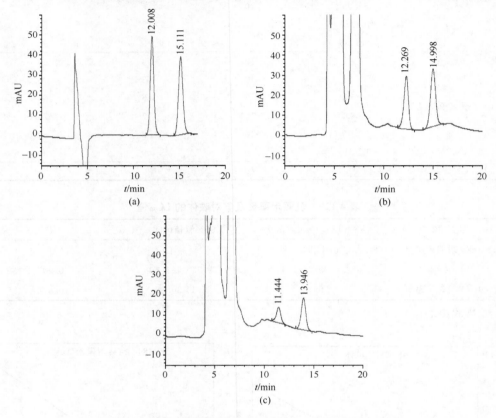

图 4-186　微粒体样品中乳氟禾草灵对映体的典型液相色谱图
(a)乳氟禾草灵标准品;(b)孵育 30 min;(c)孵育 3 h

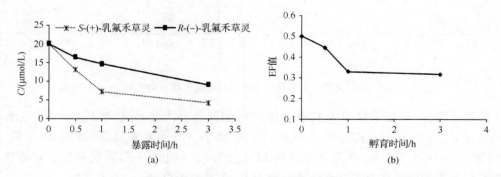

图 4-187　微粒体样品中(a)乳氟禾草灵对映体的降解曲线图及(b)EF 值变化曲线

以看出,乳氟禾草灵的两个异构体降解速率存在明显差异,S-(＋)-异构体降解速率快于
R-(－)-异构体。在 30 min,对映体的 EF 值为 0.439,而在 3 h,对映体的 EF 值为 0.316,
EF 值有随时间延长减小的趋势,见图 4-187(b)。

4.10　敌　草　胺

敌草胺(napropamide)为酰胺类除草剂,选择性芽前土壤处理剂,杂草根和芽鞘能吸
收药液,使芽不能生长而死亡。敌草胺杀草谱较广,适用于番茄、辣椒、茄子、马铃薯、白
菜、萝卜、花菜、胡萝卜、菜豆、烟草及果园、桑园、葡萄园等
防除马唐、狗尾草、蟋蟀草、稗草、看麦娘、早熟禾、棒头草、
马齿苋、野苋菜、灰菜、繁缕、凹头苋、刺苋、小藜、三棱草等
一年生禾本科杂草和阔叶杂草。化学名称为 N,N-二乙
基-2-(1-萘基氧)丙酰胺,结构式如图 4-188 所示,其结构中
含有一个手性中心,外消旋体含有两个对映异构体。

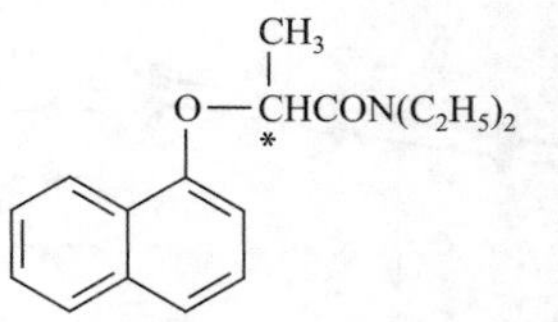

图 4-188　敌草胺的结构式

4.10.1　敌草胺在正相 ATPDC 手性固定相上的拆分

4.10.1.1　色谱条件

Agilent 1100 高效液相色谱仪及 JASCO 2000 高效液相色谱仪(主要用于对映体出
峰顺序的确定及圆二色特性的研究)。直链淀粉-三(S-1-苯基乙基氨基甲酸酯)手性色谱
柱(自制)250 mm×4.6 mm I.D.,流动相为正己烷,添加极性的有机醇作为改性剂,包括
乙醇、丙醇、异丙醇、正丁醇和异丁醇,检测波长 230 nm,流速 1.0 mL/min,使用圆二色检
测器确定了出峰顺序,考察温度的影响所涉及的范围为 0～40 ℃。除了考察温度对拆分
的影响实验外,其他操作均在室温下进行。

4.10.1.2　敌草胺对映体的拆分结果

在直链淀粉-三(S-1-苯基乙基氨基甲酸酯)手性固定相上对敌草胺进行了对映体的
拆分研究,检测波长 230 nm,考察了乙醇、丙醇、异丙醇、丁醇和异丁醇作为流动相改性剂
在 15%～5% 体积百分数范围内对拆分的影响。敌草胺未能实现基线分离,异丙醇是最
好的极性改性剂,当含量为 5% 时,分离度为 0.72。流动相中极性醇成分含量减少,对映
体在色谱柱中的保留增加,分离因子和分离呈增加趋势。敌草胺对映体的拆分色谱图如
图 4-189(a)所示。以圆二色检测器测定了对映体的出峰顺序并进行了圆二色谱扫描,扫
描范围为 220～420 nm,圆二色谱如图 4-190 所示,实线代表先流出对映体,敌草胺对映
体的 CD 信号随波长的变化而发生改变,在 220～237 nm 波长范围内先流出对映体的圆
二色吸收为(－),后流出对映体为(＋),两谱带在 237 nm 处出现交叉,CD 信号发生翻
转。所以在标注其对映体时必须注明检测波长。

表 4-130　敌草胺对映体的手性拆分

含量 /%	乙醇			丙醇			异丙醇			丁醇			异丁醇		
	k_1	α	R_s	k_1	α	R_s	k_1	α	R_s	k_1	α	R_s	k_1	α	R_s
15	1.19	1.00	0.00	1.53	1.00	0.00	1.55	1.07	0.38	1.31	1.00	0.00	1.76	1.00	0.00
10	1.51	1.00	0.00	1.96	1.07	0.41	2.04	1.10	0.55	1.54	1.06	0.53	2.31	1.11	0.37
5	1.90	1.06	0.62	2.91	1.10	0.66	3.31	1.11	0.72	2.21	1.08	0.76	3.62	1.12	0.71
2							7.65	1.14	1.14						

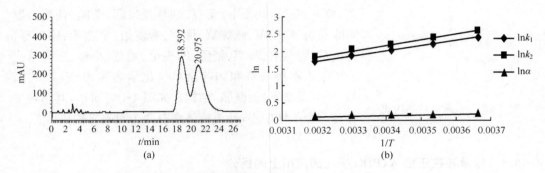

图 4-189　敌草胺对映体的(a)色谱拆分图及(b)Van't Hoff 曲线

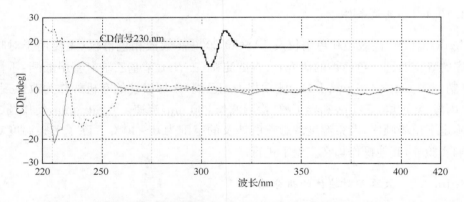

图 4-190　敌草胺对映体的圆二色扫描图(实线表示先流出对映体,虚线表示后流出对映体)

4.10.1.3　温度对拆分的影响及热力学参数的计算

温度对敌草胺对映体拆分的影响见表 4-131,流动相为正己烷/异丙醇(98/2),温度范围为 0～40℃。温度的升高伴随着容量因子和分离因子的减小,而分离度与温度没有一定的关系,在 20℃时有最大值 1.14。通过作图发现,敌草胺对映体的 Van't Hoff 曲线具有非常好的线性,如图 4-189(b),线性相关系数大于 0.99,Van't Hoff 方程及计算所得的热力学参数列于表 4-132 中,可见敌草胺两个对映体与手性固定相相互作用释放的自由能都较大,但这种能差却很小,因而对映体的分离并不理想,分离过程主要受焓控制。

表 4-131 温度对敌草胺对映体手性拆分的影响（正己烷/异丙醇＝98/2）

温度/℃	k_1	k_2	α	R_s
0	11.16	13.38	1.20	0.97
10	9.22	10.85	1.18	1.11
20	7.65	8.76	1.14	1.14
30	6.77	7.62	1.13	1.04
40	5.54	6.18	1.12	1.07

表 4-132 敌草胺对映体拆分的热力学参数（正己烷/异丙醇＝98/2）

对映体(230 nm) $\ln k=-\Delta H/RT+\Delta S^*$		ΔH /(kJ/mol)	ΔS^*	$\ln\alpha=\Delta_{R,S}\Delta H/RT+\Delta_{R,S}\Delta S/RT$	$\Delta\Delta H$ /(kJ/mol)	$\Delta\Delta S$ /[J/(mol·K)]
$-$	$\ln k_1=1460.4/T-2.9$ $(R=0.9978)$	-12.1	-2.9	$\ln\alpha=161.4/T-0.4$ $(R=0.9908)$	-1.3	-3.3
$+$	$\ln k_2=1621.8/T-3.4$ $(R=0.9985)$	-13.5	-3.4			

4.10.2 敌草胺在反相 CDMPC 手性固定相上的拆分

4.10.2.1 色谱条件

Agilent 1100 高效液相色谱仪及 JASCO 2000 高效液相色谱仪。CDMPC 手性色谱柱(自制)250 mm×4.6 mm I.D.，流动相为甲醇/水或乙腈/水，检测波长 230 nm，流速 1.0 mL/min，使用圆二色检测器确定了出峰顺序，考察温度的影响所涉及的范围为 0～40℃。除了考察温度对拆分的影响实验外，其他操作均在室温下进行。

4.10.2.2 流动相组成对手性拆分的影响

本实验考察了甲醇/水或乙腈/水作流动相条件下的拆分情况，结果见表 4-133。典型拆分色谱图见图 4-191(a)。

表 4-133 敌草胺在 CDMPC 上的分离结果（流速 0.8 mL/min，室温）

化合物	流动相	v/v	k_1	k_2	α	R_s
		100/0	0.67	0.67	1.00	—
		90/10	1.27	1.40	1.11	0.93
敌草胺	甲醇/水	85/15	1.90	2.12	1.12	1.08
		80/20	2.99	3.35	1.12	1.16
		75/25	5.05	5.66	1.12	1.23
		70/30	8.69	9.76	1.12	1.48

续表

化合物	流动相	v/v	k_1	k_2	α	R_s
		100/0	0.58	0.70	1.20	0.74
		8020	0.68	0.74	1.09	0.61
敌草胺	乙腈/水	70/30	1.14	1.23	1.08	0.83
		60/40	2.10	2.27	1.08	0.98
		50/50	4.53	4.88	1.08	1.16
		40/60	12.36	13.22	1.07	1.16

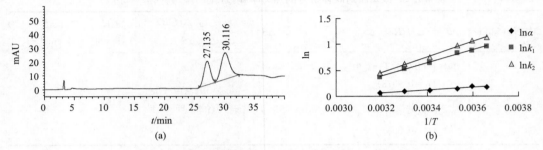

图 4-191　敌草胺在 CDMPC 上的(a)拆分色谱图及(b)Van't Hoff 图

4.10.2.3　温度对手性拆分的影响

在甲醇/水或乙腈/水作流动相条件下考察了 0~40℃温度范围内温度对敌草胺手性农药对映体拆分的影响,结果列于表 4-134。

表 4-134　CDMPC 上温度对敌草胺拆分的影响

手性化合物	温度/℃	流动相	v/v	k_1	k_2	α	R_s
	0			2.59	3.10	1.20	1.43
	5			2.42	2.93	1.21	1.59
	10	甲醇/水	85/15	2.29	2.66	1.16	1.32
	20			1.90	2.12	1.12	1.08
	30			1.70	1.87	1.10	0.97
	40			1.45	1.56	1.07	0.80
敌草胺	0			4.88	5.41	1.11	1.35
	5			4.91	5.39	1.10	1.34
	10	乙腈/水	50/50	4.86	5.30	1.09	1.31
	20			4.58	4.93	1.08	1.18
	30			4.24	4.51	1.07	1.05
	40			3.87	4.08	1.05	0.92

通过考察温度对敌草胺拆分的影响发现敌草胺对映体的容量因子和分离因子的自然对数与热力学温度的倒数具有较好的线性关系,线性相关系数大于 0.98,Van't Hoff 曲

线见图 4-191(b),线性 Van't Hoff 方程和熵变之差、焓变之差数值列于表 4-135 中,可见对敌草胺对映体分离贡献最大的为焓变。

表 4-135　敌草胺对映体的 Van't Hoff 方程和 $\Delta\Delta H^o$、$\Delta\Delta S^o$(0～40℃)

手性化合物	流动相	v/v	线性方程	$\Delta\Delta H^o$/(kJ/mol)	$\Delta\Delta S^o$/[J/(mol·K)]
敌草胺	甲醇/水	85/15	$\ln\alpha=260.76/T-0.7674$ $(R^2=0.938)$	-2.17	-6.38
	乙腈/水	50/50	$\ln\alpha=105.15/T-0.2836$ $(R^2=0.9984)$	-0.87	-2.36

4.10.2.4　对映体的流出顺序

利用高效液相色谱圆二色检测器测定了敌草胺的流出顺序。两种流动相下的对映体在同一波长 230 nm 下敌草胺流出顺序相反,即甲醇/水作流动相,230 nm 检测波长下先出正峰,乙腈/水作流动相,230 nm 检测波长下则先出负峰。

4.10.3　敌草胺在反相 ADMPC 手性固定相上的拆分

4.10.3.1　色谱条件

Agilent 1100 高效液相色谱仪及 JASCO 2000 高效液相色谱仪。ADMPC 手性色谱柱(自制)250 mm×4.6 mm I.D.,流动相为甲醇/水或乙腈/水,检测波长 230 nm,流速 1.0 mL/min,使用圆二色检测器确定了出峰顺序,考察温度的影响所涉及的范围为 0～40℃。除了考察温度对拆分的影响实验外,其他操作均在室温下进行。

4.10.3.2　流动相组成对手性拆分的影响

考察了甲醇/水或乙腈/水对手性拆分的影响,拆分结果及流动相组成的影响见表 4-136。

表 4-136　敌草胺对映体在 ADMPC 手性固定相反相色谱条件下的拆分结果

手性化合物	流动相	v/v	k_1	k_2	α	R_s
敌草胺	甲醇/水	100/0	0.36	0.36	1.00	—
		90/10	0.64	0.64	1.00	—
		80/20	1.43	1.43	1.00	—
		70/30	3.98	3.98	1.00	—
		65/35	7.11	7.11	1.00	—
	乙腈/水	100/0	0.38	0.38	1.00	—
		70/30	0.69	0.69	1.00	—
		60/40	1.19	1.29	1.08	0.60
		50/50	2.64	2.86	1.08	0.80
		40/60	7.10	7.74	1.09	1.05

4.10.3.3 温度对酰胺类手性农药拆分的影响

考察了温度对手性农药对映体拆分的影响,流动相条件、Van't Hoff 方程、热力学参数及温度对拆分的影响结果列于表 4-137 中,温度范围为 0～40 ℃。

表 4-137　温度对 ADMPC 手性固定相拆分的影响 Van't Hoff 方程及热力学参数

化合物/流动相	温度/℃	k_1	k_2	α	R_s	Van't Hoff 方程(R^2)	ΔH°、$\Delta\Delta H^\circ$/(kJ/mol)	$\Delta S^\circ + R\ln\phi$、$\Delta\Delta S^\circ$/[J/(mol·K)]
敌草胺乙腈/水(50/50)	0	2.95	3.27	1.11	0.70	$\ln k_1 = 735.36/T - 1.568$ (0.9452)	$\Delta H_1^\circ = -6.11$	$\Delta S_1^\circ + R\ln\phi = -13.03$
	5	2.95	3.25	1.10	0.77			
	10	2.88	3.15	1.10	0.77	$\ln k_2 = 847.86/T - 1.875$ (0.9541)	$\Delta H_2^\circ = -7.05$	$\Delta S_2^\circ + R\ln\phi = -15.58$
	20	2.65	2.87	1.08	0.66			
	30	2.38	2.54	1.07	0.62	$\ln\alpha = 112.49/T - 0.307$ (0.9929)	$\Delta\Delta H^\circ = -0.94$	$\Delta\Delta S^\circ = -2.55$
	40	2.11	2.22	1.05	0.51			

4.10.3.4 对映体的出峰顺序

使用圆二色检测器确定了对映体在 ADMPC 手性固定相上的出峰顺序。敌草胺在所研究条件下出峰顺序为(＋)/(－),即在圆二色图上先出正峰,后出负峰。

4.11 喹 禾 灵

喹禾灵(quizalofop-ethyl)是一种芳基苯氧基丙酸类的除草剂,具有选择性、内吸传导、低毒等特点。在禾本科杂草与双子叶作物之间有高度选择性,茎叶可在几小时内完成对药剂的吸收作用,适用于大豆、棉花、蚕豆、油菜、甜菜、向日葵、亚麻、甘薯、豌豆、茄子、马铃薯、花生、草莓等 60 多种(包括果树)阔叶作物。防除一年生和多年生禾本科杂草,化学名称为(RS)-2-[4-(6-氯-2-喹恶啉基氧代)苯氧基]丙酸乙酯,具有一个手性中心,两个对映异构体,分子结构如图 4-192。

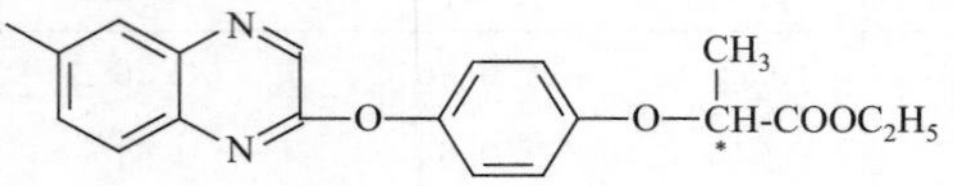

图 4-192　喹禾灵的结构式

4.11.1　喹禾灵在正相 ADMPC 手性固定相上的拆分

4.11.1.1　色谱条件

Agilent 1100 高效液相色谱仪及 JASCO 2000 高效液相色谱仪。ADMPC 手性色谱柱(自制)250 mm×4.6 mm I.D.,流动相为正己烷/异丙醇,检测波长 230 nm,流速 1.0 mL/min,使用圆二色检测器确定了出峰顺序,考察温度的影响所涉及的范围为 0～

40 ℃。除了考察温度对拆分的影响实验外，其他操作均在室温下进行。

4.11.1.2　喹禾灵对映体的拆分结果及醇含量的影响

喹禾灵对映体在 ADMPC 手性固定相上能够实现基线分离，结果如表 4-138 所示，检测波长 230 nm，在异丙醇含量为 2％时即可实现对映体的完全分离（$R_s=1.71$），但在异丙醇含量为 1％时虽然分离因子较大，但由于色谱峰加宽，使得分离度变小（$R_s=1.64$）。随着异丙醇含量的增加，对映体的保留减弱，总体分离效果变差。

表 4-138　喹禾灵对映体的拆分结果

异丙醇含量/％	k_1	k_2	α	R_s
15	2.57	2.86	1.11	0.87
10	3.18	3.67	1.16	1.20
5	4.83	5.53	1.15	1.26
2	7.09	8.28	1.17	1.71
1	9.50	11.34	1.19	1.64

4.11.1.3　圆二色特性研究

使用 CD 检测器确定了对映体的出峰顺序并进行了 220～420 nm 范围内的圆二色扫描，如图 4-193 所示，先流出对映体响应（－）CD 信号，后流出对映体为（＋）CD 信号，240 nm 处为最大吸收波长，在 220～275 nm 范围内出峰顺序都为（－）/（＋），没有发现 CD 吸收信号发生翻转的现象。

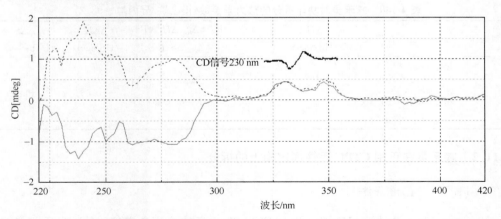

图 4-193　喹禾灵对映体的圆二色扫描谱图（实线为先流出对映体，虚线为后流出对映体）

4.11.1.4　温度对拆分的影响

温度对拆分的影响见表 4-139，使用正己烷/异丙醇（98/2）流动相，温度范围为 10～40 ℃，容量因子和分离因子都随着温度的升高而减小，但分离度随温度的变化不大，从 1.55～1.71 之间变化。喹禾灵对映体的手性拆分色谱图如图 4-194 所示。

表 4-139　　温度对喹禾灵对映体手性拆分的影响（正己烷/异丙醇＝98/2）

温度/℃	k_1	k_2	α	R_s
10	7.80	9.24	1.18	1.65
20	7.09	8.28	1.17	1.71
30	6.62	7.68	1.16	1.55
40	6.41	7.38	1.15	1.62

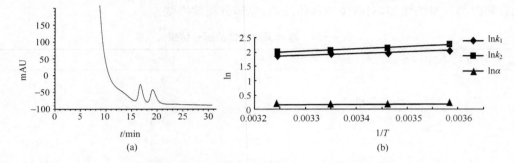

图 4-194　　喹禾灵对映体的（a）色谱拆分图及（b）Van't Hoff 曲线

4.11.1.5　热力学参数的计算

通过绘制容量因子和分离因子自然对数与热力学温度倒数的曲线，发现喹禾灵对映体的 Van't Hoff 曲线呈线性，如图 4-194（b）所示，线性相关系数大于 0.98。通过线性的 Van't Hoff 方程计算了相关的热力学参数，结果列于表 4-140 中，两对映体与手性固定相作用的焓变差值为 0.66 kJ/mol，熵变差值为 0.92 J/(mol·K)，对映体分离受焓控制。

表 4-140　　喹禾灵对映体拆分的热力学参数（正己烷/异丙醇＝98/2）

对映体	$\ln k=-\Delta H/RT+\Delta S^*$	ΔH /(kJ/mol)	ΔS^*	$\ln\alpha=\Delta_{R,S}\Delta H/RT+\Delta_{R,S}\Delta S/RT$	$\Delta\Delta H$ /(kJ/mol)	$\Delta\Delta S$ /[J/(mol·K)]
－	$\ln k_1=587.81/T-0.04$ (R=0.9834)	−4.89	−0.04	$\ln\alpha=79.26/T-0.11$ (R=0.9906)	−0.66	−0.92
＋	$\ln k_2=667.07/T-0.15$ (R=0.9846)	−5.55	−0.15			

4.11.2　喹禾灵在正相 CTPC 手性固定相上的拆分

4.11.2.1　色谱条件

Agilent 1100 高效液相色谱仪及 JASCO 2000 高效液相色谱仪。CTPC 手性色谱柱（自制）250 mm×4.6 mm I.D.，流动相为正己烷/异丙醇，检测波长 230 nm，流速 1.0 mL/min，使用圆二色检测器确定了出峰顺序，考察温度的影响所涉及的范围为 0～40℃。除了考察温度对拆分的影响实验外，其他操作均在室温下进行。

4.11.2.2　对映体的出峰顺序

使用圆二色检测器确定了对映体在手性固定相上的出峰顺序，在正己烷/异丙醇（85/

15),流速 1.0 mL/min,230 nm 下出峰顺序为(＋)/(－)。

4.11.2.3　异丙醇含量的影响

考察了流动相中异丙醇含量对拆分的影响,拆分结果及异丙醇含量的影响见表 4-141。图 4-195 为喹禾灵在纤维素-三(苯基氨基甲酸酯)手性固定相上的拆分色谱图。

表 4-141　喹禾灵在 CTPC 手性固定相上的拆分结果及异丙醇含量的影响

样品	异丙醇含量/%	k_1	k_2	α	R_s
喹禾灵	15	3.22	3.59	1.11	0.74
(230 nm)	10	4.88	5.47	1.12	0.85
	5	7.49	8.50	1.14	1.00

注:流速为 1.0 mL/min,20 ℃

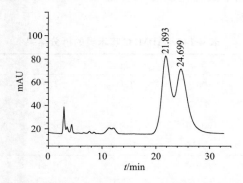

图 4-195　手性农药对映体在 CTPC 手性固定相上的拆分色谱图

4.11.2.4　温度对拆分的影响

考察了温度对手性农药对映体拆分的影响,流动相条件、Van't Hoff 方程、热力学参数及温度对拆分的影响结果列于表 4-142 中,温度范围为 0～40 ℃。

表 4-142　温度对 CTPC 手性固定相拆分的影响、Van't Hoff 方程及热力学参数

样本 (正己烷/异丙醇)	$T/℃$	k_1	k_2	α	R_s	Van't Hoff 方程(R^2)	$\Delta H/\Delta\Delta H$ /(kJ/mol)	$\Delta S^*/\Delta\Delta S$ /[J/(mol·K)]
	0	9.48	10.86	1.15	0.96			
	10	8.95	10.23	1.14	0.97			
	20	7.49	8.50	1.14	1.00			
喹禾灵 (95/5)	30	6.92	7.84	1.13	0.96	$\ln k_1 = 890.5/T - 1.00(0.97)$	-7.40	-1.00
	40	6.40	7.18	1.12	0.94	$\ln k_2 = 934.0/T - 1.02(0.98)$	-7.77	-1.02
	10	9.30	9.83	1.06	0.55	$\ln\alpha = 43.47/T - 0.02(0.94)$	-0.36	-0.17
	20	7.65	8.01	1.05	0.53			
	30	7.51	7.70	1.03	0.30			
	40	6.37	6.37	1.00	0			

注:流速为 1.0 mL/min;波长 230 nm

4.11.3　喹禾灵在反相 ADMPC 手性固定相上的拆分

4.11.3.1　色谱条件

Agilent 1100 高效液相色谱仪及 JASCO 2000 高效液相色谱仪。ADMPC 手性色谱柱(自制)250 mm×4.6 mm I. D. ，流动相为甲醇/水或乙腈/水，检测波长 230 nm，流速 1.0 mL/min，使用圆二色检测器确定了出峰顺序，考察温度的影响所涉及的范围为 0～40℃。除了考察温度对拆分的影响实验外，其他操作均在室温下进行。

4.11.3.2　流动相组成对手性拆分的影响

不同流动相组成对喹禾灵的分离结果见表 4-143，从表中数据可以看出，在甲醇/水或乙腈/水作流动相下，喹禾灵分离度分别可达 1.62、1.45。喹禾灵在乙腈/水作流动相下色谱图见图 4-196(a)所示。

表 4-143　ADMPC 喹禾灵的拆分结果

手性化合物	流动相	v/v	k_1	k_2	α	R_s
		100/0	1.60	1.90	1.18	1.19
	甲醇/水	95/5	2.80	3.36	1.20	1.31
		90/10	5.43	6.58	1.21	1.62
		85/15	10.09	12.37	1.23	1.36
喹禾灵		100/0	0.54	0.64	1.18	0.79
		90/10	0.56	0.74	1.33	0.97
	乙腈/水	80/20	1.19	1.39	1.17	0.86
		70/30	2.47	2.88	1.16	1.15
		60/40	5.58	6.50	1.16	1.45

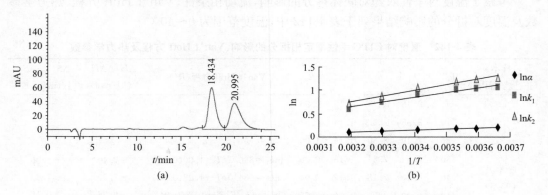

图 4-196　喹禾灵在 ADMPC 上的(a)拆分色谱图及(b)Van't Hoff 曲线

4.11.3.3　温度对手性拆分的影响

采用甲醇/水或乙腈/水作流动相，考察了 0～40℃范围温度对喹禾灵拆分的影响，结果列于表 4-144,甲醇/水作流动相下,喹禾灵的容量因子和分离因子随温度升高而降低;乙腈/水作流动相下,喹禾灵的容量因子和分离因子随温度升高而降低;在甲醇作改性剂时,喹禾灵分离度较高在 5 ℃(R_s=1.44);乙腈作改性剂时,喹禾灵的较高分离度在 20 ℃。

表 4-144　在 ADMPC 上温度对喹禾灵拆分的影响

手性化合物	温度/℃	流动相	v/v	k_1	k_2	α	R_s
喹禾灵	0			4.25	5.48	1.29	1.11
	5			3.84	4.85	1.27	1.44
	10			3.38	4.19	1.24	1.19
	15	甲醇/水	95/5	3.07	3.73	1.22	1.37
	20			2.80	3.36	1.20	1.29
	30			2.24	2.59	1.16	1.18
	40			1.80	2.02	1.12	0.97
	0			2.90	3.52	1.22	0.81
	5			2.84	3.43	1.21	0.88
	10	乙腈/水	70/30	2.73	3.27	1.20	0.92
	20			2.46	2.89	1.17	1.07
	30			2.11	2.42	1.15	0.95
	40			1.83	2.04	1.12	0.80

乙腈/水(70/30)作流动相下,喹禾灵对映体的容量因子和分离因子的 Van't Hoff 曲线具有明显的线性关系如图 4-196(b)所示,线性相关系数大于 0.99,甲醇/水(95/5)作流动相下,喹禾灵的容量因子和分离因子以及噁唑禾草灵的容量因子的 Van't Hoff 曲线具有很好的线性关系。根据线性的 Van't Hoff 方程,计算了对映体拆分过程中的熵变和焓变差值列于表 4-145 中,喹禾灵手性拆分主要受焓控制。

表 4-145　ADMPC 上喹禾灵对映体的 Van't Hoff 方程和 $\Delta\Delta H^\circ$、$\Delta\Delta S^\circ$(0～40 ℃)

手性化合物	流动相	v/v	线性方程	$\Delta\Delta H^\circ$/(kJ/mol)	$\Delta\Delta S^\circ$/[J/(mol·K)]
喹禾灵	甲醇/水	95/5	$\ln\alpha$=292.38/T-0.817 (R^2=0.9994)	-2.43	-6.79
	乙腈/水	70/30	$\ln\alpha$=183.33/T-0.4732 (R^2=0.9875)	-1.52	-3.93

4.11.3.4　对映体的流出顺序

为了更好地探讨手性拆分机理,在高效液相色谱圆二色检测器上测定了对映体的流出顺序如图 4-197 所示。喹禾灵在这两种流动相中在一定波长下出峰顺序相同。

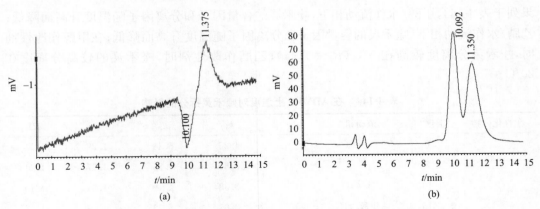

图 4-197　喹禾灵在 ADMPC 上的(a)圆二色和(b)紫外色谱图

4.11.4　喹禾灵在(R,R) Whelk-O 1 手性固定相上的拆分

4.11.4.1　喹禾灵对映体的拆分结果及醇含量的影响

(R,R)Whelk-O 1 型手性色谱柱(250 mm×4.6 mm I. D.)。在正己烷流动相中考察了极性改性剂乙醇、丙醇、异丙醇、正丁醇、异丁醇、戊醇对拆分的影响,检测波长 230 nm,流速 1.0 mL/min,除了考察温度对拆分的影响实验外,其他操作均在室温下进行。

4.11.4.2　喹禾灵对映体的拆分结果及醇含量的影响

表 4-146 为正己烷体系下六种醇(乙醇、丙醇、异丙醇、丁醇、异丁醇、戊醇)及其含量对喹禾灵对映体拆分的影响,检测波长 240 nm,流速 1.0 mL/min。所有的醇都可以实现喹禾灵对映体的基线分离,其中在异丙醇含量为 5% 时有最大的分离因子($\alpha=1.32$)和分离度($R_s=2.69$)。异丙醇和丙醇的拆分效果较好,异丁醇和戊醇相对较差。随着流动相中极性醇含量的减少,对映体的保留增强,分离因子和分离度增大。图 4-198(a)为喹禾灵对映体的拆分色谱图。

表 4-146　喹禾灵对映体的拆分结果及醇的影响

醇含量 /%	乙醇			丙醇			异丙醇			丁醇			异丁醇			戊醇		
	k_1	α	R_s	k_1	α	R_s	k_1	α	R_s	k_1	α	R_s	k_1	α	R_s	k_1	α	R_s
5	4.22	1.22	2.82	5.89	1.26	2.72	9.18	1.32	2.69	6.59	1.26	2.32	10.15	1.29	1.84	9.39	1.26	1.83
10	2.58	1.19	2.29	3.90	1.24	2.32	6.30	1.30	2.53	4.87	1.25	2.04	7.43	1.28	1.63	6.80	1.26	1.63
15	2.34	1.18	1.79	2.99	1.23	2.16	4.86	1.28	2.42	3.97	1.25	1.91	5.01	1.27	1.53	5.18	1.24	1.48
20	1.88	1.18	1.58	2.08	1.23	1.95	4.02	1.27	2.32	3.27	1.24	1.78	4.86	1.26	1.45	4.82	1.24	1.24
30	1.50	1.17	1.37	2.05	1.24	1.86	3.16	1.24	2.07	2.55	1.23	1.62	4.03	1.26	1.44	3.46	1.24	1.22
40	1.31	1.16	1.19	1.81	1.21	1.62	2.70	1.24	1.90	2.13	1.22	1.48	4.48	1.25	1.28	2.98	1.23	1.19

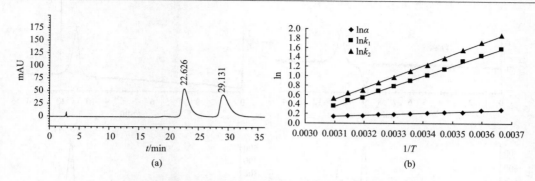

图 4-198　喹禾灵对映体的(a)拆分色谱图及(b)Van't Hoff 曲线

4.11.4.3　圆二色特性研究及对映体洗脱顺序的确定

喹禾灵两对映体的圆二色光谱扫描图如图 4-199 所示,实线和虚线分别表示先后流出对映体,在 220～280 nm 波长范围内,先流出对映体显示(－)CD 信号,最大吸收在 238 nm 左右,后流出对映体的 CD 信号与先流出对映体相对"0"刻度线对称,280 nm 后两对映体基本无吸收。

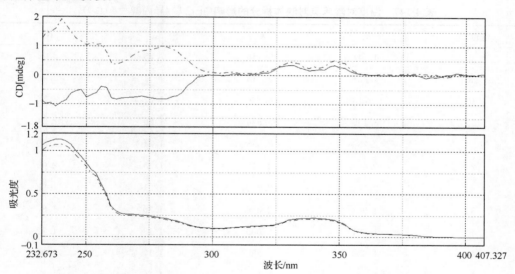

图 4-199　喹禾灵两对映体的 CD 和 UV 扫描图(实线为先流出对映体,虚线为后流出对映体)

相同色谱条件下,对精喹禾灵(R-体)进样分析,根据保留时间比对和圆二色信号确证(图 4-200),结果表明喹禾灵对映体在(R,R) Whelk-O 1 型手性色谱柱上的流出顺序为:先流出为 S-体,后流出为 R-体。

4.11.4.4　温度对拆分的影响

在正己烷/异丙醇体系下考察了 0～50 ℃范围内温度对拆分的影响,结果见表 4-147。同样,随着温度的升高,对映体的保留变弱,分离效果变差,0 ℃时分离度为 2.42,而 50 ℃时分离度只有 1.44。

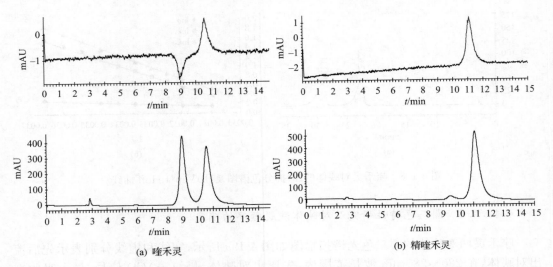

(a) 喹禾灵　　　　　　　　　　　　　　　　(b) 精喹禾灵

图 4-200　喹禾灵对映体和精喹禾灵的 CD(上)和 UV(下)色谱图[正己烷/异丙醇＝70/30(v/v)，
1.0 mL/min，240 nm]

表 4-147　温度对喹禾灵对映体拆分的影响(正己烷/异丙醇＝80/20)

温度/℃	k_1	k_2	α	R_s
0	4.847	6.448	1.33	2.42
5	4.221	5.513	1.31	2.43
10	3.713	4.734	1.27	2.36
15	3.130	3.946	1.26	2.24
20	2.760	3.433	1.24	2.19
25	2.461	3.017	1.23	2.09
30	2.195	2.659	1.21	1.98
35	1.963	2.354	1.20	1.86
40	1.701	2.009	1.18	1.72
45	1.606	1.880	1.17	1.58
50	1.444	1.673	1.16	1.44

4.11.4.5　热力学参数的计算

根据温度实验的数据，绘制了喹禾灵对映体的 Van't Hoff 曲线，得到了线性方程，$1/T$ 与 $\ln k_1$、$\ln k_2$ 和 $\ln \alpha$ 都具有较好的线性关系，如图 4-198(b)所示，线性相关系数 $r >$ 0.99，线性方程和相关的热力学参数列于表 4-148 中，两对映体与手性固定相相互作用焓变的差值为 1.98 kJ/mol，熵变的差值为 4.94 J/(mol·K)，与喹禾灵两对映体的高分离能力相吻合，对映体的分离受焓控制。

表 4-148　喹禾灵对映体的热力学参数（正己烷/异丙醇＝80/20）

对映体	$\ln k=-\Delta H/RT+\Delta S^*$	ΔH /(kJ/mol)	ΔS^*	$\ln \alpha=-\Delta\Delta H/RT+\Delta\Delta S/R$	$\Delta\Delta H$ /(kJ/mol)	$\Delta\Delta S$ /[J/(mol · K)]
E_1（S-体）	$\ln k_1=2159.5/T-6.338$ ($R^2=0.9982$)	-17.954	-6.338	$\ln\alpha=238.25/T-0.594$ ($R^2=0.9887$)	-1.981	-4.939
E_2（R-体）	$\ln k_2=2398.3/T-6.933$ ($R^2=0.9983$)	-19.939	-6.933			

参 考 文 献

[1] 蔡喜运. 环糊精和腐殖酸对手性除草剂禾草灵的水生毒理和生物有效性影响研究. 杭州：浙江大学博士学位论文. 2006

[2] Cai X, Liu W, Sheng G. Enantioselective degradation and ecotoxicity of the chiral herbicide diclofop in three freshwater alga cultures. Journal of Agricultural and Food Chemistry, 2008, 56(6): 2139-2146

[3] Diao J, Xu P, Wang P, et al. Environmental behavior of the chiral aryloxyphenoxypropionate herbicide diclofop-methyl and diclofop: Enantiomerization and enantioselective degradation in soil. Environmental Science & Technology, 2010, 44(6): 2042-2047

[4] US Environmental Protection Agency. Environmental Fate and Effects Division. Pesticide Environmental Fate One Line Summary: Lactofen. Washington, D. C. , 1993

[5] US Environmental Protection Agency. Drinking water exposure assessment for lactofen, updated for prospective ground water (PGW) monitoring study: Washington, D. C. , 2003

第 5 章　手性固定相的分离机理研究

5.1　分子模拟理论基础

5.1.1　力场

5.1.1.1　势能面

量子力学的研究已经帮助我们建立了对分子(或原子)的数学描述——薛定谔方程。对本研究所涉及的体系及其有意义的性质,相对论效应和时间的影响非常微弱,因此我们将一般性的薛定谔方程简化为了不含时、不考虑相对论效应的形式:

$$H\Psi = E\Psi \tag{5-1}$$

式中,H 为哈密顿算符,它是一个对应于能量的微分算符;E 表示定态分子的能量,通常在分子模拟中我们只考虑能量相对较低的基态;Ψ 是波函数,是笛卡儿坐标(原子核)和自旋坐标(电子)的函数。

虽然薛定谔方程在描述分子(或原子)状态上具有普适性,但是在实际应用中,方程求解过于复杂,超出了目前计算设备的能力,因此人们引入了一些近似。电子的质量相对于原子核小得多,其运动速度就要快得多,据此,玻恩和奥本海默提出:将原子核和电子的运动分别考虑。电子运动速度快,能够随原子核的位置变化及时调整自身的运动和分布,即只与核的瞬时坐标有关而与核的运动无关。这就是著名的玻恩-奥本海默近似。

根据玻恩-奥本海默近似,式(5-1)变为

$$H\Psi(r,R) = E\Psi(r,R) \tag{5-2}$$

式中,R 和 r 分别代表了原子核的笛卡儿坐标和电子的自旋坐标。这一方程将电子当作在由固定的核产生的场中运动。此时,分子的基态能量只与原子核的瞬时坐标有关,因此定义能量函数 $E(R)$,称之为所描述的分子(或原子)的势能面,也就是我们通常所说的分子势能。这是一个只与原子核坐标相关的函数。与式(5-2)对应,原子核的移动,即瞬时坐标对于分子势能面的影响可以用式(5-3)表示:

$$H\Phi(R) = E\Phi(R) \tag{5-3}$$

求解电子状态方程[式(5-2)]属于量子化学计算的范畴,通常分为第一性原理方法和半经验方法。第一性原理计算常用的程序有 Gaussian,GAMESS,DMol^3 等;使用半经验参数代替第一性原理的程序有 ZINDO,MNDO,MINDO,MOPAC,AMPAC 等。量子化学计算求解式(5-2)仍然需要多次迭代,消耗大量的计算资源,因此目前尚不适用于处理原子数目过多的体系。

5.1.1.2　力场

分子势能面的求解也可以用经验参数拟合的方法来处理,而不必再求解式(5-2),这种方法就叫作力场(force field),也叫作分子力学(molecular mechanics)方法。力场方法中忽略电子运动的影响,将体系能量作为只与原子核的瞬时坐标相关的函数处理,因此可以处理较大的体系。完整的力场方法包含了计算所需的各项要素:力场类型,力场分配规则,电荷分配,能量表达式。

采用分子力学方法计算时,首先要为体系中的原子分配力场。力场的分配要依据元素、原子键连的基团、杂化类型、是否带点等性质确定。在原子的力场类型确定以后(图 5-1),每个原子的电荷分配(partial charge)可以随之确定;或不采用默认值而改用其他方法确定,比如直接引入量子化学计算的结果。

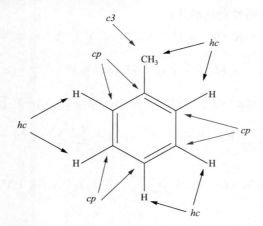

图 5-1　使用 PCFF 力场为甲基苯各原子分配力场类型

5.1.1.3　能量表达式

能量表达式是描述分子势能的一组关于原子坐标的函数。分子势能($E_{势能}$)可以表示为键能、交叉项和非键相互作用力的总和

$$E_{势能} = E_{键能} + E_{交叉项} + E_{非键} \tag{5-4}$$

键能是指分子中价键的总能量[式(5-5)],以下要素都会影响到键能的瞬时值:键的伸缩,键角弯曲,二面角扭曲(torsion),偏离平面振动(out-of-plane),Urey-Bradley 项,即1-3 相互作用。

$$E_{键能} + E_{bond} + E_{angle} + E_{torsion} + E_{oop} + E_{UB} \tag{5-5}$$

交叉项是第二代力场特有的一组函数,使力场能够更为精确地预测分子的各种性质。交叉项中包含的函数用于描述临近的价键键长或键角的相互影响。交叉项通常表达为以下作用:键伸缩-伸缩,键伸缩-键角弯曲-键伸缩,键角弯曲-弯曲,绕键扭转-键伸缩,绕键扭转-键角弯曲-弯曲,键角弯曲-绕键扭转-键角弯曲,键伸缩-绕键扭转-键伸缩等。

非键作用力是指非键连的原子间的作用,分为范德华力和库仑力两部分。部分力场

中还有氢键作用力一项。范德华力是一种分子间的相互作用力,比价键的键能小1～2个数量级,亦称范氏力,由三部分组成:

取向力:当极性分子相互靠近时,它们的固有偶极将同极相斥而异极相吸,定向排布,产生相互作用;

诱导力:当极性分子与非极性分子靠近时,非极性分子在极性分子的固有偶极的作用下,发生极化,产生诱导偶极,随后产生类似取向力的作用;

色散力:非极性分子内部由于原子的振动而产生瞬间的正、负电荷重心不重合,出现瞬时偶极,引发非极性分子间的瞬时偶极相互作用。

库仑力也叫静电势,是两带点中心间的相互作用,一般以原子上分配到的电荷数计。库仑力是带点中心间距离和带电量的函数,与距离成反比。

下面将列表说明分子势能的能量表达式中各项的含义,同时列出本研究中常用的COMPASS力场对应的函数表达形式:

$$E_{pot} = \sum_b \left[K_2(b-b_0)^2 + K_3(b-b_0)^3 + K_4(b-b_0)^4 \right] \quad 1$$

$$+ \sum_\theta \left[H_2(\theta-\theta_0)^2 + H_3(\theta-\theta_0)^3 + H_4(\theta-\theta_0)^4 \right] \quad 2$$

$$+ \sum_\phi \left[V_1[1-\cos(\phi-\phi_1^0)] + V_2[1-\cos(2\phi-\phi_{2+}^0)] + V_3[1-\cos(3\phi-\phi_3^0)] \right] \quad 3$$

$$+ \underset{4}{\sum_x K_x x^2} + \underset{5}{\sum_b \sum_{b'} F_{bb'}(b-b_0)(b'-b_0')} + \underset{6}{\sum_\theta \sum_{\theta'} F_{\theta\theta'}(\theta-\theta_0)(\theta'-\theta_0')}$$

$$+ \underset{7}{\sum_b \sum_\theta F_{b\theta}(b-b_0)(\theta-\theta_0)} + \underset{8}{\sum_b \sum_\phi (b-b_0)[V_1\cos\phi + V_2\cos2\phi + V_3\cos3\phi]}$$

$$+ \underset{9}{\sum_{b'} \sum_\phi (b'-b_0')[V_1\cos\phi + V_2\cos2\phi + V_3\cos3\phi]}$$

$$+ \underset{10}{\sum_\theta \sum_\phi (\theta-\theta_0)[V_1\cos\phi + V_2\cos2\phi + V_3\cos3\phi]}$$

$$+ \underset{11}{\sum_\phi \sum_\theta \sum_{\theta'} K_{\phi\theta\theta'}\cos\phi(\theta-\theta_0)(\theta'-\theta_0')} + \underset{12}{\sum_{i>j} \frac{q_i q_j}{\varepsilon r_{ij}}} + \underset{13}{\sum_{i>j} \left[\frac{A_{ij}}{r_{ij}^9} - \frac{B_{ij}}{r_{ij}^6} \right]} \qquad (5-6)$$

其中,第1项计算键伸缩能,第2项计算键角弯曲能,第3项为计算绕键旋转能的三级傅里叶展开式,第4项计算面外振动能,第5～11项为各种交叉项,第12项计算库仑力,第13项计算范德华力。

5.1.2　分子间相互作用与手性化合物的分离

主导两对映体与手性固定相间相互作用差异的主要是非键作用力,其余各项如构象能等相对较小,可以忽略,而且受到分子力学方法的结果精度限制,主要考察的对象限定于分子间相互作用。

5.1.2.1 用分子模拟方法研究手性化合物分离过程

在使用分子动力学方法和蒙特卡罗（Monte Carlo）方法研究手性化合物的分离时，既可以使用特定方法计算出自由能变化，也可以用定态的分子能量——即分子势能代替，这样既简化了数据的处理过程，也将模拟过程与实际的分子图景联系起来，使模拟计算有了明确的物理意义。由实验数据推导出的自由能变（ΔG）就是溶质分子与固定相结合后释放的能量，这与模拟计算中的分子间作用相对应。因此，研究手性化合物的分离过程就演变成了分别研究每个对映体与手性固定相的结合，计算溶质-固定相间的分子间相互作用并比较其差异：

$$\Delta E_{\text{非键}} = E_{\text{非键},r} - E_{\text{非键},s} = -RT\ln\alpha \tag{5-7}$$

式中，下脚标 r 和 s 分别标示了与非键作用（即分子间相互作用）对应的对映体绝对构型。

5.1.2.2 分子间相互作用的计算

采用力场计算分子间相互作用虽然大大简化了计算过程，但随着原子数目的增加，计算量仍会超出目前计算设备的承受能力。图 5-2 考虑到非键作用会随距离的增加而衰减，因此距离过远的原子（或基团）之间的作用常可以忽略，在实际应用中，截断距离（cutoff distance）的引入可以在保证计算结果精度的前提下降低计算量。

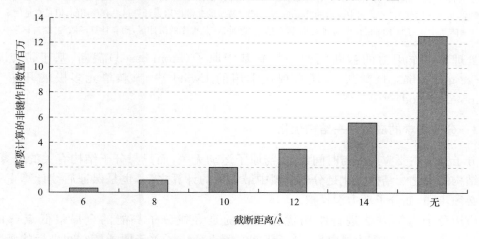

图 5-2 截断距离对计算量的影响，以含 5000 个原子的体系为例

截断距离是指在计算分子间作用时预先指定一个距离值，相距超过这个距离的原子（基团）对间的相互作用将被忽略。由于范德华力与距离的 6 次方成反比，随距离迅速衰减，因此引入截断距离造成的误差较小。而库仑力与距离的 1 次方成反比，截断距离造成的误差与粒子的空间结构及排列有很大关系。应用在空间结构规则的体系中，截断距离造成的误差非常小，而在非规则排列的体系中（如本研究涉及的体系）则会造成一定的误差。因此在引入截断距离的同时，还需要同时引入缓冲距离和尾项修正。缓冲距离是一段很小的距离，放置在截断距离内，这段距离对应的区域是缓冲区。当计算按程序判断原子（或基团）间距离到达缓冲区时，计算非键作用时将加入尾项修正；当原子（或基团）间距

离超过截断距离时，非键作用不再计入考虑（图 5-3）。

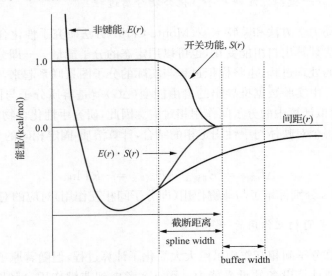

图 5-3　处理截断距离的方法示意图

注：图中横轴代表原子间距，纵轴代表非键作用力。无截断距离处理的非键作用函数是 $E(r)$；$S(r)$ 是开关函数，意为将非键作用逐步引导为"0"。开关函数作用的距离阈值是根据"spline width"而定的，到达指定的截断距离时，非键作用变为"0"。图中所示的"buffer width"对特定的非键作用力计算是没有作用的，但是它是用来处理体系中所有原子间相互作用列表的，因此这个"缓冲区"是程序的缓冲区，而非计算函数的"缓冲区"

处理非键作用力的截断问题一般有基于原子（atom-based）截断、基于带点基团（charge group-based）截断[1]，还有现在常用的 Ewald 法[2,3] 和单元多极展开法（cell multipole method）[4,5,6]。

5.1.3　分子力学的应用——结构优化

分子力学主要应用在与时间无关、与原子运动无关，而只与分子结构有关的计算中，例如结构的优化。结构优化是分子模拟中最常见的计算之一，也是保证后续计算正常进行的必须步骤，如分子动力学模拟。

应用分子力学方法进行结构优化的目的是寻找分子势能的全局最低点（global minimization）。在分配力场以后，分子势能实际上变成了关于原子核空间坐标的函数表达式，优化结构就是寻找函数最小值对应的分子结构的过程。优化的过程可以采用不同的算法进行，如最速下降法（steepest descents）、共轭梯度法（conjugate gradient）、牛顿-拉弗森法（Newton-Raphson method）等。

势能的一阶导数称为梯度（gradient），为向量。该向量的方向指向最小值点，其大小代表目前所处位置的倾斜度（steepness），粒子所受的力与所处位置势能函数的梯度方向相反。利用一阶导数搜索最优结构的方法计算量约与原子总数的 1 次方成正比。

最速下降法是以负梯度方向作为下降方向的算法，又称梯度法，是 1874 年法国科学家 Cauchy 提出的，最速下降法是无约束最优化中最简单的方法。这种方法在偏离最优结构较远时优化速度快，而越接近最优结构速度越慢，因此总体上的收敛速度较慢。但是,它具有良好的普适性,对初始结构偏离最优结构的程度不敏感,而且通常能找到全局能量最低点。最速下降法一般用于晶体结构信息较少的或经图形界面手动修改过的模型的优化,可以作为优化过程的第一步。

共轭梯度法的下降方向为负梯度方向与上一步迭代的搜索方向的组合,它也是一种利用一阶导数求最小值的方法,但是克服了最速下降法收敛慢的缺点,是解决大体系优化的有效方法。但是在偏离最优结构较远时,性能较差,因此在使用共轭梯度法前应先加入50~100 步迭代的最速下降法做初步优化。

牛顿法,也称牛顿-拉弗森法,是利用二阶导数矩阵求能量极小值的常用方法。由于求取二阶导数,因此该算法可以迅速找到最优结构,精确度也很高;但也正是由于求取二阶导数的问题,使该算法需要处理和存储大量信息,大约$(3N)^2$(N 为体系中原子数量)条数据。因此,牛顿法适用于较小的体系。还有一些算法针对牛顿法的缺点进行了改进,统称为近似牛顿法,比较著名的有 Davidon-Fletcher-Powell(DFP)方法、Broyden-Fletcher-Goldfarb-Shanno(BFGS)方法、Murtaigh-Sargent(MS)方法等。

5.1.4　分子动力学

分子动力学是经典分子模拟方法中的一种,该方法主要是依靠牛顿力学来模拟分子的运动,在由分子的不同状态构成的系综中抽取样本,计算体系的构型积分,并以构型积分的结果为基础进一步计算体系的热力学量和其他宏观性质。由于原子核的重量较大,量子力学效应不显著,因此在求取原子运动状态对势能的影响时不必求解式(5-3),分子动力学以牛顿运动方程取代了式(5-3),描述原子核的运动式如下:

$$-\frac{\partial V}{\partial r_i} = m_i \frac{\partial^2 r_i}{\partial t^2} \tag{5-8}$$

式中,V 是通过力场求取的第 i 个原子的势能,r_i 是原子的坐标,m_i 是原子的质量,t 是时间。该原子在系统中所受的力就是等式左侧的 V 对 r_i 的偏导数,等式右侧与 m_i 相乘的就是原子因受力而获取的加速度。

根据式(5-8),原子的运动在经典模拟理论中是可以确定的。这表示如果该原子的初始位置和速度已知,那么原子在下一时刻的位置和速度也可以算得。每一对坐标与速度的组合按时间顺序排列,这样的序列就称为原子的轨迹(trajectory)。

5.1.4.1　统计系综

统计系综(statistical ensemble)是来自于统计物理学的概念:在一定的宏观条件下,大量性质和结构完全相同的、处于各种运动状态的、各自独立的系统的集合,全称为统计系综(以下简称"系综")。系综是用统计方法描述热力学系统的统计规律性时引入的一个基本概念;系综是统计理论的一种表述方式。常用的三个系综是:

微正则系综——用于描述能量和粒子都不能与外界交换的孤立系统;

正则系综——用于描述粒子数目固定但能量可与外界交换的系统;

巨正则系综——用于描述能量和粒子都可与外界交换的系统。

在分子动力学中,可以直接对式(5-8)积分计算得到系统的总能量,因此对于孤立体系(不与外界交换能量和粒子),计算过程比较容易控制。但是对于开放体系,粒子和能量都可能变化,系统的宏观性质(如温度、压力)就需要额外的程序加以控制,例如:温度控制、压力控制、体积控制、能量控制等。这些控制器的排列组合就构成了不同的系综。下面将列表说明常用的集中系综的形式(表5-1):

表 5-1　分子模拟计算中常见的系综

系综	保持恒定的物理量	类型
NVE	粒子数目,体积,能量	微正则
NPT	粒子数目,压力,温度	正则
NVT	粒子数目,体积,温度	正则
NPH	粒子数目,压力,能量	微正则
μVT	化学势,体积,温度	巨正则

5.1.4.2　温度的测量与控制

温度是描述体系热力学状态的重要物理量。温度与原子运动速度关系服从麦克斯韦-玻尔兹曼分布:

$$f(v) = \left(\frac{m}{2\pi k_B T}\right)^{\frac{2}{3}} e^{\left(-\frac{mv^2}{2k_B T}\right)} 4\pi v^2 \tag{5-9}$$

在这个著名的等式中,$f(v)$是原子运动速度v的取值概率,m是原子的质量,T是热力学温度;k_B是玻尔兹曼常数。

任意时间点上的系统温度可以通过各原子的动量结合式(5-10)算得:

$$\left\langle \sum_i^N \frac{p_i^2}{2m} \right\rangle = \langle K \rangle = \frac{N_f K_B T}{2} \tag{5-10}$$

在动力学过程中,系统的势能和动能相互转换;如果系统还可以和外界交换能量,那么就需要温度控制程序来保证温度的恒定。常用的温度控制程序有:

直接控制速度(direct velocity scaling):这是最直接强硬的方法,改变原子的速度分布,达到控制温度的目的。但是这种方法不符合实际的物理图景,不能在取样阶段使用。

Berendsen(热浴耦合)法[7]:通过联结体系和模拟热浴,逐渐调整速度以控制温度。具体步骤就是在每次计算速度时乘上一个系数λ:

$$\lambda = \left[1 - \frac{\Delta t}{\tau}\left(\frac{T - T_0}{T}\right)\right]^{\frac{1}{2}} \tag{5-11}$$

式中,Δt是计算的时间步长,τ是弛豫时间,T是瞬时温度,T_0是目标温度。

Nosé-Hoover 法[8]:通过追加一个虚拟的自由度——为体系增加一份虚拟的质量,使原有的哈密尔顿函数重组,改变后续的瞬时速度的计算式,以达到控制温度的目的。

Andersen 法[9]:联结体系和指定的模拟热浴,这与贝伦德森法的思想是一致的,区别在于具体其步骤——随机选取粒子,在其上施加随机脉冲力,模拟粒子由于热浴而改变了运动速度的过程。

体系的温度是一个随时间不断改变的统计量,即使平均值可以收敛到一个固定的数值,还是会标准差的。这个标准差就被称为温度的涨落(fluctuation)。涨落的产生是粒子碰撞的结果,与选定的系综有关。例如:在 NVT 系综下,温度的随机涨落(σ)应该符合:

$$\sigma = T\sqrt{\frac{2}{N_f}} \tag{5-12}$$

式中,N_f 是体系的自由度。温度控制及其他参数的调节应该使体系的温度涨落接近该值,这是判断参数选择是否合适的标准之一。

5.1.4.3　周期边界条件

为了保证模拟计算的真实性可靠性,体系模型在建立时一般要添加周期性边界条件,这表示沿空间坐标系的三个(X,Y,Z)方向上具有完全相同的镜像排列在体系周围。这样既可以保证体系内粒子的数目不变,又可以避免边界效应(boundary effect),以较小的模型研究实际问题。建模时只需建立最小镜像(minimum image),然后在边界上施加周期性边界条件,如图 5-4 所示,当粒子 A1 的移动范围超出边界时,它会进入到邻近的镜像中,并且它的镜像 A2 会进入到 A1 原先所在的区域以填补空缺。但是建立包含周期性边界条件的分子模型时需要注意后续计算中的截断距离的大小。模型的任意一边的边长要大于二倍的截断距离,避免某一粒子和它的镜像同时与同一粒子的发生相互作用;如果定义截断距离时是基于基团或分子的,那就更需要注意模型大小的确定。

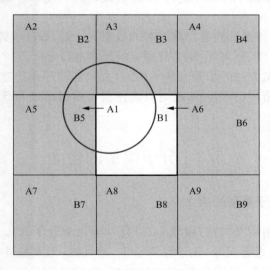

图 5-4　周期性边界条件

注:图中心白色区域是原本体系所占有的,周围 8 个灰色区域都是它的镜像。当 A1 向左移动到 A5 所在的区域时,A6 会移动至中心区域,填补 A1 留下的空缺,这样就可以保证粒子数目不发生变化

5.2　分子模拟计算的基本步骤

下面以分子动力学模拟为例,说明模拟计算的基本步骤。

在确定要以分子模拟方法研究实际问题时,要合理选定体系的组成和大小。接下来要确定各种分子的初始构型,以便进行整体模型的构建,一般分子的起始构型主要来自实验数据或量子化学计算。模型建立后要进行适当的优化,一个能量较低的初始构型是进行分子模拟的基础。

在确定起始构型之后要赋予构成分子的各个原子初始速度,这一速度是根据玻尔兹曼分布随机生成的,由于速度的分布符合玻尔兹曼统计,因此在起点时(即时间零点),体系的温度是恒定的。另外,在随机生成各个原子的运动速度之后须进行调整,使得体系总体在各个方向上的动量之和为零,即保证体系没有平动位移。这些工作一般由计算机程序在初始化分子动力学计算时自动完成。

开始分子动力学计算后,一般体系的宏观性质(若采取 NVE 系综则为微观性质),例如,温度、压力等统计量会发生波动,此时会有相应的控制程序对构型、温度、压力等参数加以监控。在此过程中,原子的运动依靠初始速度和粒子间相互作用进行,之后经历较长时间模拟后,体系的宏观统计量不再随时间变化,这标志着体系已达平衡(equilibrium)。

对达到平衡的体系可以进行取样,取样过程就是每隔一段时间记录一次各分子的构型和速度,也就是对体系轨迹以一定频率(如每隔 2000 个轨迹点)抽样并记录。因此取样过程仍然需要在分子动力学计算中进行,不过已经达到平衡并开始取样的阶段称为产出阶段(production stage)。

最后,用抽样所得体系的轨迹计算当时的微观统计量,如分子势能、径向分布函数等,及各宏观统计量,如温度、压力等,结合要研究的问题进行分析。

运用其他分子模拟方法的步骤也基本相同,大致都要经历建立模型—按规则进行计算—统计物理量—分析讨论等步骤,有时可能还需要根据结果和既定的约束条件调整参数甚至模型。

5.3　分子模型的建立

5.3.1　硅胶表面的分子模型的建立

硅胶是一种高吸附活性材料,属非晶态物质,其化学分子式为 $m\,SiO_2 \cdot n\,H_2O$,不溶于水或任何有机溶剂,无毒无味,化学性质稳定,除强碱、氢氟酸外不与任何物质发生反应。硅胶微粒比表面积大,吸附性强,热稳定性好,化学性质稳定,有较高的机械强度,因此广泛用于商业化和实验室内的手性色谱柱的制备。各种型号的硅胶因其制造方法不同而形成不同的微孔结构,根据其孔径的大小可分为:大孔硅胶、粗孔硅胶、B 型硅胶、细孔硅胶等。

作为手性固定相的重要组成部分,硅胶表面的性质是影响手性化合物分离过程的重要因素之一,理应被纳入到手性固定相的分子模型体系中。在 Zhuravlev 等[10]的研究中

专门就选择 SiO_2 晶体模型模拟硅胶表面的问题展开讨论。根据硅胶表面的硅羟基的密度,选择 β-方晶石的晶体结构、截取(1 1 1)面作为硅胶表面的模型最合适。Zhang 和 Rafferty 等分别应用此模型构建了 C_8 和 C_{18} 固定相的分子模型,考察了反相条件下键合量、流动相组成对溶质的保留行为的影响[11-15]。本研究也引用了 Zhuravlev 等提出的硅胶表面模型。图 5-5 中列举了两个硅胶表面模型与本研究所建立的模型的对比。

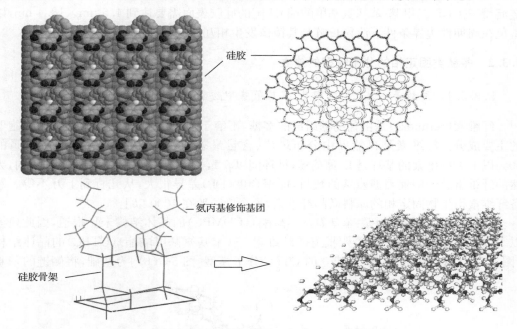

图 5-5　文献中使用的硅胶模型与本研究建立的模型的对比

注:左上角模型来源于参考文献[16],右上角模型来源于参考文献[17]。左下角为本研究建立硅胶表面使用的最小重复单元,右下角为建成的硅胶表面模型

硅胶是一种多孔球形材质,制备固定相所用的硅胶粒径一般在 3～10 μm,孔径 20～300 Å 不等。但是不论 Zhuravlev 等报道的模型还是本研究中建立的模型都远小于上述尺寸,一般在几纳米到十几纳米之间,一则是受限于计算设备,二则是过大的模型对计算精确度的贡献与消耗的资源不成比例,根据实际情况选择适当大小的模型即可。因此,在本研究的模型中,硅胶表面近似看作平面,不计曲率、不计孔洞和边缘结构的影响。另一方面,本研究使用的多糖衍生物分子模型长度也只有十几纳米,硅胶平面的分子模型尺寸也应与之配套。

硅胶表面模型采用截取 β-方晶石的晶体结构的(111)面,切取 2 层硅原子,将截面硅羟基修复,提取最小重复单元(unit cell,以下简称元胞)作为硅胶表面的模型,此元胞的尺寸为 5.063 Å×8.769 Å,并施加二维(2D)周期性边界条件。

在此基础上,构建改性后的氨丙基硅胶表面模型。氨丙基硅胶广泛应用于涂敷型手性固定相的制备,多糖类固定相多以这种改性硅胶作为载体,如纤维素-三(3,5-二甲基苯基氨基甲酸酯)固定相。氨丙基硅胶的建模可以以建立的硅胶表面模型为基础,用氨丙基-二乙氧基硅氧基取代硅羟基,再将临近的两个硅原子上的乙氧基删去,代之以氧原子桥接两个硅原子,模拟临近的乙氧基硅烷发生缩合的情况。最后将默认的键长键角赋予硅氧基部分,完成氨丙基硅胶表面的元胞构建。改性后的硅胶表面遍布氨基,既避免了硅羟基造成的强非特异性保留,也非常利于多糖衍生物的固定(图 5-5)。

在构建了硅胶表面模型的元胞以后,要根据随后的分子动力学模拟等计算的要求扩展元胞,构筑为与其他分子模型尺寸匹配的硅胶表面模型。例如,与 36 个重复单元的直链淀粉-三(3,5-二甲基-苯基氨基甲酸酯)匹配的硅胶表面需要达到 4.5 nm×18.4 nm,以避免在周期性边界条件下淀粉长链与其镜像发生相互作用。

5.3.2　多糖类固定相的分子模型的建立

5.3.2.1　纤维素-三(3,5-二甲基-苯基氨基甲酸酯)固定相的分子模型

纤维素(cellulose)是由葡萄糖组成的多糖,不溶于水及一般有机溶剂,是植物细胞壁的主要成分。纤维素是自然界中分布最广、含量最多的一种多糖,占植物界碳含量的 50％以上。纤维素的基环是 D-葡萄糖,糖环间以 β-1,4 糖苷键连接。由于来源的不同,天然的纤维素分子中葡萄糖残基的数目,即聚合度(DP)差异很大,从几百到上万不等。制备纤维素衍生物固定相的原料微晶纤维素,聚合度一般在 1000 以上。

纤维素-三(3,5-二甲基-苯基氨基甲酸酯)(CDMPC)的晶体结构未见报道,因此建模以 Vogt 和 Zugenmaier 等[18,19]报道的纤维素-三(苯基氨基甲酸酯)(CTPC)的晶体结构[图 5-6(a)]和 Yashima 等[16]建立的 CTPC 分子模型[图 5-6(b)]为基础,将侧链的苯基

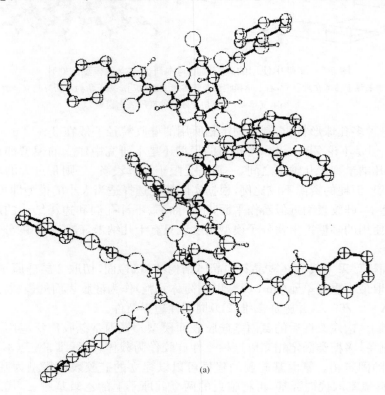

(a)

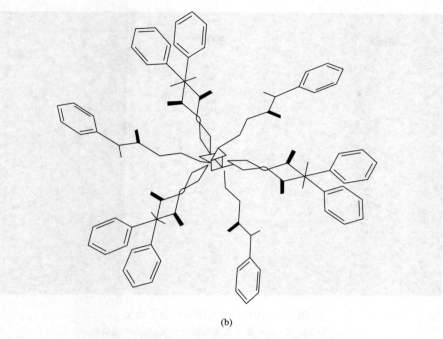

(b)

图 5-6　早期文献报道的纤维素衍生物分子模型

注：(a)引自参考文献[17]；(b)引自参考文献[18]

改为 3,5-二甲基苯基,首先建立了糖环单元(glucose unit),糖环 2 位的取代基构型为 s-顺式,3 位和 6 位的取代基构型为 s-反式[图 5-6(a)];接下来使用 Materials Studio 的 Polymer Builder 模块建立同聚物,重复单元数目定为 36,二面角 H_1—C_1—O—C_4'(φ) 和 H_4'—C_4'—O—C1(ψ)的角度分别为 60° 和 0°(图 5-7);并对侧链进行了优化:首先将主链原子全部固定,使用 Discover 模块的 Minimizer 程序,选择 COMPASS 力场,进行结构优化,优化后的结构见图 5-8。

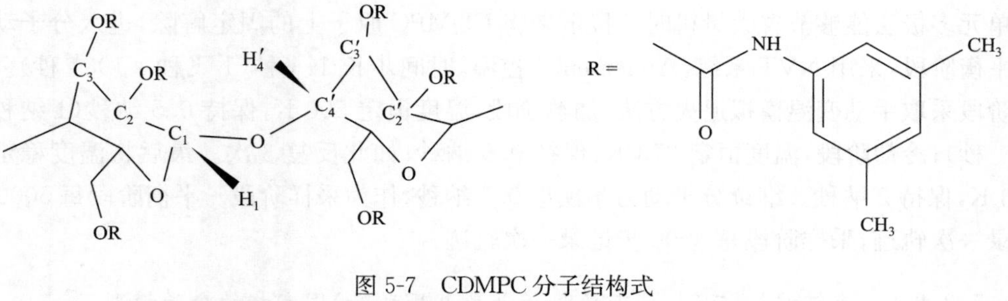

图 5-7　CDMPC 分子结构式

将优化后的 CDMPC 长链平行放置在氨丙基硅胶平面(3.5 nm×21.9 nm)上方,相距 10 Å,并在 CDMPC 上方再增加 15 Å 的真空层。由于本研究中使用的商业软件,算法代码不能自由改动:粒子数目的控制需要在三维周期性边界条件下实现;而本研究设计的

图 5-8　优化后的 CDMPC 分子模型

注：中心颜色一致的链代表葡萄糖环骨架（彩图中为紫色）

分子模型要模拟沿硅胶表面方向上的二维周期性边界条件，因此需要避免在垂直于表面的方向上元胞与镜像间的分子间相互作用。15 Å 的真空层大于随后指定的截断距离，因此垂直方向上元胞与镜像间的分子间相互作用便不再计入考虑，实现了近似二维周期性边界条件。

　　完整的 CDMPC 固定相模型要经过结构优化才能进入下一步计算。首先将硅胶骨架，即从 β-方晶石的晶体结构截取的部分固定、CDMPC 主链原子固定，优化表面上的取代硅氧烷基部分和 CDMPC 的侧链部分，使用 Discover 模块的 Minimizer 功能，选择 COMPASS 力场进行优化。体系内原子数目已经超过 13 000，因此计算非键作用力时采用单元多极法能够节省大量机时。接下来将 CDMPC 原子上的固定解除，进入分子动力学平衡阶段，采用 NVT 系综，Andersen 法控温，时间步长 1 飞秒（1 飞秒＝10^{-15}秒）。平衡阶段采取手动变温模拟退火方法：加热阶段，温度恒定 500 K，保持 0.5 纳秒（1 纳秒＝10^{-9}秒）；冷却阶段，温度恒定 273 K，保持 0.5 纳秒；如此反复 3 次。最后将温度稳定在 273 K，保持 2 纳秒。继续分子动力学模拟 0.5 纳秒，作为采样阶段。平衡阶段每 5000 步记录一次轨迹，采样阶段每 3000 步记录一次轨迹。

　　5.3.2.2　直链淀粉-三(3,5-二甲基-苯基氨基甲酸酯)固定相的分子模型

　　直链淀粉（amylose）是由葡萄糖组成的多糖，抗溶胀性，溶水性差，不溶于一般有机溶剂。直链淀粉的基环也是 D-葡萄糖，糖环间以 α-1,4 糖苷键连接，每个直链淀粉分子通常含有 300 个到 3000 个葡萄糖单体。

　　直链淀粉-三(3,5-二甲基-苯基氨基甲酸酯)(ADMPC)的晶体结构未见报道,分子模型以 Zugenmaier 等报道的直链淀粉-三异丁酸酯(ATisoB)的晶体结构[17](图 5-9)和 Yamamoto 等[20]对 ADMPC 构型的研究为基础建立。重复单元数为 36,其中二面角 H_1—C_1—O—$C_4'(\varphi)$ 和 H_4'—C_4'—O—$C_1(\psi)$ 的角度分别为 $-68.5°$ 和 $-42.0°$(图 5-10)。模型建立后固定主链原子,优化侧链,仍然选择 COMPASS 力场和 Discover 模块的 Minimizer 程序,优化后结构见图 5-11。

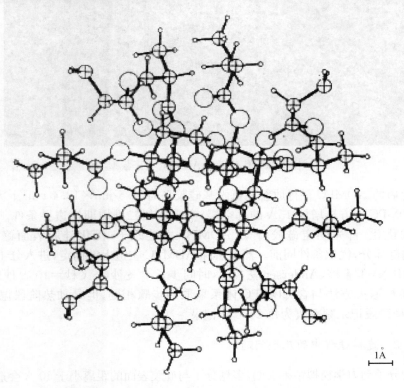

图 5-9　直链淀粉-三异丁酸酯的晶体结构

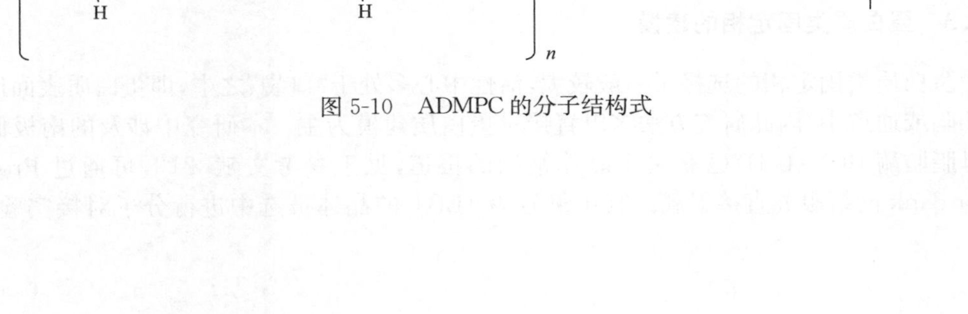

图 5-10　ADMPC 的分子结构式

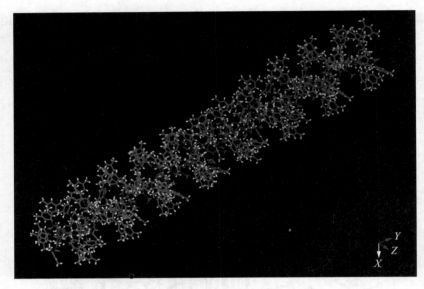

图 5-11　优化后的 ADMPC 分子模型

将优化后的 ADMPC 平行放置在氨丙基硅胶平面(4.5 nm×18.4 nm)上方,相距 10
Å,并在 ADMPC 上方再增加 15Å 的真空层,实现近似二维周期性边界条件。接下来做
整体模型的优化:首先固定硅胶骨架、ADMPC 主链原子,优化硅胶表面修饰基团和
ADMPC 侧链部分,优化条件同前。然后解除 ADMPC 主链上的固定,进入分子动力学平
衡阶段,采用 NVT 系综,Andersen 法控温,时间步长 1 飞秒(1 飞秒=10^{-15}秒)。平衡阶
段采取的模拟退火方法与含 CDMPC 体系采取的步骤相同,但是加热阶段温度控制在
1000 K,取样阶段记录频率改为每 2500 步记录一次。

5.3.2.3　建模过程中的几个问题

后续的分子动力学模拟结果表明,多糖分子与硅胶表面的距离小于 10 Å 会造成多糖长
链不能充分弛豫即被固定的问题,因此该距离应至少在 10 Å 以上。但是增加间距的同时应
增加真空层的厚度,以免由于周期性边界条件而使长链同时与硅胶上下表面发生作用。值
得注意的是,虽然真空层中没有任何粒子,但是增加其厚度仍然会大大增加机时的消耗。

经对比发现模拟退火的加热温度对平衡影响不明显,但是加热时间会明显影响多糖
分子在此阶段的行为。例如,当加热阶段的时间增加到 1.0 纳秒时,多糖分子会因为获得
了过大的动能而脱离硅胶表面的束缚,造成模拟结果失真。因此模拟退火方法有助于加
速平衡系统,但应注意时间的控制。

5.3.3　蛋白质类固定相的建模

蛋白质类固定相的选择子一般较大,活性中心多处于"口袋"之中,即蛋白质表面形成
的凹陷或通道中,因此研究方法多以直接对蛋白质建模为主。本研究中涉及的南极假丝
酵母脂肪酶 B(CAL B)已有关于晶体结构的报道,见于参考文献[21],可通过 Protein
Data Bank 网络服务直接下载。其中编号为 1LBT 的晶体被选中进行分子对接实验,因

其晶体结构中含有的配体分子(Tween80 分子片段)能够较好地描述活性位点和活性口袋的结构。CAL B 的晶体结构在去水、去配体后,自动加氢,赋予 AMBER FF99 力场,并计算各原子带电量,备用。

5.3.4　手性化合物的建模

手性化合物可以在 Materials Studio 中直接构建,需要注意的一点是,苯环在 MS 软件中不是用单双键交错排列表示的,而是以 partial double bond 表示,以便在自动分配力场和计算原子电荷时能够正确表达。分子模型建立后首先使用 Gaussian 03 软件,使用 DFT/B3LYP/6-311G＋＋(D,P)方法优化结构。

对于甲霜灵和苯霜灵两组对映异构体还需要准备构象群以备后续的计算使用。构象群需要通过构象搜索程序产生,Conformer 模块可以完成这一工作。如图 5-12 所示,优化后的分子大部分结构固定不变,在执行构象搜索时只有标识出的几处单键可以旋转,利用玻尔兹曼跳跃算法搜索由单键旋转产生的构象空间,每次跳跃前进行 50 次结构变换,温度 5000K,接受其中 20％的变换进行筛选,筛选标准为扭转角的 RMS＞1,找出能量最低的 200 幅构象备用。当搜索出 200 幅构象后即停止搜索。

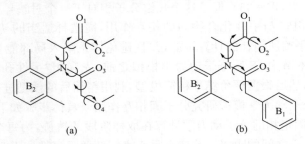

图 5-12　甲霜灵(a)和苯霜灵(b)的分子结构

5.4　多糖型手性固定相的分离机理研究

5.4.1　引言

多糖类固定相是目前液相色谱分离手性化合物时应用最广泛的一类手性固定相,研究其工作机理将对其开发和应用有重要意义。

Wainer 提出将手性固定相按分离机理的不同分为五类[22]。第Ⅰ类手性固定相的典型代表是 Pirkle 型固定相,如已经商品化的 Whelk-O1 型固定相等。这类固定相的特点是手性选择子在载体表面紧密分布,分离机理可以用三点作用原理来解释,主要依靠单个手性选择子与对映异构体间的氢键、π-π 相互作用和偶极堆砌等。第Ⅱ类手性固定相的代表是多糖型固定相。这类固定相的分离机理也遵从三点作用原理,因此侧链取代基对手性识别非常重要;但是由于手性选择子是长链型分子,本身具有螺旋结构,侧链间存在固有的空隙;而且在固定相制作过程当中多糖链也会相互靠近,会形成可以容纳对映体的分子间空隙结构,这些孔穴也参与了分离的过程。第Ⅲ类固定相的代表是环糊精类固定相。这类固定相的手性选择子本身包含环状中空结构,具有一定刚性,与孔穴内、上下开口端的活性位点一同构成可识别对映异构体的结构。这类固定相的孔穴在手性分离中起主要作用,孔穴和分子外壁的其他部位对分离的贡献有很大的差别。特别值得一提的是,微晶纤维素按照机理分类应该属于第Ⅲ类。因为微晶纤维素的结构规则,具有天然的沟壑结构,但是由于其侧链非常短,且没有手性中心,因此其手性选择性主要来源于天然的沟壑和定向螺旋结构。

可见,多糖型手性固定相的分离机理介于第Ⅰ类和第Ⅲ类手性固定相之间,作用机理较为复杂——需要同时考虑侧链自身的活性位点和超"分子"(实际上各侧链仍然属于同一分子,但是在结构上不连接在同一葡萄糖环骨架之上)孔穴结构的作用。建立合理的分子模型并选取适当的指标分析结果是研究的关键,充足的数据量也必不可少。

5.4.2　利用分子动力学方法研究在 ADMPC 固定相上的对映体分离

5.4.2.1　计算方法

在 5.3.2 节中已经建立了直链淀粉-三(3,5-二甲基-苯基氨基甲酸酯)(以下简称 ADMPC)的分子模型(DP=36),但是这个长链分子相对于一个对映异构体分子而言过于庞大。欲研究 ADMPC 与手性化合物间的相互作用,需选择适当的初始结合构型,这样可以大大缩短体系平衡所消耗的计算资源,并且避免体系陷入局部能量最低点而产生错误的结果。因此在本节中,开始分子动力学模拟之前,先利用"手性孔穴(chiral cavity)"评价已建立的模型,然后根据评价结果精简模型,利用精简后的模型进行对映体与固定相的对接,最后进入分子动力学模拟研究分子间相互作用。具体步骤如下:

选取 ADMPC 固定相的分子动力学计算在取样阶段的轨迹,为每个侧链上的苯环指定一个重心,统计重心之间的距离。若三个重心之间两两距离都处于 7.0~12.0 Å 之间,那么在当前坐标系下记录下一个点,该点为此三个重心的几何中心,也是孔穴可能出现的位置。图 5-13 展示了 DP=36 的 ADMPC 固定相模型中可能出现孔穴的位置的分布情况,其中有 5 个区域分布较为集中。最终选定孔穴最集中的区域(DP=9)作为下一步研究对映体-固定相结合之用。

选取构建好的 DP=9 的 ADMPC 固定相模型,利用 Monte Carlo 模拟进行了对映体与固定相的分子对接(docking)。Monte Carlo 模拟采用 Metropolis 取样方法,结合模拟退火(simulated annealing)算法,对对映体-固定相复合物的构象空间进行搜索。模拟退火程序:温度变化从 10 000 K 开始到 273 K 截止为一个循环,每个阶段 100 000 步,每次计算包含 10 次循环。并将搜索得到的最低能量构象或最大结合能构象作为下一步的分子动力学模拟初始构象。为了避免刚性分子对接的缺点,对接过程采用了每个对映体的 200 幅构象,在 ADMPC 分子模拟中的 20 个轨迹点所对应的构象上进行对接。结果保留能量最低的 10 幅复合物构象以确定结合位点和结合构象。

通过对比 Monte Carlo 模拟收集到的构象发现,对映体的最佳结合位点基本集中在一起,因此下一步分子动力学模拟采用每个对映体-固定相能量最低的构象作为初始构象,进行计算。计算条件如下:NVT 系综,273 K,时间步长 1.0 飞秒,平衡时间 3.0 纳秒,取样时间 1.0 纳秒,取样间隔 2500 飞秒。

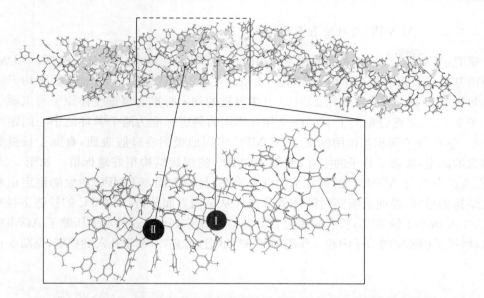

图 5-13　DP＝36 的 ADMPC 固定相上的孔穴分布以及 DP＝9 的简化模型

通过分析取样得到的轨迹,计算以下性质:

结合能(分子间相互作用):

$$E_{\text{inter}} = E_{\text{总}} - E_{\text{CSP}} - E_{\text{对映体}} \tag{5-13}$$

径向分布函数:

$$g(r) = \frac{n(r, r + \Delta r)}{n_{\text{ideal}}} = \frac{n(r, r + \Delta r)}{\rho \times V} \tag{5-14}$$

式中,Δr 是半径的步长,ρ 是被统计粒子在体系中的平均密度,即粒子总数除以体系总体积,V 是体系中距离中心大于 r 但是小于 $r + \Delta r$ 的空间体积,$n(r, r + \Delta r)$ 则是处于体积 V 中的被统计粒子的数量。径向分布函数就是中心附近被统计粒子与其平均密度的比值,反映了由于处于中心的粒子对被统计的粒子间的分布情况的影响(图 5-14)。

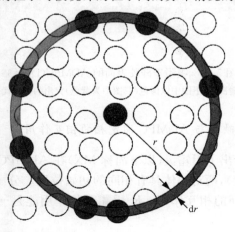

图 5-14　径向分布函数

5.4.2.2　ADMPC 与硅胶表面的相互作用

研究 ADMPC 与硅胶表面的相互作用时采用了 DP＝36 的 ADMPC 模型。ADMPC 与氨丙基硅胶表面的相互作用为－473.01 kcal[①]/mol。ADMPC 与硅胶表面平均形成分子间氢键 116 个、π-π 相互作用 21 个。其中氢键的判定标准为氢键受体原子与氢原子间距小于 2.6 Å，氢键键角大于 120°；π-π 相互作用的判定标准为两个苯环的中心间距小于 4.6 Å。这些分子间相互作用保证了 ADMPC 牢固地吸附在硅胶表面，有助于长链型分子构象的固定，增强了分子的刚性，使得 ADMPC 的螺旋结构很好地保留。如图 5-13 所示，孔穴的分布与 ADMPC 的螺旋结构也有关系；另一方面，ADMPC 构象的稳定也利于孔穴结构的稳定，进而影响到对映体的分离。从结构方面分析，ADMPC 的长链半径减小到 19.2 Å，减小了约 20％；长度缩短为 125.2 Å，缩短了 16％。这种形变压缩了 ADMPC 的体积，增强了侧链间的分子内相互作用，使侧链的刚性增强，有利于孔穴的稳定，见图 5-15。

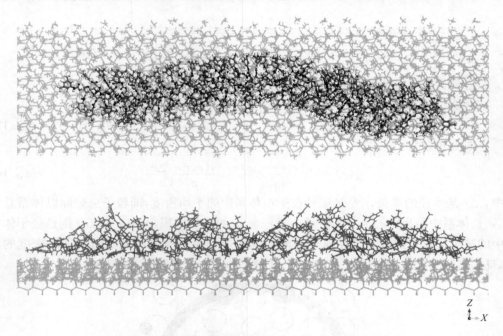

图 5-15　吸附于硅胶表面的 ADMPC(DP＝36)

注：上图为上视图，下图为侧视图；下图中以深色（彩图中为紫色）突出的长链代表 ADMPC 的葡萄糖环骨架

5.4.2.3　甲霜灵对映体与 ADMPC 固定相的相互作用

Monte Carlo 模拟给出了甲霜灵（以下简称 MX）在 ADMPC 固定相模型上的初始位置与构象（图 5-13，I 位置），两对映体具有相同的初始位置。分子动力学计算结果定量给出了对映体与固定相之间的相互作用。R-甲霜灵的作用能是－32.35 kcal/mol，S-甲霜

---

① 1 cal＝4.1868 J

灵的作用能是-30.59 kcal/mol，两者相差 1.76 kcal/mol。相互作用能量越小说明结合作用越强。因此 R-甲霜灵与 ADMPC 固定相之间具有更强相互作用。根据手性色谱分离的宏观热力学解释，保留时间更长的组分应该与固定相有更强的相互作用，据此推断甲霜灵对映体的流出顺序为：S-体在先，R-体在后，与色谱学实验结果一致。

1）主要官能团对分子间相互作用的贡献

分析对映体中的主要官能团对于对映体与固定相间相互作用的贡献，有助于了解手性分离的规律和特点。甲霜灵分子中包含 4 个氧原子和一个苯环，还有一个亚氨基。其中亚氨基处于多个大基团包围中，虽然也有可能形成氢键，但是在分析分子动力学轨迹时发现，没有一副轨迹中有该基团参与的氢键形成。这说明该亚氨基对于对映体与固定相间的相互作用贡献不大，因此不计入考察范围。在屏蔽了对映体中其他原子之后，R-甲霜灵和 S-甲霜灵的 4 个氧原子和一个苯环对于分子间作用的贡献列在表 5-2 中。

表 5-2　甲霜灵分子片段对分子间作用力的贡献　　　　（单位：kcal/mol）

	分子片段				
	O_1	O_2	O_3	O_4	B_2
R-MX	-10.09 ± 1.84	-2.10 ± 0.62	-12.99 ± 1.63	-1.71 ± 0.84	-2.07 ± 0.64
S-MX	-0.70 ± 0.80	-0.16 ± 0.75	-10.38 ± 1.64	-2.61 ± 1.10	-4.40 ± 0.69

表中数据越小说明该项所对应的分子间作用越强。从表中可以看出，4 个氧原子对分子间相互作用的贡献是有极大差异的，其中以 O_3 为最大，明显高于苯环的贡献。而氧原子的总体贡献也要高于苯环的贡献，这说明甲霜灵在 ADMPC 固定相上的保留行为与氧原子主导的分子间相互作用有密切关系，其中 O_3 起的作用又比其他氧原子要大。与氧原子有关的分子间相互作用主要有氢键、偶极堆砌。对分子动力学轨迹进行分析后发现在氧原子与 ADMPC 侧链的亚氨基之间存在着氢键，且出现频率极高。

通过表 5-2 还可以比较 R-体和 S-体中同一位置上的基团对分子间相互作用之差的贡献。其中 O_1 对相互作用的差异贡献最大，O_3 次之，其后依次为 B_2、O_2、O_4。但是 O_4和 B_2 的 R-体和 S-体贡献大小与其他原子顺序相反——对 S-体的贡献大于对 R-体的，也与总的分子间相互作用的结果相反。这说明这两个基团对于甲霜灵对映体的分离可能有反作用，而对分离有主导作用的部分主要是 O_1 和 O_2。甲霜灵在 ADMPC 上的分离很可能是由分子间氢键控制的。

2）与主要官能团有关的径向分布函数统计

径向分布函数可以用来描述被统计粒子围绕中心粒子的分布特征，在分析甲霜灵与固定相间的结构特征时也可以应用径向分布函数来表征。图 5-16（a）～（d）给出了 ADMPC 侧链上活泼氢（指与氮原子相连的氢原子）分别围绕 4 个氧原子的径向分布。从图中可以看出 O_1 和 O_3 周围的氢原子在较近的距离（r）出现的频率［$g(r)$］很高，这意味着它们可以获得更多形成氢键的机会；而 O_2 和 O_4 不但频率的峰值较低，而且峰值出现的位置也较远。比较每幅图中的两条曲线，可以看出一对对映体在形成氢键方面的差异，最明显的差异出现在 O_1 对应的图 5-16（a）中，与相互作用之差的计算结果相符；而 O_3 对应的图 5-16（c）则体现了两条曲线的峰值虽然都很高，但差异较小，因此对相互作用之差的贡献也小。图 5-16(e)～(f)给出的分别是侧链上的苯环围绕甲霜灵苯环中心的和侧链上的活泼氢围绕甲霜灵苯环中心的径向分布。苯环与苯环之间可以形成 T 构型或者 H 构型相互作用,苯环还可以与含有活泼氢的基团相互作用,如亚氨基(图 5-17)。ADMPC 的侧链兼具了苯环和亚氨基两种结构,径向分布统计的结果表明,这两种结构围绕苯环的

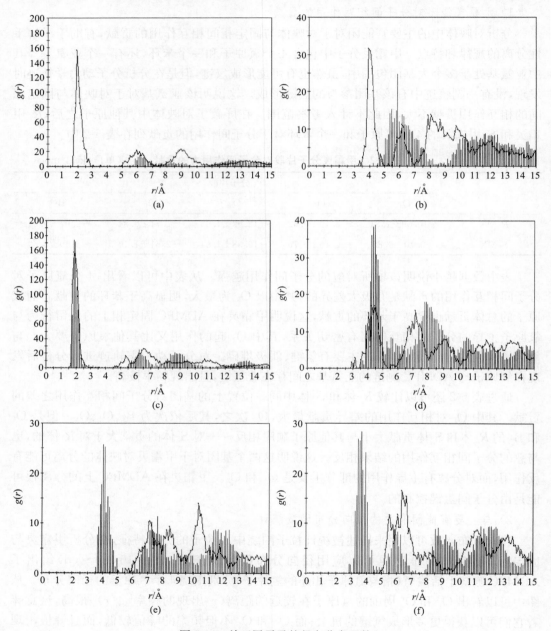

图 5-16　关于甲霜灵的径向分布函数

(a)侧链氨基氢-O_1;(b)侧链氨基氢-O_2;(c)侧链氨基氢-O_3;(d)侧链氨基氢-O_4;(e)侧链苯环-B_2;(f)侧链氨基氢-B_2。

深色曲线图(在彩图中为蓝色)对应于 R-体,浅色柱状图(在彩图中为红色)对应于 S-体

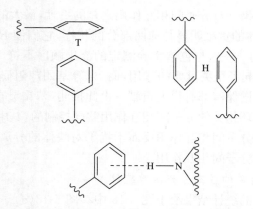

图 5-17　苯环参与的几种分子间相互作用的形式

注：左上和右上两图为苯环间相互作用，下方图为亚氨基氢与苯环相互作用

中心分布的特征都是 S-体峰值较高且位置更加靠近苯环，这也与相互作用之差的计算结果相符。综上，径向分布函数的计算将直观的三维结构转化为了可定量比较的数值，且与分子间相互作用的计算结果相互印证，有助于更好地分析特定的分子间相互作用对对映体分离的影响。但是，由于径向分布函数中不含任何能够计算分子间相互作用的项，因此还是需要和能量计算的结果综合考虑。

5.4.2.4　苯霜灵对映体与 ADMPC 固定相的相互作用

Monte Carlo 模拟给出了苯霜灵（以下简称 BX）在 ADMPC 固定相模型上的初始位置与构象（图 5-13，Ⅱ位置）。与 MX 类似的是，BX 两对映体的初始位置也相同。分子动力学计算给出了对映体与固定相间的分子相互作用：R-苯霜灵为 -25.79 kcal/mol，S-苯霜灵为 -26.65 kcal/mol，两者相差 0.86 kcal/mol。S-苯霜灵与 ADMPC 固定相结合得更稳定。据此预测的出峰顺序是 R-体在先而 S-体在后，与色谱学实验结果一致。

1）主要官能团对分子间相互作用的贡献

在分析苯霜灵与固定相间相互作用时仍然将分子间氢键和苯环的 π-π、p-π 相互作用作为重点考察对象。因此选取苯霜灵分子结构中包含三个氧原子和两个苯环[图 5-12(b)]进行分析，亚氨基不计入考察范围。在屏蔽了分子中其他原子的干扰之后，R-体和 S-体的三个氧原子和两个苯环对于分子间作用的贡献列在表 5-3 中。

表 5-3　苯霜灵分子片段对分子间作用力的贡献　　　　（单位：kcal/mol）

	分子片段				
	O_1	O_2	O_3	O_4	B_2
R-BX	3.37 ± 1.65	3.56 ± 0.93	2.08 ± 1.01	-2.07 ± 1.95	-2.07 ± 1.95
S-BX	-7.94 ± 2.78	-1.44 ± 0.86	1.10 ± 0.90	-3.07 ± 1.33	-3.07 ± 1.33

与表 5-2 相同，表 5-3 中数据的值越小说明分子间相互作用越强。其中只有 S-体的 O_1 贡献较为突出，其余氧原子的贡献基本相当。苯环的总体贡献与氧原子的总体贡献相当，其中 R-体的 B_2 贡献较突出。可见苯霜灵在 ADMPC 固定相上的保留行为是氧原子

和苯环的共同作用的结果。对分子间相互作用之差的贡献,最大的是 O_1,而后是 B_1;O_2、O_3 与 B_2 对 R-体和 S-体的贡献明显与前两部分的相悖,它们使 R-体与固定相间的分子间相互作用强于 S-体的——这与色谱实验测定的流出顺序不符,其中 B_2 的作用最为显著。可见,O_1 在分离中起了至关重要的作用,而 B_2 等基团却阻碍了对映体的分离,虽然它们对单个对映体的色谱保留都有很大贡献。由此推测,苯霜灵在 ADMPC 上的分离可能是分子间氢键和与苯环相关的分子间相互作用共同控制的,其中氢键作用占主要地位;但是与部分基团相关的分子间相互作用反而干扰了对映体的分离,这些干扰同样可能来自于氢键和关于苯环的分子间相互作用。

　　2)与主要官能团有关的径向分布函数统计

　　关于径向分布函数的统计结果绘于图 5-18 中。图 5-18(a)~(c)给出了 ADMPC 侧链上活泼氢(指与氮原子相连的氢原子)分别围绕 3 个氧原子的径向分布。活泼氢在 O_1、O_2 附近出现的频率较高,且 O_1 附近出现活泼氢的距离比 O_2 要近,同比 O_3 附近则较少有活泼氢出现。因此 O_1 形成的氢键作用可能比 O_2 强,这与能量计算结果一致。而由于 O_3 与氢原子最近的距离已经超过 5 Å,所以 O_3 对氢键形成的贡献可以忽略。O_1 和 O_2 附近氢原子的出现频率皆是 S-体的高于 R-体的,说明这两个氧原子形成的氢键更有助于 S-体的保留,利于对映体的分离。但是能量计算结果与 O_2 的径向分布函数结果不一致,这也说明能量计算与径向分布统计各有侧重,应综合考虑以解释对映体的分离机理。

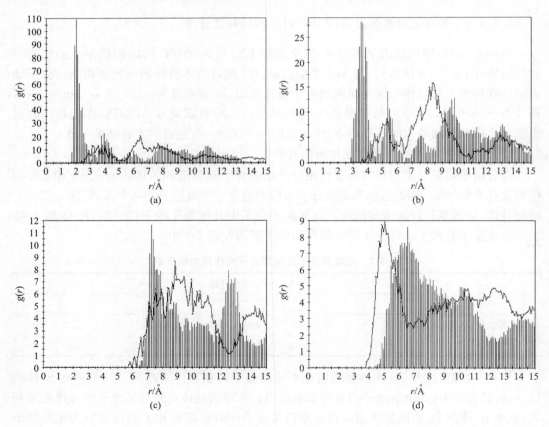

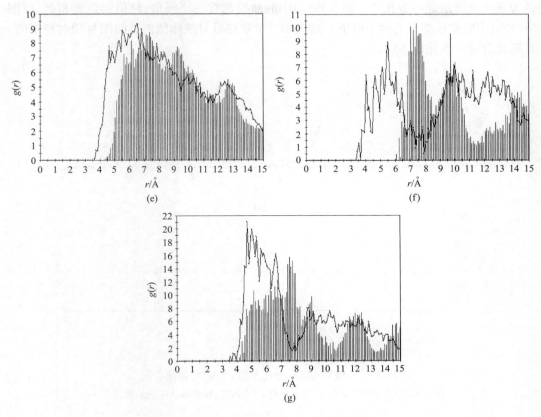

图 5-18　关于苯霜灵的径向分布函数

(a)侧链氨基氢-O_1；(b)侧链氨基氢-O_2；(c)侧链氨基氢-O_3；(d)侧链苯环-B_1；(e)侧链氨基氢-B_1；(f)侧链苯环-B_2；
(g)侧链氨基氢-B_2。深色曲线图(在彩图中为蓝色)对应于 R-体，浅色柱状图(在彩图中为红色)对应于 S-体

图 5-18(d)～(g)给出的分别是 ADMPC 侧链上的苯环围绕 BX 两苯环中心的分布和侧链上的活泼氢围绕 BX 两苯环中心的径向分布。苯环附近的苯环和活泼氢的径向分布统计结果均显示，R-体的苯环与侧链基团的距离更近，说明 R 构型更有利于苯环参与的分子间相互作用，但是这与分子间相互作用的总体结果相反，因此不利于对映体的分离。

5.4.2.5　手性孔穴

如图 5-13 所示，同一化合物的对映体间的初始位置差异很小，而不同化合物间的初始位置相差很大。这说明不同化合物倾向于结合 ADMPC 上的不同尺寸的孔穴；而同一化合物的对映体由于分子体积一样，只有基团空间排列的差异，因此倾向于结合同一尺寸的孔穴。除了孔穴的尺寸，孔穴内的活性位点也是影响对映体结合的重要因素。由于 ADMPC 侧链的刚性，孔穴内的结合位点的活动范围受到很大限制，孔穴中结合位点的空间结构不可能随着手性分子的进入而大幅度改变，因此孔穴在形成后尺寸和内部结构都相对稳定。甲霜灵和苯霜灵结合的孔穴尺寸特征绘于图 5-19 中。图 5-19(a)和(b)分别对应于甲霜灵和苯霜灵分子周围最近的三个侧链的苯环中心间距离的频率分布——通常

认为三个侧链组成一个孔穴。图 5-19(a)中的曲线都有三个峰值,峰值的位置相似;而图 5-19(b)中的曲线都只有两个峰值。这表示三个最接近对映体的侧链间距是相对稳定的,且随化合物的变化而不同。

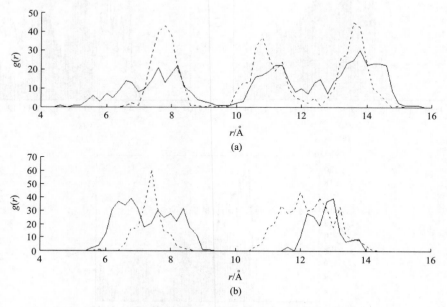

图 5-19　对映异构体结合位置的 ADMPC 侧链分布

注:深色实线(在彩图中为蓝色)对应于 R-体,浅色虚线(在彩图中为红色)对应于 S-体

5.4.3　利用 Monte Carlo 方法研究在 ADMPC 固定相上的对映体分离

5.4.3.1　Monte Carlo 方法及模拟退火算法简介

Monte Carlo(MC)方法是用粒子的随机移动代替了由牛顿运动方程[式(5-10)]计算出的移动。由于不以分子间作用力为推动力,MC 方法可以更快地使体系达到平衡,或者减小局部最小值点在搜索势能面时的影响。但是由于 MC 方法不含时间,因此不能考察系统随时间的变化,如从自组装材料从无序到有序的过程。而今分子动力学方法应用已越来越广泛,MC 方法的应用受到了一定的限制,但是仍然在一些特定的应用上有特殊的优势。

模拟退火算法(simulated annealing algorithm)来源于固体退火原理,将固体加温至充分高,再让其徐徐冷却,加温时,固体内部粒子随温度升高变为无序状,内能增大,而徐徐冷却时粒子渐趋有序,在每个点的温度都达到平衡态,最后在目标温度时达到基态,内能减为最小。模拟退火算法产生解的过程可分为如下四个步骤:

第一步是由一个发生函数从当前解产生一个新解 S';为便于后续的计算和接受,减少算法耗时,通常选择由当前新解经过简单地变换即可产生新解的方法,如对构成新解的全部或部分元素进行置换、互换等。

　　第二步是计算与新解所对应的目标函数差 $\Delta t'$。因为目标函数差仅由解中发生变化的部分产生，所以目标函数差的计算最好按增量计算。

　　第三步是判断新解是否被接受，判断的依据是一个接受准则，最常用的接受准则是 Metropolis 准则：若 $\Delta t' < 0$ 则接受新解 S' 替代当前解 S，否则以概率 $\exp(-\Delta t'/T)$ 接受新解 S' 替代当前解 S，T 是当前温度。

　　第四步是当新解被确定接受时，用新解代替当前解，这只需将当前解中对应于产生新解时的变换部分予以实现，同时修正目标函数值即可，当前解即实现了一次迭代。可在此基础上开始下一轮试验。而当新解被判定为舍弃时，则在原当前解的基础上继续下一轮试验。

5.4.3.2　计算方法

　　虽然 MC 方法不必考虑时间对粒子运动的影响，但是为了加快平衡速度、提高结果的准确性，也同样需要缩小体系的分子模型的尺寸，修剪掉与要考察的分子间相互作用无关的部分。本节中所用模型与分子动力学模拟所用的相同，参见 5.3.2.1 节中 DP＝9 的 ADMPC 固定相模型的构建。

　　DP＝9 的 ADMPC 固定相模型经过结构优化后，进入分子动力学模拟阶段：采用 NVT 系综，273K，时间步长 1.0 飞秒，平衡时间 1.0 纳秒，取样时间 0.5 纳秒，取样间隔 2500 飞秒。在取样阶段的轨迹中按时间顺序平均选取 20 幅轨迹点作为下一步计算的初始结构。

　　依次选择 20 幅 MD 轨迹点中的 ADMPC 固定相模型，利用模拟退火 Monte Carlo 方法（SAMC）搜索对映体-固定相的结合构象：温度从 10 000 K 降至 273 K 为一次循环，每次循环包含 100 000 步随机移动，每次搜索包含 10 次循环。取样的标准是构象与能量最低能量构象的势能相差不大于 30 kcal/mol。在 SAMC 计算过程中，固定相和对映体都作为刚性体处理，但是对映体分子中可以指定若干可旋转的化学键，即考虑绕键旋转对对映体构象改变及分子间结合的影响；另外建模时准备的对映体的 200 幅低势能构象会在计算中随机替换使用中的构象，以弥补刚性对接的不足。对于固定相，则将 ADMPC 的 20 幅 MD 轨迹取样点所对应的 SAMC 计算结果汇总，再进行统计分析。

　　分析搜索得到的构象，计算对映体与固定相的结合能、基团的径向分布函数。

5.4.3.3　甲霜灵与 ADMPC 固定相的相互作用

　　在关于甲霜灵-ADMPC 固定相的计算过程中共收集到超过 5000 幅的结合构象，这些构象都满足与最低能量构象间的势能差小于 30 kcal/mol 的要求。R-甲霜灵与固定相间的结合能为 -11.13 kcal/mol，S-甲霜灵与固定相间的结合能为 -10.98 kcal/mol，相差 0.15 kcal/mol。根据计算结果，R-甲霜灵与固定相结合更加紧密，因此在色谱柱内的保留更强，流出顺序应为 S-体在先而 R-体在后。

1）主要官能团对分子间相互作用的贡献

　　由于 SAMC 方法不能搜索键长键角变化引起的势能的改变，因此在计算分子片段对分子间相互作用的贡献时，甲霜灵分子被分成了几个较大的片段，包括一个酯基、一个 3，

5-二甲基苯基、一个羰基和一个 1-甲氧基亚甲基。这四个片段对对映体-ADMPC 分子间相互作用的贡献列于表 5-4 中。

表 5-4　甲霜灵分子片段对分子间作用力的贡献　　　　　（单位：kcal/mol）

	分子片段			
	P_1	P_2	P_3	P_4
R-MX	−1.637	−3.967	−1.132	−2.035
S-MX	−1.633	−3.998	−1.135	−1.847

通过横向比较每个对映体的各个片段的贡献发现，贡献值的大小顺序与片段包含的原子数目一致，依次为 $P_2 > P_4 > P_1 > P_3$。各片段的贡献值只对对映体的各自的色谱保留有直接影响，而决定对映体能否分离的主要因素是这些分子间相互作用之间的差。纵向比较 R-体与 S-体的各片段对应的分子间相互作用可以发现，对相互作用之差贡献最大的是 P_4，而 P_1 和 P_3 的贡献非常微小；而 P_2 的贡献使得 S-体与固定相相互作用大于 R-体的，这与色谱实验的结果相反，说明 P_2 的存在可能成为阻碍对映体分离的因素。根据以上结果推断，对甲霜灵在 ADMPC 固定相上分离贡献较大的可能是分子间氢键，其次才是与苯环有关的 π-π、p-π 相互作用；O_1 和 O_2 原子的贡献大于 O_3、O_4 原子，这两个原子可能更易形成氢键。以上推断与 5.3.2.3 节中得到的结论基本相同，尤其是关于 O_1、O_2 对于分离的贡献和 B_2 对于分离的阻碍的结论。但是对于 O_3 单个对映体的保留的贡献则稍有出入，这可能是由于计算中同时考虑了羰基碳原子的缘故。

这种分割方法比截取少量原子的方法更注重官能团的整体作用，但是也引入了片段中其他原子（如氢原子、碳原子）与 ADMPC 侧链间的相互作用。相比而论，后者更直接地考虑了特定的分子间相互作用，如分子间氢键、π-π 相互作用等；而本节中的方法注重考察官能团对分子间相互作用的贡献，将那些影响着对映体分子与固定相的结合但不直接参与氢键或 π-π 相互作用的原子也纳入进来，也有助于从整体的角度研究对映体的构型对分离过程的影响。

2）与主要官能团有关的径向分布函数统计

由于径向分布函数与时间不相关，SAMC 方法的结果也可以用于计算径向分布函数。在 SAMC 计算过程中，对映体分子都是采用了优化后的低能量构象，多数官能团的结构是相同的；而计算中可以旋转的单键都是连接官能团的碳-碳单键，分子内运动都是以官能团为单位，同一官能团内的原子间没有相对运动，因此在计算径向分布函数时沿用了以 6 个碳原子的重心代表苯环的方法。甲霜灵对映体中 4 个氧原子周围活泼氢的分布见图 5-20(a)～(d)，活泼氢是指 ADMPC 侧链上亚氨基上的氢原子。甲霜灵分子的苯环周围的侧链上的苯环和活泼氢的分布分别见图 5-20(e) 和 (f)。图中蓝线代表关于 R-甲霜灵的基团的径向分布函数，红线代表关于 S-甲霜灵的基团的径向分布函数。关于 R-体和 S-体的径向分布函数只有在图 5-20(a) 和 (b) 中有较显著的区别，分别对应于 O_1 和 O_2 原子，且蓝线绘制的径向分布函数图线高于红线的。这表示在 O_1 和 O_2 附近分布的氢原子更倾向于靠近 R-体的氧原子，而距 S-体的氧原子较远。氢原子与氧原子的距离会影响到分子间氢键的形成和强度，因此这种差异可能使得 R-体与 ADMPC 侧链间的氢键作用更强。通过绘制和比较氧原子周围的活泼氢的径向分布函数可以直观地体现出这种差异，比计算分子间作用力更加直观和有针对性。

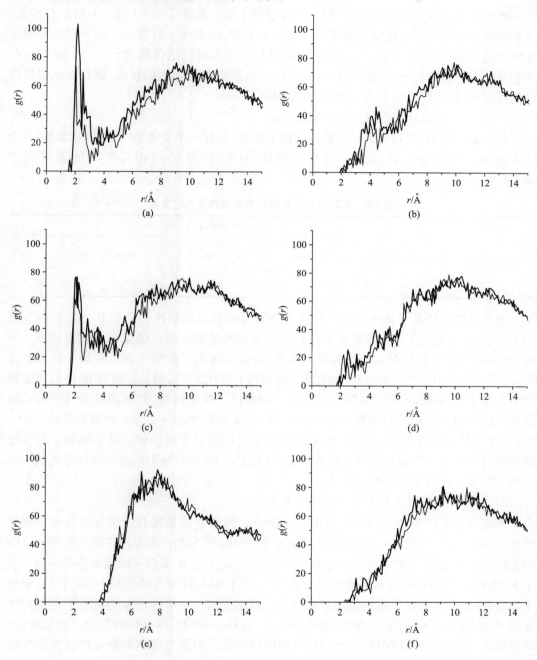

图 5-20　关于甲霜灵的径向分布函数

(a)侧链氨基氢-O_1；(b)侧链氨基氢-O_2；(c)侧链氨基氢-O_3；(d)侧链氨基氢-O_4；(e)侧链苯环-B_2；(f)侧链氨基氢-B_2。深色曲线(在彩图中为蓝色)对应于 R-体，浅色曲线(在彩图中为红色)对应于 S-体

5.4.3.4　苯霜灵与 ADMPC 固定相的相互作用

在关于苯霜灵-ADMPC 固定相的计算过程中也收集到了 5000 幅以上的结合构象，这些构象都满足与最低能量构象间的势能差小于 30 kcal/mol 的要求。R-苯霜灵与固定相间的结合能为 -11.28 kcal/mol，S-苯霜灵与固定相间的结合能为 -11.43 kcal/mol，相差 0.15 kcal/mol。根据计算结果，S-苯霜灵与固定相结合更加紧密，因此在色谱柱内的保留更强，流出顺序应为 R-体在先而 S-体在后。

1）主要官能团对分子间相互作用的贡献

与甲霜灵类似，苯霜灵分子也被分成四个部分，包含一个羰基，一个二甲基苯基，一个苯甲基和一个酯基。这四个片段对对映体-ADMPC 分子间相互作用的贡献列于表 5-5 中。

表 5-5　苯霜灵分子片段对分子间作用力的贡献　　　　　（单位：kcal/mol）

	分子片段			
	P_1	P_2	P_3	P_4
R-BX	-1.633	-3.998	-1.135	-1.847
S-BX	-1.665	-3.917	-1.155	-2.028

通过横向比较各个片段的贡献发现，对对映体保留贡献依次为 $P_2 > P_4 > P_1 > P_3$。其中 P_4 的贡献值超过了 P_1（苯基亚甲基），说明酯基对苯霜灵的色谱保留有重要贡献。纵向比较 R-体与 S-体的对应片段的贡献发现，对分子间相互作用之差贡献最大的仍然是 P_4，而后依次为 P_1、P_3。虽然 P_2 的贡献在绝对值上仅次于 P_4，但是它使得 R-体与固定相的结合强于 S-体的，不利于对映体的分离。根据以上结果推断，对苯霜灵在 ADMPC 固定相上的分离贡献最大的仍然是分子间氢键，与苯环有关的 π-π、p-π 相互作用次之；O_1 和 O_2 原子的贡献大于 O_3、O_4 原子，这两个原子可能更易形成氢键。关于氧原子和氢键的推断与 5.4.2.4 中得到的结论基本吻合，只有关于 P_3 的贡献阻碍了对映体分离这一结论与 MD 方法的计算结果略有出入。

2）与主要官能团有关的径向分布函数统计

苯霜灵分子的苯环 B_1 和 B_2 周围的 ADMPC 侧链上的苯环和活泼氢的分布分别见图 5-21（a）～（d）。苯霜灵对映体中 3 个氧原子周围活泼氢的分布见图 5-21（e）～（g）。图中蓝线代表关于 R-苯霜灵的径向分布函数，红线代表关于 S-苯霜灵的径向分布函数。关于 R-体和 S-体的径向分布函数中只有在图 5-21(f) 中有较显著的区别，对应于 O_2 氧原子，蓝线绘制的径向分布函数值高于红线的。这表示在 O_2 附近分布的氢原子更倾向于靠近 R-体的氧原子，而距 S-体的氧原子稍远。这种分布的差异会影响到分子间氢键，可能使得 R-苯霜灵与 ADMPC 侧链间的氢键作用更强。但是色谱实验测定的洗脱顺序证实 S-苯霜灵与固定相间的作用应更强，因而保留时间更长。这说明 O_2 上的氢键作用不利于苯霜灵在 ADMPC 固定相上的分离。能量计算结果显示，关于 O_2 的氢键作用都有利于对映体的分离，即使 R-体与 ADMPC 的结合更稳定，强于 S-体与 ADMPC 的。其他各图中的两条曲线间差异不明显，而且"噪声"偏高不利于比较。但是横向比较图 5-21（e）～

(g)三幅图可以明显看出,在 $r＝2\sim3$ Å 的位置,(e)和(f)中都明显的峰值出现,而(g)图中两条曲线都没有类似的峰值,仅在 $r＝4\sim5$ Å 时有一处较明显的突起。这说明活泼氢围绕三个氧原子的分布是有明显倾向的:距 O_1、O_2 较近且在近距离内有聚集的现象,而与 O_3 距离较远且较分散。据此推断 O_1、O_2 较易形成氢键,而 O_3 形成氢键的概率较低,这与能量计算的结果也是一致的。

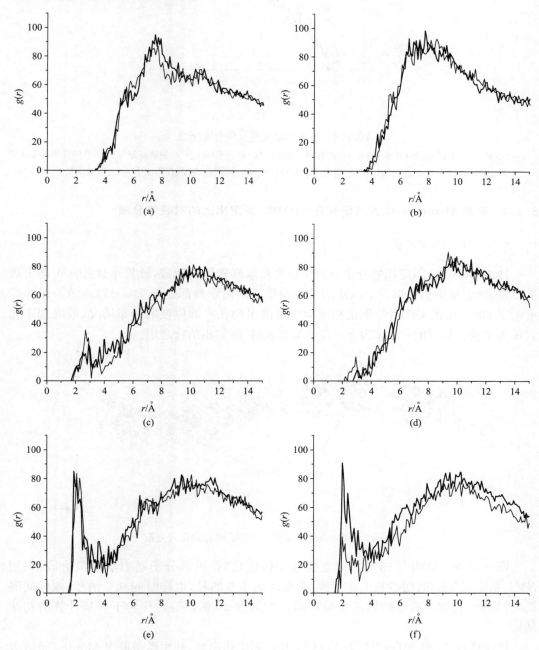

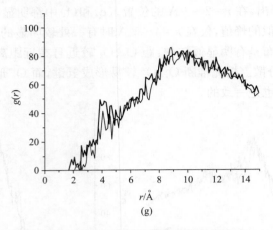

图 5-21　关于苯霜灵的径向分布函数

(a)侧链氨基氢-O_1;(b)侧链氨基氢-O_2;(c)侧链氨基氢-O_3;(d)侧链苯环-B_1;(e)侧链氨基氢-B_1;(f)侧链苯环-B_2;
(g)侧链氨基氢-B_2。深色曲线(在彩图中为蓝色)对应于 R-体,浅色曲线(在彩图中为红色)对应于 S-体

5.4.4　利用 Monte Carlo 方法研究在 CDMPC 固定相上的对映体分离

5.4.4.1　计算方法

　　选取 CDMPC 固定相的分子动力学计算在取样阶段的轨迹,计算手性孔穴可能出现的位置,判定标准仍采取三个侧链的苯环的重心两两距离都处于 7.0~12.0 Å。图 5-22 展示了 DP=36 的 CDMPC 固定相模型中可能出现孔穴的位置的分布情况,最终选定孔穴最集中的区域(DP=9)作为下一步研究对映体-固定相结合之用。

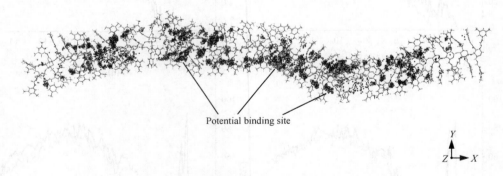

图 5-22　DP=36 的 CDMPC 固定相上的孔穴分布

　　DP=9 的 CDMPC 固定相模型经过结构优化后,进入分子动力学模拟阶段:采用 NVT 系综,273K,时间步长 1.0 飞秒,平衡时间 1.0 纳秒,取样时间 0.5 纳秒,取样间隔 2500 飞秒。在取样阶段的轨迹中按时间平均选取 20 幅轨迹点作为下一步计算的初始结构。

　　依次选择 20 幅 MD 轨迹点中的 CDMPC 固定相模型,利用模拟退火 Monte Carlo 方法(SAMC)搜索对映体-固定相的结合构象:温度从 10 000 K 降至 273 K 为一次循环,每次循环包含 100 000 步随机移动,每次搜索包含 10 次循环。取样的标准是构象与能量最低能量构象的势能相差不大于 30 kcal/mol。在 SAMC 计算过程中,固定相和对映体都作为刚性体处理,但是对映体分子中可以指定若干可旋转的化学键,即考虑绕键旋转对对映体构象改变及分子间结合的影响;另外建模时准备的对映体的 200 幅低势能构象会在计算中随机选取并替换使用中的构象,以弥补刚性对接的不足。对于固定相,则将 CDMPC 的 20 幅 MD 轨迹取样点所对应的 SAMC 计算结果汇总,再进行统计分析。

分析搜索得到的构象,计算对映体与固定相的结合能、基团的径向分布函数。

5.4.4.2　甲霜灵与 CDMPC 固定相的相互作用

在关于甲霜灵-CDMPC 固定相的计算过程中共收集到超过 10 000 幅的结合构象,这些构象都满足与最低能量构象间的势能差小于 30 kcal/mol 的要求。R-甲霜灵与固定相间的结合能为 -13.26 kcal/mol,S-甲霜灵与固定相间的结合能为 -13.10 kcal/mol,相差 0.16 kcal/mol。根据计算结果,R-甲霜灵与固定相结合更加紧密,因此在色谱柱内的保留更强,预测流出顺序为 S-体在先而 R-体在后。

1) 主要官能团对分子间相互作用的贡献

甲霜灵分子的四个片段对分子间相互作用的贡献列于表 5-6 中。

表 5-6　甲霜灵分子片段对分子间作用力的贡献　　　　(单位:kcal/mol)

	分子片段			
	P_1	P_2	P_3	P_4
R-MX	-2.506	-4.312	-1.627	-2.485
S-MX	-2.263	-4.429	-1.336	-2.916

与甲霜灵-ADMPC 作用的结果(见 5.4.3.3 节)相比,各片段对应的分子间相互作用值都有所提升。通过横向比较每个对映体的各个片段的贡献发现,贡献值的大小顺序依次为 $P_2 > P_4 \approx P_1 > P_3$。与甲霜灵的分子片段对分子间相互作用的贡献不同的是,P_4 和 P_1 两部分的贡献值对 R-体而言 $P_1 > P_4$,而对 S-体则是 $P_4 > P_1$。这说明分子间相互作用不仅受到官能团的影响,而且受制于分子的立体构型;另一方面,固定相的构型、构象也会影响对映体分子的片段对分子间相互作用的贡献,因此甲霜灵对映体与 ADMPC 固定相作用时没有出现类似的差异。

分子间相互作用只对对映体的各自的色谱保留有直接影响,而决定对映体能否分离的主要因素是这些分子间相互作用之间的差。计算比较各片段对分子间相互作用之差的贡献可以发现,各片段对相互作用之差的贡献也有所提升,P_1、P_3 两部分的作用提升较明显。其中,贡献最大的是 P_1,而 P_4 的贡献虽然在绝对值上超过了 P_1,却使得关于 S-体的分子间相互作用强于了 R-体的,不利于对映体的分离。与 P_4 的作用类似,P_2 的贡献也使得 S-体与固定相相互作用大于 R-体的,阻碍对映体分离。根据以上结果推断,对甲霜灵在 CDMPC 固定相上分离贡献较大的仍然是分子间氢键,而与苯环有关的 π-π、p-π 相互作用却不利于对映体的分离——这两点与其在 ADMPC 固定相上分离时是一致的。不同之处在于，根据本节能量计算的结果，O_1 和 O_2 原子的贡献不利于对映体的分离；而 O_3 和 O_4 对分离有正面影响，成为主导分离的关键基团。以上推论与 5.4.2.3 节中得到的结论基本相同。

2）主要官能团有关的径向分布函数统计

甲霜灵对映体中四个氧原子周围活泼氢的分布见图 5-23（a）～（d）——活泼氢是指 CDMPC 侧链上的亚氨基上的氢原子。甲霜灵分子的苯环周围的侧链上的苯环和活泼氢的分布分别见图 5-23（e）和（f）。图中蓝线代表关于 R-甲霜灵的基团的径向分布函数，红线代表关于 S-甲霜灵的基团的径向分布函数。关于 R-体和 S-体的径向分布函数在图 5-23（a）和（c）中有较显著的区别，分别对应于 O_1 和 O_3 原子。对 O_1 原子，S-体的径向分布函数在距离为 2～3 Å 时高于 R-体的，而后略有降低；与之类似的是 O_2 原子，S-体的径向分布函数在距离为 4～5 Å 时高于 R-体的［图 5-23（b）］。这表示在 O_1 和 O_2 附近分布的氢原子更倾向于靠近 S-体的氧原子，而距 R-体的氧原子较远。而关于 O_3 原子的图 5-23（c）中，R-体的径向分布函数高于 S-体的。由于氢原子与氧原子的距离会影响到分子间氢键的形成和强度，因此这种差异使得 O_3 的作用有助于 R-体与 CDMPC 侧链间形成更强的氢键作用。经过与色谱实验测定的流出顺序对比，O_3 起到了促进对映体分离

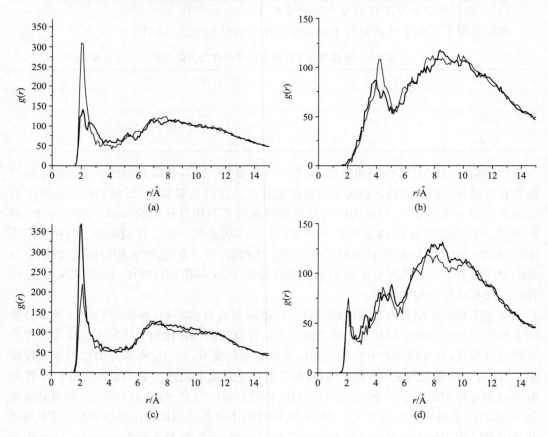

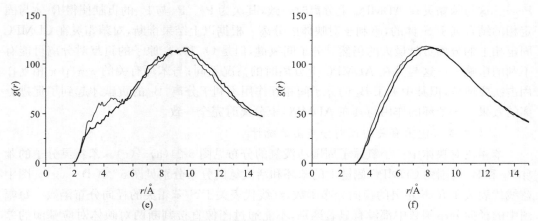

图 5-23　关于甲霜灵的径向分布函数

(a)侧链氨基氢-O_1;(b)侧链氨基氢-O_2;(c)侧链氨基氢-O_3;(d)侧链氨基氢-O_4;(e)侧链苯环-B_2;(f)侧链氨基氢-B_2。深色曲线(在彩图中为蓝色)对应于 R-体,浅色曲线(在彩图中为红色)对应于 S-体

的作用,而 O_1 和 O_2 的氢键可能阻碍分离,这与能量计算的结果一致。图 5-23(e)可以反映对映体的苯环与 CDMPC 侧链的苯环间的距离,在距离 3～5 Å 间 S-体的函数值高于 R-体的,因此关于苯环的作用对分离也有阻碍作用。

5.4.4.3　苯霜灵与 CDMPC 固定相的相互作用

在关于苯霜灵-CDMPC 固定相的计算过程中也收集到了 10 000 幅以上的结合构象,这些构象都满足与最低能量构象间的势能差小于 30 kcal/mol 的要求。R-苯霜灵与固定相间的结合能为 -14.17 kcal/mol,S-苯霜灵与固定相间的结合能为 -14.23 kcal/mol,相差 0.06 kcal/mol。根据计算结果,S-苯霜灵与固定相结合更加紧密,因此在色谱柱内的保留更强,流出顺序应为 R-体在先而 S-体在后。

1) 主要官能团对分子间相互作用的贡献

苯霜灵分子的四个片段对对映体-CDMPC 分子间相互作用的贡献列于表 5-7 中。

表 5-7　苯霜灵分子片段对分子间作用力的贡献　　　　　(单位:kcal/mol)

	分子片段			
	P_1	P_2	P_3	P_4
R-BX	-3.791	-4.091	-1.326	-2.606
S-BX	-3.831	-3.854	-1.467	-2.543

与苯霜灵-ADMPC 作用的结果(见 5.4.3.4 节)相比,各片段对应的分子间相互作用值都有所提升。通过横向比较各个片段的贡献发现,对对映体保留贡献依次为 $P_2 > P_1 > P_4 > P_3$。其中 P_2 和 P_1 的贡献高于 P_3 和 P_4,说明与苯基相关的作用对苯霜灵的色谱保留有主要贡献。这个结果与其在 ADMPC 上的保留基本一致,但是与苯环相关的分子间相互作用的贡献更加突出,这有可能与固定相本身的构型有关。

比较 R-体与 S-体的对应片段对分子间相互作用之差的贡献发现,贡献最大的仍然是

P₃——这与苯霜灵在 ADMPC 上分离时一致,其次为 P₁。P₂ 与 P₄ 的贡献使得 R-体与固定相的结合强于 S-体的,不利于对映体的分离。根据以上结果推断,对苯霜灵在 CDMPC 固定相上的分离贡献最大的仍然是分子间氢键,但是 O₁ 和 O₂ 原子的贡献对分离可能有不利的影响——这与其在 ADMPC 上分离时的情况不同;与苯环有关的 π-π、p-π 相互作用占次要地位,但其中关于 B₂ 的分子间相互作用不利于分离,B₁ 的贡献才起到了促进分离的效果——苯环的作用与其在 ADMPC 上分离时完全一致。

2) 与主要官能团有关的径向分布函数统计

苯霜灵对映体中三个氧原子周围活泼氢的分布见图 5-24(a)～(c)。苯霜灵分子的苯环 B₁ 和 B₂ 周围的 CDMPC 侧链上的苯环和活泼氢的分布分别见图 5-24(d)～(g)。图中蓝线代表关于 R-苯霜灵的径向分布函数,红线代表关于 S-苯霜灵的径向分布函数。每幅图中的径向分布函数中都没有显著区别,不能通过图像直接判断两对映体对应基团的差异。但是仍然可以用来判断基团间的相互作用差异:O₁ 和 O₂ 对应的图 5-24(a) 和 (b) 中的径向分布函数明显在较近距离时出现很高的峰值,与 O₃ 对应的图 5-24(c) 比较后可以推断,O₁ 和 O₂ 对相互作用的贡献一定高于 O₃,而且在划分片段时,O₁、O₂ 同属于一个片段——P₄,因此 P₄ 对苯霜灵在 CDMPC 上的保留的贡献明显大于 P₃。对苯环的相互作用也可以做定性比较:B₁ 对应的图 5-24(d) 和 (e) 中所示的径向分布函数从 $r=3$ Å 起,而 B₂ 对应的 5.24(f) 和 (g) 中的径向分布函数则在 $r=2～3$ Å 时已经对应相对高的函数值

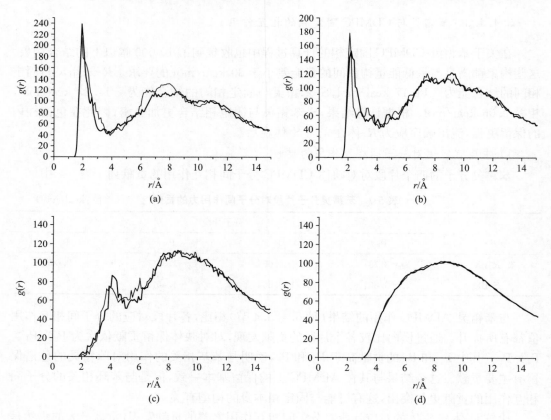

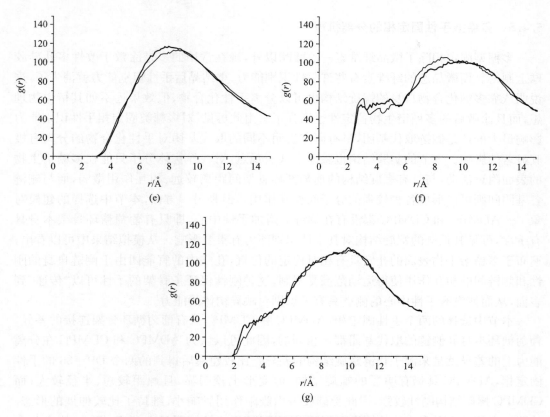

图 5-24　关于苯霜灵的径向分布函数

(a)侧链氨基氢-O_1；(b)侧链氨基氢-O_2；(c)侧链氨基氢-O_3；(d)侧链苯环-B_1；(e)侧链氨基氢-B_1；(f)侧链苯环-B_2；

(g)侧链氨基氢-B_2。深色曲线（在彩图中为蓝色）对应于 R-体，浅色曲线（在彩图中为红色）对应于 S-体

了。这说明 CDMPC 侧链上的苯环和活泼氢距苯环 B_2 更近，而距苯环 B_1 稍远，所以表现在能量值上关于 B_2 的分子间相互作用要强于 B_1 的。

5.4.4.4　关于 SAMC 方法的讨论

虽然 SAMC 方法将分子作为刚性体处理，但是结合对映体分子内的绕键旋转和分子的平动也可以描述基团的分布趋势；而且由于减少了关于分子内运动的计算且不以分子间作用力为分子运动的驱动力，因此 SAMC 方法可以扩展对映体分子的运动范围，其结果可以更完整地描述对映体在固定相的不同部位的结合情况。

综合考虑图 5-23 和图 5-24 可以看出，图线虽然整体走势较清晰，但是局部波动较大，类似于电子信号中的干扰，或称为噪声。这不利于通过计算径向分布函数值比较分子间相互作用，因此定量比较分子间相互作用时还需要综合考虑能量计算的结果。另一方面，通过观察这些径向分布的数值发现，函数值较分子动力学方法的结果要大得多，但是"噪声"干扰却非常明显，这也显现了对分子进行刚性处理的缺点。但是这个缺点的影响可以随取样量的增加而减小，或者在处理某些体系时变得不显著。

5.4.5　多糖型手性固定相的分离机理

多糖型固定相除了微晶纤维素三乙酸酯以外,现在常用的多是涂敷于改性多孔硅胶球上制得。而微晶态的纤维素有些许手性识别能力,重结晶后手性识别能力就消失了,这说明依靠多糖化合物自身的螺旋结构也可以分离手性化合物,但效果远不如其衍生物理想,而且涂敷后的多糖衍生物稳定性也增强了。由此可见,对多糖类固定相手性识别能力影响最大的还是侧链取代基团,早有研究表明不同的取代基团对手性化合物的分离有极其显著的影响。本节的实验结论也验证了这一观点,对映异构体分子只能在多糖衍生物的表面附近活动,与具有螺旋结构的葡萄糖环骨架间距离较远、相互作用微弱,而与侧链各基团间则可以形成各种较强的分子间相互作用。但是另一方面,本节中选择的建模对象——ADMPC 和 CDMPC 都没有在侧链上附加手性中心,即只有葡萄糖环骨架本身具有手性,可见其长链的螺旋结构对其手性识别能力有重要影响。从模拟结果中可以看出,遍布于多糖衍生物表面的孔穴具有相对稳定的位置,孔穴内的官能团由于侧链自身的刚性和侧链间的相互作用使得运动范围受限制,这种刚性保证了骨架的手性可以"传递"到表面,从而使没有手性中心的侧链具有了识别对映异构体的能力。

本节中选择的两个手性固定相:ADMPC 和 CDMPC 只有葡萄糖环骨架连接的差异,葡萄糖环本身和侧链的取代基团都是相同的,因此可以认为 ADMPC 和 CDMPC 在分离能力上的差异就是来源于长链螺旋结构的差异。比较建模后得到的两个 DP＝36 的手性固定相,ADMPC 具仍有明显的螺旋结构,但变形也较明显,且螺距较短、半径较大;而 CDMPC 螺旋结构刚性较强,因此受硅胶表面吸附作用影响小,维持了比较伸展的形态。从两固定相与 MX 和 BX 的结合可以看出,CDMPC 的结构明显有利于结合这两个化合物,而且手性识别能力也较强。这就是来源于螺旋结构的差异,虽然溶解于极性有机溶剂(比如四氢呋喃)和硅胶表面的吸附都可能破坏螺旋结构,但是"残存的"螺旋结构仍然是 ADMPC 和 CDMPC 手性拆分能力的基础。

硅胶是多孔且比表面积很大的载体材料,经过一定的修饰,可以将多糖长链稳固在表面上,起到保持色谱柱柱效的作用。从本节 MD 模拟得到的结果可以看出,氨丙基硅胶表面和多糖长链间的相互作用是非常稳固的,足以应对一般的溶剂冲刷。另一方面,硅胶表面的吸附作用保证了长链分子的刚性,使其能够保持一定的螺旋结构和稳固侧链的结构,这些对于多糖型手性选择子都是至关重要的。虽然吸附于硅胶表面会牺牲原有结构的部分有序性(即螺旋结构),但是比起分子刚性的增强,这样的"微小"形变是可以接受的。近年来,多糖型固定相的制备方法有了新的发展,从原来的涂敷型转向了键合型,即通过化学反应将多糖衍生物之间键合在硅胶(或改性硅胶)表面。这样一方面可以增强固定相对溶剂的"抗性",使原本不能用于此类固定相的溶剂——如甲苯、四氢呋喃等也可用于液相色谱方法中;另一方面可以改进硅胶表面多糖长链的形态,减小了不利的形变,从而提高分离效果。

溶剂效应是液相色谱分离手性化合物必须要考虑的一个重要因素。流动相的改变可以控制保留时间和分离因子,这说明溶剂效应可以影响到分子间相互作用——保留时间和分离因子产生的根本都在于溶质和固定相间的分子间相互作用。但是溶剂效应始终是次要因素,主要因素还在于溶质和固定相间的相互作用。本节中的各项实验都着重于考察对映异构体和手性固定相间的相互作用。由于选择的研究对象(MX 和 BX)在色谱行为上具有一定的"特殊性":随着极性溶剂(异丙醇)在流动相中的比例降低,它们的保留时间都单调增加,这说明极性溶剂对它们的色谱行为的影响较简单,且对分离的贡献(可以使有利的或者不利的)很小。因此本节研究的结论可以用于解释流动相中极性溶剂比例很低时的色谱保留和对映异构体分离行为——这也符合实验操作条件:为得到好的拆分效果,异丙醇含量小于 5%;即使对于较高极性溶剂含量的情况,也可以参考本节实验的结果进行分析——本节中忽略了正己烷的溶剂效应,认为正己烷对分离对映体没有不利的或有利的影响,将流动相全部假定为"没有影响"的正己烷,只分析溶质和固定相间的相互作用。

5.4.6　小结

在本章中,分子动力学模拟和模拟退火 MC 模拟分别被用于 ADMPC 和 CDMPC 与对映异构体相互作用的研究中。分子动力学模拟主要用来探讨对映异构体在最佳结合位点——即全局最小能量值(结合能最大值)内结合的情况。使用 NVT 系综平衡复合物后,分子间相互作用和基团间径向分布函数用来评价计算结果,比较一对对映体与固定相结合的差异,及两对对映体之间的差异。模拟退火 MC 模拟不能计算含时的特征,本节中的 MC 模拟将分子作为刚体处理,只放开了对部分扭转角的限制,因此计算精度会受到一定影响,但同时也获得较高的计算效率,可以处理手性固定相表面上更大的区域。本节中仍然采用了与分子动力学模拟相同的固定相模型,目的在于探索对映体能够结合所有位点,以避免 MD 模拟中陷入低能量陷阱的问题。同时还可以将结合位点优先于结合构型考虑,避免了用 MD 方法解决类似问题时的对计算资源消耗。通过比较不同化合物与相同固定相的结合、相同化合物与不同固定相的结合,推论如下:ADMPC 和 CDMPC虽然在侧链上没有手性中心,但是其骨架的螺旋结构在吸附到硅胶表面后得以保存,并影响到了侧链的分布,进而产生了手性识别能力;侧链基团对于被分离物质的保留有着重要作用,尤其是苯环和氨基氢的存在;存在于固定相表面的"孔穴"结构是手性识别能力的关键,而分子刚性是保证孔穴能稳定存在的关键;孔穴由于多糖长链的变形而分布不均匀,分布较为集中的区域即为对映异构体结合较强之处,也是能够对手性分子有立体选择性的区域。

综上,由 ADMPC 和 CDMPC 的手性分离可以推测,多糖类固定相的分离机理首先是源于其自身的螺旋结构,这也是为什么微晶纤维素不经修饰也有手性识别能力的原因;其次,衍生物的侧链即使不带有手性中心,其运动也会受到分子刚性和硅胶表面的限制,因此沿分子表面的分布具有不均匀性;由侧链围成的孔穴结构也有相同特点——在某些区域较集中,尺寸相对稳定,它们是手性识别产生的关键,因此侧链的变化会引起拆分能力的极大改变。氢键和关于苯环的分子间相互作用是影响对映体色谱保留的重要因素,空间位阻和孔穴中的活性位点共同决定了对手性化合物的拆分能力。

5.5　南极假丝酵母脂肪酶 B 固定相的分离机理研究

5.5.1　南极假丝酵母脂肪酶 B 不对称催化的机理

　　脂肪酶由于具有活性高、专一性好、反应条件温和等优点已被广泛应用于石油化学、清洁剂、食品工业和精细化工产品制备等很多领域。在众多脂肪酶中,南极假丝酵母脂肪酶 B(*Candida antarctic* Lipase B,CAL B)的用途最为广泛,它对非水溶性和水溶性物质都有很高的催化活性。近几年的研究成果表明,CAL B 以及 Novozyme 435(吸附固定于大孔丙烯酸树脂的 CAL B)在酯化、水解、转酯以及其他类型反应中都有比其他脂肪酶更为出色的催化性能。

　　CAL B 是一种丝氨酸水解酶,催化机理被称为"bi-bi pong-pong"机制——2003 年,Yadav 等研究了脂肪酶催化酯化正丁醇异丁酯,同年的 9 月,他们报道了丁酸四氢糠酯的酶法合成,Novozyme 435 为最佳催化剂,30 ℃下,通过酯化产率达到 60%,通过酯交换则达到 45%左右[23,24]。

　　图 5-25 描绘了 CAL B 在酯交换过程中的催化机理。F-OH 是类黄酮。其中充当反应活性位点的是丝氨酸(Ser105),协同参与反应的还有天冬氨酸(Asp187)、组氨酸(His224)和苏氨酸(Thr40)、谷氨酸(Gln106),前三个氨基酸残基参与质子传递的过程,后两个起到了稳定过渡态中间体的作用。

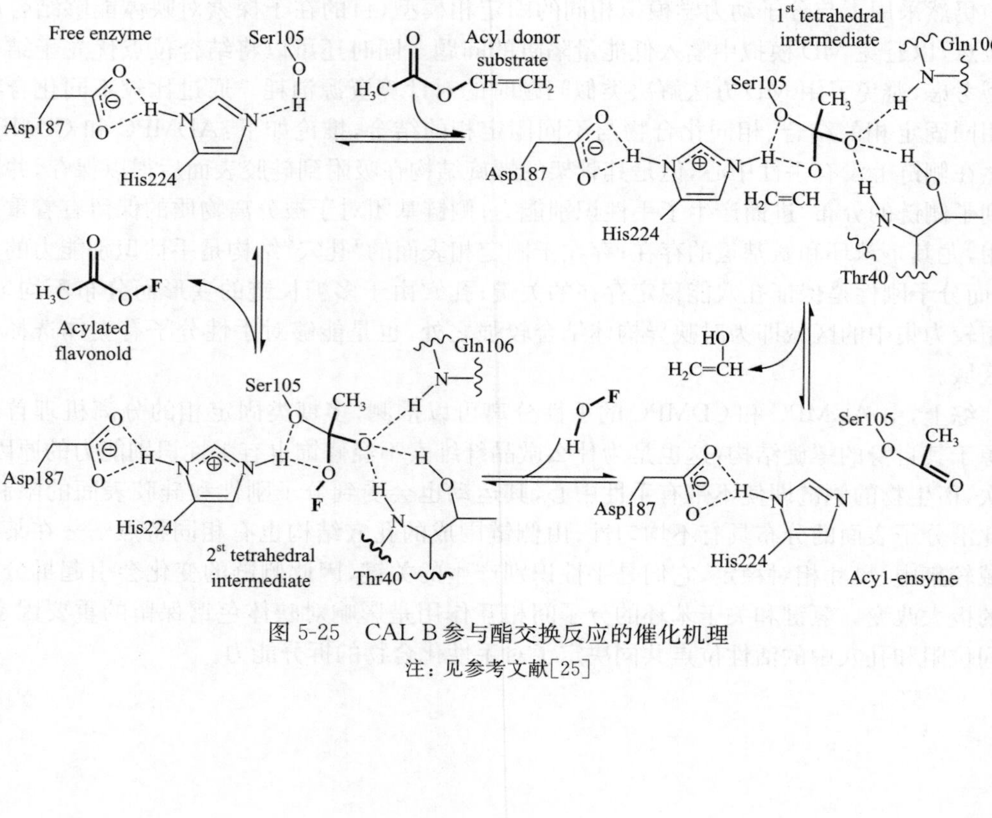

图 5-25　CAL B 参与酯交换反应的催化机理

注:见参考文献[25]

CAL B 参与的各种催化反应的本质是相同的:丝氨酸负责固定酰基基团。丝氨酸的羟基去质子后进攻电正性的羰基碳原子,形成较稳定的中间体,以供下一步反应使用。由不同的底物参与下一步反应即可生成不同的产物,其中本节中涉及的水解反应机理也应当是类似的(图 5-26)。

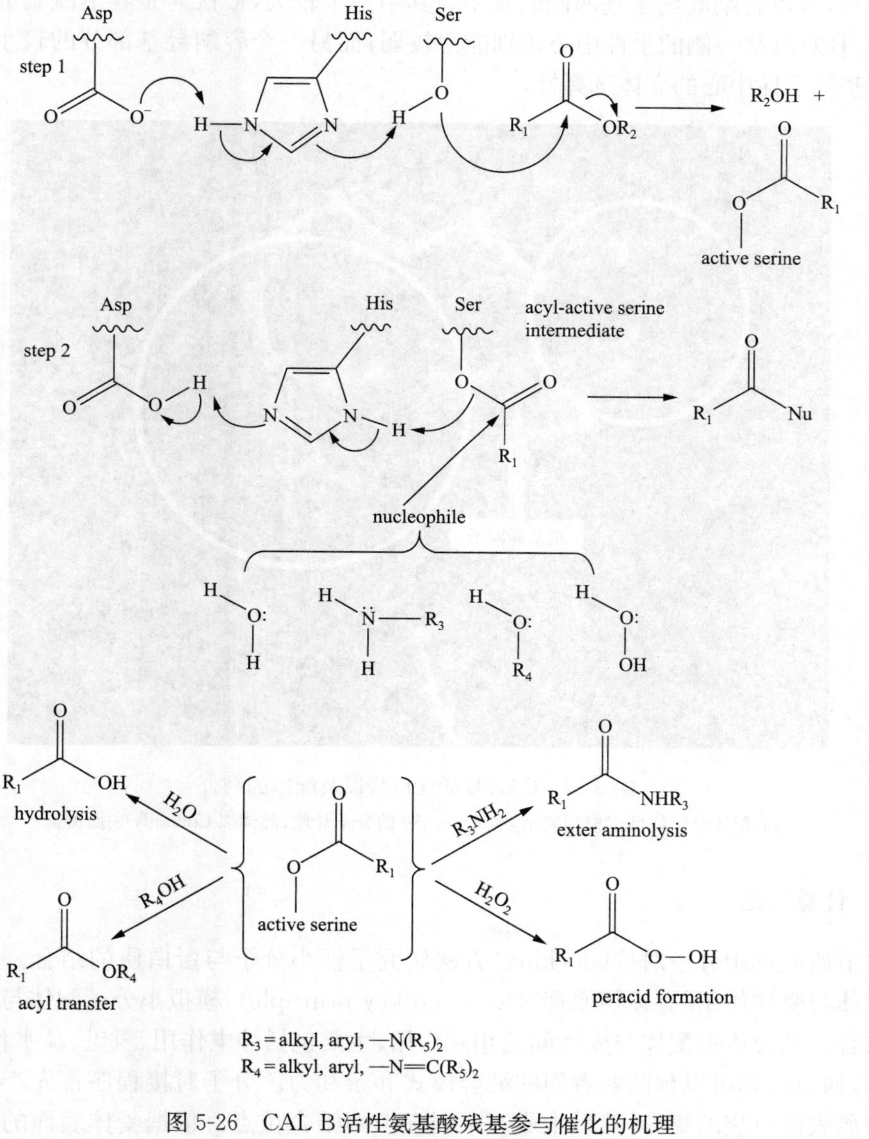

R₃ = alkyl, aryl, —N(R₅)₂
R₄ = alkyl, aryl, —N=C(R₅)₂

图 5-26　CAL B 活性氨基酸残基参与催化的机理

注:见参考文献[26]

在酶的立体结构中,决定底物选择性的最重要因素是活性口袋的空间限制和疏水性质以及四面体中间体的稳定性。脂肪酶的活性口袋是一个氧负离子空洞,它由几个氢键供体所构成,主要为酶骨架及其侧链中的酰胺质子。Ser105、Asp187、His224 和 Thr40、

Gln106 提供了活性口袋中最重要的氧负离子和氢键供体,其他遍布于口袋内的残基的官能团主要负责空间位阻。口袋中的各残基除了上面提到的五个以外,基本不含有羟基、氨基等氢键给体基团,因此整个口袋具有较好的疏水性。

　　X 射线晶体衍射结果表明,CAL B 的活性口袋中有两个凹槽,分布于活性中心两侧(图 5-27),可以容纳底物羰基两侧的基团。其中一个较大,被认为是容纳酰基部分的,因此 CAL B 对酰基一侧的手性中心识别能力较弱;而另一个容纳羟基部分的较小,可以实现对羟基侧手性中心的立体选择性。

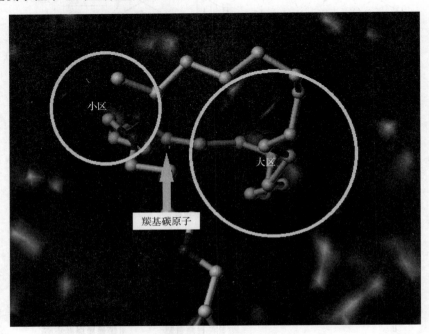

图 5-27　CAL B 活性口袋以及配体的结合
注:配体分子以球棍模型表示,为 Tween80 的分子片段;晶体以 Connolly 表面覆盖

5.5.2　计算方法

　　本节研究选用分子对接(docking)方法研究手性小分子与蛋白质的结合。分子对接依据配体与受体作用的"锁钥原理"(lock and key principle),模拟小分子配体与生物大分子的结合。结合依据配体与受体间的相互作用,主要包括静电作用、氢键、疏水作用、范德华力等,通过计算可以预测两者间的结合模式和亲和力。分子对接程序首先产生一个填充蛋白质表面口袋的集合,然后生成一系列虚拟的结合位点。依据受体表面的这些结合点与配体分子的距离匹配原则,将配体分子投映到受体分子表面,来计算其结合的模式和亲和力,并对计算结果进行打分,评判配体与受体的结合程度。

　　本节研究对象选定为 CAL B 的 1LBT 晶体作为代表模型进行分子对接(图 5-28);手性小分子分为两类:一类是具有芳环结构的手性醇(图 5-29),另一类是这些化合物的酯

(图 5-30)。采用 Tripos 公司出品的 Sybyl 软件中的 Surflex-Dock(SFXC)模块进行对接操作。活性位点和活性口袋依据晶体结构中的配体位置确定;打分函数选择 G Score、D Score、Chem Score 和 PMF Score 四种,再加上描述空间结合性质的 Crash 参数共 5 种描述符,对接后就依据这些描述符的分值评价小分子结合的状态。

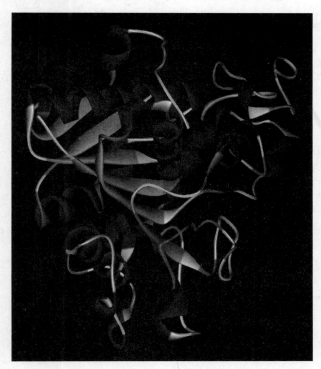

图 5-28　CAL B 的晶体结构

注:晶体结构取自 Protein Data Bank,编号 1LBT

1

2

3

4

5

6

7

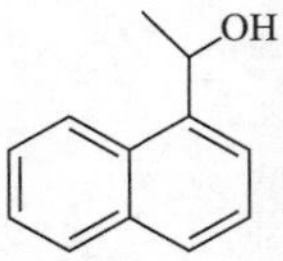

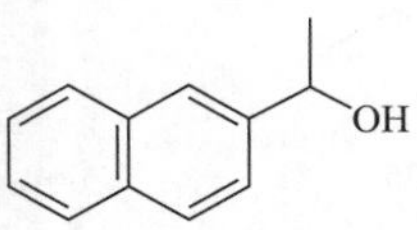

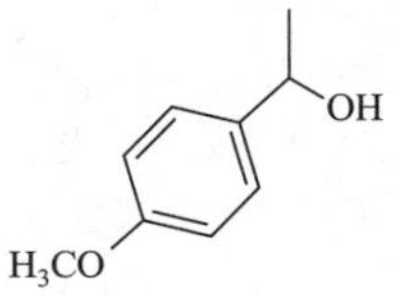

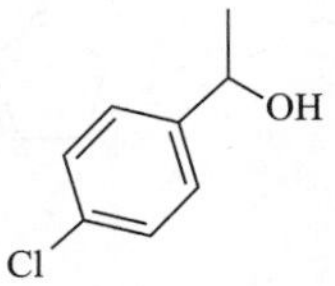

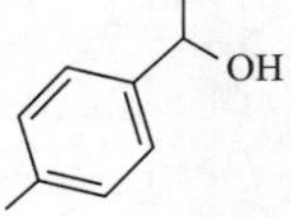

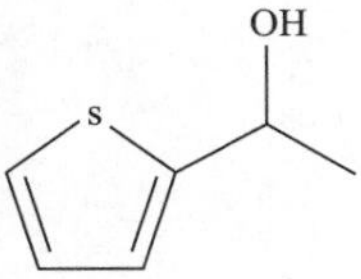

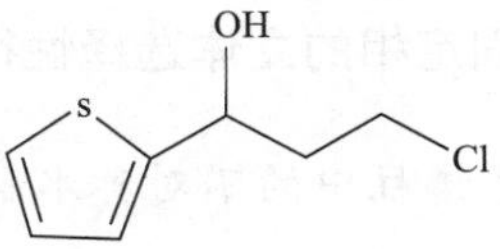

图 5-29　手性仲醇的分子结构

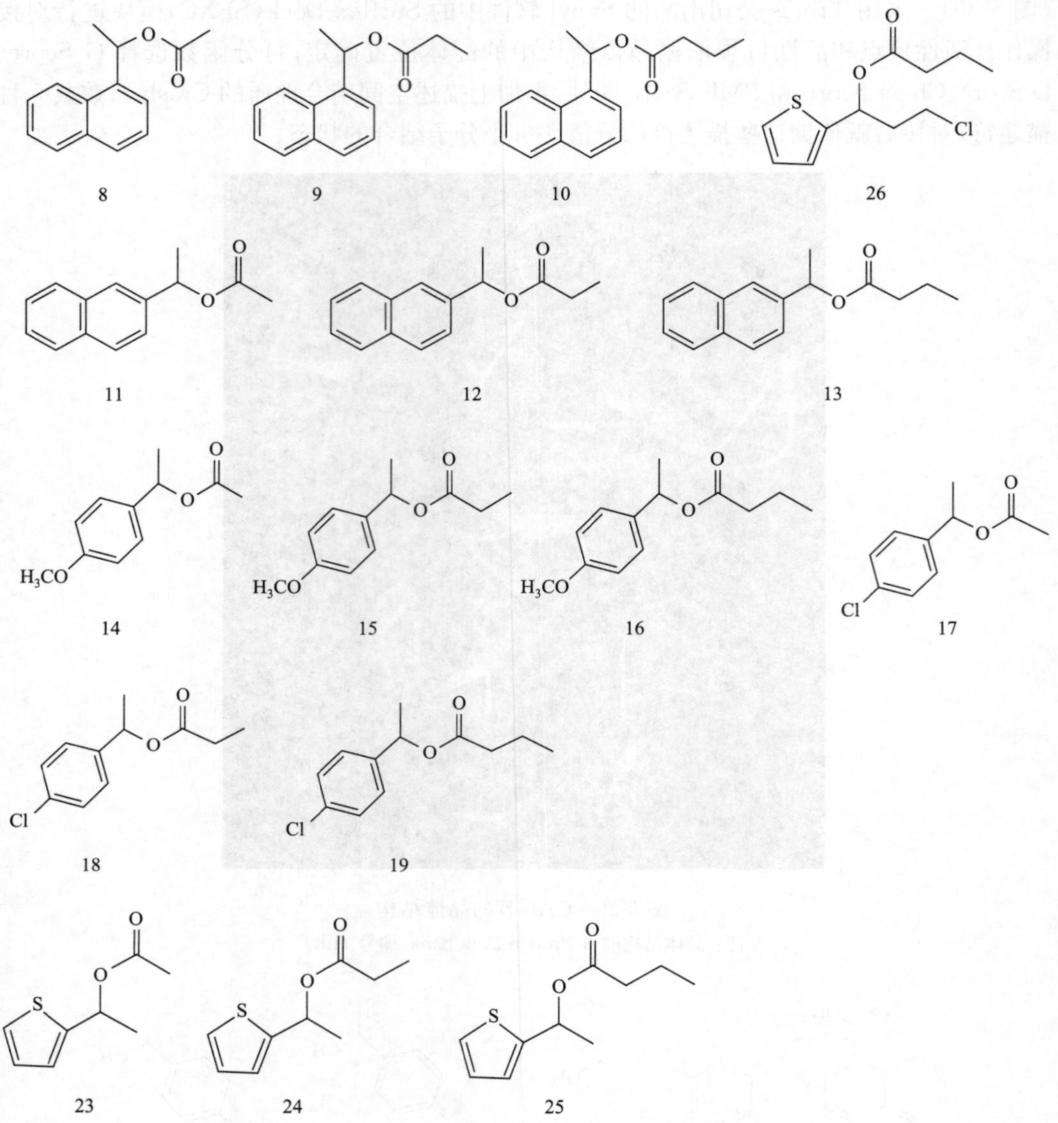

图 5-30　手性酯的分子结构

5.5.3　CAL B 固定相的立体选择性行为

5.5.3.1　色谱柱中的不对称水解

根据液相色谱实验的结果和对流出化合物进行质谱确证的结果可以确定,图 5-30 中列出的所有包含手性中心的酯都在通过色谱柱时发生了水解反应,每个手性化合物都有一个对映异构体被水解生成了手性醇,另一个异构体依然保持酯的状态流出,发生水解的和未被水解的对映体列于表 5-8 中。

表 5-8　手性酯水解的实验结果与分子对接计算结果的对比

编号	被水解的构型	未被水解的构型	G Score	D Score	PMF Score	Chem Score	Crash
8	*R*	*S*	+	+	+	−	+
9	*R*	*S*	+	+	−	+	+
10	*R*	*S*	+	+	+	+	+
11	*R*	*S*	+	+	−	+	+
12	*R*	*S*	−	−	−	−	−
13	*R*	*S*	+	−	+	+	+
14	*R*	*S*	−	−	−	−	+
15	*R*	*S*	+	−	−	+	+
16	*R*	*S*	+	−	−	−	+
17	*S*	*R*	−	−	+	−	−
18	*S*	*R*	−	−	+	−	−
19	*S*	*R*	−	−	−	−	−
23	*R*	*S*	+	+	−	−	+
24	*R*	*S*	+	+	−	−	+
25	*R*	*S*	+	+	+	−	+
26	*R*	*S*	−	−	−	−	−

注："＋"代表模拟结果与实验结果吻合，"－"代表模拟结果与实验结果不符

　　对接结束后，每个对映异构体都会得到 20 幅可能的对接构型，但是这些构型并不完全合理，需要进行筛选，留下合理的构型，再进行打分。结合构型合理与否的标准就是 5.5.1 节中记述的 CAL B 的催化反应机理，具体来说，就是羰基碳原子与 Ser105 的羟基间的距离，以及配体中氧原子与蛋白质残基间的氢键作用，这两点可以作为直观（不需计算能量）评价构型的标准。氢键作用的距离一般在 3 Å 或更小，例如判断多糖衍生物和改性的硅胶表面间氢键作用的标准时 2.6 Å；羰基碳和羟基的距离标准定为小于 4 Å。将两对映异构体对接构型的打分结果比较，根据分值高下，在 CAL B 的活性口袋里结合较好的即为优先发生反应的构型，比较结果也列于表 5-8 中（后 5 列）。每项具体分值已略去，代之以两对映体分值的比较结果，若比较结果与实验结果一致则以"＋"表示，如比较结果与实验结果不一致则以"－"表示。例如，化合物 No. 8 实验结果为 *R*-体水解而 *S*-体被保留，G Score、D Score、PMF Score 和 Crash 的结果都显示为其 *R*-体与蛋白质结合更紧密——与实验结果一致，则标注"＋"，唯有 Chem score 的结果显示 *S*-体与蛋白质结合更紧密——与实验结果一致，则标注"－"。

　　每个打分函数都有不同的侧重点，对各种描述分子构型构象、能量、分子间作用力的参数赋予不同的权重，因此对同一模拟结果给出的分数也不相同。G Score 由 Willett 小组提出，考虑了氢键、复合物势能和结合能[27]。D Score 是由 Kuntz 等提出的，它主要考察的是分子间相互作用（范德华力和库仑力）[28]。PMF Score 由 Muegge 和 Martin 提出，通过经验参数计算复合物的亥姆霍兹自由能（Helmholtz free energy）作为评价标准[29]。

Chem Score 是在 Eldridge 等的工作基础上提出的,它包含了氢键、亲脂性、转动能的计算,有专门的部分可以用于计算金属配体的作用[30]。

从结果来看 G Score 比其他三个打分函数的结果更好,有 10 组结果能够正确反映实验情况。比较过打分函数以后,再对配体-受体复合物的结合构象进行评价,评价结果以 Crash 描述。Crash 是用来描述结构不合理性的函数,函数值越靠近"0"则配体结合越牢固。结合 Crash 的结果与 G Score,有 13 组结果能与实验结果吻合,3 组不符,效果优于单一评价指标,准确率达到了 80% 以上。

分子对接的结果受多方面因素的影响,最直接的来源是打分函数。打分函数的质量影响结果能否正确表达。由于分子对接着眼于分子层面的必然性构型/构象研究,本身就存在着相当大的误差,例如蛋白质的变形、小分子的快速振动等都决定了根据结合构象/构型描述分子水平反应机理的难度,合理制定打分函数常能避免以上问题,发挥分子对接方法的优势。如 G Score 考虑了多种因素:分子间作用、复合物整体能量,以期更合理地解释分子对接得到的结果。但是绝对普适性的打分函数是不存在的,虽然 G Score 在本研究中比其他打分函数更合理,但是还需要辅以其他手段。首先是剔除不合理结构,其次是对剩余结构再行打分——Crash 函数。虽然有些结构在计算能量时具有优势(结合能更大、复合物能量更低),但是由于本节中的分子对接采用的是刚性分子结构——配体和受体在对接中都不能形变,只有配体中的单键可以旋转以产生更多的初始构象,结合构型不能进行充分优化,能量计算结果有一定的局限性。Crash 函数的结果可以在一定程度上弥补这一缺陷,因此在 G Score 结果基础上辅以 Crash 函数就可以给出更好的预测结果。

5.5.3.2　配体在 CAL B 活性位点上的结合

如图 5-31 所示,小分子在活性位点附近主要依靠氢键作用结合到氨基酸残基附近。当结构中有酯基存在时,按已指明的催化机理,Ser105 的羟基应靠近酯基的碳原子发生亲核作用;同时可见醇部分的氧原子也可与邻近的三个残基上的活泼氢发生氢键作用,但是受到羰基的影响,这种作用出现的相对较少。由此可以推测,如果羟基称为配体分子的唯一氢键作用位点,那么必然会有氢键存在于该醇分子与蛋白质之间,如图 5-31 所示。手性化合物 1~7 都只有较为简单的分子结构,其色谱保留和对映体分离必然借助于较强的氢键作用为基础,而疏水作用虽然能在水做流动相时对色谱保留起到作用,但是由于蛋白质活性口袋中没有明确的对于疏水基团的立体识别位点(如芳环体系),因此疏水作用可能贡献较小。

在对手性化合物 1~7 的对接模拟中还发现了另外两个作用位点,一个是 Thr40 残基上的羰基氧,另一个是 His224 残基上杂环的 N 原子。这两个原子都可以充当氢键受体,由于根据水解反应的机理氢键给体基团起主要作用,因此这两个位点上的结合被忽略了。如果不考虑化学反应的前提,且配体上含有氢键给体(羟基),那么这两个位点也是很好的结合区域。但是由于考察的化合物多只有氢键给体,仅 2 个化合物还有一个氢键受体,且在分子的"另一端"(化合物 3、4),因此蛋白质上这些氢键受体间存在竞争关系,尤其空间上距离较远的 Thr40 和 His224 间(图 5-32);也有一个残基属于例外——Ser105,

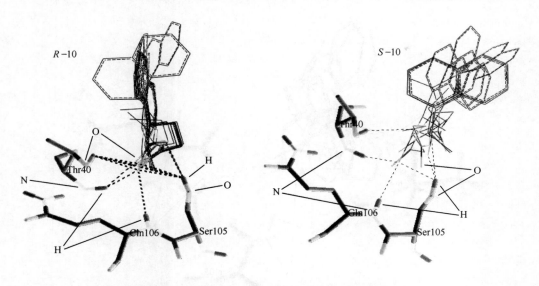

图 5-31　化合物 10 与蛋白质主要活性位点的结合

注：两图中分别显示了所有经筛选后的对接构型；图中以键线式表示配体分子，以粗棍式表示氨基酸残基，虚线代表氢键作用

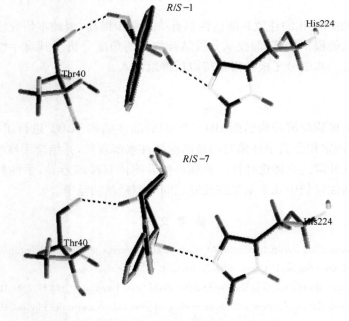

图 5-32　Thr40 与 His224 间的竞争关系

配体羟基可在与它形成氢键的同时再与另一个残基形成氢键，如图 5-33 五星所示位置。这不仅可以加强配体与蛋白质间的作用，而且近一步强化了残基间的竞争作用——都有利于手性识别。所有仲醇都含有至少一个芳环，增大了分子体积的同时也加强了分子的疏水性，对接结果显示，大部分芳环体系都朝向活性口袋的开口方向。

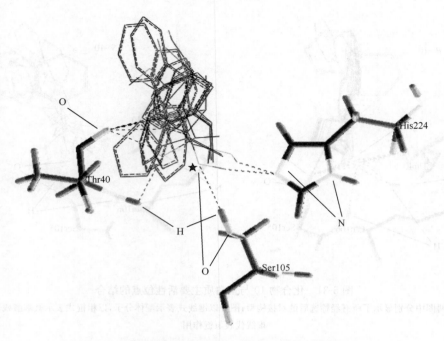

图 5-33　7 对对映异构体与蛋白质间的氢键作用

　　CAL B 手性固定相的柱效和酶活性都有待进一步提高,因此本研究没有对手性化合物的分离做定量的模拟计算,而仅从分析结合位点的角度分析了其对手性仲醇的立体选择性的可能。进一步的分子模拟需留待以后继续深入。

5.5.4　小结

　　本节选用南极假丝酵母脂肪酶 B(CAL B)的晶体结构 1LBT 进行了分子对接实验,分析了 CAL B 固定相分离手性酯时出现的选择性水解现象,并结合手性酯的对接结果初步分析了对手性仲醇的立体选择性。根据对映异构体对接的差异,手性仲醇的立体选择性可能来源于活性口袋中几个氨基酸残基之间对醇羟基的竞争。

参 考 文 献

[1] Brooks C L, Montgomery Pettitt B. Karplus M. Structural and energetic effects of truncating long range interactions in ionic and polar fluids. J. Chem. Phys. , 1985, 83(11), 5897-5908

[2] Tosi M P. Cohesion of ionic solids in the Born model. Solid State Physics, 1964, 16: 107-120

[3] Ewald P P. The calculation of optical and electrostatic grid potential. Annalen der Physik, 1921, 64(3), 253-287

[4] Greengard L, Rokhlin V I. A fast algorithm for particle simulations. J. Comput. Phys. , 1987, 73: 325

[5] Schmidt K E, Lee M A. Implementing the fast multipole method in three dimensions. J. Stat. Phys. , 1991, 63: 1223

[6] Ding H Q, Karasawa N, Goddard W A. III. Atomic level simulations on a million particles: The cell multipole method for Coulomb and London nonbond interactions. J. Chemi. Phy. , 1992, 97(6): 4309-4315

[7] Berendsen H J C, Postma J P M, van Gunsteren W F, et al. Molecular dynamics with coupling to an external bath. J. Chem. Phys. , 1984, 81: 3684-3690

[8] Hoover W. Canonical dynamics: Equilibrium phase-space distributions. Phys. Rev. A, 1985, 31: 1695-1697

[9] Andersen H C. Molecular dynamics at constant pressure and or temperature. J. Chem. Phys. , 1980, 72: 2384-2393

[10] Zhuravlev N D, Siepmann J I, Schure M R. Surface coverages of bonded-phase ligands on silica: A computational study. Anal. Chem. , 2001, 73(16): 4006-4011

[11] Zhang L, Sun L, Siepmann J I, Schure M R. Molecular simulation study of the bonded-phase structure in reversed-phase liquid chromatography with neat aqueous solvent. J. Chromatogr. A, 2005, 1079(1-2): 127-135

[12] Zhang L, Rafferty J L, Siepmann J I, et al. Chain conformation and solvent partitioning in reversed-phase liquid chromatography: Monte Carlo simulations for various water/methanol concentrations. J. Chromatogr. A, 2006, 1126(1-2): 219-231

[13] Rafferty J L, Zhang L, Siepmann J I, et al. Retention mechanism in reversed-phase liquid chromatography: A molecular perspective. Anal. Chem. , 2007, 79(17): 6551-6558

[14] Rafferty J L, Siepmann J I, Schure M R. Influence of bonded-phase coverage in reversed-phase liquid chromatography via molecular simulation: II. Effects on solute retention. J. Chromatogr. A, 2008, 1204(1): 20-27

[15] Rafferty J L, Siepmann J I, Schure M R. Influence of bonded-phase coverage in reversed-phase liquid chromatography via molecular simulation: I. Effects on chain conformation and interfacial properties. J. Chromatogr. A, 2008, 1204(1): 11-19

[16] Yashima E, Yamada M, Kaida Y, Okamoto Y. Computational studies on chiral discrimination mechanism of cellulose trisphenylcarbamate. J. Chromatogr. A, 1995, 694(2): 347-354.

[17] Zugenmaier P, Steinmeier H. Conformation of some amylose triesters the influence of side groups. Polymer, 1986, 27: 1601-1608

[18] Hanai T, Hatano H, Nimura N, et al. Computational chemical analysis of chiral recognition in liquid chromatography, selectivity of N-(R)-1-([alpha]-naphthyl)ethylamino carbonyl-(R or S)-valine and N-(S)-1-([alpha]-naphthyl)ethylamino carbonyl-(R or S)-valine bonded aminopropyl silica gels. Analytica Chimica Acta, 1996, 332(2-3): 213-224

[19] Vogt U, Zugenmaier P. Structural models for some liquid-crystalline cellulose derivatives. Berichte der bunsen-Gesellschaft-Physical Chemistry Chemical Physics, 1985, 89: 1217-1224

[20] Yamamoto C, Yashima E, Okamoto Y. Structural analysis of amylose tris(3,5-dimethylphenylcarbamate) by NMR relevant to its chiral recognition mechanism in HPLC. J. Am. Chem. Soc. , 2002, 124(42): 12583-12589

[21] Jonas U, Niklas O, Matrin N, et al. Crystallographic and molecular-modeling studies of lipase B from *Candida antarctica* reveal a stereospecificity pocket for secondary alcohols. Biochemistry, 1995, 34: 16838-16851

[22] Wainer IW. Proposal for the classification of high-performance liquid chromatographic chiral stationary phases: how to choose the right column. TrAC, Trends Anal. Chem. (Pers. Ed.), 1987, 6(5): 125-34

[23] Yadav G D, Lathi P S. Kinetics and mechanism of synthesis of butyl isobutyrate over immobilised lipases. Biochemical Engineering Journal, 2003, 16(3): 245-252

[24] Yadav G D, Maniula D K. Immobilized lipase-catalysed esterification and transesterification reactions in non-aqueous media for the synthesis of tetrahydrofurfuryl butyrate: comparison and kinetic modeling. Chemical Engineering Science, 2004, 59(2): 373-383

[25] De Oliveira E B, Humeau C, Chebil L, et al. A molecular modelling study to rationalize the regioselectivity in acylation of flavonoid glycosides catalyzed by Candida antarctica lipase B. Journal of Molecular Catalysis B: Enzymatic, 2009, 59(1-3): 96-105

[26] Ghanem A. Trends in lipase-catalyzed asymmetric access to enantiomerically pure/enriched compounds. Tetrahedron, 2007, 63(8): 1721-1754

[27] Jones G, Willett P, Glen R, et al. Development and validation of a genetic algorithm for flexible docking. Journal of Molecular Biology, 1997, 267(3): 727-748

[28] Kuntz I D, Blaney J M, Oatley S J, et al. A geometric approach to macromolecule-ligand interactions. Journal of Molecular Biology, 1982, 161(2): 269-288

[29] Muegge I, Martin Y C. A General and fast scoring function for protein-ligand interactions: A simplified potential approach. Journal of Medicinal Chemistry, 1999, 42(5): 791-804

[30] Eldridge M D, Murray C W, Auton T R, et al. Empirical scoring functions: I. The development of a fast empirical scoring function to estimate the binding affinity of ligands in receptor complexes. Journal of Computer-Aided Molecular Design, 1997, 11(5): 425-445

第6章 液相微萃取技术在农药残留分析中的应用

6.1 单液滴微萃取(SDME)技术在农药残留分析中的应用

应用单液滴微萃取(SDME)分析水体等环境样本中的多种农药,建立几种操作简单、快速和灵敏的农药多残留分析方法。

6.1.1 SDME 萃取水体中的 5 种酰胺类除草剂

6.1.1.1 实验部分

1) 药品及色谱条件

标准品:5 种酰胺类除草剂的标准品(甲草胺、乙草胺、丙草胺、丁草胺和异丙甲草胺)2000 mg/L;

HP-5 色谱柱,进样口温度 270 ℃,程序升温 120～230 ℃,检测器温度为 280 ℃,不分流进样,载气流速 2.3 mL/min,补充气(N_2)流速 60 mL/min。

2) 操作步骤

将 10 mL 的萃取瓶放置在恒温磁力搅拌器上,萃取瓶中放有 15 mm×4 mm 的搅拌子及 5 mL 水样。一支 10 μL 的微进样器,在每次萃取前进样器至少用有机溶剂润洗 10 次从而把留在管中和针尖的气泡赶出。然后用其吸取 2 μL 萃取剂,插入装有 5 mL 水样的萃取瓶中,然后将微量注射器固定在搅拌器的夹子上,使进样针尖浸入水样并保持一定高度不变,缓慢按下注射器推动杆将有机溶剂推出,使其悬于微量进样器的尖端,同时开始搅拌。水相中搅拌子以一定速度搅拌水溶液。萃取一定时间后,将萃取剂吸回微量进样器,随后直接手动注入 GC 进行检测。

3) 操作中须注意的问题

第一:实验前,要用萃取有机溶剂将微量注射器清洗 10 次以上,排除注射器中的空气。

第二:注射器插入的深度保持一致。

6.1.1.2 结果与讨论

1) SDME 萃取条件的优化

为了获得最佳的 SDME 萃取效果,研究中优化了萃取溶剂的种类、体积、萃取时间、搅拌速度、离子强度等参数。每次实验 3 次平行。

(1) 萃取溶剂的选择。

萃取剂的选择是 SDME 技术的关键步骤,也是 SDME 优化的第一步操作,因为萃取溶剂能够直接影响到萃取效果和富集倍数。萃取溶剂选择应考虑富集效果、水中溶解度、干扰峰和毒性等因素。

本实验选择了四种不同极性的有机溶剂,甲苯(toluene)、环己烷(cyclohexane)、异辛烷(isooctane)、正己烷(n-hexene)分别进行实验,萃取条件为 1.6 μL 有机微液滴、酰胺类除草剂(5 μg/L)5 mL 水样、600 r/min 的搅拌速度、萃取时间 15 min,结果如图 6-1 所示。依据萃取效果选择了甲苯作为 SDME 的萃取溶剂。

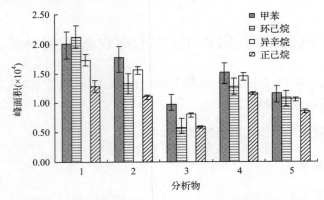

图 6-1　萃取溶剂对 SDME 萃取效率的影响(其中 1~5 分别指甲草胺、乙草胺、异丙甲草胺、
丙草胺和丁草胺)

(2) 有机溶剂体积的选择。

萃取溶剂的体积大小对 SDME 的影响也很大,一般来说,萃取溶剂的体积越大,萃取的量也越多,有利于提高方法的灵敏度。根据 Jeannot 和 Cartwell 对单液滴溶剂微萃取的萃取理论得出公式(6-1):

$$k = \frac{3}{r}\left(\frac{kV_0 + V_{aq}}{V_{aq}}\right) \tag{6-1}$$

由公式可看出,虽然随着液滴溶剂体积 V_0 的增大,液滴半径 r 也增大,但 V_0 增大的倍数大于液滴半径 r 增大倍数的 r^2 倍。因此,液滴溶剂体积 V_0 的增大必然导致速率常数 k 的增大,萃取效果更好。本实验在其他条件一定的情况下(添加浓度为 5 μg/L 的 5 mL 酰胺类除草剂水样,600 r/min 的搅拌速度,用甲苯作为萃取溶剂,使用不同的萃取体积萃取 15 min),考察了 1.0 μL、1.6 μL、2.0 μL 的甲苯对萃取效果的影响。所得溶剂体积和峰面积响应值的关系如图 6-2 所示,说明随萃取溶剂体积的增大,萃取量也逐渐增加。

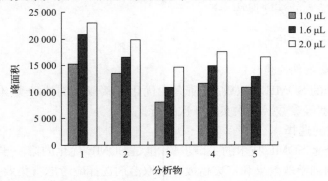

图 6-2　不同的萃取溶剂体积对 SDME 萃取效率的影响(分析物 1~5 见图 6-1 的说明)

当萃取溶剂体积大于 2.0 μL 时,液滴很难在微量进样器尖端稳定挂住,其次气相色谱仪最适合的进样体积都在 1.0~2.0 μL,因此我们选择 1.6 μL 作为萃取溶剂的体积。

(3)萃取时间的影响。

随着萃取时间的延长,萃取效率会逐渐增加,达到平衡时最大。本实验中,将 2.0 μL 的甲苯萃取溶剂置于 5 mL 5 μg/L 的样本中萃取,考察了不同萃取时间 5 min、10 min、15 min、20 min 和 25 min,对萃取效果的影响。结果如图 6-3 表示,在室温条件下,萃取量随萃取时间的增长而增加,在 25 min 时达到最大,但仍没有到达平衡状态。萃取时间较长时,会造成有机溶剂在水样中的损失,因此选择 15 min 的萃取时间。

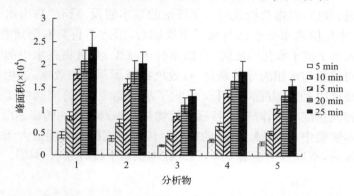

图 6-3　不同的萃取时间对 SDME 萃取效率的影响(分析物 1~5 见图 6-1 的说明)

(4)搅拌速度的影响。

基于对流-扩散的膜理论,溶液中质量传递的系数 β_{aq} 由式(6-2)决定:

$$\beta_{aq} = D_{aq}/d_{aq} \tag{6-2}$$

对样品进行搅拌时,破坏了样本基体溶液与萃取溶剂之间的扩散层厚度,从而增加了分析物在液相中的扩散系数,加快分析物在水相和有机相间萃取平衡的建立,提高萃取效率,从而也缩短了萃取时间。本实验在其他条件一定的情况下(添加浓度为 5 μg/L 的 5 mL 酰胺类除草剂水样,2 μL 甲苯液滴,进行 15 min 的萃取),考察五种搅拌速度 (0 r/min、100 r/min、200 r/min、400 r/min、500 r/min)对萃取效果的影响。实验结果如图 6-4 所示。结果表明,萃取效率随着搅拌速度的增大而提高,在搅拌速率为 500 r/min

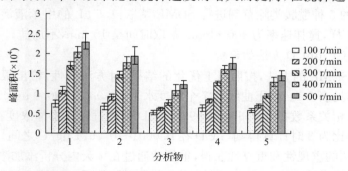

图 6-4　不同的搅拌速率对 SDME 萃取效率的影响(分析物 1~5 见图 6-1 的说明)

时获得最大的萃取效果。考虑到搅拌速度过大会对进样器尖端的液滴悬挂稳定性产生影响,因此,本实验选择 400 r/min 的搅拌速度。

(5) 盐效应的影响。

改变水样中盐的浓度会改变溶液的离子强度,对不同分析物的萃取效果有不同的影响。本实验中,在其他条件一定的情况下(添加浓度为 5 μg/L 的 5 mL 水样,2 μL 甲苯液滴,500 r/min 的搅拌速度,进行 15 min 的萃取),取 0%、2.5%、5%、10%、15%、20% 6 个不同的 NaCl 浓度对萃取效率的影响进行了考察。结果如图 6-5 所示,目标化合物的峰面积随着 NaCl 浓度的增大而逐渐降低,萃取效率减小。这个可以用以下两方面来解释:一方面是盐析效应,根据盐析效应水化理论的基本假设,只有"自由水"才能溶解非电解质,由于第一水化层的水分子已与离子牢固结合,因此不再具有溶解物质的能力。因此,NaCl 的加入由于离子水化的原因,自由水分子减少,有机物在水中的溶解度下降,从而增加了其在有机相与水相的分配系数,有效地提高了萃取的效率,这也是 LLE 萃取过程中盐析的主要原因;另一方面 NaCl 又影响了水的黏度,水的流动性变差,导致水相中目标分析物的传质速度变慢,降低了目标分析物从水相到液滴的转移速度,从而使萃取效率降低。而在本实验中,很明显 NaCl 的加入对传质速度的影响明显大于盐析的影响,表现在随着盐的加入,萃取效率逐渐下降,因此在本实验中没有加入 NaCl。

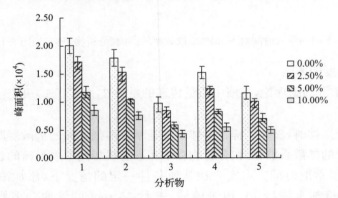

图 6-5　不同浓度的 NaCl 对 SDME 萃取效率的影响(分析物 1~5 见图 6-1 的说明)

根据以上的对影响 SDME 萃取效率的各个参数优化结果,决定在本实验中采用以下条件对水体中的 5 种酰胺类除草剂进行 SDME 萃取:1.6 μL 的甲苯液滴作为萃取溶剂,采用 5 mL 的水样,搅拌速率为 400 r/min,萃取时间是 15 min,不加盐。

2) SDME-GC-μECD 方法的评价

为了评价 SDME 的方法,按照以上优化的结果,对方法线性、检出限、重现性等进行了研究,结果详见表 6-1。校正曲线有 7 个浓度水平,在 0.05~20.0 μg/L,校正曲线在该范围内呈线性,相关系数 0.9963~0.9997,LOD 是通过计算添加浓度在 10 μg/L 的纯水中,按照信噪比为 3 时计算得到,LOD 在 0.0001~0.0071 μg/L 之间。SDME 的精密度通过研究方法的重现性和重复性获得,重复性通过在 1 天内分析添加浓度在 5 μg/L 的水样获得,相对标准偏差在 4.3%~9.4% 之间,重现性是通过连续 3 天分析添加浓度在 5 μg/L 的水样获得,用 RSD 表示其范围在 6.4%~10.3%。

表 6-1　SDME 和 GC-ECD 方法联用分析 5 种除草剂的线性、相关系数、精密度和检测限

除草剂	浓度范围	相关系数(R^2)	LOD[a]/($\mu g/L$)	精密度(RSD/%)	
				重复性[b]	重现性[c]
甲草胺	0.05～20.0 μg/L	0.9997	0.0025	6.8	7.9
乙草胺	0.05～20.0 μg/L	0.9963	0.0036	6.1	8.3
异丙甲草胺	0.05～20.0 μg/L	0.9980	0.0071	8.7	9.1
丙草胺	0.05～20.0 μg/L	0.9989	0.0001	4.3	6.4
丁草胺	0.05～20.0 μg/L	0.9977	0.0006	9.4	10.3

　　a. LOD 通过计算混合标样浓度在 10 μg/L 的水溶液信噪比为(S/N)3 时计算得到；b. 重复性通过 1 天中，重复分析 5 次浓度为 5 μg/L 的水溶液计算得到；c. 重现性通过连续 3 天重复分析浓度为 5 μg/L 的水溶液计算得到

3）腐殖酸的影响

腐殖酸(humic acid, HA)是一种天然有机高分子聚合物，广泛存在于自然界的水体中，是动植物残留通过微生物降解生成的产物，也是天然水中的主要有机化合物。

已有文献报道了水体中腐殖酸的存在会对 SDME 萃取结果产生一定的影响[1]，在本实验中也研究了腐殖酸对 SDME 萃取效率的影响。通过向 10 μg/L 纯净水中添加一定浓度的腐殖酸(0～50 mg/L)的方法，按照之前优化的萃取方法进行了实验，结果见图 6-6，腐殖酸浓度在 0～10 mg/L 时，对萃取效率几乎没有影响，而当腐殖酸的浓度从 10 mg/L 增加到 50 mg/L 时，SDME 的萃取效率逐渐下降。这种可能有以下两个原因：首先是因为腐殖酸容易和有机化合物形成络合物，影响了有机化合物从水相向有机相的转移，其次是腐殖酸和有机化合物对萃取溶剂的竞争性吸收，影响了 SDME 的萃取效率。本实验也说明了水体中的腐殖酸对 SDME 有一定的影响，考虑到天然水体中溶解态的腐殖酸的浓度一般在 10 mg/L 左右，SDME 适合分析一些腐殖酸含量比较低的水样。

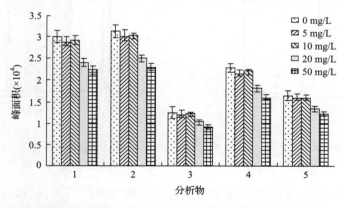

图 6-6　不同浓度的腐殖酸对 SDME 萃取效率的影响(分析物 1～5 见图 6-1 的说明)

4）方法的应用性研究

为了评价 SDME 在实际样品的应用，将该方法应用到自来水、两种河水中，将所用的水样用 SDME-GC 方法检测，实验结果表明，没有这 5 种酰胺类除草剂的残留。分析了 3 种水样中的添加回收率和检测限。SDME 作为一种微萃取方法，其绝对回收率都很低，

一般在 5% 左右,为了定量的方便,在微萃取的操作中都采用相对回收率的方法来计算方法的准确度。所谓相对回收率就是用实际水样和超纯水中的目标分析物的响应值相比较而得到的比值。使用 SDME 方法分析实际水样 5 μg/L 添加浓度的相对回收率和相对标准偏差见表 6-2,方法的相对回收率在 83.0%~102.0%,RSD 在 3.9%~11.5% 之间,可以满足除草剂残留分析的需要。在不同样本中的 LOD 结果见表 6-2,可以看出,方法的 LOD 在不同的水样中有很大的差异,自来水中的 LOD 和纯净水几乎没有差别,但在河水中的 LOD 较高,这主要是由于河水中杂质干扰比较强,这也说明 SDME 对样本的净化效果不是很好,在将目标分析物萃取出来的同时,样本中一些极性和目标分析物类似的化合物也会被萃取出来,因此,在开发 SDME 方法时需要针对不同的样本的检出限进行验证。图 6-7 是河水中添加浓度在 5 μg/L 使用 SDME-GC 方法的典型色谱图。

表 6-2　SDME 方法分析水中除草剂的相对回收率、精密度和检出限

除草剂	自来水			护城河河水			小清河河水		
	回收率	RSD	LOD	回收率	RSD	LOD	回收率	RSD	LOD
甲草胺	102	4.8	0.0035	88	9.7	0.0870	94	8.1	0.0340
乙草胺	101	5.2	0.0038	85	10.6	0.0900	89	9.5	0.0270
异丙甲草胺	102	6.9	0.0089	87	11.5	0.1140	86	7.2	0.0580
丙草胺	96	3.9	0.0002	99	6.8	0.0230	98	5.7	0.0057
丁草胺	100	7.8	0.0009	80	8.4	0.0960	83	6.3	0.0076

注:回收率指的是相对回收率,回收率和 RSD 的单位为%,LOD 的单位为 μg/L

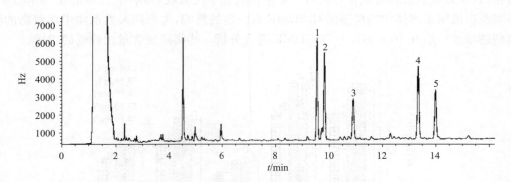

图 6-7　使用 SDME 方法分析护城河河水中添加 GC-μECD 色谱图,添加浓度为 5 μg/L,其中 1 为甲草胺;2 为乙草胺;3 为异丙甲草胺;4 为丙草胺;5 为丁草胺

其中,自来水中的 LOD 通过添加 0.01 μg/L 的水样时浓度,信噪比为 3 时,计算得到,两种河水的 LOD 是通过计算添加浓度为 0.1 μg/L 的水样浓度得到。

5) 本方法与固相微萃取(SPME)的比较

本方法与另外一种常用的微萃取方法 SPME 做了比较,作为两种不同的微萃取方法,都有共同点:都是不完全萃取的方法,都有快速、简单的优点,都是集萃取、浓缩和进样于一体的前处理方法。Ramesh 等[2]使用 SPME 分析水体中的酰胺类除草剂残留,使用

SPME 分析的结果见表 6-3。通过比较表 6-1 和表 6-3 的数据，不难看出，SDME 和 SPME 在方法的灵敏度上没有大的区别，不过在方法的精密度上，SPME 要更好一些。但是 SPME 操作起来需要专门的固相微萃取针，成本较 SDME 要高很多，进样时需要解吸附的过程，有样本记忆效应，而 SDME 进样时很简单。

表 6-3　SPME 检测几种除草剂的 LOD 和 RSD

除草剂	LOD/(μg/L)	RSD/%
甲草胺	0.010	0.92
乙草胺	0.010	0.84
异丙甲草胺	0.005	1.82
丙草胺	0.015	2.63
丁草胺	0.010	1.44

6.1.2　SDME 萃取水体中的氟虫腈及其代谢物

6.1.2.1　实验部分

实验设备、条件和方法同 6.1.1 节。参数优化实验结果如下。

6.1.2.2　结果与讨论

1) 萃取条件的优化

(1) 萃取溶剂的选择。

选择出了四种不同极性的有机溶剂甲苯（toluene）、二甲苯（xylene）、异辛烷（isooctane），正己烷（n-hexene）分别进行实验，实验结果如图 6-8 所示，甲苯与二甲苯均具有较高的提取效果，本实验最终选择甲苯作为有机萃取剂。

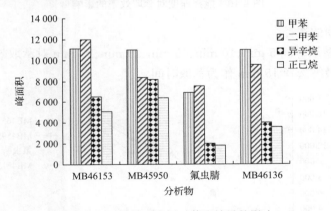

图 6-8　不同提取溶剂对萃取效果的影响

(2) 有机溶剂体积的选择。

考察了 1.5 μL、2.0 μL、2.5 μL、3.0 μL 甲苯的四种体积对萃取效果的影响，实验结果如图 6-9 所示，最终选择 2.0 μL 作为萃取溶剂的体积。

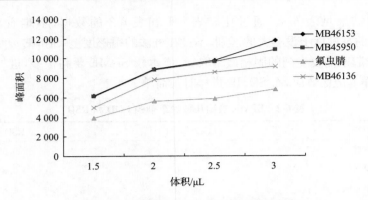

图 6-9　不同提取溶剂体积对萃取效果的影响

（3）搅拌速度的选择。

选择了 0 r/min、200 r/min、400 r/min、600 r/min 四种搅拌速度考察了搅拌速度对萃取效果的影响，实验结果如图 6-10 所示。最终选择 400 r/min 的搅拌速度。

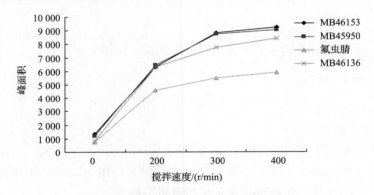

图 6-10　搅拌速度对萃取效率的影响

（4）萃取时间的选择。

考察了不同萃取时间 5 min、10 min、15 min、20 min、25 min 对萃取效果的影响，结果如图 6-11 表示，最终选择 15 min 作为萃取时间。

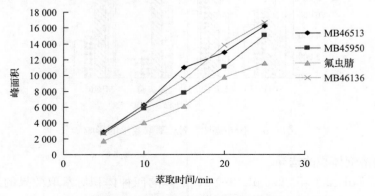

图 6-11　萃取时间对萃取效率的影响

（5）盐效应的影响。

选取 0、2.5%、5%、10% 四个不同的 NaCl 浓度对萃取效率的影响进行了考察，结果如图 6-12 所示，最终选择不加 NaCl 的方法。

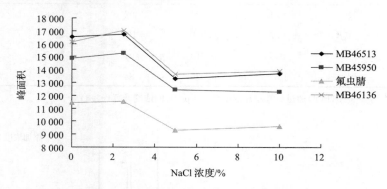

图 6-12　盐效应对 SDME 萃取效率的影响

2）SDME-GC-μECD 方法的评价

在优化条件下用 SDME-GC-μECD 方法萃取水中的氟虫腈及其三种代谢物，回归分析表明，被分析的目标化合物在 0.1~5.0 μg/L 范围内有较好的线性，相关系数 0.9971~0.9997。检出限按 S/N=3 计算为 0.006~0.025 μg/L，如表 6-4。为研究 SDME-GC-μECD 方法用于分析环境水体中的氟虫腈农药及其三种有毒代谢物的残留的可行性，在上述选定的萃取条件下，分别向河水和自来水样加入 5 μg/L 氟虫腈及其三种代谢物的标准溶液，进行添加回收实验。以相对回收率表示方法的准确度，标准偏差表示方法的精密度。结果见表 6-5，可以看出，方法的回收率和精密度在可以接受的范围内，但是河水和自来水的灵敏度有很大的差异，这说明样本的基质会对方法的灵敏度产生一定的影响。添加浓度为 1 μg/L 的河水和空白河水的典型色谱图见图 6-13。

表 6-4　SDME 和 GC-μECD 方法联用分析氟虫腈及其代谢物的线性、相关系数、精密度和检测限

分析物	浓度范围	相关系数(R^2)	LOD[a]/(μg/L)	精密度(RSD/%)	
				重复性[b]	重现性[c]
氟虫腈	0.1~5.0 μg/L	0.9986	0.025	10.0	12.3
MB46513	0.1~5.0 μg/L	0.9997	0.006	5.2	9.1
MB45950	0.1~5.0 μg/L	0.9971	0.010	6.2	5.7
MB46136	0.1~5.0 μg/L	0.9993	0.015	9.7	8.5

a. LOD 通过计算混合标样浓度在 0.01 μg/L 的水溶液信噪比(S/N)为 3 时计算得到；b. 重复性通过 1 天中，重复分析 5 次浓度为 5 μg/L 的水溶液计算得到；c. 重现性通过连续 3 天重复分析浓度为 5 μg/L 的水溶液计算得到

表 6-5　SDME 方法分析水中体中的氟虫腈及其代谢物相对回收率、精密度和检出限

分析物	河水			自来水		
	回收率/%	RSD/%	LOD/(μg/L)	回收率/%	RSD/%	LOD/(μg/L)
氟虫腈	75	9.4	0.030	92	13.8	0.025
MB46513	105	9.7	0.010	109	8.6	0.009
MB45950	99	5.5	0.013	91	11.8	0.010
MB46136	95	10.4	0.020	94	5.4	0.015

注：添加浓度为 5 μg/L，LOD 通过计算添加浓度在 0.1 μg/L 的浓度计算（$n=3$）

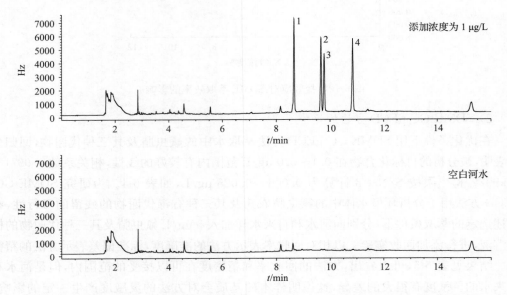

图 6-13　使用 SDME 方法分析添加一定浓度的河水和空白河水 GC-μECD 色谱图，添加浓度为 1 μg/L，其中 1 为 MB46513；2 为 MB45950；3 为氟虫腈；4 为 MB46136

6.1.3　SDME 萃取果汁中的有机磷农药

　　本研究使用 SDME 技术分析果汁中的 7 种有机磷农药残留。

6.1.3.1　实验部分

1）药品及色谱条件

标准品：7 种有机磷农药标样（丙线磷、二嗪磷、甲基对硫磷、杀螟硫磷、马拉硫磷、水胺硫磷和喹硫磷），毒死蜱作为内标使用。

HP-5 色谱柱，程序升温 100～300 ℃，进样口温度 230 ℃，检测器温度为 250 ℃，载气流速 1.0 mL/min，检测器空气流速 100 mL/min，不分流进样。

2）操作步骤

操作步骤如 6.1.1 节所示。

6.1.3.2　结果与讨论

本方法开发的思路:首先建立 SDME 方法分析水体中的农药残留,将 SDME 方法用在复杂样本果汁中,要对果汁样本进行一定的前处理,以适合进行 SDME 操作,同时考虑到果汁中可能含有很多的杂质,为了简化前处理的操作步骤,采用火焰光度检测器,利用其对有机磷化合物的高度选择性,从而使得样本经过 SDME 萃取后不需要进行其他的净化步骤就可以直接进行气相色谱分析。

1)SDME 萃取条件的优化

影响 SDME 萃取效率的参数有萃取溶剂的种类和体积、萃取时间、搅拌速度、盐效应等多个因素,各个参数优化结果如下。

(1)萃取溶剂的选择。

选择了四种不同极性的有机溶剂甲苯(toluene)、环己烷(cyclohexane)、异辛烷(*iso*-octane)、正己烷(*n*-hexene)分别进行萃取实验,见图 6-14,实验结果表明甲苯和异辛烷的萃取效率相对较高,考虑到甲苯操作起来比异辛烷容易,最终选择甲苯作为 SDME 的萃取溶剂。

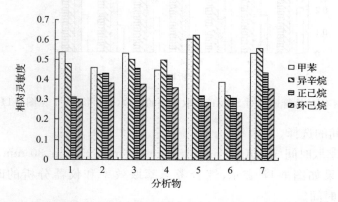

图 6-14　SDME 使用不同的有机溶剂对有机磷农药的萃取效果(分析物:1~7 分别为丙线磷、二嗪磷、甲基对硫磷、杀螟硫磷、马拉硫磷、水胺硫磷和喹硫磷)

(2)萃取溶剂体积的选择。

考察了 1.0 μL、1.6 μL、2.0 μL 三种体积的甲苯对水体中的有机磷农药的萃取效率影响。实验结果如图 6-15 所示,综合考虑萃取体积的影响,最终选择 1.6 μL 作为萃取溶剂的体积。

(3)搅拌速度的选择。

选择了 100 r/min、200 r/min、300 r/min、400 r/min 四种搅拌速度考察了搅拌速度对萃取效果的影响。实验结果如图 6-16 所示,最终选择搅拌速度 400 r/min 作为 SDME 的操作条件。

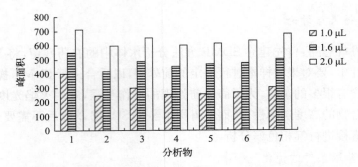

图 6-15　不同的萃取溶剂体积对 SDME 萃取效率的影响（分析物 1～7 见图 6-14 的说明）

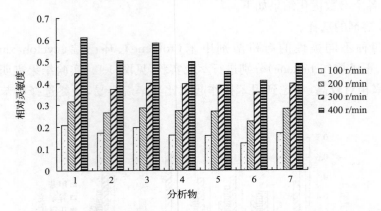

图 6-16　不同的搅拌速度对 SDME 萃取效率的影响（分析物 1～7 见图 6-14 的说明）

（4）萃取时间的选择。

考察了不同萃取时间 5 min、10 min、15 min、20 min、25 min、30 min、35 min 对萃取效果的影响。结果如图 6-17 表示，综合考虑萃取效率和仪器分析的时间，最终选择 15 min 作为萃取时间。

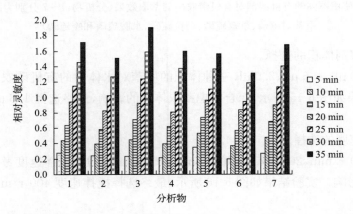

图 6-17　不同的萃取时间对 SDME 萃取效率的影响（分析物 1～7 见图 6-14 的说明）

（5）盐效应的影响。

取 0、2.5％、5％、10％四个不同的 NaCl 浓度对萃取效率的影响进行考察，结果如图 6-18 所示，随着盐的加入，萃取效率逐渐下降，因此在本实验中没有加入 NaCl。

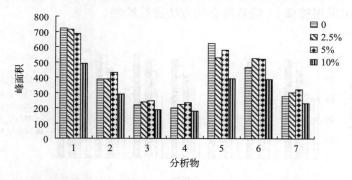

图 6-18　添加不同浓度的 NaCl 对 SDME 萃取效率的影响（分析物 1～7 见图 6-14 的说明）

由以上对影响萃取效率的各个条件的优化，选择 SDME 操作的条件为：萃取剂甲苯，液滴体积 1.6 μL，搅拌速度 400 r/min，萃取时间 15 min，不加 NaCl，萃取 5 mL 水溶液中有机磷农药。

2）SDME-GC-FPD 分析水中有机磷农药的评价

为了评价以上各个优化条件的结果，对使用 SDME-GC-FPD 的方法分析水中的 7 种有机磷农药残留进行了验证，采用以上优化的萃取条件，对方法的线性、检出限、重现性等进行了研究，结果见表 6-6。校正曲线有 5 个浓度水平，在 0.50～20.00 μg/L 之间，校正曲线在该范围内线性关系良好，相关系数在 0.9912～0.9994 之间。

表 6-6　SDME 和 GC-FPD 方法联用分析 OPPs

农药（1～100 μg/L）	LOD/(μg/L)	LOQ/(μg/L)	RSD/%	R^2
丙线磷	0.063	0.190	8.9	0.9994
二嗪磷	0.048	0.146	7.5	0.9929
甲基对硫磷	0.059	0.176	9.2	0.9992
杀螟硫磷	0.059	0.176	10.3	0.9962
马拉硫磷	0.039	0.116	10.2	0.9982
水胺硫磷	0.088	0.263	9.3	0.9979
喹硫磷	0.046	0.140	9.4	0.9912

3）果汁样本的处理方法

在优化条件下用 SDME-GC-FPD 方法萃取果汁中的有机磷农药，考虑到果汁的黏稠性，因此要对果汁样品进行前处理，分别采用了过滤、离心和稀释的方法。实验表明仅过滤和稀释处理时，回收率很低且重现性不好（RSD 大于 10％）。而离心后，回收率有所提高，说明离心对于改善 SDME 方法的回收率有一定的作用，因此决定采取离心的方法。为了评价稀释对 SDME 方法回收率的影响，将果汁样本按照 1/10、1/15、1/20、1/25、1/50 的体积比进行稀释，稀释后的样本再进行离心，分别测定其回收率，结果见图 6-19，可以看出,通过在果汁中加水的方法可以相对降低样本中杂质的含量,这也就降低了样本中杂质和目标分析物的竞争性吸收,因此提高了回收率。当稀释比例从 1∶10 提高到 1∶25 时,回收率有明显的改善,而当稀释倍数从 25 倍提高到 50 倍时,回收率没有明显的差异,因此决定采用稀释 25 倍后离心的方法进行检测。

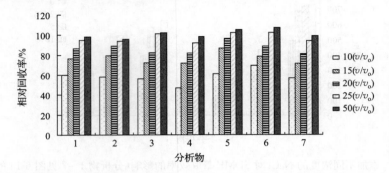

图 6-19　不同的稀释浓度下,SDME 方法的回收率关系,果汁的添加浓度为 100 μg/L(分析物顺序见图 6-14 的说明)

4) SDME-GC-FPD 方法的验证

为了对 SDME 方法在果汁的应用进行验证,对本方法的线性、准确度、精密度和灵敏度等进行了研究。通过采用前边优化的 SDME 方法将添加一定浓度的果汁样本稀释离心后进行微萃取操作,验证方法的一些结果见表 6-7 和表 6-8。果汁中添加 7 种有机磷农药(50 μg/L)的典型色谱图见图 6-20。

表 6-7　不同添加浓度下 SDME 方法的回收率

添加量/(μg/L)	丙线磷	二嗪磷	甲基对硫磷	杀螟硫磷	马拉硫磷	水胺硫磷	喹硫磷
10	102.7	90.0	107.0	84.1	72.6	92.1	96.8
50	95.0	94.0	101.0	91.8	108.0	102.0	93.6
100	83.3	76.2	77.6	73.3	83.2	79.1	86.1
250	100.6	85.1	98.5	93.1	96.7	100.0	101.1
500	95.2	80.9	91.1	86.6	85.5	91.4	89.4

表 6-8　不同添加浓度下 SDME 方法的灵敏度和精密度

农药	LOD/(μg/L)	相关系数(R^2)	RSD/% 重复性	RSD/% 再现性
丙线磷	1.58	0.9991	8.9	10.3
二嗪磷	1.20	0.9919	7.5	11.5
甲基对硫磷	1.48	0.9991	9.2	10.8
杀螟硫磷	1.48	0.9932	10.3	14.3
马拉硫磷	0.98	0.9952	8.2	9.2
水胺硫磷	2.20	0.9919	6.3	9.3
喹硫磷	1.15	0.9812	7.4	12.4

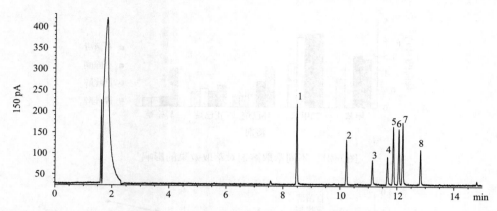

图 6-20　使用 SDME 方法分析果汁添加 7 种有机磷农药的色谱图,添加浓度为 50 μg/L,其中 1 为丙线磷;2 为二嗪磷;3 为甲基对硫磷;4 为杀螟硫磷;5 为马拉硫磷;6 为毒死蜱;7 为水胺硫磷;8 为喹硫磷

6.1.4　SDME 萃取水体及葡萄酒中的四种杀菌剂

6.1.4.1　实验部分

1）药品及色谱条件

标准品:4 种杀菌剂标样[百菌清(chlorothalonil)、三唑酮(triadimefon)、己唑醇(hexaconazole)、烯唑醇(diniconazole)]。

HP-5 色谱柱,程序升温 120～280 ℃,进样口温度 230 ℃,检测器温度为 300 ℃,载气流速 2.3 mL/min,不分流进样。

2）操作步骤

操作步骤及操作中要注意的问题如 6.1.1 节所示。

6.1.4.2　结果与讨论

1）SDME 条件的优化

对萃取溶剂、萃取体积、萃取时间、离子强度等影响萃取效果的参数进行优化,结果如下。

（1）萃取溶剂的选择。

选取二甲苯(xylene)、甲苯(toluene)、正己烷(n-hexane)、环己烷(cyclohexane)、异辛烷(iso-octane)五种不同的溶剂进行萃取,如图 6-21 所示,结果表明用二甲苯作为萃取溶剂能获得最好的效果,故最终选择二甲苯为萃取溶剂。

（2）溶剂体积的选择。

通过对萃取溶剂体积的考察并综合各种因素考虑,最终选择 1.6 μL 为萃取液滴的体积。

（3）搅拌速度的选择。

考察了 0 r/min、200 r/min、400 r/min、600 r/min、800 r/min、1000 r/min 六个搅拌速度对萃取效率的影响,结果如图 6-22 所示,最终选择适宜的搅拌速度 800 r/min。

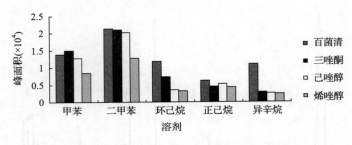

图 6-21　不同萃取溶剂对萃取效果的影响

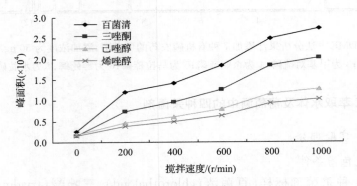

图 6-22　不同搅拌速度对萃取效果的影响

（4）萃取时间的选择。

考察了不同萃取时间 5 min、10 min、15 min、20 min、25 min 对萃取效果的影响，结果见图 6-23。综合考虑萃取效果及实际操作，最终选择的萃取时间为 15 min。

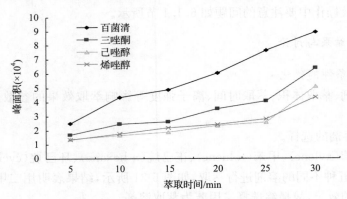

图 6-23　不同萃取时间对萃取效果的影响

（5）离子强度的影响。

在水溶液中加入 0%、2.5%、5.0%、10.0% 浓度的 NaCl，考察离子强度对萃取的影响。结果如图 6-24 所示，随着溶液中盐的浓度增加，其对四种杀菌剂的萃取效率降低，因此，选择萃取过程不加入 NaCl。

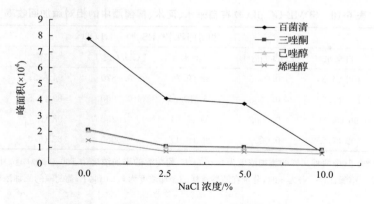

图 6-24　离子强度对萃取效果的影响

2）SDME-GC-μECD 方法最优条件

由以上实验选择本方法的最优条件为二甲苯作萃取剂，液滴体积 1.6 μL，搅拌速度 800 r/min，萃取时间 15 min，不加盐萃取 5 mL 添加在水溶液中的四种杀菌剂。

3）方法评价

（1）线性范围和检出限。

在优化条件下用 SDME-GC-μECD 方法分析水中的四种杀菌剂，回归分析表明，被分析的目标化合物在 0.01～50.00 μg/L（百菌清 0.01～25.00 μg/L）范围内有较好的线性，相关系数在 0.9931～0.9967。检出限按 $S/N=3$ 计算为 0.6～1.0 ng/L，如表 6-9 所示。

表 6-9　SDME-GC-μECD 方法的线性范围，检出限，相关系数，富集倍数，精密度

杀菌剂	线性范围/(μg/L)	相关系数(R^2)	LOD[a]/(μg/L)	EF	精密度(RSD/%)	
					重复性[b]	重现性[c]
百菌清	0.01～25.00	0.9947	0.0006	105.0	7.2	7.4
三唑酮	0.01～50.00	0.9931	0.0008	80.2	5.2	7.7
己唑醇	0.01～50.00	0.9970	0.0010	75.6	5.4	6.5
烯唑醇	0.01～50.00	0.9967	0.0010	56.5	4.7	8.6

a. LOD：在浓度为 1ng/L 的工作溶液，信噪比(S/N)为 3 时计算得到；b. 重复性：重复性通过同一天中 5 次重复分析浓度为 5.00 μg/L 的工作溶液计算得出；c. 重现性：重现性通过在不同 3 天中 3 次分析浓度为 5.00 μg/L 的工作溶液计算得出

（2）相对回收率。

为研究 SDME-GC-μECD 方法分析水体及葡萄酒中几种杀菌剂应用的可行性，在上述选定的萃取条件下，向自来水、河水中按 5.00 μg/L，葡萄酒按 100.00 μg/L（添加后葡萄酒用蒸馏水以 1/50 稀释提取分析）准确添加杀菌剂混合标样进行相对回收率实验。以相对回收率表示方法的准确度，标准偏差表示方法的精密度。结果见表 6-10。图 6-25 为自来水、河水、葡萄酒中添加 4 种杀菌剂相对回收率色谱图。

表 6-10　SDME-GC-μECD 在自来水、河水、葡萄酒中的相对添加回收率

杀菌剂	相对回收率[a]（RSD[b]）/%，LOD[c]					
	自来水	LOD/(μg/L)	河水	LOD/(μg/L)	红酒	LOD/(μg/L)
百菌清	102 (4.8)	0.0035	88 (9.7)	0.0870	94 (8.1)	9.4
三唑酮	101 (5.2)	0.0038	85 (10.6)	0.0900	89 (9.5)	6.7
己唑醇	96 (3.9)	0.0002	99 (6.8)	0.0230	98 (5.7)	8.1
烯唑醇	100 (7.8)	0.0009	80 (8.4)	0.0960	83 (6.3)	6.4

　　a. 相对回收率：其中两种水样的添加浓度为 5.0 μg/L，葡萄酒的添加浓度为 100.0 μg/L；b. RSD：由 5 次重复计算得出；c. LOD：信噪比(S/N)为 3 时，分别在两种水样的添加浓度为 0.01 μg/L，葡萄酒的添加浓度为 10.0 μg/L 时计算得到

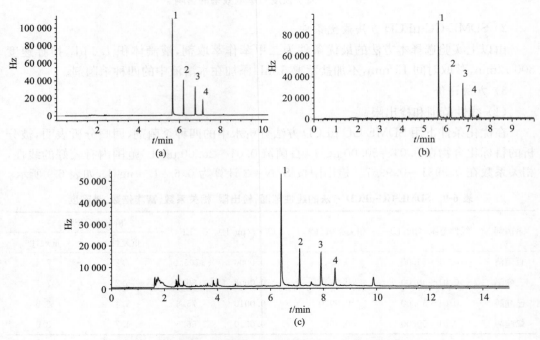

图 6-25　添加 10 μg/L 4 种杀菌剂相对回收率色谱图

1 为百菌清；2 为三唑酮；3 为己唑醇；4 为烯唑醇。(a)自来水；(b)河水；(c)葡萄酒

6.1.5　SDME 萃取血浆中的六种有机磷农药

6.1.5.1　实验部分

1）药品及色谱条件

标准品：6 种有机磷农药标样[二嗪磷(diazinon)、水胺硫磷(isocarbophos)、甲基对硫磷(parathion-methyl)、杀扑磷(methidathion)、喹硫磷(quinalphos)、马拉硫磷(malathion)]。

HP-5 色谱柱，程序升温 120～280℃，进样口温度 230℃，检测器温度为 250℃，载气流速 2.3 mL/min，不分流进样。

2）操作步骤

操作步骤及操作中要注意的问题如 6.1.1 所示。

6.1.5.2　结果与讨论

1）SDME 方法条件的优化

考察影响分析物在液滴溶剂和水相中分配平衡的参数以寻求最佳的萃取条件，萃取溶剂、萃取体积、萃取时间、离子强度等参数优化结果如下。

（1）萃取溶剂的选择。

选取二甲苯、甲苯、正己烷、异辛烷四种不同的溶剂进行萃取，如图 6-26 所示，结果表明用甲苯作为萃取溶剂能获得最好的效果，最终选择甲苯作为萃取溶剂。

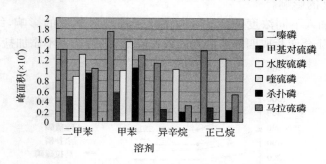

图 6-26　不同萃取溶剂对萃取效果的影响

（2）溶剂体积的选择。

通过对萃取溶剂体积的考察并综合各种因素考虑，最终选择 2.0 μL 为萃取液滴的体积。

（3）搅拌速度的选择。

考察了 0 r/min、200 r/min、400 r/min、600 r/min、800 r/min、1000 r/min 六个搅拌速度对萃取效率的影响，结果如图 6-27 所示，最终选择适宜的搅拌速度 600 r/min。

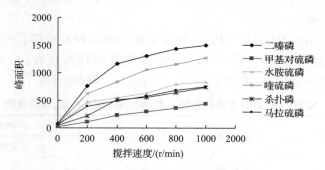

图 6-27　搅拌速度对萃取效果的影响

（4）萃取时间的选择。

考察了不同萃取时间 5 min、10 min、15 min、20 min、30 min 对萃取效果的影响，结果见图 6-28。综合考虑萃取效果及实际操作，最终选择的萃取时间为 15 min。

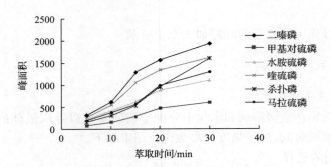

图 6-28　萃取时间对萃取效果的影响

（5）离子强度的影响。

在水溶液中加入不同浓度的 NaCl，考察离子强度对萃取的影响，结果如图 6-29 所示，表明加入 NaCl 会使萃取四种杀菌剂的效率降低，最终选择不添加盐萃取。

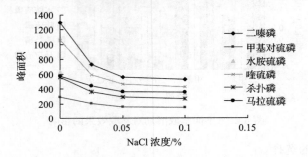

图 6-29　离子强度对萃取效果的影响

（6）SDME-GC-FPD 方法最优条件。

由以上实验选择本方法的最优条件为二甲苯作萃取剂，液滴体积 2.0 μL，搅拌速度 600 r/min，萃取时间 15 min，不加盐萃取 5 mL 添加在水溶液中的六种有机磷农药。

2）方法评价

（1）线性范围和检出限。

在优化条件下用 SDME-GC-FPD 方法萃取水中的六种有机磷农药，回归分析表明，被分析的目标化合物在 2.0～50.0 μg/L 范围内有较好的线性，相关系数 0.9964～0.9991。检出限按 S/N＝3 计算为 0.49～0.84 μg/L。如表 6-11。

表 6-11　SDME-GC-FPD 方法的线性范围，检出限，相关系数，富集倍数，精密度

有机磷	线性范围/(μg/L)	相关系数(R^2)	LOD[a]/(μg/L)	EF	精密度(RSD/%)	
					重复性[b]	重现性[c]
二嗪磷	2～50	0.9989	0.53	70.1	6.7	6.4
甲基对硫磷	2～50	0.9967	0.84	54.2	4.5	7.3
水胺硫磷	2～50	0.9991	0.66	46.5	7.3	5.7
喹硫磷	2～50	0.9986	0.58	63.9	5.6	6.5

续表

有机磷	线性范围/(μg/L)	相关系数(R^2)	LOD[a]/(μg/L)	EF	精密度(RSD/%)	
					重复性[b]	重现性[c]
杀扑磷	2~50	0.9975	0.49	53.3	5.7	7.1
马拉硫磷	2~50	0.9964	0.56	43.2	4.5	8.5

a. LOD：在浓度为 2 μg/L 的工作溶液，信噪比(S/N)为 3 时计算得到；b. 重复性：通过同一天中 5 次重复分析浓度为 5 μg/L 的工作溶液计算得出；c. 重现性：通过在不同 3 天中 3 次分析浓度为 5 μg/L 的工作溶液计算得出

（2）相对回收率。

为研究 SDME-GC-FPD 方法分析血浆中几种有机磷农药应用的可行性，在上述选定的萃取条件下，分别向家兔、大鼠全血中按 100 μg/L（添加后按前述方法处理全血，得到血浆用蒸馏水以 1/20 稀释提取分析）准确添加杀菌剂混合标样进行相对回收率实验。以相对回收率表示方法的准确度，标准偏差表示方法的精密度。结果见表 6-12。图 6-30 为家兔血浆、大鼠血浆中添加 6 种有机磷杀菌剂相对回收率色谱图。

表 6-12　SDME-GC-FPD 在家兔、大鼠血浆中的相对添加回收率

有机磷	相对回收率[a](RSD[b])/% 和 LOD[c]			
	家兔血浆	LOD/(μg/L)[c]	大鼠血浆	LOD/(μg/L)[c]
二嗪磷	96 (5.4)	0.59	96 (4.8)	0.52
甲基对硫磷	99 (4.7)	0.72	101 (9.6)	0.75
水胺硫磷	107 (6.7)	0.50	103 (6.8)	0.58
喹硫磷	88 (8.4)	0.78	85 (8.4)	0.64
杀扑磷	102 (4.3)	0.49	109 (7.8)	0.56
马拉硫磷	92 (5.1)	0.86	99 (8.3)	0.77

a. 相对回收率：其中两种血浆样品的添加浓度为 100 μg/L，添加后血浆用蒸馏水以 1/20 稀释提取分析；b. 相对标准偏差：由五次的重复结果计算得出；c. LOD：信噪比(S/N)为 3 时，分别在两种血浆的添加浓度为 20 μg/L 时计算得到

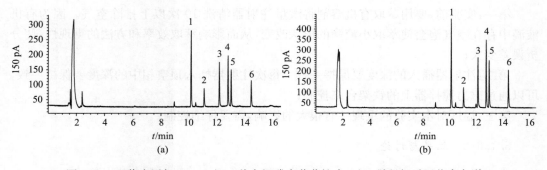

图 6-30　血浆中添加 100 μg/L 6 种有机磷农药蒸馏水 1/20 稀释相对回收率色谱

1 为二嗪磷；2 为甲基对硫磷；3 为水胺硫磷；4 为喹硫磷；5 为杀扑磷；6 为马拉硫磷。(a)家兔血浆；(b)大鼠血浆

6.1.6　HS-DDSME 萃取水体中的六六六

本研究中,介绍了一种新的微萃取方法:顶空-液滴-液滴微萃取(headspace drop-to-drop solvent microextraction,HS-DDSME)。本方法只需要几微升的萃取溶剂萃取样本溶液,通过分析水体中的 4 种六六六残留,对影响 HS-DDSME 萃取效果的参数(萃取溶剂、萃取时间、萃取温度和盐效应)进行了优化。

6.1.6.1　实验部分

1) 药品及色谱条件

标准品:4 种六六六(α-HCH、β-HCH、δ-HCH 和 γ-HCH)的标准品 1000 mg/L,由正己烷定容(正己烷为色谱纯)。

HP-5 色谱柱,程序升温 120~230 ℃,进样口温度 270 ℃,检测器温度为 280 ℃,载气流速 2.3 mL/min,不分流进样。

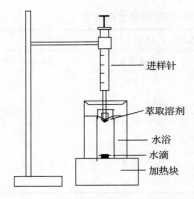

图 6-31　HS-DDSME 装置示意图

2) 操作步骤

顶空-液滴-液滴微萃取过程描述如下:将 1 mL 的萃取瓶放置在恒温磁力搅拌器上,萃取瓶里装有 5 μL 的水样,通过水浴加热控制样品的温度。一支 10 μL 的微进样器,在每次萃取前进样器至少用有机溶剂润洗 10 次排出气泡。然后用其吸取 3 μL 萃取剂,插入装有 5 μL 水样的萃取瓶中,再将微量注射器固定在搅拌器的夹子上,使进样针尖放在水样上方 1 cm 处,并保持高度不变,缓慢推出有机溶剂,使其悬于微量进样器的尖端。萃取一定时间后,将萃取剂吸回微量进样器,直接注入 GC 进行检测。实验装置见图 6-31。

3) 操作中须注意的问题

第一:实验前,要用萃取有机溶剂将微量注射器清洗 10 次以上排除空气。因为有机液滴中存在空气泡会使萃取小液滴的形状改变,从而影响萃取效率和方法的重现性,使分析误差变大;

第二:注射器插入的深度要保持一致。每次注射器插入顶空相中的深度要保持一致,可以通过磁力搅拌器上的铁架台来控制;

第三:温度对本实验的重现性有很大的影响,需要仔细控制。

6.1.6.2　结果与讨论

1) 顶空微萃取技术的理论基础

在顶空微萃取操作涉及目标分析物在三相中的传质运动,即水相、顶空气相和萃取溶剂相,因此共有两个接触面,水相/顶空气相、顶空气相/萃取溶剂相。在顶空溶剂微萃取过程中,限速步骤是目标分析物从水相挥发到顶空气相或者从顶空气相到萃取相的过程。

由于有机物在顶空气相中的传质系数非常大,一般是其在液相中传质系数的
$10^4 \sim 10^5$ 倍,因此在顶空微萃取过程中,目标分析物一旦从水样中挥发出来,可以很快被
针头上的有机溶剂所吸收,这也是顶空微萃取和传统的顶空分析最大的不同之处。根据
Pawliszyn 等对顶空固相微萃取的研究,萃取平衡达到后,被萃取相所富集的目标分析物
的量可以用式(6-3)表示:

$$n_\infty = \frac{K_{oh}K_{hs}V_o V_s}{K_{oh}K_{hs}V_o + K_{hs}V_h + V_s}C_0 \qquad (6\text{-}3)$$

式中,n_∞ 为达到萃取平衡时,萃取相所富集的目标分析物的量;K_{oh} 和 K_{hs} 分别为目标分析物在顶空气相/萃取相和水相/顶空气相之间的平衡分配常数;V_o、V_h 和 V_s 分别指萃取相、顶空气相和水相的体积;C_0 是分析物在样本中的最初浓度。

2) HS-DDSME 萃取条件的优化

为了获得最优的萃取效果,本小节把影响被分析物在有机微液滴和水样中分配的参数进行了优化。优化的参数包括:萃取溶剂的种类和体积、萃取时间、搅拌速度、水样的温度和离子强度。每次实验均平行做 3 次,以峰面积的平均值进行比较。

(1) 萃取溶剂的选择。

考察了甲苯、二甲苯、异辛烷和正辛醇几种溶剂作为顶空萃取溶剂的萃取效果,不同萃取溶剂条件下萃取结果见图 6-32。最终选择正辛醇作为 HS-DDSME 的萃取溶剂。

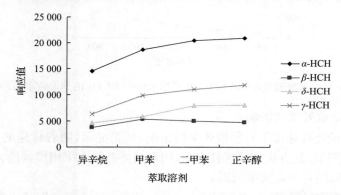

图 6-32　使用 HS-DDSME 萃取 HCHs 时不同的有机溶剂对萃取效率的影响

(2) 萃取溶剂体积的选择。

通过设定不同的正辛醇体积(1.5 μL、2.0 μL、3.0 μL、3.5 μL)萃取浓度为 50 ng/mL 的水溶液考察萃取溶剂体积对萃取效果的影响,最终采用 3.0 μL 的正辛醇作为顶空萃取溶剂(图 6-33)。

(3) 温度的影响。

温度对顶空微萃取可能产生多方面的影响,萃取温度升高能使萃取溶剂能够富集更多的目标化合物。但同时不仅使萃取溶剂容易挥发,而且会降低顶空气相中目标分析物在萃取溶剂中的分配系数,降低萃取效率。因此通过考察水浴温度 50 ℃、60 ℃、70 ℃、80 ℃、90 ℃对萃取效果的影响。结果见图 6-34,可以看出,当水浴温度从 50 ℃增加到 70 ℃时,萃取效率显著增加,而当水浴温度从 70 ℃增加到 90 ℃时,HS-DDSME 的萃取效率反而降低了。因此,最终选择 70 ℃作为最佳的萃取温度。

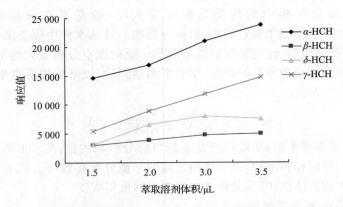

图 6-33 不同的溶剂体积对 HS-DDSME 萃取水体 HCHs 的萃取效率的影响

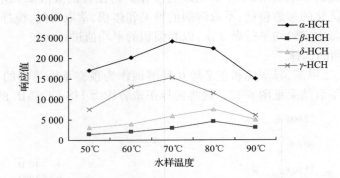

图 6-34 水浴温度对 HS-DDSME 萃取水体中 HCHs 的萃取效率的影响

（4）搅拌对萃取效率的影响。

考察了不同的搅拌速度下对萃取效率的影响，结果显示，随着转速的提高，样品萃取效率增加不是很明显，且方法的重现性变差，因此最终并没有采用搅拌的方式。

（5）萃取时间的对萃取效率的影响。

考察不同的萃取时间 1 min、2 min、3 min、4 min、5 min、6 min、7 min 对萃取 50 ng/mL 的纯净水溶液萃取效果的影响，实验结果见图 6-35，目标分析物的萃取效率随着萃取时间的延长而增大，大约在 4～5 min 达到萃取平衡，因此最终选择 5 min 的萃取时间。

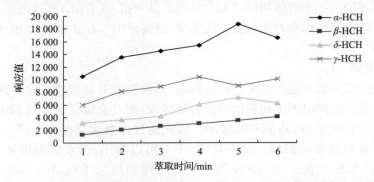

图 6-35 萃取时间对 HS-DDSEM 萃取水体中 HCHs 的萃取效率的影响

（6）盐浓度对萃取效率的影响。

为了研究盐浓度对萃取效率的影响，在水样中添加不同浓度的 NaCl 法，NaCl 的添加浓度分别为 0、2.5％、5.0％、10.0％和 15.0％，结果见图 6-36，最终在本实验中没有加入无机盐。

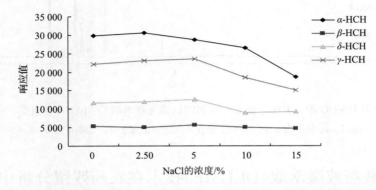

图 6-36　NaCl 浓度对 HS-DDSEM 萃取水体中 HCHs 的萃取效率的影响

3）HS-DDSME 方法的评价与应用

为了评价 HS-DDSME 的方法，按照以上优化的结果，对本方法分析 4 种 HCHs 在水体中的线性、检出限、重现性等进行了研究，通过配制不同浓度的水溶液在上述最佳条件下进行分析检测。结果详见表 6-13。为了评价 HS-DDSME 在实际样品中的应用，将该方法应用到自来水、河水中。使用 HS-DDSME 方法分析实际水样 50 μg/L 添加浓度的相对回收率和相对标准偏差，结果见表 6-14。图 6-37 为添加样本的色谱图。

表 6-13　HS-DDSME 和 GC-μECD 方法联用分析 HCHs 的线性、相关系数、精密度和检测限

分析物	线性范围	相关系数(R^2)	LOD/(ng/mL)	RSD/%
α-HCH	1~200ng/mL	0.9986	0.10	6.3
β-HCH	1~200ng/mL	0.9988	0.39	4.0
γ-HCH	1~200ng/mL	0.9909	0.21	7.2
δ-HCH	1~200ng/mL	0.9933	0.18	10.1

表 6-14　HS-DDME 方法分析水体中的 HCHs 相对回收率、精密度和检出限

分析物	河水			自来水		
	回收率/%	RSD/%	LOD/(ng/mL)	回收率/%	RSD/%	LOD/(ng/mL)
α-HCH	79	7.3	0.15	87	14.9	0.14
β-HCH	85	6.2	0.54	94	10.6	0.41
γ-HCH	105	3.5	0.29	89	7.8	0.21
δ-HCH	109	12.9	0.38	101	5.4	0.19

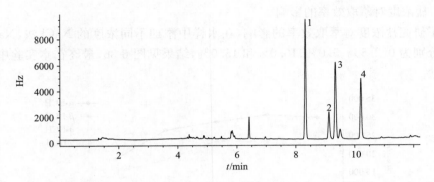

图 6-37　使用 HS-DDSME 方法分析河水中 HCHs 添加样本的 GC-μECD 色谱图,添加浓度为 100 μg/L,其中 1 为 α-六六六;2 为 β-六六六;3 为 γ-六六六;4 为 δ-六六六

6.2　分散液液微萃取(DLLME)技术在农药残留分析中的应用

6.2.1　DLLME 萃取黄瓜和西瓜中的有机磷农药

本实验将蔬菜水果中的有机磷农药先用乙腈提取,后利用乙腈提取液作为 DLLME 的分散剂,将乙腈提取液中的有机磷农药富集到氯苯中。对影响 DLLME 萃取效率的相关实验参数进行了优化,最后将该方法应用到蔬菜和水果中,对残留分析方法进行了验证,并将这种新的前处理方法与传统的方法做了比较。

6.2.1.1　药品及色谱条件

标准品:6 种有机磷农药(OPPs)(丙线磷、甲基对硫磷、杀螟硫磷、马拉硫磷、毒死蜱和丙溴磷)标准品 2000 mg/L。

HP-5 色谱柱,程序升温 100～300 ℃,进样口温度 230 ℃,检测器温度为 250 ℃,检测器气体空气的流速为 100 mL/min,氢气的流速为 75 mL/min,载气流速 2.0 mL/min,不分流进样。

6.2.1.2　结果与讨论

本方法开发的思路:首先建立 DLLME 方法萃取水体中有机磷农药残留的方法,选择合适的分散剂,然后选择合适的有机溶剂将目标分析物从植物样本中有效地提取出来,最后将 DLLME 方法用在复杂固体样本中。本方法的关键就在于 DLLME 操作时能否有效地将目标分析物从提取液中富集到沉淀相中,其次就是提取溶剂的选择,提取溶剂要在 DLLME 操作中作为分散剂使用。同时考虑到植物样本中可能含有很多的杂质,为了简化样本前处理的操作步骤,决定采用火焰光度检测器,利用其对有机磷化合物的高度选择性,从而使得样本经过 DDLME 萃取、富集后就可以直接进行气相色谱分析。

1) DLLME 萃取条件的优化

影响 DLLME 萃取效率的参数有萃取溶剂和分散剂的种类和体积、萃取时间、盐效应等,为了获得最优的 DLLME 萃取效果,本小节把影响目标分析物在萃取溶剂和浓度为 5 μg/L 水溶液中分配系数的相关参数进行了优化。为了研究的方便,富集倍数和提取效率通过以下计算公式获得:

$$EF = \frac{C_{org}}{C_{water}} \tag{6-4}$$

$$R(\%) = \frac{C_{org} \times V_{org}}{C_{water} \times V_{water}} \times 100 \tag{6-5}$$

式中,EF 指的是方法的富集倍数,C_{org} 和 C_{water} 分别是有机相和水相中目标分析物的浓度,$R(\%)$ 是方法的回收率,V_{org} 和 V_{water} 分别是有机相和水相中的体积。C_{org} 的计算通过外标法定量的方式计算,其他的几个参数都是已知的。

(1) 萃取溶剂的选择。

选择合适的萃取溶剂是 DLLME 操作中的关键的步骤,它对萃取效率的高低有直接的影响。选择的萃取溶剂的密度要比水大,要对目标分析物有一定的萃取能力,同时还要适合气相色谱仪进样的要求,无太多干扰杂质。本实验中,考察了氯苯(密度:1.11 g/mL)、二氯苯(密度:1.30 g/mL)和四氯化碳(密度:1.59 g/mL)三种有机溶剂对 6 种有机磷农药的效果。结果见图 6-38,可以看出,氯苯具有最好的萃取效果,因此最终选择氯苯作为 DLLME 的萃取溶剂。

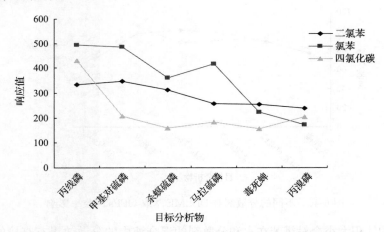

图 6-38　DLLME 使用不同的萃取溶剂对有机磷农药的萃取效果

(2) 萃取溶剂体积的选择。

考察了萃取溶剂氯苯体积为 18 μL、22 μL、27 μL 和 32 μL 时和沉淀相的体积为 10 μL、15 μL、20 μL、25 μL 时对 DLLME 方法的萃取回收率和富集倍数的影响,结果如图 6-39 所示,回收率和富集倍数计算通过以上公式得到,有机相中的浓度使用外标法计算得到。

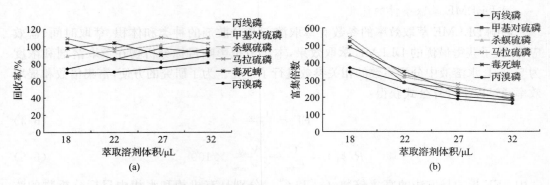

图 6-39　不同的萃取溶剂体积对 DLLME 萃取 OPPs 效果的影响
(a)对回收率的影响;(b)对富集倍数的影响

从图中可以看出,氯苯的体积对回收率无明显影响,但富集倍数随氯苯体积的增加而显著下降,综合考虑操作可行性及方法重现性,最终选择 27 μL 的萃取溶剂体积。

(3) 分散剂的种类和体积选择。

分散剂在 DLLME 既有分散作用,同时也作为提取剂,能够有效地将目标化合物从植物样本中提取出来。本实验考察了两种分散剂乙腈和丙酮对氯苯萃取水中有机磷农药的萃取回收率,结果见图 6-40,可以看出,使用丙酮和乙腈这两种分散剂对 DLLME 萃取回收率无明显影响,都可作为分散剂。

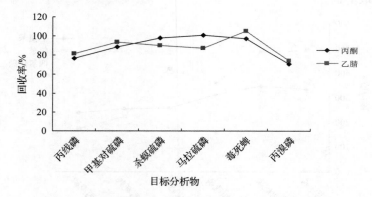

图 6-40　不同的分散剂对 DLLME 萃取 OPPs 回收率影响

分散剂的体积大小会对氯苯在水和分散剂的混合液中的分散效果有直接的影响,本实验考察分散剂乙腈的体积为 0.5 mL、1.0 mL、1.5 mL 对萃取效果的影响,结果见图 6-41,可以看出,乙腈体积在 1.0 mL 时,回收率最好,因此最终选择分散剂体积为 1.0 mL。

(4) 萃取时间的影响。

萃取时间定义为从萃取剂和分散剂的混合液注射到水中到开始离心的时间间隔,萃取时间的长短直接影响到萃取效率的高低。本实验中,研究了不同的萃取时间(0～15 min)对 DLLME 萃取效率的影响。结果如图 6-42 所示,表明萃取时间对回收率的影响较小,因此在本实验中,萃取时间对结果的影响可以不予考虑。

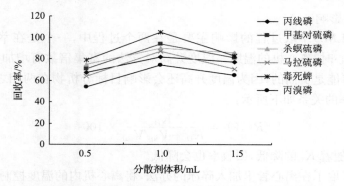

图 6-41　不同的分散溶剂体积下 DLLME 萃取 OPPs 的回收率

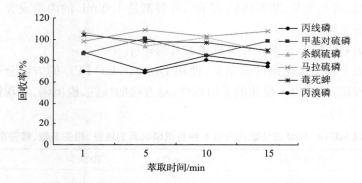

图 6-42　不同的萃取时间下 DLLME 萃取 OPPs 的回收率

（5）盐的影响。

改变水样中盐的浓度会改变溶液的离子强度，对不同分析物的萃取效果有不同的影响。本实验中，考察了添加 NaCl（0～5.0%）对萃取效果的影响，结果见图 6-43，可以看出，NaCl 的加入对回收率影响不大，但随着盐的加入，DLLME 的富集倍数显著下降。因此在本方法中不再加入盐。

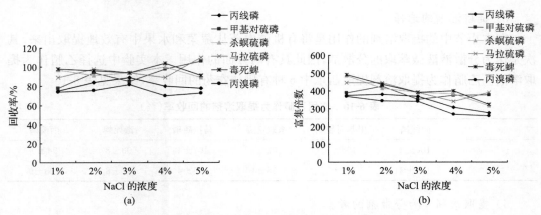

图 6-43　盐效应对 DLLME 萃取 OPPs 效果的影响

（a）对回收率的影响；（b）对富集倍数的影响

（6）温度的影响。

温度对 DLLME 萃取过程的影响主要是在两个过程中，一个是在萃取过程中的温度，另一个是离心时，离心机的温度。温度升高对方法的富集倍数有增加的作用，但是对回收率的影响可能是负面的，因为温度升高还会影响目标分析物在两相之间的分配系数 K_D，K_D 和回收率的关系如下所示：

$$R(\%) = \frac{K_D}{K_D + V_{aq}/V_{sed}} \times 100 \tag{6-6}$$

通过公式得到，随着 K_D 的降低，回收率也会降低。

本实验中采取了在离心管里加入碎冰的办法，将离心机内的温度控制在 25 ℃左右。

通过对以上影响 DLLME 萃取效率的各个参数的优化，决定在本实验中采用以下的操作条件：萃取溶剂是氯苯，萃取体积 27 μL，分散剂是 1.0 mL 的丙酮或者乙腈，不加盐，操作温度控制在室温。

2）DLLME-GC-FPD 分析水中有机磷农药的评价

为了评价以上各个优化条件的结果，使用 DLLME-GC-FPD 的方法分析了水中的 6 种有机磷农药残留，采用以上优化的萃取条件，对方法的线性、检出限、重现性等进行了研究，结果详见表 6-15。

表 6-15　DLLME-GC-FPD 方法联用分析 6 种有机磷农药的线性、相关系数、精密度和检测限

农药	LOD/(μg/L)	LOQ/(μg/L)	RSD/%*	相关系数 R^2
丙线磷	0.009	0.027	4.3	0.9991
甲基毒死蜱	0.010	0.030	5.1	0.9990
杀螟硫磷	0.013	0.039	7.5	0.9978
马拉硫磷	0.011	0.044	9.1	0.9987
毒死蜱	0.014	0.042	2.4	0.9994
丙溴磷	0.015	0.044	8.8	0.9984

* 在添加浓度为 0.5 μg/L 的条件下计算

3）提取溶剂的选择

在本小节中的提取溶剂的作用是将有机磷农药从蔬菜和水果中有效地提取出来，其次是作为分散液液微萃取的分散剂，因此具有两方面的作用。本实验中选择乙腈作为提取溶剂。乙腈作为提取溶剂提取西瓜中 6 种有机磷农药的回收率，结果见表 6-16。

表 6-16　使用乙腈作为提取溶剂的回收率（%）

丙线磷	甲基对硫磷	杀螟硫磷	马拉硫磷	毒死蜱	丙溴磷
100±3	105±3	102±4	107±4	93±8	94±9
109±3	117±3	138±4	116±4	97±8	125±9

4）提取溶剂作为分散剂的考察

为了考察乙腈提取液中的样本基质的影响，设定了如下的实验：1.0 mL 的乙腈提取液（西瓜空白）加入 5 μL 的浓度为 0.2 μg/mL 标准溶液，然后加入 18 μL 氯苯，迅速将混合液用注射器注射到 5 mL 纯净水中,离心后,计算氯苯中的目标化合物浓度,然后将结果和前边通过纯净水中直接用 DLLME 萃取的方法做比较,结果见图 6-44。

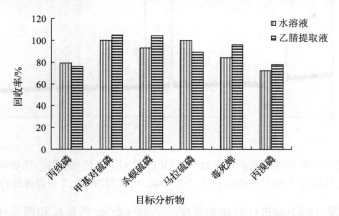

图 6-44　使用 DLLME 从水溶液和乙腈提取液的萃取效率比较

　　结果显示,使用 DLLME 分别从水中和乙腈提取液萃取的回收率的差距不是很明显,样本基质对本方法的萃取回收率影响很小,因此认为氯苯能有效地将有机磷农药从乙腈提取液中富集到沉淀相中。最终确定本实验中的 DLLME 操作步骤是:萃取溶剂是氯苯,萃取溶剂的体积是 27 μL,分散剂是 1 mL 的乙腈提取液,不加盐,操作温度控制在室温的条件下,4000 r/min 离心 3 min。

　　5) DLLME-GC-FPD 方法的验证

　　根据以上分别对 DLLME 和乙腈提取方法的优化,对 DLLME 方法在黄瓜和西瓜上的应用进行了验证,通过对 DLLME-GC-FPD 方法的准确度、精密度和灵敏度等参数的评价进行了研究。添加一定浓度水平的样本通过采用乙腈提取后,用前边优化的 DLLME 方法将乙腈提取液中的目标化合物进行富集,验证方法的一些结果见表 6-17。样本中的浓度在 0.50～20.00 μg/kg 之间时,不同添加浓度水平下的回收率大于 67%。使用 DLLME 方法分析黄瓜的添加 6 种 OPPs 的 GC-μFPD 色谱图,见图 6-45。

表 6-17　西瓜和黄瓜中有机磷农药的添加回收率(%)

添加浓度/(μg/kg)	丙线磷	甲基对硫磷	杀螟硫磷	马拉硫磷	毒死蜱	丙溴磷
0.50[a]	82±7	100±8	103±3	106±5	95±8	85±3
0.50[b]	73±5	84±7	91±6	86±7	86±4	80±4
2.0[a]	67±5	105±6	111±5	102±6	110±8	74±4
2.0[b]	76±2	107±5	96±2	103±5	70±9	71±7
20.0[a]	70±3	102±5	85±4	95±2	93±9	83±5
20.0[b]	71±6	108±7	106±7	105±7	102±3	75±3

a 和 b 分别表示在西瓜和黄瓜中的添加回收率

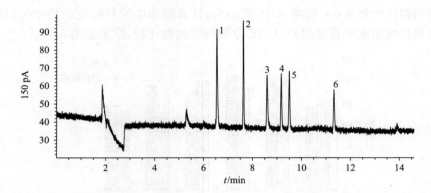

图 6-45　使用 DLLME 方法分析黄瓜添加 6 种 OPPs 的 GC-μFPD 色谱图,添加浓度在 1 μg/kg,
其中 1 为丙线磷;2 为甲基对硫磷;3 为杀螟硫磷;4 为马拉硫磷;5 为毒死蜱;6 为丙溴磷

　　方法的灵敏度(LOD)通过计算添加浓度在 0.50 μg/kg 的黄瓜和西瓜样本中,在信噪比为 3 时的浓度,结果如表 6-18 所示。可以看出本方法的最低检出限在 0.1 μg/kg 左右。

表 6-18　DLLME 和传统的前处理方法的比较

项目	丙线磷	甲基对硫磷	杀螟硫磷	马拉硫磷	毒死蜱	丙溴磷
传统方法的富集倍数	5	5	5	5	5	5
DLLME 的富集倍数	41	50	49	50	48	43
LOD/(μg/kg)[a]	0.80	0.90	1.30	1.40	1.80	2.00
LOD/(μg/kg)[b]	0.10	0.10	0.15	0.11	0.16	0.19

a 和 b 分别表示在西瓜和黄瓜中的 LOD 值

　　6) DLLME-GC-FPD 与传统的方法的比较

　　对 DLLME 方法和传统的乙腈提取方法在黄瓜和西瓜上的应用进行了比较,比较的结果见表 6-18。结果表明 DLLME 方法操作简单,降低了前处理中有机溶剂的消耗,具有更高的富集倍数,灵敏度高,且大大降低了前处理的时间。

6.2.2　DLLME 萃取土壤样本中有机磷农药

6.2.2.1　实验部分

1) 药品及样品制备

农药标准储存溶液:三种有机磷农药[丙线磷(ethoprophos)、毒死蜱(chlorpyrifos)和丙溴磷(profenofos)]标准品 2000 mg/L(乙腈配制)。称取 1 g 上述的土壤样品到 50 mL 的 PTFE 离心管,加入 5 mL 乙腈,在振荡器上以 250 r/min 的速度振荡 30 min 后,在 3500 r/min 下离心 5 min。相分离后,将上层乙腈提取液过 0.45 μm 有机滤膜,除去固体杂质干扰。保留 1 mL 的乙腈萃提取液作为液液分散微萃取的分散剂,进行以下实验。

2) 色谱条件

HP-5 色谱柱,程序升温 150~260 ℃,进样口温度 230 ℃,检测器温度 250 ℃,载气流速 1.0 mL/min,不分流进样。

3）实验操作步骤及参数优化条件

DLLME 实验步骤：首先准确量取 5 mL 的纯净水溶液置于 10 mL 的具塞玻璃离心管里；然后将 20 μL 的氯苯作为萃取溶剂加入到 1 mL 乙腈提取液中，两者混匀后将混合液用 1 mL 的移液枪迅速转移到装有纯净水的玻璃离心管中；接下来用手将离心管轻轻的混摇 1 min，目标分析物在此阶段被萃取到了氯苯当中；为了使两相分离，在 3500 r/min 的转速下离心 3 min，萃取溶剂重新聚合在了玻璃离心管的底部；最后用 10 μL 的微量注射器吸取 1 μL 下层沉淀相并直接进仪器分析。

设定优化各个参数时所用的实验条件为（参数优化条件）：20 μL 氯苯作为萃取溶剂、1 mL 乙腈提取液作为分散剂、不额外增加离子强度，萃取时间 1 min。实验采用单一变量法来确定最终的参数。

4）需要注意的问题

实验过程中玻璃离心管在离心时容易碎裂，所以在离心之前要注意配平，左右重量不能差别很大；在玻璃离心管手动振荡萃取时，塞子要塞紧而且用力不能过大，以免使其中的液体溅出，影响实验结果；为了达到更好的分散效果，分散剂和萃取溶剂要在加入到样品溶液之前先混合。

6.2.2.2　结果与讨论

首先考察液液分散微萃取过程中能否有效地将目标分析物从土壤提取液中富集到萃取溶剂氯苯中；其次就是土壤样本提取溶剂的选择，一种溶剂两种用途，土壤样本提取溶剂要在接下来的液液分散微萃取过程中作为微萃取方法的分散剂使用；同时考虑到土壤样本中可能含有很多的杂质，为了简化样本前处理的操作步骤，决定采用火焰光度检测器（FPD），利用其对有机磷化合物的高度选择性，从而使得样本经过液液分散微萃取过程的萃取、富集后就可以直接进行气相色谱分析。

1）DLLME 萃取条件的优化

对萃取溶剂种类及体积、分散剂种类及体积、萃取时间、离子强度等参数优化结果如下。

（1）萃取溶剂的选择。

考察了氯苯（密度：1.11 g/mL）、二氯苯（密度：1.30 g/mL）和四氯化碳（密度：1.59 g/mL）三种萃取溶剂对萃取效果的影响，结果见图 6-46，可以看出，氯苯具有最好的萃取效果，二氯苯和四氯化碳的萃取效果比较差，因此最终选择氯苯作为液液分散微萃取的萃取溶剂。

（2）萃取溶剂体积的选择。

考察了氯苯体积 20 μL、25 μL、30 μL、35 μL 时对目标分析物的萃取效率的影响。结果如图 6-47 所示，可以看出，随着萃取溶剂氯苯体积的增加方法的响应值在降低，因此，最终选择萃取溶剂的体积为 20 μL。

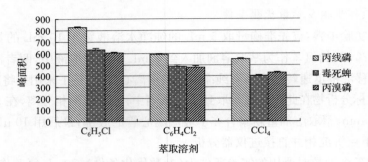

图 6-46　使用不同的萃取溶剂 DLLME 萃取 OPPs 的响应值

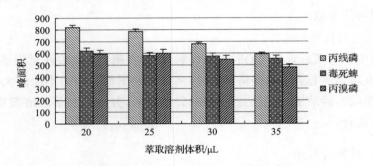

图 6-47　不同的萃取溶剂体积下 DLLME 萃取 OPPs 的响应值

（3）分散剂的种类。

考察了丙酮和乙腈作为分散剂来萃取工作样本中有机磷农药的效果，结果见图 6-48，可以看出，使用乙腈具有比丙酮更好的效果。因此，最终选择乙腈作为方法的分散剂。

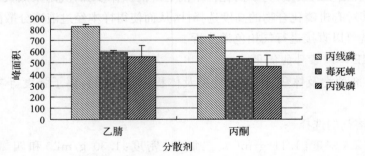

图 6-48　不同分散剂下 DLLME 萃取 OPPs 响应值

（4）分散剂的体积。

考察不同分散剂体积 0.5 mL、1.0 mL、1.5 mL 时方法的响应值，并以此来确定最终的分散剂体积大小。结果如图 6-49 所示，可以看出随着分散剂体积的增加，沉淀相的体积有逐渐变小的趋势，且乙腈体积在 1.0 mL 时，方法的响应值最高，因此最终选择分散剂的体积为 1.0 mL。

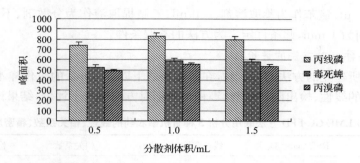

图 6-49　不同的分散溶剂体积下 DLLME 萃取 OPPs 的响应值

（5）萃取时间的影响。

考察了不同萃取时间（1～5 min）对液液分散微萃取方法萃取效率的影响。结果如图 6-50 所示，可以看出，萃取时间对方法的萃取效率影响不大，因此，为了节省时间和提高萃取效率，最终选择 1 min 为方法的萃取时间。

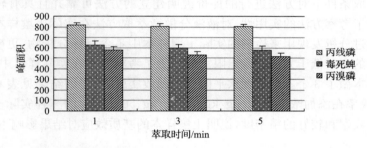

图 6-50　不同的萃取时间下 DLLME 萃取 OPPs 的响应值

（6）离子强度的影响。

在参数优化条件下通过向样本中添加 NaCl（0～5.0%）的方法来改变样本水溶液中的离子强度，以考察其对方法的萃取效率的影响。结果见图 6-51，可以看出，NaCl 的加入对方法的萃取效率影响不大。因此在本方法中不再加入盐。

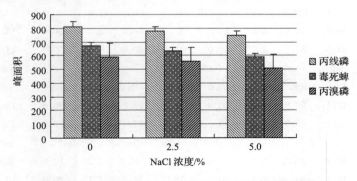

图 6-51　盐效应对 DLLME 萃取 OPPs 的响应值的影响

综上所述，经过对本实验中涉及的影响方法萃取效率的参数的优化，最终确定方法的萃取条件为:20 μL 氯苯作为萃取溶剂、1.0 mL 乙腈提取液作为分散剂、不额外增加离子强度,萃取时间为 1 min,此条件定义为方法的萃取条件。

2) 萃取条件下对方法的评价

为了考察所建立的方法的可行性,在萃取条件下以 5.0 mL 的工作样本为研究基质,通过考察方法的线性、检出限、重现性等相关指标对方法进行了评价,结果详见表 6-19。

表 6-19　DLLME-GC-FPD 方法联用分析 3 种有机磷农药的线性、相关系数、精密度和检测限

农药	RSD* ($n=3$)/%	线性范围/($\mu g/kg$)	相关系数	检测限* /(pg/g)
丙线磷	2.0	2.5～1500.0	0.9997	500
毒死蜱	6.6	2.5～1500.0	0.9987	200
丙溴磷	4.2	2.5～1500.0	0.9992	500

* 表示在添加浓度为 5 μg/kg 的条件下计算

3) 实际样本中的应用

根据在萃取条件下对方法进行的评价说明建立的方法可靠并且具有较高的萃取效率。接下来为了考察方法的实用性,对液液分散微萃取方法在实际土壤样本中的应用进行了验证。经过分析发现用来检测的实际土壤样本中不含目标分析物,更确切地说样本中目标分析物的含量低于方法的检出限。最后为了考察方法在实际样本中的基质效应,对实际土壤样本做了 3 个不同浓度水平的添加回收实验,所得的结果见表 6-20。表中显示,方法的回收率在添加浓度为 10 μg/kg、20 μg/kg、50 μg/kg 的三种实际土壤样本中均具有较高的回收率和较好的精密度,说明土壤样本的基质效应对结果影响不大,相关色谱图见图 6-52。

表 6-20　三种实际土壤中有机磷农药的添加回收率

农药	果园土 A₁($n=3$) 添加量/ ($\mu g/kg$)	检出量/ ($\mu g/kg$)	R^b/ %	RSD/ %	草地土 A₂($n=3$) 添加量/ ($\mu g/kg$)	检出量/ ($\mu g/kg$)	R^b/ %	RSD/ %	花园土 A₃($n=3$) 添加量/ ($\mu g/kg$)	检出量/ ($\mu g/kg$)	R^b/ %	RSD/ %
丙线磷	0	nd[a]			0	nd[a]			0	nd[a]		
	10.0	10.4	104.0	3.4	10.0	10.2	102.0	2.8	10.0	10.7	107.2	3.2
	20.0	19.8	98.8	2.8	20.0	19.3	96.7	3.2	20.0	18.6	93.2	4.7
	50.0	44.0	87.9	3.7	50.0	44.2	88.3	4.1	50.0	43.8	87.6	5.8
毒死蜱	0	nd[a]			0	nd[a]			0	nd[a]		
	10.0	10.8	108.0	4.5	10.0	10.8	108.0	5.6	10.0	10.7	107.1	7.6
	20.0	18.1	90.5	5.2	20.0	18.5	92.5	5.4	20.0	18.2	91.2	5.2
	50.0	44.1	88.2	7.1	50.0	43.7	87.4	4.2	50.0	43.4	86.7	4.1
丙溴磷	0	nd[a]			0	nd[a]			0	nd[a]		
	10.0	10.4	104.0	2.8	10.0	10.6	106.4	3.2	10.0	9.8	98.2	3.8
	20.0	18.1	90.5	3.6	20.0	18.2	91.2	2.1	20.0	19.5	97.3	6.6
	50.0	46.3	92.6	5.4	50.0	47.2	94.3	4.7	50.0	43.6	87.2	5.2

a. nd:未检出;b. R:添加回收率

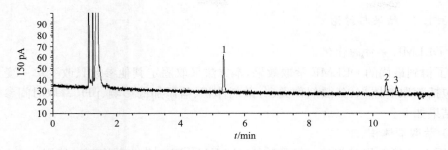

图6-52　使用 DLLME 方法分析土壤的添加3种 OPPs 的 GC-μFPD 色谱图

添加浓度为5 μg/kg；1为丙线磷；2为毒死蜱；3为丙溴磷

6.3　离子液体分散液液微萃取(IL-DLLME)技术的研究与应用

6.3.1　IL-DLLME 用于水样和土壤样本中四种拟除虫菊酯类农药残留分析

采用基于离子液体的分散液液微萃取和高效液相色谱和紫外检测器联用的方法分析水样本和土壤样本中四种拟除虫菊酯类农药的含量，利用很少的有机溶剂和萃取剂加上低挥发性的离子液体[C₆MIM][PF₆]作为萃取剂，建立了集萃取、富集和净化于一步的快速、有效的分析方法。

6.3.1.1　色谱条件及样本处理

流动相甲醇/水(80/20)，进样量10 μL，流动相流速1.0 mL/min，检测器230 nm，柱温25 ℃。

河水和水库水在实验前用0.45 μm膜净化待用。在 DLLME 环节中，将5 mL水样放入容量为10 mL的锥形底玻璃试管中。接下来将0.046 mL的离子液体[C₆MIM][PF₆]和0.60 mL的甲醇装入另外一个玻璃试管中，用1 mL的移液枪来回吸取和推出离子液体和甲醇的混合液体直到完全融合。用1 mL的移液枪将混合液完全吸入枪头中，将移液枪的枪头略微伸入装有水样本的试管中，将混合液迅速打入试管中并用手轻轻摇晃试管。这时试管中的三相混合液呈混浊状。离子液体[C₆MIM][PF₆]以微小液滴形态分散在水中，较大的水样-萃取剂接触面使得物质交换在短时间内完成。接下来以4000 r/min的速度离心5 min，离子液体沉淀在试管的锥形底部。用注射器完全移除离子液体上面的水。再用50 μL的乙腈来稀释试管底部的离子液体。吸取稀释得到的液体10 μL进入高效液相色谱分析。

土壤样本在室温环境下自然干燥去除水分，用2 mm筛过滤去除大的颗粒物。把5 g土壤样本和10 mL甲醇混合在玻璃试管中涡旋5 min，4000 r/min离心5 min。取出5 mL的上清液甲醇放入试管中备用，在前文所述的 DLLME 步骤中，吸取0.6 mL的此甲醇作为分散剂。

6.3.1.2　结果与讨论

1) DLLME 条件的优化

为了得到最优的 DLLME 萃取效果,本方法采取固定其他参数只改变单一变量的方法,对包括萃取剂体积、分散剂种类、分散剂体积、盐添加的影响、pH、萃取时间参数进行优化,结果如下。

(1) 萃取剂体积。

采用 1-己基-3-甲基咪唑六氟磷酸盐$[C_6MIM][PF_6]$作为萃取剂。使用 0.6 mL 甲醇做分散剂的同时考察 0.031 mL、0.038 mL、0.046 mL、0.061 mL 和 0.077 mL 的$[C_6MIM][PF_6]$对萃取效率的影响,结果见图 6-53。可以看到,当萃取剂的量从 0.031 mL 增加到 0.046 mL 时,萃取的回收率明显提升;当萃取剂的量从 0.046 mL 增加到 0.077 mL,回收率不再表现出明显的增长,因此最终选择 0.046 mL $[C_6MIM][PF_6]$作为最优的萃取剂体积参数。

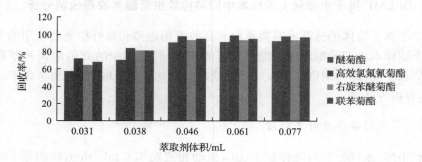

图 6-53　萃取剂体积对回收率的影响

(2) 分散剂的种类。

研究了甲醇、乙腈和丙酮三种溶剂作为分散剂的效果,结果见图 6-54,可以看出,乙腈做分散剂的萃取回收率较低。而甲醇整体回收率略好于丙酮。因此最终选择甲醇作为分散剂。

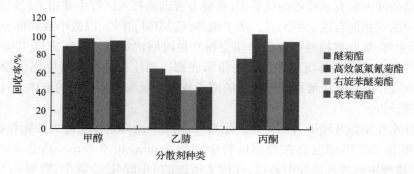

图 6-54　分散剂种类对萃取效果的影响

（3）分散剂的用量。

考察了分散剂甲醇为 0.2 mL、0.3 mL、0.4 mL、0.5 mL、0.6 mL、0.8 mL 搭配萃取剂[C₆MIM][PF₆] 0.046 mL 时对萃取效率的影响，结果见图 6-55。可以看出，分散剂为0.2～0.6 mL 时，四种拟除虫菊酯杀虫剂的回收率均有提升；当分散剂的量继续提升到0.8 mL 时，萃取的回收率有所下降。因此最终选择分散剂甲醇的体积为 0.6 mL。

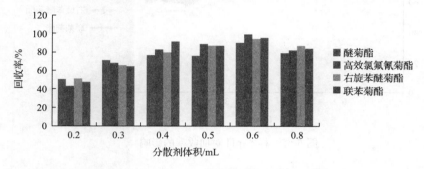

图 6-55　分散剂体积对回收率的影响

（4）盐添加的影响。

考察了按 1％、2％、3％、4％、5％ 比例添加氯化钠在萃取中的效果。结果见图 6-56。可以看出随氯化钠的增多，回收率持续降低。因此，在此实验中不添加盐。

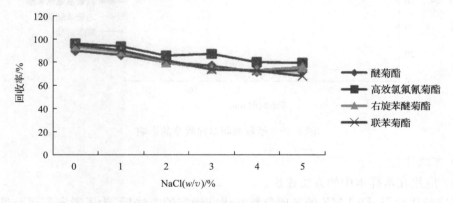

图 6-56　盐添加对回收率的影响

（5）pH 的影响。

水溶液的 pH 会对萃取效果有直接的影响，溶液的酸度改变可以改变目标化合物和离子液体的存在形式。考察了 pH 为 1、2、3、4、5、6、7 水溶液中的萃取效果，结果如图6-57 所示。可以看出，随着酸度的提高，回收率持续降低。因此，实验中没有酸的添加。

（6）萃取时间。

考察了萃取时间为 1 min、2 min、3 min、5 min、10 min、20 min 时对萃取效率的影响，结果见图 6-58。可以看出，最好的萃取回收率在 5 min 左右得到，因此选择 5 min 作为最优的萃取时间。

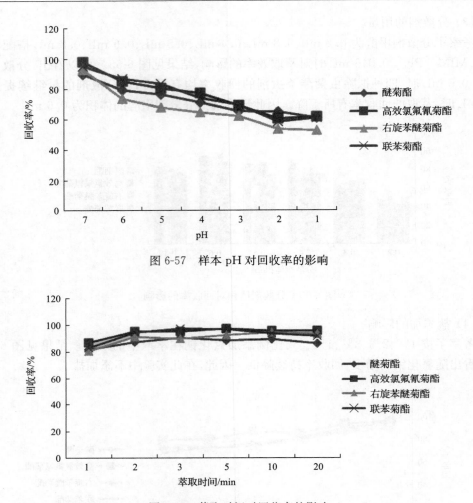

图 6-57　样本 pH 对回收率的影响

图 6-58　萃取时间对回收率的影响

2）方法评价

（1）应用在水样本中的方法评价。

在完整优化 IL-DLLME 的各项参数并建立确定的方法后，为了考察其可行性，该方法的线性、重现性、检出限等指标在此步骤中得到了观察和评价。该方法的线性考察方法是在 2～200 μg/L 的范围内设立 5 个浓度点，配制这 5 个浓度的标准溶液。重现性的考察方法是在水中添加 5 μg/L 的目标化合物，重复萃取过程 5 次，计算相对标准偏差（RSD）。富集倍数的定义是最终沉淀相离子液体中目标化合物的浓度与最初水溶液中的目标化合物浓度之比。检出限（LOD）是在获得 3 倍信噪比（S/N）峰高时对应的原始水溶液中目标化合物的浓度。方法评价结果如表 6-21 所示。

表 6-21　应用在水样本中的方法评价参数

农药	线性范围/(μg/L)	相关系数(R^2)	RSD[a]/%	富集倍数	LOD[b]/(μg/L)	回收率/%
醚菊酯	2~200	0.9974	6.2	282	1.19	89
高效氯氟氰菊酯	2~200	0.9960	3.9	319	0.94	98
右旋苯醚菊酯	2~200	0.9943	5.6	291	1.12	93
联苯菊酯	2~200	0.9986	10.1	260	1.97	95

a. RSD 由 5 次分析添加浓度为 5 μg/L 的样本得出；b. LOD 由分析添加浓度为 5 μg/L 的样本得出，S/N＝3

（2）应用在土壤样本中的方法评价。

本方法的开发是建立在力求能同时使用在液态的水样本和固态的土壤样本中的。在水样本萃取的过程中，目标分析物最初是存在于 5 mL 的水样本中的；而在土壤样本的萃取中，DLLME 步骤中目标分析物是存在于 0.6 mL 的分散剂中的。为了比较两种萃取形式是否存在差异，设计了以下实验来确定该方法用在土壤样本中是否可行。

实验设置 A，B 两种处理。在 A 处理中，在水样本中添加 50 μg/L 的四种目标物，甲醇中无添加；在 B 处理中，在分散剂甲醇中加入 417 μg/L 的四种目标物，水中无添加。其他的萃取条件采用之前优化好的参数。由于三相体系中水溶液的体积为 5 mL，分散剂甲醇的体积为 0.6 mL，因此两种处理中三相体系内的目标分析物的总量和浓度是相同的。该 A、B 处理每个重复 3 次。

图 6-59 中的结果表明，萃取过程中无论是把目标分析物从水中提取到萃取剂中还是从分散剂甲醇中提取到萃取剂中，两者的回收率没有明显的差异。所以此方法应用在土壤样本中是可行的。

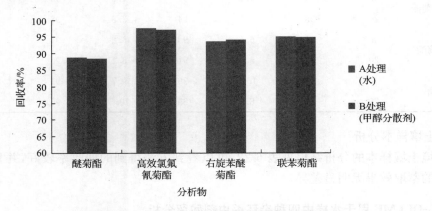

图 6-59　从水中萃取和从甲醇提取物中萃取的对比

同时考察了本方法萃取土壤样本时的线性、相对标准偏差、检出限和回收率，结果见表 6-22。

表 6-22　应用在土壤样本中的方法评价参数

农药	线性方程	相关系数(R^2)	RSD[a]/%	LOD[b]/($\mu g/L$)	回收率/%
醚菊酯	$y=1.496x-3.761$	0.9984	3.7	14.91	92
高效氯氟氰菊酯	$y=1.296x+8.001$	0.9960	7.7	13.11	98
右旋苯醚菊酯	$y=1.384x-1.792$	0.9995	7.8	10.38	88
联苯菊酯	$y=1.33x-2.802$	0.9961	8.9	15.56	94

a. RSD 由 5 次分析添加浓度为 50 $\mu g/L$ 的样本得出；b. LOD 由分析添加浓度为 50 $\mu g/L$ 的样本得出，S/N=3

3）实际环境样本分析

为了研究方法的适用性，本方法被应用在了实际的环境样本中。

（1）水样分析。

分别采用了自来水、水库水和河水作为实际样本进行分析。三种样本分别添加 5 $\mu g/L$ 和 20 $\mu g/L$ 两种浓度，实验操作均采用最优的参数。每次萃取采用 5 次重复，计算出萃取的回收率和相对标准偏差。结果见表 6-23，回收率在 83%～99% 的范围内；相对标准偏差在 3.8%～10.8%。

表 6-23　方法应用在实际水样本中的回收率

农药	添加量/($\mu g/L$)	自来水		水库水		河水	
		回收率/%	RSD/%	回收率/%	RSD/%	回收率/%	RSD/%
醚菊酯	5	89	6.9	91	7.3	89	7.1
	20	86	5.8	83	6.0	88	5.8
高效氯氟氰菊酯	5	98	4.2	99	4.8	95	4.8
	20	96	3.9	94	3.8	98	4.3
右旋苯醚菊酯	5	91	6.6	93	6.9	94	5.9
	20	89	5.7	91	5.1	96	6.4
联苯菊酯	5	93	10.6	96	9.7	91	10.8
	20	88	8.9	89	10.5	95	9.4

（2）土壤样本分析。

对环境土壤样本的分析结果见表 6-22，可以看到方法得到的回收率较好，并且 A、B 两种处理的萃取效果无明显差异。

6.3.2　IL-DLLME 用于水样中四种杂环杀虫剂残留分析

6.3.2.1　实验部分

1）药品与液相色谱条件

氟虫腈（fipronil），溴虫腈（chlorfenapyr），噻嗪酮（buprofezin），噻螨酮（hexythiazox）（甲醇配制）。流动相甲醇/水（78/22），流速 1.0 mL/min，柱温 25 ℃，检测波长为 215 nm，Agilent AQ C_{18} 不锈钢柱，进样体积 20 μL。

2) 操作

各取 5 mL 20 μg/L 的农药样品溶液于 10 mL 锥形底的玻璃离心试管中。将 0.52 g 1-己基-3-甲基咪唑六氟磷酸盐溶液(萃取剂,用电子秤称量)与 0.50 mL 甲醇(分散剂)混合均匀,并用 1 mL 注射器将其迅速注入样品溶液,形成乳白色浑浊溶液体系。在这一步,目标分析物被提取到离子液体中。将离心管放入高速离心机中,调节离心机转速为 4000 r/min,离心 10 min。经过离心,离子液体相中的样品被集中于锥型离心管的底部。用注射器抽去离心管上层水相,用注射器将锥形离心管底部的油状液体(约 19 μL)吸出,溶解于 50 μL 的甲醇中,进高效液相色谱分析系统分析。操作步骤如图 6-60 所示。

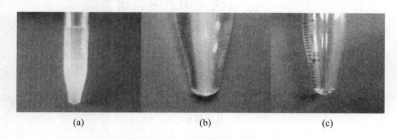

图 6-60　IL-DLLME 萃取步骤图示照片

(a) 迅速加入 0.052 g 离子液体和 0.5 mL 甲醇混合溶解,摇动混匀;(b) 低温离心后两相分层;
(c) 注射器吸去上层水相

6.3.2.2　结果与讨论

1) IL-DLLME 条件的优化

(1) 离子液体(萃取剂)的选择。

通过对不同的 IL 进行研究,发现[C_6MIM][PF_6]效果最好。因此,最终选取了 1-己基-3-甲基咪唑六氟磷酸盐([C_6MIM][PF_6])作为萃取溶剂。

(2) 分散剂的选择。

考察了甲醇、乙腈和丙酮作为分散剂时的萃取效果。实验结果如图 6-61 所示,当使用乙腈作为分散剂时,乙腈与离子液体形成共溶体系,用甲醇和丙酮作为分散剂的回收率在 74%～98%之间。因此,最终选择甲醇为最佳分散溶剂。

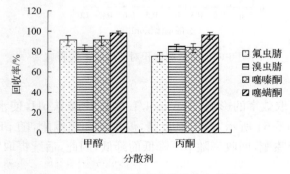

图 6-61　不同分散剂对萃取效率的影响

(3) 萃取剂离子液体用量的选择。

考察 0.5 mL 甲醇与不同量的[C₆MIM][PF₆]（即 0.030 g、0.040 g、0.052 g、0.060 g、0.080 g、0.100 g）混合时对萃取效率的影响，结果如图 6-62 所示，当[C₆MIM][PF₆]的量逐渐增加到 0.052 g 后（0.052～0.100 g），四种杀虫剂的添加回收率保持在一个恒定的水平（81%～103%）。但富集倍数由 208～269 下降至 85～99。因此，最终 0.052 g（～40 μL）的[C₆MIM][PF₆]为最佳离子液体用量。

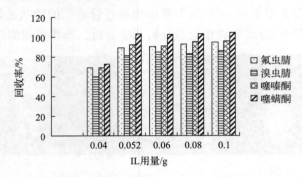

图 6-62　离子液体[C₆MIM][PF₆]用量对萃取效率的影响

(4) 分散剂的用量。

考察分散剂甲醇体积 0.2 mL、0.3 mL、0.4 mL、0.5 mL、0.6 mL、0.8 mL、1.0 mL 时对萃取效率的影响，结果如图 6-63 所示，添加回收率随甲醇的量逐渐增加，甲醇为 0.5 mL 时达到最大值。随甲醇量继续增加，富集倍数降低。因此，最终选择 0.5 mL 甲醇为最佳分散剂用量。

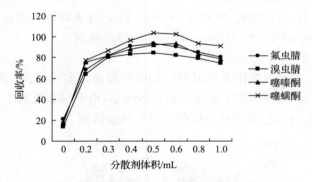

图 6-63　分散剂体积对萃取效率的影响

(5) pH。

考察本 pH 对萃取效率的影响，用 6 mol/L 的盐酸调节 pH，使水溶液 pH 的范围为 1.0～7.0。结果如图 6-64 所示，对于氟虫腈，溴虫腈和噻螨酮，随 pH 改变，回收率没有明显变化。但对于噻嗪酮，回收率随 pH 降低而降低，因此，后续提取实验中，无需添加酸或缓冲剂。

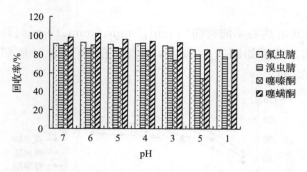

图 6-64　pH 变化对萃取效率的影响

（6）盐效应。

考察了一系列添加不同量 NaCl（$0\sim5\%$，w/v）的水样。如图 6-65 所示，随 NaCl 浓度的增加，沉积相体积从 $19.0~\mu L$ 降低至 $12.0~\mu L$，回收率相应减少。富集倍数随着 NaCl 浓度的增加而增加。因此，在后续实验中，不添加盐。

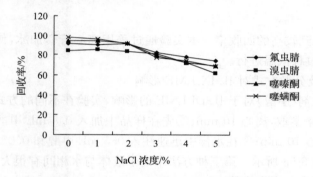

图 6-65　NaCl 浓度对萃取效率的影响

（7）萃取时间。

为了得到最佳的萃取时间，实验在一系列不同的时间间隔下进行。结果如图 6-66 所示，萃取时间增加到 2 min 后，延长萃取时间对于提取效率无明显影响。因此，选择萃取时间为 2 min。

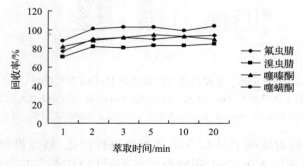

图 6-66　萃取时间对萃取效率的影响

（8）离心时间。

考察了 4000 r/min 离心不同时间（3 min、5 min、8 min、10 min、12 min、16 min）对于沉积相体积的影响。结果如图 6-67 所示，回收率在 10 min 时达到最大。因此，选择 10 min 为最佳离心时间。

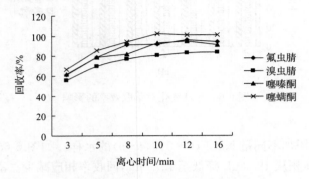

图 6-67　离心时间对萃取效率的影响

（9）温度。

低温有利于得到较高的回收率。本实验通过采用离心管套加冰，使离心管处于一个冰浴环境，使离心过程低温进行。

（10）分散剂及分散方式对 IL-DLLME 影响。

为了调查分散剂（甲醇）对于 IL-DLLME 的影响，实验在不同的方式下进行。①只用 0.052 g 离子液体来萃取，离心 10 min；②先在样品中加入 0.5 mL 甲醇，再加入 0.052 g 离子液体，然后离心 10 min；③在水样中迅速注入 0.5 mL 甲醇和 0.052 g 离子液体的混合试剂。结果如图 6-68 所示。第三种方法中离子液体与水相间有很大的接触面积，因此得到了最高的回收率和富集倍数。

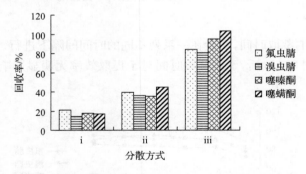

图 6-68　分散剂及分散方式对 IL-DLLME 影响

i. 萃取过程只加 0.052 g [C₆MIM][PF₆]，不加甲醇，涡旋 10 min；ii. 水样中先加入 0.5 mL 分散剂，再加入 0.052 g [C₆MIM][PF₆]，涡旋 10 min；iii. 水样中快速注入 0.052 g [C₆MIM][PF₆] 与 0.5 mL 的混合物，摇匀

通过以上的实验对影响 IL-DLLME 各参数进行优化，最终得到的优化条件是：在 5 mL 溶液水样中迅速注入 0.5 mL 甲醇和 0.052 g [C₆MIM][PF₆] 的混合试剂，摇匀放置 3 min，4000 r/min 冰浴离心 10 min，弃去上层水相，有机相稀释进样分析。

2) IL-DLLME 方法的评价

在最佳条件下,通过考察一系列水样中的线性、重复性和富集倍数来评估 IL-DLLME 方法。每个浓度进行三次重复提取,结果见表 6-24。对于所有杀虫剂,校准曲线的线性范围为 2~100 μg/L,相关系数为 0.9947~0.9973。杀虫剂的相对标准偏差范围为 4.5%~10.5%。2 μg/L 的添加浓度,信噪比(S/N=3)为 3 时的检测限为 0.53~1.28 μg/L。方法精密度的测量是在 5 μg/L 的添加浓度,五次重复下进行。添加回收率和该方法的富集倍数均很高,介于 79%~106% 和 209%~276% 之间。

表 6-24　四种杀虫剂的线性、精密度、检出限分析结果

杀菌剂	线性方程	相关系数(R)	LOD[a]	RSD[b]/%	富集因子	回收率/%
氟虫腈	$y=2.201x-2.467$	0.9967	0.53	4.5	238	84
溴虫腈	$y=1.617x-2.733$	0.9950	1.05	10.5	209	79
噻嗪酮	$y=1.52x-3.6$	0.9973	1.12	6.8	254	96
噻螨酮	$y=1.598x-9.2$	0.9947	1.28	9.3	276	106

a. LOD 值由分析添加浓度为 2.0 μg/L 的水样计算得出,S/N=3;b. RSD 由 5 次分析添加浓度为 5.0 μg/L 的同一样品计算得出。

注:富集倍数为甲醇稀释前沉淀溶剂中的分析物浓度与水样中的添加浓度之比

3) 实际水样的测定与分析

为研究 IL-DLLME 方法的适用性,实验分别选用自来水,湖水和泉水进行考察。在不同水样中分别添加 5 μg/L 和 20 μg/L 浓度下的杀虫剂标准溶液,每个样本重复提取 5 次。结果见表 6-25,对于所有不同水样中的杀虫剂,回收率为 79%~110% 相对标准偏差范围为 3.5%~10.7%。结果表明,实际水样对于 IL-DLLME 方法中杀虫剂的重提取没有明显影响。分散液液微萃取(DLLME)后的四种农药水样的色谱图见图 6-69。

表 6-25　添加水平为 5 μg/Land 20 μg/L 实际水样回收率及精密度

杀菌剂	添加量/(μg/L)	自来水		湖水		泉水	
		回收率/%	RSD/%	回收率/%	RSD/%	回收率/%	RSD/%
氟虫腈	5	92	5.2	89	5.7	84	5.2
	20	85	3.5	86	4.6	82	5.4
溴虫腈	5	87	8.4	88	10.7	84	9.3
	20	82	5.4	84	5.3	79	8.5
噻嗪酮	5	96	8.6	98	7.5	94	7.3
	20	95	6.1	94	4.5	91	6.5
噻螨酮	5	106	9.5	110	8.4	104	9.2
	20	102	6.8	104	7.2	101	6.3

注:RSD 由 5 次分析添加浓度为 5.0 μg/L 的同一样品计算得出

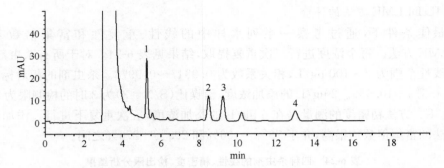

图 6-69　IL-DLLME 测定湖水中四种杀虫剂添加浓度为 20 μg/L 的典型色谱图,色谱峰依次为:
1. 氟虫腈;2. 溴虫腈;3. 噻嗪酮;4. 噻螨酮

4) IL-DLLME 与其他方法的对比

IL-DLLME 与固相萃取、固相微萃取、液相微萃取在水样中的同类农药残留分析进行了对比。结果如表 6-26 所示。本方法的优越性在于:①用离子液体取代挥发的有机溶剂,安全并环保;②富集倍数高,溶剂用量小(5 mL);③操作步骤快速而简便。

表 6-26　用于测定水体样本中杀虫剂的 IL-DLLME 与其他分析方法的比较

方法	样品体积/mL	分析时间/min	萃取溶剂	线性范围/(μg/L)	富集倍数	参考文献
SPE-GC-ECD	10	60	正己烷/二氯甲烷	70~1000	10	[3]
SPME-GC/MS	3	45	—	0.3~100	30	[4]
LPME-GC-ECD	5	15	异辛烷	0.05~10	50	[5]
本实验方法	5	5	离子液体	2~100	200	本实验

6.3.3　IL-DLLME 用于水样中的 DDT 及其代谢物分析

6.3.3.1　实验部分

1) 液相色谱条件

p,p'-DDD,o,p'-DDE,o,p'-DDT,p,p'-DDE 标准溶液(正己烷配制)。流动相为甲醇/水(85/15),流速 1.0 mL/min,柱温 25 ℃,检测波长为 225 nm,色谱柱为 Agilent AQ C18 不锈钢柱,进样体积 20 μL。

2) 操作

参见 6.3.2.1。

6.3.3.2　结果与讨论

1) IL-DLLME 条件的优化

对萃取剂,分散剂的种类、用量,提取时间,水样的 pH,盐效应等参数进行优化,结果如下。

（1）离子液体（萃取剂）的选择。

考察了 1-己基-3-甲基咪唑四氟硼酸盐（[C₆MIM][BF₄]），1-戊基-3-甲基咪唑六氟磷酸盐（[C₅MIM][PF₆]），1-己基-3-甲基咪唑六氟磷酸盐（[C₆MIM][PF₆]），1-庚基-3-甲基咪唑六氟磷酸盐（[C₇MIM][PF₆]），1-辛基-3-甲基咪唑六氟磷酸盐（[C₈MIM][PF₆]）作为萃取溶剂对萃取效率的影响。结果见表 6-27，可以看出，[C₆MIM][PF₆]，[C₇MIM][PF₆]，[C₈MIM][PF₆]做萃取剂对 DDTs 的回收率较好，但[C₇MIM][PF₆]，[C₈MIM][PF₆]黏度较大，不利于移取操作，且溶剂色谱峰拖尾较为严重。因此，最终选择[C₆MIM][PF₆]作为 IL-DLLME 的萃取剂。

表 6-27　不同离子液体做萃取溶剂的结果

离子液体	图片	水中溶解性/ (mg/L)(25 ℃)	沉积相体积/ μL	平均回收率/ %
[C₆MIM][BF₄]	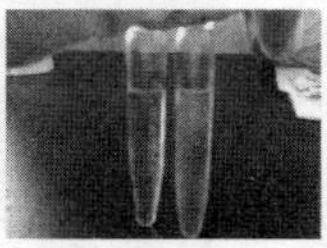	132	0	0
[C₅MIM][PF₆]	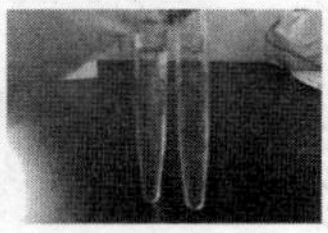	118	0	0
[C₆MIM][PF₆]	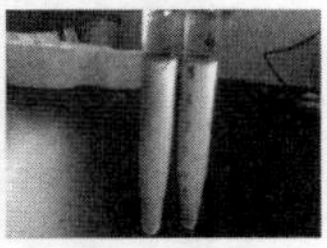	75	18	96
[C₇MIM][PF₆]	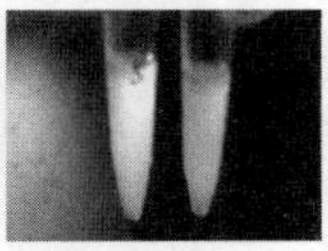	43	22	94
[C₈MIM][PF₆]	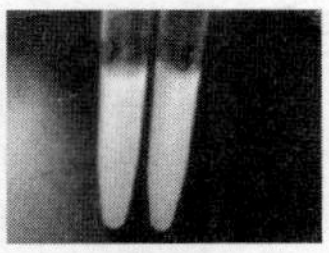	20	25	97

（2）分散剂的选择。

考察了甲醇、乙腈和丙酮作为分散剂时的萃取效果，结果如图 6-70 所示，可以看出，使用甲醇做分散剂时，四种杀虫剂的回收率高。因此，最终甲醇被选定为后续实验的最佳分散溶剂。

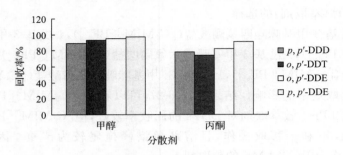

图 6-70　不同分散剂对萃取效率的影响

（3）萃取剂离子液体用量的选择。

考察不同量的离子液体[C₆MIM][PF₆] 0.030 g、0.040 g、0.052 g、0.060 g、0.080 g、0.100 g 对萃取效率的影响。结果见图 6-71，最终 0.052 g(～40 μL)的[C₆MIM][PF₆]被选定为后续实验的最佳离子液体用量。

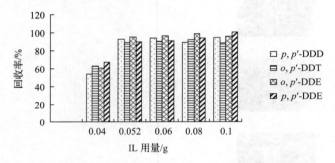

图 6-71　离子液体[C₆MIM][PF₆]用量对萃取效率的影响

（4）分散剂的用量。

考察不同的甲醇量 0.2 mL、0.3 mL、0.4 mL、0.5 mL、0.6 mL、0.8 mL、1.0 mL 对萃取效率的影响，结果如图 6-72 所示，最终选择 0.5 mL 甲醇为最佳分散剂用量。

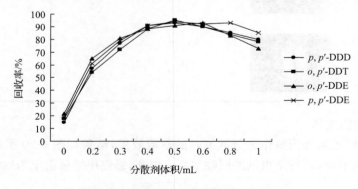

图 6-72　分散剂体积对萃取效率的影响

（5）pH。

由 DDTs 分子结构推断，分子形态的变化不易受萃取溶液环境 pH 的影响，且在中性条件下已取得可接受的回收率，因此本实验选择中性条件（pH＝7）。

（6）盐效应。

考察了一系列添加不同量 NaCl（0～5％，w/v）的水样。如图 6-73 所示，随 NaCl 浓度的增加，回收率减少。因此，在后续实验中，不添加盐。

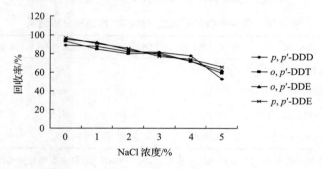

图 6-73　NaCl 浓度对萃取效率的影响

（7）萃取时间。

参考 6.3.2.2 节，已证明 DLLME 是一个快速平衡的过程，所以可在 3 min 以内完成萃取。

（8）离心时间。

参考 6.3.2.2 节，离心时间选 10 min。

（9）温度。

参考 6.3.2.2 节，加冰低温离心。

（10）分散剂及分散方式对 IL-DLLME 影响。

考察分散剂（甲醇）不同的分散方式对 IL-DLLME 的影响，方法如 6.3.2.2 节所示。结果如图 6-74 所示，第三种方法得到了最高的回收率和富集倍数，因此最终选择在水样中快速注入 0.052 g [C$_6$MIM][PF$_6$] 与 0.5 mL 的混合物的分散方式。

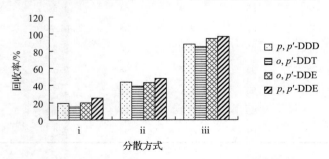

图 6-74　分散剂及分散方式对 IL-DLLME 影响

ⅰ. 萃取过程只加 0.052 g [C$_6$MIM][PF$_6$]，不加甲醇，涡旋 10 min；ⅱ. 水样中先加入 0.5 mL 分散剂，再加入 0.052 g [C$_6$MIM][PF$_6$]，涡旋 10 min；ⅲ. 水样中快速注入 0.052 g [C$_6$MIM][PF$_6$] 与 0.5 mL 的混合物，摇匀

通过以上的实验对影响 IL-DLLME 各参数进行优化,最终得到的优化条件是:在 5 mL 溶液水样中迅速注入 0.5 mL 甲醇和 0.052 g [C_6MIM][PF_6]的混合试剂,摇匀放置 3 min,4000 r/min 冰浴离心 10 min,弃去上层水相,有机相稀释进样分析。

2)IL-DLLME 方法的评估

在最佳条件下,通过考察一系列水样中 DDTs 的线性、重复性和富集倍数来评估 IL-DLLME 方法。每个浓度三次重复,结果见表 6-28。

表 6-28　四种杀虫剂的线性、精密度、检出限分析结果

杀虫剂	线性	相关系数(R^2)	LOD[a]/(μg/L)	RSD[b]/%	富集因子[c]	回收率/%
p,p'-DDD	$y=2.225x-1.472$	0.9948	3.12	4.5	252	89
o,p'-DDT	$y=1.897x-2.133$	0.9950	2.83	6.8	216	93
o,p'-DDE	$y=1.602x-2.76$	0.9963	3.10	6.8	244	92
p,p'-DDE	$y=1.518x-5.25$	0.9942	2.55	9.3	269	98

a. LOD 值由分析添加浓度为 3.0 μg/L 的水样计算得出,$S/N=3$;b. RSD 由 5 次分析添加浓度为 10.0 μg/L 的同一样品计算得出;c. 富集倍数为甲醇稀释前沉淀溶剂中的分析物浓度与水样中的添加浓度之比

3)实际水样的测定与分析

为研究 IL-DLLME 方法的适用性,实验分别选用自来水、河水和雨水进行考察。在不同水样中分别添加 5 μg/L 和 10 μg/L 浓度下的杀虫剂标准溶液,每个样本重复提取 5 次。结果见表 6-29,对于所有不同水样中的杀虫剂,回收率为 82%~105%,相对标准偏差范围为 4.1%~10.8%。结果表明,实际水样对于 IL-DLLME 方法中杀虫剂的重提取没有明显影响。分散液液微萃取(DLLME)水样中的 DDTs 色谱图如图 6-75 所示。

表 6-29　添加水平为 5 μg/L 和 10 μg/L 实际水样回收率及精密度考察

杀虫剂	添加量/(mg/L)	自来水		河水		雨水	
		回收率/%	RSD/%	回收率/%	RSD/%	回收率/%	RSD/%
p,p'-DDD	5	89	8.2	90	5.7	97	6.6
	10	93	6.9	84	4.6	92	9.4
o,p'-DDT	5	87	7.4	88	10.7	94	9.3
	10	82	9.4	84	5.3	98	5.8
o,p'-DDE	5	96	5.7	98	7.5	94	4.7
	10	95	4.1	94	4.5	91	9.5
p,p'-DDE	5	99	7.5	91	8.4	101	7.2
	10	96	10.8	94	7.2	105	8.3

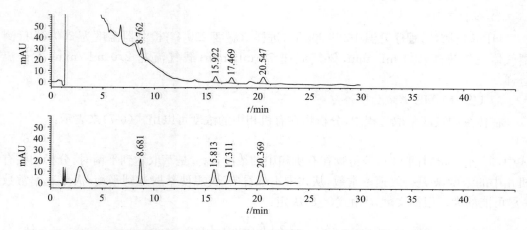

图 6-75　IL-DLLME 测定河水中 DDTs 与基质标样(2 mg/L)典型色谱图,添加浓度为 10 μg/L

6.4　超声辅助液液微萃取(USALLME)技术的开发与应用

6.4.1　USALLME 用于水样中八种有机磷农药的残留分析

本实验开发了一种超声辅助液液微萃取(ultrasonic assisted liquid-liquid microextraction,USALLME)的方法,采用超声辅助的方法,将少量有机溶剂和水样混合,混合液在超声波的作用下会形成一种乳化液,有机溶剂会分散成许多微小的小液滴,大大提高了微量的有机溶剂和大量的水样之间的接触面积,从而使萃取平衡能够很快的达到,萃取完成后可以通过离心的方法使萃取溶剂从水中沉淀出来,然后进仪器分析。用这种新方法萃取了水中 8 种有机磷农药的残留,并对影响分散效果和萃取效率的各个参数进行了优化,最后将这种方法与其他两种微萃取操作 SDME 和 SPME 进行了比较。

6.4.1.1　实验部分

1) 药品及操作步骤

标准品:8 种有机磷农药[丙线磷(ethoprophos)、甲拌磷(phorate)、二嗪磷(diazinon)、甲基对硫磷(parathion-methyl)、杀螟硫磷(fenitrothion)、马拉硫磷(malathion)、毒死蜱(chlorpyrifos)和水胺硫磷(isocarbophos)]标准品 2000 mg/L。

USALLME 的具体操作步骤如下:将 5 mL 水样加入到一个 5 mL 的玻璃离心管,加入 1% 的 NaCl,然后加入 10 mL 的氯苯作为萃取溶剂,把离心管放到超声波仪器中,控制水温在 25 ℃,超声频率 40 kHz,超声 3 min 后取出离心管。此时,形成了一种粗分散体系,溶液呈浑浊状态,也就是氯苯以微小液滴的形式分散到水相中,形成了一种乳化液,可以通过静置 2 小时的方法或者离心的方法使二者分层。氯苯会沉淀到离心管的底部,然后用一个微量注射器取 2 μL 氯苯进气相色谱分析。

2）色谱条件

HP-5 色谱柱；程序升温 100～300 ℃；进样口温度 230 ℃；检测器温度为 250 ℃；检测器气体空气流速 100 mL/min，氢气流速 75 mL/min；载气流速 2.0 mL/min；不分流进样。

3）USALLME 萃取的理论基础

在传统的液液萃取过程中，分析物在有机相中的浓度可以用式（6-7）来表示：

$$C_o = C_{o,eq}(1 - e^{-kt}) \tag{6-7}$$

式中，C_o 是一定时间 t 时，分析物在有机相中的浓度，$C_{o,eq}$ 是萃取达到平衡时，分析物在有机相中的浓度，k 是一级速率常数，从式中不难看出，要想使萃取达到平衡，需要速率常数 k 尽可能的大。根据文献，k 由式（6-8）决定：

$$k = \frac{A_i}{V_o}\beta_o\left(K\frac{V_o}{V_{aq}} + 1\right) \tag{6-8}$$

式中，A_i 是两相之间的接触面积，V_o 和 V_{aq} 分别是有机相和水相的体积，β_o 是总的传质常数，K 是分配系数。从上述公式可以看出，增加 A_i 可以提高速率常数 k，从而可以缩短达到萃取平衡需要的时间。因此在传统的液液萃取操作中，通过剧烈摇晃分液漏斗的方法来增大两相之间的接触面积，从而提高萃取速度。

单液滴微萃取最常用的为液相微萃取方式，这种萃取方式中，萃取相是以液滴的形式存在，也就是说萃取相和水相的接触面很有限，因此目标分析物在两相之间传质速度很低。而在 USALLME 方法中，在超声能量的作用下，有机相分散成很小液滴，形成一种水包油型的乳状液，因此，两相之间接触面增大了很多，分析物在两相之间的传质大大的加快，从而使萃取平衡很容易达到，这也极大的提高了萃取效率。

富集倍数和回收率计算见公式（6-4）和式（6-5）。

6.4.1.2　结果与讨论

本方法研究的路线：选择了合适的萃取溶剂，然后对超声的频率和时间对萃取效率的影响进行了研究，并研究其他的条件对萃取效率的影响。

1）USALLME 萃取条件的优化

影响 USALLME 萃取效率的参数有萃取溶剂和分散剂的种类和体积、超声的频率和时间、萃取时间、盐效应等，本部分的研究中将对这些参数进行优化。

（1）萃取溶剂的选择。

选择了 3 种与水不互溶的有机溶剂氯苯、四氯化碳和二氯甲烷作为萃取溶剂，萃取结果见图 6-76，可以看出，氯苯对 6 种有机磷农药具有最高的萃取效率，因此最终选择氯苯作为萃取溶剂。

（2）超声的频率和时间对的萃取效率影响。

本部分的研究中，首先研究了不同的超声输出功率对分散效率的影响，结果发现，随着超声输出功率和超声频率的增加，超声的分散效果越好，因此在本实验中选择了最高的超声频率 40 kHz，超声输出功率为 300 W。

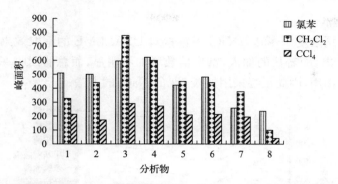

图 6-76　萃取溶剂对 USALLME 萃取效率的影响(其中 1~8 分别指丙线磷、甲拌磷、二嗪磷、甲基对硫磷、杀螟硫磷、马拉硫磷、毒死蜱和水胺硫磷)

随后研究了不同的超声时间(1~5 min)对分散效率的影响,结果见图 6-77。可以看出超声时间在 3 min 时能达到足够的分散效果,因此最终选择 3 min 的超声时间。

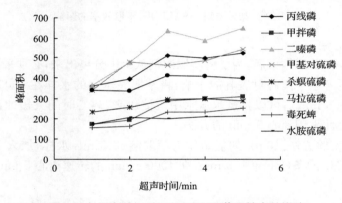

图 6-77　超声时间对 USALLME 萃取效率的影响

(3) 萃取溶剂体积的影响。

考察不同萃取溶剂体积(8~20 μL)对萃取效率的影响,结果见图 6-78。可以看出,随着萃取体积的增加,富集倍数(Enrichment factors,EF)逐渐减少,而当萃取溶剂体积在 10~20 μL 的范围内时,本方法的回收率(R)基本不变,因此最终采用 10 μL 的萃取溶剂。

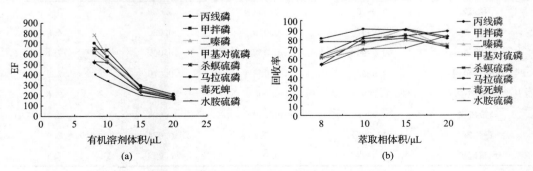

图 6-78　萃取溶剂的体积 USALLME 的影响

(a)对富集倍数的影响;(b)对回收率的影响

（4）盐的影响。

通过加入不同浓度（0～5％）NaCl 考察盐对 USALLME 的萃取效果的影响，结果见图 6-79。可以看出，随着盐的加入，富集倍数增加不明显，而总的回收率增加了，但盐的加入可增加乳化作用，因此最终采用加入 1％的 NaCl 的方法。

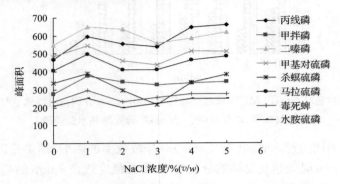

图 6-79　盐效应对 USALLME 萃取效率的影响

（5）破乳的方法。

在 USALLME 萃取结束后，为了将萃取溶剂从水中分离出来，必须采用破乳的方法。在本实验中，主要考察了离心对破乳的影响，将萃取完全后的水样在 4000 r/min 下离心不同的时间，发现 5 min 后可以将氯苯从水中沉淀出来，离心时间太短的话，会使一些溶剂浮在水面上，因此采用离心 5 min 的方法。

选择的最终实验方法：10 μL 的氯苯作为萃取溶剂，5 mL 水样，加入 1％的 NaCl，在超声频率为 40 kHz 的条件下超声 3 min，在 4000 r/min 的转速离心 5 min。

2）方法的评价

对方法进行评价，USALLME 方法评价的主要指标有：线性、重现性、富集倍数、检测限和回收率，结果见表 6-30 和表 6-31。图 6-80 是水样中添加 8 种有机磷浓度为 0.50 μg/L 使用 SDME-GC 方法的典型色谱图。

表 6-30　USALLME-GC-FPD 方法联用分析 8 种有机磷农药的线性、相关系数、精密度和检测限

分析物	相关系数(R^2)	LOD/(μg/L)	LOQ/(μg/L)	RSD/%
丙线磷	0.9996	0.003	0.009	3.1
甲拌磷	0.9997	0.010	0.030	4.2
二嗪磷	0.9996	0.002	0.007	7.1
甲基对硫磷	0.9998	0.003	0.010	7.9
杀螟硫磷	0.9991	0.008	0.025	9.6
马拉硫磷	0.9998	0.002	0.006	2.0
毒死蜱	0.9997	0.008	0.024	2.9
水胺硫磷	0.9993	0.008	0.023	7.8

表 6-31　不同添加浓度下 USALLME 方法的回收率(%)

添加浓度/ (μg/L)	丙线磷	甲拌磷	二嗪磷	甲基对 硫磷	杀螟硫磷	马拉硫磷	毒死蜱	水胺硫磷
0.010	95.7	89.4	105.0	101.0	89.1	92.6	108.1	90.8
0.100	97.8	105.7	91.4	98.2	98.5	96.8	110.9	114.3
0.250	105.2	95.4	89.9	97.1	81.6	85.5	91.4	98.4

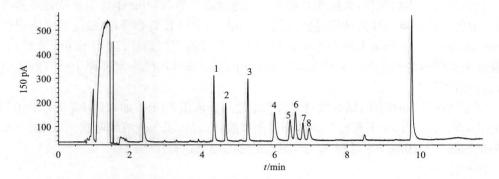

图 6-80　使用 USALLME 方法分析水体中添加 8 种 OPPs 的 GC-μFPD 色谱图
添加浓度为 0.50 μg/L;其中 1 为丙线磷;2 为甲拌磷;3 为二嗪磷;4 为甲基对硫磷;5 为杀螟硫磷;
6 为马拉硫磷;7 为毒死蜱;8 为水胺硫磷

3) USALLME 与其他微萃取方法的比较

将 USALLME 方法与其他两种常用的微萃取方法 SPME 和 SDME 做了比较,具有的共同点:都是不完全萃取的方法,都具有快速、简单的优点。使用 SPME 和 SDME 分析水中的有机磷农药的结果见表 6-32,分别来自文献[6,7]。通过表 6-32 的数据,不难看出,USALLME 方法的灵敏度要好于其他两种微萃取方法,在方法的精密度上,SPME 和 USALLME 没有明显的差别,而 SDME 的重现性要差一些。SPME 是一种无溶剂技术,而液相微萃取需要几微升的有机溶剂,但是 SPME 有样本记忆效应,而液相微萃取的萃取溶剂都是一次性的,不存在样本记忆效应的问题。在萃取时间方法,USALLME 使用的时间更短,只需要几分钟,SDME 和 SPME 每次只能处理一个样品,而 USALLME 可以进行批处理,因为不论是超声过程或者离心的操作,都可以同时处理多个样品,平均下来,这也降低了每个样品处理需要的时间。

表 6-32　USALLME 和 SDME、SPME 的比较

方法	LOD/(μg/L)	RSD	有机溶剂体积	萃取时间
SPME-GC-FPD	0.049~0.301	1.8%~7.3%	0	30 min
SDME-GC-MSD	0.010~0.070	8.4%~16.0%	2 μL	15 min
USALLME	0.002~0.010	2.0%~9.6%*	10 μL	3 min

* RSD 水样浓度为 0.1 μg/L

6.4.2　超声辅助微萃取(USAEME)用于绿茶和番茄汁中有机磷农药的残留分析

6.4.2.1　实验部分

1) 药品及样品制备

药品标准储存溶液:五种有机磷农药(丙线磷、水胺硫磷、马拉硫磷、毒死蜱和丙溴磷)标准品 2000 mg/L(丙酮配制)。

西红柿汁样本的制作:新鲜西红柿来自当地超市。称取 50 g 样品用食品处理器将其粉碎,混匀。然后将粉碎后的样品加入到 100 mL 的 PTFE 离心管,在振荡器上剧烈振荡 5 min 后,在 3500 r/min 下离心 5 min,保留上层新鲜的西红柿汁,过 0.45 μm 液膜两次,以便除去固体颗粒的干扰。取出 5 mL 过膜后的西红柿汁用纯净水稀释 10 倍,制成最终的西红柿汁样本。

绿茶饮料样本的制作:绿茶饮料来自当地超市。取出 50 mL 加入到 100 mL 的 PTFE 离心管,在 3500 r/min 下离心 5 min,保留上层液体,过 0.45 μm 液膜两次。取出 5 mL 过膜后的绿茶饮料用纯净水稀释 10 倍,制成最终的绿茶饮料样本。

2) 色谱条件

HP-5 色谱柱;程序升温 80~240℃;进样口温度 230℃,检测器温度为 250℃;检测器空气流速 100 mL/min,氢气流速 75 mL/min;载气流速 1.0 mL/min;不分流进样。

6.4.2.2　结果与讨论

本方法开发的思路:首先,以 5 mL 工作样本为研究基质,在参数优化条件下,采用改变单一变量的方法来确定影响实验结果的参数;其次,在优化好的参数条件下,继续以工作样本为研究基质对建立的方法进行确证,考察方法的重现性、最小检出限、线性等指标;最后,将建立的超声辅助微萃取方法应用到实际样本当中去,用来检测食品样本中的有机磷农药残留,并同时考察样本的基质效应和方法的重现性。

本方法的关键在于超声力的作用能否将萃取溶剂又快又好地分散在液体样本当中,萃取溶剂的分散程度可以影响方法的萃取时间和萃取效率。另外考虑到实际样本中可能含有很多的杂质,为了简化样本前处理的操作步骤,决定采用火焰光度检测器,利用其对有机磷化合物的高度选择性使样本经过萃取、富集后可以直接进行气相色谱分析。

1) USAEME 萃取条件的优化

对影响超声辅助微萃取方法萃取效率的萃取溶剂种类及体积、超声力的大小、超声萃取时间、盐效应等参数进行优化,结果如下。

(1) 萃取溶剂的选择。

考察氯苯、四氯化碳和二氯苯三种溶剂作为萃取溶剂对萃取效率的影响,结果见图 6-81。可以看出,氯苯对 5 种有机磷农药具有最高的萃取效率,因此最终选择氯苯作为最终的萃取溶剂。

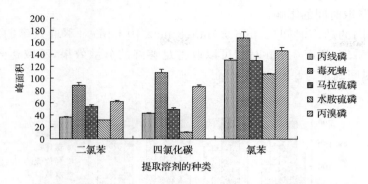

图 6-81　USAEME 使用不同的萃取溶剂对有机磷农药的萃取效果

（2）萃取溶剂体积的选择。

考察了不同体积的氯苯（22 μL、27 μL、32 μL 和 37 μL）对目标分析物的响应值。分析物的响应值和富集倍数见图 6-82。通过图中可以看出，随着萃取溶剂体积的增加，响应值和富集倍数（EF）都逐渐减少，最终采用 22 μL 的萃取溶剂。

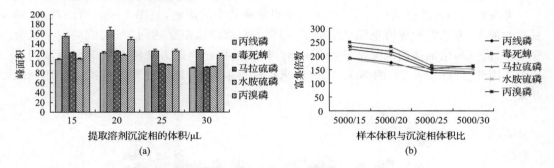

图 6-82　不同的萃取溶剂体积对 USAEME 萃取 OPPs 的影响
（a）峰面积；（b）富集倍数

（3）超声频率大小的选择。

考察了不同超声频率 20 kHz、32 kHz 和 40 kHz 对分散效率的影响。结果如图 6-83 所示，可以看出，随着超声输出功率和超声频率的增加，超声的分散效果也越好，因此最终选择超声频率 40 kHz，此时超声输出功率为 300 W。

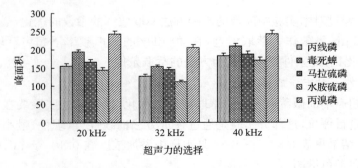

图 6-83　超声频率对 USAEME 萃取效率的影响

（4）超声萃取时间的影响。

考察了不同的超声时间（3 min、5 min、8 min、10 min）对萃取效率的影响，结果见图 6-84。可以看出，超声 8 min 时就可以取得足够好的分散效果，萃取达到了平衡。因此，最终超声时间确定为 8 min。

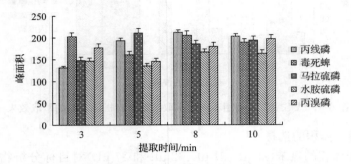

图 6-84　超声时间对 USAEME 萃取效率的影响

（5）盐的影响。

考察加入不同浓度的（0～5%）NaCl，结果萃取效率的影响，见图 6-85。可以看出，随着盐的加入，方法的响应值也随之增加了，当样本溶液中盐浓度达到 3% 时响应值又反而变低了，进一步增加盐的浓度，当达到 5% 时，很难再用超声的方法将萃取溶剂分散到水相中。因此，最终加入 1% 的 NaCl 的方法来提高萃取效率，同时使萃取溶剂更好地分散开来。

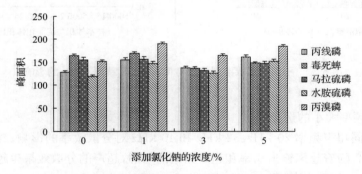

图 6-85　盐效应对 USAEME 萃取 OPPs 的峰面积的影响

综上所述，经过对本实验中涉及的影响方法萃取效率的参数的优化，最终确定方法的萃取条件为：22 μL 氯苯作为萃取溶剂，在 40 kHz 的超声频率下超声萃取 8 min，加入 1%（w/v）的氯化钠，此条件我们定义为方法的萃取条件。

2）萃取条件下对方法的评价

以上是对超声辅助微萃取方法中萃取条件的优化，接下来的实验要在确定了的萃取条件下对方法进行评价，这部分实验是通过评价方法的线性、重现性、最小检测限等几个指标来完成的，结果见表 6-33。图 6-86 是水样中添加浓度在 0.10 ng/mL 使用超声辅助微萃取方法的典型色谱图。

表 6-33　USAEME-GC-FPD 方法联用分析 5 种有机磷农药的线性、相关系数、精密度和检测限

农药	RSD/($n=5$)%	线性/(ng/mL)	相关系数	检测限/(ng/mL)
丙线磷	9.4	0.1～10	0.9994	0.015
毒死蜱	8.2	0.1～10	0.9990	0.011
马拉硫磷	5.2	0.1～10	0.9986	0.018
水胺硫磷	4.3	0.1～10	0.9985	0.020
丙溴磷	7.8	0.1～10	0.9987	0.005

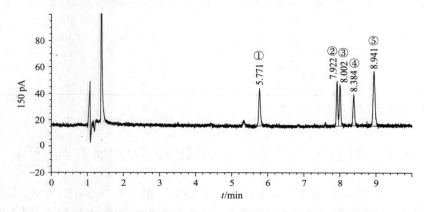

图 6-86　使用 USAEME 方法分析绿茶中的添加 5 种 OPPs 的 GC-μFPD 色谱图
①～⑤分别为丙线磷、马拉硫磷、毒死蜱、水胺硫磷、丙溴磷

3）实际样本中的应用

根据以上对超声辅助微萃取方法的优化和评价，说明该方法是一个可靠的方法。接下来为了考察方法的实用性，对超声辅助微萃取方法在实际样本上的应用进行了验证。运用新开发的方法来检测西红柿汁和绿茶饮料样本中的有机磷农药残留。经过检测发现，两种样本中均不含有目标分析物，更确切地说样本中目标分析物的含量低于方法的检出限。最后，通过向不含有目标分析物的样本中添加三个不同浓度水平的有机磷农药来考察样本对方法的基质效应影响。实验结果见表 6-34，该表表明样本中的浓度在 0.1～2.0 μg/L 之间时，不同添加浓度水平下的回收率均大于 88.5%，而添加样本的相对标准偏差在 2.2%～9.8% 之间。以上数据可以说明，该方法用于农药残留检测真实可靠。

表 6-34　西红柿汁和绿茶饮料中有机磷农药的添加回收率

有机磷	绿茶			西红柿汁		
	添加浓度/(ng/mL)	R^a/%	RSD^b/%	添加浓度/(ng/mL)	R^a/%	RSD^b/%
丙线磷	0.1	108.0	9.0	0.1	104.7	6.0
	0.5	101.7	6.8	0.5	103.2	9.8
	2.0	100.5	4.7	2.0	107.5	9.7
毒死蜱	0.1	91.9	3.8	0.1	105.8	8.6
	0.5	94.5	2.2	0.5	98.8	7.2
	2.0	95.1	3.1	2.0	105.9	7.1

有机磷	绿茶			西红柿汁		
	添加浓度/ (ng/mL)	R^a/%	RSD^b/%	添加浓度/ (ng/mL)	R^a/%	RSD^b/%
马拉硫磷	0.1	98.7	3.8	0.1	100.6	7.6
	0.5	89.1	3.6	0.5	88.5	6.6
	2.0	91.1	5.4	2.0	92.9	8.4
水胺硫磷	0.1	90.3	4.5	0.1	92.2	9.5
	0.5	101.9	3.2	0.5	105.8	5.1
	2.0	89.1	6.1	2.0	89.8	7.9
丙溴磷	0.1	96.8	3.6	0.1	107.1	4.1
	0.5	91.7	3.2	0.5	94.4	3.0
	2.0	102.8	5.7	2.0	99.7	5.7

a. R：方法添加回收率；b. RSD：$n=5$

6.5　离心溶剂微萃取(CSME)方法的研究与应用

开发了一种新低溶剂液液萃取方法——离心溶剂微萃取(CSME)方法,采用密度比水大的有机溶剂,使用离心管作为萃取容器,将少量有机溶剂和水样混合,混合液用手剧烈摇晃一段时间后,通过离心的方法可以将萃取溶剂沉淀出来,然后进仪器分析。本部分研究利用 6 种有机磷农药作为模型化合物,验证了这种液液萃取方法的可行性,并对影响分散效果和萃取效率的各个参数进行了优化。

6.5.1　实验部分

6.5.1.1　药品及操作方法

标准品:6 种有机磷农药(丙线磷、甲基对硫磷、杀螟硫磷、马拉硫磷、毒死蜱和丙溴磷)标准品 2000 mg/L。

转移 5 mL 的水样到一个尖底的玻璃离心管中,加入一定量的有机溶剂,用手剧烈混匀一定时间,然后离心,离心结束后,用微量注射器转移一定量的萃取溶剂进仪器分析。

6.5.1.2　色谱条件

HP-5 色谱柱;程序升温 100～300 ℃;进样口温度 230 ℃;检测器温度为 250 ℃;检测器气体空气流速 100 mL/min,氢气流速 75 mL/min;载气流速 2.0 mL/min;不分流进样。

6.5.2　结果与讨论

6.5.2.1　CSME 萃取的理论基础

CSME 方法本质上是一种液液萃取,与传统的 LLE 不同之处在于,CSME 使用玻璃离心管作为萃取介质,但是其理论基础与传统的液液萃取并无大的不同。根据 Nernst 分配定律,物质将分配在两种不混溶的液相中,如果以有机溶剂和水两相为例,将含有有机物质的水溶液用有机溶剂萃取时,有机化合物就在这两相间进行分配,一定的温度下,有机物在两种液相中的浓度之比是一个常数:

$$K_D = C_o/C_{aq} \tag{6-9}$$

式中,K_D 是分配系数;C_o 是有机相中目标分析物的浓度;C_{aq} 是水相中目标分析物的浓度。有机污染物在有机溶剂中的溶解度一般比在水中的溶解度大,所以可以将有机化合物从水中萃取出来。一般来说,分配系数越大,水相中的有机物越容易被有机溶剂萃取出来,考虑到许多农药在水中的溶解度都很小,脂溶性很强,因此使用有机溶剂很容易将其萃取出来。萃取效率(E)一般用式(6-10)表示:

$$E = C_o V_o/(C_o V_o + C_{aq} V_{aq}) = K_D \beta/(1 + K_D \beta) \tag{6-10}$$

式中,V_o 是萃取溶剂的体积;V_{aq} 是水相的体积;β 是相比 V_o/V_{aq},对于液相微萃取来说,一般是微升级,水相是毫升级,相比一般在 10^{-3} 左右,因此 $K_D \beta$ 一般非常小,以常用的单液滴微萃取为例,萃取溶剂体积为 2 μL,水相体积为 5 mL,假定 K_D 为 1000,即使达到萃取平衡,绝对回收率是 28.6%,这也就意味着如果使用传统的液相微萃取,绝对回收率将会很低。而在同样的条件下,如果将萃取溶剂体积提高到 10 μL,达到萃取平衡的话,回收率将会为 90.9%,这说明即使萃取溶剂使用的量很低,对于一些特定的目标分析物,也有可能实现萃取回收率达到 70% 以上。

根据微萃取的动力学理论,在单液滴微萃取中,萃取相和水相的接触面积非常小,这就意味着传质速率会很低,达到萃取平衡需要很长的时间,因此在单液滴微萃取中,达到萃取平衡很困难,因为随着萃取时间延长,液滴会逐渐溶解。目前文献报道的单液滴微萃取都是萃取没有达到平衡就结束了,采用计算相对回收率的方法,绝对回收率一般在 5% 左右。在单滴型的微萃取中,传质速度是限制其回收率的决定型因素。本节中采用的萃取方法和传统的液液萃取基本一样,所不同的是使用离心管作为萃取工具,使用密度比水大的萃取溶剂,萃取完成后,可以通过离心的方法将萃取溶剂沉淀出来,这一点和传统的液液萃取不一样,而且萃取完成后,不需要浓缩的步骤,直接进样即可。

6.5.2.2　CSME 萃取条件的优化

影响 CSME 萃取效率的参数有萃取溶剂和分散剂的种类和体积、萃取时间、盐效应等,本部分的研究中将对这些参数进行优化。

1) 萃取溶剂的选择

考察了 3 种密度比水大的有机溶剂氯苯、四氯化碳和二氯苯对 6 种有机磷农药在水中的萃取效果,结果见图 6-87,可以看出,氯苯对 6 种有机磷农药具有最高的萃取效率,因此最终选择氯苯作为 CSME 的萃取溶剂。

2) 萃取时间的选择

考察了不同的萃取时间(0.3～3 min)对 CSME 萃取效率的影响,结果见图 6-88。可以看出当萃取时间大于 1 min 后,萃取效率基本保持不变,因此最终选择 1 min 的萃取时间。

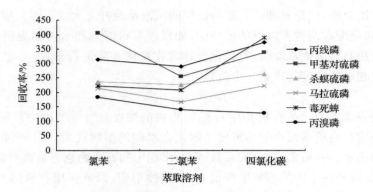

图 6-87　萃取溶剂对 CSME 萃取效率的影响

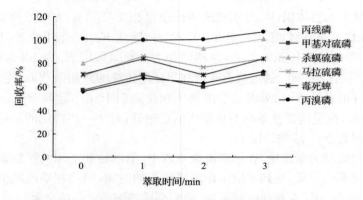

图 6-88　萃取时间对 CSME 萃取效率的影响

3）萃取溶剂体积的选择

考察不同体积萃取溶剂氯苯的体积(15 μL、20 μL、25 μL、30 μL)对 5 mL 添加浓度为 0.2 ng/mL 的水样萃取效率的影响，结果见图 6-89。可以看出，氯苯的体积在 20 μL 时能够有效地萃取出 6 种有机磷农药。因此最终选择 20 μL 的萃取溶剂体积。

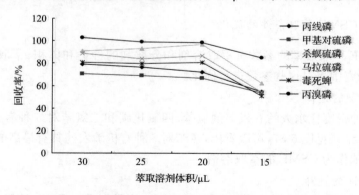

图 6-89　萃取溶剂体积对 CSME 萃取效率的影响

4）盐的影响

考察了添加不同浓度的 NaCl(1.0%～5.0%)对 CSME 的萃取效率和沉淀体积的影响,结果见图 6-90。可以看出,NaCl 的加入对回收率影响不大,富集倍数有一定的下降。因此最终不再加入盐。

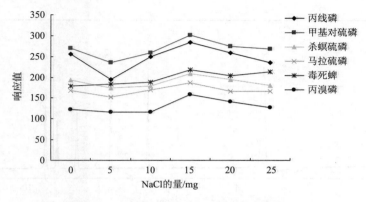

图 6-90　盐效应对 CSME 萃取效率的影响

根据以上对影响 CSME 萃取效率的各个参数优化结果,决定在本实验中采用以下条件:20 μL 的氯苯作为萃取溶剂,采用 5 mL 的水样,萃取 1 min,不加盐。

6.5.2.3　CSME 方法的评价与应用

为了评价 CSME 的方法,按照以上优化的结果,对本方法分析 6 种有机磷农药在水体中的线性、检出限、重现性等进行了研究,通过配制不同浓度的水溶液(0.10～2.00 ng/mL),在上述最佳条件下进行分析检测。结果详见表 6-35。方法精密度通过分析水体中添加浓度在 0.20 ng/mL 的水样获得,用 RSD 表示在 3.4%～8.5%之间。方法的准确度研究通过分析实际水样中的有机磷农药残留的方法来评价,如表 6-36 所示,回收率在 59%～104%之间。使用该分析水体中的 OPPs 色谱图见图 6-91。

表 6-35　CSME-GC-FPD 方法联用分析 6 种有机磷农药的线性、相关系数、精密度和检测限

农药 (0.03～5.00 ng/mL)	检出限/ (μg/L)	最低定量限/ (μg/L)	RSD/% (0.5 μg/L)	相关系数(R^2)
丙线磷	0.021	0.063	3.4	0.9996
甲基毒死蜱	0.029	0.079	5.9	0.9998
杀螟硫磷	0.035	0.100	4.3	0.9995
马拉硫磷	0.041	0.100	8.5	0.9996
毒死蜱	0.032	0.089	3.6	0.9996
丙溴磷	0.037	0.100	6.2	0.9994

表 6-36　使用 CSME 分析水体中添加 6 种有机磷农药的添加回收率(％)

添加浓度/(μg/L)	丙线磷	甲基对硫磷	杀螟硫磷	马拉硫磷	毒死蜱	丙溴磷
0.10	79	72	100	82	84	86
0.50	65	59	93	71	73	91
1.00	72	68	97	84	70	104

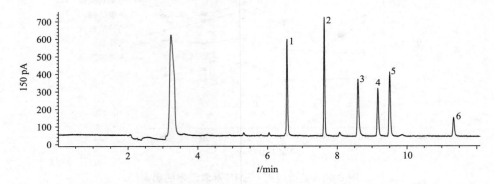

图 6-91　使用 CSME 方法分析水体中添加 6 种 OPPs 的 GC-FPD 色谱图

添加浓度在 0.50ng/mL;其中 1 为丙线磷;2 为甲基对硫磷;3 为杀螟硫磷;4 为马拉硫磷;5 为毒死蜱;6 为丙溴磷

6.6　分散悬浮微萃取(DSME)分析自来水和红酒中有机磷农药残留

6.6.1　实验部分

6.6.1.1　药品及样品制备

农药标准储存溶液:8 种有机磷农药(三唑磷、杀扑磷、苯线磷、灭线磷、水胺硫磷、丙溴磷、毒死蜱和丙溴磷)标准品 2000 mg/L(丙酮配制)。

红酒样本:来自当地超市,长城牌(2010)。

自来水样本:来自中国农业大学分析化学实验室。

红酒样本和自来水样本不需要任何处理,可直接进入分析过程,取样 24 小时内分析检测完毕。

6.6.1.2　色谱条件

HP-5 色谱柱;程序升温 80～280℃;进样口温度 230℃;检测器温度为 250℃;检测器气体空气流速 100 mL/min,氢气流速 75 mL/min;载气流速 2.0 mL/min;不分流进样。

6.6.1.3　实验操作步骤及参数优化条件

分散悬浮微萃取方法操作流程见图 6-92。首先量取 3 mL 样本加入到底部放着一个磁力搅拌子(12 mm×6 mm O.D.)的 5 mL 带盖玻璃样品瓶中(30 mm×15 mm I.D.)。

然后通过一个 50 μL 的微量进样器快速地向样本中加入 12 μL 二甲苯作为萃取溶剂并立刻盖上玻璃样品瓶的盖子,将整个体系放在一个磁力搅拌器上。在萃取过程中,为了防止萃取溶剂的挥发,在接下来的提取过程和恢复过程中样品瓶的盖子要一直保持盖紧状态。

提取阶段:这个阶段定义为,从打开磁力搅拌器开始直到将磁力搅拌器的转速调节到恢复转速为止。在这个过程中,磁力搅拌器的转速设定为 1200 r/min(提取转速),提取 30 s(提取时间)。此时样品瓶中出现浑浊现象(样品溶液与萃取溶剂混合物),萃取溶剂在高速旋转的磁力搅拌子作用下,以小液滴的形式均匀稳定的分散在了样品溶液当中,目标分析物被萃取到了萃取溶剂的小液滴中。

恢复阶段:这个阶段定义为,从磁力搅拌器的转速调节到恢复转速开始直到液体样本与萃取溶剂完全相分离为止。在这个阶段,磁力搅拌器的转速设定为 800 r/min(恢复转速),此时在磁力搅拌子的辅助下,在液面的中心位置形成了一个稳定平缓的漩涡。分散开来的萃取溶剂在向心力的作用下开始向漩涡的中心位置聚合,两相开始慢慢的分开。8 min 以后(恢复时间),两相完全分开,形成了最终的悬浮相,恢复阶段结束。

恢复阶段过后,由于在液面中心形成的漩涡有利于悬浮相的回收,因此继续保持磁力搅拌子的转动。最后打开样品瓶的盖子,用 10 μL 的微量进样器在漩涡的中心位置吸取 1 μL 的悬浮相,直接进气相色谱分析,完成整个操作过程。

根据经验初步设定优化各个参数时所用的实验条件为(参数优化条件):12 μL 二甲苯作为萃取溶剂、提取转速 1200 r/min、提取时间 30 s、恢复转速 800 r/min、恢复时间 8 min、不额外增加离子强度。实验采用单一变量法来确定最终的参数,即只改变其中一种参数,固定其他参数不变,经过比较获得最佳萃取效率时对应的条件就是最终的参数。

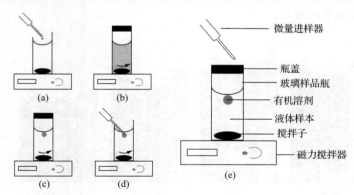

图 6-92　分散悬浮微萃取装置
(a)加入萃取溶剂;(b)萃取过程;(c)恢复过程;(d)回收悬浮相;(e)设备名称

6.6.1.4　需要注意的问题

由于本实验用到的是轻型萃取溶剂,在萃取的过程中萃取溶剂会悬浮在液体样本的上层,因此很容易由于挥发而影响了实验结果,这就要求在萃取阶段和恢复阶段,样品瓶的盖子要一直保持盖紧状态,以便减少萃取溶剂的挥发带来的影响。此外,在最后回收悬浮相的时候,将微量进样器插入漩涡中心处的悬浮液滴时,要注意轻一点而且尽量不要搅动,否则会破坏形成的液滴导致难以回收悬浮相。

6.6.2 结果与讨论

本方法开发的思路:首先,在参数优化条件下以工作样本为研究基质,采用改变单一变量的方法来优化影响实验结果的各种参数;其次,在优化好的参数条件下,以工作样本为研究基质,对已经建立的方法进行确证,考察方法的重现性、最小检出限、线性等相关指标;最后,为了考察方法的实用性,将建立的分散悬浮微萃取方法应用到实际样本的检测当中并同时考察样本的基质效应和方法的重现性。

本方法的关键首先在于分散悬浮微萃取的恢复阶段在液体样本表面能否形成有效的漩涡,这个漩涡可以加速萃取溶剂的聚集,加速两相的分离,同时这个漩涡也有利于悬浮相的回收;其次就是考虑到实际样本中可能含有很多的杂质,为了简化样本前处理的操作步骤,决定采用火焰光度检测器(FPD),利用其对有机磷化合物的高度选择性,从而使样本经过分散悬浮微萃取方法萃取后可以直接进行气相色谱分析,简化净化的步骤。

6.6.2.1 DSME 萃取条件的优化

优化了影响分散悬浮微萃取方法萃取效率的参数结果如下。

1) 萃取溶剂的选择

考察了甲苯、二甲苯、正己烷和异辛烷 4 种有机溶剂作为萃取溶剂来萃取 8 种有机磷农药。结果见图 6-93,可以看出,二甲苯具有最好的萃取效果,因此最终选择二甲苯作为分散悬浮微萃取的萃取溶剂。

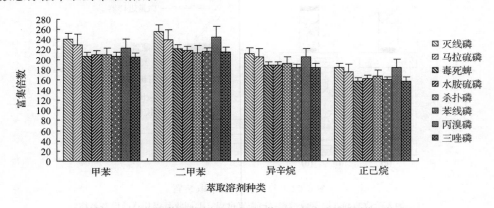

图 6-93　不同萃取溶剂对 DSME 萃取 OPPs 富集倍数的影响

2) 萃取溶剂体积的选择

考察不同的萃取溶剂体积 12 μL、15 μL、18 μL、21 μL 时,分散悬浮微萃取方法中各个分析物的富集倍数变化趋势,结果见图 6-94。可以看出,富集倍数随萃取溶剂体积的增加而显著下降,因此最终萃取溶剂的体积确定为 12 μL。

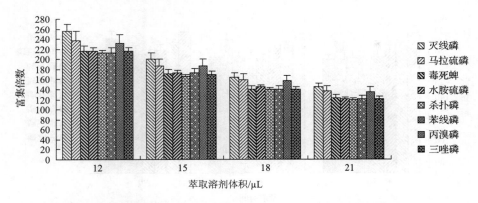

图 6-94　不同的萃取溶剂体积对 DSME 萃取 OPPs 富集倍数的影响

3）提取速度和恢复速度的选择

实验表明,只有当磁力搅拌器的转速设定在 1200 r/min 的时候,萃取溶剂才会被分散成无数个小液滴,因此提取速度设定为 1200 r/min。考察恢复速度在 500～800 r/min 的转速下对 3 mL 工作样本的萃取效果,结果见图 6-95。可以发现,转速在 500～800 r/min 之间方法的富集倍数无太大变化,但在 800 r/min 的转速下,形成的漩涡的形状更有利于回收悬浮相。因此,最终的恢复速度设定在 800 r/min。

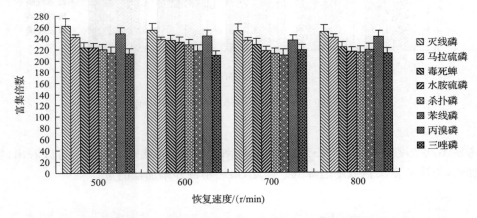

图 6-95　不同的恢复速度对 DSME 萃取 OPPs 富集倍数影响

4）提取时间的影响

考察提取时间 30～90 s 对富集倍数的影响,结果见图 6-96。图中显示,30～90 s 时富集倍数没有明显的变化。因此,最终的提取时间确定为 30 s。

5）恢复时间的影响

考察了恢复时间从 4 min 到 20 min 方法富集倍数的变化,实验结果见图 6-97。图中表明,方法的恢复时间在 8 min 时,相分离已经完全。因此,最终的恢复时间确定为 8 min。

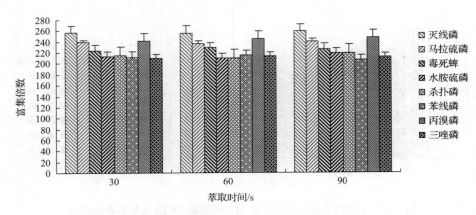

图 6-96　不同的萃取时间下 DSME 萃取 OPPs 的富集倍数

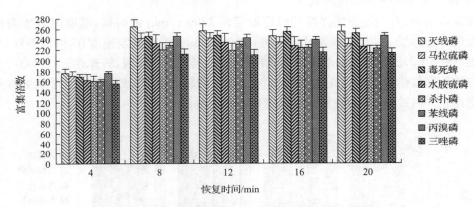

图 6-97　不同的恢复时间下 DSME 萃取 OPPs 的富集倍数

6）盐 的 影 响

考察不同浓度的 NaCl(0~5%)对萃取效率的影响,结果见图 6-98。可以看出,随着盐的加入,方法的富集倍数随之降低。因此,最终不额外添加盐的量。

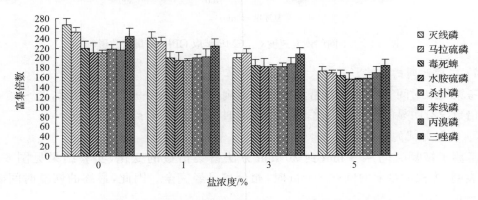

图 6-98　盐效应对 DSME 萃取 OPPs 的富集倍数的影响

综上所述,经过对本实验中各个参数的优化,最终确定方法的萃取条件为:12 μL 二甲苯作为萃取溶剂、提取转速 1200 r/min、提取时间 30 s、恢复转速 800 r/min、恢复时间 8 min、样本溶液中不额外增加盐,此条件为方法的萃取条件。

6.6.2.2　萃取条件下对方法的评价

为了考察方法的可行性,在萃取条件下以 3 mL 的工作样本为研究基质,通过考察方法的线性、检出限、重现性等相关指标对方法进行了评价,详见表 6-37。数据表明,方法在该范围内呈线性,相关系数在 0.9964～0.9995 之间;方法的精密度用相对标准偏差 (RSD)来表示,通过分析 3 次添加浓度为 0.5 μg/L 的水样而获得,RSD 在 4.8%～12.1%之间。

表 6-37　DSME-GC-FPD 方法联用分析 8 种有机磷农药的线性、相关系数、精密度和检测限

农药	RSD[a]($n=6$)/%	线性/(μg/L)	相关系数	检测限/(μg/L)
灭线磷	5.6	0.1～100	0.9989	0.01
马拉硫磷	6.2	0.1～100	0.9964	0.02
毒死蜱	4.8	0.1～100	0.9971	0.02
水胺硫磷	9.2	0.1～100	0.9995	0.03
杀扑磷	9.1	0.1～100	0.9965	0.04
苯线磷	12.1	0.1～100	0.9992	0.05
丙溴磷	7.8	0.1～100	0.9988	0.04
三唑磷	6.8	0.1～100	0.9986	0.01

注:在添加浓度为 0.5 μg/L 的条件下计算; a. RSD:相对标准偏差

6.6.2.3　实际样本中的应用

根据以上对分散悬浮微萃取方法的优化和评价说明建立的方法可靠并且具有较高的萃取效率。下一步实验为了考察方法的实用性,对分散悬浮微萃取方法在实际样本红酒和自来水上的应用进行了验证。经过检测发现两种样本中目标分析物的含量低于方法的检出限。最后,通过向不含有目标分析物的样本中添加三个不同浓度水平的有机磷农药来考察方法的基质效应。实验结果见表 6-38、表 6-39。结果表明,样本中的浓度在 0.1～1.0 μg/L 之间时,不同添加浓度水平下的回收率大于 83.5%。本方法的精密度通过每个样本添加浓度的 3 次平行计算,相对标准偏差(RSD)在 2.4%～9.1%之间。以上数据可以说明样本的基质效应对结果影响不大,该方法用于农药残留检测真实可靠。相关色谱图见图 6-99。

表 6-38　红酒中有机磷农药的添加回收率

| 农药 | 回收率(%)和 RSD^c($n=3$,%) | | | | 农药 | 回收率(%)和 RSD^c($n=3$,%) | | | |
	添加量/ (μg/L)	检出量/ (μg/L)	R^b/ %	RSD^c/ %		添加量/ (μg/L)	检出量/ (μg/L)	R^b/ %	RSD^c/ %
灭线磷	0	nd^a			杀扑磷	0	nd^a		
	0.1	0.092	92.3	7.3		0.1	0.088	87.5	3.2
	0.5	0.44	87.8	8.7		0.5	0.44	88.4	4.2
	1.0	0.90	90.4	8.2		1.0	0.86	86.4	2.4
马拉硫磷	0	nd^a			苯线磷	0	nd^a		
	0.1	0.087	87.4	4.5		0.1	0.084	83.5	5.6
	0.5	0.45	89.4	4.3		0.5	0.42	84.7	5.1
	1.0	0.86	86.2	5.1		1.0	0.86	85.7	4.9
毒死蜱	0	nd^a			丙溴磷	0	nd^a		
	0.1	0.087	87.3	7.4		0.1	0.087	87.4	8.6
	0.5	0.42	84.3	6.7		0.5	0.43	86.9	9.1
	1.0	0.87	87.4	6.3		1.0	0.88	88.1	7.6
水胺硫磷	0	nd^a			三唑磷	0	nd^a		
	0.1	0.092	92.3	4.3		0.1	0.090	90.1	6.3
	0.5	0.46	91.7	3.9		0.5	0.46	91.2	4.7
	1.0	0.91	90.5	3.7		1.0	0.91	90.8	4.1

a. nd:未检出；b. R:方法回收率；c. RSD:相对标准偏差

表 6-39　自来水中有机磷农药的添加回收率

| 农药 | 回收率(%)和 RSD^c($n=3$,%) | | | | 农药 | 回收率(%)和 RSD^c($n=3$,%) | | | |
	添加量/ (μg/L)	检出量/ (μg/L)	R^b/ %	RSD^c/ %		添加量/ (μg/L)	检出量/ (μg/L)	R^b/ %	RSD^c/ %
灭线磷	0	nd^a			杀扑磷	0	nd^a		
	0.1	0.085	84.5	4.6		0.1	0.090	90.4	3.1
	0.5	0.43	86.1	5.2		0.5	0.45	90.1	4.6
	1.0	0.84	83.8	4.8		1.0	0.88	87.8	5.7
马拉硫磷	0	nd^a			苯线磷	0	nd^a		
	0.1	0.091	91.4	5.3		0.1	0.086	85.7	2.6
	0.5	0.47	93.5	6.3		0.5	0.45	90.3	4.3
	1.0	0.93	92.7	7.2		1.0	0.87	87.3	3.6
毒死蜱	0	nd^a			丙溴磷	0	nd^a		
	0.1	0.095	95.3	4.5		0.1	0.101	101.3	5.3
	0.5	0.48	96.3	4.2		0.5	0.49	98.7	6.7
	1.0	0.96	95.9	4.9		1.0	1.00	99.5	4.2

续表

农药	回收率(%)和 RSD^c(n=3,%)				农药	回收率(%)和 RSD^c(n=3,%)			
	添加量/ (μg/L)	检出量/ (μg/L)	R^b/ %	RSD^c/ %		添加量/ (μg/L)	检出量/ (μg/L)	R^b/ %	RSD^c/ %
水胺硫磷	0	nd^a			三唑磷	0	nd^a		
	0.1	0.098	98.1	3.8		0.1	0.087	87.4	3.7
	0.5	0.49	97.4	4.8		0.5	0.43	85.4	4.6
	1.0	0.99	99.4	3.6		1.0	0.88	88.3	3.6

a. nd:未检出；b. R:方法回收率；c. RSD:相对标准偏差

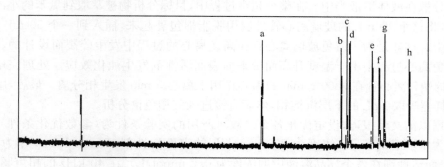

图 6-99　使用 DSME 方法分析红酒的添加 8 种 OPPs 的 GC-FPD 色谱图

添加浓度在 1.0 μg/L；其中 a 为灭线磷，b 为马拉硫磷，c 为毒死蜱，d 为水胺硫磷，e 为杀扑磷，f 为苯线磷，
g 为丙溴磷，h 为三唑磷

6.7　手动振荡-超声辅助-表面活性剂增强乳化的液相微萃取技术（M-UASEME）分析自来水和蜂蜜中有机磷农药残留

6.7.1　实验部分

6.7.1.1　药品及样品制备

农药标准储存溶液:8 种有机磷农药(三唑磷、杀扑磷、杀螟硫磷、灭线磷、水胺硫磷、丙溴磷、毒死蜱和马拉硫磷)标准品 1000 mg/L(丙酮配制)。

蜂蜜样本:来自当地超市,百花牌(2010)。取干重 0.5 g 的蜂蜜样本,用超纯水配制成浓度为 50 g/L 的蜂蜜水溶液,作为待测的蜂蜜样本。

自来水样本:来自中国农业大学分析化学实验室。自来水样本不需要任何处理,可直接进入分析过程,取样 24 小时内分析检测完毕。

6.7.1.2　色谱条件

HP-5 色谱柱；程序升温 100～280 ℃；检测器温度 250 ℃,检测器空气流速 100 mL/min,氢气流速 75 mL/min；进样口温度 230 ℃；载气流速 1.0 mL/min；不分流进样。

6.7.1.3　实验操作步骤及参数优化条件

在 M-UASEME 方法中，首先，量取 5 mL 液体样本加入到 10 mL 具塞玻璃离心管中。用微量进样器吸取 15 μL 的萃取溶剂和 5 μL 浓度为 200 mmol/L 的表面活性剂 Triton X-100 加入到上述的玻璃离心管中（此时表面活性剂在整个样品溶液中的浓度为 0.2 mmol/L）。用手轻轻振荡几下离心管，离心管中发生浑浊现象，形成了一个萃取溶剂的粗分散体系。然后，将整个离心管插入到超声仪中开始超声萃取，超声过程是在 40 kHz 的超声频率下萃取 10 s。在超声力的辅助下原本粗分散体系中的萃取溶剂小液滴变得更加分散，体积变得更小，数目也变得更多。此时，萃取溶剂均匀稳定的以小液滴的形式分散在液体溶液当中。在整个超声过程中，目标分析物被萃取到氯苯的小液滴内。接下来，将这个 10 mL 的玻璃离心管外层用脱脂棉包裹起来，插入到一个 50 mL 的塑料离心管中。这样是为了避免玻璃离心管在高速离心的过程中发生碎裂而设计的，同时还可以避免离心过程中由于温度升高而带来的表面活性剂发生浊化效应。处理完毕以后，50 mL 的塑料离心管在 3800 r/min 的离心作用下离心 5 min 发生相分离。最后，用 10 μL 微量进样器吸取 1 μL 的下层沉淀相，然后直接进入气相色谱分析。

根据以前文献报道，设定优化各个参数时所用的实验条件为（参数优化条件）：15 μL 氯苯作为萃取溶剂、5 μL 浓度为 200 mmol/L 的表面活性剂 Triton X-100 作为乳化剂（此时表面活性剂在整个样品溶液中的浓度为 0.2 mmol/L）、在 40 kHz 的超声频率下萃取 10 s、不额外增加离子强度。实验采用单一变量法来确定最终的参数，即只改变其中一种参数，固定其他参数不变，经过比较获得最佳萃取效率时对应的条件就是最终的参数。

6.7.1.4　需要注意的问题

本实验在萃取过程中涉及两部分：在手动振荡的过程中注意离心管内的液体不要溅出；在超声萃取过程中为了保持每次超声作用的平行性，每一次都要将离心管插到水面以下同样的深度，使每次离心管受到同样的超声作用力，可以提高方法的重现性。此外，本实验涉及表面活性剂的使用，由于其在一定温度下会发生浊化现象，因此在温度优化的时候要严格注意温度的控制。

6.7.2　结果与讨论

6.7.2.1　M-UASEME 萃取条件的优化

对影响 M-UASEME 萃取效率的萃取溶剂种类及体积、表面活性剂的种类及浓度、萃取温度、超声频率及超声时间、盐效应等参数进行优化，结果如下。

1）萃取溶剂的选择

考察了氯苯（密度：1.11 g/mL）、二氯苯（密度：1.30 g/mL）和四氯化碳（密度：1.59 g/mL）三种有机溶剂对萃取效率的影响，结果见图 6-100。可以看出，氯苯对 5 种有机磷农药具有最高的萃取效率，因此最终选择氯苯作为萃取剂。

2）萃取溶剂体积的选择

考察不同的萃取体积（15～30 μL）在参数优化条件下分别萃取 5 mL 的工作样本溶

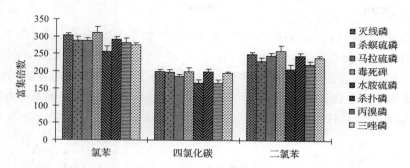

图 6-100　M-UASEME 使用不同的萃取溶剂对有机磷农药的富集倍数

液的萃取效率,结果见图 6-101。可以看出,随着萃取体积的增加,富集倍数(EF)逐渐减少。因此,最终采用 15 μL 的萃取溶剂。

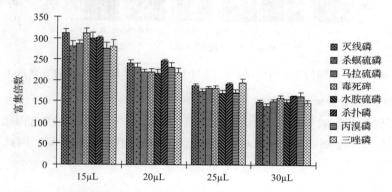

图 6-101　不同的萃取溶剂体积下,M-UASEME 萃取 OPPs 的富集倍数

3) 表面活性剂的类型

对三种类型的表面活性剂做了优化,分别是:非离子型表面活性剂(Triton X-100,Triton X-114,Tween 20)、阳离子表面活性剂(CTA B)、阴离子表面活性剂(SDS),结果见图 6-102。可以看出,在三种表面活性剂分子中,Triton X-100 取得了最高的富集倍数,因此,最终选择 Triton X-100 作为方法的乳化剂。

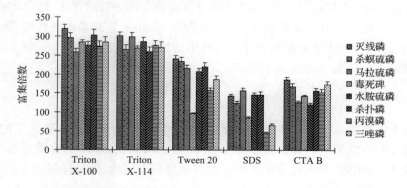

图 6-102　不同的表面活性剂对 M-UASEME 萃取 OPPs 富集倍数影响

4）表面活性剂的浓度

对表面活性剂 Triton X-100 的浓度在 6 个水平（0.0 mmol/L，0.1 mmol/L，0.2 mmol/L，0.3 mmol/L，0.4 mmol/L，0.5 mmol/L）上分别进行了评价，结果见图 6-103。图中显示表面活性剂浓度在 0.0～0.2 mmol/L 之间变化时，随着其浓度的增加方法的富集倍数也逐渐随之升高，0.2 mmol/L 过后，方法的富集倍数开始下降。因此，最终选取的表面活性剂浓度为 0.2 mmol/L。

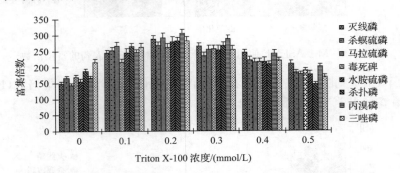

图 6-103　不同的表面活性剂浓度下，M-UASEME 萃取 OPPs 的富集倍数

5）超声频率和超声时间的影响

考察了不同的超声时间（0 s，10 s，20 s，30 s，60 s，120 s）对萃取效率的影响。结果表明，超声时间从 10 s 增加到 120 s 时对方法的萃取效率没有明显的影响。因此，最终选择 10 s 的超声时间。

6）盐的影响

考察添加 NaCl（0～5.0%）对萃取效率的影响，结果可以看出，NaCl 的加入对方法的效率影响不大，因此最终不再加入盐。

7）温度的影响

考察萃取温度（20℃，21℃，22℃，23℃，25℃，30℃，35℃）对萃取效果的影响，结果表明，在温度达到 25℃之前，温度的变化对方法没有明显的影响，而当温度升到 25℃以上时，方法的回收率大幅度的下降。因此最终确定在室温下进行萃取。

综上所述，经过对本实验中涉及的影响方法萃取效率的参数的优化，最终确定方法的萃取条件为：15 μL 氯苯作为萃取溶剂、5 μL 浓度为 200 mmol/L 的表面活性剂 Triton X-100 作为乳化剂（此时表面活性剂在整个样品溶液中的浓度为 0.2 mmol/L）、在 40 kHz 的超声频率下萃取 10s，不额外增加离子强度。

6.7.2.2　萃取条件下对方法的评价

根据以上对影响 M-UASEME 方法萃取条件的研究，接下来要在确立了的萃取条件下考察所建立的方法的可行性。在萃取条件下以 5 mL 的工作样本为研究基质，通过考察方法的线性、检出限、重现性等相关指标对方法进行了评价，结果详见表 6-40。

表 6-40　M-UASEME-GC-FPD 方法联用分析 8 种有机磷农药的线性、相关系数、精密度和检测限

农药	RSD($n=6$)/%	线性/(μg/L)	相关系数	检出限/(μg/L)
灭线磷	4.5	0.5~50.0	0.9978	0.005
杀螟硫磷	6.7	0.5~50.0	0.9965	0.03
马拉硫磷	5.6	0.5~50.0	0.9981	0.03
毒死蜱	7.1	0.5~50.0	0.9964	0.02
水胺硫磷	9.3	0.5~50.0	0.9996	0.05
杀扑磷	4.3	0.5~50.0	0.9977	0.01
丙溴磷	2.4	0.5~50.0	0.9973	0.02
三唑磷	3.5	0.5~50.0	0.9986	0.05

注：在添加浓度为 5 μg/L 的条件下计算

6.7.2.3　实际样本中的应用

通过对 M-UASEME 方法在实际样本上的应用进行验证来考察方法的实用性。运用新开发的方法来检测自来水和绿蜂蜜样本中的农药残留,经过检测发现两种样本目标分析物的含量低于方法的检出限。最后通过向不含有目标分析物的样本中添加三个不同浓度水平的有机磷农药来考察方法的基质效应,实验结果见表 6-41 和表 6-42。表中数据可以说明,该方法用于农药残留检测真实可靠。目标分析物添加于样本中的色谱图见图 6-104。

表 6-41　自来水中有机磷农药的添加回收率

农药	回收率(%)和 RSD($n=3$,%)				农药	回收率(%)和 RSD($n=3$,%)			
	添加量/(μg/L)	检出量/(μg/L)	R^b/%	RSD/%		添加量/(μg/L)	检出量/(μg/L)	R^b/%	RSD/%
灭线磷	0	nd[a]			水胺硫磷	0	nd[a]		
	1	0.845	84.5	3.4		1	0.845	84.5	8.7
	5	4.81	96.2	4.3		5	4.31	86.2	7.9
	10	9.13	91.3	3.2		10	9.32	93.2	9.1
杀螟硫磷	0	nd[a]			杀扑磷	0	nd[a]		
	1	0.856	85.6	5.4		1	0.833	83.3	3.5
	5	4.31	86.2	5.3		5	4.44	88.8	4.4
	10	8.65	86.5	6.5		10	9.32	93.2	2.8
马拉硫磷	0	nd[a]			丙溴磷	0	nd[a]		
	1	0.86	86	6.1		1	0.834	83.4	3.1
	5	4.65	93	4.6		5	4.35	87	4.5
	10	9.02	90.2	7.2		10	9.02	90.2	3.8
毒死蜱	0	nd[a]			三唑磷	0	nd[a]		
	1	0.854	85.4	7.5		1	0.921	92.1	2.8
	5	4.32	86.4	6.5		5	4.83	96.6	3.1
	10	8.78	87.8	4.8		10	9.53	95.3	4.3

a. nd:未检出；b. R:方法回收率

表 6-42　蜂蜜中有机磷农药的添加回收率

农药	回收率(%)和 RSD($n=3$,%)				农药	回收率(%)和 RSD($n=3$,%)			
	添加量/ (μg/L)	检出量/ (μg/L)	R^b/ %	RSD/ %		添加量/ (μg/L)	检出量/ (μg/L)	R^b/ %	RSD/ %
灭线磷	0	nd[a]			水胺硫磷	0	nd[a]		
	1	0.832	83.2	4.7		1	0.842	84.2	9.2
	5	4.71	94.2	3.7		5	4.28	85.6	7.2
	10	9.34	93.4	4.1		10	9.43	94.3	6.9
杀螟硫磷	0	nd[a]			杀扑磷	0	nd[a]		
	1	0.842	84.2	4.8		1	0.832	83.2	2.7
	5	4.12	82.4	3.5		5	4.24	84.8	3.2
	10	8.45	84.5	6.5		10	9.41	94.1	5.6
马拉硫磷	0	nd[a]			丙溴磷	0	nd[a]		
	1	0.831	83.1	5.8		1	0.839	83.9	4.7
	5	4.28	85.6	3.7		5	4.32	86.4	5.1
	10	8.91	89.1	6.1		10	8.94	89.4	6.9
毒死蜱	0	nd[a]			三唑磷	0	nd[a]		
	1	0.854	85.4	6.4		1	0.876	87.6	4.7
	5	4.53	90.6	5.2		5	4.72	94.4	3.8
	10	9.23	92.3	7.4		10	9.67	96.7	3.8

a. nd:未检出；b. R:方法回收率

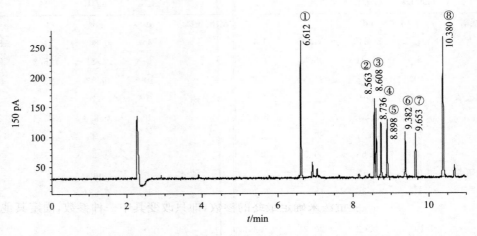

图 6-104　使用 M-UASEME 方法分析蜂蜜的添加 8 种 OPPs 的 GC-μFPD 色谱图
①～⑧分别为灭线磷、杀螟硫磷、马拉硫磷、毒死蜱、水胺硫磷、杀扑磷、丙溴磷、三唑磷

6.8　涡旋辅助表面活性剂增强乳化的液相微萃取技术（VSLLME）分析蜂蜜和红酒中有机磷农药残留

6.8.1　实验部分

6.8.1.1　药品及样品制备

农药标准储存溶液：7 种有机磷农药（灭线磷、水胺硫磷、马拉硫磷、杀扑磷、三唑磷、毒死蜱和丙溴磷）标准品 1000 mg/L（丙酮配制）。

红酒样本：来自当地超市，长城牌（2010）。由于红酒样本里面含有的气泡可能会影响实验的结果，因此在分析之前先要除去红酒样本中的气泡。实验中除去气泡用到两种方法，具体操作如下：

超声方法：将 100 mL 的红酒样品加入到 200 mL 的烧杯中，整个烧杯放在 25 ℃的超声水浴中超声 3 min。在超声的过程中，用一根玻璃棒不停地搅动烧杯内的红酒样本，以加快除去气泡的速度。经过这样处理的红酒样本记作 W1。

涡旋方法：将 50 mL 的红酒样品加入到 100 mL 的塑料离心管中，盖紧离心管的盖子，在涡旋仪上以 2800 r/min 的转速涡旋 5 min，除去红酒样品内的气泡。这样处理的红酒样本记作 W2。

蜂蜜样本：来自当地超市，百花牌（2010）。取干重 0.5 g 的蜂蜜样本，用超纯水配制成浓度为 50 g/L 的蜂蜜水溶液，作为待测的蜂蜜样本。

6.8.1.2　色谱条件

HP-5 色谱柱；程序升温 80 ～ 260 ℃；检测器温度 250 ℃，检测器空气流速 100 mL/min，氢气流速 75 mL/min；进样口温度 230 ℃；载气流速 1.0 mL/min；不分流进样。

6.8.1.3　实验操作步骤及参数优化条件

在涡旋仪上以 2800 r/min 的转速涡旋 30 s 代替振荡和超声。

在实验之前初步设定优化各个参数时所用的实验条件为（参数优化条件）：15 μL 氯苯作为萃取溶剂、5 μL 浓度为 200 mmol/L 的表面活性剂 Triton X-114 作为乳化剂（此时表面活性剂在整个样品溶液中的浓度为 0.2 mmol/L）、不额外增加离子强度，涡旋萃取 30 s。实验采用单一变量法来确定最终的参数，即只改变其中一种参数，固定其他参数不变，经过比较获得最佳萃取效率时对应的条件就是最终的参数。

6.8.1.4　需要注意的问题

在涡旋振荡的过程中，要注意离心管内的液体不要溅出。另外，本实验涉及表面活性剂的参与，由于其在一定温度下会发生浊化现象，因此在温度优化的时候要严格注意温度的控制，以免影响实验结果。

6.8.2　结果与讨论

6.8.2.1　VSLLME 萃取条件的优化

对影响萃取效率的萃取溶剂种类及体积、表面活性剂的种类及其在样本中的浓度、萃取温度、萃取时间、盐效应等参数进行了优化,结果如下。

1）萃取溶剂的选择

考察了氯苯、二氯苯和四氯化碳 3 种有机溶剂来萃取 7 种有机磷农药的效果,结果见图 6-105。可以看出,氯苯具有最好的萃取效果。因此最终选择氯苯作为方法的萃取溶剂。

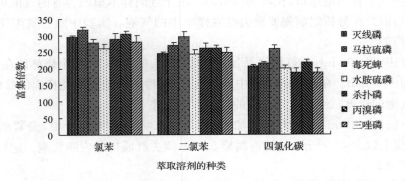

图 6-105　VSLLME 使用不同的萃取溶剂对有机磷农药的萃取效果

2）萃取溶剂体积的选择

考察不同的萃取体积(15～30 μL)对萃取效率的影响,目标分析物的萃取回收率和富集倍数见图 6-106。可以看出,当氯苯的体积从 15 μL 提高到 30 μL 时,回收率没有大的变化,而富集倍数则随着氯苯体积的增加而显著下降,因此最终萃取溶剂体积确定为 15 μL。

3）表面活性剂的种类

考察了 3 种不同类型的表面活性剂非离子型表面活性剂（Triton X-100，Triton X-114，Tween 20）、阳离子表面活性剂（CTA B）、阴离子表面活性剂（SDS）对萃取效率的影响,结果见图 6-107。可以看出,非离子表面活性剂一组相对阴离子表面活性剂和阳离子表面活性剂取得了更好的萃取效果。因此,最终选择 Triton X-114 作为乳化剂。

4）分散剂的种类和体积选择

考察表面活性剂 Triton X-114 的浓度分别为 0.0、0.05 mmol/L、0.1 mmol/L、0.2 mmol/L、0.5 mmol/L、1.0 mmol/L 时对萃取效率的影响,结果见图 6-108。表面活性剂浓度在 0.20 mmol/L 时富集倍数达到最大。因此,最终选取的表面活性剂浓度为 0.20 mmol/L。

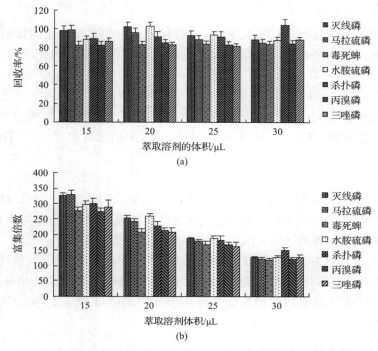

图 6-106　不同的萃取溶剂体积对 VSLLME 萃取 OPPs 的影响

(a)回收率；(b)富集倍数

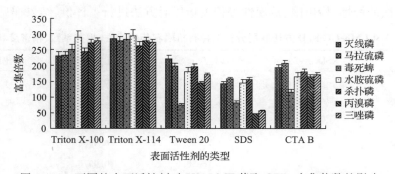

图 6-107　不同的表面活性剂对 VSLLME 萃取 OPPs 富集倍数的影响

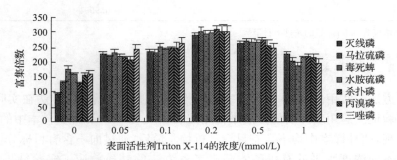

图 6-108　不同浓度表面活性剂下，VSLLME 萃取 OPPs 的富集倍数

5）涡旋时间的影响

考察了不同涡旋时间 30 s、60 s、180 s 对目标分析物的富集倍数的影响。实验结果表明，随着涡旋时间的延长，方法的富集倍数并没有显著的变化。因此，最终涡旋时间确定为 30 s。

6）盐的影响

考察不同浓度（0～5％）NaCl 对萃取效率的影响。结果表明，随着盐的加入，方法的萃取效率随之增加，当达到 5％时目标分析物的富集倍数反而变低。因此，最终加入 3％ NaCl。

7）温度的影响

考察实验温度 15 ℃、20 ℃、21 ℃、22 ℃、23 ℃、24 ℃、25 ℃、30 ℃、35 ℃对萃取效果的影响。结果表明，在 22 ℃之前，温度的变化对方法无明显影响，而当温度升到 22 ℃以上时，方法的回收率大幅度地下降。因此，最终确定室温下进行实验。

综上所述，经过对本实验中涉及的影响方法萃取效率的参数的优化，最终确定方法的萃取条件为：15 μL 氯苯作为萃取溶剂、5 μL 浓度为 200 mmol/L 的表面活性剂 Triton X-114 作为乳化剂（此时表面活性剂在整个样品溶液中的浓度为 0.2 mmol/L）、加入 3％ NaCl、涡旋萃取 30s。

6.8.2.2　萃取条件下对方法的评价

为了评价以上各个优化条件的结果，在萃取条件下以 5 mL 的工作样本为研究基质，通过考察方法的线性、检出限、重现性等相关指标对方法进行了评价，结果详见表 6-43。

表 6-43　VSLLME-GC-FPD 方法联用分析 7 种有机磷农药的线性、相关系数、精密度和检测限

农药	RSD($n=6$)/％	线性/(μg/L)	相关系数	检出限/(μg/L)
灭线磷	3.2	0.1～50.0	0.9981	0.02
马拉硫磷	4.5	0.1～50.0	0.9975	0.01
毒死蜱	5.2	0.1～50.0	0.9969	0.05
水胺硫磷	8.3	0.1～50.0	0.9986	0.05
杀扑磷	6.5	0.1～50.0	0.9976	0.02
丙溴磷	2.3	0.1～50.0	0.9984	0.05
三唑磷	8.9	0.1～50.0	0.9991	0.02

注：在添加浓度为 0.5 μg/L 的条件下计算

6.8.2.3　实际样本中的应用

考察了方法的实用性，对涡旋辅助表面活性剂增强乳化微萃取方法在实际样本上的应用进行了验证。运用新开发的方法来检测红酒（W1 和 W2）和蜂蜜样本中的农药残留。经过检测发现，两种样本中均不含有目标分析物。最后，通过向不含有目标分析物的样本中添加三个不同浓度水平的有机磷农药来考察方法的基质效应。实验结果见表 6-44、表 6-45、表 6-46。数据表明，样本的浓度在 1～20 μg/L 之间时，不同添加浓度水平下的回收率大于 81.5%。本方法的精密度通过计算每个样本添加浓度的 3 次平行计算,相对标准偏差(RSD)在 2.1%~10.3%之间。以上数据可以说明,该方法用于农药残留检测真实可靠。目标分析物添加于样本中的色谱图见图 6-109。

表 6-44　红酒(W1)中有机磷农药的添加回收率

农药	回收率(%)和 RSD(n=3,%)				农药	回收率(%)和 RSD(n=3,%)			
	添加量/ (μg/L)	检出量/ (μg/L)	R^b/ %	RSD/ %		添加量/ (μg/L)	检出量/ (μg/L)	R^b/ %	RSD/ %
灭线磷	0	nd[a]			杀扑磷	0	nd[a]		
	1	0.883	88.3	9.4		1	0.832	83.2	10.3
	10	9.23	92.3	5.4		10	9.56	95.6	5.4
	20	18.3	91.5	4.6		20	17.3	86.5	7.3
马拉硫磷	0	nd[a]			丙溴磷	0	nd[a]		
	1	0.861	86.1	9.8		1	0.836	83.6	6.5
	10	9.14	91.4	4.5		10	8.79	87.9	4.3
	20	20.11	100.6	2.3		20	17.4	87.0	2.9
毒死蜱	0	nd[a]			三唑磷	0	nd[a]		
	1	0.93	93.0	5.4		1	0.843	84.3	4.3
	10	8.64	86.4	3.2		10	8.73	87.3	8.4
	20	18.7	93.5	6.1		20	18.3	91.5	6.4
水胺硫磷	0	nd[a]							
	1	0.973	97.3	7.5					
	10	10.04	100.4	7.1					
	20	17.5	87.5	5.2					

a. nd:未检出;b. R:方法回收率

表 6-45　红酒(W2)中有机磷农药的添加回收率

农药	回收率(%)和 RSD(n=3,%)				农药	回收率(%)和 RSD(n=3,%)			
	添加量/ (μg/L)	检出量/ (μg/L)	R^b/ %	RSD/ %		添加量/ (μg/L)	检出量/ (μg/L)	R^b/ %	RSD/ %
灭线磷	0	nd[a]			杀扑磷	0	nd[a]		
	1	1.08	108.0	6.4		1	0.87	87.0	5.4
	10	9.87	98.7	7.3		10	8.4	84.0	3.2
	20	18.4	92.0	5.3		20	17.4	87.0	4.3
马拉硫磷	0	nd[a]			丙溴磷	0	nd[a]		
	1	0.97	97.0	8.4		1	0.823	82.3	8.4
	10	10.2	102.0	7.4		10	8.5	85.0	6.3
	20	18.9	94.5	4.3		20	17.5	87.5	3.2

农药	回收率(%)和 RSD($n=3$,%)				农药	回收率(%)和 RSD($n=3$,%)			
	添加量/ (μg/L)	检出量/ (μg/L)	R^b/ %	RSD/ %		添加量/ (μg/L)	检出量/ (μg/L)	R^b/ %	RSD/ %
毒死蜱	0	nd[a]			三唑磷	0	nd[a]		
	1	0.89	89	4.6		1	0.84	84.0	6.4
	10	8.53	85.3	2.1		10	8.94	89.4	4.6
	20	16.3	81.5	3.5		20	17.4	87.0	6.1
水胺硫磷	0	nd[a]							
	1	0.874	87.4	10.1					
	10	9.43	94.3	9.4					
	20	17.4	87.0	7.3					

a. nd：未检出；b. R：方法回收率

表 6-46　蜂蜜中有机磷农药的添加回收率

农药	回收率(%)和 RSD($n=3$,%)				农药	回收率(%)和 RSD($n=3$,%)			
	添加量/ (μg/L)	检出量/ (μg/L)	R^b/ %	RSD/ %		添加量/ (μg/L)	检出量/ (μg/L)	R^b/ %	RSD/ %
灭线磷	0	nd[a]			杀扑磷	0	nd[a]		
	1	0.887	88.7	9.2		1	0.835	83.5	9.8
	10	9.34	93.4	4.7		10	9.57	95.7	5.6
	20	18.2	91.0	4.5		20	17.5	87.5	7.3
马拉硫磷	0	nd[a]			丙溴磷	0	nd[a]		
	1	0.857	85.7	9.6		1	0.842	84.2	6.1
	10	9.09	90.9	4.8		10	8.83	88.3	4.2
	20	19.9	99.5	2.7		20	17.6	88.0	3.2
毒死蜱	0	nd[a]			三唑磷	0	nd[a]		
	1	0.94	94	4.9		1	0.847	84.7	4.1
	10	8.71	87.1	2.9		10	8.8	88.0	8.7
	20	18.5	92.5	6.4		20	18.1	90.5	5.9
水胺硫磷	0	nd[a]							
	1	0.969	96.9	8.2					
	10	9.8	98.0	7.4					
	20	17.2	86.0	4.8					

a. nd：未检出；b. R：方法回收率

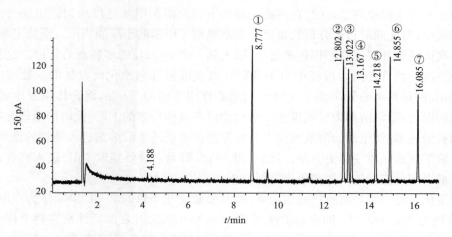

图 6-109　使用 VSLLME 方法分析蜂蜜的添加 7 种 OPPs 的 GC-μFPD 色谱图

①～⑦分别为：灭线磷、马拉硫磷、毒死蜱、水胺硫磷、杀扑磷、丙溴磷、三唑磷

6.9　密度小于水的萃取溶剂基于的涡旋辅助表面活性剂增强乳化微萃取技术(LDS-VSLLME)分析自来水和蜂蜜中有机磷农药残留

6.9.1　实验部分

6.9.1.1　药品及样品制备

农药标准储存溶液：8 种有机磷农药(三唑磷、杀扑磷、杀螟硫磷、马拉硫磷、水胺硫磷、灭线磷、毒死蜱和丙溴磷)标准品 1000 mg/L(丙酮配制)。

蜂蜜样本：来自当地超市，百花牌(2012)。取干重 0.5 g 的蜂蜜样本，用超纯水配制成浓度为 50 g/L 的蜂蜜水溶液，作为待测的蜂蜜样本。

自来水样本：来自中国农业大学分析化学实验室。自来水样本不需要任何处理，可直接进入分析过程，取样 24 小时内分析检测完毕。

6.9.1.2　色谱条件

HP-5 色谱柱；程序升温 100～280 ℃；进样口温度 230 ℃；检测器温度为 250 ℃；检测器空气流速 100 mL/min，氢气的流速 75 mL/min；载气流速 1.0 mL/min；不分流进样。

6.9.1.3　实验操作步骤及参数优化条件

在 LDS-VSLLME 方法中，首先量取 5 mL 液体样本加入到一个 10 mL 的一次性塑料滴管中(滴管底部规格：40 mm×12 mm I. D. ，颈部规格：120 mm×6 mm I. D.)。用微量进样器吸取 30 μL 的萃取溶剂甲苯和 5 μL 浓度为 200 mmol/L 的表面活性剂 Triton X-100 加入到上述的塑料滴管中(此时表面活性剂在整个样品溶液中的浓度为 0.2 mmol/L)。然后将整个一次性塑料滴管放在涡旋仪上以 2800 r/min 的转速涡旋1 min，滴管中立刻发生浑浊现象,此时在涡旋的辅助下萃取溶剂甲苯已经均匀稳定地分散在了样本溶液中,与此同时目标分析物也已经被萃取到了甲苯的小液滴当中。涡旋完毕后,将整个一次性滴管外层用脱脂棉包裹起来,插入到一个 50 mL 的塑料离心管中。这样是为了避免一次性滴管在离心过程中由于升温导致表面活性剂浊化而设计的。处理完毕以后,50 mL 的塑料离心管在 3800 r/min 的离心作用下离心 5 min,混合体系发生相分离。离心完毕以后,萃取溶剂由于密度小于水而漂浮在液体样本的上层,此时用手轻轻挤压一次性滴管的底部,使里面的溶液液面上升使漂浮在上层的萃取溶剂进入滴管的颈部,这样会使萃取溶剂的回收变得更方便。最后,用 10 μL 微量进样器吸取 1 μL 进入滴管颈部的萃取溶剂甲苯并直接进入气相色谱进行分析。

设定优化各个参数时所用的实验条件为(参数优化条件):30 μL 甲苯作为萃取溶剂、5 μL 浓度为 200 mmol/L 的表面活性剂 Triton X-100(此时表面活性剂在整个样品溶液中的浓度为 0.2 mmol/L)作为乳化剂、不额外增加离子强度,涡旋萃取 1 min,实验温度为室温。实验采用单一变量法来确定最终的参数,即只改变其中一种参数,固定其他参数不变,经过比较获得最佳萃取效率时对应的条件就是最终的参数。

6.9.1.4　需要注意的问题

在涡旋振荡的过程中,注意一次性滴管内的液体不要溅出。此外,在挤压滴管时,一定要轻而且要慢以免溶液溢出滴管。另外,本实验涉及表面活性剂的参与,由于其在一定温度下会发生浊化现象,为了避免此现象的发生在整个实验过程中均要严格注意温度的控制。

6.9.2　结果与讨论

6.9.2.1　LDS-VSLLME 萃取条件的优化

对影响 LDS-VSLLME 萃取效率的萃取溶剂种类及体积、表面活性剂的种类及其在样本中的浓度、萃取温度、涡旋时间、盐效应等参数进行优化,结果如下。

1)萃取溶剂的选择

考察了甲苯、二甲苯、正己烷、环己烷和异辛烷 5 种有机溶剂对 8 种有机磷农药萃取效率的影响。结果见图 6-110,可以看出,甲苯具有最好的萃取效果。因此最终选择甲苯作为 LDS-VSLLME 的萃取溶剂。

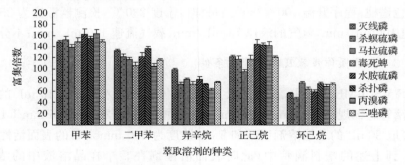

图 6-110　LDS-VSLLME 使用不同的萃取溶剂对有机磷农药的富集倍数

2) 萃取溶剂体积的选择

考察萃取溶剂体积分别为 30 μL、35 μL、40 μL、45 μL 时对方法富集倍数的影响,结果见图 6-111。可以看出,富集倍数随萃取溶剂体积的增加显著下降。因此,最终选择萃取溶剂的体积为 30 μL。

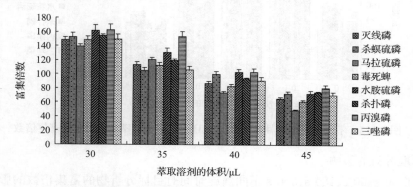

图 6-111　不同的萃取溶剂体积下,LDS-VSLLME 萃取 OPPs 的富集倍数

3) 表面活性剂的种类

对三种类型的表面活性剂非离子型表面活性剂(Triton X-100,Triton X-114,Tween 20)、阳离子表面活性剂(CTA B)、阴离子表面活性剂(SDS)对萃取效率的影响进行优化,结果见图 6-112。可以看出,非离子表面活性剂对目标分析物具有更好的萃取效果。因此最终选择 Triton X-100 作为 LDS-VSLLME 方法的乳化剂。

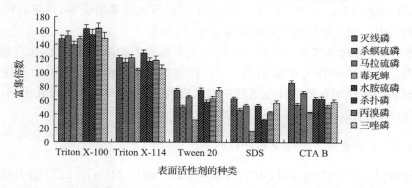

图 6-112　不同的表面活性剂对 LDS-VSLLME 萃取 OPPs 富集倍数影响

4) 表面活性剂的浓度

考察表面活性剂 Triton X-100 浓度分别为 0.0、0.1 mmol/L、0.2 mmol/L、0.3 mmol/L、0.4 mmol/L、0.5 mmol/L 对萃取效率的影响,结果见图 6-113。可以看出,表面活性剂浓度为 0.2 mmol/L 时方法的富集倍数达到最大。因此,最终选取的表面活性剂浓度为 0.2 mmol/L。

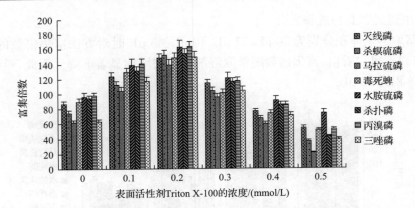

图 6-113　不同的表面活性剂浓度下，LDS-VSLLME 萃取 OPPs 的富集倍数

5）萃取时间的影响

考察了 30 s、60 s、180 s、300 s 不同涡旋时间对目标分析物的富集倍数的影响。结果表明，在萃取发生 60 s 以后，随着涡旋时间的延长，方法的富集倍数并没有显著的变化。因此，最终涡旋时间确定为 60 s。

6）盐的影响

考察不同浓度（0～5％）NaCl 对萃取效率的影响，结果表明萃取效率并没有明显的变化。因此，最终决定在实验过程中不加入额外的盐。

7）温度的影响

考察不同温度 15 ℃、20 ℃、25 ℃、30 ℃、35 ℃对萃取效果的影响，结果表明，25 ℃时，回收率达到最大。因此最终确定的温度是室温下进行。

综上所述，经过对本实验中涉及的影响方法萃取效率的参数的优化，最终确定方法的萃取条件为：30 μL 甲苯作为萃取溶剂、5 μL 浓度为 200 mmol/L 的表面活性剂 Triton X-100（此时表面活性剂在整个样品溶液中的浓度为 0.2 mmol/L）作为乳化剂、不额外增加离子强度，涡旋萃取 1 min，实验温度为室温。

6.9.2.2　萃取条件下对方法的评价

为了评价以上各个优化条件的结果，使用 LDS-VSLLME-GC-FPD 的方法在萃取条件下以 5 mL 的工作样本为研究基质，对方法的方法线性、检出限、重现性等进行了研究，结果详见表 6-47。

表 6-47　LDS-VSLLME-GC-FPD 方法联用分析 8 种有机磷农药的线性、相关系数、精密度和检测限

农药	RSD($n=6$)/%	线性/(μg/L)	相关系数	检出限/(μg/L)
灭线磷	3.2	0.5～50.0	0.9965	0.005
杀螟硫磷	5.4	0.5～50.0	0.9973	0.02
马拉硫磷	4.3	0.5～50.0	0.9984	0.05
毒死蜱	6.2	0.5～50.0	0.9961	0.01
水胺硫磷	11.3	0.5～50.0	0.9989	0.03

续表

农药	RSD($n=6$)/%	线性/(μg/L)	相关系数	检出限/(μg/L)
杀扑磷	5.3	0.5～50.0	0.9997	0.01
丙溴磷	2.1	0.5～50.0	0.9968	0.05
三唑磷	3.2	0.5～50.0	0.9984	0.05

注：在添加浓度为 0.5 μg/L 的条件下计算

6.9.2.3　实际样本中的应用

根据以上对 LDS-VSLLME 方法的优化和评价，说明建立的方法可靠并且具有较高的萃取效率。为了考察方法的实用性，对 LDS-VSLLME 方法在实际样本上的应用进行了验证，运用新开发的方法来检测自来水和蜂蜜样本中的农药残留。经过检测发现，两种样本中目标分析物的含量低于方法的检出限。最后为了考察方法在实际样本中的基质效应，对实际样本做了 3 个不同浓度水平的添加回收实验，所得的结果见表 6-48、表 6-49。表中显示，方法的回收率在三个不同浓度水平实际样本中均具有较高的回收率和较好的精密度，样本中的浓度在 1～10 μg/L 之间时，不同添加浓度水平下的回收率大于82.8%，相对标准偏差在 2.5%～9.5%之间。以上数据可以说明，该方法用于农药残留检测真实可靠。目标分析物添加于样本的色谱图见图 6-114。

表 6-48　自来水中有机磷农药的添加回收率

农药	回收率(%)和 RSD($n=3$,%)				农药	回收率(%)和 RSD($n=3$,%)			
	添加量/ (μg/L)	检出量/ (μg/L)	R^b/ %	RSD/ %		添加量/ (μg/L)	检出量/ (μg/L)	R^b/ %	RSD/ %
灭线磷	0	nd[a]			水胺硫磷	0	nd[a]		
	1	0.873	87.3	7.4		1	0.865	86.5	4.3
	5	4.21	84.2	3.2		5	4.53	90.6	5.4
	10	9.43	94.3	5.3		10	9.43	94.3	3.2
杀螟硫磷	0	nd[a]			杀扑磷	0	nd[a]		
	1	0.864	86.4	7.1		1	0.853	85.3	8.4
	5	4.52	90.4	5.3		5	4.72	94.4	4.5
	10	9.31	93.1	2.5		10	9.85	98.5	5.2
马拉硫磷	0	nd[a]			丙溴磷	0	nd[a]		
	1	0.837	83.7	6.3		1	0.853	85.3	7.5
	5	4.32	86.4	4.6		5	4.62	92.4	5.3
	10	9.54	95.4	3.6		10	9.94	99.4	4.3
毒死蜱	0	nd[a]			三唑磷	0	nd[a]		
	1	0.853	85.3	8.4		1	0.95	95	6.4
	5	4.27	85.4	7.4		5	5.01	100.2	9.5
	10	9.53	95.3	5.3		10	9.94	99.4	6.3

a. nd：未检出；b. R：方法回收率

表 6-49　蜂蜜中有机磷农药的添加回收率

农药	回收率(%)和 RSD($n=3$,%)				农药	回收率(%)和 RSD($n=3$,%)			
	添加量/(μg/L)	检出量/(μg/L)	R^b/%	RSD/%		添加量/(μg/L)	检出量/(μg/L)	R^b/%	RSD/%
灭线磷	0	nd[a]			水胺硫磷	0	nd[a]		
	1	0.854	85.4	5.4		1	0.853	85.3	8.5
	5	4.14	82.8	4.3		5	4.64	92.8	6.3
	10	9.43	94.3	3.5		10	9.89	98.9	5.3
杀螟硫磷	0	nd[a]			杀扑磷	0	nd[a]		
	1	0.874	87.4	6.5		1	0.842	84.2	6.3
	5	4.31	86.2	4.6		5	4.52	90.4	5.2
	10	9.98	99.8	3.5		10	9.78	97.8	3.5
马拉硫磷	0	nd[a]			丙溴磷	0	nd[a]		
	1	0.832	83.2	6.3		1	0.921	92.1	7.4
	5	4.31	86.2	5.3		5	4.83	96.6	5.3
	10	8.73	87.3	6.3		10	10.01	100.1	7.4
毒死蜱	0	nd[a]			三唑磷	0	nd[a]		
	1	0.842	84.2	8.5		1	0.87	87	6.3
	5	4.21	84.2	4.6		5	4.83	96.6	8.4
	10	9.01	90.1	5.3		10	9.89	98.9	6.2

a. nd:未检出;b. R:方法回收率

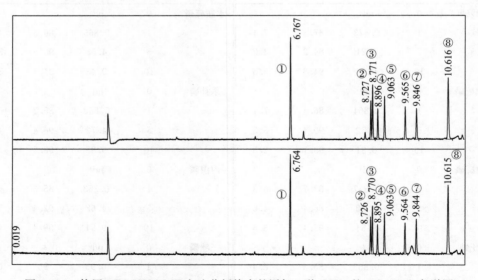

图 6-114　使用 LDS-VSLLME 方法分析蜂蜜的添加 8 种 OPPs 的 GC-μFPD 色谱图

①~⑧分别为:灭线磷、杀螟硫磷、马拉硫磷、毒死蜱、水胺硫磷、杀扑磷、丙溴磷、三唑磷

6.10　自主设计的提取设备-涡旋辅助表面活性剂增强乳化微萃取技术(DA-VSLLME)分析三种环境水中有机磷农药残留

6.10.1　实验部分

6.10.1.1　药品及样品制备

农药标准储存溶液:8 种有机磷农药(三唑磷、杀扑磷、杀螟硫磷、马拉硫磷、水胺硫磷、灭线磷、毒死蜱和丙溴磷)标准品 1000 mg/L(丙酮配制)。

实验用河水样本来自小清河(中国,北京),实验用井水样本来自密云(中国,北京),实验用稻田水样本来自上庄(中国,北京)。为了除去水样中的固体颗粒影响,所有的样本在实验之前均需用 0.45 μm 的滤膜过滤。

6.10.1.2　色谱条件

HP-5 色谱柱;程序升温 100～280 ℃;进样口温度 230 ℃;检测器温度为 250 ℃;检测器空气流速 100 mL/min,氢气的流速 75 mL/min;载气流速 1.0 mL/min;不分流进样。

6.10.1.3　实验操作步骤及参数优化条件

在 DA-VSLLME 方法中,首先准确量取 5 mL 液体样本加入到一个 10 mL 的玻璃试管中。用微量进样器吸取 35 μL 的萃取溶剂甲苯和 5.0 μL 浓度为 200 mmol/L 的表面活性剂 Triton X-100 加入到上述的玻璃试管中(此时表面活性剂在整个样品溶液中的浓度为 0.2 mmol/L)。然后将试管放在涡旋仪上以 2800 r/min 的转速涡旋 3 min,试管中立刻出现浑浊现象,此时的萃取溶剂甲苯在涡旋仪的辅助下已经均匀稳定地分散在了样本溶液中,与此同时目标分析物也已经被萃取到了甲苯的小液滴当中。涡旋完毕后,将整个玻璃试管外层用脱脂棉包裹起来,插入到一个 50 mL 的塑料离心管中。这样是为了避免玻璃试管在离心过程中由于升温导致表面活性剂浊化而设计的。处理完毕以后,50 mL 的塑料离心管在 3800 r/min 的离心作用下离心 5 min 发生相分离。离心完毕以后,将自制的萃取设备插入到试管内部,此时上层的萃取溶剂进入自制的萃取设备中,由于它是成倒三角形,因此会使得萃取溶剂到达装置顶端尖部时回收变得更方便。最后,用 10 μL 微量进样器吸取 1 μL 进入装置尖部的萃取溶剂甲苯,然后直接进入气相色谱分析。具体操作流程见图 6-115。

根据以前文献报道,设定优化各个参数时所用的实验条件为(参数优化条件):35 μL 甲苯作为萃取溶剂、5 μL 浓度为 200 mmol/L 的表面活性剂 Triton X-100(此时表面活性剂在整个样品溶液中的浓度为 0.2 mmol/L)作为乳化剂、不额外增加离子强度,涡旋萃取 3 min,实验温度为室温。实验采用单一变量法来确定最终的参数,即只改变其中一种参数,固定其他参数不变,经过比较获得最佳萃取效率时对应的条件就是最终的参数。

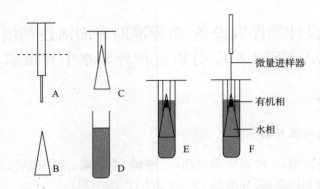

图 6-115　自主设计的提取设备-涡旋辅助表面活性剂增强乳化微萃取技术实验步骤

6.10.1.4　需要注意的问题

在涡旋振荡的过程中,注意试管内的液体不要溅出以免影响方法的萃取效率;此外,在插入自行设计的萃取装置时一定要轻而且要慢,以免破坏了已经分层的两相;另外,本实验涉及的表面活性剂,由于其在一定温度下会发生浊化现象,因此在整个萃取的过程中都要严格注意温度的控制。

6.10.2　结果与讨论

本方法的关键首先在于 DA-VSLLME 萃取过程中表面活性剂能否成功地代替分散剂的使用,有效地将萃取溶剂分散在样品溶液当中;其次就是自行设计的萃取装置能否成功地用来回收相分离后的萃取溶剂;此外,考虑到实际样本中可能含有很多杂质,为了简化样本前处理的操作步骤,决定采用火焰光度检测器(FPD),利用其对有机磷化合物的高度选择性,从而使得样本经过 DA-VSLLME 过程的萃取、富集后就可以直接进行气相色谱分析。

6.10.2.1　DA-VSLLME 萃取条件的优化

对影响 DA-VSLLME 萃取效率的萃取溶剂种类及体积、表面活性剂的种类及其在样本中的浓度、萃取温度、涡旋时间、盐效应等参数进行优化,结果如下。

1) 萃取溶剂的选择

考察了甲苯、二甲苯、正己烷、环己烷和异辛烷 5 种有机溶剂对 8 种有机磷农药的萃取效果,结果见图 6-116。可以看出,甲苯具有最好的萃取效果,因此最终选择甲苯作为 DA-VSLLME 的萃取溶剂。

2) 萃取溶剂体积的选择

考察萃取溶剂分别为 35 μL、40 μL、45 μL、50 μL 时对方法富集倍数的影响,结果见图 6-117。可以看出,富集倍数随着萃取溶剂体积的增加而显著下降。因此,最终选择萃取溶剂的体积为 35 μL。

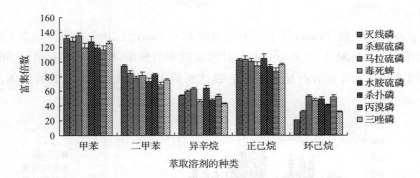

图 6-116　DA-VSLLME 使用不同的萃取溶剂对有机磷农药的富集倍数

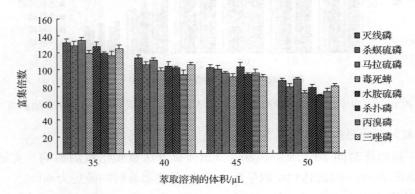

图 6-117　不同的萃取溶剂体积下，DA-VSLLME 萃取 OPPs 的富集倍数

3）表面活性剂的种类

对三种类型的表面活性剂非离子型表面活性剂（Triton X-100，Triton X-114，Tween 20）、阳离子表面活性剂（CTA B）、阴离子表面活性剂（SDS）进行优化，结果见图 6-118。可以看出，非离子表面活性剂可取得较好的萃取效果。因此，最终选择 Triton X-100 作为方法的乳化剂。

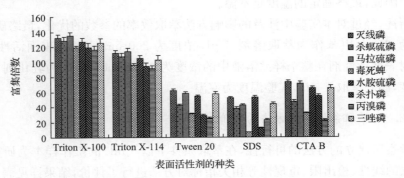

图 6-118　不同的表面活性剂对 DA-VSLLME 萃取 OPPs 富集倍数影响

4）表面活性剂的浓度

考察了表面活性剂 Triton X-100 不同浓度 0.0 mmol/L、0.1 mmol/L、0.2 mmol/L、0.3 mmol/L、0.4 mmol/L、0.5 mmol/L 对萃取效率的影响,结果见图 6-119。可以看出,表面活性剂浓度在 0.2 mmol/L 时富集倍数达到最大。因此,最终选取的表面活性剂浓度为 0.2 mmol/L。

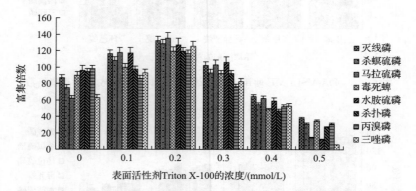

图 6-119　不同的表面活性剂浓度对 DA-VSLLME 萃取 OPPs 富集倍数的影响

5）萃取时间的影响

考察不同涡旋时间 30 s、60 s、180 s、300 s 对方法富集倍数的影响。实结果表明,DA-VSLLME 在 60 s 时能达到萃取平衡。因此,最终涡旋时间确定为 60 s。

6）盐的影响

考察不同浓度(0~5％)NaCl 加入对 DA-VSLLME 萃取效果的影响,结果可看出,随着盐的加入,方法的萃取效率没有明显的变化。因此,最终决定在实验过程中不加入额外的盐。

7）温度的影响

考察不同温度 15 ℃、20 ℃、25 ℃、30 ℃对萃取效果的影响。实验表明,25 ℃时回收率达到最大。因此,最终确定的温度是室温。

综上所述,经过对本实验中涉及的影响方法萃取效率的参数的优化,最终确定方法的萃取条件为:35 μL 甲苯作为萃取溶剂、5 μL 浓度为 200 mmol/L 的表面活性剂 Triton X-100(此时表面活性剂在整个样品溶液中的浓度为 0.2 mmol/L)作为乳化剂、不额外增加离子强度,涡旋萃取 1 min,实验温度为室温。

6.10.2.2　萃取条件下对方法的评价

为了考察所建立的方法的可行性,在萃取条件下以 5 mL 的工作样本为研究基质,通过考察方法的线性、检出限、重现性等相关指标对方法进行了评价,结果详见表 6-50。

表 6-50　DA-VSLLME-GC-FPD 方法联用分析 8 种有机磷农药的线性、相关系数、精密度和检测限

农药	RSD($n=6$)/%	线性/($\mu g/L$)	相关系数	检出限/($\mu g/L$)
灭线磷	5.6	0.1~50.0	0.9987	0.01
杀螟硫磷	4.8	0.1~50.0	0.9978	0.01
马拉硫磷	7.3	0.1~50.0	0.9969	0.03
毒死蜱	4.3	0.1~50.0	0.9949	0.01
水胺硫磷	6.6	0.1~50.0	0.9991	0.05
杀扑磷	8.1	0.1~50.0	0.9987	0.02
丙溴磷	3.8	0.1~50.0	0.9974	0.03
三唑磷	2.9	0.1~50.0	0.9971	0.05

注：在添加浓度为 0.5 $\mu g/L$ 的条件下计算

6.10.2.3　实际样本中的应用

根据以上对 DA-VSLLME 方法的优化和评价,说明该方法是一个可靠的方法。接下来为了考察方法的实用性,对 DA-VSLLME 方法在实际样本上的应用进行了验证。运用新开发的方法来检测三种环境水样本中的农药残留。经过检测发现,三种样本中均不含有目标分析物,更确切地说,样本中目标分析物的含量低于方法的检出限。最后为了考察方法在实际样本中的基质效应,对实际样本做了 3 个不同浓度水平的添加回收实验,实验结果见表 6-51、表 6-52、表 6-53。数据表明,样本中的浓度在 1~10 $\mu g/L$ 之间时,不同添加浓度水平下的回收率大于 82.1%。本方法的精密度通过计算每个样本添加浓度的 3 次平行计算,相对标准偏差(RSD)在 1.4%~7.3%之间。以上数据可以说明,该方法用于农药残留检测真实可靠。目标分析物添加于样本的色谱图见图 6-120。

表 6-51　河水中有机磷农药的添加回收率

农药	回收率(%)和 RSD($n=3$,%)				农药	回收率(%)和 RSD($n=3$,%)			
	添加量/($\mu g/L$)	检出量/($\mu g/L$)	R^b/%	RSD/%		添加量/($\mu g/L$)	检出量/($\mu g/L$)	R^b/%	RSD/%
灭线磷	0	nd[a]			水胺硫磷	0	nd[a]		
	1	0.842	84.2	5.3		1	0.853	85.3	6.5
	5	4.37	87.4	2.4		5	4.46	89.2	4.3
	10	8.75	87.5	3.2		10	8.74	87.4	3.1
杀螟硫磷	0	nd[a]			杀扑磷	0	nd[a]		
	1	0.853	85.3	5.3		1	0.836	83.6	6.5
	5	4.36	87.2	3.2		5	4.36	87.2	3.2
	10	8.84	88.4	2.5		10	9.21	92.1	2.5

农药	回收率(%)和 RSD($n=3$,%)				农药	回收率(%)和 RSD($n=3$,%)			
	添加量/ ($\mu g/L$)	检出量/ ($\mu g/L$)	R^b/ %	RSD/ %		添加量/ ($\mu g/L$)	检出量/ ($\mu g/L$)	R^b/ %	RSD/ %
马拉硫磷	0	nd[a]			丙溴磷	0	nd[a]		
	1	0.849	84.9	7.1		1	0.853	85.3	4.3
	5	4.53	90.6	4.3		5	4.63	92.6	3.2
	10	8.63	86.3	3.6		10	9.43	94.3	3.6
毒死蜱	0	nd[a]			三唑磷	0	nd[a]		
	1	0.842	84.2	6.4		1	0.875	87.5	6.4
	5	4.36	87.2	4.3		5	4.43	88.6	4.3
	10	9.15	91.5	3.6		10	9.04	90.4	3.5

a. nd:未检出；b. R:方法回收率

表 6-52　稻田水中有机磷农药的添加回收率

农药	回收率(%)和 RSD($n=3$,%)				农药	回收率(%)和 RSD($n=3$,%)			
	添加量/ ($\mu g/L$)	检出量/ ($\mu g/L$)	R^b/ %	RSD/ %		添加量/ ($\mu g/L$)	检出量/ ($\mu g/L$)	R^b/ %	RSD/ %
灭线磷	0	nd[a]			水胺硫磷	0	nd[a]		
	1	0.834	83.4	6.3		1	0.836	83.6	6.9
	5	4.25	85.0	3.2		5	4.38	87.6	3.6
	10	8.83	88.3	4.1		10	8.63	86.3	3.1
杀螟硫磷	0	nd[a]			杀扑磷	0	nd[a]		
	1	0.846	84.6	6.2		1	0.857	85.7	5.3
	5	4.32	86.4	3.2		5	4.26	85.2	4.3
	10	8.75	87.5	3.1		10	8.84	88.4	3.5
马拉硫磷	0	nd[a]			丙溴磷	0	nd[a]		
	1	0.854	85.4	5.8		1	0.857	85.7	5.3
	5	4.35	87.0	4.3		5	4.73	94.6	3.6
	10	8.87	88.7	2.9		10	9.32	93.2	2.7
毒死蜱	0	nd[a]			三唑磷	0	nd[a]		
	1	0.836	83.6	5.3		1	0.857	85.7	7.3
	5	4.46	89.2	3.6		5	4.37	87.4	5.3
	10	9.13	91.3	2.6		10	9.14	91.4	4.6

a. nd:未检出；b. R:方法回收率

表 6-53　井水中有机磷农药的添加回收率

农药	回收率(%)和 RSD($n=3$,%)				农药	回收率(%)和 RSD($n=3$,%)			
	添加量/ (μg/L)	检出量/ (μg/L)	R^b/ %	RSD/ %		添加量/ (μg/L)	检出量/ (μg/L)	R^b/ %	RSD/ %
灭线磷	0	nd[a]			水胺硫磷	0	nd[a]		
	1	0.821	82.1	6.3		1	0.864	86.4	5.4
	5	4.23	84.6	3.5		5	4.62	92.4	3.2
	10	8.64	86.4	3.1		10	9.87	98.7	2.1
杀螟硫磷	0	nd[a]			杀扑磷	0	nd[a]		
	1	0.832	83.2	6.3		1	0.853	85.3	5.4
	5	4.25	85.0	4.3		5	4.53	90.6	3.6
	10	8.65	86.5	3.6		10	9.43	94.3	3.2
马拉硫磷	0	nd[a]			丙溴磷	0	nd[a]		
	1	0.842	84.2	6.4		1	0.885	88.5	4.3
	5	4.52	90.4	4.2		5	4.53	90.6	2.5
	10	9.32	93.2	3.1		10	9.35	93.5	1.4
毒死蜱	0	nd[a]			三唑磷	0	nd[a]		
	1	0.835	83.5	5.4		1	0.853	85.3	5.3
	5	4.25	85.0	3.2		5	4.62	92.4	4.1
	10	9.17	91.7	4.1		10	9.43	94.3	2.5

a. nd:未检出；b. R:方法回收率

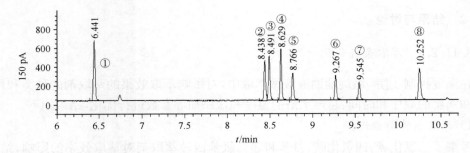

图 6-120　使用 DA-VSLLME 方法分析井水的添加 8 种 OPPs 的 GC-μFPD 色谱图
①~⑧分别为:灭线磷、杀螟硫磷、马拉硫磷、毒死蜱、水胺硫磷、杀扑磷、丙溴磷、三唑磷

6.11　温度控制-超声-涡旋辅助液液微萃取方法的研究与应用

　　结合了超声和涡旋手段作为农药残留分析前处理方法,并利用了气相色谱-火焰光度检测器检测 9 种有机磷类农药在 4 种饮料中的残留,建立了饮料中有机磷类农药的快速分析方法。

6.11.1　实验部分

6.11.1.1　药品及饮料样本

标准品及储存溶液：9 种有机磷农药（灭线磷、杀螟硫磷、马拉硫磷、毒死蜱、水胺硫磷、杀扑磷、苯线磷、丙溴磷和三唑磷）标准溶液（甲醇配制）。

实验中所用到的瓶装矿物质饮用水、苏打水和含有食品添加剂和糖的两种碳酸饮料均采购自北京的超市。在实验前，对苏打水和碳酸饮料超声处理 3 min 以除去气泡。所有环境样本通过预实验确定不含有目标化合物。

6.11.1.2　色谱条件

HP-5 色谱柱；程序升温 100～270 ℃；进样口温度 250 ℃；检测器温度为 250 ℃；检测器空气流速 100 mL/min，氢气的流速 75 mL/min；载气流速 1.0 mL/min；不分流进样。

6.11.1.3　萃取步骤

在玻璃试管中放置好 5 mL 含有 1‰NaCl 的水样本，在水中加入 15 μL 萃取剂。当萃取剂完全沉降在试管底部之后，把玻璃管放在超声清洗器超声，超声频率设置在 100 kHz。其中超声清洗器在之前已经设置好温度（20～40 ℃）并预热其中的水。在一定时间（1～10 min）的超声之后，把浑浊的混合液放在涡旋混合仪上涡旋一定时间（0.5～5 min）。为了降低萃取剂在水中的溶解度，涡旋结束后把试管放入冰浴中 3 min。接下来把试管放入离心机，以 6000 r/min 的速度离心 5 min。用 20 μL 规格的气相色谱微量进样针吸取沉淀下来的萃取剂 1 μL 进气相色谱分析。

6.11.2　结果与讨论

6.11.2.1　萃取条件优化

在温度控制-超声-涡旋辅助液液微萃取中，对影响萃取效果的萃取剂的种类和用量、超声和涡旋的顺序和时间、超声水浴的温度和盐添加等参数进行优化，结果如下。

1）萃取剂种类的选择

考察了三氯化碳、四氯化碳、氯苯和邻二氯苯四种萃取剂对萃取效率的影响，结果表明，三氯化碳和四氯化碳由于其对高频率超声操作的不可控性而不能作为萃取剂。氯苯和邻二氯苯的萃取结果如图 6-121 所示。可以看出，氯苯的萃取效率要略好于二氯苯。因此，最终选择氯苯作为方法的萃取溶剂。

2）超声和涡旋操作的先后顺序

对比超声和涡旋操作的先后顺序，结果如图 6-122 所示。可以看出，单独超声 3 min 处理过氯苯致密的液滴呈乳白色沉在试管底部，涡旋 3 min 处理过的氯苯液滴均匀分散在玻璃管内的水溶液中，但是液滴远不如超声处理的氯苯液滴细小。

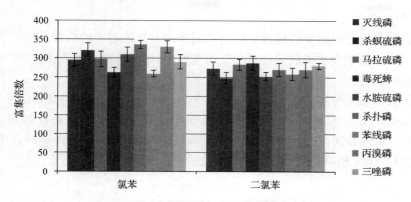

图 6-121　萃取剂种类对萃取富集倍数的影响

图 6-122　(1)单独用超声处理 3 min 和(2)单独用涡旋处理 3 min 后萃取剂的状态的图片
水体积:5 mL,萃取剂:氯苯,萃取剂体积:15 μL

　　考察采取先超声后涡旋和先涡旋后超声的方法对萃取效率的影响。结果如图 6-123
所示,可以看出先超声后涡旋的富集倍数要好于先涡旋后超声的处理。因此采取先超声
后涡旋的操作方式。

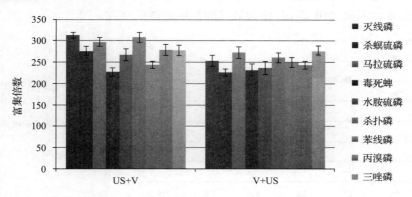

图 6-123　不同操作顺序对富集倍数的影响

3）涡旋和超声时间

为了研究超声操作时间和涡旋操作时间共同作用对萃取效率的影响，设计了 4×4 的全因子实验。由于因素及水平数量在可接受的范围内，本实验没有采取正交等实验设计，也保证了数据的精确。

超声时间设置水平分别为：1 min，3 min，5 min，10 min；涡旋时间设置水平分别为：0.5 min，1 min，3 min，5 min。所有的操作流程均设置为先超声后涡旋处理，结果如图 6-124 所示。可以看到，在超声时间为 3 min 涡旋时间为 3 min 时，得到的富集倍数最好。因此，选择 3 min 超声和 3 min 涡旋为最优的萃取时间。

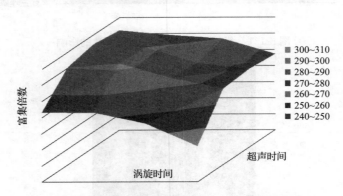

图 6-124　超声时间和涡旋时间对平均富集倍数的影响

4）超声水浴温度

考察了 $20 \sim 40\,℃$ 水浴温度对萃取效率的影响，结果发现随温度的上升，萃取的富集倍数略有提升。最终选择 $40\,℃$ 的水浴温度作为最优条件。

5）萃取剂体积

考察不同萃取溶剂体积 10 μL、15 μL、20 μL、25 μL、30 μL、35 μL 对萃取效率的影响，结果如图 6-125 所示。表明在使用 15 μL 氯苯作为萃取剂时，得到较高的富集倍数和可以接受的回收率。因此选用 15 μL 作为最优的萃取剂体积参数。

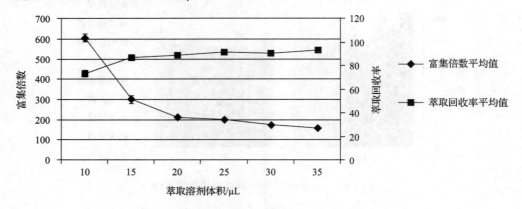

图 6-125　萃取剂体积对回收率和富集倍数的影响

6）盐添加

考察 1％、2％、3％、4％和 5％的 NaCl 添加对萃取效率的影响,结果表明,随着不添加盐到按照 1％的比例添加盐,富集倍数有一定的提升。当 NaCl 添加从 1％提升到 5％,其对萃取没有明显的正面影响。因此,本实验使用 1％的 NaCl 添加。

6.11.2.2　方法评价

各个步骤的实验参数优化结束后,得到如下的实验条件:5 mL 水样本;15 μL 氯苯作为萃取剂;超声操作先于涡旋操作;超声时间 3 min;涡旋时间 3 min;超声水浴温度40℃;6000 r/min 速度离心 10 min,1％NaCl 添加。

回归分析表明,在 0.5～200.0 μg/L 范围内,目标分析物呈现较好的线性,相关系数在 0.9959～0.9985 之间。重复萃取过程 5 次,计算相对标准偏差得到的结果在 4.5％～9.8％之间。按照 3 倍信噪比计算出的检出限为 0.01～0.05 μg/L。方法评价参数见表6-54。图 6-126 是 9 种有机磷农药混合标样的典型色谱图。

表 6-54　US-VALLME 方法评价参数

农药	R^2	RSD/％	LOD/(μg/L)	EF	回收率/％
灭线磷	0.9985	6.4	0.02	339	97.6
杀螟硫磷	0.9964	8.7	0.05	275	81.9
马拉硫磷	0.9959	4.5	0.03	307	90.7
毒死蜱	0.9981	5.5	0.04	292	85.2
水胺硫磷	0.9983	9.6	0.03	267	82.4
杀扑磷	0.9977	9.3	0.02	323	92.5
苯线磷	0.9980	8.1	0.05	224	79.4
丙溴磷	0.9968	7.2	0.01	316	92.0
三唑磷	0.9972	9.8	0.02	301	93.8

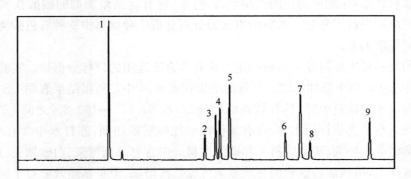

图 6-126　9 种有机磷农药混合标样的典型气相色谱图

1 为灭线磷;2 为杀螟硫磷;3 为马拉硫磷;4 为毒死蜱;5 为水胺硫磷;6 为杀扑磷;7 为苯线磷;
8 为丙溴磷;9 为三唑磷

6.11.2.3　本方法与其他方法的比较

有很多微萃取方法被应用在有机磷类农药的分析检测中,如固相微萃取、单液滴微萃取、分散液液微萃取和超声辅助微萃取。在这里,我们比较包括本方法在内的不同方法在检测有机磷类农药时的有机溶剂使用量、检出限、相对标准偏差和萃取时间,对比结果见表 6-55。

表 6-55　本方法和其他应用于有机磷类农药的微萃取方法比较

方法名称	有机溶剂体积/μL	LOD[a]/(μg/L)	RSD/%	萃取时间/min
SPME GC-FPD	0	0.049~0.301	1.8~7.3	30
SDME-GC-FPD	2	0.01~0.07	8.6~16	15
DLLME-GC-FPD	1000	0.003~0.02	4.6~6.5	3
USAEME	50	0.005~0.01	1.6~13.4	10-15
US-VALLME	15	0.01~0.05	4.5~9.8	6

a. LOD 的大小与目标分析物的响应灵敏度有关,并非方法本身所致

在有机溶剂使用量的对比中,固相微萃取的溶剂使用量为 0。本方法需要使用 15 μL 的氯苯,优于超声辅助微萃取和分散液液微萃取。在检出限的对比中,分散液液微萃取和超声辅助微萃取的效果较为突出,分别为 0.003~0.02 μg/L 和 0.005~0.010 μg/L。本方法的检出限优于固相微萃取和单液滴微萃取。在方法的稳定性方面,本方法的 RSD 略优于单液滴微萃取和超声辅助微萃取。在五种方法的萃取所需时间上,本方法所需的时间 6 min 略低于分散液液微萃取,优于其他四种方法。

6.11.2.4　实际样本中的应用

为了验证 US-VALLME 方法在实际饮料样本中的可行性和可靠性,接下来对该方法在四种饮料样本:添加矿物质的饮用水、苏打水、含有食品添加剂的碳酸饮料 1 和碳酸饮料 2 中的应用进行了考察。考察的方法为分别分析 4 种饮料中 9 种有机磷类农药的回收率和相对标准偏差。

所有的饮料样本经过预先分析确定不含有本方法选用的目标分析物。实验过程选取 1 μg/L 和 10 μg/L 两个添加浓度。所得的结果在表 6-56 中。所得结果表明 US-VALLME 方法应用在这 4 种饮料中时,具有较高的回收率,在 82.7%~102.8% 之间,方法的重现性也比较好。在矿物质饮用水中,含有氧化钾和硫酸镁添加剂;苏打水中含有小苏打、硫酸镁和安赛蜜等添加剂;碳酸饮料 1 和碳酸饮料 2 中含有果葡糖浆、白砂糖、食用香精等。在样本的选择上,虽然四种饮料的基质复杂程度依次增加,但是基质效应对于该方法的影响不大。

表 6-56　四种饮料样本中 9 种有机磷类农药的添加回收率

农药	添加量/ (μg/L)	饮用矿物质水		苏打水		碳酸饮料 1		碳酸饮料 2	
		回收率/ %	RSD/ %	回收率/ %	RSD/ %	回收率/ %	RSD/ %	回收率/ %	RSD/ %
灭线磷	1	92.3	6.5	94.2	5.2	102.8	6.7	96.8	2.3
	10	95.7	4.1	97.6	7.3	97.2	7.2	92.8	4.0
杀螟硫磷	1	87.1	3.9	90.3	4.5	92.4	3.8	93.6	9.2
	10	84.4	5.6	88.7	3.0	86.6	4.3	84.4	3.4
马拉硫磷	1	89.2	6.2	84.6	4.7	95.7	4.6	86.1	4.4
	10	92.2	3.8	86.9	8.7	82.7	3.1	91.1	5.9
毒死蜱	1	85.9	8.5	98.4	6.2	87.5	4.9	87.5	3.7
	10	88.6	4.9	92.5	4.9	89.9	9.6	92.3	2.8
水胺硫磷	1	90.8	6.1	88.6	6.1	92.0	5.3	96.4	5.3
	10	88.3	3.7	85.0	3.3	95.8	8.0	88.2	5.4
杀扑磷	1	87.5	5.6	88.3	5.3	86.9	8.9	98.7	3.1
	10	91.4	7.1	94.7	8.8	101.7	4.4	99.4	4.6
苯线磷	1	82.8	2.6	89.5	7.8	88.5	5.5	89.5	8.2
	10	87.1	5.1	91.2	6.6	84.6	6.8	84.1	4.2
丙溴磷	1	96.2	7.0	95.6	3.3	99.7	8.2	86.6	4.0
	10	90.0	8.6	94.7	4.6	90.2	7.4	89.3	2.6
三唑磷	1	100.7	5.5	87.9	7.4	90.6	5.4	85.0	7.2
	10	96.0	3.8	93.4	4.8	83.6	4.0	96.8	3.7

参 考 文 献

[1] Lambropoulou D A, Albanis T A. Application of solvent microextraction in a single drop for the determination of new antifouling agents in waters. Journal of Chromatography A, 2004, 1049: 17-23

[2] Ramesh A, Ravi P E. Applications of solid-phase microextraction (SPME) in the determination of residues of certain herbicides at trace levels in environmental samples. Journal of Environmental Monitoring, 2001, 3: 505-508

[3] Jimenez J J, Bernal J L, del Nozal M J, et al. Sample preparation methods to analyze fipronil in honey by gas chromatography with electron-capture and mass spectrometric detection. Journal of Chromatography A, 2008, 1187: 40-45

[4] Vilchez J L, Prieto A, Araujo L, Navalon A. Determination of fipronil by solid-phase microextraction and gas chromatography-mass spectrometry. Journal of Chromatography A, 2001, 919: 215-221

[5] Wu Y, Zhou Z. Application of liquid-phase microextraction and gas chromatography to the determination of chlorfenapyr in water samples. Microchimica Acta, 2008, 162: 161-165

[6] Lambropoulou D A, Psillakis E, Albanis T A, Kalogerakis N. Single-drop microextraction for the analysis of organophosphorous insecticides in water. Analytica Chimica Acta, 2004, 516: 205-211

[7] You J, Lydy M J. Determination of pyrethroid, organophosphate and organochlorine pesticides in water by headspace solid-phase microextraction. International Journal of Environmental Analytical Chemistry, 2006, 86: 381-389

第 7 章　脂肪酶固定相和新型吸附材料的制备及其在农药分析中的应用

7.1　脂肪酶手性固定相的制备及应用

将南极假丝酵母脂肪酶 B(*Candida antarctica* Lipase B,CALB)键合到大孔硅胶上,制备成手性固定相用于手性仲醇和农药的对映体拆分及手性仲醇酯的不对称水解。并考察不同键合方法、键合量、缓冲盐浓度等对固定相效果的影响。

7.1.1　色谱条件和色谱参数

色谱条件:除特别说明外,脂肪酶手性固定相的流动相均为 50 mmol/L 磷酸缓冲液(pH 7.5),流速均为 0.7 mL/min。所有色谱试验均在室温条件下进行。检测波长设为 230 nm。色谱柱不使用时注入 0.01% 叠氮化钠溶液 4 ℃保存。

色谱参数:保留因子(k),分离因子(α),分离度(R_s)通过以下计算公式得到: $k = (t - t_0)/t_0$; $\alpha = k_2/k_1$; $R_s = 2(t_2 - t_1)/(w_2 + w_1)$。其中,$t$ 为某个色谱峰的保留时间,t_0 为给定色谱条件下的死时间,k_1 和 k_2 分别为对映体拆分的前后两个峰的保留因子,w 为峰宽。

7.1.2　分析物制备

醇是在合成应用中非常重要的一类物质,而且在脂肪酶催化的动学拆分研究中得到了很大的关注。在本研究中,制备了一系列的芳香仲醇及其酯的衍生物,以考察制备的脂肪酶固定相对醇的手性拆分能力和对酯的不对称水解能力。为了验证手性拆分对映体的流出顺序及酯的不对称水解优先水解构型,对这些手性醇和酯进行了手性拆分。

下面以 1-(4-甲基苯基)乙醇和乙酸-1-(4-甲基-苯基)乙酯的制备为例说明手性仲醇和酯的制备过程。

称取 1.34 g 1-(4-甲基苯基)乙酮于 25 mL 烧瓶中,15 mL 无水乙醇溶解,加入 1.14 g 硼氢化钠,氮气保护下加热回流半小时。在反应液中加入 20 mL 1 mol/L 盐酸,然后反应液用氯仿萃取 3 次,合并萃取液,旋蒸去除溶剂得 1-(4-甲基苯基)乙醇 1.15 g(85%)。

称取 1.10 g 1-(4-甲基苯基)乙醇于 25 mL 烧瓶中,加 20 mL 无水甲苯溶解,然后加入 1.0 mL 乙酸酐和催化量的 DMAP,氮气保护下,反应液室温搅拌一小时,去除溶剂,硅胶层析柱净化得乙酸-1-(4-甲基-苯基)乙酯 1.28 g(90%)。

制备的手性仲醇中,3-氯-1-(2-噻吩基)-1-丙醇是抗抑郁药度洛西汀的重要中间体。该药的分子结构是(S)-N-甲基-3-(1-萘酚基)-3-(2-噻吩基)-1-丙胺,是一种 5-羟色胺和去甲肾上腺素再摄取双重抑制剂,用于治疗各种抑郁,效果显著,被大量使用。该药的活性体为 S-体,在本研究中将外消旋的 3-氯-1-(2-噻吩基)-1-丙醇转换为酯,然后使用脂肪酶固定相不对称水解即可轻易得到高纯度的 *S*-体 3-氯-1-(2-噻吩基)-1-丙醇。

分析物的结构和编号信息见图 7-1。

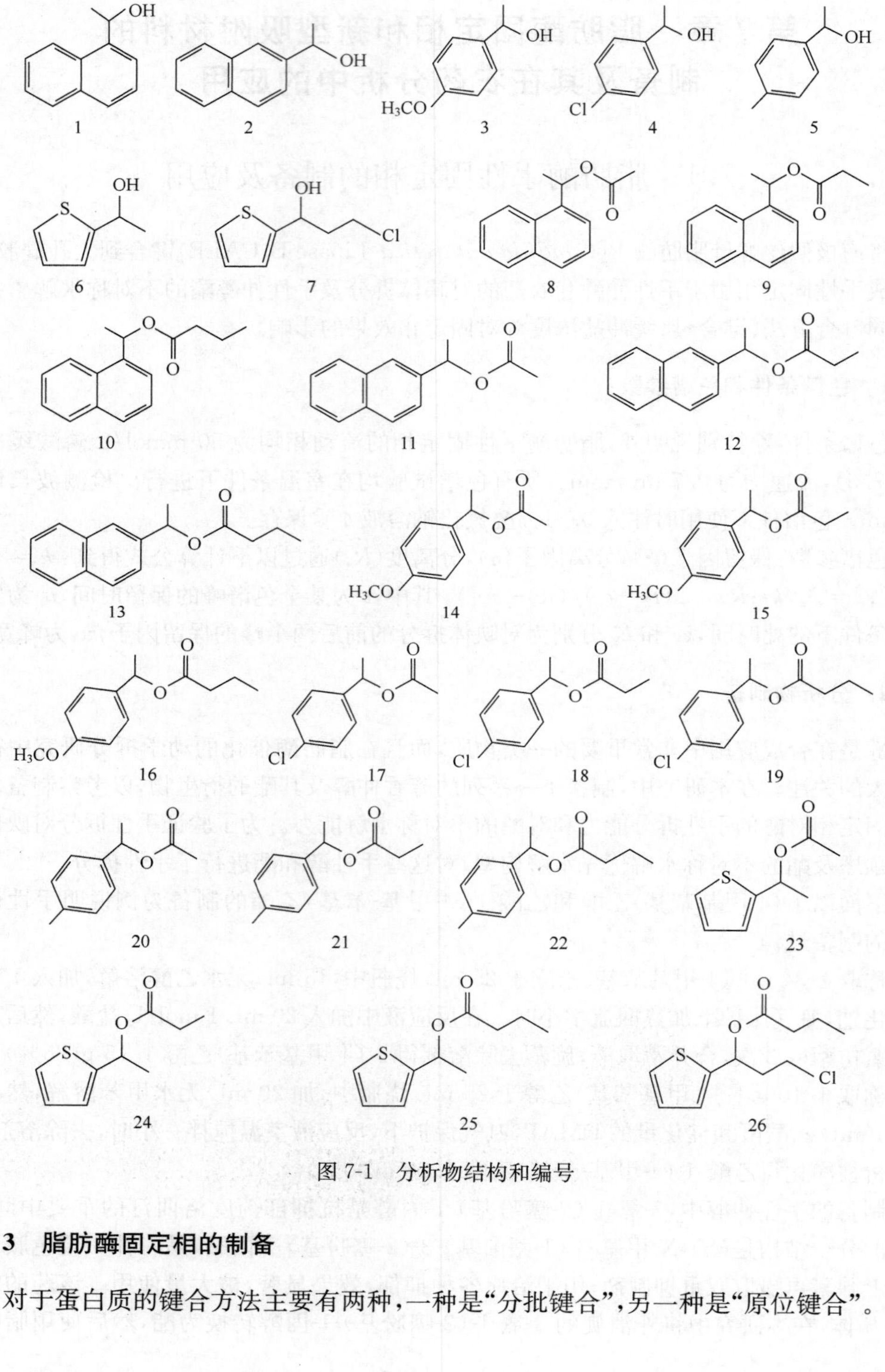

图 7-1　分析物结构和编号

7.1.3　脂肪酶固定相的制备

对于蛋白质的键合方法主要有两种,一种是"分批键合",另一种是"原位键合"。本研究中使用"分批键合"法将 CALB 键合到大孔硅胶上。选用两种硅胶基质(胺丙基硅胶和环氧硅胶),考察对键合效果的影响。

7.1.3.1　环氧硅胶作为色谱填料(方法一)

键合步骤见图 7-2,具体过程如下:

商品化硅胶首先使用 2 mol/L HCl 水溶液加热回流 12 h 活化,去离子水洗涤,直到水中没有氯离子。活化硅胶在 60 ℃ 真空干燥箱中用无水氯化钙真空干燥,使用之前用五氧化二磷真空干燥,以彻底去除水分。

活化的硅胶 3.5 g 悬浮在含有 50 mL 无水甲苯的三口烧瓶中,系统脱气,氮气保护。使用注射器加入 3.5 mL 3-环氧丙基三甲氧基硅烷,加热回流 24 h。悬浮液趁热过滤,分别用热甲苯、丙酮、甲醇、丙酮和正己烷洗涤三次,室温下干燥得到环氧硅胶,备用。

将得到的环氧硅胶置于 pH 3.0 H$_2$SO$_4$ 水溶液中加热回流 2 h,得到二醇硅胶,二醇硅胶用去离子水洗涤几次,备用。

将二醇硅胶置于 100 mL 三口瓶中,加入 60 mL 90% 乙酸水溶液和 3.5 g 高碘酸钠,室温下搅拌反应 2 h。二醇硅胶氧化得到醛基硅胶,用去离子水清洗几次,备用。

醛基硅胶转移至烧瓶中,加入 100 mL 0.10 mol/L,pH 6.0 乙酸缓冲液,脱气。加入一定量的 CALB,反应液在 4 ℃ 下搅拌反应 3 天。在反应期间,90 mg 氰基硼氢化钠分三次(加入 CALB 后 0 h、6 h 和 20 h)加入到反应体系中。反应完成后悬浮液 3000 r/min 离心,上层水溶液储存备用。得到的 CALB 键合硅胶用 0.10 mol/L pH 8.0 磷酸缓冲液洗涤三次,然后悬浮在 100 mL 0.10 mol/L pH 8.0 磷酸缓冲液中。室温下,分三次分别加入 25 mg 硼氢化钠搅拌反应 2 h。反应完毕后得到的脂肪酶键合固定相用 0.10 mol/L pH 8.0 磷酸缓冲液洗涤几次,并在该缓冲液中 4 ℃ 保存备用。

对照固定相制备方法相同只是不添加脂肪酶。

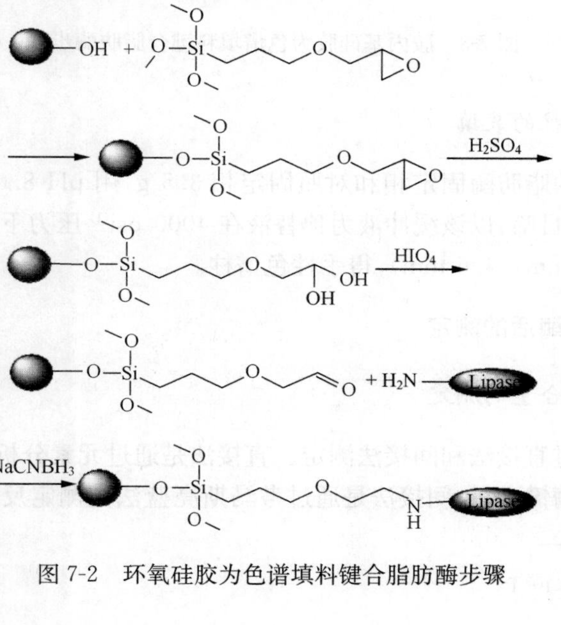

图 7-2　环氧硅胶为色谱填料键合脂肪酶步骤

7.1.3.2 醛基硅胶作为色谱填料(方法二)

键合步骤见图7-3。具体过程如下:

首先是胺丙基硅胶的制备,操作步骤和试剂剂量同方法一中环氧硅胶的制备方法,只是将3-环氧丙基三甲氧基硅烷替换为3-胺丙基三甲氧基硅烷。制备好的胺丙基硅胶置于烧瓶中,加入25 mL 0.10 mol/L pH 6.0乙酸缓冲液,然后添加25%戊二醛水溶液使最终悬浮液中戊二醛含量为5%。反应液脱气搅拌反应2 h。反应得到的醛基硅胶用乙酸缓冲液洗涤几次。

接下来是将CALB键合到醛基硅胶上,步骤同方法一。

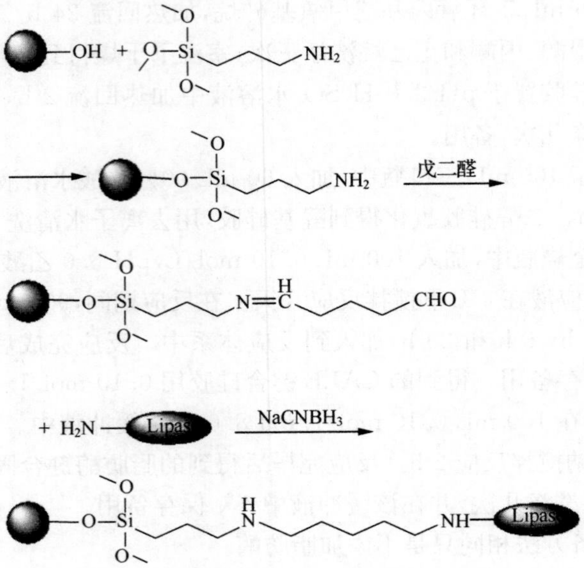

图7-3 胺丙基硅胶为色谱填料键合脂肪酶步骤

7.1.3.3 色谱柱的装填

分别取制备好的脂肪酶固定相和对照固定相3.5 g,用pH 8.0的0.10 mol/L磷酸缓冲液悬浮,过400目筛,以该缓冲液为顶替液在4000 psi[①]压力下使用装柱机装入不锈钢色谱柱管内(250 mm×4.6 mm),得手性色谱柱。

7.1.4 酶键合量和酶活的测定

7.1.4.1 酶键合量的测定

酶的键合量通过直接法和间接法测定。直接法是通过元素分析测定脂肪酶固定相的氮含量来直接计算酶键合量;间接法是通过考马斯亮蓝法先测定反应液中剩余的酶的含

---

① 1 psi=6.894 76×10^3 Pa

量,然后间接计算得到酶的键合量。

1) 考马斯亮蓝 G-250 溶液制备

精确称取考马斯亮蓝 G-250 100 mg 加入 95％乙醇 50 mL、85％磷酸 100 mL,溶解充分后用蒸馏水稀释至 1000 mL,试剂与水混合均匀后再用滤纸过滤。最终试剂中考马斯亮蓝 G-250 含量为 0.01％,乙醇含量为 4.70％,磷酸含量为 8.50％,置棕色瓶中密塞备用。

2) 工作曲线

用纯的牛血清蛋白配制成 100 mg/L 的标准蛋白溶液。用水分别稀释成 0 mg/L、5 mg/L、10 mg/L、15 mg/L、20 mg/L 的系列标准溶液。各取 1 mL 标准液于 10 mL 具塞试管中,加入考马斯亮蓝 G-250 溶液 5 mL,混匀,计时 3 min,缓慢摇晃 30s 后放置,3 min 时于 595 nm 波长处测定吸光度。

3) 实际样本的测定

将反应液稀释一定比例,以使酶含量在工作曲线范围内,以相同方法测定 595 nm 波长处测定吸光度。通过标准曲线计算反应液中的酶含量。

7.1.4.2　酶活的测定

1) 原理

脂肪酶在一定的条件下,能够水解甘油三酯成脂肪酸、甘油二酯、甘油单酯和甘油,所释放的脂肪酸可用标准碱溶液进行滴定,用 pH 计或酚酞指示液指示反应终点,根据消耗碱的量,计算酶活力。脂肪酶酶活以国际酶活单位 U 表示,一个单位酶活相当于每分钟水解生成 1 μmol 脂肪酸。

2) 仪器和设备

恒温水浴锅:精确度±0.2℃;微量滴定管:10 mL,分刻度≤0.05 mL;高速匀浆机。

3) 试剂

聚乙烯醇(PVA):聚合度 1750±50;橄榄油;95％乙醇。

底物溶液:称取聚乙烯醇 40 g,加水 800 mL,在沸水浴中加热,搅拌,直至全部溶解,加水定容到 1000 mL,用干净的双层纱布过滤,备用。取上述溶液 150 mL,加橄榄油 50 mL,用高速匀浆机匀浆处理 6 min(分两次处理,每次 3 min,间隔 5 min)即得乳白色 PVA 乳液。该乳液现用现配。

磷酸缓冲液(pH 7.5):分别称取磷酸二氢钾 1.96 g 和十二水磷酸氢二钠 39.62 g,用水溶解并定容到 500 mL。如需要,用酸或碱调节 pH 至 7.5。

氢氧化钠标准溶液(0.05 mol/L):按国标 GB/T 601 配制标定。使用时准确稀释十倍。

酚酞指示液:按国标 GB/T 603 配制。

4) 测定步骤

称取酶样本和固定相一定量,用磷酸缓冲液溶解或稀释。测定时控制酶的浓度,使样品与对照消耗碱量相差在 1 mL 左右。吸取样品时先将酶液摇匀再取。

取两个 100 mL 三角瓶,分别于空白瓶(A)和样品瓶(B)中加入底物溶液 4 mL 和磷酸缓冲液 5 mL,再于 A 瓶中加入 95％乙醇 15 mL,于(40±0.2)℃水浴中预热 5 min,然后往 A 和 B 中各加入待测酶液 1 mL,立即混匀计时,准确反应 15 min 后于 B 瓶中立即补加 95％乙醇 15 mL 终止反应,取出。

于空白和样品中各加酚酞指示剂两滴,用氢氧化钠溶液滴定,直至微红色保持 30s 不褪色为滴定终点,记录消耗的氢氧化钠体积。

5）计算

酶活按以公式(7-1)计算得到:

$$U = \frac{(V_1 - V_2) \times c \times 50 \times n_1}{0.05} \times \frac{1}{15} \tag{7-1}$$

式中:U 为样品的酶活,U/g;V_1 为滴定样品时消耗的氢氧化钠的体积,mL;V_2 为滴定空白时消耗的氢氧化钠的体积,mL;C 为氢氧化钠标准溶液浓度,mol/L;50 为 0.05 mol/L 氢氧化钠 1 mL 相当于脂肪酸 50 μmol;n_1 为样品的稀释倍数;0.05 为氢氧化钠标准溶液浓度换算系数;1/15 为反应时间 15 min,以 1 min 计。

7.1.5　脂肪酶固定相不对称水解产物的鉴定

7.1.5.1　仪器条件

Agilent 7890/5975C GC/MS,HP-5MS 色谱柱,载气流速 1.0 mL/min,柱温(1-(2-噻吩基)乙醇)为 80 ℃(2 min)、20 ℃/min、230 ℃(5 min),柱温(其他分析物)为 120 ℃(2 min)、20 ℃/min、230 ℃(5 min),进样口温度 280 ℃,传输线温度 280 ℃,不分流进样,扫描模式为 SIM、TIC。

7.1.5.2　水解产物收集和鉴定

当一个仲醇酯进样经过脂肪酶固定相后,会有两个色谱峰顺序流出。为了鉴别这两个峰为酯手性拆分的对映体还是不对称水解生产的醇和剩余的酯,根据紫外信号进行重复进样流出液手动接收,接收到的两个组分流动相分别用氯仿萃取其中的化合物,萃取液氮气吹干,正己烷定容到 1 mL。

收集的两个峰分别进气质分析,和合成的分析物(仲醇和酯)标准品进行比对、鉴别。

7.1.6　结果和讨论

7.1.6.1　脂肪酶键合方法

酶的键合方法对保持其活性起着重要的作用,不同的键合方法会影响酶的键合量和单位活性。

本研究通过两种方法键合脂肪酶,一种是使用环氧硅胶作为色谱填料(方法一),另外一种是使用醛基硅胶作为填料(方法二)。通过两种不同方法制备的脂肪酶色谱柱连接到高效液相色谱仪上,分别进样考察两者对醇的手性拆分和酯的不对称水解能力。

实验发现,方法一制备的固定相能够很好地对仲醇酯进行不对称水解,对几个醇能够手性拆分,且峰形、柱效都较好;然而方法二制备的固定相则没有这些特点,且峰形拖尾,柱效差。

对照固定相的实验结果表明,在没有脂肪酶的情况下,所有的分析物几乎没有保留。

实验结果表明,方法一制备固定相优于方法二,以方法一制备的固定相完成以下拆分实验和在线水解实验。

7.1.6.2　脂肪酶键合量和活性的测定

1）键合量的测定

方法一中设置了三个酶的添加浓度（87.5 mg、210.0 mg、350.0 mg），对这三种固定相的酶键合量分别进行了测定。

直接法：通过元素分析测定，反应添加酶量最大的固定相键合量为 20.2 mg/g。

间接法：图 7-4 为牛血清白蛋白考马斯亮蓝法吸光度标准曲线，由图可以看出，在该线性范围内线性良好，可以对蛋白质含量进行定量。

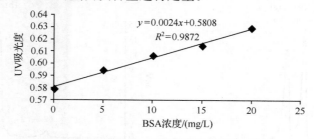

$$y = 0.0024x + 0.5808$$
$$R^2 = 0.9872$$

图 7-4　蛋白质含量测定标准曲线

表 7-1 给出的是反应液稀释一定比例后的吸光度，由稀释后的吸光度可以计算得到反应液中键合完成后剩余的脂肪酶的量，从而最终得到键合量。

表 7-1　反应液稀释后的吸光度

添加量/mg	稀释倍数	吸光度（$n=5$）					平均值
		1	2	3	4	5	
87.5	20×	0.58	0.61	0.61	0.57	0.62	0.60
210.0	100×	0.58	0.62	0.61	0.60	0.64	0.61

根据吸光度计算键合量分别为 13.3 mg/g 和 17.0 mg/g。最终三个不同键合量的固定相分别为：13.3 mg/g 、17.0 mg/g 和 20.2 mg/g。

2）酶活的测定

酶活测定分两部分：一部分是脂肪酶原酶的活性测定；另一部分是键合酶的活性测定。测定过程中调节酶液中酶的含量以使氢氧化钠标准溶液的消耗体积符合要求。

测定最终的酶活：原酶活性为 15 381 U/g；键合酶的活性为 15 032 U/g。实验结果表明，脂肪酶在键合过程中酶活基本没有损失。

7.1.6.3　脂肪酶固定相作为手性固定相拆分仲醇

本研究的最主要就是开发一种新型的手性固定相，为手性化合物的拆分提供更多有效固定相。考虑到 CALB 在不对称催化中的重要应用，本研究中将其键合到硅胶上制备成手性固定相，对一些手性仲醇进行了拆分。考察了不同键合量对拆分的影响，并对拆分机理进行了探讨。

该固定相能够对所选的四种芳醇和一种杀菌剂进行拆分，拆分色谱图见图 7-5；为了比较不同酶键合量对拆分的影响，实验中使用了三个不同键合量的固定相，具体拆分数据见表 7-2。

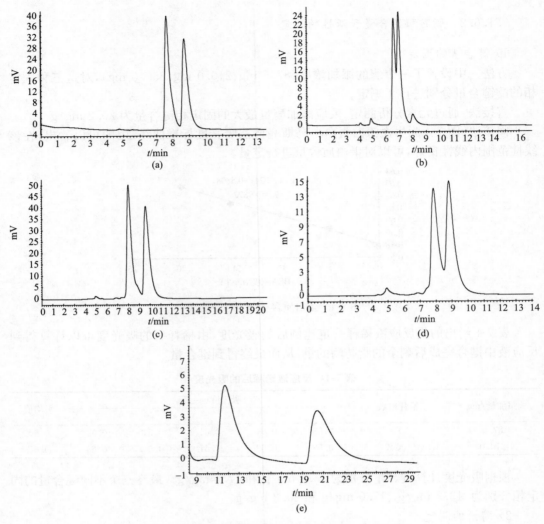

图 7-5　脂肪酶固定相手性拆分色谱图

(a)1-(萘-1 基)乙醇;(b)1-(萘-2 基)乙醇;(c)1-(萘-1 基)丙醇;(d)1-(萘-2 基)丙醇;(e)烯唑醇

表 7-2　三种不同键合量固定相对五种手性化合物的拆分

化合物	参数	键合量		
		13. 3 mg/g	17. 0 mg/g	20. 2 mg/g[a]
	k_1	0.48	0.63	1.20
1-(萘-1 基)乙醇	α	1.22	1.50	1.38
	R_s	0.92	2.30	2.38
	k_1	—[b]	0.62	1.22
1-(萘-2 基)乙醇	α	—[b]	1.15	1.11
	R_s	—[b]	0.92	0.93

续表

化合物	参数	键合量		
		13.3 mg/g	17.0 mg/g	20.2 mg/g^a
1-(萘-1 基)丙醇	k_1	0.61	0.99	1.69
	α	1.26	1.40	1.43
	R_s	1.02	1.97	2.83
1-(萘-2 基)丙醇	k_1	—^{b}	0.95	1.54
	α	—^{b}	1.25	1.26
	R_s	—^{b}	1.18	1.51
烯唑醇	k_1	1.36	1.89	3.20
	α	1.52	2.14	2.02
	R_s	1.49	3.12	2.59

a. 流速 0.5 mL/min；b. 未分离

实验结果表明,拆分目标物的芳环和烷基部分都会对拆分的保留因子和分离因子产生影响,取代基团越大,保留越强。烯唑醇含有两个芳环,其保留因子比其他四个只有一个萘环的仲醇明显要大。这一点可以由另一个实验现象证实：只含有一个更小的芳环的 1-(4-甲氧基苯基)乙醇、1-(4-氯苯基)乙醇、1-(4-甲基苯基)乙醇、1-(噻吩-2 基)乙醇和 3-氯-1-(噻吩-2 基)丙醇不能够在该固定相上实现手性拆分。

同样,烷基取代基的大小也会影响保留和手性选择性。1-(萘-1 基)丙醇和 1-(萘-2 基)丙醇的保留因子和分离度要比相对应的 1-(萘-1 基)乙醇和 1-(萘-2 基)乙醇要大。这种现象可能和分析物与脂肪酶的手性选择位点之间的空间位阻作用有关。Kazlauskas 提出了一种脂肪酶手性识别机理的经验法则[1]。根据该法则,脂肪酶的活性位点包含两个口袋,一个大口袋和一个小口袋,手性仲醇在手性碳两端分别有一个大的芳环取代基和一个小的烷基取代基,手性仲醇的其中一个对映体的大小取代基团能够适应这两个口袋,而另外一个对映体则不能。两个对映体与作用位点的不同的空间位阻作用导致手性拆分,而不同的手性化合物的取代基团不同,导致空间位阻大小不同,从而形成了不同的保留和拆分结果。

随着键合量的增加,拆分物的保留因子随之增大。由于键合量太低,1-(萘-2 基)乙醇和 1-(萘-2 基)丙醇不能够在 13.3 mg/g 的固定相上实现手性拆分。

然而键合量对分离因子没有太大的影响,对于相同的分析物,不同的键合量的固定相虽然保留因子不同,但是分离因子基本不变。1-(萘-1 基)乙醇在三种不同键合量固定相上的拆分色谱图见图 7-6。

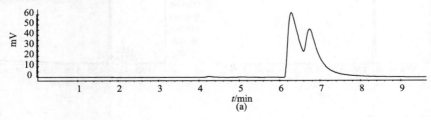

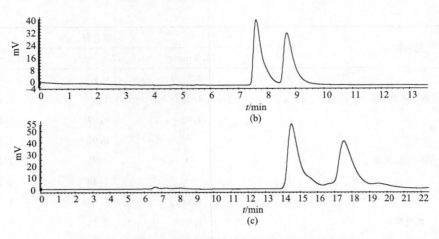

图 7-6　1-(萘-1 基)乙醇在三种不同键合量固定相上的拆分色谱图
(a)酶键合量为 13.3 mg/g 的固定相；(b)酶键合量为 17.0 mg/g 的固定相；
(c)酶键合量为 20.2 mg/g 的固定相

7.1.6.4　脂肪酶作为在线反应器不对称水解手性仲醇酯

1) 水解产物的鉴定

脂肪酶手性固定相能够作为反应-拆分同时进行的色谱在线反应器来制备光学纯的醇和酯。在本实验中，当一个手性仲醇酯进入色谱柱后，会有前后两个色谱峰出现。为了鉴别这两个峰的成分，峰组分被收集、提取和鉴定(方法见 7.1.5.2)。现以丙酸-1-(4-氯苯基)乙酯的分析为例进行说明。质谱验证实验发现，第一个色谱峰内物质保留时间和质谱数据和 1-(4-氯苯基)乙醇相同，第二个峰内物质的保留时间和质谱数据和母体丙酸-1-(4-氯苯基)乙酯相同。丙酸-1-(4-氯苯基)乙酯和 1-(4-氯苯基)乙醇的总离子流图和质谱图以及脂肪酶色谱柱里流出的前后两个组分的总离子流图和质谱图见图 7-7。这说明，进入脂肪酶色谱柱的手性酯被不完全水解。

2) 不对称水解对映体过量值(ee)的测定

在上述 1)中已经鉴定出，一个手性酯进入后流出的前后两个组分分别是水解生成的醇和剩余的未被水解的酯。脂肪酶对仲醇酯的不对称水解示意图见图 7-8。为了验证进入的酯是不对称水解还是无选择的部分水解，对这两个流出物质分别测定其对映体过量

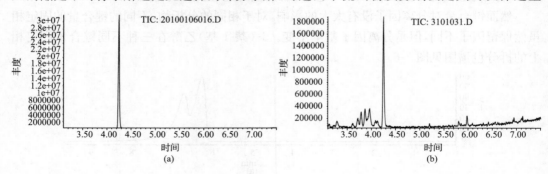

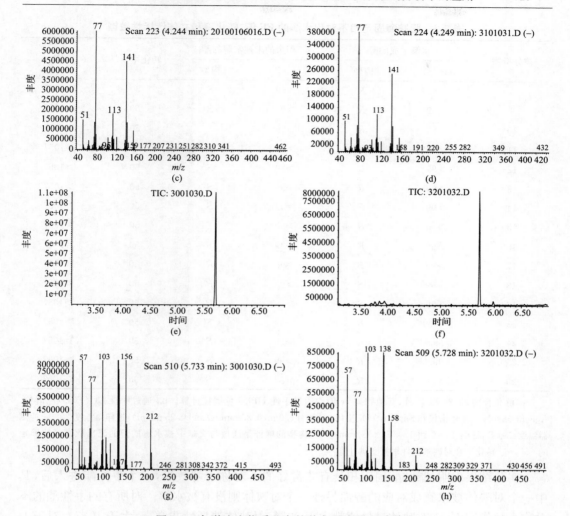

图 7-7　色谱流出物质鉴定的总离子流图和质谱图

(a)1-(4-氯苯基)乙醇的总离子流图;(b)丙酸-1-(4-氯苯基)乙酯进入脂肪酶色谱柱后流出的第一个组分的总离子流图;
(c)1-(4-氯苯基)乙醇的质谱图;(d)丙酸-1-(4-氯苯基)乙酯进入脂肪酶色谱柱后流出的第一个组分的质谱图;(e)丙酸-1-
(4-氯苯基)乙酯的总离子流图;(f)丙酸-1-(4-氯苯基)乙酯进入脂肪酶色谱柱后流出的第二个组分的总离子流图;
(g)丙酸-1-(4-氯苯基)乙酯的质谱图;(h)丙酸-1-(4-氯苯基)乙酯进入脂肪酶色谱柱后流出的第二个组分的质谱图

值(enantiomer excess,ee)至关重要。两个峰组分被收集后(方法见 7.1.5.2)在手性色谱
柱上进行拆分。ee 值通过公式 $ee=(R-S)/(R+S)$ 计算,其中 R 代表主要的对映体。对
于外消旋体,ee 值为 0;对于光学纯物质 ee 值为 1。具体数据见表 7-3。

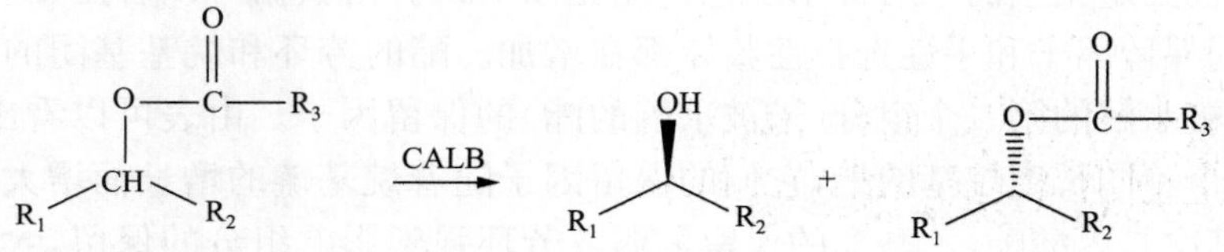

图 7-8　脂肪酶不对称水解示意图

表 7-3　脂肪酶固定相不对称水解的 EE 值、转化率和立体选择性数据

被分析物	水解生成的醇		剩余的未被水解的酯		转化率[d]/%	E^{d}
	ee[a]/%	构型[c]	ee[a]/%	构型		
8	>99	R	>99	S	50	>1057
9	>99	R	>99	S	50	>1057
10	>99	R	>99	S	50	>1057
11	>99	R	>99	S	50	>1057
12	>99	R	>99	S	50	>1057
13	>99	R	>99	S	50	>1057
14	>99	R	>99	S	50	>1057
15	>99	R	>99	S	50	>1057
16	>99	R	>99	S	50	>1057
17	>99	S	>99	R	50	>1057
18	>99	S	>99	R	50	>1057
19	>99	S	>99	R	50	>1057
23	>99.9[b]	R	>99	S	50	>1057
24	>99.9[b]	R	>99	S	50	>1057
25	>99.9[b]	R	>99	S	50	>1057
26	>99	R	>99	S	50	>1057

　　a. 除化合物 23,24 和 25 外,其他物质 ee 值均通过手性 HPLC 色谱柱计算。b. 通过手性 GC(ECD)色谱柱,Agilent 6890N 气相色谱仪和 Supelco β-DEX 120 色谱柱(30 m,0.25 mm ID and 0.25 μm df),进样口温度 250℃ 检测器温度 250℃,柱温 100℃到 120℃(2℃/min)。c. 构型的确证是通过与文献中被水解的醇的流出顺序对比确定的[2-7]。d. 转化率和对映选择性根据文献计算[8]。

　　实验结果表明,脂肪酶固定相具有非常好的不对称水解效果,一个手性酯进入后,其中一个对映体被水解成对应的醇而另外一个对映体则没有被水解。对所有的手性酯的不对称水解作用而言,对映体过量值都大于 99%,对映体选择性非常高,大于 1057。对于 1-(4-氯苯基)乙醇的所有酯,不对称水解其 S-体;而其他的醇的衍生酯不对称水解的是 R-体。丙酸-1-(4-甲氧基苯基)乙酯和 1-(4-甲氧基苯基)乙醇以及丙酸-1-(4-甲氧基苯基)乙酯进入脂肪酶色谱柱后流出的两个组分在手性色谱柱上的拆分色谱图见图 7-9。

　　由色谱图可以看出,酯进样后流出的两个组分在正相手性柱上拆分时只有一个对映体,在另外一个对映体出现的位置没有峰,说明流出组分分别是醇和酯的对映体单体。

　　所有的酯都应用在脂肪酶固定相上以考察其对酯的不对称水解能力,这些酯在固定相上的两个流出组分的保留因子和分离因子见表 7-4。丁酸-1-(噻吩 2-基)乙酯在三种不同键合量手性固定相上的不对称水解色谱图见图 7-10。由数据可以看出,随着键合量的增大,对酯的保留因子和手性选择性整体都在增加。酯的芳环和烷基基团的大小可以明显地影响未被水解的第二个组分(未被水解的酯)的保留因子。由表可以看出,对于同一个仲醇的三个不同长度烷基的酯,它们的保留因子随着烷基链的增长而增大。丁酸酯的保留最强,其次是丙酸酯,乙酸酯的保留最弱。芳环强烈影响组分的保留,含有萘环的分析物的保留明显比含有苯环的保留强。

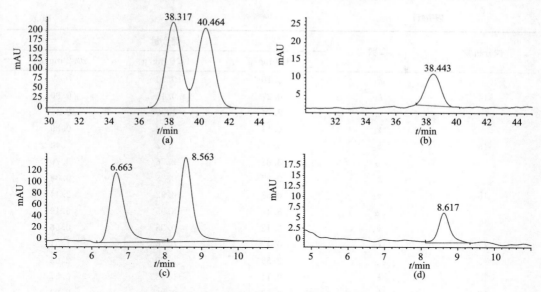

图 7-9　正相手性柱上的拆分色谱图

(a)外消旋 1-(4-甲氧基苯基)乙醇在 OD 手性色谱柱上的拆分；(b)丙酸-1-(4-甲氧基苯基)乙酯进入 CALB 色谱柱后流出的第一个组分在 OD-H 色谱柱上的拆分；(c)外消旋丙酸-1-(4-甲氧基苯基)乙酯在 AD 手性色谱柱上的拆分；(d)丙酸-1-(4-甲氧基苯基)乙酯进入 CALB 色谱柱后流出的第二个组分在 AD-H 色谱柱上的拆分

表 7-4　系列酯在不同键合量脂肪酶固定相上的不对称水解

被分析物	参数	键合量		
		13.3 mg/g	17.0 mg/g	20.2 mg/g[a]
8	k_1	0.43	0.77	1.49
	k_2	1.17	2.32	4.63
	α	2.68	3.02	3.12
9	k_1	0.50	0.84	1.52
	k_2	1.92	3.34	6.34
	α	3.82	4.00	4.16
10	k_1	0.54	0.84	1.51
	k_2	3.47	5.89	11.46
	α	6.43	6.94	7.59
11	k_1	0.62	0.82	1.48
	k_2	1.24	2.29	4.56
	α	2.00	2.80	3.08
12	k_1	0.46	0.87	1.57
	k_2	1.82	3.49	7.17
	α	3.94	4.04	4.58
13	k_1	0.48	0.84	1.51
	k_2	3.25	6.04	11.46
	α	6.75	7.24	7.59

被分析物	参数	键合量		
		13.3 mg/g	17.0 mg/g	20.2 mg/g[a]
	k_1	0.10	0.23	0.37
14	k_2	0.27	0.45	0.90
	α	2.74	1.99	2.41
	k_1	0.11	0.23	0.39
15	k_2	0.41	0.62	1.42
	α	3.81	2.76	3.70
	k_1	0.07	0.23	0.39
16	k_2	0.58	0.92	2.44
	α	8.44	3.95	6.19
	k_1	0.12	0.33	0.56
17	k_2	0.42	0.76	1.51
	α	3.59	2.29	2.68
	k_1	0.11	0.33	0.57
18	k_2	0.53	1.06	2.29
	α	4.83	3.20	4.01
	k_1	0.13	0.33	0.60
19	k_2	0.99	1.75	3.93
	α	7.48	5.24	6.59
	k_1	0.19	0.22	0.34
20	k_2	0.35	0.44	0.82
	α	1.82	2.00	2.40
	k_1	0.21	0.22	0.36
21	k_2	0.62	0.93	2.34
	α	2.99	4.19	6.59
	k_1	0.21	0.23	0.38
22	k_2	0.89	1.23	2.51
	α	4.25	5.45	6.68
	k_1	0.02	0.12	0.23
23	k_2	0.14	0.28	0.63
	α	5.76	2.27	2.77
	k_1	0.04	0.11	0.23
24	k_2	0.29	0.45	1.06
	α	7.10	4.03	4.71
	k_1	0.04	0.14	0.24
25	k_2	0.54	0.89	2.14
	α	12.35	6.37	9.08
	k_1	0.23	0.25	0.43
26	k_2	1.02	1.88	4.05
	α	4.47	7.41	9.53

a. 流速:0.5 mL/min。注:k_1 为不对称水解第一个峰保留因子;k_2 为不对称水解第二个峰保留因子

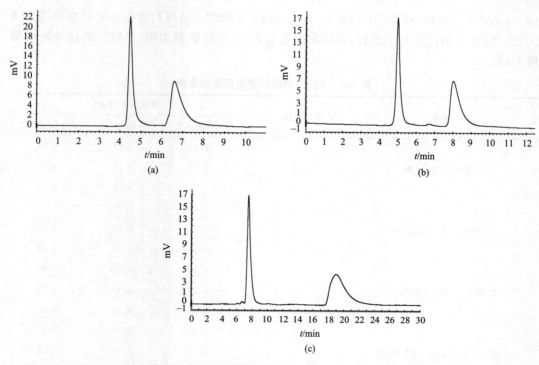

图 7-10　丁酸-1-(噻吩 2-基)乙酯在脂肪酶固定相上的不对称水解色谱图

(a)13.3 mg/g CALB；(b)17.0 mg/g CALB；(c)20.2 mg/g CALB

7.1.6.5　脂肪酶固定相的载荷能力

本实验选择键合量为 20.2 mg/g 的脂肪酶固定相进行。丁酸-3-氯-1-(2-噻吩基)-1-丙酯溶解在异丙醇中配制成 1～10 mg/mL 的溶液来评价固定相的样品载荷能力。进不同浓度的样品(5 μL)记录不对称水解产物的保留因子和选择性。具体结果见表 7-5。进样浓度直到 10 mg/mL，不对称水解的醇的峰和剩余酯的峰仍能够分离，说明该脂肪酶固定相有较大的样本载荷能力。在浓度继续增大时，峰宽太大，前后两峰不能完全分离。

表 7-5　丁酸-3-氯-1-(2-噻吩基)-1-丙酯不同浓度上样的保留因子和选择性

浓度(mg/mL)	k_1	k_2	α
1	0.22	2.84	12.67
3	0.26	2.55	10.00
5	0.39	2.46	6.27
7	0.38	2.44	6.35
9	0.39	2.43	6.22
10	0.41	2.40	5.89

注：k_1 为不对称水解第一个峰保留因子；k_2 为不对称水解第二个峰保留因子

7.1.6.6　缓冲液浓度对保留能力的影响

实验考察了不同的缓冲液浓度对酯不对称水解保留的影响，选择了三种不同浓度

(25 mmol/L、50 mmol/L、100 mmol/L)的 pH 7.5 的缓冲液进行考察。实验在酶键合量为 20.2 mg/g 的固定相上进行,具体数据见表7-6。实验数据表明,浓度大的缓冲液保留能力强。

表 7-6　不同浓度缓冲液对保留的影响

化合物	参数	磷酸缓冲液浓度		
		25 mmol/L	50 mmol/L	100 mmol/L[a]
1-(萘基-1 基)乙酯	k_1	1.14	1.28	1.27
	k_2	3.68	4.16	4.27
	α	3.22	3.24	3.36
1-(萘基-2 基)丙酸乙酯	k_1	1.20	1.31	1.37
	k_2	5.75	6.25	6.91
	α	4.78	4.76	5.04
1-(噻吩-2 基) 丁酸乙酯	k_1	0.16	0.17	0.16
	k_2	1.31	1.45	1.54
	α	8.31	8.54	9.71
3-氯-1-(噻吩-2 基) 丁酸丙酯	k_1	0.30	0.34	0.31
	k_2	3.04	3.24	3.54
	α	10.15	9.51	11.44

a. 流速:0.5 mL/min。

注:k_1 为不对称水解第一个峰保留因子;k_2 为不对称水解第二个峰保留因子

7.2　离子液体键合硅胶在固相萃取中的应用

将离子液体键合到硅胶表面,制备成 SPE 填料用于酸性农药的提取。离子液体是有机盐,其阳离子为带正电的咪唑环,阴离子是氯离子。提取酸性农药时可以发生离子交换作用,同时咪唑环和被分析物质之间还有 π-π 共轭和范德华力等相互作用,具有良好的提取效果。

7.2.1　实验部分

7.2.1.1　离子液体键合硅胶的制备

1) 离子液体的合成

离子液体制备的具体步骤为:称取 2.060 g(25.085 mmol)N-甲基咪唑和 6.042 g(25.091 mmol)3-氯丙基三乙氧基硅烷于三口烧瓶中,加入 20 mL 干燥甲苯,氮气保护下加热回流 2 天。停止搅拌后溶液立即分层,下层是黏稠离子液体,上层为甲苯。去除甲苯,离子液体再用甲苯洗涤(6×10 mL),60℃真空干燥 1 天。

2) 硅胶的活化

商品化硅胶首先用 2 mol/L HCl 水溶液加热回流 12 h,去离子水洗涤,直到水中没有氯离子。硅胶在 60℃真空干燥箱中用无水氯化钙真空干燥,然后用五氧化二磷真空干燥得活化硅胶,备用。

3)离子液体的键合

称取活化硅胶 1.0 g,悬浮于 20 mL 干燥氯仿中,加入 1.0 g 离子液体,氮气保护下加热回流 1 天。得到的产物抽滤,再用二氯甲烷、丙酮、甲醇、丙酮分别洗涤,真空干燥,制得离子液体键合硅胶,备用。离子液体合成及键合过程见图 7-11。

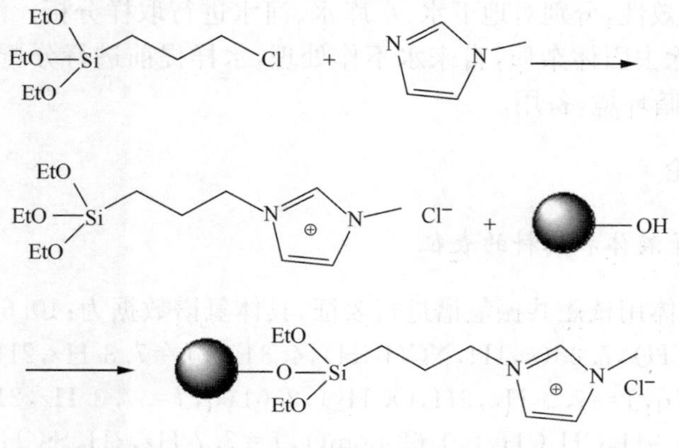

图 7-11　离子液体键合硅胶的制备过程

7.2.1.2　固相萃取柱的制备及提取过程

1)固相萃取小柱的装填

取一只聚丙烯 SPE 柱管,底部放入一个筛板,称取制备的离子液体键合硅胶填料 200 mg 于 5 mL 塑料离心管内,加适量甲醇悬浮,将悬浮液缓慢转移入 SPE 柱管内,待甲醇流干后,填料上部加筛板压紧,制得 SPE 小柱,备用。

2)SPE 提取过程

(1)活化:依次用 10 mL 甲醇和 10 mL 水活化固相萃取柱,活化后紧接上样,防止固相萃取小柱干涸。

(2)上样:300 mL 水样(去离子水加标、环境水样加标)以 10 mL/min 的流速上样。

(3)淋洗:甲醇 2 mL 进行淋洗,去除大部分的杂质,淋洗完毕后抽气 10 min 去除填料上吸附的水。

(4)洗脱:含 0.1 mol/L 盐酸的甲醇 2 mL 进行淋洗,洗脱液收集于玻璃离心管中,40℃氮气吹干,0.2 mL 甲醇定容,过 0.22 μm 微孔滤膜,待分析。

7.2.1.3　C_{18} SPE 对照试验

为了比较离子液体键合硅胶 SPE 和商品化 C_{18} SPE 性能,优化了 C_{18} SPE(500 mg/6 mL)的提取过程,如下:

(1)活化:依次用 10 mL 甲醇和 10 mL 水活化固相萃取柱,活化后紧接上样,防止固相萃取小柱干涸。

（2）上样：300 mL 水样（去离子水加标、环境水样加标）以 5 mL/min 的流速上样，上样完毕后抽气 10 min 去除填料上吸附的水。

（3）洗脱：甲醇 3 mL 进行淋洗，洗脱液收集于玻璃离心管中，40 ℃氮气吹干，0.2 mL 甲醇定容，过 0.22 μm 微孔滤膜，待分析。

7.2.1.4　实际水样的分析

为验证方法有效性，分别对地下水、水库水、河水进行取样分析。河水和水库水分析之前用滤纸过滤，除去固体杂质，自来水不作处理，水样提前进行分析，未发现有待测农药。保存在 4 ℃黑暗环境，备用。

7.2.2　结果与讨论

7.2.2.1　离子液体和填料的表征

合成的离子液体用核磁共振氢谱进行表征，具体氢谱数据为：10.67(s,1H,NCHN)，7.49(s,1H,NCHCH)，7.28(s,1H,NCHCH)，4.34(t,J=7.3 Hz,2H,CH$_2$N)，4.12(s,3H,NCH3)，3.81(q,J=7.0 Hz,6H,OCH$_2$)，2.01(q,J=7.3 Hz,2H,CH$_2$CH$_2$CH$_2$)，1.21(t,J=7.0 Hz,9H,CH$_3$CH$_2$)，0.62 ppm(t,J=7.7 Hz,2H,SiCH$_2$)。结果表明离子液体合成成功，核磁氢谱见图 7-12。

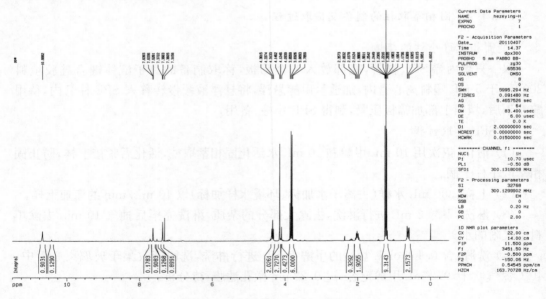

图 7-12　离子液体的核磁氢谱

离子液体键合硅胶填料用红外进行表征，结果见图 7-13。由图可以看出，和活化硅胶(a)相比，离子液体键合硅胶(b)在 2962 cm^{-1}处吸收峰明显增强，为离子液体的饱和C—H 伸缩振动吸收峰，1571 cm^{-1}处多了一个吸收峰为 C—N 吸收峰，以上吸收峰说明离子液体键合到硅胶上。

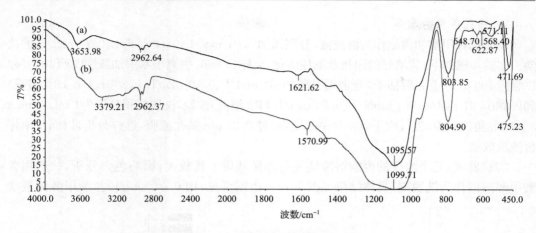

图 7-13　离子液体键合硅胶的红外图

(a)活化硅胶；(b)离子液体键合硅胶

7.2.2.2　固相萃取条件优化

影响固相萃取效果的参数有洗脱条件、淋洗条件、上样体积、上样速度、样品 pH 等，实验将这些关键参数进行了优化，以达到最好的提取和净化效果。

1）负载量的测定

负载量是单位质量吸附剂所能吸附农药的总质量。一般来说，吸附剂的负载量越大，能吸附的目标物总质量也越高。负载量的大小决定了吸附剂对目标物的吸附能力，吸附剂的制备要求负载量较大。

本实验中，固相萃取小柱活化后，上样（100 mg/L 的单个农药水溶液 200 mL），上样的同时分别接收每毫升流下的溶液，直接进液相色谱分析，有明显的样品峰出现时说明吸附饱和，根据流出样品体积求得负载量。

同时还做了对比实验，所用固相萃取柱为商品化 C_{18}（500 mg/6 mL），具体步骤为：C_{18} 固相萃取柱依次用 10 mL 甲醇和 10 mL 水活化，活化后上样（100 mg/L 的单个农药水溶液 200 mL，根据农药的 pK_a 调节水溶液 pH，使农药分子不解离），上样的同时分别接收每毫升流下的溶液，直接进液相色谱分析，有明显的样品峰出现时说明吸附饱和，根据流出样品体积求得负载量。

实验结果见表 7-7。由实验结果看出，离子液体键合硅胶填料对酸性除草剂负载量很高，大部分都在 50～100 mg/g 之间，比 C_{18} 填料负载量明显要高。表明该填料对于吸附酸性农药的能力优于 C_{18} 填料。

表 7-7　离子液体键合硅胶对酸性除草剂的负载量

SPE	负载量/(mg/g)								
	二氯吡啶酸	二氯喹啉酸[a]	麦草畏	2,4-D	双草醚	三氯吡氧乙酸	氨氯吡啶酸	对氯苯氧乙酸	二甲四氯[a]
IL-silica	65	—	70	50	53	95	80	35	—
C_{18}	12	—	14	4	18	8	20	9	—

a. 由于水中溶解度低，载荷量未测定

2) 洗脱条件的选择

初步选择甲醇和丙酮作为淋洗液,分别添加 0.01 mol/L、0.10 mol/L、0.20 mol/L 的盐酸。实验步骤如下:装填好的固相萃取柱活化,上样(50 mL 去离子水添加酸性农药 100 mg/L 混标 100 μL),上完后抽干,分别用甲醇(0.01 mol/L、0.10 mol/L、0.20 mol/L HCl 溶液)和丙酮(0.01 mol/L、0.10 mol/L、0.20 mol/L HCl 溶液)洗脱,洗脱体积分别为 1 mL、2 mL、3 mL。收集洗脱液,氮气吹干,1 mL 甲醇定容,过 0.22 μm 微孔滤膜,进样分析,以回收率评价洗脱效果。

实验发现,几个浓度的丙酮溶液洗脱后样品基质干扰较大,影响色谱分析,故选用含酸甲醇溶液作为洗脱剂,具体结果见图 7-14。由图可见,用 0.01 mol/L 盐酸甲醇溶液洗

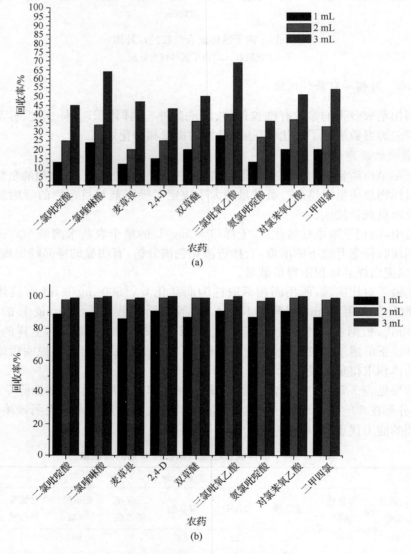

图 7-14　不同洗脱溶剂的洗脱效果

(a)0.01 mol/L 盐酸甲醇溶液;(b)0.10 mol/L 盐酸甲醇溶液

脱时,使用量直到 3 mL,回收率仍较低;用 0.10 mol/L 盐酸甲醇溶液洗脱时,1 mL 即可洗脱绝大部分分析物,2 mL 和 3 mL 的回收率相差不大;用 0.20 mol/L 盐酸甲醇溶液洗脱时,效果和 0.10 mol/L 盐酸甲醇溶液相似。最后选择 0.10 mol/L 盐酸甲醇溶液洗脱,洗脱溶剂用量为 2 mL。

3) 淋洗条件的选择

固相萃取中淋洗过程主要是为了除去杂质,达到净化样本的目的。实验中选择甲醇和丙酮作为淋洗液,淋洗体积分别为 1 mL、2 mL、3 mL、4 mL、5 mL。实验过程为:固相萃取柱活化后上样,上样 30 mL 分别添加 100 mg/L 除草剂混标(麦草畏、2,4-D、三氯吡氧乙酸、双草醚)100 μL,上完样后用淋洗液淋洗,淋洗完用 2 mL 0.10 mol/L 盐酸甲醇溶液洗脱,洗脱液氮气吹干,200 μL 甲醇定容,过 0.22 μm 微孔滤膜,进样分析。

实验结果表明,用甲醇和丙酮淋洗在 4 mL 之前都没有药品淋洗下来,说明药物和填料为离子交换吸附,吸附能力较强。由于甲醇的洗脱能力更强,所以选择甲醇为淋洗溶剂,用量 2 mL。

4) 上样体积的确定

上样体积对样品的富集和检测影响很大,为了确定上样体积,测定了酸性除草剂的穿透体积。穿透体积是指随着水样的不断加入,目标物分子被水样洗脱下来时的水样体积,即对某种吸附剂,能最大允许流过的水样体积。从某种角度上说,这是衡量吸附剂富集倍数的一个参数。

穿透体积的测定过程为:固相萃取柱活化后上样,上样体积分别为 50 mL、100 mL、200 mL、300 mL、400 mL,分别添加 10 mg/L 除草剂混标(麦草畏、2,4-D、三氯吡氧乙酸、双草醚)100 μL,上完样后用 2 mL 0.10 mol/L 盐酸甲醇溶液洗脱,洗脱液氮气吹干,200 μL 甲醇定容,过 0.22 μm 微孔滤膜,进样分析。穿透体积曲线见图 7-15。

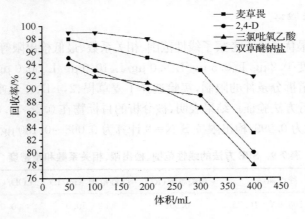

图 7-15　穿透体积曲线

由穿透体积曲线可以得到离子液体键合硅胶 SPE 的穿透体积约在 300~400 mL,因此,选择最终的上样体积为 200 mL。

5) 上样速度的确定

上样速度不仅影响上样时间,对回收率也有很大的影响。上样速度较小时回收率较高,但是上样时间较长,上样速度较大时回收率下降,但是上样时间缩短。上样速度的选择应该在保证回收率的前提下尽量选择较高的上样速度,以缩短提取时间。

本实验设计了三个不同上样速度,考察流速对回收率的影响,具体过程为:固相萃取柱活化后上样,上样 300 mL,分别添加 10 mg/L 除草剂混标(麦草畏、2,4-D、三氯吡氧乙酸、双草醚)100 μL,流速分别为 5 mL/min、10 mL/min、20 mL/min,上完样后用 2 mL 0.10 mol/L 盐酸甲醇溶液洗脱,洗脱液氮气吹干,200 μL 甲醇定容,过 0.22 μm 微孔滤膜,进样分析。具体结果见表 7-8。结果显示,在上样速度为 10 mL/min 时仍能达到较好的回收率,但是当上样速度增大到 20 mL/min 时,回收率明显降低,最后选择上样速度为 10 mL/min。

表 7-8　上样速度对回收率的影响

上样速度/(mL/min)	回收率/%			
	麦草畏	2,4-D	三氯吡氧乙酸	双草醚
5	97.6	93.7	94.6	99.4
10	93.8	90.5	89.7	98.9
20	90.4	56.7	34.9	56.7

6)固相萃取最优条件

由以上实验结果选择本方法最优条件为:200 mg 离子液体键合硅胶填料,湿法装填成 SPE 小柱(200 mg/3 mL),分别用甲醇和水各 10 mL 活化,上样(200 mL 水样),2 mL 甲醇淋洗,抽干水分,2 mL 0.10 mol/L 盐酸甲醇溶液洗脱,洗脱液在 40 ℃下氮气吹干,用 0.2 mL 甲醇定容,过 0.22 μm 微孔滤膜,进样分析。

7.2.2.3　方法验证

在实验得到的最优条件下考察了线性范围、相关系数、最低检出限等参数。线性范围通过添加五个不同浓度(0.2 μg/L,0.5 μg/L,5.0 μg/L,10.0 μg/L,50.0 μg/L)的标准工作液建立。由于液相色谱拆分条件的限制,实验选择了麦草畏、2,4-D、三氯吡氧乙酸、双草醚四个农药为目标物进行方法验证。结果表明,被分析的目标物在 0.2~50.0 μg/L 范围内有很好的线性,相关系数为 0.999,检出限按 S/N=3 计算为 0.068~0.130 μg/L,结果见表 7-9。

表 7-9　SPE 方法的线性范围、检出限、相关系数和精密度

农药	线性曲线	相关系数(R^2)	线性范围/(μg/L)	LOD/(μg/L)	RSD/%
麦草畏	$Y=105.9X+10.35$	0.999	0.2~50.0	0.068	3.4
2,4-D	$Y=69.58X+31.12$	0.999	0.2~50.0	0.130	4.2
三氯吡氧乙酸	$Y=109.1X+1.848$	0.999	0.2~50.0	0.077	2.6
双草醚	$Y=99.66X+5.592$	0.999	0.2~50.0	0.081	4.8

离子液体键合硅胶 SPE 和 C$_{18}$ SPE 的 LOD 比较结果见表 7-10,结果可以看出,离子

液体键合硅胶 SPE 检出限比商品化 C_{18} 要低,且实验中发现,C_{18} 检测时样品基质干扰很大,而离子液体键合硅胶 SPE 基质干净,不会对色谱分析造成干扰。

表 7-10 离子液体键合硅胶 SPE 和商品化 C_{18} SPE 的 LOD 比较

SPE	LOD/(μg/L)			
	麦草畏	2,4-D	三氯吡氧乙酸	双草醚
IL-silica	0.068	0.130	0.077	0.081
C_{18}	0.230	0.450	0.380	0.170

7.2.2.4 实际样本检测

为了研究离子液体键合硅胶 SPE 处理实际环境水样的可行性,在最优条件下对环境水样本进行了分析,包括地下水、水库水和河水。在不同水样中分别添加 0.5 μg/L 和 5.0 μg/L 浓度的待测农药,每个样本浓度重复 5 次,结果见表 7-11。实验结果发现,对环境水样的添加回收率在 82.5%~104.5% 之间,满足定量分析的要求,而且相对标准偏差在 1.9%~7.1% 之间,说明该方法重现性较好。以上数据表明,离子液体键合硅胶 SPE 可以实现对环境水样中酸性农药的定性和定量分析。河水的空白和添加回收色谱图见图 7-16。

表 7-11 酸性农药在三种环境水样中的回收率和精密度

农药	添加浓度/(μg/L)	自来水(n=5)		水库水(n=5)		河水(n=5)	
		回收率/%	RSD/%	回收率/%	RSD/%	回收率/%	RSD/%
麦草畏	0.5	93.7	3.6	90.4	4.6	90.7	4.5
	5.0	90.4	2.7	92.5	2.3	93.2	2.8
2,4-D	0.5	85.8	4.7	95.6	6.7	82.5	3.5
	5.0	84.2	3.1	92.7	3.6	85.9	3.1
三氯吡氧乙酸	0.5	96.2	2.6	92.1	4.3	89.3	7.1
	5.0	91.4	1.9	89.4	3.9	91.3	4.2
双草醚	0.5	95.9	5.8	96.4	2.4	104.5	3.5
	5.0	98.3	2.5	94.7	2.1	91.7	2.2

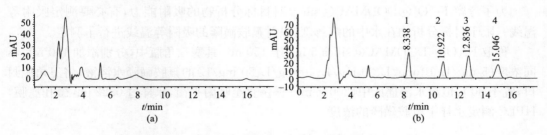

图 7-16 河水空白和添加回收色谱图(5.0 μg/L)

(a)空白图;(b)添加回收图 1 为麦草畏;2 为 2,4-D;3 为三氯吡氧乙酸;4 为双草醚

7.3　硅胶修饰磁性颗粒的制备及其在磁性固相萃取中的应用

　　制备了两种磁性颗粒:一种为表面活性剂辅助的硅胶磁性颗粒,另一种为离子液体键合的硅胶磁性颗粒,并将其应用到水样中的磺酰脲类除草剂和三唑类杀菌剂的提取,对方法的影响因素和可行性进行了优化和验证。

7.3.1　表面活性剂辅助硅胶磁性颗粒的制备及其在磺酰脲类除草剂磁性固相萃取中的应用

7.3.1.1　Fe_3O_4@DODMAC@silica 颗粒的制备

1) Fe_3O_4 纳米颗粒的制备

　　Fe_3O_4 纳米颗粒采用共沉淀法制备[9],具体方法为:称取 5.2 g $FeCl_3 \cdot 6H_2O$、2.0 g $FeCl_2 \cdot 4H_2O$ 溶于 25 mL 除氧水中,加入 0.85 mL HCl(12 mol/L),制备成铁离子溶液,备用。配制 250 mL 1.5mol/L NaOH 水溶液,氮气保护下机械搅拌,将铁离子溶液逐滴加入。加入后立即生成黑色 Fe_3O_4 纳米颗粒,用强磁铁吸附生成的纳米颗粒,弃去反应液,然后用去离子水清洗直至中性,50 ℃下真空干燥,备用。

2) Fe_3O_4@DODMAC @silica 颗粒的制备

　　将 0.6 g DODMAC 和 0.4 g Fe_3O_4 纳米颗粒分散于 25 mL 去离子水中,用 1 mol/L NaOH 溶液调节 pH 至 11.0。该悬浮液超声 30 min,加入 2.1 mL TEOS,机械搅拌过夜,反应生成的溶胶置于 50 ℃水浴中反应 30 min。最终生成的 Fe_3O_4@DODMAC@silica 分别用水和甲醇清洗,去除物理吸附的 DODMAC,50 ℃下真空干燥,备用。同时制备了 Fe_3O_4@silica 对照颗粒,制备方法相同,只是不添加 DODMAC。

7.3.1.2　磁性颗粒的表征

　　Fe_3O_4@DODMAC@silica 颗粒的形态特征用扫描电镜进行观察;颗粒中 DODMAC 和硅胶的成功修饰用红外表征,分别对 DODMAC、Fe_3O_4@silica、Fe_3O_4@DODMAC@silica 进行了分析。

7.3.1.3　吸附等温线测定

　　为了考察 Fe_3O_4@DODMAC@silica 对目标分析物的吸附能力,有必要测定吸附等温线。限于目标分析物在水中的溶解度,只对氟胺磺隆的吸附等温线进行了测定。

　　称取 Fe_3O_4@DODMAC@silica 5 mg 于 150 mL 具塞三角瓶中,分别添加 100 mL 不同浓度(5 mg/L、10 mg/L、30 mg/L、40 mg/L、50 mg/L)的氟胺磺隆水溶液,将三角瓶封口,置于 30 ℃恒温水浴摇床中,200 r/min 振荡直至吸附平衡,水样过 0.22 μm 微孔滤膜,HPLC 测定水样中氟胺磺隆的浓度。

7.3.1.4　提取过程和色谱分析

1) 色谱条件

Agilent 1200HPLC-UV,Zorbax Eclipse Plus C_{18}色谱柱,柱温 15 ℃,流动相为乙腈/

水(0.1%TFA)=50/50,流动相流速 1 mL/min,检测波长 230 nm,进样量 25 μL。

2) 提取过程

提取的步骤见示意图 7-17。具体过程如下:称取磁性吸附剂 50 mg,用 100 μL 甲醇润湿活化,转移到含有 300 mL 水样(去离子水加标样本或实际样本,用 1 mol/L HCl 调节 pH 至 6.0)的烧杯中,超声分散。间断性的搅拌溶液使吸附剂保持悬浮状态,当达到吸附平衡后,将钕铁硼强磁铁(100 mm×100 mm×20 mm)置于烧瓶底部,过一定时间吸附剂被吸附在烧瓶底部后,弃去样品溶液,剩余的吸附剂和少量的水转移到 10 mL 塑料离心管中,再次用强磁铁吸附,用一次性注射器去除可见水分。

吸附剂用 1.5 mL 乙腈洗脱,每次 0.5 mL 涡旋 30 s,收集洗脱液于 5 mL 玻璃离心管中,40℃下氮气吹干,200 μL 甲醇定容,过 0.22 μm 微孔滤膜,进样分析。

7.3.1.5　实际样本分析

为验证方法有效性,分别对地下水、水库水、河水、稻田水进行取样分析。河水、水库水和稻田水分析之前用滤纸过滤,除去固体杂质,地下水不作处理,水样提前进行分析,未发现有待测农药。水样保存在 4℃黑暗环境,备用。

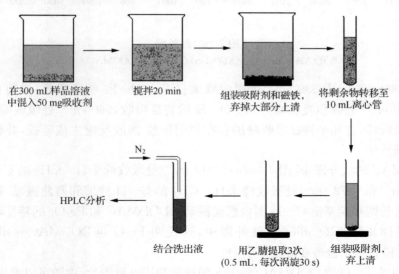

图 7-17　磺酰脲类除草剂磁性固相萃取过程示意图

7.3.1.6　结果与讨论

1) Fe_3O_4@DODMAC@silica 颗粒的制备和表征

有文献报道,十六烷基三甲基溴化铵(CTAB)的氨基基团可以和硅胶基质相互作用,而其烷基基团和被分析物质之间的疏水性相互作用在提取中起到了重要作用,本研究选择含有双烷基链的 DODMAC 来制备吸附剂,期望其烷基链和分析物之间的疏水作用有助于水样中目标物的提取。本研究中,选择普遍采用的共沉淀法制备 Fe_3O_4 纳米颗粒。采用溶胶-凝胶法将 DODMCA 和 Fe_3O_4 纳米颗粒包覆在硅胶基质中,制备成 Fe_3O_4@DODMAC@silica 颗粒,整个步骤简单易控制。为了验证 DODMAC 和 Fe_3O_4 是否被硅胶包覆,对 DODMAC、Fe_3O_4@silica 和 Fe_3O_4@DODMAC@silica 分别进行了红外分析,红外图见图 7-18。

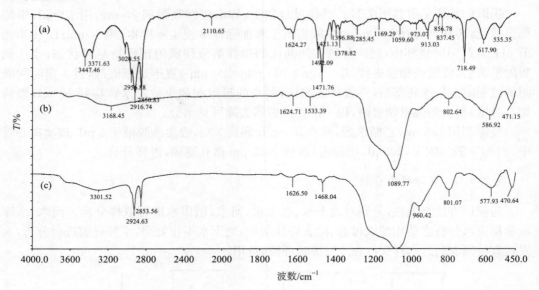

图 7-18　红外图

(a)DODMCA;(b)Fe_3O_4@silica;(c)Fe_3O_4@DODMAC@silica

图 7-18(b)和(c)中 580 cm^{-1} 处吸收峰来自 Fe—O—Fe 特征吸收,说明有 Fe_3O_4 的存在。1089 cm^{-1} 处强烈吸收峰为 Si—O—Si 的特征吸收,960 cm^{-1} 处吸收峰为 Si—OH 伸缩振动吸收峰,这几个特征吸收峰的存在说明凝胶-溶胶反应生成硅胶,并将 Fe_3O_4 包覆在硅胶基质中。

DODMAC 的红外图中[图 7-18(a)]2916 cm^{-1} 处吸收峰来自—CH_3 的 C—H 伸缩振动,2850 cm^{-1} 和 1472 cm^{-1} 处吸收峰来自—CH_2 的 C—H 伸缩和弯曲振动,718 cm^{-1} 处吸收峰来自长饱和烷基链 C—H 面内摇摆振动。DODMAC 和 Fe_3O_4 的特征吸收都出现在 Fe_3O_4@DODMAC@silica 的红外图中,这说明 Fe_3O_4@DODMAC@silica 颗粒将 DODMCA 和 Fe_3O_4 包覆在硅胶基质中。

图 7-19 为 Fe_3O_4@DODMAC@silica 颗粒的扫描电镜图片,由图可以看出,该吸附剂为不定型颗粒,表面硅胶基质粗糙,颗粒粒径平均约为 3 μm。

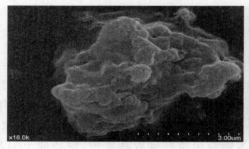 

图 7-19　Fe_3O_4@DODMAC@silica 颗粒的扫描电镜图

2）吸附等温线

在吸附剂的开发应用中，吸附等温线的测定非常重要，吸附等温曲线是指在一定温度下溶质分子在两相界面上进行的吸附过程达到平衡时它们在两相中浓度之间的关系曲线。吸附等温线是对吸附现象以及固体的表面与孔进行研究的基本数据，可从中研究表面与孔的性质，计算出比表面积与孔径分布。

氟胺磺隆的吸附等温曲线见图 7-20。由图可见，随着氟胺磺隆浓度的升高，吸附量先急剧升高然后逐渐趋于平衡。对吸附数据进行朗缪尔（Langmuir）和弗罗因德利希（Freundlich）曲线拟合，发现曲线的相关系数分别为 0.988 和 0.815，说明氟胺磺隆的吸附符合朗缪尔曲线。朗缪尔吸附等温线[10]是从溶液中吸附溶质时最常用的吸附模型，为单分子层吸附理论，根据该理论，氟胺磺隆在 Fe_3O_4@DODMAC@silica 颗粒上的吸附属于单分子层吸附，最大吸附量为 895 mg/g。相应于朗缪尔单层可逆吸附过程，是窄孔进行吸附，而对于微孔来说，可以说是体积充填的结果。样品的外表面积比孔内表面积小很多，吸附容量受孔体积控制。平台转折点对应吸附剂的小孔完全被凝聚液充满。微孔硅胶、沸石、炭分子筛等，易出现这类等温线。

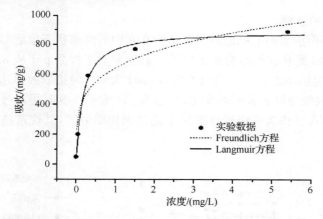

图 7-20　氟胺磺隆的等温吸附线（朗缪尔和弗罗因德利希模型）

3）提取过程的优化

对几个影响提取效果的参数进行了优化，包括洗脱溶剂、样品 pH、样品体积、提取时间等。提取效率用峰面积的大小进行衡量，所有的优化实验中每个目标分析物添加量为 1 μg。

（1）洗脱溶剂的选择。

洗脱溶剂的选择对磁性固相萃取非常重要，合适的洗脱溶剂能够以最少的用量取得最好的洗脱效果，且基质干扰较少。在本实验中，选择三种溶剂进行洗脱研究，包括甲醇、乙腈和丙酮。实验结果发现，乙腈和丙酮都能取得较好的洗脱效果，但是和乙腈相比，丙酮洗脱基质干扰较大，故选用乙腈为洗脱溶剂。对乙腈的用量和洗脱时间进行了考察，乙腈用量从 0.5 mL 到 2.0 mL（每次 0.5 mL），洗脱时涡旋时间从 10s 到 60s。结果显示，涡旋时间对洗脱效果几乎没有影响，最终选择涡旋时间为 30s。对于乙腈的用量，1.5 mL（0.5 mL×3）就可对目标物进行完全洗脱（氟胺磺隆的洗脱结果见图 7-21）。所以，最终的洗脱条件是:乙腈 0.5 mL 涡旋 30 s,重复 3 次。

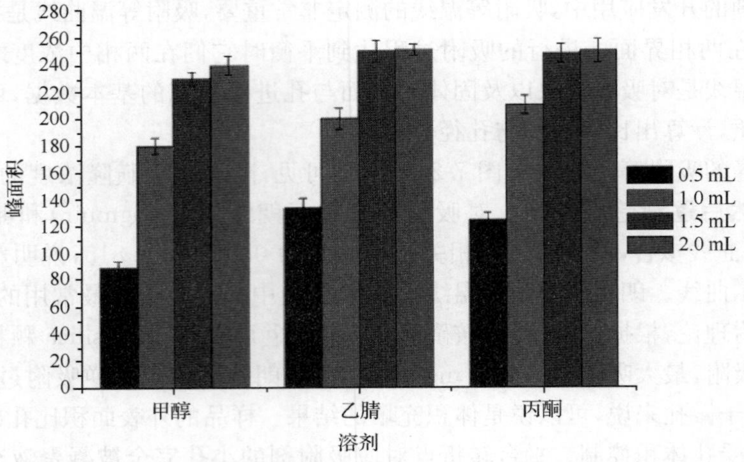

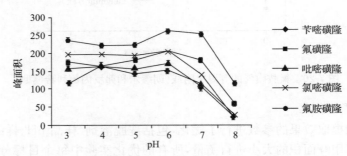

图 7-21　溶剂和体积对氟胺磺隆洗脱的影响

（2）样品 pH 的选择。

样品的 pH 不但能够影响磺酰脲类化合物在水中的解离状态也能够影响吸附剂的状态,所以对目标物的提取效果影响非常显著。实验考察了样品 pH 从 3.0 到 8.0 对提取效果的影响,结果见图 7-22。由图可以看出,在 pH 为 6.0 时提取效率达到最大,而在 pH 3.0～6.0 之间提取效率没有显著的变化,但是当 pH 大于 6.0 时提取效率急剧降低。之前有报道表明,CTA B 作为表面活性剂用于磁性固相萃取时,其烷基链的疏水作用对提取起到主要作用。

图 7-22　样品 pH 对磺酰脲除草剂提取效率的影响

实验中的五种磺酰脲除草剂的 pK_a 值在 3.7～5.0 之间,因此,它们在样品 pH 大于 6.0 时状态为带负电荷,这时吸附剂对其吸附能力降低。DODMCA 因带有两个十八烷基链,为强疏水型物质,结合以上的实验现象,说明 DODMAC 和磺酰脲之间的疏水性相互作用是提取目标物的主要作用。

（3）提取时间的选择。

在磁性固相萃取中,因为吸附剂是悬浮在溶液中的,所以需要一定的时间来达到吸附平衡,这个平衡时间就是所要选择的提取时间。实验考察了不同提取时间（5～40 min）下的提取效率,结果见图 7-23。由图可见,吸附在 20 min 达到平衡,20 min 以后基本保持不变。因此,选择提取时间为 20 min。

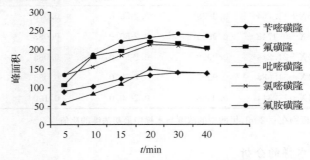

图 7-23　时间对磺酰脲除草剂提取效率的影响

（4）样品体积的选择。

样品体积是影响提取效率的另外一个重要因素,在以上优化的条件下（吸附剂 50 mg、样品 pH 6.0、提取时间 20 min、0.5 mL 乙腈洗脱三次）考察了不同样品体积对提取效率的影响,考察的样品体积分别为 100 mL、200 mL、300 mL、400 mL、500 mL,结果见图 7-24。由图可以看出,在 300 mL 之前,提取效率基本一致,当体积大于 300 mL 时,提取效率逐渐降低。因为随着体积的增大,吸附剂磁吸回收时的损失增大,造成提取效率的降低,因此,选择样品体积为 300 mL。

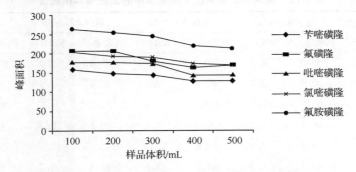

图 7-24　样品体积对磺酰脲除草剂提取效率的影响

7.3.1.7　方法验证

在最优条件下,对该方法的线性、重复性、检出限、富集倍数等进行了考察,以评估该磁性固相萃取方法,结果见表 7-12。线性范围通过添加五个不同浓度（0.2 μg/L、0.5 μg/L、5.0 μg/L、10.0 μg/L、50.0 μg/L）的标准工作溶液建立。结果表明,被分析的目标物在 0.2～50.0 μg/L 范围内有很好的线性,相关系数在 0.9993～0.9999 之间,检出限按 S/N=3 计算在 0.078～0.100 μg/L 之间。方法的精密度是在 5.0 μg/L 的添加浓度下,重复进行 5 次求得,五个目标物的相对标准偏差在 2.4%～5.7% 之间,说明该方法具有很好的重现性。富集倍数是指进样溶液中目标物的浓度与水样中目标物浓度之比,该方法富集倍数在 1230～1410 之间,富集倍数很高。

表 7-12　磁性固相萃取方法的线性范围、检出限、相关系数和精密度

分析物	线性方程	相关系数(R^2)	线性范围/($\mu g/L$)	LOD/($\mu g/L$)	RSD/%	EF[a]
苄嘧磺隆	$Y=80.675X+11.764$	0.9999	0.2-50.0	0.078	3.2	1350
氟磺隆	$Y=124.07X-9.4742$	0.9999	0.2-50.0	0.083	3.3	1305
吡嘧磺隆	$Y=81.309X+21.214$	0.9999	0.2-50.0	0.085	5.7	1230
氯嘧磺隆	$Y=94.581X+51.688$	0.9993	0.2-50.0	0.083	3.5	1410
氟胺磺隆	$Y=136.21X+1.2314$	0.9998	0.2-50.0	0.100	2.4	1200

a. EF,富集倍数是分析物在 0.2 mL 甲醇中的浓度与水样中最初浓度的比值

7.3.1.8　实际水样的分析

为了评价该方法在实际样本中的应用,对实际水样进行了分析,检测发现四种环境水样中均未检出这五种磺酰脲除草剂的残留。对四种水样分别添加 0.5 μg/L 和 5.0 μg/L 的磺酰脲混标,每个样本重复 3 次,回收率和精密度数据见表 7-13。对于不同的水样和目标物,回收率在 80.4%~107.1% 之间,相对标准偏差在 1.7%~10.6% 之间,说明该方法能够满足五种磺酰脲除草剂在水中的残留分析要求。实际进样色谱图上也没有基质干扰,该方法适合水样中磺酰脲的富集和检测,四种水样添加浓度为 5.0 μg/L 的色谱图见图 7-25。

表 7-13　磺酰脲除草剂在实际样本中的回收率和精密度

分析物	添加浓度/(μg/L)	地下水(n=3)		水库水(n=3)		稻田水(n=3)		河水(n=3)	
		回收率/%	RSD/%	回收率/%	RSD/%	回收率/%	RSD/%	回收率/%	RSD/%
苄嘧磺隆	0.5	86.8	4.5	101.0	4.3	85.9	3.0	104.7	4.0
	5.0	90.6	2.6	85.9	2.9	80.4	1.9	92.8	3.6
氟磺隆	0.5	98.8	2.5	103.1	5.4	92.2	6.5	103.8	5.2
	5.0	89.3	4.4	97.0	3.4	90.8	10.6	87.4	4.6
吡嘧磺隆	0.5	89.2	7.3	92.6	5.4	83.1	7.0	87.7	7.0
	5.0	86.4	4.5	89.7	3.0	82.2	6.7	85.4	5.9
氯嘧磺隆	0.5	84.2	2.6	99.6	3.2	102.7	8.8	96.0	2.8
	5.0	94.8	5.1	94.1	3.0	93.7	2.0	90.7	6.2
氟胺磺隆	0.5	87.4	2.8	95.8	4.1	107.1	6.2	106.5	4.0
	5.0	83.6	10.0	82.9	3.9	87.4	1.7	87.6	3.9

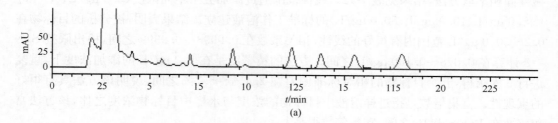

(a)

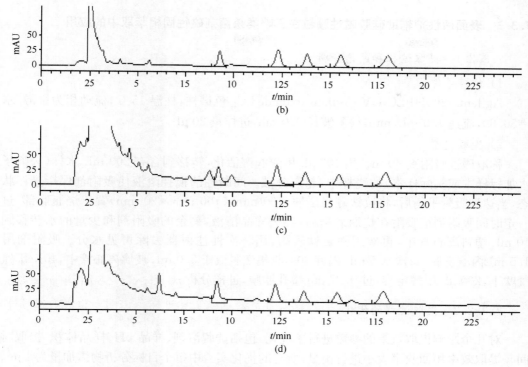

图 7-25　环境水样添加 5.0 μg/L 的色谱图

(a)水库水；(b)地下水；(c)稻田水；(d)河水。色谱峰：由左往右分别为苄嘧磺隆、氟磺隆、吡嘧磺隆、氯嘧磺隆、氟胺磺隆

7.3.1.9　磁性固相萃取和其他方法的比较

对于磺酰脲在水样中的分析方法，有大量的研究报道，其中报道最多的是传统的固相萃取方法。在本实验中对磁性固相萃取和文献报道的固相萃取方法进行了比较，比较的参数有样品体积、有机溶剂消耗量、检出限、线性范围和富集倍数，结果见表 7-14。和固相萃取相比，本实验中的磁性固相萃取方法具有相当或更低的检出限，另外还有其他优点。首先，在本实验中整个提取过程只需要不到 2 mL 的有机溶剂，使得该方法对环境更加友好；其次，和固相萃取相比，该方法具有更高的富集倍数，实验结果表明，Fe_3O_4 @ DODMAC@silica 磁性吸附材料对于磺酰脲除草剂具有很高的吸附能力；最后，该方法不需要特殊的设备，操作简单，样品制备时间短，且不需要额外的净化步骤。

表 7-14　磁性固相萃取方法和其他方法在提取环境水样中磺酰脲除草剂的比较

方法	样品体积/mL	有机溶剂体积/mL	LOD /(μg/L)	线性范围 /(μg/L)	EF	参考文献
SPE(C_{18})-UHPLC-ESI-MS/MS	500	16	0.30~0.80	1~300	250[a]	[11]
SPE(IL-silica)-HPLC-UV	250	25.5	0.023~0.076	0.06~5.0	500[a]	[12]
SPE(polymer)-HPLC-MS	250	80	0.10	—	250[a]	[13]
本书方法	300	1.8	0.078~0.100	0.2~50.0	1300[b]	本书方法

a. 文献中的 EF 的计算不考虑回收率；b. 这里的 EF 是五种磺酰脲除草剂的平均值

7.3.2　表面活性剂辅助硅胶磁性颗粒在三唑类杀菌剂磁性固相萃取中的应用

7.3.2.1　提取过程和色谱分析

1）色谱条件

Agilent 1200HPLC-UV，Agilent extended C_{18} 色谱柱，柱温 15 ℃，流动相为甲醇/水 ＝50/50，流速 1.0 mL/min，检测波长 220 nm，进样量 20 μL。

2）提取过程

称取磁性吸附剂 60 mg，用 100 μL 甲醇润湿活化，转移到含有 200 mL 水样（去离子水加标样本或实际样本）的烧杯中，超声分散。间断性的搅拌溶液使吸附剂保持悬浮状态，当达到吸附平衡后，将钕铁硼强磁铁（100 mm×100 mm×20 mm）置于烧瓶底部，过一定时间吸附剂被吸附在烧瓶底部后，弃去样品溶液，剩余的吸附剂和少量的水转移到 10 mL 塑料离心管中，再次用强磁铁吸附，用一次性注射器去除可见水分。吸附剂用 1.5 mL 丙酮洗脱，每次 0.5 mL 涡旋 30s，收集洗脱液于 5.0 mL 玻璃离心管中，40 ℃下氮气吹干，200 μL 甲醇定容，过 0.22 μm 微孔滤膜，进样分析。

7.3.2.2　提取过程的优化

对几个影响提取效果的参数进行了优化，包括洗脱溶剂、样品 pH、样品体积、提取时间。提取效率用回收率大小进行衡量，所有的优化实验中每个目标分析物添加量为 1 μg。

1）洗脱条件

在本实验中，选择三种溶剂进行洗脱研究，包括甲醇、乙腈和丙酮。实验结果发现，三种溶剂都能取得较好的洗脱效果，而且都没有基质干扰，考虑到在氮气吹干步骤中丙酮容易挥发，故选择丙酮为洗脱溶剂。对丙酮的用量和洗脱时间进行了考察，丙酮用量从 0.5 mL 到 2.0 mL（每次 0.5 mL），洗脱时涡旋时间从 10 s 到 60 s。结果显示，涡旋时间对洗脱效果几乎没有影响，最终选择涡旋时间为 30 s。对于丙酮的用量，1.5 mL（0.5 mL ×3）就可对目标物进行完全洗脱（五种三唑类杀菌剂洗脱的平均回收率见图 7-26）。所以，最终的洗脱条件是：丙酮 0.5 mL 涡旋 30 s，重复 3 次。

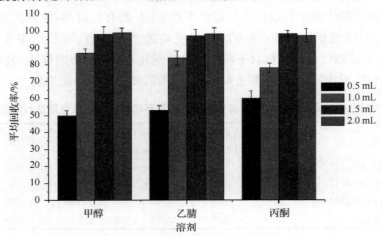

图 7-26　溶剂和体积对三唑类洗脱的影响

2）样品 pH 的选择

实验考察了样品 pH 对提取效率的影响,样品分别用 HCl 或 NaOH 调节 pH 至 3.0、4.0、5.0、6.0、7.0、8.0,实验结果见图 7-27。由图可以看出,在 pH 为 6.0 时提取效率达到最大,而在 pH 小于或大于 6.0 时回收率都逐渐降低,该实验现象和磺酰脲的提取基本一致,说明 Fe₃O₄@DODMAC@silica 对三唑类杀菌剂的提取主要也是通过烷基链和目标分析物的疏水作用,样品 pH 选择 6.0。

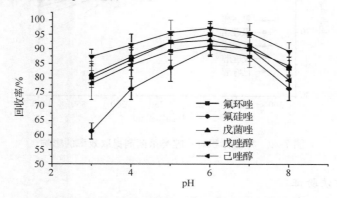

图 7-27　样品 pH 对三唑类杀菌剂提取效率的影响

3）提取时间的选择

在磁性固相萃取中,因为吸附剂是悬浮在溶液中的,所以需要一定的时间来达到吸附平衡,这个平衡时间就是所要选择的提取时间。实验考察了不同提取时间(5～40 min)下的提取效率,结果见图 7-28。由图可见,和磺酰脲的提取相似,吸附在 20 min 达到平衡,20 min 以后基本保持不变。因此,选择提取时间为 20 min。

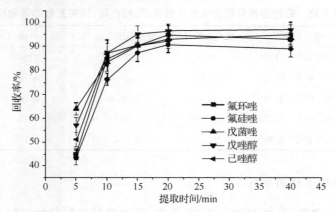

图 7-28　提取时间对三唑类杀菌剂提取效率的影响

4）样品体积的选择

样品体积是影响提取效率的另外一个重要因素,在以上优化的条件下(吸附剂 60 mg、样品 pH 6.0、提取时间 20 min、0.5 mL 丙酮洗脱三次)考察了不同样品体积对提取效率的影响,样品体积分别为 100 mL、200 mL、300 mL、400 mL,结果见图 7-29。由图可以看出,随着体积的增大,回收率逐渐降低,尤其是当体积大于 200 mL 时,回收率降低幅度增大。综合考虑富集倍数和回收率对检测的影响,最终选择样品体积为 200 mL。

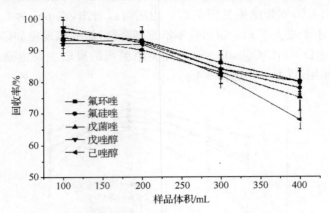

图 7-29　样品体积对三唑类杀菌剂提取效率的影响

7.3.2.3　方法验证

在最优条件下,对该方法的线性、重复性、检出限等进行了考察,以评估该磁性固相萃取方法,结果见表 7-15。线性范围通过添加五个不同浓度(0.2 μg/L、0.5 μg/L、5.0 μg/L、10.0 μg/L、50.0 μg/L)的标准工作溶液建立。结果表明,被分析的目标物在 0.2～50.0 μg/L 范围内有很好的线性,相关系数在 0.997～0.999 之间,检出限按 S/N＝3 计算在 0.093～0.170 μg/L 之间。方法的精密度是在 5.0 μg/L 的添加浓度下,重复进行 5 次求得,五个目标物的相对标准偏差在 2.0%～6.1% 之间,说明该方法具有很好的重现性。

表 7-15　磁性固相萃取方法的线性范围、检出限、相关系数和精密度

分析物	线性方程	相关系数(R^2)	线性范围/(μg/L)	LOD/(μg/L)	RSD/%
氟环唑	$Y＝70.90X＋21.06$	0.999	0.2～50.0	0.093	3.4
氟硅唑	$Y＝52.43X＋53.25$	0.997	0.2～50.0	0.15	5.4
戊菌唑	$Y＝55.84X＋8.988$	0.999	0.2～50.0	0.14	2.0
戊唑醇	$Y＝61.57X＋2.674$	0.999	0.2～50.0	0.11	5.4
己唑醇	$Y＝44.47X＋9.597$	0.999	0.2～50.0	0.17	6.1

7.3.2.4　实际水样的分析

为验证方法有效性,分别对地下水、水库水、河水进行取样分析。河水和水库水分析之前用滤纸过滤,除去固体杂质,地下水不作处理,水样提前进行分析,未发现有待测农药。水样保存在 4℃ 黑暗环境,备用。

对三种水样分别添加 0.5 μg/L 和 5.0 μg/L 的三唑类杀菌剂混标,每个样本重复 3 次,回收率和精密度数据见表 7-16。对于不同的水样和目标物,回收率在 76.3%～102.5% 之间,相对标准偏差在 2.1%～7.4% 之间,说明该方法能够满足五种三唑类杀菌

剂在水中的残留分析要求。实际进样色谱图上也没有基质干扰,说明该方法适合水样中三唑类杀菌剂的富集和检测,地下水添加浓度为 5.0 μg/L 的添加回收色谱图见图 7-30。

表 7-16 三唑类杀菌剂在实际样本中的回收率和精密度

分析物	添加浓度/(μg/L)	自来水(n=3)		水库水(n=3)		河水(n=3)	
		回收率/%	RSD/%	回收率/%	RSD/%	回收率/%	RSD/%
氟环唑	0.5	93.2	4.2	90.3	5.7	93.7	7.4
	5.0	90.5	3.6	85.3	4.3	90.3	3.6
氟硅唑	0.5	89.3	3.4	90.4	9.3	98.7	4.7
	5.0	84.5	4.3	82.7	4.6	89.4	3.8
戊菌唑	0.5	90.3	3.7	91.2	4.8	91.2	5.6
	5.0	84.3	2.1	93.5	2.4	84.5	3.2
戊唑醇	0.5	94.2	4.7	91.5	6.8	102.5	5.7
	5.0	96.1	2.9	94.2	3.5	94.7	4.6
己唑醇	0.5	86.5	4.4	87.3	4.2	93.2	3.9
	5.0	76.3	4.1	89.7	2.6	86.4	3.6

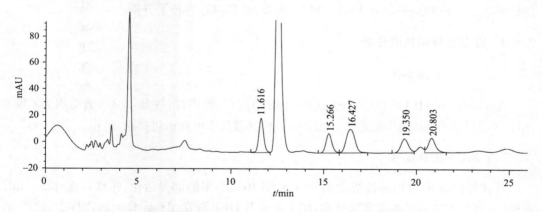

图 7-30 地下水添加浓度 5.0 μg/L 色谱图(色谱峰从左到右依次为:
氟环唑、氟硅唑、戊菌唑、戊唑醇、己唑醇)

7.4 离子液体键合硅胶磁性颗粒的制备及其在磺酰脲类除草剂磁性固相萃取中的应用

7.4.1 离子液体键合硅胶磁性颗粒(IL-Silica@Fe₃O₄)的制备

7.4.1.1 Fe₃O₄ 纳米颗粒和硅胶修饰的 Fe₃O₄ 颗粒(Silica@Fe₃O₄)的制备

Fe₃O₄ 纳米颗粒采用共沉淀法制备[9],具体方法同 7.3.1.1 节。

硅胶修饰的磁性颗粒采用溶胶-凝胶法制备[14],上述 Fe₃O₄ 纳米颗粒 1.0 g 分散于

100 mL 乙醇和 35 mL 水的混合溶液中,超声使 Fe_3O_4 纳米颗粒悬浮。加入 2 mL TEOS 剧烈搅拌,反应体系置于 40℃ 水浴中。体系中加入 2 mL 氨水(25%,w/w),反应持续 12 小时。停止反应后将生成的 Silica@ Fe_3O_4 颗粒分别用无水乙醇、去离子水和丙酮洗涤, 真空干燥,备用。

7.4.1.2　IL-Silica@ Fe_3O_4 颗粒的制备

首先合成离子液体,整个反应在乙腈体系中进行,分别称取 25 mmol/L 的 N-甲基咪 唑和 3-氯丙基三乙氧基硅烷于三口烧瓶中,加入 50 mL 乙腈,该体系在氮气保护下加热 回流 48 小时。反应完成后将体系冷却至室温,加入含有 4.6 g 六氟磷酸钾的 100 mL 乙 腈溶液,进行离子交换,将离子液体中的氯离子置换为六氟磷酸根离子,同时有白色的氯 化钾沉淀生成。向体系中加入 0.5 g Silica@ Fe_3O_4 颗粒,机械搅拌下加热回流 24 小时。 反应完成后将产物分别用乙腈和丙酮进行洗涤,真空干燥得最终磁性吸附剂 IL-Silica@ Fe_3O_4 颗粒。

7.4.2　磁性颗粒的表征

IL-Silica@Fe_3O_4 颗粒的形态特征用扫描电镜进行观察;离子液体对颗粒的成功修饰 用红外表征,分别对 Silica@ Fe_3O_4 和 IL-Silica@ Fe_3O_4 进行了分析。

7.4.3　提取过程和色谱分析

7.4.3.1　色谱条件

Agilent 1200HPLC-UV,Zorbax Eclipse Plus C_{18} 色谱柱,柱温 15℃,流动相为乙腈/ 水(0.1%TFA)=50/50,流速 1.0 mL/min,检测波长 230 nm,进样量 20 μL。

7.4.3.2　提取过程

具体过程如下:称取磁性吸附剂 60 mg,用 100 μL 甲醇润湿活化,转移到含有 300 mL 水样(去离子水加标样本或实际样本,用 1 mol/L HCl 调节 pH 至 4.0)的烧杯中,超声分 散。静置,吸附剂保持悬浮状态,当达到吸附平衡后,将钕铁硼强磁铁(100 mm×100 mm ×20 mm)置于烧瓶底部,一定时间后吸附剂被吸附在烧瓶底部,弃去样品溶液,剩余的吸 附剂和少量的水转移到 10 mL 塑料离心管中,再次用强磁铁吸附,用一次性注射器去除 可见水分。吸附剂用 1.5 mL 丙酮洗脱,每次 0.5 mL 涡旋 30 s,收集洗脱液于 5 mL 玻璃 离心管中,40℃ 下氮气吹干,200 μL 甲醇定容,过 0.22 μm 微孔滤膜,进样分析。

7.4.4　实际样本分析

为验证方法有效性,分别对地下水、水库水、河水进行取样分析。河水和水库水分析 之前用滤纸过滤,除去固体杂质,地下水不作处理,水样提前进行分析,未发现有待测农 药。保存在 4℃ 黑暗环境,备用。

7.4.5　结果与讨论

7.4.5.1　吸附剂的表征

对离子液体键合硅胶磁性颗粒的形态特征进行了扫描电镜观察,扫描电镜图见图 7-31。由电镜照片可以看出该磁性颗粒呈絮状不规则状态,粒径约 300 nm。颗粒表面粗糙,为溶胶-凝胶反应形成的多孔硅胶结构,该结构增大了表面积,有利于离子液体的键合,增大键合量从而有利于药物的吸附。

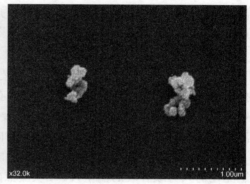

图 7-31　离子液体键合磁性颗粒的扫描电镜图

对离子液体键合硅胶磁性颗粒(IL-$Silica@Fe_3O_4$)和对照材料($Silica@Fe_3O_4$)进行了红外表征,结果见图 7-32。$Silica@Fe_3O_4$ 的红外图[图 7-32(a)]中 587 cm^{-1} 处吸收峰来自 Fe—O—Fe 特征吸收,说明有 Fe_3O_4 的存在。1088 cm^{-1} 处强烈吸收峰为 Si—O—Si 的特征吸收,960 cm^{-1} 处吸收峰为 Si—OH 伸缩振动吸收峰,这几个特征吸收峰的存在说明凝胶-溶胶反应生成硅胶,并将 Fe_3O_4 包覆在硅胶基质中。

IL-$Silica@Fe_3O_4$ 的红外图[图 7-32(b)]中 2960 cm^{-1} 处微弱的吸收峰来自于离子液体的 C—H 伸缩振动,表面离子液体键合到了 $Silica@Fe_3O_4$ 表面。

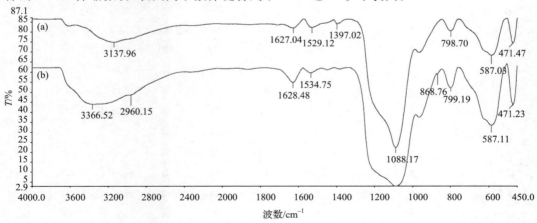

图 7-32　离子液体键合磁性颗粒的红外图

7.4.5.2　提取过程的优化

对几个影响提取效果的参数进行了优化，包括洗脱溶剂、样品 pH、样品体积、提取时间等。所有的优化实验中每个目标分析物添加量为 1 μg。提取效率用峰面积的大小进行衡量，对于样品 pH、样品体积、提取时间的优化采用正交实验设计。

1）洗脱溶剂的选择

在本实验中，选择三种溶剂进行洗脱研究，包括甲醇、乙腈和丙酮。实验结果发现，和乙腈和甲醇相比，丙酮具有更强的洗脱能力。除此之外，丙酮易挥发有利于接下来的洗脱液浓缩，节省样品处理时间，因此选择丙酮为洗脱溶剂。对丙酮的用量进行了研究，结果发现 1.5 mL（涡旋，每次 0.5 mL）即可实现药物的完全洗脱。

2）样品 pH、样品体积、提取时间的优化

正交实验设计是研究多因素多水平的又一种设计方法，它是根据正交性从全面实验中挑选出部分有代表性的点进行实验，这些有代表性的点具备了"均匀分散，齐整可比"的特点。正交实验设计是分式析因设计的主要方法，是一种高效率、快速、经济的实验设计方法。本实验对样品 pH、样品体积、提取时间三个因素进行了正交实验设计。实验中选用 $L_{16}(4^3)$ 正交表，表 7-17 给出了各个参数的设计水平和实验点及每个实验点的结果，为了避免任何人为或客观的偏差，16 个实验点的实验顺序是随机的。

表 7-17　正交实验设计表及试验结果

运行	标准顺序	因素[a]			峰面积					
		A	B	C	苄嘧磺隆	氟磺隆	吡嘧磺隆	氯嘧磺隆	氟胺磺隆	总量
11	1	3	5	100	249	197	219	307	365	1337
12	2	3	10	200	134	157	123	169	203	786
2	3	3	20	300	157	179	127	176	235	874
10	4	3	40	400	135	109	101	155	204	704
6	5	4	5	200	215	221	129	189	289	1043
16	6	4	10	100	114	191	100	102	146	653
9	7	4	20	400	241	242	161	231	326	1201
1	8	4	40	300	255	315	190	254	346	1360
3	9	5	5	300	56	76	45	39	79	295
5	10	5	10	400	60	85	51	46	85	327
13	11	5	20	100	51	77	38	34	72	272
7	12	5	40	200	47	84	47	30	66	274
4	13	6	5	300	55	87	53	36	77	308
15	14	6	10	300	48	91	51	29	67	286
8	15	6	20	200	35	64	32	39	50	220
14	16	6	40	100	62	66	36	30	88	282

a. A:样品 pH，B:提取时间（min），C:样品体积（mL）

得到的正交实验数据用 Minitab 15.1 进行极差和方差分析，主效应图（图 7-33）基于每个实验点中五个分析物的峰面积之和得到。方差分析的结果见表 7-18，p 值小于 0.05 认为是显著。

表 7-18　正交实验方差分析结果

来源	平方和	自由度	F-值	p-值
样品 pH	2 065 642	3	10.82	0.008
提取时间	110 140	3	0.58	0.651
样品体积	30 442	3	0.16	0.920

实验结果表明，对于磺酰脲的提取，样品 pH 是显著影响因子。磺酰脲类除草剂的 pK_a 在 3.3～5.2 之间，对于这类药的提取在酸性条件下提取效率高，但是在 pH 小于 3 时会加速其水解从而导致提取效率降低。在本实验中考察了 pH 3.0～6.0 对提取效率的影响，由主效应图可以看出在 pH 4.0 时提取效率最高，当 pH 大于 4 时离子液体磁性颗粒不能有效吸附被分析农药。在吸附剂的制备中，将咪唑基离子液体中的水溶性氯离子置换为疏水性的六氟磷酸根离子，赋予吸附剂高疏水特征，对于分析物的吸附，吸附剂和分析物之间的疏水性相互作用起到了重要作用。

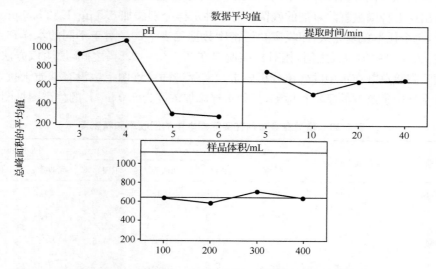

图 7-33　正交实验中 pH、提取时间和样品体积的主效应图

由主效应图和方差分析结果可以看出，提取时间和样品体积对提取效率没有显著影响。对于提取时间，当时间为 5 min 时已经达到吸附平衡，5 min 以后提取效率基本保持不变，因此，提取时间选择 5 min。对于样品体积，从 100～400 mL 提取效率基本一致，表明该吸附剂对磺酰脲的提取能力很强，为了获得较高的富集倍数，选择样品体积为 300 mL。

7.4.6　方法验证

在最优条件下，对该方法的线性、重复性、检出限和富集倍数等进行了考察，以评估该磁性固相萃取方法,结果见表 7-19。线性范围通过添加六个不同浓度(0.1 μg/L、0.2 μg/L、0.5 μg/L、5.0 μg/L、10.0 μg/L、50.0 μg/L)的标准工作溶液建立。结果表明,被分析的目标物在 0.1～50.0 μg/L 范围内有很好的线性,相关系数在 0.9992～0.9999 之间,检出限按 S/N＝3 计算在 0.053～0.091 μg/L 之间。方法的精密度是在 5.0 μg/L 的添加浓度下,重复进行 5 次求得,五个目标物的相对标准偏差在 5.5%～10.1% 之间,说明该方法具有很好的重现性。富集倍数是指进样溶液中目标物的浓度与水样中目标物浓度之比,该方法富集倍数在 1155～1380 之间,富集倍数很高。

表 7-19　磁性固相萃取方法的线性范围、检出限、相关系数和精密度

分析物	线性方程	相关系数(R^2)	线性范围(μg/L)	LOD/(μg/L)	RSD/%	EF
苄嘧磺隆	$Y＝92.121X＋15.301$	0.9999	0.1～50.0	0.053	10.1	1155
氟磺隆	$Y＝107.52X＋1.2235$	0.9998	0.1～50.0	0.069	8.3	1350
吡嘧磺隆	$Y＝89.174X＋7.4905$	0.9999	0.1～50.0	0.088	8.6	1245
氯嘧磺隆	$Y＝99.979X＋0.9774$	0.9992	0.1～50.0	0.080	6.8	1260
氟胺磺隆	$Y＝119.71X＋20.329$	0.9999	0.1～50.0	0.091	5.5	1380

为了评价该方法在实际样本中的应用,对实际水样进行了分析,检测发现三种环境水样中均未检出这五种磺酰脲除草剂的残留。对三种水样分别添加 0.5 μg/L 和 5.0 μg/L 的磺酰脲混标,每个样本重复 3 次,回收率和精密度数据见表 7-20。对于不同的水样和目标物,回收率在 77.8%～104.4% 之间,相对标准偏差在 3.7%～10.8% 之间,说明该方法能够满足五种磺酰脲除草剂在水中的残留分析要求。实际进样色谱图上也没有基质干扰,说明该方法适合水样中磺酰脲的富集和检测,三种水样添加浓度为 5.0 μg/L 的色谱图见图 7-34。

表 7-20　磺酰脲除草剂在实际样本中的回收率和精密度

分析物	添加浓度/(μg/L)	地下水(n＝3)		水库水(n＝3)		河水(n＝3)	
		回收率/%	RSD/%	回收率/%	RSD/%	回收率/%	RSD/%
苄嘧磺隆	0.5	80.3	5.7	84.2	4.7	84.3	9.3
	5.0	83.9	4.9	78.1	7.4	77.8	3.8
氟磺隆	0.5	95.6	5.1	104.4	4.6	101.5	4.7
	5.0	93.2	6.6	95.9	5.0	93.1	4.5
吡嘧磺隆	0.5	84.1	5.9	85.7	4.6	80.3	6.6
	5.0	83.8	8.2	84.5	6.3	85.0	6.5
氯嘧磺隆	0.5	87.3	4.2	93.4	4.1	91.3	3.7
	5.0	85.8	4.9	89.5	7.3	92.1	4.3
氟胺磺隆	0.5	89.5	5.0	97.1	10.8	101.8	4.9
	5.0	90.0	9.6	91.2	4.2	90.1	5.3

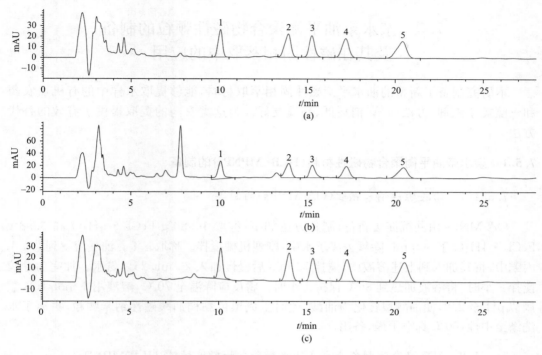

图 7-34　环境水样添加 5.0 μg/L 的色谱图

(a)水库水；(b)地下水；(c)河水。色谱峰：1~5 分别为苄嘧磺隆、氟磺隆、吡嘧磺隆、氯嘧磺隆、氟胺磺隆

7.4.7　磁性固相萃取和其他方法的比较

从检出限、线性、提取时间、富集倍数和使用的有机溶剂量等方面对本方法和其他方法的表现进行了比较，结果见表 7-21。由表可以看出和传统 SPE 方法相比，本实验中的磁性固相萃取方法具有相当或更低的检出限，另外还有其他优点，如在整个实验中只需要很少量的有机溶剂、样品处理时间短、富集倍数高等。离子液体键合磁性颗粒用于磁性固相萃取提取磺酰脲类除草剂是一种简单、快速和环境友好的前处理方法。

表 7-21　磁性固相萃取方法和其他方法在提取环境水样中磺酰脲除草剂的比较

方法	样品体积/mL	有机溶剂用量/mL	提取时间/min	LOD/(μg/L)	LR/(μg/L)	EF	参考文献
SPE(C_{18})-UHPLC-ESI-MS/MS	500	16	17	0.30~0.80	1~300	250[a]	[11]
SPE(IL-silica)-HPLC-UV	250	25.5	160	0.023~0.076	0.06~5.0	500[a]	[12]
SPE(polymer)-HPLC-MS	250	80	—	0.10	—	250[a]	[13]
SPE(carbon nanotubes)-HPLC-UV	500	10.4	60	0.0068~0.0112	0.04~20	1250[a]	[15]
SPE(carbon nanotubes disk)-HPLC-UV	1000	11	20	0.0011~0.0072	0.03~3	1000[a]	[16]
本书方法	300	1.8	5	0.053~0.091	0.1~50.0	1278[b]	本书方法

a. 文献中的 EF 的计算不考虑回收率；b. 这里的 EF 是五种磺酰脲除草剂的平均值

7.5 亲水亲油平衡聚合物磁性颗粒的制备及其在磁性固相萃取中的应用

本研究制备了新型的油水平衡磁性固相萃取材料,能够提取水样中的有机氯农药和三嗪类杀虫剂,方法简单、消耗低、环境友好。为这类农药的提取提供了有效的替代方法。

7.5.1 亲水亲油平衡聚合物磁性材料(HLB- MPNPs)的制备

7.5.1.1 油酸磁性纳米颗粒(OA-MNPs)的制备

OA-MNPs 由共沉淀法制备,制备方法如下:称取 10.80 g FeCl$_3$ · 6H$_2$O 和 3.98 g FeCl$_2$ · 4H$_2$O 于 300 mL 除氧去离子水中,剧烈机械搅拌。称取 4.0 g 油酸溶解到30 mL 丙酮中,将其加入到上述溶液中,搅拌 30 min 后慢慢加入 20 mL 25％氨水。加完后继续搅拌 1 小时,将溶液加热到 85 ℃保持 1 小时。将反应降温至 70 ℃,溶液用 1 mol/L 盐酸调节 pH 至 2.0,使油酸根转化为油酸,此时生成黑色黏稠油酸磁性纳米颗粒,去离子水洗涤至中性,60 ℃真空干燥,备用。

7.5.1.2 微乳聚合法制备亲水亲油平衡聚合物磁性材料(HLB-MPNPs)

水相的制备:称取 0.14 g SDS、0.70 g PVP 和 0.14 g HEC 溶于 63 mL 水中;

油相制备:称取 0.70 g OA-MNPs、4.48 g DVB、2.82 g N-乙烯基吡咯烷酮和 0.50 g AIBN 缓慢搅拌成均匀油相。

将油相和水相混合,置于冰浴下机械搅拌,同时超声,形成微乳,10 min 后停止超声,将反应转移到 70 ℃水浴中继续机械搅拌 21 h。反应停止后,将得到的 HLB-MPNPs 去离子水清洗,然后分别用甲醇和丙酮洗涤,真空干燥,备用。

7.5.2 提取过程和色谱分析

7.5.2.1 色谱条件

1) 三嗪类色谱条件

Agilent 1200HPLC-UV,Agilent TC- C$_{18}$色谱柱,柱温15 ℃,流动相为甲醇/乙腈/水＝10/40/50,流速 1.0 mL/min,检测波长 220 nm,进样量 20 μL。

2) 有机氯色谱条件

Agilent 7890GC-ECD,HP-5 毛细管柱色谱柱,载气流速 1.0 mL/min,进样口温度 230 ℃,检测器温度 250 ℃,程序升温 90～270 ℃,进样量,1 μL,不分流进样。

7.5.2.2 提取过程

1) 三嗪类除草剂的提取

称取磁性吸附剂 60 mg,用 100 μL 甲醇润湿活化,转移到含有 200 mL 水样(去离子水加标样本或实际样本)的烧杯中,超声分散。吸附 20 min 达到吸附平衡后,将钕铁硼强磁铁(100 mm×100 mm×20 mm)置于烧瓶底部,过一定时间吸附剂被吸附在烧瓶底部后,弃去样品溶液,剩余的吸附剂和少量的水转移到 10 mL 塑料离心管中,再次用强磁铁吸附,用一次性注射器去除可见水分。吸附剂用 2 mL 丙酮洗脱,每次 1 mL 涡旋 0.5 min,收集洗脱液于 5 mL 玻璃离心管中,40 ℃氮气吹干,200 μL 甲醇定容,过 0.22 μm 微孔滤膜,进样分析。

2)有机氯的提取

有机氯提取与三嗪类除草剂类似,不同的是吸附剂用 3 mL 正己烷洗脱,每次 1 mL 涡旋 3 min,最后 200 μL 正己烷定容,进样分析。

7.5.3 水样的采集

为验证方法有效性,分别对地下水、水库水、河水进行取样分析。河水和水库水分析之前用滤纸过滤,除去固体杂质,地下水不作处理。水样保存在 4 ℃黑暗环境,备用。

7.5.4 结果与讨论

7.5.4.1 聚合物磁性材料的表征

首先对 OA-MNPs 和 HLB-MPNPs 进行了红外表征,其红外图见图 7-35。OA-MNPs 的红外图(a)中 599 cm^{-1} 和 3427 cm^{-1} 处的强吸收峰来分别自 Fe_3O_4 纳米颗粒的 Fe—O—Fe 伸缩振动和 O—H 伸缩振动;2927 cm^{-1} 和 2853 cm^{-1} 处的吸收峰来自于油酸烷基链的 C—H 伸缩振动;1711 cm^{-1} 处的吸收峰来自油酸 C=O 伸缩振动。这些吸收峰的存在说明油酸磁性材料制备成功。

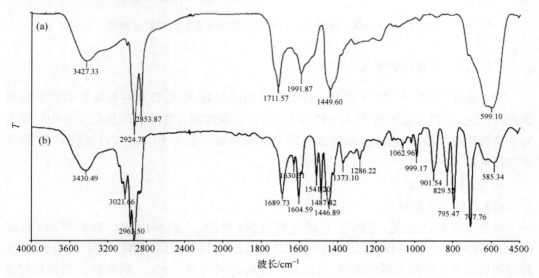

图 7-35 红外图
(a)OA-MNPs;(b)HLB-MPNPs

HLB-MPNPs 的红外图(b)显示了 Fe_3O_4、N-乙烯基吡咯烷酮和二乙烯苯的特征吸收峰。585 cm^{-1} 处的吸收峰来自于 Fe_3O_4 纳米颗粒 Fe—O—Fe 伸缩振动；1400～1650 cm^{-1}、3000～3100 cm^{-1} 和 2800～3000 cm^{-1} 之间的吸收峰分别来自苯环的碳碳伸缩振动和 C—H伸缩振动；795 cm^{-1} 和 707 cm^{-1} 处的吸收峰来自苯环的 C—H 弯曲振动；1689 cm^{-1} 处吸收峰来自 N-乙基吡咯烷酮的碳氧伸缩振动；N-乙烯基吡咯烷酮和二乙烯苯的特征吸收峰的存在说明聚合反应发生并生成聚合物，Fe_3O_4 特征吸收峰的存在说明聚合物将 OA-MNPs 包覆成功。

为了观察材料的大小和形状，对 OA-MNPs 和 HLB- MPNPs 进行了透射电镜表征，电镜图见图 7-36。由图 7-36(a)可以看出 OA-MNPs 粒径约为 7 nm 且粒径分布均匀；图 7-36(b)是 HLB- MPNPs 的电镜图，可以看出该材料粒径约 200 nm，小球中黑色颗粒为 OA-MNPs，说明该聚合物将 OA-MNPs 很好地包覆住，形成的 HLB-MPNPs 粒径分布较均匀，但是仍有一些微球不完整。

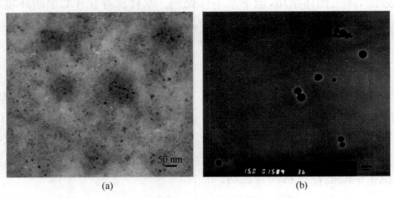

图 7-36　(a)OA-MNPs 和(b)HLB-MPNPs 颗粒的透射电镜图

7.5.4.2　提取过程优化

为了研究 HLB- MPNPs 对不同种类农药的提取效果，有必要对影响提取效率的因素进行优化，包括洗脱溶剂、样品 pH、水样体积、提取时间。在所有的优化实验中三嗪类每个待测物添加量为 1.0 μg，有机氯类每个待测物添加量为 10 ng。以回收率为提取效率的评价指标。

1) 洗脱条件的优化

(1) 三嗪类洗脱优化。

对于三嗪类的洗脱，考察了不同洗脱溶剂(甲醇、乙腈和丙酮)、提取时间(涡旋 0.5 min、1 min、2 min)和不同体积(1 mL、2 mL、3 mL)对洗脱的影响。实验结果表明，涡旋时间对提取效率没有明显影响，所以选择提取时间为 0.5 min。溶剂种类和体积对提取效率的影响见图 7-37，由图可以看出三种溶剂的洗脱效果相差不大，对于溶剂体积，2 mL 就可以基本实现完全洗脱。考虑到之后的浓缩过程，选择易挥发的丙酮为洗脱溶剂,体积为 2 mL。

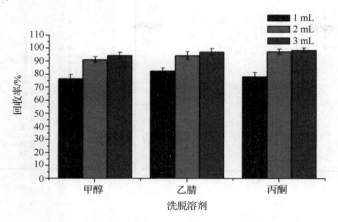

图 7-37　溶剂和体积对三嗪类洗脱的影响

（2）有机氯类洗脱优化。

对于有机氯类,由于挥发性较强,若选择极性溶剂洗脱,在浓缩时会有大量的损失,所以选择正己烷为洗脱溶剂。考察了溶剂体积及涡旋时间对洗脱效率的影响,结果见图 7-38。结果表明每次 1 mL 涡旋 3 min 重复三次,可以实现对目标物的完全洗脱。

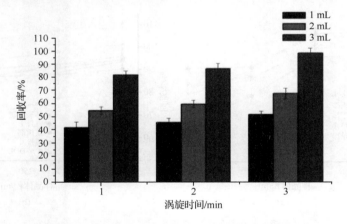

图 7-38　溶剂体积和涡旋时间对有机氯类洗脱的影响

2）样品 pH 的选择

考察了样品 pH 3.0～11.0 对两类农药提取效率的影响,结果见图 7-39。由于聚合物表面没有可解离基团,在整个 pH 范围内稳定性很好,且在 pH 3.0～11.0 范围内两类分析物没有离子化现象,故在该范围内提取效率没有差异,在之后的样品提取过程中 pH 不用调节。

3）样品体积的选择

提取样品的体积是影响提取效率的一个重要影响因素,实验考察了 100～400 mL 对回收率的影响,结果见图 7-40。对于三嗪类除草剂[图 7-40(a)]200 mL 之前回收率基本

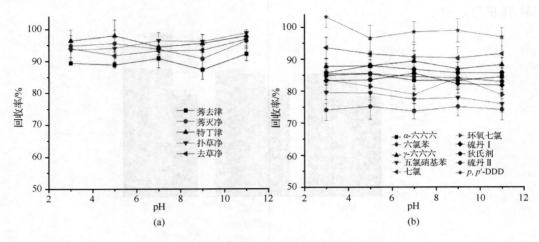

图 7-39　样品 pH 对提取效率的影响

(a)三嗪类；(b)有机氯类

保持不变,随着体积的继续增大回收率逐渐降低。对于有机氯农药,随着体积的增大,回收率逐渐降低,但是在 200 mL 时回收率仍在可接受范围。最后对于这两类农药都是选择样品体积为 200 mL。

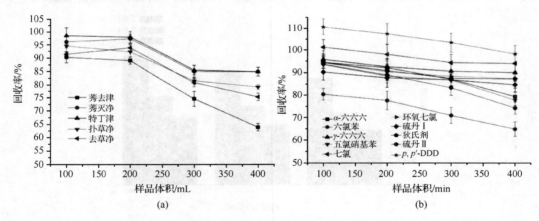

图 7-40　样品体积对提取效率的影响

(a)三嗪类；(b)有机氯类

4) 提取时间的选择

在磁性固相萃取中,因为吸附剂是悬浮在溶液中的,所以需要一定的时间来达到吸附平衡,这个平衡时间就是所要选择的提取时间。实验考察了不同提取时间(5～40 min)下的提取效率,结果见图 7-41。由图可见,对于三嗪类除草剂[图 7-41(a)]吸附在 20 min 达到平衡,20 min 以后基本保持不变。因此,选择提取时间为 20 min;对于有机氯类,5 min 即可达到吸附平衡,之后保持不变,因此,选择提取时间为 5 min。

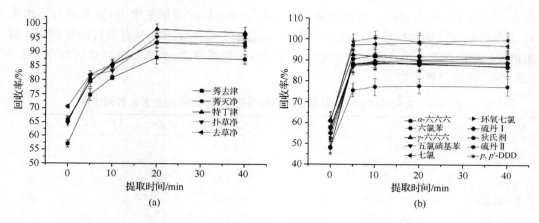

图 7-41　提取时间对提取效率的影响
(a)三嗪类；(b)有机氯类

7.5.5　方法验证

7.5.5.1　三嗪类除草剂的方法验证

在最优条件下，对该方法的线性、重复性、检出限、富集倍数等进行了考察，以评估该磁性固相萃取方法，结果见表 7-22。线性范围通过添加五个不同浓度(0.2 μg/L、0.5 μg/L、1.0 μg/L、5.0 μg/L、10.0 μg/L)的标准工作溶液建立。结果表明，被分析的目标物在 0.2~10.0 μg/L 范围内有很好的线性，相关系数在 0.997~0.999 之间，检出限按 S/N＝3 计算在为 0.048~0.081 μg/L 之间。方法的精密度是在 5.0 μg/L 的添加浓度下，重复进行 5 次求得，5 个目标物的相对标准偏差在 1.5%~4.6% 之间，说明该方法具有很好的重现性。富集倍数是指进样溶液中目标物的浓度与水样中目标物浓度之比，该方法富集倍数在 841~883 之间，富集倍数较高。

表 7-22　三嗪类磁性固相萃取方法的线性范围、检出限、相关系数和精密度

三嗪类除草剂	线性方程	相关系数(R^2)	线性范围/(μg/L)	LOD/(μg/L)	RSD/%	EF
莠去津	$Y=271.7X-18.88$	0.998	0.2~10.0	0.048	2.7	883
莠灭净	$Y=197.5X-16.05$	0.997	0.2~10.0	0.081	3.8	841
特丁津	$Y=177.5X-11.09$	0.998	0.2~10.0	0.063	4.6	876
扑草净	$Y=213.4X-16.54$	0.999	0.2~10.0	0.057	1.5	868
去草净	$Y=179.3X-0.816$	0.999	0.2~10.0	0.075	2.5	863

7.5.5.2　有机氯农药的方法验证

在最优条件下，对该方法的线性、重复性、检出限、富集倍数等进行了考察，以评估该磁性固相萃取方法，结果见表 7-23。线性范围通过添加 5 个不同浓度(5 ng/L、10 ng/L、20 ng/L、50 ng/L、100 ng/L)的标准工作溶液建立。结果表明，被分析的目标物在 5~100 ng/L 范围内有很好的线性，相关系数在 0.994~0.999 之间，检出限按 S/N＝3 计算

在 0.39～3.26 ng/L 之间。方法的精密度是在 50 ng/L 的添加浓度下，重复进行 5 次求得，5 个目标物的相对标准偏差在 2.4%～4.5% 之间，说明该方法具有很好的重现性。富集倍数是指进样溶液中目标物的浓度与水样中目标物浓度之比，该方法富集倍数在 724～925 之间，富集倍数较高。

表 7-23　有机氯磁性固相萃取方法的线性范围、检出限、相关系数和精密度

有机氯	线性方程	相关系数(R^2)	线性范围/(ng/L)	LOD/(ng/L)	RSD/%	EF
α-六六六	$Y=0.038X-0.119$	0.997	5～100	1.07	3.2	805
六氯苯	$Y=0.039X-0.174$	0.998	5～100	1.06	3.6	724
γ-六六六	$Y=0.032X-0.099$	0.998	5～100	1.40	2.9	897
五氯硝基苯	$Y=0.028X-0.050$	0.999	5～100	1.74	4.1	853
七氯	$Y=0.033X-0.121$	0.997	5～100	0.39	2.7	925
环氧七氯	$Y=0.029X-0.038$	0.996	5～100	3.26	3.5	813
硫丹 I	$Y=0.027X-0.059$	0.997	5～100	1.40	3.1	825
狄氏剂	$Y=0.024X+0.001$	0.996	5～100	3.00	2.4	834
硫丹 II	$Y=0.018X-0.004$	0.999	5～100	2.34	4.5	790
p,p'-DDD	$Y=0.018X+0.090$	0.994	5～100	0.63	3.0	785

7.5.6　实际样本检测

7.5.6.1　三嗪类的检测

为了评价该方法在实际样本中三嗪类除草剂检测的应用，对实际水样进行了添加回收实验。对三种水样分别添加 0.5 μg/L 和 5.0 μg/L 的三嗪混标，每个样本重复 3 次，回收率和精密度数据见表 7-24。对于不同的水样和目标物，回收率在 76.0%～105.8% 之间，相对标准偏差在 0.13%～8.20% 之间，说明该方法能够满足 5 种三嗪类除草剂在水样中的残留分析要求。实际进样色谱图上也没有基质干扰，说明该方法适合水样中三嗪的富集和检测，三种水样添加浓度为 5.0 μg/L 的色谱图见图 7-42。

表 7-24　三嗪类除草剂在实际样本中的回收率和精密度

三嗪类除草剂	添加浓度(μg/L)	地下水		水库水		河水	
		回收率/%	RSD/%	回收率/%	RSD/%	回收率/%	RSD/%
莠去津	0.5	91.8	2.5	84.8	1.9	88.1	1.70
	5	83.5	0.78	98.2	1.5	81.8	0.14
莠灭净	0.5	105.8	3.8	87.9	8.2	96.0	7.80
	5	81.5	2.6	98.2	4.2	80.2	0.82
特丁津	0.5	81.4	4.5	81.6	6.6	89.5	7.90
	5	79.9	1.0	83.5	2.8	81.7	0.40
扑草净	0.5	97.3	4.1	95.2	1.3	100.3	5.60
	5	78.8	0.13	93.2	3.4	79.0	1.20
去草净	0.5	78.8	4.0	91.1	7.1	82.0	5.00
	5	76.0	0.24	90.3	4.0	76.4	0.64

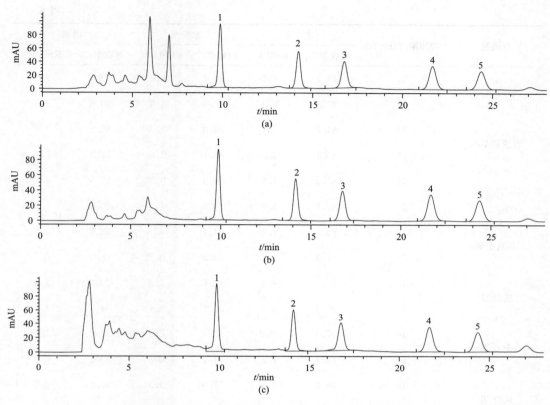

图 7-42　环境水样添加 5.0 μg/L 的液相色谱图

(a)水库水；(b)地下水；(c)河水。色谱峰：1～5 分别为莠去津、莠灭净、特丁津、扑草净、特丁净

7.5.6.2　有机氯的检测

　　为了评价该方法在实际样本中有机氯杀虫剂检测的应用，对实际水样进行添加回收实验。对三种水样分别添加 10 ng/L 和 50 ng/L 的有机氯混标，每个样本重复 3 次，回收率和精密度数据见表 7-25。对于不同的水样和目标物，回收率在 63.0%～108.0% 之间，相对标准偏差在 0.30%～10.60% 之间，说明该方法能够满足 10 种有机氯除草剂在水中的残留分析要求。实际进样色谱图上也没有基质干扰，说明该方法适合水样中有机氯杀虫剂的富集和检测，地下水添加浓度为 50 ng/L 的色谱图见图 7-43。

表 7-25　有机氯杀虫剂在实际样本中的回收率和精密度

有机氯	添加浓度（ng/L）	地下水		水库水		河水	
		回收率/%	RSD/%	回收率/%	RSD/%	回收率/%	RSD/%
α-六六六	10	84.8	3.9	82.1	0.7	88.4	3.3
	50	80.3	3.6	78.5	0.9	79.5	1.3
六氯苯	10	63.0	3.1	65.7	1.1	76.3	3.3
	50	70.1	3.0	72.5	1.1	76.2	1.4

续表

有机氯	添加浓度(ng/L)	地下水		水库水		河水	
		回收率/%	RSD/%	回收率/%	RSD/%	回收率/%	RSD/%
γ-六六六	10	88.5	4.4	92.3	4.3	108.0	3.6
	50	87.3	6.3	86.3	1.0	90.8	2.5
五氯硝基苯	10	84.7	5.1	86.0	3.3	85.2	3.6
	50	85.1	3.0	83.1	1.0	87.3	2.1
七氯	10	95.3	4.5	94.3	10.6	93.5	4.5
	50	92.4	5.7	89.6	7.2	90.4	6.2
环氧七氯	10	83.5	1.2	84.7	4.3	88.6	5.2
	50	81.3	2.6	80.2	0.7	80.5	0.7
硫丹 Ⅰ	10	85.3	6.9	82.9	7.8	79.7	2.0
	50	83.2	4.1	81.0	2.1	84.6	3.4
狄氏剂	10	97.4	10.2	89.7	5.2	83.4	1.4
	50	82.1	7.5	81.7	0.3	84.5	0.9
硫丹 Ⅱ	10	80.6	2.6	77.9	3.5	86.1	4.5
	50	76.5	6.3	78.3	0.5	80.4	2.5
p,p'-DDD	10	89.7	3.2	90.3	10.5	87.3	4.3
	50	85.6	3.7	87.3	5.0	79.6	5.1

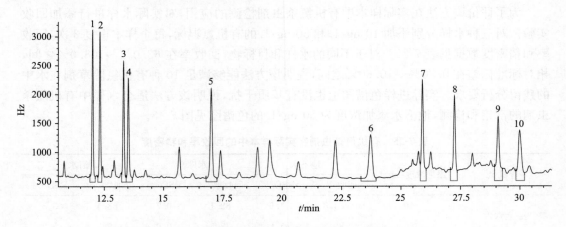

图 7-43　地下水添加 50 ng/L 的气相色谱图

色谱峰 1～10 分别为：α-六六六、六氯苯、γ-六六六、五氯硝基苯、七氯、环氧七氯、α-硫丹、狄氏剂、β-硫丹和 p,p'-DDD

7.5.7 磁性固相萃取和其他方法的比较

对于水样中三嗪类除草剂和有机氯杀虫剂的提取方法有很多文献报道,包括固相萃取、液液萃取、液液微萃取和固相微萃取等。但是这些方法通常只能用于一类相似物质的分析,而对于极性相差较大的物质则提取效果不够理想。本实验制备的油水平衡聚合物磁性材料对极性和非极性的分析物质都有很好的提取效果,分析物质广泛。除此之外,在检出限、重复性和富集倍数等方面也有相似或更好的效果,该方法和其他方法的比较见表 7-26。

表 7-26 磁性固相萃取方法和其他方法在提取环境水样中三嗪类除草剂和有机氯杀虫剂的比较

方法	三嗪类除草剂			有机氯		
	LOD/(μg/L)	EF[a]	参考文献	LOD/(ng/L)	EF[a]	参考文献
LLME	0.05~0.1	3000[b]	[17]	1.81~3	883~1137	[18]
SPE	20~50	50[b]	[19]	200	100[b]	[20]
SPME	0.05~0.2	200[b]	[21]	0.2~6.6	—	[22]
MSPE	0.02~0.04	474-868	[23]	6~48	50[b]	[24]
本书方法	0.05~0.08	809-878	本书方法	0.4~3.2	729~881	本书方法

a. EF 值是 200 μL 定容溶剂中分析物的浓度与水样中最初浓度的比值;b. 文献中的 EF 计算没考虑回收率

7.6 离子液体键合硅胶固相萃取(IL-silica-SPE)在农药残留分析中的应用

本研究尝试将咪唑离子液体键合至硅胶上制成硅胶-离子液体固定相,填充固相萃取小柱,考察其对样本中含与咪唑环相似结构的杂环类及易与咪唑阳离子形成离子型农药的富集、分离效果,替代传统的 LLE 前处理方法,避免使用大量有机溶剂,且提高选择性,达到同时富集、净化的效果。

7.6.1 IL-silica-SPE 用于水体及尿样中的有机磷农药残留分析

有机磷农药(OPPs)是我国目前使用范围广、用量大的农药。尽管大多数 OPPs 显示出低的环境持久性,但是有关其急性中毒的事件时有发生。分析血浆、尿液等生物样本中的农药残留对研究农药在生物体内的分布、代谢,农药中毒临床实验等有重要的意义。本部分为了考察离子液体键合硅胶作为固定相对水体样本中的性质适合的农药残留的富集及净化作用,选择了二嗪磷、丙溴磷、毒死蜱、三唑磷四种 OPPs 农药,其化学结构、分子量及 lgP 值见表 7-27,这几种农药具有苯环或杂环结构,中等极性化合物,推测与键合的离子液体易发生范德华力和色散力作用的吸附。

表 7-27　四种有机磷农药的化学结构、分子量及 lg*P* 值

杀虫剂	结构	分子量	lg*P*
二嗪磷	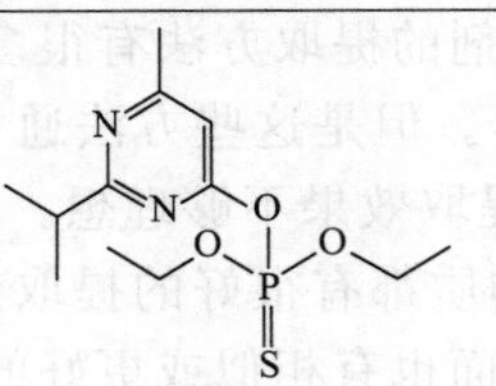	304.3	3.30
丙溴磷	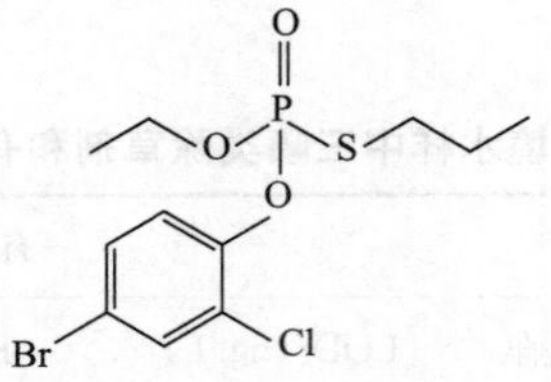	373.6	4.44
毒死蜱	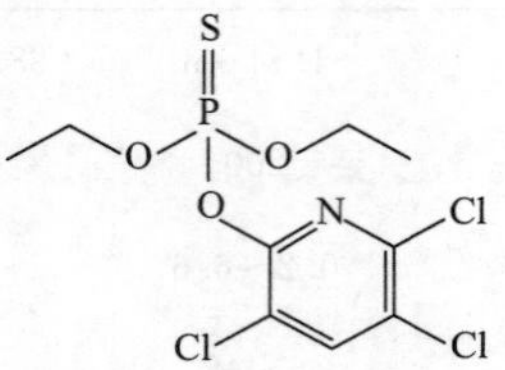	305.44	4.70
三唑磷	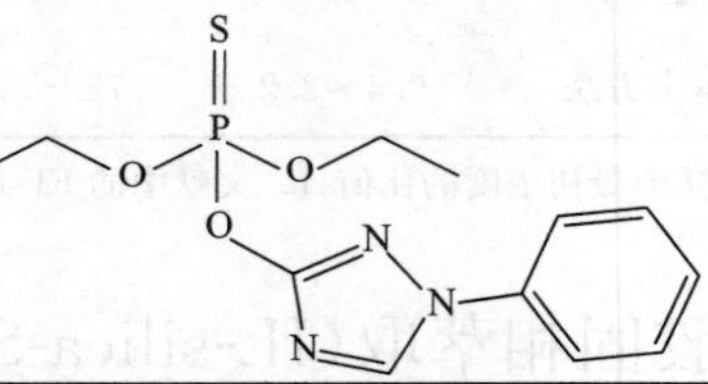	313.3	3.34

7.6.1.1　实验部分

1) 色谱条件

HP-5 色谱柱,程序升温 80～240 ℃,进样口压力 25.0 psi,进样口温度 230 ℃,不分流进样;检测器温度:250 ℃;空气流速:100 mL/min;氢气流速 75 mL/min;载气流速 2.3 mL/min。

2) 离子液体键合硅胶的制备

2.5 g 1-己基咪唑和 5.0 g 3-氯丙基三甲氧基硅烷在 100 ℃混合反应 12 h,然后将所有的残留混合反应物转移出来,用正己烷冲洗。离子液体键合硅胶的合成过程如下:5.0 g 经活化的硅胶和大于 2.0 g 离子液体添加到 10 mL 的甲苯中,然后在 110 ℃下搅拌反应 12 h。硅胶粉末的颜色逐渐从白色改变至淡黄色。当温度下降到 25 ℃时,混合物中剩余的反应物采用二氯甲烷沉淀法转移。得到的离子液体键合硅胶分别用石油醚—二氯甲烷—丙酮—甲醇—丙酮洗涤,过滤,再在 50 ℃的真空干燥箱中干燥。主要反应过程如图 7-44 所示。合成工作完成后,离子液体键合硅胶颗粒总重 6.2 g,证明有 1.2 g 离子液体键合附着在硅胶粒子的表面。

3) 固相萃取柱的制备及萃取步骤

制备:称取经干燥的离子液体键合硅胶填料 500 mg 分别装进一个空的聚丙烯柱管,

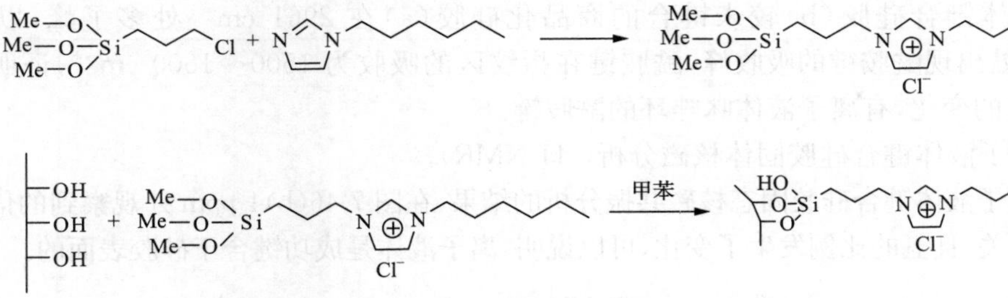

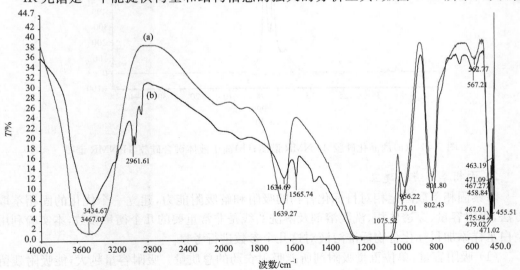

图 7-44　离子液体键合硅胶合成路线图

柱管底部装有筛板,将填料敦实敲平,加筛板并压紧。装柱时应保持相同的装填操作,使用相同的压力,以保证填料装填的均匀一致。

萃取步骤:

(1) 活化:依次用 10 mL 的甲醇及 10 mL 水活化固相萃取柱。活化后紧接上样,保持固相萃取小柱浸润不干燥;

(2) 上样:加入不同添加浓度的水样各 200 mL 保持 5~8 mL/min 流速;取 20 mL 尿样经纯水 1:1 稀释至 40 mL 上样,保持 3~4 mL/min 流速;

(3) 淋洗:分别加纯水 5 mL,甲醇 2 mL 淋洗,洗掉一些强极性的干扰性杂质;

(4) 洗脱:水样、尿样上完,将固相萃取柱抽干 5 min 后,用 2 mL 丙酮+乙酸乙酯(1:1)洗脱,流出液收集于 5 mL 刻度试管中,N₂ 吹干,1 mL 丙酮定容,待进样分析。

7.6.1.2　结果与讨论

1) 离子液体键合硅胶表征

(1) 离子液体键合硅胶红外分析(IR)。

IR 光谱是一个能提供构型和结构信息的强大的分析工具,如图 7-45 所示,可以看

图 7-45　商品化硅胶(a)与离子液体键合硅胶(b)IR 谱图

出,离子液体键合硅胶(b)较未键合的商品化硅胶(a)在 2961 cm⁻¹ 处多了峰,以及 1565 cm⁻¹ 处出现酰胺键的吸收峰,酰胺键在指纹区的吸收为 1500～1600 cm⁻¹,证明硅胶表面发生的变化,有离子液体咪唑环的酰胺键。

(2)离子液体键合硅胶固体核磁分析(¹H-NMR)。

根据离子液体键合硅胶固态核磁共振分析的结果,在图 7-46(b)4 ppm 处观察到的信号与丙烷基有关,且氢的比例发生了变化,可以说明,离子液体是成功键合于硅胶表面的。

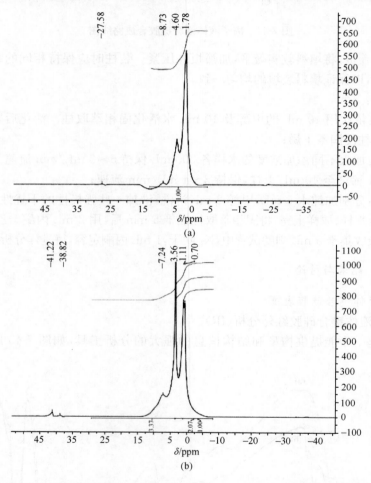

图 7-46　(a)商品化硅胶¹H-NMR 谱图;(b)离子液体键合硅胶¹H-NMR 谱图

2)固相萃取方法建立

考察固相萃取固定相对目标化合物的吸附和解吸附能力,建立一个优化的固相萃取方法,吸附容量、穿透体积、洗脱溶剂及淋洗曲线是非常重要的几个衡量参数,本实验利用空白水样添加目标化合物标准溶液对这几个参数进行考察。

(1)吸附容量:单位重量吸附剂所能吸附农药的总质量。吸附容量越大,能吸附残留农药的量就越大。本实验中,固相萃取小柱经活化后,加 500 μg/L 的水溶液,分别收集上样体积 50 mL、100 mL、200 mL、300 mL 的洗脱液(5 mL 丙酮/乙酸乙酯=1/1 洗脱),洗脱液经吹干,1 mL 丙酮定容,进 GC-FPD 分析,结果显示,50 mL、100 mL、200 mL 样品的洗脱液 4 种有机磷的回收率均在 80%～100% 之间,并且没有下降趋势,300 mL 的回收率有所下降,为 60%～90%,表明离子液体键合硅胶对 4 种有机磷的总吸附容量介于 200～300 μg/g 之间,农药残留分析属于痕量分析,这样的吸附容量可以满足分析需求。

(2) 穿透体积:指在固相萃取时农药随样品溶液的加入而不被自行洗脱下来所能流过的最大液样体积,也可以理解为样品溶液的溶剂对样品中残留农药的保留体积。它是确定上样体积和衡量浓缩能力的一个重要参数。本实验中,固相萃取小柱经活化后,加四种有机磷的混合标样,添加浓度为 500 μg/L 的水溶液,分别收集上样体积 50 mL、100 mL、200 mL、300 mL、400 mL 的洗脱液(5 mL 丙酮/乙酸乙酯=1/1 洗脱),洗脱液经吹干,1 mL 丙酮定容,进 GC-FPD 分析,绘制穿透体积曲线如图 7-47 所示,可得出固定相的穿透体积为 200～300 mL,因此后续实验样本的体积在 200 mL 内。

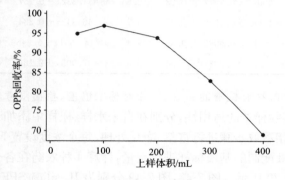

图 7-47　固相萃取的穿透体积曲线

(3) 洗脱溶剂及淋洗曲线:为了优化选择性萃取步骤,对不同的洗涤剂和洗脱步骤进行了实验。当样品上样后,立即进行洗涤是很重要的,因为它可以降低基质效应的干扰。首先,不同的洗涤溶剂包括水、甲醇和极性的无机和有机溶剂,然而,只有甲醇可用于商品化硅胶 SPE 小柱的洗涤溶剂,一些数量的干扰物质可溶于甲醇而冲洗出去,但目标化合物也可能被甲醇洗脱出去,由于硅胶的表面被离子液体修饰,所以水用于离子液体键合硅胶 SPE 小柱的第一步,可溶于水的干扰物可在这步消除,甲醇洗涤时,5 mL 的甲醇洗脱液未检测到目标化合物,说明标化合物不能被甲醇洗脱出来,但有少量干扰物可溶解于甲醇而被洗脱出来。这些结果显示,这 4 个目标化合物与离子液体键合硅胶具有较强的结合力。

为了确定洗涤溶剂的最小体积,研究了范围从 1.0～6.0 mL 不同体积的甲醇。随着甲醇的体积增加到 2.0 mL,干扰物被洗出的量增加。当洗涤溶剂量超过 2.0 mL 时,没有更多的干扰物被洗涤出来。由此找到最佳洗涤体积。

为了获得高回收率,选择比甲醇强的溶剂进行洗脱实验,对一系列的洗脱方案,如分别用 2 mL 丙酮,丙酮/乙酸乙酯(1/1,v/v),乙酸乙酯进行对附着在固相萃取小柱上的目标化合物的洗脱。结果显示,目标化合物被 2 mL 丙酮/乙酸乙酯(1/1,v/v)从离子液体键合硅胶小柱中洗脱的效果较好,增加乙酸乙酯的比例,回收率没有增加。考虑到对目标化合物的回收率和干燥的时间,丙酮/乙酸乙酯(1/1,v/v)被选定为洗脱溶剂,优化后,2.0 mL 被认为是最佳洗脱体积。

3) 方法验证

将未添加标样的水样、尿样经相同的方法处理，得到基质空白溶液，分别用以配制水样和尿样 1.0 mg/L、1.5 mg/L、2.0 mg/L、2.5 mg/L、3.0 mg/L 5 个不同浓度系列基质匹配标样，以化合物峰面积定量，以各组分的峰面积对浓度做标准曲线，以 3 倍信噪比（$S/N=3$）计算 LOD。4 种有机磷的线性 R^2 均大于 0.9977，LOD 在 0.2~1.0 mg/L，RSD 在 2.5%~10.5%，结果见表 7-28。

表 7-28　4 种有机磷的线性、精密度、检出限分析结果

杀虫剂	自来水				尿样			
	线性方程	R^2	LOD /(mg/L)	RSD /%	线性方程	R^2	LOD /(mg/L)	RSD /%
二嗪磷	$y=42.571x-2.467$	0.9977	0.23	2.5	$y=51.332x-0.1572$	0.9988	0.53	4.5
丙溴磷	$y=41.747x-1.96$	0.9980	0.35	3.7	$y=46.842x-0.8346$	0.9980	1.05	10.5
毒死蜱	$y=35.542x-6.3$	0.9992	0.30	3.4	$y=44.691x+5.2469$	0.9992	1.12	6.8
三唑磷	$y=25.458x-6.2$	0.9987	0.54	5.3	$y=37.903x+2.1562$	0.9986	1.28	9.3

4）方法对样品中四种有机磷的回收率、相对标准偏差、检出限考察

为考察方法对实际样本的适用性，分别在自来水样、尿样中添加不同浓度水平的农药标准溶液，按前述固相萃取步骤进行富集、净化处理，每个浓度设置 5 个重复，同时做空白对照，采用空白提取液配制的基质标样进行定量，计算 4 种农药在各个样本基质中的添加回收率。结果如表 7-29 所示。图 7-48，图 7-49 分别为 IL-silica-SPE 萃取尿样、水样中的 4 种有机磷的 GC-FPD 色谱图。

表 7-29　方法对四种有机磷的回收率、精密度、检出限

杀虫剂	自来水				尿样			
	添加浓度 /(μg/L)	回收率 /%	RSD /%	LOD /(μg/L)	添加浓度 /(μg/L)	回收率 /%	RSD /%	LOD /(μg/L)
二嗪磷	5	79	4.2		50	89	5.2	
	10	79	6.5	1.3	100	83	7.5	19
	20	84	7.4		200	84	4.2	
丙溴磷	5	77	5.4		50	86	4.9	
	10	82	7.8	3.3	100	79	5.4	30
	20	83	4.9		200	87	8.9	
毒死蜱	5	85	8.6		50	89	4.6	
	10	82	6.1	2.9	100	84	6.1	45
	20	91	4.4		200	88	8.4	
三唑磷	5	81	7.5		50	82	10.5	
	10	84	6.8	5.8	100	83	8.8	68
	20	78	9.9		200	77	9.1	

注：RSD 值由五次分析测定相同浓度的添加样品计算得出

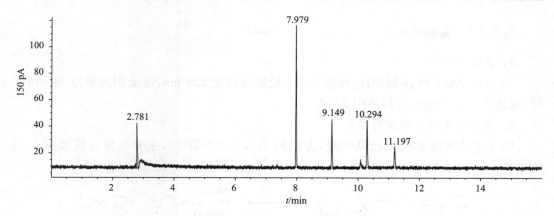

图 7-48　IL-silica-SPE 净化萃取尿样中 4 种有机磷色谱图，添加浓度 100 μg/L，
出峰依次为二嗪磷(7.98 min)，丙溴磷(9.15 min)，毒死蜱(10.30 min)，三唑磷(11.20 min)

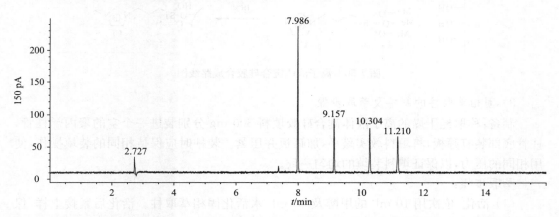

图 7-49　固相萃取净化萃取水样中 4 种有机磷色谱图添加浓度 20 μg/L，出峰依次为二嗪磷(7.99 min)，
丙溴磷(9.16 min)，毒死蜱(10.30 min)，三唑磷(11.21 min)

7.6.2　IL-silica-SPE 用于水体及尿样中的 2,4-D 农药残留分析

本部分实验在硅胶上键合咪唑离子液体作为固定相，离子液体是一种有机盐，其阳离子部分含带正离子的咪唑环，可与电离的羧酸阴离子结合，这种既有离子力又有范德华力等作用力形成离子吸附和反相吸附兼有的模式，推测其对苯氧羧酸类的农药会有较好的吸附作用，可用以进行样品中的富集、净化前处理。因此以 2,4-D 为代表物，考察 IL-silica-SPE 用于其残留分析的可行性，结果见表 7-30。

表 7-30　2,4-D 的化学结构、分子量、pK_a 及 lg$P$ 值

杀虫剂	结构式	分子量	pK_a	lg$P$
2,4-D		221.04	2.73	2.0

7.6.2.1　实验部分

1) 色谱条件

Agilent AQ C18 不锈钢柱,柱温 25 ℃,检测波长为 225 nm,流动相为甲醇/水＝60/40,流速 1.0 mL/min,进样体积 20 μL。

2) 离子液体键合硅胶的制备

以 1-甲基咪唑替代 1-己基咪唑,方法同 7.6.1.1 小节 2),主要反应过程如图 7-50 所示。

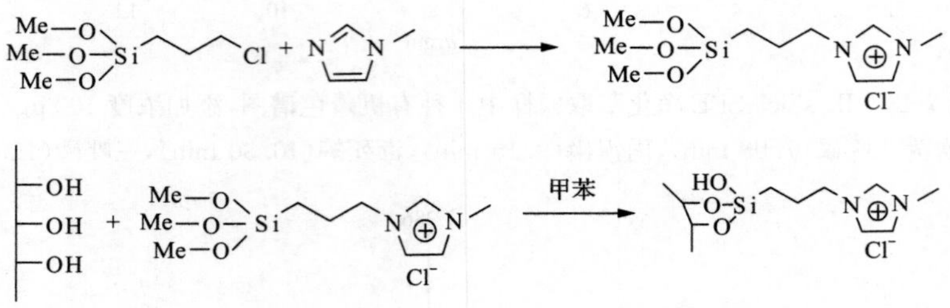

图 7-50　离子液体键合硅胶合成路线图

3) 固相萃取柱的制备及萃取步骤

制备:称取经干燥的离子液体键合硅胶填料 500 mg 分别装进一个空的聚丙烯柱管,柱管底部装有筛板,将填料敦实敲平,加筛板并压紧。装柱时应保持相同的装填操作,使用相同的压力,以保证填料装填的均匀一致。

萃取步骤:

(1) 活化:依次用 10 mL 的甲醇及 10 mL 水活化固相萃取柱。活化后紧接上样,保持固相萃取小柱浸润不干燥;

(2) 上样:上样前用磷酸氢二钾/磷酸二氢钾缓冲溶液将样品(水样、尿样)调至 pH＝7.0。加入不同添加浓度的水样各 200 mL 保持 5～8 mL/min 流速;取 20 mL 尿样经纯水 1∶1 稀释至 40 mL 上样,保持 3～4 mL/min 流速;

(3) 淋洗:分别加用磷酸氢二钾/磷酸二氢钾缓冲溶液 5 mL,甲醇 5 mL 淋洗,洗掉一些极性较强及盐类的干扰性杂质;

(4) 洗脱:水样、尿样上完,将固相萃取柱抽干 5 min 后,用 2 mL 甲醇＋乙酸(9∶1,v/v)洗脱,流出液收集于 5 mL 刻度试管中,吹干,用 1 mL 流动相定容,待测。

7.6.2.2　结果与讨论

1) 离子液体键合硅胶红外分析(IR)

将经干燥处理的商品化硅胶及离子液体键合硅胶进行红外分析,如图 7-51 所示,可以看出,离子液体键合硅胶(b)较未键合的商品化硅胶(a)在 2962 cm^{-1} 处多了峰,以及 1566 cm^{-1} 处出现酰胺键的吸收峰,酰胺键在指纹区的吸收是从 1500～1600 cm^{-1},证明硅胶表面发生的变化,有离子液体咪唑环的酰胺键。

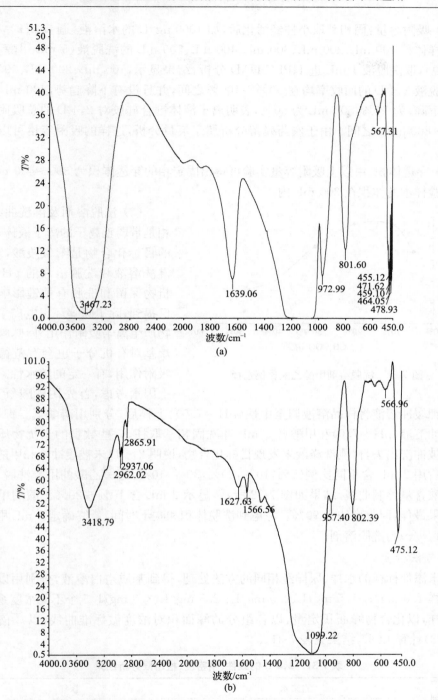

图 7-51　（a）商品化硅胶 IR 谱图；（b）离子液体键合硅胶 IR 谱图

2）固相萃取方法建立

本实验同样利用空白水样添加目标化合物标准溶液对吸附容量、穿透体积、洗脱溶剂及淋洗曲线几个参数进行考察：

（1）吸附容量：固相萃取小柱经活化后，加 1000 μg/L 的水溶液（调节 pH＝7），分别收集上样体积 100 mL、200 mL、300 mL、400 mL、500 mL 的洗脱液（5 mL 甲醇/乙酸＝9/1 洗脱），取洗脱液 1 mL 进 HPLC-DAD 分析，结果显示，100 mL、200 mL、300 mL 样品的洗脱液 2,4-D 的回收率均在 90%～100% 之间，并且没有下降趋势，400 mL 的回收率有所下降，为 74%，500 mL 为 60%，表明离子液体键合硅胶对 2,4-D 的总吸附容量介于 600～800 μg/g 之间。由于农药残留分析属于痕量分析，这样的吸附容量可以满足分析需求。

（2）穿透体积：由以上吸附容量实验可得出固定相的穿透体积为 300～400 mL，因此后续实验样本的体积在 300 mL 内。

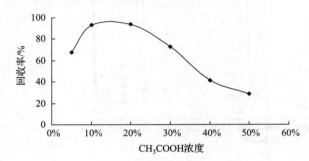

图 7-52　洗脱溶剂甲醇乙酸比例选择

（3）洗脱溶剂及淋洗曲线：固定相是带弱正离子的离子液体，被分析的目标化合物是苯氧羧酸，理论上，淋洗溶液和洗脱溶液的 pH 会对分析物保留和洗脱有关键影响。前文已提到，除了咪唑环正电离子对分析物产生离子吸附作用外，咪唑环上的烷基对有机分子也会有范德华力等吸附作用，有一定的疏水性。综合以上因素考虑，首先用磷酸氢二钾/磷酸二氢钾缓冲溶液将样品溶液调至中性（pH＝7.0），上样后，分别用磷酸氢二钾/磷酸二氢钾缓冲溶液（pH＝7.0）和甲醇各 5 mL 冲洗固相萃取柱，一些数量的干扰物质可溶于甲醇而被冲洗出去，检测洗涤液未发现目标化合物，说明 2,4-D 未被缓冲液和甲醇洗脱下来。然后用 2 mL 含不同比例（5%，10%，20%，30%，40%，v/v）乙酸的甲醇洗脱，以回收率和乙酸含量绘制曲线，结果如图 7-52 所示，显示 2 mL 含 10%～20% 乙酸的甲醇溶液洗脱效果最佳，回收率约为 90%。考虑到洗脱体积和吹干时间，最终确定 2 mL 甲醇＋乙酸（9：1，v/v）为洗脱溶剂。

3）方法验证

将未添加标样的水样、尿样经相同的方法处理，得到基质空白溶液，分别用以配制水样和尿样 1.0 mg/L、1.5 mg/L、2.0 mg/L、2.5 mg/L、3.0 mg/L 5 个不同浓度系列基质匹配标样，以化合物峰面积定量，以各组分的峰面积对浓度做标准曲线，以 3 倍信噪比（S/N＝3）计算 LOD，结果见表 7-31。

表 7-31　2,4-D 的线性、精密度、检出限分析结果

杀虫剂	自来水				尿样			
	线性方程	R^2	LOD/(mg/L)	RSD/%	线性方程	R^2	LOD/(mg/L)	RSD/%
2,4-D	$y=9.4196x+10.206$	0.9963	0.23	4.8	$y=10.398x+8.4876$	0.9954	0.33	4.5

4) 方法对样品中 2,4-D 的回收率、相对标准偏差、检出限考察

为考察方法对实际样本的适用性,分别在自来水样、尿样中添加不同浓度水平的农药标准溶液,按前述固相萃取步骤进行富集、净化处理,每个浓度设置 5 个重复,同时做空白对照,采用空白提取液配制的基质标样进行定量,计算 2,4-D 在样本基质中的添加回收率。同时与商品化的 C_{18} 柱的净化效果做了对比,结果如表 7-32 所示。图 7-53～图 7-55,分别为 IL-silica-SPE 萃取自来水中 2,4-D,C_{18}-SPE 萃取、净化人尿中 2,4-D,IL-silica-SPE 萃取、净化人尿中 2,4-D 典型色谱图,可看出 IL-silica-SPE 对尿样有更好的净化效果。

表 7-32　方法对 2,4-D 的回收率、精密度、检出限

杀虫剂	自来水				尿样			
	添加浓度 /(μg/L)	回收率 /%	RSD /%	LOD /(μg/L)	添加浓度 /(μg/L)	回收率 /%	RSD /%	LOD /(μg/L)
2,4-D	10	85	5.2	2.3	100	88	6.1	31.0
	100	92	7.5		500	79	9.4	

注:RSD 值由 5 次分析测定相同浓度的添加样品计算得出

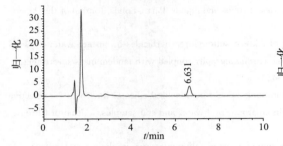

图 7-53　IL-silica-SPE 萃取自来水中
2,4-D 色谱图,添加浓度 10 μg/L

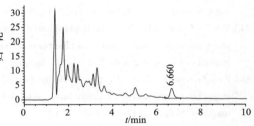

图 7-54　C_{18}-SPE 萃取、净化人尿中
2,4-D 色谱图,添加浓度 100 μg/L

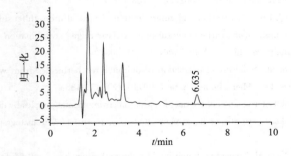

图 7-55　IL-silica-SPE 萃取、净化人尿中 2,4-D 色谱图,添加浓度 100 μg/L

参 考 文 献

[1] Kazlauskas R J,Weissfloch A N,Rappaport A T,et al. A rule to predict which enantiomer of a secondary alcohol reacts faster in reactions catalyzed by cholesterol esterase,lipase from *Pseudomonas cepacia*,and lipase from *Candida rugosa*. The Journal of Organic Chemistry,1991,56(8):2656-2665

[2] Hannedouche J,Clarkson G J,Wills M. A new class of "tethered" ruthenium(Ⅱ) catalyst for asymmetric transfer

hydrogenation reactions. Journal of the American Chemical Society,2004,126(4):986-987

[3] Breuning M,Steiner M,Mehler C,et al. A flexible route to chiral 2-endo-substituted 9-oxabispidines and their application in the enantioselective oxidation of secondary alcohols. The Journal of Organic Chemistry,2008,74(3):1407-1410

[4] Kwong F Y,Yang Q C,Mark T C,et al. A new atropisomeric P,N ligand for rhodium-catalyzed asymmetric hydroboration. The Journal of Organic Chemistry,2002,67(9):2769-2777

[5] Orden A A,Magallanes-Noguera C,Agostini E,et al. Anti-Prelog reduction of ketones by hairy root cultures. Journal of Molecular Catalysis B:Enzymatic,2009,61(3):216-220

[6] Breuer M. Method for production of (1S)-3-chloro-1-(2-thienyl)-propan-1-ol using alcohol dehydrogenase from thermoanaerobacter,2010,US Patents 121158,526

[7] Chen C S,Fujimoto Y,Girdaukas G,et al. Quantitative analyses of biochemical kinetic resolutions of enantiomers. Journal of the American Chemical Society,1982. 104(25):7294-7299

[8] Kazlauskas R J,Weissfloch A N E,Rappaport A T,et al. A rule to predict which enantiomer of a secondary alcohol reacts faster in reactions catalyzed by cholesterol esterase,lipase from *Pseudomonas cepacia*,and lipase from *Candida rugosa*. The Journal of Organic Chemistry,1991,56(8):2656-2665

[9] Wang Z,Guo H,Yu Y,et al. Synthesis and characterization of a novel magnetic carrier with its composition of Fe_3O_4/carbon using hydrothermal reaction. Journal of Magnetism and Magnetic Materials,2006,302(2):397-404

[10] Langmuir I. The constitution and fundamental properties of solids and liquids. Part i. Solids. Journal of the American Chemical Society,1916,38(11):2221-2295

[11] Yan C,Zhang B,Liu W,et al. Rapid determination of sixteen sulfonylurea herbicides in surface water by solid phase extraction cleanup and ultra-high-pressure liquid chromatography coupled with tandem mass spectrometry. Journal of Chromatography B,2011,879(30):3484-3489

[12] Fang G,Chen J,Wang J P,et al. *N*-Methylimidazolium ionic liquid-functionalized silica as a sorbent for selective solid-phase extraction of 12 sulfonylurea herbicides in environmental water and soil samples. Journal of Chromatography A,2010,1217(10):1567-1574

[13] Rodriguez M,Orescan D B. Confirmation and quantitation of selected sulfonylurea,imidazolinone,and sulfonamide herbicides in surface water using electrospray LC/MS. Analytical Chemistry,1998,70(13):2710-2717

[14] Lu Y,Yin Y,Brian T,et al. Modifying the surface properties of superparamagnetic iron oxide nanoparticles through a sol-gel approach. Nano Letters,2002,2(3):183-186

[15] Zhou Q,Wang W,Xiao J. Preconcentration and determination of nicosulfuron,thifensulfuron-methyl and metsulfuron-methyl in water samples using carbon nanotubes packed cartridge in combination with high performance liquid chromatography. Analytica Chimica Acta,2006,559(2):200-206

[16] Niu H,Shi Y,Cai Y,et al. Solid-phase extraction of sulfonylurea herbicides from water samples with single-walled carbon nanotubes disk. Microchimica Acta,2009,164(3):431-438

[17] Wang C,Ji S,Wu Q,et al. Determination of triazine herbicides in environmental samples by dispersive liquid-liquid microextraction coupled with high performance liquid chromatography. Journal of Chromatographic Science,2011,49(9):689-694

[18] Cheng J,Xiao J,Zhou Y,et al. Dispersive liquid-liquid microextraction based on solidification of floating organic droplet method for the determination of diethofencarb and pyrimethanil in aqueous samples. Microchimica Acta,2011,172(1):51-55

[19] Cappelini L T D,Cordeiro D,Brondi S H G,et al. Development of methodology for determination of pesticides residue in water by SPE/HPLC/DAD. Environmental Technology,2012,33(19-21):2299-2304

[20] Fang G,Chen W,Yao Y,et al. Multi-residue determination of organophosphorus and organochlorine pesticides in environmental samples using solid-phase extraction with cigarette filter followed by gas chromatography-mass spectrometry. Journal of Separation Science,2012. 35(4):534-540

[21] Wu Q,Feng C,Zhao G,et al. Graphene-coated fiber for solid-phase microextraction of triazine herbicides in water samples. Journal of Separation Science,2012,35(2):193-199

[22] Lara-Gonzalo A,Sánchez-Uría J E,Segovia-García E,et al. Selected ion storage versus tandem MS/MS for organochlorine pesticides determination in drinking waters with SPME and GC-MS. International Journal of Environmental Analytical Chemistry,2012,92(7):856-867

[23] Zhao G,Song S,Wang C,et al. Determination of triazine herbicides in environmental water samples by high-performance liquid chromatography using graphene-coated magnetic nanoparticles as adsorbent. Analytica Chimica Acta,2011,708(1-2),155-159

[24] Ozcan S,Tor A,Aydin M E. Application of magnetic nanoparticles to residue analysis of organochlorine pesticides in water samples by GC/MS. Journal of AOAC International,2012,95(5):1343-1349

第8章　其他药物多残留分析方法研究

8.1　猪肉中3种巴比妥药物气相色谱-质谱同时测定方法研究

8.1.1　实验部分

8.1.1.1　仪器条件

HP-5 MS 毛细管柱,程序升温 70～250 ℃,进样口温度 250 ℃,载气流速 1.1 mL/min,不分流进样 1 μL;四极杆温度 150 ℃,EI 离子源温度 230 ℃,传输线温度 280 ℃。

在全扫描模式下,扫描的质量数为 50～450 amu,在 SIM 模式下 3 种巴比妥药物选择离子及保留时间如表 8-1 所示。

表 8-1　SIM 模式下 3 种巴比妥药物的选择离子和保留时间

分析物	保留时间/min	检测离子/(m/z)
巴比妥(barbital)	7.05	126,169*,183,184
异戊巴比妥(amobarbital)	8.69	169*,170,184,226
苯巴比妥(phenobarbital)	10.83	175,232*,245,260

* 为定量离子

8.1.1.2　方法标准曲线的测定

用甲醇将 3 种巴比妥药物的混合工作标准溶液稀释,配制成一系列五个浓度:1 μg/L、2 μg/L、5 μg/L、10 μg/L、20 μg/L 和 50 μg/L。取 1 mL 于 10 mL 玻璃离心管中,氮气吹干,采用优化的衍生化方法甲基化,衍生物氮气吹干,加 1 mL 乙酸乙酯定容,取 1 μL 进样,用所建立的 GC/MS/SIM 方法分析,对色谱峰面积积分,每一浓度重复 3 次,取平均值,然后以浓度为横坐标,以峰面积为纵坐标,分别绘制 3 种巴比妥药物的标准曲线,求回归曲线和相关系数。其中浓度为 5 μg/L、10 μg/L 和 20 μg/L 三个浓度隔日重复测定,计算方法的批内(日间)和批间(日间)的平均标准偏差。

8.1.1.3　样品前处理——振荡提取

准确称取匀浆处理好的猪肉空白样品或添加样品 2.0 g 和 2.5 g Na₂SO₄ 于 50 mL 聚丙烯塑料离心管,加 30 mL 乙腈提取溶剂,置于振荡器上振荡提取 2 h。离心分离固体组织颗粒和有机相(4000 r/min,5 min),上清液转入 150 mL 分液漏斗中,加 20 mL 正己烷,振荡 5 min,静置 20 min 使之分层,弃去正己烷层,重复一次。乙腈液收集于 100 mL 蒸馏瓶中。

8.1.1.4　C$_{18}$ 固相萃取柱净化

在 40 ℃下,乙腈提取液在旋转蒸发仪上蒸发近干。残留物中加入 5 mL K$_2$HPO$_4$ (pH 7.4)缓冲溶液和 2 mL NaAc(pH 7.0)缓冲溶液,涡动溶解,供固相萃取柱上样。 C$_{18}$SPE 柱依次用 5 mL 正己烷-乙酸乙酯(7/3, v/v)、5 mL 甲醇和 5 mL NaAc(pH 7.0) 缓冲溶液活化,控制流速为 1.0~1.5 mL/min,使上述样品缓冲溶液溶解液直接通过 C$_{18}$SPE 柱,用 5 mL NaAc 缓冲溶液平衡柱子,并减压除水 5 min,依次用 5 mL 正己烷和 5 mL 正己烷-乙酸乙酯(95/5, v/v)淋洗柱子并弃去,用正己烷-乙酸乙酯(7/3, v/v)洗脱 药物,收集洗脱液 5 mL。

8.1.1.5　CH$_3$I 甲基衍生化

N$_2$ 吹干上述固相萃取收集液,加 1 mL 丙酮、20 μL CH$_3$I 和 50 mg 无水 K$_2$CO$_3$,涡动 溶解混匀,置于恒温箱内,在 52 ℃下反应 2.5 h。取出冷至室温,4000 r/min 下离心 2 min,倾出上清液,N$_2$ 吹干,乙酸乙酯溶解定容 1 mL,进行 GC/MS/SIM 分析。

8.1.1.6　添加标准曲线的测定

分别准确移取 3 种巴比妥标准品储备液用甲醇稀释成 1 mg/L 混合标液。再依次用 甲醇稀释成 10.0 μg/L、20.0 μg/L、50.0 μg/L、100.0 μg/L、300.0 μg/L、500.0 μg/L 系 列混合标液,分别移取各种浓度的混合标液 100 μL 添加到 2.0 g 猪肉样品中,添加浓度 分别为 0.5 μg/L、1.0 μg/L、2.5 μg/L、5.0 μg/L、15.0 μg/L、25.0 μg/L,涡动混匀,室温 放置过夜,其中每个浓度 3 个添加水平。按照所建立的分析方法测定,取平均值,然后以 添加的浓度为横坐标,以色谱峰面积为纵坐标,分别绘制 3 种巴比妥药物的添加标准曲 线,求回归曲线和相关系数。

8.1.1.7　添加回收率和精密度的测定

在 2.0 g 猪肉中,获得浓度为 2.5 μg/kg、5.0 μg/kg、15.0 μg/kg 的添加样品,每个添 加浓度 6 个添加水平。按照所建立的分析方法测定,计算样品中 3 种药物的测定浓度,取 平均值,利用实际测定浓度与添加浓度的比值计算回收率,计算添加相对标准偏差。

$$添加回收率(\%) = \frac{实际测定的浓度}{添加的标准浓度} \times 100 \tag{8-1}$$

8.1.1.8　检测限和定量限的测定

3 种巴比妥药物的检测限是根据仪器的信号/噪声 = 3(signal-to-noise ratio of 3, S/N = 3)来确定;定量限是根据仪器的信号/噪声 = 10(signal-to-noise ratio of 10, S/N = 10)来确定。

8.1.1.9　实际样品的测定

对 5 个北京地区购买的实际样品进行了测定,每个样品重复测定 3 次。

8.1.2　结果与讨论

8.1.2.1　三种巴比妥药物气相色谱-质谱方法的建立

1) 衍生物的确认及质谱裂解行为分析

根据巴比妥、异戊巴比妥和苯巴比妥三种标准溶液的全扫描色谱图,得到三种巴比妥药物衍生化物的质谱图,并与化合物的 NIST05 标准谱库检索结果相对照,确认 3 种巴比妥药物的衍生物为二甲基衍生物,即它们分子的环状酰脲类结构上的 1,3-二酰亚胺基团的氮原子上的 2 个氢原子被 2 个甲基取代,生成二甲基衍生物。三种药物衍生物的全扫描色谱图和相关的质谱图见图 8-1。

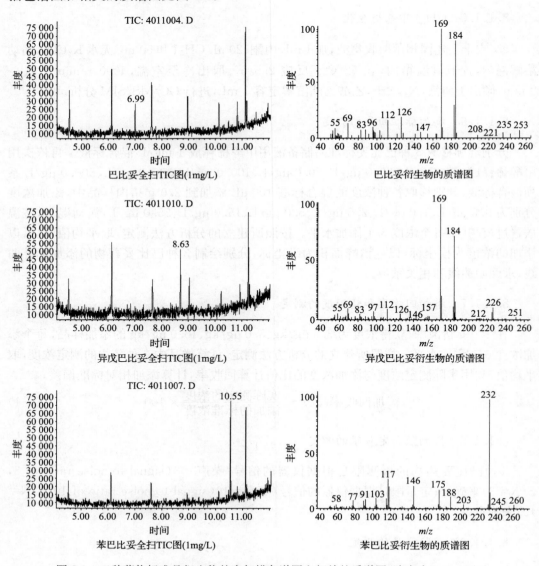

图 8-1　三种药物标准品衍生物的全扫描色谱图和相关的质谱图(浓度为 1.0 mg/L)

2）选择离子扫描方法的确立和样品中药物的确证分析

根据 3 种物质衍生物的质谱裂解规律，确定在质谱的 SIM 模式下进行定量分析，建立 GC/MS/SIM 的检测方法，按照欧盟 86/496/EEC 指令的规定，每一种分析物选择 4 个丰度较高的特征离子作为扫描离子，即巴比妥 m/z 126,169,183,184；异戊巴比妥 m/z 169,170,184,226；苯巴比妥 m/z 175,232,245,260；保留时间（dwell time）为 80 ms，如表 8-2 所示。此实验结果采用 0.5 mg/L 和 1 mg/L 二个浓度和每个浓度 3 次重复测定获得。浓度为 20 μg/L 的 3 种巴比妥混合标准溶液的 GC/MS/SIM 的色谱图如图 8-2 所示。

表 8-2　3 种巴比妥药物的检测离子强度(SIM)重复性($n=6$)

分析物	保留时间/min	RSD/%	基峰 m/z	离子		离子		离子	
				m/z	RSD/%	m/z	RSD/%	m/z	RSD/%
巴比妥	6.96	0.08	169	126	9.6	183	3.4	184	2.0
异戊巴比妥	8.60	0.06	169	170	3.8	184	2.8	226	9.7
苯巴比妥	10.71	0.04	232	175	7.9	245	9.3	260	9.8

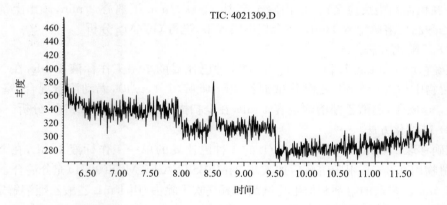

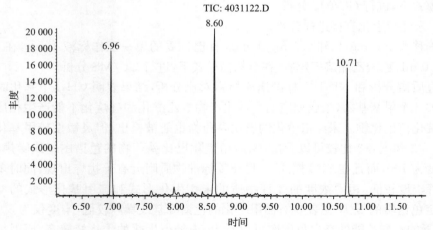

图 8-2　溶剂乙酸乙酯的空白和 3 种甲基化巴比妥混合标准溶液的 GC/MS/SIM 的色谱图

浓度为 20 μg/L

猪肉实际样品中 3 种药物的确证方法为:样品与标准品保留时间符合,样品色谱峰的保留时间与标准品色谱峰的保留时间的相对偏差在±0.5 %;选择的离子在质谱图中出现,猪肉空白质谱图与药物质谱图对照,确证空白中无相关干扰;样品色谱峰对应的质谱离子的相对丰度与标准品质谱峰对应的质谱离子的相对丰度的相对偏差在±10 %(EI模式)或±20 %(CI 模式)。猪肉中 3 种巴比妥药物添加浓度为 10 μg/L 和 10 μg/L 标准溶液的质谱图中,色谱峰的保留时间和各离子相对丰度的相对标准偏差见表 8-2。

8.1.2.2　碘甲烷直接加热甲基化衍生方法的建立及优化

1) 衍生化方法的选择和确立

本部分实验考察了三种衍生化方法对 3 种巴比妥的衍生效率,并将 3 种方法获得的衍生化物和未经衍生化处理的 3 种巴比妥分析物进行 GC/MS 对比分析。

(1) 碘甲烷(CH_3I)甲基化方法。

准确移取 1.0 mg/L 和 0.5 mg/L 的 3 种巴比妥的单一工作标液 1 mL,在 N_2 下吹干,残留物中分别加入 1 mL 丙酮、20 μL CH_3I 和 50 mg 无水 K_2CO_3,涡动溶解混合,52 ℃下在恒温箱中反应 2 h。取出冷至室温,4000 r/min 下离心 2 min,倾出上清液,N_2吹干,乙酸乙酯溶解定容 1 mL,在全扫描模式下,进行 GC/MS 分析。

(2) 乙酰化方法。

准确移取 1.0 mg/L 和 0.5 mg/L 的 3 种巴比妥的单一工作标液 1 mL,在 N_2 下吹干,残留物中加入 0.5 mL 乙酰化试剂乙酸酐-吡啶(1/1,v/v),涡动溶解混合,室温静置20 min,N_2 吹干,乙酸乙酯溶解定容 1 mL,在全扫描模式下,进行 GC/MS 分析。

(3) 硅烷化方法。

准确移取 1.0 mg/L 和 0.5 mg/L 的 3 种巴比妥的单一工作标液 1 mL,在 N_2 下吹干,残留物用 0.2 mL 甲苯溶解后加入 0.1 mL BSTFA+TMCS(99/1)充分混合,于 70 ℃反应 60 min。多余的溶剂和衍生化试剂用氮气吹干除去,用 1 mL 乙酸乙酯溶解定容,在全扫描模式下,进行 GC/MS 分析。

(4) 未经衍生化直接进样分析。

准确移取 1.0 mg/L 和 0.5 mg/L 的 3 种巴比妥的单一工作标液 1 mL,在 N_2 下吹干,用 1.0 mL 乙酸乙酯溶解定容,在全扫描模式下,进行 GC/MS 分析。

通过质谱分析和 NIST05 标准谱库检索对比分析,结果表明 CH_3I 甲基化时 3 种药物均增加 2 个甲基基团,生成相应的甲基化产物。乙酰化和硅烷化不能产生相应的乙酰化和硅烷化衍生化物。未经衍生化的巴比妥药物也能被检出,但灵敏度较甲基化巴比妥低,从图 8-2 和图 8-3 比较可以看出,未经衍生化巴比妥药物的色谱图基线噪声较高,色谱峰丰度为 700,而且在 SIM 模式下,巴比妥标准物质附近有干扰峰出现,同时苯巴比妥的色谱峰丰度较低,相同浓度的 3 种物质的未衍生化形式和二甲基化形式的 GC/MS/SIM 测定色谱峰的 S/N 见表 8-3;而甲基化的色谱峰基线噪声较低,丰度仅为 300。从两种 SIM 下的乙酸乙酯的空白色谱图可以看出,未经衍生化的干扰峰较多,原因可能是未衍生化巴比妥的选择离子的质量数较低(基峰离子巴比妥 m/z 141、异戊巴比妥 m/z 156、苯巴比妥 m/z 204,见图 8-3)受干扰影响较大,因此确定衍生化方法为 CH_3I 甲基化。

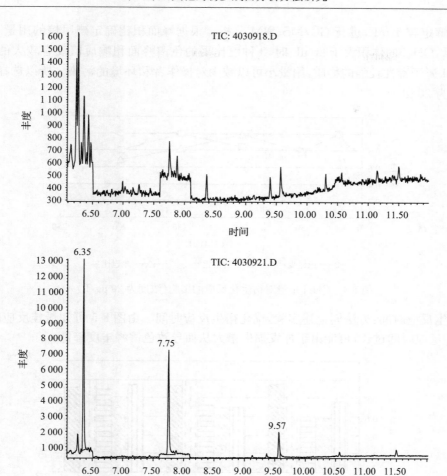

图 8-3　溶剂乙酸乙酯的空白和 3 种未衍生化的巴比妥混合
标准溶液的 GC/MS/SIM 的色谱图（浓度为 20 μg/L）

表 8-3　未衍生和甲基化的 3 种巴比妥的响应信号/噪声（20 μg/L）

分析物	未衍生化合物			二甲基化合物		
	SIM 检测离子	定量离子	S/N	SIM 检测离子	定量离子	S/N
巴比妥	126 141 155 156	156	61.4	126 169 183 184	169	54.1
异戊巴比妥	141 156 157 197	156	53.3	169 170 184 226	169	55.1
苯巴比妥	146 161 204 232	204	33.9	175 232 245 260	232	58.2

2）衍生化条件的优化

CH$_3$I 用量：准确移取一定体积的 3 种巴比妥药物的混合工作标液，使最终定容浓度为 20 μg/L，在 N$_2$ 下吹干，吹干的残余物中加入 1 mL 丙酮、50 mg 无水 K$_2$CO$_3$ 和不同体积的 CH$_3$I，即 10 μL、20 μL、50 μL、100 μL、150 μL 和 200 μL，涡动溶解混合，52℃下在恒温箱中反应 2 h。取出冷却至室温，4000 r/min 下离心 2 min，倾出上清液，N$_2$ 吹干，乙酸乙酯溶解定容 1 mL,进行 GC/MS/SIM 分析。根据峰面积比确定碘甲烷的用量。如图 8-4 所示,CH₃I 的体积大于 20 μL 时,3 种巴比妥的色谱峰面积响应值没有较大的改变,但 CH₃I 属于毒性较强的物质,用量小可以减少对操作者和环境的污染。所以选择 CH₃I 的用量为 20 μL。

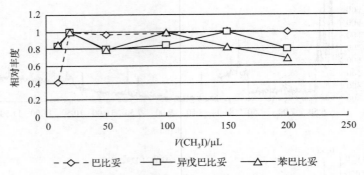

图 8-4　CH₃I 用量对衍生化反应的影响(浓度为 20 μg/L)

　　衍生反应时间:方法同上述实验,优化衍生反应时间。由图 8-5 可知最佳反应时间为 2.5 h。反应时间过长,可能由于挥发损失增大从而导致色谱峰丰度降低。

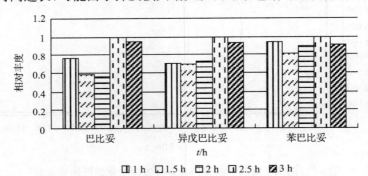

图 8-5　衍生化反应时间的影响(浓度为 20 μg/L)

　　衍生反应温度:方法同上述实验,优化衍生反应温度。反应过程中发现,温度高有利于衍生化反应,但由于丙酮的沸点在常温下约为 56 ℃、碘甲烷为 45 ℃ 和反应加热装置恒温箱的温度偏差为 ±3 ℃,为了防止反应过程中的挥发损失,选择温度为 52 ℃。

　　同时通过实验表明,无水 K₂CO₃ 的用量和丙酮的体积改变对衍生化反应无明显的影响,K₂CO₃ 在反应中作碱性催化剂,50 mg 足够使反应完全,加入 1 mL 丙酮可以保证充分溶解反应物。通过以上实验确定优化的衍生化条件:衍生试剂为 1 mL 丙酮、20 μL CH₃I 和 50 mg 无水 K₂CO₃,反应温度 52 ℃,衍生反应时间为 2.5 h,反应在恒温箱中进行。

8.1.2.3　提取条件的确立

采用振荡提取。提取溶剂选用甲醇时,巴比妥的回收率低于 30%,不能定量。用

30 mL乙腈提取一次回收率即可大于 60 ％,达到分析要求,提取干扰物相对较少。同时用 20 mL×2 次正己烷液-液分配除脂肪。提取时间为 2 h,提取时间长回收率增加。提取时样品中加入一定量的无水 Na$_2$SO$_4$ 具有除水和盐析的作用。

8.1.2.4　C$_{18}$ SPE 柱净化条件的优化

1) 上样溶剂的选择

由于 C$_{18}$ SPE 柱对生物样品中的脂肪具有较好净化吸附作用,同时巴比妥药物极性较弱,pKa$_1$ 在 7.1~8.1,且在 pH 7.4 的生理条件下,可以保持分子状态,而且采用缓冲溶液溶解提取液残留物,有利于消除不溶于水的脂类的影响,由此选择 C$_{18}$ SPE 柱。并根据文献,选用 2 种缓冲溶液 5 mL K$_2$HPO$_4$ 和 2 mL NaAc 混合溶液作为 C$_{18}$ SPE 柱的上样溶液。

2) C$_{18}$ SPE 柱的洗脱曲线

选用不同比例的正己烷-乙酸乙酯溶剂体系、正己烷-丙酮体系和正己烷-二氯甲烷体系作洗脱溶剂(95/5,9/1,8/2,7/3,6/4,5/5,v/v),结果表明正己烷-乙酸乙酯溶剂体系洗脱效果最好。当正己烷-乙酸乙酯作为洗脱剂时,乙酸乙酯小于 20 ％时不能完全洗脱药物,大于等于 30 ％时 5 mL 洗脱液可以使 3 种药物回收率大于 70 ％,乙酸乙酯比例大洗脱的杂质多,干扰严重。图 8-6 为正己烷-乙酸乙酯溶剂体系的洗脱曲线。从图中可以看出,乙酸乙酯含量为 5 ％时,可以作为淋洗剂,30 ％时可以作为洗脱溶剂。

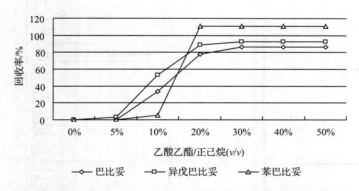

图 8-6　C$_{18}$ SPE 柱 3 种巴比妥药物的正己烷-乙酸乙酯洗脱曲线

C$_{18}$ SPE 的净化条件为:洗脱前用 5 mL 正己烷淋洗除脂肪,5 mL 正己烷-乙酸乙酯(95/5,v/v)作淋洗剂,5 mL 正己烷-乙酸乙酯(7/3,v/v)作洗脱剂。图 8-7(a)、(b) 、(c) 和(d)分别是 10 μg/L 标准药物色谱图、猪肉空白样品色谱图、2 g 猪肉样品添加 10 μg/L 标准溶液的三种药物色谱图和添加样品的抽提定量离子的色谱图,与标准药物色谱图比较,净化效果良好,3 种药物和基质干扰物分离开而不影响定性定量分析。

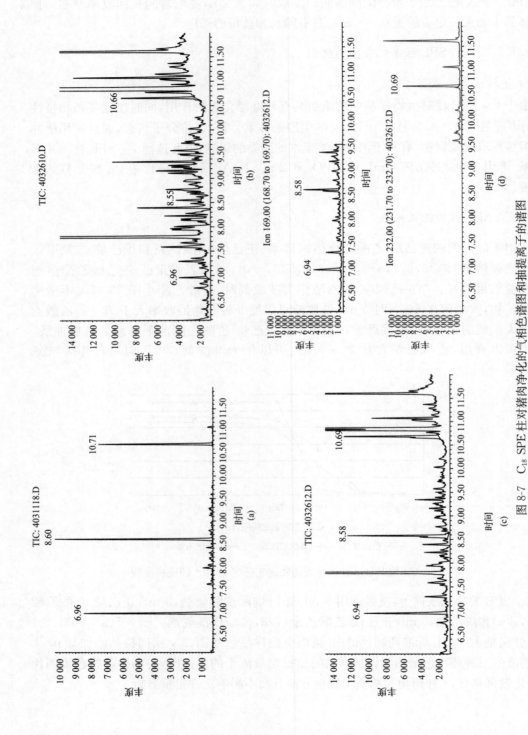

图 8-7　C$_{18}$ SPE 柱对猪肉净化的气相色谱图和抽提离子的谱图

(a)10 μg/L 标准药物；(b)猪肉空白样品；(c)添加 10 μg/L 标准药物的猪肉样品(2 g)；(d)添加 10 μg/L 标准药物的猪肉样品抽提离子色谱图(2 g)

8.1.2.5 方法的性能指标

对建立分析方法的性能指标进行测定,其中 3 种巴比妥的色谱峰面积与浓度成线性关系,相关系数及标准曲线见图 8-8,日内相对标准偏差见表 8-4,日间相对标准偏差见表 8-5。

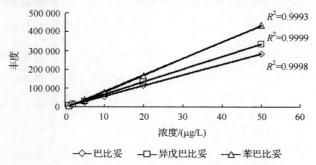

图 8-8 3 种巴比妥药物的标准曲线

表 8-4 3 种巴比妥标准物的日内相对标准偏差($n=3$)

分析物	相对标准偏差/%					
	1 μg/L	2 μg/L	5 μg/L	10 μg/L	20 μg/L	50 μg/L
巴比妥	8.2	9.2	4.2	7.1	6.5	1.9
异戊巴比妥	5.3	2.2	1.2	4.2	2.2	0.6
苯巴比妥	4.9	2.7	6.4	3.1	2.5	0.6

表 8-5 3 种巴比妥标准物的日间相对标准偏差($n=6$)

分析物	相对标准偏差/%		
	5 μg/L	10 μg/L	20 μg/L
巴比妥	8.6	10.1	10.7
异戊巴比妥	5.6	12.7	7.8
苯巴比妥	8.2	15.4	12.1

添加 3 种药物到猪肉样品中,检测其在猪肉样本中分析方法性能,结果如下:猪肉样品的添加标准曲线见图 8-9,添加回收率及相对标准偏差见表 8-6。

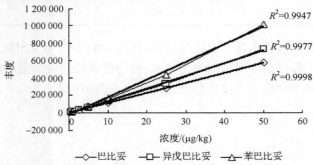

图 8-9 猪肉样品中 3 种巴比妥药物的添加标准曲线

表 8-6　巴比妥药物在猪肉样品中的回收率及相对标准偏差($n=6$)

分析物	加标浓度/(μg/kg)	实际平均测定值/(μg/kg)	平均回收率/%	RSD/%
巴比妥	2.5	1.62±0.18	64.88±7.26	11.2
	5.0	4.41±0.30	88.26±6.00	6.8
	15.0	13.61±0.93	90.71±6.17	6.8
异戊巴比妥	2.5	2.69±0.30	107.8±12.20	9.3
	5.0	5.27±0.91	105.5±18.14	7.2
	15.0	11.88±1.17	79.21±7.81	9.9
苯巴比妥	2.5	2.74±0.15	109.8±5.93	5.4
	5.0	5.62±0.60	112.4±12.0	10.7
	15.0	14.65±1.30	97.66±8.81	9.0

1）检测限和定量限

根据仪器的 $S/N=3$，确定方法的 LOD 均为 $1.0\ \mu g/kg$；$S/N=10$，确定 LOQ 均为 $2.5\ \mu g/kg$。

2）实际样品测定

用所建立的 GC/MS/SIM 方法，对 5 个随机购买的猪肉实际样品进行提取、净化、衍生和检测，结果如表 8-7 所示。

表 8-7　实际样品测定结果

样品	取样量	检测结果		
		巴比妥	异戊巴比妥	苯巴比妥
猪肉 1	2.00 g	未检出	未检出	未检出
猪肉 2	2.00 g	未检出	未检出	未检出
猪肉 3	2.00 g	未检出	未检出	未检出
猪肉 4	2.00 g	未检出	未检出	未检出
猪肉 5	2.00 g	77.9 μg/kg	未检出	未检出

其中，实际样品 5 被检出含有巴比妥药物，样品 5 的 GC/MS/SIM 色谱图见图 8-10，从图中可以看出，实际样品中保留时间为 6.87 处的色谱峰的质谱图和标准样品的质谱谱图十分相近，测定离子和离子丰度比都在允许的误差范围内。

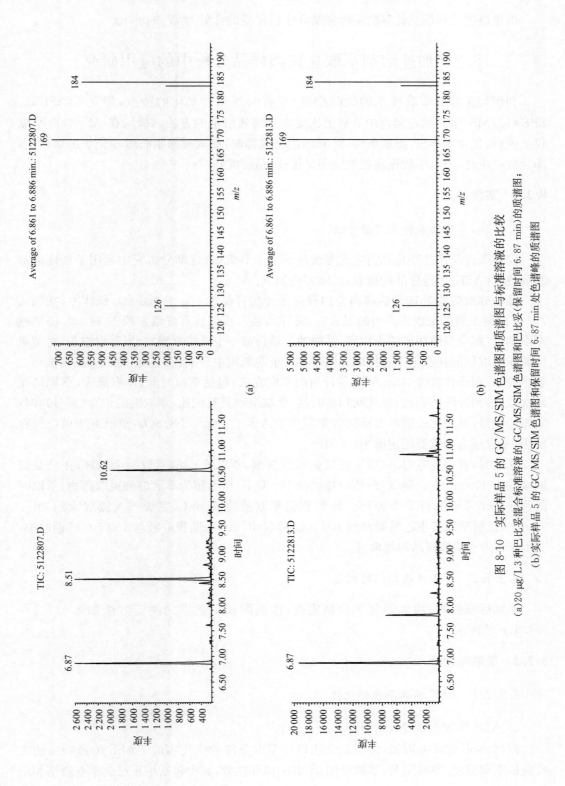

图 8-10　实际样品 5 的 GC/MS/SIM 色谱图和质谱图与标准溶液的比较

(a) 20 μg/L 3 种巴比妥混合标准溶液的 GC/MS/SIM 色谱图和巴比妥 (保留时间 6.87 min) 的质谱图；

(b) 实际样品 5 的 GC/MS/SIM 色谱图和保留时间 6.87 min 处色谱峰的质谱图

由色谱图已知信息计算的实际样品 5 中巴比妥的含量为 77.9 μg/kg 。

8.2　加速溶剂萃取在猪肉样品分析中的应用研究

利用加速溶剂萃取技术的先除脂肪、节省时间和自动化的特点,建立了 ASE-C$_{18}$ SPE-GC/MS/SIM 测定猪肉中 3 种巴比妥类药物残留量的方法。提取在 ASE 300 萃取仪上进行,优化了 ASE 提取条件,35 min 内完成提取,提取时除脂肪过程先于提取过程,净化效果更佳,回收率较振荡提取法明显提高,精密度好。

8.2.1　实验部分

8.2.1.1　仪器条件及实验方法

仪器条件及样品净化和衍生化方法与 8.1.1 节类似,这部分研究中运用了加速溶剂萃取技术(ASE)进行样品的提取,具体方法如下:

准确称取匀浆处理好的猪肉空白样品或添加样品 5.0 g 于 100 mL 研钵中,在加入 7.5 g 硅藻土研磨至成为均匀的混合物,将样品装入底部放有纤维素膜的 34 mL 不锈钢萃取池中,剩余空隙用硅藻土填满,萃取池上端再放一个纤维素膜,旋紧萃取池盖,将萃取池放在萃取仪的托盘上准备提取。同时在 4 个溶剂瓶中分别装入正己烷、乙腈、丙酮和二氯甲烷,并用操作软件 AutoASE 设计自动萃取方法,包括萃取时间、萃取温度、萃取的循环次数、溶剂冲洗体积比、氮气吹扫的时间、萃取溶剂及其配比、萃取池的位置(编号)和收集瓶的编号,其中在乙腈萃取液的收集瓶中加入 6.0 g 无水 Na$_2$SO$_4$,萃取方法可以保存使用,萃取压力为仪器固定值 10.3 MPa。

萃取时,首先在室温下,用正己烷做萃取溶剂,萃取 5 min,萃取一个循环,正己烷提取液约为 40 mL,弃去提取液;然后加热到 100 ℃下,用乙腈为萃取溶剂提取药物,萃取时间为 6 min,萃取进行 2 个循环。收集乙腈萃取液约 65 mL,完成一次提取大约 30～35 min。乙腈萃取液用乙腈稀释到 100 mL,移取 40 mL 乙腈提取液与 100 mL 蒸馏瓶中,相当于 2.0 g 猪肉样品的提取液。

8.2.1.2　方法性能指标的测定

添加标准曲线,添加回收率和精密度,检测限和定量限的测定方法如 8.1.1.6～8.1.1.8 节所示。

8.2.2　结果与讨论

8.2.2.1　ASE 萃取条件的优化

1) ASE 萃取条件实验的设计

根据 ASE 的影响因素,使用正交法设计萃取条件的优化实验。ASE 的影响条件主要包括萃取温度、萃取溶剂、萃取时间、萃取的循环次数,其中包括用正己烷萃取脂肪和用乙腈萃取药物 2 个过程。具体的实验设计见表 8-8,其中每个实验重复 3 个水平。

表 8-8　ASE 300 萃取条件正交实验

实验次数	ASE300 萃取条件								回收率(%)		
	温度/℃		萃取溶剂		萃取时间		萃取循环		分析物		
	除脂	萃取药物	除脂	萃取药物	除脂	萃取药物	除脂	萃取药物	BB	AB	PB
1	125	125	正己烷	乙腈	5	6	1	2	108.48	41.55	92.86
2	100	100	正己烷	乙腈	5	5	1	1	77.85	39.89	66.43
3	100	100	正己烷	乙腈	5	6	1	2	104.73	53.30	82.80
4	80	80	正己烷	乙腈	5	6	1	2	102.54	68.08	89.47
5	50	50	正己烷	乙腈	5	6	1	2	103.66	87.28	93.30
6	0*	100	正己烷	乙腈	5	6	1	2	90.58	94.55	102.97
7	100	100	正己烷	乙腈/丙酮 95/5,v/v	5	6	1	2	120.80	47.49	83.96
8	80	80	正己烷	乙腈/丙酮 85/15,v/v	5	6	1	2	118.02	69.87	101.99
9	80	80	正己烷	乙腈/二氯甲烷 7/3,v/v	5	6	1	2	127.60	70.91	105.81

　*0 表示萃取时温度为室温,即萃取过程中萃取仪不加热。BB 代表巴比妥;AB 代表异戊巴比妥;PB 代表苯巴比妥

2) ASE 萃取温度对回收率的影响

由于 ASE 是一种利用高温高压提高萃取效率的样品前处理技术,且根据文献报道温度越高回收率越高,即温度和回收率成正比,且 ASE 300 是在恒压下(10.3 MPa)工作,所以实验开始设计为高温萃取,即实验 1、2、3、4、7、8、9,见表 8-8,实验结果发现,温度越高异戊巴比妥的回收率越低,即异戊巴比妥的回收率与温度成反比,当温度为 125 ℃时,回收率为 41.55 %,不能满足残留分析的要求;苯巴比妥的回收率也随温度升高而降低,但不如异戊巴比妥明显;巴比妥的回收率受温度影响不大。而且通过增加静态萃取循环次数和改变萃取溶剂均不能明显提高异戊巴比妥的回收率。继续降低温度到 50 ℃,实验 5,结果异戊巴比妥的回收率明显提高到 87.28 %。由此分析原因可能是 3 种物质的分子结构影响萃取结果,由于异戊巴比妥分子中含有 5 个碳原子的烷基基团—CH_2—CH_2—CH—$(CH_3)_2$,在高温高压下,异戊巴比妥在正己烷中的溶解度增大,正己烷萃取脂肪时提取了异戊巴比妥,从而使乙腈萃取时异戊巴比妥含量降低;同样苯巴比妥由于分子中含有苯基,高温高压下,苯巴比妥在正己烷中的溶解度也增加,但没有异戊巴比妥作用强,所以回收率也有所降低;而巴比妥分子中含有 2 个乙基(—CH_2—CH_3),碳链较短,与正己烷作用较弱,因此不受影响。鉴于以上分析,降低正己烷的萃取温度为室温,即正己烷萃取脂肪过程中 ASE 300 萃取仪不加热,而提高乙腈的萃取温度为 100 ℃,见实验 6,结果异戊巴比妥的回收率达到 94.55 %,3 种巴比妥药物的回收率均大于 90.00%。而且结果也符合 ASE 萃取中温度越高回收率越高,即温度和回收率成正比的结论。图 8-11 给出

了 ASE 300 萃取温度对萃取回收率的影响。

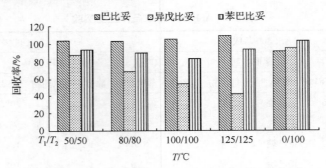

图 8-11　ASE 萃取温度对萃取回收率的影响

T_1：正己烷萃取时的温度（℃）；T_2：乙腈萃取时的温度（℃）

3）ASE 的其他萃取因素对回收率的影响

根据表 8-8 中的实验 2 和实验 3 可知，增加静态萃取的时间和萃取次数可以增加萃取回收率，由于 ASE 是利用加压加热技术提高回收率，一般静态萃取时间不超过 10 min，萃取循环不超过 3 个。根据实验 7、实验 8 和实验 9，采用混合溶剂乙腈-丙酮、乙腈-二氯甲烷可以提高回收率，但巴比妥的回收率大于 120 ％，超出残留分析的要求，原因可能是丙酮或二氯甲烷提取的杂质较多，干扰所致。根据正交实验的结果，猪肉样品中 3 种巴比妥药物的 ASE 萃取条件如表 8-9 所示。

表 8-9　优化的猪肉样品中 ASE 300 萃取条件

影响因素	除脂肪	萃取药物
萃取溶剂	正己烷	乙腈
静态萃取温度/℃	0*	100
萃取压力/MPa	10.3	10.3
加热时间/min	0**	5
静态萃取时间/min	5	6
冲洗体积/%	40	60
氮气吹扫时间/s	120	120
静态循环次数	1	2

＊0 代表正己烷萃取除脂肪时是室温；＊＊0 表示萃取时萃取仪不加热

8.2.2.2　方法的性能指标

1）添加标准曲线

3 种巴比妥药物的添加标准曲线，如图 8-12 所示，3 种药物在 1～25 μg/kg 范围内成线性，线性回归系数均大于 0.99。

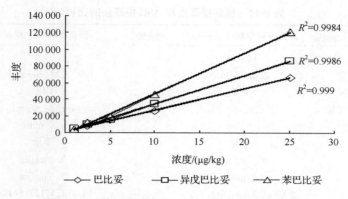

图 8-12　3 种巴比妥药物的 ASE 萃取方法添加曲线

2）方法的回收率和精密度

根据添加回收率和精密度的测定实验，3 个添加浓度 2.5 μg/kg、5.0 μg/kg、10.0 μg/kg，6 个平行水平，测定的回收率、相对标准偏差结果如表 8-10 所示。

表 8-10　3 种巴比妥药物的添加回收率（$n=6$）

分析物	加标浓度 /（μg/kg）	实际平均测定值 /（μg/kg）	平均回收率/%	相对标准偏差 （RSD）/%
巴比妥	2.5	2.51±0.28	100.38±11.04	11.0
	5.0	4.53±0.33	90.58±6.61	7.3
	10.0	8.90±0.68	89.00±6.85	7.7
异戊巴比妥	2.5	2.10±0.03	83.99±1.34	5.6
	5.0	4.73±0.22	94.55±4.44	4.7
	10.0	9.05±0.69	90.56±6.88	7.6
苯巴比妥	2.5	2.54±0.13	101.41±5.07	5.0
	5.0	5.15±0.31	102.97±6.28	6.1
	10.0	8.97±0.81	89.67±8.07	9.0

3）检测限和定量限

根据仪器的 S/N = 3，确定方法的 LOD 为 0.5 μg/kg；S/N = 10，确定 LOQ 为 1.0 μg/kg。

8.2.2.3　振荡提取方法与 ASE 提取方法的比较

1）提取方法比较

从操作上比较，ASE 实现了自动化，而且提取在密闭系统中进行，减少了有机溶剂的挥发，从而减少了对分析者和环境的污染和危害。由于利用了加压和加热技术，提取时间缩短，使一次样品分析的前处理可以在一个工作日内完成，有利于样品分析的准确性，具体区别见表 8-11。

表 8-11　振荡提取法和 ASE 提取法的比较

影响因素	加速溶剂萃取(5 g 样品)	振荡提取(2 g 样品)
提取时间	15 min	2 h
提取溶剂及用量	乙腈,65 mL	乙腈,30 mL
除脂肪的方法	ASE	LLE
除脂肪的溶剂及用量	正己烷,40 mL	正己烷,40 mL
除脂肪的时间	10 min	50 min
自动/手动	自动	手动
LOD	0.5 μg/kg	1.0 μg/kg
LOQ	1.0 μg/kg	2.5 μg/kg
平均回收率	90.6(7.3),94.6(4.7),	64.9(11),107.8(11),
(浓度 5.0 μg/kg)	103.0(6.1)	109.8(5.4)
成本	高	低

2) 净化效果比较

由于 ASE 提取时,除脂肪在先,提取药物在后,所以经 C_{18} SPE 柱净化后,样品基质的干扰峰明显减少,见图 8-13。

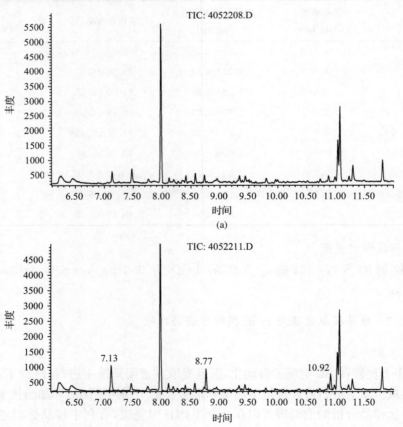

(a)

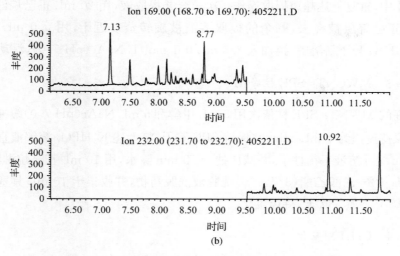

图 8-13　ASE 提取和 C18 净化的猪肉样品的色谱图
（a）空白猪肉样品；（b）添加 10 μg/kg 的猪肉样品

　　与图 8-7 相比，对于猪肉空白样品，干扰色谱峰明显减少，基线丰度从 1000 降低到 300，最大杂质的色谱峰丰度从 50000 降低到 5000，减小约 10 倍，而且异戊巴比妥和苯巴比妥的干扰峰减小。从 2 种方法的色谱图比较看，ASE 提取液的净化效果较好，同时减少了基质对仪器的污染，提高了仪器检测的灵敏度，方法的检测限下降为 0.5 μg/kg。

8.3　MWCNTs SPE 柱净化和微波辅助衍生化及 3 种巴比妥药物的 GC/MS/MS 检测方法研究

　　用微波辅助衍生化缩短了衍生时间，同时利用离子阱质谱的高分辨能力，建立一种新的快速筛选和确证分析猪肉中巴比妥、异戊巴比妥和苯巴比妥残留量的气相色谱-质谱法（GC/MS/MS）。首次将 MWCNTs SPE 柱用于富含脂肪的生物样品的净化，研究多壁碳纳米管（MWCNTs）对生物样品中脂肪样品的净化能力。

8.3.1　实验部分

8.3.1.1　仪器条件及方法标准曲线的测定

仪器条件及方法标准曲线的测定法见 8.1.1 节。

8.3.1.2　超声波辅助提取猪肉中 3 种巴比妥药物

　　2.0 g 空白样品或加标样品放于 50 mL 塑料离心管中，然后加入 2.0 g 无水硫酸钠和 25 mL 乙腈，完全混合。离心管置于数控超声清洗仪中，在 30℃超声提取 30 min，超声功率为 90 %（500 W）。离心管在 5000 r/min 离心 5 min，有机提取液被移取到 100 mL 具塞分液漏斗中,重复上述超声提取操作一次。合并提取液,用 20 mL 正己烷液-液分配除脂肪一次,正己烷层被弃去,剩余的提取溶液被旋转蒸发近干,用 5.0 mL 0.1 mol/L K_2HPO_4(pH 7.4)重新溶解,再加入 2.5 mL 0.1 mol/L NaAc(pH 7.0),涡动混匀。

8.3.1.3　MWCNTs SPE 柱净化

填装好的 MWNTs SPE 柱依次用 5 mL 甲醇和 5 mL NaAc(pH 7.0)缓冲溶液活化,调节真空保持流速为 1 mL/min,并保持 SPE 不干,将上述 K_2HPO_4 溶解液直接上样,用 5 mL NaAc 缓冲溶液平衡柱子,并减压抽干 10 min 除水,用 10 mL 正己烷淋洗柱子并弃去,用 5 mL 丙酮-乙酸乙酯(3/7, v/v)洗脱液洗脱药物,并收集于 10 mL 具塞离心管中。洗脱液在 55 ℃下氮气吹干,待衍生化。

8.3.1.4　CH_3I 甲基化

考察了 3 种不同的衍生化方法,包括微波、超声波和直接加热,优化了 3 种方法的条件,比较了 3 种方法的衍生化效率。

1) 微波辅助衍生化(Microwave Assisted Derivatization,MAD)

在这一过程中,衍生化反应所需要的能量是由一个普通的家用微波炉提供。微波能量的供给是通过将一定体积的蒸馏水在一定微波照射下持续一段时间来实现的:具体的操作是,在 500 mL 烧杯中加有 250 mL 蒸馏水,在不同的功率下加热不同时间,测定水浴的温度,绘制水温与加热时间的变化曲线,优化的微波条件是低火档(700 W)微波辐射 8 min,水浴温度为(54±1)℃。经氮气吹干的剩余物中,加入衍生化试剂为 1 mL 丙酮,150 μL 碘甲烷和 50 mg K_2CO_3,涡动混合均匀,用封口膜密封,放入加有 250 mL 蒸馏水的 500 mL 烧杯中,置于普通家用微波炉中,在低火档加热 8 min 进行衍生化反应,取出冷却至室温,离心,移取有机相于 10 mL 试管中,氮气吹干,用乙酸乙酯定容 1 mL,涡动混匀,转移至 GC 分析的小瓶中,进行 GC/MS/MS 分析。

2) 超声波辅助衍生化(Ultrasonic Assisted Derivatization,UAD)

衍生化反应所需要的能量还可以由超声波来提供。优化的超声衍生条件是:起始温度为 40 ℃,功率为 250 W 的条件下,超声 30 min 进行衍生化反应,最终水浴温度为(54±2)℃。衍生化试剂为 1 mL 丙酮,100 μL 碘甲烷和 50 mg K_2CO_3。然后冷却、离心、移取有机相、氮气吹干,乙酸乙酯定容 1 mL,涡动混匀,转移至 GC 分析的小瓶中,进行 GC/MS/MS 分析。

3) 加热衍生化反应(Thermal Incubation Derivatization,TID)

加热衍生化条件:在氮气吹干的剩余物中,加 1 mL 丙酮、20 μL CH_3I 和 50 mg 无水 K_2CO_3,涡动溶解,离心管置于恒温箱内,在 52 ℃下反应 2.5 h。然后冷却、离心、移取有机相、氮气吹干,乙酸乙酯定容 1 mL,涡动混匀,转移至 GC 分析的小瓶中,进行 GC/MS/MS 分析。

8.3.1.5　方法性能指标的测定

添加标准曲线,添加回收率和精密度,检测限和定量限的测定方法如 8.1.1.6～8.1.1.8 所示。

8.3.2　结果与讨论

8.3.2.1　3 种巴比妥药物 GC/MS/MS 检测方法的建立

1) 3 种巴比妥药物 GC/MS/MS 检测方法的建立

3 种衍生物的确认及质谱解析参照 8.1.2.1。3 种巴比妥衍生物在 EI 离子源的全扫描模式下,离子阱质谱和四极杆质谱获得相似的质谱图。并通过与化合物的 NIST05 标准谱库检索结果相对照,均可确认衍生的结构。三种药物衍生物的全扫描(m/z 50～450)总离子流色谱图(TIC)和相关的质谱图见图 8-14。

根据 3 种物质衍生物的质谱图,确定在质谱的二级质谱(MS/MS)模式下进行定量分析,建立 GC/MS/MS 的检测方法。在离子阱质谱的 MS/MS 扫描模式下,按照欧盟 86/496/EEC 指令的规定,每一种分析物选择 1 个丰度较高的特征离子作为母离子 (precursor ion),即巴比妥和异戊巴比妥为 m/z 169、苯巴比妥 m/z 232,这些被选择的母离子被留在离子阱中,然后通过调节激发电压将其击碎,获得理想的子离子(production ions),一般选择 2 个子离子检测,并选择包含 2 个子离子的范围较窄的质量范围扫描,其中选择丰度较高的子离子定量。激发电压的优化见图 8-15,选择的原则要求既要将母离子击碎,即获得丰度较高的子离子,同时又有母离子存在,例如激发电压为 0.5 V 时,母离子丰度较高,几乎没有被击碎;为 1.5 V 时,质谱图中见不到母离子;为 1.0 V 时,质谱图中可以同时见到母离子和子离子,并且母离子的丰度较低,子离子为基峰,可得到满意的碎片,由此最终的激发电压为 1.0 V。选择的子离子为:巴比妥和异戊巴比妥 m/z 112 和 m/z 83;苯巴比妥 m/z 175 和 m/z 118。定量离子为:巴比妥和异戊巴比妥 m/z 112;苯巴比妥 m/z 175。3 种巴比妥药物的 GC/MS/MS 方法的检测条件如表 8-12 所示。

表 8-12　3 种巴比妥药物的 GC/MS/MS 方法的检测条件

分析物	保留时间/min	母离子(m/z)	激发电压		子离子	
			电压/V	能量	扫描范围	离子
巴比妥	8.14	169	1.00	0.3	80.0～120.0	83,112*
异戊巴比妥	9.77	169	1.00	0.3	80.0～120.0	83,112*
苯巴比妥	11.96	232	1.00	0.3	115.0～180.0	118,175*

* 代表定量检测离子

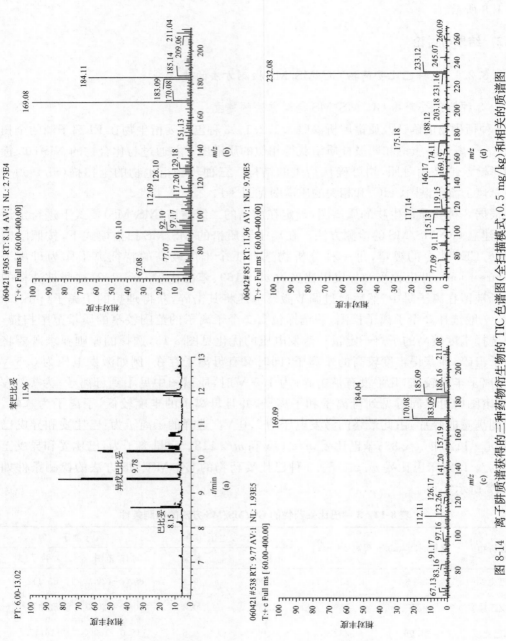

图 8-14　离子阱质谱获得的三种药物衍生物的 TIC 色谱图（全扫描模式，0.5 mg/kg）和相关的质谱图
(a) 全扫描模式 TIC 色谱图；(b) 巴比妥质谱图(EI)；(c) 异戊巴比妥质谱图(EI)；(d) 苯巴比妥质谱图(EI)

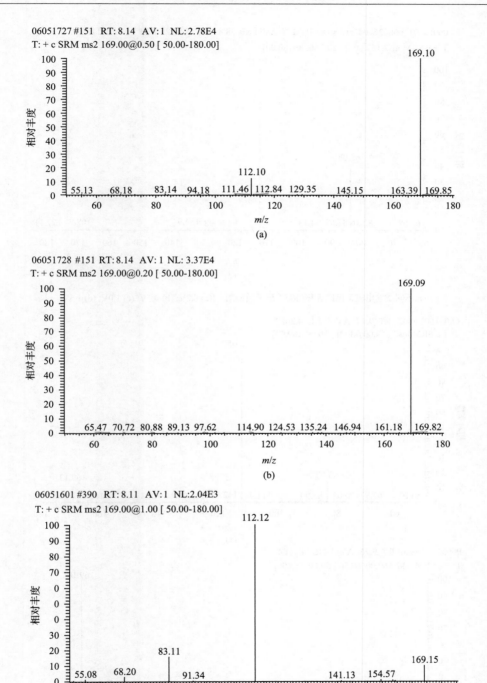

06051727 #151　RT: 8.14　AV: 1　NL: 2.78E4
T: + c SRM ms2 169.00@0.50 [50.00-180.00]

(a)

06051728 #151　RT: 8.14　AV: 1　NL: 3.37E4
T: + c SRM ms2 169.00@0.20 [50.00-180.00]

(b)

06051601 #390　RT: 8.11　AV: 1　NL: 2.04E3
T: + c SRM ms2 169.00@1.00 [50.00-180.00]

(c)

06062601_060626104750　#183 RT:8.36 AV:1 SB:38 8.39-8.55 , 8.23-8.33　　NL: 9.11E2
T:+ c SRM ms2 169.00@1.50 [60.00-180.00]

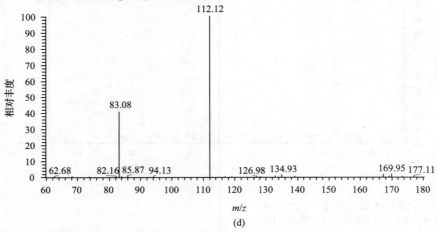

(d)

(A) 不同激发电压下巴比妥获得的子离子质谱图（[(a) 0.2V; (b) 0.5V; (c) 1.0V; (d) 1.5V]

06051601 #842　RT:9.74　AV:1　NL: 4.20E3
T:+ c SRM ms2 169.00@1.00 [50.00-180.00]

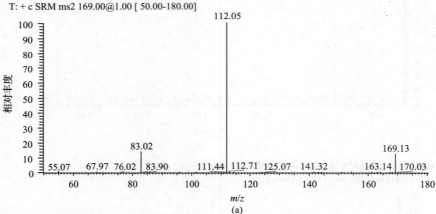

(a)

06051727 #366　RT:9.76　AV:1 NL: 4.15E4
T:+ c SRM ms2 169.00@0.50 [50.00-180.00]

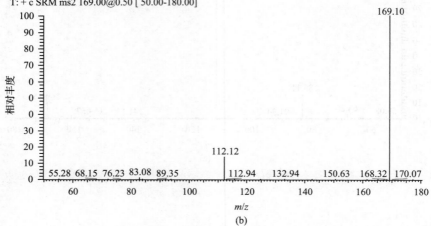

(b)

06051728 #366 RT: 9.76 AV: 1 NL: 4.83E4

T: + c SRM ms2 169.00@0.20 [50.00-180.00]

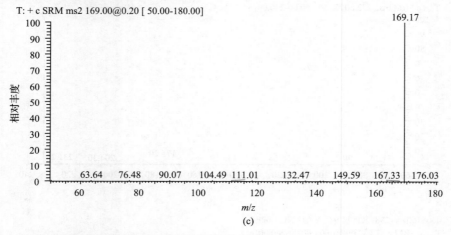

(c)

06062601_060626104750 #399 RT:9.98 AV: 1 NL:3.05E3

T: + c SRM ms2 169.00@1.50 [60.00-180.00]

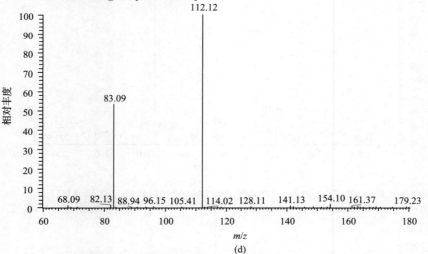

(d)

(B) 不同激发电压下异戊巴比妥获得的子离子质谱图[(a) 0.2V; (b) 0.5V; (c) 1.0V; (d) 1.5V]

06051728 #647 RT: 11.95 AV: 1 NL:3.55E4

T: + c SRM ms2 232.00@0.20 [60.00-240.00]

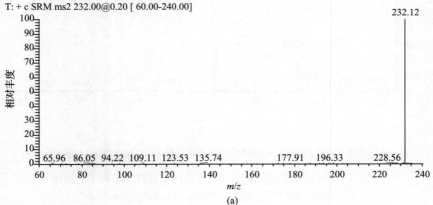

(a)

06051727 #647 RT: 11.95 AV:1 NL:3.37E4
T: + c SRM ms2 232.00@0.50 [60.00-240.00]

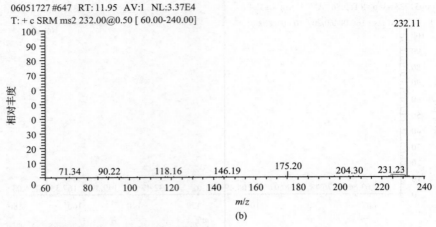

(b)

06051601 #1238 RT: 11.93 AV:1 NL:1.62E4
T: + c SRM ms2 232.00@1.00 [60.00-240.00]

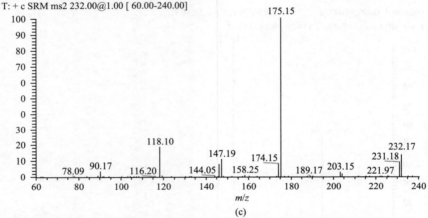

(c)

06062601_060626104750 #704 RT:12.29 AV:1 SB:40 12.32-12.51 , 12.17-12.27 NL:3.11E3
T:+ c SRM ms2 232.00@1.50 [115.00-240.00]

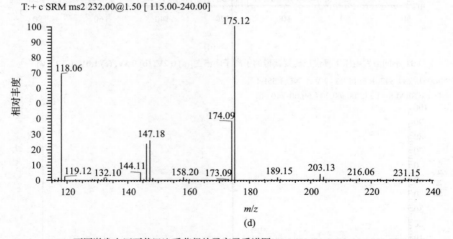

(d)

(C) 不同激发电压下苯巴比妥获得的子离子质谱图[(a) 0.2V; (b) 0.5V; (c) 1.0V; (d) 1.5V]

图 8-15　3 种巴比妥药物在不同激发电压下获得的子离子质谱图

巴比妥和异戊巴比妥的母离子为 m/z 169；苯巴比妥 m/z 232

2）GC/MS/SIM 方法和 GC/MS/MS 方法的比较

　　GC/MS 是残留检测常用的方法，巴比妥类药物的 GC/MS/SIM 检测方法已成功地应用于人类药物中毒时血浆、尿液、肝脏切片中药物的检测，宠物食品中戊巴比妥的检测，以及上述建立的可食性动物组织猪肉中三种巴比妥药物的 GC/MS/SIM 检测方法，检测限为 0.5 μg/kg，定量限为 1.0 μg/kg。巴比妥药物的 GC/MS 测定方法：质谱仪多采用四极杆质谱，EI 电离源，在 SIM 扫描方式下，一般选择 4 个特征离子。由于 EI 源对物质的轰击电离能力较强，物质被裂解产生特征离子碎片，巴比妥、异戊巴比妥和苯巴比妥常选择质量数较低的离子作为特征离子，由于质谱仪是按照物质的分子量和分子结构来对物质进行定性和定量分析，而 GC/MS/SIM 检测方法的灵敏度是由样品基质条件下的信噪比决定，因此，往往因为样品提取和净化等原因，SIM 所收集的离子信息并不如全扫描丰富，不能认为是一个等同的结构。在低质量数进行质谱分析时，来自样品基质的干扰和背景噪声的影响较强，对于微量分析物进行分析时，可能无法区分。离子阱为质量分析器的二级质谱仪，与一级质谱仪相比，在其采用二级质谱扫描时，可提高灵敏度，对复杂基体中微量待测物进行测定时，对一级质谱无法区分的化合物可进行进一步的确认。GC/MS/MS 分析是利用第一级 MS 分离出特定的离子，在样品被电离后，它只允许被选定的分析目标化合物的母离子或特征离子碎片通过，选定的离子经过碰撞活化后，再由第二级质谱分析裂解后产生了离子碎片，因此大幅增加信噪比，适用于复杂基体混合物的定性分析，而且可以利用得到二级质谱结果进行定量，并可以做低浓度确证分析。在 MS/MS 中，子离子图谱中只有来自母离子的碎片离子，因此，低质量离子不受干扰，对消除基质干扰更加有利。图 8-16 是猪肉样品中添加浓度为 5.0 μg/L 时，GC/MS/SIM 方法和 GC/MS/MS 方法获得的色谱图和抽提离子定量色谱图。

8.3.2.2　微波辅助衍生化方法的确立

　　根据实验 8.3.1.4 节，对不同的 3 种加热衍生化方法，包括微波、超声波和直接加热进行了比较研究，优化了 3 种方法的条件，比较了 3 种方法的衍生化效率。

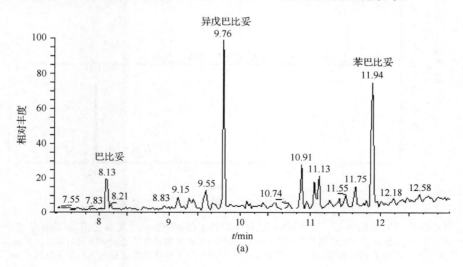

(a)

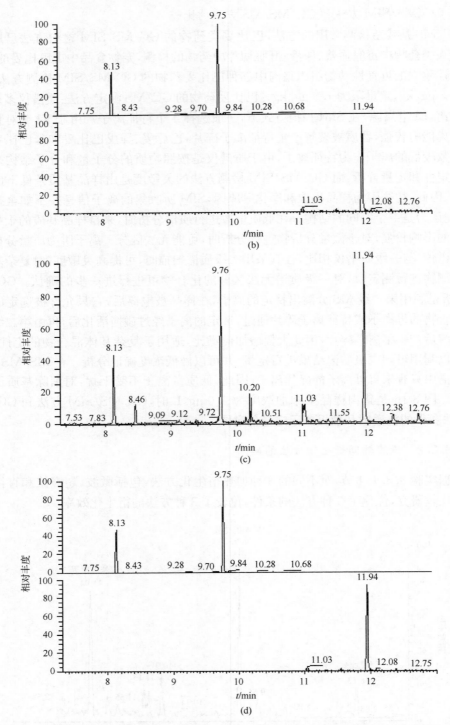

图 8-16　GC/MS/SIM 方法和 GC/MS/MS 方法获得的色谱图和抽提离子定量色谱图（添加浓度 5 μg/L）
(a)和(b)GC/MS/SIM 法获得的色谱图和抽提离子定量色谱图（巴比妥和异戊巴比妥 *m/z* 169；苯巴比妥 *m/z* 232）；
(c)和(d)GC/MS/MS 法获得的色谱图和抽提离子定量色谱图（巴比妥和异戊巴比妥 *m/z* 112；苯巴比妥 *m/z* 175）

1) 微波辅助衍生化

微波辅助衍生化法（MAD），主要考察了两种影响因素，一是微波条件：微波加热时间、微波加热功率、水浴温度，以及微波加热体系；二是衍生试剂条件：反应介质为 1 mL 丙酮，催化剂为 50 mg K_2CO_3，主要考察了碘甲烷的用量对衍生效率的影响。

微波加热是通过水浴加热完成的，即在 500 mL 烧杯中加入 250 mL 蒸馏水，通过控制水浴温度来控制反应温度，由于反应介质丙酮的沸点常压下是 56 ℃，所以水浴温度低于 56 ℃。对两种不同的微波加热体系进行了研究——普通家用微波炉和开放式的微波辅助催化合成/萃取仪。研究发现，开放式的微波辅助催化合成/萃取仪中，3 种巴比妥药物的甲基化物不能获得稳定的产率，特别是巴比妥，相同条件下的衍生物峰面积的相对标准偏差为 41.37 %，分析原因可能是微波辅助催化合成/萃取仪采用单方向微波辐射，从而使不同位置的反应试管受微波辐射强度不均匀造成的，在普通家用微波炉中甲基化物可以获得稳定的产率，相同条件下的衍生物峰面积的相对标准偏差小于 8 %。

图 8-17 给出了普通家用微波炉在功率为低火加热档时，加热时间与水浴温度的关系曲线，当加热时间高于 9 min 时，水浴温度高于 56 ℃，引起挥发损失，反应溶液甚至挥发干，加热时间为 8 min 时，水浴温度为（54±1）℃，所以微波反应条件为低火加热档加热 8 min。

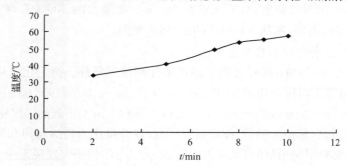

图 8-17　低火档时微波加热时间与水浴温度关系曲线

碘甲烷的用量（体积）对衍生物生成效率的影响：通过在一定浓度的工作标液中加入不同体积的碘甲烷，测定各物质的峰面积。图 8-18 表明，当 CH_3I 的体积为 150 μL 时，可以获得稳定的衍生化效率。

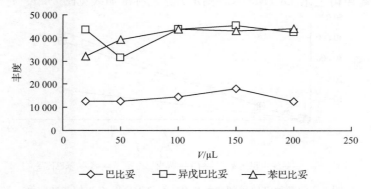

图 8-18　CH_3I 的体积对 MAD 衍生化效率的影响

　　图 8-19 是 3 种巴比妥的微波辅助衍生化、GC/MS/MS 测定方法的标准曲线,在 0.5~50.0 μg/L 范围内,3 种物质的浓度与色谱峰面积成正比,相关线性系数 R^2 大于 0.99。

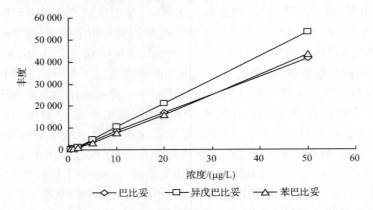

图 8-19　3 种巴比妥的微波辅助衍生化 GC/MS/MS 方法的标准曲线

　　优化的微波辅助衍生化法的条件是:衍生试剂为 1 mL 丙酮、150 μL CH_3I 和 50 mg K_2CO_3,涡动混匀,用封口膜密封,放入盛有 250 mL 蒸馏水的 500 mL 烧杯中,置于普通家用微波炉中,在低火档,加热 8 min,取出冷却至室温。

　　2) 超声辅助衍生化和加热衍生化法

　　超声辅助衍生化(UAD)同样考察了超声条件和试剂条件。衍生化采用功率为 500 W 的超声清洗仪,考察不同超声功率 40 %、50 %、60 %、70 %、80 %、90 %和 100 %;超声时间 5 min、10 min、15 min、20 min、25 min、30 min、45 min 和 1 h;水浴起始温度室温30 ℃、35 ℃、40 和 45 ℃,温度过高,超声时沸腾,挥发损失严重;以及操作为持续超声和间歇超声。衍生试剂同样主要考察碘甲烷用量的影响,体积从 20~200 μL,但研究发现无论怎样调节超声条件,衍生化物的色谱丰度都较低,衍生化相对标准偏差较大。原因可能是超声波对衍生化反应具有破坏作用,所以超声衍生化对 3 种巴比妥不是一种可行的衍生化方法。

　　优化的超声衍生化条件:衍生化试剂为 1 mL 丙酮,100 μL 碘甲烷和 50 mg K_2CO_3;超声仪的起始温度为 40 ℃,功率为 250 W(50%)的条件下,超声 30 min,最终水浴温度为 (54±2) ℃。超声衍生化、GC/MS/MS 测定方法的标准曲线见图 8-20。

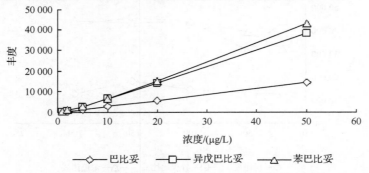

图 8-20　3 种巴比妥超声衍生化 GC/MS/MS 方法的标准曲线

加热衍生化（TID）条件：衍生试剂为 1 mL 丙酮、20 μL CH$_3$I 和 50 mg 无水 K$_2$CO$_3$，反应温度 52℃，衍生反应时间为 2.5 h，反应在恒温箱中进行。直接加热衍生化、GC/MS/MS 测定方法的标准曲线见图 8-21。

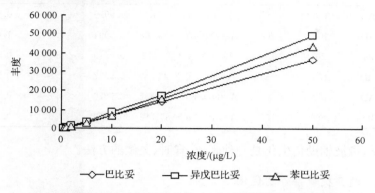

图 8-21　3 种巴比妥超声衍生化 GC/MS/MS 方法的标准曲线

3）3 种衍生化方法的衍生效率的比较

在优化的衍生条件下，浓度为 20 μg/L 时，3 种衍生化方法的衍生化效率如图 8-22 所示，用 3 种物质的色谱峰面积来衡量，其中用相对峰面积相比较。从图中可见，超声衍生化对巴比妥的甲基化影响较大，对异戊巴比妥次之，苯巴比妥影响较小；微波衍生 8 min 和加热衍生 2.5 h，3 种巴比妥药物的甲基化物的产率基本相同，微波大大地缩短了反应时间，使整个样品的前处理完全可以在一个工作日内完成，这有利于在样品分析中，减少系统误差。3 种衍生化方法的比较，具体见表 8-13。

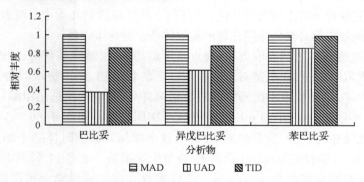

图 8-22　3 种衍生方法的衍生化效率的比较

表 8-13　3 种衍生化方法的比较

分析物	衍生方法	CH$_3$I /μL	时间 /min	线性方程	相关系数	RSD/%	LOD /(μg/kg)	LOQ /(μg/kg)
	MAD	150	8	$A=833.19C+8.2003$	0.9997	6.3	0.2	0.5
巴比妥	UAD	100	30	$A=291.88C-10.394$	0.9933	11.6	1.0	2.0
	TID	20	150	$A=732.87C-110.26$	0.9995	8.3	0.5	1.0

分析物	衍生方法	CH$_3$I /μL	时间 /min	线性方程	相关系数	RSD/%	LOD /(μg/kg)	LOQ /(μg/kg)
异戊巴比妥	MAD	150	8	$A=1079.6C-454.7$	0.9999	6.7	0.1	0.5
	UAD	100	30	$A=774.47C-762.63$	0.9994	7.0	1.0	2.0
	TID	20	150	$A=989.2C-774.75$	0.9979	8.9	0.5	1.0
苯巴比妥	MAD	150	8	$A=1079.6C-454.7$	0.9987	7.8	0.1	0.5
	UAD	100	30	$A=869.44C-1091.2$	0.9976	9.2	0.5	1.0
	TID	20	150	$A=787.54C-855.83$	0.9973	7.0	0.5	1.0

由此可见,微波辅助衍生化是一种高效、省时、灵敏的方法。

8.3.2.3 超声提取条件的优化

超声辅助萃取是一种强化溶剂萃取技术,原理是超声波具有波动与能量的双重性,其振动产生并传递很大的能量,利用超声振动能量可改变物质组织结构、状态、功能或加速这些改变。超声波对介质的作用可分为热作用和非热作用,热作用是指机械能在振动中转为介质的热能;非热作用主要有两种形式,即机械作用和空化作用,机械作用指超声波在介质传播过程中引起的介质质点的交替压缩和伸张,虽然质点的振动位移和速度的变化不大,但其加速度可能达到特别大的量级,这种大量级的加速度能显著地增大溶剂进入提取基质的渗透性,加强传质过程,从而强化了萃取过程;空化作用是指液体中的微小气泡核在高强度超声波作用下发生振荡、生长、收缩及崩溃等一系列动力学过程,在振荡过程中,空化泡周围的微流对溶液中其他粒子产生较大的切向力,有利于溶剂渗透到介质中。流效应、微扰效应、界面效应和聚能效应等是空化作用在超声提取体系中的具体体现。

超声提取是现在常用的提取方法,特点是可以加热、仪器容易获得、操作简单、提取效率相对较高、提取时间短;缺点是对于一些不稳定的化合物,超声提取时会造成化合物的分解,降低回收率,甚至提取不出药物。对于猪肉样品,提取溶剂选用甲醇,巴比妥的回收率低于 30 %,不能定量。用 30 mL 乙腈提取一次回收率即可大于 60 %,达到残留分析要求,提取干扰物相对较少,重复提取 1 次,回收率增加。提取时样品中加入一定量的无水 Na$_2$SO$_4$ 除水。同时用 20 mL 正己烷液-液分配除脂肪。表 8-14 利用正交实验优化超声提取条件,实验添加浓度 20 μg/L,每一条件重复 3 次。最后确定超声提取的条件为:在室温 30 ℃下,超声提取 30 min,超声功率为 90 %(500 W),25 mL 乙腈,提取 2 次。

表 8-14 超声提取条件实验

实验 次数	超声提取条件					回收率/%		
	起始温度 /℃	时间 /min	溶剂体积 /mL	超声功率 (500 W)/%	提取次数	BB	AB	PB
1	室温(23)	10	35	70	1	34.41	35.42	39.69
2	室温(23)	20	35	70	1	56.28	56.54	52.88

实验次数	超声提取条件					回收率/%		
	起始温度/℃	时间/min	溶剂体积/mL	超声功率(500 W)/%	提取次数	BB	AB	PB
3	室温(23)	30	35	70	1	64.72	68.17	73.59
4	30	30	25	70	2	74.68	82.37	83.35
5	30	30	25	80	2	83.62	90.24	87.83
6	30	10	25	90	2	65.03	61.76	69.78
7	30	20	25	90	2	72.50	96.38	88.89
8	30	30	25	90	2	93.12	98.94	97.69

注:BB 代表巴比妥;AB 代表异戊巴比妥;PB 代表苯巴比妥

8.3.2.4　多壁碳纳米管 SPE 净化条件的优化

采用自制的经过预处理的 MWCNTs SPE 柱(0.25 g/6 mL)净化猪肉样品,对上样缓冲溶液 pH、洗脱溶剂、样品重量等条件进行了优化。确立了 MWCNTs SPE 柱净化猪肉样品的条件。

1) 上样溶液 pH 的影响

考虑到碳纳米管固相萃取柱与 C_{18} 性质相似,都为非极性固相萃取柱,并参考上述实验的结果,选择缓冲溶液上样。由于巴比妥药物在 pH 接近中性(pH 6.5~7.5)的溶液中时,保持原药状态,特别是在生理条件下,80 % 以原药状态存在,实验选择 pH 6.5~7.4 范围内的乙酸钠缓冲体系(pH 6.7 和 7.0)、磷酸氢二钾缓冲体系(pH 7.4、7.2、7.0)以及混合缓冲体系 0.1 mol/L K_2HPO_4-0.1 mol/L NaAc(2/1,v/v)的 6 个 pH 点进行实验,图 8-23 为不同 pH 缓冲体系中,3 种巴比妥药物的回收率,其中磷酸氢二钾缓冲体系(pH 7.4、7.2、7.0)回收率都低于 60 %,在乙酸钠(pH 6.7 和 7.0)缓冲体系中异戊巴比妥和苯巴比妥的回收率明显提高,大于 80 %,但是巴比妥的回收率低于 40 %,在混合缓冲体系中巴比妥的回收率明显提高,3 种药物的回收率都高于 80 %,达到残留分析的要求。由此实验过程选择 0.1 mol/L K_2HPO_4-0.1 mol/L NaAc(2/1,v/v)的缓冲体系为上样溶剂。

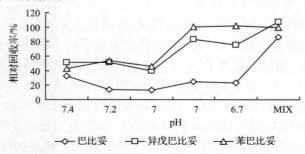

图 8-23　上样缓冲溶液 pH 对回收率的影响

MIX:0.1 mol/L K_2HPO_4-0.1 mol/L NaAc(2/1,v/v)

2）洗脱溶剂的选择

洗脱过程选择正己烷/乙酸乙酯（100/0,95/5,90/10,70/30,50/50,0/100；v/v）和正己烷-丙酮（100/0,95/5,90/10,70/30,50/50,0/100；v/v）2 种溶剂体系作为洗脱溶剂，浓度为 20 μg/L 时，3 种物质在 2 种体系中的洗脱曲线见图 8-24。

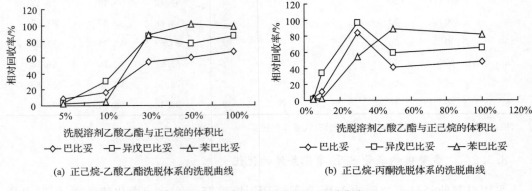

(a) 正己烷-乙酸乙酯洗脱体系的洗脱曲线　　　　(b) 正己烷-丙酮洗脱体系的洗脱曲线

图 8-24　WMCNTs SPE 柱洗脱曲线

从上图可见，正己烷-乙酸乙酯对 3 种药物的洗脱效率较好，当乙酸乙酯含量大于30％时，异戊巴比妥和苯巴比妥的回收率大于 80 ％，巴比妥回收率大于 60 ％，并随着乙酸乙酯含量的增加，3 种物质的回收率增大，当洗脱溶剂为乙酸乙酯时，巴比妥的回收率也较低，接近 70 ％；对于正己烷-丙酮洗脱体系，在丙酮含量为 30 ％时，巴比妥和异戊巴比妥的回收率大于 80 ％，但苯巴比妥的回收率约 50 ％，当丙酮含量大于 50 ％时，3 种物质的收率基本稳定，巴比妥为 50 ％、异戊巴比妥 60 ％和苯巴比妥为 80 ％。由此可见，乙酸乙酯和 30 ％的丙酮有利于从 MWCNTs SPE 柱洗脱 3 种药物，所以选择丙酮-乙酸乙酯（3/7,v/v）做洗脱溶剂，实验结果表明 3 种药物的回收率都高于 85 ％。

由于乙酸乙酯-正己烷（5/95,v/v）和丙酮-正己烷（5/95,v/v）分别有 8.34 ％和 3.28 ％的巴比妥被洗脱，以及 3 ％和 1.5 ％的异戊巴比妥和苯巴比妥被洗脱，所以选用正己烷为淋洗溶剂，同时由于 MWCNTs SPE 柱对水的吸附能力较强，采用真空抽干法，不能完全除去水，当选择丙酮-乙酸乙酯（3/7,v/v）做洗脱溶剂时，洗脱溶液含有少量水，采用加热氮吹（55 ℃）可以除去水分，消除对衍生化过程的影响。

3）MWCNTs SPE 柱处理样品量

实验还考察了 MWCNTs SPE 柱的柱容量，样品量为 2 g,3 g 和 5 g。添加浓度为50 μg/L，每一样品量重复 3 次，按照表 8-1 选择的定量子离子色谱峰面积与工作标液的峰面积比计算回收率，抽提定量离子（m/z 112 和 m/z 175）的色谱图和峰面积如图 8-25所示。当样品量为 5 g、3 g 和 2 g 时，巴比妥的回收率约为 40 ％、50 ％和 100 ％；异戊巴比妥的回收率约为 76 ％、74 ％和 90 ％；苯巴比妥约为 94 ％、94 ％和 103 ％。样品量对巴比妥的回收率影响较大，这可能是由于 MWCNTs SPE 柱对巴比妥的柱容量较小，当样品量较大时，由于基质竞争的影响，使 MWCNTs SPE 柱对巴比妥的吸附量减少，从而使回收率降低。所以添加标准曲线和添加回收率实验的取样品量为 2 g。

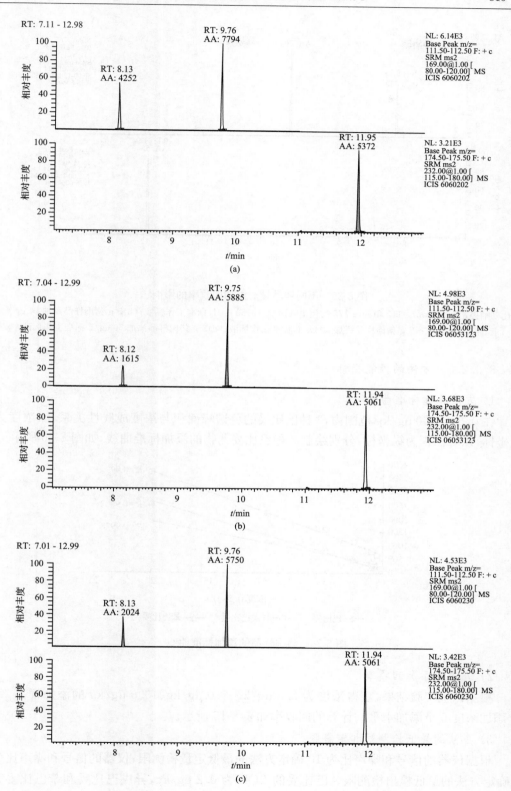

(a)

(b)

(c)

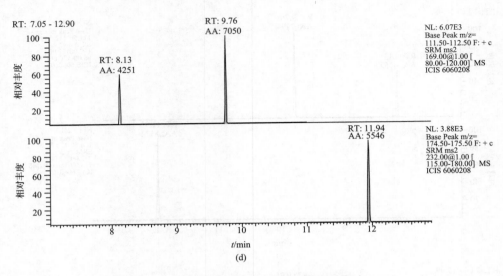

图 8-25　不同样品量对添加回收率的影响

巴比妥抽提定量离子 m/z 112 和 m/z 175 的色谱峰面积：(a)50 μg/L 标准工作标液；(b)5 g 猪肉样品添加 50 μg/L 标准工作标液；(c)3 g 猪肉样品添加 50 μg/L 标准工作标液；(d)2 g 猪肉样品添加 50 μg/L 标准工作标液

8.3.2.5　方法的性能指标

1）方法添加标准曲线

在 0.5～20.0 μg/kg 范围内，3 种巴比妥的色谱峰面积与浓度成线性关系，以浓度为横坐标，以峰面积为纵坐标，分别绘制 3 种巴比妥药物的添加标准曲线，如图 8-26 所示。

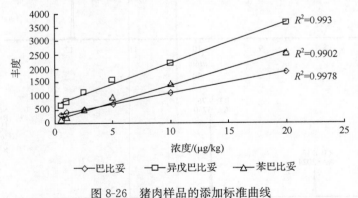

图 8-26　猪肉样品的添加标准曲线

2）方法的添加回收率

根据以上实验结果，获得浓度为 2.5 μg/kg、5.0 μg/kg、10.0 μg/kg 的添加样品，每个添加浓度 6 个添加水平。计算的回收率如表 8-15 所示。

3）方法的最低检测限和定量限

根据仪器的信号和噪声比为 10 确定方法的最低定量检测限；仪器的信号和噪声比为 3 确定方法的最低检出检测限。巴比妥的 LOD 为 0.2 μg/kg，异戊巴比妥和苯巴比妥为

0.1 μg/kg；LOQ 均为 0.5 μg/kg。

表 8-15　猪肉样品中 3 种巴比妥药物的回收率($n=6$)

分析物	加标浓度/(μg/kg)	实际平均测定值/(μg/kg)	平均回收率/%	RSD/%
	2.5	1.90±0.15	75.87±5.92	7.8
巴比妥	5.0	4.23±0.09	84.62±1.78	2.1
	10.0	8.11±0.62	81.07±6.16	7.6
	2.5	2.34±0.13	93.77±5.25	5.6
异戊巴比妥	5.0	4.66±0.12	93.25±2.42	2.6
	10.0	9.11±0.26	91.07±2.64	2.9
	2.5	2.22±0.10	88.95±4.00	4.5
苯巴比妥	5.0	4.79±0.16	92.75±3.25	3.5
	10.0	9.59±0.34	95.88±3.45	3.6

8.4　MWCNTs SPE 用于猪肉中苯二氮䓬类药物残留检测的研究

8.4.1　实验部分

8.4.1.1　药物提取

准确称取匀浆处理好的猪肉样品 5.0 g 置于 50 mL 塑料离心管，加入适量的无水硫酸钠和 40 mL 乙腈，将离心试管放入超声清洗器的水浴系统中在 30 ℃、60% 超声功率下超声萃取 10 min。萃取结束后，样品在室温条件下离心分离固体组织颗粒和有机相（4000 r/min，3 min），上清液转入 250 mL 分液漏斗中，加 50 mL 正己烷，振荡一段时间后静置分层，弃去正己烷层。乙腈液收集于 100 mL 蒸馏瓶中并在旋转蒸发仪上蒸发至近干，残留物中加入 7.5 mL pH＝7.0 的 K_2HPO_4 缓冲溶液，涡动溶解，供固相萃取上样用。

8.4.1.2　MWCNTs SPE 柱净化

MWCNTs SPE 柱依次用 5 mL 洗脱液（正己烷/丙酮，5/5，v/v）、5 mL 甲醇和 5 mL 蒸馏水活化，将上述 K_2HPO_4 溶解液直接上样，然后用 5 mL 正己烷/丙酮（92.5/7.5，v/v）淋洗柱子，接着将柱子抽干。然后用 5 mL（正己烷/丙酮，5/5，v/v）洗脱液洗脱，收集于 10 mL 离心试管中，将收集的洗脱液氮气吹干，用乙酸乙酯定容 1 mL 进 GC/MS 分析。

8.4.1.3　气相色谱-质谱分析

色谱柱为 30 m HP-5MS 毛细管柱(0.25 mm I.D.，0.25 μm 膜厚)，载气高纯 He(纯度＞99.999%，1.1 mL/min)。进样口温度为 300 ℃。气相色谱柱温初始化温度为 100 ℃，保持 1 min。接着，柱温以 25 ℃/min 升至 310 ℃，保持 4 min。进样量为 1 μL，采用不分流进样。

离子源温度为 230 ℃,质谱四极杆温度为 150 ℃,传输线温度 280 ℃。离子化方式为电子轰击方式(EI,70 eV)。为了获得目标物的保留时间和选择定性分析和定量分析所使用的碎片离子(包括分子离子),在荷质比(m/z)为 60 ~ 400 范围内进行全扫描。对每一种化合物选择 3 个或 4 个的碎片离子进行定性分析。选择丰度最大的离子并用选择离子(SIM)监测方式进行定量分析。

8.4.2　结果与讨论

8.4.2.1　药物提取条件研究

本实验中选用了甲醇和乙腈作为提取溶剂,对比二者的提取效果,使用乙腈提取干扰物相对较少,同时加入适量无水硫酸钠即可除去基质中的水分,又有盐析作用,有利于药物提取。

8.4.2.2　超声波提取被测组分的稳定性

研究药物的超声稳定性方法如下:1 mL 的混合标准溶液(地西泮为 100 ng/mL,艾司唑仑、阿普唑仑、三唑仑为 200 ng/mL)用乙腈稀释 10 倍,然后在 50 ℃,80% 的功率条件下超声 0 min、5 min、10 min、15 min、20 min、30 min,然后浓缩吹干后用 1 mL 乙酸乙酯定容。GC/MS 分析,结果见表 8-16。在 5~30 min 的时间内,药物在超声条件下没有损失,可用超声萃取法。

表 8-16　超声萃取条件下苯二氮䓬药物的稳定性

时间/min	药物的回收率/%			
	地西泮	艾司唑仑	阿普唑仑	三唑仑
0	98.8	99.0	100.2	100.1
5	95.6	88.1	87.4	86.0
10	92.1	100.3	88.7	84.5
15	97.5	113.6	98.7	95.4
20	98.9	116.3	106.8	93.4
30	97.0	106.8	106.7	90.4

8.4.2.3　样品超声提取条件实验

随后考察了在超声萃取过程中超声温度、时间、功率和溶剂体积对药物回收率的影响。称取 5 g 猪肉样本,分别加入 1 mL 含有四种分析物(地西泮为 100 ng/mL,艾司唑仑、阿普唑仑、三唑仑为 200 ng/mL)的标准溶液。结果显示在表 8-17 中,随着温度和功率的升高,萃取时间的延长,干扰物增加,因此最终选定的超声萃取条件是:溶剂为 40 mL,时间为 8 min,温度为 30 ℃,功率为 60% 功率。

表 8-17　超声萃取条件的优化

实验	时间/min	温度/℃	溶剂体积/mL	功率/W	回收率/%			
					地西泮	艾司唑仑	阿普唑仑	三唑仑
1	10	30	40	60%	78.6	102.2	77.0	82.1
2	20	30	40	60%	71.2	93.9	73.8	85.1
3	30	30	40	60%	80.1	97.2	71.3	80.7
4	10	40	40	60%	n. d.	89.8	81.5	99.7
5	10	50	40	60%	n. d.	90.3	77.9	99.2
6	10	30	20	60%	49.1	69.4	59.3	72.0
7	10	30	30	60%	52.6	71.1	60.6	79.5
8	10	30	40	40%	57.2	65.7	62.3	80.8
9	10	30	40	80%	93.6	85.5	86.3	79.5

注:n. d. 表示未检出

8.4.2.4　固相萃取研究

在固相萃取研究中,优化了影响萃取回收率的条件,如上样液、淋洗和洗脱溶剂等。实验中选用了 1 mL 的标准混合溶液(地西泮为 100 ng/mL,艾司唑仑、阿普唑仑、三唑仑为 200 ng/mL)。

1) 上样溶液的确定

在理想的 SPE 净化过程中,分析物应该以分子状态吸附在固相吸附剂上,而用最小量的溶剂将其洗脱下来以达到高的富集因子。因为苯二氮䓬类药物是中等极性的化合物,而多壁碳纳米管为非极性物质。根据固相萃取技术的原理,选用 pH＝7.0 的磷酸氢二钾缓冲溶液作为上样溶液。

2) 淋洗、洗脱条件的确定

淋洗是洗去不需要的组分或杂质,所用溶剂一般略强于或等于样品溶剂,在待测组分与固相萃取柱中的固定相的结合作用较强时,采用较强的淋洗液可洗掉大多数杂质,从而有利于随后的色谱分离。洗脱溶剂必须慎重选择,以保证用较小体积的溶剂将待测组分洗下来,并可以避免因为溶剂太强洗出不必要的干扰组分。洗脱过程中选用了正己烷和丙酮的混合溶剂作为洗脱溶剂。溶剂体积固定为 5 mL,通过变化正己烷和丙酮的配比,研究了混合溶剂对药物的洗脱能力,洗脱曲线见图 8-27。

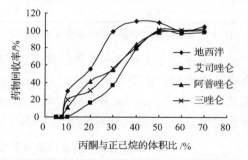

图 8-27　不同配比的正己烷-丙酮洗脱曲线

最后选定了 5 mL 的正己烷/丙酮(92.5/7.5,*v/v*)作为淋洗溶剂,这样可以洗出大部分的杂质和赶出柱管中的残余水分而药物无穿漏;选定了 5 mL 的正己烷:丙酮(5/5,*v/v*)作为洗脱溶剂,这样可以保持稳定的药物回收率和小的杂质干扰。

3）柱容量的确定

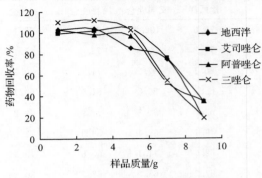

图 8-28　MWCNTs SPE 柱的样品容量

每个 SPE 柱所能处理的猪肉样品量都是一定的，超过柱子所能承载的能力，就会导致药物回收率的降低。为了考察 MWCNTs SPE 柱的柱容量，研究了样品量对于 4 种药物回收率的影响。称取不同量（1 g、3 g、5 g、7 g 和 9 g）的空白猪肉样品，每个样品中加入 1 mL 的混合标准溶液（地西泮为 100 ng/mL，艾司唑仑、阿普唑仑、三唑仑为 200 ng/mL）。按实验方法进行处理检测，实验结果见图 8-28。结果表明在 5 g 以下的猪肉样本中四种药物的回收率都较好（>80%）。因此，实验选择了 5 g 猪肉样本质量。

8.4.2.5　方法分析特性

用含有浓度 10 ng/mL、25 ng/mL、50 ng/mL、100 ng/mL、250 ng/mL、500 ng/mL 的地西泮，20 ng/mL、50 ng/mL、100 ng/mL、200 ng/mL、500 ng/mL、1000 ng/mL 的艾司唑仑、阿普唑仑和三唑仑的混合标准溶液进样。每个浓度测定 3 次。以药物浓度对药物峰面积线性回归，得各药物的回归方程及线性回归系数（表 8-18）。

表 8-18　标准曲线方程和线性回归系数

化合物	线性方程	回归系数
地西泮	$Y=1473.3X+13786$	0.9999
艾司唑仑	$Y=885.78X-19696$	0.9999
阿普唑仑	$Y=1314.9X-16914$	0.9999
三唑仑	$Y=873.21X-38414$	0.9974

注：Y 代表峰面积；X 代表药物标准液浓度（μg/L）

为了评价方法的精密度和回收率，分别制空白猪肉样品和添加猪肉样品，使得添加猪肉样品中地西泮浓度为 4 μg/kg、10 μg/kg 和 20 μg/kg，艾司唑仑、阿普唑仑和三唑仑分别是 8 μg/kg、20 μg/kg 和 40 μg/kg。按前述样品处理方法处理，气相色谱-质谱测定，外标法定量，分别计算其相对标准偏差（RSD）及回收率（表 8-19）。

表 8-19　在猪肉样品中添加不同浓度苯二氮䓬类药物的回收率（$n=6$）

化合物	加标浓度/（μg/kg）	平均回收率/%	相对标准偏差/%
	4	74.7	3.9
地西泮	10	90.0	1.3
	20	85.1	2.1

续表

化合物	加标浓度/(μg/kg)	平均回收率/%	相对标准偏差/%
	8	85.0	2.1
艾司唑仑	20	94.8	7.0
	40	103.9	8.7
	8	85.4	10
阿普唑仑	20	90.4	1.7
	40	96.5	6.7
	8	89.8	1.5
三唑仑	20	95.5	8.0
	40	102.7	3.6

　　按照 SN/T 00012—1999 的有关规定，在μg/kg 浓度级别下，以上回收率和相对标准偏差数据完全满足残留检测的要求。在本实验的色谱及检测条件下，按照 $S/N=3$ 计算，地西泮的检出限为 2 μg/kg；艾司唑仑、阿普唑仑、三唑仑的检出限为 5 μg/kg。图 8-29 给出了猪肉空白样品、四种药物混合标准溶液和添加样品的总离子流色谱图。从图中可以看出，MWCNTs SPE 柱的净化效果很好。

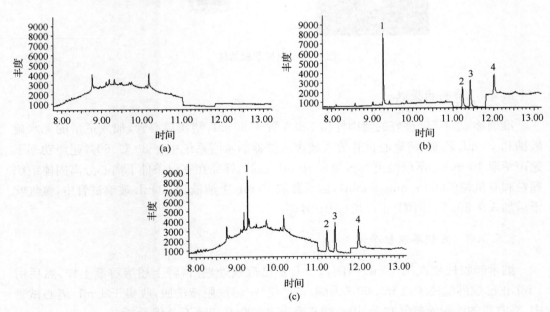

图 8-29　MWCNTs 柱净化样品的 GC/MS/MS 总离子流色谱图

(a)空白猪肉样品；(b)四种药物的标样色谱图；1(100 μg/L)，2、3、4(200 μg/L)；(c)添加猪肉样品 1
(添加浓度是 20 μg/kg)，2、3、4(添加浓度是 40 μg/kg)1. 地西泮；2. 艾司唑仑；3. 阿普唑仑；4. 三唑仑

8.5　纳米硅胶固相萃取微柱用于猪肉中苯二氮䓬类药物残留检测的研究

研究了以纳米硅胶为固相萃取吸附剂对猪肉中地西泮、艾司唑仑、阿普唑仑和三唑仑四种药物的净化富集效果,建立了离子阱 GC/MS/MS 检测方法。证明了纳米硅胶材料也可以作为固相萃取吸附材料应用于猪肉样本中苯二氮䓬类药物残留的检测。

8.5.1　实验部分

8.5.1.1　微柱的制备

实验用固相萃取微柱系由 Saika SPE C$_{18}$ 柱(20 mg,如图 8-30 所示)改装而成。首先将该萃取微柱中的上筛板取下,倒出其中的 C$_{18}$ 键合硅胶,装入 10 mg 的纳米材料,再将上筛板放入,这样就构成了一个纳米硅胶固相萃取微柱。

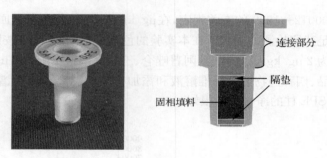

图 8-30　固相萃取微柱

8.5.1.2　药物提取

准确称取匀浆处理好的猪肉样品 5.0 g 置于 50 mL 塑料离心管,加入适量的无水硫酸钠和 40 mL 乙腈,将离心试管放入超声清洗器的水浴系统中在 30 ℃、60% 超声功率下超声萃取 10 min。萃取结束后再加入 10 mL 乙腈,样品在室温条件下离心分离固体组织颗粒和有机相(5000 r/min,5 min),然后移取 10 mL 上清液到 10 mL 玻璃试管中,氮气吹干后加入 1 mL 2% 丙酮/正己烷(v/v)溶解。

8.5.1.3　固相萃取柱净化

纳米硅胶柱依次用 1 mL 丙酮,1 mL 正己烷预处理后,将上述溶解液上样,然后用 1 mL 正己烷淋洗柱子,1 mL 60% 丙酮/正己烷(v/v)洗脱液洗脱,收集于 1 mL 离心试管中,将收集的洗脱液氮气吹干,用乙酸乙酯定容 200 μL 进 GC/MS 分析。

8.5.1.4　气相色谱-质谱分析

TR-5 MS 毛细管柱,高纯 He(1.0 mL/min),进样口温度 280 ℃;初始温度 100 ℃,保

持 1 min，以 25 ℃/min 升至 310 ℃，保持 4 min；进样量为 1 μL，不分流进样。

离子源温度 200 ℃，传输线温度 280 ℃；电子轰击方式，在荷质比（m/z）为 50 ～ 400 范围内进行全扫描，详细数据见表 8-20。

表 8-20　四种药物的 GC/MS/MS 方法参数

化合物	保留时间 /min	母离子 （m/z）	扫描宽度	激发电压/V	扫描阱深	产物离子范围 （m/z）	监测离子 （m/z）
地西泮	9.43	256	3	2.10	0.45	200～225	221
艾司唑仑	11.52	259	3	1.40	0.45	200～235	205
阿普唑仑	11.74	273	3	1.35	0.45	225～250	242
三唑仑	12.42	313	3	1.80	0.45	240～280	245

8.5.2　结果与讨论

8.5.2.1　纳米材料吸附剂活性的选择

考虑到纳米硅胶材料为极性物质，能强烈吸收水分，不利于药物吸附，因此将原材料在 350 ℃烘干 3 h，然后按照常规的吸附剂活性和含水量关系添加水分重新活化。因为常规采用Ⅲ级标准，所以先将烘干的纳米材料按Ⅲ级标准添加水分，但是Ⅲ级纳米硅胶的吸附活性太强，不利于药物吸附，经实验最终制成Ⅳ级硅胶。

8.5.2.2　GC/MS/MS 条件的确定

1）色谱条件的确定

运用上述的升温程序，4 种目标物能得到有效分离（图 8-31）。全扫描（SCAN）模式监测和 MS/MS 二级时间编程色谱图在同一色谱条件下 4 种苯二氮䓬药物的保留时间相同。

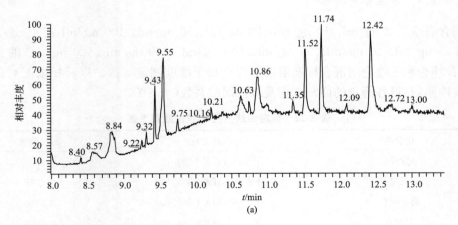

(a)

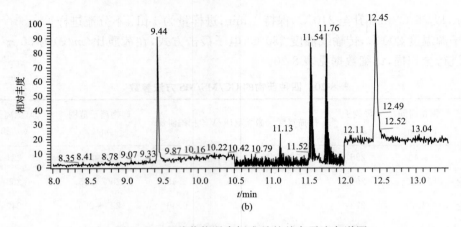

图 8-31　四种药物混合标准品的总离子流色谱图

(a)SCAN 模式监测的药物色谱图;(b)MS/MS 二级时间编程色谱图

2) MS/MS 条件的确定

在实验结果的基础上,选取了药物的母离子、子离子及激发电压,如表 8-21 所示。

表 8-21　四种药物的 MS/MS 参数

化合物	激发电压/V	母离子 m/z(%)	子离子 m/z(%)
地西泮	2.10	255(10.65),256(0)	165(12.28),221(100),222(30.77)
艾司唑仑	1.40	259(9.87)	205(100),231(8.98)
阿普唑仑	1.35	273(11.54)	218(18.61),232(37.61),245(100)
三唑仑	1.80	313(4.41)	242(100),243(40.49),277(49.80),278(18.59),297(15.82)

8.5.2.3　药物提取及净化条件研究

提取方法、样品上柱溶剂、洗脱溶剂、柱容量的确定同上述多壁碳纳米管的提取及净化条件相同。

8.5.2.4　方法分析特性

用含有浓度 2 ng/mL、10 ng/mL、20 ng/mL、50 ng/mL、100 ng/mL、200 ng/mL 的地西泮,5 ng/mL、20 ng/mL、50 ng/mL、100 ng/mL、200 ng/mL、500 ng/mL 的艾司唑仑、阿普唑仑和三唑仑的混合标准溶液进样。每个浓度测定 3 次。以药物浓度对药物峰面积线性回归,得各药物的回归方程及线性回归系数(表 8-22)。

表 8-22　标准曲线方程和线性回归系数

化合物	线性方程	回归系数
地西泮	$Y=30.117X+290.45$	0.9990
艾司唑仑	$Y=20.512X+535.40$	0.9973
阿普唑仑	$Y=16.444X+562.10$	0.9960
三唑仑	$Y=14.227X+561.73$	0.9953

注:Y 代表峰面积;X 代表药物标准液浓度(μg/L)

　　在猪肉样品中分别添加 5 μg/kg、10 μg/kg 和 20 μg/kg 的待测药物，分别计算其相对标准偏差（RSD）及回收率（见表 8-23）。

表 8-23　在猪肉样品中添加不同浓度苯二氮䓬类药物的回收率（$n=6$）

化合物	加标浓度/(μg/kg)	平均回收率/%	相对标准偏差/%
地西泮	5	87.4	13.9
	10	90.0	11.3
	20	91.1	12.1
艾司唑仑	5	88.6	15.1
	10	98.0	7.3
	20	100.9	8.7
阿普唑仑	5	95.4	10.0
	10	89.6	9.7
	20	96.5	7.7
三唑仑	5	84.8	10.5
	10	95.5	8.0
	20	109.7	9.6

　　在本实验的色谱及检测条件下，可计算出地西泮的检出限为 1 μg/kg；艾司唑仑、阿普唑仑、三唑仑的检出限为 2 μg/kg。

附录1　周志强教授实验室发表的部分相关论文

1. GF Jia, P Wang, J Qiu, Y Sun, YM Xiao, *ZQ Zhou*. Determination of DNA with imidacloprid by a resonance light scattering technique at nanogram levels and its application. *Analytical Letters*, 2004, 37(7):1339-1354.

2. P Wang, *ZQ Zhou*, SR Jiang, L Yang. Chiral resolution of cypermethrin on cellulose-tris(3,5-dimethylphenyl-carbamate) chiral stationary phase. Chromatographia, 2004, 59:625-629.

3. L Yang, Y Liao, P Wang, CL Bi, *ZQ Zhou*, SR Jiang. Direct optical resolution of chiral pesticides by high performance liquid chromatography on cellulose tris-3,5-dimethylphenyl carbamate stationary phase under reversed phase conditions. Journal of Liquid Chromatography & Related Technologies, 2005, 27(18):2935-2944.

4. P Wang, SR Jiang, *ZQ Zhou*. The direct resolution of the enantiomers of four chiral pesticide. *Chinese Chemical Letters*, 2004, 15(12):1457-1460.

5. P Wang, SR Jiang, DH Liu, P Wang, *ZQ Zhou*. Direct enantiomeric resolutions of chiral triazole pesticides by high-performance liquid chromatography. *Journal of Biochemical and Biophysical Methods*, 2005, 62:219-230.

6. P Wang, SR Jiang, J Qiu, QX Wang, P Wang, *ZQ Zhou*. Stereoselective degradation of ethofumesate in turfgrass and soil. *Pesticide Biochemistry and Physiology*, 2005, 82(3):197-204.

7. J Qiu, QX Wang, P Wang, GF Jia, JL Li, *ZQ Zhou*. Enantioselective degradation kinetics of metalaxyl in rabbits. *Pesticide Biochemistry and Physiology*, 2005, 83(1):1-8.

8. P Wang, SR Jiang, DH Liu, GF Jia, QX Wang, P Wang, *ZQ Zhou*. Effect of alcohols and temperature on the direct chiral resolutions of fipronil, isocarbophos and carfentrazone-ethyl. *Biomedical Chromatography*, 2005, 19(6):454-458.

9. QX Wang, J Qiu, P Wang, GF Jia, P Wang, JL Li, *ZQ Zhou*. Stereoselective kinetic study of hexaconazole enantiomers in the rabbit. *Chirality*, 2005, 17:186-192.

10. QX Wang, J Qiu, WT Zhu, GF Jia, JL Li, CL Bi, *ZQ Zhou*. Stereoselective degradation kinetics of theta-cypermethrin in rats. *Environmental Science & Technology*, 2006, 40 (3):721-726.

11. LP Wang, HX Zhao, YM Qiu, *ZQ Zhou*. Determination of four benzodiazepine residues in pork using multiwalled carbon nanotube solid-phase extraction and gas chromatography-mass spectrometry. *Journal of Chromatography A*, 2006, 1136(1):99-105.

12. HX Zhao, LP Wang, YM Qiu, *ZQ Zhou*, X Li, WK Zhong. Simultaneous determination of three residual barbiturates in pork using accelerated solvent extraction and gas chromatography-mass spectrometry. *Journal of Chromatography B*, 2006, 840(2):139-145.

13. EC Zhao, LJ Han, SR Jiang, QX Wang, *ZQ Zhou*. Application of a single-drop microextraction for the analysis of organophosphorus pesticides in juice. *Journal of Chromatography A*, 2006, 1114(2):269-273.

14. DH Liu, P Wang, WF Zhou, X Gu, ZS Chen, *ZQ Zhou*. Direct chiral resolution and its application to the determination of fungicide benalaxyl in soil and water by high-performance liquid chromatogra-

phy. *Analytica Chimica Acta*,2006,555(2):210-216.

15. GF Jia、CL Bi、QX Wang、J Qiu、WJ Zhou、*ZQ Zhou*. Determination of Etofenprox in environmental samples by HPLC after anionic surfactant micelle-mediated extraction (coacervation extraction). *Analytical and Bioanalytical Chemistry*,2006,384(6):1423-1427.

16. P Wang、DH Liu、XQ Lei、SR Jiang、*ZQ Zhou*. Enantiomeric separation of chiral pesticides by high-performance liquid chromatography on an amylose tris-(S)-1-phenylethylcarbamate chiral stationary phase. *Journal of Separation Science*,2006,29(2):265-271.

17. P Wang、SR Jiang、DH Liu、HJ Zhang、*ZQ Zhou*. Enantiomeric resolution of chiral pesticides by high-performance liquid chromatography. *Journal of Agricultural and Food Chemistry*, 2006, 54(5):1577-1583.

18. EC Zhao、WL Shan、SR Jiang、Y Liu、*ZQ Zhou*. Determination of the chloroacetanilide herbicides in waters using single-drop microextraction and gas chromatography. *Microchemical Journal*,2006, 83(2):105-110.

19. Y Liu、EC Zhao、*ZQ Zhou*. Single-drop microextraction and gas chromatographic determination of fungicide in water and wine samples. *Analytical Letters*,2006,39(11):2333-2344.

20. P Wang、SR Jiang、DH Liu、WL Shan、HJ Zhang、*ZQ Zhou*. Chiral separations of pesticide enantiomers by high-performance liquid chromatography using cellulose triphenylcarbamate chiral stationary phase. *Journal of Chromatographic Science*,2006,44(10):602-606.

21. CL Bi、EC Zhao、Y Liu、J Qiu、*ZQ Zhou*. Direct optical resolution of chiral pesticides by HPLC on emamectin CSP under normal phase conditions. *Journal of Liquid Chromatography & Related Technologies*,2006,29(11):1601-1607.

22. EC Zhao、WT Zhao、LJ Han、SR Jiang、*ZQ Zhou*. Application of dispersive liquid-liquid microextraction for the analysis of organophosphorus pesticides in watermelon and cucumber. *Journal of Chromatography A*,2007,1175(1):137-140.

23. HX Zhao、LP Wang、YM Qiu、*ZQ Zhou*、WK Zhong、X Li. Multiwalled carbon nanotubes as a solid-phase extraction adsorbent for the determination of three barbiturates in pork by ion trap gas chromatography-tandem mass spectrometry (GC/MS/MS) following microwave assisted derivatization. *Analytica Chimica Acta*,2007,586(1-2):399-406.

24. Q Tian、CG Lv、P Wang、LP Ren、J Qiu、L Li、*ZQ Zhou*. Enantiomeric separation of chiral pesticides by high performance liquid chromatography on cellulose tris-3,5-dimethyl carbamate stationary phase under reversed phase conditions. *Journal of Separation Science*,2007,30(3):310-321.

25. CG Lv、GF Jia、WT Zhu、J Qiu、XQ Wang、*ZQ Zhou*. Enantiomeric resolution of new triazolle compounds by high-performance liquid chromatography. *Journal of Separation Science*, 2007, 30(3):344-351.

26. P Wang、DH Liu、SR Jiang、X Gu、*ZQ Zhou*. The direct chiral separations of fungicide enantiomers on amylopectin based chiral stationary phase by HPLC. *Chirality*, 2007, 19(2):114-119.

27. J Qiu、QX Wang、WT Zhu、GF Jia、XQ Wang、*ZQ Zhou*. Stereoselective determination of benalaxyl in plasma by chiral high-performance liquid chromatography with diode array detector and application to pharmacokinetic study in rabbits. *Chirality*, 2007,19(1):51-55.

28. XQ Wang、GF Jia、J Qiu、JL Diao、WT Zhu、CG Lv、*ZQ Zhou*. Stereoselective degradation of fungicide benalaxyl in soils and cucumber plants. *Chirality*,2007,19(4):300-306.

29. WT Zhu、ZH Dang、J Qiu、CG Lv、GF Jia、L Li、*ZQ Zhou*. Stereoselective toxicokinetics and tis-

sue distribution of ethofumesate in rabbits. *Chirality*,2007,19(8):632-637.

30. WT Zhu, J Qiu, ZH Dang, CG Lv, GF Jia, L Li, *ZQ Zhou*. Stereoselective degradation kinetics of tebuconazole in rabbits. *Chirality*, 2007,19(2):141-147.

31. GF Jia, L Li, J Qiu, XQ Wang, WT Zhu, Y Sun, *ZQ Zhou*. Determination of carbaryl and its metabolite 1-naphthol in water samples by fluorescence spectrophotometer after anionic surfactant micelle-mediated extraction with sodium dodecylsulfate. *Spectrochimica Acta Part A:Molecular and Biomolecular Spectroscopy*,2007,67(2):460-464.

32. EC Zhao, YJ Xu, MF Dong, SR Jiang, *ZQ Zhou*, LJ Han. Dissipation and residues of spinosad in eggplant and soil. bulletin of environmental contamination and toxicology. *Bulletin of Enviromental of Contamination and Toxicology*,2007,78:222-225.

33. GF Jia, CG Lv, WT Zhu, J Qiu, XQ Wang, *ZQ Zhou*. Applicability of cloud point extraction coupled with microwave-assisted back-extraction to the determination of organophosphorous pesticides in human urine by gas chromatography with flame photometry detection. *Journal of Hazardous Materials*,2008,159(2-3):300-305.

34. DH Liu, P Wang, WT Zhu, X Gu, WF Zhou, *ZQ Zhou*. Enantioselective degradation of fipronil in Chinese cabbage (*Brassiea pekinensis*). *Food Chemistry*,2008,110(2):399-405.

35. P Wang, DH Liu, SR Jiang, YG Xu, X Gu, *ZQ Zhou*. The chiral resolution of pesticides on amylose-tris(3,5-dimethylphenylcarbamate) CSP by HPLC and the enantiomeric identification by circular dichroism. *Chirality*,2008,20(1):40-46.

36. X Gu, P Wang, DH Liu, CG Lv, YL Lu, *ZQ Zhou*. Stereoselective degradation of benalaxyl in tomato, tobacco, sugar beet, capsicum, and soil. *Chirality*,2008,20(2):125-129.

37. YP Wu, *ZQ Zhou*. Application of liquid-phase microextraction and gas chromatography to the determination of chlorfenapyr in water samples. *Microchimica Acta*,2008,162(1-2):161-165.

38. X Gu, P Wang, DH Liu, YL Lu, *ZQ Zhou*. Stereoselective degradation of diclofop-methyl in soil and Chinese cabbage. *Pesticide Biochemistry and Physiology*,2008, 92(1):1-7.

39. P Wang, DH Liu, SR Jiang, YG Xu, *ZQ Zhou*. The chiral separation of triazole pesticides enantiomers by amylose-tris(3,5-dimethylphenylcarbamate) chiral stationary phase. *Journal of Chromatographic Science*,2008,46(9):787-792.

40. P Wang, DH Liu, X Gu, SR Jiang, *ZQ Zhou*. Quantitative analysis of three chiral pesticide enantiomers by high-performance column liquid chromatography. *Journal of AOAC International*,2008, 91(5):1007-1012.

41. GF Jia, CG Yang, SD Yang, X Jian, CQ Yi, *ZQ Zhou*, C He. Oxidative demethylation of 3-methylthymine and 3-methyluracil in single-stranded DNA and RNA by mouse and human FTO. *FEBS Letters*,2008,582(23-24):3313-3319.

42. Y Liu, EC Zhao, WT Zhu, HX Gao, *ZQ Zhou*. Determination of four heterocyclic insecticides by ionic liquid dispersive liquid-liquid microextraction in water samples. *Journal of Chromatography A*,2009,1216(6):885-891.

43. WT Zhu, ZH Dang, J Qiu, Y Liu, CG Lv, JL Diao, *ZQ Zhou*. Species differences for stereoselective metabolism of ethofumesate and its enantiomers *in vitro*. *Xenobiotica*,2009, 39(9):649-655.

44. QX Wang, J Qiu, *ZQ Zhou*, AC Cao, XQ Wang, WT Zhu, ZH Dang. Stereoselective pharmacokinetics of diniconazole enantiomers in rabbits. *Chirality*,2009,21(7):699-703.

45. JL Diao, CG Lv, XQ Wang, ZH Dang, WT Zhu, *ZQ Zhou*. Influence of soil properties on the enan-

tioselective dissipation of the herbicide lactofen in soils. *Journal of Agricultural Food Chemistry*, 2009, 57 (13):5865-5871.

46. P Xu, DH Liu, JL Diao, DH Lu, *ZQ Zhou*. Enantioselective acute toxicity and bioaccumulation of benalaxyl in earthworm (*Eisenia fedtia*). *Journal of Agricultural Food Chemistry*, 2009, 57 (18): 8545-8549.

47. J Qiu, QX Wang, *ZQ Zhou*, SM Yang. Enantiomeric separation and circular dichroism detection of metalaxyl acid metabolite by chiral high performance liquid chromatography. *Asian Journal of Chemistry*, 2009, 21(8):6095-6101.

48. JL Diao, P Xu, P Wang, YL Lu, DH Lu, *ZQ Zhou*. Environmental behavior of the chiral aryloxy-phenoxypropionate herbicide diclofop-methyl and diclofop: Enantiomerization and enantioselective degradation in soil. *Environmental Science & Technology*, 2010, 44 (6):2042-2047.

49. X Gu, YL Lu, P Wang, ZH Dang, *ZQ Zhou*. Enantioselective degradation of diclofop-methyl in cole (*Brassica chinensis* L.). *Food Chemistry*, 2010, 121(1):264-267.

50. JL Diao, P Xu, P Wang, DH Lu, YL Lu, *ZQ Zhou*. Enantioselective degradation in sediment and aquatic toxicity to Daphnia magna of the herbicide lactofen enantiomers. *Journal of Agricultural and Food Chemistry*, 2010. 58 (4):2439-2445.

51. YY Li, DH Liu, P Wang, *ZQ Zhou*. Computational study of enantioseparation by amylose tris(3, 5-dimethylphenyl-carbamate)-based chiral stationary phase. *Journal of Separation Science*, 2010, 33(20):3245-3255.

52. DH Lu, DH Liu, X Gu, JL Diao, *ZQ Zhou*. Stereoselective metabolism of fipronil in water hyacinth (*Eichhornia crassipes*). *Pesticide Biochemistry and Physiology*, 2010, 97:289-293.

53. Q Tian, CG Lv, LP Ren, *ZQ Zhou*. Direct enantiomeric separation of chiral pesticides by LC on am-ylose tris(3,5-dimethylphenylcarbamate) stationary phase under reversed phase conditions. *Chroma-tographia*, 2010, 71(9-10):855-865.

54. Q Tian, *ZQ Zhou*, CG Lv, Y Huang, LP Ren. Simultaneous determination of paclobutrazol and my-clobutanil enantiomers in water and soil using enantioselective reversed-phase liquid chromatography. *Analytical Methods*, 2010, 2:617-622.

55. YF Zhang, DH Liu, JL Diao, ZY He, *ZQ Zhou*. Enantioselective environmental behavior of the chiral herbicide fenoxaprop-ethyl and its chiral metabolite fenoxaprop in soil. *Journal of Agricultur-al and Food Chemistry*, 2010, 58 (24):12878-12884.

56. ZY He, CG Lv, XX Fan, *ZQ Zhou*. A novel lipase-based stationary phase in liquid chromatography. *Analytica Chimica Acta*, 2011, 689(1):143-148.

57. ZH Yang, Y Liu, YL Lu, T Wu, *ZQ Zhou*, DH Liu. Dispersive suspended microextraction. *Ana-lytica Chimica Acta*, 2011, 706(2):268-274.

58. ZH Yang, YL Lu, Y Liu, T Wu, *ZQ Zhou*. Vortex-assisted surfactant-enhanced-emulsification liq-uid-liquid microextraction. *Journal of Chromatography A*, 2011, 1218(40):7071-7077.

59. JL Diao, P Xu, DH Liu, YL Lu, *ZQ Zhou*. Enantiomer-specific toxicity and bioaccumulation of al-pha-cypermethrin to earthworm *Eisenia fetida*. *Journal of Hazardous Materials*, 2011, 192(3): 1072-1078.

60. YL Lu, ZY He, J Diao, P Xu, P Wang, *ZQ Zhou*. Stereoselective behaviour of diclofop-methyl and diclofop during cabbage pickling. *Food Chemistry*, 2011, 192(3):1072-1078.

61. P Xu, JL Diao, DH Liu, *ZQ Zhou*. Enantioselective bioaccumulative and toxic effects of metalaxyl in

earthworm *Eisenia fetida*. *Chemosphere*,2011,83(8):1074-1079.

62. YF Zhang, XF Li, ZG Shen, X Xu, P Zhang, P Wang, *ZQ Zhou*. Stereoselective metabolism of fenoxaprop-ethyl and its chiral metabolite fenoxaprop in rabbits. *Chirality*,2011,23(10):897-903.

63. YL Lu, JL Diao, X Gu, YF Zhang, P Xu, P Wang, *ZQ Zhou*. Stereoselective degradation of diclo-fop-methyl during alcohol fermentation process. *Chirality*,2011,23(5):424-428.

64. XY Xu, JZ Jiang, XR Wang, ZG Shen, RH Li, *ZQ Zhou*. Stereoselective metabolism and toxicity of the herbicide fluroxypyr methylheptyl ester in rat hepatocytes. *Chirality*, 2011,23(10):860-866.

65. XY Xu, ZG Shen, JL Diao, P Zhang, JZ Jiang, *ZQ Zhou*. Stereoselective metabolism of the herbi-cide fluroxypyr methylheptyl ester in rabbits. *Chirality*, 2011,23(6):472-478.

66. P Zhang, WT Zhu, ZH Dang, ZG Shen, XY Xu, LD Huang, *ZQ Zhou*. Stereoselective metabolism of benalaxyl in liver microsomes from rat and rabbit. *Chirality*,2011, 23(2):93-98.

67. ZG Shen, P Zhang, XY Xu, XR Wang, *ZQ Zhou*. Gender-related differences in stereoselective deg-radation of flutriafol in rabbits. *Journal of Agricultural and Food Chemistry*, 2011, 59 (18): 10071-10077.

68. CG Lv, *ZQ Zhou*. Chiral HPLC separation and absolute configuration assignment of a series of new triazole compounds. *Journal of Separation Science*,2011,34(4):363-370.

69. P Zhang, ZH Dang, ZG Shen, WT Zhu, XY Xu, DH Liu, *ZQ Zhou*. Enantioselective degradation of hexaconazole in rat hepatic microsomes *in vitro*. *Chirality*,2012, 24(4):283-288.

70. LD Huang, DH Lu, JL Diao, *ZQ Zhou*. Enantioselective toxic effects and biodegradation of benalax-yl in *Scenedesmus obliquus*. *Chemosphere*,2012,87(1):7-11.

71. ZG Shen, WT Zhu, XY Xu, *ZQ Zhou*, DH Liu. Direct chiral resolution of cloquintocet-mexyl and its application to in vitro degradation combined with clodinafop-propargyl. *Biomedical Chromatogra-phy*,2012,26(9):1058-1061.

72. P Zhang, ZG Shen, XY Xu, WT Zhu, ZH Dang, XR Wang, DH Liu, *ZQ Zhou*. Stereoselective degradation of metalaxyl and its enantiomers in rat and rabbit hepatic microsomes *in vitro*. *Xenobiot-ica*,2012,42(6):580-586.

73. ZG Shen, WT Zhu, DH Liu, XY Xu, P Zhang, *ZQ Zhou*. Stereoselective degradation of tebucon-azole in rat liver microsomes. *Chirality*,2012,24(1):67-71.

74. MJ Sun, DH Liu, GX Zhou, JD Li, XX Qiu, *ZQ Zhou*, P Wang. Enantioselective degradation and chiral stability of malathion in environmental samples. *Journal of Agricultural and Food Chemis-try*,2012, 60(1):372-379.

75. ZH Yang, Y Liu, DH Liu, *ZQ Zhou*. Determination of organophosphorus pesticides in soil by dis-persive liquid-liquid microextraction and gas chromatography. *Journal of Chromatographic Science*, 2012,50(1):15-20.

76. RH Li, DH Liu, ZH Yang, *ZQ Zhou*, P Wang. Vortex-assisted surfactant-enhanced-emulsification liquid-liquid microextraction for the determination of triazine herbicides in water samples by microe-mulsion electrokinetic chromatography. *Electrophoresis*,2012,33(14):2176-2183.

77. TT Liu, P Wang, YL Lu, GX Zhou, JL Diao, *ZQ Zhou*. Enantioselective bioaccumulation of soil-associated fipronil enantiomers in *Tubifex tubifex*. *Journal of Hazardous Materials*, 2012,219-220:50-56.

78. DH Lu, LD Huang, JL Diao, *ZQ Zhou*. Enantioselective toxicological response of the green alga *Scenedesmus obliquus* to isocarbophos. *Chirality*, 2012,24(6):481-485.

79. XY Xu, JL Diao, XR Wang, ZH Dang, P Zhang, YB Li, *ZQ Zhou*. Enantioselective metabolism and cytotoxicity of the chiral herbicide ethofumesate in rat and chicken hepatocytes. *Pesticide Biochemistry and Physiology*, 2012, 103(1):62-67.

80. GX Zhou, DH Liu, RX Ma, JD Li, MJ Sun, *ZQ Zhou*, P Wang. Enantioselective kinetics of α-hexachlorocyclohexane in earthworm (*Eisenia fetida*) and forest soil. *Chirality*, 2012, 24(8):615-620.

81. LD Huang, DH Lu, P Zhang, JL Diao, *ZQ Zhou*. Enantioselective toxic effects of hexaconazole enantiomers against *Scenedesmus obliquus*. *Chirality*, 2012, 24(8):610-614.

82. ZY He, DH Liu, RH Liu, *ZQ Zhou*, P Wang. Magnetic solid-phase extraction of sulfonylurea herbicides in environmental water samples by Fe_3O_4@dioctadecyl dimethyl ammonium chloride@silica magnetic particles. *Analytica Chimica Acta*, 2012, 747:29-35.

83. MJ Sun, DH Liu, ZH Dang, RH Li, *ZQ Zhou*, P Wang. Enantioselective behavior of malathion enantiomers in toxicity to beneficial organisms and their dissipation in vegetables and crops. *Journal of Hazardous Materials*, 2012, 237-238:140-146.

84. YL Lu, ZH Yang, LY Shen, ZM Liu, *ZQ Zhou*, JL Diao. Dissipation behavior of organophosphorus pesticides during the cabbage pickling process: Residue changes with salt and vinegar content of pickling solution. *Journal of Agricultural and Food Chemistry*, 2013, 61(9):2244-2252.

85. SS Di, TT Liu, JL Diao, *ZQ Zhou*. Enantioselective bioaccumulation and degradation of sediment-associated metalaxyl enantiomers in *Tubifex tubifex*. *Journal of Agricultural and Food Chemistry*, 2013, 61(21):4997-5002.

86. M Luo, DH Liu, *ZQ Zhou*, P Wang. A new chiral residue analysis method for triazole fungicides in water using dispersive liquid-liquid microextraction (DLLME). *Chirality*, 2013, 25(9):567-574.

87. ZG Shen, ZY He, P Wang, *ZQ Zhou*, MJ Sun, JD Li, DH Liu. Low-density magnetofluid dispersive liquid-liquid microextraction for the fast determination of organochlorine pesticides in water samples by GC-ECD. *Analytica Chimica Acta*, 2013, 793:37-43.

88. P Zhang, Z Li, XR Wang, ZG Shen, Y Wang, J Yan, *ZQ Zhou*, WT Zhu. Study of the enantioselective interaction of diclofop and human serum albumin by spectroscopic and molecular modeling approaches *in vitro*. *Chirality*, 2013, 25(11):719-725.

89. ZG Shen, DH Liu, P Wang, P Zhang, XR Wang, *ZQ Zhou*. Gender-related *in vitro* metabolism of hexaconazole and its enantiomers in rats. *Chirality*, 2013, 25(12):852-857.

90. ZY He, DH Liu, *ZQ Zhou*, P Wang. Ionic-liquid-functionalized magnetic particles as an adsorbent for the magnetic SPE of sulfonylurea herbicides in environmental water samples. *Journal of Separation Science*, 2013, 36(19):3226-3233.

91. XR Wang, JL Diao, ZG Shen, WT Zhu, P Zhang, *ZQ Zhou*. Stereoselective toxicity and metabolism of lactofen in primary hepatocytes from rat. *Chirality*, 2013, 25(11):743-750.

92. C Cheng, LD Huang, JL Diao, *ZQ Zhou*. Enantioselective toxic effects and degradation of myclobutanil enantiomers in *Scenedesmus obliquus*. *Chirality*, 2013, 25(12):858-864.

93. JJ Han, JZ Jiang, H Su, MJ Sun, P Wang, DH Liu, *ZQ Zhou*. Bioactivity, toxicity and dissipation of hexaconazole enantiomers. *Chemosphere*, 2013, 93(10):2523-2527.

94. RX Ma, DH Liu, H Qu, GX Zhou, *ZQ Zhou*, P Wang. Enantioselective toxicokinetics study of the bioaccumulation and elimination of α-hexachlorocyclohexane in loaches (*Misgurnus anguilicaudatus*) and its environmental implications. *Chemosphere*, 2013, 90(7):2181-2186.

95. ZH Yang, P Wang, WT Zhao, *ZQ Zhou*, DH Liu. Development of a home-made extraction device

for vortex-assisted surfactant-enhanced-emulsification liquid-liquid microextraction with lighter than water organic solvents. *Journal of Chromatography A*, 2013, 1300: 58-63.

96. ZH Yang, DHLiu, WT Zhao, T Wu, *ZQ Zhou*, P Wang. Low-density solvent-based vortex-assisted surfactant-enhanced-emulsification liquid-liquid microextraction. *Journal of Separation Science*, 2013, 36(5): 916-922.

97. SS Di, TT Liu, YL Lu, *ZQ Zhou*, JL Diao Enantioselective bioaccumulation and dissipation of soil-associated metalaxyl enantiomers in *Tubifex*. *Chirality*, 2014, 26(1): 33-38.

98. J Yan, P Zhang, XR Wang, Y Wang, *ZQ Zhou*, WT Zhu. Stereoselective degradation of chiral fungicide myclobutanil in rat liver microsomes. *Chirality*, 2014, 26(1): 51-55.

99. JD Li, DH Liu, T Wu, WT Zhao, *ZQ Zhou*, P Wang. A simplified procedure for the determination of organochlorine pesticides and polychlorobiphenyls in edible vegetable oils. *Food Chemistry*, 2014, 151: 47-52.

100. YL Qi, DH Liu, MJ Sun, SS Di, P Wang, *ZQ Zhou*. The chiral separation and enantioselective degradation of the chiral herbicide napropamide. *Chirality*, 2014, 26(2): 108-113.

101. YR Liang, P Wang, D Liu, ZG Shen, H Liu, ZX Jia, *ZQ Zhou*. Enantioselective metabolism of quizalofop-ethyl in rat. *PLoS One*, 2014, 9(6): e101052.

102. P Zhang, WT Zhu, J Qiu, DZ Wang, XR Wang, Y Wang, *ZQ Zhou*. Evaluating the enantioselective degradation and novel metabolites following a single oral dose of metalaxyl in mice. *Pesticide Biochemistry and Physiology*, 2014, in press. doi: 10. 1016/j. pestbp. 2014. 09. 008

103. RX Ma, H Qu, XK Liu, DH Liu, YR Liang, P Wang, *ZQ Zhou*. Enantioselective metabolism of the chiral herbicide diclofop-methyl and diclofop by HPLC in loach (*Misgurnus anguillicaudatus*) liver microsomes *in vitro*. *Journal of Chromatography B*, 2014, 969: 132-138.

104. ZY He, P Wang, DH Liu, *ZQ Zhou*. Hydrophilic-lipophilic balanced magnetic nanoparticles: Preparation and application in magnetic solid-phase extraction of organochlorine pesticides and triazine herbicides in environmental water samples. *Talanta*, 2014, 127: 1-8.

105. XK Liu, ZG Shen, P Wang, C Liu, *ZQ Zhou*, DH Liu. Effervescence assisted on-site liquid phase microextraction for the determination of five triazine herbicides in water. *Journal of Chromatography A*, 2014, in press. doi: 10. 1016/j. chroma. 2014. 10. 068

106. P Zhang, DH Liu, Z Li, ZG Shen, P Wang, M Zhou, *ZQ Zhou*, WT Zhu. Multispectroscopic and molecular modeling approach to investigate the interaction of diclofop-methyl enantiomers with human serum albumin. *Journal of Luminescence*, 2014, 155: 231-237.

107. TT Liu, JL Diao, SS Di, *ZQ Zhou*. Stereoselective bioaccumulation and metabolite formation of Triadimefon in *Tubifex tubifex*. *Environmental Science & Technology*, 2014, 48 (12): 6687-6693.

108. H Liu, DH Liu, ZG Shen, MJ Sun, *ZQ Zhou*, P Wang. Chiral separation and enantioselective degradation of vinclozolin in soils. *Chirality*, 2014, 26(3): 155-159.

109. MJ Sun, DH Liu, ZG Shen, *ZQ Zhou*, P Wang. Stereoselective quantitation of haloxyfop in environment samples and enantioselective degradation in soils. *Chemosphere*, 2015, 119: 583-589.

附录 2　周志强教授实验室学生名录

序号	姓名	性别	籍贯	学习时间	学位类别
1	王萍	女	黑龙江	2002 年—2005 年	博士
2	王秋霞	女	黑龙江	2003 年—2006 年	博士
3	李俊玲	女	河北	2003 年—2006 年	博士（在职）
4	毕承路	男	内蒙古	2001 年—2006 年	硕士—博士
5	王鹏	男	辽宁	2001 年—2006 年	硕士—博士
6	田芹	女	安徽	2002 年—2007 年	硕士—博士
7	赵海香	女	内蒙古	2002 年—2007 年	硕士—博士（在职）
8	汪丽萍	女	湖北	2002 年—2007 年	硕士—博士
9	邱静	男	贵州	2002 年—2007 年	硕士—博士
10	王新全	男	黑龙江	2004 年—2007 年	博士
11	刘东晖	女	河北	2003 年—2008 年	硕士—博士
12	贾桂芳	女	山西	2003 年—2008 年	硕士—博士
13	赵尔成	男	山东	2003 年—2008 年	硕士—博士
14	王宗义	男	河北	2005 年—2008 年	博士
15	孙叔宝	男	河南	2005 年—2009 年	博士（在职）
16	单炜力	男	山东	2006 年—2009 年	博士（在职）
17	谷旭	女	辽宁	2004 年—2009 年	硕士—博士
18	吕春光	男	北京	2004 年—2009 年	硕士—博士
19	朱文涛	男	山东	2004 年—2009 年	硕士—博士
20	刁金玲	女	内蒙古	2005 年—2010 年	硕士—博士
21	李友顺	男	江苏	2007 年—2010 年	博士（在职）
22	李扬飏	男	北京	2005 年—2010 年	硕士—博士
23	刘登才	男	湖北	2007 年—2010 年	博士（在职）
24	宋稳成	男	湖南	2008 年—2011 年	博士（在职）
25	党子衡	女	北京	2005 年—2012 年	硕士—博士
26	刘宇	女	内蒙古	2006 年—2012 年	硕士—博士
27	李冉红	女	吉林	2007 年—2012 年	硕士—博士
28	路大海	男	山东	2007 年—2012 年	硕士—博士
29	徐鹏	男	山东	2007 年—2012 年	硕士—博士
30	贺泽英	男	山东	2008 年—2013 年	硕士—博士
31	陆跃乐	男	江苏	2008 年—2013 年	硕士—博士

序号	姓名	性别	籍贯	学习时间	学位类别
32	杨中华	男	吉林	2008 年—2013 年	硕士—博士
33	刘甜甜	女	河北	2009 年—2014 年	硕士—博士
34	马瑞雪	女	河南	2009 年—2014 年	硕士—博士
35	孙明婧	女	甘肃	2009 年—2014 年	硕士—博士
36	徐欣媛	女	天津	2009 年—2014 年	硕士—博士
37	申志刚	男	河北	2009 年—2014 年	硕士—博士
38	吴桐	男	辽宁	2009 年—2014 年	硕士—博士
39	杨晓玲	女	四川	2001 年—2004 年	硕士
40	秦小薇	女	湖北	2002 年—2005 年	硕士（在职）
41	冯楠	女	北京	2004 年—2006 年	硕士
42	叶纪明	男	上海	2004 年—2006 年	硕士（在职）
43	赵可丰	男	浙江	2005 年—2007 年	硕士
44	周文景	男	山东	2004 年—2008 年	硕士
45	陈思	女	黑龙江	2006 年—2008 年	硕士
46	杨俊	男	四川	2006 年—2008 年	硕士
47	穆晞惠	女	北京	2008 年—2010 年	硕士（在职）
48	范鑫鑫	男	河南	2009 年—2011 年	硕士
49	周高信	男	甘肃	2010 年—2012 年	硕士
50	段婧	女	湖北	2011 年—2013 年	硕士
51	邱兴旭	男	四川	2012 年—2014 年	硕士
52	宗伏霖	男	北京	2012 年—	博士（在职、在读）
53	黄笭丹	女	广东	2010 年—	直读博士（在读）
54	赵文婷	女	辽宁	2012 年—	博士（在读）
55	李晋栋	男	山西	2010 年—	硕士—博士（在读）
56	张平	男	四川	2010 年—	直读博士（在读）
57	齐艳丽	女	内蒙古	2011 年—	硕士—博士（在读）
58	王新茹	女	山西	2011 年—	直读博士（在读）
59	荆旭	男	山西	2013 年—	博士（在读）
60	瞿涵	男	湖南	2011 年—	硕士—博士（在读）
61	姚国君	男	安徽	2011 年—	硕士—博士（在读）
62	张人可	男	内蒙古	2013 年—	博士（在读）
63	程程	女	辽宁	2012 年—	硕士—博士（在读）
64	刘卉	女	黑龙江	2012 年—	直读博士（在读）
65	狄珊珊	女	黑龙江	2012 年—	直读博士（在读）
66	王瑶	女	内蒙古	2012 年—	硕士—博士（在读）

序号	姓名	性别	籍贯	学习时间	学位类别
67	韩家骏	男	山西	2012 年—	硕士—博士(在读)
68	梁毅然	男	辽宁	2012 年—	硕士—博士(在读)
69	罗迈	男	四川	2012 年—	硕士—博士(在读)
70	陈丽	女	山东	2013 年—	硕士—博士(在读)
71	王芳	女	河北	2013 年—	硕士—博士(在读)
72	刘雪科	男	河北	2013 年—	硕士—博士(在读)
73	王德振	男	山东	2013 年—	硕士—博士(在读)
74	周倩	女	山西	2013 年—	硕士(在读)
75	刘明珂	男	河北	2013 年—	硕士(在读)
76	刘畅	女	湖南	2014 年—	硕士(在读)
77	闫瑾	女	内蒙古	2014 年—	硕士(在读)
78	詹菁	女	广西	2014 年—	硕士(在读)
79	张文君	女	内蒙古	2014 年—	硕士(在读)
80	杨耿庚	男	浙江	2014 年—	硕士(在读)

2001年3月，布达佩斯，FAO/IAEA项目主持人研讨会

2005年2月，访问香港大学

2010年1月，做客中央电视台《探索·发现》

2010年10月，访问美国康奈尔大学

2011年8月，受邀参加中国科技馆"科学讲坛"

2013年5月，做客中央电视台焦点访谈

周志强教授与研究生合影

2012.06.15